大湾区超限高层建筑结构设计创新与实践丛书

广东复杂超限高层建筑结构设计工程汇编

主　编　孙立德
副主编　罗赤宇　韩小雷　张小良

中国建筑工业出版社

图书在版编目（CIP）数据

广东复杂超限高层建筑结构设计工程汇编/孙立德主编；罗赤宇，韩小雷，张小良副主编. —北京：中国建筑工业出版社，2022.1
（大湾区超限高层建筑结构设计创新与实践丛书）
ISBN 978-7-112-26896-2

Ⅰ.①广… Ⅱ.①孙…②罗…③韩…④张… Ⅲ.①高层建筑-建筑结构-结构设计-研究-广东 Ⅳ.①TU973

中国版本图书馆CIP数据核字（2021）第247727号

本书由广东省住房和城乡建设厅组织成立的广东省超限高层建筑工程抗震设防审查专家委员会组织编写。本书汇集了国内20多家设计单位整理编写的90个各具特色的超限高层建筑工程实例。这些工程大部分位于广东省内，包括广州、深圳、珠海、佛山、中山、肇庆、江门等地，还吸纳了部分海口、贵州、昆明、厦门、长沙等地有一定借鉴价值的项目，设防烈度从6度到8度均有涉及。90个工程实例按建筑功能大致分为商业综合体、办公建筑、住宅建筑、文体类建筑及医疗建筑。每个工程实例的介绍包括：工程概况与设计标准、结构体系、超限情况及超限应对措施、计算分析、抗震设防专项审查意见及点评等。

本书作为超限高层建筑工程的设计经验总结，可供从事超限高层建筑工程结构设计、施工、咨询及科研人员应用参考。

责任编辑：刘婷婷
责任校对：焦　乐

大湾区超限高层建筑结构设计创新与实践丛书
广东复杂超限高层建筑结构设计工程汇编
主　编　孙立德
副主编　罗赤宇　韩小雷　张小良
*
中国建筑工业出版社出版、发行（北京海淀三里河路9号）
各地新华书店、建筑书店经销
北京科地亚盟排版公司制版
北京盛通印刷有限股份公司印刷
*
开本：787毫米×1092毫米　1/16　印张：56¼　字数：1406千字
2022年1月第一版　2022年1月第一次印刷
定价：**268.00**元
ISBN 978-7-112-26896-2
（38633）

本书编写委员会

主　　编：孙立德

副 主 编：罗赤宇　韩小雷　张小良

编　　委：陈　星　傅学怡　方小丹　周　定　韦　宏　苏恒强
李盛勇　刘付钧　江　毅　王松帆　赵松林　郑建东
区　彤　林景华　黄泰赟　杨　坚　汤　华　姚永革
刘永添　林　鹏　李光星　李力军　伍永胜　吴　兵
莫世海　邓建强　张小明　李中健

全书编辑：陈　波　谢惠坚

前　言

21 世纪以来，随着广东社会经济发展，涌现出越来越多的结构复杂和大跨度等超限高层建筑。这些高度和规则性超出规范适用范围的建筑工程，一方面对结构工程师们提出了新的挑战和机遇；另一方面，对超限高层建筑工程的抗震设防管理提出了更高的要求。通过严格执行《超限高层建筑工程抗震设防管理规定》（建设部令第 111 号），超限高层建筑抗震设防专项审查对提高抗震设计质量、保证高层建筑抗震安全性、推进高层建筑设计创新和实践起到了巨大的推动作用。

广东省住房和城乡建设厅组织成立的广东省超限高层建筑工程抗震设防审查专家委员会负责广东省超限高层建筑工程抗震设防专项审查工作。为了更好地指导超限高层建筑工程设计，保证结构的安全性以及抗震设防专项审查工作的规范性，广东省超限高层建筑工程抗震设防审查专家委员会组织编写了本书，旨在通过介绍一些不同抗震设防烈度、不同抗震设防类别、不同超限类型的超限工程实例，给予结构工程师们一些借鉴和帮助。

本书汇集了国内 20 多家设计单位整理编写的 90 个各具特色的超限高层建筑工程实例。这些工程大部分位于广东省内，包括广州、深圳、珠海、佛山、中山、肇庆、江门等地，还吸纳了部分海口、贵州、昆明、厦门、长沙等地有一定借鉴价值的项目，设防烈度从 6 度到 8 度均有涉及。90 个工程实例按建筑功能大致分为商业综合体、办公建筑、住宅建筑、文体类建筑及医疗建筑。

本书作为超限高层建筑工程的设计经验总结，具有较强的技术性和实用性，可供从事结构设计、施工、咨询及科研人员参考借鉴。不足之处，欢迎广大读者批评指正。

本书编写过程中得到了各参编单位的大力支持和帮助，在此表示衷心的感谢！

目　录

第1篇　商业综合体

第2篇　办公建筑

第 3 篇 住宅建筑

第 4 篇　文体类建筑

第 5 篇　医疗建筑

第1篇　商业综合体

01 广州无限极广场

关　　键　　词：复杂连体结构；大跨度；组合减震支座；抗震性能
结构主要设计人：罗赤宇　廖旭钊　劳智源　谭　和　梁银天　李恺平　梁启超
温惠琪　钟维浩　赖鸿立　吴桂广　刘星兰　周智途　方　杰
林顺波　陈志成
设　计　单　位：广东省建筑设计研究院有限公司

1　工程概况与设计标准

1.1　工程概况

广州无限极广场位于广州市白云区，建筑场地因中部有地铁隧道穿过而将该地块分为两个区域，总建筑面积约 18.6 万 m^2。建筑方案由英国扎哈·哈迪德建筑事务所（ZHA）设计，主体结构分为东、西两个塔楼，建筑设计结合场地特点及企业形象，在东、西塔楼内部设置多个中庭并通过内部天桥组织交通，地块中部的跨层连廊则将两个塔楼紧密连接成“无限之环”的建筑形态，建筑效果图、总平面图及剖面图分别如图 1-1～图 1-3 所示。主体结构东、西两个塔楼均为办公商业综合楼，地上平面尺寸分别为 99.4m×103.6m（西塔）和 63.2m×103.6m（东塔），地上均为 8 层，在 7 层竖向收进，结构高度为 34.7m，地下 2 层，层高分别为 6.0m 和 4.0m；两塔楼相距约 60m，分别在 3 层和 6～7 层设置两道斜交连接体（即连廊），最大跨度为 86.4m，连廊区域建筑功能为办公、展览，形成大跨度斜交非对称复杂连体结构。

(a)全景

(b)塔楼及连体部分

图 1-1　建筑效果图

1.2　设计标准

工程抗震设防烈度为 7 度，基本地震加速度为 0.10g，设计地震分组为第一组，场地类别为Ⅱ类。抗震设防类别为乙类，抗震措施提高一度按 8 度考虑。东、西塔楼采用钢筋

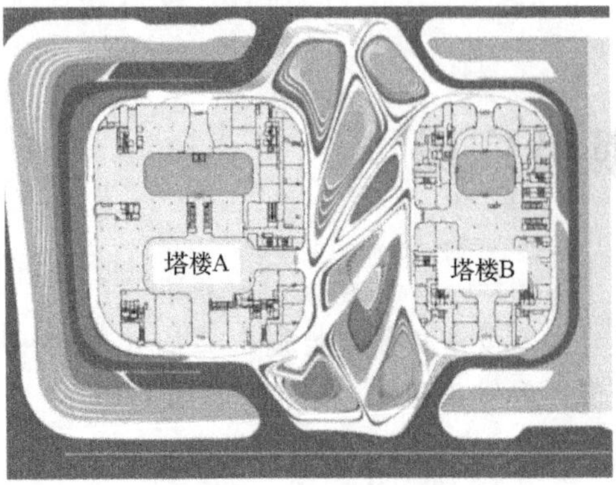

图 1-2　建筑总平面图

混凝土框架-剪力墙结构体系；连廊最大跨度为 86.4m，采用钢桁架结构，并通过组合减震支座与主体结构连接；室内天桥最大跨度约为 37m，桥面宽 7.7m，采用钢箱梁-钢筋混凝土楼板组合结构；楼盖结构主要采用现浇钢筋混凝土梁板体系，大跨度悬臂钢筋混凝土梁采用缓粘结预应力结构，钢结构部分采用组合楼盖。

工程建设场地为岩溶强烈发育地区，根据结构计算结果及桩基承载力需求，经技术对比，本工程采用灌注桩基础，以微风化石灰岩作为桩基持力层，桩为嵌岩端承桩，部分兼作抗拔桩。桩基础布置多为柱下单桩，局部剪力墙下为多桩承台，支承连廊的柱下为三桩承台。为保护地铁结构及减小对地铁结构的影响，距地铁结构 50m 范围以内采用全套管全回转钻孔灌注桩和旋挖灌注桩，50m 范围以外灌注桩采用冲孔或旋挖、冲孔结合的施工方式。

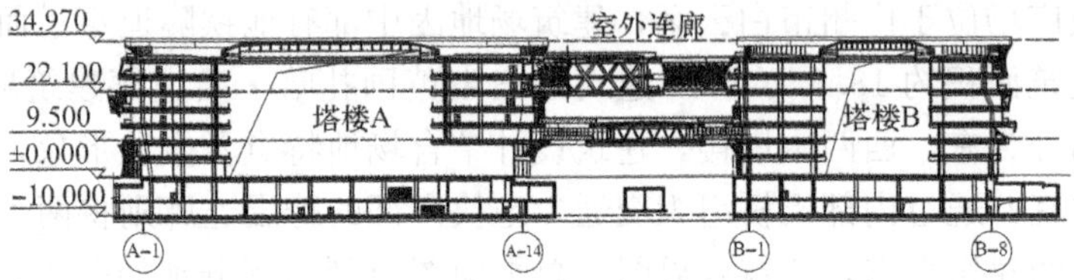

图 1-3　建筑剖面图

2　塔楼及连廊结构设计

本工程为双塔连体高层建筑结构，塔楼为钢筋混凝土框架-剪力墙结构体系，存在扭转不规则、楼板不连续及尺寸突变等不规则项；连廊采用钢桁架结构，最大跨度 86.4m，大于 36m，故本工程为特大跨度的连体结构，属特殊类型超限高层建筑。

2.1　主体结构体系及结构布置

塔楼结构高度 34.7m，可考虑采用框架结构或框架-剪力墙结构，由于主体结构需承受大跨度连廊的水平作用，且各层平面存在较多楼板不连续的情况，综合考虑抗震设防分类、抗震构造及经济性，本工程东、西塔楼地下室及塔楼采用现浇钢筋混凝土框架-剪力墙体系，剪力墙主要设置在电梯间核心筒及塔楼平面内对称位置，典型楼层结构平面图如图 2-1 所示。结构由下至上，墙柱混凝土强度等级为 C60～C40，梁板混凝土强度等级为 C40～C35，剪力墙厚度为 400～300mm，为满足中震作用下剪力墙偏拉的承载力要求，局部墙肢设置型钢。

框架柱主要为圆柱，与连廊相连的支承柱采用变截面钢筋混凝土柱，与 3 层连廊连接的变截面柱尺寸为 1300mm×(1400～3300)mm，与 6～7 层连廊连接的变截面柱尺寸为

1300mm×(1400～3600)mm。由于建筑外立面造型需求，同时为减小边跨悬臂梁的悬挑长度，部分边柱为斜柱，倾斜率均小于 1/6（即外倾角小于 9°)。主体结构水平力大部分由剪力墙承担，各层框架部分承受的地震倾覆力矩为 23%～35%，而斜柱数量占全部框架柱的比例约为 26%，因此斜柱部分框架承受的地震倾覆力矩约为 5.9%～9.1%，该部分斜柱的倾斜对结构整体性能的影响很小。斜柱大部分设置在 2 层以上的楼层，与斜柱相连、顺斜柱倾斜方向的框架梁均按拉弯构件进行设计（偏保守地忽略楼板的作用，拉力全部由框架梁承受）。斜柱周边的楼板在中震作用下的应力水平与普通柱周边的楼板相差不大，拉应力在 1MPa 以内，在构造上对斜柱周边的楼板配筋进行必要的加强。

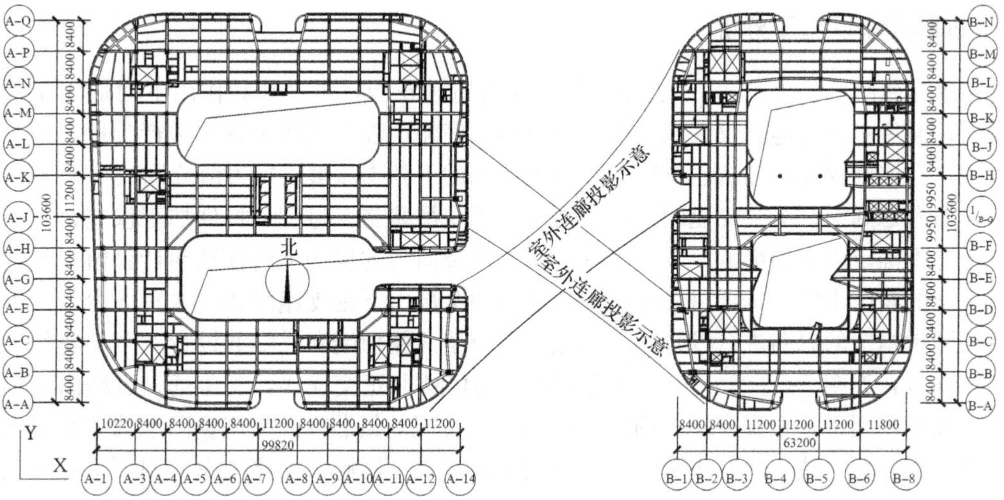

图 2-1　东、西塔楼 2 层结构平面图

在楼盖选型方面，地下室底板为平板结构，地下 1 层采用带柱帽的平板结构，塔楼内地下室顶板采用梁板结构，塔楼外地下室顶板采用主梁＋加腋大板的结构形式。塔楼标准层采用主次梁梁板结构，内部次梁单向布置，周圈次梁环向布置，主梁高按 550～600mm 控制，悬臂梁跨度超过 5m 时采用缓粘结预应力结构。屋面天窗部位为配合聚四氟乙烯（PTFE）充气膜结构，采用微拱形钢梁支承体系。

2.2　连廊结构设计

连廊为主体结构的重要组成部分，连廊上下两道呈交叉状布置（图 2-2)，与东塔及西塔连为整体。3 层连廊跨度 77.9m，宽度约 17m，结构高度 4.2m，跨高比 18.5，6～7 层连廊跨度 86.4m，跨 6 层及 7 层设置，宽度约 20.5m，结构高度 8.4m，跨高比 10.3。结合建筑使用功能需求及结构受力特点，采用钢桁架结构，以适应大跨度、大跨高比的需求。

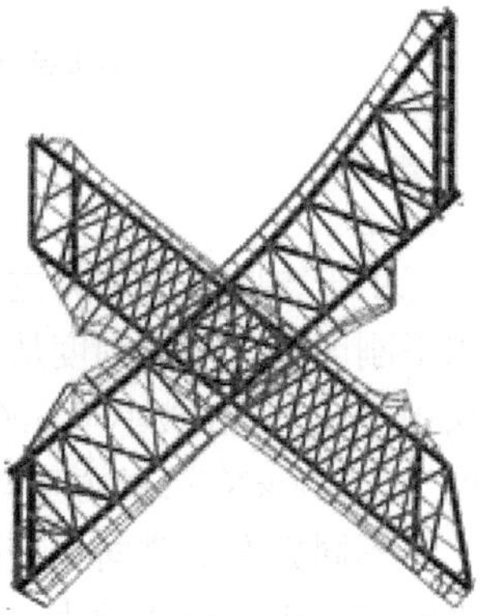

图 2-2　连廊平面示意图

由于桁架结构端部整体受剪变形，弦杆会有较大弯矩，在相同截面面积的前提下，弦杆截面高度越高，所承担的弯矩越大，相应弯曲应力也越大，弦杆的经济性就越差；同时，由于连廊两侧均为透光玻璃，并且层高只有 4.2m，弦杆截面

高度越小，对建筑效果的影响也越小。结合以上两个条件，弦杆均采用宽扁箱形截面，腹杆为箱形截面，材质为 Q420，斜腹杆最大截面为□600mm × 600mm，弦杆截面为□600mm×1200mm，具体截面尺寸如图 2-3 所示，结构整体计算模型如图 2-4 所示。

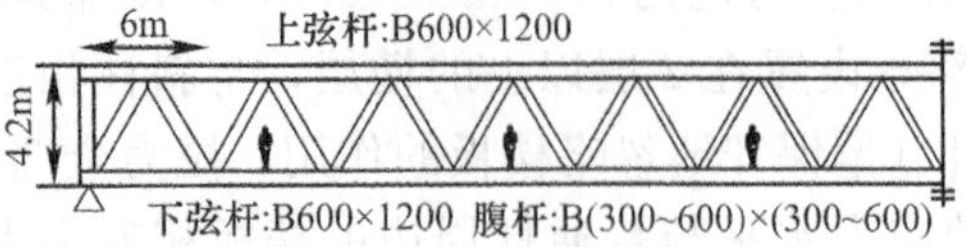

图 2-3 普通桁架方案示意图

图 2-4 结构整体模型示意图

2.3 连廊支座选型及分析

由于连廊跨度较大且 6～7 层连廊的屋面为屋顶花园，重力荷载作用下两端支座的反力较大，通过对两道连廊仅底端设支座和顶端、底端均设支座两种方案进行分析，试算结果表明，在连廊顶端增加抗压支座后，两道连廊的下弦支座最大反力值分别减小了 41%和 31%，但考虑到上、下弦支座的实际受力情况易受吊装施工过程、构件加工误差、支座安装误差等不确定因素的影响，上、下弦支座承担竖向力的比例无法保证与计算值一致，从确保安全的角度出发，本项目最终是按“竖向力全部由下弦支座承担，水平力由上、下弦支座共同承担”的思路进行设计的。因此确定桁架两侧顶端和底端共设置 8 个支座的方式与塔楼连接，如图 2-5 所示。由于两道连廊均与塔楼非正交连接，支座远、近端内力大小不均，大震作用下最大支座压力约为 25000kN，常规的铅芯橡胶支座竖向承载力难以满足设计要求，而且会造成承托牛腿过大，影响建筑效果。因此，支座考虑采用可承受更大竖向力和水平力的铸钢弹性支座，并增加设置黏滞阻尼器组成组合减震支座，以减小大跨度连廊在地震作用下产生的水平剪力及变形，降低对塔楼结构的不利影响。

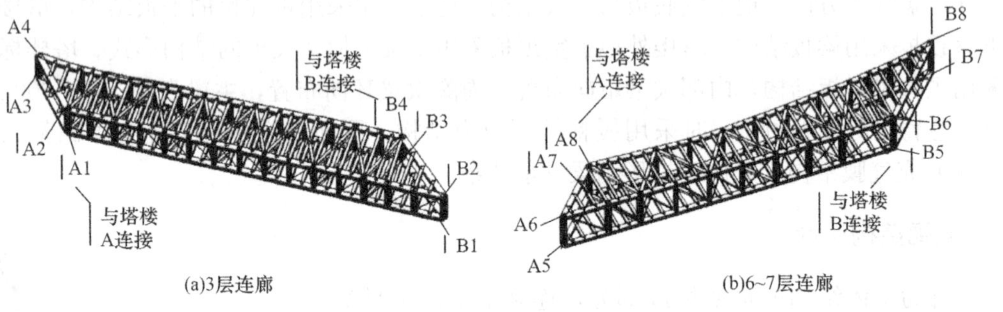

图 2-5 连廊支座示意图

注：A1～A8，B1～B8 均表示连廊支座。

由于支座竖向压力主要由静力荷载控制，不同方案对竖向压力影响不大。仅调整支座水平刚度时，水平刚度从 25000kN/m 减小至 10000kN/m，支座剪力略有增大；水平刚度从 10000kN/m 减小至 5000kN/m，支座剪力减小约 33%。加黏滞阻尼器后，支座水平刚度为 10000kN/m 的方案与水平刚度为 5000kN/m 的方案相比，减小幅度相差不大。

不同方案的侧向弹簧刚度对竖向变形基本没有影响。仅调整支座水平刚度时，支座水平刚度越小，位移越大，支座水平刚度从 25000kN/m 减小至 5000kN/m，支座水平位移明显增大；加黏滞阻尼器后，支座水平刚度为 10000kN/m 的方案与水平刚度为 5000kN/m

的方案相比，无黏滞阻尼器时的支座水平位移分别减小约44%和59%。

综上分析，连廊与塔楼水平连接最终方案为上弦支座采用横桥向只压弹性蝶形弹簧支座，可沿顺桥向单向滑移；下弦支座采用防锁死单向滑移弹簧铸钢支座+黏滞阻尼器（图2-6），顺桥向弹簧水平刚度取为8000kN/m。

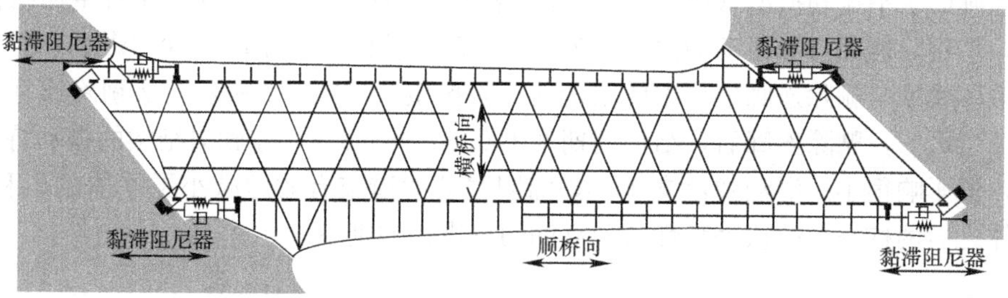

图2-6 连廊下弦支座顺桥向黏滞阻尼器平面布置示意图

3 结构抗震性能研究与分析

整体结构的两道连廊呈十字交叉形，3层及6~7层连廊上下交错距离仅为8.4m，考虑交叉连廊的变形特点，针对连廊对整体结构抗震性能的影响展开了分析研究。

3.1 连廊对结构整体振动特性的影响

为了分析连廊对结构振动特性的影响，在塔楼结构及连廊结构形式确定的基础上，建立了连廊与塔楼刚性连接（上、下弦支座均为铰接支座）及弹性连接（上弦支座为横桥向仅受压、沿顺桥向单向滑移支座，下弦支座为顺桥向弹性刚度为8000kN/m的单向滑移铰支座，并于下弦支座处设置顺桥向的黏滞阻尼器以缓冲地震作用、控制位移量）的模型，采用有限元分析软件MIDAS/Gen进行模型分析，对比地震作用下整体结构与东、西塔楼的地震响应，以及分析连廊对主塔楼的影响。连廊与塔楼采用弹性连接及刚性连接时，整体模型的振动特性及小震振型分解反应谱法（CQC法）基底剪力对比如表3-1、表3-2所示。

整体模型振动特性　　表3-1

计算模型	振型	周期(s)	X向质量参与系数(%)	Y向质量参与系数(%)	扭转质量参与系数(%)	扭转周期比
整体模型（弹性连接）	1	1.3040	59.85	1.44	38.71	0.86
	2	1.2674	21.67	32.85	45.41	
	3	1.1222	9.31	37.67	52.98	
整体模型（刚性连接）	1	1.2606	35.32	24.82	39.78	0.87
	2	1.2109	2.77	49.88	47.29	
	3	1.0980	44.07	2.86	53.02	

注：表中振型均已剔除连廊自身振动的振型。

整体模型小震CQC法基底剪力（kN）　　表3-2

计算模型	X向基底剪力	Y向基底剪力
整体模型（弹性连接）	28027	30345
整体模型（刚性连接）	30137	31502

计算结果显示，与刚性连接相比，连廊与塔楼采用弹性连接时，可一定程度上减小整体结构的地震响应。采用刚性连接的整体结构的前3阶自振周期均比采用弹性连接时稍小，X向基底剪力比采用刚性连接时小约7.5%，Y向基底剪力比采用刚性连接时小约3.8%。

对于弹性连接整体模型，由于是连廊与塔楼采用弹性连接，并且连廊跨高比较大，所以两个连廊的水平振动振型（图3-1）先于结构整体振动的振型出现，在对主体结构进行分析时，均剔除连廊自身振动的振型。为研究连廊对整体结构振动特性的影响，对比了弹性连接整体模型与删除连廊模型主体结构前2阶振型，如图3-2所示。从剔除连廊振动的前2阶振型可知，删除连廊后，结构周期增大0.6%～3.6%，连廊对结构的振动特性有一定影响，但影响很小。滑动弹性支座＋黏滞阻尼器的措施有效地减小了连体的不利影响，使得连体之后两栋塔楼的振动特性与独立的两栋塔楼差别不大。

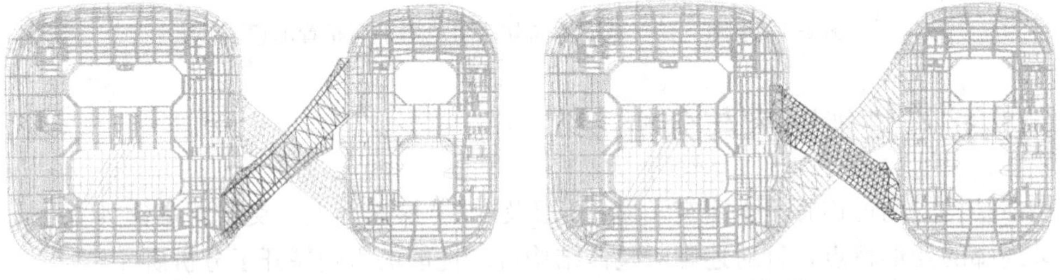

(a)1阶振型(T_1=2.590s)　　(b)2阶振型(T_2=1.467s)

图3-1　连廊前2阶自振振型

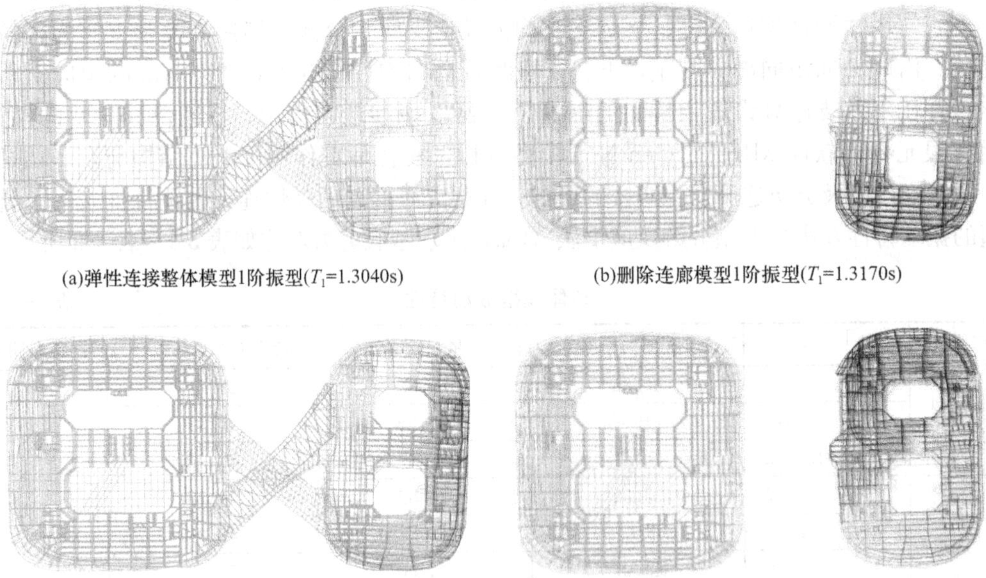

(a)弹性连接整体模型1阶振型(T_1=1.3040s)　　(b)删除连廊模型1阶振型(T_1=1.3170s)

(c)弹性连接整体模型2阶振型(T_2=1.2674s)　　(d)删除连廊模型2阶振型(T_2=1.3014s)

图3-2　弹性连接整体模型与删除连廊模型主体结构振型对比

3.2　结构抗震性能要求

本工程属特大跨度连体的特殊类型超限高层建筑结构，设计采用结构抗震性能设计方法进行分析和论证。设计根据结构可能出现的薄弱部位及需要加强的关键部位，依据广东省标准《高层建筑混凝土结构技术规程》DBJ 15—92—2013（下文简称《广东高规》）第3.11.1条的规定，结构总体按C级性能目标要求进行设计，具体要求如表3-3所示。

为满足抗震性能目标要求，采用多种程序对结构进行了弹性、弹塑性计算分析，除保证结构在小震下完全处于弹性工作外，还补充了关键构件在中震和大震下的验算。计算结果表明，结构性能表现良好，各项指标均满足C级性能目标的有关要求。

不同抗震性能水准的结构构件承载力设计要求　　表3-3

构件分类	具体构件	小震	中震	大震
关键构件	连廊支座节点（包括支座）	弹性（节点极限承载力为构件的1.2倍）	弹性（节点极限承载力为构件的1.2倍）	强度应力比<0.7
	连廊桁架弦杆、斜腹杆、支座处竖杆及节点	弹性（应力比<0.75，其中支座处杆件<0.65，节点极限承载力为构件的1.2倍）	弹性（应力比<0.85，其中支座处杆件<0.75，节点极限承载力为构件的1.2倍）	强度应力比<1.0（支座处杆件<0.8）
	塔楼A室内天桥钢箱梁（两端铰接）	弹性（应力比<0.65）	弹性（应力比<0.75）	强度应力比<0.8
	连廊支座支承体系（支承柱及其连接梁），天桥及其相连柱，底部加强区剪力墙	依据《广东高规》第3.11节验算公式计算，构件重要性系数取1.15，其中加强区剪力墙计算受弯承载力时的重要性系数取1.0		
普通构件	其他钢结构构件	弹性	弹性	允许部分进入屈服
	其他混凝土柱，悬臂梁，非底部加强区剪力墙	依据《广东高规》第3.11节验算公式计算，构件重要性系数取1.0		
耗能构件	框架梁、连梁	依据《广东高规》第3.11节验算公式计算，构件重要性系数：框架梁取0.9，连梁取0.7		

注：控制非地震组合的钢构件应力比：关键构件<0.75，一般构件<0.85。

3.3 中震作用分析

对中震作用下，除普通楼板、次梁以外所有结构构件进行承载力验算，根据其抗震性能目标，结合《广东高规》中“不同抗震性能水准的结构构件承载力设计要求”的相关公式，进行整体模型的结构构件性能计算分析，并将计算得到的内力对各关键构件进行了详细的构件验算。在计算中震作用时，采用规范反应谱计算，水平最大地震影响系数α_{max}=0.23，钢结构构件阻尼比取0.02，混凝土构件阻尼比取0.05，不考虑黏滞阻尼器的附加阻尼作用。计算结果及相应加强措施如下：

底部加强区剪力墙（地下1层～地上2层），塔楼A天桥钢箱梁，竖向收进6～8层的周边框架柱，天桥支承梁及其相连柱（5～6层）均满足第3性能水准关键构件验算的要求；其他普通构件及耗能构件（框架梁和连梁）均满足相应第3性能水准的要求。

连廊支座节点，连廊桁架弦杆、斜腹杆、支座处竖杆及节点，以及连廊支座支承体系最大应力比为0.76，满足“应力比<0.85，其中支座处杆件<0.75，节点极限承载力为构件的1.2倍”的要求。

由于本项目为框架-剪力墙结构，剪力墙主要分布在角部和边上，在中震作用下，剪力墙存在受拉的情况，设计时根据拉力的大小在剪力墙内设置一定数量的型钢或抗拉钢筋，以增加剪力墙的抗拉能力，当剪力墙拉应力超过 $1.0f_{tk}$（混凝土轴心抗拉强度标准值）时，计算得到拉力全部通过型钢或钢筋承担。

3.4 大震动力弹塑性分析

由于结构体系特殊，为了解大震作用下结构进入塑性的程度以及结构整体的抗震性能，本工程采用 SAUSAGE 软件进行弹塑性时程分析，验算结构构件的抗震水平，进而寻找结构薄弱环节并提出相应的加强措施。主要分析结论如下：

（1）*X* 向作为地震输入的主方向时，结构最大位移为 0.114m，最大层间位移角为 1/134（表 3-4）；与 *X* 向夹角 51°作为地震输入的主方向时，结构最大位移为 0.098m，最大层间位移角为 1/125；*Y* 向作为地震输入的主方向时，结构最大位移为 0.092m，最大层间位移角为 1/144；与 *X* 向夹角 151°作为地震输入的主方向时，结构最大位移为 0.107m，最大层间位移角为 1/153。上述方向大震作用下结构变形均满足规范限值 1/125 的要求。在 7 组地震波三向输入作用下，结构整体刚度退化没有导致结构倒塌，满足“大震不倒”的设防要求。

X 向为地震输入主方向时大震动力弹塑性分析计算结果　　表 3-4

指标	地震波							平均值
	R1	R4	T1	T2	T3	T4	T5	
基底剪力（kN）	156242	157790	141509	181591	144089	158040	126225	152212
与小震 CQC 法基底剪力比值	4.7	4.7	4.3	5.5	4.3	4.8	3.8	4.6
顶层位移（m）	0.110	0.113	0.103	0.151	0.070	0.126	0.123	0.114
最大层间位移角	1/146（7 层）	1/102（7 层）	1/139（7 层）	1/162（4 层）	1/111（8 层）	1/103（7 层）	1/142（7 层）	1/134（7 层）

（2）由表 3-4 可知，在各个地震波作用下，大震基底剪力接近于小震 CQC 法基底剪力的 5 倍，接近于理论值，证明了地震波的选取是合适的。

（3）连廊桁架弦杆、斜腹杆、支座处竖杆，塔楼 A 天桥钢箱梁，天桥支承梁及其相连柱的钢材均未出现屈服。连廊支承柱及其连接梁钢筋未出现屈服。

（4）底部加强区少量剪力墙出现轻度至中度损伤，损伤主要集中在转角处和端部剪力墙，少量剪力墙边缘构件钢筋出现塑性变形；底部加强区以上部位大部分剪力墙为轻微到中度损伤；大部分连梁发生中度到严重损坏。剪力墙受压损伤情况如图 3-3 所示。

（5）底层大部分框架柱柱底处于受压工作状态，结构两塔楼部分框架柱混凝土发生轻度到中度受压损伤，竖向构件均满足抗剪截面验算剪压比要求。

（6）结构框架梁出现轻微到中度受压损伤，部分梁构件钢筋进入屈服，悬臂梁未出现屈服。

（7）连廊部位在竖向大震作用下，3 层处连廊结构跨中部位最大竖向变形约为 0.035m；6～7 层处连廊结构跨中部位最大竖向变形约为 0.030m，连廊钢结构未出现屈服。

（8）弹性支座附加黏滞阻尼器的最大阻尼力为 2714kN（图 3-4），最大变形为 71mm，小于限值 200mm，满足变形要求。

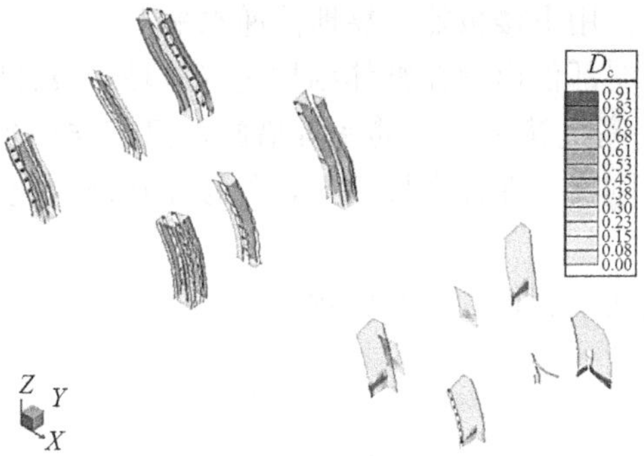

图 3-3 剪力墙受压损伤情况

注：D_c 为混凝土的受压损伤因子，如没有损伤，则 $D_c=0$。

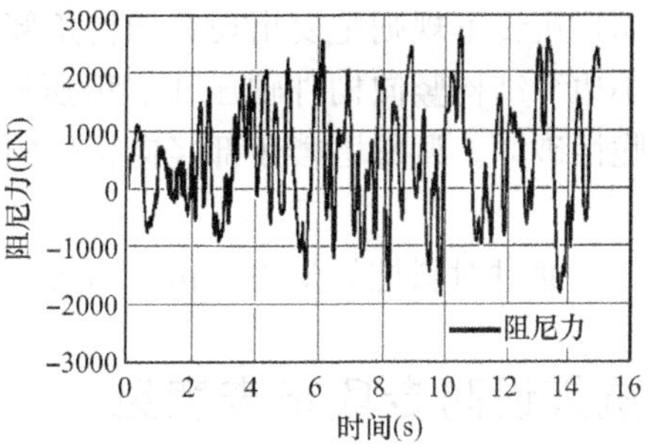

图 3-4 6 层 B7 支座处阻尼器阻尼力时程曲线

4 超限计算措施及分析结论

4.1 计算措施

（1）本工程计算模型计入了连体钢结构与 A 区、B 区塔楼混凝土结构的协同作用，并采用单独混凝土结构模型进行补充计算。

（2）设计时分别采用两个空间结构分析程序 MIDAS/Gen、YJK 进行对比计算，验算时考虑扭转耦联和三向地震作用；对关键构件如连体支座节点，连体桁架弦杆、斜拉杆及其节点，钢结构支座混凝土支承体系等采用三个性能水准要求进行设计。

（3）按规范要求，选用 5 组 2 类场地的天然地震波和 2 组场地人工波，对结构作弹性时程分析，并将结果与反应谱分析结果相比较。进行支承柱承载力验算时，采用不同的时程结果进行包络设计。

（4）进行连体受力分析、位移分析和结构整体稳定性验算。

（5）对关键构件进行中震验算，了解其抗震性能，并采取相应加强措施。

（6）针对本工程超限情况，对结构进行罕遇地震下的弹塑性时程分析，以确定结构能否满足第二阶段抗震设防水准要求，并对薄弱构件制定相应的加强措施。

4.2 针对超限情况的相应措施

（1）本工程属于 A 级高度的连体结构高层建筑，A 塔和 B 塔的框架柱和剪力墙是主要的抗侧力构件，设计中通过提高底部剪力墙和支承连体的竖向构件的延性，使抗侧刚度和结构延性更好地匹配，能够有效地协同抗震：1）对于剪力墙，其底部加强区在中震和大震作用下分别满足第 3 和第 4 性能水准的要求，设计时按一级抗震等级要求和特一级构造要求。2）塔楼普通框架柱按“中震和大震作用下分别满足第 3 和第 4 性能水准的要求”进行性能设计。3）连体支承竖向构件，按“关键构件”进行性能设计，设计时按一级抗震等级要求和特一级构造要求。4）对于连体钢结构桁架弦杆、斜拉杆，控制其中震和大震作用下的应力比分别小于 0.85 和 1.0，以保证连体钢梁及其连接构件的安全性。

（2）对塔楼存在楼板不连续的楼层情况，进行设防烈度下的弹性楼板应力分析，对应力集中的部位进行针对性的加强，确保在地震作用下楼板能可靠地传递水平力。

(3) 扭转不规则主要出现在结构角部，薄弱部位出现在整体结构边缘区域，设计时采取减小边缘结构竖向构件轴压比、剪压比及提高配箍率、配筋率等措施，提高结构延性，避免脆性破坏。调整塔楼角部竖向构件的抗侧刚度，保证塔楼的扭转位移比在规范允许范围内。

(4) 通过对斜柱的受力分析，考虑其对楼面梁、板的不利影响。

5 抗震设防专项审查意见

2016年12月6日，广州市住房和城乡建设委员会在广州大厦715会议室主持召开了“广州无限极广场”超限高层建筑工程抗震设防专项审查会，华南理工大学建筑设计研究院韦宏副院长任专家组组长。与会专家听取了广东省建筑设计研究院有限公司关于该工程抗震设防设计的情况汇报，审阅了送审资料。经讨论，提出审查意见如下：

(1) 应补充连桥钢结构的抗震等级，连桥支座应采取防坠落措施。

(2) 应进一步分析连桥及内连廊支座形式、支座反力及支座反力的传递方式，并补充支座设计及支座相邻构件的分析。

(3) B塔两个程序计算轴压比结果相差较大（达53.6%），应检查复核。

(4) 剪力墙截面受拉验算应取整个截面进行计算，应从严控制柱的轴压比。

(5) 建议优化基础设计，进一步论证采用天然或复合地基上筏基的可行性。

审查结论：通过。

6 点评

(1) 本工程为大跨度复杂连体结构，结构设计根据特殊的大跨度连体形式及塔楼的动力特性合理选择结构体系及连接体结构形式，东、西塔楼采用钢筋混凝土框架-剪力墙结构体系，连接体采用钢桁架结构，并通过弹性减震支座与主体结构连接，结构整体、结构构件及节点满足设定的性能目标要求，抗震性能良好。

(2) 复杂连体结构应根据连体跨度、结构高度、连接体与主体结构平面关系等因素合理确定连接方式，地震作用下，大跨度连接体与两侧主体结构基本上不能整体协调变形受力时，宜采用滑动或弹性支座等弱连接方式。本工程连廊最大跨度86.4m，通过采用设置阻尼器的弹性支座，可有效地减小连廊结构在地震作用下对塔楼结构的不利影响。

(3) 由于本工程连廊呈特殊的十字交叉形，与刚性连接相比，连廊与塔楼采用弹性连接时，可一定程度上减小整体结构的地震响应。但由于塔楼高宽比较小，结构刚度较大，连廊对塔楼刚度及地震作用的总体影响较小。

(4) 本工程为地块两个区域上的连体结构，塔楼平面尺度较大及连体跨度大，可进一步考虑多点地震动输入的超长平面连体结构的地震作用分析，研究地震行波效应对复杂连体结构的影响。

02 金融城起步区 AT090902 地块项目

关　　键　　词：超高层；大底盘；伸臂桁架加强层；大悬挑；内嵌钢管剪力墙；超限结构；加强措施
结构主要设计人：江　毅　易伟文　赵　颖　何　啸　黄　勇
设　计　单　位：华南理工大学建筑设计研究院有限公司

1　工程概况与设计标准

金融城起步区 AT090902 地块项目位于广州市天河区黄埔大道与科韵路交汇处，总建筑面积约为 35.3 万 m^2，地下 6 层，建筑面积约为 12.2 万 m^2，其中负 1 层、负 2 层为商业用途，负 3 层～负 6 层为车库与设备区。地面以上总面积约为 23.1 万 m^2，由一栋 320m 高办公塔楼和 46m 高、平面尺寸约为 110m×180m 的大底盘商业裙楼组成。裙楼 9 层，面积约为 9.6 万 m^2；塔楼位于地块的东南角，62 层，主屋面结构高度为 287.5m，其上为局部凸出屋面的造型及幕墙，建筑最高点位 320m。建筑效果图、剖面示意图及典型平面图如图 1-1～图 1-4 所示。

图 1-1　建筑效果图

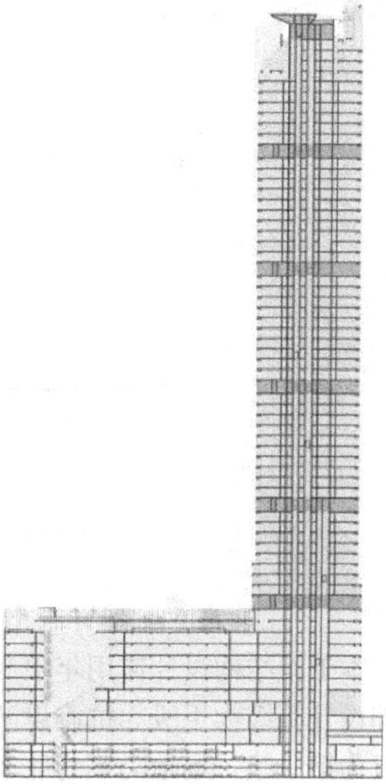

图 1-2　建筑剖面示意图

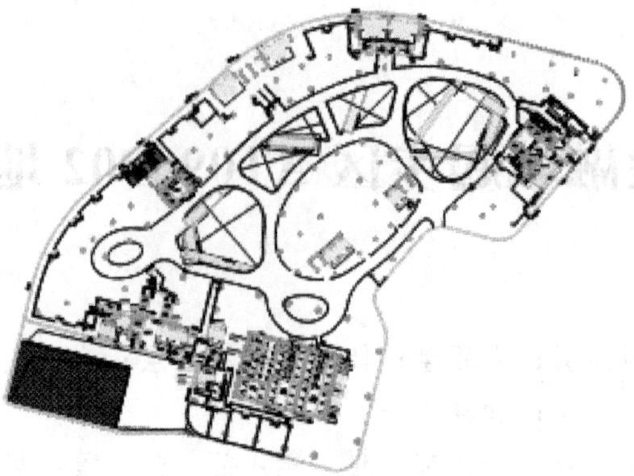

图 1-3　建筑裙楼典型平面图

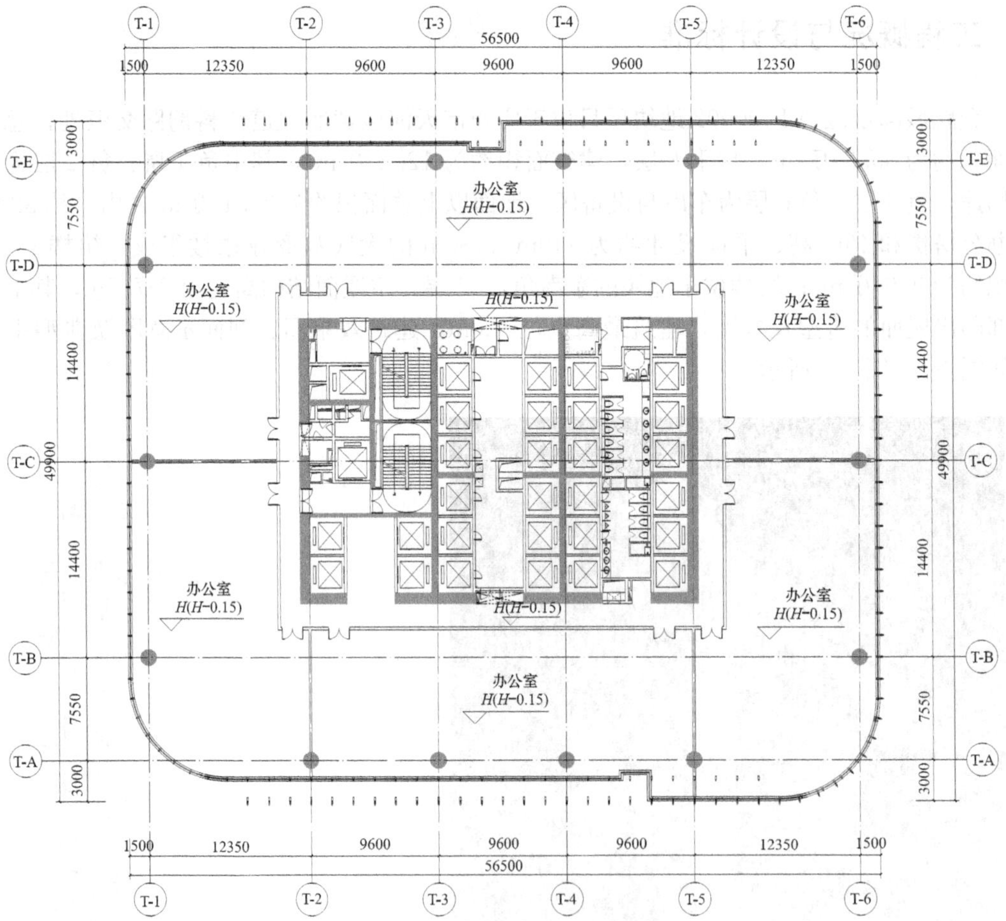

图 1-4　建筑塔楼标准层平面图

本工程结构设计使用年限为 50 年，安全等级为二级，结构重要性系数 $\gamma=1.0$。地基基础设计等级为甲级。抗震设防烈度为 7 度，设计基本地震加速度值为 $0.10g$，设计地震分组为第一组，场地类别为Ⅱ类。广州地区 50 年重现期基本风压为 $w_0=0.50\text{kPa}$，根据场地周围实际的地貌特征，地面粗糙度为 C 类。

2 结构体系及超限情况

2.1 结构体系

本项目整个大底盘均为商业用途，中庭开大洞且为大悬挑，与塔楼相接部分多仅为一跨，如在结构上沿塔楼边线进行分缝处理，裙楼结构布置不合理，将影响整个建筑的使用功能，并带来建筑构造处理的困难。故本工程的裙楼和塔楼之间不采用分缝处理，而将塔楼和大底盘连成一体，并在结构设计中特别控制以下两点：

（1）通过抗侧结构的合理布置，尽量减少水平荷载在塔楼和裙楼之间的传递，从而避免因裙楼的作用而增加塔楼竖向构件的受力负担，或裙楼竖向构件承受较大的水平荷载，以减小水平荷载作用下的楼板内力。

（2）控制大底盘的扭转位移比，减小裙楼周边构件的受力。大底盘裙楼利用楼梯间合理设置一定数量的剪力墙，形成框剪结构。

塔楼部分地面以上 62 层，结构高度 287.5m，建筑平面约为 56.5m×49.9m 的近似正方形，结构高宽比约为 5.8；核心筒 42 层以下尺寸约为 29.1m×19.9m，42 层以上尺寸收进为 22m×19.9m。塔楼外框由 14 根跨度 X 方向为 9.6m、Y 方向为 14.4m 的钢管混凝土柱和四角悬挑约 11m 的钢梁组成。本结构南北向刚度略弱于东西向，且南北向柱位与核心筒墙肢相对应，通过对结构方案合理性和经济性的对比，采用南北向带一道伸臂桁架加强层的钢管混凝土柱钢框架+核心筒结构体系。外伸刚臂是连接内筒和外柱的桁架，刚度较大，协调加强层处内筒和外柱的平面转角，通过增加外框柱轴力，从而增大外框架的抗倾覆力矩，增大结构抗侧刚度，减小侧移，其受力机理如图 2-1 所示。

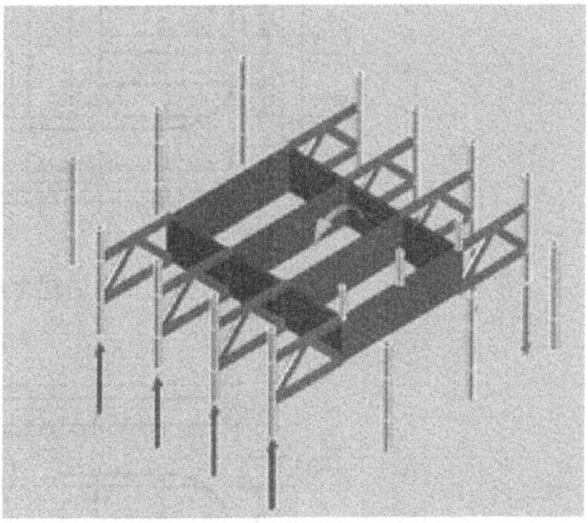

图 2-1 伸臂受力机理图

塔楼外框架与核心筒之间 9 层以下为方便与裙楼连接，采用混凝土梁板楼盖；9 层以上为钢梁+混凝土楼板的组合楼盖，楼板厚度一般为 110mm。核心筒内部为普通现浇混凝土楼盖，楼板厚度一般为 120mm。伸臂上、下层楼板厚 200mm。塔楼主要构件截面尺寸如表 2-1 所示。为减小剪力墙厚度以增加使用面积，采用内嵌钢管，将底部 8 层以下核心筒外围剪力墙厚度减为 800mm。塔楼标准层结构布置图如图 2-2、图 2-3 所示。

塔楼主要构件尺寸与材料等级　　表 2-1

构件部位	构件尺寸（mm）	材料等级
核心筒外围剪力墙	800～300（加强层 800）	C70～C60
核心筒内部剪力墙	500～250	C70～C60
钢管混凝土柱	ϕ1600×40～ϕ900×15	Q345、C80
加强层杆件（41 层）	斜撑、下弦杆□400/500×1000×55×50，上弦杆□400/500×1200×55×65	Q345

续表

构件部位	构件尺寸（mm）	材料等级
框架梁	钢筋混凝土梁：400×(900～1100)、600×1200（10层及以下） 钢梁：H（250～500）×1000×18×35（10层以上）	Q345
连梁	墙厚×(700～1200)	同墙
筒外次梁	HN450×150（标准层），HN550×200（避难层）	Q345

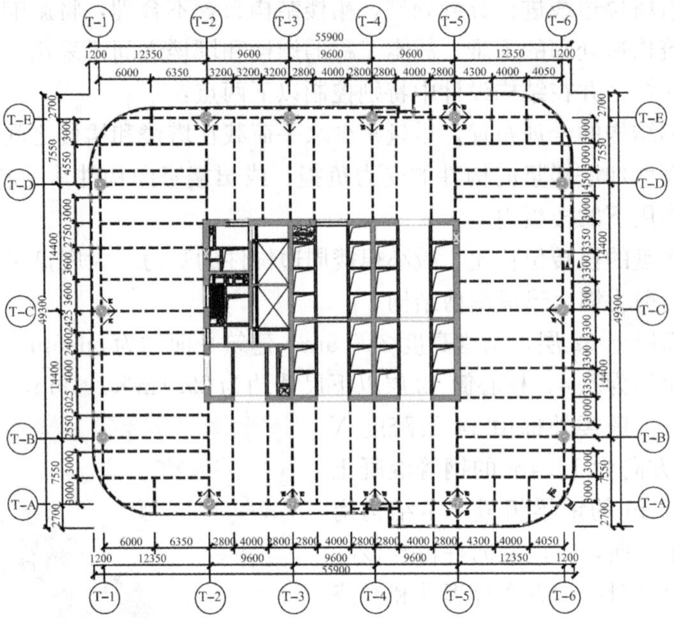

图 2-2　塔楼低区标准层结构平面布置图

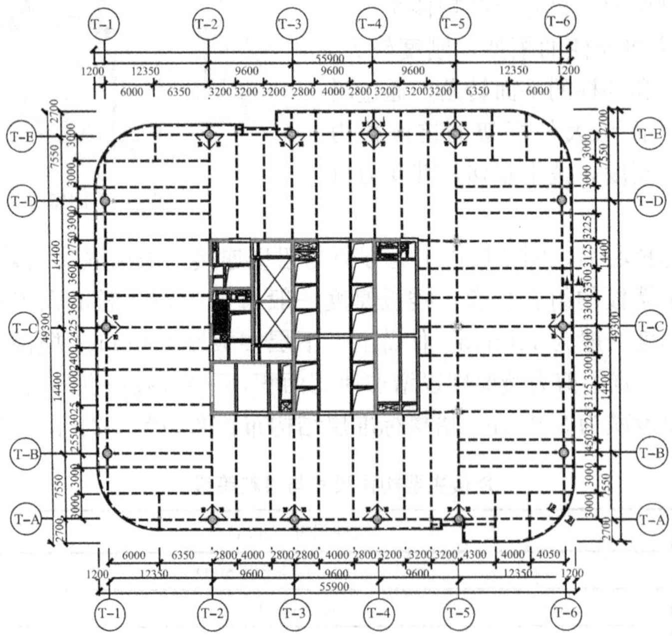

图 2-3　塔楼高区标准层结构平面布置图

裙楼竖向构件：柱距基本为 8400mm，竖向构件以钢筋混凝土柱为主，局部在电梯井及楼梯间布置剪力墙。大部分柱截面为 800mm×800mm，少数大跨度、特殊构造处的柱截面增大为 1200mm×1200mm。局部电梯井及楼梯间剪力墙厚度为 400mm。

裙楼一般水平构件：框架梁截面一般为 300mm×700mm，悬挑梁截面一般为 300mm×900mm。部分悬挑较大或荷载较大处梁截面需要加大，但梁高控制在 1200mm 以内。

2.2 结构超限情况

参照《住房城乡建设部关于印发〈超限高层建筑工程抗震设防专项审查技术要点〉的通知》（建质〔2015〕67 号）及《高层建筑混凝土结构技术规程》JGJ 3—2010（下文简称《高规》）的有关规定，对结构超限情况说明如下。

2.2.1 高度超限判别

本工程建筑物塔楼地面以上结构高度 287.5m，按照《高规》第 11.1.2 条，型钢（钢管）混凝土框架-钢筋混凝土核心筒结构 7 度地区高层建筑适用的最大高度为 190m，本工程属超规范高度超限结构。

2.2.2 不规则类型判别

同时具有三项及三项以上不规则判别见表 2-2。

三项及三项以上不规则判别　　表 2-2

序号	不规则类型	规范定义及要求	本工程情况	超限判定
1a	扭转不规则	考虑偶然偏心的扭转位移比大于 1.2	X 向：1.34～1.58（1～9 层） Y 向：1.22（8 层）1.24（9 层）	是
1b	偏心布置	偏心率大于 0.15 或相邻层质心相差大于相应边长 15%	X 向：9～10 层质心相差 50.62%、8～9 层质心相差 18.97% Y 向：9～10 层质心相差 29.16%、8～9 层质心相差 36.44%	是
2a	凹凸不规则	平面凹凸尺寸大于相应边长 30%等	无	否
2b	组合平面	细腰形或角部重叠形	无	否
3	楼板不连续	有效宽度小于 50%，开洞面积大于 30%，错层大于梁高	9 层、屋顶设备层楼板开洞大于 30%	是
4a	刚度突变	楼层侧向刚度不宜小于相邻上部楼层侧向刚度的 80%，不应小于相邻上部楼层侧向刚度的 50%	Y 向 40 层（0.88）	否
4b	尺寸突变	竖向构件位置缩进大于 25%，或外挑大于 10%和 4m，多塔	裙楼以上塔楼收进高度小于 20%	否
5	构件间断	上下墙、柱、支撑不连续，含加强层、连体	41 层设置伸臂	是
6	承载力突变	相邻层受剪承载力变化大于 80%	X 向：0.79（10 层）、0.79（19 层）、0.79（30 层） Y 向：0.73（40 层）	是
7	其他不规则	如局部的穿层柱、斜柱、夹层、个别构件错层或转换，或个别楼层扭转位移比略大于 1.2 等	1～3 层局部有穿层柱	是

2.2.3　超限情况小结

本工程属超规范高度的超限高层建筑，并存在扭转不规则（偏心布置）、楼板不连续、承载力突变、含加强层、局部穿层柱、塔楼偏置等不规则情况。

3　超限应对措施及分析结论

3.1　超限应对措施

3.1.1　分析模型及分析软件

采用 YJK 和 ETABS 两种分析软件对结构进行小震和风荷载作用下的内力和位移计算。结构主要计算参数如表 3-1 所示。模型三维图及抗侧力体系三维图如图 3-1、图 3-2 所示。

结构主要计算参数　　表 3-1

计算软件	YJK、ETABS
楼层层数	62 层
风荷载	采用风洞试验提供的 50 年一遇等效风荷载的 1.0 倍、1.1 倍分别计算结构位移及构件承载力
风作用方向	X、Y
地震作用	单向水平地震并考虑偶然偏心、双向地震
地震作用计算	采用规范反应谱进行振型分解反应谱法、弹性时程分析
地震作用方向	X、Y
地震作用振型组合数	30
活荷载折减	按规范折减
楼板假定	整体指标计算采用全刚性楼板，计算局部构件受力时采用弹性楼板
结构阻尼比	舒适度计算采用 0.02；风荷载、小震作用采用 0.04
重力二阶效应（P-Δ 效应）	考虑 P-Δ 效应
楼层水平地震剪力调整	考虑
楼层框架总剪力调整	考虑
周期折减系数	0.9
嵌固端	首层楼面
恒荷载计算方法	考虑模拟施工
连梁折减系数	风荷载承载力计算采用 0.7；地震作用承载力计算采用 0.5
中梁放大系数	按规范计算

3.1.2　抗震设防标准、性能目标及加强措施

本结构单元内经常使用人数超过 8000 人，抗震设防类别为乙类，应按本地区设防烈度 7 度确定其地震作用，按高于本地区设防烈度一度 8 度采取抗震措施。

为达到“小震不坏，中震可修，大震不倒”抗震设防目标，本工程对整体结构及构件进行性能化设计。根据《高规》和广东省标准《高层建筑混凝土结构技术规程》DBJ 15—92—2013 第 3.11 节，本工程结构预期的抗震性能目标要求达到 C 级。各构件性能水准具体分述如表 3-2 所示。

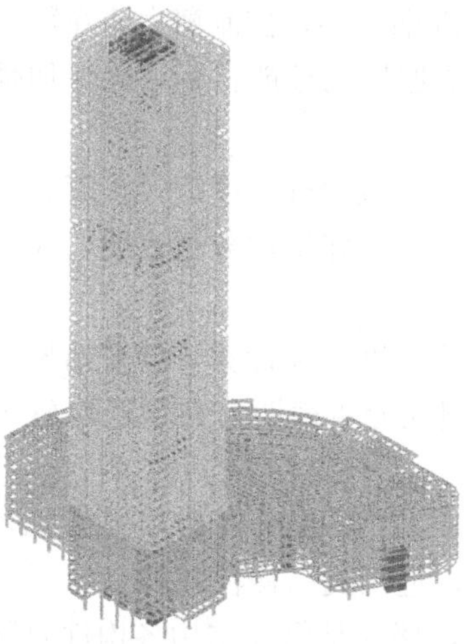

图 3-1 计算模型三维图

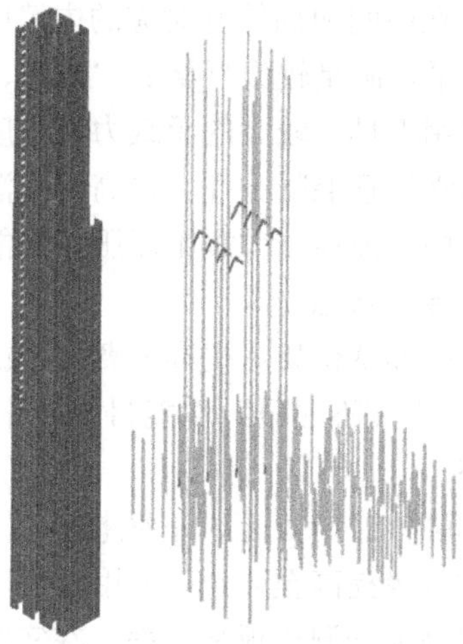

图 3-2 结构抗侧力体系三维图

结构构件抗震性能水准 **表 3-2**

项目			多遇地震	设防地震	罕遇地震
性能水准			1	3	4
层间位移角限值			1/500	—	1/100
整体结构性能目标			完好、无损坏	轻度损伤	中度损伤
构件性能目标	关键构件	剪力墙（底部加强部位、加强层）	弹性	受剪弹性，压弯不屈服	受剪不屈服，压弯不屈服
		框架柱（加强层）			
		伸臂桁架	弹性	弹性	不屈服
		楼板（加强层）	弹性	受剪不屈服，拉、压不屈服	允许屈服，控制塑性变形
	普通竖向构件	剪力墙（一般层）	弹性	受剪弹性，压弯不屈服	部分允许屈服，但满足受剪截面限制
		框架柱（一般层）			
	耗能构件	框架梁	弹性	受剪不屈服，受弯允许屈服，控制塑性变形	大部分允许屈服，控制塑性变形
		连梁			

本工程存在多项超限不规则项，除按规范要求进行设计外，还采取以下加强措施对结构进行加强。

（1）加强塔楼核心筒：考虑塔楼结构超高，核心筒的抗震等级除满足抗震等级特一级的要求外，还采取比规范要求更为严格的措施。1）控制剪力墙轴压比以保证大震时的延性，本工程剪力墙轴压比均不大于 0.46。2）适当提高剪力墙的配筋，具体为，剪力墙的水平及竖向分布筋配筋率一般为 0.5%，暗柱配筋率一般为 1.3%；加强层及上下各一层剪力墙水平分布钢筋配筋率提高至 1.2%，竖向分布钢筋配筋率提高至 1.0%，暗柱配筋同一般剪力墙，个别暗柱配筋率取小震或风荷载以及中震包络结果；底部加强区水平分布筋配筋率提高至 0.8%，竖向分布筋配筋率提高至 0.7%，暗柱配筋率提高至 1.6%，以提高核心筒极限变形能力。3）控制底部剪力墙在罕遇地震作用下的剪应力水平，并满足较为严格的“抗弯、抗剪不屈服”的性能目标，确保核心筒在罕遇地震作用下具有较大的承载力安全度。4）增大伸臂桁架所在楼层及其上、下各一层南北向核心筒外墙厚度至

800mm，并在中间两榀伸臂对应的内墙中增设内嵌钢桁架，控制剪力墙在罕遇地震作用下的剪应力水平，满足较为严格的“抗弯、抗剪不屈服”的性能目标，确保加强层核心筒在罕遇地震作用下具有较大的承载力安全度。

（2）加强钢管混凝土柱：提高钢管混凝土柱的承载力安全度。经计算，钢管混凝土柱均能满足“中震弹性，大震不屈服”性能目标要求，且弹塑性分析表明，在罕遇地震作用下仍能保持弹性状态。

（3）加强伸臂桁架：提高伸臂桁架的承载力安全度。经计算，伸臂桁架构件均能满足“中震弹性，大震不屈服”性能目标要求，且弹塑性分析表明，在罕遇地震作用下仍能保持弹性状态。

（4）加强伸臂桁架上、下弦楼板：伸臂桁架上、下弦所在楼层楼板加厚至 200mm，混凝土强度等级提高至 C40，采用双层双向配筋，适当提高楼板配筋率。

（5）提高大开洞楼板配筋率：在实际结构中，楼板是保证结构各构件协同受力的关键因素。该结构局部楼层楼板开大洞，楼板的整体性受到影响。为了保证传力的可靠性，适当提高开洞楼板的配筋率，并且对于开洞楼板周边梁，可适当提高配筋率，加大通长钢筋的比例，提高结构安全度。

（6）加强塔楼与裙楼顶板对应上、下层相关构件：裙楼与主楼相连，主楼结构在裙楼顶板对应的上、下层受刚度与承载力突变影响较大，提高 9 层和 10 层核心筒剪力墙水平和竖向分布钢筋配筋率至 0.7%；裙楼顶板对应的塔楼层楼板及从塔楼外延 3 跨且不小于 20m 的相关范围裙楼楼板加厚至 150mm。配筋采用 ϕ12@150，双层双向。

（7）加强裙楼水平及竖向构件：本结构塔楼偏置，在裙楼引起较大的扭转效应，适当提高裙楼水平及竖向构件的配筋率，尤其是边梁、边柱。加强裙楼和塔楼连接部分的楼板。

3.2 分析结果

小震及风荷载作用下结构主要计算结果见表 3-3。

结构主要计算结果汇总 **表 3-3**

指标		YJK 软件	ETABS 软件
第 1 周期	周期（s）	7.7888	7.8775
第 2 周期	周期（s）	7.0667	7.0218
第 3 周期	周期（s）	4.5688（扭转）	4.1166（扭转）
地震作用下首层剪力（kN）	X 向	31144	3.146E+04
	Y 向	39475	4.048E+04
地震作用下首层倾覆弯矩（kN·m）（未经调整）	X 向	3347717	3.581E+06
	Y 向	3500928	3.626E+06
50 年一遇风荷载作用下首层剪力（kN）	X 向	26830	2.683E+04
	Y 向	24356	2.436E+04
50 年一遇风荷载作用下首层倾覆弯矩（kN·m）	X 向	4000011	4.000E+06
	Y 向	4780094	4.780E+06
地震作用下最大层间位移角	X 向	1/512（59 层）	1/560（61 层）
	Y 向	1/723（52 层）	1/741（56 层）

续表

指标		YJK 软件	ETABS 软件
50 年一遇风荷载作用下最大层间位移角	X 向	1/723（52 层）	1/733（45 层）
	Y 向	1/589（60 层）	1/607（60 层）
结构刚重比	X 向	1.434	1.488
	Y 向	1.625	1.625

由表 3-3 可知，两个软件的主要计算结果，包括周期及振型、风荷载及地震作用下的基底反力及侧向位移等均比较接近，验证了分析的可靠性。小震及风荷载作用下计算结果基本能满足现行设计规范各项指标要求。

中震及罕遇地震下弹塑性分析结果详见超限报告。

4 抗震设防专项审查意见

2016 年 7 月 12 日，广州市住房和城乡建设委员会在广州大厦 715 会议室主持召开了“金融城起步区 AT090902 地块项目”超限高层建筑工程抗震设防专项审查会，广东省建筑设计研究院陈星总工程师任专家组组长。与会专家听取了华南理工大学建筑设计研究院有限公司关于该工程抗震设防设计的情况汇报，审阅了送审资料。经讨论，提出审查意见如下：

（1）进一步优化裙房结构布置，并增加不利方向水平力作用分析。

（2）塔楼四角楼板应双层双向配筋加强，角部双悬臂梁应连成整体。

（3）41 层墙变柱处应加强，暗柱应向下延伸一层。

（4）宜对塔楼作单独计算复核，并进一步分析设置伸臂桁架层的必要性，位移角可适当放松至不大于 1/400。

（5）补充分析屋顶构架对主体结构的影响。

审查结论：通过。

5 点评

本项目地面以上由一栋 320m 高塔楼和 46m 高、平面尺寸约 110m×180m 的大底盘裙楼组成。由于结构受力特点及建筑功能需求，裙楼和塔楼之间不设缝。塔楼采用带一道伸臂桁架加强层的钢管混凝土柱钢框架+钢筋混凝土核心筒混合结构，裙楼采用框架-剪力墙结构。结构存在扭转不规则、偏心布置、楼板不连续、含加强层、塔楼偏置等多项不规则，属超规范高度的超限高层建筑。

在结构设计过程中，充分利用概念设计进行结构方案选型分析。合理布置裙楼剪力墙，以减少裙楼和塔楼之间的水平力传递及结构扭转效应。根据塔楼两个方向不同的刚度需求及结构整体刚度需求，通过加强层形式、加强层道数等多轮方案对比，选用满足结构受力需求、经济合理的塔楼方案。

根据抗震设计目标，对结构进行抗震性能化设计，针对结构受力特点，采取有针对性的加强措施。采用多种程序对结构进行了弹性、弹塑性计算分析，分析结果表明，结构各项指标基本满足规范的有关要求，结构可达到预期的抗震性能目标 C 等级，结构抗震加强措施有效，本超限结构设计是安全可行的。

03 万菱环球中心（副塔楼）

关　　键　　词： 超 B 级高度；部分框支剪力墙结构；高位转换
结构主要设计人： 方小丹　江　毅　丁少润　易伟文　黎奋辉　孙孝明　刘光爽
赵　颖　林乐斌
设　计　单　位： 华南理工大学建筑设计研究院有限公司

1　工程概况与设计标准

1.1　工程概况

本项目位于珠海市香洲区侨光路与水湾路交会处西南侧，总建筑面积约 28.5 万 m^2。地下 4 层，面积约 4.5 万 m^2，主要使用功能为商场及地下车库；结构嵌固端为首层楼面，地上裙楼 7 层，高度 39.9m，面积约 2.8 万 m^2，主要使用功能为商场；8 层为屋顶花园及住宅大堂，9 层为避难层和转换层，10～49 层为酒店式办公及住宅，面积约 4.5 万 m^2；从结构嵌固端至主要屋面层，副塔楼结构高度 188.7m；屋面以上为设备间及幕墙构架层，构架层高度 6.6m。建筑效果图如图 1-1 所示，剖面图如图 1-2 所示。

图 1-1　建筑效果图

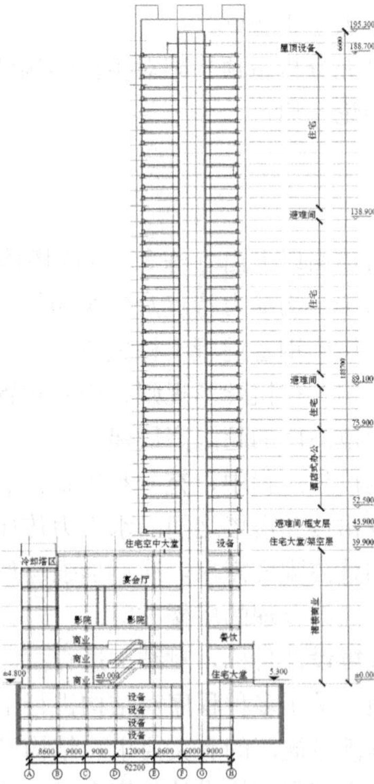

图 1-2　剖面图

1.2 设计标准

本工程的结构设计使用年限为50年，安全等级为二级，结构重要性系数$\gamma=1.0$。

本工程50年一遇的基本风压$w_0=0.80kN/m^2$，承载力设计时按基本风压的1.1倍采用，地面粗糙度类别为B类，体型系数取1.4，其他系数按规范取值。

本工程的抗震设防烈度为7度，设计基本地震加速度值为0.10g，场地类别为Ⅲ类，地震分组为第二组，特征周期$T_g=0.55s$（规范）。本工程裙楼（1～7层）为商业用途，商业面积为2.8万m^2，抗震设防类别为乙类；裙楼以上为住宅楼（8～49层），抗震设防类别为丙类。

根据地质条件，本工程塔楼采用旋挖成孔灌注桩基础，桩端持力层为④$_3$完整中风化花岗岩或④$_4$微风化花岗岩，要求微风化岩的单轴饱和抗压强度标准值不小于30MPa。桩身混凝土强度等级为C50。

2 结构体系与超限情况

2.1 结构体系

为满足裙楼商业大空间的使用功能，本工程采用钢筋混凝土部分框支剪力墙结构，结构转换层位于第9层，在核心筒或裙楼电梯间设置落地剪力墙，转换层为梁板结构，转换层结构平面如图2-1所示。落地剪力墙厚度为600mm，框支柱为1500mm×30mm的钢管混凝土柱，转换梁截面为（800～2800）mm×2600mm。转换层以上住宅塔楼剪力墙厚度为200～400mm，住宅塔楼室内梁截面一般为200/250/300/350mm×700mm，转换层以下一层（9层）及以上一层（11层）楼板厚度为150mm，标准层核心筒内楼板厚度为130mm，其余位置楼板厚度为100mm。结构模型如图2-2所示。

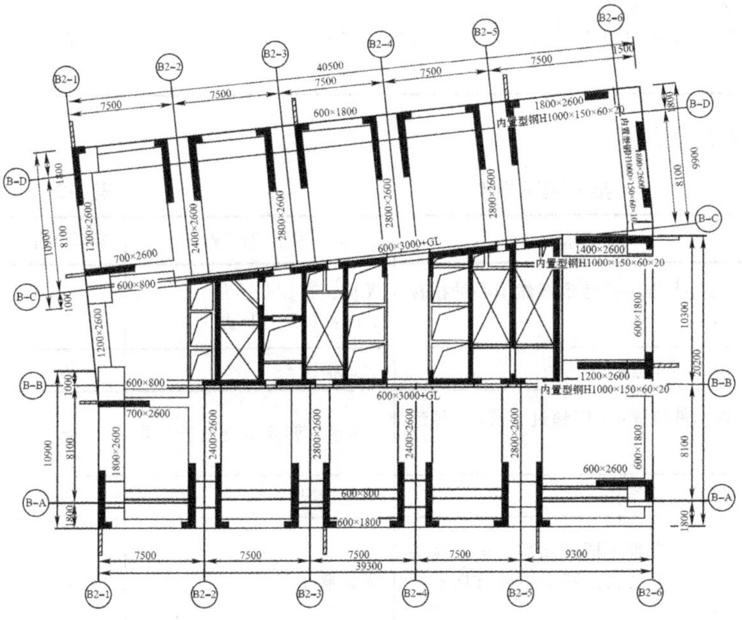

图2-1 转换层结构平面

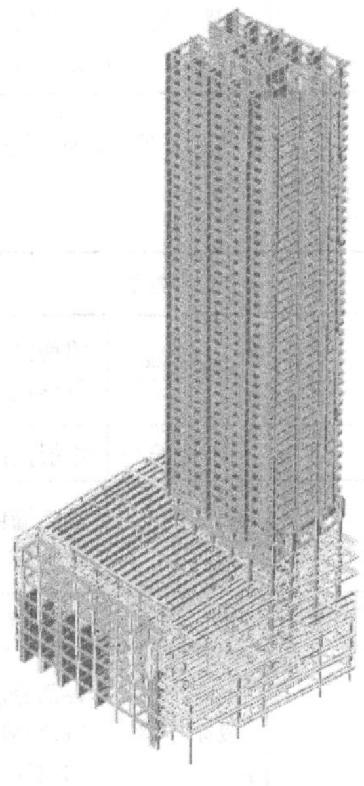

图2-2 结构三维模型

2.2 结构超限情况

2.2.1 高度超限判别

本工程结构高度为188.7m，采用部分框支剪力墙结构，属超B级高度的高层建筑。

2.2.2 不规则类型判别

（1）三项及三项以上不规则判别见表2-1。

三项及三项以上不规则判别 表2-1

序号	不规则类型	规范定义及要求	本工程情况	超限判定
1	扭转不规则	考虑偶然偏心的扭转位移比大于1.2	裙楼：X向：1.32（1层），$\theta_E=1/4158$； Y向：1.29（4层） 塔楼：X向：1.12（10层）； Y向：1.16（16层）	是
2a	凹凸不规则	平面凹凸尺寸大于相应边长35%等	塔楼以上X向最大值：8.2/39.3=0.21	否
2b	组合平面	细腰形或角部重叠形	无	否
3	楼板不连续	有效宽度小于50%，开洞面积大于30%，错层大于梁高	5层开洞面积28% 7层开洞面积48%	是
4a	刚度突变	在地震作用下，某一层的侧向刚度小于相邻上一层的80%	X向：0.86（8层）；Y向：0.91（8层）	否
4b	尺寸突变	竖向构件位置缩进大于25%，或外挑大于10%和4m，多塔	塔楼X向缩进40%，Y向缩进58%，从嵌固端算起，缩进高度为$h=39.9>0.2H=37.7$ 5层悬挑桁架外挑长度为17m	是
5	构件间断	上下墙、柱、支撑不连续，含加强层、连体	转换层设置于9层，属Ⅱ类竖向构件不连续	是
6	承载力突变	B级高度高层建筑的抗侧力结构的层间受剪承载力小于相邻上一层的75%	X向：0.84（6层）；Y向：0.78（8层）	否

（2）某一项不规则判别见表2-2。

某一项不规则 表2-2

序号	不规则类型	规范定义及要求	本工程情况	超限判定
1	扭转偏大	裙房以上30%或以上楼层数考虑偶然偏心的扭转位移比大于1.5	X向：1.12（10层） Y向：1.16（16层）	否
2	层刚度偏小	本层侧向刚度小于相邻上层的50%	无此情况	否
3	高位转换	框支墙体的转换构件位置：7度超过5层，8度超过3层	7度区，转换层设置于9层	是
4	厚板转换	7～9度设防的厚板转换结构	无此情况	否
5	复杂连接	各部分层数、刚度、布置不同的错层；连体两端塔楼高度、体型或者沿大底盘某个主轴方向的振动周期显著不同的结构	无此情况	否

续表

序号	不规则类型	规范定义及要求	本工程情况	超限判定
6	多重复杂	结构同时具有转换层、加强层、错层、连体和多塔等复杂类型的3种	无此情况	否

2.2.3 超限情况总结

（1）表2-1中a、b项不重复计算，扭转不规则属Ⅰ类扭转不规则（其中X向首层位移比1.32大于1.30，但该层最大层间位移角$\theta_E=1/4158$，仍属于Ⅰ类扭转不规则），计0.5项不规则，不规则项数合计为3.5项。

（2）本工程转换层设置于第9层，属于高位转换。

（3）本工程塔楼为高度188.7m的钢筋混凝土部分框支剪力墙结构，属超B级高度高层建筑，需进行抗震设防专项设计。

3 超限应对措施及分析结论

3.1 超限应对措施

3.1.1 分析模型及分析软件

本工程小震设计阶段采用YJK和ETABS进行分析对比。

3.1.2 抗震设防标准、性能目标及加强措施

根据广东省标准《高层建筑混凝土结构技术规程》DBJ 15—92—2013第3.9.4条、第3.9.6条的规定，塔楼及相关范围内的框架、剪力墙的抗震设防等级如表3-1所示。

结构构件抗震设防等级 **表3-1**

抗侧力构件		抗震等级
塔楼投影范围内剪力墙、连梁	底部加强部位（1～11层）	特一级
	非底部加强部位（12～顶层）	一级
塔楼投影范围外剪力墙、连梁	1～7层	一级
框支柱	1～9层	特一级
框支梁	10层	特一级
裙楼普通框架柱	1～7层	一级
框架梁	塔楼投影范围内1～9层	一级
	裙楼1～7层	
	塔楼转换层以上	

注：除表中说明外，地下2层及以下逐层抗震等级降低一级。

根据《高层建筑混凝土结构技术规程》JGJ 3—2010第3.11节的规定，本工程结构预期的抗震性能目标要求达到C级，相应小震、中震和大震下的结构抗震性能水准分别为水准1、水准3和水准4，关键构件为底部加强区剪力墙、框支柱、框支梁，普通竖向构件为非底部加强部位剪力墙、裙楼框架柱，耗能构件为连梁及框架梁。

各构件性能水准具体分述如表3-2所示。

结构构件抗震性能水准　　表 3-2

性能要求			多遇地震	设防地震	罕遇地震
关键构件	底部加强部位剪力墙	压弯	弹性设计	不屈服	可屈服，但压区混凝土不压溃
		剪	弹性设计	弹性	不屈服
	框支柱	压弯	弹性设计	不屈服	不屈服
		剪	弹性设计	弹性	不屈服
	转换梁	弯	弹性设计	不屈服	不屈服
		剪	弹性设计	弹性	不屈服
	悬挑桁架	拉压	弹性设计	不屈服	不屈服
		剪	弹性设计	弹性	不屈服
普通竖向构件	普通剪力墙	压弯	弹性设计	不屈服	可屈服，但压区混凝土不压溃
		剪	弹性设计	弹性	受剪截面尺寸复核
	裙楼框架柱	压弯	弹性设计	不屈服	可屈服，但压区混凝土不压溃
		剪	弹性设计	弹性	受剪截面尺寸复核
耗能构件	框架梁	弯	弹性设计	可屈服，但压区混凝土不压溃	可屈服，但压区混凝土不压溃
		剪	弹性设计	不屈服	受剪截面尺寸复核
	连梁	弯	弹性设计	可屈服，但压区混凝土不压溃	可屈服，但压区混凝土不压溃
		剪	弹性设计	不屈服	受剪截面尺寸复核
转换层楼板		拉、压	弹性设计	不屈服	可屈服
		剪	弹性设计	弹性	不屈服

3.1.3 加强措施

加强措施详见表 3-3。

加强措施　　表 3-3

超限项目	加强措施
扭转不规则 尺寸突变	1. 加强裙楼周边剪力墙； 2. 加强裙楼周边钢框架承载力； 3. 加大住宅塔楼周边框架梁截面，并适当提高其承载力； 4. 体型收进部位周边框架柱抗震等级提高至特一级； 5. 减小体型收进处结构刚度的变化
楼板不连续	加强楼板，采用双层双向通长配筋
高位转换 超 B 级高度	1. 加强落地核心筒； 2. 加强框支柱、加强转换梁； 3. 加强转换层楼板

3.2 分析结果

3.2.1 小震分析结果

小震作用下主要计算结果见表 3-4。

小震作用下主要计算结果　　表 3-4

指标	YJK 软件	ETABS 软件
结构总重量（kN）（首层以上）（D+0.5L）	1299600	1290000
计算振型数	30	30

续表

指标		YJK 软件	ETABS 软件
有效质量系数	X 向	97.47%	97.13%
	Y 向	96.55%	96.81%
第 1 周期	周期（s）	4.3616	4.2123
	X、Y、T（扭转）的比例	0.01+0.99/0.00	
第 2 周期	周期（s）	3.2058	3.04507
	X、Y、T（扭转）的比例	0.99+0.01/0.00	
第 3 周期	周期（s）	2.2717（扭转）	2.09919（扭转）
	X、Y、T（扭转）的比例	0.01+0.01/0.98	
第 4～6 周期	周期（s）	1.30，1.14（扭转），1.04	1.23，1.07（扭转），0.96
第 1 扭转周期/第 1 平动周期		0.52	0.50
首层刚重比	X 向	$EJ/\sum GH^2=5.466$	
	Y 向	$EJ/\sum GH^2=2.975$	
地震作用下首层剪力（kN）（未经调整）	X 向	20905	22160
	Y 向	19368	20570
地震作用下落地剪力墙承担剪力的比例	X 向	84.77%	87.9%
	Y 向	88.86%	90.7%
首层剪重比（未经调整）	X 向	1.609%	1.7%
	Y 向	1.490%	1.6%
地震作用下首层倾覆弯矩（kN·m）（未经调整）	X 向	1704521	1752000
	Y 向	1523020	1569000
50 年一遇风荷载作用下首层剪力（kN）	X 向	21063	21060
	Y 向	26522	26520
风荷载作用下落地剪力墙承担剪力的比例	X 向	85.32%	88%
	Y 向	88.47%	90.4%
50 年一遇风荷载作用下首层倾覆弯矩（kN·m）	X 向	2201243	2201000
	Y 向	2869035	2869000
考虑偶然偏心影响，规定水平地震力作用下楼层竖向构件最大水平位移与平均水平位移比值	X 向	1.32（1 层）	—
	Y 向	1.25（1 层）	—
考虑偶然偏心影响，规定水平地震力作用下楼层竖向构件最大层间位移与平均层间位移比值	X 向	1.29（2 层）	—
	Y 向	1.29（4 层）	—
地震作用下最大层间位移角	X 向	1/1662（38 层）	1/1791（38 层）
	Y 向	1/865（38 层）	1/929（38 层）
50 年一遇风荷载作用下最大层间位移角	X 向	1/1559（26 层）	1/1696（30 层）
	Y 向	1/527（30 层）	1/594（31 层）
本层侧向刚度与相邻上层侧向刚度的比值	X 向	0.86（8 层）	0.80（8 层）
	Y 向	0.91（8 层）	0.90（8 层）
楼层层间受剪承载力及与上层受剪承载力的比值	X 向	0.84（6 层）	—
	Y 向	0.78（8 层）	—
剪力墙底部加强部位墙肢最大轴压比		0.50	—

由表 3-4 可知，两个软件的主要计算结果，包括总质量、周期及振型、风荷载及地震作用下的基底反力及侧向位移等均比较接近，验证了分析的可靠性。小震及风荷载作用下计算结果基本能满足现行设计规范各项指标要求。

3.2.2 中震等效弹性分析

采用 YJK 按等效弹性计算的中震作用下结构的最大层间位移角为 X 向：1/511、Y 向：1/301，首层中震地震剪力与规范小震的比值为 X 向：2.56、Y 向：2.57。

采用 YJK 进行中震设计，计算结果表明，构件能够满足预设的性能目标。

3.2.3 罕遇地震下弹塑性分析

采用 Perform-3D 对本工程进行罕遇地震下的动力弹塑性时程分析。罕遇地震作用下的结构基底剪力大概是小震的 3.97～5.31 倍，结构部分进入弹塑性。结构的滞回耗能约占总耗能量的 30%～38%，可认为结构在大震下基本处于弱非线性状态。在滞回能耗中，钢筋混凝土连梁及钢筋混凝土框架梁约占 88%～95%，框支柱、裙房钢框架梁及钢管混凝土柱基本不参与耗能。可见钢筋混凝土连梁及钢筋混凝土框架梁是主要的耗能构件。构件损伤分析表明，构件均满足设定的性能目标。

4 抗震设防专项审查意见

2018 年 1 月 26 日，珠海市住房和城乡规划建设局在珠海正青审图公司会议室主持召开了“万菱环球中心（副塔楼）”超限高层建筑工程抗震设防专项审查会。与会专家听取了华南理工大学建筑设计研究院有限公司关于该工程抗震设防设计的情况汇报，审阅了送审材料。经讨论，提出审查意见如下：

（1）总体评价

设计单位采用 YJK、ETABS 等软件对结构进行了常规的弹性静、动力分析，补充了中、大震下的构件验算；并采用 Perform-3D 软件进行了罕遇地震下动力弹塑性分析。计算结果表明，结构的各项控制性指标基本满足现行规范要求，选取的抗震性能目标合适，所采用的抗震加强措施有效，可保证结构的抗震安全性。

（2）存在问题和改进意见

1）补充副塔楼裙房大跨度梁挠度分析；对大跨度钢梁支座端受压下翼缘应有稳定措施。

2）提高副塔楼转换悬臂梁和外围边框梁的抗震性能；底部首层核心筒宜保证筒体完整性。

审查结论：通过。

5 点评

本工程结构高度 188.7m，采用部分框支剪力墙结构形式，存在扭转不规则、凹凸不规则、刚度突变、竖向构件不连续等超限情况，属于超 B 级高度超限高层建筑。设计中充分利用概念设计方法，重点提高转换层的抗震性能。采用多种程序对结构进行了弹性、弹塑性计算分析，计算结果表明，多项指标均表现良好，满足规范的有关要求。根据计算分析结果和概念设计方法，对关键和重要构件做了适当加强，以保证在地震作用下的延性。结构可满足“小震不坏，中震可修，大震不倒”的抗震设防目标，结构是安全可行的。

04 番禺敏捷广场 A 塔

关　　键　　词： 超 B 级高度；扭转不规则；偏心布置；局部穿层柱；楼层受剪承载力
结构主要设计人： 周越洲　丁少润　许名鑫　李加成　李重阳　李国清
设　计　单　位： 华南理工大学建筑设计研究院有限公司

1　工程概况与设计标准

番禺敏捷广场 A 塔项目位于广州市番禺区万博商务区内，迎宾路与汉溪大道交汇处。本综合体地下 5 层，地面以下 23.8m；地面以上共有 A、B、C 三个塔楼，地面以上高度分别为 207.5m、149.8m 和 133.6m；总建筑面积约为 45 万 m^2。A 塔楼在 2015 年曾进行过抗震设防超限审查，后因业主更改建筑功能等原因，于 2017 年重新进行超限审查。A 塔楼地面以上共 47 层，1～5 层为裙楼，使用功能为大堂、宴会厅和办公，6～34 层为办公层，35～47 层为酒店，地面以上建筑面积约为 98027m^2。标准层平面图、剖面图及效果图如图 1-1～图 1-4 所示。

本工程的抗震设防烈度为 7 度，设计基本地震加速度值为 0.10g，设计地震分组为第一组，场地类别为Ⅱ类。结构设计使用年限为 50 年，建筑结构安全等级为二级，结构重要性系数 $\gamma=1.0$。A 塔办公部分经常使用人数约为 5634 人，酒店部分经常使用人数约为 864 人，宴会厅部分经常使用人数约为 800 人，合计经常使用人数约为 7300 人，属丙类建筑，按本地区设防烈度进行抗震计算及采取抗震措施。

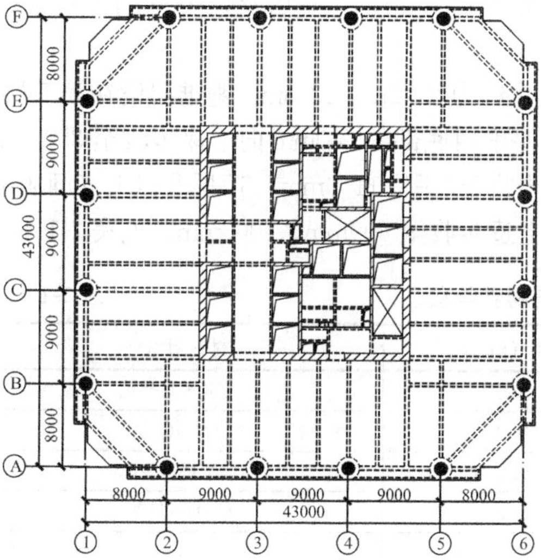

图 1-1　办公区（6～36 层）标准层平面图

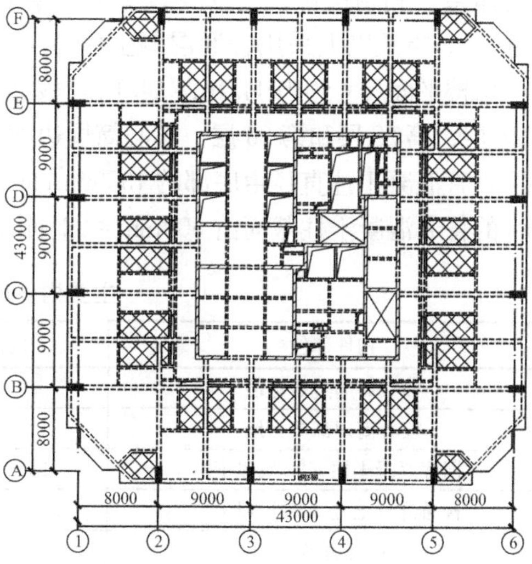

图 1-2　酒店区（37～47 层）标准层平面图

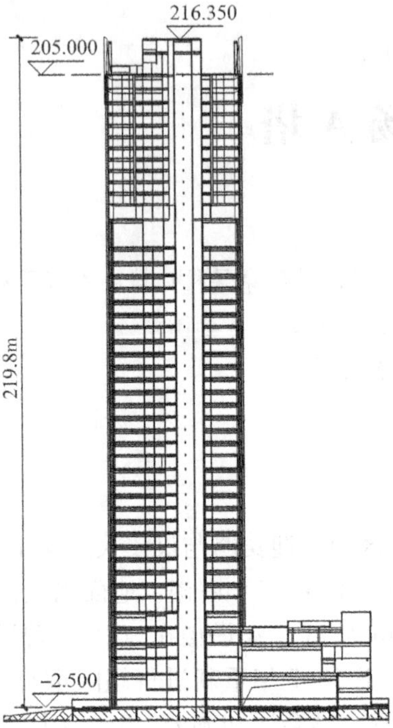

图 1-3　建筑剖面图

图 1-4　建筑效果图

2　结构体系与结构布置

2.1　结构体系

本工程结构高度为 207.5m，计入出屋面构架后的高度为 219.8m，采用框架-核心筒结构体系，利用楼梯、电梯及设备间设置钢筋混凝土核心筒。36 层及以下采用钢管混凝土柱，37 层及以上采用普通混凝土柱。

塔楼平面尺寸约为 44.1m×44.1m，核心筒尺寸约为 21.2m×22.8m。避难层设在第 7 层、第 18 层、第 28 层和第 36 层。核心筒周边剪力墙厚度由底部的 900mm 向上逐步收至 350mm，外围钢管混凝土柱直径由底部的 1350mm 向上逐步收至 36 层 1100mm，37 层及以上（酒店部分）的普通混凝土柱截面由 600mm×2200mm 向上逐步收至 600mm×1000mm，见表 2-1。

主要构件尺寸与材料等级　　表 2-1

构件部位	构件尺寸（mm）	材料等级
核心筒周边剪力墙	900～350	C60～C35
核心筒内部剪力墙	300、250	C60～C35
钢管混凝土柱（36 层以下）	ϕ1350×28～ϕ1100×16	Q345、C60～C50
普通混凝土柱（37 层以上）	600×2200～600×1000	C40～C35
内部框架梁	400×600	C30
外围框架梁	400×800	C30
次梁	300×600 等	C30

2.2 楼盖体系

采用现浇钢筋混凝土楼盖，地上部分楼板厚度一般为 110mm，核心筒内楼板厚度为 130mm。梁截面尺寸一般为：外围框架梁 400mm×800mm，其余框架梁 400mm×600mm 等，次梁 300mm×600mm 等。

钢筋混凝土梁与钢管混凝土柱之间采用钢筋混凝土环梁节点，如图 2-1 所示。

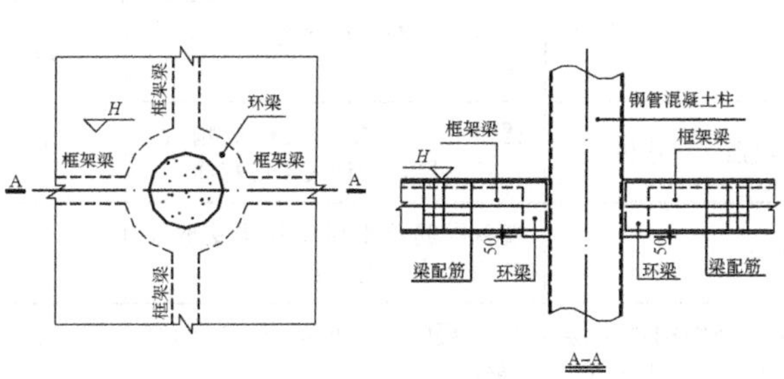

(a)钢管混凝土节点构造

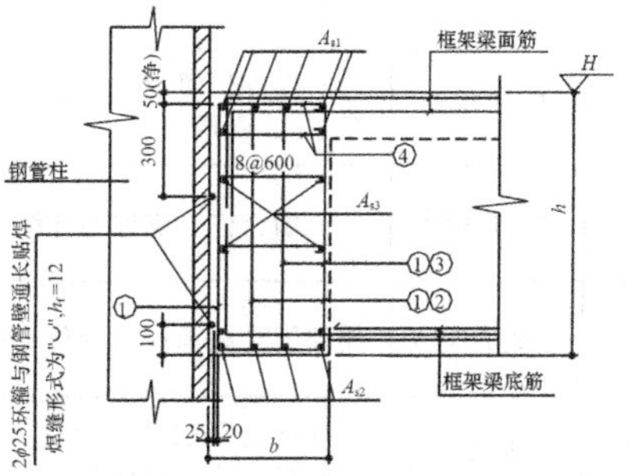

(b)钢管混凝土柱环梁

图 2-1 钢筋混凝土环梁节点示意

钢管混凝土柱与相应的普通混凝土柱在过渡层形心对齐，交接处采用承台过渡，并在 37、38 层的普通混凝土柱内设置芯柱，芯柱纵筋伸入钢管混凝土柱内。

3 荷载与地震作用

根据广东省标准《建筑结构荷载规范》DBJ 15—101—2014，广州市番禺区的基本风压一般为 0.55kN/m^2，本工程结构位移计算采用 50 年重现期的基本风压 0.55kN/m^2，承载力设计时按基本风压的 1.1 倍采用。

地震作用按国家规范相关规定进行计算。

4 结构超限判别及抗震性能目标

4.1 结构超限类型和程度

结构不规则判别详见表 4-1。

不规则判别 表 4-1

序号	不规则类型	规范定义及要求	本工程情况	超限判定
1a	扭转不规则	考虑偶然偏心的扭转位移比大于 1.2	X 向：裙楼 1.14（该层位移角为 1/2616），塔楼 1.09 Y 向：裙楼 1.36（该层位移角为 1/2233），塔楼 1.16	是
1b	偏心布置	偏心率大于 0.15 或相邻层质心相差大于相应边长 15%	裙楼偏心率大于 0.15	是

续表

序号	不规则类型	规范定义及要求	本工程情况	超限判定
2a	凹凸不规则	平面凹凸尺寸大于相应边长 30%等	无此情况	否
2b	组合平面	细腰形或角部重叠形	无此情况	否
3	楼板不连续	有效宽度小于 50%，开洞面积大于 30%，错层大于梁高	裙楼宴会厅上空楼板不连续	是
4a	刚度突变	相邻层刚度变化大于 90%	X 向 1.03（17 层），Y 向 1.03（21 层）	否
4b	尺寸突变	竖向构件位置缩进大于 25%，或外挑大于 10% 和 4m，多塔	裙楼局部外挑长度为 5.4m，大于 4m	是
5	构件间断	上下墙、柱、支撑不连续，含加强层、连体	裙楼有梁上托一层柱的情况，仅托一层，未计入不规则项	否
6	承载力突变	相邻层受剪承载力变化大于 80%	墙身配筋调整后相邻层受剪承载力变化不大于 80%	否
7	其他不规则	如局部的穿层柱、斜柱、夹层、个别构件错层或转换，或个别楼层扭转位移比略大于 1.2 等	1～3 层间有 6 根穿越一层的穿层柱	是

注：1 深凹进平面在凹口设置连梁，其两侧的变形不同时仍视为凹凸不规则，不按楼板不连续中的开洞对待；
2 序号 a、b 不重复计算不规则项；
3 局部的不规则，视其位置、数量等对整个结构影响的大小判断是否计入不规则的一项。

本工程属超 B 级高度的超限高层建筑，并存在扭转不规则、偏心布置、楼板不连续、尺寸突变（局部外挑大于 4m）、局部穿层柱等 4 项不规则情况（序号 a、b 不重复计算），不规则项多集中在裙楼。

4.2 抗震性能目标

本工程结构预期的抗震性能目标为 C 级，相应小震、中震和大震下的结构抗震性能水准分别为水准 1、水准 3 和水准 4。各构件性能水准具体分述如表 4-2 所示。

结构构件抗震性能水准 **表 4-2**

性能要求			多遇地震	设防地震	罕遇地震
性能水准			1	3	4
关键构件	底部加强区剪力墙	压弯	弹性设计	不屈服	可屈服，但压区混凝土不压溃
		剪	弹性设计	弹性	不屈服
	托（1 层）柱钢梁	弯、剪	弹性设计	弹性	不屈服
普通竖向构件	普通剪力墙	压弯	弹性设计	不屈服	可屈服，但压区混凝土不压溃
		剪	弹性设计	弹性	受剪截面尺寸复核
	外框柱 一般框架柱	压弯	弹性设计	不屈服	可屈服，但压区混凝土不压溃
		剪	弹性设计	弹性	受剪截面尺寸复核
耗能构件	框架梁	弯	弹性设计	可屈服，但压区混凝土不压溃	可屈服，但压区混凝土不压溃
		剪	弹性设计	不屈服	受剪截面尺寸复核
	连梁	弯	弹性设计	可屈服，但压区混凝土不压溃	可屈服，但压区混凝土不压溃
		剪	弹性设计	不屈服	受剪截面尺寸复核

5 结构计算与分析

5.1 小震及风荷载作用分析

小震及风荷载作用下 YJK 与 ETABS 软件的主要计算结果见表 5-1。

根据广东省标准《高层建筑混凝土结构技术规程》DBJ 15—92—2013 第 3.7.3 条的规定，高度为 207.5m 的框架-核心筒结构楼层层间最大位移与层高之比 $\Delta u/h$ 由插值得不宜超过 1/555。经验算，本工程该项指标为 1/642，满足规程要求。

楼层受剪承载力之比，在调整前软件计算的 36 层与 37 层受剪承载力之比 X 向和 Y 向分别为 0.73、0.75，即使这两层剪力墙截面和柱截面完全相同，受剪承载力计算值仍然突变，说明主要是由层高突变（层高比为 1.86）引起的。对于剪力墙来说，根据《高层建筑混凝土结构技术规程》JGJ 3—2010（下文简称《高规》）第 7.2.10 条的规定，剪跨比 $\lambda<1.5$ 时取 1.5。剪力墙的 λ 一般均小于 1.5，所以剪力墙受剪承载力与层高基本没有关系。考虑到柱和剪力墙的承载力未必能同时发挥出来，墙、柱承载力组合时，软件对墙的承载力乘了 0.7 的折减系数，适用于以柱为主的结构，用于以剪力墙为主的结构则误差较大。对柱来说，根据《高规》的条文说明，柱的受剪承载力可根据柱两端实配的受弯承载力按两端同时屈服的假定失效模式反算。适用于梁、柱线刚度相近的结构，比如框架结构，但本工程该处钢管混凝土柱受弯承载力远较框架梁大，故梁先屈服而柱不屈服，甚至框架-剪力墙结构中的短柱可能没有反弯点。按上述方式计算所得的柱受剪承载力偏大较多，楼层受剪承载力受层高突变的影响也就较大，也就是说该楼层受剪承载力比小于 0.8 在一定程度上是由计算方法导致的。设计仍然适当加强了 36 层的剪力墙。

结构分析主要结果汇总 **表 5-1**

指标			YJK 软件	ETABS 软件
第 1 周期	周期（s）		6.75	6.54
第 2 周期	周期（s）		5.79	5.68
第 3 周期	周期（s）		3.82（扭转）	3.77（扭转）
地震作用下首层剪力（kN）		X 向	17149	17810
		Y 向	19152	19710
地震作用下首层倾覆弯矩（kN·m）（未经调整）		X 向	1.90E+06	2.04E+06
		Y 向	2.04E+06	2.14E+06
1.1 倍 50 年一遇风荷载作用下首层剪力（kN）		X 向	18634	19820
		Y 向	19133	19980
1.1 倍 50 年一遇风荷载作用下首层倾覆弯矩（kN·m）		X 向	2.50E+06	2.65E+06
		Y 向	2.48E+06	2.59E+06
考虑偶然偏心影响，规定水平地震力作用下楼层竖向构件最大水平位移与平均水平位移比值	裙楼	X 向	1.14（2 层）	—
		Y 向	1.21（6 层）	—
	塔楼	X 向	1.09（7 层）	—
		Y 向	1.14（17 层）	—

续表

指标			YJK 软件	ETABS 软件
考虑偶然偏心影响，规定水平地震力作用下楼层竖向构件最大层间位移与平均层间位移比值	裙楼	X 向	1.12（2 层）	—
		Y 向	1.36（6 层）	—
	塔楼	X 向	1.06（9 层）	—
		Y 向	1.16（17 层）	—
地震作用下最大层间位移角		X 向	1/642（36 层）	1/670（36 层）
		Y 向	1/783（36 层）	1/816（36 层）
50 年一遇风荷载作用下最大层间位移角		X 向	1/680（36 层）	1/738（36 层）
		Y 向	1/872（36 层）	1/930（36 层）
X、Y 向本层侧移刚度与上一层相应侧移刚度比值的最小值		X 向	1.03（17 层）	—
		Y 向	1.03（21 层）	—
结构刚重比		X 向	1.58	1.57
		Y 向	2.18	2.02

由于塔楼结构平面规则，结构体系及材料选择合理，结构高宽比合适，不规则项多集中在裙楼，塔楼的总体指标一般能满足现行设计规范各项指标要求。

5.2 中震作用分析

裙楼 5 层钢梁的跨度为 34m，梁高 2.75m，上面托 1 层柱，支撑第 6 层屋盖。该梁竖向小震作用下的最大弯矩标准值为 1477kN·m，剪力标准值为 124kN，放大 2.875 倍，则中震下的最大弯矩标准值为 4246kN·m，剪力标准值为 357kN。约为竖向荷载（D+L）引起的相应内力标准值的 13.6%。竖向地震作用引起的钢梁内力与竖向荷载引起的相应内力相比较小，施工图阶段考虑该项等作用及承载力抗震调整系数 γ_{RE}，梁的承载力可满足中震弹性的性能目标要求。

5.3 静力弹塑性推覆计算

（1）在罕遇地震作用下，X 向和 Y 向的最大弹塑性层间位移角分别为 1/140 和1/148，小于 1/125 的层间弹塑性位移角限值。

（2）根据 PKPM 的推覆结果，大震作用下性能点处 X 向首层全部剪力为 68534kN，X 向首层墙体总面积约为 39.9m^2，假设该方向剪力全部由剪力墙承担，则平均剪应力为 1.72MPa；Y 向首层全部剪力为 75079kN，Y 向首层墙体总面积约为 42.3m^2，假设该方向剪力全部由剪力墙承担，则平均剪应力为 1.77MPa。而 C60 混凝土的 f_{ck} 为 38.5MPa，即首层剪力墙的剪应力水平约为 X 向 0.045f_{ck}、Y 向 0.046f_{ck}，均小于 0.15f_{ck}。

在推覆过程中，一般在中间层的剪力墙的连梁及个别墙肢首先出现受弯塑性点，然后沿竖向双向发展，出现更多塑性点。直到性能点处，部分连梁及少数框架梁梁端出现塑性铰，但未出现剪切破坏。少数剪力墙局部高斯点处出现剪切损伤，但未连成片。可见，剪力墙有较大的安全储备。

5.4 动力弹塑性计算

应用 Perform-3D 软件对结构进行罕遇地震作用下动力弹塑性时程分析，了解结构的全过程反应。表 5-2 为计算所得的部分结果。

动力弹塑性分析计算结果 **表 5-2**

<table>
<tr><th colspan="2" rowspan="2">指标</th><th>天然波 1</th><th>天然波 2</th><th>人工波</th></tr>
<tr><th>主方向（大震）</th><th>主方向（大震）</th><th>主方向（大震）</th></tr>
<tr><td colspan="2">X 向最大首层剪力（kN）</td><td>77428.5</td><td>71628.4</td><td>79680.9</td></tr>
<tr><td colspan="2">X 向最大剪重比</td><td>4.73%</td><td>4.38%</td><td>4.87%</td></tr>
<tr><td colspan="2">Y 向最大首层剪力（kN）</td><td>117674.5</td><td>103986.2</td><td>100119.8</td></tr>
<tr><td colspan="2">Y 向最大剪重比</td><td>7.20%</td><td>6.36%</td><td>6.12%</td></tr>
<tr><td colspan="2">X 向最大顶点位移（mm）</td><td>912</td><td>1180</td><td>910</td></tr>
<tr><td colspan="2">Y 向最大顶点位移（mm）</td><td>816</td><td>954</td><td>746</td></tr>
<tr><td colspan="2">X 向最大层间位移角</td><td>1/177</td><td>1/143</td><td>11/174</td></tr>
<tr><td colspan="2">Y 向最大层间位移角</td><td>1/206</td><td>1/178</td><td>11/199</td></tr>
<tr><td rowspan="2">X 向位移与规范小震时程（$a_{max}=35cm/s^2$）比例</td><td>层间位移角</td><td>5.51</td><td>6.53</td><td>5.15</td></tr>
<tr><td>顶点位移</td><td>5.05</td><td>6.61</td><td>5.07</td></tr>
<tr><td rowspan="2">Y 向位移与规范小震时程（$a_{max}=35cm/s^2$）比例</td><td>层间位移角</td><td>5.24</td><td>6.06</td><td>5.25</td></tr>
<tr><td>顶点位移</td><td>5.61</td><td>6.32</td><td>5.03</td></tr>
<tr><td colspan="2">X 向首层剪力与规范小震时程（$a_{max}=35cm/s^2$）比例</td><td>4.74</td><td>5.35</td><td>4.59</td></tr>
<tr><td colspan="2">Y 向首层剪力与规范小震时程（$a_{max}=35cm/s^2$）比例</td><td>5.32</td><td>5.03</td><td>4.45</td></tr>
</table>

6 抗震加强措施

（1）加强钢筋混凝土核心筒：1）控制核心筒剪力墙轴压比；2）控制底部剪力墙在罕遇地震作用下的剪应力水平；3）加强核心筒底部加强区剪力墙，即底部加强区剪力墙竖向分布筋配筋率提高至 0.6%，水平分布筋配筋率提高至 0.5%，约束边缘构件配筋率提高至 1.5%。

（2）加强外围框架柱：采用抗震性能优良的钢管混凝土柱。

（3）加强塔楼楼板及裙楼较大洞口周边的楼板。

（4）对扭转位移比较大的裙楼边框构件，适当加大框架梁高度，提高框架梁及框架柱承载力。

（5）偏保守采用穿层柱的计算长度，提高其稳定承载力。

7 抗震设防专项审查意见

2017 年 8 月 10 日，广州市住房和城乡建设委员会在嘉业大厦 14 楼第 1 会议室主持召开了“番禺敏捷广场（A 塔楼）”超限高层建筑工程抗震设防专项审查会，周定教授级高工任专家组组长。与会专家听取了华南理工大学建筑设计研究院有限公司关于该工程抗震设防设计的情况汇报，审阅了送审资料。存在问题和改进意见如下：

（1）完善送审文本。

（2）裙房高度塔楼偏置，边框框架按重力调整地震力；建议宴会厅右侧布置剪力墙。

（3）进一步明确宴会厅五层大跨度托柱钢梁的支座形式；改进支承钢梁的节点设计，建议改为钢牛腿、外伸钢梁段与其余楼面梁连接。

（4）6 轴、2/10 轴悬挑梁定为关键构件；楼层之间的柱宜设计为构造柱。

（5）补充钢管混凝土柱与钢筋混凝土矩形柱过渡大样。

（6）层高变化大引起框架柱承担剪力突变，宜适当加大框架柱承担剪力；穿层柱分配的地震剪力适当加大。

（7）屋面幕墙高度补入整体计算模型进行分析。

审查结论：通过。

8 点评

本工程为高度 207.5m 的钢筋混凝土框架-核心筒结构，高于 180m，属超 B 级高度高层建筑。结构存在扭转不规则、偏心布置、楼板不连续、尺寸突变（局部外挑大于 4m）、局部穿层柱等不规则情况，考虑不重复计算不规则项后，合计为 4 项不规则，不规则项多集中在裙楼。预期的抗震性能目标为 C 级，相应小震、中震和大震作用下的结构抗震性能水准分别为水准 1、水准 3 和水准 4。

本工程虽然超过 B 级高层建筑适用高度，但结构形式比较简单，体型规则，在设计中充分利用概念设计方法，对关键构件设定抗震性能化目标。并在抗震设计中，采用多种程序对结构进行了弹性、弹塑性计算分析，除保证结构在小震作用下处于弹性阶段外，还补充了关键构件在中震和大震作用下的验算。计算结果表明，多项指标均表现良好，基本满足规范的有关要求。根据计算分析结果，对关键和重要构件作了适当加强，以保证在地震作用下的延性。

经计算分析，结构可达到预期的抗震性能目标 C 等级，本超限结构设计是安全可行的。

05 珠海优特广场

关　　键　　词：B级高度；大底盘双塔
结构主要设计人：彭丽红　张文华　赵　青
设　计　单　位：广州容柏生建筑结构设计事务所（普通合伙）

1 工程概况

1.1 建筑概况

珠海优特广场项目位于珠海市香洲区，西侧为兴业路，南侧为银桦路。总建筑面积约 30.5 万 m^2，其中地上 19.5 万 m^2，地下 11.0 万 m^2。地下 3 层，地上 2 栋办公塔楼（底部 5 层为商业）、1 栋购物中心及 2 栋住宅塔楼（结构未超限），建筑立面效果图及剖面图如图 1-1、图 1-2 所示。购物中心中部设置防震缝，分为 1 号塔楼、2 号塔楼共同携带的购物中心左塔（结构超限）及购物中心右塔（结构未超限）。建筑典型层平面如图 1-3 所示。

图 1-1　建筑立面效果图

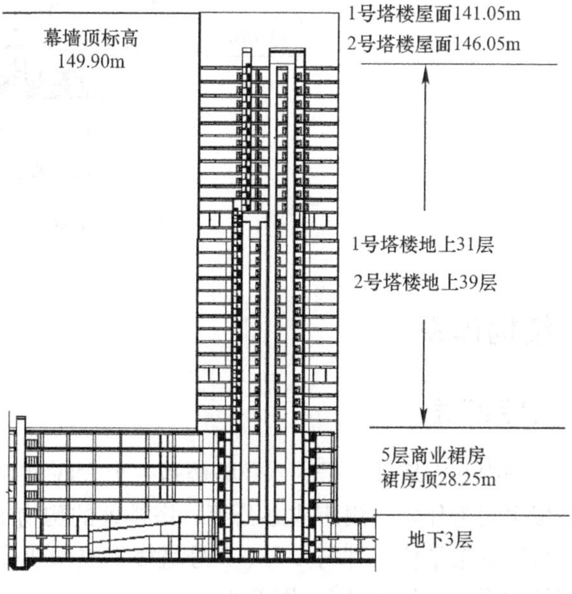

图 1-2　建筑剖面图

1.2 设计参数

工程设计基准期为 50 年，结构安全等级为二级，抗震设防类别为裙房部分乙类、其余丙类，抗震设防烈度为 7 度，设计基本地震加速度为 0.1g，设计地震分组为第一组，场地类别为Ⅱ类，场地特征周期 0.4s；50 年一遇基本风压为 w_0 = 0.80kPa，地面粗糙度类别为 C 类，体型系数取 1.4。考虑两栋塔楼相距较近，容易相互干扰，由于超限设计时风洞试验仍未完成，故超限阶段计算分析时，基本风压按规范荷载增大 10%，即 0.88kPa 考虑。

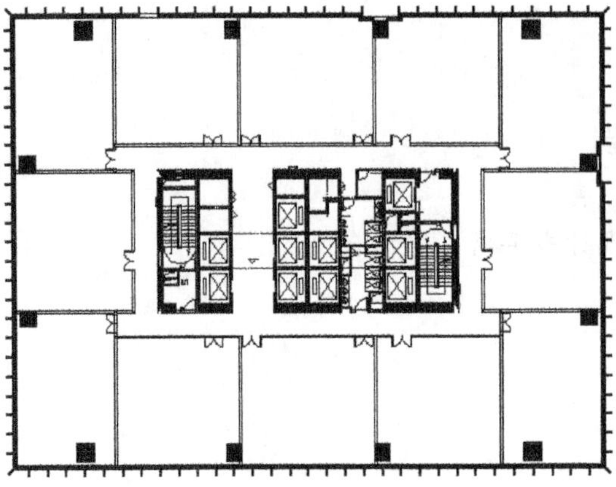

(a)1号塔楼标准层平面

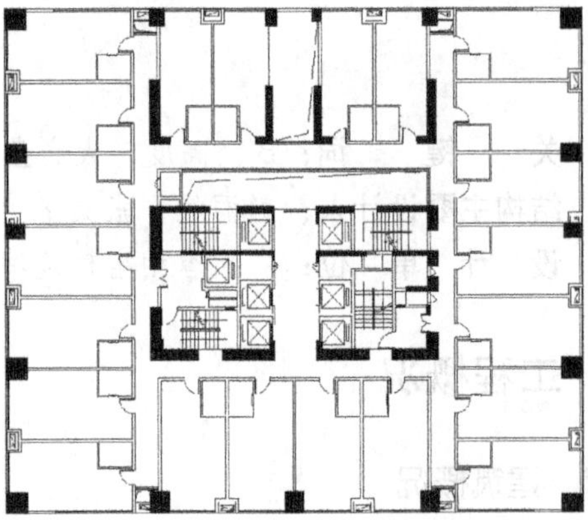

(b)2号塔楼标准层平面

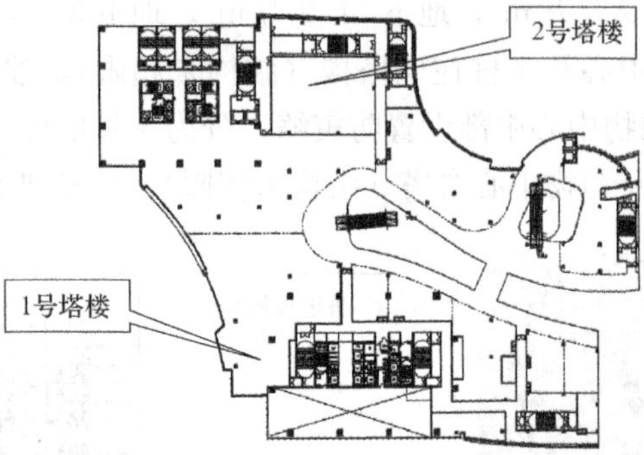

(c)裙房典型层平面

图 1-3　建筑平面图

2　结构体系

2.1　体系概述

购物中心左塔及 1 号、2 号塔楼是一个大底盘双塔结构。1 号塔楼主要为办公用途，2 号塔楼主要为住宅、酒店式办公等；塔楼外的购物中心左塔考虑建筑的灵活要求，塔楼外结构采用框架结构，并与 1 号、2 号塔楼组成框架-筒体结构体系。结构体系分析见表 2-1，典型结构平面图见图 2-1、图 2-2。

结构体系分析　　表 2-1

范围	结构体系	高层结构高度	适用结构	抗震设防分类
1 号塔楼	框架-核心筒结构	141.05m	B 级高度高层建筑结构	乙类（裙房部分） 丙类（出裙房的塔楼部分）

续表

范围	结构体系	高层结构高度	适用结构	抗震设防分类
2 号塔楼	框架-核心筒结构	146.05m	B 级高度高层建筑结构	乙类（裙房部分） 丙类（出裙房的塔楼部分）
购物中心左塔（塔楼外商业裙房）	框架结构	28.25m	A 级高度高层建筑结构	乙类

注：1 号塔楼、2 号塔楼的幕墙顶高度为 149.9m。

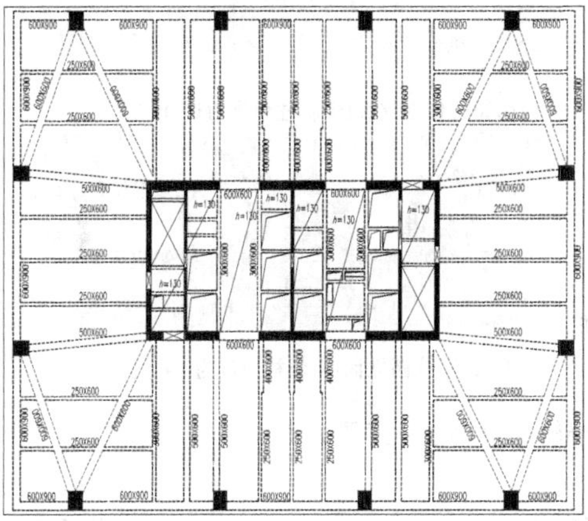

图 2-1　1 号塔楼结构平面图

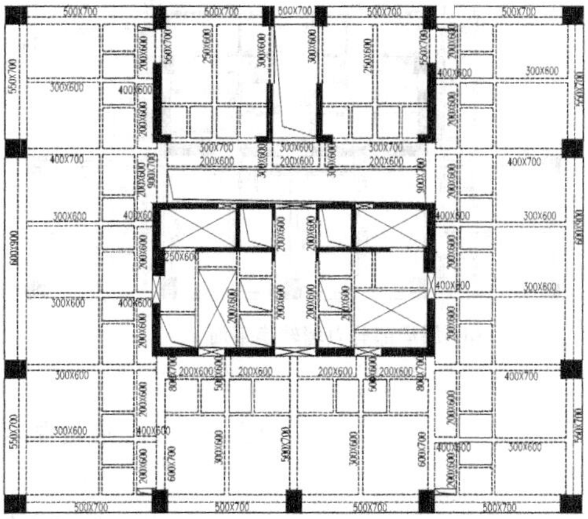

图 2-2　2 号塔楼结构平面图

2.2　竖向构件

塔楼外的商场部分在 9m×9m 标准柱网开间的基础上，结合动线的布局，在商铺玻璃边线内设置结构柱。考虑车库及商业退台需要，个别部位在首层（地下室顶板）采用框架梁托柱转换或搭接柱。

办公 1 号塔楼竖向构件均上下连续。其核心筒平面为矩形，核心筒 X 向尺寸为 24.45m，Y 向尺寸为 11.15m，塔楼外框架柱采用钢筋混凝土柱。

综合 2 号塔楼大部分竖向构件均上下连续，上部局部剪力墙在 6 层楼面转换，另外由于住宅与酒店式办公的建筑功能转化，在 26 层布置斜柱，如图 2-3 所示。

裙房、1 号塔楼、2 号塔楼竖向构件截面尺寸详见表 2-2～表 2-4。

2.3　水平构件

购物中心楼盖体系主要选用单向双次梁楼盖，中部连廊结构跨度为 16～25m，部分大跨度梁采用钢梁。L4 层以上由于建筑功能要求，局部柱需要进行托梁转换，局部开洞周边板加厚至 150mm。

1 号楼塔楼楼盖采用现浇钢筋混凝土梁板结构体系，外框柱柱距约为 12m，外框柱与核心筒距离约为 9.5～10.5m，标准层框架梁及次梁梁高 600mm，外围框架梁梁高 900mm，部分次梁在靠近核心筒一端进行水平加腋，标准层核心筒内板厚 130mm，核心筒外板厚 100mm。

2 号塔楼楼盖采用现浇钢筋混凝土梁板结构体系，标准层外围 X 向梁高 700m，户内梁高 700mm，Y 向中间跨梁高 900mm，两边跨梁高 700mm，核心筒外板厚 100mm；核心筒内由于电梯等开洞较多，各层楼板均加强为 150mm；裙房顶及屋顶结构进行加厚处理，楼板厚度为 150mm。

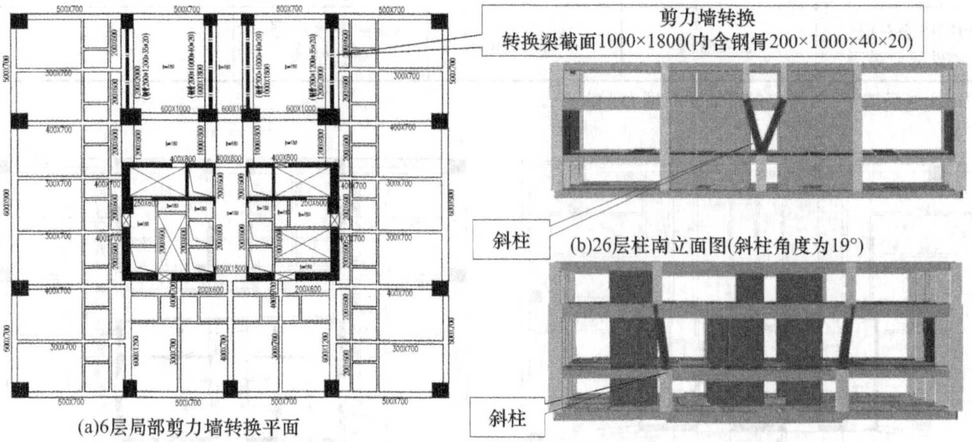

(a)6层局部剪力墙转换平面

(b)26层柱南立面图(斜柱角度为19°)

(c)26层柱西立面图(斜柱角度为4.4°)

图 2-3　2 号塔楼局部剪力墙转换及斜柱示意图

裙房竖向构件截面尺寸（mm）　　　　表 2-2

楼层	−3～−1	1～5
截面	1200×1200/1100×1100/1000×1000/900×900/800×800/700×700	1200×1200/1100×1100/1000×1000/900×900/800×800/700×700/600×600/D900/D800

1 号塔楼竖向构件截面尺寸（mm）　　　　表 2-3

楼层	−3～−1	1～10	11～22	23～屋面
框架柱截面	1600×1600/1400×1500/1500×1500	1500×1400/1200×1500/1400×1200/1200×1400	1100×1300/1300×1000	1000×1200/1000×1000
剪力墙截面	700/500/350	700/500/300	600/400/250	500/300/200

2 号塔楼竖向构件截面尺寸（mm）　　　　表 2-4

楼层	−3～2	3～5	6	7～12
框架柱截面	1300×1500/1400×1500/1200×1300/1400×2000	1300×1500/1400×1500/1200×1300/1400×2000	900×1500/800×1300/1100×1500/1200×1500	800×1200/600×1200/1100×1500/1200×1500
剪力墙截面	200/250/300/400/500/700/800	200/250/300/400/500/700	200/250/350/400/500/550/600/700/850	200/250/350/400/500/550/850
楼层	13～19	20～26	27～32	33～屋面
框架柱截面	600×1200/1100×1400/1200×1300	600×1200/800×1400/1000×1300	600×800/600×1000/700×1100/800×1400/900×1300	600×800/600×1000/800×1000/700×900/900×1300
剪力墙截面	200/250/350/400/500/450/750	200/250/300/400/500/700	200/250/300/350/500/650	200/250/350/500/650

3 结构超限情况

本项目为大底盘B级高度双塔高层建筑，存在扭转不规则、局部楼板不连续、尺寸突变、竖向构件不连续、复杂连接共5项不规则，设计采用的抗震加强措施如下：

（1）结构安全等级为二级，塔楼7层及以上为标准设防类，6层及以下为重点设防类，6层及以下楼层抗震措施提高至8度。综合考虑设防类别及塔楼收进等因素，对部分重要构件的抗震等级进行了提高：塔楼剪力墙抗震等级取负1层至5层为特一级，塔楼框架柱抗震等级取负1层至7层为特一级，裙房外框柱抗震等级取3层至5层为特一级。

（2）竖向构件轴压比的控制为：剪力墙轴压比控制在0.5以内，钢筋混凝土框支柱轴压比控制在0.75以内，其余混凝土柱轴压比控制在0.84以内。

（3）塔楼核心筒剪力墙厚度收进与混凝土强度等级降低的楼层交错布置，使轴压比平稳过渡，保证结构整体抗震延性；剪力墙按小震和中震进行正截面承载力、受剪承载力的包络设计。

（4）框支梁、转换梁中设置抗剪型钢以满足截面抗剪需求，同时在相应墙、柱内设置构造型钢，满足节点连接和传力需求，按照大震动力弹塑性分析，对型钢截面加强。

（5）对于其他框架梁、连梁的受剪承载力，按照小震、中震进行包络设计。

（6）针对楼板开洞形成薄弱板带板厚加厚至120～180mm不等，配筋双层双向拉通并加强。

（7）针对大跨度梁，施工图阶段结合承载力、变形、裂缝验算结果综合考虑配筋设计，确保结构具有足够可靠度。

（8）针对穿层柱进行屈曲分析，保证其稳定性。

4 抗震性能目标

针对工程的结构类型及不规则情况，设计采用抗震性能设计方法进行补充分析和论证，选用C级性能目标及相应的抗震性能水准，详见表4-1。

结构构件抗震性要求　　表4-1

构件类型	构件位置	多遇地震（小震）	设防烈度地震（中震）	预估的罕遇地震（大震）
性能水准		1	3	4
关键构件	塔楼底部加强区剪力墙塔楼1～7层外框柱塔楼框支柱、框支梁裙房转换柱、转换梁	无损坏（弹性）	轻微损坏/η=1.05 ξ=0.74（压、剪） ξ=0.87（弯、拉）	轻度损坏/部分构件受弯轻度损坏（弹塑性）/η=1.05 ζ=0.15（受剪截面）
普通竖向构件	塔楼剪力墙、框架柱（非底部加强区）裙房普通柱	无损坏（弹性）	轻微损坏/η=1.0 ξ=0.74（压、剪） ξ=0.87（弯、拉）	部分构件中度损坏/η=1.0 ζ=0.15（受剪截面）

续表

构件类型	构件位置	多遇地震（小震）	设防烈度地震（中震）	预估的罕遇地震（大震）
耗能构件	剪力墙连梁、框架梁	无损坏（弹性）	轻度损坏，部分构件中度损坏/η=0.7 ξ=0.74（压、剪） ξ=0.87（弯、拉）	中度损坏，部分比较严重损坏/η=0.7 ζ=0.15（受剪截面）
关键楼板	2～6层楼板	无损坏（弹性）	轻度损坏/η=1.0 ξ=0.87（压、剪） ξ=0.87（弯、拉）	部分构件中度损坏/η=1.0 ζ=0.15（受剪截面）

5 结构计算与分析

设计采用 YJK 及 SATWE 两种程序分别进行双塔、单塔小震计算；小震采用弹性动力时程分析作为振型分解法计算的补充分析手段，针对双塔、单塔模型，地震效应采用 CQC 计算方法与弹性时程分析（7 组地震波结果平均值）的包络值进行设计；中震及弹性大震采用 YJK 分别对双塔、单塔模型进行等效弹性分析；大震计算分别采用 YJK 和 SAUSAGE 进行等效弹性计算和弹塑性时程分析，对关键构件抗剪截面、塑性损伤分布进行复核；针对转换层及以下楼层由于中庭开洞削弱的楼板，补充中震及大震的有限元计算分析，根据计算结果复核楼板应力，采取适当的配筋及板厚加强措施；针对大跨度、大悬挑梁板结构，采用有限元方法计算楼板的竖向振动频率，且按规范方法进行竖向振动加速度验算，保证楼板设计满足舒适度要求；考虑竖向地震作用的影响，对悬挑构件承载力进行验算，满足承载力需求；补充裂缝宽度验算和考虑长期荷载效应的挠度验算，确保满足规范对悬挑构件的变形和裂缝要求；针对穿层柱，采用有限元方法，偏于安全的支座条件假定进行屈曲分析，并利用欧拉公式进行屈曲验算，保证穿层柱具有足够稳定承载力；施工图阶段，补充单独裙房模型，对裙房结构包络设计。

5.1 小震弹性计算

结构计算以地下室底板作为结构嵌固端，选用 YJK（V1.8.0）和 SATWE（V2.1）进行计算，考虑偶然偏心地震作用、双向地震作用、扭转耦联以及施工模拟加载的影响，程序自动考虑最不利地震作用方向。为充分分析塔楼的抗震能力，整体计算时分别进行了双塔组装计算、1 号塔楼单塔计算、2 号塔楼单塔计算。小震计算主要输入参数：周期折减系数 0.85，连梁刚度折减系数 0.70，阻尼比 0.05，梁刚度放大系数 2.0。主要计算结果见表 5-1，1 号塔楼地震作用层间位移角曲线如图 5-1、图 5-2 所示。

小震弹性计算主要计算结果　　表 5-1

指标		双塔组装整体计算模型	1 号单塔计算模型	2 号单塔计算模型
自振周期（s）	T_1	3.90（平动 0.73+0.20）	3.61（Y 向）	3.95（X 向）
	T_2	3.70（平动 0.15+0.84）	3.28（X 向）	3.84（Y 向）
	T_3	3.44（平动 0.30+0.69）	2.85（扭转）	3.19（扭转）

续表

指标		双塔组装整体计算模型	1号单塔计算模型	2号单塔计算模型
周期比		—	0.79	0.81
最小剪重比	X	1.21%	1.40%	1.26%
	Y	1.33%	1.61%	1.31%
风荷载位移角	X	1/942（12层，2号楼）	1/1681（24层）	1/926（12层）
	Y	1/810（24层，1号楼）	1/822（24层）	1/901（26层）
地震作用层间位移角	X	1/759（12层，2号楼）	1/1282（24层）	1/809（12层）
	Y	1/1037（29层，2号楼）	1/1161（25层）	1/958（26层）
扭转位移比	X	1.32（裙楼5层）	1.1（塔楼6层）	1.22（塔楼12层）
	Y	1.4（裙楼5层）	1.14（塔楼6层）	1.22（塔楼6层）
刚重比	X	2.59	3.79	2.93
	Y	2.34	3.55	2.79

根据上述计算结果，可以得出如下结论：

（1）整体模型和单体模型结构两个方向的周期和振动特性较为接近，周期比、层间位移角均满足规范要求；

（2）部分塔楼的 X 向和 Y 向的楼层剪重比小于广东省标准《高层建筑混凝土结构技术规程》DBJ 15—92—2013（下文简称《广东高规》）第4.3.12条限值，拟放大水平地震剪力；

（3）最大扭转位移比大于1.2，但小于1.4，属于扭转不规则结构；

（4）结构刚重比大于1.4，能够通过整体稳定验算；结构刚重比小于2.7，计算中需考虑重力二阶效应的影响。

综合计算结果表明，结构周期和自重适中，大部分楼层剪重比符合规范要求，位移和轴压比接近规范的限值要求，构件截面取值合理，结构体系选择恰当。

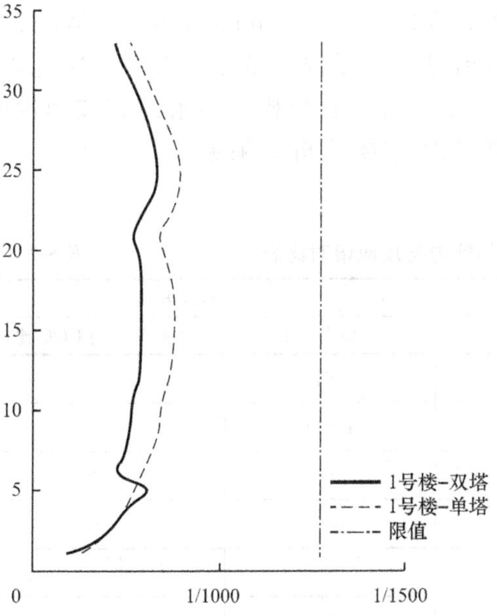

图5-1 1号塔楼 X 方向地震作用层间位移角

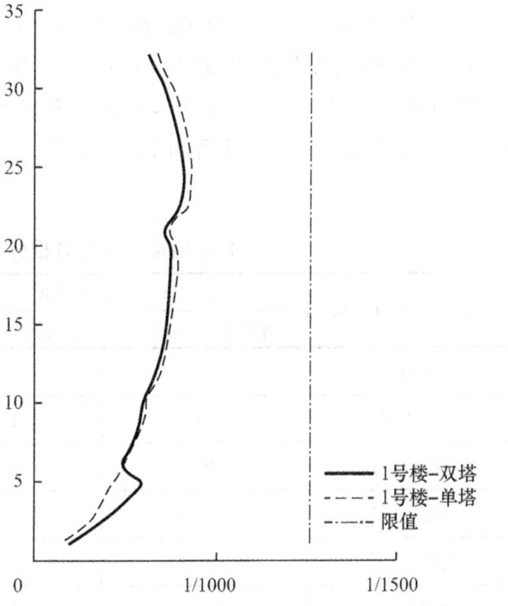

图5-2 1号塔楼 Y 方向地震作用层间位移角

5.2 小震弹性时程分析

根据《建筑抗震设计规范》GB 50011—2010（2016 年版）的规定进行小震弹性时程分析，无论是双塔模型还是单塔模型，大部分楼层规范反应谱计算得出的楼层剪力、倾覆弯矩均略大于弹性时程分析得出的平均值，可依据规范反应谱结果进行设计，局部楼层的反应谱地震作用放大对构件进行验算。

5.3 关键构件的性能化设计

5.3.1 中震性能化设计

根据《广东高规》，通过对各构件中震作用下抗震性能的分析及复核：

1 号、2 号塔楼：1）底部加强区剪力墙约束边缘构件配筋率、水平分布筋及非底部加强区剪力墙水平分布筋均基本由小震计算控制，局部墙肢需按中震结果进行加强。2）塔楼框架柱、框支柱及转换梁均按照小震、中震包络设计。3）耗能构件均按照小震、中震包络设计。

裙楼：1）裙楼框架、框支梁及转换梁均按照小震、中震包络设计。2）经楼板应力分析，裙楼楼面局部楼板加厚至 150mm，配筋加强。

5.3.2 等效弹性方法复核构件抗剪截面

提取等效弹性反应谱方法所得构件的大震内力，根据《广东高规》第 3.11.3 条第 4 款的计算方法进行抗剪截面的验算。验算表明，在大震作用下，塔楼剪力墙、框架柱、框支梁、裙房转换梁的构件截面能够满足规范抗剪截面要求。塔楼框支梁、裙房转换梁的纵筋由小震控制，框支柱的箍筋需要进行小震和大震的包络设计。

5.3.3 动力弹性时程分析

本工程选择了两组天然波和一组人工波，所选两组天然波均来自 1989 年 10 月 18 日发生的 Loma Prieta 地震，震级 6.93 级，天然波 1 是 Salinas-John & Work 台站记录到的，天然波 2 是 Saratoga-Aloha Ave 台站所记录的。虽然来自同一次地震，但地震动差异仍然较大，可以作为两组地震记录进行大震分析。各组地震波弹性时程分析底部剪力与反应谱对比见表 5-2。弹塑性的主要分析结果见表 5-3 及图 5-3、图 5-4。

各组地震波弹性时程分析底部剪力与反应谱对比表　　表 5-2

SATWE 计算结果	X 为主输入方向		Y 为主输入方向	
	基底剪力（kN）	基底剪力与 CQC 比	基底剪力（kN）	基底剪力与 CQC 比
CQC	22099	1.00	23645	1.00
人工波	26001	1.18	19811	0.84
天然波 1	22842	1.03	22650	0.96
天然波 2	20541	0.93	20405	0.86
时程平均值	23128	1.05	20955	0.89
时程最大值	26001	1.18	22650	0.96

各组地震波作用下结构最大顶点位移及最大层间位移角 表 5-3

SATWE计算结果	1 号塔楼 X 为主输入方向		1 号塔楼 Y 为主输入方向		2 号塔楼 X 为主输入方向		2 号塔楼 Y 为主输入方向	
	最大顶点位移（m）	最大层间位移角	最大顶点位移（m）	最大层间位移角	最大顶点位移（m）	最大层间位移角	最大顶点位移（m）	最大层间位移角
人工波	0.518	1/205(23 层)	0.612	1/178(23 层)	0.682	1/138(12 层)	0.715	1/144(14 层)
天然波 1	0.428	1/195(23 层)	0.537	1/178(23 层)	0.489	1/186(26 层)	0.597	1/148(29 层)
天然波 2	0.542	1/159(23 层)	0.526	1/182(23 层)	0.498	1/186(24 层)	0.538	1/156(29 层)
平均值	0.496	1/184	0.558	1/233	0.556	1/182	0.617	1/216
最大值	0.542	1/159	0.612	1/178	0.682	1/138	0.715	1/144

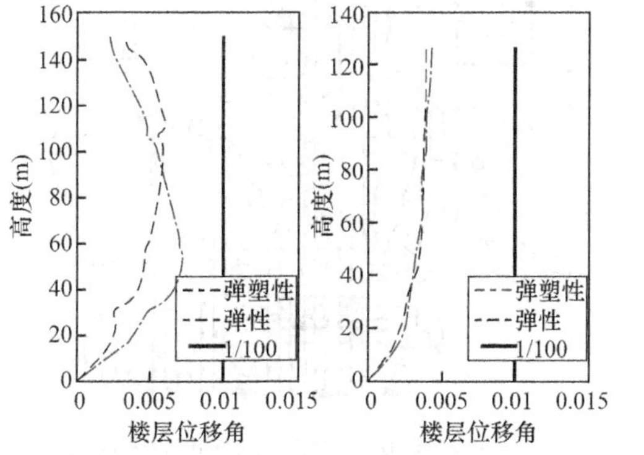

图 5-3 1 号塔楼弹性和弹塑性层间位移角

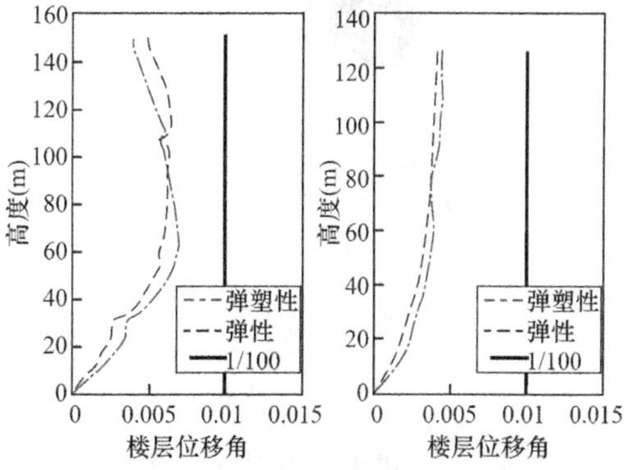

图 5-4 2 号塔楼弹性和弹塑性层间位移角

结构大震弹塑性基底剪力为大震弹性的 0.6～0.9 倍，约为小震设计值的 3.8～4.6 倍，表明地震激励输入强度足够，结构进入了一定的塑性。1 号楼和 2 号楼在整体分析中的最大位移角分别为 1/159、1/138，均远小于规范限值 1/100 的要求，满足“大震不倒”的总体设防要求；连接 1 号楼和 2 号楼的裙房，各层损伤可控，可有效协调两栋塔楼底部的变形，可靠传递水平地震力。分述如下。

（1）1 号、2 号塔楼

1）弹塑性层间位移和位移角曲线变化趋势与弹性曲线基本一致，弹塑性位移角曲线没有出现明显的突变。2）核心筒的损伤大部分为连梁损坏，墙肢均未出现显著受压损伤，没有出现剪切破坏，边缘构件均未屈服；核心筒角部墙肢出现小震设计配筋足以抵抗的拉力。3）外框柱基本未出现混凝土受压损伤，钢筋也均未屈服；1 号塔楼大震下外框柱未出现拉力，2 号塔楼个别外框柱大震下出现拉力，但拉力水平远低于混凝土的拉应力。4）各层楼板受压损伤轻微，钢筋未屈服，个别楼层的框架梁梁端进入屈服状态。5）2 号塔楼第五层的 KZL1、KZL4 梁顶局部出现了混凝土受剪损伤，偏于安全地对混凝土梁中抗剪型钢进行加强。

（2）裙楼

1）个别框架柱柱顶出现受压损伤，大部分框架柱和斜撑未出现显著损伤，框架梁的损伤大部分出现在大跨梁的梁端，且钢筋均未屈服，裙房作为框架结构，其自身的抗震能力足够。2）各层楼板未见显著的大面积损伤，作为多塔结构的底盘，裙楼在两栋塔楼之间可有效传递地震力、协调塔楼底部楼层的变形。3）由于应力集中，裙楼屋面靠近两栋塔楼外框柱附近的楼板均出现了局部比较严重的受压损伤，设计考虑构造加强，裙楼屋面层楼板加厚至 150mm，塔楼周边一跨采用 ϕ10@125 拉通。

5.4 楼板竖向振动验算

裙房存在大跨度楼板、大跨度中庭悬挑区域及连桥区域，参照《高层建筑混凝土结构技术规程》JGJ 3—2010 附录 A 进行竖向振动加速度分析。计算时对于楼盖阻抗有效质量的分布宽度 B，按规范中式（A.0.3-2）进行计算，即 $B=CS$，其中 S 为振动位置梁的间距。验算结果如图 5-5、图 5-6 及表 5-4 所示，满足要求。

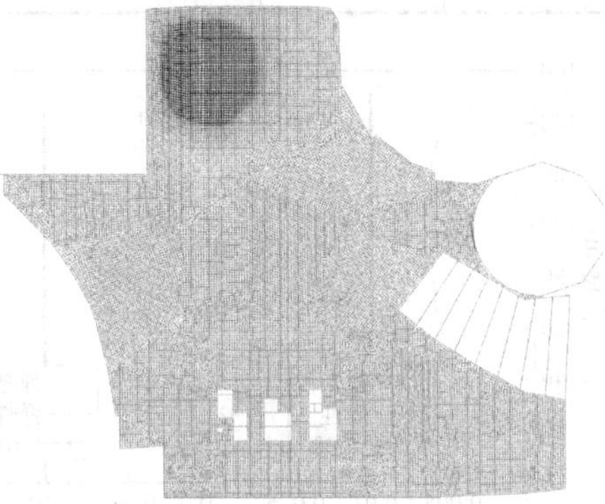

图 5-5 裙楼 6 层楼板振动模型

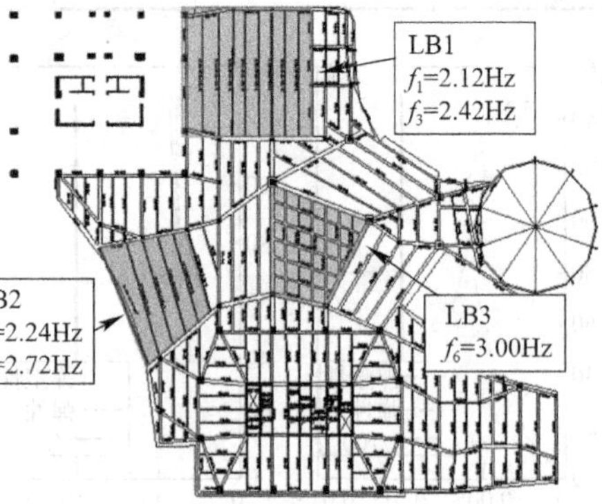

图 5-6 6 层楼板竖向振动加速度验算区域

各组地震波作用下结构最大顶点位移及最大层间位移角 表 5-4

楼板编号	竖向振动频率 f_n(Hz)	竖向振动加速度 a_p(m/s^2)	竖向振动加速度限值 [a_p] (m/s^2)	验算结果
LB1	2.12	0.034	0.216	满足
LB2	2.24	0.031	0.211	满足
LB3	3.00	0.034	0.185	满足

6 抗震设防专项审查意见

2016 年 7 月 28 日，珠海市住房和城乡规划建设局主持召开了“珠海优特广场”超限高层建筑工程抗震设防专项审查会，舒宣武教授任专家组组长。与会专家审阅了送审资料，听取了设计单位对项目的汇报。经审议，形成审查意见如下：

（1）尽量避免框架梁支承在梁上，如无法避免，采取必要的抗震加强措施。

（2）应保证斜柱拉结梁在中、大震作用下的抗震安全性。

（3）裙楼部分宜增设剪力墙。

（4）2 号塔楼存在极短柱，应采取充分的抗震加强措施。

（5）采用泥浆护壁的灌注桩，承载力计算应考虑花岗岩层侧阻力折减。

审查结论：通过。

7 点评

珠海优特广场项目两个塔楼在裙房高度相连，塔楼高度 150m，为 B 级高度大底盘多塔结构，存在多种平面和立面的不规则项。设计单位采用概念设计方法，根据抗震原则及建筑特点，对多塔与单塔分别进行计算分析并取包络值复核，首先对整体结构体系及布置进行仔细的考虑，使之具有良好的结构性能。抗震设计中采用性能化设计方法，除保证结构在小震作用下完全处于弹性阶段外，还补充了主要构件在中震、大震作用下的性能要求，采取多种计算程序进行了弹性、弹塑性的计算，计算结果表明，各项指标均表现良好，满足规范的有关要求；各项不规则程度得到有效控制。同时，通过概念设计及各阶段的计算程序分析结果，对关键和重要构件做了适当加强，在构造措施方面亦相应做了处理。在施工图阶段，结合本项目各抗震性能水准的计算结果进行包络设计。

本工程除能够满足竖向荷载和风荷载作用下的有关指标外，抗震性能目标达到 C 级，结构可行并且是安全的。

06 海口安华·领秀城项目

关　键　词：高烈度地震区；钢板组合剪力墙；钢结构；防屈曲支撑
结构主要设计人：游　健　李力军　梁振庭　周　卉　王远生　黄世荣　林创佳
覃国勒
设　计　单　位：广州华森建筑与工程设计顾问有限公司

1　工程概况及设计标准

本项目位于海口市海甸岛，碧海大道以东，海甸五西路以北地段，毗邻美丽沙综合开发地块。项目包含A塔和B塔共2栋高层塔楼，设2层地下室。A塔地上27层，屋面结构高度为147.23m，顶部设约18m高度构架，构架顶高度约165.00m。A塔1～5层为商业裙房，裙房屋面高度24.00m，6～27层为办公楼层，标准层层高5.49m，其中第9层和第18层为避难层。B塔地上19层，屋面结构高度为99.80m，构架顶高度为100.70m。B塔1～4层为商业裙房，裙房屋面高度18.00m，6～19层为住宅楼层，标准层层高4.90m。总平面图和效果图如图1-1和图1-2所示。

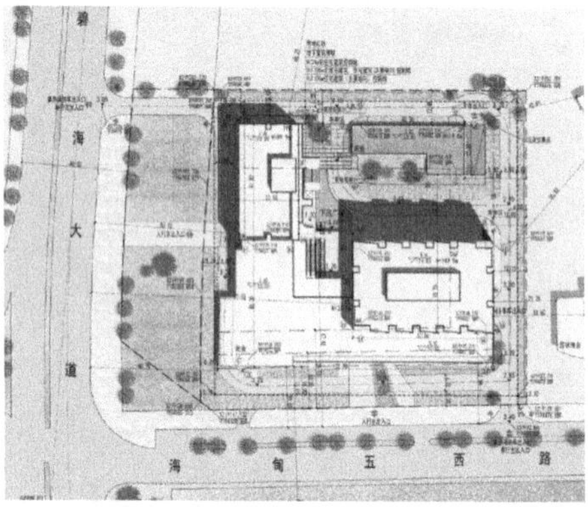

图1-1　建筑总平面图

图1-2　建筑效果图

根据《建筑抗震设计规范》GB 50011—2010（2016年版）附录A和《中国地震动参数区划图》GB 18306—2015，拟建场地所在地区抗震设防烈度为8度（0.30g），设计地震分组为第二组，场地类别为Ⅲ类，场地特征周期T_g=0.50s。项目设计基准期和使用年限为50年，结构安全等级为二级，地基基础设计等级为甲级，抗震设防类别为丙类。海口地区50年一遇基本风压w_0=0.75kN/m^2，地面粗糙度类别为A类。

A塔楼平面基本为矩形（图1-3），外周圈根据建筑立面设计要求，奇数层和偶数层外悬挑尺寸按规律变化，平面尺寸为52.60m×33.20m；核心筒位于塔楼中部，平面尺寸为27.00m×10.10m。

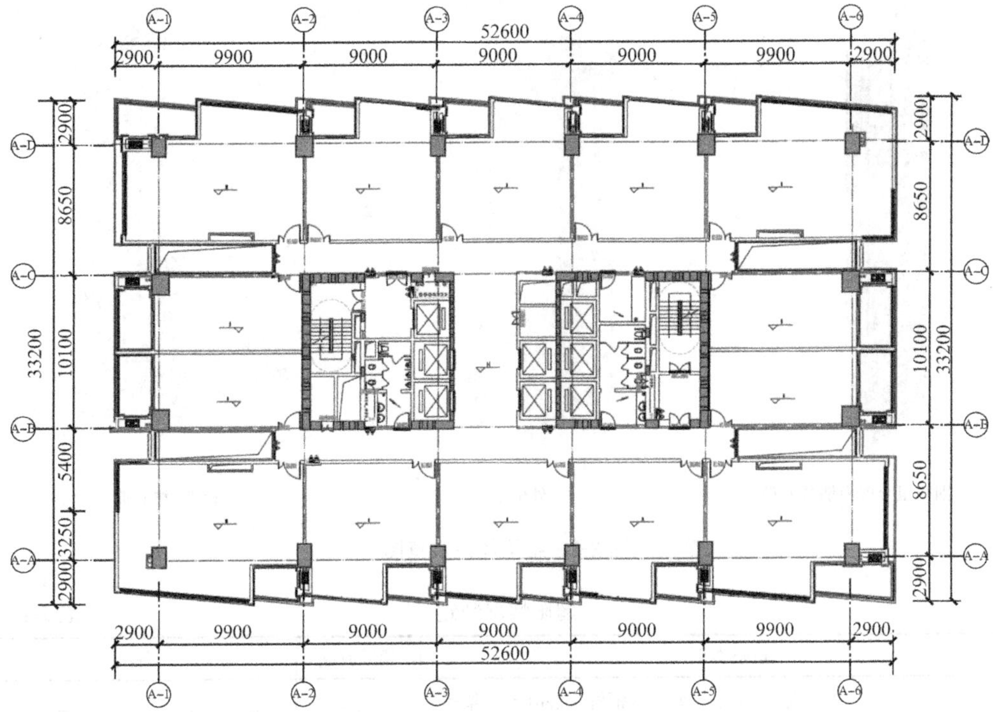

图 1-3 A 塔标准层平面图

2 结构体系及超限情况

2.1 结构体系

经多结构方案对比和计算分析，A 塔楼上部结构采用钢框架-钢板组合剪力墙核心筒体系。钢框架柱采用矩形钢管混凝土柱，其截面尺寸沿高度由底部 1.20m×1.60m 逐渐缩小为 0.80m×0.80m，钢板厚度则为 40～20mm。中部核心筒呈矩形，结构墙体采用钢板组合剪力墙，由外包双钢板内填充混凝土组成，在钢板组合剪力墙的端部和中部设置钢管混凝土暗柱，楼面标高处设置翼缘开槽钢箱梁，形成整体结构。底部钢板组合剪力墙墙体厚度为 0.60m 和 0.30m，外侧钢板厚度为 20mm 和 16mm，钢板组合剪力墙厚度向上逐渐减小为 0.40m，外侧钢板厚度逐渐减小至 16mm 和 12mm。结合建筑门洞和机电管线需求设置结构洞口，合理控制剪力墙墙肢长度，同时利用建筑避难层设置水平伸臂桁架作为结构加强层，提高结构抗侧刚度。结构体系如图 2-1 所示。楼盖体系采用钢梁＋钢筋桁架楼承板形成组合楼板，典型楼板厚度为 130mm 和 150mm，加强层楼板厚度为 180mm。

2.2 结构超限情况

本项目 A 塔为钢框架-钢板组合剪力墙核心筒结构体系，根据《住房城乡建设部关于印发〈超限高层建筑工程抗震设防专项审查技术要点〉的通知》(建质〔2015〕67 号) 和相关规范要求，对整体结构进行超限判定，结构超限判定情况如表 2-1 所示。

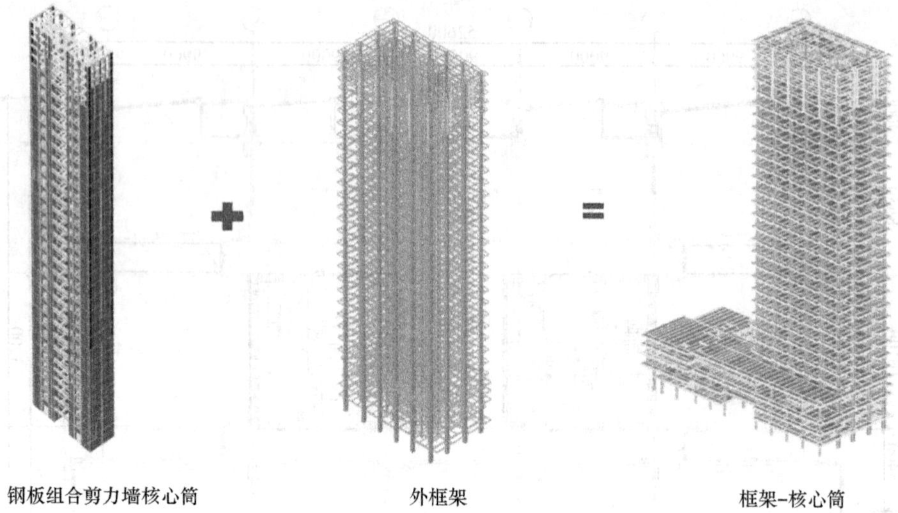

图 2-1　结构体系示意图

超限情况判定　　**表 2-1**

<table>
<tr><th colspan="4">超限类别</th><th>超限判断</th><th>备注</th></tr>
<tr><td rowspan="2">判定一：高度超高</td><td colspan="3">8 度（0.30g）型钢（钢管）混凝土框架-钢筋混凝土筒结构适用高度为 130m</td><td>有</td><td>房屋高度 147.23m，大于 130m</td></tr>
<tr><td colspan="3">小计</td><td colspan="2">超限</td></tr>
<tr><td rowspan="5">判定二：同时具有三项及三项以上不规则的高层建筑工程</td><td>1a</td><td>扭转不规则</td><td>考虑偶然偏心的扭转位移比大于 1.2</td><td>有</td><td>3 层，位移比为 1.4</td></tr>
<tr><td>3</td><td>楼板不连续</td><td>有效宽度小于 50%，开洞面积大于 30%，错层大于梁高</td><td>有</td><td>2 层、3 层楼板开洞面积大于 30%</td></tr>
<tr><td>5</td><td>构件间断</td><td>上下墙、柱、支撑不连续，含加强层、连体类</td><td>有</td><td>18 层为加强层</td></tr>
<tr><td>6</td><td>承载力突变</td><td>相邻层受剪承载力变化大于 80%</td><td>有</td><td>17 层与 18 层受剪承载力比小于 0.75（加强层相邻层）</td></tr>
<tr><td colspan="3">小计</td><td colspan="2">超限</td></tr>
<tr><td colspan="4">合计</td><td colspan="2">超限</td></tr>
</table>

综上可知，本项目 A 塔楼存在高度超高、扭转不规则、楼板不连续、构件间断、承载力突变等多项不规则，属于 B 级高度超限高层，按相关规定应进行超限高层建筑抗震设计可行性论证和专项审查。

2.3　结构抗震设防性能目标

根据本工程的超限情况，选定本工程的抗震性能目标为《高层建筑混凝土结构技术规程》JGJ 3—2010（下文简称《高规》）第 3.11.1 条所提的 C 级。结构抗震性能水准根据《高规》第 3.11.2 条选择如下：多遇地震下满足性能水准 1 要求；设防烈度地震下关键构件及普通竖向构件满足性能水准 3 要求；罕遇地震下至少满足性能水准 4 要求。各部位和构件抗震性能设计要求与性能目标见表 2-2。

性能设计要求与性能目标 **表 2-2**

项目			地震水准（50年超越概率）		
			多遇地震（63%）	设防烈度地震（10%）	预估的罕遇地震（2%）
规范规定的抗震概念			小震不坏	中震可修	大震不倒
抗震性能水准			第1水准	第3水准	第4水准
允许层间位移角			1/400	—	1/80
构件抗震性能设计目标	外框柱	加强层及上下相邻层	弹性	弹性	受剪不屈服
		其他层	弹性	受弯不屈服 受剪弹性	受剪不屈服 受弯允许部分屈服
	核心筒	加强层及上下相邻层	弹性	弹性	受剪不屈服
		其他区域	弹性	受剪弹性	受剪不屈服 受弯允许部分屈服
	核心筒连梁		弹性	受剪不屈服 受弯允许屈服	允许进入塑性
	伸臂桁架		弹性	不屈服	允许屈服 屈曲出现弹塑性变形
	桁架节点		弹性	弹性 （强节点，弱构件）	不屈服 （强节点，弱构件）
	普通框架梁		弹性	受剪不屈服 受弯允许部分屈服	允许进入塑性
	开大洞层楼板		弹性	弹性	—
主要整体计算方法			弹性反应谱法 弹性时程分析	中震弹性判别法 （采用规范反应谱）	大震不屈服判别法 动力弹塑性分析法
采用计算程序			YJK/ETABS	YJK/ETABS	YJK/ETABS/ABAQUS

选取底部核心筒钢板组合剪力墙、加强层核心筒墙体和外框柱、楼板开大洞层薄弱楼盖等作为关键构件，同时重点对加强层伸臂桁架及相关联的连接节点、楼面梁等进行重点分析。

3 结构计算分析

3.1 结构整体计算分析结果

本项目分别采用 YJK（版本号：V2012，1.8）和 ETABS（版本号：2016.16.0.6）进行结构计算分析。计算时，采用振型分解反应谱法计算地震作用，考虑偶然偏心及双向地震作用。考虑上部结构嵌固于地下室顶板处，采用弹性时程分析法进行多遇地震下的补充计算，对塔楼顶部进行风荷载的舒适度验算。结构整体计算指标见表 3-1。

结构整体计算指标 **表 3-1**

整体指标	YJK 软件	ETABS 软件
周期	T_1=3.48s（Y向） T_2=2.97s（X向） T_3=2.18s（扭转）	T_1=3.54s（Y向） T_2=3.05s（X向） T_3=2.15s（扭转）

续表

整体指标	YJK 软件	ETABS 软件
风荷载作用下最大层间位移角	1/1982（X 向），1/930（Y 向）	1/1992（X 向），1/1233（Y 向）
风荷载作用下首层剪力（kN）	15510（X 向），25540（Y 向）	15110（X 向），25670（Y 向）
多遇地震作用下最大层间位移角	1/628（X 向），1/450（Y 向）	1/570（X 向），1/462（Y 向）
多遇地震作用下首层剪力（kN）	51460（X 向），52590（Y 向）	48770（X 向），49080（Y 向）
多遇地震作用下剪重比	5.02%（X 向），5.03%（Y 向）	4.76%（X 向），4.70%（Y 向）

3.2 加强层结构方案对比分析

由于本项目位于高烈度抗震设防地区，为满足结构刚度需要，便于有效控制地震作用下结构侧向位移，故利用建筑避难层设置水平伸臂桁架作为结构加强层。为避免加强层结构刚度过大导致加强层部位楼层侧向刚度与楼层受剪承载力突变，通过优化伸臂桁架位置及构件尺寸以达到“有限刚度”的效果。伸臂桁架的位置、道数及自身高度均在结构计算时进行多方案的对比和研究，计算结果如表 3-2 所示。

加强层不同布置方式结构计算结果对比 **表 3-2**

加强层设置方案	周期（s）	最大层间位移角（Y 向地震作用下）	位移角变化比例	顶点位移（mm）（Y 向地震作用下）	顶点位移变化比例
第 9 层、18 层设置加强层	$T_1=3.1758$ $T_2=2.8782$ $T_3=2.6652$	1/437	14.19%	228.61	22.47%
仅第 18 层设置加强层	$T_1=3.4138$ $T_2=3.0785$ $T_3=2.7585$	1/426	11.97%	252.75	14.28%
仅第 9 层设置加强层	$T_1=3.4196$ $T_2=3.0301$ $T_3=2.7218$	1/392	4.33%	256.72	12.94%
无加强层	$T_1=3.7625$ $T_2=3.3091$ $T_3=2.8402$	1/375	—	294.87	—

设置结构加强层可以有效提高结构刚度，塔楼最大层间位移角出现在塔楼中上部楼层。通过对比分析可看出，仅在第 18 层避难层设置加强层的结构方案，能够较好地控制结构层间位移角和结构顶点位移，结构效率较高，经综合权衡后选用此方案作为本结构的加强层布置方案。

加强层水平伸臂桁架在地震作用下受力较大，为确保加强层在地震作用下的抗震性能，在第 18 层增设腰桁架可有效减小地震作用下水平伸臂桁架的轴力，同时，水平伸臂桁架采用 BRB 防屈曲支撑，屈服承载力为 13500kN，伸臂桁架如图 3-1 所示。

图 3-1 BRB 伸臂桁架

3.3 罕遇地震作用下结构弹塑性分析

本工程罕遇地震作用下弹塑性分析采用 ABAQUS 计算程序，基于显式积分的动力弹塑性分析方法模拟结构在地震力作用下的非线性反应。在本结构的弹塑性分析过程中，考虑下列因素：(1) 几何非线性：结构的平衡方程建立在结构变形后的几何状态上，“P-Δ”效应、非线性屈曲效应、大变形效应等都得到全面考虑；(2) 材料非线性：直接采用材料非线性应力-应变本构关系模拟钢材及混凝土的弹塑性特性，可以有效模拟构件的弹塑性发生、发展以及破坏的全过程。

罕遇地震作用分别输入满足规范要求的两组地面设计谱加速度时程记录（天然波）和一组地面设计谱人工波加速度时程记录。计算结果表明，在罕遇地震作用下，X 向和 Y 向最大层间位移角分别为 1/100 和 1/84，均小于规范 1/80 的限值要求，满足大震不倒的性能目标。结构最大计算结果见表 3-3。

大震弹塑性计算结果　　表 3-3

指标	作用地震波					
	天然波 1 作用下		天然波 2 作用下		人工波作用下	
	X 主方向	Y 主方向	X 主方向	Y 主方向	X 主方向	Y 主方向
YJK 总质量（t）	97453					
ABAQUS 总质量（t）	100574					
X 向最大基底剪力（kN）	157200	—	139700	—	146700	—
弹性时程 X 向最大基底剪力（kN）	50417	—	42443	—	40768	—
X 向基底剪力比值	3.11	—	3.29	—	3.60	—
Y 向最大基底剪力（kN）	—	132000	—	147000	—	132600
弹性时程 Y 向最大基底剪力（kN）	—	44001	—	44035	—	42626
Y 向基底剪力比值	—	3.00	—	3.34	—	3.11
X 向最大顶点位移（mm）	882	—	712	—	729	—
Y 向最大顶点位移（mm）	—	835	—	948	—	844
X 向最大层间位移角	1/100（13 层）	—	1/117（23 层）	—	1/119（23 层）	—
Y 向最大层间位移角	—	1/94（24 层）	—	1/84（24 层）	—	1/93（24 层）

3.4 钢板组合剪力墙受剪承载力分析

塔楼底部墙肢 GBQ1、GBQ2、GBQ3 在罕遇地震作用下受剪承载力的验算，按《钢板剪力墙技术规程》JGJ/T 380—2015 第 7.5.3 条的规定：

$$V \leqslant V_u = 0.60 f_y A_{sw}$$

式中：V——钢板组合剪力墙的剪力设计值；

V_u——钢板组合剪力墙的受剪承载力设计值；

A_{sw}——平行于剪力墙受力平面的钢板面积。

经复核塔楼底部钢板组合剪力墙墙肢受剪承载力，在等效大震作用下，底部钢板组合剪力墙墙肢受剪承载力均满足要求。钢板组合剪力墙墙肢受剪承载力验算结果见表 3-4。

钢板组合剪力墙墙肢受剪承载力验算　　表 3-4

墙肢	f_y(N/mm²)	A_{sw}(mm²)	V_u(kN)	V(kN)	比较
GBQ1	335	247200	49687.2	44209.3	$V_u>V$，满足规范
GBQ2	335	202000	40602.0	32089.0	$V_u>V$，满足规范
GBQ3	335	454000	91254.0	77105.5	$V_u>V$，满足规范

4　结构加强措施

4.1　钢板组合剪力墙截面设计

钢板组合剪力墙的节点设计主要包括以下几个部位：边框矩形钢管混凝土柱、钢边框梁（钢暗梁）、边框柱和墙身节段（含内部加劲肋等）、与楼板连接做法等。钢板组合剪力墙宜根据平面布置和楼面钢梁布置情况通过设置钢暗柱合理分段，尽量使墙体变成标准节段，方便深化加工制作。钢板墙内设置水平加劲肋和竖向加劲肋增强平面外的刚度，并通过设置连接缀板使两侧钢板与腔内混凝土形成整体。钢板组合剪力墙典型做法如图 4-1 所示。

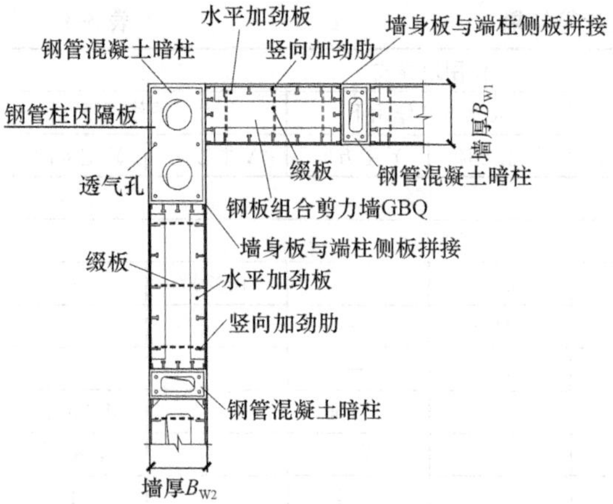

图 4-1　钢板组合剪力墙做法示意

为方便钢板组合剪力墙制作安装和运输，宜在楼层处通过设置钢边框梁（钢暗梁）进行断开，形成标准节段，便于现场安装连接和填充混凝土的浇筑，如图 4-2（a）所示。钢暗梁的设计需综合考虑钢板墙的对位安装，上、下墙体的调平和调直，以及钢板厚度或者墙体厚度变化时的连接方便与可靠性，如图 4-2(b) 所示，避免连接部位成为结构受力的薄弱部位而影响结构的整体性能。

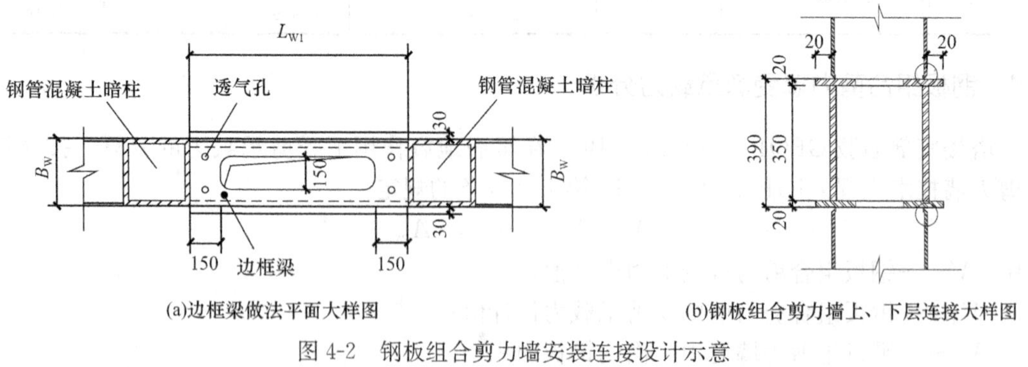

图 4-2　钢板组合剪力墙安装连接设计示意

4.2　结构加强措施

本工程为高烈度抗震设防区超限高层建筑，为海南省首例采用钢板组合剪力墙结构超高层建筑。经采用 YJK、ETABS、ABAQUS 等软件进行多模型、多工况计算分析，结果表明，各项控制指标均表现良好，满足规范要求。针对结构不规则项和计算结果所反映的重要构件及部位，采取下列针对性措施：

（1）核心筒采用钢板组合剪力墙结构，尽量减少结构开洞，底部墙体钢板厚度适当加厚，端部设置钢管混凝土柱，适当加厚钢管混凝土柱壁厚。

（2）优化结构加强层布置和节点连接，加强层及相邻层水平伸臂桁架和腰桁架连接部位采用箱形钢梁，连接节点采用 Q390GJ 钢板，确保节点在地震作用下具有可靠的连接性能，实现“强节点、弱构件”。

（3）加强层楼板厚度加大至 200mm，提高楼板贯通钢筋配筋率，楼板与钢板组合剪力墙外侧钢板增设可靠连接键，确保楼板与钢板组合剪力墙可靠连接。

（4）楼板大开洞楼层，洞口周边结构梁采用箱形钢梁，适当加大楼板厚度。

经采取有针对性的抗震加强措施后，本工程结构可以满足预先设定的性能目标和使用功能要求，并满足“小震不坏、中震可修、大震不倒”的抗震要求。

5 抗震设防专项审查意见

本项目超限高层建筑工程抗震设防专项审查会于 2017 年 8 月 25 日在海口市由海南省住房和城乡建设厅主持召开，全国工程勘察设计大师任庆英任专家组组长。专家组听取了建设单位和设计单位的介绍，查阅了设计文件，进行了必要的质询。经认真讨论后，提出如下审查意见：

（1）伸臂桁架的抗震性能宜为中震不屈服，桁架上、下弦杆应贯通核心筒剪力墙。可考虑采用 BRB 构件替代伸臂桁架斜杆。

（2）剪力墙的抗震等级应为特一级。

（3）塔楼两主轴方向自振周期相差较大，宜采用适当措施进行调整。

（4）补充分析塔楼楼板开洞对框架梁轴力的影响。

（5）塔楼底板的整体刚度应适当加强。

审查结论：通过。

6 点评

本项目为海南省首例采用外包双钢板组合剪力墙结构高层建筑，海口地区为高烈度抗震设防区，地震作用明显，经多模型、多工况、多程序计算分析，采用合理抗震性能目标和构造措施，充分实现建筑功能和使用效果，保证结构具有较好抗震性能和安全性。

07 赣州招商局中心

关　　键　　词：竖向缩进；局部穿层；楼板不连续
结构主要设计人：杨　坚　林　鹏　霍维刚
设　计　单　位：广州珠江外资建筑设计院有限公司

1　工程概况

本项目位于赣州市章江新区核心区域，南邻滨江大道、橙乡大道，西邻油山路，北靠城市主干道东江源大道，交通便捷。项目设有一栋塔楼及其附属裙房，场地周边地势平坦，项目总建筑面积 142545m²，其中地上塔楼共 44 层，建筑面积 74921m²，建筑屋面高度为 190.6m，屋面塔冠最高处为 220m；裙房地上 3 层，地下 4 层，总建筑面积 17467m²，建筑高度为 20.9m。建筑效果图如图 1-1 所示。

图 1-1　建筑效果图

本项目塔楼地上主要分为四个功能区间，即低区办公区、高区办公区、公寓区和酒店区，分别由层高为 4.5m、7.8m 和 5.0m 的避难层分隔，酒店区和公寓区层高均为 4.2m，酒店区层高为 3.6m。主要设计指标见表 1-1。本项目结构设计采用 50 年设计基准期，安全等级为二级。本建筑为丙类建筑，采用标准的抗震设防类别，项目场地类别为Ⅱ类，根据《建筑抗震设计规范》GB 50011—2010（2016 年版）划分抗震设防烈度为 6 度，设计基本地震加速度值为 5gal。地面粗糙度类别为 C 类，风荷载体型系数为 1.4，承载力设计采用 50 年一遇基本风压 0.3kN/m²，并考虑 1.1 放大系数，结构舒适度设计采用 10 年一遇基本风压 0.2kN/m²。

主要设计指标　　　　表 1-1

结构单元	地下室	商业裙楼	塔楼	
层数	3	3	44	
建筑高（深）度(m)	14.4	最高处结构标高 20.9	190.6（屋面层），199.9（机房顶）	
外包尺寸 $A\times B$(m)	226.8×68.1	—	53.6×45.8（平面呈类三角形）	
主要楼层层高(m)	6.6，3.9	4.5	4.2，3.6	
长宽比 A/B	3.33	—	1.17	
最大高宽比	—	—	整体	4.06
			核心筒	8.84<12（规范建议）

2 结构体系与选型

2.1 结构体系

结合建筑平面功能、立面造型、抗震（风）性能要求、施工周期以及造价合理性等因素，本工程塔楼结构体系采用钢筋混凝土框架-核心筒结构体系（图 2-1）。

核心筒为钢筋混凝土剪力墙筒体；塔楼 22 层（第二避难层）起至屋面由于建筑使用要求，楼面单边逐渐向内收进，过渡平缓（竖向夹角约为 3°），23 层至屋面核心筒单边向内收进 5.8m，如图 2-2、图 2-3 所示。结构首层层高 9.6m，第一避难层层高 4.2m，第二避难层层高 7.8m，第三避难层层高 5.0m，酒店大堂层层高 7.7m。

塔楼底部框架柱内设型钢，以控制轴压比，减小柱截面尺寸，提高整体结构性能表现。

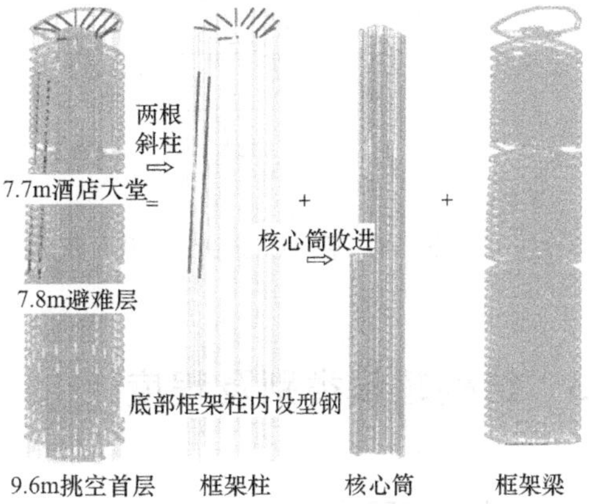

图 2-1 结构受力体系简图

楼盖梁板为钢筋混凝土楼盖。

重力荷载通过楼面水平构件传递至核心筒和外框柱，最终传递至基础。水平荷载产生的剪力和倾覆弯矩由外框架与核心筒共同承担，其中剪力主要由核心筒承担，倾覆弯矩由外框架与核心筒共同承担。

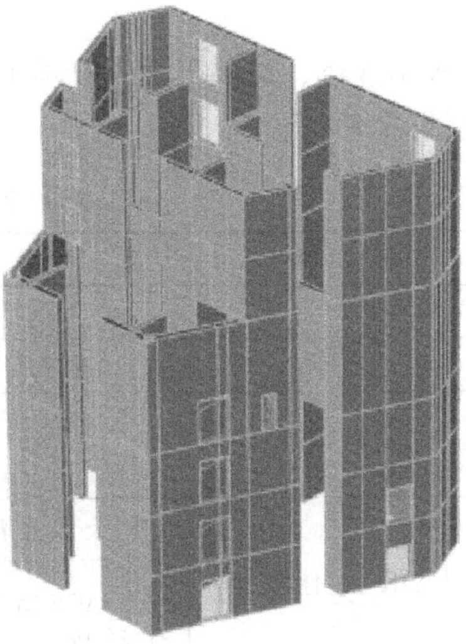

图 2-2 核心筒收进示意

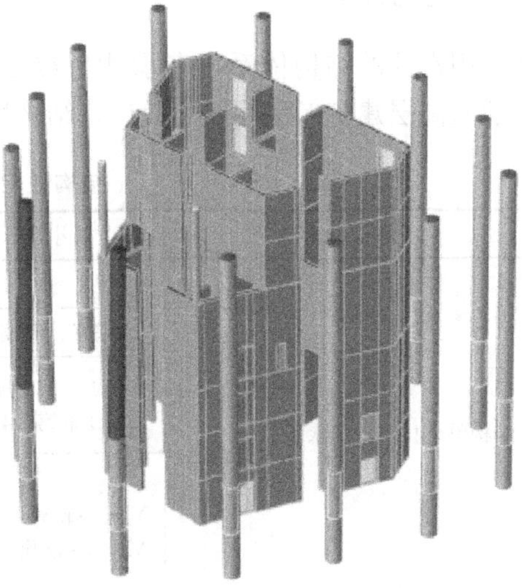

图 2-3 核心筒收进处与框架柱关系示意

2.2 结构布置

根据建筑使用功能选择合理的楼盖形式，结构布置如图 2-4、图 2-5 所示。

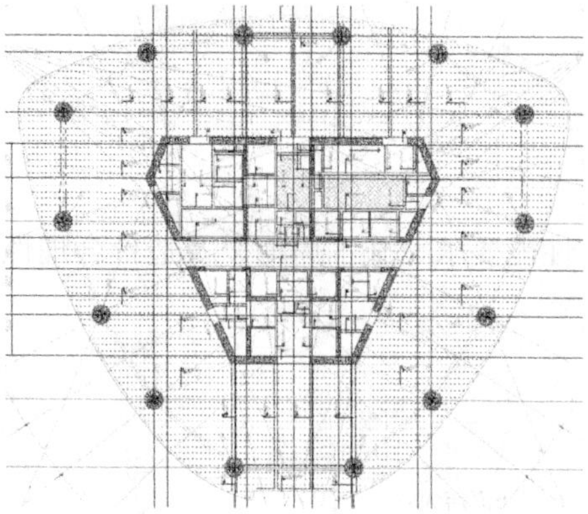

图 2-4　第一标准层结构平面布置

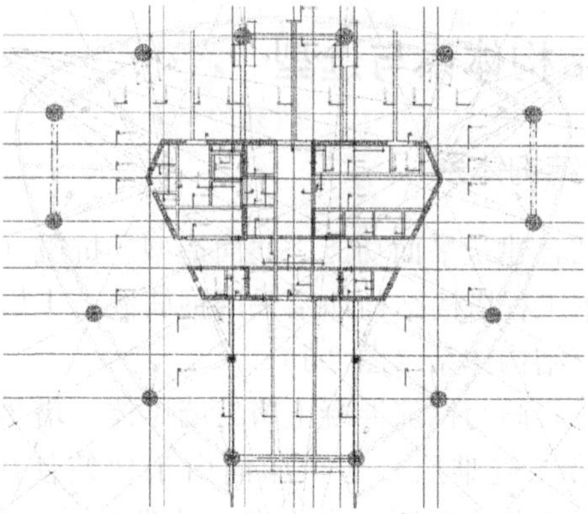

图 2-5　核心筒收进后标准层结构平面布置

3　结构超限类别及程度

3.1　高度超限分析

根据《住房城乡建设部关于印发〈超限高层建筑工程抗震设防专项审查技术要点〉的通知》（建质〔2015〕67 号）及《高层建筑混凝土结构技术规程》JGJ 3—2010（下文简称《高规》）的有关条文，对结构进行超限判别，并制订相应的抗震性能目标。本工程采用钢筋混凝土框架-核心筒结构体系。

3.2　不规则情况分析

项目采用常规的结构体系，有承载力突变、楼板不连续、局部不规则 3 项不规则情况，进行超限高层建筑工程性能化设计，结构性能目标见表 3-1。

结构性能目标　　**表 3-1**

<table>
<tr><th colspan="2">项目</th><th>小震</th><th>中震</th><th>大震</th></tr>
<tr><td colspan="2" rowspan="4">结构整体抗震性能水平</td><td>1</td><td>3</td><td>4</td></tr>
<tr><td>完好、无损坏</td><td>轻度损坏</td><td>中度损坏</td></tr>
<tr><td>1/644（《高规》第 3.7.3 条第 3 款）</td><td>—</td><td>1/100</td></tr>
<tr><td>YJK 弹性分析，MIDAS 校验</td><td>YJK 中震性能分析</td><td>YJK 大震性能分析，YJK-EP 静力推覆分析，SAUSAGE 动力弹塑性时程分析</td></tr>
<tr><td>关键构件</td><td>底部加强区核心筒及框架柱；斜柱；核心筒收进楼层上、下层核心筒及框架柱；35 层跃层柱、墙</td><td>弹性</td><td>受剪弹性；正截面不屈服</td><td>受剪、受弯不屈服（等效弹性计算）</td></tr>
</table>

续表

项目		小震	中震	大震
普通竖向构件	非底部加强区剪力墙，其他框架柱	弹性	受剪弹性，正截面不屈服	受剪满足最小截面要求（等效弹性计算）
耗能构件	框架梁	弹性	受剪不屈服；部分构件正截面屈服	大部分构件进入屈服阶段（动力弹塑性计算）
	连梁	弹性	受剪不屈服；部分构件正截面屈服	大部分构件进入屈服阶段（动力弹塑性计算）
水平连接构件	核心筒收进楼层上、下层楼板，楼板大开洞楼层、穿层柱柱顶楼层楼板，斜柱起、终楼层楼板	弹性	不屈服	—

4 多遇地震（小震）分析

根据整体计算主要结果，结合《高规》及《建筑抗震设计规范》GB 50011—2010（2016 年版）（下文简称《抗规》）的要求及结构抗震概念设计理论，可以得出如下结论：

（1）满足《高规》第 3.4.5 条关于复杂高层建筑结构扭转为主的第 1 自振周期与平动为主的第 1 自振周期之比 B 级高度高层建筑不应大于 0.85 的要求。

（2）在风荷载和地震作用下，层间位移角均满足有关规范的要求。

（3）除结构底部少数楼层不满足规范最小剪重比要求外，X、Y 方向剪重比均满足《抗规》第 5.2.5 条的要求，对于不满足剪重比的楼层按规范要求作相应放大。

（4）满足《高规》第 3.4.5 条关于不规则建筑各楼层的竖向构件最大水平位移不应大于该楼层平均值的 1.5 倍的规定。

（5）满足《高规》第 3.5.2 条关于高层建筑相邻楼层的侧向刚度变化的规定。

（6）受剪承载力满足《高规》第 3.5.2 条的规定，即 B 级高度高层建筑的楼层抗侧力结构的层间受剪承载力不应小于其相邻上一层受剪承载力的 75%。

（7）满足《高规》第 5.4.4 条关于结构稳定性的规定。

（8）墙、柱的轴压比均满足《高规》的要求。

通过以上对比分析，项目主轴 X、Y 方向起控制性作用，其分析结果与 25°、115°、155°、245°的差别不大。以下中、大震作用下将主要考虑 X、Y 方向的相关分析。但小震及风荷载作用下将考虑以上各个角度的包络施工图设计。

5 设防地震（中震）分析

采用 YJK 软件进行设防烈度地震（中震）作用分析。除普通楼板、次梁以外所有结构构件的承载力，根据其抗震性能目标，结合《高规》中“不同抗震性能水准的结构构件承载力设计要求”的相关公式，进行结构构件性能计算分析。核心筒收进层上、下层剪力墙等关键构件的正截面承载力以及其他构件的承载力验算按前述表 3-1 的性能目标要求进行中震弹性计算。

在计算设防烈度地震作用时，采用规范反应谱计算，水平最大地震影响系数 α_{max} = 0.12，阻尼比取值：ζ=0.06（混凝土）。

根据设定的抗震性能目标，两栋塔楼底部加强区剪力墙核心筒与框架柱大震作用下需满足抗剪不屈服的要求。

（1）关键构件：按小震配筋即可满足抗剪弹性、正截面不屈服的性能要求，施工图设计时采用小震、中震包络设计。核心筒收进楼层下层核心筒剪力墙墙身按 0.6%配筋，核心筒收进楼层上层核心筒剪力墙墙身按 0.4%配筋，施工图设计时采用小震、中震包络设计。

（2）普通竖向构件：按小震配筋可满足抗剪弹性、正截面不屈服的性能要求，施工图设计时采用小震、中震包络设计。

（3）耗能构件：小震、中震包络设计可满足抗剪不屈服要求，中震作用个别构件正截面屈服。

6 罕遇地震（大震）分析

6.1 大震分析的目的及分析方法

采用大震等效弹性分析，以保证该结构中绝大部分竖向构件均满足最小受剪截面的需求。了解该结构在罕遇地震作用的弹塑性行为，研究结构大震不倒的可行性；了解结构构件可能屈服从而进入弹塑性阶段的程度，寻找薄弱环节，建议相应的加强措施办法；评价该结构在大震作用下的抗震性能，从而进一步判定该结构是否满足在大震作用下对应的结构抗震性能目标。

6.2 大震等效弹性分析

采用 YJK 软件，结合《高规》中“不同抗震性能水准的结构构件承载力设计要求”的相关公式，对预估的罕遇地震（大震）作用下结构构件性能进行计算分析。

在计算罕遇地震作用时，采用规范反应谱计算，水平最大地震影响系数 α_{max}=0.28，阻尼比 ζ=0.07（混凝土）。按全楼弹性楼板计算的大震验算的整体计算结果见表 6-1。

大震计算结果 **表 6-1**

指标	0°(X)	90°(Y)
大震首层基底剪力 $Q_{大}$(kN)	45883.7	45971.9
小震首层基地剪力 $Q_{小}$（kN)	8078.5	7971.7
$Q_{大}/Q_{小}$	5.68	5.77
基底弯矩（kN·m)	6145121	6163359
最大位移角	1/270（26F)	1/264（25F)

采用大震计算时，所有竖向构件的抗剪配筋均未出现超筋的情况；底部加强部位剪力墙等关键构件没有出现超筋的情况。

关键构件：底部加强区核心筒及框架柱，可满足抗剪不屈服的性能要求，施工图设计时采用包络设计。

核心筒收进楼层上、下层核心筒及框架柱，可满足抗剪不屈服的性能要求，施工图设计时采用包络设计。

斜柱可满足抗剪不屈服的性能要求，施工图设计时采用包络设计。

普通竖向构件抗剪满足最小截面要求的性能要求，施工图设计时采用包络设计。

6.3 大震作用下的动力弹塑性分析（SAUSAGE）

6.3.1 分析方法

本工程的弹塑性分析将采用基于显式积分的动力弹塑性分析方法，这种分析方法未作任何理论的简化，直接模拟结构在地震力作用下的非线性反应（图 6-1），具有如下优越性：

（1）完全的动力时程特性：直接将地震波输入结构进行弹塑性时程分析，可以较好地反映在不同相位差情况下构件的内力分布，尤其是楼板的反复拉压受力状态。

（2）几何非线性：结构的动力平衡方程建立在结构变形后的几何状态上，“P-Δ”效应，非线性屈曲效应等都被精确考虑。

（3）材料非线性：直接在材料应力-应变本构关系的水平上模拟。

（4）采用显式积分，可以准确模拟结构的破坏情况直至倒塌形态。

不同软件的模型基本特性对比见表 6-2。

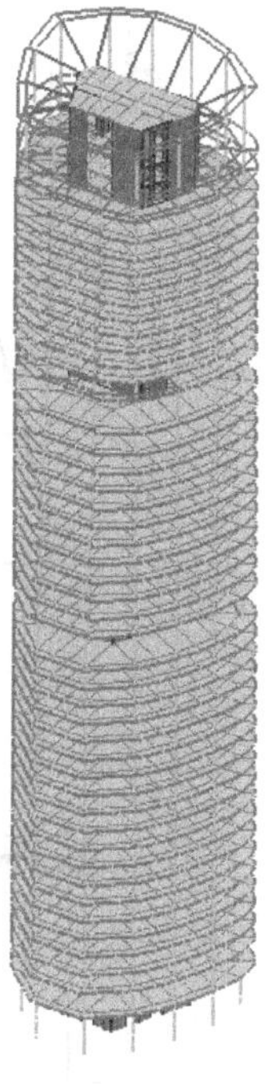

图 6-1 SAUSAGE 模型图

6.3.2 动力弹塑性结果分析

（1）模型基本信息

采用弹性时程分析中的 3 条地震波，分别按 X 向、Y 向为主方向（主次方向地震波峰值比例为 1∶0.85）进行双向弹塑性时程分析，共需要计算 6 个不同的弹塑性动力时程分析工况。为了较为真实地考虑结构钢筋的影响，整个弹塑性分析模型的钢筋按结构初步设计配筋进行输入。

模型基本特性对比 **表 6-2**

指标		振型					
		1	2	3	4	5	6
周期（s）	SAUSAGE	4.88	4.62	3.11	1.54	1.43	1.22
	YJK	5.02	4.74	3.45	1.59	1.44	1.26
质量（t）	SAUSAGE	135691.2					
	YJK	132861.5					

（2）楼层位移及层间位移角

楼层位移及层间位移角见图 6-2～图 6-5。按《高规》，部分框支剪力墙结构 C 级抗震性能目标的层间弹塑性极限位移角限值为 1/100。本工程平均最大层间位移角 X 方向为 1/253，Y 方向为 1/249，满足规范要求。

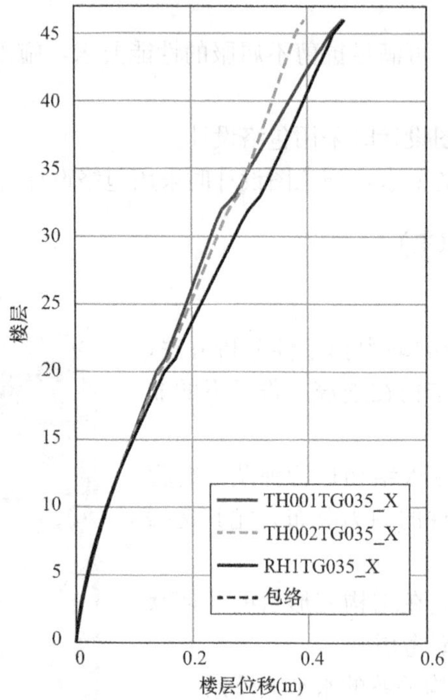

图 6-2　X 向楼层位移

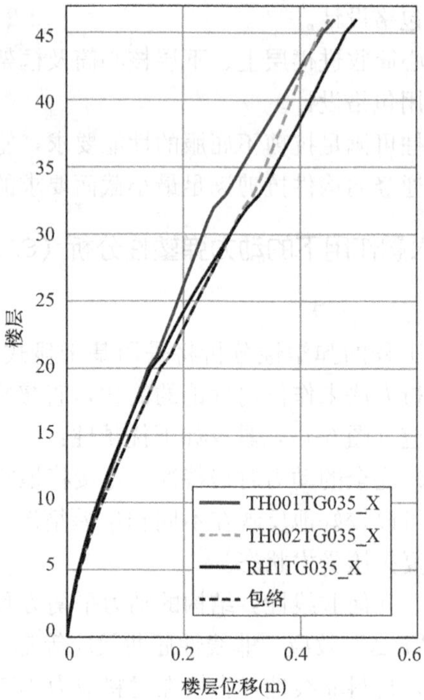

图 6-3　Y 向楼层位移

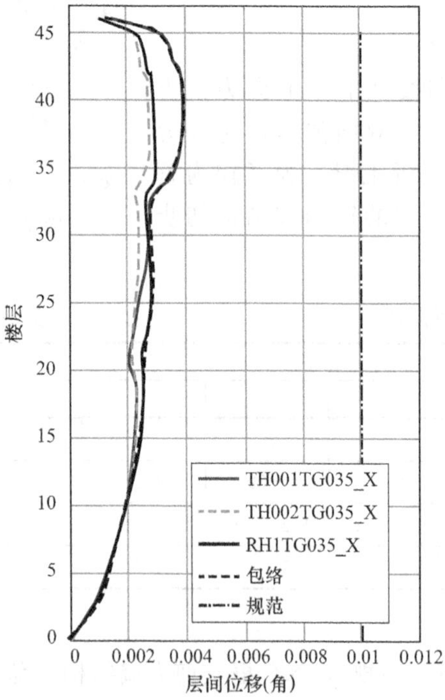

图 6-4　X 向层间位移角

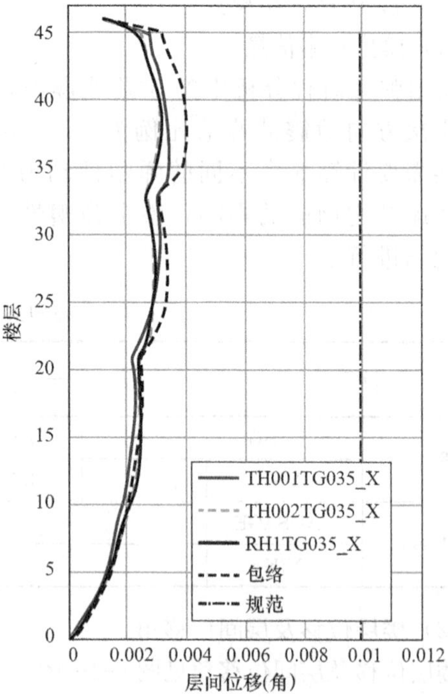

图 6-5　Y 向层间位移角

6.4 构件性能统计

综合规范中相关规定和工程经验，指定构件弹塑性性能评价标准，如图 6-6 所示。

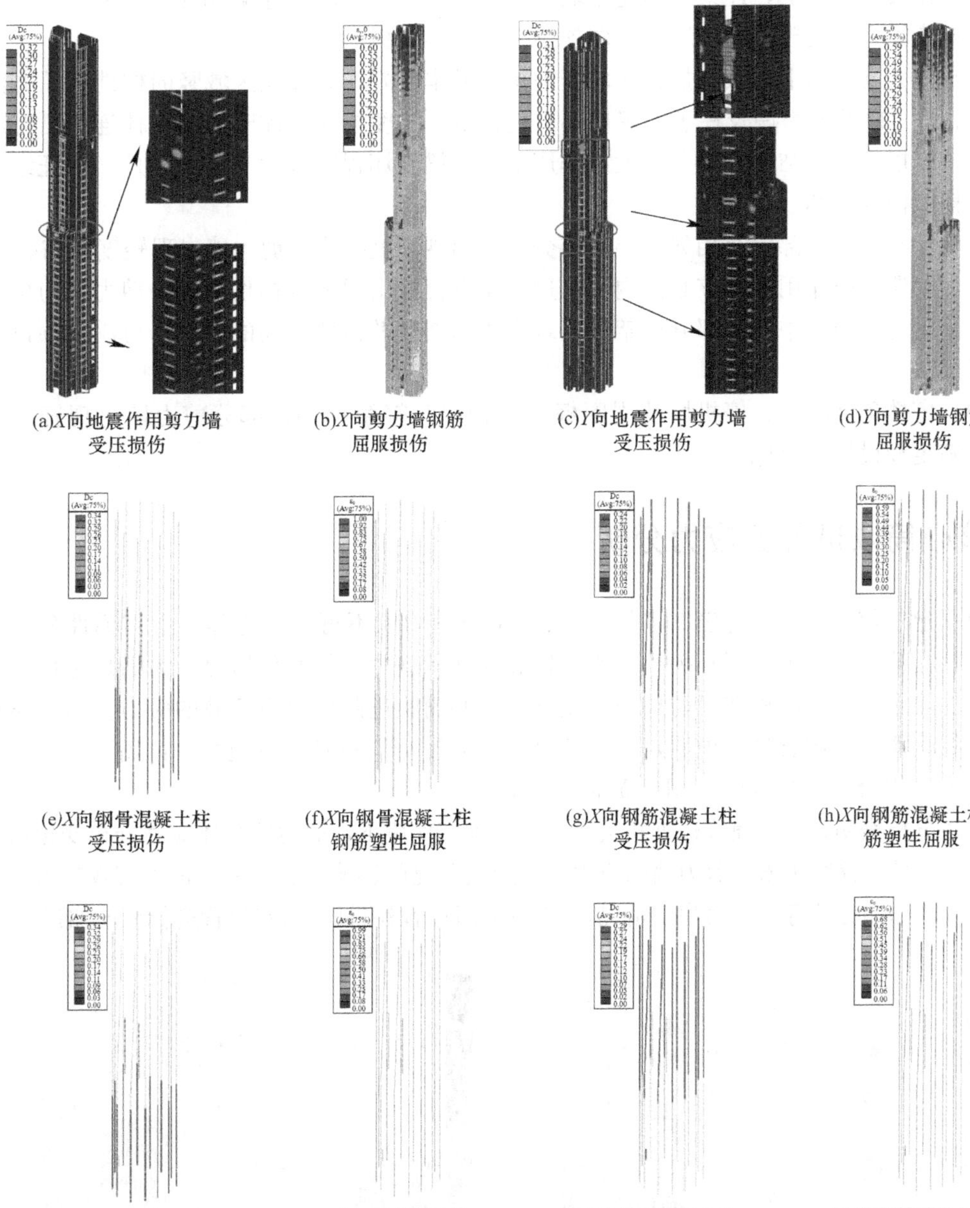

(a)X向地震作用剪力墙受压损伤　(b)X向剪力墙钢筋屈服损伤　(c)Y向地震作用剪力墙受压损伤　(d)Y向剪力墙钢筋屈服损伤

(e)X向钢骨混凝土柱受压损伤　(f)X向钢骨混凝土柱钢筋塑性屈服　(g)X向钢筋混凝土柱受压损伤　(h)X向钢筋混凝土柱钢筋塑性屈服

(i)Y向钢骨混凝土柱受压损伤　(j)Y向钢骨混凝土柱钢筋塑性屈服　(k)Y向钢筋混凝土柱受压损伤　(l)Y向钢筋混凝土柱钢筋塑性屈服

图 6-6　构件弹塑性性能评价标准

6.5 弹塑性时程小结

结构在 3 条地震波动力时程分析下的塑性损伤分布情况基本类似，现选出 X、Y 向层间位移角最大的地震波动力弹塑性分析结果进行结构损伤情况描述，以 Case_3 工况为例，分析结构构件钢筋屈服和混凝土损伤情况，由弹塑性分析结果可知：

（1）剪力墙混凝土受压损伤因子 0.32，框架柱混凝土受压损伤因子 0.34；剪力墙钢筋塑性屈服因子 0.60，个别框架柱塑性屈服因子 1.0，进入屈服状态。

（2）在大震作用下，连梁损伤先于墙体，塑性铰主要出现在连梁端部，可见连梁充分发挥了耗能能力，实现了“强墙肢、弱连梁”的性能目标。

（3）在大震作用下，底部加强区域竖向构件基本完好，非加强区域竖向构件（X 方向的柱子、Y 方向的剪力墙及柱子）仅局部出现轻微、轻度损伤；此时上部墙体连梁已有部分达到中度损伤。此结果表明：在大震作用下，连梁破坏程度远大于竖向构件，保证结构不先于耗能构件破坏。

（4）核心筒收进部位及相邻楼层，部分连梁出现中度损伤，剪力墙出现轻度损伤。

（5）罕遇地震作用下，核心筒内部及边沿位置楼板出现轻度损伤，部分剪力墙与楼板交接位置出现应力集中；大部分框架梁出现轻微损伤耗散掉地震动的能量，可满足预设的性能目标。

（6）塔楼顶部机房、停机坪及周围框架结构出现轻微损伤，部分剪力墙出现轻度损伤，可满足预设性能目标。

7 核心筒收进部位应力分析

根据建筑使用需求，建筑 23 层起核心筒部分剪力墙不再向上延伸。小震弹性分析已反映了核心筒收进处上、下相关楼层刚度比和受剪承载力比的变化情况。为满足结构性能化设计的要求，分析结构在设防地震作用下，核心筒收进部位剪力墙肢的应力。由于篇幅限制，仅列举两种组合进行说明，分析结果如图 7-1～图 7-6 所示（组合一：1.0D+0.5L+X 向地震；组合二：1.0D+0.5L+Y 向地震）。

上述分析表明，核心筒收进处相关层在设防地震作用下，剪力墙整体应力分布变化情况较为均匀，核心筒收进未对剪力墙的应力变化造成明显的影响，剪力墙收进处有效应力值不大，仅局部边角位置存在应力集中情况，施工图设计阶段将针对这些位置进行配筋加强。

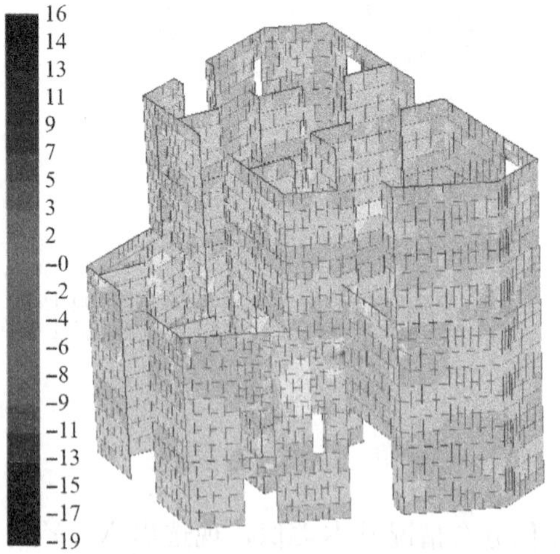

图 7-1 组合一 sig-xx 正应力（N/mm²）

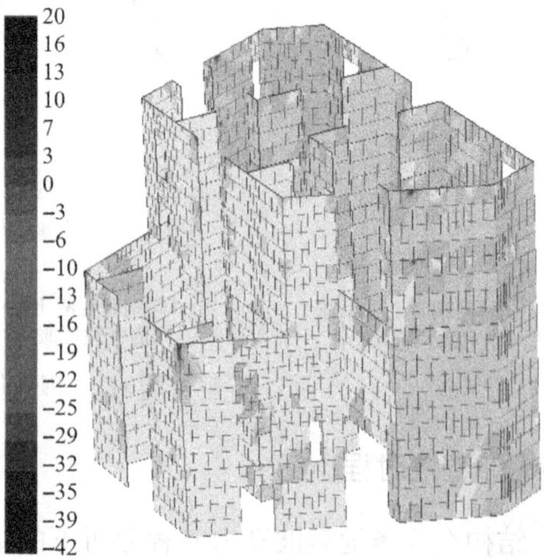

图 7-2 组合一 sig-yy 正应力（N/mm²）

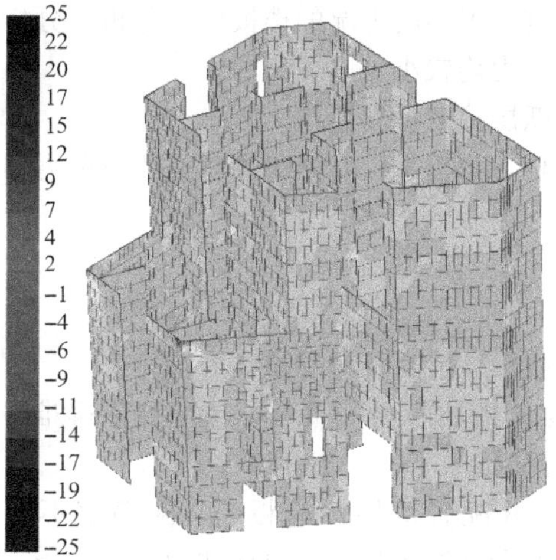

图 7-3 组合一 sig-xy 剪应力（N/mm^2）

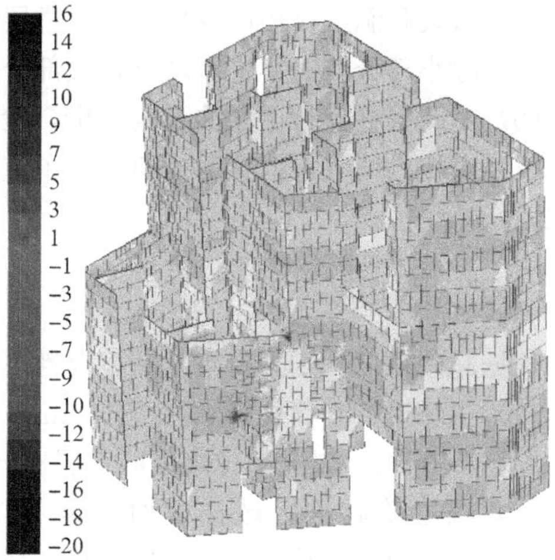

图 7-4 组合二 sig-xx 正应力（N/mm^2）

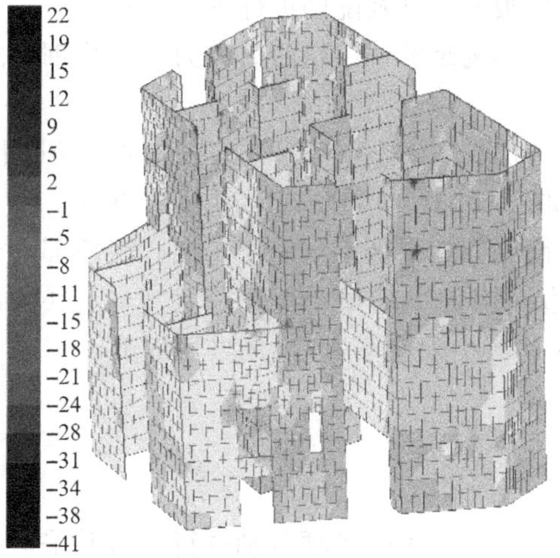

图 7-5 组合二 sig-yy 正应力（N/mm^2）

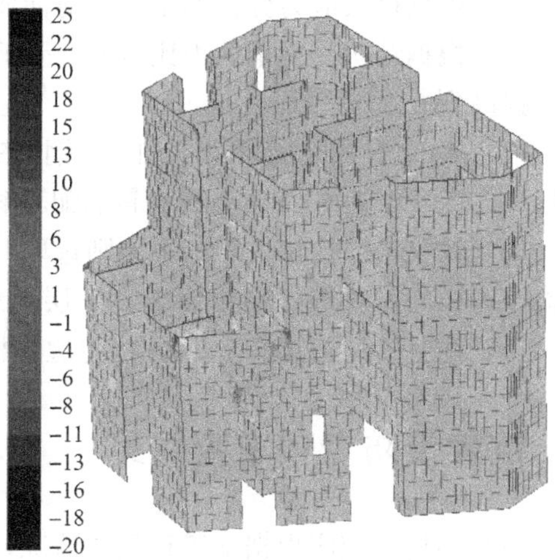

图 7-6 组合二 sig-xy 剪应力（N/mm^2）

8 总结

8.1 抗震分析手段

（1）采用不同力学模型的空间分析程序（YJK、MIDAS），对整体结构进行分析，结果表明两者的吻合较好；除了对所有构件进行小震弹性的计算外，还采用 YJK 程序，根据抗震性能目标，对各类主要构件进行中震与大震的补充分析。

（2）采用 YJK 进行小震作用下弹性动力时程分析，作为反应谱法的补充计算。

（3）采用 SAUSAGE 进行罕遇地震作用下动力弹塑性分析，验算了结构在大震下的弹塑性层间位移角，评价结构的抗震性能，验证所采用的结构措施的可靠性。

（4）对结构进行了整体稳定的弹性屈曲分析，论证了结构整体稳定的安全性。

（5）对大开洞层楼板以及核心筒收进层楼板进行了不同工况的楼板应力分析，分析结果表明，除小部分应力集中区域外，大部分楼板应力均较小。

（6）对跃层柱进行了屈曲稳定分析，验证了跃层柱的可靠性。

（7）对核心筒收进位置剪力墙进行了应力分析，分析了核心筒收进对整体及剪力墙的影响。

8.2 构造加强措施

根据超限情况、受力特点及其重要性，确定抗震性能目标为C级。

（1）主塔楼核心筒楼板加厚至130mm，首层楼板加厚至180mm，屋面层和避难层楼板加厚至150mm。以上部位均采取双层双向拉通钢筋。

（2）核心筒收进区域楼板加厚至180mm，并配置双层双向板筋，配筋率不小于0.25%；核心筒收进楼层上、下层楼板，楼板大开洞楼层楼板，穿层柱柱顶楼层楼板，斜柱起、终楼层楼板，均加厚至150mm，双层双向设置，配筋率不小于0.25%，并根据性能计算结果及构造要求进行包络配筋。

（3）根据楼板应力分析的结果，对薄弱部位楼板的厚度及配筋进行适当加强。

（4）根据结构受剪承载力比需要，受剪承载力不满足的楼层核心筒剪力墙水平钢筋配筋率提高到0.8%。

（5）底部加强部位水平和竖向分布钢筋配筋率分别取0.65%和0.7%，核心筒收进楼层上、下层核心筒剪力墙水平和竖向分布钢筋配筋率分别取0.65%和0.40%，其余层取0.30%。

（6）约束边缘构件按照如下原则选取：核心筒底部加强区上延一层，核心筒角部沿全楼高度，核心筒收进楼层相邻上、下层。约束边缘构件纵筋最小配筋率为1.4%（角部1.6%），配箍特征值提高20%，构造边缘构件纵筋最小配筋率为1.2%（角部1.4%）。

9 抗震设防专项审查意见

（1）结构措施应根据本工程具体情况，针对薄弱点、不规则项分别进行分析并采取有效的抗震措施。

（2）本工程因存在抗测力构件的多角度布置，结构分析时应增加角度，时程分析时也应分别按不同的角度输入。

10 点评

塔楼虽然存在楼板不连续、超高等多项超限，但设计中充分利用概念设计方法，对关键构件设定抗震性能化目标，并在抗震设计中，采用多种程序对结构进行了弹性、弹塑性计算分析，除保证结构在小震作用下完全处于弹性阶段外，还补充了关键构件在中震和大震作用下的验算。计算结果表明，多项指标均表现良好，基本满足规范的有关要求。根据计算分析结果和概念设计方法，对关键和重要构件做了适当加强，以保证在地震作用下的延性。因此，可以认为塔楼除能满足竖向荷载和风荷载作用下的有关指标外，亦能实现设定的整体抗震性能目标预期——达到C级抗震性能目标。

08 东西汇

关　　键　　词：连体结构；扭转不规则；刚度突变
结构主要设计人：杨　坚　林　鹏　杨　坤
设　计　单　位：珠江外资建筑设计院有限公司

1 工程概况

“东西汇”项目拟建于珠海横琴新区科教研发功能区的综合商贸区内，大小横琴山之间，北近天沐河，南至横琴大道，西邻开新六道，东眺开新五道。本项目分为 2 个地块，其中地块 2 为先开发区域。

东西汇项目地块 2 总用地面积约 37144.92m^2，总建筑面积约 19.9 万 m^2，其中地上建筑面积约 13.6 万 m^2，地下室建筑面积约 6.3 万 m^2。地面以上由两栋超高层办公塔楼（D1、D2）、两栋商业裙楼（E1、E2）及数栋文化创意独栋办公楼组成；地面以下设两层地下室，主要为停车场、设备用房及商业。整体效果图如图 1-1 所示。

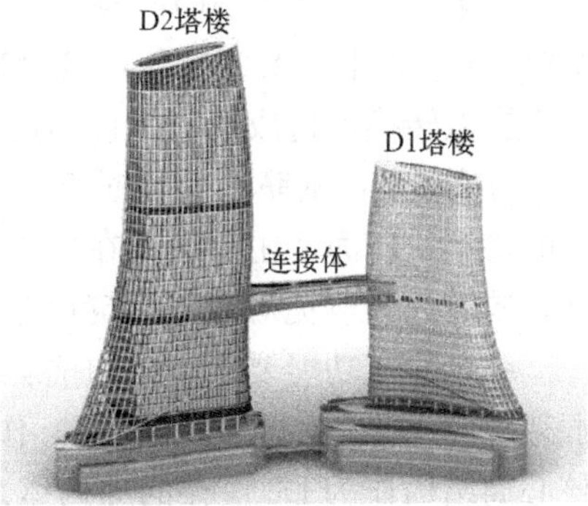

图 1-1　整体效果图

本文主要对地块 2 的超高层办公楼 D1 栋及 D2 栋进行超限分析。其中，D1 塔主屋面结构高度 119.00m，幕墙顶高度 134.00m；D2 塔主屋面结构高度 167.30m，幕墙顶高度 185.30m，两塔楼在标高 70.70～79.80m 处设置空中连廊连接体，连廊主要作用是观光、展示等功能。主要设计指标见表 1-1。

主要设计指标　　表 1-1

指标		D1 栋	D2 栋
结构总高度（m）		119.00	167.30
平面尺寸（m）		77.6×26.4	83.7×33.4
高宽比		4.5	5.1
层数	地上	26 层	34 层
	地下	2 层	2 层
	合计	28 层	36 层
层高（m）	地上	首层 6m、裙楼商业 5.4m、避难层 4.2m、标准层 3.3m 和 4.9m	首层 6m、裙楼商业 5.4m、避难层 4.2m、架空层 8.4m、标准层 4.2m 和 4.9m
	地下	负 2 层 3.9m、负 1 层 6m	

2 结构体系与选型

2.1 抗震缝的设置及合拼

根据分缝后各单体的建筑总高度、功能用途、建筑布置以及结构受力特点等情况，对D1、D2塔楼的结构体系进行如下方案比选（方案基于早期建筑方案阶段的图纸）。

（1）D1栋

方案1-A：采用较少剪力墙的钢筋混凝土框架-剪力墙结构，主要抗侧力构件为框架、剪力墙。因建筑总高度较高，且高宽比较大，难以满足规范的位移角要求，同时，较多框架柱对室内空间的舒适性造成一定的影响。

方案1-B：采用较多剪力墙的钢筋混凝土框架-剪力墙结构，主要抗侧力构件为剪力墙、框架。结合建筑功能要求，剪力墙设置在开间之间的隔墙位置，局部逐层收进的位置设置斜框架柱，对建筑空间的影响较少且能满足规范的位移角要求。

（2）D2栋

方案2-A：采用钢筋混凝土剪力墙结构，主要抗侧力构件为剪力墙。因底部3层均为商业，4层以上主要为办公，按建筑要求，除中部楼、电梯间外，其余剪力墙均需在4层架空层做转换，造成竖向构件不连续，刚度突变，抗震性能较差，且造价较高。

方案2-B：钢筋混凝土框架-核心筒结构，主要抗侧力构件为剪力墙、框架。结合建筑功能要求，剪力墙主要设置在核心筒、电梯间及楼梯间位置，以提供结构的抗侧及抗扭刚度，同时，为避免对底部建筑功能造成影响，需在4层做局部转换。

综合建筑功能要求、结构抗震性能要求及经济性方面考虑，选定方案1-B钢筋混凝土框架-剪力墙结构（较多剪力墙）作为D1塔楼的结构体系，选定方案2-B钢筋混凝土框架-核心筒结构作为D2塔楼的结构体系。典型楼层的结构布置图如图2-1～图2-4所示。

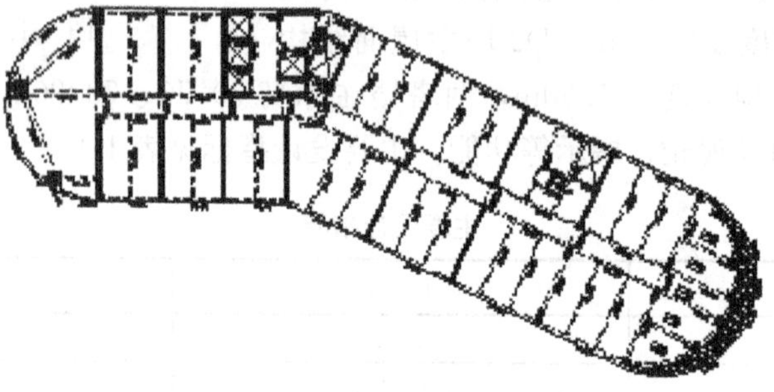

图2-1 D1塔标准层结构布置图

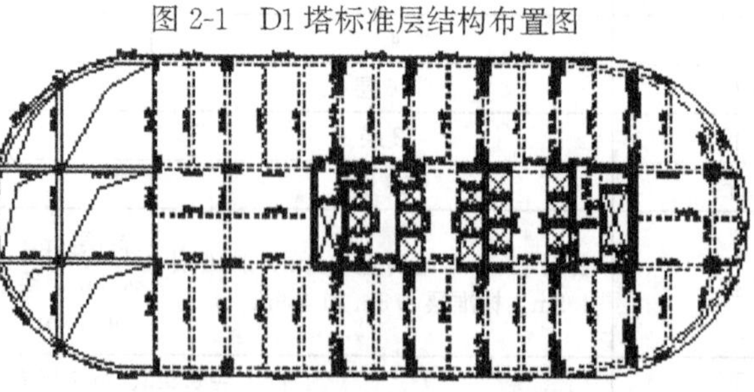

图2-2 D2塔标准层结构布置图

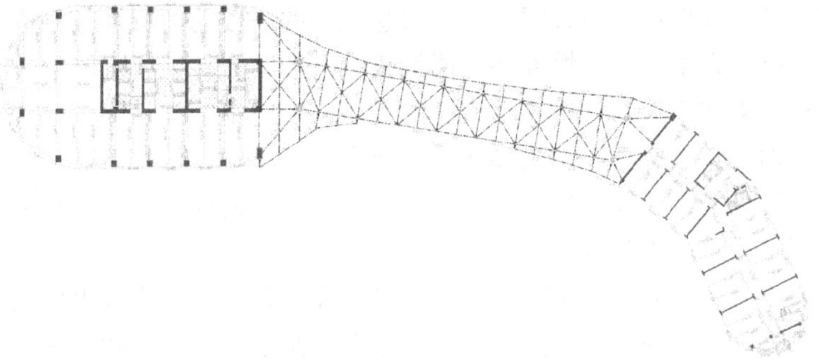

图 2-3　连接体下弦层结构布置图

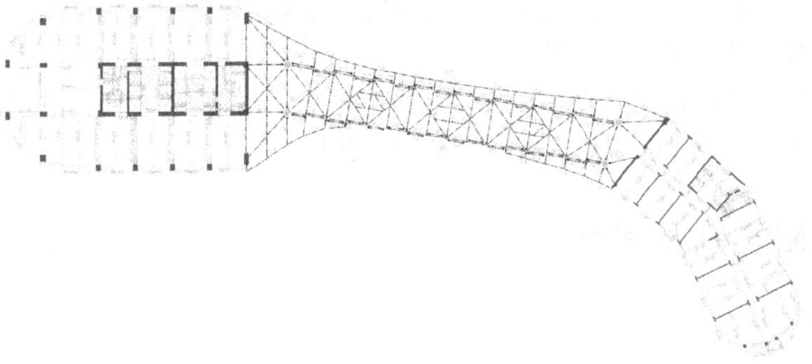

图 2-4　连接体上弦层结构布置图

2.2　连体结构方案选型

根据连接体与主塔楼的连接方式，连体结构通常可分为柔性连接、两边悬挑、刚性连接（两端铰接）、刚性连接（两端刚接）四类方案，以下分别论述四类连接方案在此项目的适用性。

根据本项目连体建筑的特点，提出了四个结构方案：柔性连接方案（图 2-5），两边悬挑方案（图 2-6），刚性连接（两端铰接）方案（图 2-7），刚性连接（两端刚接）方案（图 2-8），并对四种方案展开了相关分析，主要结果如下：

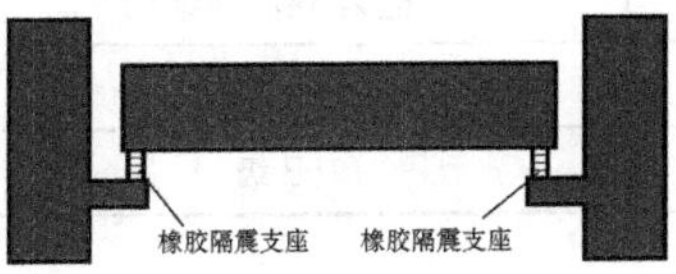

(a)计算简图

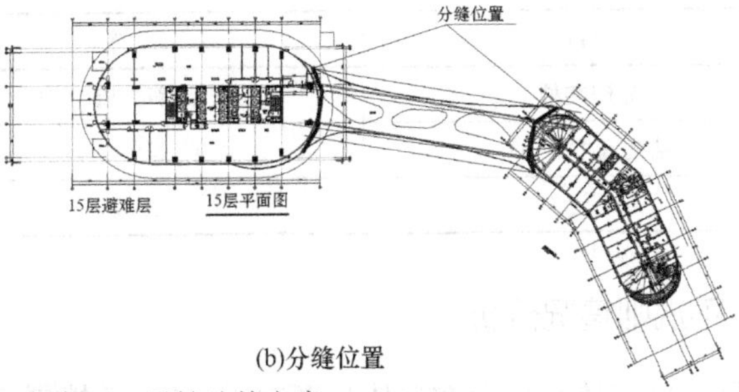

(b)分缝位置

图 2-5　方案一　柔性连接方案

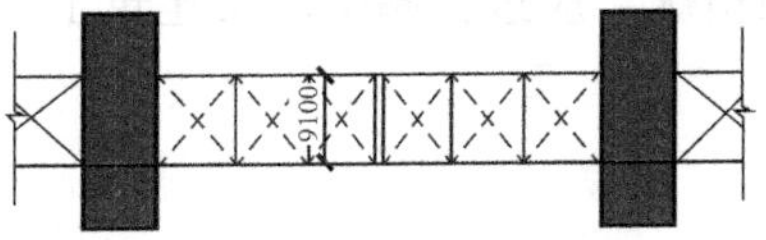

图 2-6　方案二　两边悬挑方案计算简图

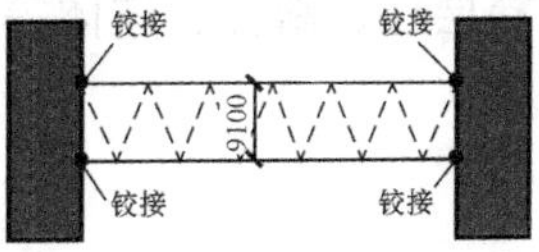

图 2-7　方案三　刚性连接（两端铰接）方案计算简图

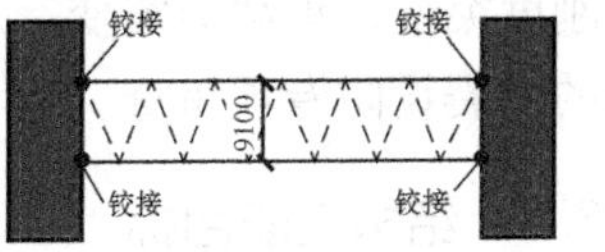

图 2-8　方案四　刚性连接（两端刚接）方案计算简图

(1) 方案一（柔性连接）与方案二（两边悬挑）的塔楼动力特性较独立，连桥对塔楼的影响不大；连桥对方案三（刚性连接，两端铰接）的动力特性影响较大。

(2) 方案一（柔性连接）设置柔性支座的支座构造、施工技术要求高，使用的维护费用相对较高，特别是支座应考虑满足多向位移要求，以及大震位移条件对幕墙和建筑立面的影响很大。本工程处于风荷载较大地区，采用柔性支座的连接体在风荷载作用下的振动舒适度也难以满足要求。不建议采用此方案。

(3) 方案二（两边悬挑）的悬挑桁架挠度与裂缝均较大；结构缝也极大地影响建筑立面，业主及建筑师均不能接受。对于悬挑 35m 的悬挑结构，受力特别大，内跨由于要平衡悬挑段受力而需要设置斜撑体系，悬挑构件本身受力也非常大，造价较高。不建议采用此方案。

(4) 方案三（刚性连接，两端铰接）的桁架内力相对较合理，构件的截面选取可以更合理，造价可控。建议采用此方案。

(5) 方案三（刚性连接，两端铰接）相对方案四（刚性连接，两端刚接）对与连接体相连的钢管柱影响小得多，采用方案三对结构更有利。

3 结构超限类别及程度

3.1 高度超限分析

根据《广东省住房和城乡建设厅关于印发〈广东省超限高层建筑工程抗震设防专项审查实施细则〉的通知》（粤建市〔2016〕20 号）及广东省标准《高层建筑混凝土结构技术规程》DBJ 15—92—2013（下文简称《广东高规》）的相关规定，参照《住房城乡建设部关于印发〈超限高层建筑工程抗震设防专项审查技术要点〉的通知》（建质〔2015〕67 号）及《高层建筑混凝土结构技术规程》JGJ 3—2010（下文简称《高规》）的有关条文，对结构进行超限判别，并制订相应的抗震性能目标。本工程 D1 塔楼采用钢筋混凝土框架-剪力墙结构（较多剪力墙）体系，D2 塔楼采用钢筋混凝土框架-核心筒结构体系。高度超限情况见表 3-1。

高度超限情况　　表 3-1

项目	D1 栋	D2 栋
结构类型	框架-剪力墙结构	框架-核心筒结构
结构高度（m）	119.0	167.3
结论	A 级	B 级

3.2 不规则情况分析

D1-D2 连体结构存在单体高度超限（D2 塔楼属于 B 级高度高层建筑）、扭转不规则、刚度突变、承载力突变、局部穿层柱、斜柱、连体等超限情况，应进行超限高层建筑工程的抗震设防专项审查。

3.3 结构性能目标

混凝土结构性能目标和钢结构性能目标分别见表 3-2、表 3-3。

混凝土结构性能目标 表 3-2

性能要求		小震	中震	大震
结构性能水准		1	3	4
宏观损坏程度		完好、无损坏	轻度损坏	中度损坏
层间位移角限值		D1 栋 1/650 D2 栋 1/618	—	1/125
关键构件	塔楼底部加强区剪力墙、框架柱，连接体桁架同楼层（上下各延一层）的剪力墙及框架柱（连接体桁架相连的塔楼钢管柱除外）	弹性	受剪弹性，受弯不屈服	受剪不屈服（等效弹性）
	与连接体桁架相连的塔楼钢管柱（上下各延一层）	弹性	受剪弹性，受弯弹性	受剪不屈服（等效弹性）
普通竖向构件	其他楼层框架柱，剪力墙	弹性	受剪弹性，受弯不屈服	部分构件中度损坏（动力弹塑性），满足最小受剪截面（等效弹性）
耗能构件	普通框架梁、剪力墙连梁	弹性	受剪不屈服，受弯部分屈服	大部分构件进入屈服阶段（动力弹塑性）
关键部位楼板	连接体桁架上、下弦对应楼层楼板	弹性	不屈服	—

钢结构性能目标 表 3-3

构件类型	构件位置	小震	中震	大震
关键构件	连接体桁架	弹性（应力比≤0.80）	基本完好，承载力按不计抗震等级调整地震效应的设计值复核；应力比≤0.85	轻—中度损坏，承载力按极限值复核；应力比≤1.00（等效弹性计算）
普通构件	其余框架梁、水平支撑	弹性（应力比≤0.80）	轻微损坏，承载力按标准值复核；应力比≤0.95	中度损坏（动力弹塑性计算）
关键节点	连接体桁架上、下弦与塔楼框架柱连接节点	弹性（应力比≤0.80）	基本完好，承载力按不计抗震等级调整地震效应的设计值复核；应力比≤0.85	基本完好，承载力按不计抗震等级调整地震效应的设计值复核；应力比≤1.00（等效弹性计算）

4 多遇地震（小震）分析

根据计算结果，结合《高规》及《建筑抗震设计规范》GB 50011—2010（2016 年版）（下文简称《抗规》）的要求及结构抗震概念设计理论，汇总整体计算主要结果，可以得出如下结论：

（1）在风荷载和地震作用下，D1 栋、D2 栋的层间位移角均小于规范限值，可满足规范要求。

（2）根据《抗规》第 5.2.5 条的要求，D1 栋、D2 栋的各个角度模型的两主轴方向部分楼层剪重比小于规范要求，需要对有关楼层的水平地震剪力进行放大。

（3）D1 栋、D2 栋均存在扭转不规则情况，但均在《广东高规》的限值范围内。

（4）D1 栋、D2 栋结构可满足《高规》第 3.5.2 条关于高层建筑相邻楼层的侧向刚度变化的规定。

（5）根据《高规》第 3.5.3 条规定，即高层建筑的楼层层间受剪承载力不应小于其相邻上一层的 65%（B 级高度限值为 75%），D1 栋结构的最小层间受剪承载力比为 1.00，D2 栋结构的最小层间受剪承载力比出现在第 4 层，其与上层的层间受剪承载力比 X 方向为 0.81，Y 方向为 0.75，均满足规范要求。

（6）D1 栋、D2 栋结构可满足《高规》第 5.4.4 条关于结构稳定性的要求。

（7）D1 栋、D2 栋结构的墙、柱轴压比均符合《高规》的要求。

（8）在施工图设计中，D1 栋、D2 栋结构设计将按各计算角度模型计算结果包络配筋。

5 设防地震（中震）分析

采用 YJK 软件对设防烈度地震（中震）作用下，除普通楼板、次梁以外所有结构构件的承载力，根据其抗震性能目标，结合《高规》中"不同抗震性能水准的结构构件承载力设计要求"的相关公式，进行结构构件性能计算分析。D1 塔楼、D2 塔楼的底部加强区框架柱、剪力墙等关键构件的正截面承载力以及其他构件的承载力验算按前述表 3-2、表 3-3 性能目标要求进行中震弹性计算。

在计算设防烈度地震作用时，采用规范反应谱计算，水平最大地震影响系数 $\alpha_{max}=0.23$，阻尼比按材料取值：$\xi=0.06$（混凝土）、0.05（型钢）、0.03（钢）。

根据设定的抗震性能目标，两栋塔楼底部加强区剪力墙核心筒与框架柱，在大震作用下需满足抗剪不屈服的要求，汇总中震主要计算结果，经分析可知：

（1）在大震不屈服工况下，D1 塔楼底部加强区部分剪力墙的水平分布钢筋配筋率计算值大于 0.25%，D2 塔楼底部加强区部分剪力墙的水平分布钢筋配筋率计算值大于 0.40%，故两栋塔楼底部加强区剪力墙的水平分布钢筋按小震和大震不屈服包络配筋可满足大震抗剪不屈服的性能目标要求。

（2）在大震不屈服工况下，两栋塔楼底部加强区部分钢筋混凝土框架柱的体积配箍率均大于 0.8%，钢管混凝土框架柱的剪应力比均小于 1.00（D1 栋最大剪应力比为 0.07，D2 栋最大剪应力比为 0.16），故两栋塔楼底部加强区钢筋混凝土框架柱的箍筋按小震和大震不屈服包络配筋可满足大震抗剪不屈服的性能目标要求，钢管混凝土柱按所取钢管截面设计可满足大震抗剪不屈服的性能目标要求。

6 罕遇地震（大震）分析

6.1 大震等效弹性分析

在计算罕遇地震作用时，采用规范反应谱计算，水平最大地震影响系数 $\alpha_{max}=0.50$，阻尼比 $\xi=0.065$（混凝土）、0.06（型钢）、0.04（钢）。按全楼弹性楼板计算的大震验算的整体计算结果如下：

（1）在大震不屈服工况下，D1 塔楼底部加强区部分剪力墙的水平分布钢筋配筋率计算值大于 0.25%，D2 塔楼底部加强区部分剪力墙的水平分布钢筋配筋率计算值大于 0.40%，故两栋塔楼底部加强区剪力墙的水平分布钢筋按小震和大震不屈服包络配筋可满足大震抗剪不屈服的性能目标要求。

（2）在大震不屈服工况下，两栋塔楼底部加强区部分钢筋混凝土框架柱的体积配箍率均大于 0.8%，钢管混凝土框架柱的剪应力比均小于 1.00（D1 栋最大剪应力比为 0.07，D2 栋最大剪应力比为 0.16），故两栋塔楼底部加强区钢筋混凝土框架柱的箍筋按小震和大震不屈服包络配筋可满足大震抗剪不屈服的性能目标要求，钢管混凝土柱按所取钢管截面设计可满足大震抗剪不屈服的性能目标要求。

6.2 大震作用下的动力弹塑性分析（SAUSAGE）

（1）模型基本信息

使用 SAUSAGE 建立的三维模型如图 6-1 所示，结合本场地实际情况，选取了天然波 1（TH057TG065）、天然波 2（TH074TG055）、人工波（RH2TG055）共 3 组地震波来进行结构罕遇地震作用下的动力弹塑性时程分析。反应谱和规范谱曲线对比如图 6-2 所示。

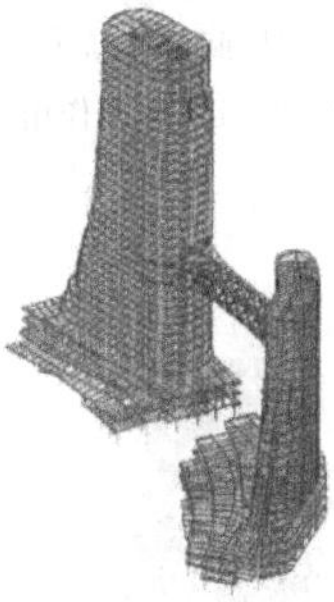

图 6-1 SAUSAGE 模型

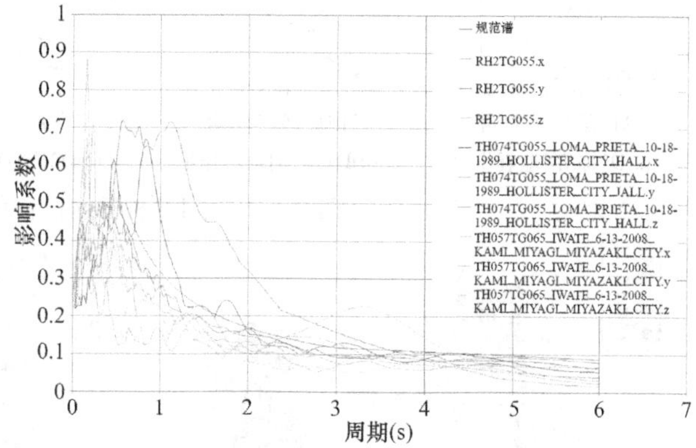

图 6-2 反应谱与规范谱曲线对比

（2）楼层位移及层间位移角

图 6-3、图 6-4 为 3 组地震波取 *X* 向、*Y* 向为主方向时的结构楼层位移和层间位移角结果。可见，*X* 向为主方向输入时，楼顶最大位移为 0.589m，楼层最大层间位移角为 1/188（24 层）；*Y* 向为主方向输入时，楼顶最大位移为 0.467m，楼层最大层间位移角为 1/221（30 层）。结构在 *X*、*Y* 向最大层间位移角均满足高规限值 1/120 的要求。

6.3 构件性能统计

综合规范中相关规定和工程经验，指定构件弹塑性性能评价标准如图 6-5 所示。

考虑重力二阶效应及大变形，基于材料非线性，选择满足规范要求的三组地震波对 D1、D2 栋塔楼进行了罕遇地震弹塑性时程分析，综合考虑大震下结构的整体指标响应及结构损伤发展与分布特征，总结如下：

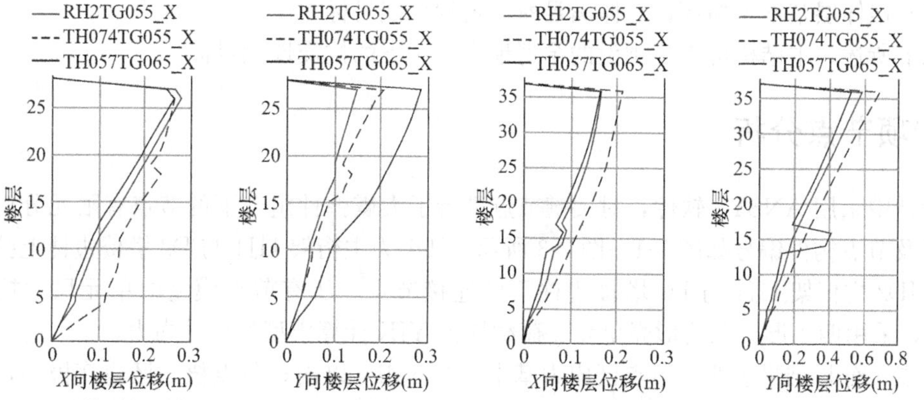

(a)D1栋X向地震作用 (b)D1栋Y向地震作用 (c)D2栋X向地震作用 (d)D2栋Y向地震作用

图 6-3 D1、D2 栋楼层位移

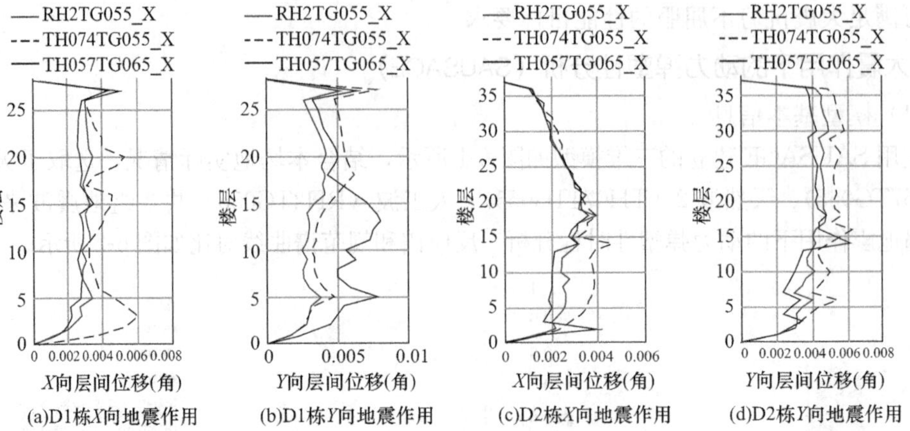

(a)D1栋X向地震作用　(b)D1栋Y向地震作用　(c)D2栋X向地震作用　(d)D2栋Y向地震作用

图 6-4　D1、D2 栋层间位移角

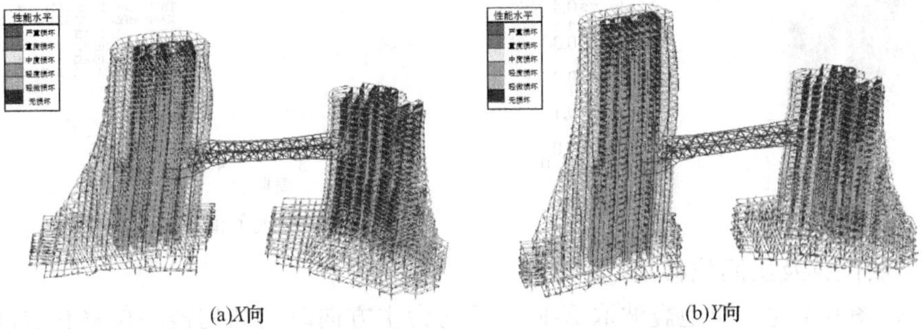

(a)X向　(b)Y向

图 6-5　地震作用下性能云图

（1）对比各地震波工况下的计算结果可知，结构在天然波 TH074TG055 作用下的内力最大，因此选取结构在天然波 TH074TG055 作用下的计算结果来分析构件的损伤情况。

（2）D1 栋的最大层间位移角为 1/125，D2 栋的最大层间位移角为 1/161，满足国家规范 1/125 的限值要求；弹塑性楼层位移和层间位移角曲线变化趋势与弹性曲线基本一致。

（3）连体各层楼面结构几乎无损伤，与连体相连的楼板只有部分与塔楼相连处出现中度损伤，单损伤区域较小，楼板钢筋无塑性应变，不影响地震力的传递，连体层水平构件满足所设定的性能目标。

（4）连体层基本未损坏，总体满足所设定的性能目标。

综上所述，本结构可满足预设的罕遇地震作用下的抗震性能目标。

7　专项节点分析

设计中采用 ANSYS 软件，对关键节点进行了大震弹性组合下的节点有限元分析，节点位置及节点构件编号如图 7-1～图 7-3 所示。JD1 为主桁架 HJ1 与 D2 塔楼边柱上弦连接节点，JD2 主桁架 HJ1 与 D2 塔楼边柱下弦连接节点。所有节点模型的单元尺寸控制在 0.05m，采用四边形＋三角形壳单元。荷载均为 YJK 计算模型的杆件内力。

节点 1 分析结果表明，节点区应力基本在 345MPa 以内；节点核心区应变极小，应变值基本在 0.007mm 以内，如图 7-4 所示，故此节点能满足大震不屈服要求。节点 2 分析结果表明，节点区应力基本在 345MPa 以内；节点核心区应变极小，应变值基本在

0.001mm 以内，如图 7-5 所示，故此节点能满足大震不屈服要求。

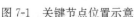

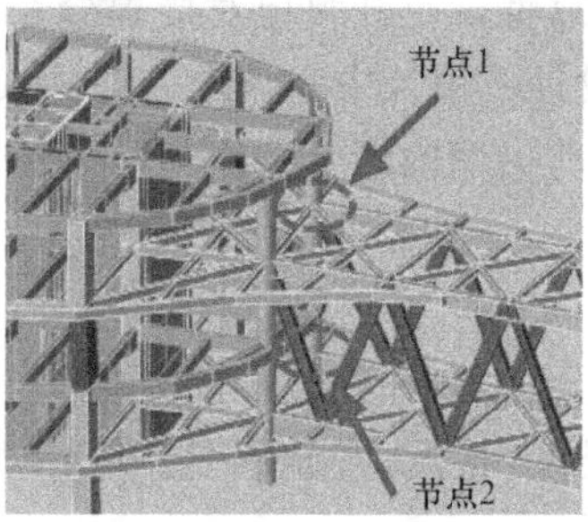

图 7-1　关键节点位置示意

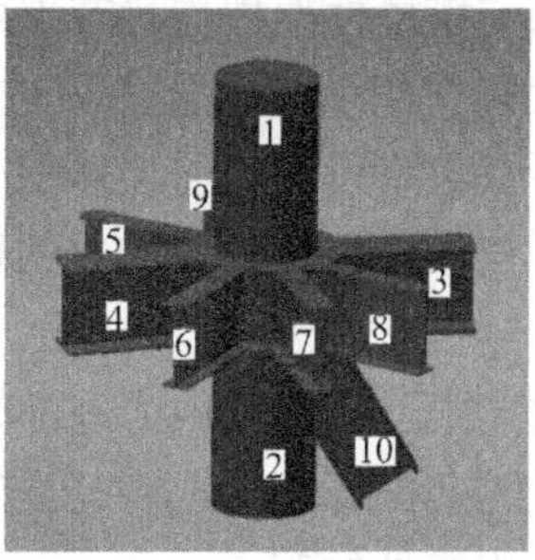

图 7-2　1 号节点构件编号

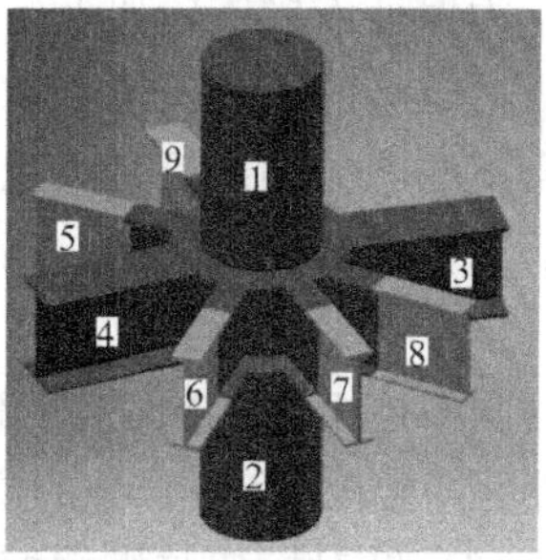

图 7-3　2 号节点构件编号

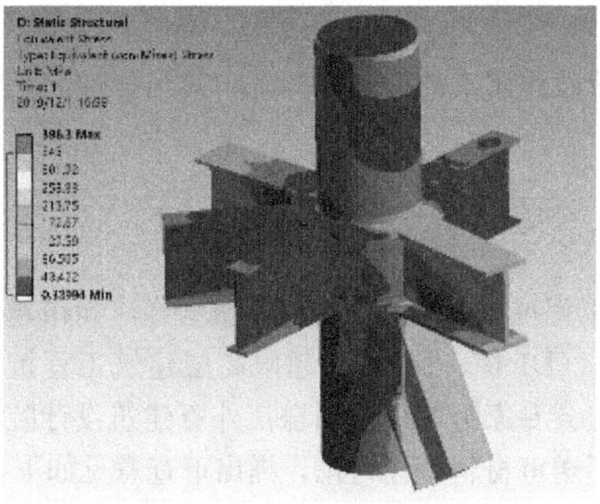

图 7-4　1 号节点等效应力云图

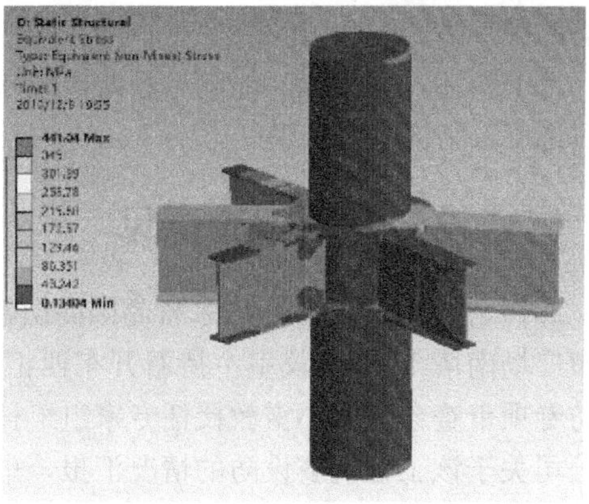

图 7-5　2 号节点等效应力云图

8　构造加强措施

（1）剪力墙是本结构的主要抗侧力构件，针对剪力墙的具体措施有：

对 D1 塔楼底部加强区剪力墙的水平和竖向分布钢筋配筋率取 0.4%，连接体桁架层及其上下各延一层的剪力墙水平分布筋配筋率取 0.6%，竖向分布筋配筋率取 0.5%；在底部加强区及其上延一层和连体所在楼层及其上下各延两层设置约束边缘构件，约束边缘构件纵筋最小配筋率取 1.2%。将 D2 塔楼核心筒剪力墙的抗震等级提高至特一级，底部加强区首层的水平和竖向分布钢筋配筋率分别取 0.60%和 1.2%，其余层按照构造取 0.40%，连接体桁架层及其上下各延一层的核心筒剪力墙水平分布筋配筋率取 0.6%，竖向分布筋配筋率取 0.5%；在底部加强区及其上延一层，全楼的核心筒角部和连体所在楼层及其上下各延两层，设置约束边缘构件，约束边缘构件纵筋最小配筋率取 1.4%（角部 1.6%），配箍特征值提高 20%，构造边缘构件纵筋最小配筋率取 1.2%（角部 1.4%）。

（2）针对框架柱：

与连接体桁架相连的塔楼框架柱（上下各延一层）采用钢管混凝土柱，抗震等级提高至特一级。

（3）针对穿层柱：

穿层柱计算长度将根据屈曲分析结果及规范要求进行取值，并加强穿层柱纵筋和箍筋的配置，同时加强与穿层柱相连的框架梁截面及配筋，增加其对穿层柱的约束作用。

（4）针对连接体：

为保证连接体桁架上、下弦与塔楼框架柱连接节点的可靠性，弦杆腹板对接焊缝采用一级熔透焊缝，并按桁架承受大震作用下的组合内力进行设计，设计中对该节点按中震、大震不屈服分别进行有限元分析及包络设计；连接体桁架层剪力墙内埋置型钢与水平桁架上、下弦进行有效连接，以保证连接体与塔楼间传力的可靠性。

（5）针对斜柱：

与斜柱相接的楼面梁按不考虑楼板作用时的内力进行截面设计；对于斜柱转折楼层，与斜柱相邻的楼板按斜柱产生的拉应力进行配筋，并设置双层双向配筋，楼板加厚至不小于150mm。

（6）针对桁架与塔楼框架柱连接处的节点：

上、下弦与框架柱连接处采用腹板对接焊的连接方式，同时考虑螺栓连接作为焊缝失效后的第二道防线。

综上所述，本工程除能满足竖向荷载和风荷载作用下的有关指标外，其余构件满足性能目标C，结构安全合理。

9 抗震设防专项审查意见

2019年12月16日，广东省超限高层建筑工程抗震设防审查专家委员会在广州市越秀城市广场南塔1402会议室主持召开东西汇项目（D1栋、D2栋）超限高层建筑工程抗震设防专项审查会，韩小雷教授任专家组组长。与会专家听取了广州珠江外资建筑设计院有限公司关于该工程抗震设防的情况汇报，审阅了送审材料。经讨论，提出审查意见如下：

（1）D1栋与D2栋由连廊刚性连接，从受力角度属于一栋建筑，应按规范确定整栋结构抗震设防类别。

（2）小震作用下，应分别进行单塔计算和连体双塔计算，并包络设计；连体双塔计算应充分考虑连廊的平面内刚度。

（3）D1栋、D2栋地面以上结构抗震等级应相同。

（4）连廊钢结构伸入D1栋、D2栋的长度应确保水平力有效传递。

（5）补充复核连廊水平和竖向舒适度。

（6）补充大震沿连体主轴方向的计算复核。

（7）与连廊相连的钢管混凝土柱应向结构上、下延伸不少于2层。

（8）D1栋内走廊连梁以及D2栋框架梁与核心筒剪力墙垂直相交的节点应细化，确保节点的安全性。

（9）应根据施工方案进行施工模拟复核。

审查结论：通过。

10 点评

本工程为“大跨度连体复杂结构”，其中D1塔楼属A级高度，D2塔楼属B级高度。根据建筑特点，采用概念设计方法，对整体结构体系进行选型分析，使之具有良好的结构性能。对结构进行小震、中震和大震作用分析，结果表明，各项指标表现良好，且对关键构件构造措施做相应加强，使结构满足各抗震阶段的性能目标。

09 广州天河商旅 12-1、5 项目

关　　键　　词：超B级高度；组合结构
结构主要设计人：李光星　陈宁旭　叶　帆　张慧琨　黎洪局　罗　敏　张颖隽
设　计　单　位：广州城建开发设计院有限公司

1 工程概况

本工程位于广州市天河北路，总建筑面积约 22.65 万 m^2。工程±0.00 为室内地面标高，相当于测量绝对标高 11.820m。本工程设有三层地下室，地下室底板面标高为−11.70m。地面以上分为两个塔楼，分别为写字楼（编号 12-1）和公寓酒店（编号 12-5），效果图如图 1-1 所示。写字楼地面以上 52 层，主要屋面高度为 213.35m，呈等腰直角三角形平面布置；酒店地面以上 27 层，主要屋面高度为 99.80m，呈等腰直角三角形平面布置；其中 1～6 层设有商业裙楼，呈“L”形平面布置（图 1-2），屋面高度 26.70m。

图 1-1　项目效果图

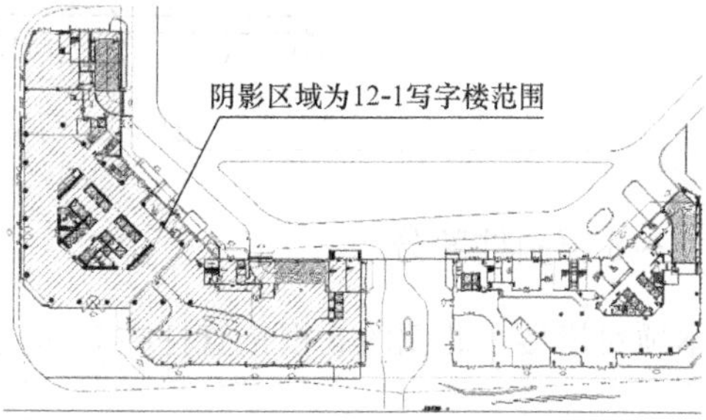

图 1-2　项目建筑总平面图

本工程抗震设防烈度 7 度，基本地震加速度 0.10g，设计地震分组为第一组，场地类别为Ⅱ类。由于办公塔楼与裙楼组成的结构单元建筑面积超过 8 万 m^2，抗震设防类别确定为重点设防类（乙类），抗震措施提高一度按 8 度考虑。本工程塔楼结构高度为213.35m，采用混凝土框架-核心筒结构体系，首层层高 5.0m，2 层层高 4.5m，3～6 层层高 4.3m，标准层层高 4.0m。核心筒墙厚由底部的 900mm 渐变至顶部的 400mm，框架钢管柱至 32 层，直径 1400mm、1600mm，壁厚 18～22mm，32 层以上楼层采用钢筋混凝土柱，直径 1100～1750mm。1～6 层商业裙楼采用钢梁＋压型钢板与混凝土组合楼盖，施工方便，整体性良好。7～52 层采用现浇混凝土梁板结构。标准层楼板厚度 110mm，核心筒内和局部加强楼板加厚至 150mm。

2 结构体系与结构布置

2.1 办公塔楼部分

通过前期对结构方案的合理性及经济性的比选，本工程超 B 级高度的写字楼确定采用混凝土框架-核心筒结构体系。写字楼呈等腰直角三角形平面布置，如图 2-1 所示。

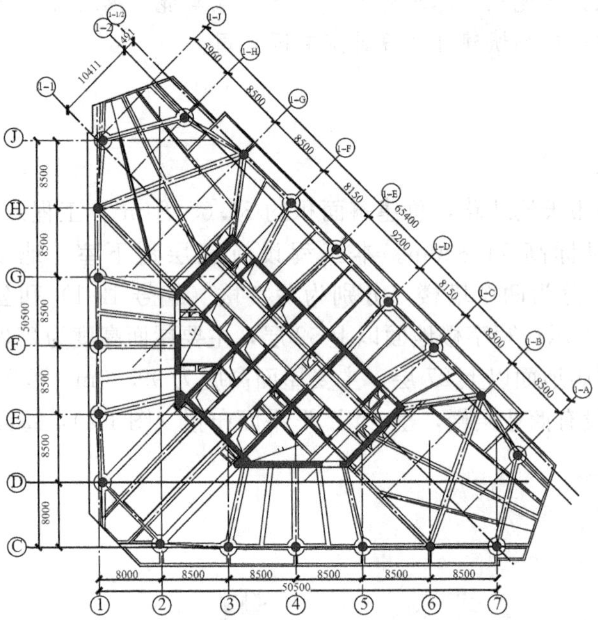

图 2-1 写字楼结构布置

2.2 5～8 层斜柱部分

本项目塔楼东北侧的 8 根钢管柱在 5～8 层做成了斜柱，如图 2-2 所示。

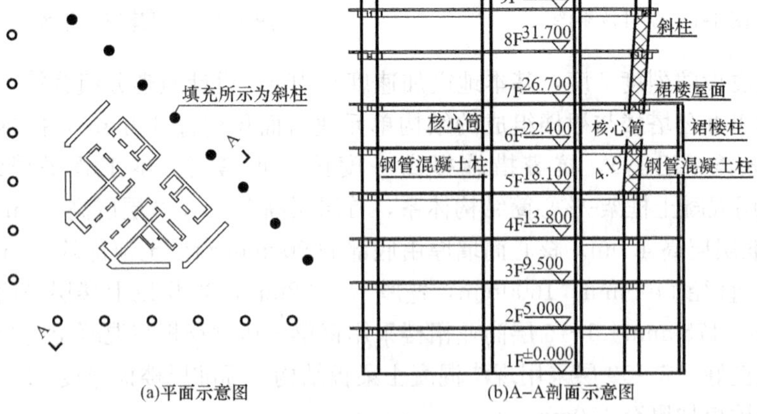

图 2-2 写字楼斜柱设置平面及剖面示意图

3 结构超限判别及抗震性能目标

3.1 结构的超限情况说明

根据《住房城乡建设部关于印发〈超限高层建筑工程抗震设防专项审查技术要点〉的通知》（建质〔2015〕67 号）的规定，本工程超限情况如表 3-1 所示。

超限情况　　表 3-1

塔楼号		12-1 写字楼
结构形式		框架-钢筋混凝土核心筒
高度（m）		213.35
高度超限（m）		超 B 级（>180m）
是否复杂高层		否
体型的规则性	平面扭转不规则	是（X 向：1.53>1.2），位于裙楼首层
	凹凸不规则	无
	楼板局部不连续	是（正门入口 1～2 层，31～32 层局部两层通高），裙楼 6 层较多开洞
	侧向刚度不规则	否
	楼层承载力突变	否
竖向不规则（体型收进）		否（裙楼高度 26.7m<213.35m×20%=42.67m）
局部不规则		是（5～8 层局部设置斜柱，1～2 层局部穿层柱）
超限情况总结		超 B 级高度+体型不规则 2 项+局部不规则

3.2 抗震性能设计目标

本工程属乙类建筑，根据《高层建筑混凝土结构技术规程》JGJ 3—2010（下文简称《高规》）及《建筑抗震设计规范》GB 50011—2010（2016 修订），本工程结构采用性能化设计，结构抗震性能目标选定为 C。

性能目标 C 各地震水准下的性能水准如表 3-2 所示。

性能水准　　表 3-2

地震水准	多遇地震	设防烈度地震	预估的罕遇地震
性能水准	1	3	4

针对结构高度及不规则情况，采用结构抗震性能设计方法进行计算分析和论证。设计根据结构可能出现的薄弱部位及需要加强的关键部位，依据《高规》第 3.11.1 条的规定，结构总体按 C 级性能目标要求，具体要求如表 3-3 所示。

性能目标　　表 3-3

项目	多遇地震	设防烈度地震	罕遇地震
计算方法	弹性	等效弹性	动力弹塑性
底部加强区剪力墙	弹性	受弯不屈服，受剪弹性	受弯不屈服，受剪满足截面限制条件
一般剪力墙	弹性	受弯不屈服，受剪弹性	部分受弯屈服，受剪满足截面限制条件

续表

项目	多遇地震	设防烈度地震	罕遇地震
底部加强区高度范围内钢管柱、斜钢管柱	弹性	弹性	压（拉）弯不屈服
一般钢管柱、框架柱	弹性	压（拉）弯不屈服	压（拉）弯不屈服
连梁	弹性	部分受弯屈服，受剪不屈服	受弯屈服，受剪满足截面限制条件
外框架混凝土梁（钢梁）	弹性	不屈服	部分屈服
与斜柱相连的框架梁	弹性	不屈服	不屈服
裙楼钢柱	弹性	压（拉）弯不屈服	压（拉）弯不屈服
裙楼钢梁	弹性	不屈服	部分屈服
楼板	弹性	不屈服	—

4　结构计算与分析

4.1　多遇地震作用下计算结果汇总

多遇地震作用下两种软件的计算模型如图 4-1 及图 4-2 所示，整体计算结果见表 4-1。

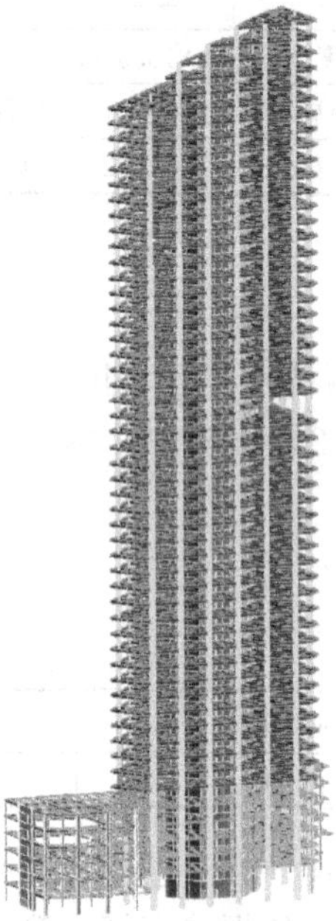

图 4-1　SATWE 整体计算模型

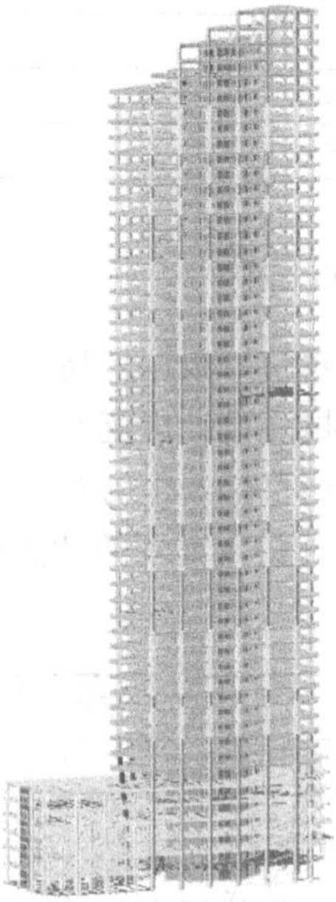

图 4-2　YJK 整体计算模型

塔楼整体计算结果　　**表 4-1**

指标		12-1 写字楼（45°角）		
		SATWE 软件	YJK 软件	MIDAS 软件
地震下基底剪力（首层）(kN)	X 向	24388	24252	22793
	Y 向	23694	23564	22479

续表

指标		12-1 写字楼（45°角）		
		SATWE 软件	YJK 软件	MIDAS 软件
结构总质量（恒＋活）(t)		218155	218047	222259
标准层单位面积重度（kN/m^2）		17.1	17.0	17.0
剪重比（不足时已按规范要求放大）	X 向	1.2%	1.2%	1.2%
	Y 向	1.2%	1.2%	1.2%
地震下倾覆弯矩（首层）(kN·m)	X 向	2816775	2808948	2754172
	Y 向	2944397	2938886	2735498
计算振型数		30	30	30
第 1、2 平动周期（s）		5.74（X）	5.75（X）	6.09（X）
		5.07（Y）	5.06（Y）	5.06（Y）
第 1 扭转周期（s）		3.52	3.67	3.62
第 1 扭转/第 1 平动周期		0.61	0.64	0.59
有效质量系数	X	95.77%	95.80%	95.74%
	Y	96.57%	96.53%	96.03%
50 年一遇风荷载作用下最大层间位移角	X 向	1/819（42 层）	1/874（42 层）	1/974（43 层）
	Y 向	1/1894（34 层）	1/1997（34 层）	1/1010（43 层）
地震作用下最大层间位移角	X 向	1/887（43 层）	1/841（43 层）	1/1074（43 层）
	Y 向	1/1035（26 层）	1/1000（26 层）	1/1103（43 层）
裙楼 考虑偶然偏心最大扭转位移比	X 向（位移角）	1.53（1/9122）（1 层）	1.60（1/8958）（1 层）	1.515（1/8943）（1 层）
	Y 向（位移角）	1.34（1/2694）（2 层）	1.35（1/2598）（2 层）	1.455（1/6478）（1 层）
塔楼 考虑偶然偏心最大扭转位移比	X 向（位移角）	1.16（1/1534）（10 层）	1.19（1/1952）（7 层）	1.11（1/2109）（7 层）
	Y 向（位移角）	1.22（1/1352）（10 层）	1.21（1/1489）（8 层）	1.25（1/1575）（10 层）
稳定性验算	X 向	1.90	1.89	1.74
	Y 向	2.80	2.81	2.75

4.2 中震计算分析

对中震的第 3 性能水准采用等效弹性方法计算，阻尼比取 6.0%，连梁折减系数取 0.5。控制大部分构件在中震作用下的受弯及受剪承载力满足第 3 水准的要求。采用 YJK 软件计算，中震分析的地震动参数按规范取值：$\alpha_{max}=0.23$，$T_g=0.35s$。计算结果与小震计算结果对比如表 4-2 所示。

写字楼地震作用下基底剪力比较 **表 4-2**

指标	多遇地震（小震）	设防烈度地震（中震）
X 方向基底剪力（kN）	24388	59430
Y 方向基底剪力（kN）	23694	55639

由表 4-2 得出，结构基底剪力中震为小震的 2.35～2.44 倍。

采用等效弹性的计算结果表明：作为主要抗侧力构件的核心筒剪力墙，在底部加强区段能满足受剪弹性、受弯不屈服的承载力目标，钢管柱在底部加强区段能够满足弹性的承载力目标；一般部位剪力墙能够满足受剪弹性、受弯不屈服的承载力目标；连梁也能满足受剪不屈服的承载力目标。在设防烈度地震下剪力墙能满足受弯不屈服、受剪弹性的性能目标，在底部部分剪力墙出现了受拉的情况，可通过增加剪力墙边缘构件和墙身的配筋，受力较大的墙肢可设置芯柱，以满足受拉的要求。施工图阶段，对比多遇地震和中震不屈服（或中震弹性）的各构件计算配筋结果，根据性能水准采用包络设计。

5 罕遇地震作用下弹塑性动力时程分析

本项目采用 MIDAS/Building 进行弹塑性动力时程分析。

5.1 罕遇地震作用下整体结构计算

采用 Rayleigh 阻尼，按照 7 度设防烈度的大震水平，对结构进行逐步积分的弹塑性时程分析。分析共采用 3 组地震波，其中 2 组为天然波，1 组为人工波，计算有效持时均大于 30s。表 5-1 为各地震波作用下结构整体计算结果汇总。

各地震波作用下结构整体计算结果汇总 表 5-1

工况		大震基底剪力(kN)	发生时刻	小震基底剪力(kN)	基底剪力比（大震/小震）	最大层间位移角
天然波 1（X 向）		107286	19.6s	24388	4.40	1/155
天然波 1（Y 向）		107245	19.6s	23694	4.53	1/155
天然波 2（X 向）		72480	16.4s	24388	2.97	1/131
天然波 2（Y 向）		74334	16.4s	23694	3.14	1/135
人工波（X 向）		100112	26.8s	24388	4.10	1/131
人工波（Y 向）		99741	26.82s	23694	4.21	1/124
天然波 1（双向）	X 向	94246	19.58s	24388	3.86	1/189
	Y 向	78606	19.58s	23694	3.32	1/194
人工波（双向）	X 向	86402	13.4s	24388	3.54	1/188
	Y 向	75440	27.9s	23694	3.18	1/202

5.2 罕遇地震作用下结构构件的性能分析

5.2.1 结构梁柱塑性铰分布整体分析

评估结构构件抗震性能，结合程序特点，对于钢筋混凝土梁、柱杆系构件，其弹性状态及采用三折线铰类型输出的三种状态比例详见表 5-2。

框架铰弹塑性状态比例 表 5-2

地震工况	弹性状态	第一状态（开裂到屈服前）	第二状态（屈服及屈服后状态）	第三状态（破坏）
天然波 1（X 向）	43.60%	35.4%	21.0%	0%
天然波 1（Y 向）	43.70%	34.8%	21.5%	0%
天然波 2（X 向）	43.70%	38.8%	17.5%	0%

续表

地震工况	弹性状态	第一状态（开裂到屈服前）	第二状态（屈服及屈服后状态）	第三状态（破坏）
天然波 2（Y 向）	44.20%	37.2%	18.6%	0%
人工波（X 向）	43.40%	36.3%	20.3%	0%
人工波（Y 向）	43.90%	34.6%	21.5%	0%
天然波 1（双向）	43.20%	33.7%	23.1%	0%
人工波（双向）	43.2%	37.6%	19.2%	0%

5.2.2 动力弹塑性时程分析结论

（1）通过对写字楼进行动力弹塑性时程分析可知，在罕遇地震作用下，结构整体变形满足规范要求，结构各楼层的最大层间位移角均小于 1/100，达到“大震不倒”的抗震性能目标。

（2）从弹塑性层间剪力曲线可知，结构楼层剪力在 7 层处有突变，是因为 1～6 层有裙楼，且第 7 层为避难层（层高 5m），比裙楼标准层（层高 4.3m）高，结合以下第（4）点，加强对第 7 层的剪力墙配筋。

（3）对于梁柱塑性铰，结构在大震作用下均没有出现破坏状态，进入屈服状态的梁约占总梁数的 23%，故认为结构梁能够满足大震下的要求。框架柱仅顶部出现极少量的第 1 阶段塑性铰，其他大部分保持弹性状态。

（4）对于剪力墙塑性铰，剪力墙在大震情况下，均没有出现弯曲破坏。但是在剪力墙开洞的连梁部位出现了剪切破坏。故认为率先在剪力墙连梁出现屈服以及破坏，满足第一防线的要求。剪力墙主体在第 7 层避难层及其上、下层有局部剪力墙进入屈服状态，有轻微破坏，进入屈服后状态的单元仅占整片剪力墙的 3%左右；第 7 层避难层错洞处有局部墙体进入极限状态，进入极限状态的单元仅占该片剪力墙的 2%左右，可以看作应力集中，故认为该剪力墙仍能满足抗剪性能要求，墙体并不会出现整体倒塌，在设计时，加强第 7 层避难层及其上、下层剪力墙配筋率至 0.45%，在 7 层错洞的位置增加暗框架予以加强。

（5）整体结构在罕遇地震波输入过程中，其弹塑性发展历程可以描述为：在罕遇地震作用下，结构连梁最先出现塑性铰，随着地震波加速度的增大，连梁塑性变形逐步累积耗能；而后结构部分框架梁进入塑性阶段，参与结构整体耗能；地震输入结束时绝大部分剪力墙未进入屈服状态，只有少数剪力墙应变过大，需额外采取构造措施加强。

整体来看，结构在罕遇地震输入下的弹塑性反应及破坏机制，符合结构抗震工程的概念设计要求，能达到预期的抗震性能目标。

6 穿层钢管柱的屈曲分析和斜柱的计算分析

（1）由于建筑需要，底部核心筒在入口两层架空形成 9.5m 高的入口门厅空间，导致周边出现了 9.5m 高的钢管柱（选取 GGZ2 进行分析，直径 1400mm，壁厚 20mm），平面布置如图 6-1 所示。以下根据规范要求对该钢管柱在多遇地震作用下进行复核。采用 MIDAS/Gen 软件对钢管柱 GGZ2 进行屈曲分析（图 6-2），得到跃层柱的计算长度系数，计算得出 $u=0.50$，底部跨层柱的计算长度系数可偏安全地取为 1.0，即 9.5m 钢管混凝土柱的长细比$\lambda=L_e/i_x=1.0\times9500/(1400/4)=27.1\leqslant80$，可知结构底部9.5m高钢管柱长细比满足规范要求。

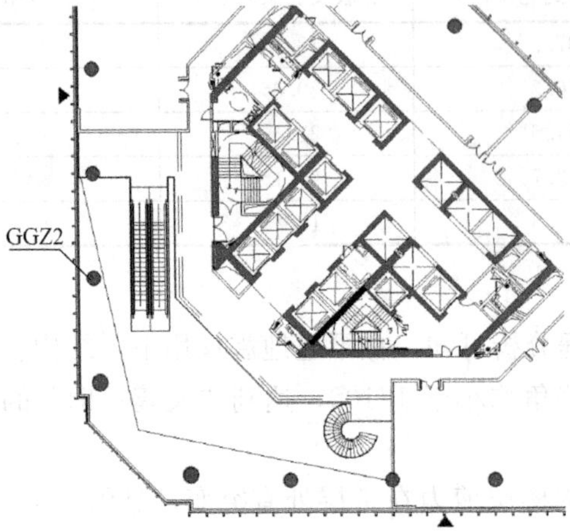

图6-1 9.5m钢管柱平面示意图

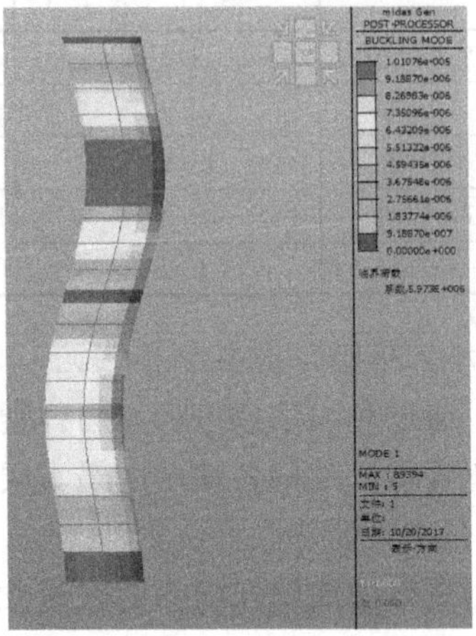

图6-2 GGZ2屈曲计算结果

（2）塔楼东北侧的8根钢管柱在5～8层做成了斜柱。为确保斜柱的安全可靠，对这几根斜柱进行了等效弹性的中震计算分析，分析结果见表6-1。

斜柱在中震弹性作用下计算结果 **表6-1**

指标		构件名称			
		GGZ3	GGZ4	GGZ3	GGZ4
楼层位置		5层	5层	8层	8层
柱截面（直径×壁厚）(mm)		1400×20	1400×20	1400×20	1400×20
承载力	承载力目标	弹性	弹性	弹性	弹性
	弯矩M（kN·m）	1957	4247	4749	3865
	轴向压力N（kN）	66709	57840	60746	56263
	轴向受压承载力（kN）	71672	64505	63817	65206
	轴向压力偏心率	0.04	0.11	0.11	0.1
	是否满足承载力目标	√	√	√	√

通过计算分析可知，斜柱在中震作用下能满足弹性的抗震性能目标，进一步分析亦能满足大震不屈服的性能目标，斜柱设置是安全可靠的。同时，为加强斜柱与核心筒剪力墙的连接，相连的框架梁均采用钢骨梁，核心筒剪力墙暗柱亦设置型钢，以确保斜柱的安全和可靠度。

7 针对超限和抗震不利情况的加强措施

本工程的结构平面尺寸均较规则，结构布置简洁，传力路线明确、直接，理论计算的各项指标均能满足规范要求，但存在超高、个别楼层扭转不规则等超限情况，拟采用以下针对性的加强措施：

（1）采用符合结构实际受力状态的SATWE、YJK、MIDAS软件（空间力学模型）进行分析，考虑扭转耦联和偶然偏心地震作用；补充弹性时程分析，内力和配筋分别按两者的不利组合进行计算；进行中震等效弹性计算；进行罕遇地震作用下动力弹塑性分析，对薄弱部位进行加强。

（2）本工程剪力墙轴压比除个别小墙肢外，均不大于 0.50，对于轴压比超限的小墙柱，可采用对这些墙肢加大纵筋和箍筋的配置或直接对底部楼层的剪力墙进行加固处理，以满足剪力墙延性的要求。在中震作用下，底部核心筒部分剪力墙出现了不同程度的受拉情况，可通过增加剪力墙边缘构件和墙身的配筋，受力较大的墙肢可设置芯柱，以满足受拉的要求。

（3）墙底部加强部位的水平钢筋最小配筋率为 0.45%，竖向钢筋的最小配筋率按受力要求为 0.45%～0.8%，一般部位 0.35%；约束边缘构件纵向钢筋最小配筋率为 1.4%，配箍特征值适当增大 20%；构造边缘构件纵筋配筋率不小于 1.2%。

（4）设置斜柱的楼层，应确保斜柱在设防烈度下为弹性状态，满足抗震性能水准；加强与斜柱相连框架梁的配筋，保证这些框架梁在设防烈度下不屈服，确保能够承担斜柱产生的水平拉力。

8 超限高层建筑工程抗震设防专项审查意见

2017 年 11 月 13 日，广州市住房和城乡建设委员会在嘉业大厦 14 楼第二会议室主持召开了该项目超限高层建筑工程抗震设防专项审查会。周定教授级高工任专家组组长。与会专家听取了广州城建开发设计院有限公司关于该工程抗震设防设计的情况汇报，审阅了送审材料。经讨论，提出如下审查意见：

（1）完善送审文本。

（2）本工程地下室已完成 11 年，应补充地下室加固改造专篇。

（3）底部加强区高度应延伸到裙房上两层。

（4）与斜柱连接的楼层梁应考虑竖向地震不利组合，应采取措施使水平拉力有效传到核心筒。

（5）核心筒的转角按《高层建筑混凝土结构技术规程》JGJ 3—2010 设置；罕遇地震作用下剪力墙应补充不屈服承载力验算。

（6）型钢混凝土梁和钢管混凝土柱节点应进一步优化，以利施工。

（7）大跨度和大悬挑钢梁应补充竖向地震分析和舒适度分析；裙房平面开洞较多，宜在楼、电梯区域加设斜撑。

审查结论：通过。

9 点评

结构设计中充分利用概念设计方法，对关键构件设定抗震性能化目标，并在抗震设计中，采用多种程序对结构进行了弹性、动力弹塑性计算分析，除保证结构在小震作用下完全处于弹性阶段外，还补充了关键构件在中震和大震作用下的验算。计算结果表明，多项指标均表现良好，满足规范的有关要求。本工程结构能满足“小震不坏、中震可修复、大震不倒塌”的抗震性能目标 C 的要求。

10 广百海港城项目·A1号、A2号、B1号、B2号

关　键　词：超B级高度；部分框支剪力墙结构
结构主要设计人：李光星　陈宁旭　张慧琨　苏志良　颜乾瑾　区力生　张　祺
曾龙飞　李嘉文
设　计　单　位：广州城建开发设计院有限公司

1　工程概况

本工程位于广州市海珠区南部大干围板块，在广州市新城市轴线南端与“一江两岸三带”的珠江后航道滨水区交汇点西侧，位于珠江后航道滨水创新产业带，区位条件优越。本项目拟建四栋建筑物，编号分别为A1号、A2号、B1号及B2号（其中A1号、A2号标准层为镜像关系，B1号、B2号标准层为镜像关系），均为地上38层、地下2层的商业办公楼，建筑面积分别为48414m²、50279m²、46339m²及46205m²。建筑总平面效果图及鸟瞰效果图如图1-1、图1-2所示。

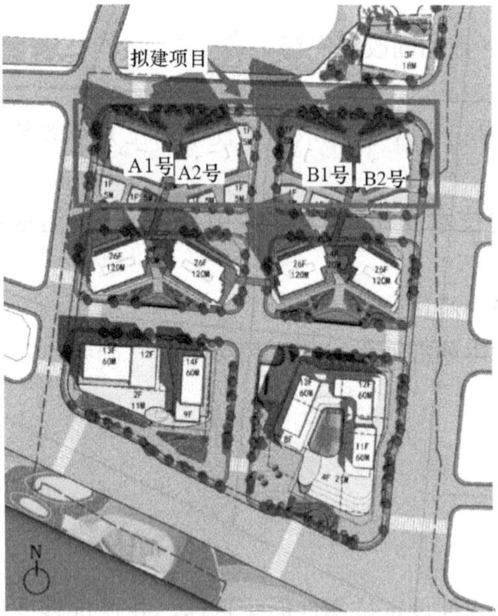

图1-1　建筑总平面效果图

图1-2　建筑鸟瞰效果图

A1号、A2号、B1号及B2号楼主体结构高度172.10m，共38层；地下2层，地下室底板面标高−9.600m，地下二层及地下一层层高分别为3.60m、6.00m。塔楼层高及结构体型情况如表1-1所示。

塔楼层高和结构体型情况　　表 1-1

项目	A1号、A2号塔楼	B1号、B2号塔楼
地面以上层数、结构层高	1～4层（裙房）、5层（避难层）均为5.0m，16、27层（避难层）为3.8m，其余各层均为4.5m	
平面（长×宽）(m)	48.85×28.86	42.65×29.86
高宽比	5.96（Y向）	5.76（Y向）

其中，第6层为转换层，第3层存在局部转换；4栋楼裙房商业面积约为5800m²，营业面积约为4000m²，4栋塔楼之间通过设置抗震缝分开。

2　结构体系分析

本工程4栋塔楼均采用部分框支剪力墙结构体系，属于超B级高度的高层建筑结构。剪力墙为能够提供比较有效的抗震、抗风的抗侧力体系，能够对建筑平面空间进行分隔，同时由于底部需做商业用途，需在结构3层及6层进行局部转换。剪力墙厚度由0.65m逐渐变化至0.2m，墙柱混凝土强度等级由C65变化至C40，梁板混凝土强度等级为C30，第6层转换层为C40。本项目采用型钢混凝土梁转换。B1号、B2号6层（转换层）结构平面布置如图2-1所示。

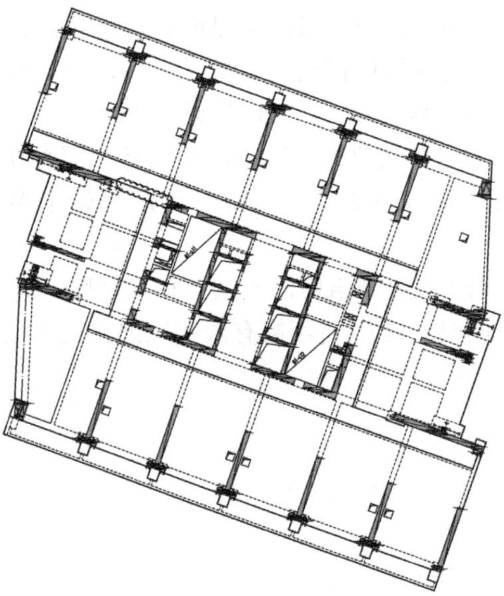

(a)B1号

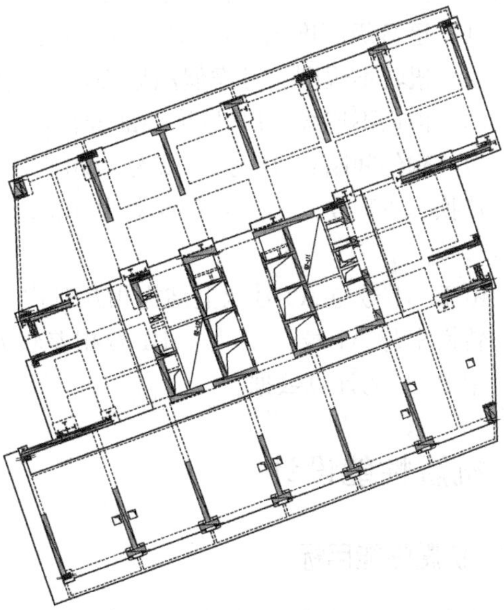

(b)B2号

图2-1　B1号、B2号6层结构平面图

本工程结构设计使用年限50年，建筑结构安全等级二级，结构重要性系数$\gamma=1.0$。抗震设防烈度7度，抗震设防类别为标准设防类，设计地震分组为第一组，场地类别为Ⅱ类。根据《高层建筑混凝土结构技术规程》JGJ 3—2010（下文简称《高规》）第4.3.7条的规定，多遇地震、设防烈度地震、罕遇地震的地震动设计参数取值为：场地特征周期分别取0.35s、0.35s、0.40s，地震影响系数最大值分别取0.08、0.23、0.50。根据《建筑结构荷载规范》

GB 50009—2012，50 年重现期的基本风压为 $w_0=0.55kN/m^2$，承载力计算时按基本风压的 1.1 倍采用。地面粗糙度类别为 B 类，体型系数取 1.40，考虑群体效应相互干扰系数 1.1。舒适度验算时采用 10 年重现期的风压 $0.30kN/m^2$，基础面作为上部结构嵌固端。

抗震等级：A1 号、A2 号、B1 号转换结构上、下两层框支剪力墙、框支框架为特一级抗震，其他为一级抗震；B2 号底部加强区的剪力墙、框支框架为特一级抗震，其他为一级抗震。

底部加强区：A1 号、A2 号、B1 号及 B2 号为部分框支剪力墙结构，根据《高规》第 7.1.4 条及 10.2.2 条的规定，底部加强区为基础顶至 8 层梁面。

本工程地基基础设计等级为甲级。根据地勘报告，本工程塔楼的基础底板下为粉质黏土或粉砂，纯地下室部分为管桩独立承台＋防水板，防水板厚 600mm。塔楼范围采用钻（冲、旋挖）孔灌注桩＋承台，桩径为 1000mm、1200mm，单桩竖向抗压承载力特征值分别为 8300kN、12000kN，混凝土强度等级为 C40，持力层为微风化泥质粉砂岩，入岩深度≥1000mm，有效桩长约 22～30m。承台厚度 1900mm。

3 结构超限类型和程度

参照《住房城乡建设部关于印发〈超限高层建筑工程抗震设防专项审查技术要点〉的通知》（建质〔2015〕67 号）的各项规定，本工程有以下几项超限：

（1）超 B 级高度超限：结构主体高度为 172.1m，大于 B 级高层建筑最大适用高度。

（2）扭转不规则：考虑偶然偏心，4 栋楼裙楼的扭转位移比为 1.35～1.38，大于 1.2。

（3）楼板不连续：B2 号裙楼部分存在夹层，A1 号、A2 号、B1 号无该情况。

（4）构件间断：A1 号、A2 号、B1 号第 3、6 层存在剪力墙转换，B2 号第 6 层存在剪力墙转换（A1 号、A2 号转换率为 12.1%，B1 号转换率为 11.13%，B2 号转换率为 27.12%）。

由于 A1 号与 A2 号地上结构相互对称，B1 号与 B2 号裙房以上结构相互对称，但 B2 号的转换率与 A1 号、A2 号、B1 号相差较大，同时，考虑到篇幅有限等原因，故本文主要选用 B2 号的计算数据。

4 抗震性能设计

4.1 抗震性能目标

根据本工程的抗震设防类别、设防烈度、结构类型、超限情况和不规则性，按照广东省标准《高层建筑混凝土结构技术规程》DBJ 15—92—2013 第 3.11 节的相关内容，设定本结构的抗震性能目标为性能 C，不同地震水准下的结构构件性能水准见表 4-1。

抗震性能目标　　表 4-1

项目	小震	中震	大震
性能目标等级	C		
性能水准	1	3	4

续表

项目		小震	中震	大震
结构宏观性能目标		完好、无损坏	轻度损坏	中度损坏
继续使用的可能性		不需修理即可继续使用	一般修理后才可继续使用	修复或加固后才可继续使用
层间位移角限值		1/707	—	1/150
关键构件	底部加强区的剪力墙柱、转换柱、转换梁	无损坏（弹性）	轻微损坏［η=1.1，ξ=0.74（压、剪），ξ=0.87（弯、拉）］	轻度损坏［部分构件抗弯轻度损坏（弹塑性）η=1.1，ξ=0.15（剪压比）］
普通竖向构件	非底部加强区的剪力墙柱	无损坏（弹性）	轻微损坏［η=1.0，ξ=0.74（压、剪），ξ=0.87（弯、拉）］	部分构件中度损坏［η=1.0，ξ=0.15（剪压比）］
耗能构件（框架梁、连梁）		无损坏	轻度损坏，部分中度损坏［η=0.75，ξ=0.74（压、剪），ξ=0.87（弯、拉）］	中度损坏，部分比较严重损坏［η=0.75，ξ=0.15（剪压比）］
计算手段		弹性（YJK/MIDAS/Building）	等效弹性（YJK）	等效弹性+动力弹塑性（YJK+MIDAS/Building）

4.2 小震作用下的弹性分析

采用 YJK 和 MIDAS/Building 两个不同力学模型的空间结构分析程序，按规范方法进行对比计算和设计，图 4-1 为 B2 号在两个计算软件中的整体模型示意，具体计算结果见表 4-2。计算结果表明，结构周期及位移等符合规范要求。同时，分析了模型计算其他结果，结构墙柱最大轴压比、结构整体稳定性验算、舒适度等均满足现行规范要求。

图 4-1　B2 号 YJK 和 MIDAS/Building 计算模型

B2 号结构分析主要结果汇总　　表 4-2

指标		YJK 软件	MIDAS/Building 软件
计算振型数		24	16
第 1、2 平动周期（X+Y 向平动因子）(s)		T_1=4.1025 (0.33+0.67) T_2=3.5531 (0.63+0.31)	T_1=4.2734 (0.38+0.62) T_2=3.6917 (0.65+0.35)
第 1 扭转周期		T_3=3.1715 (0.04+0.02)	T_3=3.3617 (0.00+0.00)
地震作用下基底剪力（kN）	X 向	12565.88	11131.48
	Y 向	12642.25	11450.97
风荷载作用下基底剪力（kN）	X 向	10923.1	10669.3
	Y 向	14998.6	14808.7
不含地下室结构总质量：1.0 恒+1.0 活（t）		105070.7	107357.0
风荷载作用下最大层间位移角（限值 1/707）	X 向	1/1990（14 层）	1/2167（20 层）
	Y 向	1/1182（25 层）	1/1253（26 层）
地震作用下最大层间位移角（限值 1/707）	X 向	1/1130（25 层）	1/1483（25 层）
	Y 向	1/1033（26 层）	1/1265（28 层）
刚重比	X 向	3.70	3.39
	Y 向	2.95	3.03

4.3 中震性能分析

对中震的第 3 性能水准采用等效弹性方法计算，阻尼比取 6.0%，连梁折减系数取 0.5。控制大部分构件在中震下的受弯及受剪承载力满足第 3 水准的要求。采用 YJK 软件计算，中震分析的地震动参数按规范取值：α_{max}=0.23，T_g=0.35s。其计算结果与小震计算结果对比如表 4-3 所示。

中震基底剪力与小震的对比　　表 4-3

指标		A1 号塔楼	B1 号塔楼	B2 号塔楼
基底剪力（kN）	X 向	36330.16	32465.50	35113.31
	Y 向	37475.70	33553.80	34429.27
与小震基底剪力之比	X 向	2.65	2.70	2.79
	Y 向	2.63	2.68	2.72

在中震作用下各栋楼部分墙柱出现小偏拉情况，本工程所有小偏拉墙柱全截面拉应力均小于混凝土抗拉强度标准值，设置小偏拉构件为特一级构造。

对中震计算结果分析可得，所有转换梁均可满足中震轻微损坏［η=1.1，ξ=0.74（压、剪），ξ=0.87（弯、拉）］的性能设计要求，框架梁及连梁均可满足中震的性能 3 轻度损坏、部分中度损坏（部分受弯屈服、受剪不屈服并满足抗剪截面）的设计要求，所有框架梁及连梁剪压比均小于 1。施工图设计时按中震、小震弹性结果包络设计。故在中震作用下，所有转换梁、框架梁都满足性能 C 的设计要求。

5 罕遇地震作用下弹塑性动力时程分析

5.1 罕遇地震作用下结构的整体反应

本工程选用 1 组人工波、2 组天然波，采用 MIDAS/Building 软件进行罕遇地震作用下弹塑性时程分析。考虑重力二阶效应，采用双向地震波时程的组合，分析共计 6 个工况，分别为 X 主方向：$X+0.85Y$（人工波）、$X+0.85Y$（天然波 1）、$X+0.85Y$（天然波 2）；Y 主方向：$0.85X+Y$（人工波）、$0.85X+Y$（天然波 1）、$0.85X+Y$（天然波 2）。表 5-1 为 B2 号各地震波双向地震作用下结构整体计算结果。

B2 号各地震波双向地震作用下结构整体计算结果　　表 5-1

指标	人工波		天然波 1		天然波 2	
	X 主方向	Y 主方向	X 主方向	Y 主方向	X 主方向	Y 主方向
最大基底剪力（kN）	69634	68363	65508	63717	68081	67781
多遇地震最大基底剪力（kN）	12566	12642	12566	12642	12566	12642
最大基底剪力与多遇地震基底剪力比值	5.54	5.41	5.21	5.04	5.42	5.36
最大顶点位移（m）	0.547	0.602	0.509	0.573	0.618	0.679
最大层间位移角	1/235（22 层）	1/223（31 层）	1/267（25 层）	1/235（32 层）	1/211（20 层）	1/207（28 层）

5.2 罕遇地震作用下结构构件的工作状态

5.2.1 结构梁柱塑性铰分布状态

钢筋混凝土梁、柱杆系构件，其弹性状态及采用三折线铰类型输出的三种状态比例见表 5-2。

B2 号框架铰弹塑性状态比例　　表 5-2

地震工况	弹性状态	第一状态（开裂到屈服前）	第二状态（屈服及屈服后状态）	第三状态（破坏）
人工波 X 主方向	23.7%	36.2%	40.1%	0%
人工波 Y 主方向	23.4%	35.1%	41.5%	0%
天然波 1X 主方向	24.3%	39.0%	36.7%	0%
天然波 1Y 主方向	24.0%	37.6%	38.4%	0%
天然波 2X 主方向	23.6%	34.0%	42.4%	0%
天然波 2Y 主方向	23.3%	33.2%	43.5%	0%

5.2.2 剪力墙塑性铰分布状态

纤维应变等级是根据纤维应变与基准应变的比值大小设定，分为 5 级。对于混凝土，应变等级 0～3、3～5、>5 分别为屈服前状态、屈服后状态、极限状态。B2 号墙铰弹塑性状态比例见表 5-3。

B2 号墙铰弹塑性状态比例（混凝土）　　表 5-3

地震工况	应变分量	屈服前状态 1（0～1）	屈服前状态 2（2～3）	屈服后状态（3～5）	极限状态（>5）
人工波 X 主方向	ε_x	93.2%	4.5%	1.4%	0.9%
	ε_z	99.7%	0.3%	0%	0%
	γ_{xy}	91.4%	4.5%	3.9%	0.2%
人工波 Y 主方向	ε_x	93.1%	4.6%	1.5%	0.9%
	ε_z	99.7%	0.2%	0%	0%
	γ_{xy}	89.5%	4.0%	4.8%	1.7%

续表

地震工况	应变分量	屈服前状态1(0～1)	屈服前状态2(2～3)	屈服后状态(3～5)	极限状态(>5)
天然波1 X主方向	ε_x	94.1%	3.9%	1.2%	0.7%
	ε_z	99.8%	0.2%	0%	0%
	γ_{xy}	93.3%	3.7%	2.9%	0.2%
天然波1 Y主方向	ε_x	93.9%	4.1%	1.4%	0.6%
	ε_z	99.8%	0.2%	0%	0%
	γ_{xy}	92.3%	4.1%	3.5%	0.1%
天然波2 X主方向	ε_x	92.5%	4.9%	1.5%	1.1%
	ε_z	99.5%	0.4%	0%	0%
	γ_{xy}	90.9%	4.5%	4.3%	0.4%
天然波2 Y主方向	ε_x	92.6%	4.8%	1.6%	1.0%
	ε_z	99.5%	0.5%	0%	0%
	γ_{xy}	90.3%	4.3%	5.2%	0.2%

5.2.3 罕遇地震作用下转换部位的工作状态

本工程B2号的结构形式为部分框支剪力墙结构，相应转换梁及转换层上一层（5～6层）被转换的剪力墙在罕遇地震作用下的工作状态如图5-1及图5-2所示，即B2号在最不利地震波作用下转换层框架塑性铰最终状态（其中框内为转换梁）及5～6层剪力墙塑性铰应变分布状态。

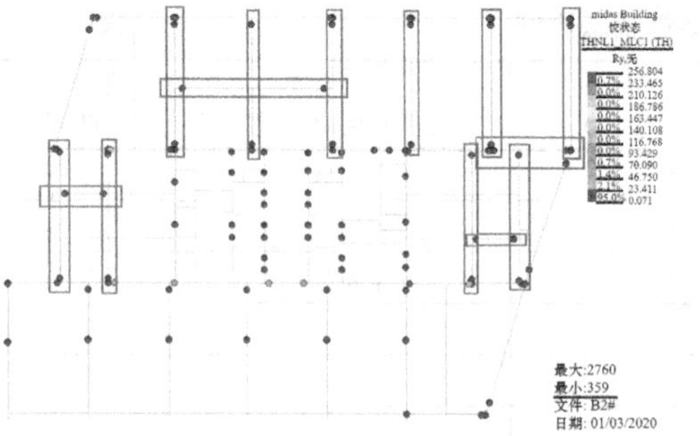

图5-1 B2号人工波X主方向作用下转换层（6层）框架塑性铰最终状态

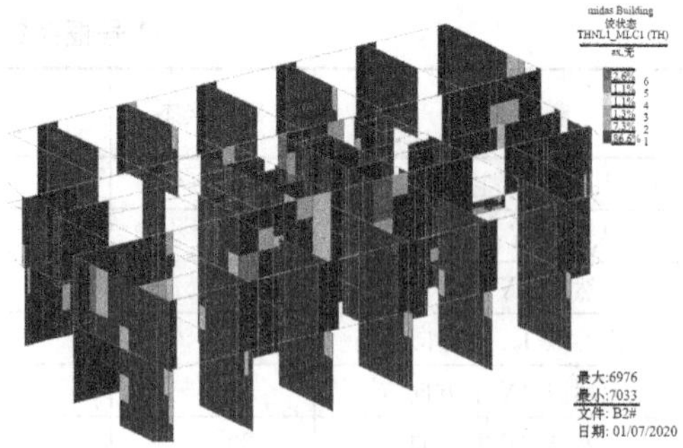

图5-2 B2号5～6层剪力墙塑性铰水平应变分布状态

5.2.4 罕遇地震弹塑性时程分析结论

（1）在考虑重力二阶效应及大变形的条件下，B2号结构在地震作用下的最大顶点位移为0.679m，并最终仍能保持直立，满足“大震不倒”的设防要求。

（2）B2号主体结构在各组地震波作用下，X向的最大弹塑性层间位移角为1/211，Y向的最大弹塑性层间位移角为1/207，小于1/150的规范限值要求。

（3）在各组地震波作用下，70%～80%梁柱塑性铰进入屈服耗能状态，但均没有出现破坏状态，不会危及结构整体安全，并起到了良好的耗能作用；转换梁塑性铰均处于应变等级1（弹性）状态，说明在罕遇地震作用下，转换梁未发生破坏。

（4）在罕遇地震作用下，剪力墙混凝土的水平及竖向应变很小，大部分处于应变等级1（弹性）状态，极少部分处于应变等级2（开裂）状态；剪力墙水平及竖向钢筋大部分处于应变等级 1～2（弹性）状态，有极少部分达到应变等级 3（屈服）状态，说明剪力墙存在一定的延性损伤，但不会发生破坏。

（5）在各组地震波作用下，剪力墙混凝土的剪切应变，大部分处于应变等级 1～2（弹性）状态，极少部分处于应变等级 3～4（屈服后）状态。B2 号剪力墙屈服主要集中在核心筒下方 X 方向剪力墙、电梯井 Y 向剪力墙及转换层上一层的外围被转换的较短墙肢，B2 号角部剪力墙在转换层以上还存在少量屈服，但屈服后的剪力墙在整片墙上所占的比例较小，整片墙不会发生整体破坏。剪力墙的连梁作为第一道防线出现屈服，很好地保护了剪力墙。

综上所述，拟建建筑的结构在罕遇地震作用下能够满足结构抗震性能水准 4 的目标。

6　框支框架应力分析

对于框支框架的应力分析，本项目采用 MIDAS/Fea 建立转换结构的实体模型，单元尺寸控制在 300mm 以内，并使细分的单元和上部承托的剪力墙单元保持协调，保证转换梁的上表面与剪力墙的下边缘变形协调。模型取转换柱及转换梁为主要构件，计算荷载取自 YJK 计算结果小震作用中最不利组合，模型约束设在转换层底部，实体单元材料为弹性。转换柱混凝土采用 C65，转换梁混凝土采用 C45，钢筋采用 HRB400，型钢采用 Q345GJ。图 6-1～图 6-4 为本工程典型的框支框架应力分析结果。

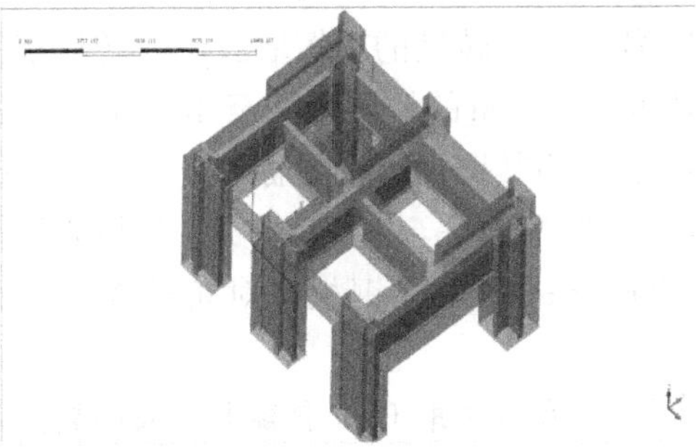

图 6-1　B2 号 5 层转换-框支框架模型示意

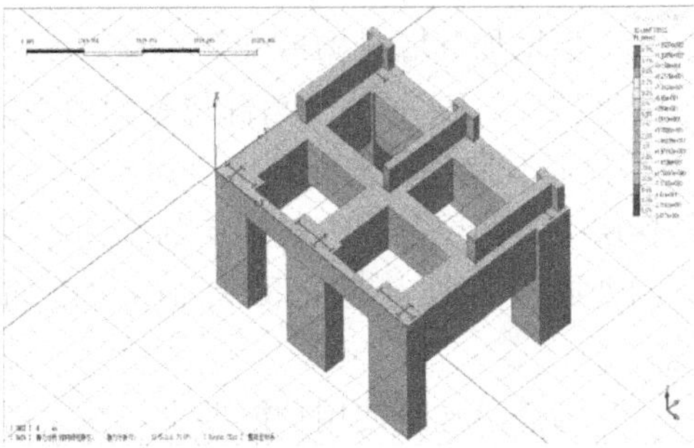

图 6-2　B2 号 5 层转换-框架混凝土应力分布

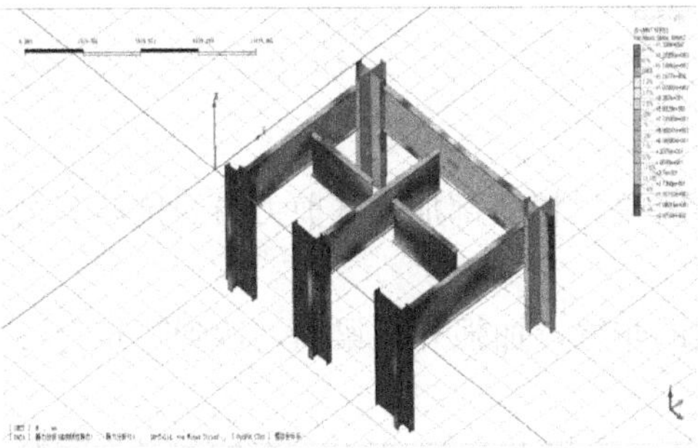

图 6-3　B2 号 5 层转换-框支框架型钢应力分布

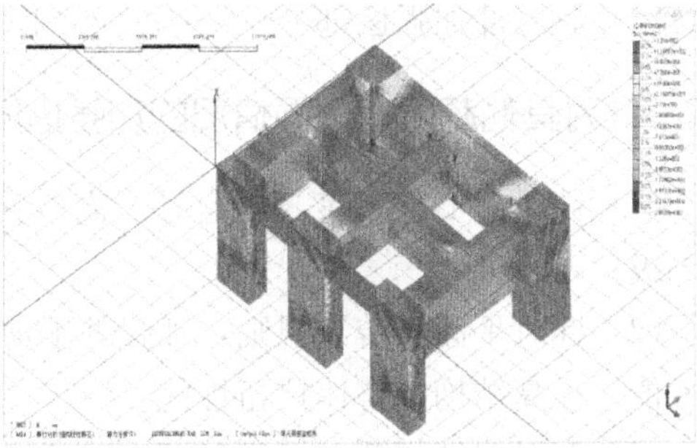

图 6-4　B2 号 5 层转换-框支框架钢筋应力分布

由框支框架的小震计算最不利组合下的应力图可知：混凝土最大压应力 16.1N/mm^2＜21.1N/mm^2（C45），满足要求；型钢最大拉应力 132N/mm^2＜325N/mm^2（Q345GJ），满足要求；钢筋最大拉应力131N/mm²＜360N/mm²（HRB400），满足要求。

小结：施工图设计时采用MIDAS/Fea校核配筋结果，加强转换梁抗扭钢筋，并对转换次梁与转换主梁交接处箍筋、吊筋加强加密处理。承载力设计时，框支柱及框支梁按小震弹性计算及中震等效弹性计算结果进行包络设计，保证框支梁及框支柱大震作用下的抗震承载力。

7 针对超限和抗震不利情况的加强措施

7.1 针对本工程整体的加强措施

（1）本工程为部分框支剪力墙结构框架结构，小震采用YJK和MIDAS/Building两个不同力学模型的空间结构程序进行对比计算，两个软件的计算结果基本接近，表明计算模型是基本准确的，计算结果是合理和有效的，可以作为设计依据。

（2）采用YJK进行性能化设计，保证剪力墙在中震、大震下仍能达到3级、4级抗震性能水准，即“轻度损坏”和“中度损坏”，结构配筋按小震模型与中震模型进行包络设计。

（3）罕遇地震作用下，采用MIDAS/Building软件进行动力弹塑性分析，各弹塑性层间位移角均小于1/150，满足规范要求。根据大震动力弹塑性分析结果，B2号核心筒下方X向剪力墙、电梯井Y向剪力墙，在首层至8层范围内增加其墙身构造配筋率至0.45%，在9～27层增加其墙身构造配筋率至0.35%。B2号外围被转换的较短墙肢，在转换层上一层增设型钢；B2号两个角部位置的剪力墙在损伤比较严重的楼层加厚至400mm，并在4～8层提高其墙身构造配筋率至0.5%，在9～12层提高其墙身构造配筋率至0.35%；B2号转换层上方两层范围内被转换的墙体提高其墙身构造配筋率至0.45%；B2号核心筒局部开洞处周围的剪力墙采取增加暗柱配筋，洞顶连梁采用设置钢板或对角暗撑等加强措施。

（4）为满足建筑使用功能要求，减小剪力墙厚度，底部采取C65混凝土，采用高强混凝土有利于减小结构墙厚从而减少结构自重，减小结构地震作用。对于采用C65竖向构件，为提高其延性，剪力墙水平分布筋构造配筋率底部加强区（地下2层～7层）提高至0.45%，非底部加强区部分（8～14层）提高至0.3%。

7.2 针对其他超限、薄弱情况的加强措施

（1）针对超B级高度超限且接近高位转换：提高塔楼底部加强区剪力墙的抗震等级至特一级。

（2）针对平面扭转不规则：加强外围剪力墙的布置，加强外围梁高，达到建筑允许的最大值，提高结构的整体抗扭性能。

（3）针对构件间断：提高转换柱的混凝土强度等级并设置型钢，含钢率为4.5%～5.0%，柱箍筋直径最小为12mm，全高加密，以加强其受剪承载力；转换梁做成型钢转换梁，底筋较计算放大至1.1～1.2倍；转换层梁板混凝土强度等级采用C40，整层楼板加厚至180mm，板钢筋按最小配筋率0.25%双层双向拉通布置，并根据应力分析结果，

在薄弱位置配置附加钢筋。

(4) 针对 B2 号的楼板不连续：按规范提高错层位置的墙柱抗震等级至特一级，并将错层位置处剪力墙分布钢筋的配筋率提高至 0.45%。

8 超限高层建筑工程抗震设防专项审查意见

2020 年 1 月 10 日，广东省超限高层建筑工程抗震设防审查专家委员会在越秀城市广场南塔 14 楼 1402 会议室主持召开了“广百海港城项目·A1 号、A2 号、B1 号、B2 号”超限高层建筑工程抗震设防专项审查会。广东省工程勘察设计行业协会会长陈星教授级高工任专家组组长。与会专家听取了广州城建开发设计院有限公司关于该工程抗震设防设计的情况汇报，审阅了送审材料。经讨论，提出如下审查意见：

(1) 优化结构布置，加强各栋核心筒的刚度和完整性，提高其抗侧作用，减少周边一字形剪力墙的数量和长度以及转换梁墙肢，提高使用率。

(2) 对带壁柱的剪力墙采用平面外转换结构，应补充柱墙分离式复核计算，其转换梁上二层以下部分为特一级。

(3) 支承一字形剪力墙伸出主梁的剪力墙连梁应为关键构件，框支剪力墙底部两层为特一级。

(4) 结构重量过大，剪重比过小，应增加计算振型数量和分析两程序计算结果的较大差异。补充首层作嵌固层包络验算。

(5) 应考虑两栋斜置且近距离建筑的风荷载增大不利影响，并补充舒适度验算。

(6) 优化转换结构布置，A1 和 A2 栋转换柱应层层加梁双向拉结，应尽量使被转换墙直接落在框支柱或一级转换梁上，两栋之间裙房框架应与抗震等级同主体。优化型钢混凝土构件设计，补充节点分析。

(7) 进一步优化基础设计。

审查结论：通过。

9 点评

结构设计中充分利用概念设计方法，对关键构件设定抗震性能化目标，并在抗震设计中，采用多种程序对结构进行了弹性、弹塑性计算分析，除保证结构在小震作用下完全处于弹性阶段外，还补充了关键构件在中震和大震作用下的验算。计算结果表明，多项指标均表现良好，满足规范的有关要求。因此，本工程结构能满足“小震不坏、中震可修、大震不倒”的抗震性能目标 C 的要求。

11 天盈广场

关　　键　　词：超 B 级高度；塔楼偏置；综合体；高位转换
结构主要设计人：罗志国　魏作伟　张达明　何富华　杜嘉斌　邹　超　陈　锐
袁　哲
设　计　单　位：广州市住宅建筑设计院有限公司

1 工程概况

天盈广场项目是一座集商业、超甲级办公楼、六星级酒店功能为一体的城市综合体（图 1-1），位于广州市天河区珠江新城猎德村内，总用地面积约 3.9 万 m^2，总建筑面积约 46.2 万 m^2，包括 1 栋裙楼商业天汇广场（地下共 4 层，层高 3.25～6m 不等；地上共 5 层，首层层高 6m，2～5 层层高 5.5m；总高度 28m，建筑面积约 23.6 万 m^2），1 栋 39 层办公塔楼天盈广场西塔（自编 C1 栋，总高度 175.3m，标准层层高 4.3m），1 栋 25 层酒店塔楼康莱德酒店（自编 C2 栋，总高度 99.6m，标准层层高 3.6m），1 栋 57 层办公塔楼天盈广场东塔（自编 C3 栋，总高度 255.3m，标准层层高 4.3m）。

图 1-1　建筑实景

本工程结构设计使用年限为 50 年，建筑结构安全等级为二级，基础设计等级为甲级，抗震设防烈度为 7 度，Ⅱ类场地，设计地震分组为第一组，设计基本地震加速度值为 0.10g，特征周期 0.35s。

2 结构体系及超限情况

2.1 C1 栋塔楼

C1 栋塔楼总高度 175.3m，属 B 级高度、Ⅰ类扭转不规则、Ⅰ类竖向抗侧力构件不连续、刚度突变。结构体系采用钢管混凝土柱框架-筒体结构，外框架采用钢管混凝土柱＋钢筋混凝土梁，并于 7 层楼面采用型钢混凝土转换梁转换 3 根钢管混凝土柱。另外，由于平面形状比较狭长，在建筑东西两侧结合建筑楼、电梯间各设置一钢筋混凝土剪力墙筒体，如图 2-1 所示。

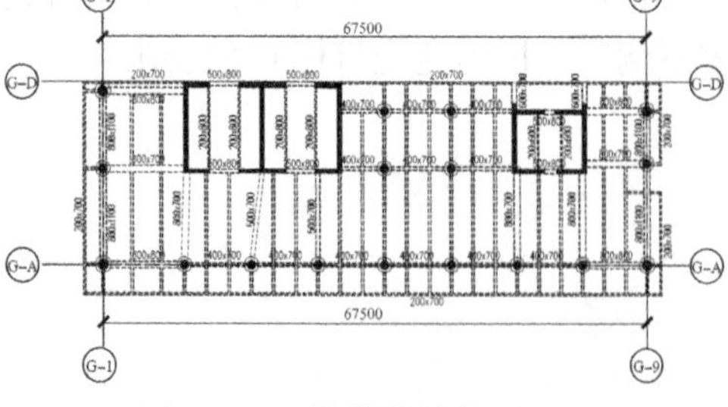

图 2-1　C1 栋塔楼结构平面图

2.2 C2 栋塔楼及裙楼

C2 栋塔楼及裙楼属于特别不规则结构。塔楼偏置，塔楼质心与大底盘质心间距为大底盘相应边长的 37%，大于 20%的限值；塔楼偏置也加剧了裙楼平面的扭转不规则，扭转位移比达到 1.56，属于Ⅱ类扭转不规则；平面还存在凹凸不规则、楼板不连续、局部大跨度结构（最大跨度 27.9m），这些都将导致楼板面内局部应力较大。竖向存在外挑大于 10%和 4m 的尺寸突变，最大悬挑达到 7.2m。根据建筑平面及考虑结构抗侧能力，塔楼结构体系采用钢筋混凝土框架-剪力墙结构，裙楼采用框架结构，如图 2-2 所示。

2.3 C3 栋塔楼

C3 栋塔楼建筑高度 255.3m，超过规范规定的“7 度区 B 级高度钢筋混凝土框架-核心筒结构最大适用高度 180m”，超高 75.3m，超高幅度 42%，采用框架-核心筒结构体系，外框架采用钢管混凝土柱+钢筋混凝土梁，核心筒采用钢筋混凝土剪力墙，如图 2-3 所示。

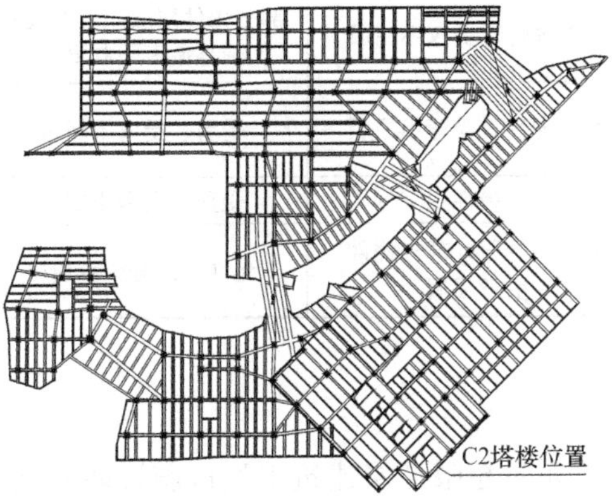

图 2-2 C2 栋塔楼及裙楼结构平面图

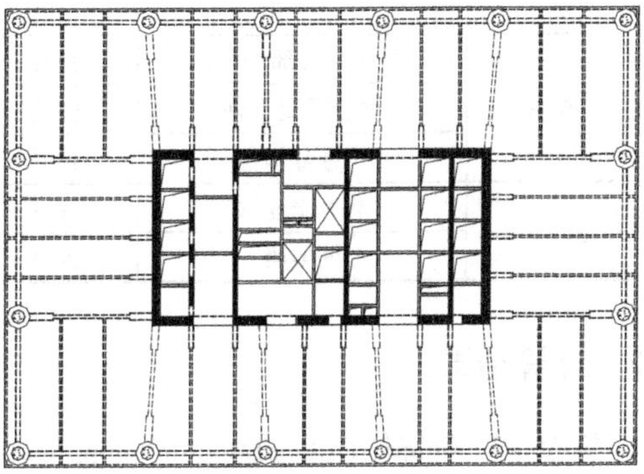

图 2-3 C3 栋塔楼结构平面示意图

3 超限应对措施及分析结论

3.1 抗震设防标准、性能目标

C1、C2 及 C3 栋塔楼性能目标见表 3-1～表 3-3。

C1 栋塔楼性能目标 D 表 3-1

项目		小震	中震	大震
性能水准		1	4	5
普通竖向构件	筒体剪力墙（非底部加强区）	弹性	部分构件屈服，受剪截面满足截面限制要求	大部分构件屈服，受剪截面满足截面限制要求
	框架柱			
关键构件	型钢混凝土转换柱	弹性	弹性	受剪、受弯不屈服
	型钢混凝土转换梁	弹性	弹性	受剪、受弯不屈服
	底部加强区筒体剪力墙	弹性	受剪不屈服，受弯不屈服	受剪不屈服
耗能构件	剪力墙连梁	弹性	大部分构件屈服，受剪截面满足截面限制要求	允许构件破坏
	框架梁	弹性		

C2 栋塔楼及裙楼性能目标 C **表 3-2**

项目		小震	中震	大震
结构性能水准		1	3	4
关键构件	地下 1 层～6 层的塔楼竖向构件、跨度大于 6m 的悬臂梁、大于 24m 的框梁、转换梁、柱、斜柱	弹性	弹性	受剪受弯不屈服
普通竖向构件	裙房框柱、7 层～顶层的塔楼墙柱	弹性	受剪弹性，受弯不屈服	部分构件屈服，受剪截面满足截面限制条件
耗能构件	剪力墙连梁、框架梁	弹性	受剪不屈服，部分构件受弯屈服	允许大部分构件屈服

C3 栋塔楼性能目标 C **表 3-3**

项目		小震	中震	大震
结构性能水准		1	3	4
普通竖向构件	剪力墙（非底部加强区）	弹性	受剪弹性，受弯不屈服	部分构件屈服，受剪截面满足截面限制要求
关键构件	剪力墙（底部加强区）	弹性	受剪弹性，受弯不屈服	受剪、受弯不屈服
	钢管混凝土柱	弹性		
	长悬臂构件	弹性	弹性	受剪、受弯不屈服
耗能构件	剪力墙连梁	弹性	受剪不屈服，部分构件受弯屈服	允许大部分构件屈服
	框架梁	弹性		

3.2 计算结果

参考《广东省住房和城乡建设厅关于印发〈广东省超限高层建筑工程抗震设防专项审查实施细则〉的通知》（粤建市函〔2011〕580 号）（下文简称《广东超限审查细则》），C1、C2 及 C3 栋塔楼电算结果见表 3-4。结构整体计算模型如图 3-1 所示。

C1、C2 及 C3 栋塔楼电算结果 **表 3-4**

指标		C1 栋	C2 栋	C3 栋
计算振型数		21	15	18
第 1 平动周期（s）		4.6634（Y 向）	2.3870（X 向）	6.8943（Y 向）
第 2 平动周期（s）		4.4175（X 向）	2.1602（Y 向）	4.5715（X 向）
第 1 扭转周期（s）		3.8677	2.0840	3.0247
第 1 扭转/第 1 平动周期		0.829	0.87	0.44
地震下基底剪力（kN）	X	12965.72	70944.33	25385.30
	Y	13880.72	63064.53	21326.08
结构总质量（t）		1016173.67	189212.625	1830056.72
标准层单位面积重度（kN/m^2）		13.8	15.73	14.07
剪重比（不足时已按规范要求放大）	X	1.28%	3.75%	1.39%
	Y	1.37%	3.33%	1.20%
地震下倾覆弯矩（kN·m）	X	1305920.25	152865.70	3652262.25
	Y	1281352.50	141163.95	2785051.50

续表

指标			C1 栋	C2 栋	C3 栋
有效质量系数		X	97.73%	92.37%	94.24%
		Y	93.69%	94.62%	94.62%
50 年一遇风荷载作用下最大层间位移角（《广东超限审查细则》限值）		X	1/2383（16 层）	1/2123（12 层）	1/2136（44 层）
		Y	1/740（23 层）	1/3401（10 层）	1/609（38 层）
安评反应谱地震作用下最大层间位移角（《广东超限审查细则》限值 1/700）		X	1/950（17 层）	1/993（19 层）	1/1273（45 层）
		Y	1/941（29 层）	1/1104（17 层）	1/753（43 层）
规定水平力作用下考虑偶然偏心最大扭转位移比及对应层间位移角		X	1.11（39 层），1/2164	1.43（1 层），1/1920	1.12（1 层），1/9999
		Y	1.25（1 层），1/8277	1.47（1 层），1/1823	1.11（1 层），1/6329
构件最大轴压比（SATWE）	地下 1 层剪力墙		0.45	0.5	0.50（个别 0.53）
	首层以上剪力墙		0.49	0.5	0.50（个别 0.53）
本层侧向刚度与上层 90%的比值（楼层层高大于上层 1.5 倍时，该层侧向刚度不宜小于相邻上层的 1.1 倍）		X	0.6546（5 层）	1.0297（1 层）	1.105（27 层）
		Y	1.0862（6 层）	1.0937（1 层）	1.141（34 层）
楼层受剪承载力与上层 75%的比值		X	1.24（1 层）	1.04（6 层）	1.21（1 层）
		Y	1.21（9 层）	1.06（6 层）	1.13（1 层）
刚重比		X	2.78	8.62	3.36
		Y	2.47	8.36	1.57

3.3 专项分析

3.3.1 C1 栋加强层受力分析

根据 SATWE 初步计算结果，本工程 Y 向抗侧刚度较弱，南面迎风面积较大，结构在 Y 向风荷载作用下位移角超出规范限值较多，故须加强 Y 向抗侧刚度。经与建筑专业协商，结合建筑避难层，在 10 层、24 层设两个结构加强层。加强层于筒体沿 Y 向剪力墙方向设置 5 道 600mm×2000mm 实体梁。同时为了带动与 5 道实体梁连接的外框柱一起参与抗侧，在南面外围框架柱之间设置 600mm×1200mm 实体梁。如表 3-5、图 3-2 及图 3-3 所示，结构在加强层处并未出现刚度突变，而最大位移角已满足规范要求。

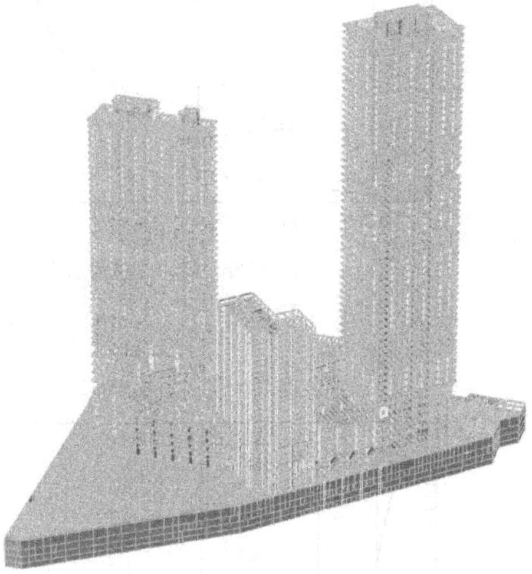

图 3-1 结构整体计算模型

加强层处楼层侧移刚度比值 **表 3-5**

楼层	本层塔侧移刚度与上一层相应塔侧移刚度 90%比值
9	1.2202（X） 1.1677（Y）
23	1.0907（X） 1.1215（Y）

3.3.2 C2 栋塔楼偏置的计算分析

塔楼偏置带来的问题：

（1）塔楼传递下来的水平力有较大的一部分（30%左右）通过裙房屋面楼板传递到裙房

的竖向构件。塔楼偏置的本质为竖向抗侧刚度的突变（下大上小），因此明确地震作用的水平传递路径及相关构件的受力关系至关重要。在MIDAS/Building中利用壳单元模拟该层楼板在侧向荷载（风、地震）作用下的受力情况，楼板厚度均取150mm，不考虑楼板的刚度折减。计算结果如图3-4、图3-5所示，由图可见，水平地震作用下裙房屋面塔楼与裙房相接处（范围大致在主裙相连1～2跨间）出现较大的拉力，最大拉力达220kN/m，印证了裙房屋面往裙房竖向构件传递上部塔楼水平力的实际情况。从拉力云图还可以看出，楼板的薄弱部位如洞口周边、连廊处、外边缘的阴角位置均出现较大的楼板拉力。塔楼传递下来的水平力通过裙房屋面楼板传递，实质是塔楼在水平力作用下的变形受到裙房的约束，塔楼自身的扭转也受到裙房的约束，该部分竖向构件受力较复杂，为主要的薄弱部位，范围大致在裙房屋面上下1～2层。对该处墙柱按一级抗震严格控制轴压比，按中震弹性的结果进行截面设计，保证主塔楼的安全。

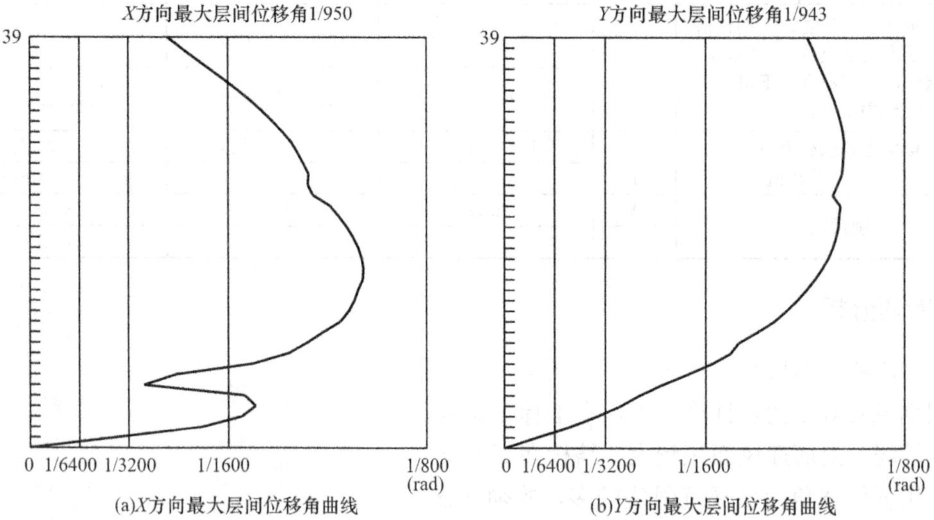

(a)X方向最大层间位移角曲线　(b)Y方向最大层间位移角曲线

图3-2　地震作用层间位移角曲线

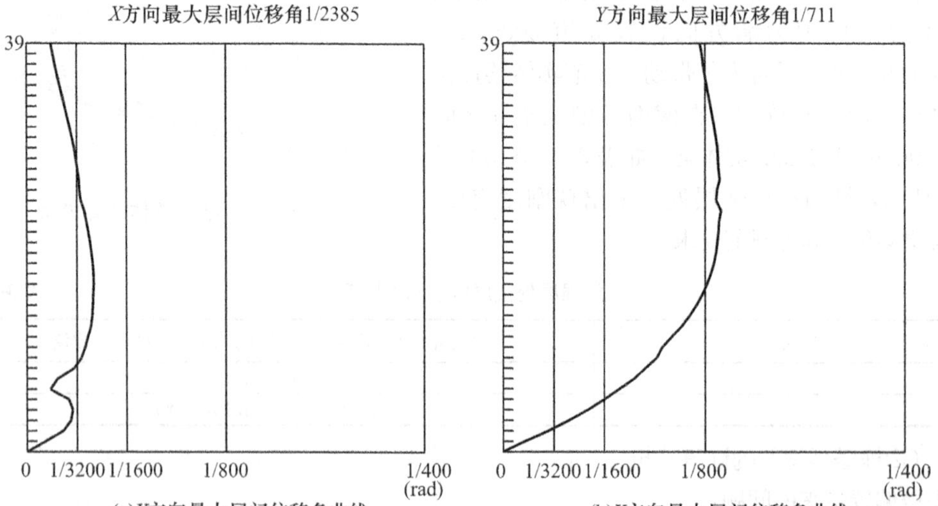

(a)X方向最大层间位移角曲线　(b)Y方向最大层间位移角曲线

图3-3　风荷载作用层间位移角曲线

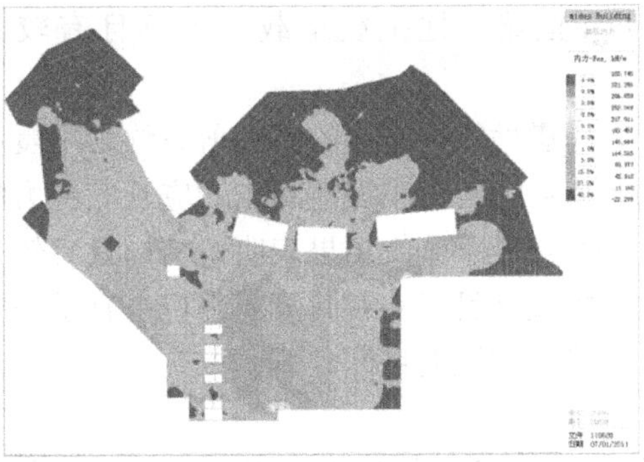

图 3-4 6 层楼板 X 向拉力云图

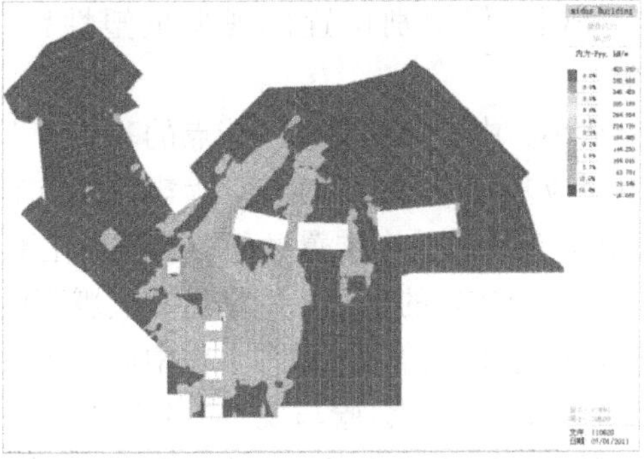

图 3-5 6 层楼板 Y 向拉力云图

（2）塔楼偏置加剧裙房在水平力作用下的扭转效应，表现为裙房扭转不规则，周边框柱的扭转位移比最大值达 1.56。

裙房屋面以上的塔楼结构传递下来的地震作用与裙房屋面层本身质量源产生的地震作用相当。如图 3-6 所示，上部塔楼的质心与裙房刚心的距离远大于裙房自身质心与刚心的距离（图中裙房的质心与刚心为偏心距离最大楼层 4 层的刚心及质心），即由上部塔楼在裙房屋面附近楼层引起的扭转效应远比裙房自身的扭转效应大。塔楼的偏置越大，引起裙房的扭转效应越大。由图 3-6 可见，裙房的北端（定义为受扭敏感区 A）和裙房的南端（定义为受扭敏感区 B）为扭转位移比最大的位置。在中、大震作用下，结构由于扭转位移的加大，受扭敏感区内竖向构件会出现不可忽视的扭矩，使竖向构件处于扭、压、弯、剪的复杂受力状态。设计中对于敏感区的竖向构件，采取加大框架柱的截面、增加柱纵筋，并加大外围箍筋直径、全长加密箍筋间距等措施。相应地，对此区域内的水平框架梁，将其截面加宽、加大其通筋和腰筋，并保证抗扭纵筋的有效锚固。

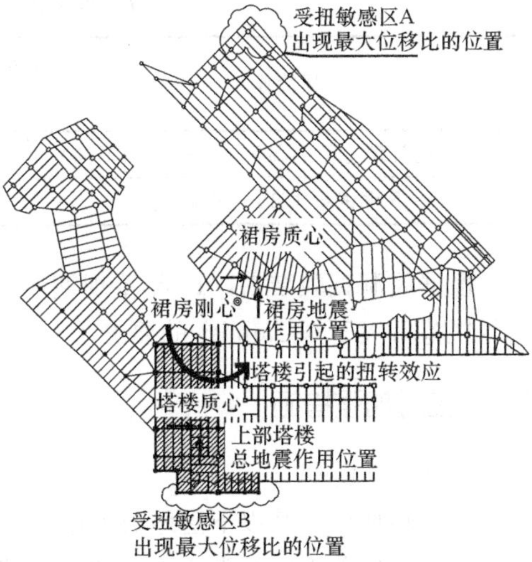

图 3-6 塔楼引起裙房扭转示意

3.3.3 C3 栋静力推覆分析结果

由 SATWE 弹性计算结果可知，本工程 Y 向刚度明显小于 X 向刚度，故本工程仅对 Y 方向进行弹塑性静力推覆分析。

（1）结构能力谱与罕遇地震需求谱存在交点（性能点），在罕遇地震作用下，Y 向最大层间位移角为 1/158，小于 1/100，满足《建筑抗震设计规范》GB 50011—2010 第 5.5.5 条的规定，满足“大震不倒”的抗震设防要求。

（2）推覆过程中，塑性铰首先出现在核心筒外围剪力墙之间的连梁上，随后，Y 向在核心筒角部门洞口边位置出现轻微塑性损伤。随着水平推力的增大，塑性铰主要出现在剪力墙连梁上，起到了很好的耗能作用。到性能点位置，核心筒主要剪力墙未出现塑性铰，表明在罕遇地震作用下主要剪力墙不发生剪切破坏。外框钢管混凝土柱未出现塑性铰，外框梁仅个别位置出现少量塑性铰，表明外框梁、柱抗震承载力足够且有较大富余。

从小、中、大震对应性能点的基底剪力来看，中震性能点对应的基底剪力约为小震性能点对应基底剪力的2.2倍，大震性能点对应的基底剪力约为小震性能点对应基底剪力的4.6倍，反映结构在推覆过程中刚度退化不明显。Pushover分析结果表明，结构具有较大的承载力及较好的延性，能满足“大震不倒”的抗震设计目标。对其薄弱部位也有了一定了解，在施工图阶段的设计工作中应适当加强，以满足其性能目标。

3.3.4 C3栋风洞试验与规范风荷载对比分析

对比试验建筑基底等效静力风荷载的最大值与SATWE的计算结果（表3-6）可知，结构对风洞试验风荷载的响应大于对SATWE单向风荷载的响应，故风洞试验的风荷载作为结构设计用风荷载。

C3栋风洞试验与规范风荷载对比 **表3-6**

风荷载	倾覆弯矩（kN·m） 100年重现期	层间位移角 50年重现期	最大顶点位移（mm） 50年重现期
《建筑结构荷载规范》GB 50009—2012（Y向）	4700472	1/609	328.88
风洞试验（315°，Y向）	5140000	1/564	355.25

根据风洞试验结果，10年重现期所计算的塔楼顶部的峰值加速度最大值为$0.21m/s^2$，满足规范不大于$0.25m/s^2$的要求。

3.4 应对加强措施

3.4.1 C1栋塔楼

（1）转换层及其以下落地剪力墙的加强措施：1）剪力墙的轴压比不大于0.5，转换层及其以下落地剪力墙约束边缘构件设置芯柱，芯柱配筋率1%。2）底部加强部位剪力墙抗震等级为特一级，其竖向分布筋的配筋率提高至1%，水平钢筋构造配筋率提高至0.6%。

（2）转换层加强措施：1）控制特一级型钢混凝土转换柱轴压力系数不大于0.6，转换柱采用型钢混凝土柱，型钢含钢率6%；转换梁采用型钢混凝土梁，型钢含钢率4%。2）楼板厚度200mm，双层双向拉通配筋，每层每向配筋率0.25%；转换层相邻上下层楼板相应加强。

（3）框架加强措施：1）加强结构东、西两侧的框架梁、柱，提高楼面抗扭能力。2）外框架采用延性好的圆钢管混凝土柱，控制一级部位套箍指标$\theta \geq 1.0$。

（4）楼板加强措施：1）各楼层与筒体相连周边楼板板厚加强为150mm，楼板按双层双向配筋，每层每向配筋率0.25%。2）两个筒体之间的楼板对于协调筒体共同抗侧、传递水平力非常关键，故设计中对两个筒体之间的连接楼板加厚至120mm，并按双层双向拉通配筋，每层每向配筋率0.25%。

3.4.2 C2栋塔楼及裙楼

（1）控制裙房部分及其上一层框架柱轴压比不大于0.65，剪力墙轴压比不大于0.5，从而提高竖向构件的延性和耗能、变形能力。

（2）裙房屋面板对主塔楼传递下来的水平力重分布起着重要作用，该楼板的安全关系到主塔楼安全。根据前述分析结果，该层楼板板厚取 150mm，板配筋采用双层双向，且每个方向的配筋率不小于 0.30%。其中，塔楼与裙房相连的 2 跨范围内楼板采用 ϕ14@200 双层双向配筋。

（3）连廊位置板厚局部取 250mm，采用双层双向 ϕ16@150 配筋。在连廊平面内设置与板厚相同的交叉钢筋暗撑，进一步提高连廊的受剪承载力。对连廊两侧的框梁，为加强其面外刚度加大梁宽，两侧配 ϕ16@200 腰筋，增大梁面通长纵筋，并全长加密箍筋以提高其抗剪抗拉能力。

（4）对受扭敏感区的竖向构件，采取加大框架柱的截面、提高柱纵筋配筋率至 1.4%，并加大柱外围箍筋直径、全长加密箍筋间距等一系列措施以提高其抗震能力。相应地，对此区域内的水平框架梁，将其截面加宽或水平加腋、加大其通筋和腰筋，并保证抗扭纵筋的有效锚固。该区域的楼板厚度取 150mm，采用双层双向配筋并适当提高配筋率至 0.3%。

（5）对于楼面大开洞处，在洞口周边设置边梁，周边楼板 150mm 厚，采用双层双向 ϕ14@200 配筋。

（6）保证悬挑框架挑梁端头与边柱的构造符合刚接的要求，梁柱的纵筋严格控制锚固长度。为保证各层梁共同工作，施工时支撑应在各层梁柱均达到设计强度后方可拆除。

3.4.3 C3 栋塔楼

（1）核心筒剪力墙的加强措施：1）底部加强部位约束边缘构件设置芯柱，芯柱配筋率 1%，出底部加强部位后，核心筒四角保留芯柱。2）底部加强部位竖向分布筋的配筋率提高至 1%，水平钢筋构造配筋率提高至 0.6%，提高底部剪力墙在大震下的抗剪、抗拉能力。3）核心筒右侧墙底部加强部位设型钢混凝土柱，含钢率为 4%，37 层相应位置（空中大堂电梯开门处）上、下层亦设置此型钢混凝土柱。4）墙体连梁当跨高比≤2 时设置交叉钢筋，跨高比≤1 时设交叉暗撑，提高连梁的耗能能力。5）根据弹性时程分析结果，43 层以上核心筒减少两片墙后，结构刚度有轻微突变，Y 向剩余三片墙的墙肢承受的地震力较大，设计拟采取以下措施提高该三片墙肢的抗震承载力：三片墙中，左、右两片墙的墙肢在 43 层、44 层加厚 200mm，至 600mm 厚；三片墙肢在 43 层、44 层设置约束边缘构件，剪力墙配筋率提高至 1%；三片墙肢在 43 层、44 层内埋设配筋率为 4%的交叉暗撑。

（2）框架加强措施：1）外框架采用延性好的圆钢管混凝土柱，控制特一级部位套箍指标 $\theta \geq 1.0$。2）框架节点中，梁与柱刚接弯矩较大处采用梁局部加宽的做法，更好地保护节点核心区。3）根据弹塑性分析的结果及建议，对薄弱构件予以加强。4）悬挑较大（超过 5m）处采用钢梁作为悬挑构件，充分发挥钢梁强度高的特性，并保证钢梁与钢管混凝土柱连接节点的可靠性。

4 抗震设防专项审查意见

2011 年 8 月 8 日，广州市住房和城乡建设委员会在广东大厦北江厅主持召开了该项目超限高层建筑工程抗震设防专项审查会，容柏生院士任专家组组长。与会专家审阅了送审资料，听取了广州市住宅建筑设计院有限公司对该项目的结构超限设计可行性论证汇报。经讨论，提出审查意见如下：

(1) 补充完善送审文件。

(2) 针对C1办公楼：

1) 筒体底部加强区抗震等级提高为特一级；

2) 罕遇地震作用下的静力弹塑性分析特征周期应为0.4s；

3) 优化C1栋转换层结构，补充节点受力分析，简化节点构造；

4) 建议适当加大地下室底板板厚，取消主塔楼范围内的抗拔锚杆。

(3) 针对C2酒店及裙房部分：

1) 裙楼楼面凹凸及开洞大，联系弱，宜加以改善或采取加强措施；

2) 补充温度影响分析，采取相应的措施；

3) 结构布置可作进一步的改进和优化。

(4) 针对C3办公楼：

1) 两个程序算得的地震作用下的基底剪力和倾覆力矩相差较大，应予复核；

2) 调整和优化C3栋核心筒的结构布置；

3) 考虑框架梁根部加腋的必要性。

审查结论：通过。

5 点评

5.1 C1栋塔楼

C1栋塔楼属于B级高度，I类扭转不规则，I类竖向构件不连续，刚度突变。在设计中充分利用概念设计方法，对关键构件设定抗震性能化目标。为了充分发挥外框架的刚度，满足Y向抗侧的要求，结合建筑避难层，在10、24层设两个结构加强层。在加强层内，筒体与外排框架柱之间沿Y向剪力墙方向设置5道600mm×2000mm实体梁，充分带动外框架参与结构Y向抗侧。为了使与筒体相连的各外框柱在侧向力作用下变形协调，在南面外围框架柱之间设置600mm×1200mm实体梁。由于底盘商业使用的要求，C1办公楼部分钢管混凝土柱须做梁式转换。为保证构件在大震作用下有足够的承载能力，转换梁设计为钢骨混凝土梁，截面1500mm×3000mm，内埋型钢H2500×300×50×50（mm），并创新性地采用型钢混凝土转换梁连接钢管混凝土柱的新型节点。为提高转换柱延性及保证节点的刚性连接，转换柱亦采用钢骨混凝土柱。同时，加强了转换层及其上一层楼板的厚度及配筋，以有效传递因竖向不连续产生的水平力，并控制转换层下部与上部结构的等效抗侧刚度比不小于0.8，避免刚度突变。

5.2 C2栋塔楼及裙房

C2栋塔楼及附属裙房属于A级高度高层建筑，存在塔楼偏置、裙房楼面扭转不规则、凹凸不规则和楼板不连续的情况，且局部位置存在尺寸突变。设计对各层裙楼楼板均进行有限元应力分析，根据计算结果，对裙楼屋面板加厚至150mm，并采用双层双向配筋，提高配筋率至 0.3%，其中塔楼与裙房相连的两跨范围内楼板采用 ϕ14@200 双层双向配筋。对受扭敏感区的竖向构件增大截面，并提高纵筋与箍筋配筋率。大跨度连廊位置板厚加大至 250mm，采用双层双向 ϕ16@150 配筋，连廊平面内设置与板厚相同的交叉钢筋暗撑，进一步提高连廊的受剪承载力。对连廊两侧的框梁，为加强其面外刚度加大梁宽，两侧配 ϕ16@200 腰筋，增大梁面通长纵筋，并全长加密箍筋以提高其抗剪抗拉能力。对大跨度及长悬挑的梁板进行挠度、裂缝和舒适度详细分析，考虑项目实际使用中可能出现的复杂工况，增加了预应力钢筋，以保证结构正常使用极限状态满足要求。

5.3 C3 栋塔楼

C3 栋塔楼虽然属于超 B 级高度的超限高层建筑，但结构形式比较简单，体型较规则，竖向构件连续。在设计中严格控制核心筒剪力墙轴压比不大于 0.5，保证延性剪力墙的设计理念。外框架采用延性较好的圆钢管混凝土柱，控制特一级部位套箍指标 $\theta \geqslant 1.0$，保证其进入屈服阶段的延性。构造上采取约束边缘构件设置芯柱、底部加强部位提高配筋率或增设型钢、连梁设置交叉斜筋或交叉暗撑等一系列提高延性的措施。钢管混凝土柱与混凝土梁采用混凝土环梁节点连接，构造简单，施工便利。

12 前海恒昌科技大厦

关　　键　　词： 抗震性能目标；动力弹塑性；结构抗震措施
结构主要设计人： 刘浩然　姚一帆　刘树林　徐　鹏
设　计　单　位： 广东海外建筑设计院有限公司

1　工程概况

前海恒昌科技大厦位于深圳市前海深港现代服务业合作区，包含东区和西区两栋约140m高的超高层，总建筑面积约20万m^2。东区主要使用功能为办公、酒店和商业，西区主要使用功能为办公。建筑效果图如图1-1所示。东区和西区的结构高度和平面布置均相近，本文主要介绍西区。

西区结构主屋面标高141.0m，高宽比4.08，长宽比1.60；核心筒高宽比12.70，长宽比3.37。裙房8层，使用功能为办公，塔楼与裙房之间不设结构缝。首层层高6.0m，2～31层层高4.5m。结构标准层平面布置如图1-2所示，结构体系为框架-核心筒结构。结构主要构件信息如表1-1所示。

图1-1　建筑效果图

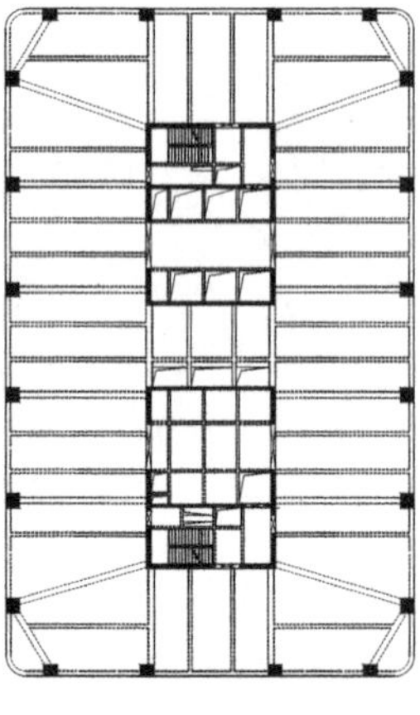

图1-2　结构标准层平面布置图

结构主要构件信息　　**表1-1**

结构构件	主要尺寸（mm）
底部加强部位剪力墙	700/650/500
非底部加强部位剪力墙	4～6层650/600/400；7～17层550/500/400；18层及以上400/400/300
框架柱	裙房800×800，600×600；塔楼21层以下1200×1200； 22～26层1000×1000；26层及以上800×800（8层以下为型钢柱）

续表

结构构件	主要尺寸（mm）
框架梁/连梁	裙房 350×700，350×800；塔楼 500×850
楼板	100/120/150
局部转换	转换柱 1800×1500；转换梁 1600×2400

注：墙柱混凝土强度等级最高为 C60。

根据《建筑工程抗震设防分类标准》GB 50223—2008 的规定，本项目抗震设防类别为丙类。本工程的抗震设防烈度为 7 度，设计基本地震加速度为 0.1*g*，设计地震分组为第一组，场地类别为Ⅲ类，特征周期为 0.45s，基本风压为 0.75kN/m^2，地面粗糙度为 B 类，承载力计算时取基本风压的 1.1 倍。

2 结构超限判别

根据《住房城乡建设部关于印发〈超限高层建筑工程抗震设防专项审查技术要点〉的通知》（建质〔2015〕67 号）的规定，本项目属于 B 级高度超限高层建筑且存在 3 项一般不规则，分别为：

（1）扭转不规则。在考虑偶然偏心地震的规定水平力工况下，结构扭转位移比大于 1.2，但小于 1.4。

（2）尺寸突变。由于裙房与塔楼未分缝，竖向构件收进位置高于结构高度的 20%且收进大于 25%，属于尺寸突变。

（3）局部不规则。存在局部的穿层柱和局部柱转换。

3 抗震性能目标

根据本工程的抗震设防类别、设防烈度、结构类型、超限情况和不规则性，按照《高层建筑混凝土结构技术规程》JGJ 3—2010（下文简称《高规》）的相关内容，设定本结构的抗震性能目标为性能 C，不同地震水准下的结构、构件性能水准见表 3-1。

结构抗震性能目标 **表 3-1**

项目		多遇地震	设防地震	罕遇地震	抗震等级
性能水准		水准 1	水准 3	水准 4	
关键构件	底部加强区剪力墙	弹性	受弯不屈服 受剪弹性	受弯部分屈服，受剪限制截面	一级
	非底部加强区剪力墙/框架柱	弹性	受弯不屈服 受剪不屈服	受弯部分屈服，受剪限制截面	一级
耗能构件	连梁	弹性	少量受弯屈服 受剪不屈服	受弯允许塑性，受剪限制截面	一级
	框架梁	弹性	少量受弯屈服 受剪不屈服	部分受弯屈服	一级

续表

项目		多遇地震	设防地震	罕遇地震	抗震等级
特殊构件	穿层柱	弹性	受弯弹性 受剪弹性	受弯不屈服 受剪不屈服	一级
	大跨度梁	弹性	受弯弹性 受剪弹性	受弯不屈服 受剪不屈服	特一级
	转换柱与转换梁	弹性	受弯弹性 受剪弹性	受弯不屈服 受剪不屈服	特一级

4 多遇地震分析结果

本工程采用 PKPM 和 MIDAS/Building 两种软件进行对比计算。

4.1 质量、周期、位移角对比

两种软件的质量、周期及位移角对比如表 4-1 所示。

质量、周期、位移角对比 **表 4-1**

指标		PKPM 软件	MIDAS/Building 软件
总质量（t）		120381	122724
前三阶 自振周期（s）	T_1	3.51（1.00+0.00+0.00）	3.61（0.98+0.01+0.01）
	T_2	3.32（0.00+1.00+0.00）	3.08（0.01+0.91+0.08）
	T_3	2.67（0.00+0.01+0.99）	2.57（0.01+0.01+0.98）
周期比	T_3/T_1	0.76	0.71
地震作用 层间位移角	X 向	1/1326	1/1295
	Y 向	1/1491	1/1816
风荷载作用 层间位移角	X 向	1/1085	1/1025
	Y 向	1/2274	1/2566

两种软件计算的质量、周期相近，且在合理范围，计算模型正确。第 1 扭转自振周期与第 1 平动自振周期之比小于 0.85，表明结构具有良好的扭转刚度。两种软件的地震作用及风荷载作用下的层间位移角相近，且满足规范相关要求，表明模型中的结构刚度是一致的、准确的。

4.2 基底剪力与基底弯矩对比

地震作用和风荷载作用下的基底剪力与基底弯矩（表 4-2）相近，且在合理范围。

基底剪力与弯矩对比 **表 4-2**

指标		PKPM 软件		MIDAS 软件	
		X 向	Y 向	X 向	Y 向
地震作用	基底总剪力（kN）	20427	18319	20824	18793
	基底总弯矩（kN·m）	1355552	1397408	1750296	1677489
风荷载 作用	基底总剪力（kN）	20673	15248	20772	15255
	基底总弯矩（kN·m）	1858613	1212745	1868333	1207810

4.3 其他指标对比

两种软件计算的刚度与刚度比相近，各层侧移刚度与上层比值均大于 0.9，满足《高规》第 3.5.2 条的要求，表明本塔楼各层刚度均匀。两种软件计算的受剪承载力相近，各楼层 X、Y 向的楼层受剪承载力之比均大于 0.75，满足规范对楼层受剪承载力的要求，表明本塔楼不存在受剪承载力突变。

4.4 弹性时程分析

根据《高规》第 4.3.4 条的规定，本工程应采用弹性时程分析法进行多遇地震下的补充计算。计算分析时选取 5 条天然波及 2 条人工模拟的加速度时程曲线，由于本工程不考虑竖向地震作用，所以采用主、次波的方式考虑双向水平地震作用。

时程分析结果见表 4-3。由时程分析结果可知，各时程曲线计算所得基底总剪力，均大于振型分解反应谱求得的基底总剪力的 65%；7 条时程曲线计算所得基底总剪力的平均值，大于振型分解反应谱求得的基底总剪力的 80%，满足规范相关要求。

时程分析结果 **表 4-3**

项次	X 向			Y 向		
	位移角	剪力（kN）	剪力比值	位移角	剪力（kN）	剪力比值
波谱	1/1326	20427	—	1/1491	18319	—
DZ1	1/1659	19481	0.95	1/1619	15836	0.86
DZ2	1/1803	22238	1.09	1/1950	16742	0.91
DZ3	1/1519	20443	1.00	1/1724	15434	0.84
DZ4	1/1683	16526	0.81	1/1891	12712	0.69
DZ5	1/1545	16976	0.83	1/1464	14372	0.78
RG1	1/1203	19935	0.98	1/1245	20331	1.11
RG2	1/1644	18781	0.92	1/1574	17034	0.93
平均值	1/1562	19197	0.94	1/1622	16066	0.88

4.5 多遇地震分析结论

综上分析，在多遇地震及风荷载作用下：

（1）PKPM 和 MIDAS/Building 两种软件分析的各项指标具有一致性和规律性，说明分析模型准确。

（2）结构各项控制指标均在合理范围之内，满足规范相关要求，表明结构具有合适的刚度和承载力。

（3）弹性时程分析的时程波与规范反应谱统计意义上相符，分析结果满足要求。

结论：多遇地震及风荷载作用下各项设计控制指标均满足性能水准 1 的抗震性能目标。

5 设防烈度地震作用分析

根据设防烈度地震作用下的抗震性能目标的要求，对其进行中震弹性及不屈服判别分析，以判别结构在设防烈度地震作用下的抗震性能。

本工程底部加强区剪力墙应满足受弯不屈服、受剪弹性，非底部加强区剪力墙应满足受弯不屈服、受剪不屈服；除穿层柱外普通框架柱应满足受弯不屈服、受剪不屈服，穿层柱应满足受弯弹性、受剪弹性；框架梁、连梁等耗能构件应多数满足受弯不屈服，仅少量构件在局部楼层可以受弯屈服，但受剪不应屈服。为此进行以下分析判别。

5.1 基底剪力对比

中震与小震基底剪力对比见表5-1。中震与小震基底剪力之比约为2.8，表明中震作用量级合理，设计参数正确。

基底剪力对比 **表5-1**

项次	中震基底剪力（kN）	小震基底剪力（kN）	比值（中震/小震）
X向地震	59871	20427	2.93
Y向地震	52366	18319	2.86

5.2 剪力墙与框架柱受弯验算

在小震作用及中震不屈服工况下，剪力墙与框架柱均未出现受弯屈服，表明在施工图阶段，按照小震和中震不屈服包络配筋能够满足剪力墙与框架柱受弯不屈服的性能目标。

5.3 剪力墙与框架柱受剪验算

按《高规》第7.2.7条的规定对剪力墙剪压比和受剪承载力进行验算。结果表明，作为关键构件的底部加强区剪力墙剪压比和受剪承载力均满足中震弹性的性能目标，作为普通竖向构件的非底部加强区剪力墙与框架柱均满足中震不屈服的性能目标。

5.4 剪力墙受拉验算

中震不屈服工况下墙肢分析结果显示，仅底部和顶部少量墙肢出现拉应力，其他墙肢均未出现拉应力。受拉墙肢中最大轴拉比小于2，即墙肢轴拉力小于$2f_{tk}$，表明剪力墙受拉满足中震不屈服验算。在对剪力墙进行受剪验算时考虑偏拉影响，保证墙肢达到预定的性能目标。

5.5 框架梁与连梁受弯、受剪验算

SATWE中震不屈服分析结果显示，多数框架梁和连梁满足中震受弯不屈服，仅局部构件在局部楼层出现受弯屈服，所有层的框架梁和连梁均未出现受剪屈服。施工图阶段按小震和中震的包络值进行设计，能够满足框架梁、连梁预定的性能目标。

5.6 设防烈度地震分析结论

综上分析，在设防烈度地震作用下：

（1）中震与小震基底剪力之比约为2.8，表明地震作用量级合理。

（2）底部加强区剪力墙均满足受弯不屈服、受剪弹性，非底部加强区剪力墙和非穿层

框架柱满足受弯与受剪不屈服，穿层框架柱满足受弯与受剪弹性。仅底部和顶部少量墙肢出现拉应力，名义拉应力小于 $2f_{tk}$。

（3）连梁、框架梁少量出现受弯屈服，但受剪不屈服，满足预定性能目标。个别连梁通过采取加设交叉斜筋的加强措施满足规范剪压比限值要求。

结论：中震作用下各项设计控制指标均满足性能水准 3 的抗震性能目标。

6 罕遇地震下动力弹塑性时程分析

6.1 分析模型与参数选取

本工程选用 MIDAS/Building 系列软件中的建筑结构分析设计软件“结构大师”（Structure Master 2014）进行罕遇地震作用下的动力弹塑性时程分析。混凝土材料的本构关系采用《混凝土结构设计规范》GB 50010—2010（2015 年版）附录 C 中提供的单轴受压应力-应变本构模型。钢筋假定为理想弹塑性材料，本构关系采用简化的二折线模型。墙单元的剪切特性材料本构关系使用剪力退化三折线模型。钢筋混凝土梁/柱滞回曲线采用可以考虑刚度和强度退化的修正武田三折线模型。

本工程进行弹塑性时程分析时，从弹性时程分析的地震动波形中选用了地震动响应与本工程相接近的两条记录波 DZ2、DZ3 及人工模拟波 RG1。地震波的加载采用双向加载方式。

6.2 计算结果分析

6.2.1 基底剪力

结构小震弹性基底剪力 $V_{小弹}$、大震弹性基底剪力 $V_{大弹}$ 和大震弹塑性分析基底剪力 $V_{大弹塑}$ 对比如表 6-1 所示。

基底剪力结果对比　　表 6-1

时程	方向	$V_{小弹}$(kN)	$V_{大弹}$(kN)	$V_{大弹塑}$(kN)	$V_{大弹塑}/V_{小弹}$	$V_{大弹塑}/V_{大弹}$
天然波 DZ2	X	22238	139494	84900	3.82	0.61
	Y	16742	102744	71301	4.25	0.70
天然波 DZ3	X	20443	125103	80220	3.92	0.64
	Y	15434	117283	72097	4.67	0.61
人工波 RG1	X	19935	128027	90020	4.51	0.70
	Y	18781	127283	81946	4.36	0.64

动力弹塑性基底剪力与小震弹性时程分析基底剪力之比介于 3.82～4.67，表明动力弹塑性分析基底剪力量级合理。动力弹塑性分析基底剪力与大震弹性时程分析基底剪力之比介于 0.61～0.70，表明地震能量得到有效耗散。

6.2.2 层间位移角

各地震工况下的层间位移角如表 6-2 所示。各工况下楼层最大层间位移角均满足 1/100 的限值。表明在罕遇地震作用下结构仍具有足够的刚度，能满足“大震不倒”的性能目标。

层间位移角 表 6-2

时程	最大层间位移角		
	X 方向	Y 方向	限值
天然波 DZ2	1/233（25 层）	1/236（25 层）	1/100
天然波 DZ3	1/235（25 层）	1/177（24 层）	
人工波 RG1	1/197（20 层）	1/243（18 层）	

6.2.3 结构损伤状态

对于钢筋混凝土梁、柱杆系构件，其采用的三折线铰类型输出两种状态：第 1 状态是开裂及开裂到屈服前状态，第 2 状态是屈服及屈服后状态。剪力墙混凝土、钢筋剪切向纤维应变等级以延性系数划分。

剪力墙剪切损伤、连梁剪切损伤及框架梁受弯损伤分别见表 6-3～表 6-5。综合分析结果，在罕遇地震作用下：

（1）作为主要抗侧力构件的剪力墙混凝土纤维未出现拉压屈服，只有极少部分发生剪切屈服，比例为 4.1%～6.9%。钢筋纤维部分受拉屈服，未出现剪切屈服。

（2）个别位于裙房顶层和塔楼顶层的框架柱出现轻微弯曲屈服，均未发生剪切屈服。

（3）作为主要耗能构件的连梁，一定比例的连梁混凝土纤维发生剪切屈服状态。大部分梁端进入了弯曲屈服状态，顶部一些楼层框架梁端率先弯曲屈服，再向底部、中间楼层发展；连梁普遍先于框架梁进入屈服状态，且完成屈服时间也短于框架梁，形成多道耗能体系。

由于各地震反应分布规律相似，选取基底剪力最大的 RG1（100%X+85%Y）工况为代表，列举各构件的大震激励反应，如图 6-1～图 6-3 所示。

剪力墙剪切损伤状态 表 6-3

方向	地震动	应变等级				
		1～2	2～3	3～4	4～5	>5
X	DZ2	91%	3.6%	1.6%	3.1%	0.7%
	DZ3	86.7%	6.5%	1.7%	3.7%	1.5%
	RG1	89.8%	4.2%	2.0%	3.5%	0.6%
Y	DZ2	93%	3.0%	1.5%	2.4%	0.2%
	DZ3	90.8%	3.6%	1.6%	3.4%	0.6%
	RG1	89.5%	4.1%	1.6%	3.7%	1.1%

连梁剪切损伤状态 表 6-4

方向	地震动	应变等级				
		1～2	2～3	3～4	4～5	>5
X	DZ2	30.5%	14.5%	7.6%	15.7%	31.7%
	DZ3	26.7%	12.1%	8.0%	16.5%	36.6%
	RG1	28.7%	12.6%	8.3%	16.2%	34.3%
Y	DZ2	38.1%	12.6%	7.2%	12.9%	29.2%
	DZ3	27.3%	13.9%	9.8%	15.8%	33.2%
	RG1	28.7%	12.3%	8.3%	15.1%	35.6%

框架梁受弯损伤状态　　表 6-5

方向	地震动	屈服状态		
		弹性	第 1 屈服（开裂、屈服前）	第 2 屈服（屈服、屈服后）
X	DZ2	6.2%	35.6%	58.2%
	DZ3	5.1%	37.9%	57.0%
	RG1	5.2%	38.5%	56.3%
Y	DZ2	6.6%	49.1%	44.3%
	DZ3	6.0%	38.6%	55.4%
	RG1	5.9%	34.6%	59.5%

6.3 分析结论

通过结构在罕遇地震作用下的弹塑性动力时程分析，结合结构整体反应指标和结构构件的性能分析，可以得出如下结论：

（1）结构层间弹塑性位移角均小于规范相关限值要求，结构主要抗侧力构件没有发生严重破坏，局部构件屈服但不会危及结构的整体安全，结构具有良好的整体性，可满足“大震不倒”的抗震性能目标要求。

（2）剪力墙混凝土受压及钢筋拉压均处于弹性应力状态，没有发生抗压及弯曲屈服；个别墙肢局部受剪屈服，但比例较小，受剪截面经复核后，能满足性能目标要求，不会出现整片墙肢的剪切屈服和破坏。

（3）框架柱绝大部分处于弹性工作状态，个别裙房顶层的框架柱顶出现了轻微弯曲屈服，但均未出现剪切屈服，结构具有较好的“强柱弱梁”体系。

（4）大部分楼层框架梁梁端进入弯曲屈服状态，框架梁未发生剪切屈服，部分连梁发生剪切屈服，连梁普遍先于框架梁进入屈服状态，结构具有良好的多道防线和耗能体系。

结论：罕遇地震作用下各项设计控制指标均满足性能水准 4 的抗震性能目标。

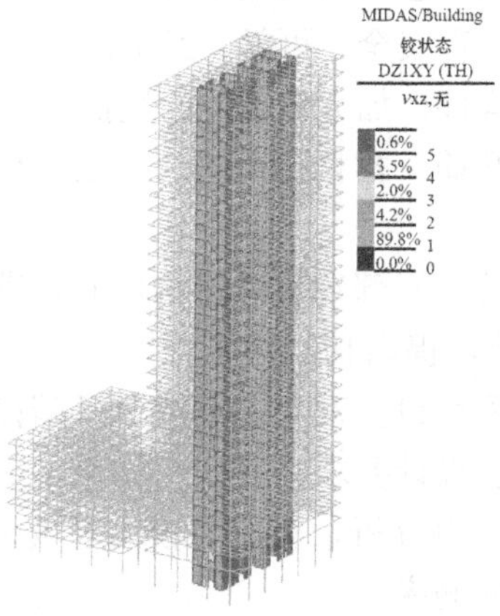

图 6-1　剪力墙剪切损伤状态

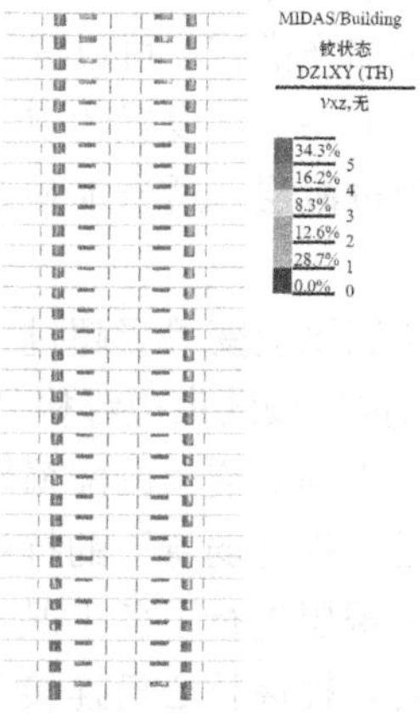

图 6-2　连梁剪切损伤状态

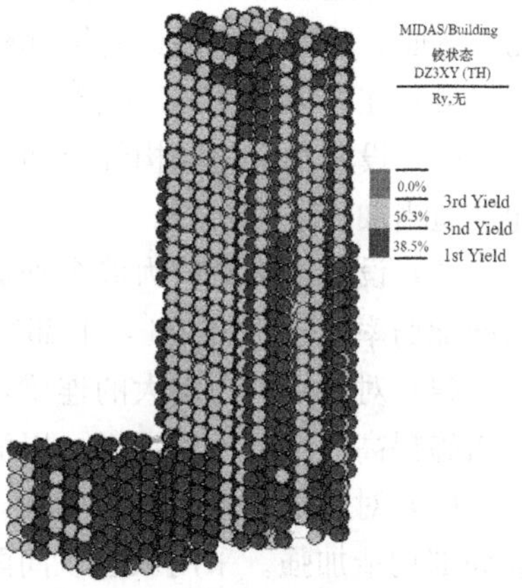

图 6-3　框架梁损伤状态

7　楼板应力专项分析

由于标准层核心筒内开洞较多，考虑到楼板在地震作用下可能产生较大的面内变形，因此对各层楼面按照弹性板进行细化的有限元分析，确保中震作用下楼板不出现贯通性裂缝。

设防烈度地震作用下，楼板需满足中震不屈服的性能目标，以 15 层为例，中震不屈服工况下 X 向正应力、Y 向正应力和剪应力云图如图 7-1～图 7-3 所示。

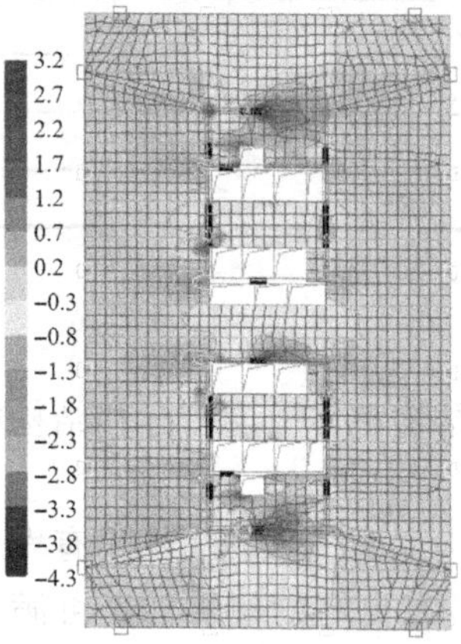

图 7-1　15 层楼板 X 向正应力

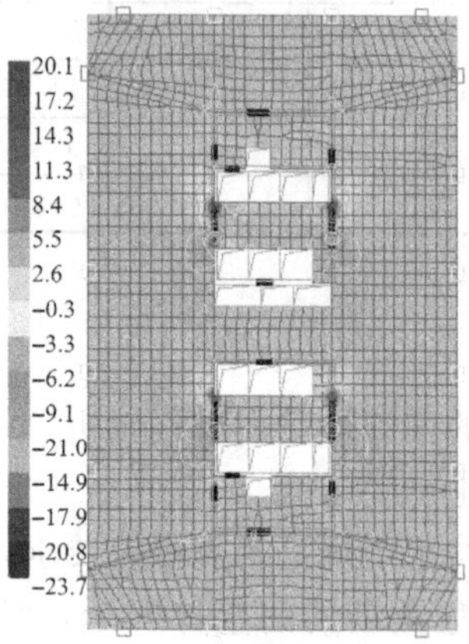

图 7-2　15 层楼板 Y 向正应力

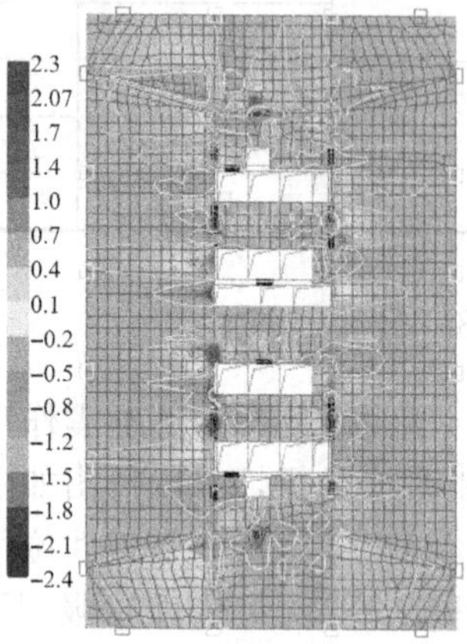

图 7-3　15 层楼板剪应力

可以看出，楼板大部分区域拉力较小，均在拉应力限值内，拉力较大主要集中在核心筒角部。施工图设计阶段按楼板应力分析结果指导配筋，能够满足楼板中震不屈服的性能目标。

8　结构抗震措施

在设计过程中，从结构体系及布置、计算分析、结构抗震概念设计和构造加强措施等几个方面，采取相应设计对策和构造加强措施，可以确保该工程安全、可靠、经济。

（1）在剪力墙底部加强部位及其上一层，设置约束边缘构件，加大该部位的配箍率。

（2）设置约束边缘构件上两层为过渡层，适当加强该处配筋。裙楼屋面上、下层墙柱配筋适当加强。

（3）设计时针对剪力墙个别剪切屈服应变等级超过 5 级的，底部约束边缘构件时，其纵筋配筋率不小于 1.4%，上部边缘构件按约束边缘构件构造，提高其延性能力。

（4）对个别剪力偏大的连梁，适当提高连梁的配箍率，采用设置对角斜筋或交叉暗撑等措施提高连梁的受剪承载力以满足“强剪弱弯”的抗震概念设计要求。

（5）对底部大堂和裙房楼板开洞楼层进行了各工况下的应力分析，对应力较大区域采取局部构造加强。采用双层双向配筋，提高核心筒连接角部配筋率。

9　抗震设防专项审查意见

2016 年 12 月 13 日，深圳市住房和城乡建设局在深圳前海主持召开了“前海恒昌科技大厦（东、西区）办公塔楼及裙楼”超限高层建筑抗震设防专项审查会，华侨城地产总工程师刘维亚任专家组组长。与会专家听取了广东海外建筑设计院有限公司关于该工程抗震设防设计的情况汇报，审阅了送审材料。经讨论，提出审查意见如下。

(1) 应加强转换柱根部的双向约束。

(2) 连梁截面较高的宜适当减小，以提高其耗能性能。

(3) 对支承平面外主梁的墙，应补充验算平面外受弯承载力。

审查结论：通过。

10 点评

(1) 酒店大堂首层至 4 层楼面通高，设置穿层柱，穿层柱采用屈曲分析求解其计算长度，根据补充分析计算长度进行配筋设计，并采用提高配筋率、配箍率等措施进行加强，确保穿层柱的承载力和稳定性，在保证结构安全的前提下最大程度地满足建筑功能的需要。

(2) 合理选择结构类型和结构体系是高层建筑结构设计的重要任务，它关系到结构的经济指标、结构的抗震抗风性能以及施工效率。

(3) 对结构存在的难点和超限问题，加强概念设计，进行多程序对比计算分析，采取有效、合理的抗震加强措施，以保证结构安全运行。

13 碧悦广场10号楼

关　　键　　词：TOD项目；大型综合体；超高层建筑；超B级高度；抗震性能设计；塔楼偏置；V形柱

结构主要设计人：周润泉　莫世海　谢诗溶　刘　敏　陈海云　贾和培　寇海燕　刘建平
设　计　单　位：广东博意建筑设计院有限公司

1　工程概况

碧悦广场属于TOD项目，位于佛山市顺德区陈村镇横五路以北、陈村大道以东。项目用地面积约12.7万m^2，建筑面积约54万m^2，建筑效果图如图1-1所示。整个项目由两层地下室及地上17栋塔楼、商业裙房、架空绿化平台组成。其中1～8号楼为住宅，10号楼为办公、酒店及商业MALL组合成一体的超高层办公、酒店及商业综合体，11号楼、12号楼为公寓，17号楼为裙房商业。

本文针对10号楼的结构设计进行论述。10号楼地上44层，屋面高度181.74m，总建筑面积10.66万m^2，裙房13层，1～4层为商业，4层以上逐层退台，如图1-2所示。结合建筑使用功能，在地下室以上的裙房设置防震缝，其中10号楼结合建筑功能布置与部分裙房作为一个结构单元。

图1-1　建筑效果图

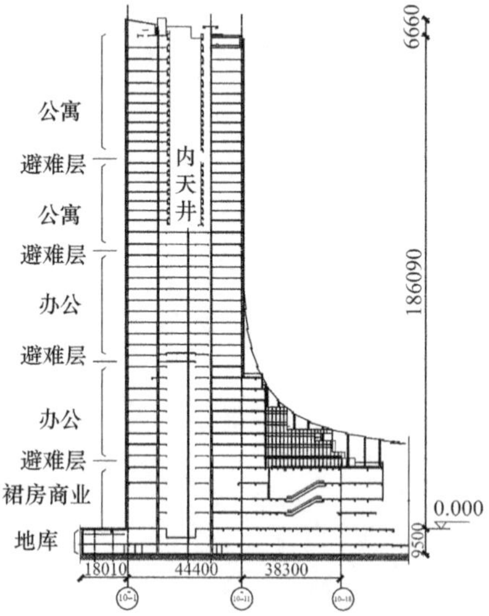

图1-2　10号楼剖面图

2 结构体系与结构布置

10号楼采用钢筋混凝土框架-核心筒结构体系，楼盖为钢筋混凝土梁板楼盖，主要构件尺寸与材料等级见表2-1，标准层结构布置如图2-1和图2-2所示，裙房结构布置如图2-3和图2-4所示。本工程高宽比约为3.93，核心筒由楼梯间、电梯筒及辅助用房构成。裙房4层以上逐层退台，14层到屋面平面尺寸基本无收进。28层以上核心筒内部楼板开洞，开洞面积小于30%，另有2层、4层、13层、27层楼板大开洞，其余各层塔楼楼板连续，塔楼侧向刚度变化均匀，高宽比为9.37的核心筒与外框架共同为超高层塔楼提供了良好的抗侧力刚度。裙房利用电梯井道布置部分剪力墙，形成框架-剪力墙结构。从办公到酒店的过渡，在24～26层外框架中间采用V形柱转换。为了更准确地评估斜柱间结构梁的受拉情况，将斜柱相关范围楼板定义为弹性板6，同时考虑楼板刚度退化的工况（板厚设置为0mm）进行复核。

主要构件尺寸与材料等级　　表2-1

构件部位	构件尺寸（mm）	材料等级
塔楼核心筒	1000～200	C60～C30
裙楼剪力墙	400	C60
框架柱	1850×1850～600×800	C60～C40
框架梁	350×800（柱间）　500×750（柱筒）	C30
次梁	300×750	C30
托柱梁或跨度较大位置梁	700×1800	C40
连梁	墙厚×（800～1200）	同剪力墙

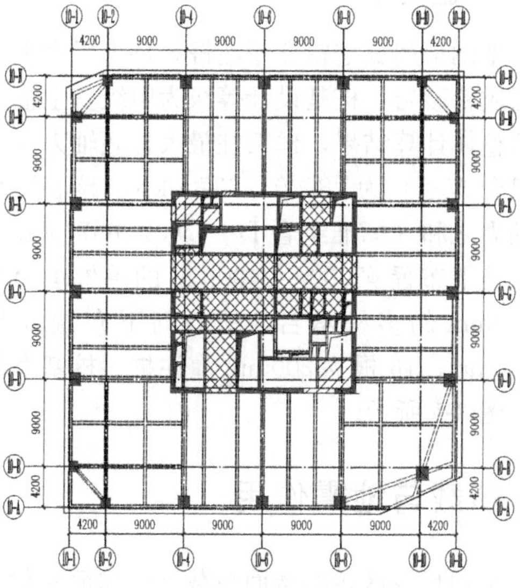

图2-1　办公标准层结构平面图

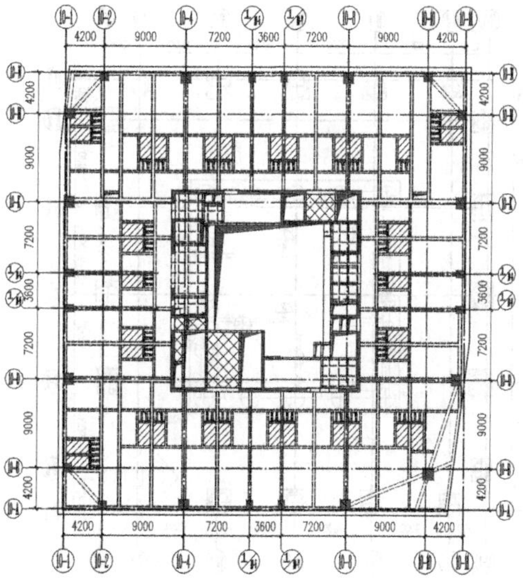

图2-2　酒店标准层结构平面图

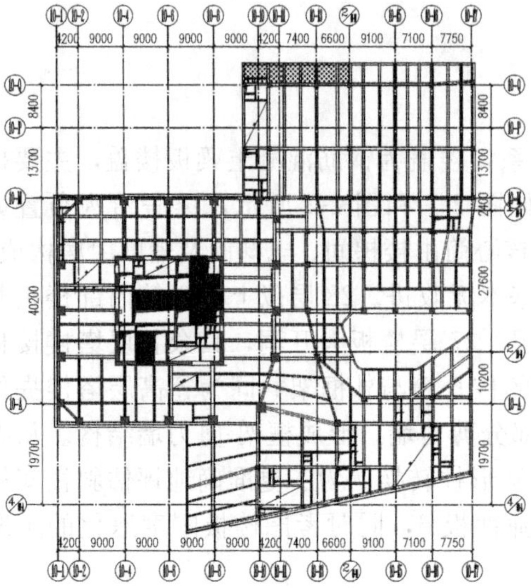

图 2-3　3 层结构平面布置

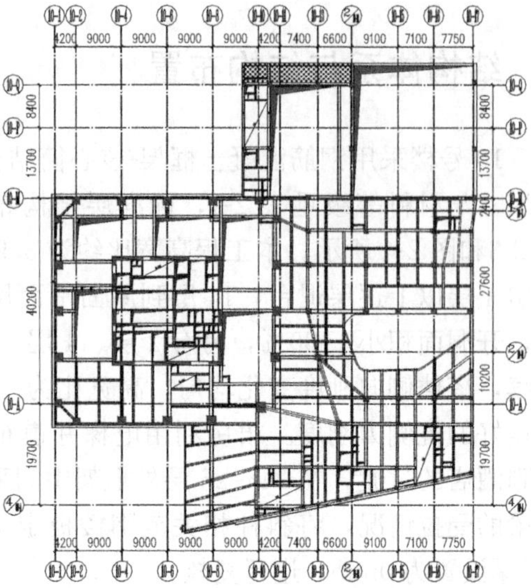

图 2-4　4 层结构平面布置

3　基础设计

3.1　地质概况

拟建场地位于珠江三角洲平原中部地区，属冲积平原地貌。土层自上而下为黏性素填土、淤泥质土、粉砂、细砂、淤泥质土、细砂、粉质黏土、全风化泥质粉砂岩、强风化泥质粉砂岩、中风化泥质粉砂岩。场区饱和砂土层经采用标准贯入试验判别法判别：②$_2$ 层粉砂、②$_3$ 层细砂及②$_5$ 层细砂液化等级为不液化—严重，综合判断该场地地基液化等级为严重液化。

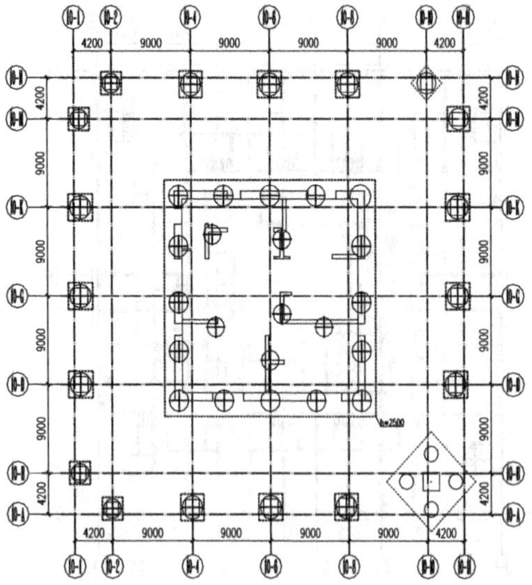

图 3-1　桩基平面图

3.2　基础设计

基础采用旋挖钻孔灌注桩，持力层为中风化泥质粉砂岩，桩基设计等级为甲级。主楼部分的整体计算结果，框架柱最大柱底轴力（标准组合 N_{max}）为 28500～63700kN。核心筒墙体轴力之和（标准组合 D+L）为 697000kN。框架柱下布置 ϕ2000～2400mm 的单桩承台及 ϕ1600mm 的多桩承台，核心筒下布置 6 根 ϕ2000mm、16 根 ϕ2200mm 灌注桩。桩基平面图如图 3-1 所示。

4　荷载与地震作用

本项目各区域的楼面荷载（附加恒荷载与活荷载）按规范与实际做法取值。

根据广东省标准《建筑结构荷载规范》DBJ 15—101—2014，结构位移验算时按重现期为50年的基本风压0.6kN/m^{2}考虑，结构承载力计算时按基本风压的1.1倍采用，结构舒适度验算时按重现期为10年的基本风压0.3kN/m^{2}考虑，建筑物地面粗糙度类别为B类。

本工程抗震设防烈度7度，基本地震加速度0.10g，设计地震分组为第一组，场地类别为Ⅲ类。根据面积指标测算，10号楼1～4层（商业）为重点设防类（乙类，抗震措施提高一度按8度考虑），5层以上（办公及酒店）为标准设防类（丙类）。

5 结构超限判别及抗震性能目标

5.1 结构超限判别

依据《住房城乡建设部关于印发〈超限高层建筑工程抗震设防专项审查技术要点〉的通知》（建质〔2015〕67号）（下文简称《技术要点》），本工程高度超限，为超B级高度钢筋混凝土框架-核心筒结构，存在扭转不规则（偏心布置）、凹凸不规则、楼板不连续、尺寸突变、局部不规则、主楼偏置6项不规则。

5.2 抗震性能目标

针对结构高度及不规则情况，设计采用结构抗震性能设计方法进行分析和论证。设计根据结构可能出现的薄弱部位及需要加强的关键部位，依据《高层混凝土结构技术规程》JGJ 3—2010（下文简称《高规》）第3.11.1条的规定，结构总体按C级性能目标及相应的抗震性能水准控制，具体构件性能目标如表5-1所示。

构件性能目标表 **表5-1**

性能水准	截面承载力	底部加强区剪力墙、框架柱	柱托换梁	非底部加强区剪力墙、框架柱	连梁框架梁	楼板
1（多遇地震）	受弯	弹性	弹性	弹性	弹性	弹性
	受剪	弹性	弹性	弹性	弹性	弹性
3（设防烈度地震）	受弯	不屈服	弹性	不屈服	部分屈服	不屈服
	受剪	弹性	弹性	弹性	不屈服	不屈服
4（罕遇地震）	受弯	不屈服	不屈服	部分屈服	多数屈服	—
	受剪	不屈服	不屈服	控制受剪截面	—	控制受剪截面

5.3 针对超限情况的计算分析

（1）分别采用PKPM 2010（V4.3）及MIDAS/Building 19程序，对整体计算结果及构件设计的内力情况作细致的对比分析，衡量结构整体计算的合理性及关键构件计算的准确性。

（2）抗震设计加速度反应谱与安评反应谱比较，考虑最不利情况进行水平地震计算参数的选取。

（3）采用小震弹性时程分析及中震、大震弹塑性分析，由于时程分析顶部局部楼层剪力与层间位移比振型分解反应谱法计算结果较大，故对相应楼层地震力作相应放大。

（4）针对超限情况，设定比较严格的抗震性能目标，保证关键构件及耗能构件满足中震及大震下的性能目标要求。

（5）采用ETABS对开洞楼层楼板进行应力分析，验算其面内承载力。

（6）采用YJK对1～2层、3～4层的穿层柱进行了屈曲分析。

（7）由于5层有托柱转换，梁跨度18m，拟考虑将托换梁定义为转换梁，中震时将其性能目标提高为中震弹性，计算时考虑竖向地震作用，大震按壳元模拟分析其损伤情况。

6 结构计算与分析

6.1 小震弹性分析

多遇地震作用计算采用两个不同力学模型的空间结构分析程序，并对结构静力与弹性时程计算结果进行分析比较。程序PKPM 2010（V4.3）及MIDAS/Building 19建立的模型如图6-1所示。结构计算以首层楼面作为结构嵌固端；多遇地震作用计算采用考虑扭转耦联的振型分解反应谱法和弹性时程分析法。

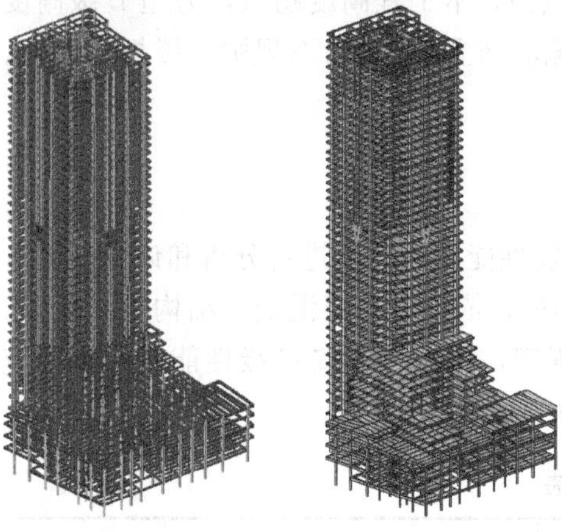

(a)PKPM模型　(b)MIDAS/Building模型

图6-1　计算模型示意图

6.2 弹性分析结果

多遇地震作用下的主要计算结果见表6-1。

经过分析，可以得出如下结论：两个不同计算内核的结构分析软件计算结果接近，说明模型及计算结果是合理且有效的，计算模型符合结构实际工况，底部剪重比满足《技术要点》第13条的规定，其余主要指标均满足规范要求。总体而言，结构在50年重现期风荷载及多遇地震作用下，能保持良好的抗侧性能和抗扭转能力，完全满足弹性反应阶段的结构性能目标要求。

多遇地震作用下的计算结果　　表6-1

指标		PKPM软件	MIDAS/Building软件	规范限值
第1平动周期（振型方向）(s)		4.8137（*Y*）	4.7574（*Y*）	—
第2平动周期（振型方向）(s)		4.6059（*X*）	4.6750（*X*）	—
第1扭转周期（s）		3.4225	3.5092	—
第1扭转周期/第1平动周期		0.71	0.74	0.85
地震作用下基底剪力（kN）	*X*	19900.51	19442.41	—
	Y	19300.69	19274.24	—
风荷载作用下基底剪力（kN）	*X*	20594.0	20572.8	—
	Y	20905.5	20844.4	—
结构重力荷载代表值D+0.5L（t）		164138.108	165237.985	—
地上部分单位建筑面积重度（kN/m^2）		15.11	15.22	—
剪重比	*X*	1.21%	1.20%	1.3%
	Y	1.18%	1.19%	1.24%

续表

指标		PKPM软件	MIDAS/Building软件	规范限值
风荷载作用下最大层间位移角（50年重现期）	X	1/1038（33层）	1/1070（33层）	1/680
	Y	1/1002（30层）	1/981（27层）	1/680
地震作用下最大层间位移角	X	1/943（33层）	1/975（33层）	1/680
	Y	1/916（29层）	1/981（29层）	1/680
位移比	X	1.32（5层）	1.368（3层）	1.2
	Y	1.49（4层）	1.467（1层）	1.2

6.3 弹性时程分析

除了采用基于规范加速度反应谱的振型反应分解谱法进行抗震计算外，主楼采用时程分析法进行多遇地震的补充计算。采用PKPM程序进行了小震作用下的弹性动力时程分析，采用5组天然波和2组人工波共7组加速度时程波。根据楼层位移和剪力计算结果可知，主楼下部时程反应平均值小于规范反应谱结果，上部时程反应平均值大于规范反应谱结果，设计中对主楼上部楼层的地震力进行放大。

7 中震分析

对设防烈度地震（中震）作用下，除普通楼板、次梁以外所有结构构件的承载力，根据其抗震性能目标要求，按最不利荷载组合进行验算，分别进行中震弹性和中震不屈服的受力分析。计算中震作用时，水平最大地震影响系数α_{max}按规范取值为0.23，阻尼比为0.055。

计算结果表明，核心筒剪力墙及框架柱剪压比均满足规范限值，在中震弹性验算中，剪力墙水平筋配筋率除部分为计算配筋外，均为构造配筋；设计时剪力墙水平筋按小震及中震弹性工况下取包络值设计；在中震不屈服验算中，3层及以下出现抗弯计算配筋，4层及以上大部分均为构造配筋，设计时将按照小震弹性及中震不屈服取包络值按组合截面墙肢验算抗弯设计。剪力墙在中震作用下能实现受剪弹性、受弯不屈服的性能目标。

框架柱中震弹性作用下计算配箍率小于小震弹性，框架柱能达到中震受剪弹性的性能目标。框架柱中震受弯不屈服验算，配筋均为小震控制，框架柱能达到中震受弯不屈服的性能目标。

中震工况下框架梁均未出现受剪、受弯屈服。连梁未出现受剪屈服，大部分连梁未出现受弯屈服，只有小部分受弯出现屈服。耗能构件能达到受剪不屈服、部分受弯屈服的预设性能目标。

8 大震分析

采用SAUSAGE进行弹塑性分析，以模拟结构在大震工况下的受力及变形，观察关键构件的损伤状态，查找结构需要加强的薄弱部位，最终确定结构是否满足大震性能目标。

8.1 结构基底剪力及变形

按照《高规》的要求，采用 2 条天然波［天然波 1（CAPE MENDOCINO 4-25-1992 LOLETA FIRE STATION）、天然波 2（IWATE 6-13-2008 SEMINE KURIHARA CITY）］和 1 条人工波进行大震弹塑性分析。大震弹塑性时程分析计算结果见表 8-1。计算结果表明，结构最大位移角为 1/137，小于规范 1/100 的限值要求，满足性能目标要求。

大震弹塑性时程分析计算结果 表 8-1

工况		弹塑性基底剪力最大值（MN）	大震/小震（基底剪力）	顶点最大位移（m）	最大层间位移角（计算楼层）	剪重比
人工波	X 向（CASE_1）	88.3	4.44	0.782	1/160（5 层）	5.38%
	Y 向（CASE_2）	85.2	4.41	0.827	1/151（45 层）	5.20%
天然波 1	X 向（CASE_3）	78.6	3.95	0.812	1/160（26 层）	4.79%
	Y 向（CASE_4）	81.3	4.21	0.863	1/161（26 层）	4.96%
天然波 2	X 向（CASE_5）	97.3	4.89	0.914	1/137（26 层）	5.93%
	Y 向（CASE_6）	91.9	4.76	0.884	1/143（26 层）	5.60%

8.2 构件损伤

经分析，剪力墙及连梁的受压损伤主要有以下情况：1）在大震作用下，连梁大部分进入塑性，损伤明显，起到了有效的耗能作用；2）连梁损伤在端部墙体，未大范围扩散；3）少部分剪力墙出现轻微及轻度损坏，大部分剪力墙完好无损。塔楼的结构平面基本左右对称，内筒在 27 层平面楼板开洞并有收进，故截取核心筒内筒收进位置墙肢损伤情况。总体上，结构的剪力墙大部分保持完好，整体属于轻微损伤，在大震作用后，仍能发挥传递竖向荷载的作用，处于良好的工作状态，满足剪力墙大震作用下的抗震性能目标；设计中考虑将 26～27 层收进的内筒剪力墙墙体水平筋加强至不小于 0.35%。

大部分框架梁为轻微或轻度破坏，在结构中、上部出现部分中度、个别重度损伤的框架梁，总体上框架梁属于轻度破坏，满足框架梁在大震作用下的抗震性能目标。

9 特殊结构构件设计

9.1 V 形柱

本工程从办公到酒店过渡时，在 24～26 层外框架中间采用 V 形柱转换，其形式及受力分析如图 9-1 所示。为了更准确地评估斜柱间结构梁的受拉情况，对斜柱相关范围楼板定义为弹性板 6，同时考虑楼板刚度退化的工况（板厚设置为 0mm）进行复核。由计算结果可知，由于 V 形斜柱的设置，24～25 层斜柱间的 KL1、KL2 出现受拉，轴力的控制工况为恒荷载，弯矩的控制工况为中震作用。施工图设计时将按照框架梁与斜柱中线对齐，加大受拉梁截面宽度，并按照考虑楼板刚度退化的工况的包络结果，采用通长纵筋的方式进行配筋。

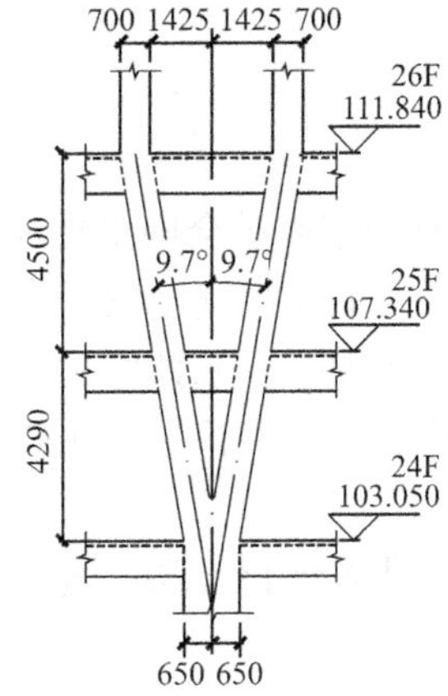

(a)V形柱大样

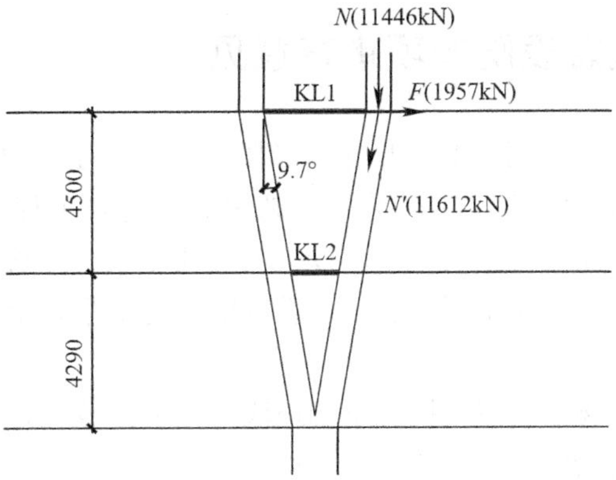

(b)V形柱受力分析

图 9-1 V形柱及其受力分析

9.2 托柱转换分析

由于建筑功能需要，裙房在5层有托柱转换，转换梁跨度为18m，转换梁截面尺寸为700mm×1800mm。考虑将托换梁定义为转换梁，中震时将其性能目标提高为中震弹性，计算时考虑竖向地震作用，施工图设计时将按照小震、中震弹性进行包络配筋，托换梁能达到小震、中震弹性的性能目标。大震按壳元模拟分析其损伤情况。托换梁在罕遇地震作用下受压损伤均小于0.6，部分位置中度损伤，大部分为轻度及轻微损伤，性能指标为局部中度损坏，大部分为轻度损坏，总体为轻度损坏。

施工图阶段将按照小震及中震包络计算配筋设计，托换梁能达到预定的性能目标。

10 针对超限情况的相应措施

（1）楼板不连续的2层、4层，平面尺寸突变的13层、14层，楼板加厚为120mm，并配置不少于0.2%的双向通长钢筋。

（2）底部穿层柱相邻层的框架梁做截面加强，3层、5层楼面梁截面拟加大为500mm×1300mm，以有效约束穿层柱，缩短穿层柱的计算长度；穿层柱计算长度系数μ取1.0，作为对穿层柱的构造加强措施。

（3）设置斜柱间受拉的框架梁与斜柱中线对齐，加大受拉梁截面宽度，并按照弹性板6及板厚为0的简易模型的包络结果采用通长纵筋的方式进行配筋，斜柱周边楼板加厚至不小于120mm，并配置0.2%的双层双向通长钢筋。

（4）5层的柱托换梁按转换梁进行设计，中震保持弹性，大震控制损伤。

（5）核心筒角部Q10在1～2层增加1.3%的竖向钢筋，以承担中震作用下的拉力。

（6）塔楼结构相对于底盘结构偏心收进，底盘（1～4层）周边竖向构件的配筋构造措施提高一级至特一级。

（7）26～27层收进的内筒剪力墙墙体水平筋加强至不小于0.35%。

（8）框架梁与核心筒平面外刚接的位置设置暗柱，并按计算值进行配筋。

11 抗震设防专项审查意见

2020年6月3日，广东省超限高层建筑工程抗震设防审查专家委员会网络在线主持召开了“碧悦广场二期10号楼”超限高层建筑工程抗震设防专项审查视频会议，广东省勘察设计行业协会会长陈星教授级高工任专家组组长。与会专家听取了广东博意建筑设计院有限公司关于该工程抗震设防设计的情况汇报，审阅了送审资料。经讨论，提出审查意见如下：

(1) 场地属建筑抗震不利地段，应适当放大地震作用；对严重液化土层，进一步采取消除液化措施。

(2) 以下构件设为关键构件，宜按特一级抗震构造措施加强：穿层柱、大跨度悬臂梁及其支承框架柱；13层收进处的上下两层竖向构件；24～25层斜柱和其上下连接柱、节点，与斜柱相连的拉梁；27层楼盖及其上下两层剪力墙和框架。

(3) 进一步加强27层及以上的核心筒的完整性，提高抗侧刚度和抗侧承载力，加强核心筒内部的楼梯、楼板、梁、剪力墙等构件的相互拉结，以及核心筒外的楼盖与核心筒的拉结，并采取加强措施。

(4) 对塔楼与裙房连接处的楼盖、裙房单跨框架范围及大开洞导致的薄弱连接楼盖、平面凹进处和各层收进层楼盖、27层核心筒内部楼盖，应提高抗震性能，抗震等级设为一级，相关楼板厚度宜不小于150mm，双层双向配筋。

(5) 对底部穿层墙肢和柱、屋面楼层及以上的核心筒外圈剪力墙，补充大震作用下的承载力和稳定性验算；2层和4层均采用并层包络设计；补充斜方向为主轴的风荷载和地震作用分析。

(6) 补充斜柱与竖向柱的连接构造大样及大震作用下的水平拉力分析，斜柱间的拉梁计算时不考虑楼板作用，其节点和拉梁按中震弹性设计；控制重力荷载工况下的钢筋应力控制裂缝宽度，并对相关拉梁、楼板、剪力墙等采取加强措施。

(7) 补充框架柱下部单柱变上部双柱的结构转换、27层单方向拉结分叉柱设计，并采取加强措施。

(8) 承担较大集中力的连梁，应采取加强措施，并提高连梁受剪承载力和延性。

(9) 加强屋面构架的抗风和抗震构造。

(10) 重力荷载中心宜与桩基础中心重合，优化基础设计。

审查结论：通过。

12 点评

本工程为TOD项目，为大型综合体建筑，结构比较复杂。10号塔楼结构高度181.74m，由于塔楼与裙楼连成整体，除高度超限外，存在扭转不规则（偏心布置）、凹凸不规则、楼板不连续、尺寸突变、局部不规则、主楼偏置6项不规则。从办公到酒店过渡时，为满足建筑需求，在24～26层外框架中间采用V形柱转换。由于建筑使用要求，塔楼与裙楼之间未设缝，造成塔楼偏置，故在裙楼远端设置了电梯筒体剪力墙，加强了结构整体的扭转刚度，从而削弱了偏置裙楼对塔楼主体的不利影响。

结构设计通过概念设计、方案优选、详细的分析及合理的设计构造，采用普通钢筋混凝土柱的钢筋混凝土框架-核心筒结构体系，满足设定的性能目标要求，结构方案经济合理，抗震性能良好。

14 维尚新零售综合体项目

关　　键　　词：斜柱；钢框架支撑结构；钢桁架

结构主要设计人：李中健　余顺齐　刘永强　李小明

设　计　单　位：广东南海国际建筑设计有限公司

1　工程概况与设计标准

本项目位于广东省佛山市南海金融高新技术服务区，建筑主体为地下室＋地上裙楼及双塔楼的建筑形式，其中地下4层，地上裙楼6层，塔楼分南、北塔楼，北塔楼27层、建筑高度132m，南塔楼12层、建筑高度63m。北塔楼分别在7层及22层设置避难层。塔楼体型为“A”字形单向扭转，主体结构形式新颖，采用钢管混凝土斜柱作为扭转结构的受力构件。

图1-1　建筑效果图

本项目设计功能主要为商场、办公及酒店，其中地下3层、4层为车库；地下1层、2层与西侧广场相接面为商业，其余为车库及设备用房、后勤用房等；裙楼为商业功能；北塔为酒店功能，南塔为办公功能。

建筑效果图如图1-1所示。

根据地质勘查报告及《建筑抗震设计规范》GB 50011—2010（2016年版）（下文简称《抗规》），本项目结构分析和设计采用参数如表1-1所示。

设计参数　　**表1-1**

项目	本工程取值
结构设计使用年限	50年
建筑结构安全等级	二级
结构重要性系数	1.0
建筑抗震设防类别	裙楼及以下乙类，其余为丙类
建筑结构高度	北塔132m，南塔63m
建筑高度类别	A级高度
钢框架（含支撑）抗震等级	三级（局部加强为二级）
塔楼间裙楼桁架抗震等级	二级
抗震设防烈度	7度
设计基本地震加速度	0.10g
场地类别	Ⅱ类

续表

项目	本工程取值
特征周期	0.35s
阻尼比	钢 0.02、混凝土 0.05
地面粗糙度类别	C 类
体型系数	1.5

2 结构体系及超限情况

2.1 结构体系

本工程为大底盘多塔楼结构，由裙房及南、北两座塔楼组成，裙房 6 层，层高 6m，高 36m；南塔共 12 层，7～12 层层高 4.5m，高 63m；北塔共 27 层，7 层层高 6m，8 层及以上标准层层高 4.5m，高 132m。根据本工程结构体系特点，两塔楼均采用钢框架＋支撑结构体系，两塔楼之间裙楼采用钢桁架体系，桁架 B 轴位置跨度最大为 44m。结构体块组成如图 2-1 所示，剖面图如图 2-2 所示。

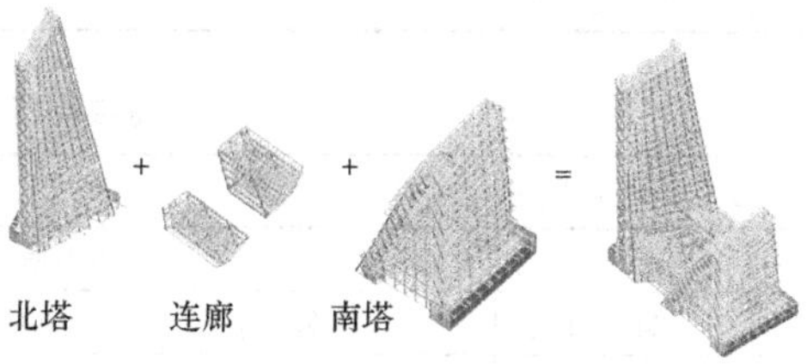

图 2-1 结构体块组成

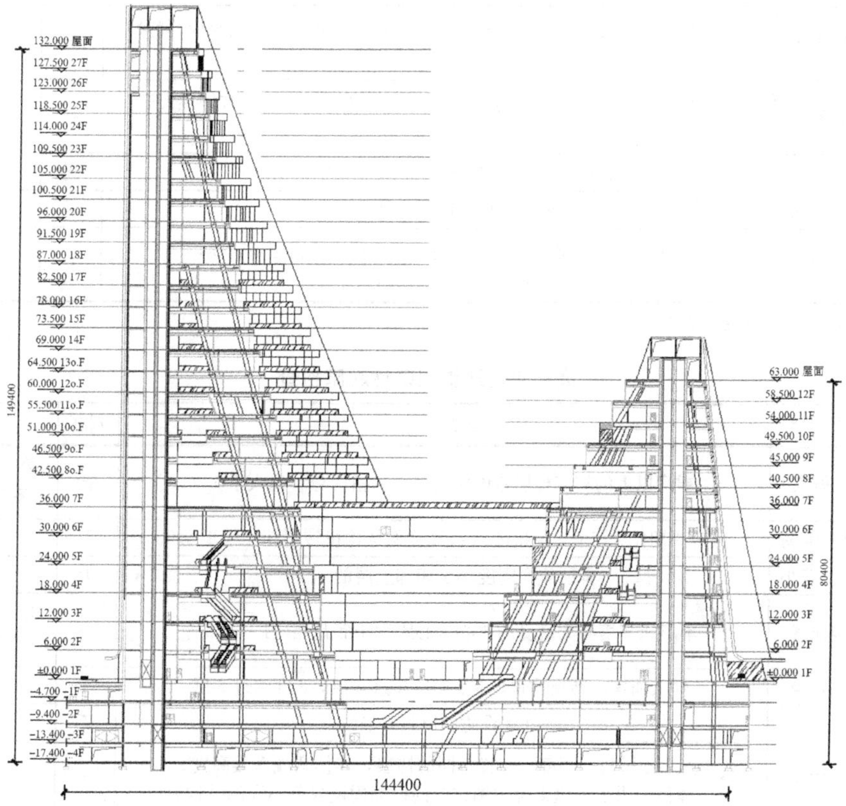

图 2-2 剖面图

2.2 结构超限情况

根据《住房城乡建设部关于印发〈超限高层建筑工程抗震设防专项审查技术要点〉的通知》(建质〔2015〕67 号)附件 1,对照检查本高层建筑南、北塔的不规则状况,检查情况如表 2-1～表 2-3 所示。

不规则情况有:1)平面扭转不规则、偏心布置;2)平面凹凸不规则;3)塔楼偏置(多塔);4)斜柱。本工程属于 A 级高度的特别不规则超限高层钢结构建筑,存在 2 项一般不规则和 2 项严重不规则。

建筑结构高度超限检查 **表 2-1**

结构体系	最大适用高度(抗震设防烈度:7 度 0.1g)	超限判断	备注
钢框架-中心支撑	220m	主楼高度为 132m,不超高	

高层建筑一般规则性超限检查 **表 2-2**

序号	不规则类型	简要涵义	判断	备注
1a	扭转不规则	考虑偶然偏心的扭转位移比大于 1.2	有	最大值 1.68
1b	偏心布置	偏心率大于 0.15 或相邻层质心相差大于相应边长 15%	有	
2a	凹凸不规则	平面凹凸尺寸大于相应边长 30%等	有	60%
2b	组合平面	细腰形或角部重叠形	无	
3	楼板不连续	有效宽度小于 50%,开洞面积大于 30%,错层大于梁高	无	
4a	刚度突变	相邻层刚度变化大于 70%(按高规考虑层高修正时,数值相应调整)或连续三层变化大于 80%	无	
4b	尺寸突变	竖向构件收进位置高于结构高度 20%且收进大于 25%,或外挑大于 10%和 4m,多塔	有	多塔
5	构件间断	上下墙、柱、支撑不连续,含加强层、连体类	无	
6	承载力突变	相邻层受剪承载力变化大于 80%	无	
7	局部不规则	如局部的穿层柱、斜柱、夹层、个别构件错层或转换,或个别楼层扭转位移比略大于 1.2 等	有	通高斜柱

注:序号 a、b 不重复计算不规则项。

高层建筑严重规则性超限检查 **表 2-3**

序号	不规则类型	简要涵义	判断	备注
1	扭转偏大	裙房以上的较多楼层考虑偶然偏心的扭转位移比大于 1.4	有	表 2-2 之 1 项不重复计算
2	抗扭刚度弱	扭转周期比大于 0.9,超过 A 级高度的结构扭转周期比大于 0.85	无	
3	层刚度偏小	本层侧向刚度小于相邻上层的 50%	无	
4	塔楼偏置	单塔或多塔与大底盘的质心偏心距大于底盘相应边长 20%	有	表 2-2 之 4b 项不重复计算
5	高位转换	框支墙体的转换构件位置:7 度超过 5 层,8 度超过 3 层	无	
6	厚板转换	7～9 度设防的厚板转换结构	无	
7	复杂连接	各部分层数、刚度、布置不同的错层,连体两端塔楼高度、体型或沿大底盘某个主轴方向的振动周期显著不同的结构	无	
8	多重复杂	结构同时具有转换层、加强层、错层、连体和多塔等复杂类型的 3 种	无	

3 超限应对措施及分析结论

3.1 超限应对措施

3.1.1 分析模型及分析软件

本工程采用 YJK-A 为主要计算程序，分别对结构进行小震反应谱（CQC）法计算，中、大震作用下等效弹性验算和弹性时程分析；采用 MIDAS/Gen 计算小震 CQC，进行校核对比；采用 MIDAS/Gen 和 MIDAS/Building 进行罕遇地震作用下结构的动力弹塑性分析；采用 MIDAS/Gen 进行重要节点分析、施工模拟分析、结构稳定性分析、楼板应力分析以及舒适度分析。

3.1.2 抗震设防标准、性能目标及加强措施

（1）抗震设防标准和性能目标

本项目根据《抗规》第 M. 1. 1 条，结构抗震性能目标定为 C 级，即在小震作用下满足结构抗震性能水准 1 的要求，中震作用下满足结构抗震性能水准 3 的要求，大震作用下满足结构抗震性能水准 4 的要求。根据《抗规》第 M. 1. 1 条对结构抗震性能目标所对应的不同结构抗震性能水准，本工程设计时的具体计算控制指标如表 3-1 和表 3-2 所示。

结构性能目标　　表 3-1

<table>
<tr><th colspan="2" rowspan="3">构件</th><th colspan="6">性能要求</th></tr>
<tr><th colspan="2">多遇地震(小震)</th><th colspan="2">设防烈度地震(中震)</th><th colspan="2">预估的罕遇地震(大震)</th></tr>
<tr><th>正截面</th><th>斜截面</th><th>正截面</th><th>斜截面</th><th>正截面</th><th>斜截面</th></tr>
<tr><td rowspan="4">关键构件</td><td>单跨框架、斜柱和斜撑框架</td><td rowspan="4">弹性</td><td rowspan="4">弹性</td><td rowspan="4">弹性</td><td rowspan="4">弹性</td><td rowspan="4">不屈服</td><td rowspan="4">不屈服</td></tr>
<tr><td>带支撑的框架和框筒</td></tr>
<tr><td>连接两塔楼的框架和大跨桁架</td></tr>
<tr><td>支承斜柱根部的柱和拉结框架梁</td></tr>
<tr><td>普通竖向构件</td><td>非关键构件的框架柱（非转换柱）</td><td>弹性</td><td>弹性</td><td>不屈服</td><td>弹性</td><td>部分屈服</td><td>不屈服</td></tr>
<tr><td>耗能构件</td><td>连梁、支撑、框架梁</td><td>弹性</td><td>弹性</td><td>部分屈服</td><td>不屈服</td><td>可屈服</td><td>可屈服</td></tr>
<tr><td rowspan="3">其他构件</td><td>连廊桁架以及影响范围内楼板</td><td>弹性</td><td>弹性</td><td>弹性</td><td>弹性</td><td>不屈服</td><td>不屈服</td></tr>
<tr><td>裙房 1~6 层、7 层、8 层楼板</td><td>弹性</td><td>弹性</td><td>弹性</td><td>弹性</td><td>部分屈服</td><td>部分屈服</td></tr>
<tr><td>9 层及 9 层以上楼板</td><td>弹性</td><td>弹性</td><td>不屈服</td><td>不屈服</td><td>部分屈服</td><td>部分屈服</td></tr>
<tr><td>节点</td><td colspan="7">不先于构件破坏</td></tr>
</table>

钢构件应力比控制指标　　表 3-2

作用类型	关键构件	一般构件
多遇地震	0.85（设计弹性）、0.90（钢管混凝土柱）	0.9（设计弹性）
设防地震	0.9（弹性）	1.0（弹性）
罕遇地震	0.95（不屈服，仅部分杆件屈服）	1.0（不屈服，仅部分杆件屈服）

（2）加强措施

1）计算措施

① 抗震设防烈度按规范取 7 度，地震动参数按规范要求执行；按性能目标 C，局部关

键构件如单跨框架、斜柱和斜撑框架，带支撑的框架和框筒、连接两塔楼的框架和大跨桁架、支承斜柱根部的柱和拉结框架梁，将性能目标提高为中震弹性，大震不屈服。

② 该结构为高层钢结构，采用两种不同的弹性分析程序（YJK-A、MIDAS/Gen）进行分析对比，考虑大跨度连廊的竖向地震作用，并互相校核结果，确保结构整体计算指标的准确可靠性，以及构件分析条件的一致性。

③ 采用 YJK-A 进行小震弹性时程分析，输入 2 组人工拟合波和 5 组天然波。结果表明，地震波作用下结构基底剪力的平均值接近 CQC 的计算结果，CQC 的结构层间位移角和大部分楼层剪力值比时程分析法的值大。因此，CQC 的结果可以作为配筋计算的依据，而时程分析法的楼层剪力略大于 CQC 结果的部分楼层，在施工图设计时应根据时程分析法进行包络设计。

④ 采用 YJK-A 进行中震验算，结果表明，少量框架梁和支撑出现了塑性铰，进入部分屈服现象，而框架筒压弯均满足中震不屈服，斜截面抗剪满足中震弹性，单跨框架、斜柱和斜撑框架、带支撑的框架和框筒、连接两塔楼的框架和大跨桁架、支承斜柱根部的柱和拉结框架梁均满足中震弹性的要求。

⑤ 采用 Midas/Building 考虑施工模拟影响，对结构进行大震作用下的动力弹塑性分析。结果表明，大震作用下结构的支撑和框架梁先后出现了不同程度的损坏，梁端塑性铰在各个楼层分布较均匀，而框架筒及普通柱在大震作用下个别底部加强区出现轻微损坏，非底部加强区保持弹性，未出现塑性铰，裙楼桁架水平构件、斜柱及斜柱转换基本保持弹性状态，体现出钢结构体系在大震下良好的延性。结构的弹塑性最大层间位移角为 1/74，小于《抗规》限值 1/50 的要求。

⑥ 采用 MIDAS/Gen 对楼板进行小、中、大震有限元应力分析。计算结果显示，在地震作用下除裙房 5 层下部楼板与双塔连接处、裙房 6 层上部顶板与双塔连接处、北塔（高塔）跨中板顶、北塔（高塔）内 V 形线条框架板底、北塔（高塔）X 向框架处板底、南塔（低塔）局部周边大开洞板顶板面等应力较大位置需要特定配筋外，其余楼层按常规楼板配筋率，可以保证 1～8 层楼板满足小震弹性、中震弹性的性能要求。9 层及 9 层以上楼板能够满足小震弹性、中震不屈服的性能要求。连廊桁架以及影响范围内楼板能够满足大震正截面部分屈服、斜截面不屈服，其余楼板满足大震部分屈服的性能要求，而对局部应力较大的楼板，应采取适当加大楼板厚度并采用双层双向配筋以及增加楼板实配钢筋（满足楼板应力计算值的要求）等措施，并控制其楼板裂缝宽度。

⑦ 多塔楼结构按整体模型和塔楼分开的模型分别计算，并进行包络设计。

⑧ 考虑钢结构的稳定性问题，采用 YJK-A 进行一阶弹性特征值屈曲分析，同时补充 MIDAS/Gen 分析，采用《钢结构设计标准》GB 50017—2017（下文简称《钢标》）的二阶 $P\text{-}\Delta$ 弹性分析法，考虑整体初始缺陷求解屈曲模态因子，分析结构的整体稳定，结果表明，满足规范要求且有较大富余。

⑨ 考虑结构布置不规则性，采用 MIDAS/Gen 进行施工状态模拟分析，规定施工步骤，减小结构初始变形，同时提出，通过施工阶段预纠偏方式解决结构在恒荷载作用下产生的水平及竖向位移。

⑩ 对如桁架支撑点、底部框架筒等受力较大的关键节点，采用 MIDAS/Gen 分析，结果表明在大震作用下，钢管内力最大值为 278MPa，小于 Q390 钢材的屈服强度

350MPa。

⑪ 考虑结构存在斜柱、楼板凹凸等较多不规则性，在受力分析时，裙楼顶塔楼及裙楼桁架均考虑弹性膜状态，不考虑楼板参与受力的有利作用，同时考虑梁的轴向受力进行分析配筋。

2）设计和构造措施

① 全楼抗震为三级，裙楼中间桁架及其支承柱、北塔框架支撑筒柱（－3～2层）、斜柱局部转换层的支撑梁柱、塔楼在裙楼收进处的上下各两层均提高为二级。

② 结构整体采用钢管混凝土组合柱，裙楼及以下部分为圆钢管组合柱，上部为矩形钢管混凝土柱；增强对核心区混凝土的约束作用，有效提高框架柱承载力，在减小截面的同时提高框架柱及框架筒的延性。

③ 由于中、大震作用下，部分柱处于受拉状态，中震作用下除控制钢板的轴向拉应力外，尚应满足钢管内混凝土应力不大于$2f_{tk}$的要求；大震作用下，控制钢板轴向拉应力不超过材料的屈服强度。

④ 考虑结构布置不规则性，应加强抗侧力结构的刚度，控制大震作用下承受恒荷载产生水平位移效应，南、北塔楼间裙楼桁架对控制塔楼自重下水平位移具有拉结作用，且桁架跨度较大。单跨框架、斜柱和斜撑框架、带支撑的框架和框筒、连接两塔楼的框架和大跨桁架、支承斜柱根部的柱和拉结框架梁应为关键构件，采用中震弹性、大震不屈服的性能目标。

⑤ 控制裙楼范围内塔楼及桁架支承柱等关键构件的轴压比及应力比，钢构件应力比在风荷载和小震作用下不大于0.85，最不利应力比不大于0.9，钢管混凝土柱轴压比不大于0.9。

⑥ 考虑施工模拟后，为进一步减小自重下变形可能对结构板的影响，在酒店高区楼板变形较大的楼层，与柱相交的楼板局部范围采用结构恒荷载加载后封闭的措施。

⑦ 对大跨度桁架上、下弦楼板、5层及7层（裙房往上一层）楼板、V形平面转折处楼道和中部连廊楼盖、所有楼层结构两端电梯间和核心筒范围楼板板厚加大为150～180mm，以上范围均采用双层双向的配筋方式，并对应力较大的区域根据应力值增加配筋，进行加强处理，配筋率为0.25%～0.35%。

3.2 分析结论

3.2.1 弹性反应谱分析结果

结构多遇地震弹性分析的主要计算结果如表3-3所示，从结构周期、主要力、位移的计算结果可以看出，两个程序的计算结果基本相符，故认为计算模型正确、有效。

结构多遇地震弹性分析计算结果　　表3-3

指标		YJK软件	MIDAS/Gen软件
周期（s）	T_1	3.9576（Y向）	3.7852（Y向）
	T_2	2.2020（X向）	2.1310（X向）
	T_t	1.9978	1.9106
	T_t/T_1	0.35	0.50

续表

指标		YJK 软件	MIDAS/Gen 软件
剪重比	X 向	2.051%	1.98%
	Y 向	1.149%	1.14%
刚重比	X 向	12.502	8.07
	Y 向	1.686	1.58
最大扭转位移比	X 向地震	1.68（30 层）	1.71（30 层）
	Y 向地震	1.10（4 层）	1.24（4 层）
最大层间位移角	X 向地震	1/989（30 层）	1/1389（30 层）
	Y 向地震	1/624（9 层）	1/802（9 层）
	X 向风	1/1126（30 层）	1/1298（30 层）
	Y 向风	1/1433（9 层）	1/1658（9 层）

3.2.2 罕遇地震作用下的弹塑性时程分析

由计算结果可知，在罕遇地震作用下，结构最大层间位移角 X 向为 1/74，Y 向为 1/84，均小于《抗规》层间位移角限值 1/50 的要求，满足本工程抗震性能目标要求。

3.2.3 楼板应力分析

小震工况下，所有楼层 80%以上的楼板应力均在 0～3MPa。由于裙房楼板采取后浇措施，大大减小了 5～7 层楼板协调恒荷载作用下变形的附加应力。

中震工况下，7、8 层楼板板面应力较大，板面配筋率需加强至 0.30%～0.45%，局部附加钢筋配筋率需加强至 0.8%～1.0%。9 层及 9 层以上楼板基本由小震弹性控制。裙房西部连廊顶板（5 层）平均配筋率取 0.40%～0.55%，裙房东部连廊顶板（7 层）平均配筋率取 0.30%～0.70%，局部楼板应力较大位置另加附加钢筋，可认为连廊楼板能够满足中震弹性的性能要求。

大震工况下，裙房东部连廊顶板（7 层）平均配筋率取 0.30%～0.70%，局部楼板应力较大位置另加附加钢筋，可认为连廊楼板能够满足大震正截面不屈服、斜截面不屈服的性能要求。

3.2.4 结构稳定性专项分析

（1）YJK 分析模型中首先激活 P-Δ 效应，将风荷载及地震作用下的结构变形（约 1/250）作为稳定分析的初始形态，分析结构整体在重力荷载代表值下的荷载特征因子。从计算结果可知，出现失稳模态竖向荷载至少需要重力荷载代表值的 19.1 倍。因此结构不会出现整体失稳。

（2）考虑结构的不规则性，本工程也采用 MIDAS/Gen 进行二阶 P-Δ 弹性法补充分析，通过在每层柱顶施加假想水平力 H_{ni} 等效考虑结构整体初始缺陷，假想水平力按《钢标》式（5.2.1）计算，取一阶弹性分析的低阶模态最大竖向位移节点 7853 作为位移控制节点，结果得出整体屈曲荷载系数为 15.7（临界荷载＝不变荷载＋屈曲荷载系数×可变荷载），因此结构能满足稳定性要求。

3.2.5 楼板舒适度验算

（1）南、北两座主楼之间裙楼的跨度为 44m，属于大跨度楼盖结构，存在行人荷载与结构相互作用的问题。应分析两座塔楼之间裙楼在行人荷载作用下的结构性能。由于主楼的竖向刚度远大于钢连廊，因此将裙楼、塔楼的上、下楼层分别作为独立的研究对象，采用 MIDAS/Gen 计算程序进行楼板舒适度分析。

（2）由结构分析可知，桁架在 2、5、7 层主要表现为悬挑及大跨度跨中部分的竖向振动，其中 2 层第一阶竖向频率为 2.14Hz＜3Hz，不满足规范要求。由于该频率属于易与人行频率产生共振的区域，因此对 2、5、7 层进行竖向振动加速度补充分析，验算各计算点的加速度时程曲线。楼板竖向加速度主要考虑人行荷载，人行荷载取连续行走荷载及跳跃荷载，分别考虑多人连续行走及单人、多人跳跃荷载，在人行荷载的动力荷载作用下，混凝土的弹性模量大于静荷载作用时的弹性模量，对于钢-混凝土组合楼板，混凝土弹性模量放大 1.35 倍。分析得出各计算点的加速度峰值结果如表 3-4、表 3-5 所示。

连续走步荷载作用下结构竖向加速度峰值（m/s^2）　　表 3-4

荷载频率	荷载位置	单人连续走步	多人连续走步
2.0Hz	9885	0.013	0.04
	6633	0.01	0.021
2.5Hz	9885	0.015	0.05
	6633	0.01	0.035

跳跃荷载作用下结构竖向加速度峰值（m/s^2）　　表 3-5

荷载频率	荷载位置	单人跳跃	多人跳跃
2.2Hz	9885	0.01	0.185
	6633	0.01	0.017

由各层统计结果可知，单人连续走步、多人连续走步、单人跳跃、多人跳跃工况下，计算点的峰值加速度绝对值均未超过《高层建筑混凝土结构技术规程》JGJ 3—2010 限值 $0.15m/s^2$，满足规范要求。7 层室外由于有 1m 厚覆土，振动很小。由于塔楼间裙楼跨度大，且实际使用中除满足规范外，尚存在振动感觉的主观性判断，因此在建筑功能运行中需要进行竖向振动的实测，并考虑使用人员的振动感觉，若有较大影响，可考虑通过增设 TMD 的方法予以解决。同时考虑斜框支承的影响，对上部酒店的上下多层楼板之间的影响进行了相同的工况分析，也满足规范峰值加速度的要求。

3.2.6 施工模拟与纠偏

（1）本工程裙房范围（－2～6 层），按每隔一层施工；北塔（较高塔）连同临时支撑一起按每隔两层施工（也可采用底部几层斜框架先悬挑的施工方式）；南塔（较低塔）按每隔两层施工；整体结构刚度到顶层后基本形成。待楼板浇筑完成后，再自上而下每隔两层拆除临时支撑，直到支撑拆卸完毕，此时施工阶段模拟完成。

（2）由于本工程的特殊性，仅在竖向荷载 D＋0.5L 作用下北塔中部出现比较明显的空间位移（约 100mm），为达到建筑设计外观效果，需预先在施工阶段进行构件纠偏，使整体结构在正常使用阶段各构件能够满足建筑要求。

操作流程如下：设计方提供某层各节点在 D＋0.5L 工况下的空间位移，施工单位根据某层位移数据（表 3-6）反方向纠偏。某层结构节点号如图 3-1 所示。

某层位移数据　　表 3-6

节点号	需纠偏空间位移（mm）
6508	$D_x=-7.62371E+001$，$D_y=1.11640E+000$，$D_z=-2.79644E+001$，$D_{xyz}=8.12117E+001$

续表

节点号	需纠偏空间位移（mm）
6578	D_x=−7.58344E+001，D_y=1.02666E+001，D_z=−1.31942E+001，D_{xyz}=7.76553E+001
6510	D_x=−7.28924E+001，D_y=8.72452E−001，D_z=−2.70290E+001，D_{xyz}=7.77473E+001
6580	D_x=−7.26127E+001，D_y=1.03120E+001，D_z=−1.17094E+001，D_{xyz}=7.42701E+001
6511	D_x=−6.52390E+001，D_y=8.54944E−001，D_z=−2.95701E+001，D_{xyz}=7.16327E+001
6579	D_x=−6.52813E+001，D_y=1.04787E+001，D_z=−3.30410E+001，D_{xyz}=7.39132E+001
6592	D_x=−7.75886E+001，D_y=1.96917E+001，D_z=−6.00203E+001，D_{xyz}=1.00051E+002
6551	D_x=−7.75140E+001，D_y=3.28899E+001，D_z=−3.82179E+001，D_{xyz}=9.24704E+001

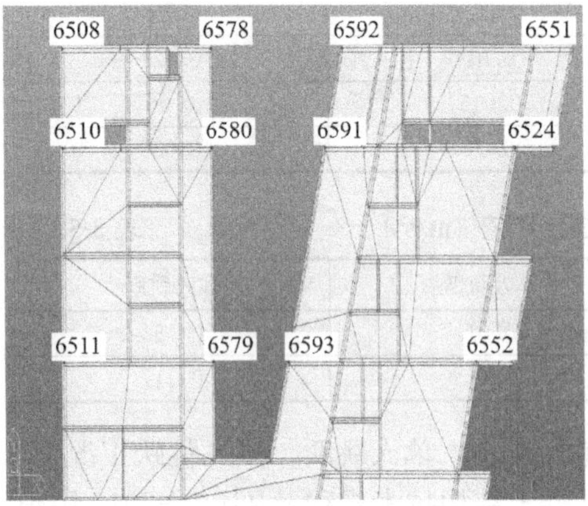

图 3-1　某层结构节点号

3.2.7　斜柱专项分析

（1）与斜柱（撑）相连水平构件受力分析

相对于直柱，柱倾斜后轴向刚度对侧向刚度的贡献会明显增加，将对水平地震作用下的结构受力特性产生显著影响。同时，斜柱轴力引起的水平分量会对相连楼层，尤其柱顶、底部柱端相连楼层的楼面梁板产生巨大的水平推力，使楼板平面内产生较大的变形。因此，对斜柱及与之相连水平构件的受力特性和内力进行详细分析，并采取相应的构造及加强措施，通过结构抗震性能目标的实现，确保结构安全可靠。

1）地震作用下斜柱内力分析

为实现斜柱中震弹性的抗震性能设防目标，计算中，地震影响系数最大值 α_{max} 和特征周期按规范取值，取消组合内力调整，连梁刚度折减系数取 0.5，材料强度取设计值，荷载作用分项系数、材料分项系数和抗震承载力调整系数同小震取值，不考虑风荷载效应，以此验证斜柱的轴向承载力及受弯承载力是否有足够的安全储备。选取典型斜柱分析见表 3-7。

典型斜柱计算结果　　**表 3-7**

楼层位置	截面尺寸（mm）	计算长度（mm）	长细比	计算轴力（kN）	计算弯矩（kN·m）	轴压比
南塔首层 F 轴交 Z2 轴	D900×30	6040	33.5	−20472.9	962.9	0.48
南塔首层 F 轴交 Y1-1 轴	D900×30	6660	29.6	−21007	−2420	0.50

2）穿层斜柱的屈曲分析

南塔中，F 轴交 Z2 轴柱为斜柱，由于穿层斜柱构件端部约束条件复杂，为进一步了解其稳定性，对穿层斜柱进行屈曲分析，以确定穿层斜柱的实际计算长度和极限承载能力。采用 MIDAS/Gen 的特征值屈曲分析，得到屈曲荷载系数和屈曲模态，并通过屈曲荷载系数与外加荷载相乘，得到屈曲荷载。斜柱屈曲分析计算结果如表 3-8 所示。

斜柱屈曲分析计算结果 表 3-8

构件	初始荷载 N(kN)	临界荷载系数	极限荷载 N_{cr}(kN)	计算长度系数 μ
跨层柱 1（南塔首层 F 轴交 Z2 轴）	20570	93	186000	0.2

从分析结果可知，穿层斜柱可承受的极限荷载远大于实际初始荷载。设计时，穿层斜柱有效长度系数取计算值，且不小于 1.25。因此穿层斜柱的设计是偏于安全的。

(2) 与斜柱（撑）相连楼面梁受力分析

位于斜柱交接处的接层，与斜柱相连的框架梁受到斜柱轴向力水平分量分配来的拉、压力。计算时，框架梁按拉（压）弯构件进行多遇地震及风荷载作用下的承载力验算和设防烈度地震作用下的构件不屈服验算，并根据计算结果进行框架梁包络设计，确保实现框架梁小震弹性、中震不屈服的抗震性能设防目标。

4 抗震设防专项审查意见

2020 年 4 月 24 日，广东省超限高层建筑工程抗震设防审查专家委员会网络在线主持召开了“维尚新零售综合体项目”工程抗震设防专项审查视频会议，陈星教授级高工任专家组组长。与会专家听取了广东南海国际建筑设计有限公司关于该工程抗震设防设计的情况汇报，审阅了送审资料。经讨论，提出如下审查意见：

(1) 补充考虑温度及活荷载分区不利布置对整体结构的影响，复核斜柱和单跨框架柱、带斜撑的框架柱和筒柱在大震作用下的承载力和稳定性。

(2) 舒适度验算应增加多楼层互相干扰分析；两塔楼之间连廊楼面应加设水平支撑；提高屋顶构架的抗风和抗震能力。

(3) 针对关键构件做南、北塔分离体和整体包络设计，并与全楼弹性板模型结果对比复核；中间结构宜做与塔楼铰接包络设计。

(4) 补充结构小、中、大震作用的抗拉验算，查明基础拉力情况并做首层为嵌固端的包络设计。

(5) 提高 V 形平面转折处楼道和中部连廊楼盖的抗震性能，楼板双层双向配筋率不小于 0.35%。

审查结论：通过。

5 点评

本工程结构形式新颖，具有创新性，采用斜柱钢框架支撑结构解决结构扭转效应大的影响；通过施工模拟以及施工纠偏措施，有效地减小在施工过程中不断变化的每层斜柱、斜柱框架以及相连楼板的内力和位移对结构的不利影响；通过大型钢桁架解决大跨度连廊结构的受力以及变形问题。本项目采取了针对性结构措施，对日益复杂的大跨度异形公共建筑项目具有参考价值。

15 利和广场项目

关　　键　　词：超B级高度；伸臂深梁；大跨度过街楼；高位转换；复杂转换
结构主要设计人：郑文刚　陈　署　陈敢超　黄悠越　梁敏聪
设　计　单　位：广东中山建筑设计院股份有限公司

1　工程概况

利和广场项目位于中山市古镇镇，同兴路与沙古公路交汇处，广珠城轨古镇站西侧，北至华安东路。项目主要分为三大子项：利和广场—国际商贸中心、利和广场—世界灯博中心和幸福华庭商住小区。项目包含三个超限项目：利和商业中心，总高302m，共60层；金丰公寓1、2栋，于6层高位转换；幸福华庭7栋超高层住宅，总高161.45m。项目总图如图1-1所示。

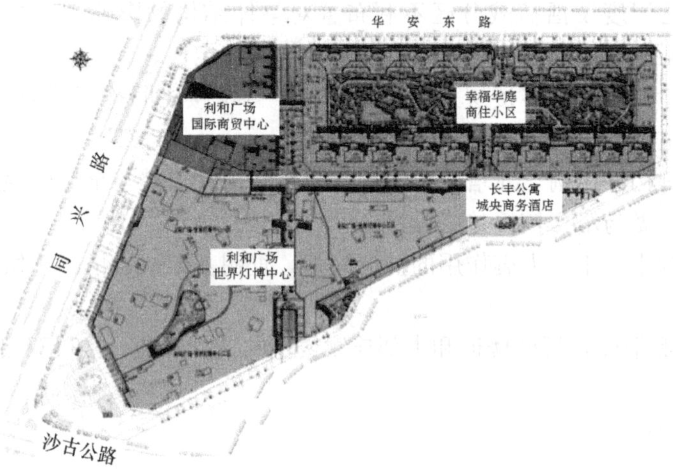

图1-1　项目总图

2　利和商业中心

2.1　概况

利和商贸中心主塔楼结构高度302m，地面以上60层，其中1～8层为商业裙楼（带41m跨度过街楼），10层、21层、31层、41层、52层为避难层，除避难层外，9～38层为商业办公楼，39层及以上为酒店，标准层平面呈规则的矩形，平面尺寸52.6m×38m，结构高宽比7.95，核心筒平面尺寸28.5m×13.65m，核心筒高宽比22.12，具体层高及功能分布如图 2-1 所示。

本工程设计使用年限为 50 年，建筑结构安全等级为二级，抗震设防烈度为 7 度（0.1g），设计地震分组为第一组，Ⅲ类场地，特征周期为 0.45s，抗震设防类别为乙类。风荷载按基本风压 w_0＝0.65kPa（50 年一遇）模拟建筑物及周围地貌得出的风洞试验数据计算。

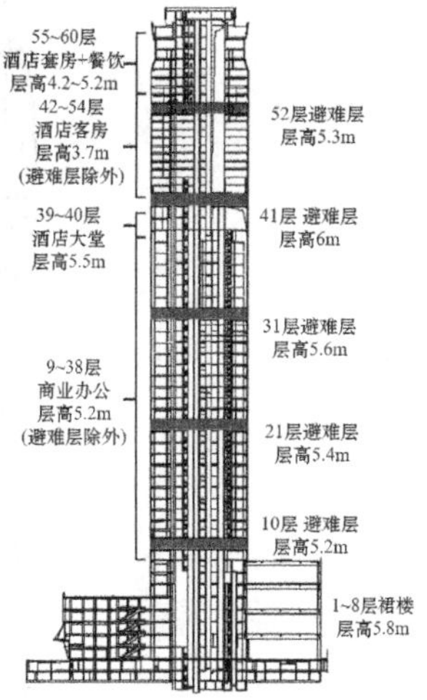

图 2-1 利和商业中心塔楼剖面图

2.2 结构体系与结构布置

2.2.1 塔楼部分

本工程平面为矩形，建筑使用功能的需求使得核心筒窄长，短边仅有 13.65m，由于项目地处风荷载较大的中山市，且结构高宽比较大，属典型的风控建筑。结构布置时，利用楼、电梯设置钢筋混凝土核心筒，平面外围布置框架柱，为提高结构刚度，利用 31 层、41 层的避难层设置两个加强层。每个加强层在结构 X 向（短边）设置 4 道伸臂深梁（梁高 2.5m），并在外围设置封闭的腰环梁（梁高 2.5m），同时利用第 41 层腰环梁作为转换梁，在 217m 高度的地方实现上、下柱子不对齐，满足上部酒店和下部商业办公对柱距要求不同的功能需求，形成带加强层＋高位转换的框架-核心筒结构体系。为满足建筑立面要求，外框柱在 42～56 层采用斜柱，但倾斜角仅 6°左右，斜柱水平分力对楼盖影响不大。典型楼层结构平面图如图 2-2 所示，结构体系简图如图 2-3 所示。

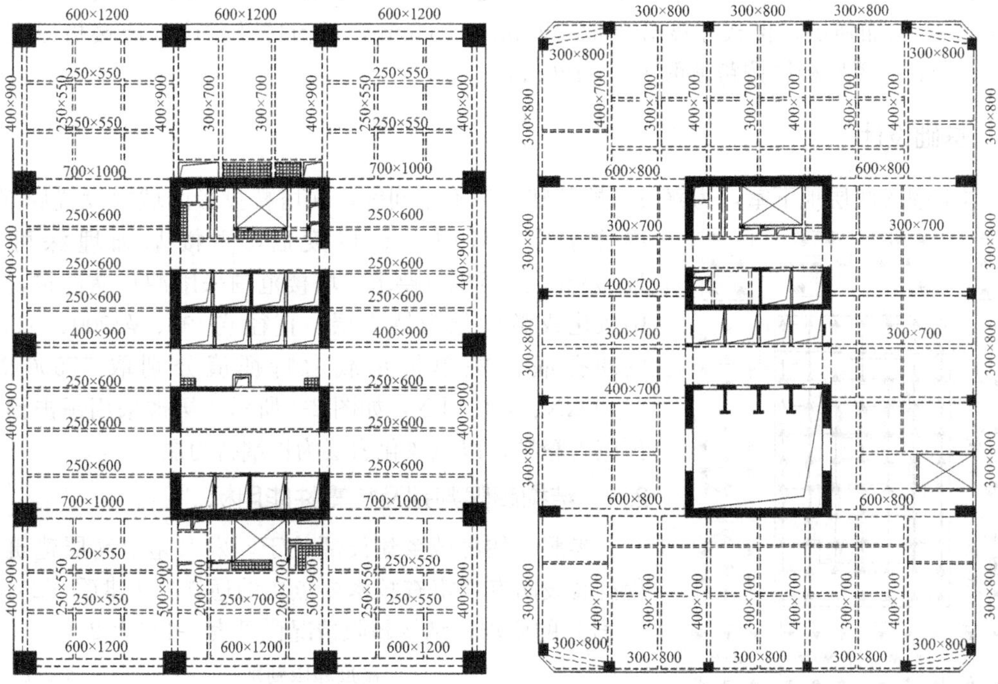

(a)办公楼层结构布置

(b)酒店楼层结构布置

图 2-2 典型楼层平面图

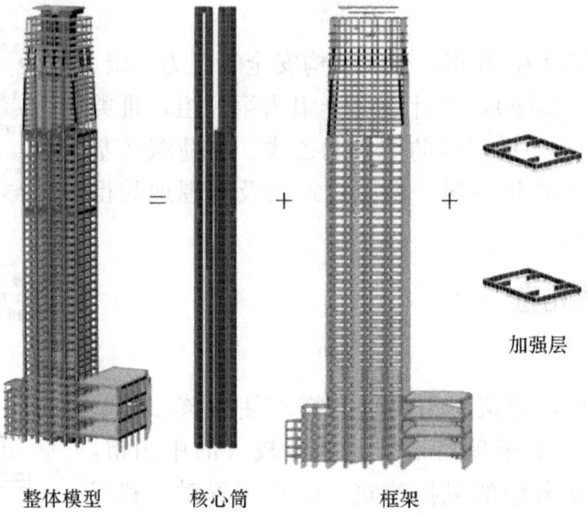

图 2-3　结构体系简图

2.2.2　裙房及过街楼部分

塔楼北侧带 5 层裙房，柱距 8.6～10m，采用框架结构；塔楼南侧带柱距 41.75m 的过街楼，每两层通高，出地面结构高度 45.80m，共 4 个楼盖，采用后张拉预应力混凝土密肋梁。

2.2.3　楼盖体系

本工程采用现浇钢筋混凝土楼盖，主塔楼下 B3 层基础底板厚度 3800mm，其余部分底板厚度 800mm；B2～B1 层采用梁板结构，地下室顶板厚 180～250mm。对有伸臂梁的 31 层和 41 层加强层，楼板厚度分别取 150mm、180mm，过街楼及裙房顶层楼板厚度取 150mm，其他楼层板厚按跨度取 100～120mm。

2.3　基础设计

本工程含两层地下室，为解决塔楼基础埋深不足问题，在塔楼投影区域内设置局部 3 层地下室，考虑承台厚度后，主楼基础埋深可达 17.95m，满足规范要求。塔楼范围采用冲孔灌注桩，以中风化或微风化为持力层。直径 ϕ1400、ϕ2000、ϕ2200 的冲孔灌注桩单桩承载力特征值分别取 17500kN、34000kN、40000kN，如图 2-4 所示。裙楼采用锤击预制预应力管桩，以强风化岩层为桩端持力层。

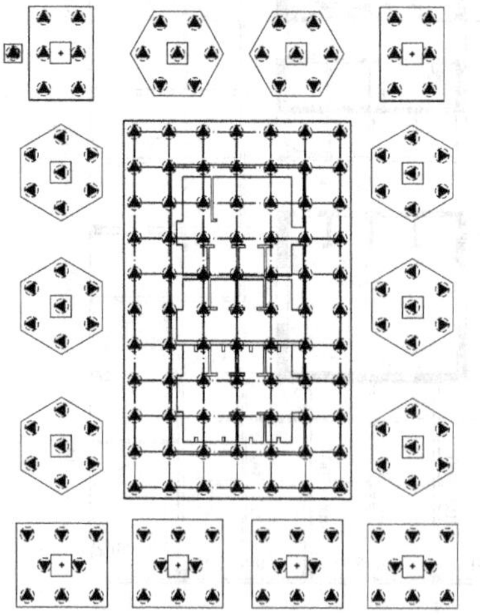

图 2-4　办公塔楼桩布置平面图

2.4　结构超限判别及抗震性能目标

参照《住房城乡建设部关于印发〈超限高层建筑工程抗震设防专项审查技术要点〉的通知》（建质〔2015〕67 号）的要求，结构超限情况详见表 2-1～表 2-4。

高度超限判别　　表 2-1

结构类型	适用高度（B 级）	本工程高度	是否超限
框架-核心筒	180m	311.8m	是

三项及以上不规则判别　　表 2-2

序号	不规则类型	描述及判别	是否超限
1a	扭转不规则	考虑偶然偏心的扭转位移比大于 1.2。	是
1b	偏心布置	偏心率大于 0.15 或相邻层质心相差大于相应边长 15%	否
2a	凹凸不规则	平面凹凸尺寸大于相应边长 30%等	是
2b	组合平面	细腰形或角部重叠形	否
3	楼板不连续	有效宽度小于 50%，开洞面积大于 30%，错层大于梁高	是
4a	刚度突变	相邻层刚度变化大于 70%（按高规考虑层高修正时，数值相应调整）或连续三层变化大于 80%	否
4b	尺寸突变	竖向构件收进位置高于结构高度 20%且收进大于 25%，或外挑大于 10%和 4m，多塔	否
5	构件间断	上下墙、柱、支撑不连续，含加强层、连体类	是
6	承载力突变	相邻层受剪承载力变化大于 80%	否
7	局部不规则	如局部的穿层柱、斜柱、夹层、个别构件错层或转换，或个别楼层扭转位移比略大于 1.2 等	否

二项及以上不规则判别　　表 2-3

序号	不规则类型	判定原因	是否超限
1	扭转偏大	裙房以上的较多楼层考虑偶然偏心的扭转位移比大于 1.4	否
2	抗扭刚度弱	扭转周期比大于 0.9，超过 A 级高度的结构扭转周期比大于 0.85	否
3	层刚度偏小	本层侧向刚度小于相邻上层的 50%	否
4	塔楼偏置	单塔或多塔与大底盘的质心偏心距大于底盘相应边长 20%	否

一项不规则判别　　表 2-4

序号	不规则类型	判定原因	是否超限
1	高位转换	框支墙体的转换构件位置：7 度超过 5 层，8 度超过 3 层	否
2	厚板转换	7～9 度设防的厚板转换结构	否
3	复杂连接	各部分层数、刚度、布置不同的错层，连体两端塔楼高度、体型或沿大底盘某个主轴方向的振动周期显著不同的结构	否
4	多重复杂	结构同时具有转换层、加强层、错层、连体和多塔等复杂类型的 3 种	否

本工程属超 B 级高度高层建筑，具有扭转不规则、凹凸不规则、楼板不连续及构件间断（加强层）4 项不规则。

针对结构高度及不规则情况，设计采用结构抗震性能设计方法进行分析和论证。根据本工程的抗震设防类别、设防烈度、结构类型、超限情况和不规则性，设定本结构的抗震性能目标为性能 C，不同地震水准下构件性能水准详见表 2-5。

构件抗震性能水准　　表 2-5

构件类型	构件位置	小震	中震	大震
关键构件	核心筒（底部加强区）	弹性	受剪弹性，压弯弹性，中震不屈服组合墙肢名义拉应力不超过 $2f_{tk}$	受剪不屈服，压弯不屈服
	各加强层与伸臂梁直接相连剪力墙	弹性	受剪弹性，正截面弹性	受剪不屈服，正截面不屈服

续表

构件类型	构件位置	小震	中震	大震
关键构件	各加强层与伸臂梁及腰环梁相连框架柱	弹性	受剪弹性，正截面弹性	受剪弹性，正截面不屈服
	跃层柱及塔楼范围内底部加强区框架柱	弹性	受剪弹性，正截面弹性	受剪弹性，正截面不屈服
	第41层周圈转换梁（兼腰环梁）	弹性	受剪弹性，正截面弹性	受剪不屈服，正截面不屈服
	过街楼边跨框架	弹性	受剪弹性，正截面弹性	受剪不屈服，正截面不屈服
特殊构件	伸臂梁及腰环梁（41层除外）	弹性	受剪弹性，正截面不屈服	受剪不屈服
普通竖向构件	核心筒（非底部加强区）	弹性	受剪弹性，压弯不屈服	受剪不屈服
	普通框架柱	弹性	受剪弹性，压弯不屈服	受剪满足最小截面要求
耗能构件	楼面梁	弹性	受剪不屈服	
	剪力墙连梁	弹性	受剪不屈服	
水平构件	裙楼大开洞位置楼板	弹性		水平受剪、受拉不屈服
	加强层楼板	弹性	水平受剪、受拉不屈服	

2.5 小震及风荷载作用计算分析

本工程弹性计算选用YJK作为主要设计软件，STRAT等作为辅助计算软件，计算结果见表2-6。

整体计算主要结果汇总 **表2-6**

指标		YJK软件	STRAT软件
自振周期（s）	T_1	7.14	7.16
	T_2	5.60	5.62
	T_3	3.49	3.86
第1扭转/第1平动周期		0.49	0.54
地面以上结构总质量（t）		253045	254919
地面以上单位面积质量（t/m^2）		1.72	1.74
地震下基底剪力（kN）	X	33633	35311
	Y	36262	35242
剪重比（最小剪重比按1.32%控制）	X	1.33%	1.39%
	Y	1.43%	1.38%
地震作用下倾覆弯矩（kN·m）	X	4014528	4836332
	Y	4658683	5304025

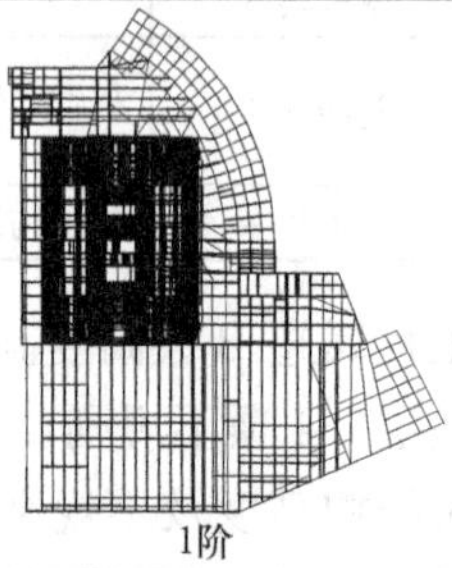

1阶

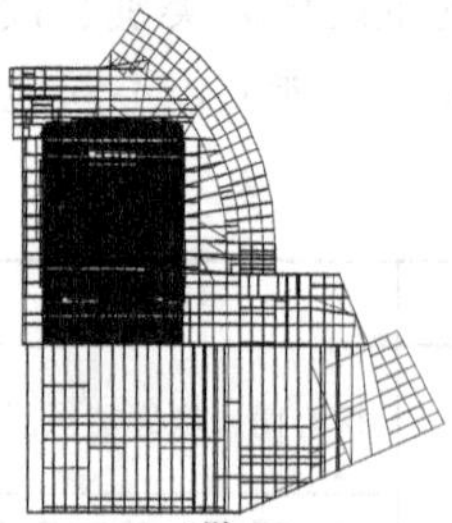

2阶

续表

指标		YJK 软件	STRAT 软件
地震作用下最大层间位移角	X	1/738	1/767
	Y	1/1046	1/1071
50 年重现期风荷载作用下最大层间位移角	(规范风)X	1/542	1/587
	(规范风)Y	1/1130	1/1184
地震作用下考虑偶然偏心最大扭转位移比	X	1.58	1.28
	Y	1.46	1.25
地震作用下考虑偶然偏心最大扭转位移比	X	1.13	1.06
	Y	1.07	1.04

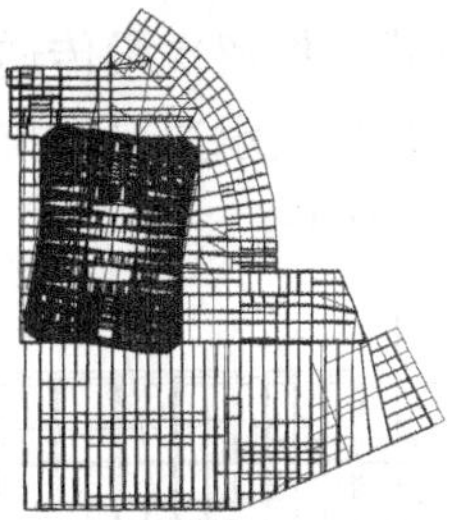
3阶

由计算结果可知：

（1）结构周期比 0.49，远小于规范限值 0.85，具有较大的整体抗扭刚度。

（2）塔楼单位面积质量为 1.72t，这一数值较为适中。

（3）小震下最大层间位移角分别为 1/542 和 1/1130，小于规范限值，结构具有足够的抗侧刚度。

（4）结构各向刚重比均大于 1.4，小于 2.7，满足整体稳定要求，需考虑重力二阶效应。在风荷载、小震及中震作用下，基础底面均未出现零应力区。

（5）由于裙楼和过街楼的影响，裙楼部分结构 X 向地震作用下扭转位移比较大，在首层达到最大值 1.58，但对应的层间位移角仅 1/4474；裙楼以上的塔楼部分，各层扭转位移比均小于 1.2，抗扭性能良好。

（6）结构底部剪重比满足最小剪重比 1.32%的要求。

（7）核心筒剪力墙最大厚度不超过 1.2m，剪力墙轴压比均可满足 0.5 的限值要求。

2.6 大跨度过街楼设计

主塔楼带有 9 层（每两层通高，共 4 个楼盖）过街楼，出地面结构高度 45.800m。大跨度过街楼模型如图 2-5 所示，图 2-6 为过街楼完工现场。此区域最大柱距达 41.750m，采用后张拉预应力混凝土密肋梁，根据各层荷载不同，大跨度预应力梁截面尺寸主要为 500mm×2100mm、500mm×2500mm，支承边梁截面尺寸为 900mm×2800mm。

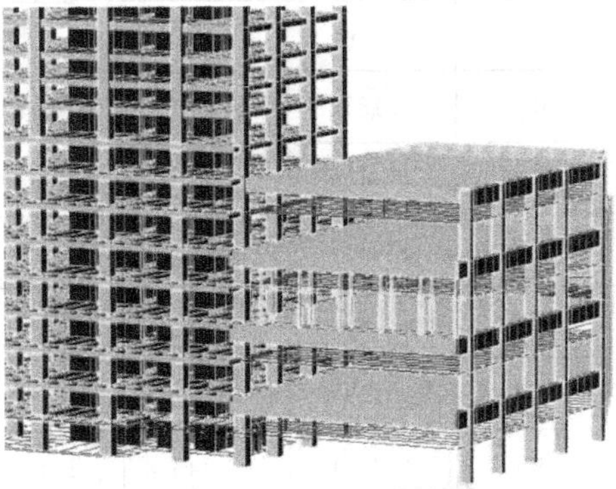
图 2-5 大跨度过街楼模型

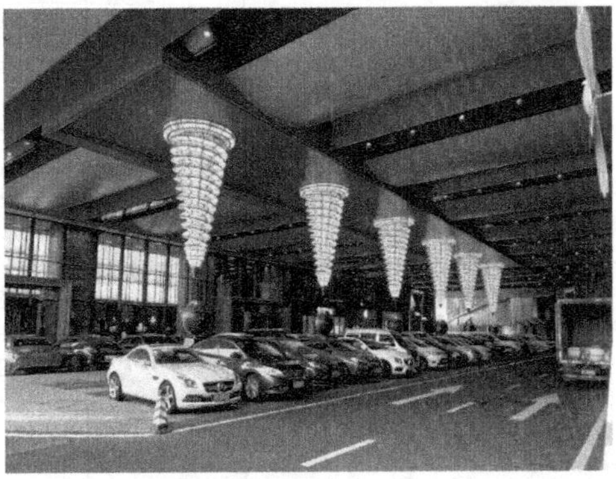
图 2-6 过街楼完工现场

由于过街楼的跨度已达到一般路桥的常见跨度，而路桥专业通常采用梁端铰接去处理问题，故选择半铰接的设计方案，然后对支承边梁的安全性进行调整与复核。首先，以半铰接的方式，保留次梁传递至支承边梁的扭矩；其次，以次梁梁端截面能承受的最大弯矩承载力，复核支承边梁的抗扭能力，确保支承边梁不会在次梁形成塑性铰内力重分布之前发生扭剪破坏；最后，按照次梁梁端零弯矩的状态，对次梁跨中梁底钢筋进行复核，确保次梁自身受弯能力不会因为塑性铰形成后无法满足承载力要求。

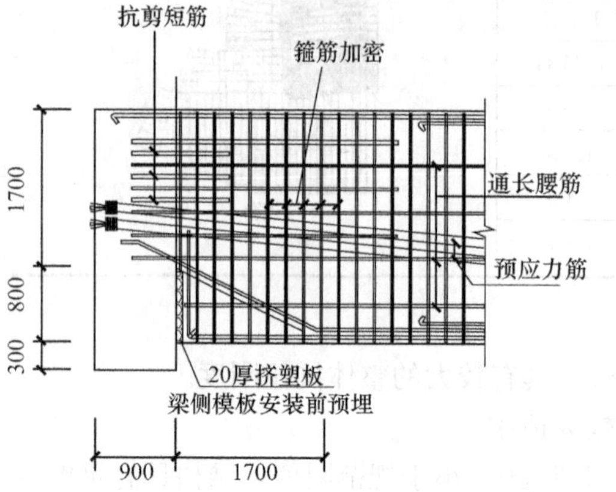

图 2-7　梁端节点构造详图

对于截面很大的大跨度次梁，由于构造配筋以及如此巨大的截面带来的传递弯矩非常大，尽管减少梁端的配筋。为了让实际情况与计算模型假定一致，次梁梁端节点构造有必要作出一定的调整。梁端节点构造详图如图 2-7 所示。具体调整措施如下：

（1）采用预埋挤塑板、弯折梁纵筋的方法减小梁端截面。

（2）梁面钢筋部分不伸入支座，减少梁面支座钢筋。

（3）采用增加抗剪短筋、另加抗扭腰筋、加密箍筋等各种措施，补强支座处因以上两点而削弱的其他因素。

2.7　大震弹塑性分析

大震分析选用 1 组双向人工波、2 组双向天然波，采用 STRAT 软件进行罕遇地震作用下的弹塑性时程分析。结构在各组地震波作用下的弹塑性分析整体计算结果汇总如表 2-7所示，各组地震波均按地震主方向为 X、Y 向分别计算，地震波在 X、Y 主方向作用下的大震弹塑性计算整体指标曲线如图 2-8～图 2-11 所示。

结构整体计算结果汇总　　表 2-7

指标	人工波		天然波 1		天然波 2	
	0°	90°	0°	90°	0°	90°
X 向最大基底剪力（kN）	142562	115594	92576	81165	213844	173688
X 向最大剪重比	5.59%	4.53%	3.63%	3.18%	8.38%	6.81
Y 向最大基底剪力（kN）	113717	132627	104236	118416	176846	199810
Y 向最大剪重比	4.46%	5.20%	4.09%	4.65%	6.94%	7.84%
X 向最大顶点位移（m）	1.49	1.27	0.92	0.80	1.19	1.03
Y 向最大顶点位移（m）	0.99	1.10	0.61	0.73	0.79	0.81
X 向最大层间位移角	1/133	1/156	1/200	1/233)	1/145	1/168
Y 向最大层间位移角	1/242	1/219	1/305	1/285	1/261	1/243

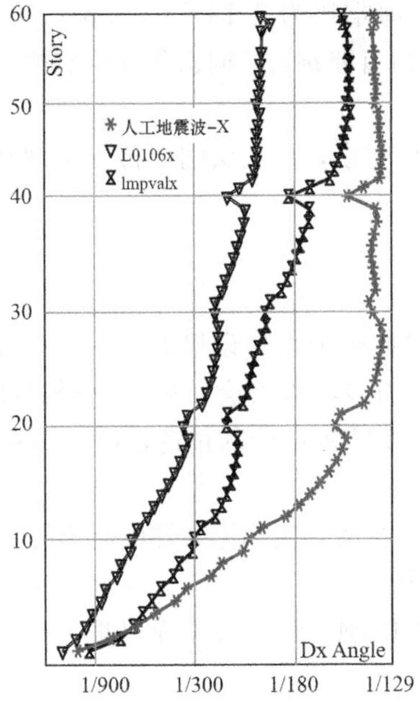

图 2-8 X 向层间位移角

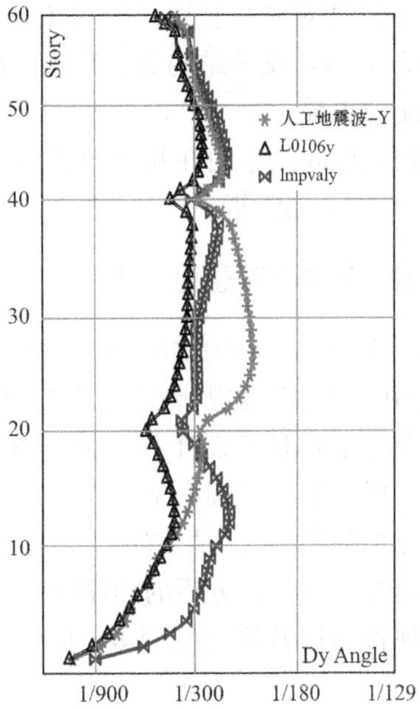

图 2-9 Y 向层间位移角

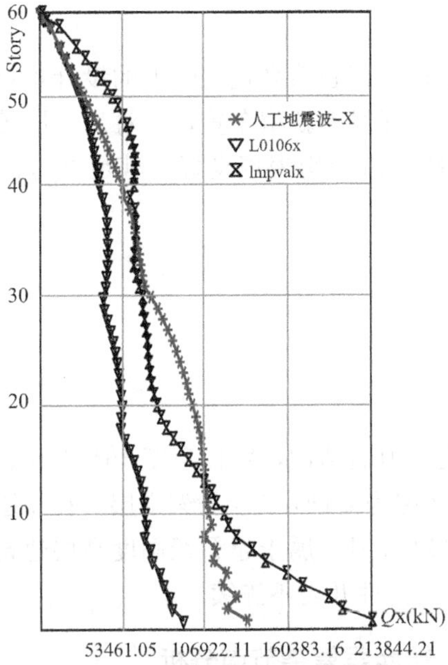

图 2-10 X 向楼层剪力

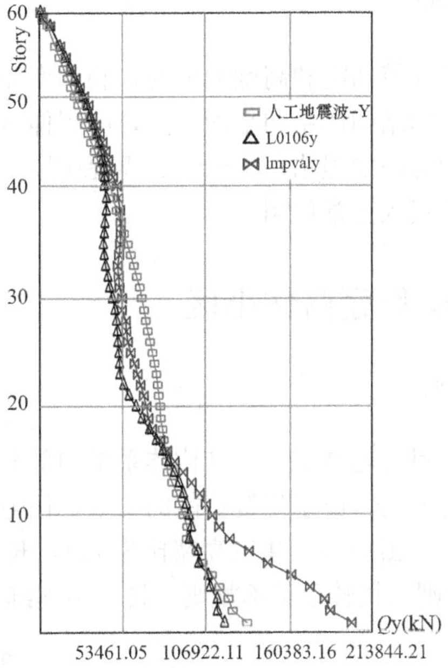

图 2-11 Y 向楼层剪力

弹塑性计算整体指标的综合评价如下：

（1）在考虑重力二阶效应及大变形的条件下，结构在地震作用下的最大顶点位移为 1.49m，并最终仍能保持直立，满足“大震不倒”的设防要求。

（2）主体结构在各组地震波作用下的最大弹塑性层间位移角 X 向为 1/133，Y 向为 1/219，均小于框架-核心筒结构 1/100 的规范限值要求。

(3) X 向的剪重比大于 Y 向的剪重比，X 向剪重比为 3.18%～8.38%，Y 向剪重比为 4.09%～7.84%，反映结构 X、Y 两向耗能能力有差别，Y 向由于连梁和框架梁数量都较多，耗能能力更强。

(4) 结构的层间位移角在几个加强层位置明显变小，最大层间位移角出现在中上部的 20～30 层、44～58 层附近。

2.8 抗震设防专项审查意见

2014 年 1 月 27 日，中山市住房和城乡建设局在中山市建设局大楼主持召开"利和广场-国际商贸中心塔楼"超限高层建筑工程抗震设防专项审查会，周定教授级高工任专家组组长。与会专家听取了设计单位关于该工程抗震设防设计的情况汇报，审阅了送审资料。经讨论，提出如下审查意见：

(1) 补充加强层楼板的抗震性能目标，跃层柱及塔楼底部框架柱应定为关键构件。

(2) 大震弹塑性地震分析的程序应不少于两个。

(3) 本项目超过 B 级高度较多，应采用更严的加强措施，主塔全高框架柱抗震等级宜用特一级。

(4) 应优化大跨度裙房的结构布置，挠度和舒适度应满足规范要求。

审查结论：通过。

2.9 点评

由于建筑功能和高度的需要，利和商业中心存在核心筒高宽比较大的设计难点，通过选取合适的结构体系和平面布局，应用伸臂梁、腰环梁等新型布置，针对加强层等关键位置采取相应的加强措施。计算结果表明，结构各项指标均表现良好，满足规范的有关要求，现已投入正常使用中。

3 幸福华庭商住小区

3.1 概况

本项目的超高层住宅结构体系采用部分框支剪力墙结构，结构高度 161.45m。抗震设防类别为丙类。由于建筑功能的要求，住宅 1、2 层为商铺，3 层为架空层，在 4 层楼面设置转换层（图 3-1）。建筑高宽比为 7.1，长宽比为 1.91。属于超 B 级高度高层建筑，具有 3 项不规则：扭转Ⅰ类不规则、楼板不连续、竖向构件Ⅱ类不连续。

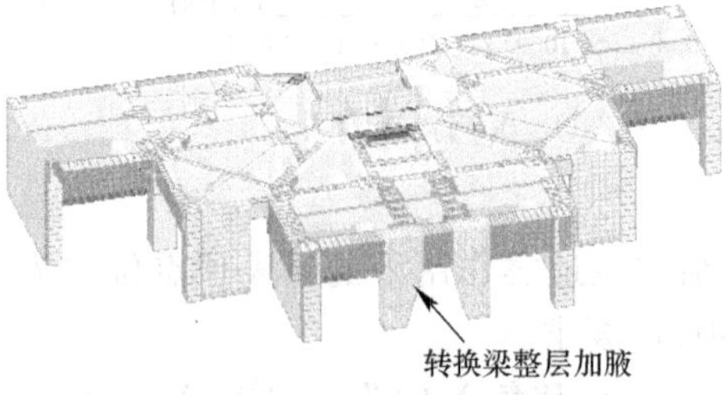

图 3-1 转换层模型简图

3.2 转换层复杂节点分析

由于个别转换构件轴线不对中，导致某些框支框架梁柱节点受力复杂（图 3-2），转换梁所承担的剪力很大，因此对该转换梁采取整层加腋处理。采用 STRAT 软件进行中震作用下的整体有限元分析，按 1.2（恒＋0.5 活）＋

1.3（−Y向地震）工况对转换梁加腋最不利截面进行受剪承载力验算，结果表明，该抗震措施富余度充足，结构安全性能很好地满足规范要求。

3.3 抗震设防专项审查意见

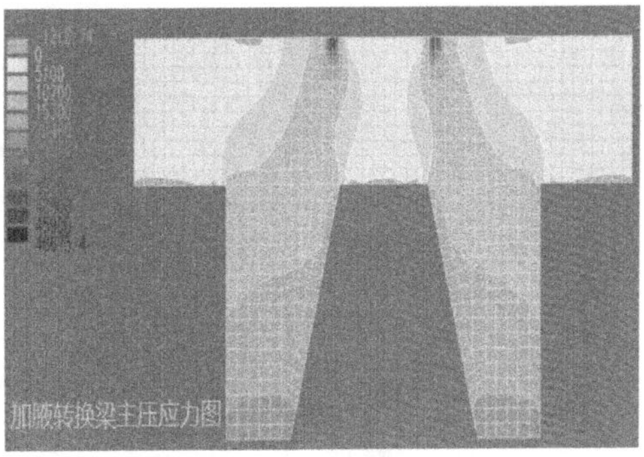

图3-2 复杂节点

2013年9月27日，中山市住房和城乡建设局主持召开了“幸福华庭商住小区”超限高层建筑工程抗震设防专项审查会，华南理工大学建筑设计研究院有限公司总工程师方小丹任专家组组长。与会专家听取了设计单位关于该工程抗震设防设计的情况汇报，审阅了送审资料。经讨论，提出如下审查意见：

（1）补充45°方向的计算，补充转换层复杂梁柱节点的计算。

（2）补充地下室部分结构的抗震等级。

（3）适当增加X向的落地剪力墙，适当加大转换层以上两层剪力墙的厚度。

（4）调整和优化转换层的结构布置。

（5）大直径冲孔桩宜一桩一孔超前钻确定桩长。

审查结论：通过。

4 经济性

本项目体量庞大，因此，在保证结构安全前提下的优化很有必要。为此，设计单位在结构方案上反复推敲比选，如将型钢混凝土柱改为芯柱，在其他方面也做了合理的优化。根据建设单位反馈的数据，国贸中心（含裙楼）的用钢量为98kg/m^2，金丰公寓用钢量为57kg/m^2，幸福华庭超高层住宅塔楼用钢量为68kg/m^2。经济性方面得到了建设单位的认可。

第2篇　办公建筑

16 横琴保险金融总部大厦

关　　键　　词： 大退台；时域显式随机模拟法；施工模拟；桩-土-上部结构共同分析
结构主要设计人： 林景华　张显裕　卢俊坤　方晓彤　周全庄　苗　宇　苏宇畅
设　计　单　位： 广东省建筑设计研究院有限公司

1 工程概况

横琴保险金融总部大厦项目，位于珠海市横琴新区十字门中央商务区离岸金融岛，总建筑面积约 11 万 m^2，其中地上建筑面积 8.1 万 m^2（塔楼部分约 7.2 万 m^2），地下建筑面积 2.9 万 m^2。塔楼 58 层，屋面结构高度 235.2m，建筑功能为办公和公寓；裙楼 3 层为商业。地下 4 层为停车库及设备用房。建筑整体效果如图 1-1 所示。

图 1-1　建筑整体效果图

本工程设计使用年限为 50 年，建筑结构安全等级为二级。塔楼与裙楼之间设置防震缝，在总高度中腰处（约 150m 高处），发生大退台即竖向单边收进。收进前中、低区外轮廓基本为 44m×41m 的近似正方形；收进后高区为 44m×21m 的长方形。高宽比分别为整体 5.8、核心筒 11.7。

2 结构体系与结构布置

结合建筑平面功能、立面造型、抗震（风）性能要求、施工周期以及造价合理等因素，本工程塔楼结构体系采用钢筋混凝土框架-核心筒结构。核心筒为钢筋混凝土剪力墙，北半塔剪力墙从基础到 9 层增设了钢骨。南半塔外框柱从基础到 11 层采用型钢混凝土柱，12 层及以上楼层采用钢筋混凝土柱；北半塔外框柱从基础到 46 层采用型钢混凝土柱，46 层及以上楼层采用钢筋混凝土柱；南北两边的 3、4 层外框柱为搭接转换柱。楼盖为常规钢筋混凝土梁板。收进前是经典的框架-核心筒的布置，基本对称；收进后则形成筒体偏置的情况。外框柱截面从 1200mm×2800mm 变至 800mm×1800mm，核心筒剪力墙从 1400mm 变至 600mm，外框梁截面 600mm×900mm，内框梁 400/600mm×900mm。塔楼结构平面布置如图 2-1、图 2-2 所示。结构三维示意如图 2-3 所示。

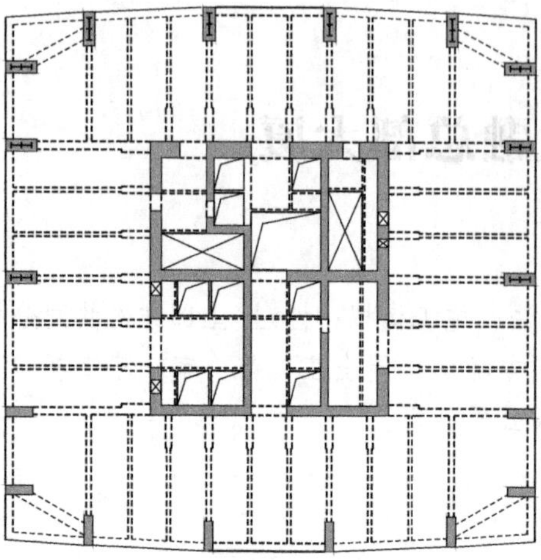

图 2-1 收进前标准层结构平面布置

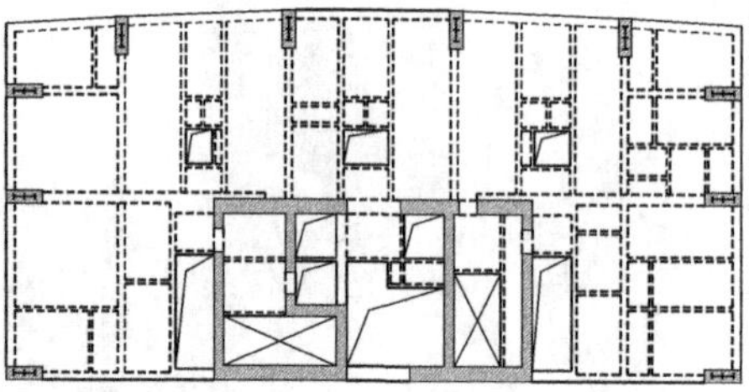

图 2-2 收进后标准层结构平面布置

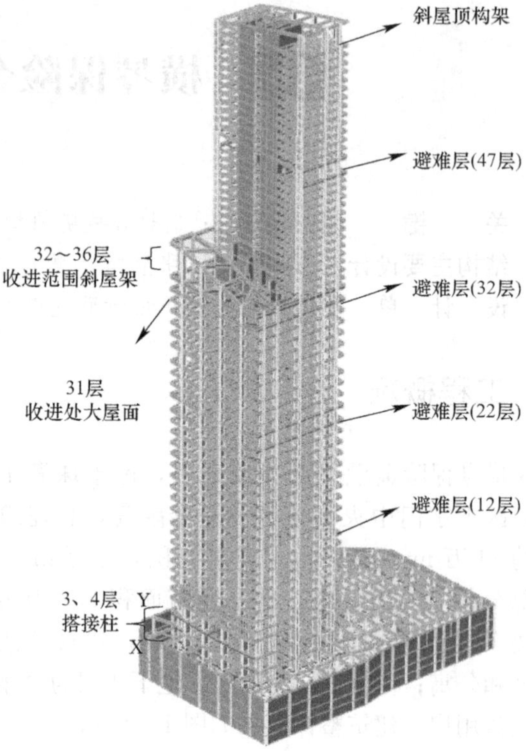

图 2-3 结构三维示意

3 结构超限情况

根据《住房城乡建设部关于印发〈超限高层建筑工程抗震设防专项审查技术要点〉的通知》(建质〔2015〕67号)及《高层建筑混凝土结构技术规程》JGJ 3—2010(下文简称《高规》)相关条文规定，对塔楼结构进行超限判别。

3.1 高度超限判别

按照《高规》第3.3.1条的规定，框架-核心筒结构7度A级、B级高度钢筋混凝土高层建筑的最大适用高度分别为130m和180m，塔楼主屋面高度为235.2m，故塔楼属于超B级高度的超限高层建筑。

3.2 不规则判别

塔楼采用常规的结构体系，其高度超过规定限值，属于高度超限高层建筑，此外还存在偏心布置、楼板不连续、刚度突变、局部不规则4项不规则，应进行超限高层建筑工程抗震设防专项审查。

4 抗震性能目标

根据塔楼超限情况，结合具体结构特点，根据《建筑抗震设计规范》GB 50011—2010

(2016 年版)(下文简称《抗规》)要求，本工程抗震性能目标定为 C 级。表 4-1 为塔楼结构抗震性能要求。

塔楼结构抗震性能要求　　表 4-1

<table>
<tr><th>性能要求</th><th>小震</th><th>中震</th><th>大震</th></tr>
<tr><td>性能水准</td><td>水准 1</td><td>水准 3</td><td>水准 4</td></tr>
<tr><td>层间位移角限值</td><td>1/529</td><td>—</td><td>1/100</td></tr>
<tr><td>底部加强区的外框柱含搭接柱(1～7 层)、竖向收进的外框柱(32～34 层)</td><td rowspan="3">弹性</td><td rowspan="2">受剪弹性、受弯不屈服</td><td>受剪不屈服、受弯不屈服</td></tr>
<tr><td>底部加强区的剪力墙(1～7 层)、竖向收进的剪力墙(32～34 层)</td><td>受剪不屈服、部分受弯屈服</td></tr>
<tr><td>与搭接柱相连的受拉梁(5、6 层)</td><td>受剪弹性、受弯不屈服、受拉不屈服</td><td>按实配受剪不屈服、部分受弯屈服</td></tr>
<tr><td>其他部位剪力墙、框架柱</td><td>弹性</td><td>受剪弹性、受弯不屈服</td><td>满足受剪截面、部分受弯屈服</td></tr>
<tr><td>搭接径向框架梁的连梁</td><td>弹性</td><td>受剪弹性、受弯不屈服</td><td>按实配受剪不屈服、部分受弯屈服</td></tr>
<tr><td>剪力墙连梁、框架梁</td><td>弹性</td><td>受剪弹性、受弯不屈服</td><td>部分受弯屈服</td></tr>
<tr><td>收进位置及上下层(31～33 层)的楼板</td><td rowspan="2">弹性</td><td rowspan="2">受剪不屈服、受拉不屈服</td><td rowspan="2">受剪不屈服、部分受弯屈服</td></tr>
<tr><td>与搭接柱相连的受拉楼板(5、6 层)</td></tr>
</table>

5 结构计算分析

5.1 小震反应谱分析

由于塔楼为超限高层建筑，根据《高规》规定，采用两种软件(YJK 和 ETABS)进行计算分析。整体电算结果如表 5-1 所示。

整体电算结果　　表 5-1

<table>
<tr><th colspan="2">指标</th><th>YJK 软件</th><th>ETABS 软件</th></tr>
<tr><td colspan="2" rowspan="2">第 1、2 平动周期(s)</td><td>5.2024(X)</td><td>5.046(X)</td></tr>
<tr><td>5.0110(Y)</td><td>4.909(Y)</td></tr>
<tr><td colspan="2">第 1 扭转周期(s)</td><td>2.9144</td><td>2.641</td></tr>
<tr><td colspan="2">第 1 扭转周期/第 1 平动周期</td><td>0.56</td><td>0.52</td></tr>
<tr><td colspan="2">结构总质量(kN)</td><td>2540606</td><td>2541031</td></tr>
<tr><td rowspan="2">剪重比</td><td>X</td><td>1.395%</td><td>1.408%</td></tr>
<tr><td>Y</td><td>1.521%</td><td>1.506%</td></tr>
<tr><td rowspan="2">风荷载作用下最大层间位移角</td><td>X</td><td>1/930(42 层)</td><td>1/920(49 层)</td></tr>
<tr><td>Y</td><td>1/563(48 层)</td><td>1/565(52 层)</td></tr>
<tr><td rowspan="2">地震作用下最大层间位移角</td><td>X</td><td>1/977(42 层)</td><td>1/1024(49 层)</td></tr>
<tr><td>Y</td><td>1/813(56 层)</td><td>1/790(56 层)</td></tr>
<tr><td rowspan="2">考虑偶然偏心最大位移比</td><td>X</td><td>1.20(10 层)</td><td>1.203(12 层)</td></tr>
<tr><td>Y</td><td>1.15(9 层)</td><td>1.146(9 层)</td></tr>
<tr><td rowspan="2">刚重比</td><td>X</td><td>2.469</td><td>2.498</td></tr>
<tr><td>Y</td><td>2.639</td><td>2.363</td></tr>
</table>

周期比满足《高规》关于B级高度复杂高层建筑周期的要求。在风荷载和地震作用下，层间位移角均满足规范要求；X、Y方向剪重比均满足《抗规》要求；位移比、楼层层间受剪承载力等均满足《高规》要求。

5.2 其他分析

顶点风振舒适度分析：由风洞试验分析结果可知，在重现期10年风荷载作用下，塔楼顶层公寓的峰值加速度为0.16m/s^2(基于2%阻尼)，略大于高规限值0.15m/s^2(公寓)。考虑利用塔楼顶部的消防水箱设置增加阻尼的减振装置（TSD)。

小震弹性时程分析：部分楼层（含基底）剪力平均值大于规范反应谱结果，故应对相应楼层的反应谱分析的剪力结果在弹性阶段进行调整。时程分析的平均层间位移角最大值为1/752，满足《抗规》要求。

中震分析：底部加强区剪力墙、搭接柱等关键构件和其他部位剪力墙、框架柱等普通构件均未出现超筋和受剪截面不足的情况；大部分框架梁和连梁也未出现超筋和受剪截面不足的情况；较少楼层的个别梁出现剪扭超限的情况，但均小于限值5%。

计算结果表明，本工程能够满足中震性能目标3的要求。

5.3 大震动力弹塑性分析

采用SAUSAGE软件选用2条地震波、1条人工波对该结构进行动力弹塑性时程分析，水平双向输入地震波，主、次方向分别按100%和85%幅值施加。X向主输入作用下最大层间位移角为1/164，出现在31层；Y向主输入作用下最大层间位移角为1/100，出现在55层，均满足抗规限值1/100的要求。退台收进部位的剪力墙混凝土受压损伤明显加大，对这部分墙体进行加强后损伤有所减缓。大退台处的楼板混凝土的损伤比较大，施工图阶段予以适当的加强。

6 结构设计的关键问题

6.1 关于塔楼大退台的影响分析

塔楼体型特殊，在约150m高度处出现大退台——单边大幅收进约1/2平面。经计算分析，大退台对结构造成的不利影响主要有：1）单边不对称收进引起竖向偏心荷载，对结构带来较大的附加弯矩和剪力。2）竖向荷载作用下，南面和北面竖向沉降差较大，且造成不可忽略的水平位移。3）收进处刚度突变较严重，应加强收进区域及其上、下层竖向构件的抗震性能。

6.1.1 设计措施

（1）针对塔楼大退台所做的整体结构布置

图6-1～图6-3为塔楼竖向构件轴压比沿高度分布情况。在31层大退台楼层之前，有部分墙柱轴压比处于较低的压力水平，且越靠近退台处压力水平越低。产生这种现象的原因是：1）这部分墙柱有其自身受弯、受剪承载力方面的需求；2）结构整体抗侧刚度上也需要这部分墙柱参与，需保持一定的截面。由于大退台一侧的墙柱无法跟通高一侧的墙柱

保持相当的压应力水平，使得它们之间存在压缩变形差。基于以上研究，应采取相应的设计措施来应对大退台所引起的附加水平变形问题：对抗压刚度进行调配，即对于收进一侧（南半塔）的墙柱轴压比，使其仅仅满足最低要求；而对于通高一侧（北半塔），则使其墙柱轴压比在满足最低要求的基础上还留出更多的富余，有意加大其墙柱截面。

从图 6-4 可以看出，只要调配所得的抗压刚度中心能与这个综合质心完全吻合，则可避免实质性的偏心问题。但实际上达不到如此理想的状态，只要使得南半塔和北半塔之间因压力水平不一致而引起的压缩变形差的趋势被控制在最小范围内即可。

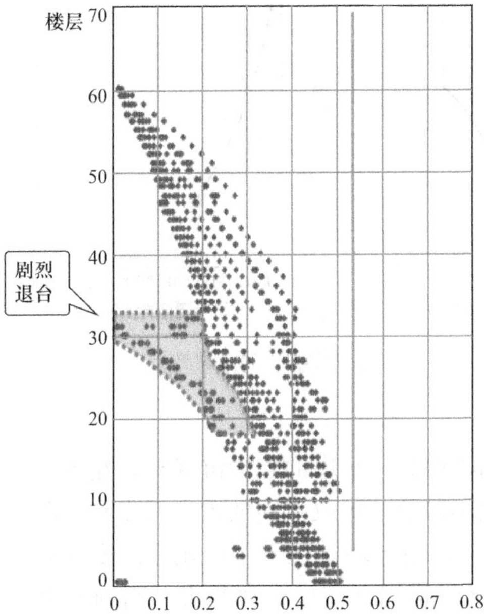

图 6-1　剪力墙轴压比分布情况

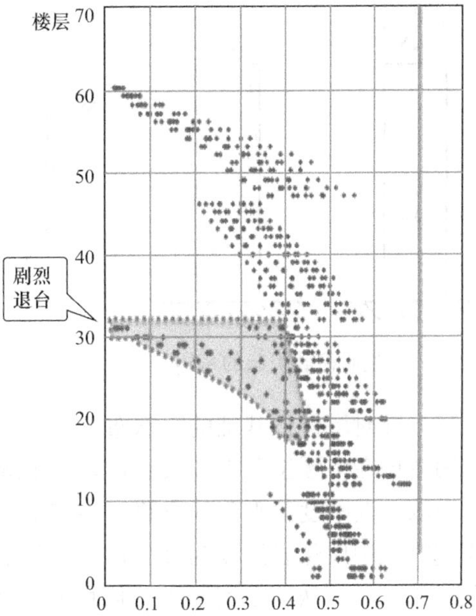

图 6-2　框架柱轴压比分布情况

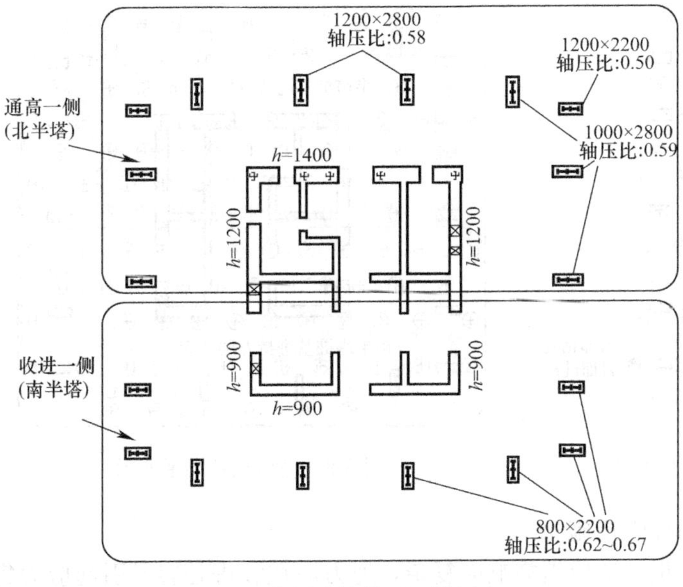

图 6-3　首层墙柱截面、轴压比

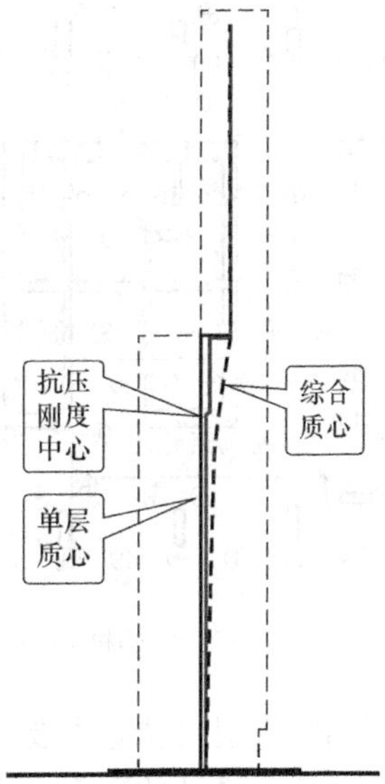

图 6-4　综合质心分布立面示意图

（2）竖向荷载作用下的偏心及其效应

在核心筒收进第32层处，质心与形心产生的Y向偏心距最大约9m，第32层以下，偏心距沿结构高度迅速变小。偏心距及其引起的倾覆弯矩如图6-5、图6-6所示。竖向荷载不均衡引起的倾覆弯矩约5×105kN·m，约为风荷载倾覆弯矩的12%。

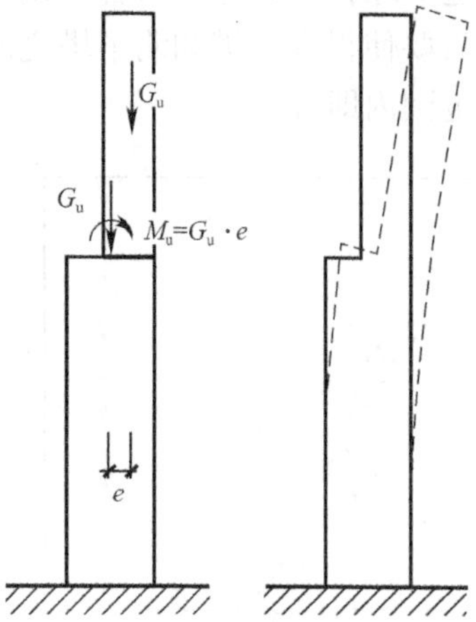

图6-5　偏心荷载引起的弯矩

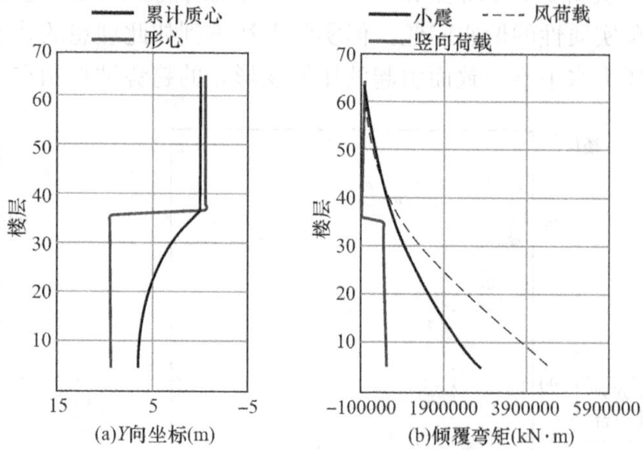

图6-6　不同荷载引起的倾覆弯矩

（3）针对塔楼桩基础的特殊布置

因塔楼在中腰位置出现大退台，为了减小南半塔和北半塔的竖向沉降差，在桩基设计时，采取“变刚度调平”的思路，将南半塔和北半塔的基桩取不同的入岩深度和桩距：北半塔基桩入中风化岩深度为2.5m，桩距约3.75m；南半塔基桩入中风化岩深度为0.5m，桩距约4.95m。从而令南半塔（低塔）的沉降比北半塔（高塔）的稍大，达到调平的目的。塔楼桩基平面图如图6-7、图6-8所示。

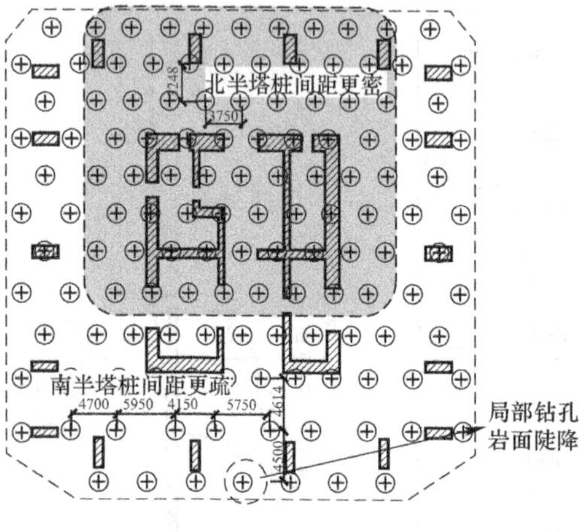

图6-7　塔楼桩基础桩间距平面图

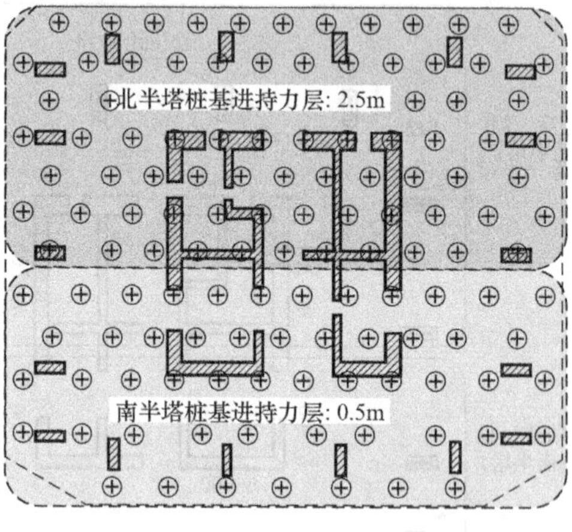

图6-8　塔楼桩基础平面图

（4）大退台位置主要构件的加强措施

由于收进处的刚度突变较严重，造成地震响应复杂，剪力墙在收进处容易引起应力集中，故在收进位置的上、下层均设置了钢板剪力墙进行加强，同时尽量均匀过渡，避免造成上、下层的刚度和承载力的过大突变，如图 6-9 粗线填充范围所示，墙内增设的钢板，厚度为 40mm（Q390B）。

6.1.2 塔楼竖向施工模拟分析

本塔楼在中腰处出现大退台，在竖向荷载作用下，将产生不均匀的竖向和水平变形，对主体结构构件会产生附加内力，对电梯、幕墙等非结构构件将产生不利的变形影响。基于上述情况，利用 MIDAS/Gen 进行塔楼竖向施工模拟分析，目的是通过施工阶段和使用阶段（考虑收缩、徐变长期荷载效应）对墙柱压缩变形及水平变形进行分析，为指导后期施工阶段的楼板找平，对墙柱的压缩变形量提供一个更准确的评估。主要分析内容如下：1）混凝土柱和核心筒剪力墙在长期竖向荷载效应下的徐变和收缩分析，并估算压缩变形量和水平变形量；2）考虑施工顺序的楼面标高补偿。

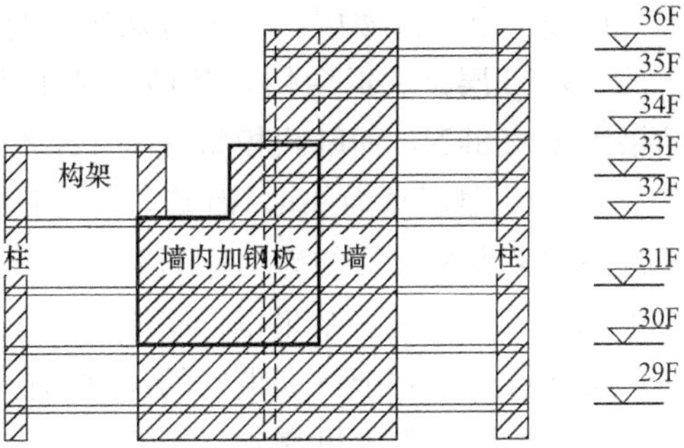

图 6-9 大退台相关楼层结构剖面图

经分析，由于收缩、徐变的关系，随着时间的推移（动），可以得到一定的缓解。完工 12 年后的 Y 向徐变的影响大约增加了 35%；收缩的影响是负数，反而改善了水平变形。

6.1.3 桩-土-上部结构共同作用

由于塔楼大退台收进对竖向及水平位移影响较大，基础依据“变刚度调平”的思路，采取“北密南疏”的桩基布置来缓解重心偏置而导致的地基不均匀沉降。这种情况下，有必要考虑基础、大承台及其下部土层的刚度对上部结构共同作用影响。针对桩基础、大承台及其下部土层运用 MIDAS/Gts 软件进行有限元建模分析，通过输入上部模型基础反力而得出基底刚度，再带入上部施工模拟模型计算。

当考虑了共同作用的桩基沉降影响之后，上部结构在重力荷载作用下的水平变形，由原来的 84mm 增大到了 103mm；最大的层间位移角为 1/657。

6.2 时域显式随机模拟法与振型分解反应谱法结果对比分析

因本项目存在大退台，且竖向较不规则，根据广东省标准《高层建筑混凝土结构技术规程》DBJ 15—92—2013 的规定：1）反应谱 CQC 法所采用的基本假定对计算结果有不同程度的影响，对不同的结构响应量，其影响程度和影响机理也各不相同，使用该法进行结构地震作用计算时，应慎重考虑其结果的合理性。2）时域显式随机模拟是一种真正意义的随机振动方法，无需引入反应谱 CQC 法的计算假定，具有更高的计算精度。因此，采用时域显示随机模拟法进行补充分析（由华南理工大学完成），并与弹性时程分析的结果进行了对比（表 6-1），施工图阶段将根据时域显式随机模拟法结果对薄弱楼层及特殊构件进行相应加强。

结果对比 表 6-1

项目	时域显式随机模拟法	反应谱法	差异
32 层（收进层）剪力墙	$V=12779$kN	$V=10888$kN	17.4%
46 层（高度突变层）某框架柱	$V=134$kN	$V=112$kN	19.4%

挑选一个关键楼层、一个特殊构件的内力来作对比：

(1) 32层是大退台层，其剪力墙剪力是设计上所关注的关键响应，反应谱法的计算结果为10888kN，而随机模拟法为12779kN，反应谱法结果偏低了17.4%。

(2) 46层层高为6m，而其下一层只有3.2m、其上一层只有3.3m，层高有突变。挑选这一层某根框架柱的剪力作为关注对象，反应谱法的计算结果为112kN，而随机模拟法为134kN，反应谱法结果偏低了19.4%。

由此可得，对于特别重要的关键构件，应采用时域显式随机模拟法的结果直接进行设计（对重要构件更为可靠）。

7 针对超限情况的计算分析及相应措施

7.1 计算分析措施

(1) 采用不同力学模型的空间分析程序（YJK、ETABS），对整体结构进行分析，结果表明两者的吻合较好；除了对所有构件进行小震弹性的计算外，还采用YJK程序，根据抗震性能目标，对各类主要构件进行中震与大震的补充分析。根据规范要求及风洞试验计算风荷载。采用YJK进行小震作用下弹性动力时程分析，并采用时域显示随机模拟法作为反应谱法的补充分析。采用SAUSAGE进行大震的动力弹塑性分析，对主要构件的损伤情况、钢筋的塑性应变情况进行了评估，评价结构的抗震性能，验证该结构所采用的结构措施的可靠性，满足了设定的性能目标的要求。对结构进行了整体稳定的弹性屈曲分析。论证了结构整体稳定的安全性。采用YJK软件对大开洞层楼板、搭接柱区域、竖向收进区域的楼板进行了不同工况的楼板应力分析，分析楼板大开洞、搭接柱区域、竖向收进对楼板受力的影响。采用弹性板和不考虑楼板的计算方法分别统计与搭接柱相连的相关杆件的拉力情况，并进行包络设计。采用ABAQUS对节点区域进行有限元非线性分析，研究节点区域的混凝土型钢以及钢筋的应力情况，以指导设计。

(2) 因塔楼竖向偏心大幅收进，采用MIDAS/Gen进行塔楼竖向施工模拟分析，考虑混凝土收缩、徐变的时效影响，同时结合桩基沉降计算结果，重点分析竖向荷载作用下产生的竖向沉降差和水平变形，以指导下阶段施工图设计。

7.2 设计和构造措施

(1) 主塔楼核心筒楼板加厚至150mm；首层楼板加厚至180mm；屋面层楼板加厚至130mm；以上部位均采取双层双向拉通钢筋。加强搭接柱转换区域相关受拉层的楼板厚度和配筋，建筑5层和6层楼板均加厚至180mm；楼板配置ϕ14@150双层双向通长钢筋。搭接柱转换区域的主要受拉层（建筑第5层）的受拉梁周边楼板设置预应力钢筋，主要受拉梁内增设型钢。根据ABAQUS有限元计算结果，加强搭接柱节点的型钢和钢筋配置，提高结构设计的安全冗余度。根据楼板应力分析的结果，对薄弱部位楼板的厚度及配筋进行适当加强。根据大震弹塑性时程分析结果，底部加强区剪力墙的水平钢筋配筋率提高至0.6%，竖向收进上、下层核心筒局部剪力墙增设钢板（含钢率为5%～6.6%），收进后上部剪力墙竖向及水平钢筋配筋率提高到1.2%，收进上、下层（31～33层）楼板加厚至

180mm，配置 ϕ16@150 双层双向通长钢筋。

（2）根据 MIDAS/Gen 塔楼竖向施工模拟分析结果和桩基沉降计算结果，采用施工调平、桩基变刚度调平（根据荷载分布区分不同的布桩密度和入岩深度）等措施，减小竖向沉降差和水平变形的不利影响。

8 抗震设防专项审查意见

2020 年 9 月 30 日，广东省超限高层建筑工程抗震设防审查专家委员会网络在线主持召开了“横琴保险金融总部大厦”超限高层建筑工程抗震设防专项审查视频会议，广东省勘察设计行业协会会长陈星教授级高工任专家组组长。与会专家听取了广东省建筑设计研究院有限公司关于该工程抗震设防设计的情况汇报，审阅了送审资料。经讨论，提出如下审查意见：

（1）收进层楼盖及其上下 3 层竖向构件为关键构件，并提高抗震等级，收进层楼板厚不小于 200mm。上、下层不小于 150mm，双层双向配筋，配筋率不小于 0.3%，该范围宜按抗震性能 B 级加强。底部外框柱承担水平剪力过低，应由核心筒承担 100%地震剪力。

（2）采用手算和机算相结合方式，复核大震作用下搭接柱产生斜向水平拉力，采用楼板有无的包络设计，设置斜向型钢梁承担水平拉力并锚入剪力墙平面内，并加强相应剪力墙，宜取消预应力设计，在 5 层剪力墙内设置钢圈梁，控制 D+L 工况下裂缝宽度。加强 3、4 层搭接柱平面外拉结，提高其稳定承载力，并补充搭接柱型钢变化处的节点构造和应力分析。

（3）补充斜方向主轴的风荷载和地震作用分析，补充塔楼外扩和收进层构件的大震等效弹性复核，及框架梁的偏心对扁长柱的影响。复核剪力墙支承框架梁处的平面外大震作用下的承载力和稳定性，底部小墙肢应增加垂直翼墙；复核 34 层及以上 E 轴的墙体拉力，并采取加强措施。

（4）提高屋面构架的抗风和抗震能力，收进处构架应采用有和无包络设计，33～56 层楼板开洞较多，应采取加强措施，并进一步复核塔楼舒适度。

审查结论：通过。

9 点评

本项目塔楼存在超高、扭转不规则、局部偏心布置、局部楼层楼板不连续、竖向大幅偏心收进（尺寸及刚度突变）、搭接柱等多项超限，设计中充分利用概念设计方法，采用多种程序对结构进行分析，除满足重力荷载和风荷载作用下的有关指标外，也实现了设定的整体抗震性能目标预期——C 级抗震性能目标，结构是可行且安全的。同时，对于塔楼大退台造成的偏心效应引起较大的附加内力，并产生不可忽略的竖向压缩差及初始水平变形，结构设计中进行了相应的补充分析，评估了相关处理方案，并采取了对应的可靠结构措施，以减小其不利影响。

17 江门悦泰·珠西商务中心1号综合楼

关　　键　　词： B级超高层结构；钢管柱框架-排钢管钢板剪力墙；关键节点
结构主要设计人： 陈　星　张小良　郭达文　陈蛟龙　张雅融　李希锴　钟健德　王建东
设　计　单　位： 广东省建筑设计研究院有限公司

1 工程概况

本项目场地位于江门市新会区明德路南侧（新会南新区梅江萌交、孖洛、九宾、西甲九滨地块），属珠江三角洲冲积平原地貌区，地势开阔平坦；场地原为鱼塘、耕地，现场勘探时正在进行场地整平，地面高程为－0.55～4.55m。场地东、南、西侧为空地；北侧为明德路（相距约90m）。场地周边未见市政排水管和通信、电力等管线通过。

项目建设用地面积104627m²（约157亩），其中住宅建设区用地面积A_1＝38636m²（约58亩），商住建设区用地面积A_2＝65991m²（约99亩），总建筑面积约50万m²。项目±0.000相当于新会直角坐标系高程标高4.500m。其中，1号综合楼建筑面积为地上11.5万m²，地下1.8万m²。

本工程地下室结构内部不设置任何变形缝，地上部分1号综合楼塔楼与裙房之间，设置防震缝，宽200mm。

本工程抗震设防烈度为7度，Ⅲ类场地，设计地震分组为第一组，设计基本地震加速度值为0.10g，场地特征周期0.45（规范值），大震特征周期加0.05s。设计基准期为50年，结构的设计使用年限为50年。本工程建筑结构安全等级为二级，建筑结构耐火等级为一级；地基基础的设计等级为甲级。由于办公塔楼与裙楼组成的结构单元的建筑面积超过8万m²，抗震设防类别确定为重点设防类（乙类），抗震措施提高一度按8度考虑。

本项目整体效果图如图1-1～图1-3所示。

图1-1　场地鸟瞰图

图1-2　1号综合楼建筑屋顶效果图

图 1-3　1号综合楼建筑效果图

2　结构体系与结构布置

结合建筑平面功能、立面造型、抗震（风）性能要求、施工周期以及造价合理等因素，本工程1号综合楼结构体系采用钢筋混凝土框架-核心筒结构体系，典型楼层的主要结构平面图如图2-1、图2-2所示。

（1）核心筒为排钢管钢板混凝土剪力墙；框架柱为钢管混凝土柱；外框柱东西方向柱不变角度，南北方向为斜柱；首层～12层由内往外轻微倾斜（倾角2.83°），13～66层由外往内轻微倾斜（倾角1.48°），66层到屋面由内往外倾斜（倾角13.5°）。

（2）楼盖为钢筋混凝土楼盖，重力荷载通过楼面水平构件传递给核心筒和外框柱，最终传递至基础。水平荷载产生的剪力和倾覆弯矩由外框架与核心筒共同承担，其中剪力主要由核心筒承担，倾覆弯矩由外框架与核心筒共同承担。

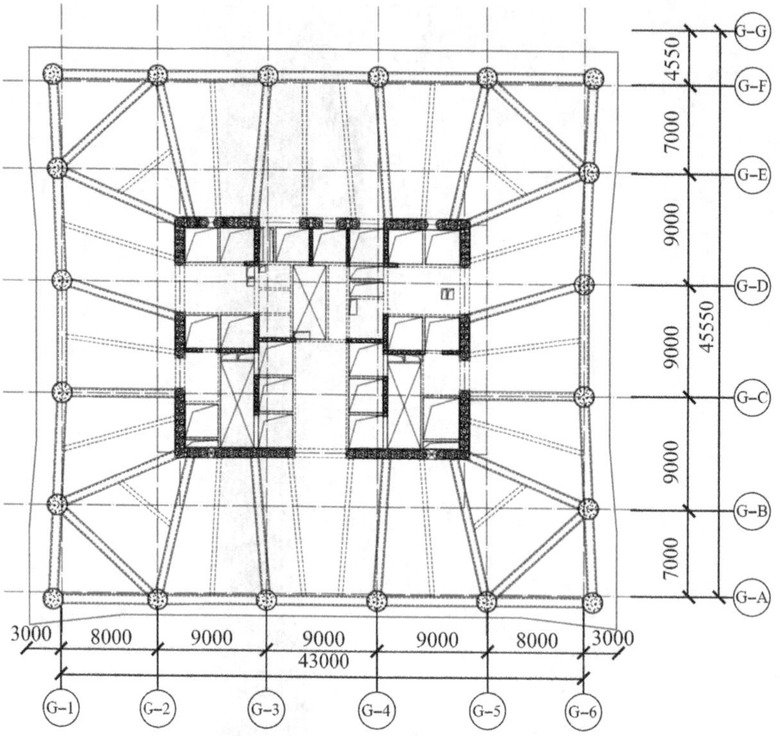

图 2-1　1 号综合楼结构平面图

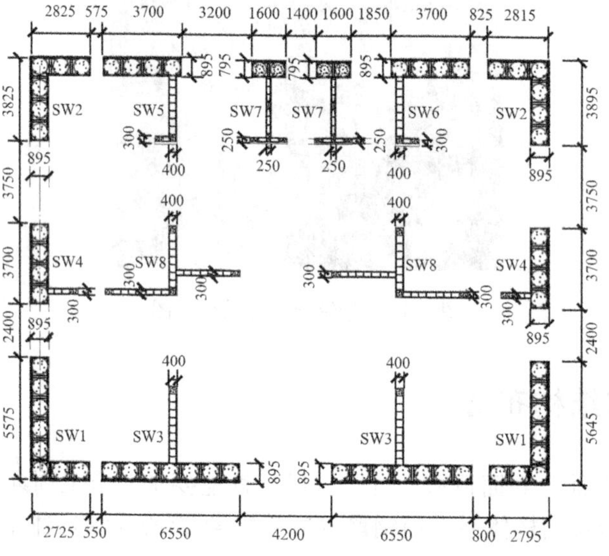

图 2-2　基础面至 14 层核心筒区域墙柱平面布置图

3　基础设计

岩土工程勘察报告显示，场地地貌类型属珠江三角洲冲积平原地貌区，地势开阔平坦；场地原为鱼塘、耕地，现场勘探时正在进行场地整平，地面高程为-0.55～4.55m。结合主体结构的具体受力特点，对 1 号综合楼及其相关范围内的地基基础主要采用天然岩基上的桩筏基础，桩基成桩工艺采用旋挖灌注桩方式，基底持力层为微风化泥岩，要求其岩石天然单轴抗压强度标准值 $f_{rk}\geqslant 14.3$MPa。桩布置采用长短桩方式，核心筒范围桩长比外框柱范围桩长入岩深度略增加，以控制核心筒与外圈框柱的沉降差，基础平面布置图如图 3-1 所示。

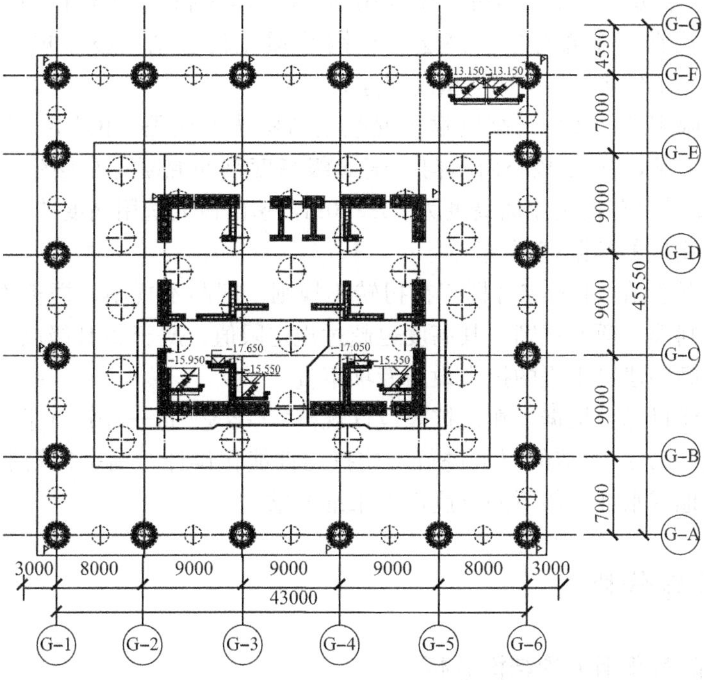

图 3-1 1 号综合楼基础布置平面图

本塔楼周边相关范围的裙楼及纯地下室部分，采用天然岩基上的旋挖灌注桩基础（基础间设无梁防水底板）；基底持力层为微风化泥岩，要求其岩石天然单轴抗压强度标准值 $f_{rk}\geqslant 14.3$MPa。

由于纯地下室区域以及部分裙楼区域的结构自重及首层填土等永久荷载不能平衡水浮力，为满足建筑物整体抗浮要求及控制底板结构配筋的经济性，在裙楼和纯地下室底板板中部设置旋挖灌注桩，直径 $d=1000$mm，桩长 45～55m，其抗拔承载力特征值为 $R_{ta}=1500$kN。

4 荷载与地震作用

（1）楼面荷载：本项目各区域的楼面荷载（附加恒荷载与活荷载）按规范与实际做法取值。

（2）风荷载：本工程的风荷载及相关参数取值，按《建筑结构荷载规范》GB 50009—2012 执行，见表 4-1。

风荷载 **表 4-1**

基本风压值 w_0	基本风压重现期	地面粗糙度类别	体型系数	备注
0.65kN/m²	50 年	B	1.4	结构整体特性分析及承载力验算
0.35kN/m²	10 年			风振舒适度计算

5 结构超限判别及抗震性能目标

(1) 特殊类型高层建筑：1号综合楼采用钢管柱框架-排钢管钢板核心筒体系，排钢管钢板剪力墙形式已在广东省标准《高层建筑钢-混凝土混合结构技术规程》DBJ/T 15—128—2017采用，故不属于"特殊类型高层建筑"。

(2) 高度超限判别：按照《高层建筑混凝土结构技术规程》JGJ 3—2010（下文简称《高规》）第3.3.1条，框架-核心筒结构7度B级高度钢筋混凝土高层建筑的最大适用高度为180m；而1号综合楼主屋面高度为332.00m，超出最大适用高度约152m，故1号综合楼属于超B级高度的超限高层建筑。

(3) 超限情况总结：1号综合楼存在扭转不规则、凹凸不规则、楼板不连续、承载力突变、局部不规则等5项不规则，其高度也超过规定限值，属于超B级高度的超限高层建筑，应进行超限高层建筑工程的抗震设防专项审查。

(4) 抗震性能目标：根据《建筑抗震设计规范》GB 50011—2010（下文简称《抗规》）的要求及《高规》第3.11节的要求进行结构抗震性能化设计，满足钢筋混凝土结构各抗震性能目标在各地震水准条件下的抗震性能水准要求。

6 结构计算与分析

6.1 小震及风荷载作用下的结构分析

由于1号综合楼为超限高层建筑，根据广东省标准《高层建筑混凝土结构技术规程》DBJ 15—92—2013第5.1.14条的规定，选用YJK软件（V1.8.3.1）和ETABS软件（V16.0.2）进行分析。

6.1.1 最大层间位移角

通过YJK及ETABS的分析，在小震和风荷载作用下，得到结构顶点位移及最大层间位移角，如表6-1所示。

顶点位移及最大层间位移角 **表6-1**

项目	分析软件	方向	重现期50年风荷载	小震
楼层顶点位移（最大层间位移角）	YJK	X向	440.66 (1/596)	287.58 (1/836)
		Y向	590.85 (1/467)	326.93 (1/767)
	ETABS	X向	425.66 (1/617)	282.84 (1/850)
		Y向	568.92 (1/485)	317.41 (1/790)

从表6-1可见，所有楼层在X与Y方向地震作用下最大层间位移角为1/767，小于《高规》1/500的限值要求；风荷载作用下最大层间位移角为1/467，小于规范1/450的限值，满足要求。

6.1.2 剪重比

通过YJK及ETABS的分析，在小震作用下，得到结构各楼层X、Y向的计算剪重比（调整前），表6-2为计算剪重比与规范下限值的对比。

计算剪重比与规范下限值的对比 表 6-2

项目	最小计算剪重比（与下限值的比值）	不满足的楼层数（占总层数的比例）
YJK-X 向	1.032%（86.0%）	19（25%）
YJK-Y 向	1.012%（84.3%）	19（25%）
ETABS-X 向	1.06%（88%）	17（22%）
ETABS-Y 向	1.04%（86.7%）	18（23%）

统计结果显示计算剪重比不足的楼层较多，这说明本塔楼结构略为偏柔，但各项整体指标（基本周期、层间位移角、刚重比、整体屈曲因子）均表明该结构具有足够、合适的抗侧刚度及稳定性，其余各项计算指标也在合理范围内，且程序已自动对所有剪重比不足的楼层地震剪力进行了适当放大，均满足规范要求。经综合判断，认为本塔楼结构的抗侧刚度是合理的。

6.1.3 小震弹性时程分析

1号综合楼为超100m的建筑，抗震设防烈度为7度，根据《高规》第4.3.5条的规定，需采用弹性时程分析程序对建筑物在多遇地震作用进行补充验算。输入地震波为5组实际地震记录和2条场地合成人工波——人工波1和人工波2，采用YJK进行弹性动力时程分析时，按7度地震、Ⅲ类土、50年时限内超越概率为63.2%（小震）、阻尼比为0.04考虑。分析结果见表6-3。

由表6-3可看出：

（1）1号综合楼弹性时程分析采用了5组实际记录的地震波及2组人工地震波，符合《高规》第4.3.5条的规定，时程分析结果满足平均底部剪力不小于振型分解反应谱法结果的80%，每条地震波底部剪力不小于反应谱法结果的65%的条件。

（2）由分析结果对比可见，弹性时程分析的多层（含基底）剪力平均值大于规范反应谱结果，故应对相应楼层的反应谱分析的剪力结果在弹性阶段进行放大，并与前述剪重比放大系数包络取值，经计算，弹性时程分析剪力的最大放大系数小于剪重比放大系数1.162（X向）和1.185（Y向），无须再另外放大。

（3）楼层位移曲线以弯剪型为主，位移曲线光滑无突变，反映结构侧向刚度较为均匀。

基底最大总剪力及最大层间位移角 表 6-3

地震方向	项目	最大层间位移角（计算层）	基底最大总剪力（kN）	基底最大总剪力与振型分解法的比值
0°	CHY052-E_	1/991（70）	22412.322	87%
	HWA038-V_	1/1118（52）	20591.815	80%
	Loma Prieta_NO_759，T_g(0.66)	1/1338（70）	19617.457	76%
	Landers_NO_855，T_g(0.53)	1/979（53）	20428.628	80%
	Loma Prieta_NO_735，T_g(0.62)	1/1219（70）	21759.861	85%
	USER1	1/767（70）	25179.642	98%
	USER2	1/741（53）	27948.037	109%
	地震波均值	1/1021	22562.537	88%
	振型分解法	1/836（51）	25522.712	100%

续表

地震方向	项目	最大层间位移角（计算层）	基底最大总剪力（kN）	基底最大总剪力与振型分解法的比值
90°	CHY052-E_	1/1104 (54)	20269.525	80%
	HWA038-V_	1/1109 (70)	19338.519	77%
	Loma Prieta_NO_759，T_g(0.66)	1/1161 (70)	21909.661	87%
	Landers_NO_855，T_g(0.53)	1/1057 (50)	20515.216	81%
	Loma Prieta_NO_735，T_g(0.62)	1/1198 (70)	19639.339	78%
	USER1	1/688 (53)	25524.018	101%
	USER2	1/690 (53)	25749.704	102%
	地震波均值	1/1001	21849.426	87%
	振型分解法	1/767 (50)	25029.606	100%

6.1.4 结构顶点风振舒适度分析

根据《高规》第 3.7.6 条的规定，高度不小于 150m 的高层混凝土建筑应满足风振舒适度要求，结构顶点风振加速度限值见表 6-4。

结构顶点风振加速度限值 **表 6-4**

使用功能	顶点风振加速度限值 a_{lim}(m/s²)
住宅、公寓	0.15
办公、旅馆	0.25

本工程使用功能为办公、旅馆，由 YJK 计算得出，结构顶部峰值加速度响应 X 向为 0.241m/s²，Y 向为 0.161m/s²，小于限值 0.25m/s²（办公、旅馆），满足规范要求。

6.1.5 小结

（1）满足《高规》第 3.4.5 条关于复杂高层建筑结构扭转为主的第 1 自振周期与平动为主的第 1 自振周期之比，B 级高度高层建筑不应大于 0.85 的要求。

（2）在风荷载和地震作用下，层间位移角均满足有关规范的要求。

（3）X、Y 方向剪重比均满足《抗规》第 5.2.5 条的要求。

（4）满足《高规》第 3.4.5 条关于不规则建筑各楼层的竖向构件最大水平位移不应大于该楼层平均值的 1.5 倍的要求。

（5）满足《高规》第 3.5.2 条关于高层建筑相邻楼层的侧向刚度变化的要求。

（6）满足《高规》第 5.4.4 条关于结构稳定性的要求。

（7）墙、柱的轴压比均符合《高规》的要求。

6.2 中震作用下的结构分析

采用 YJK 软件对设防烈度地震（中震）作用下，除普通楼板、次梁以外所有结构构件的承载力，根据其抗震性能目标，结合《高规》中“不同抗震性能水准的结构构件承载力设计要求”的相关公式，按全楼弹性楼板计算的中震验算的整体计算结果如表 6-5 所示。

中震计算中，承载力利用系数压、剪取 0.74，弯、拉取 0.87。

中震计算简要结果 表 6-5

指标		0°	90°
中震作用下最大层间位移角		1/272 (50)	1/254 (50)
基底剪力（地面首层）	Q_0(kN)	72709.92	71576.64
Q_0/W_t		2.941%	2.895%
基底弯矩（地面首层）	M_0(kN·m)	13506775.01	13669529.28

经分析可知，所有竖向构件的抗弯、抗剪均未出现超限情况；跨层柱、底部加强区剪力墙等关键构件未出现超筋情况；小部分楼层的剪力墙连梁出现超筋的情况，框架柱、框架梁的配筋较多遇地震作用下的配筋稍小（因多遇地震作用同时考虑风荷载作用），部分框架梁出现超筋情况，普通剪力墙满足受剪截面验算的要求。满足中震性能目标3的要求。

6.3 大震作用下的结构分析

6.3.1 大震 Push-over 分析

静力推覆分析可以通过施加逐步增大的水平力来模拟水平地震作用，水平力的施加采用三角荷载模式。在材料非线性和几何非线性的计算中，随着推覆力的增加，结构各部分从弹性阶段逐渐发展到塑性阶段，然后部分到结构破坏，该过程中可以了解整个结构的受力特性以及各个构件的破坏机制。

大震作用下静力弹塑性分析所得的性能点处相关指标如表6-6所示。

静力弹塑性分析简要指标 表 6-6

指标	推覆方向为0°	推覆方向为90°
顶点位移（mm）	1577.7	1577.4
最大层间位移角（层号）	1/181 (52)	1/175 (51)
基底剪力（kN）	113680	115414.8

Push-over 计算结果如下：

（1）在罕遇地震作用下，基底剪力与小震基底剪力比值约为4.0～4.9，结构进入塑性后刚度衰减，但程度并不深；弹塑性位移角为 X 向1/120，Y 向1/119。总的来说，计算结果基本满足位移角限值1/100的要求，符合《高规》第3.11.4条的规定，建筑物可实现“大震不倒”的抗震设防目标。

（2）X 向推覆过程中，从开始加载至性能点加载步，整楼连梁出现塑性铰耗能破坏较多，底部加强区受拉部位部分排钢管连接墙体出现屈服，核心筒收截面处楼层受压区排钢管连接墙体出现小部分损伤，但均未出现连续发展的情况。墙体内钢管柱均无损坏，连接钢管的墙体出现轻度损伤，反映结构有良好的抗震性能。

（3）Y 向推覆过程中，从开始加载至性能点加载步，整楼连梁出现塑性铰耗能破坏较多，底部加强区受拉部位部分排钢管连接墙体出现屈服，核心筒收截面处楼层受压区排钢管连接墙体出现小部分损伤，但均未出现连续发展的情况。墙体内钢管柱均无损坏，连接钢管的墙体出现轻度损伤，反映结构有良好的抗震性能。

6.3.2 结构损伤分析

选用某人工波作为典型地震波分析结构损伤情况。

梁指标评价：部分框架梁和较多连梁进入屈服状态，部分连梁达到严重损坏；水平构件起到较好的耗能作用，即结构安全，与预期的设定目标相符，满足大震性能目标要求。

外框柱、核心筒柱指标评价：结构底部加强区较多外框柱及核心筒柱达到屈服状态，部分柱出现屈服程度较高现象，但外框柱的损伤值均为 0.72～0.88、核心筒柱为 0.7～0.85，仍有一定安全富余度。上部平面收进较大位置，斜柱达到弯曲屈服状态，非线性发育程度不高，有一定安全富余度。

对关键构件，经过截面的承载力复核验算，以及抗剪截面验算，均满足验算要求，故柱满足大震性能目标要求。对薄弱部位，将在下一阶段适当加强。

型钢指标评价：钢材屈服程度较低，损伤因子较小，基本控制在 0.1 之内，非线性发育程度低，说明仍有较高冗余度，延性较好。

7 关键节点做法

本工程为钢管柱框架-排钢管钢板核心筒体系，其中钢板剪力墙为钢管柱通过钢板连接组成（图 7-1～图 7-3），由于顶部楼层南北方向的收进，在 63 层处新增了钢管混凝土斜柱，倾角约为 9°，在与原钢管混凝土柱斜交处，采用焊接，节点核心区设置有上、下水平内外环板，钢管内、外竖向加劲肋，工字钢牛腿；斜柱下方设置了带有竖向加劲肋的托板封底，并在对应位置的原钢管柱内设置了水平内环板。根据计算结果设置加强层，可提高结构的抗侧刚度，本工程考虑在 34 层和 58 层设置两道环形加强带，效果较好，加强层环带桁架节点构造如图 7-4 和图 7-5 所示；整个斜交区长约 3.8m，在节点区上部也新增一道水平加劲肋，作为构造加强措施，如图 7-6 和图 7-7 所示。

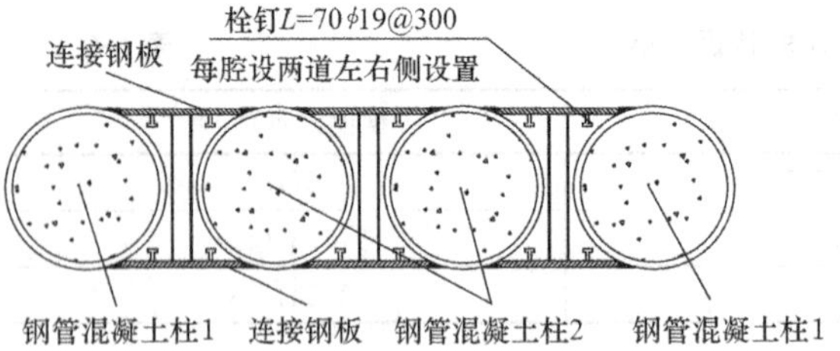

图 7-1 排钢管钢板混凝土剪力墙（一字形剪力墙）

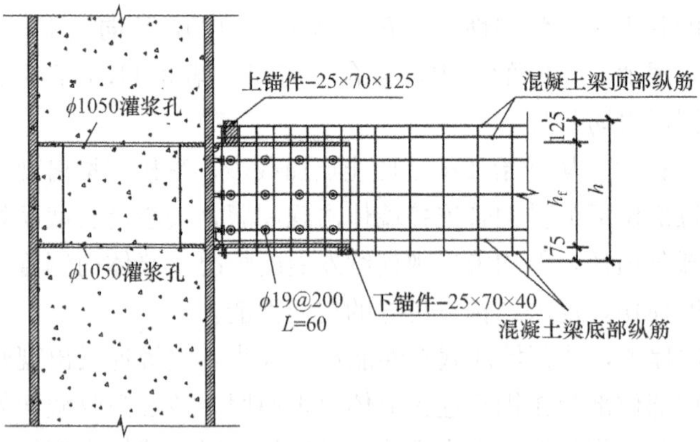

图 7-2 外围钢管混凝土柱与钢筋混凝土梁连接

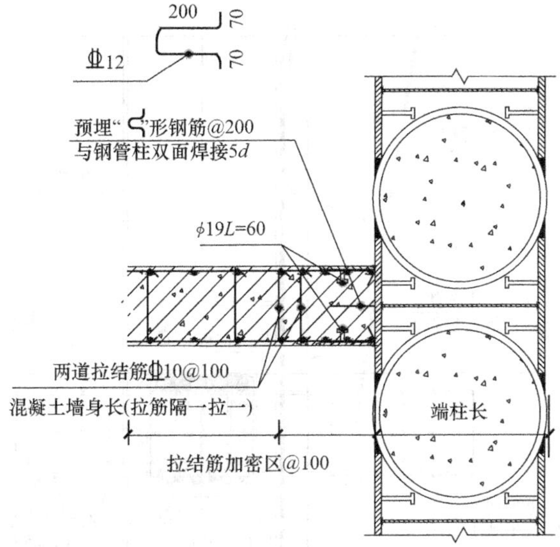

图 7-3 剪力墙与钢筋混凝土墙连接大样

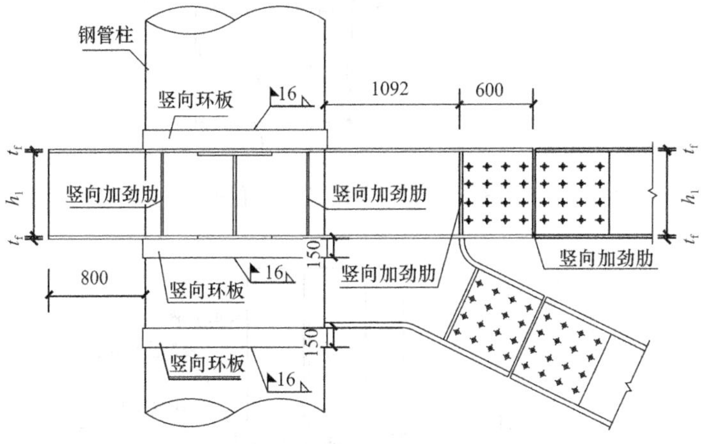

图 7-4 环带桁架节点大样一

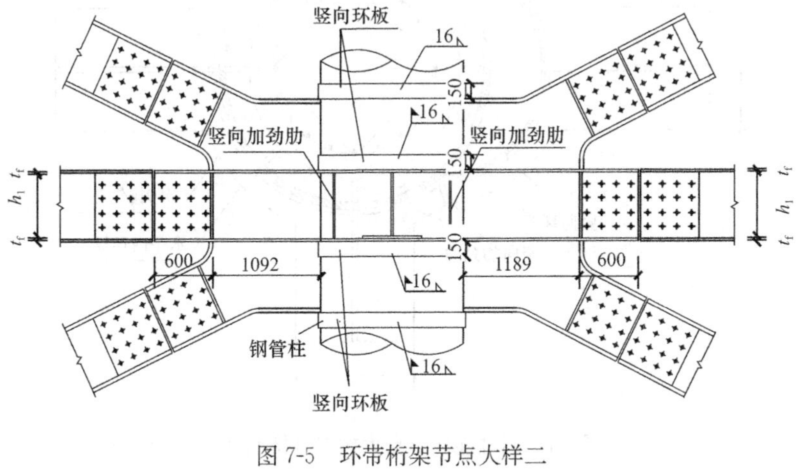

图 7-5 环带桁架节点大样二

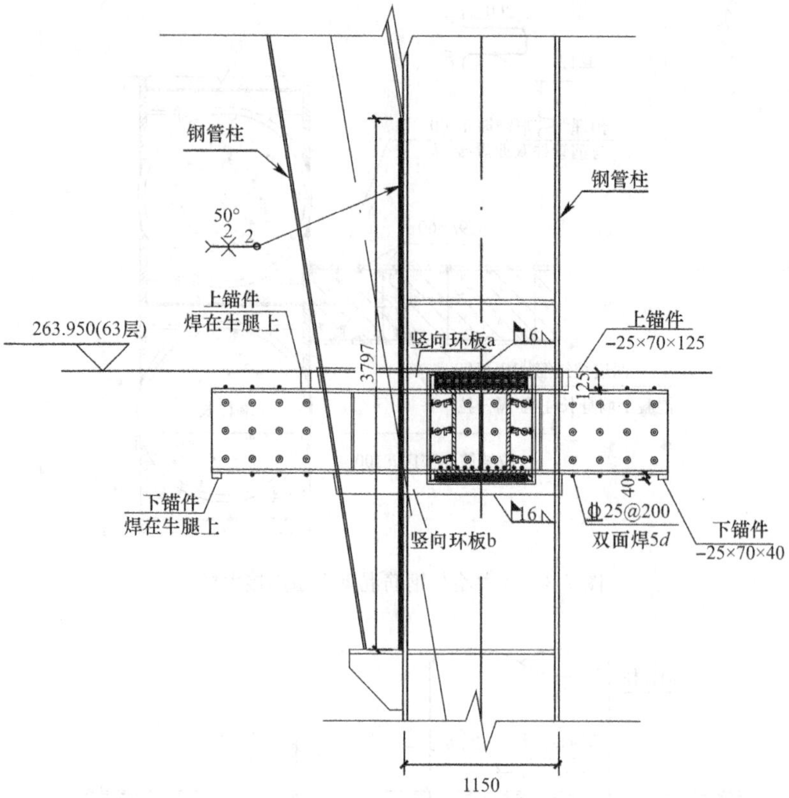

图 7-6　斜柱连接节点大样一

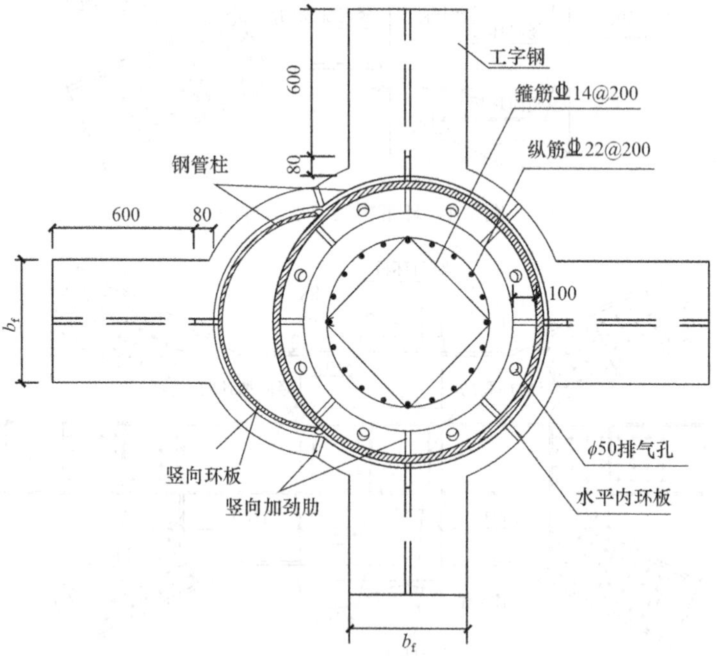

图 7-7　斜柱连接节点大样二（横断面）

8 加强措施

(1) 根据超限情况、受力特点及其重要性，确定抗震性能目标为C级。

(2) 根据中震作用下的等效弹性分析结果，对结构薄弱部位、关键部位进行适当加强。

(3) 大震作用损伤较大的混凝土连梁改为U形钢梁加强。

(4) 对于薄弱层及损伤较大的竖向构件，采取加大壁厚措施，提高受剪承载力；底部加强区核心筒钢管柱角部四个柱壁厚不小于40mm，整体钢管柱壁厚不小于35mm，钢板墙壁厚不小于35mm。

(5) 设备层及上下各一层、斜柱斜率变化层（5～8层、60～63层）及上下各一层楼板加厚至150mm，楼板配置双向通长钢筋，配筋率不小于0.25%；斜柱斜率变化层（5～8层、60～63层）框架梁配筋加强，配筋率不小于1.5%，箍筋全长加密。

(6) 对于楼板局部不连续区域，根据应力分析结果，对薄弱部位楼板的厚度及配筋进行适当加强。

(7) 对于受剪承载力比小于75%楼层的钢板剪力墙，采用钢板厚度增大的措施进行加强。

(8) 加强排钢管剪力墙构造控制：1）排钢管钢板剪力墙连接钢板的厚度不宜小于钢管壁厚，需具有一定的刚度；2）排钢管的净距不宜过小；3）连接钢板需采用钢筋或钢板进行拉结；4）控制排钢管钢板连接部位的剪力墙轴压比不超过0.9；5）控制排钢管钢板剪力墙的综合轴压比不超过0.85。

9 抗震设防专家审查意见

本项目抗震设防专家审查会议在江门市新会区明德路南侧（新会南新区梅江葫交、孖洛、九宾、西甲九滨地块）项目部举行，魏琏教授任专家组组长。

针对1号综合楼存在扭转不规则、凹凸不规则、楼板不连续、承载力突变、局部不规则等5项不规则，其高度也超过规定限值，属于超B级高度的超限高层建筑，超限审查专家组提出以下意见：

(1) 现有结构体系可行，所采用的抗震加强措施有效，可保证结构的抗震安全性。

(2) 重点控制排钢管剪力墙两端钢管混凝土的轴压比，具体根据大震损伤情况确定。

(3) 层间位移角可适当放大，可按1/450控制。

(4) 钢管混凝土框架抗震等级可取一级。

(5) 小震阻尼比可取4%。

(6) 补充风洞试验。

(7) 加强大震弹塑性分析，包括动力和静力分析的对比，重点为排钢管钢板剪力墙核心筒的损伤；按不同模型分析排钢管钢板剪力墙力学性能。

(8) 加强混凝土楼板与钢管剪力墙的连接，保证剪力传递。

(9) 建议上部结构适当优化。

审查结论：通过。

10 结论

本工程存在扭转不规则、凹凸不规则、楼板不连续、承载力突变、局部不规则，高度属于超B级高度的超限高层建筑，设计中充分利用概念设计方法，对关键构件设定抗震性能化目标，并在抗震设计中，采用多种程序对结构进行了弹性、弹塑性计算分析，除保证结构在小震作用下完全处于弹性阶段外，还补充了关键构件在中震和大震作用下的验算。计算结果表明，多项指标均表现良好，基本满足规范的有关要求。根据计算分析结果和概念设计方法，对关键和重要构件做了适当加强，以保证在地震作用下的延性。

因此，可以认为1号综合楼除满足竖向荷载和风荷载作用下的有关指标外，也实现了设定的整体抗震性能目标预期——C级抗震性能目标，结构是可行且安全的。

18 顺德农商银行大厦

关　　键　　词：超 B 级高度；穿层柱；斜柱
结构主要设计人：李恺平　谭　和　温惠祺　杜元诚　唐　靖　劳智源
设　计　单　位：广东省建筑设计研究院有限公司

1　工程概况

顺德农商银行大厦位于佛山市顺德区东部新城区，与顺德区政府相隔 1km，北侧为彩虹路，南侧为兴业路，东临金桂路，西临民安路。本项目用地面积约 2.7 万 m^2，建筑面积约 21 万 m^2，整体建筑由主体塔楼与两栋裙楼构成，各栋裙楼均与主塔楼分缝；位于东南侧主体塔楼高 230m，地上 49 层，为 B 级高度超高层建筑，地下 3 层，埋深 14.6m。本工程塔楼建筑立面效果图如图 1-1、图 1-2 所示。

图 1-1　塔楼南侧整体效果图

图 1-2　塔楼北侧整体效果图

2　结构体系与结构布置

主塔楼结构高度为 230m，平面外包尺寸约为 45m×46m，长宽比为 1.55，高宽比 5.1。

结构特点：2层所有框架柱穿层，4层、5层、7层、29层局部框架柱穿层，35～46层1/1-D轴存在斜柱，与竖向倾斜的夹角为11.3°，48层核心筒局部收进。

根据建筑使用功能及立面的需要，塔楼采用框架-核心筒结构，剪力墙及框架双向布置，构成两道抗震防线，提供结构必要的重力荷载承载能力和抗侧刚度。水平荷载产生的剪力和倾覆弯矩由外框架和核心筒共同承受，其中剪力主要由核心筒承担，倾覆弯矩由外框架与核心筒共同承担。核心筒采用钢筋混凝土剪力墙，筒体四角在低区内置型钢；外框柱低区～中区采用钢管混凝土柱，高区采用钢筋混凝土柱。

核心筒剪力墙厚度为900～400mm，钢管混凝土外框柱为ϕ1500mm，t=40mm，混凝土外框柱为ϕ1400～900mm，竖向构件混凝土强度等级为C60～C40。

本工程采用现浇钢筋混凝土楼盖。各层楼盖的主要结构布置原则如下：

（1）地下室及裙房部分基础采用桩承台加防水板结构，防水板厚度为600mm；塔楼部分基础采用满堂布置的桩筏基础，筏板厚度为2.5～3.0m。

（2）地下室负1层、负2层楼盖采用带柱帽的无梁楼盖，板厚300～450mm。

（3）首层（地下室顶板），室内区域采用主次梁结构，板厚180mm；室外区域采用大板结构，板厚300mm。

（4）裙楼部分采用主次梁结构，板厚主要为120mm；主梁梁高700～900mm，次梁梁高600～750mm。

（5）主塔楼标准层采用主次梁结构，板厚主要为120mm。核心筒底部加强区楼板厚度采用150mm。塔楼标准层结构布置如图2-1所示。

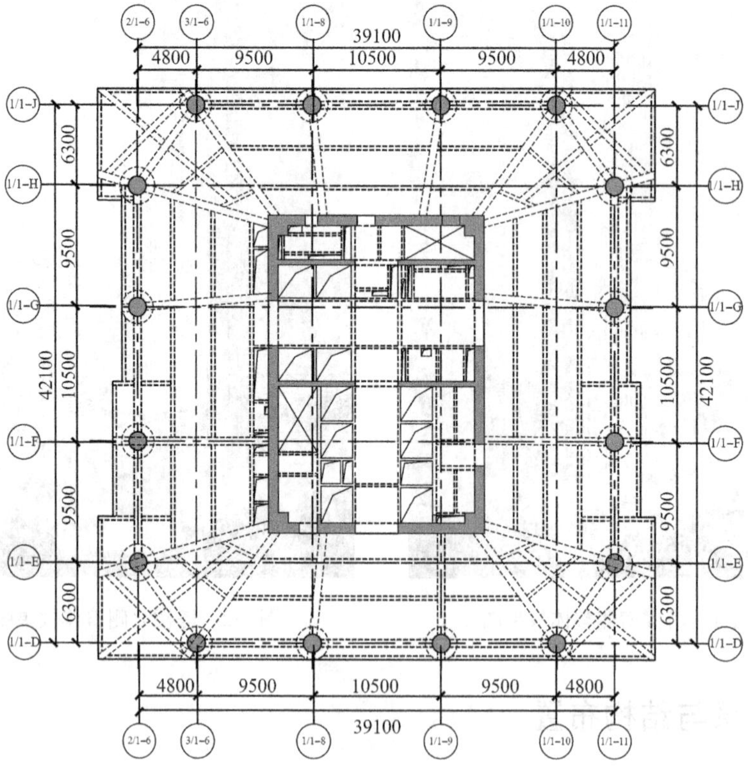

图2-1 标准层结构布置

3 基础设计

3.1 地质概况

根据岩土工程勘察报告所揭露的钻探范围内岩土层，自上而下分别是：砂性填土、淤泥质土、粉质黏土、中砂、淤泥质土、粉质黏土、全风化砾岩、强风化砾岩、微风化砾岩、全风化花岗岩、强风化花岗岩、中风化花岗岩。未发现明显的破碎带或断裂构造。根据区域地质资料及周边地质资料显示，基岩稳定性良好，适宜兴建拟建建筑物。

3.2 基础设计

根据地基土质、上部结构体系及施工条件等资料，经技术和经济对比优化，本工程基础采用嵌岩灌注桩基础，桩端持力层为中风化砾岩或微风化砾岩，岩层饱和单轴抗压强度标准值为 9.78MPa（中风化）或 27.48MPa（微风化）。

嵌岩灌注桩混凝土强度等级采用 C40，桩直径分别为 1.0m、1.2m、1.6m，单桩受压承载力特征值分别为 8000kN、13000kN、23500kN。

抗浮措施：由于结构自重及首层填土等永久荷载不能平衡水浮力，为满足建筑物整体抗浮要求及控制底板结构配筋的经济性，地下室部分桩基础兼作抗拔基础。直径 1.0m、1.2m 的抗拔桩单桩抗拔承载力特征值分别为 1800kN、2300kN。

4 荷载与地震作用

4.1 楼面荷载

本项目各使用功能的楼面荷载（附加恒荷载与活荷载）按规范与实际做法取值。

4.2 风荷载及地震作用

根据广东省标准的要求，结构承载力计算时按佛山市重现期为 50 年的基本风压的 1.1 倍，即 0.66kN/m^2 考虑；结构位移验算时按重现期为 50 年的基本风压 0.60kN/m^2 考虑。建筑物地面粗糙度类别为 C 类。风荷载体型系数按《建筑结构荷载规范》GB 50009—2012 确定。

根据《建筑抗震设计规范》GB 50011—2010（2016 年版）（下文简称《抗规》），本工程抗震设防类别为重点设防类，抗震设防烈度为 7 度，抗震措施采用的抗震设防烈度为 8 度，基本地震加速度为 0.10g，设计地震分组为第一组，场地类别为Ⅲ类，特征周期为 0.45s。

5 结构超限判别及抗震性能目标

5.1 结构超限类型和程度

根据《住房城乡建设部关于印发〈超限高层建筑工程抗震设防专项审查技术要点〉的通知》（建质〔2015〕67 号）（下文简称《技术要点》）的规定，本工程结构类型符合现行规范的适用范围，不属于《抗规》、《高层建筑混凝土结构技术规程》JGJ 3—2010（下文简称《高规》）和《高层民用建筑钢结构技术规程》JGJ 99—2015 暂未列入的其他高层建筑结构；存在《技术要点》表 2 所列不规则项的“扭转不规则”（考虑偶然偏心的扭转位移比 X 向 1.59，Y 向 1.20）、“局部不规则”（2 层、4 层、5 层、7 层和 29 层穿层柱，35～46 层局部存在斜柱）2 项不规则；不存在《技术要点》表 3 和表 4 所列不规则项；建筑高度超过“超限审查要点表 1”规定限值（建筑物高 230m），属于超 B 级高度超限高层建筑。

5.2 抗震性能目标

针对结构高度及不规则情况，设计采用结构抗震性能设计方法进行分析和论证。根据结构可能出现的薄弱部位及需要加强的关键部位，依据《高规》第 3.11.1 条的规定，结构总体按 C 级性能目标要求。

结合性能水准要求，针对本工程结构的特点和不规则内容，结构构件实现的抗震性能要求和层间位移角指标如表 5-1、表 5-2 所示。

结构构件分类及构件重要性系数取值要求　　表 5-1

构件分类	具体构件	构件重要性系数
关键构件	底部加强区剪力墙（－1～5 层），斜柱以及与斜柱相连的拉梁	剪力墙受弯承载力 1.0，受剪承载力 1.1；斜柱以及与斜柱相连的拉梁 1.1
普通竖向构件	非底部加强区核心筒墙体，普通框架柱，穿层柱	穿层柱 1.05，非底部加强区核心筒墙体、普通框架柱 1.0
耗能构件	框架梁，连梁	框架梁 0.8，连梁 0.7

结构构件实现抗震性能要求的层间位移角指标　　表 5-2

依据	多遇地震	设防烈度地震	罕遇地震
《广东高规》	1/524	—	1/125

注：层间位移角限值按广东省标准《高层建筑混凝土结构技术规程》DBJ 15—92—2013（简称《广东高规》）取值。

6 结构计算与分析

6.1 主要设计信息

采用两个不同力学模型的空间分析程序（YJK 和 ETABS）进行计算分析。结构计算考虑偶然偏心地震作用、三向地震作用、扭转耦联及施工模拟。

6.2 塔楼结构的整体计算结果

本工程结构计算分析使用软件为 YJK 与 ETABS，主要计算结果如表 6-1 所示。

结构分析主要计算结果汇总　　表 6-1

指标	YJK 软件	ETABS 软件
结构总质量（t）（不含地下室）	173978	173871
标准层单位面积质量（kN/m^2）	17.6	17.6

续表

指标		YJK 软件	ETABS 软件
第 1、2 平动周期（s）		5.56（X）	5.44（X）
		4.78（Y）	4.92（Y）
第 1 扭转周期（s）		3.71	3.78
第 1 扭转周期/第 1 平动周期		67%	69%
有效质量系数	0°	99.78%	99.81%
	90°	99.86%	99.81%
地震下基底剪力（kN）（括号中为框架部分剪力分配比例）	0°	19207（8.25%）	19638（6.63%）
	90°	21936（7.00%）	22200（5.95%）
剪重比（调整前）	0°	1.10% 共 9 层不足 1.20%	1.15% 共 4 层不足 1.20%
	90°	1.26% 共 0 层不足 1.23%	1.30% 共 0 层不足 1.23%
地震下倾覆弯矩（kN·m）	0°	2393770	2487647
	90°	2717996	2766371
首层框架柱承担地震倾覆力矩比例	0°	24.4%	25.0%
	90°	20.0%	21.0%
风作用下基底剪力（kN）	0°	22345.9	23399.7
	90°	24792.9	25869.2
本层与上一层侧移刚度的比值的最小值，不宜小于 90%；本层层高大于相邻上层层高 1.5 倍时，不宜小于 110%；嵌固层时，不宜小于 150%（已除以 0.9、1.1、1.5）	0°	1.10（27 层）	1.12（29 层）
	90°	1.12（28 层）	1.01（4 层）
楼层受剪承载力与上层的比值（>75%）最小值	0°	0.75（2 层）	—
	90°	0.79（1 层）	—
50 年一遇风荷载作用下最大层间位移角	0°	1/933（29 层）	1/954（21 层）
	90°	1/837（47 层）	1/754（47 层）
反应谱地震作用下最大层间位移角	0°	1/794（29 层）	1/862（39 层）
	90°	1/1045（47 层）	1/1083（41 层）
给定水平力并考虑偶然偏心最大位移比	0°	1.59（5 层）	1.59（5 层）
	90°	1.20（2 层）	1.32（1 层）
刚重比	0°	1.71	1.59
	90°	2.57	2.01

注：表中的楼层承载力比和刚度比取单层模型计算结果与 1、2 层合并为一层模型计算结果的较小值。

6.3 弹性计算结果小结

由计算结果可以看出，由于塔楼结构平面规则，结构体系及材料选择合理，结构高宽比合适，小震计算总体参数均能满足现行设计规范各项指标要求。底部加强区部分剪力墙轴压比超限，通过在剪力墙内埋置的型钢，以及提高其水平和竖向分布筋最小配筋率（0.45%）等措施，提高底部加强区的剪力墙的延性和承载能力。塔楼外框柱在 1～2 层全部为穿层柱，补充 1 层与 2 层并层计算，采用包络设计。

6.4 中震作用分析

采用 YJK 软件对设防烈度地震（中震）作用下，除普通楼板、次梁以外所有结构构件的承载力验算，根据其抗震性能目标，结合《广东高规》中“不同抗震性能水准的结构构件承载力设计要求”的相关公式，进行整体模型的结构构件性能计算分析。

在计算设防烈度地震作用时，采用规范反应谱计算，水平最大地震影响系数 $\alpha_{max}=0.23$，结构的整体阻尼比取 0.05。计算结果如表 6-2 所示。

中震计算结果 **表 6-2**

指标	X 向	Y 向
底部剪力—中震（kN）	48249	57478
底部剪力—小震（kN）	18843	21937
中震与小震剪力比	2.5	2.6

采用《广东高规》进行中震计算，并将计算得到的内力对各关键构件进行了详细的构件验算。根据整体模型结果显示：底部加强区剪力墙（1～5 层）、斜柱、与斜柱相连的拉梁满足第 3 性能水准关键构件验算的要求；穿层柱、普通框架柱、非底部加强区剪力墙满足第 3 性能水准普通竖向构件验算的要求；耗能构件（框架梁和连梁）均满足相应第 3 性能水准的要求。

6.5 罕遇地震作用下的弹塑性时程分析

本工程的罕遇地震作用下的弹塑性时程分析采用 SAUSAGE 软件进行分析。罕遇地震时程分析选取 2 条人工波和 5 条天然波。地震波峰值加速度为 220.0cm/s²，计算持时 30s。地震波均按照三向输入。其加速度最大值按照 1（水平 1）：0.85（水平 2）：0.65（竖向）的比例调整。结构整体弹塑性计算指标如下：

（1）结构最大弹塑性层间位移角 0°方向为 1/210，90°方向为 1/171，满足《广东高规》1/125 的限值要求。在三向地震作用下，结构整体刚度的退化没有导致结构倒塌，满足“大震不倒”的设防要求。

（2）各组地震波作用下构件的损伤顺序比较接近，限于篇幅，以天然波 T_1、90°主方向为例，分析结构构件的损伤情况，11.79s 时，结构顶部连梁开始屈服，并开始向下延伸；21.6s 时，结构首层个别剪力墙发生轻微到轻度损伤；之后，结构底部剪力墙损伤范围和程度进一步增大，连梁损伤和破坏程度进一步加大，说明结构主要由剪力墙和梁构件产生塑性耗能。

（3）本结构主要由梁构件和剪力墙构件耗能，罕遇地震作用下，结构连梁大部分出现屈服和部分框架梁屈服，对降低竖向构件的损伤起到重要作用。同时，剪力墙混凝土出现轻微至轻度损伤，对结构抗震起到第一道防线作用。

（4）主要结构构件损坏情况：结构底部加强区部分剪力墙出现轻微至轻度损伤，暗柱钢筋未出现塑性变形；结构非底部加强区部分剪力墙出现轻微至轻度损伤，以及顶部收进部位的剪力墙出现轻微至轻度损伤，暗柱钢筋未出现塑性变形；35～46 层斜柱出现轻微至轻度损伤；结构底部个别框架柱出现中度损伤，钢筋出现塑性变形，最大塑性应变为

1.03×10^{-3}，5～6 层和 27～28 层穿层柱出现轻度损伤，钢筋未出现塑性变形；35～46 层与斜柱相连的拉梁出现轻微至轻度损伤；部分梁构件出现轻微至中度损伤，钢筋也出现塑性变形，最大塑性应变为 2.49×10^{-3}；大部分连梁出现中度至比较严重损伤。综上所述，结构满足性能 C 的抗震性能要求。

7 关键或特殊结构、构件设计

7.1 穿层柱屈曲分析

塔楼外框柱在 1～2 层、5～6 层和 27～28 层均存在跨层的情况，缺乏楼层内梁板的侧向支撑，有必要对跨层外框柱的实际计算长度进行分析。

本项目采用 SAP 2000（V15.2）的屈曲分析功能，在结构整体模型中考虑柱的弹性约束，得到真实的约束条件。通过在穿层柱的两端加轴线方向上的力，进行屈曲分析后得到柱的屈曲模态以及屈曲荷载系数，求得柱的屈曲临界荷载。然后按照欧拉公式，反算出柱的计算长度。

经验算，跨层柱的计算长度为 0.51～0.59，跨层柱不会发生屈曲失稳。在整体模型计算中，系数偏安全考虑，仍按 1.25 输入。

7.2 斜柱对楼面梁的拉力

塔楼南立面在 35～46 层存在内凹造型，该部分外框柱为内倾斜柱，倾斜角度为 11.3°，需考虑斜柱对楼面梁的外拉影响。以下选取典型楼层 35 层、38 层、40 层、43 层和 45 层的楼面梁进行拉力分析，其中 35 层为开始出现斜柱的楼层，验算中震作用下梁构件组合工况的最大拉力。斜柱层楼面梁编号如图 7-1 所示。

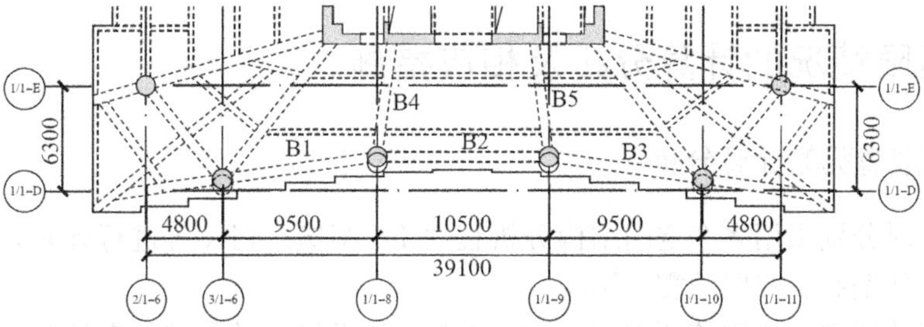

图 7-1 斜柱层楼面梁编号

经验算，35～46 层斜柱相连接的框架梁（B1～B5），截面尺寸为 600mm×700mm，最大拉力为 1926kN，梁最大拉应力为 4.6MPa，大于混凝土的抗拉标准 2.2MPa。对梁构件进行拉弯承载力验算和裂缝宽度验算，拉弯钢筋面积最大为 $4816mm^2$，承载力可满足要求，最大裂缝宽度小于 0.2mm。

7.3 钢管混凝土柱、型钢柱节点大样

本工程钢管混凝土柱与钢筋混凝土梁采用“环梁-环形牛腿梁柱连接”，如图 7-2 所示；核心筒角部内置型钢端柱采用可焊接机械连接套筒，型钢混凝土柱与混凝土框架梁的连接

节点大样如图 7-3 所示。

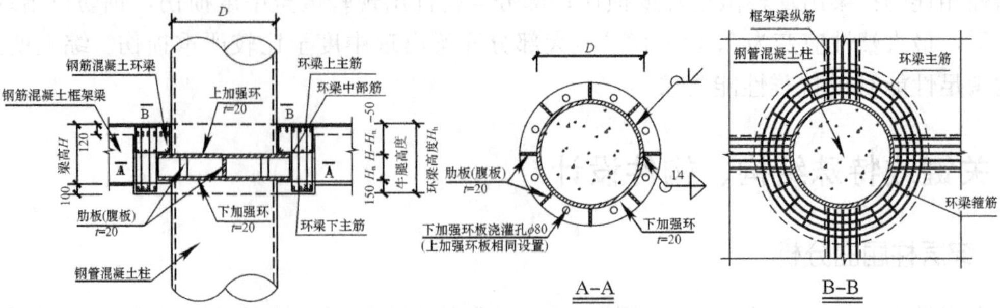

图 7-2 钢管混凝土柱节点大样

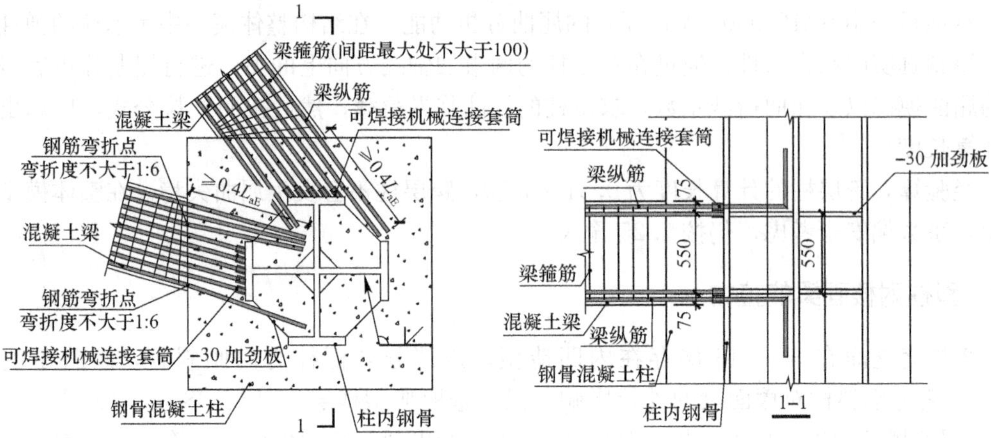

图 7-3 核心筒角部型钢混凝土柱节点大样

8 针对超限情况的计算分析及相应措施

8.1 针对超限情况的计算分析

（1）设计时分别采用多个空间结构分析程序 ETABS、YJK 等进行计算，验算时考虑扭转耦联、偶然偏心、双向地震的影响。

（2）按规范要求，选用特征周期 0.45s 的 5 组Ⅲ类场地的天然地震波和 2 组场地人工波，对结构作弹性时程分析，并将结果与反应谱分析结果相比较。

（3）常规结构设计软件不能准确验算剪力墙内置型钢的情况，采用 SRCTRACT 软件对内置型钢的剪力墙进行中震辅助验算，了解其抗震性能，并采取相应加强措施。

（4）对结构进行罕遇地震作用下的弹塑性分析，以确定结构能否满足第二阶段抗震设防水准要求，并对薄弱构件制订相应的加强措施。

8.2 针对超限情况的相应措施

（1）本工程属于超 B 级高度的高层建筑，框架柱和剪力墙是主要的抗侧力构件，设计中通过提高底部剪力墙墙肢的延性，使抗侧刚度和结构延性更好地匹配，能够有效地协同抗震。

1）对于框架核心筒结构的剪力墙，其底部加强区剪力墙按“中震受弯、受剪不屈服”的要求进行设计，满足特一级抗震等级要求。根据设防烈度地震验算结果，配置约束边缘构件的竖向钢筋配筋率为2.1%～2.7%，并埋置一定面积的型钢。由于底部加强区部分剪力墙轴压比超限，通过在剪力墙内埋置的型钢或芯柱，以及提高其水平和竖向分布筋最小配筋率（0.45%）等措施提高底部加强区的剪力墙的延性和承载能力。

2）普通框架柱和2层、4层、5层、7层和29层穿层柱，35～46层斜柱，以及与斜柱相连的拉梁按“中震和大震分别满足第3和第4性能水准的要求”进行性能设计。

（2）扭转不规则主要出现在裙房的角部，设计时采取提高角部结构竖向构件承载能力、减小构件轴压比的措施，提高结构延性。

（3）对于剪力墙筒角、墙端部位置等造成的楼板薄弱部位，根据弹性楼板分析结果加强配筋，保证楼板平面剪力的传递。

（4）由于35～46层存在与斜柱相连的框架梁附加抗拉钢筋，与斜柱相连的板配筋采用双层双向配筋，同时对斜柱全高采用井字形复合箍，箍筋间距100mm，肢距200mm，直径12mm，提高斜柱的延性。

9 抗震设防专项审查意见

2018年1月9日，佛山市顺德区国土城建和水利局在顺德区审图中心会议室主持召开了“顺德农商银行大厦项目”主塔楼超限高层建筑工程抗震设防专项审查会，华南理工大学韩小雷教授任专家组组长。与会专家听取了设计单位关于该工程抗震设防设计的情况汇报，审阅了送审材料。经讨论，提出审查意见如下：

（1）应将与斜柱相连的拉梁设为关键构件，严格控制其裂缝宽度（0.2mm），并有可靠的传力途径。

（2）补充首层与2层并层计算，采用包络设计。

（3）应对穿层柱进行并层计算，采用包络设计。

（4）进一步优化环梁节点与钢筋混凝土梁的连接大样。

（5）基础设计可优化。

审查结论：通过。

10 点评

本工程存在2项不规则，设计中充分利用概念设计方法，对关键构件设定抗震性能化目标。并在抗震设计中，采用多种程序对结构进行了弹性、弹塑性计算分析，除保证结构在小震作用下完全处于弹性工作外，还补充了关键构件在中震和大震作用下的验算。计算结果表明，各项指标均表现良好，满足规范的有关要求。根据计算分析结果和概念设计方法，对关键和重要构件做了适当加强，以保证在地震作用下的延性。本工程除满足竖向荷载和风荷载作用下的有关指标外，也实现了“性能目标C”的抗震设防目标。结构是可行且安全的。

19 华发广场-1 T3塔楼

关　键　词：单向腰桁架；舒适度；TSD减振
结构主要设计人：罗赤宇　林景华　谢一可　钟镇澎
设　计　单　位：广东省建筑设计研究院有限公司

1 工程概况

华发广场-1项目，位于珠海横琴特区横琴岛东北角，紧邻十字门商务区，用地东北面紧邻出海口，享有一线海景，景观资源丰富。项目分成地块1和地块2两个部分。整体效果图如图1-1所示。

图1-1　整体效果图

地块1建筑用地面积为45406.53m²，总建筑面积为255021.75m²，其中地上总建筑面积160456.25m²，地下总建筑面积94565.5m²。T1塔楼（办公）主屋面33层，建筑高度134m；T2塔楼（办公）主屋面39层，建筑高度192.8m。裙楼（商业）主屋面3～4层，建筑高度17.00～22.50m。地下3层，主要为停车库及设备用房。

地块2建筑用地面积为17412.34m²，总建筑面积为140631.5m²，其中地上总建筑面积105906.4m²，地下总建筑面积34725.1m²。T3塔楼（办公）主屋面49层，建筑高度249.3m；裙楼（商业）主屋面3层，建筑高度17.00m。地下3层，主要为停车库及设备用房。

T3塔楼在本项目中高度最高，设计难度最大，本文主要介绍T3塔楼的设计。T3塔楼体型特性见表1-1。

T3塔楼体型特性　　**表1-1**

层数	外包尺寸 $A\times B$(m)	主要层高(m)	长宽比 A/B	高宽比 H/B_1	
				整体	核心筒
49	40.6×55.4	6.0、5.5、4.9、5.9	1.36	6.13	15.3

2 结构体系与结构布置

T3塔楼采用方钢管柱-混凝土核心筒-钢梁楼盖结构体系。核心筒尺寸31m×16m，为部分带钢骨的钢筋混凝土剪力墙，外壁厚度 1400～400mm；钢管混凝土柱截面尺寸为 2800mm×800mm×35mm～900mm×600mm×20mm（典型标准层布置平面见图 2-1）。由于珠海基本风压较大，风荷载作用下的层间位移角弱轴方向反应较大，在比较若干方案后优选结合建筑避难层设置三道单向腰桁架加强层（图 2-2）。建筑 42 层起，核心筒局部收进；屋面层以下的 48、49 层局部外框柱收进（图 2-3）。

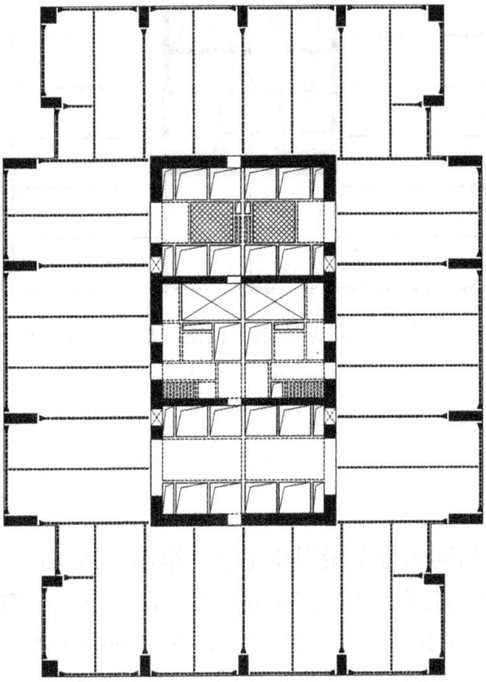

图 2-1 标准层布置平面图

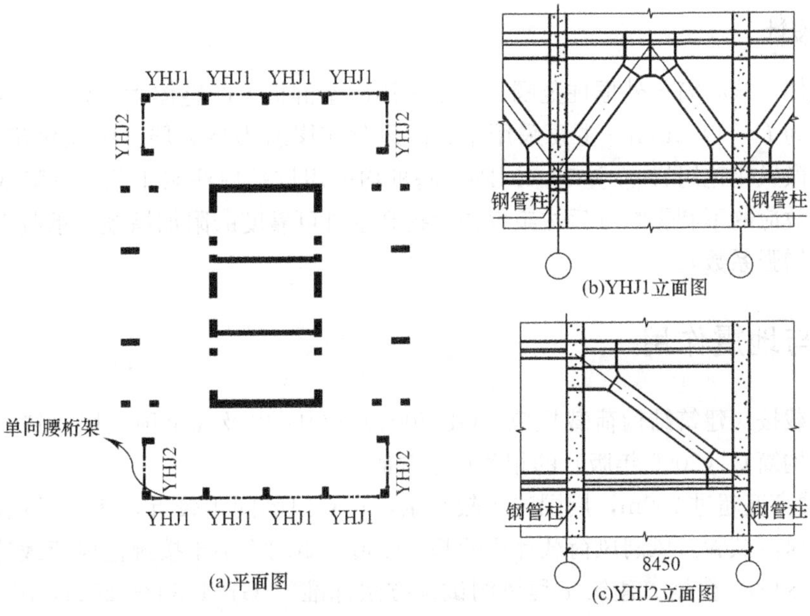

图 2-2 单向腰桁架加强层布置平面图及立面图

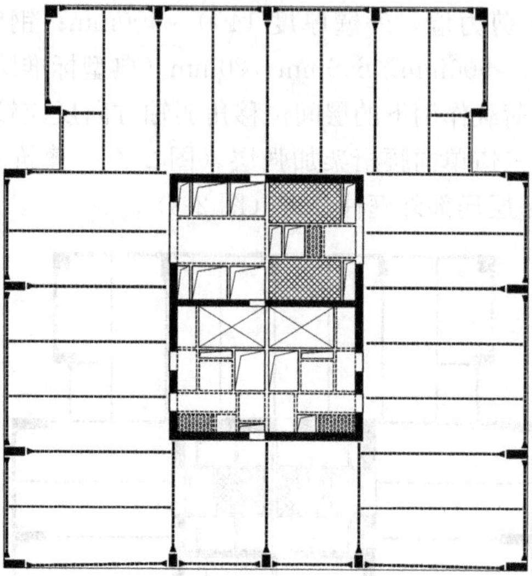

图 2-3 43 层布置平面图（核心筒收进）

3 基础

3.1 地质概况

场地广布厚层淤泥层和局部分布淤泥质土层。第四纪地层厚度较大，等效剪切波速为 116.5～136.6m/s，场地覆盖层厚度为 34.8～60.7m。根据《建筑抗震设计规范》GB 50011—2010（2016 年版）（下文简称《抗规》），判定场地土类型属软弱（场地）土，建筑场地类别为Ⅲ类，场地饱和砂层在 7 度地震时不会发生砂土液化现象，场地属对建筑抗震不利地段。

3.2 基础设计

塔楼整体（核心筒+外框柱范围）下方采用满堂群桩上的整体大承台（厚 4000mm）；基桩桩径均为 D=1400mm。主要采用中、微风化花岗岩为持力层。中风化花岗岩 $f_{rk}\geqslant$ 20.9MPa；微风化花岗岩 $f_{rk}\geqslant$59.6MPa。基桩均采用桩端后注浆工艺，以降低桩端沉渣及桩侧泥皮效应的不利影响（后注浆仅作为提高基桩可靠度的附加措施，承载力计算时基本不考虑其增强系数）。

4 荷载与地震作用

楼面荷载按《建筑结构荷载规范》GB 50009—2012 以及《全国民用建筑工程设计技术措施（结构篇）》（2009 年版）的相关规定取值。

T3 塔楼高度超过 200m，周围建筑较复杂，自身组团间距较近，相互干扰效应明显，项目进行了风洞试验。风洞风荷载计算的基底倾覆弯矩均不小于按规范风荷载计算的基底倾覆弯矩的 80%，根据《建筑工程风洞试验方法标准》JGJ/T 338—2014，T3 塔楼风荷载采用风洞试验风荷载结果。

本工程所在场地抗震设防烈度为 7 度，Ⅲ类场地，设计地震分组为第二组，设计基本地震加速度值为 0.10g，场地特征周期 0.55s。地震动参数按规范取值。

5 结构超限判别及抗震性能目标

5.1 超限判别

5.1.1 特殊类型高层建筑判别

塔楼采用方钢管混凝土柱-混凝土核心筒-钢梁楼盖，为常规结构体系，故不属于“特殊类型高层建筑”。

5.1.2 高度超限判别

型钢（钢管）混凝土框架-钢筋混凝土核心筒结构 7 度最大适用高度为 190m，而塔楼主屋面高度为 249.3m，故 T3 塔楼属于高度超限的高层建筑。

5.1.3 不规则类型判别

本项目存在的三项及以上不规则类型判别如表 5-1 所示。

三项及以上不规则判别　　表 5-1

序号	不规则类型	简要涵义	本工程情况	超限判别
1a	扭转不规则	考虑偶然偏心的扭转位移比大于 1.2	1.22	是
3	楼板不连续	有效宽度小于 50%，开洞面积大于 30%，错层大于梁高	2 层开大洞	是
4b	尺寸突变	竖向构件收进位置高于结构高度 20%且收进大于 25%，或外挑大于 10%和 4m，多塔	42 层、48 层竖向构件收进	是
7	局部不规则	如局部的穿层柱、斜柱、夹层、个别构件错层或转换，或个别楼层扭转位移比略大于 1.2 等	1～3 层穿层柱	是
合计			4 项	

无二项和一项不规则判别表的情况。

综上所述，塔楼采用常规的结构体系、其高度超过规定限值，属于高度超限高层建筑。此外，还存在 4 项不规则，应进行超限高层建筑工程的抗震设防专项审查。

5.2 抗震性能目标

本工程结构整体依据广东省标准《高层建筑混凝土结构技术规程》DBJ 15—92—2013（下文简称《广东高规》）第 3.11 节的要求进行结构抗震性能化设计；钢梁等构件设计依据《高层民用建筑钢结构技术规程》JGJ 99—2015 第 3.8 节的要求进行结构抗震性能化设计。根据塔楼的超限情况，结合其具体结构特点，有针对性地选择适宜的总体抗震性能目标 C。性能要求见表 5-2。

塔楼结构抗震性能要求　　表 5-2

项目		小震	中震	大震
结构抗震性能水准		1	3	4
关键构件	底部加强区剪力墙（受剪）	无损坏	轻微损坏	轻度损坏
	腰桁架及其上、下层框架柱			
	核心筒内收层上、下层剪力墙			

续表

项目		小震	中震	大震
普通竖向构件	其他部位框架柱	无损坏	轻微损坏	部分构件中度损坏
	底部加强区剪力墙（压弯）			
	其他部位剪力墙			
耗能构件	承受竖向荷载较大的框架梁	无损坏	钢构件，轻微损坏	中度损坏，部分比较严重损坏
	其他框架梁、连梁	无损坏	轻度损坏，部分中度损坏	

6 结构计算与分析

6.1 主要计算参数

主要计算参数见表 6-1。

主要计算参数 **表 6-1**

钢材容重	78	混凝土容重	25.5
混凝土筒体抗震等级	特一级	钢框架抗震等级	二级
框架抗震等级	一级	结构阻尼比	0.05（混凝土）、0.04（型钢）、0.02（钢）、风荷载 0.35

6.2 小震及风荷载作用分析

采用三个不同力学模型的空间分析程序（YJK、SATWE 和 MIDAS/Gen）进行计算分析（图 6-1）。整体电算结果见表 6-2。

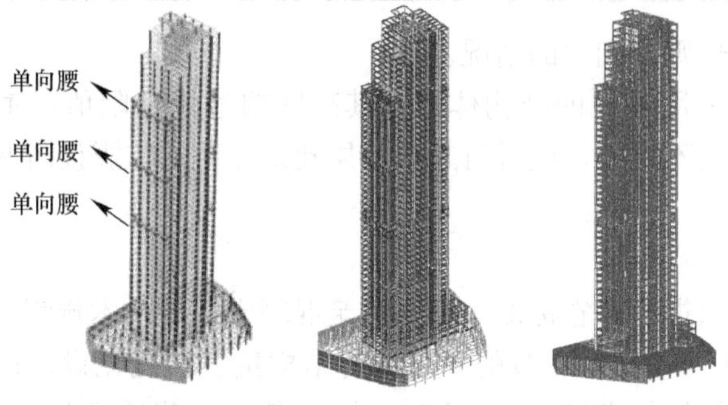

图 6-1 计算模型

整体电算结果 **表 6-2**

指标	YJK 软件	SATWE 软件	MIDAS/Gen 软件
第 1、2 平动周期（s）	6.75（*X*）	6.75（*X*）	6.55（*X*）
	5.50（*Y*）	5.37（*Y*）	5.17（*Y*）
第 1 扭转周期（s）	2.87	2.61	2.60
第 1 扭转周期/第 1 平动周期	0.42	0.39	0.40

续表

指标		YJK 软件	SATWE 软件	MIDAS/Gen 软件
剪重比（地面首层）（下限 X 向 1.20%；Y 向 1.20%）	X	1.24%	1.18%	1.25%
	Y	1.38%	1.39%	1.43%
地震作用下下基底剪力（kN）（地面首层）	X	24888	24170	24651
	Y	27744	28384	28045
地震作用下倾覆弯矩（kN·m）（地面首层）	X	3149235	3203101	2984364
	Y	3570157	3665454	3400284
风荷载下倾覆弯矩（kN·m）（地面首层）	X	5963407	6317552	6062066
	Y	4684382	5178065	4982883
风荷载下最大层间位移角（上限 1/500）	X	1/430（38 层）	1/440（38 层）	1/442（37 层）
	Y	1/736（46 层）	1/695（53 层）	1/757（39 层）
地震作用下最大层间位移角（上限 1/500）	X	1/784（40 层）	1/759（53 层）	1/821（49 层）
	Y	1/949（47 层）	1/970（47 层）	1/1012（45 层）
考虑偶然偏心最大位移（层间位移）比	X	1.22（4 层）	1.23（6 层）	1.059（3 层）
	Y	1.08（4 层）	1.17（6 层）	1.049（26 层）
地震作用下，楼层与相邻上层的考虑层高修正的侧向刚度比	X	1.05（32 层）	1.06（32 层）	—
	Y	1.15（29 层）	1.15（29 层）	—
楼层受剪承载力与上层的比值	X	0.76（42 层）	0.70（7 层）	—
	Y	0.81（53 层）	0.76（7 层）	—
刚重比（不考虑地下室）	X	1.730	1.45	1.55
	Y	2.370	2.28	2.382

由表 6-2 可见，所有楼层在 X 与 Y 方向荷载作用下最大层间位移角为 1/430，稍超出规范限值 1/500，但小于 1/400。其余各指标均满足规范的限值要求。

6.3 中、大震作用分析

进行了中、大震弹性分析，大震的静力推覆和动力弹塑性分析。各项分析均表明，结构满足既定的性能目标的需求，结构屈服机制为连梁—框架梁—剪力墙，屈服机制合理，符合抗震概念设计的屈服顺序。

7 技术专题分析

7.1 加强层腰桁架主要杆件包络设计

加强层梁所受到轴力部分由楼板承担，为了提高结构的安全储备能力，使力的传递更直接、清晰，同时适当地考虑楼板对梁的影响，对加强层上、下层楼板采用了弹性计算和不考虑楼板的分析，结构设计按照两者不利情况，包络进行构件设计。

7.2 关于风致层间位移角超出规范限值的专题论述

本工程所在地基本风压为 0.85kPa，地面粗糙度类别为 B 类，抗震设防烈度为 7 度（0.1g），场地为Ⅲ类。经结构对比分析，在满足结构抗风承载力及抗震性能目标的前提下，平面弱轴方向在增设三道腰桁架后所有楼层在 X、Y 向风荷载作用下最大层间位移角为1/430（38层），超出《广东高规》的限值（1/500），但满足广东省标准《高层建筑钢-混凝土混合结构技术规程》DBJ/T 15—128—2017的限值（1/400）。

7.2.1 对于风致层间位移角超限的分析

（1）结构整体稳定性

结构整体稳定分析数据表明，弹性计算的刚重比结果为1.73（X向）、2.37（Y向），均大于1.40，满足规范相关要求；同时，采用（1.2恒荷载+1.4活荷载）组合对整体结构进行的弹性屈曲分析结果显示，结构整体稳定安全系数达23（>10），满足要求。因此，可认为塔楼主体结构具有较高的整体稳定性。

（2）风荷载及地震作用下层间位移角

我国规范以结构按弹性方法计算的层间位移角作为衡量结构变形能力的指标，根据《高层建筑混凝土结构技术规程》JGJ 3—2010的有关规定，层间位移角作为刚度控制指标，不扣除整体弯曲转角产生的侧移；《抗规》有关条文说明则指出高度超过150m高层建筑整体弯曲所产生的水平未扣除，位移角限值可有所放宽。作为反映结构整体侧向刚度的综合指标，层间位移角是一个简便而宏观的参数；但若从水平作用下抗侧竖向构件的弯曲变形与产生内力的角度，则有害层间位移角更具有代表性。

从分析结果可见，尽管X向层间位移角较大，但对应楼层有害位移角很小。虽然塔楼风致层间位移角超出规范限值，对结构存在实质性不利影响的“有害位移角”仍处于较低的水平（图7-1）。

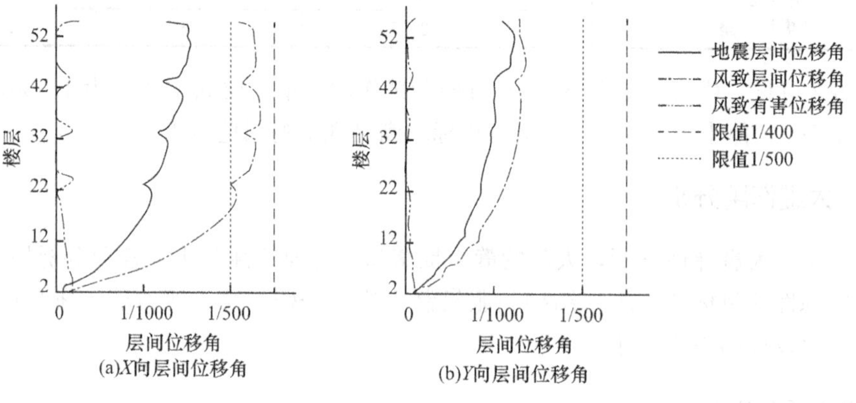

图7-1 层间位移角曲线

本项目抗震性能化设计按性能目标为C级，塔楼在小震作用下层间位移角满足规范限值要求，其中X向为1/784，Y向为1/949；大震弹塑性分析所得的层间位移角满足1/125的限值要求，各地震水准下主体结构的侧向刚度满足要求。结构构件承载力以风荷载作用组合与性能设计中震作用下构件承载力包络控制。

（3）填充墙及幕墙等非承重构件的变形需求

论文《砌块填充墙抗震性能试验研究》（黄兰兰等，工程抗震与加固改造，2011.2）针对砌块填充墙的平面内变形内力进行了原型试件的拟静力试验，试验表明实体砌块填充墙在很小的层间位移角（1/1700）下就已经开始出现微裂缝；但这并不表示墙体因此而损坏或影响正常使用，论文《抗震结构填充墙性能的有限元模拟与分析》（杨伟等，华南理工大学学报，2010.7）中的有限元模拟分析结果表明，填充墙裂缝宽度为 0.2mm 时，对应的结构层间位移角大部分为 1/205～1/170。可见，若参照混凝土构件室内正常环境下的裂缝控制标准（裂缝宽度限值为 0.3mm），可认为填充墙的正常使用极限状态允许的层间位移角应可大于 1/400。

通过对《玻璃幕墙工程技术规范》JGJ 102—2003 中相关条文及说明的解读，结合幕墙行业的相关信息，可对幕墙变形需求作如下理解：1）玻璃幕墙平面内变形性能（位移角限值）为 $\theta_C = \max(3\theta_E, \theta_w)$，其中 θ_C 为幕墙平面内变形性能；θ_E 为小震作用下最大层间位移角；θ_w 为风致最大层间位移角。而该案例的计算结果为 $\theta_E = 1/784$，$\theta_E = 1/430$，可见实际上还是受 $3\theta_E$ 所控制，而不受 θ_w 控制。2）一般而言，应该是幕墙的变形控制指标适应主体结构的实际侧向刚度状况，而不是主体结构适应幕墙的变形需求。

（4）电梯及管线对变形的需求

超高层建筑电梯系统变形控制指标应适应主体结构的实际侧向刚度状况，而不是主体结构适应电梯的变形需求。若确有需要，可采用对建筑物摇摆幅度进行感应的方式对电梯运行作控制与保护。对于层间位移角限值为 1/250 的高层钢结构建筑，其电梯系统属于常规控制范畴，而该案例层间位移角 1/430 的情况，对电梯而言属于正常范围，可不必采取特殊措施。

关于超高层建筑因主体结构侧向变形对机电竖向管线的影响，由于机电竖向管线或节段间接头柔韧性均比较好，一般的机电管线对楼层侧向变形的适应性优于钢筋混凝土构件，故只要确保小震及风荷载作用下主体结构的钢筋混凝土构件处于弹性状态，则机电管线在对应的层间位移角下也不会发生损坏。

（5）填充墙对刚度的贡献

层间位移角及顶点加速度均是基于单纯主体结构计算所得的数据，而实际上该案例的标准层办公空间采用小开间分隔，主体结构内部存在大量填充墙。这些填充墙在分析中被作为荷载（质量）而考虑了其不利影响。但实际上这些密集布置、满层高填充的内隔墙对主体结构的整体抗侧刚度有着不可小觑的有利影响。论文《砌块填充墙抗震性能试验研究》（黄兰兰等，工程抗震与加固改造 2011.2）中的相关试验与分析结果表明，高层钢结构中的填充墙对主体结构的周期与阻尼有着显著的影响，工程实测周期会小于其计算周期。

综上所述，可认为该案例的风致层间位移角虽突破了《广东高规》的限值，但结构整体稳定性、抗震性能、非结构构件及机电设备等方面均满足相关需求。同时，填充墙对结构抗侧刚度实际上存在一定有利影响，但目前暂难以定量评估。

7.2.2 改善风振舒适度的方案

强风荷载作用下的结构舒适度是需要重点关注的指标，近年在超强台风侵袭时常有超高层建筑住户感到不适的情况出现。T3 塔楼在层间位移角超出规范限值的情况下风振加速度 a_{max} 也会随之偏大，同时即使控制层间位移角满足规范，a_{max} 仍难满足，为确保风振舒适度，与 RWDI 合作设计，利用塔楼顶部的高位消防水箱，综合考虑建筑空间、TSD 质量比、TSD 双向调谐等问题，将水箱长宽高进行设计调整，得到两个尺寸约 15m×13m×4m（长×宽×高）的水箱，设计频率下水深为 2.1m（图 7-2）。在有 TSD 的情况下，结构峰值加速度降低至公寓的舒适度限值 $0.15m/s^2$，TSD 提供了 37%

的减振率。

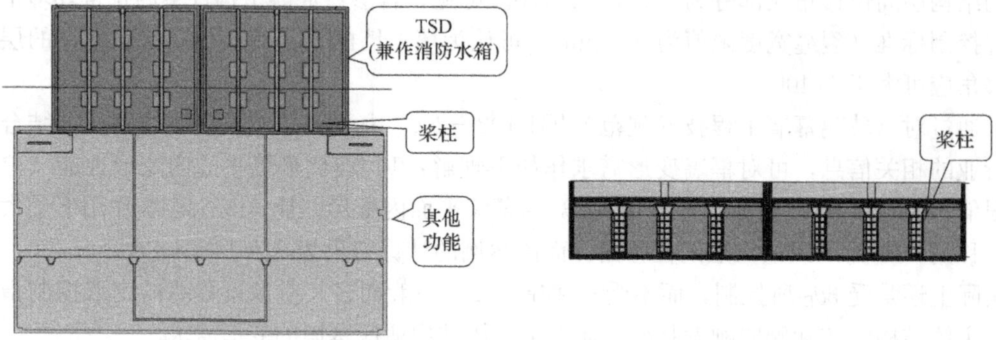

(a)平面　　(b)剖面

图 7-2　TSD 布置示意图

放宽层间位移角后，可能引起电算模型中结构顶点风致加速度计算值偏大的问题。若考虑砌体隔墙等非结构构件对结构实际抗侧刚度及阻尼的贡献，则实际风振加速度值将有所降低，但这类贡献目前暂难以量化评估。建议具体工程视乎项目定位及对舒适度的需求标准，考虑采用 TSD 等吸能减振措施，以改善结构的风振舒适度。

8　针对超限情况的计算分析及相应措施

8.1　计算分析措施

（1）采用不同力学模型的空间分析程序（YJK、SATWE、MIDAS/Gen），对整体结构进行分析，结果表明三者的吻合较好。并用 YJK 进行小震作用下弹性动力时程分析，作为反应谱法的补充计算；采用 YJK 根据抗震性能目标，对各类主要构件进行中震与大震的补充分析。

（2）用 PKPM-PUSH&EPDA 程序和 YJK-EP 程序分别进行罕遇地震作用下静力弹塑性推覆分析和大震的动力弹塑性时程分析，评价结构的抗震性能。

（3）对大开洞层、核心筒收进层楼板进行了不同工况的楼板应力分析，主要分析薄弱部位；对核心筒收进位置剪力墙进行了应力分析，主要分析核心筒收进对整体以及剪力墙的影响。

（4）对跃层柱进行了屈曲稳定分析，验证了跃层柱的可靠性。

（5）分析了加强层腰桁架在弹性板和无楼板情况的杆件内力情况，按照包络进行构件设计。

8.2　设计和构造措施

（1）根据超限情况、受力特点及其重要性，确定抗震性能目标为 C 级。

（2）加强层与腰桁架相邻的楼板均加厚为 180mm；钢筋按照 0.25%的配筋率双层双向拉通。

（3）加强层及其相邻层的方钢管混凝土柱，对其外包钢板厚度额外加大 2～4mm，并加密钢管内壁的栓钉配置。

（4）对加强层及其相邻层的核心筒剪力墙，设置约束边缘构件，对其纵筋、箍筋，水平、竖向分布筋，在计算（构造）结果的基础上，额外放大10%～15%。

（5）底部加强区剪力墙的水平及竖向钢筋配筋率提高至0.6%。

（6）角部未直接通过框架梁连接的柱之间的梁均采用箱形梁加强，并且刚接，此外，相应区域楼板按0.3%的配筋率双层双向配筋。

（7）核心筒收进区域楼板加厚至180mm，并配置双层双向板筋，配筋率不小于0.25%。

（8）根据中震偏拉验算结果，平均名义拉应力大于1.0f_{tk}的剪力墙的竖向分布钢筋的配筋率提高至0.6%。

9 抗震设防专项审查意见

2017年6月12日，珠海市住房和城乡规划建设局在珠海正青建筑勘察设计咨询有限公司会议室主持召开了“华发广场-1项目”超限高层建筑工程抗震设防专项审查会，周定总工程师任专家组组长。与会专家听取了广东省建筑设计研究院有限公司关于该工程抗震设防设计的情况汇报。审阅了送审资料。经讨论，提出审查意见如下：

（1）超出《广东高规》的层间位移角限值，应补充专项论证。

（2）完善加强层方案的比选，建议采取有效措施提高结构的整体刚度。

（3）补充加强层楼板传递剪力分析。

（4）建议增加一个软件进行对比。

审查结论：通过。

10 点评

该项目采用带加强层的框架-核心筒结构——矩形钢管混凝土柱、混凝土核心筒、钢梁楼盖，并结合避难层在20层、30层、40层设置三道单向腰桁架加强层。针对风致层间位移角突破规范限值的问题，从结构角度（整体稳定性、有害位移角、构件承载力、抗震性能等）及非结构角度（填充墙、幕墙、电梯及机电管线等）进行了充分论证与阐述。针对顶点风致加速度偏大的问题，采用TSD技术，利用屋面消防水箱设置减振装置，以改善风振舒适度。为适应开间使用效果需求，外框柱采用扁长型钢管混凝土柱，其长向属极短柱，从延性角度对其安全性进行了论证。加强层的单向桁架与核心筒之间通过楼板形成协同受力，基于合适刚度、合适强度的思路进行楼板设计，以避免核心筒剪力墙承受过大的反向剪力。

20 珠海横琴保利国际广场二期

关　　键　　词：巨型转换桁架；框架-剪力墙；钢板剪力墙；型钢混凝土组合桁架
结构主要设计人：区　彤　谭　坚　张连飞　张艳辉　陈　前
设　计　单　位：广东省建筑设计研究院有限公司

1 工程概况与设计标准

1.1 工程概况

保利国际广场二期位于珠海市横琴岛，港澳大道以南、琴政路以北、琴达道以东以及琴飞道以西地区，南望天沐河，北靠小横琴山。建筑效果图如图 1-1 所示。

图 1-1　建筑效果图

保利国际广场二期主楼总建筑面积为 21.8 万 m^2，建筑高度为 100m，建筑塔楼平面外轮廓尺寸约 100m×100m（含外装饰百叶），结构地下 1 层，地上 19 层，地下室底板标高 −5.0m，功能设有办事接待中心、展示中心、档案中心、信息中心、资料中心、办公用房及综合性会议室等。平面为“回”字形，尺寸为 100m×100m，长宽比 $L/B\approx1$，结构高宽比为 100/80.6=1.24。

主楼采用带巨型转换桁架的框架-剪力墙结构，剪力墙布置在主楼四个角部电梯筒位置，共 4 组，每组剪力墙呈日字形，尺寸为 19.3m×9.9m，框架柱标准跨度为 8.4m×8.4m，结构从 3 层开始竖向外挑 11.6m，局部外挑 14.65m。3 层采用巨型转换桁架支承上部结构，转换桁架高 9m。

1.2 设计标准

1.2.1 相关标准及规定

（1）《建筑抗震设计规范》GB 50011—2010（下文简称《抗规》）；

（2）《高层建筑混凝土结构技术规程》JGJ 3—2010（下文简称《高规》）；

（3）《关于印发〈超限高层建筑工程抗震设防专项审查技术要点〉的通知》（建质〔2010〕109 号）；

（4）广东省标准《高层建筑混凝土结构技术规程》DBJ 15—92—2013；

（5）《广东省住房和城乡建设厅关于印发〈广东省超限高层建筑工程抗震设防专项审查实施细则〉的通知》（粤建市函〔2011〕580 号）。

1.2.2 设计基准期及结构设计使用年限

根据《建筑结构可靠度设计统一标准》GB 50068—2001，本工程的设计基准期为 50 年，结构的设计使用年限为 50 年。本工程建筑结构安全等级为二级，建筑结构防火等级为一级；地基基础的设计等级为甲级。

1.2.3 地震作用

本工程抗震设防烈度为 7 度，Ⅲ类场地，设计地震分组为第 1 组，设计基本地震加速度值为 0.1g，特征周期 0.45s，安评提供特征周期为 0.48s，抗震设防分类为乙类。

根据地震安评报告提供的地震参数与规范取值对比情况如表 1-1 所示。

安评报告与规范地震参数对比　　表 1-1

参数	概率 63%（小震）		概率 10%（中震）		概率 2%（大震）	
	安评报告值	规范值	安评报告值	规范值	安评报告值	规范值
α_{max}	0.088g	0.08g	0.231g	0.23g	0.391g	0.50g
T_g(s)	0.48	0.45	0.60	0.45	1.20	0.5
γ	0.90	0.90	0.95	0.90	1.20	0.90

根据对比结果，本工程小震按地震安评报告参数进行计算，中震和大震按规范参数计算。

1.2.4 风荷载

按风洞试验和荷载规范风荷载包络设计，参数详见表 1-2。风洞试验模型如图 1-2 所示。

风荷载参数　　表 1-2

基本风压值 w_0(kN/m^2)	基本风压重现期(年)	地面粗糙度类别	体型系数	备注
0.935	50×1.1	B	1.3	结构承载力验算
0.85	50			结构水平位移验算
0.75	10			风振舒适度计算

图 1-2 风洞试验模型及试验现场

1.2.5 阻尼比

本项目结构体系为框架-剪力墙结构，多遇地震及风荷载作用、设防地震作用及罕遇地震作用弹塑性分析时取 0.05。风荷载作用下舒适度验算时的阻尼比取 0.02。

2 结构体系及超限情况

2.1 结构体系

结构高度为100m，选用带巨型转换桁架的框架-剪力墙结构体系，剪力墙布置在电梯筒，由4个小的矩形筒（日字形）组成，布置在结构的角部（图2-1）。

结构从3层开始竖向外挑约11.6～14.65m，3层采用转换桁架支承上部结构，转换桁架上、下弦采用型钢混凝土构件，斜腹杆采用钢构件，2层高度13m，3层高度9m，转换桁架悬挑长11.6m，连接在剪力墙或型钢混凝土柱上；在架空层、桁架层及上一层(2层、3层、4层）剪力墙内设置钢板，形成钢板混凝土剪力墙（图2-2和图2-3）。2层剪力墙厚度为600mm，3层剪力墙厚为500mm，整体模型如图2-4所示。

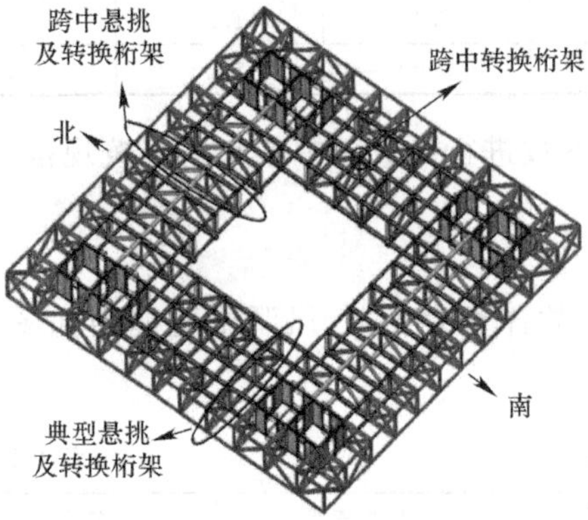

图2-1 转换桁架层及矩形筒剪力墙轴测图

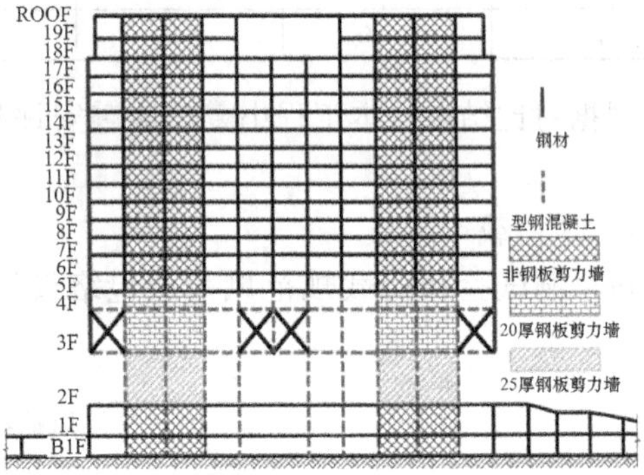

图2-2 结构立面布置图

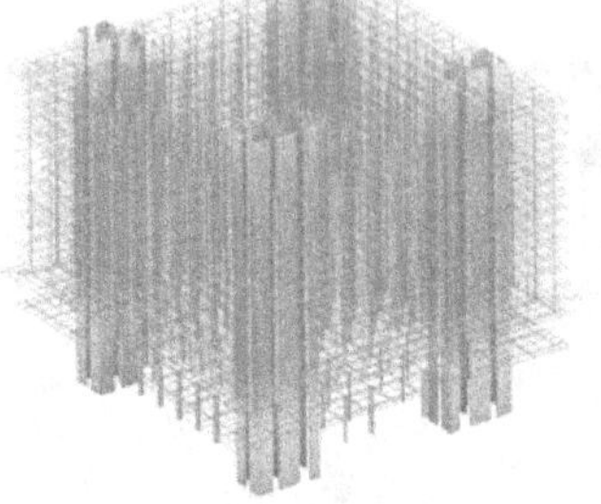

图2-3 竖向抗侧力构件

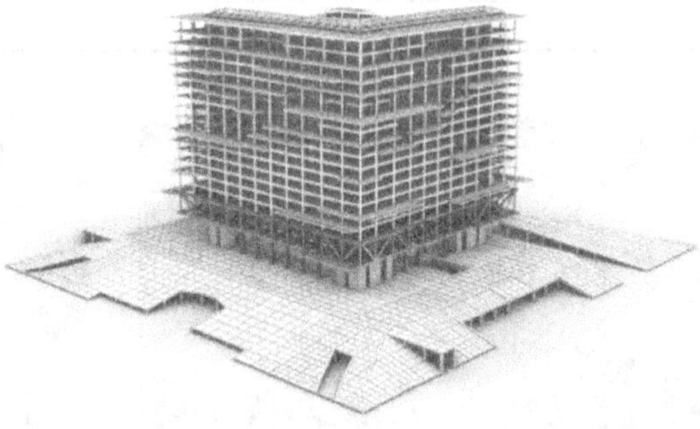

图2-4 结构整体模型

2.2 传力途径和抗侧力体系

2.2.1 竖向传力体系

外悬挑竖向荷载通过转换桁架传递至剪力墙，传力路径明确、直接，构件内力较为均匀。通过计算可知，楼板刚度对桁架层水平构件的内力影响较大，桁架层水平构件应考虑桁架层无楼板和有楼板状态进行包络设计，同时考虑转换层楼板配置双层双向钢筋，承担此拉力。

2.2.2 抗侧力体系

抗侧力体系由剪力墙和框架柱组成，剪力墙布置在电梯筒，由 4 个小的矩形筒（日字形）组成，布置在结构的角部。在架空层、桁架层及上一层（2 层、3 层、4 层）剪力墙内设置钢板，形成钢板混凝土剪力墙。

采用普通剪力墙结构方案对比时，剪力墙厚度为 600～1000mm，墙肢截面剪力设计值始终大于墙的受剪承载力，不能满足设计要求，采用钢板混凝土剪力墙后，600mm 厚的墙可以满足设计要求，钢板厚度设置为 2 层 25mm 厚，3 层、4 层 20mm 厚。

2.3 结构的超限情况

结构体系为框架-剪力墙结构，建筑物高度 100m，按设防烈度为 7 度，不超过《高规》规定的 120m 高度，属于 A 级高度钢筋混凝土高层建筑。

同时具有三项及以上不规则的高层建筑工程判别见表 2-1。

三项及以上不规则判别　　表 2-1

序号	不规则类型	简要涵义	本工程情况	超限判别
1	扭转不规则	考虑偶然偏心的扭转位移比大于 1.2	X 向 1.18，1/1085（2 层） Y 向 1.23，1/1407（2 层）	是 计 0.5 项
2a	凹凸不规则	平面凹凸尺寸大于相应投影方向总尺寸的 30%等	L/B_{max}=0.25	否
2b	组合平面	细腰形或角部重叠形	无	
3	楼板不连续	有效宽度小于 50%，开洞面积大于 30%，错层大于梁高	8、9、12、15、19 层楼板有效宽度小于 50%，12、15、19 层楼板开洞面积大于 30%	是 计 1 项
4a	侧向刚度不规则	相邻层刚度变化大于 70%或连续三层变化大于 80%	结构侧向刚度比最小值 0.84	是 计 1 项
4b	尺寸突变	竖向构件位置缩进大于 25%或外挑大于 10%和 4m，多塔	是	
5	竖向构件不连续	上下墙、柱、支撑不连续，含加强层、连体类	桁架托柱转换（3 层）	是 计 0.5 项
6	承载力突变	相邻层受剪承载力变化大于 80%	最小受剪承载力比 0.54（2 层）	是 计 1 项
小结		不规则项 4 项		

本工程采用框架-剪力墙结构体系，属于 A 级高度钢筋混凝土高层建筑，不属于特殊类型高层结构。但存在扭转不规则、楼板不连续、尺寸突变、竖向构件不连续、承载力突变 4 项不规则类型，不存在特别不规则项目。

3 超限应对措施及分析结论

3.1 超限应对措施

3.1.1 分析模型及分析软件

本工程弹性分析软件选用 SATWE（V2.1）和 YJK（V1.5.2.1）进行计算，考虑偶然偏心地震作用、双向地震作用、扭转耦联以及施工模拟加载的影响，程序自动考虑最不利地震作用方向。

主体结构分为塔楼和裙房两部分，塔楼楼板开洞相对较少，在计算整体结构参数指标中采用刚性隔板假定，构件验算时桁架层楼板采用弹性板；裙房楼板开洞较多，而且四周有斜坡，根据《抗规》和《高规》规定，在计算扭转位移比指标时，按全楼刚性楼板假定，采用规定水平地震力作用并考虑偶然偏心进行计算。

3.1.2　抗震设防标准、性能目标及加强措施

本工程经常使用人数超过8000人，抗震设防类别为重点设防类（乙类）。

本工程总体按性能目标C的要求设计，各性能水准结构预期的震后性能状况如表3-1所示。

结构性能目标要求　　**表3-1**

<table>
<tr><th colspan="3" rowspan="3">性能要求</th><th colspan="3">设计要求</th></tr>
<tr><th>多遇地震</th><th>设防烈度地震</th><th>罕遇地震</th></tr>
<tr><th>性能1：完好、无损坏</th><th>性能3：轻度损坏</th><th>性能4：中度损坏</th></tr>
<tr><td rowspan="6">关键构件承载力</td><td colspan="2">底部加强区剪力墙</td><td>弹性</td><td>斜截面弹性，正截面不屈服</td><td>不屈服</td></tr>
<tr><td colspan="2">底部加强区塔楼框架柱</td><td>弹性</td><td>斜截面弹性，正截面不屈服</td><td>不屈服</td></tr>
<tr><td rowspan="2">转换桁架</td><td>弦杆</td><td>弹性</td><td>斜截面弹性，正截面不屈服</td><td>不屈服</td></tr>
<tr><td>腹杆</td><td>弹性</td><td>弹性</td><td>不屈服</td></tr>
<tr><td colspan="2">转换梁</td><td>弹性</td><td>斜截面弹性，正截面不屈服</td><td>不屈服</td></tr>
<tr><td colspan="2">转换柱</td><td>弹性</td><td>斜截面弹性，正截面不屈服</td><td>不屈服</td></tr>
<tr><td rowspan="2">普通竖向构件承载力</td><td colspan="2">普通剪力墙</td><td>弹性</td><td>斜截面弹性，正截面不屈服</td><td>部分屈服，满足最小受剪截面条件</td></tr>
<tr><td colspan="2">普通框架柱</td><td>弹性</td><td>斜截面弹性，正截面不屈服</td><td>部分屈服，满足最小受剪截面条件</td></tr>
<tr><td rowspan="2">耗能构件承载力</td><td colspan="2">剪力墙连梁</td><td>弹性</td><td>部分屈服，满足受剪截面条件</td><td>大部分屈服，满足最小受剪截面条件</td></tr>
<tr><td colspan="2">框架梁</td><td>弹性</td><td>部分屈服，满足受剪截面条件</td><td>大部分屈服，满足最小受剪截面条件</td></tr>
<tr><td colspan="3">楼板</td><td>弹性</td><td>局部开裂，开裂处混凝土退出工作，应力主要由楼板钢筋承担</td><td>大部分屈服</td></tr>
<tr><td>结构变形能力</td><td colspan="2">层间位移角</td><td>1/800</td><td>—</td><td>1/100</td></tr>
</table>

注：1 设防烈度地震和罕遇地震作用下的层间位移角计算，应考虑重力二阶效应，可扣除整体弯曲变形。高宽比大于3时，可扣除整体转动的影响。
2 计算方法依据《高规》第3.11节所列各水准的验算公式。

塔楼部分，结构高度100m＞60m，为一级。裙房相关范围内按塔楼为一级；裙房相关范围外为二级。转换桁架、转换梁、转换柱抗震等级为特一级。地下室一层相关范围内，按上部结构采用；相关范围（无上部结构）外为三级。

3.2　分析结果

3.2.1　周期和振型

结构平动周期T_1＝2.39s（X向平动），T_2＝1.89s（Y向平动），扭转周期T_3＝1.85s

(扭转)。结构两个方向的振动特性较为接近，周期比 0.774<0.85，满足周期比要求。

3.2.2 小震和风荷载计算结果

Y 向 2 层最小刚度比为 0.84，属于刚度突变结构；在偶然偏心地震作用下，规定水平地震力作用下 Y 向仅 1 层大于 1.2，但小于 1.4，属于扭转不规则结构。

2 层为架空层，X 向受剪承载力为上一层（桁架层）的 59%，Y 向受剪承载力为上一层的 54%，小于《高规》第 3.5.3 条要求的 65%，属于楼层承载力突变结构。

结构底层承受的地震倾覆力矩与结构总地震倾覆力矩的比值大于 10%，但不大于 50%，满足《高规》第 8.1.3 条按框架剪力墙结构进行设计的要求。

地震作用下最大层间位移角为 1/1137，风荷载作用下的层间位移角为 1/2542，均小于 1/800，满足《高规》第 3.7.3 条的要求。

选用了 5 组实际记录和 2 组人工模拟时程曲线，按三向地震作用计算，主方向加速度幅值为 35cm/s^2，三向加速度峰值比为 1∶0.85∶0.65，结果表明，时程波分析所得基底剪力平均值与 CQC 的比值约为 0.87，小于 CQC 计算值，结构分析和施工图设计按反应谱结果。

3.2.3 中震计算结果

(1) 采用 SATWE 软件进行小震弹性、中震弹性和中震不屈服计算，结果见表 3-2。

中震计算结果 **表 3-2**

指标	X 向		Y 向	
	小震弹性	中震弹性	小震弹性	中震弹性
层间位移角	1/1176（12 层）	1/475（11 层）	1/1482（12 层）	1/594（11 层）
与小震结果比值	1.0	2.48	1.0	1.88
基底剪力 Q_0(kN)	55859	137151	66755	163073
与小震结果比值	1.0	2.46	1.0	2.44
楼层最小剪重比	2.00	4.92	2.39	5.85
基底弯矩 M(kN·m)	2831617	6960431	3502743	8566971
与小震结果比值	1.0	2.46	1.0	2.45

(2) 剪力墙、柱构件验算均满足设定的抗震性能目标，采用截面分析软件 XTRACT 分析各墙肢的截面承载力，得到墙肢的 N-M 曲线，最后将各组合工况内力进行对比。

3.2.4 大震计算结果

(1) 采用 SAUSAGE 软件进行罕遇地震作用下动力弹塑性分析，整体计算结果见表 3-3。

大震计算结果 **表 3-3**

指标	人工波		第一组天然波（Landers）		第二组天然波（CHICHI）	
	X 主向	Y 主向	X 主向	Y 主向	X 主向	Y 主向
周期（s）	SATWE 计算前 3 周期：T_1=2.405，T_2=1.905，T_3=1.875					
	SAUSAGE 计算前 3 周期：T_1=2.332，T_2=1.777，T_3=1.759					
质量（t）	SATWE 计算结构总质量：247481					
	SAUSAGE 计算结构总质量：252157					
剪力（kN）	SATWE 小震反应谱基底剪力：X 向 54424；Y 向 64798					

续表

指标	人工波		第一组天然波（Landers）		第二组天然波（CHICHI）	
	X 主向	Y 主向	X 主向	Y 主向	X 主向	Y 主向
剪重比	SATWE 小震反应谱基底剪重比：X 向 2.20%；Y 向 2.62%					
X 向最大基底剪力(kN)	237627	209000	249003	190500	219935	203300
X 向最大剪重比	9.4%	8.3%	9.9%	7.6%	8.7%	8.1%
Y 向最大基底剪力(kN)	213700	242104	191100	226852	201200	269323
Y 向最大剪重比	8.5%	9.6%	7.6%	9%	8%	10.6%
X 向顶点最大位移(mm)	487	394	315	349	468	435
Y 向顶点最大位移(mm)	217	271	195	272	213	369
X 向最大层间位移角	1/128（11 层）	1/157（11 层）	1/155（13 层）	1/170（13 层）	1/122（13 层）	1/144（11 层）
Y 向最大层间位移角	1/213（11 层）	1/187（16 层）	1/245（10 层）	1/164（13 层）	1/245（11 层）	1/156（11 层）

（2）塑性损伤情况：大部分框架柱没有出现混凝土的刚度退化和钢材的塑性应变，19 层和裙房部分框架柱出现损伤，损伤较少且仅属于中度损伤，满足大震不屈服的性能目标（图 3-1）。剪力墙底部加强区部位只出现个别轻微损伤，集中在连梁损伤，连梁起到耗能作用，剪力墙中钢板没有出现塑性应变。转换桁架层钢材及钢筋无塑性应变（图 3-2）。

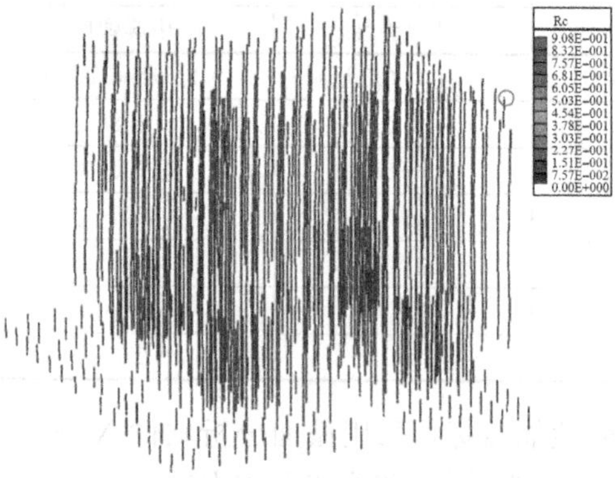

图 3-1　塔楼及裙房框架柱损伤分布图

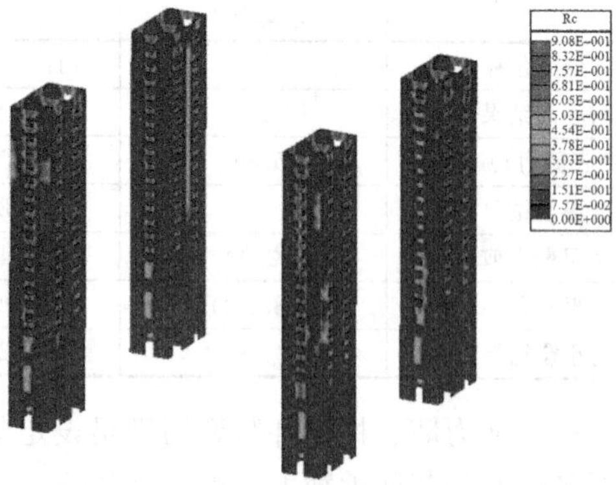

图 3-2　核心筒剪力墙及连梁损伤分布图

3.2.5　超限设计措施及对策

（1）剪力墙底部加强区适当提高水平及竖向钢筋的配筋率和约束边缘构件的配筋率，水平分布筋配筋率为 0.4%～0.6%，竖向分布筋配筋率为 0.4%～0.8%。

（2）架空层（2 层）至桁架层上一层（4 层）采用钢板组合剪力墙，2 层采用 25mm 厚钢板，3、4 层采用 20mm 厚钢板，加强架空层侧向刚度和剪力墙受剪承载力。

（3）底部加强区部位剪力墙抗震等级提高一级为特一级。

（4）在剪力墙转角位置设置型钢混凝土柱，考虑型钢受拉承载力。

（5）负 1 层至转换桁架层上一层的关键框架柱均采用型钢混凝土柱，型钢混凝土柱满足中震弹性的抗震性能目标。

（6）保证结构框架柱承担的倾覆弯矩和剪力比例，提高第二道防线的承载能力。

4 抗震设防专项审查意见

2014 年 9 月 29 日，珠海市住房和城乡规划建设局在珠海正青建筑勘察设计咨询有限公司会议室主持召开了“保利国际广场二期工程”超限高层建筑工程抗震设防专项审查会。审查专家组由五位专家组成，华南理工大学建筑设计研究院方小丹总工程师担任专家组组长。与会专家审阅了送审材料，听取了广东省建筑设计研究院有限公司关于该工程超限结构设计的汇报。经认真审议，提出审查意见如下：

（1）桁架斜撑布置方案比较时应考虑非悬挑端上部柱传下来的轴力，可考虑取消中柱的方案。

（2）竖向荷载作用下剪力墙仍承受了较大剪力，建议改善，可考虑在剪力墙中设置钢斜拉杆，并提高剪力墙的水平钢筋配筋率。

（3）转换桁架上、下弦楼盖应予以加强，楼板厚度不小于 150mm，双层双向配筋。

（4）建议进行施工顺序模拟分析，考虑楼盖后浇带的设置及影响。

（5）对悬臂端胎架的拆除应提出实施方案或要求。

审查结论：通过。

5 点评

该项目采用带巨型转换桁架的框架-剪力墙超限结构，由于巨型转换桁架层（设置在 3 层）的存在，导致 2 层的层刚度比和受剪承载力不满足规范要求，设计在 2 层采用了内嵌钢板的组合剪力墙，有效地提高了 2 层的受剪承载力，仅略微提高了层刚度，有效防止了地震力的增大，较完美地解决了受剪承载力问题，并根据项目特点，采取了一系列的加强措施，满足了规范的抗震设防要求。

21 广州国际金融交易广场

关　　键　　词：超限高层；钢管混凝土叠合柱；钢管混凝土剪力墙；弹塑性时程分析
结构主要设计人：叶国认　黎国彬　韩超伟　张啸辰　范小周　苏龙云
设　计　单　位：广东省建筑设计研究院有限公司

1 工程概况

广州国际金融交易广场项目是广州金融城起步区建设的地标性亮点项目，是以商业（餐饮）、写字楼等配套设施为主，功能齐全的城市综合体。基地位于广州市金融城综合商业区内，建设用地面积约为 8826m^2。项目建设总建筑面积为 146019m^2，其中地上建筑面积为 105059m^2，地下建筑面积为 40960m^2。本建筑地上 50 层，地下 5 层，其中地下 5 层局部为核六级人防。建筑总高 230m。项目效果如图 1-1 所示。

图 1-1　项目效果图

2 结构体系与结构布置

2.1 结构体系

根据建筑物总高度、抗震设防烈度、建筑用途等情况，本工程塔楼结构的体系为框架-核心筒。本工程塔楼的高宽比为 4.64，核心筒的高宽比为 9.94。主塔楼共 16 根钢管混凝土叠合柱，截面尺寸底部为 1400mm×1400mm，钢管截面尺寸（mm）从 ϕ900×30 向上逐步收至 ϕ900×25，钢管采用 Q345B 钢材。核心筒部分利用电梯井、楼梯间及设备用房等设置形成的核心筒，尺寸约为 21.5m×22.1m。为充分利用剪力墙截面，在 6 层以下核心筒外围剪力墙埋置钢管（钢管混凝土剪力墙），X 向筒体外壁厚由底部 800mm 向上逐步收至 500mm，Y 向筒体外壁厚由底部 700mm 向上逐步收至 500mm。主要构件尺寸及材料等级见表 2-1，结构体系如图 2-1 所示。

主要构件尺寸及材料等级　　表 2-1

构件部位	构件尺寸（mm）	材料等级
核心筒剪力墙	800～400	C40～C70
叠合柱钢管	ϕ900×30～ϕ900×25	Q345B

续表

构件部位	构件尺寸（mm）	材料等级
塔楼框架梁	400×500，400×700，500×700，500×800	C30～C40
塔楼次梁	300×700，400×700	C30～C40

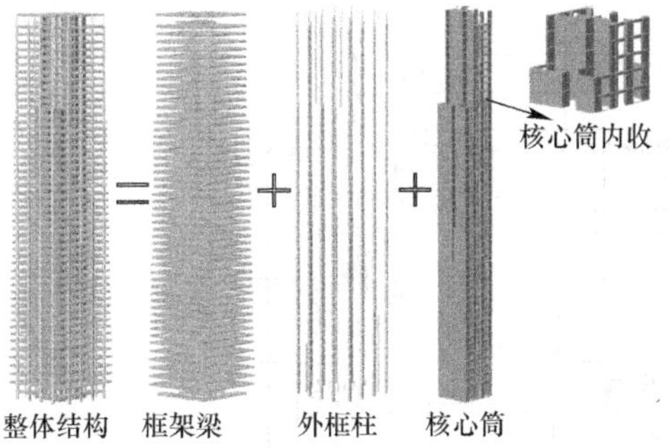

图 2-1 结构体系

2.2 楼盖体系

根据结构体系特点、使用要求和施工条件，本工程均采用现浇钢筋混凝土梁板体系，整体性良好。

塔楼标准层框架梁截面尺寸一般为400mm×700mm、500mm×700mm、600mm×700mm，外边框架梁为400mm×800mm。板厚取120～150mm，2层和41层全层板厚为180mm，部分区域因大开洞而形成楼板薄弱部位，对该类部位适当加大板厚并加强配筋。核心筒内连梁高度取800mm。标准层布置如图2-2及图2-3所示。

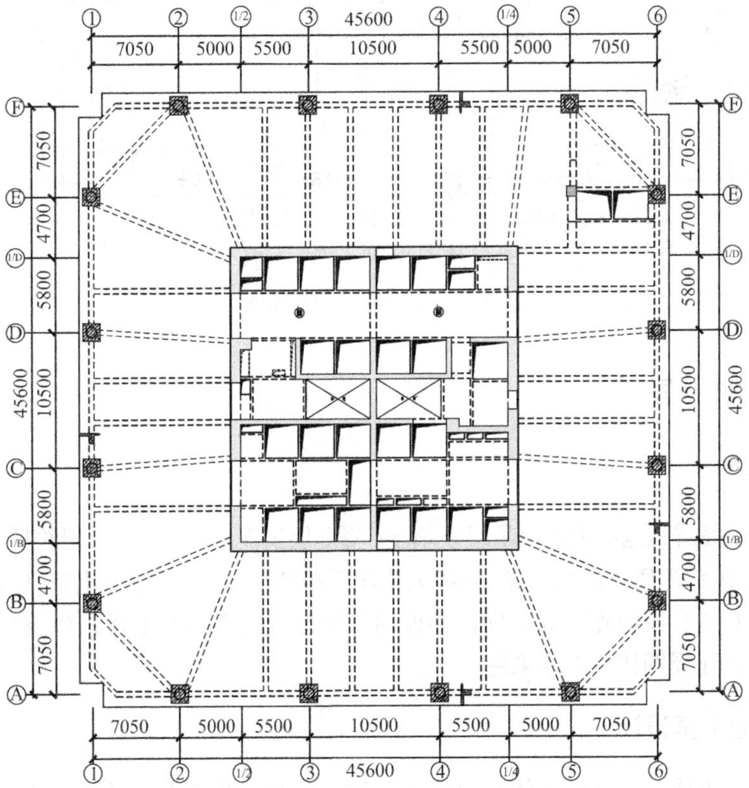

图 2-2 第 7 层结构平面图

地下室底板采用平板结构，塔楼范围板厚 $h=1000$mm，纯地下室范围板厚 $h=600$mm；−3～−1层地下室楼板采用主次梁楼盖结构，框架梁截面尺寸一般为250mm×

700mm、300mm×700mm、400mm×700mm、500mm×700mm、600mm×700mm，板厚取120～150mm；首层（地下室顶板）及-4层（人防顶板）采用大梁大板结构，框架梁截面尺寸一般为400mm×600mm、600mm×600mm、500mm×700mm、700mm×700mm、800mm×900mm，板厚取200～300mm，较大跨度支座处采取板加腋处理。

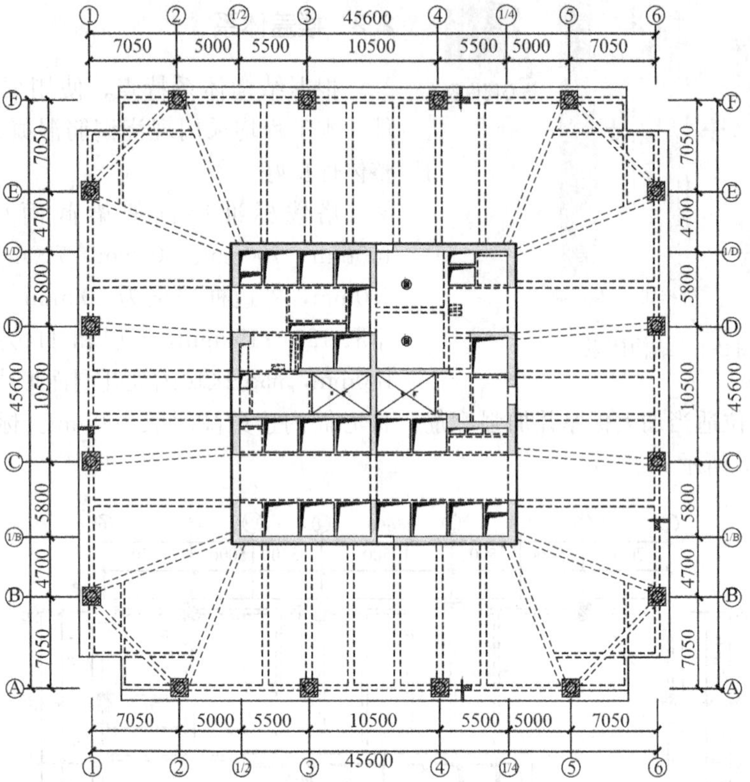

图 2-3　第 19 层结构平面图

3　基础及地下室

3.1　地质概况

拟建场地所揭露的地层主要由①层杂填土、②$_1$层淤泥质粉土、②$_2$层粉质黏土、②$_3$层中砂、③$_1$层全风化泥质粉砂岩、③$_2$层强风化泥质粉砂岩、③$_3$层中风化泥质粉砂岩组成。

拟建场地的抗震设防烈度为7度，场地划分为建筑抗震不利地段；建筑场地类别为Ⅱ类；场地设计特征周期按0.35s采用。

3.2　基础与地下室设计

根根据地基土质、上部结构体系及施工条件等资料，经技术和经济对比优化。基础布置如下：

（1）塔楼核心筒：地下室底层核心筒壁厚700～800mm，核心筒下布置筏板基础，筏板厚2800mm。

（2）塔楼叠合柱：柱下设独立基础，基础平面尺寸 6800mm×6800mm，基础高度 h=2500mm。

（3）纯地下室框架柱：柱下设独立基础，基础尺寸 2400mm×2400mm～3200mm×3200mm，基础高度 h=800～1000mm。

（4）纯地下室抗浮设计：地下室底板水头高约 22m，纯地下室区域结构自重与覆土重量不足以平衡水浮力。为满足抗浮要求，纯地下室底板设置抗浮岩石锚杆，单根锚杆抗拔承载力特征值为 550kN。

4 荷载与地震作用

4.1 楼面荷载

楼面荷载按《建筑结构荷载规范》GB 50009—2012（下文简称《荷载规范》）及《高层建筑混凝土结构技术规程》JGJ 3—2010（下文简称《高规》）的相关规定取值。

4.2 风荷载与地震作用

根据规范的要求，结构承载力计算时按广州市重现期为 100 年的基本风压 0.55kN/m^2 考虑，结构位移验算时按重现期为 50 年的基本风压 0.50kN/m^2 考虑，建筑物地面粗糙度类别为 C 类。风荷载取值基于广东省建筑科学研究院提供的《广州国际金融交易广场项目风洞动态测压试验报告》风洞试验结果以及《荷载规范》等相关标准。

根据《建筑工程抗震设防分类标准》GB 50223—2008 的相关规定，建筑各区段的重要性有显著不同时，可按区段划分抗震设防类别，下部区段的类别不应低于上部区段。故本工程判定：6 层及以上定为标准设防类（丙类）；6 层以下定为重点设防类（乙类）。

5 结构超限判别及抗震性能目标

5.1 结构超限类型和程度

参照《住房城乡建设部关于印发〈超限高层建筑工程抗震设防专项审查技术要点〉的通知》（建质〔2015〕67 号）、《高规》和广东省标准《高层建筑混凝土结构技术规程》DBJ 15—92—2013（下文简称《广东高规》）有关规定，本工程属框架-核心筒混合结构体系，不属于暂未列入的其他高层建筑结构。

（1）高度超限判别：本工程建筑物高 230m，按照《高规》第 3.3.1 条的规定，框架-核心筒结构 7 度 B 级高度的最大适用高度为 180m，本工程属超 B 级高度超限结构。

（2）同时具有三项及以上不规则的高层建筑工程判别见表 5-1。

三项及以上不规则判别　　表 5-1

序号	不规则类型	简要涵义	本工程情况	超限判别
1a	扭转不规则	考虑偶然偏心的扭转位移比大于 1.2	无	否
1b	偏心布置	偏心率大于 0.15 或相邻层质心大于相应边长 15%	无	

续表

序号	不规则类型	简要涵义	本工程情况	超限判别
2a	凹凸不规则	平面凹凸尺寸，大于相应投影方向总尺寸的30%等	无	否
2b	组合平面	细腰形或角部重叠形	无	
3	楼板不连续	有效宽度小于50%，开洞面积大于30%，错层大于梁高	部分楼层楼板有效宽度小于50%	是
4a	刚度突变	相邻层刚度变化大于70%或连续三层变化大于80%	X向0.8947（1层） Y向0.8440（1层）	是
4b	尺寸突变	竖向构件位置缩进大于25%或外挑大于10%和4m，多塔	否	
5	构件间断	上下墙、柱、支撑不连续，含加强层、连体类	无	否
6	承载力突变	相邻层受剪承载力变化大于80%	无	否
7	局部不规则	如局部的穿层柱、斜柱、夹层、个别构件错层或转换，或个别楼层扭转位移比略大于1.2等	局部存在穿层柱	是
不规则情况总结		不规则项3项		

（3）具有一项不规则的高层建筑工程判别见表5-2。

一项不规则判别 **表5-2**

序号	不规则类型	简要涵义	本工程情况	超限判别
1	扭转偏大	裙房以上30%或以上楼层数考虑偶然偏心的扭转位移比大于1.5	无	否
2	层刚度偏小	本层侧向刚度小于相邻层的50%	无	否
3	高位转换	框支墙体的转换构件位置：7度超过5层，8度超过3层	无	否
4	厚板转换	7～8度设防的厚板转换结构	无	否
5	复杂连接	各部分层数、刚度、布置不同的错层，两端塔楼高度、体型或振动周期显著不同的连体结构	无	否
6	多重复杂	结构同时具有转换层、加强层、错层、连体和多塔等复杂类型的3种	无	否
不规则情况总结		不规则项0项		

5.2 抗震性能目标

依据《广东高规》第3.11节的要求进行本工程的结构抗震性能设计。

根据本工程超限的实际情况，本工程总体按性能目标C要求进行抗震性能化设计，计算方法依据《广东高规》第3.11节所列各水准的验算公式。具体采用的抗震性能水准如下：在多遇地震（小震）作用下满足第1抗震性能水准的要求，在设防地震（中震）作用下满足第3抗震性能水准的要求，在罕遇地震（大震）作用下满足第4抗震性能水准的要求；结构构件实现抗震性能要求的结构构件的承载力设计要求及重要性系数要求如表5-3及表5-4所示。

不同地震作用的性能水准及其相关规定 **表5-3**

地震水准	性能水准	性能水准相关规定
多遇地震	1	应满足弹性设计要求，结构构件承载力和变形应符合相关规范的规定
设防地震	3	抗震承载力满足：$S_{GEk}+\eta(S_{Ehk}^{*}+0.4S_{Evk}^{*})\leqslant\zeta R_k$

续表

地震水准	性能水准	性能水准相关规定
罕遇地震	4	竖向构件的受剪截面满足：$V_{GEk}+\eta V_{Ek}^{*}\leqslant\zeta f_{ck}bh_0$

结构构件分类及构件重要性系数取值要求　　表 5-4

构件分类	具体构件	构件重要性系数
关键构件	底部加强区剪力墙、跨层柱	1.1
普通竖向构件	非底部加强区核心筒墙体、普通框架柱	1.0
耗能构件	框架梁、连梁	框架梁 0.8、连梁 0.7

6　结构计算与分析

6.1　多遇地震计算结果

（1）结构整体计算结果汇总如表 6-1 所示。

整体计算结果　　表 6-1

指标		YJK 软件	SATWE 软件
结构总质量（t）（不含地下室）		162644	164585
标准层单位面积重度（kN/m²）		15.62	15.70
计算振型数		27	27
第 1 周期		5.9974（Y 向）	5.9999（Y 向）
第 2 周期		5.5997（X 向）	5.4791（X 向）
第 3 周期		3.7308（扭转）	3.7490（扭转）
扭平比		0.620	0.625
有效质量系数	X 向	96.12%	96.14%
	Y 向	98.29%	98.74%
地震作用下基底剪力（kN）	X 向	18928.23	19775.38
	Y 向	17752.64	18237.82
剪重比（调整前）	X 向	1.164%	1.20%
	Y 向	1.092%	1.10%
首层框架柱承担地震倾覆力矩比	X 向	16.4%	14.53%
	Y 向	17.4%	16.67%
与上层刚度 90%，110%比值的较小值（已除以 0.9、1.1、1.5）	X 向	0.9079（1 层）	0.8947（1 层）
	Y 向	1.1388（21 层）	0.8440（1 层）
受剪承载力比值	X 向	0.88（2 层）	0.93（2 层）
	Y 向	0.82（2 层）	0.86（2 层）
风荷载作用下最大层间位移角	X 向	1/1204（34 层）	1/1296（41 层）
	Y 向	1/1371（30 层）	1/1460（30 层）
地震作用下最大层间位移角	X 向	1/909（38 层）	1/933（42 层）
	Y 向	1/920（30 层）	1/887（30 层）
扭转位移比	X 向	1.13（44 层）	1.14（2 层）
	Y 向	1.12（2 层）	1.10（2 层）

续表

指标		YJK 软件	SATWE 软件
刚重比	X 向	1.965	1.89
	Y 向	1.735	1.60

从表 6-1 可知，两个不同的结构分析软件的结果较为接近，且扭平比、最大层间位移角、扭转位移、受剪承载力比值及刚重比、轴压比指标均满足规范要求。X、Y 方向剪重比共 7 层不满足《建筑抗震设计规范》GB 50011—2010（2016 年版）（下文简称《抗规》）第 5.2.5 条的要求，不满足的层数占总层数的 14%，首层剪重比小于限值，应根据《抗规》第 5.2.5 条调整楼层剪力。首层侧移刚度比不满足《高规》第 3.5.2 条关于高层建筑相邻楼层的侧向刚度变化的规定。

（2）弹性时程分析。本工程为超 B 级高度高层结构，需进行弹性时程分析作为多遇地震下的补充计算。采用 YJK 进行弹性动力时程分析，输入地震波为 5 组天然波和 2 组人工波，主要计算结果见表 6-2。

最大基底剪力及最大层间位移角 **表 6-2**

地震方向	地震波	最大基底剪力（kN）	时程振型分解法的比值	最大层间位移角
X 向	Kocaeli	17498	94%	1/1260（44 层）
	Loma Prieta	17365	93%	1/1269（44 层）
	Landers	17493	94%	1/1103（44 层）
	TH2TG035	16862	90%	1/1388（41 层）
	TH1TG040	16333	87%	1/1346（45 层）
	RH1TG040	17750	95%	1/985（41 层）
	RH2TG040	16526	88%	1/1079（41 层）
	地震波均值	17065	91%	—
	振型分解法	18454	—	1/871（41 层）
Y 向	Kocaeli	15760	91%	1/1262（43 层）
	Loma Prieta	16092	93%	1/1164（42 层）
	Landers	13793	80%	1/1227（43 层）
	TH2TG035	13393	77%	1/1389（42 层）
	TH1TG040	16450	95%	1/1319（45 层）
	RH1TG040	16896	98%	1/1121（20 层）
	RH2TG040	16552	96%	1/943（42 层）
	地震波均值	14561	84%	—
	振型分解法	17230	—	1/915（30 层）

从表 6-2 可知，时程分析结果满足平均底部剪力不小于振型分解反应谱法结果的 80%，每条地震波底部剪力不小于振型分解反应谱法结果的 65%的条件，且每条地震波输入计算不大于振型分解反应谱法结果的 135%，平均值不大于 120%。

由弹性时程分析的 7 组地震波的各楼结果平均值与规范反应谱的结果对比可知，对于楼层剪力，个别地震波在结构中上部楼层时程剪力大于规范反应谱，但平均值时程剪力小于规范反应谱。对于层间位移角，时程分析与反应谱分析的位移角皆比规范限值小。顶部部分楼层剪力平均值大于反应谱剪力，需要放大。

6.2 结构设防地震（中震）验算

本工程总体按性能目标 C 要求进行抗震性能化设计，计算方法依据《广东高规》第 3.11 节所列各水准的验算公式。其中，构件重要性系数 η，关键构件取 1.1，一般竖向构件取 1.0，水平耗能构件取 0.8（框架梁）及 0.7（连梁）；承载力利用系数 ξ，压剪取 0.74，弯拉取 0.87。验算结果见表 6-3。

设防地震作用下结构构件承载力验算 表 6-3

构件		设防地震性能目标（性能 C，中震第 3 水准）$S_{GEk}+\eta(S^*_{Ehk}+0.4S^*_{Evk})\leqslant\xi R_k$	计算结果	验算情况
关键构件	底部加强区剪力墙	$\eta=1.1$	配筋满足要求	满足
	塔楼框架柱		配筋满足要求	满足
一般竖向构件	非加强区剪力墙	$\eta=1.0$	配筋满足要求	满足
	框架柱		配筋满足要求	满足
水平耗能构件	框架梁	$\eta=0.8$（框架梁）$\eta=0.7$（连梁）	抗剪及抗弯配筋满足要求	满足
	剪力墙连梁		抗剪及抗弯配筋满足要求	满足

所有关键构件及一般竖向构件的抗剪配筋均未出现超筋的情况，满足性能目标要求，底部钢管混凝土剪力墙暗柱配筋计算值比多遇地震大。大部分楼层的框架梁及剪力墙连梁未出现超筋的情况，框架柱、框架梁的配筋计算值比多遇地震作用下的大。

由于核心筒高宽比 8.75 相对较大，在地震作用下存在较大拉力的情况，设计时控制其在中震作用下的拉应力均小于 f_{tk}（采用 C80 混凝土，$f_{tk}=3.11\text{N/mm}^2$），由于底部区域剪力墙内设置钢管，根据拉力的大小确定剪力墙内与钢管共同承受拉力的竖向钢筋面积，以增加核心筒的抗拉能力。

对底部核心筒剪力墙进行中震作用下墙体拉力分析，可知核心筒外围剪力墙出现受拉时，设计中埋置钢管面积满足钢管计算面积要求。

6.3 动力弹塑性时程分析

按规范要求的“大震不倒”的抗震设防目标，采用 SAUSAGE 程序对建筑物在罕遇地震作用下进行动力弹塑性时程分析。

SAUSAGE 模型中的关键构件配筋按 SATWE 小震反应谱和中震反应谱的包络计算结果，其他普通构件配筋按照 SATWE 小震反应谱的计算结果。底部加强区剪力墙的分布钢筋最小配筋率取 0.6%。

罕遇地震时程分析选取 1 条人工波和 2 条天然波。地震波峰值加速度为 220.0cm/s^2，计算持时 35s。地震波按三向输入，峰值加速度采用以下比值：$X:Y:Z=1.0:0.85:0.65$、$Y:X:Z=1.0:0.85:0.65$。

从分析结果可知，3 条地震波的 X 向层间位移角最大值为 1/148（40 层），Y 向层间位移角最大值为 1/225（33 层），结构最大层间位移角均小于 1/125，满足《广东高规》第 3.11.3 条的规定。

在罕遇地震作用下，最大层间位移角为 1/133，性能点处各层弹性位移角满足层间位移1/125的限值要求，符合《广东高规》第3.11.4条的规定，可实现“大震不倒”的抗震设防目标。

通过罕遇地震动力弹塑性验算以及等效弹性验算，竖向构件均满足《广东高规》式(3.11.3-3)的要求，反映结构有良好的抗震性能，性能验算见表6-4。

从地震波发展趋势看，首先40层以上核心筒连梁出现损伤，并随着地震波继续加载，损伤向下部楼层发展；同时，中上部框架梁及局部楼板亦出现损伤，上部楼层个别剪力墙出现损伤；框架柱及下部剪力墙未出现损伤，剪力墙暗柱未出现损伤。结构屈服机制为连梁—框架梁—剪力墙，屈服机制合理，符合抗震概念设计的屈服顺序。

从结构损伤情况看，底部加强区剪力墙及框架柱未出现损坏，满足既定的性能目标的要求。在40层核心筒收进部位楼板损伤较为严重，故该部分楼板需加强。

罕遇地震作用下结构构件承载力验算 表6-4

构件		设防地震性能目标（性能C，大震第四水准）	电算结果	验算情况
关键构件	底部加强区剪力墙	受弯、受剪不屈服	未屈服	满足
	跨层柱	受弯、受剪不屈服	未屈服	满足
一般竖向构件	非加强区剪力墙	受弯、受剪不屈服，满足最小受剪截面验算	上部楼层小部分位置剪力墙混凝土出现受压损伤，钢筋未出现屈服	满足
	普通框架柱	受弯、受剪不屈服	40层核心筒收进部位立柱柱底钢筋出现屈服，其他部位未屈服	满足
水平耗能构件	框架梁	小部分屈服，满足最小受剪截面验算	个别框架梁发生屈服，满足最小受剪截面验算	满足
	剪力墙连梁	大部分屈服，满足最小受剪截面验算	下部楼层个别连梁出现屈服，中上部楼层大部分连梁出现屈服，基本满足最小受剪截面验算	满足

7 超限处理主要措施

(1) 根据超限情况、受力特点及其重要性，确定其抗震性能目标为C级。

(2) 本工程属于超B级高度的高层建筑，剪力墙是主要的抗侧力构件，设计中在剪力墙底部加强区埋置钢管（钢管混凝土剪力墙）并适当提高剪力墙竖向分布筋配筋率至0.6%，从而减小了底部剪力墙的轴压比，提高中震受压、受拉和受剪承载力，以及大震受剪承载力。并在大震弹塑性设计中，提高抗侧刚度和结构延性。

(3) 18层以下边框架柱埋置钢管（钢管混凝土叠合柱），减小柱轴压比及提高中震受压及受剪承载力。

(4) 本工程中较多楼层（共16层）存在楼板大开洞情况，中震分析表明，洞口边缘位置应力较大，对该部分楼板适当加强处理。

(5) 小震计算结果显示，首层层高为10m，存在楼层承载力的突变及楼层侧向刚度比的超限，属薄弱部位。故将2层楼板加厚至180mm，并配置双层双向板筋，配筋率不小于0.25%。

（6）对核心筒收进位置剪力墙以上两层及下一层（39～41 层）提高水平及竖向分布筋配筋率至 0.5%。

（7）核心筒收进区域楼板（40 层）加厚至 180mm，并配置双层双向板筋，配筋率不小于 0.25%。

（8）施工图设计配筋中的地震工况作用下组合值采用多遇地震及设防地震两者包络值结果。

8 抗震设防专项审查意见

2017 年 9 月 12 日，广州市住房和城乡建设委员会在嘉业大厦 14 楼第一会议室主持召开了“广州国际金融交易广场”超限高层建筑工程抗震设防专项审查会。周定教授级高工任专家组组长，与会专家听取了广东省建筑设计研究院有限公司关于该工程抗震设防设计的情况汇报，审阅了送审材料。经讨论，提出审查意见如下：

（1）时程分析的地震波有效持时不够，补充与 CQC 对比层剪力放大系数。

（2）复核大震作用下动力弹塑性分析计算结果，明确大震作用下的耗能机制。

（3）复核大震作用下核心筒剪力墙收进后墙体的损伤和加强措施；建议优化核心筒墙体布置，尽量保持核心筒墙肢完整性。

（4）连梁刚度调整系数 0.6 偏小；框架柱应按规范进行地震剪力调整。

（5）细化叠合柱节点大样设计。

审查结论：通过。

9 结论

本工程虽然是存在楼板不连续、刚度突变、局部不规则等多项超限的超 B 级高度高层建筑，但设计中充分利用概念设计方法，对关键构件设定抗震性能化目标，并在抗震设计中，采用多种程序对结构进行了弹性、弹塑性计算分析，除保证结构在小震作用下完全处于弹性阶段，还补充了关键构件在中震和大震作用下的验算。计算结果表明，多项指标均表现良好，基本满足规范的有关要求。根据计算分析结果和概念设计方法，对关键和重要构件做了适当加强，以保证在地震作用下的延性。

因此，可以认为本工程除满足竖向荷载和风荷载作用下的有关指标外，也实现了“性能目标 C”的抗震设防目标。结构是可行且安全的。

22 肇庆新区湿地景观商务酒店及配套设施工程——景观塔及其配套工程

关　　键　　词：高耸结构；高径比；调谐质量阻尼器；振动台试验
结构主要设计人：区　彤　刘雪兵　陈　前　张增球　王骁宇
设　计　单　位：广东省建筑设计研究院有限公司

1　工程概况与设计标准

本工程位于肇庆新区，坐落于新区环路与上广路交界处，东北邻肇庆新区体育中心，南临长利涌。项目分为南、北两个地块，总用地面积约为 80463m²，北地块的用地面积约为 31034.77m²，该地块主要建筑功能为景观塔（高度约为 167.4m，地下室 1 层，埋深约为 5.5～8.0m），建筑面积约为 18757m²，其地上建筑面积约 15973m²，地下建筑面积约为 2784m²，主要功能包括：景观平台、城市展厅、餐饮、多功能报告厅及其附属用房等（图 1-1、图 1-2）。

图 1-1　建筑效果图

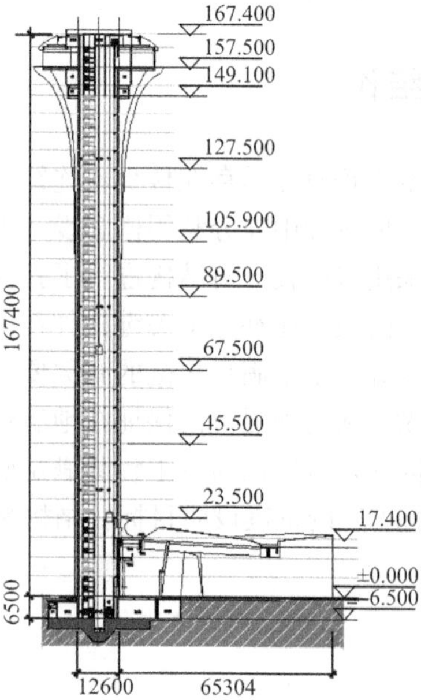

图 1-2　建筑剖面图

本工程采用筒体结构，27 层以上观光层采用钢框架-核心筒结构，通过钢支撑与核心筒相连；建筑总高度为 167.4m，层高为 5.5m，局部层高为 4.0～6.0m，建筑桩基设计等级为甲级。建筑结构安全等级为二级，建筑结构设计使用年限为 50 年，抗震设防类别为丙类。

本工程所在场地抗震设防烈度为 7 度，基本加速度值为 0.10g，地震分组为第一组，场地类别为Ⅲ类。

本工程风荷载及参数取值按《建筑结构荷载规范》GB 50009—2012（下文简称《荷载规范》）和广东省标准《高层建筑混凝土结构技术规程》DBJ 15—92—2013（下文简称《广东高规》）以及风洞试验进行确定。结构承载力验算时，基本风压采用 $1.1w_0=0.55\text{kN/m}^2$；水平位移验算时，采用重现期 50 年基本风压 $w_0=0.50\text{kN/m}^2$，地面粗糙度类别为 B 类；舒适度验算时，采用重现期 10 年基本风压 $w_0=0.30\text{kN/m}^2$，结构阻尼比 $\zeta=0.01\sim0.02$；风振计算考虑顺风向、横风向及扭转风振影响。

根据工程需要，结合试验情况，本工程制作 1∶200 的刚性测压模型及周边建筑模型，进行群体建筑风洞动态测压试验。试验时采用《荷载规范》规定的 B 类地貌风剖面。风荷载对结构底部的弯矩取矩点为结构模型参数中塔楼地上首层标高处，并采用风洞试验结果与规范要求复核计算，取最不利值进行设计。

2 结构体系及超限情况

2.1 结构体系

景观塔采用钢筋混凝土筒体结构体系，顶部观光层根据建筑功能和建筑体型采用钢框架-核心筒结构体系，通过钢支撑和钢梁与核心筒连接。为避免设缝削弱结构的整体性及对防水、通风等建筑构造带来困难，地下室结构不设置伸缩缝。裙房与景观塔仅在 12m、18m 高度设有结构楼板，为避免裙楼与景观塔的质量刚度不协调，导致连接部位开裂等影响，裙房与塔楼之间设置防震缝，宽度为 150mm。

2.1.1 竖向抗侧力结构体系

景观塔抗侧力构件为设置在景观塔外圆形筒和电梯间及楼梯间位置的剪力墙，以提供结构的抗侧及抗扭刚度，混凝土强度等级为 C60～C40。由于总高度达 167.4m，为了提高侧向刚度，筒体底部外围剪力墙厚度取 600mm（地下部分为 700mm）。塔体平面为直径仅 12.60m 的圆形平面，且内部布置 3 台电梯及交叉剪刀梯，施工作业面非常狭窄，施工单位定制铝模配合爬模进行施工，为节省模板费用，经过对比分析，上部塔体外筒维持 600mm 厚，筒体内部剪力墙厚采用 300mm（局部 200mm）。

2.1.2 楼盖体系

本工程采用现浇钢筋混凝土梁板体系，整体性良好。地下室底板采用平板结构，板厚 $h=600\text{mm}$。桩承台充当平板结构柱帽，塔体及筒体以外 5m 范围筏板厚度 $h=1800\text{mm}$。地下室底板和承台的混凝土强度等级均为 C40，抗渗等级 P8。地下室顶板室外区域覆土厚度约 0.9～1.3m，采用梁板结构，梁高 700～800mm，板厚 $h=200\text{mm}$，室内板厚 $h=180\text{mm}$。顶板混凝土强度等级为 C30，抗渗等级 P6。景观塔标准层采用混凝土梁板结构，梁高 800，筒体内部的楼板厚度 $h=150\text{mm}$，混凝土强度等级为 C30。筒体内部标准层有楼板的楼层为结构层，开洞率为 22%。

2.1.3 基础类型

根据勘察报告，拟建场地地层按地质成因及力学性质依次分为：人工填土（Q^{ml}），冲积—洪积层（Q^{al+pl}）及下覆基岩石炭系（C）的灰岩。本场地不良地质作用主要为岩溶、土洞，见洞率38.5%，线岩溶率22.0%，岩溶强烈发育。结合上部结构高度167.4m，外径仅12.6m，高径比高达13.33的特点及施工条件，在景观塔塔身外壁以外5m布置承台，同时在负一层布置加腋墙，以增大结构的抗倾覆力矩。承台底部布置32根直径1800mm冲孔灌注嵌岩桩（桩身混凝土强度等级C35，单桩承载力特征值取21000kN），以满足景观塔结构竖向承载力和整体稳定性要求。桩端持力层为微风化灰岩，岩石饱和单轴抗压强度标准值f_{rk}=25MPa。在满足小震和风荷载作用下的各项受力要求后，经验算，景观塔基础在中震弹性作用下冲孔灌注桩最大桩底反力为18107kN<21000kN，同时桩基础未出现受拉情况，因此景观塔桩基础承载力特征值均满足中震弹性作用。

2.2 结构的超限情况

本工程超限判定按《住房城乡建设部关于印发〈超限高层建筑工程抗震设防专项审查技术要点〉的通知》（建质〔2015〕67号）执行，超限情况说明如下。

2.2.1 特殊类型高层建筑

本工程景观塔采用筒体结构体系，不属于特殊类型高层建筑。

2.2.2 高度超限判别

本工程筒体结构，建筑物自室外地面至建筑主要屋面的结构高度为167.4m，属B级高度超限结构。

2.2.3 不规则类型判别

同时具有三项及以上不规则的高层建筑工程判别如表2-1所示。

三项及以上不规则判别 表2-1

序号	不规则类型	简要涵义	本工程情况 景观塔（B级） 超限判别	备注
1a	扭转不规则	考虑偶然偏心的扭转位移比大于1.2	X：1.00（5层），Y：1.03（1层）	
			否	
2a	凹凸不规则	平面凹凸尺寸大于相应投影方向总尺寸的30%等	无	
			否	
2b	组合平面	细腰形或角部重叠形	无	
			否	
3	楼板不连续	有效宽度小于50%，开洞面积大于30%，错层大于梁高	观光层以下楼层楼板开洞面积大于30%	
			否	
4a	刚度突变	该层侧向刚度小于上层侧向刚度的80%	最小刚度比：X向0.9771（27层），Y向0.9808（27层）	刚度比：考虑层高修正
			否	
4b	尺寸突变	竖向构件位置缩进大于25%或外挑大于10%和4m	27～30层观光层外凸约11m，比例91.7%	
			是，1项	
5	构件间断	上下墙、柱、支撑不连续，含加强层、连体类	无	
			否	

续表

序号	不规则类型	简要涵义	本工程情况 景观塔（B级） 超限判别	备注
6	楼层承载力突变	抗侧力结构的层间受剪承载力小于相邻上一楼层的80%	X向0.70（27层），Y向0.76（4层） 是，1项	
特别不规则情况小结			不规则项2项	

2.2.4 超限情况总结

本工程景观塔采用筒体结构，不属于特殊类型高层建筑。属B级高度的超限高层建筑。存在楼层承载力突变、尺寸突变等特别不规则项2项，不存在严重不规则项。

3 超限应对措施及分析结论

3.1 超限应对措施

根据性能化设计的计算结果，在底部加强区剪力墙设置型钢，底部加强区以上的核心筒剪力墙适当增大配筋率，确保其具有足够的延性和安全储备；对部分连梁加设钢板，提高抗剪能力。对楼板薄弱部位加大板厚并采用双层双向加强配筋。对基础采用中震弹性设计，以满足抗震性能化设计要求。在减震层添加258t水箱作为调频质量阻尼器，控制结构风振加速度以及结构顶部的位移，楼层剪力地震响应和层位移地震响应也相应减小。制作景观塔结构试验模型（比例为1∶20）进行了模拟地震振动台试验，进一步验证整体结构安全性，以及不同地震烈度后结构周期变化情况，用以判断结构损伤情况，为抗震减振设计提供依据。

结构小震反应谱计算采用两种符合实际情况的不同力学模型的空间分析程序进行分析比较，考虑扭转耦联及双向地震的影响；小震时采用弹性时程分析法对反应谱分析法进行补充计算。抗侧刚度不满足规范的楼层对地震力进行放大，并进行大震作用下薄弱层（部位）弹塑性分析。对全楼进行详细有限元分析，保证在小震及中震作用下，楼板保持弹性状态；对观光层斜柱转换处楼盖水平拉力进行复核，计算中不考虑楼板作用。采用XTRACT软件按实配钢筋验算截面的正截面承载力，对中震及大震作用下的抗震性能进行了复核；按《高耸结构设计规范》GB 50135—2006对环形截面进行承载力验算复核，保证计算结果的准确性。

3.1.1 分析模型及分析软件

本工程选用SATWE软件和YJK软件进行小震参数对比，采用SATWE软件进行中震作用分析，采用MIDAS/Gen对塔顶钢结构进行详细分析，采用ETABS对结构进行罕遇地震作用下弹塑性分析。

3.1.2 抗震设防标准、性能目标及加强措施

景观塔为B级高度筒体结构。针对本工程结构的特点和超限情况，本工程抗震性能目标定为C级，具体采用的抗震性能水准为：在多遇地震（小震）作用下满足第1抗震性能水准的要求，在设防地震（中震）作用下满足第3抗震性能水准的要求，在罕遇地震（大震）作用下满足第4抗震性能水准的要求；对底部加强区的竖向构件在设防烈度地震作用

下的性能适当提高。结构实现抗震性能要求的承载力设计要求和层间位移角指标如表 3-1 所示。

结构实现抗震性能的设计要求 表 3-1

结构性能水准描述		设计要求		
		多遇地震	设防烈度地震	罕遇地震
		性能 1：完好、无损坏	性能 3：轻度损坏	性能 4：中度损坏
关键构件承载力	底部加强区核心筒剪力墙	弹性	斜截面弹性，正截面不屈服	不屈服
	观光层钢柱	弹性	斜截面弹性，正截面不屈服	不屈服
普通竖向构件承载力	普通剪力墙	弹性	斜截面弹性，正截面不屈服	部分屈服，满足最小受剪截面条件
	钢支撑	弹性	斜截面弹性，正截面不屈服	部分屈服，满足最小受剪截面条件
耗能构件承载力	剪力墙连梁	弹性	部分屈服，满足受剪截面条件	大部分屈服，满足最小受剪截面条件
	框架梁	弹性	部分屈服，满足受剪截面条件	大部分屈服，满足最小受剪截面条件
楼板		弹性	局部开裂，开裂部位应力主要由楼板钢筋承担	大部分屈服
结构变形	层间位移角	1/722	—	1/120

3.2 分析结果

3.2.1 结构弹性分析结果

根据两种软件的计算结果对比，结合《建筑抗震设计规范》GB 50011—2010（2016 年版）（下文简称《抗规》）、《高层建筑混凝土结构技术规程》JGJ 3—2010（下文简称《高规》）和《广东高规》的相关要求，以及结构抗震概念设计理论，可以得出如下结论：

（1）SATWE 和 YJK 两种软件分析得出的结构反应特征、变化规律基本吻合，说明选用的程序对结构的分析能够正确反映结构的内力和变形情况。

（2）结构存在一定的竖向不规则，表现在 27 层受剪承载力与上层的比值小于 75％的规范要求，27 层与下一层质量比为 1.56，大于 1.5 的规范要求。

（3）结构的刚度指标不满足规范要求，其中小震层间位移角 1/722 未超出规范限值，顺风向风振下层间位移角（X 向 1/658，Y 向 1/167.46）超出规范限值。

（4）楼层剪力和位移曲线基本光滑，但因建筑功能不同，导致观光层以上楼层存在楼层质量分布比不均匀，27 层为薄弱层。

（5）墙、柱的轴压比均符合《抗规》和《高规》的要求。

3.2.2 结构弹性时程分析结果

景观塔为 B 级高层，对建筑物采用弹性时程分析法进行多遇地震作用下的补充验算。选取三组加速度时程曲线输入，计算结果取时程法的包络值和振型分解反应谱法的较大值；采用 SATWE 进行弹性动力时程分析，按 7 度（0.1g）地震，Ⅲ类场地，50 年时限内超越概率为 63％（小震），阻尼比为 0.05 考虑。主方向加速度的有效峰值按规范峰值

35cm/s^2，次方向加速度有效峰值按主方向的85%输入，地震波的持续时间不小于结构基本周期的5倍和15s，地震波的时间间距为0.02s。结构小震弹性时程分析与振型分解反应谱法（CQC）的结果对比如表3-2所示。

小震作用下弹性时程与CQC结果对比　　表3-2

景观塔						
0°(*X*方向)		反应谱(CQC)	人工波	天然波1	天然波2	平均值
最大层间位移角		1/813（28层）	1/1191（28层）	1/742（30层）	1/871（30层）	—
基底剪力	基底剪力（kN）	2679.57	2585.7	2135.0	3515.2	2745.3
	时程/反应谱	—	0.965	0.797	1.312	1.025
90°(*Y*方向)		反应谱（CQC）	人工波	天然波1	天然波2	平均值
最大层间位移角		1/786（29层）	1/1152（29层）	1/732（30层）	1/863（30层）	—
基底剪力	基底剪力（kN）	2720.33	2742.7	2186.0	3657.0	2861.9
	时程/反应谱	—	1.008	0.804	1.344	1.052

上述计算结果符合《抗规》对地震波的选用要求，弹性时程分析结果与振型分解反应谱法结果基本吻合；楼层位移曲线光滑、无突变，结构侧向刚度较为均匀，无明显的结构软弱层或薄弱层，小震弹性时程下结构层间位移角未超出规范限值，但是与规范限值比较接近。

3.2.3 中震计算结果

根据本项目制定的抗震性能目标C级和实现抗震性能要求的承载力设计要求，通过SATWE模型对塔楼进行了小震弹性、中震弹性、中震不屈服的分析和计算，从计算结果可知，绝大部分竖向构件满足相应的抗震性能目标。针对受力较大的重要构件，用XTRACT软件按实配钢筋验算截面的正截面承载力，对中震及大震作用下的抗震性能进行了复核。从补充验算的结果来看，现有截面尺寸的剪力墙及框架柱均能满足设定的抗震性能目标。

均匀选取底部加强区（1层、2层、3层）的关键竖向构件进行斜截面验算，计算结果表明，底部加强区主要竖向构件满足中震斜截面弹性的性能目标。所有剪力墙墙肢的轴压比为0.26～0.48，均小于0.5的限值；剪压比为0.05～0.1，均小于0.15的限值。满足中震斜截面弹性的性能要求。

针对底部加强区的竖向构件，采用XTRACT软件进行正截面验算，在中震不屈服计算下，筒体剪力墙在底部加强区处均有拉力产生。经计算，首层混凝土最大拉应力为6.00MPa，大于$2f_{tk}$，同时从*P-M*曲线可以发现，1层W3的*P-M*曲线并不能满足中震不屈服要求。底部加强区1层和2层的核心筒外围剪力墙中添加H350×350×20×22型钢。添加型钢后1层W3的*P-M*曲线图如图3-1所示。采用型钢剪力墙后，混凝土最大拉应力为5.40MPa，小于$2f_{tk}$（C60混凝土）。考虑中震作用下混凝土可能出现裂缝发生刚度退化，内力分布会有较大程度往内置钢柱集中，对墙肢拉力设计值考虑1.25的增大系数，型钢最大拉应力为295.6MPa，小于310MPa。

3.2.4 弹塑性动力时程分析

采用ETABS（2015）软件对结构进行大震作用下的弹塑性动力时程分析，不考虑构件内力增大和调整系数。程序对非线性方程计算采用Wilson-θ方法，采用完全牛顿-拉普森法进行迭代收敛计算直至满足收敛条件。程序考虑了 P-Δ 的几何非线性效应。选用美国加州大学伯克利分校的 PEER 地震动数据库中的实际地震记录 TH002TG045、TH121TG045 及自选的人工波进行动力弹塑性时程分析。按三向地震计算，主方向加速度幅值为 220cm/s^2，主次方向与竖直方向地震加速度峰值比为 1∶0.85∶0.65。

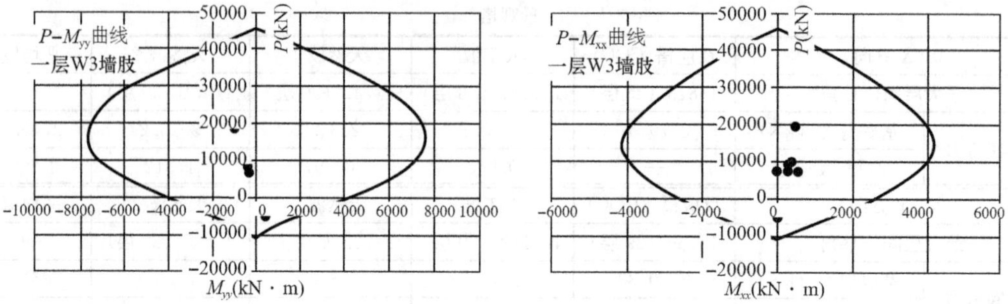

图 3-1 景观塔结构 1 层剪力墙墙肢 W3 添加型钢后的 P-M 曲线

（1）弹塑性时程分析整体计算结果

在三向地震作用下的弹塑性分析的主体结构最大弹塑性层间位移角 X 向最大为 1/126，Y 向最大为 1/121，接近限值 1/120。弹塑性时程分析中，剪力墙塑性铰程度均为轻度损伤，结构整体刚度退化没有导致结构倒塌，满足“大震不倒”的设防要求。结构在完成地震波动力弹塑性分析后，最大顶点位移为 998mm。层间位移角未出现突变的现象。结构在三向地震作用下的弹塑性分析整体结果汇总对比如表 3-3 所示。

弹塑性时程分析计算结果汇总 **表 3-3**

指标	人工波		天然波 1		天然波 2	
	X 主方向	Y 主方向	X 主方向	Y 主方向	X 主方向	Y 主方向
周期（s）	PKPM 计算前 3 周期：5.77；5.6155；0.889					
	YJK 计算前 3 周期：5.8772；5.7058；0.8885					
质量（t）	PKPM 计算结构总质量：28380.3（首层以上）					
	YJK 计算结构总质量：28030.1（首层以上）					
剪力（kN）	PKPM 小震反应谱基底剪力：X 向 2679.57；Y 向 2720.33					
X 向最大基底剪力（kN）	15036		12183.5		16076	
X 向最大剪力与小震剪力的比值	5.61		4.54		5.99	
X 向剪重比	5.30%		4.29%		5.66%	
Y 向最大基底剪力（kN）	14616		12433.4		19535	
Y 向最大剪力与小震剪力的比值	5.37		4.57		7.18	
Y 向剪重比	5.15%		4.38%		6.88%	
X 向顶点最大位移（m）	0.896		0.948		0.768	
Y 向顶点最大位移（m）	0.768		0.998		0.785	
X 向最大层间位移角	1/128（27 层）		1/126（27 层）		1/147（27 层）	
Y 向最大层间位移角	1/152（27 层）		1/121（27 层）		1/136（28 层）	

（2）景观塔构件塑性铰损伤情况

景观塔结构在天然波 1 的 Y 主方向下的反应最大，结构在天然波 2 的 Y 主方向和其他波的双向与天然波 1 的 Y 主方向的响应类似。因此后文主要列出天然波 2 的 X 主方向下的塑性损伤情况。剪力墙在地震中出现了较多塑性铰，13.4s 时，底部剪力墙首先出现塑性铰；15s 时，结构中部剪力墙也发生塑性铰。随后塑性铰区域逐渐扩展，最后发展到 23 层。剪力墙塑性铰均为轻度损伤，没有中度损伤。观光层的钢柱和钢斜撑抗震性能良好，在分析中没有出现塑性铰。仅有 1～3 层的框架梁和水泵房的一根框架梁在分析中出现了塑性铰，首先出现的部位为 3 层和水泵房的框架梁，塑性铰在底部开展，最后扩展至首层。塑性铰程度均为轻度损伤，无中度损伤，如图 3-2 所示。框架梁和连梁塑性铰出现时间远早于剪力墙，框架梁和连梁起到了地震耗能构件作用。整体上看，景观塔结构在大震弹塑性时程分析中表现良好。

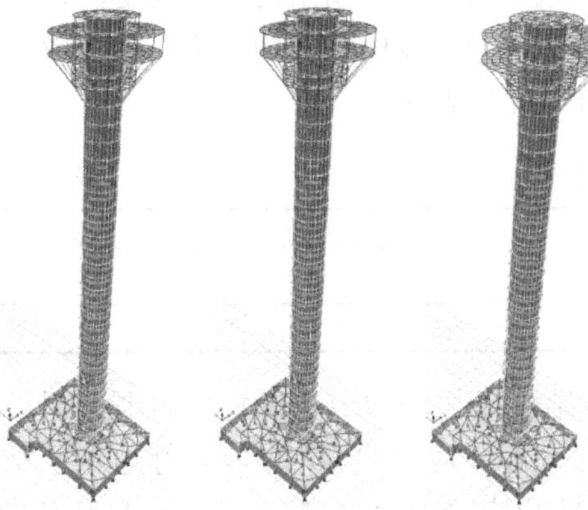

(a)20s、25s、28.5s时景观塔竖向构件

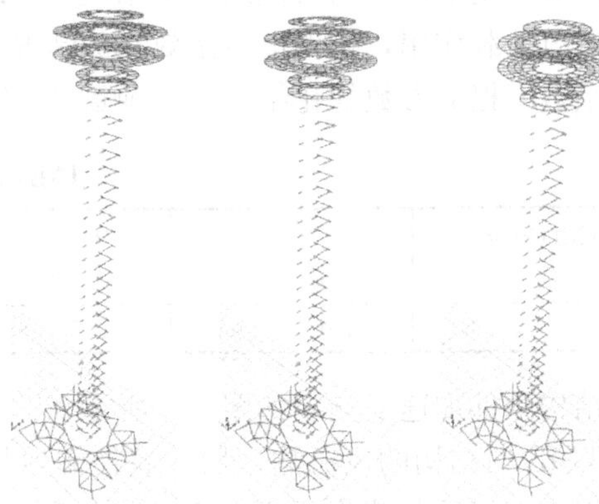

(b)20s、25s、30s时框架梁和连梁

图 3-2 景观塔竖向构件、框架梁、连梁塑性损伤情况

3.3 景观塔振动台试验

根据设计图纸及工程地质资料，对肇庆新区湿地景观塔结构模型（比例为 1∶20）进行了模拟地震振动台试验[1]。试验采用的地震波与计算分析的地震波一致，按提供的不同地震加速度幅值进行 X、Y 两个方向的模拟地震振动台试验。通过对试验结果的分析，可得出以下结论：

（1）由试验宏观现象和实测数据分析表明，经历多遇地震、设防烈度地震和罕遇地震三种地震波作用，在设防烈度地震作用后，结构基本处于弹性阶段；在罕遇地震作用后，结构有轻微的损伤。结构总体上满足设计目标规定的抗震设防要求。

（2）通过对电涡流 TMD 进行试验[2]，设计的电涡流 TMD 方案可行，可通过调节磁场强度，方便地调节 TMD 的阻尼器系数，在地震作用下，电涡流 TMD 对塔的振动有一定的控制效果，与有限元分析的减震效果基本一致（结果差异 10%）。

（3）结构在罕遇地震作用下，X 向层间位移角最大值为 1/233，Y 向层间位移角最大值为 1/197，均小于 1/120，满足规范要求。多遇天然波 1 作用下，主体结构 X 向层间位移角的最大值为 1/895，小于 1/722，满足规范要求。

（4）结构应变和破坏情况：在设防烈度地震作用下，型钢和混凝土的最大拉、压应变相对较小，结构处于弹性状态。从型钢和混凝土应变来看，在罕遇地震作用下，底部型钢处于弹性范围，混凝土最大拉应变达到 330$\mu\varepsilon$，混凝土出现微裂缝，处于微损伤状态。

3.4 景观塔减振控制

景观塔为高径比 13.33 的高耸型钢钢筋混凝土外筒体结构，结构顶点顺风向脉动风荷载作用下结构 X 向加速度响应峰值为 0.121m/s^2，Y 向加速度响应峰值为 0.133m/s^2，满足规范舒适度要求。横风荷载作用下，结构顶部加速度响应峰值为 0.3857m/s^2，大于规范要求的加速度限值 0.25m/s^2，需进行减振处理，以满足舒适度要求。

根据建筑功能及布置要求，TMD 振动控制装置设置于结构标高 152.1～157.5m 处，考虑到设置消防水箱空间的限制，本项目采用两级变阻尼器调谐质量阻尼器，在 10 年一遇风荷载作用下，采用最优的阻尼系统[3]，以提高减震效果，提高结构的舒适度。对于 50 年一遇风荷载作用，在保证控制效果的情况下，以控制 TMD 的行程为目标，采用较大的阻尼系数。根据参数优化结果，本项目 TMD 参数设计见表 3-4。

TMD 参数设计 **表 3-4**

TMD 质量 (t)	刚度系数 (kN/m)	10 年一遇风时阻尼系统 (kN·s/m)	50 年一遇风时阻尼系统 (kN·s/m)	行程（m）
258.0	3.8618×105	3.6199×104	6.251×104	±0.8

结构顶部加速度响应如图 3-3 所示。TMD 对结构风振响应具有较好的控制效果。其中，TMD 对结构的风振响应均方差控制效果较为显著，这说明 TMD 能较好地减小结构疲劳损伤。横风荷载作用下，无控结构顶部加速度响应峰值为 0.3857m/s^2，大于规范要求的加速度限值 0.25m/s^2。TMD 控制下结构顶部加速度响应峰值为 0.2209m/s^2，满足规范要求。

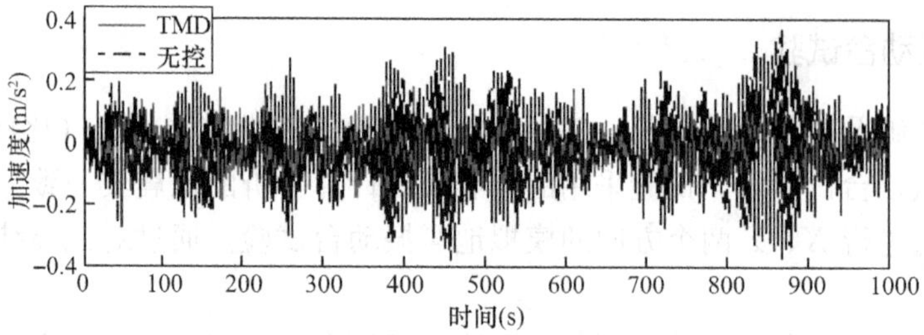

图 3-3 横风荷载作用下结构加速度响应时程

4 抗震设防专项审查意见

2017 年 6 月 8 日，在广东省工程勘察设计行业协会召开了“肇庆新区湿地景观商务酒店及配套设施工程（景观商务酒店、景观塔）”项目的超限高层建筑工程抗震设防专项审查会议，华南理工大学建筑设计研究院方小丹总工程师任专家组组长。与会专家听取了广东省建筑设计研究院有限公司关于该项目抗震设防设计的情况汇报，审阅了送审材料。经讨论，提出审查意见如下：

（1）应按《高耸结构设计规范》进行设计，筒体应按环向截面进行承载力计算。

（2）复核观光层斜柱转折处楼盖水平拉力，计算时宜不考虑楼板作用。

（3）结构布置可做优化。

（4）舒适度控制指标宜进一步论证。

（5）考虑剪力墙内设型钢的必要性。

审查结论：通过。

5 点评

（1）景观塔高度167.4m，外径12.6m，高径比13.33，远超规范最大高宽比限值，同时存在楼板不连续、尺寸突变等特别不规则2项，属于B级高度超限高层建筑范围。

（2）结构在横风荷载作用下，无控结构加速度响应峰值为0.3857m/s^2，TMD控制下结构的加速度响应峰值为0.2209m/s^2，满足规范要求。TMD能够有效控制结构的风振响应，其中，TMD对结构风振响应的均方差控制效果尤为显著，可有效减小结构疲劳损伤。

（3）塔体核心筒外围底部加强区剪力墙中添加型钢后，混凝土最大拉应力小于$2f_{tk}$。对墙肢拉力设计值考虑1.25的增大系数，型钢最大拉应力为295.6MPa，小于310MPa。满足抗震性能化设计要求。

（4）景观塔结构在罕遇地震波作用下，剪力墙塑性铰损伤并不严重，均为轻度损伤，没有中度损伤。观光层的钢柱和钢斜撑抗震性能良好，在分析中没有出现塑性铰。景观塔结构在大震弹塑性时程分析中表现良好。

（5）景观塔主体结构经振动台试验验证，经历多遇地震、设防烈度地震和罕遇地震三种地震波作用，在设防烈度地震作用后结构基本处于弹性阶段，在罕遇地震作用后，结构有轻微的损伤。结构总体上满足设计目标规定的抗震设防要求。

参考文献

[1] 黄襄云，周福霖，金建敏，等. 广州新电视塔结构模型振动台试验研究 [J]. 土木工程学报，2010，43（8）：21-29.

[2] 汪志昊，陈政清. 永磁式电涡流调谐质量阻尼器的研制与性能试验 [J]. 振动工程学报，2013，26（3）：374-379.

[3] 周云，区彤，徐昕，等. 基于应变能法的附加有效阻尼比时变计算方法研究 [J]. 建筑结构，2019，48（11）：103-108.

23 华策国际大厦

关　　键　　词： 高层；连体结构

结构主要设计人： 陈　星　徐　卫　张立平　黄瑞瑜　洪　磊　郭达文　黄佳林
设　计　单　位： 广东省建筑设计研究院有限公司

1　工程概况

图 1-1　建筑效果图

华策国际大厦位于珠海横琴新区十字门商务区都会道东侧、联澳路南侧、琴海东路南侧、观澳路北侧。基地面积 14310.42m²，总建筑面积 112743m²，其中地上建筑面积 73748m²，地下建筑面积 40932m²。项目包括两栋办公塔楼和一座商业裙房，其中商业裙房 4 层，建筑高度 24m；东塔地上 26 层，建筑高度 119.80m；西塔地上 15 层，建筑高度 70.90m。地下商业及车库 5 层，底板标高 23.40m，其中地下 5 层局部为核六级人防。建筑效果图如图 1-1 所示。

2　结构体系与结构布置

2.1　办公塔楼部分

根据建筑物总高度、抗震设防烈度、建筑用途等情况，本工程东塔、西塔均采用钢管混凝土柱＋钢梁-钢板混凝土核心筒结构体系，其中 7 层和 10 层设有连接通道。结构的主要抗侧力体系为核心筒，外框架协同作用，以提供结构足够的抗侧及抗扭刚度。

本工程西塔的高宽比为 2.14，东塔的高宽比为 2.66，核心筒由楼梯间、电梯筒以及设备服务用房构成，从基础面到天面层底部筒体尺寸基本无收进，裙房以上的各层塔楼楼板连续，没有楼板大开洞的情况，塔楼侧向刚度变化均匀，核心筒与外框架共同为超高层塔楼提供了良好的抗侧力刚度。由于首层大堂建筑的要求，形成 11m 通高无侧向约束的外框框架柱，考虑到下部楼层框架柱的截面控制要求，提高特一级框架柱的延性，框架柱通高采用钢管混凝土柱，含钢率约为 5%，设置了复合柱箍筋及焊接式短牛腿以降低钢骨柱的施工难度。标准层结构布置如图 2-1、图 2-2 所示。主要构件尺寸与材料等级见表 2-1。

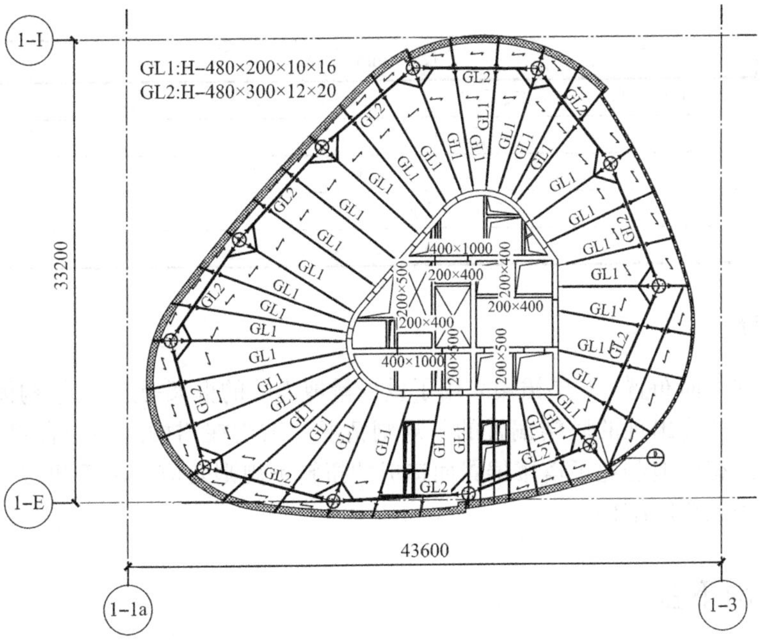

图 2-1 西塔标准层结构布置

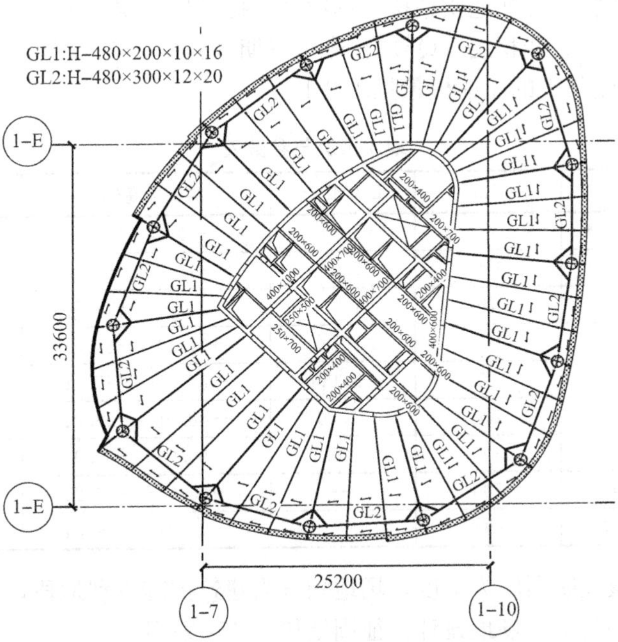

图 2-2 东塔标准层结构布置

主要构件尺寸与材料等级 **表 2-1**

构件	尺寸(mm)	材料等级
塔楼剪力墙	1300～400	C50
塔楼型钢柱	ϕ2400～1300	C50、Q345B

续表

构件	尺寸(mm)	材料等级
塔楼框架梁	□1000×950×30×25、□600×950×25×20、□1000×1200×40×40	Q345B
塔楼次梁	□480×200×10×16	Q345B
裙楼柱	800×800	C50
裙楼主梁	600×700、500×800	C30
裙楼次梁	250×600、350×700	C30

2.2 裙楼部分

结合商业的平面布置，6层裙楼采用了设少量剪力墙的框架-剪力墙结构体系，对于塔楼与裙楼连成整体后出现的塔楼偏置的不规则情况，结构在裙楼远端结合建筑使用功能，布置了剪力墙，有效地避免了塔楼偏置而造成的扭转不规则效应。由于裙楼建筑功能的需要，部分区域为大跨度结构。

3 基础及地下室

3.1 地质概况

根据区域地质资料及野外地质钻探，本次钻探揭露岩土层分为人工填土层（Q^{ml}）、海陆交互相沉积层（Q^{mc}）、残积层（Q^{el}）和燕山三期（γ_{52-3}）花岗岩。根据地质勘查报告，地基承载力特征值 f_{ak} 与土的压缩模量见表3-1。

地质情况与参数表　　表3-1

土层名称		f_{ak}(kPa)	E_s(MPa)	层底标高(m)	层厚(m)
①$_1$	素填土	90	3.50	−0.44～1.55	2.50～4.50
②$_2$	冲填土（粉细砂）	100	7.92	−4.53～−0.03	1.10～5.20
②	淤泥	40	1.87	−23.50～−11.82	8.40～20.00
③	粉质黏土	160	3.99	−31.10～−14.98	1.40～19.20
④	淤泥质土	50	2.48	−37.00～−27.51	1.60～14.50
⑤	砾砂	180	10.80	−48.01～−33.91	5.10～18.70
⑥	全风化花岗岩	300	4.88	−56.98～−34.91	0.80～11.2
⑦	强风化花岗岩	700	—	−68.93～−36.21	1.00～13.50
⑧	中风化花岗岩	6700	—	−70.21～−39.54	2.10～5.90

拟建场地的抗震设防烈度为7度，场地划分为建筑抗震不利地段，场地土类型为软弱土，建筑场地类别为Ⅲ类。场地设计特征周期按0.45s采用。

3.2 基础与地下室设计

根据地基土质、上部结构体系及施工条件等资料，经技术和经济对比优化，本工程基础采用钻（冲）孔灌注桩基础，桩长约20～53m，桩端持力层为⑧中风化花岗岩。

本工程地下室顶板采用梁板结构形式，而−1～−5层的非人防底板则采用密肋板结构形式。

4　荷载与地震作用

4.1　楼面荷载

区域的楼面荷载按规范取值。

4.2　风荷载与地震作用

根据广东省标准《建筑结构荷载规范》DBJ 15—101—2014 的要求，结构承载力计算时按珠海市重现期为 100 年的基本风压 0.935kN/m^2 考虑，结构位移验算时按重现期为 50 年的基本风压 0.85kN/m^2 考虑，建筑物地面粗糙度类别为 A 类。风荷载取值基于广东省建筑科学研究院提供的 2014 年 7 月 22 日对华策国际大厦所进行的风洞试验结果以及荷载规范的相关规定。

本工程抗震设防烈度为 7 度，设计基本地震加速度值为 0.10g，裙楼为重点设防类，裙楼以上塔楼为标准设防类，设计地震分组为第一组，场地类别为Ⅲ类，阻尼比取 0.04。多遇地震计算时，按规范值计算的地震基底剪力比按安评值计算的要小，故多遇地震验算时采用安评值地震参数进行验算。

5　结构超限判别及抗震性能目标

5.1　结构超限类型和程度

参照《关于印发〈超限高层建筑工程抗震设防专项审查技术要点〉的通知》（建质〔2010〕109 号）、《高层建筑混凝土结构技术规程》JGJ 3—2010（下文简称《高规》）和广东省标准《高层建筑混凝土结构技术规程》DBJ 15—92—2013（下文简称《广东高规》）有关规定，本工程属框架-核心筒混合结构体系，不属于暂未列入的其他高层建筑结构。东塔建筑物高 70.9m，西塔建筑物高 119.8m，不属于高度超限结构。

（1）同时具有三项及以上不规则的高层建筑工程判别见表 5-1。

三项及以上不规则判别　　表 5-1

序号	不规则类型	简要涵义	本工程情况	超限判别
1a	扭转不规则	考虑偶然偏心的扭转位移比大于 1.2	X 向 1.25，Y 向 1.29	0.5
1b	偏心布置	偏心率大于 0.15 或相邻层质心大于相应边长 15%	无	
2a	凹凸不规则	平面凹凸尺寸大于相应投影方向总尺寸的 30%等	有	是
2b	组合平面	细腰形或角部重叠形	无	
3	楼板不连续	有效宽度小于 50%，开洞面积大于 30%，错层大于梁高	裙房 5 层楼板有效宽度小于 50%	是
4a	刚度突变	相邻层刚度变化大于 70%或连续三层变化大于 80%	无	是
4b	尺寸突变	竖向构件位置缩进大于 25%或外挑大于 10%和 4m，多塔	裙楼顶收进，双塔	
5	构件间断	上下墙、柱、支撑不连续，含加强层、连体类	无	否

续表

序号	不规则类型	简要涵义	本工程情况	超限判别
6	承载力突变	相邻层受剪承载力变化大于80%	无	否
不规则情况总结		不规则项3.5项		

(2) 具有一项不规则的高层建筑工程判别见表5-2。

一项不规则判别 **表5-2**

序号	不规则类型	简要涵义	本工程情况	超限判别
1	扭转偏大	裙房以上30%或以上楼层数考虑偶然偏心的扭转位移比大于1.5	无	否
2	层刚度偏小	本层侧向刚度小于相邻层的50%	无	否
3	高位转换	框支墙体的转换构件位置：7度超过5层，8度超过3层	无	否
4	厚板转换	7～8度设防的厚板转换结构	无	否
5	复杂连接	各部分层数、刚度、布置不同的错层，两端塔楼高度、体型或振动周期显著不同的连体结构	塔楼之间的7～10层存在连体	是
6	多重复杂	结构同时具有转换层、加强层、错层、连体和多塔等复杂类型的3种	仅存在连体一项	否
不规则情况总结		不规则项1项		

5.2 抗震性能目标

本工程总体按性能目标D要求设计。本工程关键构件定为：底部加强区剪力墙（−1～3层）、悬臂梁、跨层柱、大跨度连体、连接体及与连接体相连的结构构件（6～10层）。在多遇地震（小震）作用下满足第1抗震性能水准的要求，在设防地震（中震）作用下满足第4抗震性能水准的要求，在罕遇地震（大震）作用下满足第5抗震性能水准的要求。

6 结构计算与分析

6.1 主要设计信息

主要设计信息见表6-1。

主要设计信息 **表6-1**

高度	西塔楼70.90m，东塔楼119.80m，裙楼24m
层数	西塔楼15层，东塔楼26层，裙楼4层，地下5层
高宽比	西塔楼2.14，东塔楼2.66
基础埋深	26m
地基基础设计等级	甲级
安全等级	二级
结构设计使用年限	50年
建筑抗震设防类别	重点设防类（裙楼），标准设防类（塔楼）

续表

抗震设防烈度	7度
建筑场地类别	Ⅲ类
场地土液化等级	中等—严重（开挖可消除）
场地特征周期	0.45s
结构类型	塔楼：钢管混凝土柱+钢梁-钢板混凝土核心筒结构；裙楼：钢筋混凝土框架-剪力墙结构
框架抗震等级	特一级（塔楼相关），一级（裙楼）
剪力墙抗震等级	特一级（塔楼相关），一级（裙楼）
地下室抗震等级	地下一层同首层，往下逐级递减

6.2 小震及风荷载作用分析

整体模型主要计算结果汇总见表6-2。

结构分析主要结果汇总　　表6-2

指标		SATWE软件	YJK软件
计算振型数		30	30
第1、2平动周期（X、Y向）		3.88（Y向）	4.04（Y向）
		3.61（X向）	3.74（X向）
第1扭转周期（X、Y向）		2.57	2.78
第1扭转周期/第1平动周期		0.66	0.68
地震下基底剪力（kN）（柱所占的比例）	X	16207（30.5%）	16788（29.5%）
	Y	14371（27.8%）	14763（26.6%）
	45°	15578（30.3%）	15998（29.2%）
	135°	14039（28.9%）	14145（27.8%）
结构总质量（t）		99470	99960
平均单位面积重度（kN/m^2）		15.01	15.16
首层剪重比（调整前）	X	1.63%	1.68%
	Y	1.44%	1.48%
	45°	1.57%	1.60%
	135°	1.41%	1.41%
首层地震下倾覆弯矩（kN·m）（柱所占的比例）	X	843957（28.6%）	828915（24.8%）
	Y	759481（25.8%）	719801（18.3%）
	45°	903146（29.4%）	866446（19.9%）
	135°	813797（24.7%）	778840（20.2%）
有效质量系数	X	99.27%	92.41%
	Y	99.23%	92.56%
	45°	98.08%	92.41%
	135°	98.42%	92.56%
50年一遇风荷载作用下最大层间位移角	X	1/592（18层）	1/546（19层）
	Y	1/578（9层）	1/568（11层）

续表

指标		SATWE 软件	YJK 软件
地震作用下最大层间位移角	X	1/750（23层）	1/712（28层）
	Y	1/759（24层）	1/715（19层）
	45°	1/700（23层）	1/654（23层）
	135°	1/645（18层）	1/600（19层）
考虑偶然偏心最大扭转位移比	X	1.19（9层）	1.25（19层）
	Y	1.19（15层）	1.29（7层）
	45°	1.23（8层）	1.29（7层）
	135°	1.22（9层）	1.25（18层）

根据上述计算结果，经分析可以得出如下结论：

（1）在风荷载和地震作用下，所有楼层层间位移角均小于1/500，其中风荷载作用的影响大于地震作用，本工程由风荷载控制。

（2）该结构刚重比大于1.4，能够通过《高规》的整体稳定验算；采用YJK和SAP 2000对结构进行屈曲分析，显示结构稳定具有足够安全度；但在计算中仍须考虑重力二阶效应的不利影响。

6.3 结构的弹性时程分析

本工程抗震设防烈度为7度，根据规范，需进行弹性时程分析法进行多遇地震作用下的补充计算。采用YJK进行弹性动力时程分析，输入地震波为多遇地震的2组实际地震记录和1组场地合成人工波。进行弹性动力分析时按7度地震、Ⅲ类土、50年时限内超越概率为63.2%（小震）、阻尼比为0.040考虑，基底最大总剪力及最大层间位移角见表6-3。

基底最大总剪力及最大层间位移角 **表6-3**

地震方向	项次	东塔最大层间位移角	西塔最大层间位移角	基底最大总剪力(kN)	基底最大总剪力与振型分解法的比值
0°	CHY050	1/1011（26层）	1/1036（29层）	12971.870	77%
	CMR	1/893（27层）	1/1286（29层）	13372.575	79%
	人工波	1/806（28层）	1/1214（28层）	16638.240	99%
	地震波均值	—	—	14327.562	85%
	振型分解法	1/712（28层）	1/797（29层）	16788.775	—
90°	CHY050	1/1208（29层）	1/954（28层）	9721.222	65%
	CMR	1/1098（23层）	1/1242（28层）	11512.958	77%
	人工波	1/857（21层）	1/1014（28层）	14555.471	98%
	地震波均值	—	—	11929.884	80%
	振型分解法	1/715（23层）	1/881（28层）	14763.286	—

6.4 中震作用分析

采用YJK软件对设防烈度地震（中震）作用下，除普通楼板、次梁以外所有结构构件的承载力验算，根据其抗震性能目标，结合《广东高规》中“不同抗震性能水准的结构构件承载力设计要求”的相关公式进行计算。在计算设防烈度地震作用时，采用规范反应谱，水平最大地震影响系数 α_{max} = 0.23，阻尼比 ξ = 0.04。

采用《广东高规》进行中震计算，并将计算得到的内力对各关键构件进行详细的构件验算。根据整体模型和双塔连体模型结果显示，底部加强区剪力墙（−1～3 层）、悬臂梁、跨层柱、大跨度连体、连接体及与连接体相连的结构构件（6～10 层）满足第 4 性能水准关键构件验算的要求，框架柱、非底部加强区核心筒墙体满足第 4 性能水准普通竖向构件验算的要求；耗能构件（框架梁和连梁）均满足相应第 4 性能水准的要求。计算结果见表 6-4。

中震计算结果 **表 6-4**

项目	整体模型	
	X 向	Y 向
基底剪力（kN）	33672	30560
剪重比	3.39%	3.07%
基底剪力与小震的比值	2.08	2.17

6.5 罕遇地震作用下结构弹塑性验算

本工程采用 SAUSAGE 软件进行弹塑性时程分析，SAUSAGE 软件模型配筋采用 SATWE 计算结果，并考虑性能设计的结果。根据提供的安评报告，对罕遇地震验算选择 1 组人工波和 2 组天然波作为非线性动力时程分析的地震输入，三向同时输入，地震波计算持时取 30s；罕遇地震条件下水平向加速度峰值调整为 220gal，竖向调整为 143gal，以及考虑竖向地震为主的加速度峰值 220gal，水平向加速度峰值 88gal 的三向地震作用。天然波分别为罕遇地震 Big bear 天然波和 Hector mine 天然波。

结构 SAUSAGE 模型整体计算结果与 SATWE 计算结果对比见表 6-5。

结构模型主要指标对比 **表 6-5**

指标		SAUSAGE 软件	SATWE 软件	误差
周期	第 1 周期（s）	4.12	4.12	0.0%
	第 2 周期（s）	3.78	3.83	1.3%
	第 3 周期（s）	2.98	2.72	8.7%
	第 4 周期（s）	2.35	2.02	14.0%
	第 5 周期（s）	1.69	1.60	5.3%
	第 6 周期（s）	1.38	1.27	8.0%
结构总质量（t）		100127.8	99337.7	0.4%

注：SAUSAGE 模型考虑弹性楼板及钢筋作用，连梁不考虑刚度折减；SATWE 为刚性楼板。

上述结果表明，SAUSAGE 模型与 SATWE 模型相比，结构总质量基本相同，前三自振周期存在一定差异，由结构模型模拟方式不同所导致。

7 关键或特殊结构、构件设计

7.1 设防烈度地震作用下楼板应力分析

本工程存在楼板不连续的情况，为确保在地震作用下此层楼板能可靠地传递水平力，采用 YJK 进行了中震作用下的弹性楼板应力分析，计算结果显示，各工况下板内大多数范围内局部坐标正应力与剪切应力均较小，设防烈度地震绝大多数小于混凝土抗拉强度设计值 1.57MPa（全楼 C35），抗侧力构件与板交接处，特别是剪力墙筒角、墙端部处出现的应力较大，绝大多数位置去除节点应力集中及梁宽范围后，设防烈度地震小于 1.0MPa，构造上通过适当加设放射筋或角筋进行加强，可保证楼板满足规范要求。

7.2 连体舒适度和挠度分析

由于连体的跨度较大，达 24.1m，需要对连体的舒适度和挠度进行分析。

连体舒适度根据《高规》附录 A 求得。加速度如表 7-1 所示，竖向位移如表 7-2 所示。

连体竖向振动加速度 表 7-1

楼层	连体跨度 L(m)	连体有效宽度 B(m)	频率	人员行走作用力 P_0(kN)	结构阻尼比	加速度（m/s^2）
7 层	24.1	14.8	3.15	0.42	0.015	0.016
10 层	26.5	14.8	3.15	0.42	0.015	0.051

连体节点最大竖向位移(mm) 表 7-2

节点	恒荷载	活荷载	反应谱	人工波	CMR	CHY050
节点 1	−27.47	−8.18	−5.52	−5.64	−4.93	−7.65
节点 2	−25.26	−10.42	−4.11	−4.20	−3.80	−5.41

从表 7-1 可知，连体位置的加速度最大值为 $0.051m/s^2$，满足规范限值 $0.25m/s^2$。

从表 7-2 可知，地震波的竖向位移包络值比反应谱法的竖向位移大，节点 1 大 39%，节点 2 大 32%，按标准荷载组合，节点 1 的竖向位移为 43.3mm，挠度为 1/612；节点 2 的竖向位移为 41.1mm，挠度为 1/586。满足规范限值 1/400 的要求。

8 针对超限情况的计算分析及相应措施

8.1 针对超限情况的计算分析

（1）设计时分别采用多个空间结构分析程序（YJK、SATWE）进行计算，验算时考虑扭转耦联、偶然偏心和三向地震的影响。

（2）按规范要求，选用 2 组Ⅲ类场地的天然地震波和 1 组场地人工波，对结构作弹性时程分析，并将结果与反应谱分析结果相比较。

（3）进行连体受力分析、跨层柱和结构整体稳定性验算。

（4）对关键构件进行中震验算（采用 SRCTRACT 软件），了解其抗震性能，并采取相应加强措施。

（5）针对上述超限情况，对结构进行罕遇地震作用下的弹塑性时程分析，以确定结构能否满足第二阶段抗震设防水准要求，并对薄弱构件制订相应的加强措施。

8.2 针对超限情况的相应措施

（1）本工程属于 A 级高度的连体结构高层建筑，东塔和西塔的框架柱和剪力墙是主要的抗侧力构件，设计中通过提高底部剪力墙和连体层处竖向构件的延性，使抗侧刚度和结构延性更好地匹配，能够有效地协同抗震。

1）对于剪力墙，其底部加强区在中震和大震作用下分别满足第 4 和第 5 性能水准的要求，设计时按二级抗震等级要求和二级构造要求，裙楼提高到一级抗震等级和一级构造要求。

2）塔楼普通框架柱按“中震和大震分别满足第 4 和第 5 性能水准的要求”进行性能设计。

3）连接体及与连接体相连的结构构件（6～10 层），按“关键构件”进行性能设计，设计时按一级抗震等级要求。对于连接体钢梁，中震计算控制应力比不大于 1.0；对其连接水平构件采用弹性板和不考虑楼板等情况进行受拉验算，以保证连接体钢梁及其连接构件的安全性。

（2）双塔楼在裙楼顶存在竖向体型突变，且与塔楼连接较弱，裙楼顶楼板厚度取 180mm，采用双层双向配筋，并按中震计算结果，每层每方向的配筋率不小于 0.25%。连接体楼板（7 层和 10 层）厚度取 160mm，采用双层双向配筋，并按中震楼板应力计算结果，每层每方向的配筋率提高到 0.5%。

（3）由于裙楼与双塔楼偏置较大且仅有部分相连，其连接较为薄弱，且上部连接体投影位置与裙楼外轮廓也存在错位的情况，故采用整体模型为主进行结构设计，采用东塔单塔模型（仅单塔和相关范围）、西塔单塔模型（仅单塔和相关范围）进行整体指标补充验算。

（4）对于跨层柱，通过中震及大震作用下的构件强度验算和稳定性验算，使其满足“中震和大震分别满足第 4 和第 5 性能水准关于关键构件设计”的性能要求。

（5）扭转不规则主要出现在结构角部，薄弱部位出现在整体结构边缘区域，设计时采取减小边缘结构竖向构件轴压比、剪压比等措施，提高结构延性，避免脆性破坏。调整塔楼角部竖向构件的抗侧刚度，保证塔楼的扭转位移比在规范允许范围内。

9 抗震设防专项审查意见

2014 年 9 月 29 日，珠海市住房和城乡建设局在珠海正青建筑勘察设计咨询有限公司会议室主持召开“华策国际大厦”超限高层建筑抗震设防专项审查会，华南理工大学韩小雷教授任专家组组长。与会专家听取了广东省建筑设计研究院有限公司关于该工程抗震设防的情况汇报，审阅了送审材料。经认真审议，提出审查意见如下：

（1）补充斜柱受力分析及其对楼面梁、板的不利影响，验算铰接节点受拉承载力。

（2）补充分析东、西塔楼自振特性不同对连体结构的不利影响，并采取相应加强措施。

（3）补充验算楼盖的竖向舒适度。

（4）应采取有效措施，保证组合楼盖和内筒的可靠连接。

（5）基础设计宜优化。

审查结论：通过。

10 点评

本工程存在多项不规则，并处于高烈度区，设计中充分利用概念设计方法，对关键构件设定抗震性能化目标，并在抗震设计中，采用多种程序对结构进行了弹性、弹塑性计算分析，除保证结构在小震作用下完全处于弹性工作外，还补充了关键构件在中震和大震作用下的验算。计算结果表明，各项指标均表现良好，基本满足规范的有关要求。根据计算分析结果和概念设计方法，对关键和重要构件做了适当加强，以保证在地震作用下的延性。

因此，可以认为本工程除满足竖向荷载和风荷载作用下的有关指标外，也实现了“性能目标 C”的抗震设防目标。结构是可行且安全的。

24 冠泽金融中心 TA 办公塔楼

关　　键　　词：超限高层；带腰桁架的巨柱框架-核心筒结构；异形巨柱；搭接转换柱；弹塑性时程

结构主要设计人：卫　文　任思辉　张伟生　李　鹏　金光艳　李　伦　黄诚为　肖　坚
设　计　单　位：广东省建筑设计研究院有限公司

1　工程概况、设计标准

1.1　工程概况

项目位于深圳市南山区前海深港现代服务业合作区的桂湾片区南部，听海大道以西、海滨大道以北、临海大道以东、紧邻桂湾河。沿用地西侧听海路有规划中的港深西部快线，规划中的南北向惠莞深城际线从用地中间穿过，用地东侧沿航海路有施工中的地铁 11 号线及规划中的地铁 5 号线延长线，11 号线前海湾站位于用地东北约 650m 处。

项目地块总建筑面积 51 万 m^2，其中地上 34 万 m^2、地下 17 万 m^2。由两栋超高层办公塔楼、一栋高层酒店、一栋超高层公寓、一栋高层公寓及裙房商业组成。其中 TA 办公塔楼地上建筑面积约为 15 万 m^2，建筑屋面高 281.2m，建筑层数 61 层，首层～3 层为通高大堂，4～13 层为商业，7 层、9 层、13 层为下层商业上空，13 层以上楼层均为办公，地下 4 层，深度为－22.70m。典型结构平面布置图如图 1-1 所示，建筑效果如图 1-2 所示。

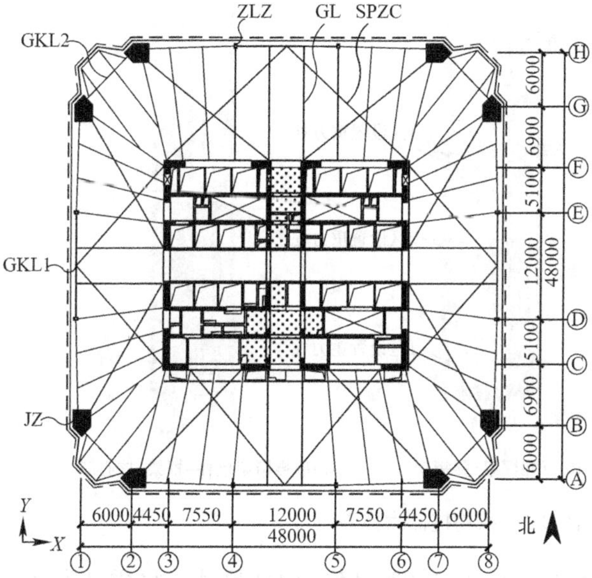

图 1-1　典型结构平面布置图

GKL—钢框梁；JZ—角柱；ZLZ—重力柱；

GL—钢梁；SPZC—水平支撑，仅设置在加强层的楼板中

图 1-2　建筑效果图

1.2 设计标准

本项目结构设计使用年限及耐久性使用年限均为 50 年，安全等级为二级，基础设计等级为甲级；抗震设防烈度为 7 度，基本地震加速度为 0.10g，设计地震分组为第一组，场地类别为Ⅱ类。由于结构单元的建筑面积超过 8 万 m^2，抗震设防类别确定为重点设防类（乙类），抗震措施提高一度按 8 度考虑；风荷载按照风洞试验取值。

2 结构体系、超限情况

2.1 结构体系

2.1.1 抗侧力体系

根据建筑物的功能、总高度、抗震设防烈度、类别、深圳地区风荷载、施工周期等情况，TA 塔楼采用带腰桁架的巨柱框架-核心筒结构体系，该体系介于框架-核心筒结构与巨型框架-核心筒结构体系之间，结构的主要抗侧力为核心筒，通过设置 5 道腰桁架（首层转换桁架未计入），与巨柱外框架协同作用，提供结构足够的抗侧及抗扭刚度。结构抗侧力体系如图 2-1 所示。

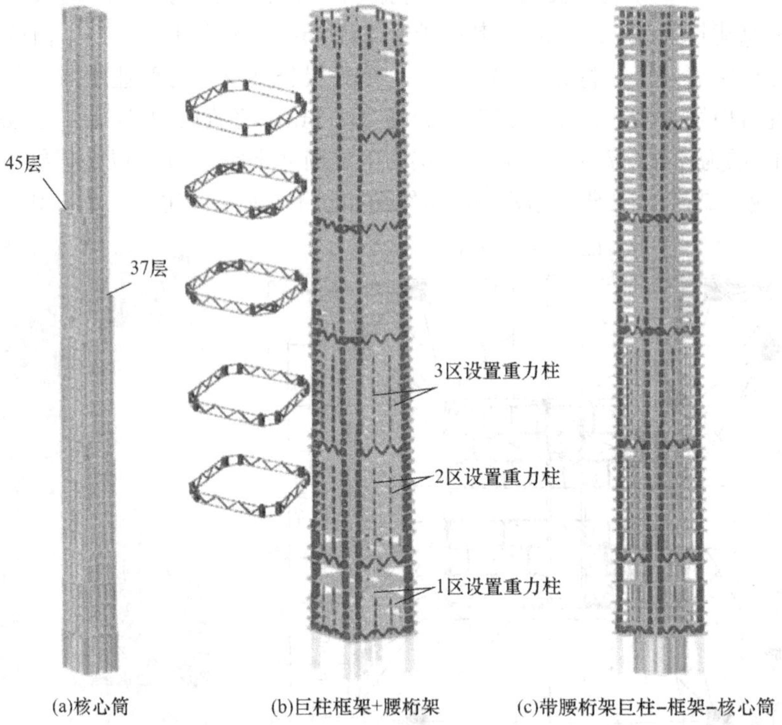

图 2-1 结构抗侧力体系

主楼的高宽比为 5.83，核心筒高宽比为 11.29。竖向构件尺寸、材质见表 2-1；钢框梁截面尺寸、材质见表 2-2；钢桁架构件截面尺寸、材质见表 2-3；33 层以下设置重力柱 ZLZ（截面为□500×350×35×35，材质 Q420GJC）。

竖向构件尺寸、材质　　表 2-1

竖向构件	截面尺寸（mm）	材质
核心筒墙	外墙厚 1300/1200～400，内墙厚 600/500～300/200	C60，Q345B
异形巨柱	2500×2300×1900×2051×1202～1247×1400×1350×917×1063	C60，Q390C/Q390GJC

钢框梁截面尺寸、材质　　表 2-2

钢框梁	截面尺寸（mm）	材质
GKL1	H700×300×20×14（33 层以下） □700×1100×20×14（34 层以上）	Q345B/Q420GJC
GKL2	H700×400×28×14（33 层以下） H1100×400×28×22（34～53 层） □700×1100×50×25（54 层以上）	Q345B/Q420GJC

注：GKL1 梁端局部楼板加厚。

钢桁架构件截面尺寸、材质　　表 2-3

框梁	截面（mm）	材质
上、下弦杆	□600×700×30×30（除 53 层外） □700×1100×50×25（53 层）	Q420GJC
腹杆	□600×600×40×40（11、22 层），□600×500×40×40（33 层） □600×1000×40×70（33 层角部），□600×400×40×40（44 层） □600×800×40×60（44 层角部），□700×500×50×50（53 层）	Q420GJC

注：上、下弦杆，腹杆截面均在异形巨柱连接段进行放大，相应楼板加厚。

2.1.2 楼盖体系

标准层采用钢梁+钢筋桁架楼承板组合楼盖，板厚 110mm；加强层上、下层楼板，需协调核心筒、外腰桁架巨柱框架间的水平剪力，根据应力水平设置钢梁+钢水平撑+钢筋桁架楼承板组合楼盖，钢水平撑截面尺寸（mm）为 H520×250×22×250×22×22（Q345B），板厚 180mm，配筋 ϕ14@100，双层双向布置。

2.1.3 基础设计

根据场地地质状况，结合上部主体结构的具体受力特点，TA 塔楼及相关范围内基础选型如下：

（1）超高层塔楼范围：主要为竖向承压控制，采用钻（冲）孔摩擦端承桩，桩端持力层为微风化混合岩层，桩入岩深 3m，桩端持力层天然湿度单轴抗压强度为 31MPa，单桩承压承载力特征值为 77500kN，桩身直径为 2.5m，桩身混凝土强度等级为 C50，桩长约 15～30m。

（2）塔楼相关范围多层地下室部分：主要抗浮控制，采用抗浮兼承压桩，单桩抗拔承载力特征值为 8000kN，桩身直径为 1.5m，桩身混凝土强度等级为 C45，桩长由抗拔承载力特征值控制。

2.2 结构的超限情况

2.2.1 特殊类型高层建筑

不属于《建筑抗震设计规范》GB 50011—2010（2016 年版）、《高层建筑混凝土结构技术规程》JGJ 3—2010、《高层民用建筑钢结构技术规程》JGJ 99—2015 及《住房城乡建设部关于印发〈超限高层建筑工程抗震设防专项审查技术要点〉的通知》（建质〔2015〕67 号）（下文简称《技术要点》）暂未列入的其他高层建筑结构。

2.2.2 高度超限判别

TA 塔楼 281.2m，属于超 B 级高度超限工程。

2.2.3 不规则类型判别

参照《技术要点》表 2 判定，本工程结构不规则项 4 项；参照《技术要点》表 3、表 4 判定，本工程无特别不规则项。因此，TA 塔楼属于不规则超限的高层建筑工程。不规则类型判别见表 2-4。

不规则类型判别 **表 2-4**

序号	不规则类型	描述及判别	是否超限
1a	扭转不规则	描述：考虑偶然偏心的扭转位移比大于 1.2 判别：塔楼按照规定水平力法计算，首层考虑偶然偏心 X 向楼层扭转位移比 1.26	是
1b	偏心布置	描述：偏心率大于 0.15 或相邻质心相差大于相应边长 15% 判别：无	否
2a	凹凸不规则	描述：平面凹凸尺寸大于相应边长的 30%等 判别：无	否
2b	组合平面	描述：细腰性或角部重叠形 判别：无	否
3	楼板不连续	描述：有效宽度小于 50%，开洞面积大于 30%，错层大于梁高 判别：建筑 6 层楼面开洞面积为 21.8%、建筑 35 层楼面开洞面积为 22.2%、建筑 61 层楼面开洞面积为 24.9%	否
4a	刚度突变	描述：相邻层刚度变化大于 70%（按高规考虑层高修正时，数值相应调整）或连续三层变化大于 80% 判别：考虑层高修正后，YJK 计算 27 层（建筑 32 层）、38 层（建筑 43 层）、47 层（建筑 52 层）Y 向刚度与上层之比分别为 76%、75%、70%，均小于 80%	是
4b	尺寸突变	描述：竖向构件收进位置高于结构高度 20%且收进大于 25%，或外挑大于 10%和 4m，多塔 判别：31 层（建筑 36 层）穿楼梯墙肢、40 层（建筑 45 层）墙肢收进尺寸比约为 16%	否
5	构件间断	描述：上下墙、柱、支撑不连续，含加强层，连体类 判别：建筑 4、5 层巨柱搭接转换、建筑 4、11、22 层腰桁架托重力柱	是
6	承载力突变	描述：相邻层受剪承载力变化大于 80% 判别：首层（建筑 1～3 层）X 向 42%，Y 向 38%；6 层（建筑 10 层）X 向 64%，Y 向 64%；27 层（建筑 32 层）Y 向 70%；38 层（建筑 43 层）X 向 59%，Y 向 53%；47 层（建筑 52 层）Y 向 0.64，均小于相邻上层的 75%	是
7	局部不规则	描述：如局部穿层柱、斜柱、夹层、个别构件错层或转换，或个别楼层扭转位移比略大于 1.2 等 判别：1～6 项已计入，不重复考虑	否
不规则项目总计			4

2.2.4 超限情况小结

根据《技术要点》，TA塔楼超限情况为：

（1）结构体系符合现行规范的适用范围。

（2）高度超过《技术要点》表1规定限值，属于超B级高度建筑。

（3）存在《技术要点》表2所列4项不规则。

（4）无《技术要点》表3、表4所列特别不规则项。

综上，TA塔楼属于超B级高度且不规则项超限的高层建筑。

3 超限应对措施及分析结论

3.1 超限应对措施

3.1.1 分析模型及分析软件

分别采用如下分析软件建立分析模型：YJK系列软件（V1.7）；MIDAS/Fea、MIDAS/Gen；ETABS（2013）；SAP 2000（V14）；ABAQUS（V6.7）。

3.1.2 抗震设防标准、性能目标及加强措施

（1）抗震设防标准、性能目标

综合考虑本工程地处7度区，且为超B级超限高层建筑，设定其结构总体按性能目标为C级，即：在多遇地震（小震）作用下满足第1抗震性能水准的要求，在设防地震（中震）作用下满足第3抗震性能水准的要求，在罕遇地震（大震）作用下满足第4抗震性能水准的要求。计算方法为依据广东省标准《高层建筑混凝土结构技术规程》DBJ 15—92—2013（下文简称《广东高规》）第3.11条所列各水准的公式进行验算，抗震性能水准的结构构件承载力设计要求见表3-1。罕遇地震（大震）作用下位移角限值为1/125。

抗震性能水准的结构构件承载力设计要求 **表3-1**

<table>
<tr><th rowspan="2">构件类型</th><th rowspan="2">构件位置</th><th rowspan="2">受力类型</th><th colspan="3">抗震烈度</th></tr>
<tr><th>多遇地震（小震）</th><th>设防烈度地震（中震）</th><th>罕遇地震（大震）</th></tr>
<tr><td rowspan="11">关键构件</td><td rowspan="3">底部加强区、加强层核心筒剪力墙</td><td>压弯</td><td rowspan="3">弹性</td><td>不屈服</td><td rowspan="3">部分屈服、进入塑性，控制塑性变形；受剪截面满足截面限制条件，受剪承载力满足不屈服</td></tr>
<tr><td>拉弯</td><td>不屈服</td></tr>
<tr><td>受剪</td><td>弹性</td></tr>
<tr><td rowspan="3">加强层腰桁架</td><td>压弯</td><td rowspan="3">弹性</td><td>不屈服</td><td rowspan="3">部分屈服、进入塑性，控制塑性变形；受剪截面满足截面限制条件</td></tr>
<tr><td>拉弯</td><td>不屈服</td></tr>
<tr><td>受剪</td><td>弹性</td></tr>
<tr><td>加强层上、下弦杆楼层楼板</td><td>受剪</td><td>弹性</td><td>弹性</td><td>部分进入塑性，控制钢筋塑性变形</td></tr>
<tr><td rowspan="2">巨柱</td><td>受弯</td><td rowspan="2">弹性</td><td>不屈服</td><td rowspan="2">部分屈服、进入塑性，控制塑性变形；受剪截面满足截面限制条件，受剪承载力满足不屈服</td></tr>
<tr><td>受剪</td><td>弹性</td></tr>
<tr><td rowspan="3">普通竖向构件</td><td rowspan="3">非底部加强区、非加强层核心筒剪力墙、重力柱</td><td>压弯</td><td rowspan="3">弹性</td><td>不屈服</td><td rowspan="3">允许进入塑性，控制塑性变形；受剪截面满足截面限制条件</td></tr>
<tr><td>拉弯</td><td>不屈服</td></tr>
<tr><td>受剪</td><td>不屈服</td></tr>
</table>

续表

构件类型	构件位置	受力类型	抗震烈度		
			多遇地震（小震）	设防烈度地震（中震）	罕遇地震（大震）
耗能构件	框梁	受弯	弹性	抗弯屈服	—
		受剪		不屈服	
	连梁	受弯		抗弯屈服	
		受剪		不屈服	

（2）计算加强措施

1）补充风洞试验与规范B类、C类粗糙度风荷载对比；

2）选用5组Ⅱ类场地的天然地震波和2组Ⅱ类场地人工波，对结构进行弹性时程分析，并将分析结果与CQC分析结果取包络进行小震分析；

3）整体参数控制分别采用2个空间结构分析程序（YJK、ETABS）进行分析，考虑扭转耦联、偶然偏心及双向地震作用的影响；

4）按关键、普通竖向、耗能构件分类别进行中震验算（并辅以截面分析软件验算），了解各构件中震性能水准，并采取相应加强措施；

5）采用ABAQUS软件进行罕遇地震作用下的弹塑性动力时程分析，以确定结构能否满足第二阶段抗震设防水准要求，并对薄弱构件制订相应的加强措施；

6）进行结构整体稳定、局部稳定、巨柱计算长度、楼板舒适度、考虑收缩徐变施工模拟、巨柱搭接转换节点及典型节点等专项分析。

3.2 分析结果

3.2.1 弹性计算结果

选用YJK和ETBAS两种软件进行风荷载与地震作用反应谱弹性计算，两者的计算结果吻合较好。从整体分析主要结果（表3-2）可知：除剪重比、加强层及上下层侧刚比、承载力比外，其余参数均满足规范限值要求，剪重比根据《建筑抗震设计规范》GB 50011—2010第5.2.5条予以放大调整，以满足要求。

弹性计算主要结果 **表3-2**

项目		YJK软件	ETABS软件
周期（s）	T_1	6.79s（Y向平动）	6.93s（Y向平动）
	T_2	5.89s（X向平动）	6.04s（X向平动）
	T_3	4.37s（扭转）	4.67s（扭转）
周期比		0.64	0.67
质量（t）		247364	247532
基底剪力（kN）	X向	27964	28030
	Y向	25289	25770
剪重比	X向	1.130%	1.155%
	Y向	1.022%	1.062%
刚重比	X向	2.115	—
	Y向	1.627	—

续表

项目		YJK 软件	ETABS 软件
扭转位移比	X 向 Y 向	1.26（1层） 1.13（1层）	1.26（1层） 1.13（1层）
侧刚比	X 向 Y 向	1.10（31层） 1.01（51层）	1.01（20层） 1.03（31层）
承载力比	X 向 Y 向	0.86（12层） 0.88（51层）	— —
多遇地震作用下最大层间位移角	X 向 Y 向	1/828（49层） 1/660（48层）	1/895（49层） 1/725（48层）
轴压比	核心筒	0.59（计型钢）	—
	框柱	0.49（计型钢）	—

3.2.2 弹塑性分析结果

（1）整体性能评估

罕遇地震作用下，结构 X 向基底剪力为小震的4.8～5.5倍，Y 向基底剪力为小震的4.9～5.4倍；最大弹塑性层间位移角 X 向为1/194，Y 向为1/132，均满足《广东高规》C类性能目标限值1/125的要求，能够实现"大震不倒"的性能目标，整体分析主要结果见表3-3。

大震整体分析主要结果 **表3-3**

项目		MLD^{a}01B 波	MLD^{a}01F 波	MHa01A 波
基底剪力（kN）	X 向 Y 向	148800 125400	144700 127600	134000 135400
最大层间位移角	X 向 Y 向	1/209 1/132	1/194 1/147	1/200 1/167

（2）抗侧力构件

核心筒墙体混凝土受压损伤主要发生在连梁、加强层、筒体收进的局部位置以及内筒 Y 向墙肢的局部位置，外筒墙肢总体受压损伤比较小，基本实现了以连梁构件进行耗能、主体墙肢在大震作用下能够持续承受竖向荷载的设计目标；内置型钢以及边缘构件内纵筋均未出现塑性变形，型钢+钢筋能抵抗大震作用下的拉力，第一道抗震防线基本可靠。核心筒受压损伤，墙身、边缘构件内纵筋塑性应变如图3-1所示，巨柱型钢、外钢框梁、腰桁架塑性应变如图3-2所示。

型钢混凝土柱受压损伤主要出现在底层柱搭接转换处、各加强层附近以及高区核心筒收进楼层，属轻度损坏；从巨柱型钢、外钢框梁、腰桁架塑性应变可知，巨柱内型钢都未出现塑性变形，腰桁架的弦杆与腹杆均未出现塑性变形，能有效约束异形巨柱变形，发挥第二道抗震防线作用。

（3）搭接转换柱

除局部应力集中区域外，混凝土组分损伤因子均在0.2（对应C60混凝土的压应力标准值 38.5MPa）以下，内嵌型钢、钢板箍段型钢 Mises 应力水平均在 275MPa 以下。混凝土受压损伤因子如图 3-3 所示，内嵌型钢 Mises 应力水平如图 3-4 所示，钢板箍段型钢 Mises 应力水平如图 3-5 所示。

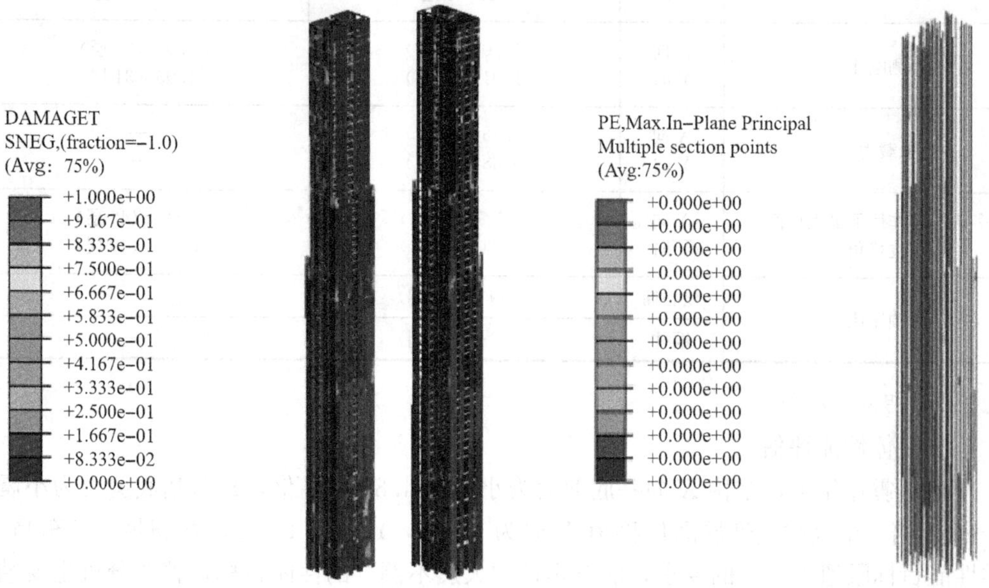

(a)核心筒受压损伤　　(b)墙身、边缘构件内纵筋塑性应变

图 3-1　剪力墙受压损伤，墙身、边缘构件内纵筋塑性应变图

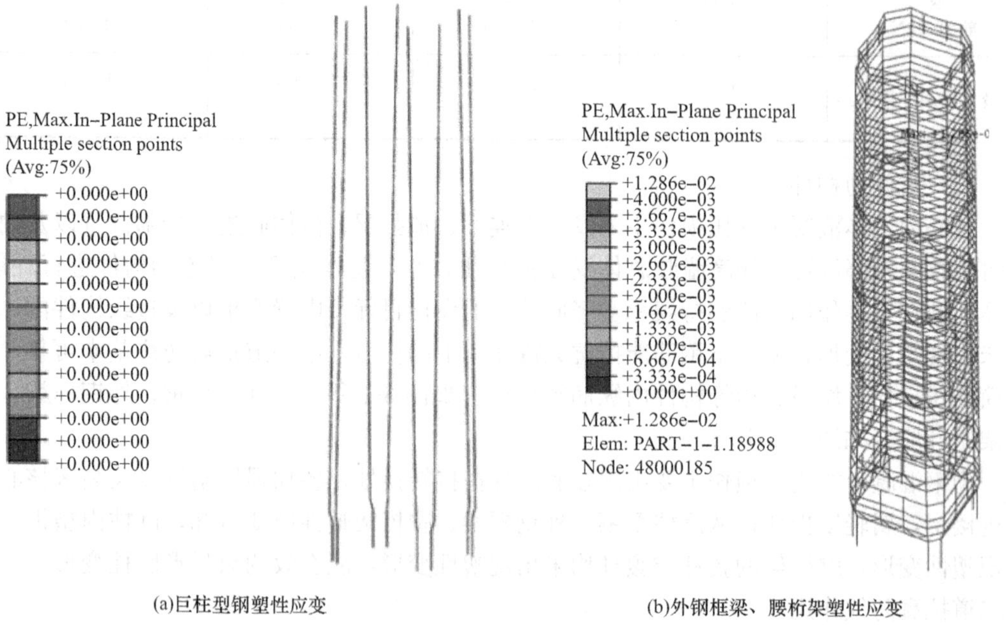

(a)巨柱型钢塑性应变　　(b)外钢框梁、腰桁架塑性应变

图 3-2　巨柱型钢、外钢框梁、腰桁架塑性应变

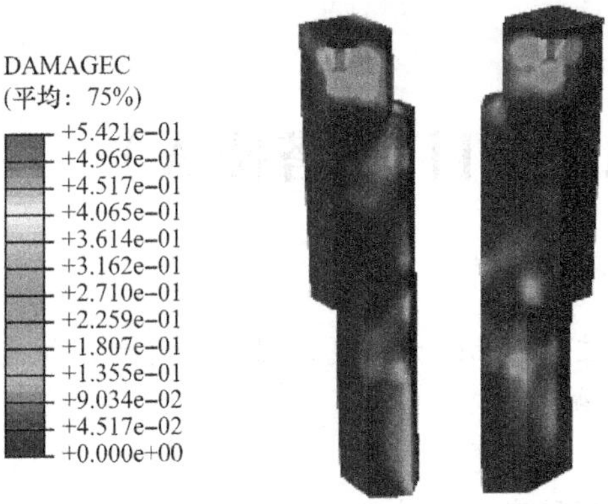

图 3-3 混凝土受压损伤因子

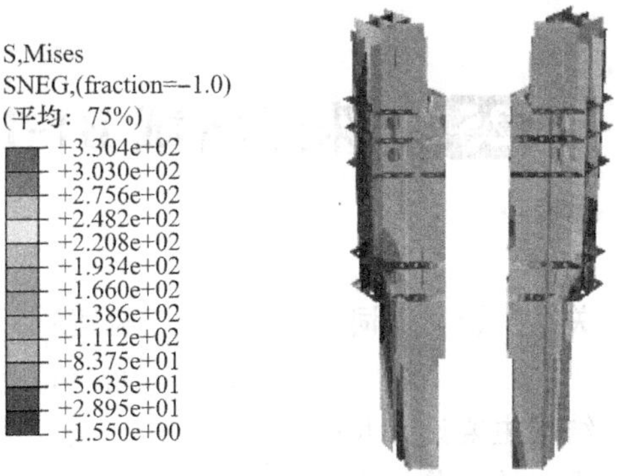

图 3-4 内嵌型钢 Mises 应力水平

4 超限设防专项审查意见

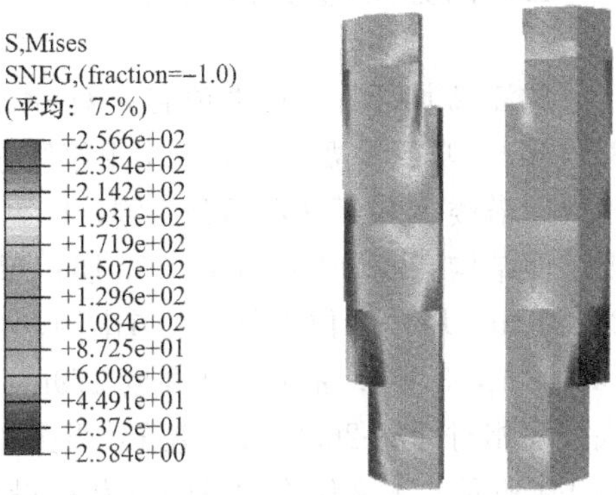

图 3-5 钢板箍段型钢 Mises 应力水平

2016 年 7 月 27 日，在深圳市宝安区国际商务大厦 16 楼壹方置业（深圳）有限公司会议室主持召开了本项目超限高层建筑抗震设防专项审查会，魏琏教授担任专家组组长。与会专家审阅了送审资料，听取了广东省建筑设计研究院有限公司对项目的汇报。经审议，形成审查意见如下：

（1）进一步论证 2 栋 A 座（即 TA 座）底部腰桁架的必要性。

（2）进一步分析 2 栋 A 座（即 TA 座）腰桁架层的楼板应力，补充楼板与腰桁架、核心筒的连接措施。

（3）2 栋 A 座巨柱（即 TA 座）计算截面应按实际情况输入。

（4）建议探讨 2 栋 A 座（即 TA 座）搭接柱改为斜柱的可行性。

审查结论：通过。

5 点评

本工程为超 B 级高度超限高层建筑，存在 4 项不规则。设计中采用概念设计方法，根据抗震原则及建筑特点，对整体结构体系及布置进行仔细地考虑，使之具有良好的结构性能。

抗震设计中采用性能化设计方法，除保证结构在小震作用下完全处于弹性阶段外，并补充了主要构件在中震、大震作用下的性能要求，采取多种计算程序进行了弹性、弹塑性分析，分析结果表明，多项指标均表现良好，基本满足规范要求，使可控制的不规则程度得到有效控制。同时，通过概念设计及各阶段的计算程序分析结果，对关键和重要构件做了适当加强，在构造措施方面亦相应做了处理。

本工程除满足竖向荷载和风荷载作用下的有关指标外，抗震性能目标达到 C 级，因此可认为，适当调整后，结构是可行且安全的。

25 珠江新城 B1-1 地块项目（塔楼 A）

关　　键　　词：伸臂桁架加强层；8 根巨柱；25.5m 大跨度；11m 大悬挑；加强层形式；内嵌桁架；加强措施
结构主要设计人：赵　颖　江　毅　王　嵩　黄　勇
设　计　单　位：华南理工大学建筑设计研究院有限公司

1 工程概况与设计标准

珠江新城 B1-1 地块项目，总建筑面积为 306039m²，其中地上 223890m²，地下 82149m²，项目主要功能为大型甲级写字楼、高档商业和餐饮，地面以上为 A、B 塔楼和附楼。塔楼 A 位于珠江西路西侧，广晟总部大楼北侧，建筑面积约为 13.9 万 m²，塔楼主要屋面结构高度为 269.65m，58 层；屋顶停机坪结构高度为 283.90m；幕墙构架高度为 284.00m。塔楼 B 位于黄埔大道南侧，建筑面积约为 7.1 万 m²，塔楼主要屋面结构高度为 165.45m，38 层；幕墙构架高度 179m。附楼高度约 18m，4 层（局部 3 层）。地下 5 层，底板面相对标高-26.20m。建筑效果图如图 1-1 所示，剖面示意图及典型平面图如图 1-2～图 1-4 所示。本文仅论述塔楼 A 相关设计。

图 1-1　建筑效果图

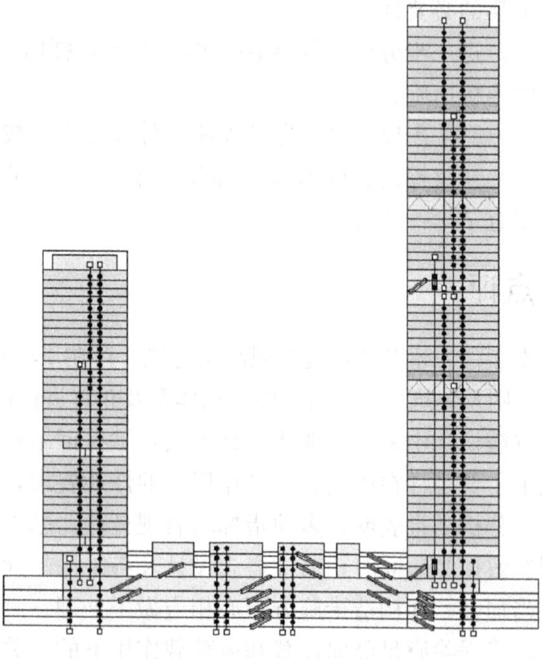

图 1-2　建筑剖面示意图

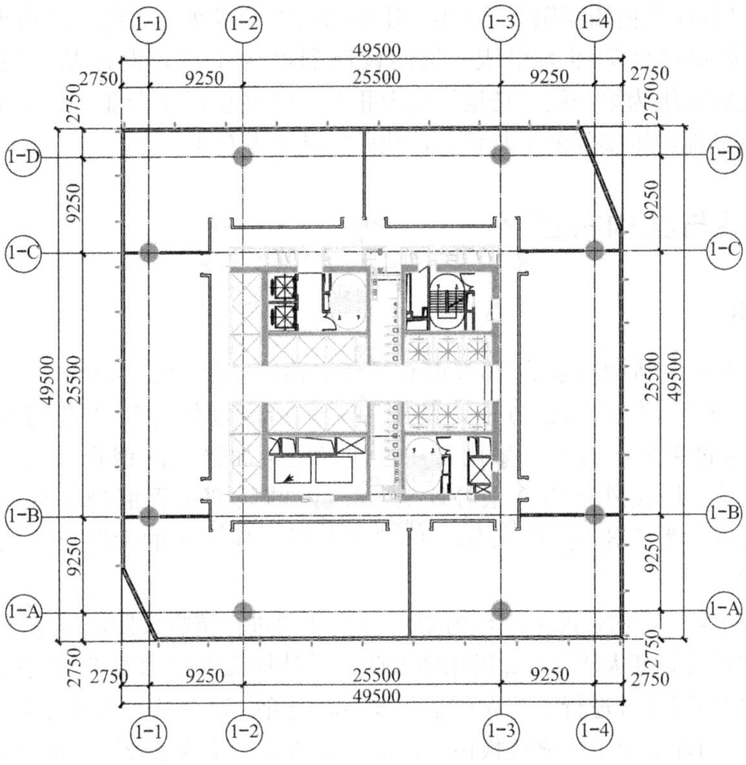

图 1-3　建筑低区标准层平面图

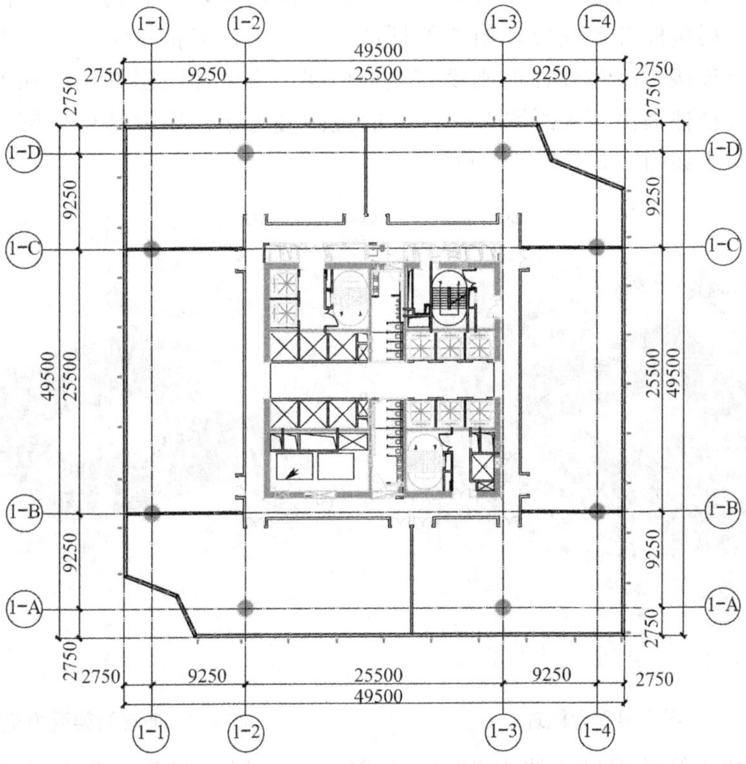

图 1-4　建筑高区标准层平面图

本工程的结构设计使用年限为50年，建筑结构安全等级为二级，结构重要性系数为$\gamma=1.0$。地基基础设计等级为甲级。抗震设防烈度为7度，设计基本地震加速度为0.10g，设计地震分组为第一组，场地类别为Ⅱ类。广州地区50年重现期基本风压为$w_0=0.50$kPa，根据场地周围实际的地貌特征，地面粗糙度为C类。

2 结构体系与结构布置

2.1 结构体系

本工程主要屋面结构高度为269.65m，幕墙顶点高度为284.00m，建筑平面尺寸约为49.5m×49.5m的近似正方形，其中一对角沿高度按建筑造型切角，结构高宽比约为5.5。通过多方案对比，采用带一道伸臂桁架加强层的钢管混凝土柱钢框架+核心筒结构体系。塔楼外框由8根柱距为25.5m的巨型钢管混凝土柱和四角悬挑约11m的钢梁组成，为广州超200m第一座仅有8根大柱组成的大跨度、大悬挑超高框架-核心筒建筑。

塔楼A原方案中，加强层采用环桁架，2016年曾进行抗震设防超限审查并获得通过，后因2018年“建筑高度大于250m民用建筑防火设计加强性技术要求（试行）”的相关要求，该项目对核心筒布置进行了较大调整，核心筒内管井移至核心筒外北侧，楼板有较多设备管井开洞，因环桁架主要靠楼板传力，对楼板的完整性要求较高，需采取平面桁架等措施对楼板加强，平面桁架布置与设备管井冲突，综合考虑后，将环桁架修改为伸臂桁架。环桁架是沿加强层周围布置的跨越一层或多层的桁架，核心筒由于弯曲变形产生转角，通过上、下层楼板带动连接环桁架的柱产生拉压力，以抵抗水平荷载产生的倾覆弯矩；外伸刚臂是连接内筒和外柱的刚度较大的桁架，协调加强层处内筒和外柱的平面转角，通过增加外框柱轴力，从而增大外框架的抗倾覆力矩，增大结构抗侧刚度，减小侧移。两者受力机理如图2-1、图2-2所示。

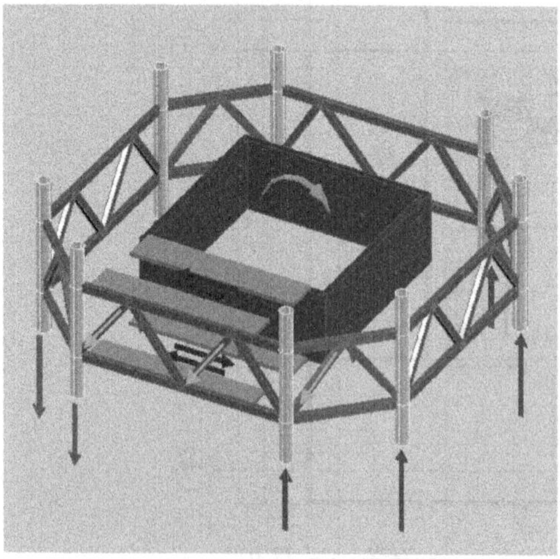

图2-1 环桁架受力机理

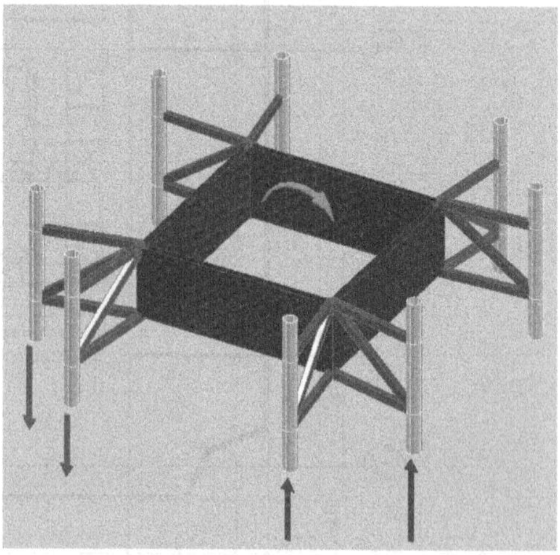

图2-2 伸臂桁架受力机理

1～33层核心筒外围尺寸约为26.7m×23m，34层～屋面左侧电梯井取消，X方向墙肢收进，核心筒外围尺寸约为 22.7m×22m。塔楼主要构件截面尺寸如表 2-1 所示。外框架与核心筒间为钢梁＋混凝土楼板的组合楼盖，钢梁除伸臂加强层杆件外均为 H 型钢，楼板厚度一般为 110mm；避难层由于荷载较重，楼板厚度为 150mm；核心筒内部为普通现浇混凝土楼盖，梁截面尺寸为 150m×400mm～250m×700mm，楼板厚度一般为 120mm。伸臂桁架上、下层楼板厚 200mm。标准层结构平面如图 2-3、图 2-4 所示。

主要构件尺寸与材料等级　　表 2-1

构件部位	构件尺寸（mm）	材料等级
核心筒外围剪力墙	900～300（加强层 800）	C70～C60
核心筒内部剪力墙	500～250	C70～C60
钢管混凝土柱	ϕ2100×50～ϕ1000×20	Q345、C80
加强层杆件	斜撑□600×1200×75×60、弦杆□600×1000×60×60	Q345
框架梁	H500×1000×18×35	Q345
连梁	墙厚×550～1000（部分设置双连梁）	同墙
筒外次梁	HN450×150（标准层）、HN550×200（避难层）	Q345

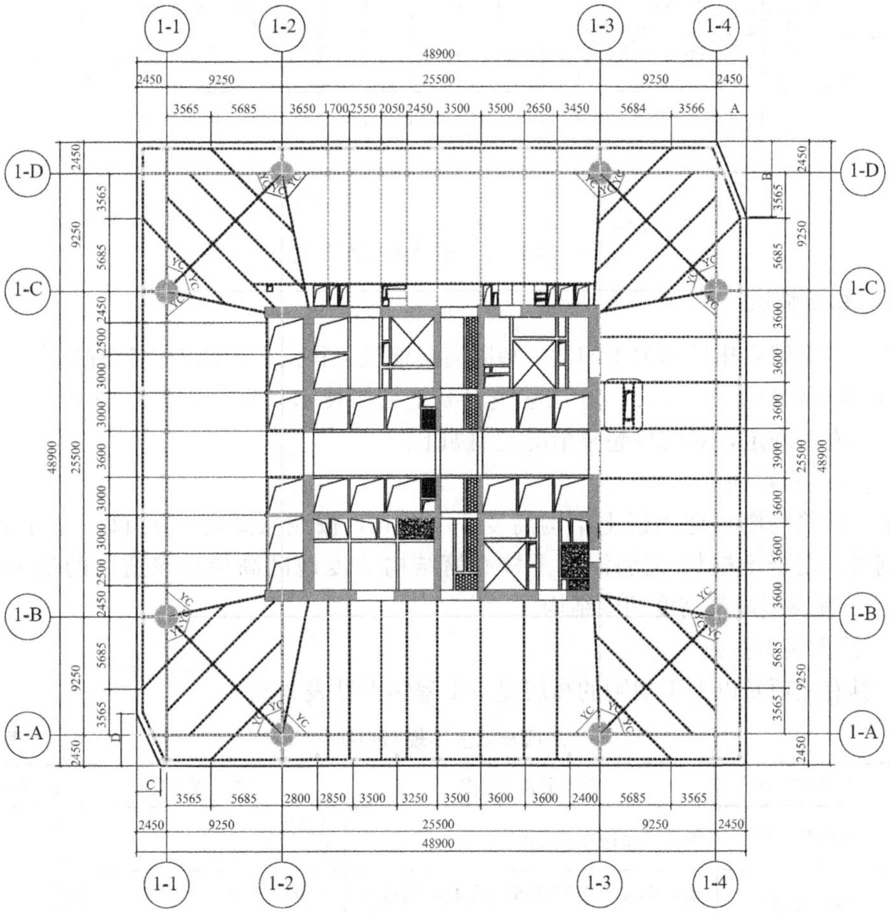

图 2-3　低区标准层结构平面布置图

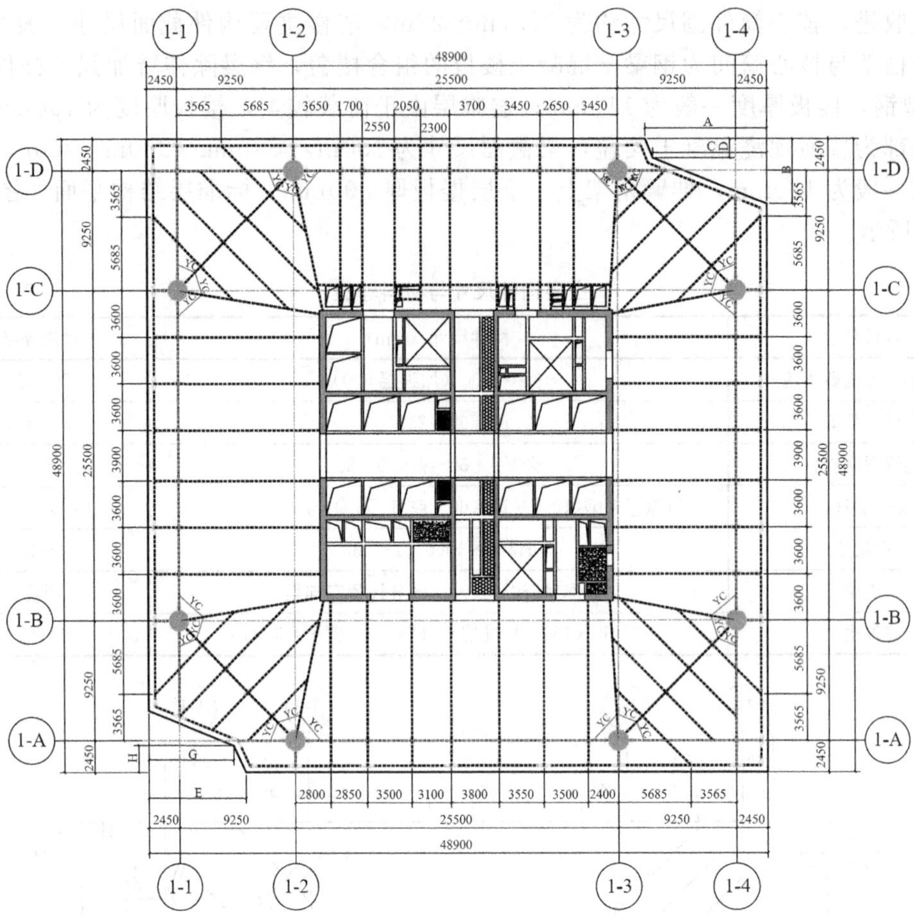

图 2-4　高区标准层结构平面布置图

2.2　结构超限情况

参照《住房城乡建设部关于印发〈超限高层建筑工程抗震设防专项审查技术要点〉的通知》(建质〔2015〕67 号)、《高层建筑混凝土结构技术规程》JGJ 3—2010（下文简称《高规》）的有关规定，对结构超限情况说明如下。

2.2.1　高度超限判别

本工程建筑物塔楼地面以上结构高度 269.65m，按照《高规》第 11.1.2 条的规定，型钢（钢管）混凝土框架-钢筋混凝土核心筒结构 7 度地区高层建筑适用的最大高度为 190m，本工程属超规范高度超限结构。

2.2.2　不规则类型判别

同时具有三项及以上不规则的高层建筑工程判别见表 2-2。

三项及以上不规则判别　　　　**表 2-2**

序号	不规则类型	规范定义及要求	本工程情况	超限判定
1a	扭转不规则	考虑偶然偏心的扭转位移比大于 1.2	X 向：1.27（2 层） Y 向：1.26（2 层）	是
1b	偏心布置	偏心率大于 0.15 或相邻层质心相差大于相应边长 15%	X 向：0.21（1 层）、0.16（31 层）	是

续表

序号	不规则类型	规范定义及要求	本工程情况	超限判定
2a	凹凸不规则	平面凹凸尺寸大于相应边长 30%等	无此情况	否
2b	组合平面	细腰形或角部重叠形	无此情况	否
3	楼板不连续	有效宽度小于 50%，开洞面积大于 30%，错层大于梁高	2 层、32 层楼板开洞面积大于 30%	是
4a	刚度突变	相邻层刚度变化大于 90%	无此情况	否
4b	尺寸突变	竖向构件位置缩进大于 25%，或外挑大于 10%和 4m，多塔	无此情况	否
5	构件间断	上下墙、柱、支撑不连续，含加强层、连体	设置一道加强层	是
6	承载力突变	相邻层受剪承载力变化大于 80%	X 向：0.88（32 层） Y 向：0.82（32 层）	否
7	其他不规则	如局部的穿层柱、斜柱、夹层、个别构件错层或转换，或个别楼层扭转位移比略大于 1.2 等	首层～2 层、31～32 层局部有穿层柱，已计入楼板开洞项，此处不再另计	否
总计		超限 3 项		

2.2.3 超限情况小结

本工程属超规范高度的超限高层建筑，并存在扭转不规则、偏心布置（两者计为一项），楼板不连续，含加强层等 3 项不规则情况。

3 超限应对措施及分析结论

3.1 超限应对措施

3.1.1 分析模型及分析软件

采用 YJK 和 ETABS 两种分析软件对结构进行小震和风荷载作用下的内力和位移计算。结构主要计算参数如表 3-1 所示。整体模型三维图、主要抗侧力体系三维图及立面视图如图 3-1～图 3-3 所示。

结构主要计算参数 **表 3-1**

计算软件	YJK、ETABS
楼层层数	58 层
风荷载	采用风洞试验提供的 50 年一遇等效风荷载的 1.0、1.1 倍分别计算结构位移及构件承载力
风荷载作用方向	X、Y
地震作用	单向水平地震作用并考虑偶然偏心、双向地震
地震作用计算	采用规范反应谱进行振型分解反应谱法、弹性时程分析
地震作用方向	X、Y
地震作用振型组合数	24

续表

活荷载折减	按规范折减
楼板假定	整体指标计算采用全刚性楼板，计算局部构件受力时采用弹性楼板
结构阻尼比	舒适度计算采用 0.02；风荷载、小震作用采用 0.04
重力二阶效应（*P*-Δ 效应）	考虑 *P*-Δ 效应
楼层水平地震剪力调整	考虑
楼层框架总剪力调整	考虑
周期折减系数	0.9
嵌固端	首层楼面
恒荷载计算方法	考虑模拟施工
连梁折减系数	风荷载承载力计算采用 0.7；地震作用承载力计算采用 0.5
中梁放大系数	按规范计算

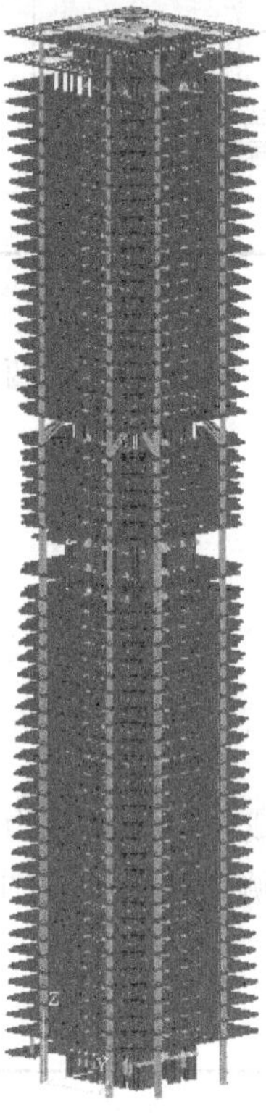
图 3-1　整体模型三维图

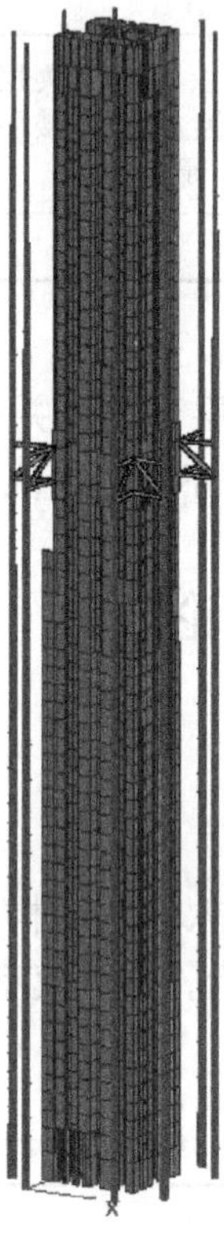
图 3-2　主要抗侧力体系三维图

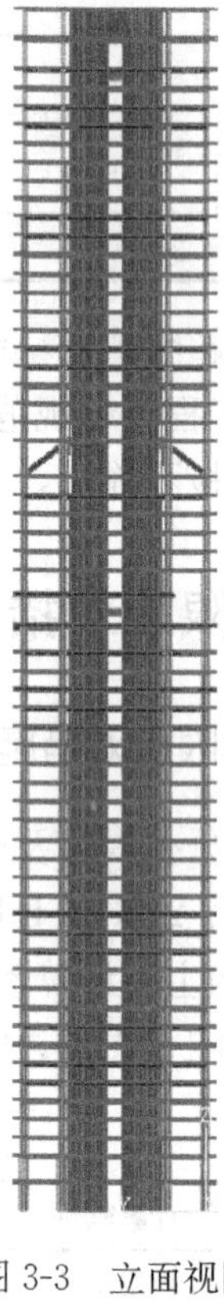
图 3-3　立面视图

3.1.2　抗震设防标准、性能目标及加强措施

本结构单元内经常使用人数超过 8000 人，抗震设防类别为乙类，应按本地区设防烈度 7 度确定其地震作用，按高于本地区设防烈度一度 8 度采取抗震措施。

为达到“小震不坏、中震可修、大震不倒”抗震设防目标，本工程对整体结构及构件进行性能化设计。根据《高规》和广东省标准《高层建筑混凝土结构技术规程》DBJ 15—92—2013 第 3.11 节的规定，本工程结构预期的抗震性能目标要求达到 C 级。各构件性能水准具体分述如表 3-2 所示。

结构构件抗震性能水准　　表 3-2

<table>
<tr><th colspan="3">项目</th><th>多遇地震</th><th>设防地震</th><th>罕遇地震</th></tr>
<tr><td colspan="3">性能水准</td><td>1</td><td>3</td><td>4</td></tr>
<tr><td colspan="3">层间位移角限值</td><td>1/500</td><td>—</td><td>1/100</td></tr>
<tr><td colspan="3">整体结构性能目标</td><td>完好、无损坏</td><td>轻度损伤</td><td>中度损伤</td></tr>
<tr><td rowspan="8">构件性能目标</td><td rowspan="4">关键构件</td><td>剪力墙（底部加强部位、加强层）</td><td rowspan="2">弹性</td><td rowspan="2">受剪弹性，压弯不屈服</td><td rowspan="2">受剪不屈服，压弯不屈服</td></tr>
<tr><td>框架柱（加强层）</td></tr>
<tr><td>伸臂桁架</td><td>弹性</td><td>弹性</td><td>不屈服</td></tr>
<tr><td>楼板（加强层）</td><td>弹性</td><td>受剪不屈服，拉、压不屈服</td><td>允许屈服，控制塑性变形</td></tr>
<tr><td rowspan="2">普通竖向构件</td><td>剪力墙（一般层）</td><td rowspan="2">弹性</td><td rowspan="2">受剪弹性，压弯不屈服</td><td rowspan="2">部分允许屈服，但满足受剪截面限制</td></tr>
<tr><td>框架柱（一般层）</td></tr>
<tr><td rowspan="2">耗能构件</td><td>框架梁</td><td rowspan="2">弹性</td><td rowspan="2">受剪不屈服，受弯允许屈服，控制塑性变形</td><td rowspan="2">大部分允许屈服，控制塑性变形</td></tr>
<tr><td>连梁</td></tr>
</table>

本工程存在多项超限不规则，除按规范要求进行设计外，还采取以下加强措施对结构进行加强。

（1）加强混凝土核心筒。考虑结构超高，核心筒的抗震等级除满足抗震等级特一级的要求外，还采取比规范要求更为严格的措施：

1）尽量控制剪力墙轴压比以保证大震时的延性，本工程剪力墙轴压比除底部 3 层个别墙肢略大于 0.50（最大值约为 0.52）外，其余楼层均不大于 0.50；提高轴压比超限墙肢的纵向和水平向配筋率，并验算中、大震作用下墙肢的压应变；弹塑性分析表明：底部墙肢在大震下的压应变均小于 0.00133，处于轻度损伤水平，满足设定的性能目标，混凝土未压溃。

2）适当提高剪力墙的配筋，具体如下：剪力墙分布筋和暗柱配筋取中震和小震弹性以及风荷载包络；剪力墙的水平及竖向分布筋配筋率一般为 0.5%，暗柱配筋率一般为 1.3%；加强层及上下各一层剪力墙竖向、水平分布筋配筋率加大至 1.0%；底部加强区水平分布筋配筋率加大至不小于 0.6%（其中 1～2 层水平分布筋配筋率加大至 0.8%），竖向分布筋配筋率加大至 0.7%，外围四个角部墙肢竖向分布筋配筋率加大至 1.0%；暗柱配筋率提高至 1.6%，以提高核心筒极限变形能力。

3）控制底部剪力墙在罕遇地震作用下的剪应力水平，并满足较为严格的“受弯、受剪不屈服”的性能目标，确保核心筒在罕遇地震作用下具有较大的承载力安全度。

4）增大伸臂桁架所在楼层（38 层）核心筒外墙厚度至 800mm，并增设内嵌钢桁架，增大伸臂桁架上下各一层（37、39 层）外墙厚度分别至 800mm、600mm，控制剪力墙在罕遇地震作用下的剪应力水平，满足较为严格的“受弯、受剪不屈服”的性能目标，确保加强层核心筒在罕遇地震作用下具有较大的承载力安全度。

（2）加强钢管混凝土柱。提高钢管混凝土柱的承载力安全度。经计算，钢管混凝土柱均能满足“中震弹性、大震不屈服”性能目标要求，且弹塑性分析表明，在罕遇地震作用下仍能保持弹性状态。

（3）加强伸臂桁架。提高伸臂桁架的承载力安全度。经计算，伸臂桁架构件均能满足

“中震弹性、大震不屈服”性能目标要求，且弹塑性分析表明，在罕遇地震作用下仍能保持弹性状态。

(4) 加强加强层及上、下层楼板。伸臂桁架上、下弦所在楼层楼板加厚至200mm，上下相邻层楼板加厚至150mm，提高该部分楼板混凝土强度等级至C40，采用双层双向配筋，适当提高楼板配筋率。

(5) 提高大开洞楼板配筋率。在实际结构中，楼板是保证结构各构件协同受力的关键因素。该结构局部楼层楼板开大洞，楼板的整体性受到影响。为了保证传力的可靠性，适当提高开洞楼板的配筋率，并且对于开洞楼板周边梁，适当提高配筋率，加大通长钢筋的比例，提高结构安全度。

(6) 加强连梁。该结构连梁作为主要的耗能构件，为保证大震作用下构件的性能指标，适当提高连梁的配筋率。

3.2 分析结果

3.2.1 弹性分析结果

小震及风荷载作用下结构主要计算结果见表3-3。

结构主要计算结果汇总 表3-3

指标			YJK软件	ETABS软件
第1周期	周期（s）		7.3810	7.2625
第2周期	周期（s）		6.7884	6.8044
第3周期	周期（s）		6.1263（扭转）	5.8918（扭转）
地震作用下首层剪力（kN）		X向	18848	1.907E+04
		Y向	18387	1.860E+04
地震作用下首层倾覆弯矩（kN·m）（未经调整）		X向	2978815	3.027E+06
		Y向	2999608	3.045E+06
50年一遇风荷载作用下首层剪力（kN）		X向	21294	2.257E+04
		Y向	21392	2.262E+04
50年一遇风荷载作用下首层倾覆弯矩（kN·m）		X向	3870391	4.080E+06
		Y向	3657512	3.860E+06
地震作用下最大层间位移角		X向	1/752（48层）	1/812（48层）
		Y向	1/579（48层）	1/623（48层）
50年一遇风荷载作用下最大层间位移角		X向	1/860（31层）	1/821（31层）
		Y向	1/744（48层）	1/773（48层）
结构刚重比		X向	1.904	2.003
		Y向	1.649	1.767

由表3-3可知，两个软件的主要计算结果，包括总质量、周期及振型、风荷载及地震作用下的基底反力及侧向位移等均比较接近，验证了分析的可靠性。小震及风荷载作用下计算结果基本满足现行设计规范各项指标要求。计算结果还显示个别楼层受剪承载力比不满足规范要求，分析原因主要是现行规范计算方法的不合理，通过修正楼层承载力计算方法使其满足规范承载力比要求。

3.2.2 核心筒剪力墙内嵌桁架设计

在水平荷载作用下，伸臂桁架协调外框柱与核心筒之间的变形，使核心筒剪力墙承受较大的剪力。为满足中、大震作用下结构性能目标，提高结构安全度，在外围剪力墙中设置内嵌钢桁架，使其和剪力墙都能够独自承担剪力。内嵌桁架立面示意如图 3-4 所示。

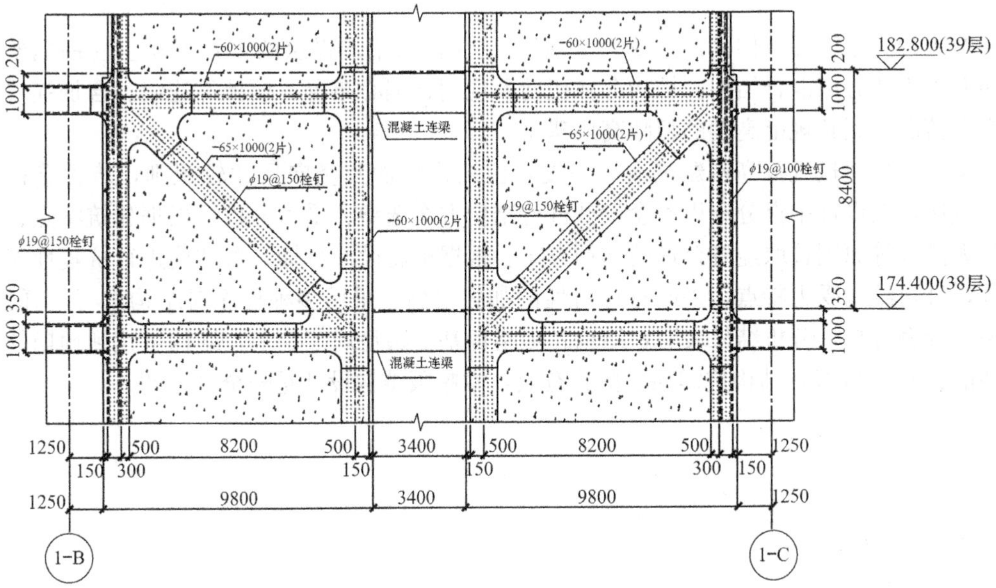

图 3-4 内嵌桁架立面示意

内嵌桁架水平弦杆和斜杆均采用两片钢板，弦杆、竖杆每片钢板厚度为 60mm，斜杆每片钢板厚度为 65mm，杆宽度均为 1000mm。经计算，内嵌桁架满足中震和大震的受力要求。

4 抗震设防专项审查意见

2018 年 9 月 26 日，广州市住房和城乡建设委员会在市政府三号楼 401 会议室主持召开了“珠江新城 B1-1 地块项目塔楼 A（设计调整）”超限高层建筑工程抗震设防专项审查会。广东省工程勘察设计行业协会会长陈星任专家组组长。与会专家听取了华南理工大学建筑设计研究院有限公司关于该工程抗震设防设计的情况汇报，审阅了送审材料。经讨论，提出审查意见如下：

（1）伸臂桁架层以及上下两层框架梁抗震等级提高一级；钢管混凝土柱应力比不大于 0.75，伸臂层环梁应进一步加强。

（2）大跨与四角大悬挑梁补充竖向地震作用分析。

（3）剪力墙核心筒与周边楼板因连续开洞削弱处，应有措施确保楼盖水平力传递。

（4）补充伸臂桁架节点抗震性能分析。

（5）参照广东省标准《高层建筑混凝土结构技术规程》DBJ 15—92—2013 关于巨型框架结构的规定，调整框架部分层地震剪力。

（6）楼盖舒适度应进一步复核并适当留有余地。

（7）C70剪力墙的延性措施应予以加强。

审查结论：通过。

5 点评

本工程为主屋面结构高度269.65m带一道伸臂桁架加强层的钢管混凝土柱钢框架+钢筋混凝土核心筒混合结构。结构存在扭转不规则、偏心布置、楼板不连续、含加强层等不规则情况，属超规范高度的超限高层建筑。

本工程虽超过规范高层建筑适用高度，但结构平面及竖向尺寸较规则，传力路径明确、直接，在设计中充分利用概念设计进行结构方案选型、受力分析，根据建筑特点、结构受力需求等原则选取经济合理的结构方案。根据抗震设计目标，对结构进行抗震性能化设计，针对结构受力特点，采取有针对性的加强措施。采用多种程序对结构进行了弹性、弹塑性计算分析，分析结果表明，结构各项指标基本满足规范要求，结构可达到预期的抗震性能目标C等级，结构抗震加强措施有效，本超限结构设计是安全可行的。

26 日立电梯（中国）有限公司大石厂区新建试验塔项目

关　　键　　词： 超限结构；大高宽比；筒体结构；风控；风洞试验；风穴层

结构主要设计人： 江　毅　赵　颖　王　嵩　杨子越

设　计　单　位： 华南理工大学建筑设计研究院有限公司

1　工程概况与设计标准

日立电梯（中国）有限公司大石厂区新建试验塔位于广州市番禺区大石街石北工业区，主要功能为电梯试验与研发，用于中速、高速、超高速以及大型载重电梯开发试验。项目总建筑面积约 1.77 万 m^2，地下 3 层，地上 40 层，标准层主要层高 7.5m，局部 3.75m。建筑高度为 273.8m，平面尺寸约为 22.6m×22m 的十字形，建筑高宽比为 12.4。外墙整体采用清水混凝土，立面为竖向凹槽式样的波浪形。建筑效果图及典型平面示意图如图 1-1、图 1-2 所示。

图 1-1　建筑效果图

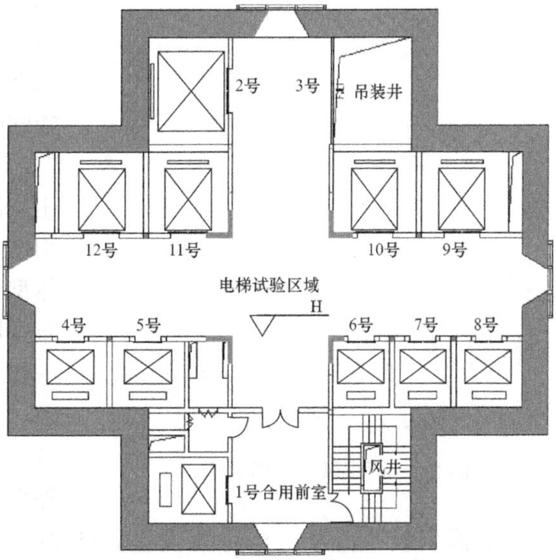

图 1-2　建筑典型平面示意图

本工程的结构设计使用年限为 50 年，结构安全等级二级，结构重要性系数为 $\gamma=1.0$。地基基础设计等级为甲级。抗震设防烈度为 7 度，设计基本地震加速度为 0.1g，设计地震分组为第一组，场地类别为Ⅱ类。结构基本风压为 0.60kPa，地面粗糙度类别为 B 类。结构高度超过 200m，按照规范要求进行风洞试验。

2 结构体系与超限情况

2.1 结构体系

由于建筑使用功能的特殊性，结构每层楼板多数为开洞。为尽量减小对功能的影响，竖向构件尽可能分布在结构外围，结构拟采用钢筋混凝土筒体结构。对结构进行初步概念判断和试算分析，结构主要受风荷载控制。按照常规设计，竖向构件应均匀分布并从下至上快速收进以减轻结构重量，但计算结果表明，外围墙肢在风荷载作用下整截面拉力超过竖向荷载产生的压力而出现拉应力，对混凝土构件较为不利，用钢量会大幅度提高而增加造价，因此应合理调整竖向构件布置，使结构受力更加合理、造价更加经济。该结构高宽比较大，楼层高度较大，楼层数较少，楼面荷载较小，结构重量较轻，应使有限的重量尽可能分布在外围墙肢，保证外围墙肢在竖向荷载作用下有足够的压力，从而避免风荷载组合作用下墙肢出现拉力。同时，由于结构层高较大，层间墙肢长度较大，外围墙肢须承受层间风荷载并通过楼层结构传至整体结构，墙肢需要有足够的厚度保证传力及稳定性。通过对比分析，将剪力墙均匀布置于结构外围，保持墙厚由底部到顶部均为800mm，可有效避免风荷载组合作用下墙肢受拉。

根据概念设计，结构主要进行了两轮方案选型，第一轮方案选型为在建筑部分楼层设置大小为3.6m×5.5m的风穴口，通过风洞试验进行验证。结果表明：1）增设风穴口，可有效减小风荷载响应，且在33～35层设置风穴口效率最高；2）风洞试验结果同设计判断一致，结构为横风向控制；3）横风荷载作用下的加速度响应较大，不满足规范对于办公楼的限值要求。

图 2-1 两次风洞外形对比

如何采取有效措施减小结构在横风荷载作用下的响应是本结构设计的一大难点，为此结构进行了第二轮方案选型。横风向响应受建筑体型、平面尺寸影响较大，考虑通过调整建筑布置以减小结构横风向结构下的响应。参考第一次风洞试验结果并与业主、建筑师多次沟通，对原方案进行了调整：平面尺寸由原来的21.3m×21.3m修改为22.6m×22m（图2-1），外立面设置波浪形竖向凹口，并且由于建筑立面需求，风穴口调整为31～33层设置。修改后的标准层、风穴层结构布置如图2-2所示。按照修改后的方案进行了第二次风洞试验。

通过调整建筑外形和改变建筑立面粗糙度等措施，风荷载响应减小约5%。第二次风洞试验再次验证了设置风穴以后，风荷载响应可有效减小，风荷载作用下内力可降低6.2%～8.5%，重现1～10年的加速度响应可降低8%～28%，具体见表2-1。

综合结构概念设计和两次风洞试验结果发现：通过设置风穴、调整建筑外形以及改变建筑外表面的粗糙度，可有效降低结构在风荷载作用下的结构响应。

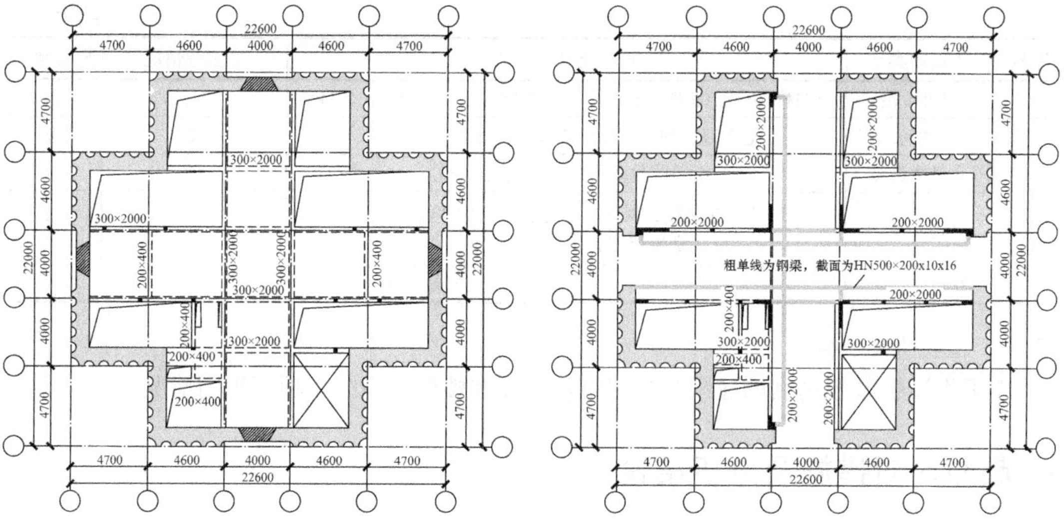

(a)标准层结构布置图　　(b)风穴层结构布置图

图 2-2　结构布置图

风孔开启前后的峰值加速度对比　　**表 2-1**

项目	重现期		
	10 年	5 年	3 年
封闭（$\times10^{-3}g$）	23.64	22.12	9.03
开启（$\times10^{-3}g$）	17.11	15.31	7.74
峰值加速度降低率	28%	31%	14%

2.2　结构超限情况

参照《住房城乡建设部关于印发〈超限高层建筑工程抗震设防专项审查技术要点〉的通知》（建质〔2015〕67 号）、《高层建筑混凝土结构技术规程》JGJ 3—2010（下文简称《高规》）的有关规定，对结构超限情况说明如下。

2.2.1　高度超限判别

本工程建筑物塔楼地面以上结构高度 268.8m，按照《高规》第 3.3.1 条的规定：筒体结构 7 度地区高层建筑适用的最大高度为 230m，本工程属超 B 级高度超限结构。

2.2.2　不规则类型判别

同时具有三项及以上不规则的高层建筑工程判别见表 2-2。

三项及以上不规则判别　　**表 2-2**

序号	不规则类型	规范定义及要求	本工程情况	超限判定
1a	扭转不规则	考虑偶然偏心的扭转位移比大于 1.2	X 向：1.02 Y 向：1.02	否
1b	偏心布置	偏心率大于 0.15 或相邻层质心相差大于相应边长 15%	偏心率小于 0.15	否
2a	凹凸不规则	平面凹凸尺寸大于相应边长 30%等	无	否
2b	组合平面	细腰形或角部重叠形	无	否
3	楼板不连续	有效宽度小于 50%，开洞面积大于 30%，错层大于梁高	开洞面积大于 30%	是
4a	刚度突变	相邻层刚度变化大于 90%	无	否

续表

序号	不规则类型	规范定义及要求	本工程情况	超限判定
4b	尺寸突变	竖向构件位置缩进大于25%，或外挑大于10%和4m，多塔	无	否
5	构件间断	上下墙、柱、支撑不连续，含加强层、连体	无	否
6	承载力突变	相邻层受剪承载力变化大于80%	无	否
7	其他不规则	如局部的穿层柱、斜柱、夹层、个别构件错层或转换，或个别楼层扭转位移比略大于1.2等	无	否
总计		超限1项		

2.2.3 超限情况小结

本工程属超B级高度的超限高层建筑，并存在楼板不连续1项不规则情况。

3 超限应对措施及分析结论

3.1 超限应对措施

3.1.1 分析模型及分析软件

采用YJK和ETABS两种分析软件对结构进行小震和风荷载作用下的内力和位移计算。结构主要计算参数如表3-1所示。模型三维图如图3-1、图3-2所示。

结构主要计算参数　　表3-1

计算软件	YJK、ETABS
楼层层数	39层
风荷载	广州番禺基本风压为0.60kPa，位移计算按照基本风压0.60kPa采用，承载力计算按照基本风压的1.1倍采用，舒适度计算按照10年一遇基本风压采用
风荷载作用方向	X、Y
地震作用	单向水平地震并考虑偶然偏心、双向地震
地震作用计算	采用规范反应谱进行振型分解反应谱法、弹性时程分析
地震作用方向	X、Y
地震作用振型组合数	18
活荷载折减	按规范折减
楼板假定	整体指标计算采用全刚性楼板，计算构件受力时采用弹性楼板
结构阻尼比	舒适度0.01；风荷载0.02；地震作用0.05
重力二阶效应（P-Δ效应）	考虑P-Δ效应
楼层水平地震剪力调整	考虑
楼层框架总剪力调整	考虑
周期折减系数	0.9
嵌固端	首层楼面
恒荷载计算方法	考虑模拟施工
连梁折减系数	0.8
中梁放大系数	按规范计算

3.1.2 抗震设防标准、性能目标及加强措施

本结构抗震设防类别为丙类，应按本地区设防烈度7度确定其地震作用并采取抗震措施。

图 3-1 整体模型三维图

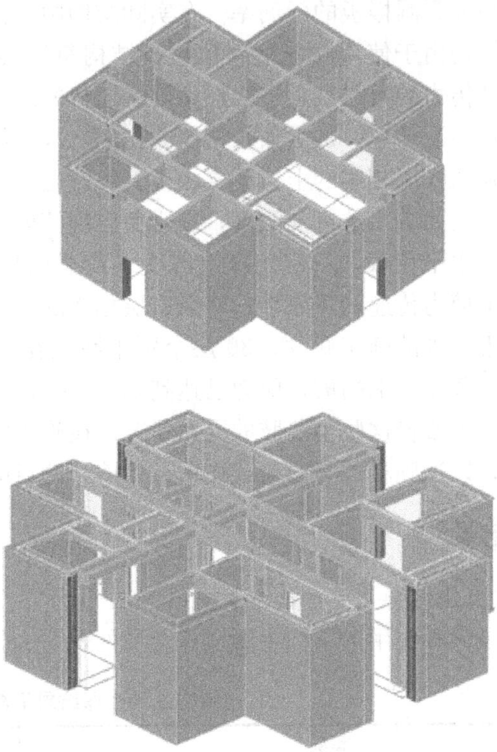

图 3-2 标准层及风穴层模型三维图

为达到"小震不坏、中震可修、大震不倒"的抗震设防目标，本工程对整体结构及构件进行性能化设计。根据《高规》，本工程结构预期的抗震性能目标要求达到 C 级。各构件性能水准具体分述如表 3-2 所示。

结构构件抗震性能水准 **表 3-2**

项目		多遇地震	设防烈度	罕遇地震
抗震性能要求		第 1 水准	第 3 水准	第 4 水准
关键部位构件	底部加强区剪力墙	弹性	受剪弹性，受弯不屈服	受弯不屈服，受剪不屈服
普通竖向构件	一般部位剪力墙	弹性	受剪弹性，受弯不屈服	受弯允许屈服，受剪满足最小截面
其他部位构件	连梁	弹性	受弯允许屈服，受剪不屈服	受弯允许屈服，受剪满足最小截面

注：小震内力采用弹性计算结果；中震内力采用等效弹性计算结果，连梁刚度折减系数取 0.6；大震内力采用弹塑性静、动力计算结果。

本工程为钢筋混凝土筒体结构，剪力墙均匀布置于结构外围，结构的平面及竖向尺寸均较规则，但由于本结构使用功能的特殊性，结构每层楼板均开大洞，楼板的整体性受到影响，并且结构高度超过 7 度区钢筋混凝土筒体结构的限值。因此，本结构除按照规范要求进行设计外，还应针对超限项目采取以下加强措施：

（1）加强结构底部加强区。适当提高结构底部加强区的配筋率，提高底部加强区水平和竖向分布钢筋的配筋率为 0.6%，提高筒体的受弯承载力并控制底部剪力墙在罕遇地震作用下的剪应力水平，使其满足"受剪不屈服"的性能目标，确保结构在罕遇地震作用下的安全性。

（2）提高大开洞楼板的配筋率。在实际结构中，楼板是保证结构各构件协同受力的关键因素。该结构由于使用功能的特殊性，结构每层楼板均开大洞，楼板的整体性受到影响。为了保证传力的可靠性，适当提高开洞楼板的配筋率，并且对于梁板均无楼板相接的梁，可适当提高配筋率，加大通长钢筋的比例，提高结构安全度。

（3）加强风穴层相连的上、下层楼板。风穴层增设的层间剪力墙，主要是为了弥补结构由于层高增大而减小的侧向刚度，以避免出现侧向刚度竖向不规则，该部分增设的剪力墙会分担部分水平荷载，一定程度上改变了荷载的传力路径，形成局部的抗侧力构件转换，为了保证剪力传递的可靠性，将风穴层相连的上、下楼层的板厚加大至180mm。

（4）考虑合理的施工顺序。30层个别小墙肢在大震作用下剪应力较大，经分析，该墙肢在竖向荷载作用下的剪切应力已达到0.625f_{tk}，实际由水平荷载引起的剪切变形所占比例较小，为了改善这些小墙肢的受力状况，在施工阶段，可采取相应的施工措施，将这些墙肢后浇，以达到释放竖向荷载作用下的剪力的目的。

3.2 分析结果

3.2.1 弹性分析结果

小震及风荷载作用下结构主要计算结果见表3-3。

结构主要计算结果汇总　　表3-3

指标		YJK软件	ETABS软件
第1周期	周期（s）	6.0818	6.0509
第2周期	周期（s）	5.9446	5.9210
第3周期	周期（s）	1.0690（T）	1.0499（T）
地震作用下首层剪力（kN）	X向	9.132×10^3	9.453×10^3
	Y向	9.018×10^3	9.342×10^3
地震作用下首层倾覆弯矩（kN·m）（未经调整）	X向	1.188×10^6	1.229×10^6
	Y向	1.171×10^6	1.213×10^6
50年一遇风荷载作用下首层剪力（kN）	X向	10.322×10^3	10.433×10^3
	Y向	10.637×10^3	10.313×10^3
50年一遇风荷载作用下首层倾覆弯矩（kN·m）	X向	1.668×10^6	1.668×10^6
	Y向	1.720×10^6	1.720×10^6
地震作用下最大层间位移角	X向	1/952（32层）	1/950（32层）
	Y向	1/927（32层）	1/926（32层）
50年一遇风荷载作用下最大层间位移角	X向	1/720（32层）	1/743（32层）
	Y向	1/672（32层）	1/706（32层）
结构刚重比	X向	1.446	1.5
	Y向	1.428	1.5

由表3-3可知，两个软件的主要计算结果，包括总质量、周期及振型、风荷载及地震作用下的基底反力及侧向位移等均比较接近，验证了分析的可靠性。小震及风荷载作用下计算结果基本能满足现行设计规范各项指标要求。

为验证结构在风荷载以及地震作用下底部墙肢是否会出现拉力，提取底部典型墙肢的各工况内力。经复核，在小震和风荷载及中震组合作用下，底部墙肢未出现拉力。

3.2.2 罕遇地震作用下弹塑性分析结果

采用 Perform-3D 软件进行罕遇地震作用下抗震性能评估，分析计算结果表明：

（1）弹塑性层间位移角曲线与弹性计算结果在形状上基本一致，表明整体结构无明显薄弱层。

（2）罕遇地震作用下，结构的基底剪力为小震的 4.59～5.76 倍，平均为小震的 5.275 倍，表明结构部分进入弹塑性。

（3）构件的耗能主要来自剪力墙单元，并且构件耗能所占的比例较小，表明结构的非线性特性不是很明显。

（4）大震作用下剪力墙单元受拉损伤主要集中在结构底部加强区，但钢筋均未达到屈服应变；剪力墙单元受压损伤主要集中在结构底部加强区，混凝土最大压应变可达 0.0012；剪力墙单元受剪损伤分布较均匀，天然波 1 和人工波 1 作用下剪应力均未超过 f_{tk}；天然波 2 作用下底部加强区的个别墙肢剪应力超过 f_{tk}，但未达到 $0.15f_{ck}$。

综上所述，构件均满足设定的性能目标要求。

3.2.3 传力路径可靠性分析

为了验证楼板大开洞情况下剪力墙在水平荷载作用下传力路径的可靠性，采用 ETABS 程序，通过将风荷载等效为直接作用在剪力墙上的均布荷载，对比此情况与 YJK 刚性楼板假定下的结构位移与内力。

通过对比分析可知：两种情况的风荷载作用下，层剪力及墙肢内力变化趋势一致，误差在 5%以内，说明结构不但满足平衡条件，还可有效传力。

4 抗震设防专项审查意见

2015 年 2 月 12 日，广州市住房和城乡建设委员会在广州大厦主持召开了“日立电梯（中国）有限公司大石厂区新建试验塔项目”超限高层建筑工程抗震设防专项审查会，容柏生院士任专家组组长。与会专家听取了华南理工大学建筑设计研究院有限公司关于该工程抗震设防设计的情况汇报，审阅了送审资料。经讨论，提出审查意见如下：

（1）建议考虑结构风穴层直接在外墙洞口处采用桁架作为刚度补强措施。

（2）剪力墙边缘构件应采取加强措施。

审查结论：通过。

5 点评

本工程为钢筋混凝土筒体结构，方案阶段合理利用概念设计，将结构剪力墙均匀布置在结构外围并保持墙厚上下不变，从而避免风荷载作用下墙肢出现拉力；在建筑中上部开设风穴层，有效减小风荷载作用下的结构响应；通过改变建筑平面外形，使结构由原来的横风控制转变为顺风控制，使顶点加速度满足规范要求，并经过风洞试验验证。采用 YJK、ETABS 等多个软件对其进行了竖向荷载、风荷载、地震作用下的弹性计算，同时采用 SAP 2000 进行了屈曲分析，并采用 Perform-3D 弹塑性分析程序对其进行罕遇地震作用下的弹塑性动力分析。根据上述分析结果，针对超限项目采取了一些加强措施。

分析结果表明：该结构抗震性能良好，能够满足设定的抗震性能目标。

27 广发证券大厦（主塔楼）

关　　键　　词：超高层；钢管混凝土柱钢框架＋钢筋混凝土核心筒；环桁架加强层
结构主要设计人：江　毅　易伟文　刘光爽　黄　勇　何　啸
设　计　单　位：华南理工大学建筑设计研究院有限公司

1　工程概况与设计标准

广发证券大厦项目总建筑面积约 15.62 万 m^2，地下 5 层，±0.00 绝对标高为 8.40m，底板面标高为−21.040m。地面以上为各自独立的主塔楼及裙楼，主塔楼为办公楼，建筑面积约 10.67 万 m^2，地上 60 层，结构高度 289.12m；裙楼为内部员工餐厅，建筑面积约 2331m^2，地上 5 层。建筑效果图如图 1-1 所示。

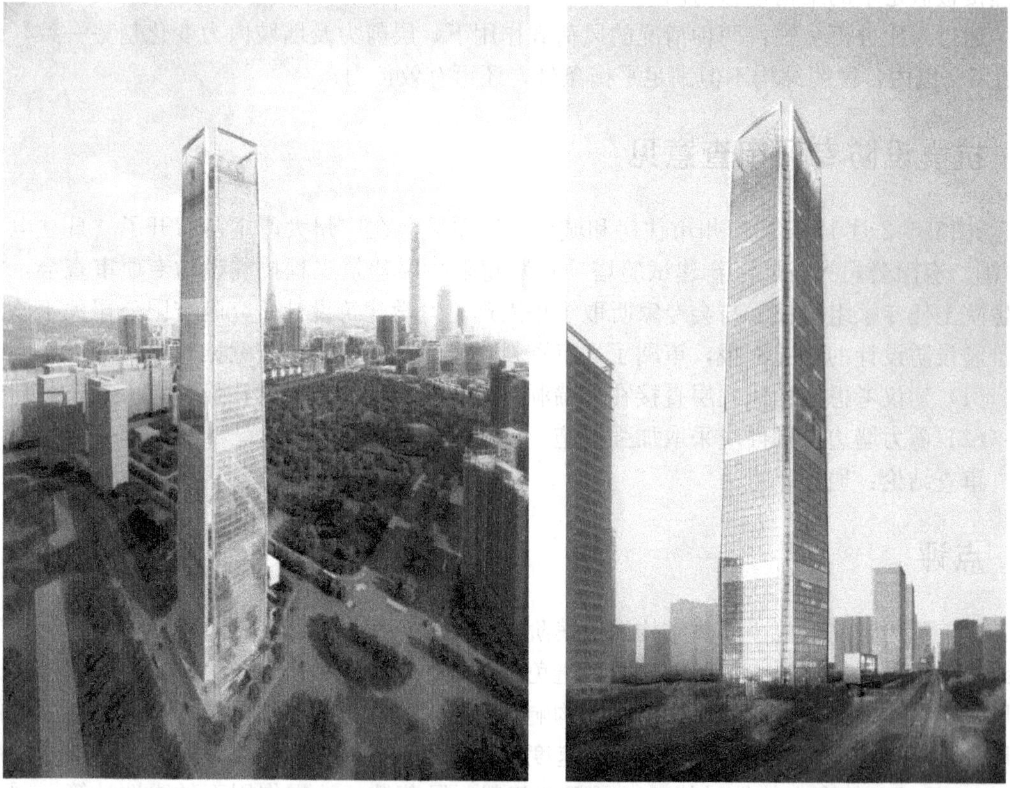

图 1-1　建筑效果图

根据《工程结构可靠性设计统一标准》GB 50153—2008 的规定，本工程的结构设计使用年限为 50 年，属抗震设计中的丙类建筑，建筑结构安全等级为二级，结构重要性系数

为 $\gamma_0=1.0$。地基基础设计等级为甲级。抗震设防烈度为 7 度，设计基本地震加速度为 0.10g，设计地震分组为第一组，场地类别为Ⅱ类。广州地区 50 年重现期基本风压为 $w_0=0.50$kPa，根据场地周围实际的地貌特征，地面粗糙度为 C 类。

2 结构体系与超限情况

2.1 结构体系

本工程地面以上 60 层，结构高度 289.12m，建筑平面约为 44.5m×44.5m 的近似正方形，屋面以上为简单悬挑钢构架，顶点高度 308m。配合建筑的立面造型及平面使用功能，采用带一道环桁架加强层的钢管混凝土柱钢框架＋钢筋混凝土核心筒混合结构。

核心筒外围尺寸 47 层以下约为 21m×21m，外墙厚度从 900mm 变化至 300mm，加强层及上下各一层厚度为 600mm；内墙从 400mm 变化至 200mm；47 层以上核心筒南面剪力墙内收 2.5m，支承于东西向的剪力墙上，该位置竖向构件不连续，因不连续的剪力墙数量较少，属局部转换，上层剪力墙的剪力通过楼板传至下层剪力墙。

外围框架由 8 根异型矩形钢管混凝土角柱、8 根圆钢管混凝土边柱及钢框架梁组成，其中角柱截面为 800mm×2500mm，边柱截面除第 1、2 层为 ϕ1350mm 外其他各层均为 ϕ1200mm，钢框架梁高 1000mm。因建筑造型需要，角柱首层至 15 层向外倾斜，倾角 1.2°；角柱 15 层至屋面向内倾斜，倾角 1.6°；边柱 28～30 层向内倾斜，倾角 10°；边柱 31～35 层向外倾斜，倾角 8°。转折处设置平面拉梁连接两侧边柱，形成自平衡抗拉体系，以承受转折处柱产生的水平力。环桁架加强层设置于 45～46 层。核心筒由于弯曲变形产生转角，通过环桁架上、下层楼板带动连接环桁架的柱产生拉压力，以抵抗水平荷载产生的倾覆弯矩。环桁架受力机理如图 2-1 所示。

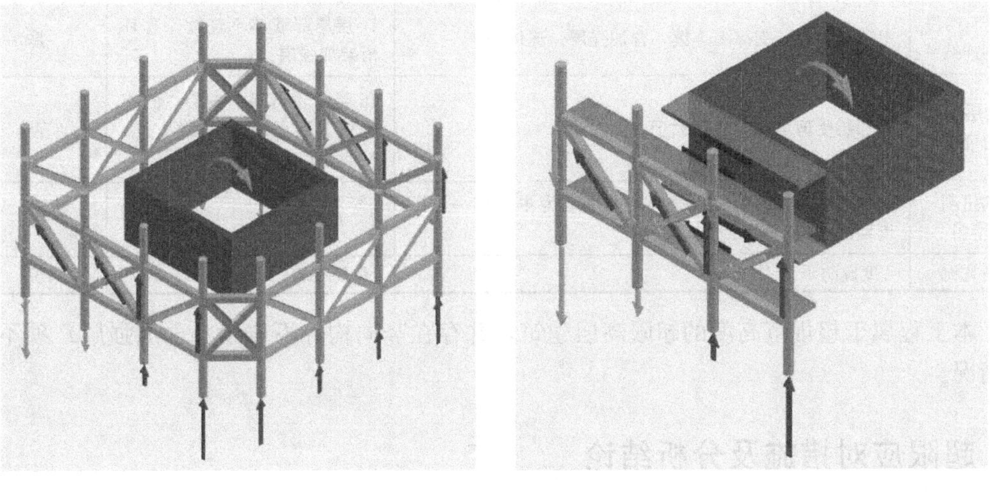

图 2-1　环桁架受力机理

混凝土核心筒内采用钢筋混凝土梁板楼盖，核心筒外采用钢梁＋混凝土板组合楼盖，楼盖整体性好。

2.2 结构的超限情况

根据《关于印发〈超限高层建筑工程抗震设防专项审查技术要点〉的通知》（建质〔2010〕109号）、《广东省住房和城乡建设厅关于印发〈广东省超限高层建筑工程抗震设防专项审查实施细则〉的通知》（粤建市函〔2011〕580号）的有关规定，本工程超限情况如表2-1所示。

超限判别　　表2-1

项目	定义及要求	本工程情况	超限判定
高度	型钢混凝土外框-钢筋混凝土筒结构在7度地震区的高度不应超过190m	结构高度289.12m	是
1a扭转不规则	偶然偏心地震作用下，楼层最大水平位移不宜大于该层平均位移的1.2倍；不应大于平均位移的1.4倍	X向：1.14 Y向：1.13	否
1b偏心布置	偏心率大于0.15或相邻层质心相差大于相应边长15%	偏心率小于0.15	否
2a凹凸不规则	$L/B\leqslant6.0$；$l/B_{max}\leqslant30\%$；$l/b\leqslant2.0$	$l/B_{max}=16\%$；$l/b=0.47$（局部楼层）	否
2b组合平面	细腰形或角部重叠形	无	否
3楼板不连续	凹入或开洞尺寸不宜大于楼面宽度的一半； 开洞面积不宜小于楼层面积30%； 楼板最小净宽度不宜小于5m	无	否
4a侧向刚度不规则	楼层侧向刚度不宜小于相邻上部楼层侧向刚度的80%，不应小于相邻上部楼层侧向刚度的50%	46层（环桁架下一层）的本层和上层的侧向刚度比：X向为0.79，Y向为0.78	否
4b尺寸突变	竖向构件位置缩进大于25%，或外挑大于10%和4m，多塔	无	否
5竖向构件不连续	上下墙、柱、支撑不连续，含加强层、连体类	47层局部墙体不连续、含环桁架加强层	是
6楼层承载力突变	相邻层受剪承载力变化大于80%	46层（环桁架下一层）的本层和上层的受剪承载力比：X向为0.71，Y向为0.72	否
抗扭刚度弱	结构扭转为主的第一自振周期与平动为主的第一自振周期的比值不宜大于0.85	$T_t/T_y=0.53$	否
高宽比	7度设防下$H/B\leqslant7$	$H/B=289.12/44.5=6.5$	否

本工程属于超规范高度的超限高层建筑，并存在竖向构件不连续（含加强层）项不规则情况。

3 超限应对措施及分析结论

3.1 超限应对措施

3.1.1 分析模型及分析软件

模型计算参数如表3-1所示，整体模型如图3-1所示，主要抗侧力结构如图3-2所示。

模型计算参数 表 3-1

计算软件	ETABS、MIDAS、SAP 2000
楼层层数	60 层
风荷载	分别采用风洞试验提供的 50 年一遇等效风荷载的 1.0、1.1 倍计算结构位移及进行承载力设计
风荷载作用方向	X、Y
地震作用	单向水平地震作用并考虑偶然偏心
地震作用计算	采用安评报告提供的数据进行振型分解反应谱分析、弹性时程分析、动力弹塑性分析
地震作用方向	X、Y
地震作用振型组合数	27
活荷载折减	按规范折减
楼板假定	计算局部构件受力时除环桁架及上、下层核心筒外部采用弹性楼板外，均采用刚性楼板；计算整体指标时采用全刚性楼板
结构阻尼比	舒适度计算采用 0.02；风荷载、小震作用采用 0.04；
重力二阶效应（$P-\Delta$ 效应）	考虑 $P-\Delta$ 效应。
楼层水平地震剪力调整	考虑
楼层框架总剪力调整	考虑
周期折减系数	0.9
嵌固端	首层（地下室侧向刚度>>上部结构侧向刚度的 2 倍）
恒荷载计算方法	考虑模拟施工
连梁折减系数	当计算位移时为 1，当进行承载力计算时为 0.5
中梁放大系数	1.8

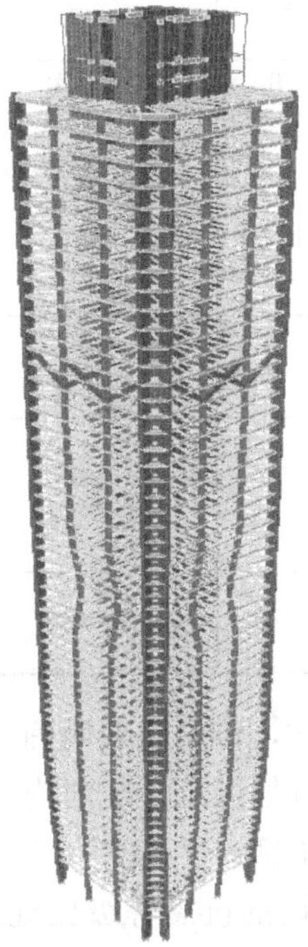

图 3-1 整体模型

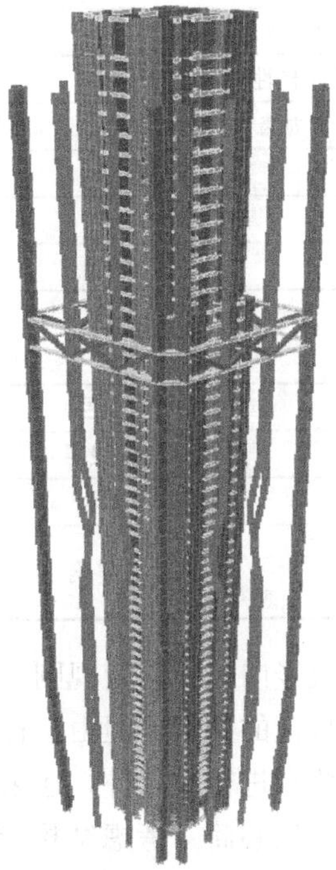

图 3-2 主要抗侧力结构

（1）计算结果显示，ETABS 与 MIDAS 两个程序的计算结果包括总质量、周期及振型、风荷载及地震作用下的基底反力及侧向位移、内外筒承担剪力及倾覆弯矩的比例等均比较接近，没有出现原则性冲突或矛盾的结果，以下仅对 ETABS 计算结果进行分析。

（2）本工程计算振型数为 27，振型质量参与系数为 $\sum U_x=97\%$，$\sum U_y=97\%$，满足规范要求。

（3）本工程属扭转规则，第 1、2 振型均为平动振型，扭转因子为 0.0，第 3 振型为扭转振型，扭转因子为 1.0，且扭转规则，表明结构的质量与刚度分布对称、均匀，无扭转耦联效应。

（4）本工程计算得到刚重比如下，

X 方向：1.4＜刚重比 1.57＜2.7；*Y* 方向：1.4＜刚重比 1.46＜2.7；采用 SAP 2000 对结构进行整体稳定分析，得到在荷载组合（1.2DL＋1.4L）作用下，结构第一屈曲模态特征值 $\lambda=10.6>10.0$，结果显示，结构整体稳定具有足够安全度，但须考虑重力二阶效应的不利影响。

3.1.2 抗震设防标准、性能目标及加强措施

为实现“小震不坏、中震可修、大震不倒”的抗震设计目标，提高结构的抗震安全度，本工程对抗侧力结构进行性能化设计，按照《高层建筑混凝土结构技术规程》JGJ 3—2010 第 3.11 条，性能目标设定为 C，各水准地震作用下的性能水准、层间位移角限值及结构构件的性能目标如表 3-2 所示。

结构构件抗震性能水准　　表 3-2

<table>
<tr><th colspan="3">项目</th><th>多遇地震</th><th>设防地震</th><th>罕遇地震</th></tr>
<tr><td colspan="3">性能水准</td><td>1</td><td>3</td><td>4</td></tr>
<tr><td colspan="3">层间位移角限值</td><td>1/500</td><td>—</td><td>1/100</td></tr>
<tr><td colspan="3">整体结构性能目标</td><td>完好无损伤</td><td>轻度损伤</td><td>中度损伤</td></tr>
<tr><td rowspan="9">构件性能目标</td><td rowspan="5">关键构件</td><td>剪力墙（底部加强部位、加强层）</td><td rowspan="4">弹性</td><td rowspan="4">受剪弹性，
受弯弹性</td><td rowspan="4">受剪不屈服，
压弯不屈服</td></tr>
<tr><td>环桁架</td></tr>
<tr><td>角柱</td></tr>
<tr><td>边柱（加强层）</td></tr>
<tr><td>楼板（加强层）</td><td>弹性</td><td>受剪不屈服，
拉、压不屈服</td><td>允许屈服，
控制塑性变形</td></tr>
<tr><td rowspan="3">普通竖向构件</td><td>边柱（一般层）</td><td rowspan="3">弹性</td><td rowspan="3">受剪不屈服，
受弯不屈服</td><td rowspan="3">不发生受剪破坏</td></tr>
<tr><td>剪力墙（一般层）</td></tr>
<tr><td>局部转换梁</td></tr>
<tr><td>耗能构件</td><td>框架梁、连梁</td><td>弹性</td><td>受剪不屈服</td><td>允许屈服，
控制塑性变形</td></tr>
</table>

本工程的平面及竖向尺寸均较规则，结构布置简洁，传力路线明确、直接，理论计算的各项指标均满足规范的要求，但由于存在超高、设置加强层、竖向构件局部不连续等超限情况，除按规范要求进行设计外，还采取以下加强措施：

（1）加强混凝土核心筒。考虑结构超高，将核心筒的抗震等级比规范要求提高一级，按照除满足抗震等级特一级的要求外，还采取比规范要求更为严格的措施，控制剪力墙轴压比以保证大震作用时的延性，本工程剪力墙轴压比均不大于 0.48；适当提高剪力墙的配

筋，剪力墙的水平及竖向分布筋配筋率一般为 0.5%，暗柱配筋率一般为 1.2%，加强层及上下各一层剪力墙水平分布钢筋率加大至 1.0%，竖向钢筋及暗柱配筋同一般剪力墙。底部加强区水平分布筋配筋率加大至 0.7%，竖向分布筋配筋率加大至 1.2%，暗柱的配筋率加大至 2.5%，以提高核心筒极限变形能力；控制底部剪力墙在罕遇地震作用下的剪应力水平，并满足较为严格的“受弯、受剪不屈服”的性能目标，确保核心筒在罕遇地震作用下具有较大的承载力安全度。

（2）加强钢管混凝土柱，提高钢管混凝土柱的承载力安全度。经计算，钢管混凝土柱均满足“中震弹性、大震不屈服”的性能目标要求，且弹塑性分析表明，在罕遇地震作用下仍能保持弹性状态。

（3）加强环桁架所在楼层核心筒。增大环桁架所在楼层及上下各一层核心筒外围墙厚至 600mm，提高该部分核心筒混凝土强度等级至 C60，控制剪力墙在罕遇地震作用下的剪应力水平，并满足较为严格的“受弯、受剪不屈服”的性能目标，确保加强层核心筒在罕遇地震作用下具有较大的承载力安全度。

（4）加强环桁架，提高环桁架的承载力安全度。经计算，环桁架构件均能满足“中震弹性、大震不屈服”的性能目标要求，且弹塑性分析表明，在罕遇地震作用下仍能保持弹性状态。

（5）加强加强层及上下各一层楼板。环桁架上、下弦楼板加厚至 250mm，上下相邻层楼板加厚至 200mm，提高该部分楼板混凝土强度等级至 C40，采用双层双向配筋，适当提高楼板配筋率，控制楼板在设防地震作用下的平面内剪应力水平，满足较为严格的“拉、压、剪不屈服”的性能目标，并通过非线性弹塑性分析保证楼板的等效塑性应变在限值之内，满足事先预定的性能要求。保证水平力在外框架与混凝土核心筒之间的可靠传递，提高结构整体性。

3.2 分析结果

本工程塔楼为带一道环桁架加强层的钢管混凝土柱钢框架＋钢筋混凝土核心筒混合结构，采用了 ETABS、MIDAS、SAP 2000 等多个有限元程序进行竖向荷载、风荷载、地震作用的弹性计算，还采用了 Perform-3D、ABAQUS 等弹塑性分析程序进行了罕遇地震作用下的弹塑性动力及静力计算，并采取了针对超限的加强措施。

分析结果显示，结构抗震性能优良，能够满足抗震性能要求。

4 抗震设防专项审查意见

2012 年 5 月 15 日，广州市住房和城乡建设委员会在广州大厦 715 会议室主持召开了“广发证券大厦”超限高层建筑工程抗震设防专项审查会，广东省建筑设计研究院陈星总工程师任专家组组长。与会专家听取了华南理工大学建筑设计研究院有限公司关于该工程抗震设防设计的情况汇报，审阅了送审资料。经讨论，提出审查意见如下：

（1）宜增加核心筒竖向墙肢，减小筒内框架梁跨度和墙端应力。

（2）进一步分析梯形钢管混凝土角柱节点的受力性能，优化其构造措施。

（3）增强环桁架楼层的楼板受剪承载力，应结合楼层框架梁形成可靠的抗弯抗剪构件。

（4）补充收腰部位楼层的楼板应力，并应做进一步加强。

（5）进一步分析屋顶构架对主体结构的影响。

审查结论：通过。

5 点评

本工程为主屋面结构高度 289.12m 的带环桁架加强层的钢管混凝土柱钢框架＋钢筋混凝土核心筒混合结构。结构存在竖向构件不连续的不规则情况，属超规范适用高度的超限高层建筑。

本工程虽超过规范规定的高层建筑适用高度，但结构平面及竖向尺寸较规则，传力路径明确、直接，在设计中充分利用概念设计进行结构方案选型、受力分析，根据建筑特点、结构受力需求等原则选取经济合理的结构方案。根据抗震设计目标，对结构进行抗震性能化设计，针对结构受力特点，采取有针对性的加强措施。采用多种程序对结构进行了弹性、弹塑性计算分析，分析结果表明，结构各项指标基本满足规范要求，结构可达到预期的抗震性能目标 C 等级，结构抗震加强措施有效，本超限结构设计是安全可行的。

28 广商中心

关　键　词：巨型框架＋巨型斜撑；偏心支撑框架；重力式框架；带状钢桁架

结构主要设计人：汤　华[1]　陈　晋[2]　罗宇能[1]　黄俊聪[1]　皮音培[1]　陈振华[1]　陆少芹[1]　王伟明[1]　谢　俐[1]

设　计　单　位：1 广州市设计院集团有限公司；2 美国 SOM 建筑事务所

1　工程概况及设计标准

1.1　工程概况

本工程位于广州市海珠区琶洲西区（A）区，北侧为双塔路，东侧为海洲路，南侧为琶洲南大街，由一栋高层办公塔楼［61 层，地面高度 338.65m（至主屋面），冠顶高度 375.5m］及 5 层地下室组成。

地下室主要为停车场及机电用房，地下 1、2 层为地下商业，地下 3～5 层为停车场及部分机电用房，地下 5 层设有人防区；人防区抗力级别为核六常六级，防化等级为丙级。

塔楼主要为办公用房，底部 2 层设置餐饮。建筑效果图如图 1-1 所示。

图 1-1　广商中心立面效果图

注：广州市建筑集团有限公司科技计划项目资助项目（［2021］-kJ020）

1.2 设计标准

设计标准如表 1-1 所示。

设计标准　　　　表 1-1

1	基地上所有建筑结构安全等级	一级
2	重要性系数 γ_0 办公楼—普通构件 办公楼—关键构件	 1.0 1.1
3	结构设计使用年限	50 年
4	建筑地基基础设计等级	甲级
5	建筑工程抗震设防分类	乙类
6	抗震设防烈度 设计地震分组 场地土质类别	7 度 第一组 Ⅲ类
7	小震阻尼比 中震阻尼比 大震阻尼比	2% 3% 4%
8	50 年一遇基本风压 地面粗糙度 风荷载体型系数	0.50kN/m^2 C 1.4

2 结构体系及超限情况

2.1 结构体系

广商中心为全钢结构超高层建筑，无传统的钢筋混凝土核心筒。结构体系为巨型框架＋巨型斜撑＋偏心支撑。塔楼的北侧、东侧及南侧，采用巨型框架，共 8 根巨柱布置在办公区的四个角，沿塔楼高度设置 2 道带状桁架与巨柱一起形成巨型框架体系。办公区域的 4 根内部框架柱在第 7 层楼面处向角部倾斜（图 2-1），在第 4 层楼面处分叉成两根斜柱与角部 8 根巨柱在地面层相连接，这使得首层的内部空间形成一个约为 40m×40m 的大跨度无柱空间（图 2-2）。在塔楼的北/东/南立面上布置巨型斜支撑以增强这三个面的侧向刚度。巨型斜撑与普通框架和带状桁架不在同一个面内，从而避免了重力荷载直接传递到巨型斜撑中。位于角部两个巨柱之间的钢梁在地震作用下，将起到类似于偏心支撑耗能梁的“保险丝”的作用。结构外围巨柱间的抗弯框架采用钢梁及钢柱，角部巨柱采用钢管混凝土柱，在地震作用下有良好的延性，其较高的刚度也有利于提高塔楼整体结构效率。塔楼西侧为电梯井等竖向交通，为最小化塔楼结构的刚度偏心以及扭转效应，西侧采用重力式钢框架。西侧交通区域与邻近办公区域的交界面采用具有优良抗震延性的钢结构偏心支撑框架。机电管道可从偏心支撑的耗能梁下通过，从而较好地解决了与机电的协调。

结构分析模型如图 2-3 所示，标准层平面如图 2-4 所示。

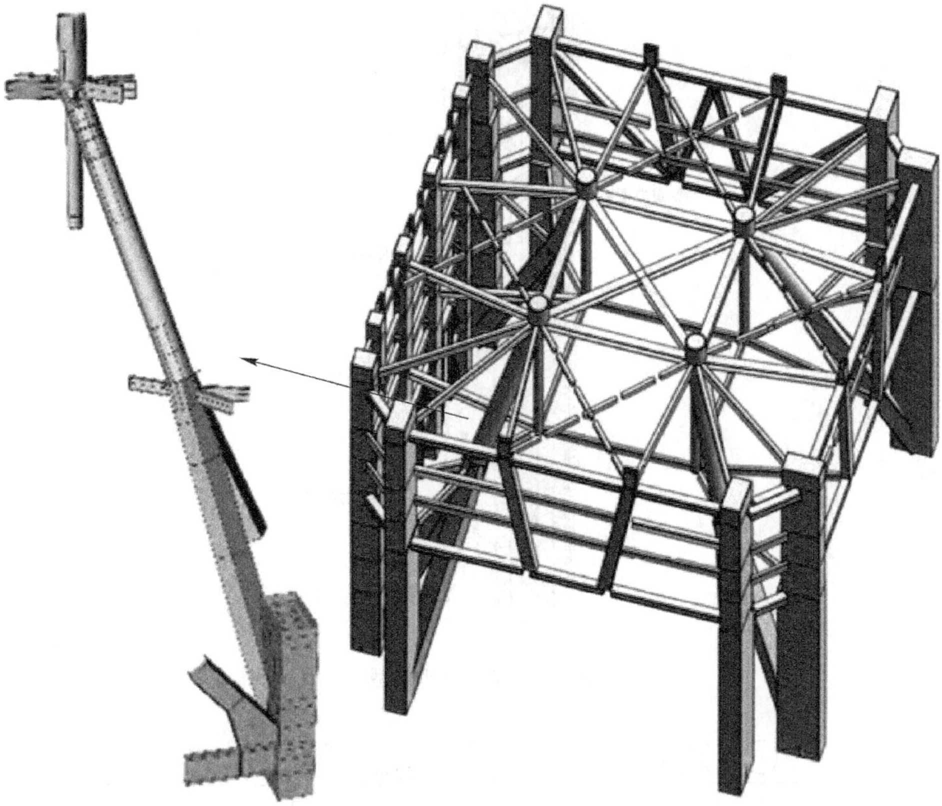

图 2-1 7层以下倾斜转换示意

图 2-2 倾斜转换下的首层无柱空间

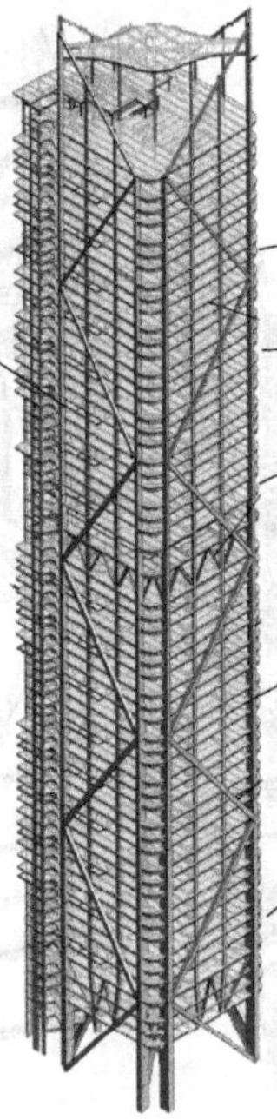

图 2-3 结构分析模型

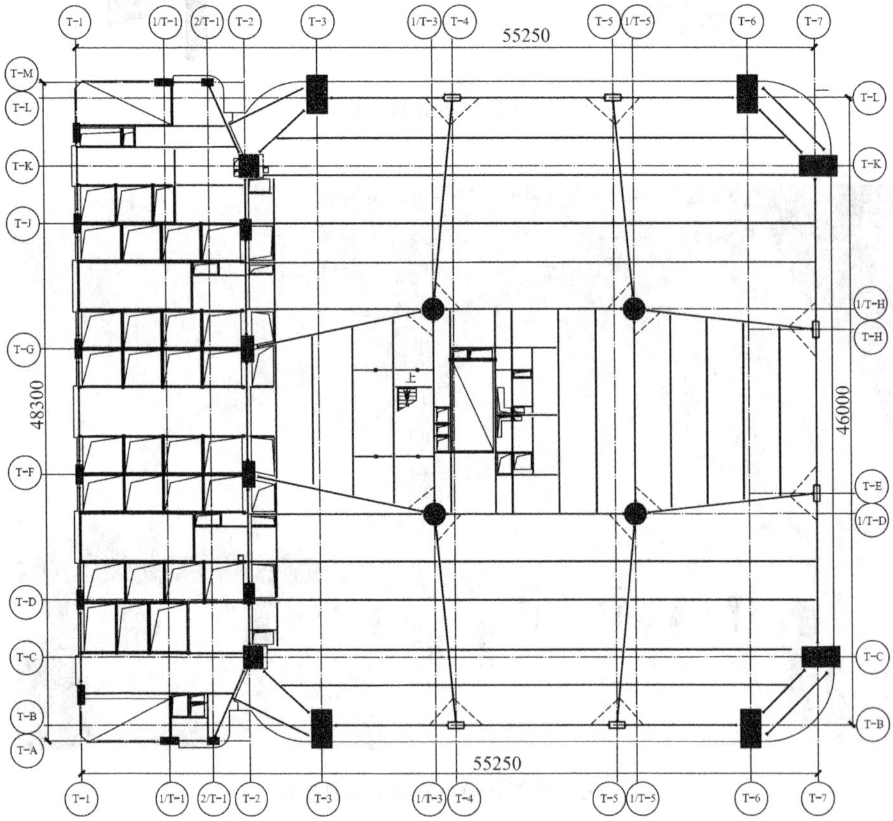

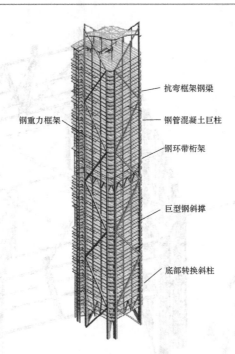

图 2-4 结构标准层平面图

2.2 结构的超限情况

本工程不规则项判别情况如表 2-1～表 2-4 所示。

超限判别一　　表 2-1

结构类型		7 度（0.10g）	超限判定
钢结构	框架-偏心支撑（延性墙板）	240	是

超限判别二　　表 2-2

序	不规则类型	简要涵义	超限判定
1a	扭转不规则	考虑偶然偏心的扭转位移比大于 1.2	是
1b	偏心布置	偏心率大于 0.15 或相邻层质心相差大于相应边长 15%	否
2a	凹凸不规则	平面凹凸尺寸大于相应边长 30%等	否
2b	组合平面	细腰形或角部重叠形	否
3	楼板不连续	有效宽度小于 50%，开洞面积大于 30%，错层大于梁高	是
4a	刚度突变	相邻层刚度变化大于 70%（按高规考虑层高修正时，数值相应调整）或连续三层变化大于 80%	是
4b	尺寸突变	竖向构件收进位置高于结构高度 20%且收进大于 25%，或外挑大于 10%和 4m，多塔	否
5	构件间断	上下墙、柱、支撑不连续，含加强层、连体类	是
6	承载力突变	相邻层受剪承载力变化大于 80%	否
7	局部不规则	如局部的穿层柱，斜柱，夹层，个别构件错层或转换，或个别楼层扭转位移比略大于 1.2 等	否

超限判别三　　表 2-3

序	不规则类型	简要涵义	超限判定
1	扭转偏大	裙房以上的较多楼层考虑偶然偏心的扭转位移比大于 1.4	否
2	抗扭刚度弱	扭转周期比大于 0.9，超过 A 级高度的结构扭转周期比大于 0.85	否
3	层刚度偏小	本层侧向刚度小于相邻上层的 50%	否
4	塔楼偏置	单塔或多塔与大底盘的质心偏心距大于底盘相应边长 20%	否

超限判别四　　表 2-4

序	不规则类型	简要涵义	超限判定
1	高位转换	框支墙体的转换构件位置：7 度超过 5 层，8 度超过 3 层	否
2	厚板转换	7～9 度设防的厚板转换结构	否
3	复杂连接	各部分层数、刚度、布置不同的错层，连体两端塔楼高度、体型或沿大底盘某个主轴方向的振动周期显著不同的结构	否
4	多重复杂	结构同时具有转换层、加强层、错层、连体和多塔等复杂类型的 3 种	否

由表 2-1～表 2-4 可知，本工程属于超 B 级高度的超高层建筑，且存在扭转不规则、楼板不连续、刚度突变和构件间断 4 项不规则，判定为超限项目。

3 超限应对措施、性能目标及分析结果

3.1 超限应对措施

针对本项目塔楼的高度超限情况，设计中采取了一系列的措施，总结如下：

（1）采用两个独立软件 ETABS 和 YJK 进行小震弹性分析，并对两个软件的分析结果进行对比。

（2）采用 ETABS 软件进行弹性时程分析，并与振型分解反应谱法进行对比。

（3）采用 Perform-3D 和 ABAQUS 两个国际通用软件进行弹塑性动力时程分析，对结构在大震作用下的抗震性能进行评估，并找出薄弱部位，提出加强建议。

（4）外围框架巨柱采用延性优良的钢管混凝土柱。外框角部巨柱按中震弹性进行控制。

（5）在转换桁架层以及底部 4 根柱子倾斜的转换楼层，楼板加厚至 225mm，并增设平面内支撑。

（6）底部 1～7 层间 4 根柱子的倾斜转换系统计算考虑竖向地震效应。在柱的倾斜楼层第 7 层，采用加强的平面内支撑体系，以抵抗水平分力。转换体系下的倾斜柱，按《建筑抗震设计规范》GB 50011-2010 第 8.2.4 条考虑 1.5 倍的地震效应放大。

（7）在靠近建筑偏置筒侧的主要框架上，采用全高的偏心支撑钢框架以提供优越的地震耗能表现。

（8）巨柱、巨型斜撑、转换桁架、内柱倾斜转换段按关键构件考虑。

3.2 性能目标

本项目总体性能目标为 C 级，关键构件性能目标为 B 级。构件性能目标见表 3-1。

构件性能目标 **表 3-1**

关键构件	角部巨柱、巨型斜撑、7 层以下倾斜转换、带状桁架、7 层及地面层拉梁	性能目标 B
普通构件	框架柱、偏心支撑框架	性能目标 C
耗能构件	偏心支撑耗能梁、框架梁	性能目标 C

3.3 分析结果

（1）ETABS 与 YJK 小震分析结果对比

周期对比见表 3-2。

周期对比 **表 3-2**

周期	ETABS(s)	YJK(s)	YJK/ETABS	说明
T_1	7.612	7.898	103.76%	Y 平动
T_2	7.571	7.851	103.70%	X 平动
T_3	3.648	3.808	104.39%	扭转振型
T_4	2.666	2.793	104.76%	高阶阵型
T_5	2.635	2.750	104.36%	高阶阵型
T_6	1.558	1.696	108.9%	高阶阵型

小震典型指标对比见表 3-3。

小震典型指标对比 **表 3-3**

指标		ETABS 软件	YJK 软件	YJK/ETABS
周期折减系数		0.9	0.9	—
考虑 P-Δ		是	是	—
最大层间位移角 X 向	50 年规范风-X	1/346（54M 层）	1/318（54M 层）	108.8%
	50 年风洞风-X	1/447（54M 层）	1/403（52 层）	110.9%
	50 年小震反应谱（按剪重比调整后）	1/581（54M 层）	1/502（54M 层）	115.73%
最大层间位移角 Y 向	50 年规范风-Y	1/359（60M 层）	1/363（60M 层）	98.9%
	50 年风洞风-Y	1/457（48 层）	1/427（50 层）	107.03%
	50 年小震反应谱（按剪重比调整后）	1/663（50 层）	1/579（49 层）	114.5%
基底剪重比	X 向	1.02%	0.955%	93.63%
	Y 向	0.98%	0.958%	97.78%
扭转位移比	X 向	1.11	1.12	100.9%
	Y 向	1.38	1.40	101.45%
楼层刚度比	X 向	0.85	0.87	102.35%
	Y 向	0.87	0.92	105.75%

由表 3-2 和表 3-3 可知，YJK 及 ETABS 两个软件对该模型的分析结果较为接近，结果可靠。

（2）Perform-3D 和 ABAQUS 大震分析结果对比

按照超限审查的要求，300m 以上的超高层需要进行两套独立的大震弹塑性分析，本工程采用 Perform-3D 及 ABAQUS 进行大震弹塑性时程分析。两套模型的典型结果对比见表 3-4。

大震典型指标对比 **表 3-4**

指标			Perform-3D 软件	ABAQUS 软件
地震质量			100%	99.8%
周期-T_1［Y］			8.07s	7.89s
周期-T_2［X］			7.51s	7.61s
周期-T_3［扭转］			3.78s	4.06
弹塑性底部剪力（kN）	TH1（天然波）	主向：GM50-1M 次向：GM50-1S	148066［X］ 104819［Y］	183235［X］ 151578［Y］
	TH2（天然波）	主向：GM50-2M 次向：GM50-2S	158048［X］ 115836［Y］	164628［X］ 130142［Y］
	TH3（人工波）	主向：GM50-3M 次向：GM50-3S	166730［X］ 148143［Y］	170122［X］ 130142［Y］
人工波定点位移（m）	TH1（天然波）	主向：GM50-1M 次向：GM50-1S	2.27［X］ 2.15［Y］	2.79［X］ 2.61［Y］
	TH2（天然波）	主向：GM50-2M 次向：GM50-2S	2.51［X］ 2.47［Y］	2.52［X］ 2.60［Y］
	TH3（人工波）	主向：GM50-3M 次向：GM50-3S	2.58［X］ 2.42［Y］	2.78［X］ 2.65［Y］

续表

指标			Perform-3D 软件	ABAQUS 软件
楼层位移角（直接结果）	TH1（天然波）	主向：GM50-1M 次向：GM50-1S	1/83 [X] 1/84 [Y]	1/78 [X] 1/89 [Y]
	TH2（天然波）	主向：GM50-2M 次向：GM50-2S	1/68 [X] 1/73 [Y]	1/64 [X] 1/77 [Y]
	TH3（人工波）	主向：GM50-3M 次向：GM50-3S	1/61 [X] 1/75 [Y]	1/76 [X] 1/83 [Y]
7 度大震塑性铰集中区域			塔楼上部偏心支撑的耗能梁，以及外框角部框梁少许塑性铰	塔楼上部偏心支撑的耗能梁

由表 3-4 可知，巨柱、斜柱、巨型斜撑、环带桁架等重要构件在大震作用下都保持不屈服，楼层位移角满足规范要求。

4 抗震设防专项审查意见

2017 年 8 月 7 日，广州市住房和城乡建设委员会在广州市政府 1 号楼 401 会议室主持了“广商中心”项目的超限高层建筑工程抗震设防审查会。中国建筑科学研究院肖从真研究员为专家组组长，与会专家听取了广州市设计院集团有限公司和美国 SOM 建筑事务所关于该工程抗震设防设计的情况汇报，审核了送审资料。经讨论，提出审查意见如下：

（1）进一步研究结构布置，使结构具有合理的耗能机制。

（2）完善构件性能目标及抗震等级。

（3）补充关键楼层楼盖的内力分析。

（4）补充巨柱、巨撑和转换斜柱的稳定分析。

（5）复核巨柱及周边框架柱在水平荷载作用下的拉力，并验算其对基础的影响。

审查结论：通过。

5 点评

本工程是目前中国最高的无传统钢筋混凝土核心筒的全钢结构超高层建筑。塔楼采用钢管混凝土巨柱外框、巨型钢斜撑、带状钢桁架和偏心支撑钢框架的复杂钢结构体系。针对 7 层以下倾斜转换、巨型斜撑水平力在地下室的传递、非线性施工分析、巨柱和斜撑等竖向构件的稳定分析、关键节点分析等关键技术问题，采取不同的手段进行论证分析，并结合专家意见采取相应的加强措施，设计结果安全、可靠。

29 保利天幕广场

关　　键　　词：混合框架-核心筒；皇冠；大跨度桁架
结构主要设计人：王维俊[1]　汤　华[1]　韩建强[1]　陈　祥[1]　张龙生[1]　黄　勤[1]
陆少芹[1]　陈裕宜[1]　陈　晋[2]
设　计　单　位：1 广州市设计院集团有限公司；2 美国 SOM 建筑事务所

1 工程概况与设计标准

保利天幕广场是一个多用途综合开发项目，包含办公楼、酒店、商业，位于广州市海珠区阅江中路，北侧距珠江约 200m，属于琶洲生活圈核心地理位置。

项目总用地面积 34612m^2，总建筑面积 309129.5m^2，设置两栋超高层塔楼（办公楼、酒店）、一栋商业裙房和四层地下室，通过设置防震缝将地上塔楼和裙房分为三个独立的结构主体。其中裙房建筑高度 32.65m，共 6 层；酒店塔楼建筑高度 197.5m，共 38 层；办公塔楼建筑高度 311m，共 60 层。项目效果图如图 1-1 所示，裙房结构平面布置如图1-2 所示。

图 1-1　建筑效果图

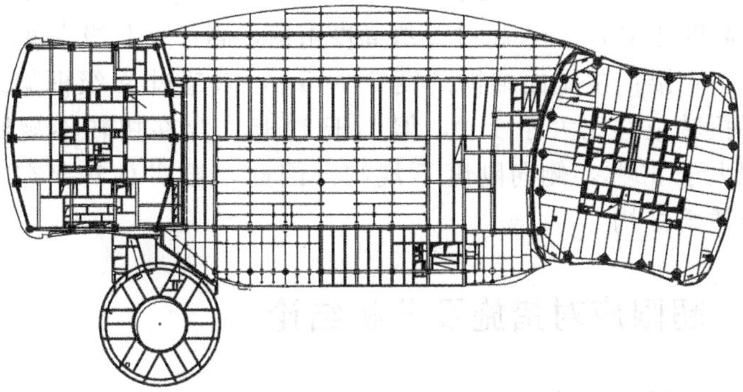
图 1-2　裙房结构平面布置图

本项目的主要设计参数见表 1-1。

主要设计参数　　表 1-1

使用年限	50 年	基础设计等级	甲级
基本风压	0.5kN/m^2	地面粗糙度类别	C 类
安全等级	二级	抗震设防类别	丙类（办公塔楼：乙类）

注：广州市建筑集团有限公司科技计划项目资助项目（［2021］-kJ020）

2 结构体系及超限情况

2.1 结构体系

办公塔楼：采用混合框架（钢管混凝土柱+钢梁）-钢筋混凝土核心筒结构体系；建筑高度311m，外框柱采用钢管混凝土柱，外框梁、核心筒与外框之间的楼层梁采用钢梁，有效减小了结构自重。

酒店塔楼：钢筋混凝土框架-剪力墙结构体系；为减小框架柱对建筑面积的影响，采用了在柱中部配置芯柱的办法，增大了建筑使用面积。

裙楼：大跨度悬挑桁架的钢-混凝土混合框架结构体系。

2.2 结构的超限情况

办公塔楼：由于建筑功能需求，在32层夹层一、32层夹层二大部分楼板开洞，导致这两层楼板大洞面积大于30%，属于楼板不连续；由于建筑造型原因，塔楼柱从底层开始向上往塔楼内逐层收进，为避免柱转换，根据建筑造型，采用每层不同角度的斜柱，属于局部不规则项。因此，办公塔楼存在楼板不连续和局部不规则项总共2项不规则；办公塔楼建筑高度达311m，超过B级高度限值，属于超B级高度的不规则高层建筑结构。

酒店塔楼：由于建筑功能需求，5层楼板开洞，虽然楼板开大洞面积小于30%，但导致楼板有效宽度仅25%，属于楼板不连续；由于建筑造型原因，塔楼柱从底层开始向上往塔楼内逐层收进，为避免柱转换，根据建筑造型，采用每层不同角度的斜柱，属于局部不规则项。因此，酒店塔楼存在楼板不连续和局部不规则项总共2项不规则，但酒店塔楼建筑高度达197.5m，超过B级高度限值，属于超B级高度的不规则高层建筑结构。

裙楼：主屋面结构高度39.45m，未超过A级框架结构50m高度的限值，部分楼层扭转位移比大于1.2，但小于1.35，存在扭转不规则（0.5项）；4层楼板开洞面积大于30%，侧向刚度不规则。因此，裙房总共存在2.5项不规则，不属于超限高层建筑结构。

3 超限应对措施及分析结论

3.1 超限应对措施

3.1.1 分析模型及分析软件

小震：采用PKPM、ETABS两个软件分别进行小震分析，并对结构主要指标进行对比；

中震：采用ETABS模型进行中震计算；

大震：采用Perfomr-3D软件进行大震作用下的动力弹塑性分析。

3.1.2 抗震设防标准、性能目标及加强措施

结合抗震设防类别、设防烈度、建造费用以及震后损失和修复难易程度，本项目抗震性能目标选定为稍高于C级。以办公塔楼为例，各构件性能目标见表3-1。

各构件抗震性能水准 表 3-1

项目	多遇地震（小震）	设防烈度地震（中震）	预估的罕遇地震（大震）
性能水准	1	3	4
关键构件（核心筒底部加强区、4～7层、29～32层的剪力墙）	弹性	受剪、压弯弹性偏拉不屈服	受弯底部可形成塑性铰，受剪不屈服
普通竖向构件（除关键构件剪力墙之外的剪力墙、外框柱）	弹性	受剪、压弯不屈服轴拉不屈服	可形成塑性铰
耗能构件（连梁、框架梁）	弹性	允许进入塑性	连梁最早进入塑性，外框梁可形成塑性角

针对本项目塔楼的高度超限情况，设计中采取了一系列的措施，总结如下：

（1）采用两个独立软件 ETABS 和 PKPM 进行建模分析，并对两个软件的分析结果进行对比。

（2）在 ETABS 中采用弹性时程分析，并与振型分解反应谱法进行对比。

（3）在 Perfomr-3D 中采用动力弹塑性时程分析对结构大震作用下的抗震性能进行评估，并找出薄弱部位，提出加强建议。

（4）底部加强区的剪力墙设计为 *P-M* 中震弹性和斜截面受剪中震弹性，大震受剪截面控制。

（5）在多道防线的处理上，外框地震剪力按底部总剪力 20%和最大层框架剪力 1.5 倍二者的较小值调整。

（6）办公楼在楼板不连续的 34M1 层和 34M2 层，周边框架是连续的，框架高度为典型的 4.2m 或 3.4m，因此在主轴方向，没有明显的长短柱情况，在柱的弱轴方向，柱的有效高度为 4.2m 或 11m。强度验算根据两个方向的有效柱高进行，方法按穿层柱处理，同时，对 34M1 及 34M2 层的楼板加水平钢斜撑进行构架加强。

（7）办公楼外围框架采用延性优良的钢管混凝土柱。外框柱按中震不屈服进行控制。

（8）酒店为提高外框的延性，外围框架柱采用的混凝土强度等级不超过 C60，底部 3 层采用芯柱和全长箍筋加密的构架，20 层以下所有外框柱采用芯柱构造。

（9）酒店在楼板不连续的 19M 层，周边框架是连续的，框架高度为 2.6m 或 6.2m，在柱的弱轴方向，柱的有效高度为 9.0m。强度验算根据两个方向的有效柱高进行，方法按穿层柱处理。根据抗震规范，为增加抗剪能力，将箍筋加密区延伸到全柱高，箍筋间距不大于 100mm。在分析时，刚性楼板仅施加在有楼板处。

（10）裙房采用 ETABS 中的 3D 模型进行振型分解反应谱分析；为保持钢桁架构件与框架柱的传力途径连续，并考虑提高结构的延性，裙楼与桁架相连的柱都采用型钢混凝土柱；对支撑吊柱的桁架采用超静定布置，保证在极端情况下有多重传力途径，桁架的设计考虑竖向地震作用。对支撑吊柱的桁架按中震不屈服控制。

3.2 分析结果

3.2.1 不同分析软件对比结果

采用 SATWE、ETABS 两种分析软件，分别对塔楼进行小震整体指标分析，计算结果见表 3-2、表 3-3，结果表明两种软件的分析结果接近，且均满足规范的相应要求。

办公塔楼不同软件对比分析结果　　表 3-2

项目	SATWE 分析结果	ETABS 分析结果	比值
质量(t)	1825740	1832700	0.99
周期(s)	T_1：6.61 T_2：6.55 T_3：3.45	T_1：6.54 T_2：6.49 T_3：3.63	1.01 1.01 0.95
地震作用基底剪力(kN)	X：20326 Y：20094	X：20161 Y：20161	1.01 1.00
风荷载作用基底剪力(kN)	X：24171 Y：24188	X：23754 Y：22257	1.02 1.09
地震作用层间位移	X：1/808 Y：1/758	X：1/794 Y：1/760	1.00 1.02
风荷载作用层间位移	X：1/667 Y：1/641	X：1/665 Y：1/700	1.00 1.09

酒店塔楼不同软件对比分析结果　　表 3-3

项目	SATWE 分析结果	ETABS 分析结果	比值
质量(t)	1031000	1009700	1.02
周期(s)	T_1：4.35 T_2：4.06 T_3：3.38	T_1：4.53 T_2：4.15 T_3：3.65	0.96 0.98 0.93
地震作用基底剪力(kN)	X：13380 Y：14080	X：13490 Y：14290	0.99 0.99
风荷载作用基底剪力(kN)	X：12270 Y：10740	X：11810 Y：9950	1.04 1.08
地震作用层间位移角	X：1/895 Y：1/1253	X：1/888 Y：1/1220	0.99 0.97
风荷载作用层间位移角	X：1/1032 Y：1/1535	X：1/1087 Y：1/1590	1.05 1.04

3.2.2 风荷载分析

由于本项目建筑高度较高，风荷载构件设计起控制作用，因此对办公和酒店塔楼均进行风洞试验，并采用“无规划周边建筑”和“有规划周边建筑”两种情况进行风荷载模拟。规范风与风洞试验结果对比见表 3-4。

规范风与风洞试验结果对比　　表 3-4

项目	F_x(N)	F_y(N)	M_x(N·m)	M_y(N·m)
规范风荷载	2.38×10^7	2.23×10^7	3.83×10^9	4.21×10^9
无规划周边建筑风荷载	1.94×10^7	1.76×10^7	2.95×10^9	3.24×10^9
与规范风比值	81.7%	79.1%	77.0%	76.9%
有规划周边建筑风荷载	2.00×10^7	1.69×10^7	2.84×10^9	3.34×10^9
与规范风比值	84.2%	75.9%	74.1%	79.3%

由表 3-4 可以看出，规范风比风洞试验结果大 15%～25%。

3.2.3 楼板应力分析

由于外圈的框架柱由底部向上逐层收进，在框架柱的轴力作用下，导致框架柱与核心筒之间的钢梁、楼板受拉，特别是地上框架柱均为斜柱的情况。钢梁和楼板的拉力分析是本项目设计应关注的重点之一。以办公塔楼为例，对斜柱的影响主要在以下几个方面采取措施：

（1）钢梁与框架柱直接相连，楼板钢筋仅伸至钢柱边。钢梁受弯验算时，钢梁直接承担框架柱水平方向的分力，强度乘以折减系数（1-*a*），*a* 为钢梁轴压（拉）比，确保整个截面的应力比小于 1.0。

（2）采用有限元软件分析斜柱引起的楼板拉、压力。楼板配筋除考虑竖向荷载外，还考虑水平拉、压力对楼板的影响。

（3）为保证钢梁与楼板的共同作用，钢梁的栓钉数量不仅应满足组合梁栓钉的数量要求，还要满足楼板水平拉压力所需的栓钉数量。

以办公塔楼 39、60 层为例，小震内力组合作用下楼板应力如图 3-1～图 3-4 所示。

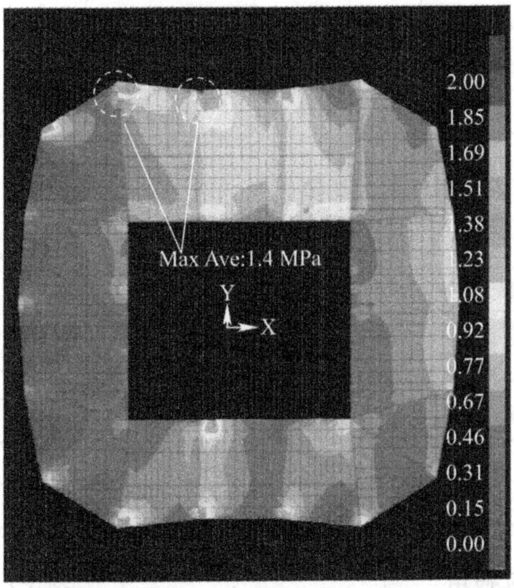

图 3-1 39 层小震内力组合作用下 *X* 向楼板应力

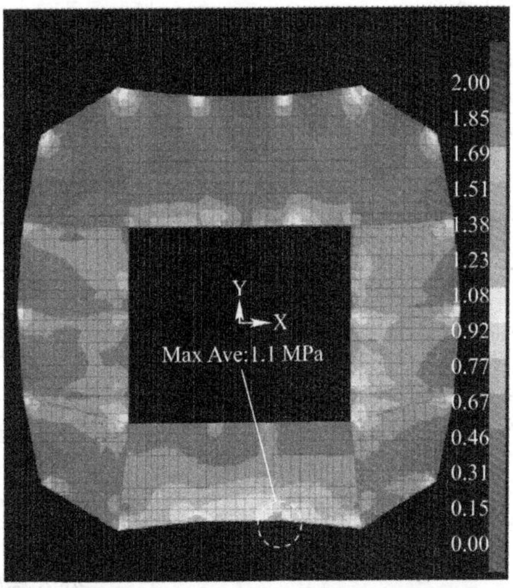

图 3-2 39 层小震内力组合作用下 *Y* 向楼板应力

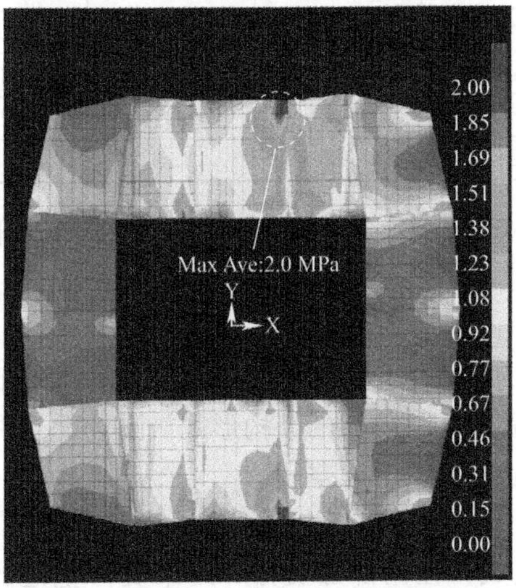

图 3-3 60 层小震内力组合作用下 *X* 向楼板应力

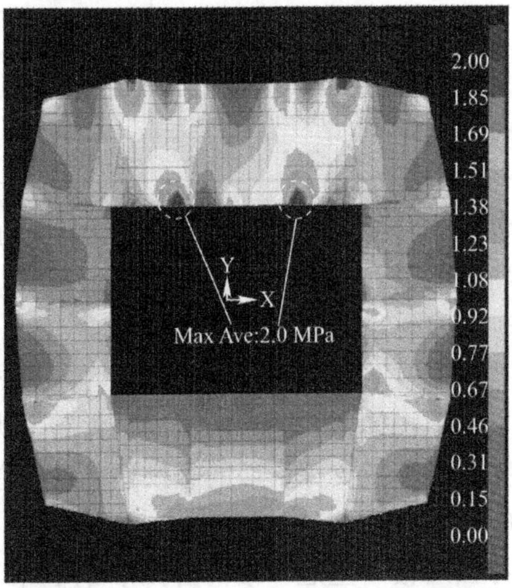

图 3-4 60 层小震内力组合作用下 *Y* 向楼板应力

虽然塔楼由底部48m×48m向上收进为34m×37m，但由于塔楼高度高，因此倾斜柱的整体倾斜角不大。塔楼上部处，在上部倾角稍大的楼层，柱子的轴力较小，出现在楼板中的拉应力也不大，39层为1.4MPa，60层为2.0MPa。楼板设计时按楼板钢筋承担楼板的拉力。

3.2.4 动力弹塑性分析

采用Perform-3D软件进行大震作用下的弹塑性分析。以办公塔楼为例，大震弹塑性与大震弹性、小震弹性的基底剪力比值，以及层间位移角分析结果见表3-5～表3-7。

办公塔楼大震弹塑性与大震弹性基底剪力比值　　表3-5

项目		地震波1	地震波2	地震波3	地震波4	地震波5
X方向	大震弹塑性基底剪力（kN）	72655	63350	90401	73796	67687
	大震弹性基底剪力（kN）	117890	101010	143580	93935	84678
	比值	61.6%	62.7%	63%	78.6%	79.9%
Y方向	大震弹塑性基底剪力（kN）	73003	69200	93692	68440	66817
	大震弹性基底剪力（kN）	115850	98340	141640	80959	77996
	比值	63.0%	70.4%	66.1%	84.5%	85.7%

办公塔楼大震弹塑性与小震弹性基底剪力比值　　表3-6

项目		地震波1	地震波2	地震波3	地震波4	地震波5
X方向	大震弹塑性基底剪力（kN）	72655	63350	90401	73796	67687
	小震弹性基底剪力（kN）	20682	17721	25189	16480	14856
	比值	3.51	3.57	3.59	4.48	4.56
Y方向	大震弹塑性基底剪力（kN）	73003	69200	93692	68440	66817
	小震弹性基底剪力（kN）	20325	17253	24849	14203	13684
	比值	3.59	4.01	3.77	4.82	4.88

办公塔楼层间位移角　　表3-7

项目		地震波1	地震波2	地震波3	地震波4	地震波5
X方向	大震弹塑性层间位移角	1/176	1/143	1/147	1/315	1/310
	楼层	L35	L39	L58	L58	L56
Y方向	大震弹塑性层间位移角	1/143	1/135	1/151	1/296	1/304
	楼层	L35	L49	L58	L59	L56

大震弹塑性和大震弹性底部剪力的比值约为63%～80%，表明本塔楼在大震作用下非线性特征明显，地震能量得到了有效消散。

3.2.5 裙房分析

裙房通过防震缝与两侧塔楼脱开，形成独立的抗震单元。采用型钢混凝土柱＋钢筋混凝土梁的结构体系，同时由于局部大跨，大跨位置采用钢桁架的结构形式（图3-5），并利用桁架外挑悬挑支撑下面的悬挑柱，使得首层存在更大的开敞空间。

3.2.6 “皇冠”分析

办公塔楼“皇冠”结构由弧形钢框架系统组成，在角部加支撑，用来支撑皇冠的幕墙。皇冠结构有两个洞口：一个南北向的整高度洞口和一个东西向的一层高的洞口，以减小风荷载。外部框架和内部框架柱间在东西向由抗弯框架钢梁相连，形成一个单跨框架，和其他屋顶构件一起，形成一个开放的拱形邻接东西向的洞口。此拱形与角柱之间的斜撑在东西方向一起形成一个主要的抗侧力系统。在有楼板的标高，钢箱形梁与弧形柱相连，在南北向形成抗弯框架系统，形成了南北方向的主抗侧力系统。“皇冠”效果图、三维图分别如图 3-6、图 3-7 所示。

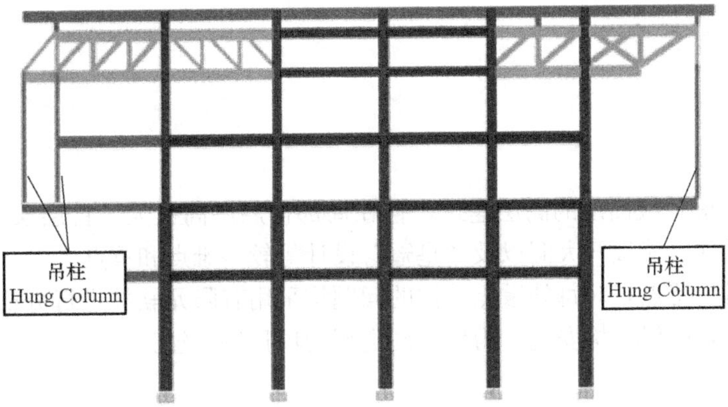

图 3-5 裙房局部剖面图

图 3-6 “皇冠”效果图

图 3-7 “皇冠”三维图

地震、风荷载作用下各层位移角见表 3-8。

各层位移角 表 3-8

离主屋面高度(m)	X 向 50 年风	X 向 50 年小震	Y 向 50 年风	Y 向 50 年小震
23.8	1/3932	1/18083	1/90909	1/6944
14.755	1/1896	1/9174	1/9174	1/5000
9.255	1/1250	1/4627	1/2057	1/3194

4 抗震设防专项审查意见

本项目于 2013 年 1 月 23 日在广州大厦 716 会议室进行了超限高层建筑工程抗震设防

专项审查。专家组提出审查意见如下：

（1）完善送审文本。

（2）补充楼板大开洞楼层的应力分析；部分计算参数取值不合理，应予以调整。

（3）复核酒店第 19 层是否存在受剪承载力突变，应避免同时出现转弱层和薄弱层。

（4）风洞试验报告提供的风荷载与规范相比偏小较多，应予以校对；结构分析时应考虑横风效应。

审查结论：通过。

5 点评

本项目属于超 B 级高度的高层建筑，存在局部楼层层高极大（首层层高达 16m）、全楼框架柱均为斜柱、楼板开大洞以及“皇冠”设计等较多难点和重点。

针对本项目的特点，对每处重点关注的问题均采用有限元软件进行分析论证，同时结合审查专家意见，确保结构安全，为后期同类型的项目提供经验。

30 凯达尔枢纽国际广场

关　　键　　词：框支转换；桁架转换；钢管混凝土；车站核
结构主要设计人：韩建强　张龙生　郭　瑾　覃　浩　陆日超　刘中原
设　计　单　位：广州市设计院集团有限公司

1 工程概况与设计标准

凯达尔枢纽国际广场位于广州市增城区，广汕铁路和穗莞深城际铁路、广州地铁13号线和16号线均在此交汇，是集办公、酒店、商业、零售购物、休闲娱乐以及市政交通为一体的特大型商业综合体。项目建筑面积约36.5万m^2，地下室4层，地上由裙楼和两个塔楼组成，城际铁路穿过裙楼，其中，裙楼高72.35m（13层），东塔楼高184.05m（36层），西塔楼高233.5m（46层），建筑效果图如图1-1所示。

图1-1　建筑效果图

通过采用防震缝对建筑物进行形体规则化处理后，形成西塔楼、东塔楼（含城际交通上空的宴会厅）和裙楼三部分。各建筑物结构单体的关系如下：西塔楼与裙楼在地下室顶板以上分开；裙楼在城际轨道处从地下3层以上分离；东塔楼与城际轨道区域从地下3层以上至4层分开，且东塔楼通过宴会厅与裙楼滑动连接（5层处），从而保证城际轨道的跨越与安全。防震缝的缝宽为300mm，防震缝的划分如图1-2和图1-3所示。

建筑结构设计的基本参数：建筑结构安全等级为二级；地基基础设计等级为甲级；抗

注：广州市建筑集团有限公司科技计划项目资助项目（［2021］-kJ020）

震设防烈度为 6 度；基本风压为 $0.50kN/m^2$；地面粗糙度为 C 类，体型系数均取 1.4。

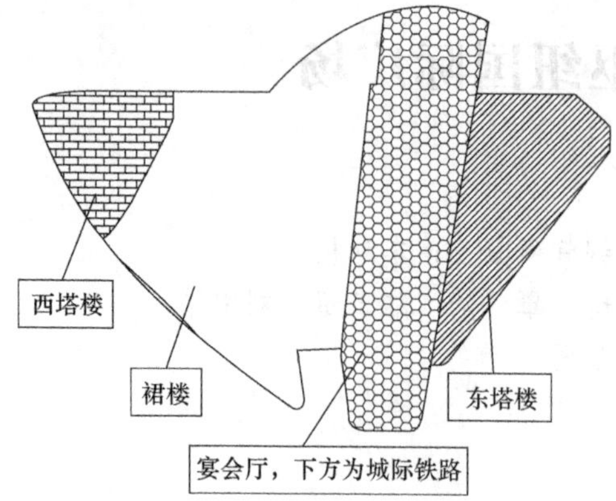

图 1-2　防震缝划分平面图

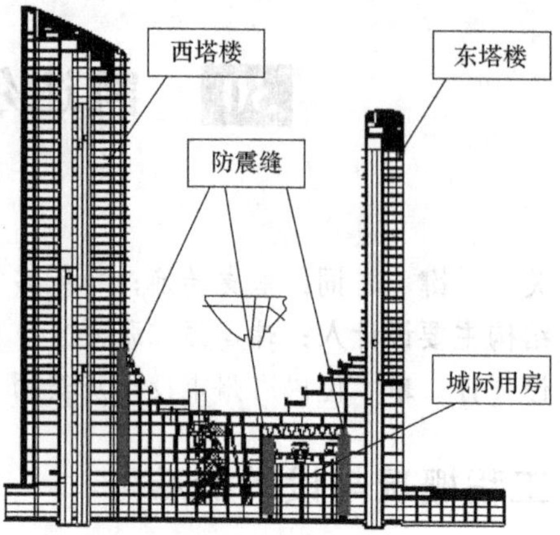

图 1-3　防震缝划分剖面图

2　结构体系及超限情况

2.1　结构体系

西塔楼 46 层，高 233.5m，主要楼层层高 4.5m，部分楼层层高为 5m、6m、6.6m、8.95m 等。建筑平面呈等边三角形，角部做圆弧过渡，采用框架（低层为钢管混凝土柱）-核心筒结构，结构高宽比为 4.74，核心筒高宽比为 9，标准层结构平面如图 2-1 所示。

裙楼共 14 层，高 72.35m，主要楼层层高 6m，部分楼层层高为 5m、4.5m、5.4m、8.95m 等。建筑平面近似梯形，采用框架-剪力墙结构，结构高宽比为 3.4，标准层结构平面如图 2-2 所示。

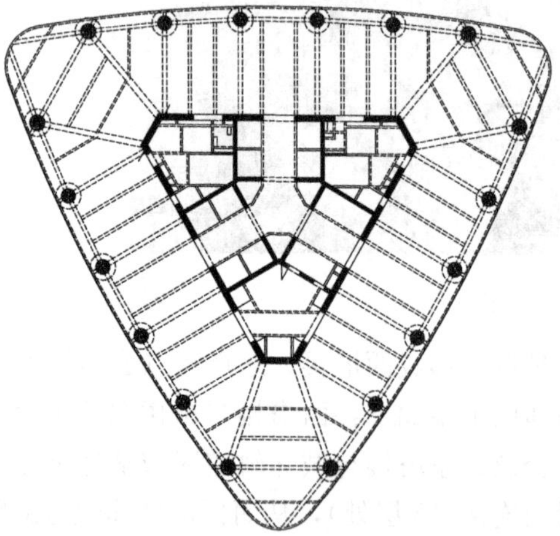

图 2-1　西塔楼标准层结构平面图

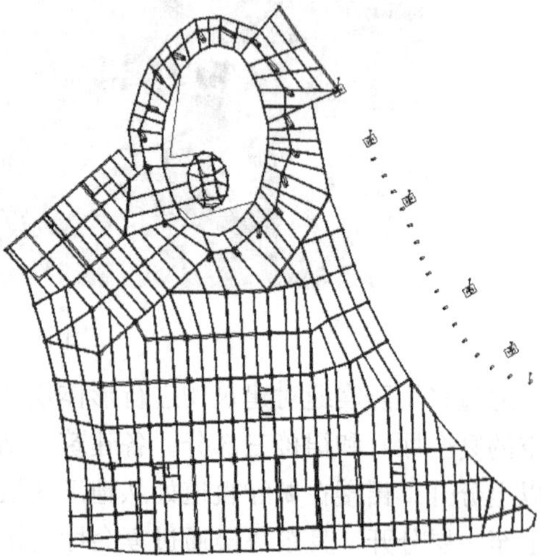

图 2-2　裙楼标准层结构平面图

东塔楼 37 层，高 184.05m，酒店层高 3.7m，SOHO 层高 4.5m，部分楼层层高为 5m、6m、6.6m、8.95m 等。建筑平面 1～12 层为不规则，13～14 层为 L 形，15 层以上

为矩形，结构高宽比为6.7（规范限值为6），核心筒高宽比为18.4（规范限值为12），超过规范限值，标准层结构平面如图2-3所示。东塔楼宴会厅采用钢结构，建筑5层存在桁架跨越城际轨道，跨度约为45m；10～14层存在局部体型收进，建筑10层存在部分墙转换，结构为部分框支剪力墙，核心筒Y向偏置。东侧塔楼采用框架-核心筒结构体系，其中跨越城际轨道，采用钢结构桁架体系。裙楼采用框架剪力墙结构体系。

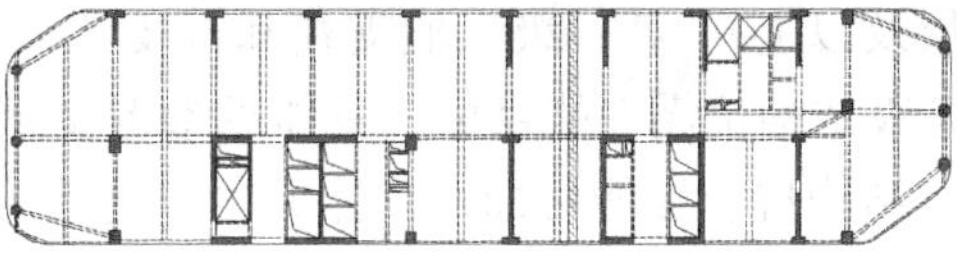

图2-3 东塔楼标准层结构平面图

2.2 结构的超限情况

西塔在规定水平地震力作用下考虑偶然偏心的最大层间位移比为1.23；2、11层的楼板开洞面积大于30%，采用框架（低层钢管混凝土柱）-核心筒结构，高233.5m，大于B级高度框架-核心筒结构限值210m（6度）。因此，西塔存在高度超限、平面扭转不规则和楼板局部不连续，属超B级高度的不规则高层建筑结构。

东塔在规定水平地震力作用下考虑偶然偏心的最大位移比为1.46；13层平面凸出尺寸为10.2m，大于相应投影方向总尺寸的30%，属凹凸不规则；8、10层的有效楼板宽度小于50%该层楼板典型宽度，属楼板不连续；8层侧向刚度小于0.8，属侧向刚度不规则；11～14层竖向构件缩进分别为46%、40.7%、33.4%、31.8%、26.7%，属尺寸突变；5层存在转换桁架，10层为存在框支墙体的转换构件，竖向构件不连续，2～4层存在斜柱过渡，属竖向构件不连续；采用部分框支剪力墙结构，高184.05m，大于B级部分框支剪力墙结构限值140m（6度）。因此，东塔存在高度超限、平面扭转不规则、凹凸不规则、楼板不连续、侧向刚度不规则及尺寸突变、竖向构件不连续，属超B级高度的不规则高层建筑结构。

裙楼在规定水平地震力作用下考虑偶然偏心的最大层间位移比为1.45；2～9层均存在有效楼板宽度，分别为8.6m、8.6m、3.5m、3.5m、2.7m、11.9m、6.5m、7.3m，小于该层楼板典型宽度的50%，属于楼板不连续；由于建筑存在退台处理，7～9层竖向构件收进比率分别为25.3%、35%、32%、48.7%、50%，属于竖向构件位置缩进高于结构高度20%且收进大于25%，为尺寸突变；2层存在剪力墙、柱转换（剪力墙比率6.2%）、8、11层存在柱转换。因此，裙楼存在扭转不规则、楼板不连续、尺寸突变、竖向构件不连续，属A级高度不规则高层建筑。

3 超限应对措施及分析结论

3.1 超限应对措施

3.1.1 分析模型及分析软件

采用YJK（1.7.0）、ETABS（2013）、MIDAS/Gen、ABAQUS等软件进行分析。

3.1.2 抗震设防标准、性能目标及加强措施

建筑抗震设防类别：除东塔楼9层以上为丙类设防外，其余均为乙类设防。

西塔楼结构抗震等级的划分：一级（地下1层及以上）、二级（地下2层及以下），选用C级结构抗震性能目标，具体见参考文献［1］。东塔楼结构抗震等级的划分：二级（10层及以上）、特一级（框支柱和框支梁）、一级（其他层），钢结构抗震等级为三级，选用C级结构抗震性能目标，具体见参考文献［2］。裙楼结构抗震等级的划分：二级，选用C级结构抗震性能目标，具体见参考文献［3］。

东塔、西塔、裙房主要加强措施：

（1）东塔底部加强区剪力墙竖向分布筋的配筋率为0.4%，非底部加强区竖向分布筋配筋率为0.3%。西塔底部加强区剪力墙水平及竖向分布筋配筋率为0.4%，非底部加强区水平分布筋配筋率为0.25%，竖向分布筋配筋率为0.3%；在墙肢厚度减小处均设置一层过渡层，过渡层竖向分布筋配筋率提高至0.35%，水平分布筋配筋率提高至0.30%。裙楼剪力墙竖向分布筋的配筋率为0.6%。

（2）针对平面凹凸不规则楼板、转换层及上下层楼板、与斜柱相连楼板、体型收进处楼板、楼板不连续所在层楼板，根据中震应力分析加强楼板配筋。

（3）穿层柱采用SAP 2000进行屈曲分析，得出柱子的计算长度系数，嵌固端计算长度系数取1.0及计算值中的较大值；非嵌固端计算长度系数取1.25及计算值中的较大值；施工图设计时对穿层柱进行并层（即不考虑不连续所在楼层的楼板，两层并一层）计算，取包络设计。

（4）针对东塔5层转换桁架上、下层楼板进行分析，根据中震应力分析加强楼板配筋；对转换桁架钢结构小、中、大震应力比分析，转换桁架弦杆的应力比均小于0.8，斜腹杆应力比均小于1，可满足受力要求，并对转换层桁架节点进行有限元分析，分析结果表明，节点满足可靠传力要求。

（5）宴会厅钢结构对东侧竖向构件存在较大水平内力，将宴会厅桁架产生的内力作用于不考虑宴会厅钢结构的模型，与东塔模型包络设计4～9层竖向构件的配筋。

（6）针对钢结构滑动支座进行分析，给出了节点做法及支座技术要求，保证了宴会厅钢结构的传力要求。

（7）针对车站核结构进行传力分析，施工图设计时按车站核楼板仅作为荷载输入模型和按车站核楼板作为弹性板输入模型进行包络设计；对钢节点进行有限元分析，分析结果表明，节点满足可靠传力要求；通过车站核整体屈曲分析，说明车站核的整体稳定性满足规范要求。

3.2 分析结果

3.2.1 地下室与城际轨道关系的处理

为保证城际交通安全以及减小地下室施工对其的干扰影响，地下室自负3层以上设置300mm宽的防震缝，与城际轨道完全分开，即地下室在相邻城市轨道一侧悬空。为此，需要解决以下两个问题：

（1）计算嵌固端的确定

对于裙楼，由于在城市轨道一侧临空，计算嵌固端宜取地下室底板处；对于东塔楼，在考虑塔楼以外3跨地下室后，地下一层与首层侧向刚度之比分别为3.284（X向）和2.19（Y向），满足《高层建筑混凝土结构技术规程》JGJ 3—2010（下文简称《高规》）第

5.3.7 条不宜小于 2 的要求，但考虑到其紧邻城际轨道，且塔楼主要抗侧力构件位于分缝处，安全起见，计算嵌固端仍取地下室底板处；对于西塔楼，其与裙楼共用一个地下室，虽然地下室一侧临空，但临空位置距西塔较远，且考虑塔楼以外三跨地下室后，地下一层与首层侧向刚度之比分别为 2.22（X 向）和 2.02（Y 向），满足不宜小于 2 的要求，计算嵌固端可取地下室顶板处。故结构的计算嵌固除西塔楼取地下室顶板处外，裙楼和东塔楼均取地下室底板处。

（2）地下室周边水、土压力差的平衡

地下室一侧临空造成地下室外侧的水、土侧压力不平衡，对于面积较大且临空侧与非临空侧地下室侧壁距离较大时，这种不平衡的侧压力差可通过地下室结构与地基的摩擦力平衡，如本工程的西塔楼及裙楼所在的地下室。

3.2.2 宴会厅钢结构桁架分析

结构初步按图 3-1 所示 5 榀桁架跨越城际，经整体模型计算，得出以下桁架与楼层的主要受力特点：

（1）若在计算弦杆内力时不考虑楼板作用，桁架下弦处局部弯矩最大约 25000kN.m，柱 A～柱 F 处楼层梁与弦杆不在同一直线上，梁截面相对弦杆截面较小，仅能承担一小部分弯矩。

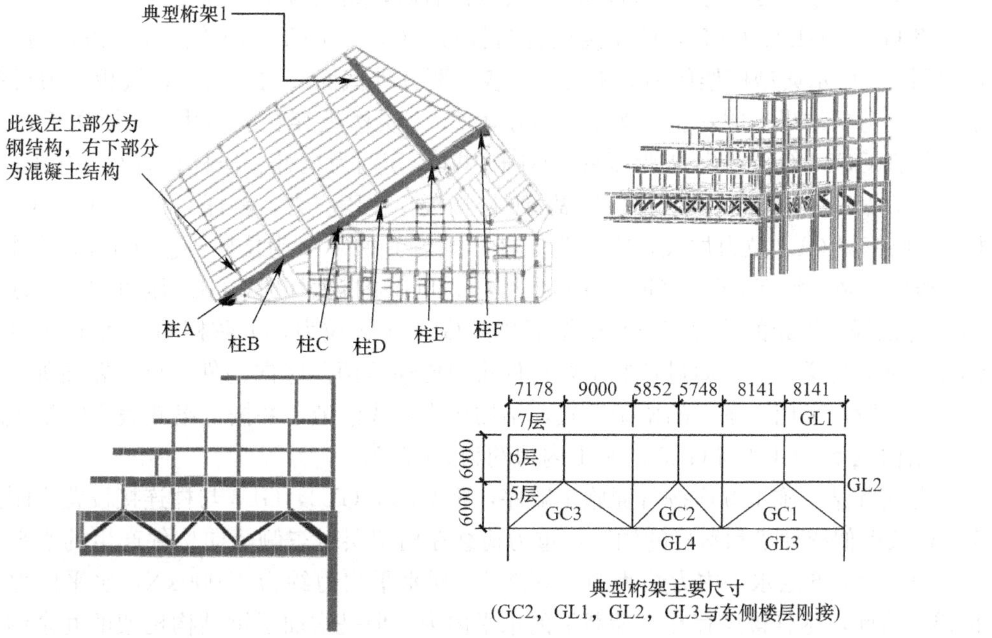

图 3-1 桁架整体计算模型

（2）若在计算弦杆内力时考虑楼板作用，弦杆轴力有所减小，楼板应力大。计算的楼板应力结果如图 3-2 所示，下弦楼板（5 层楼面）拉应力约为 7MPa，上弦楼板压应力（6 层）约为－10MPa。

桁架整体计算模型反应的主要受力特点为，桁架下弦杆与东侧柱连接处存在较大不平衡弯矩，下弦楼板拉应力大。施工阶段，在东塔与宴会厅钢结构之间设置后浇带，弦杆与柱连接设置为铰接，释放水平力，考虑可能的施工顺序。在结构模型的基础上，形成 6 个桁架方案：

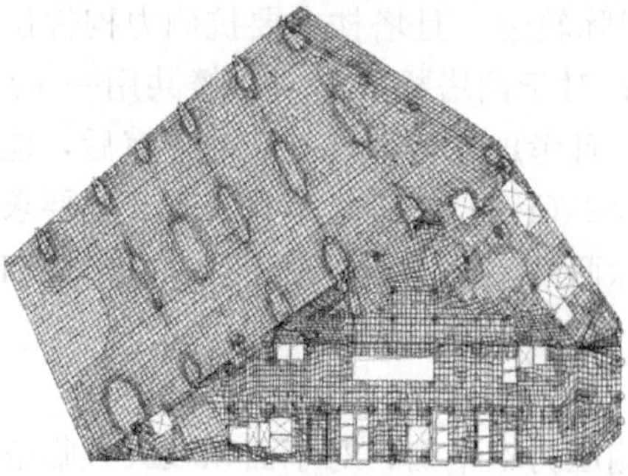

(a)下弦楼板应力

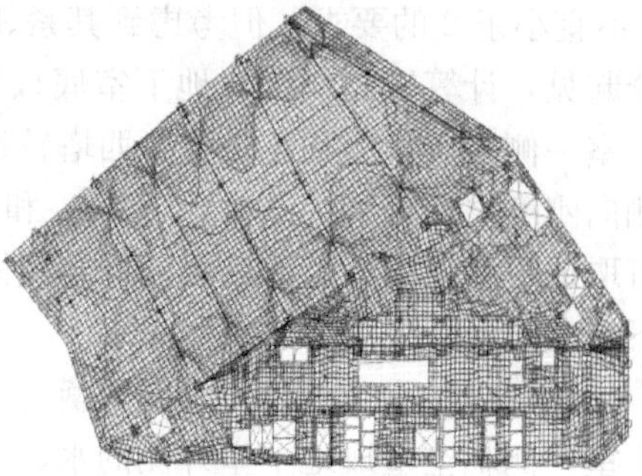

(b)上弦楼板应力

图 3-2 楼板应力计算结果

方案 1，梁板柱一次成型。

方案 2，与方案 1 的区别为增加了 6 层的斜杆 GC1。

方案 3，与方案 1 的区别为，5 层楼板后做，结构考虑板重量。

方案 4，与方案 1 的区别为，5 层楼板后做，结构考虑板重量。

方案 5，与方案 1 的区别为，5、6 层楼板后做，结构考虑板重量。

方案 6，与方案 1 的区别为，5、6 层楼板后做，结构考虑板重量。

将 GL1、GL2、GL3 与柱连接设置为铰接，GC1、GC2、GC3、CG4 假定为二力杆。选取图 3-1 所示典型桁架作为分析对象，各主要杆件截面、构件内力、楼板应力见参考文献［2］。分析结果表明：①方案 1、②方案 2，5 层楼板存在拉应力，6 层楼板存在压应力，斜杆 GC2、GC3、CG4 为压杆，GL4、GL5 分别为拉杆、压杆；方案 2 中 GC1 为拉杆。②方案 3、方案 4，5 层楼板后做，6 层楼板存在压应力，斜杆 GC2、GC3、CG4 为压杆，5 层钢梁 GL4 拉力加大，GL5 为压杆；方案 4 中 GC1 为拉杆。③方案 5、方案 6，5、6 层楼板后做，斜杆 GC2、GC3、CG4 为压杆，GL4 拉力加大，GL5 压力加大；方案 6 中 GC1 为拉杆。桁架的传力路线是桁架下弦杆 GL4 承担拉力，上弦杆 GL5 承担压力，斜杆 GC2、GC3 传递压力，通过这些主要杆件将力传递至两侧竖向构件，传力路线如图 3-3 所示。施工阶段采用方案 6 的桁架形式，结构传力路线清晰，并按方案 6 假定的施工阶段进行钢结构成型，GC2 与 GL3 的水平内力约为 2975kN。

若实际结构施工顺序按普通施工顺序，将 GL1，GL2，GL3 与柱连接设置为刚接，对 5 榀桁架近似统计梁和斜杆的轴力，重力荷载在桁架层对东侧竖向构件产生的水平内力约为 47000kN。6 层水平内力约为 30000kN，5 层水平内力约为 47000kN，水平内力不往下传递。因此，尽管楼层存在恒荷载下的水平内力，但是增加了钢结构桁架的冗余约束，增加了图 3-3 所示传力路线 2。结构有 2 条主要传力途径，保证使用阶段结构传力路线清晰。

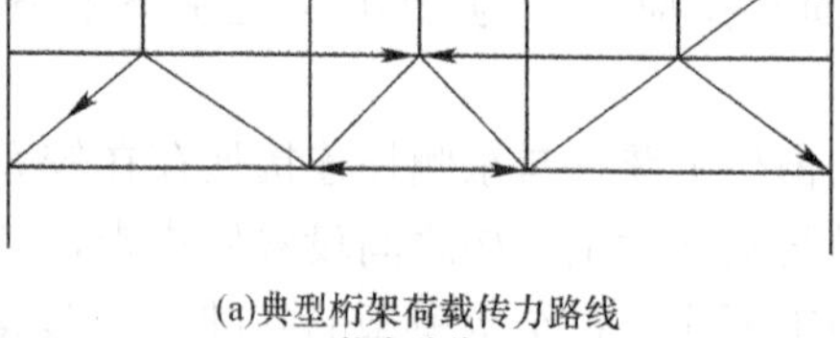

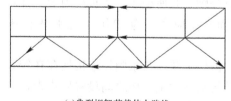

(a)典型桁架荷载传力路线
(传力路线1)

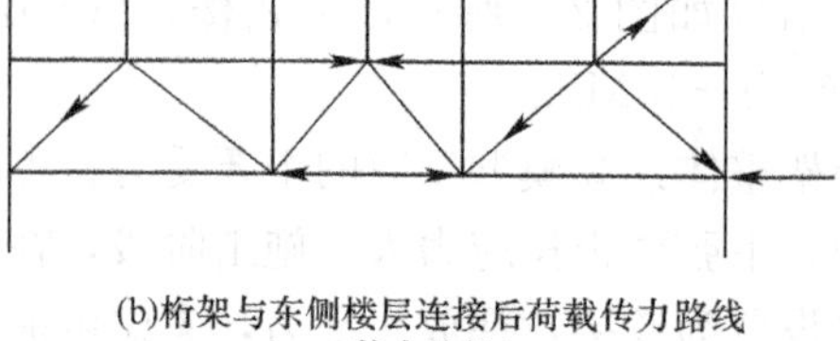

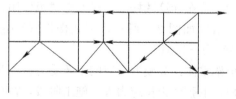

(b)桁架与东侧楼层连接后荷载传力路线
(传力路线2)

图 3-3 典型桁架荷载传力路线

3.2.3 车站核结构分析

车站核平面呈椭圆形环带状，外包尺寸，椭圆长轴半径为 26.5m，短轴半径为 18m，条带宽约 6m，高度为 43.8m，外形如图 3-4 所示。斜柱始于 B2 层，结束在 7 层，相邻两斜柱人字形拉结，车站核柱与水平面夹角约为 60°～84°，斜柱在楼层标高通过环形的钢梁进行连接，并且逐层向外倾斜，凸出建筑的尺度为 18m，出挑比率占长轴直径的 34%。车站核逐层与裙楼主结构进行拉结。结构在满足建筑造型的基础上，进行了以下分析：

（1）车站核的斜柱与框架梁的竖向力传递分析。计算 D（恒荷载）＋L（活荷载）作用下车站核结构内力，分析环梁传力时楼板仅作为附加恒荷载输入，车站核无楼板。现截取 B1～7 层最外侧一品斜柱 F、G 及其环梁作具体分析（图 3-5）。轴力计算结果见表 3-1，表中轴力以受拉为正，受压为负，从表 3-1 看出，斜柱除了顶层存在很小的拉力，其他楼层为压力，斜柱呈现为传递轴压力。5～7 层及 2 层环梁受轴向拉力，其余楼层环梁同时存在拉压力；计算结果表明，车站核的竖向力传递，仅需要局部楼层提供拉力，以及斜柱传递压力，就可以将竖向力继续往下传递至基础。

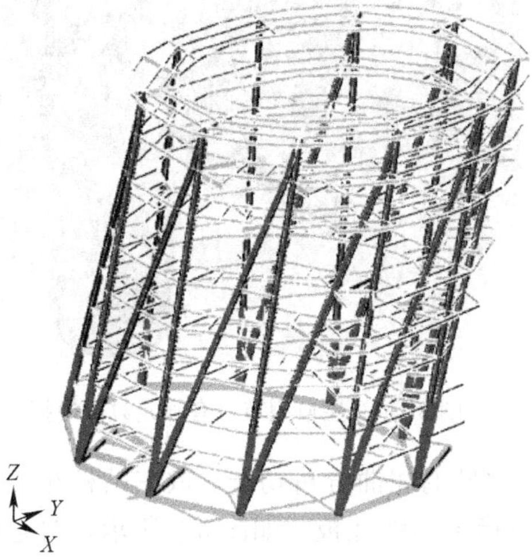

图 3-4 车站核外形图

图 3-5 斜柱 F、G 及其环梁轴力传力路径

（2）采用 ABAQUS 对车站核节点进行有限元分析，单元采用 S4R（四节点曲壳单元）用于薄、厚壳结构建模；单元长度 0.05m；钢材 Q345B，弹性模量 $E=2.06\times10^{11}$ Pa，泊松比 $\nu=0.3$，密度 $\rho=7850\text{kg/m}^3$。模型荷载除考虑自重外，模型边界及加载条件、构件尺寸同实际的结构计算模型。起步典型节点有限元数值模拟如图 3-6 所示，2 层典型节点有限元数值模拟如图 3-7 所示。计算结果表明：起步典型节点 Mises 应力最大值为 233.3MPa，小于限值 250MPa，节点满足传力要求。典型节点 Mises 应力最大值为 205.2MPa，小于限值 265MPa，节点满足传力要求。

斜柱 F、G 及其环梁轴力 **表 3-1**

模型层	（恒＋活）荷载作用下构件轴力(kN)				
	斜柱 F	斜柱 G	梁 1	梁 2	梁 3
B1	−4942.96	−1202.74	23.39	−149.75	−454.49
1	−4822.36	−2850.19	852.59	−54.27	636.75

续表

模型层	（恒+活）荷载作用下构件轴力(kN)				
	斜柱 F	斜柱 G	梁 1	梁 2	梁 3
2	−3473.44	−1863.45	166.53	47.9	102.87
3	−3112.59	−1227.82	−77.46	−19.81	145.05
4	−3064.81	−880.55	169.09	−38.47	−8.63
5	−2274.93	−365.98	457.37	256.77	251.35
6	−1364.84	−26.56	650.06	612.04	577.24
7	−100.97	68.01	260.92	—	367.95

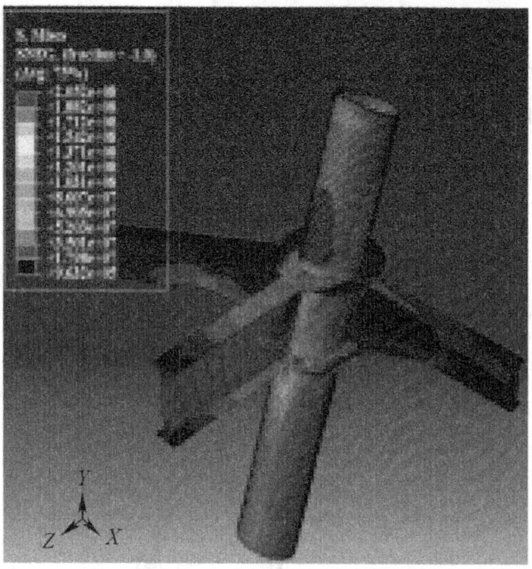

图 3-6 起步典型节点有限元数值模拟

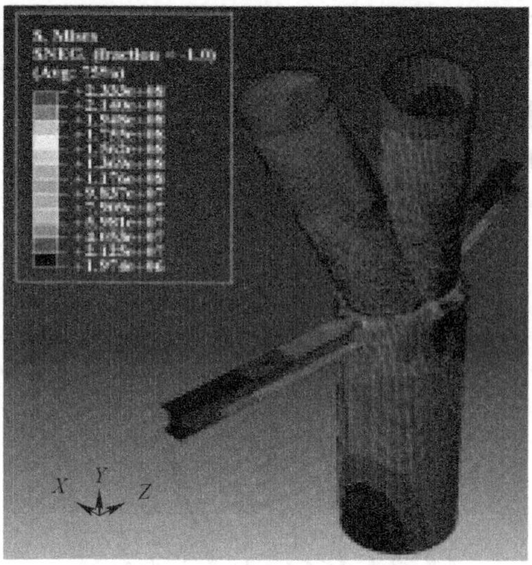

图 3-7 2 层典型节点有限元数值模拟

（3）车站核整体屈曲分析。采用 SAP 2000 软件的屈曲分析功能，取车站核相关结构范围为计算模型，分析模型中相关范围各层楼板指定为弹性板，如图 3-8 所示，对各柱在轴向进行单元剖分，加载方式为 D（恒荷载）+0.5L（活荷载）。通过屈曲分析，判断穿层柱、车站核的稳定性。

车站核整体屈曲计算结果如图 3-9 所示，各斜柱屈曲形态主要沿椭圆向心或背心方向，整体屈曲因子为 37.96，大于 2.0 的安全储备，表明车站核的整体稳定性满足要求。

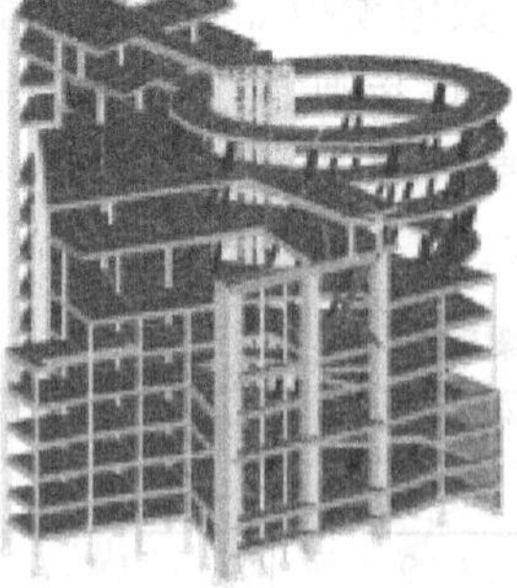

图 3-8 SAP 2000 模型

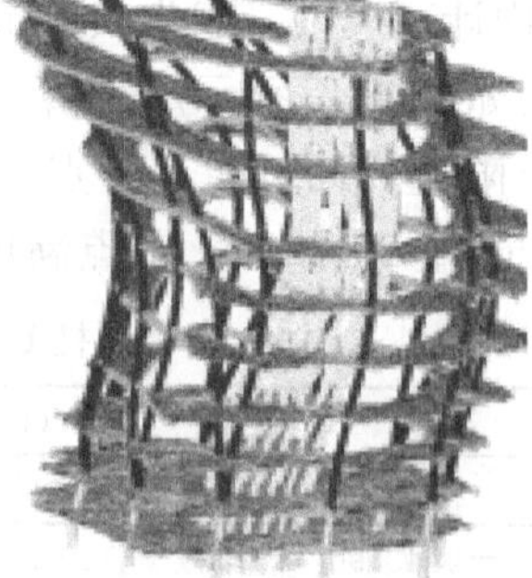

图 3-9 车站核屈曲计算结果

（4）车站核通过节点有限元分析可知，节点满足传力要求；通过车站核整体屈曲分析可知，车站核的整体稳定性满足规范要求；车站核的传力分析表明，车站核楼板仅作为荷载输入模型，高区钢梁及中部钢梁存在轴向拉力。若车站核楼板作为弹性板输入模型，所有楼层的楼板与斜柱相连均存在拉应力。因此施工图设计时，按车站核楼板仅作为荷载输入模型和按车站核楼板作为弹性板输入模型对梁进行包络设计。

4 抗震设防专项审查意见

2016年6月29日，广州市住房和城乡建设委员会在广州大厦101会议室主持召开了“凯达尔枢纽国际广场”超限高层建筑工程抗震设防专项审查会，广州建协建筑技术咨询有限公司周定总工程师任专家组组长。与会专家听取了广州市设计院集团有限公司关于该工程抗震设防设计的情况汇报，审阅了送审资料。经讨论，提出审查意见如下：

（1）补充宴会厅桁架及东塔斜柱产生的水平力的加强措施。

（2）交通核建议采用钢支撑形成的水平桁架并减小混凝土板厚。

（3）由于城际轨道穿过地下室并设缝，地下室设计应考虑单侧水、土侧压力的影响。

审查结论：通过。

5 点评

本项目为集办公、酒店、商业、零售购物及休闲娱乐为一体的TOD项目，超限报告除进行常规的小、中、大震分析和施工模拟分析以外，还针对结构的关键部位、关键节点进行了相对全面的分析。分析结果表明：本项目小震作用下结构的层间位移角、周期及周期比、剪重比、轴压比、外框柱承担的地震剪力比等结构控制性指标均满足《高规》要求，所有结构构件处于弹性状态，实现了完好、无损坏的性能目标；中震作用下，所有竖向构件的截面承载力处于受剪弹性、受弯不屈服，耗能构件受剪不屈服、受弯有限屈服状态，属轻度损伤；大震作用下，剪力墙底部加强部位的墙、柱以及穿层柱的截面承载力处于受剪、受弯不屈服状态，其余部分竖向构件及耗能构件均进入屈服状态，属中度损伤，满足了所设定的C级性能目标。

参考文献

[1] 韩建强，庞伟聪，张龙生，等. 凯达尔枢纽国际广场西塔楼结构设计与分析 [J]. 建筑结构，2019. 49（9）：13-19，65.

[2] 庞伟聪，韩建强，张龙生，等. 凯达尔枢纽国际广场东塔楼及裙楼结构设计与分析 [J]. 建筑结构，2019. 49（9）：25-31.

[3] 庞伟聪，韩建强，张龙生，等. 凯达尔枢纽国际广场裙楼结构设计 [J]. 钢结构（中英文），2019. 34（5）：23，66-71.

31 广州国际文化中心

关　　键　　词：超限高层；结构优化；斜柱；不封闭框架
结构主要设计人：赵松林　朱祖敬　邓艳青　甘家鑫　黄飞鹏　刘齐齐　王燕珺
设　计　单　位：广州市设计院集团有限公司

1 项目概况

项目位于广州市海珠区琶洲西区，包含一栋地上塔楼及地下室。总建筑面积约 16 万 m^2，其中地上 54 层，为办公及配套商业，约 12.0 万 m^2；地下 5 层，为商业及公共空间、车库、设备房等，约 4.0 万 m^2。塔楼采用钢管混凝土框架-钢筋混凝土核心筒混合结构体系，主屋面结构高度为 302m（幕墙高度 320m）。结构最大高宽比为 6.87（Y 向），小于《高层建筑混凝土结构技术规程》JGJ 3—2010（下文简称《高规》）限值 7；核心筒最大高宽比为 12.5（Y 向），稍大于《高规》建议值 12。建筑效果图如图 1-1 所示，典型结构平面布置图如图 1-2 所示。

(a)鸟瞰图　(b)底部山形中空大堂　(c)顶部山形塔冠

图 1-1　建筑效果图

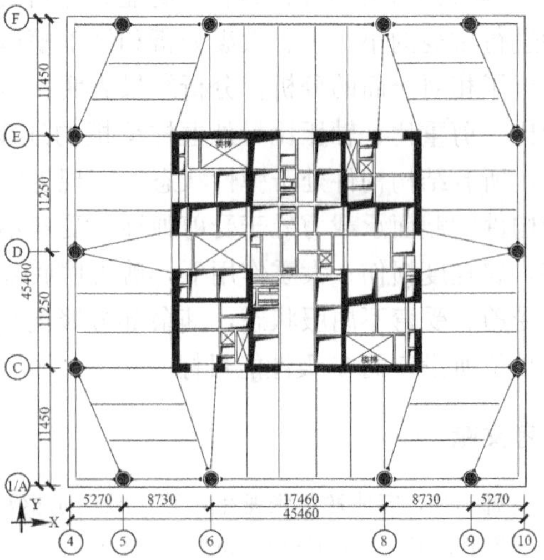

图 1-2　典型结构平面布置图

核心筒外墙厚由下至上为 1200～400mm；钢管混凝土柱主要截面尺寸为 ϕ1600～1000mm（底部穿层柱为 ϕ2000），混凝土强度等级为 C80～C40；框架梁采用 H 型钢梁，主要梁高为 500mm、650mm、800mm 等；次梁为组合梁，主要梁高为 500mm。采用的钢材为 Q345B。

注：广州市建筑集团有限公司科技计划项目资助项目（［2021］-kJ020）

2 项目超限介绍

2.1 超限情况

塔楼主要屋面高度302m，超过7度区框架核心筒混合结构的最大适用高度（190m）；还存在侧向刚度突变、尺寸突变、局部不规则3项一般不规则，属于高度超限的一般超限高层建筑。

2.2 超限对策

针对塔楼超限情况，根据概念设计，对结构进行合理布置，并采取以下计算手段及加强计算措施：

（1）采用两个不同的弹性分析程序YJK和ETABS进行分析对比，互相校核结果，确保结构整体计算指标准确可靠；计算结果表明，两种不同的弹性分析程序计算结果基本吻合；结构的周期比、层间位移角、剪重比、刚重比、侧向刚度比等均满足规范要求。

（2）采用弹性时程分析法进行多遇地震作用下补充计算，输入1组人工波和2组天然波，结构地震效应取多组时程曲线的包络值与振型分解反应谱法计算结果的较大值。弹性时程分析得到的各层位移曲线相对平滑，层间位移角均满足规范要求。

（3）各层框架柱均按规范分段（裙楼及顶部退台每个退台为一段）进行$0.2V_0$调整，底部外框不封闭楼层（1～8层）剪力墙承担100%地震剪力。

（4）项目按首层嵌固与底板嵌固两个模型包络设计。

（5）对穿层柱、斜柱及相关楼面构件、混凝土徐变影响进行了专项分析，施工图设计时需包络考虑混凝土徐变影响的模型，并按实际施工顺序模拟进行构件设计。

（6）根据抗震中不同构件的重要性及其作用，将构件分为关键构件、普通构件和耗能构件，按C级性能目标分别对其在设防地震、罕遇地震作用下进行了等效弹性计算，并根据计算结果进行包络设计；进行了罕遇地震作用下的动力弹塑性分析。

2.3 超限审查

2019年1月3日，项目通过了由广州市住房和城乡建设委员会组织的超限高层建筑抗震设防专项评审，表2-1列出了专家组意见及相应改进措施。

超限审查意见及改进措施 **表2-1**

编号	专家组意见	改进措施
1	12层以下和大屋面上、下两层抗侧力构件应为关键构件，抗震等级为特一级，地下室部分抗震等级应提高	12层以下及大屋面上、下两层的剪力墙设为关键构件（底部加强区提高至11层），抗震等级为特一级；地下室的抗震等级最低不低于三级
2	应进一步加强外框不封闭的底部剪力墙，加大约束边缘构件范围和配筋，内筒应承担全部剪力，并加大9层楼板厚度和外框梁刚度	施工图设计时底部加强区核心筒墙边缘构件面积适当加大至不小于墙肢长度的1/3，其余层核心筒剪力墙按《高规》要求设置边缘构件；底部外框不封闭的楼层核心筒需承担100%剪力；9层核心筒外楼板加厚至150mm，并加大外框梁截面
3	优化屋顶和塔楼结构布置，提高转换和斜柱结构的抗震性能和外围框架的稳定性	按审查意见优化，补充塔冠结构布置，在施工图阶段优化塔楼结构布置及构件截面，严格控制转换构件、斜柱及外框柱等构件的应力比并按大震等效弹性复核以提高其抗震性能

续表

编号	专家组意见	改进措施
4	复核斜柱转换点处梁和板的内力，确保其具有良好的抗拉和抗剪能力	按审查意见复核，施工图设计时，对斜柱转换点相关楼面梁均按手算拉、压力进行构件设计
5	补充钢管柱节点和钢梁入墙节点分析和连接构造；补充外框架柱与内筒连接框架梁的施工模拟内力分析	补充梁钢柱、梁墙典型节点，以及斜柱相关梁柱节点；在施工图阶段按实际施工顺序模拟进行构件设计
6	塔楼室内外高差构件应加强其传递水平力构造，增加地下室底板面作嵌固端包络设计	补充大样加强首层塔楼周边传力构造，施工图设计时按底板嵌固与首层嵌固的模型包络设计

3 设计参数

3.1 结构基本参数

本工程使用年限为50年，重点设防类（乙类），建筑结构安全等级为一级，建筑场地类别为Ⅲ类。震设防烈度为7度，设计基本地震加速度为0.1g，设计地震分组为第一组；结构阻尼比小震为0.03。考虑隔墙折减后结构自振周期约为6.7s，大于《建筑抗震设计规范》GB 50011—2010（2016年版）（下文简称《抗规》）给出的地震影响系数曲线中最长周期6.0s的最大值，对于超出《抗规》的部分，本工程采用按规范6s的地震影响系数取值。

3.2 风洞试验及风荷载作用分析

项目结构高度较高，周围风环境复杂，由风洞试验确定风荷载。风洞试验模型及周围建筑按1∶300比例缩尺（图3-1、图3-2），在塔楼立面、塔楼女儿墙护栏、遮阳百叶表面布置测点628个。本项目试验风向角间隔10°，共36个风向角。场地50年一遇的基本风压为0.5kN/m²。

图3-1 风洞试验模型

图3-2 试验模型顶部细部

表3-1为风洞试验结构的基底剪力及基底弯矩与《高规》及《建筑结构荷载规范》GB 50009—2012计算结果比较，可知两者基本相当。根据风洞试验结果，在人员经常到达的楼层处（290m标高），当结构承受10年重现期风压0.3kPa、阻尼比为0.01时，结构最大

加速度为 $\alpha_x=0.207\text{m/s}^2$，$\alpha_y=0.16\text{m/s}^2$，均小于规范限值 0.25m/s^2，满足结构舒适度要求。

风洞试验风荷载与规范风荷载作用下结构基底剪力及弯矩对比　　表 3-1

指标		规范风荷载	风洞试验风荷载			风洞试验最大值/规范计算值
			工况 1	工况 2	工况 3	
基底剪力（kN）	X 向	25421	25705	20419	12432	1.01
	Y 向	23702	24261	20546	12327	1.02
基底弯矩（kN・m）	X 向	4962262	4972074	3896116	2288908	1.00
	Y 向	4259300	4346003	3835230	2301127	1.02

注：工况 1 为 X、Y 向的基底倾覆弯矩最大的风荷载；工况 2 为 X、Y 反向的基底倾覆弯矩最大的风荷载；工况 3 为基底扭矩最大的风荷载。

4　结构方案优化与选型

本项目从建筑方案阶段即开始同步对结构体系进行多方面、多角度的研究。建筑概念设计时采用了带巨型斜撑的框架-核心筒结构体系，同时在底部大堂入口处采用巨型斜撑转换上部外框柱（图 4-1）。该结构方案可行，但存在以下几点不足：1）巨型斜撑对本项目来说刚度冗余量较大，且对设计与施工均有不利影响。2）外框柱在底部通高大堂顶部转换，属重要抗侧力构件的高位转换，不利于结构抗震。3）斜撑遮挡视野，对使用舒适性及景观视野品质不利。

图 4-1　建筑概念方案结构示意图

建筑概念设计阶段，通过与建筑师充分沟通，进行了以下几方面的优化：

（1）核心筒外围柱网。概念方案时建筑四角部均有柱，南北向柱网均匀布置；由于底部通高大堂需要而取消底部 9 层中柱，导致标准层该处柱网较大，需在 9 层设置转换结构转换出标准层的中柱。为改善不足，采用取消角柱、局部加大南北侧中间柱跨措施，以达到改善建筑角部区域的视野景观、提升建筑品质，并满足底部大堂外观及标准层结构受力的需要。

（2）抗侧结构体系。取消巨型斜撑，采用框架-核心筒结构体系。经多模型对比试算，通过合理设置框架-核心筒结构构件即可满足抗侧刚度要求，无须设置加强层。

（3）结构材料。材料的选择决定结构整体刚度、施工速度及综合造价，需综合评估。本项目经过多次比选，最终采用钢管混凝土柱＋钢梁＋钢筋桁架楼承板的方案。采用本方案，结构材料造价较常规钢筋混凝土方案高约 7000 万元，但能节省工期约 5 个月；钢管混凝土柱截面更小，可增加使用面积（底层约增加 17m^2，全楼约增加 800m^2），综合性价比更高。

（4）塔冠结构。方案中塔顶为高度约45m的幕墙，该幕墙传力方式需特别关注。经多方案试对比，最终确定核心筒部分剪力墙延伸至302m标高，幕墙柱在302m标高处设置一道水平支撑斜梁的结构方案（斜梁与柱间联系梁形成桁架，有助于提高塔冠结构南北向的抗侧刚度）。

（5）为尽可能获得更大的地下室使用面积，地下室外墙紧贴建筑红线，并采用基坑支护与侧壁两墙合一的永久地下连续墙。

5 结构分析

5.1 结构特点

（1）高度超高。主屋面高度为302m，超过规范中的混合结构适用高度190m（超限约59%）。

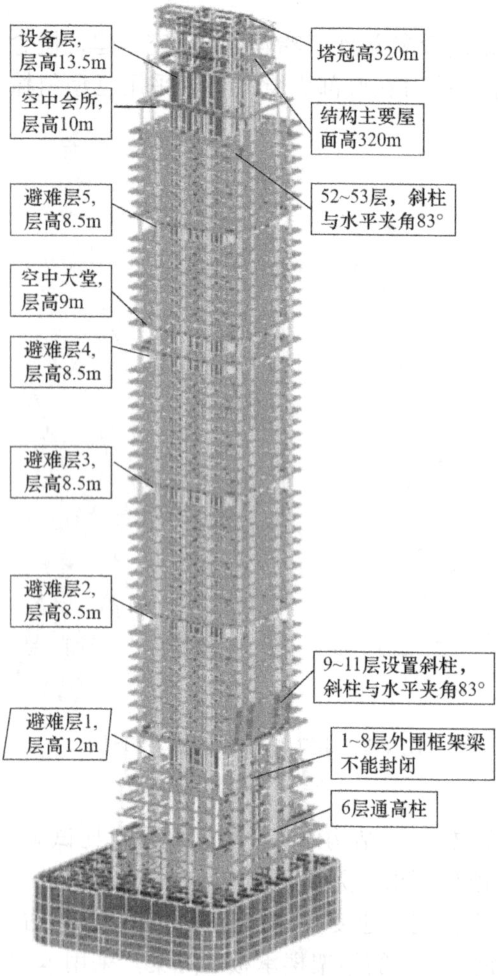

图5-1 塔楼计算模型

（2）层高不均匀。标准层层高4.5m，但存在较多层高突变的楼层：避难层1（8层）层高12m，其余避难层（17、27、37、46层）层高8.5m，空中大堂层（38层）层高9.0m。

（3）局部设置斜柱。塔楼南侧边柱在9～12层楼面采用斜柱，外移1650mm（斜柱与水平面夹角约为83°）；在52～53层建筑四角部柱设置斜柱以避免梁托柱转换。

（4）南北侧通高8层山形中空大堂。南北侧各有2根通高6层的柱，且1～8层的外围框架梁不能封闭。

（5）顶部层层退台。裙楼及顶部山形造型，结构上采用梁托柱转换实现柱内移。

5.2 弹性分析

塔楼计算模型如图5-1所示，采用YJK、ETABS两种软件进行计算对比分析。由表5-1可知，两种软件计算的周期、基底剪力等主要结果较为接近，规律较为一致，表明结构模型真实、可信，结构各项整体指标均符合规范要求。

此外，选取符合《抗规》要求的3条地震波进行弹性时程分析，结果表明，部分上部楼层反应谱计算值小于时程分析计算的包络值，设计时按时程分析包络值对楼层地震力进行放大。

结构整体计算结果 表 5-1

指标			YJK 软件	ETABS 软件
结构基本自振周期（s）	T_1		7.3914（Y 向）	7.148（Y 向）
	T_2		7.0322（X 向）	6.853（X 向）
	T_3		3.2908（扭转）	3.120（扭转）
基底剪力（kN）	地震作用	X 向	27646	25621
		Y 向	27646	24770
	风荷载作用	X 向	26830	26828
		Y 向	24852	24851
剪重比（规范限值）		X 向	1.090%（1.2%）	1.14%
		Y 向	1.074%（1.2%）	1.10%
最大层间位移角	地震作用	X 向	1/750（55 层）	1/828（55 层）
		Y 向	1/683（55 层）	1/766（55 层）
	风荷载作用	X 向	1/655（43 层）	1/633（42 层）
		Y 向	1/753（43 层）	1/782（42 层）
规定水平力作用下最大楼层位移比		X 向	1.15（1 层）	1.036（1 层）
		Y 向	1.21（仅 1 层，其余均不大于 1.2）	1.079（9 层）

5.3 弹塑性分析

采用 SAUSAGE 软件对结构进行大震作用下的动力弹塑性分析。计算了 3 条地震波，由表 5-2 可知，最大弹塑性层间位移角最大包络值 X 向为 1/139，Y 向为 1/155，均小于 1/125 的规范限值，满足大震作用下的性能目标要求。

各条地震波作用下结构最大层间位移角 表 5-2

指标	X 向		Y 向	
	基底剪力（kN）	最大层间位移角	基底剪力（kN）	最大层间位移角
人工波 1	119375	1/139（55 层）	107885	1/155（40 层）
天然波 1	126879	1/217（54 层）	124592	1/265（54 层）
天然波 2	141854	1/174（48 层）	137072	1/180（40 层）
大震弹塑性计算包络值	141854	1/139	137072	1/155
小震弹性时程包络值	30187	—	29861	—
大震包络值/小震	4.70	—	4.59	—

由图 5-2 可知：1）在大震作用下，塔楼剪力墙基本完好，仅底部局部剪力墙出现轻微到轻度损伤；塑性铰出现在连梁，可见连梁充分发挥了耗能能力，实现了“强墙肢弱连梁”的性能目标。2）底部钢管柱（包括裙楼柱、大堂穿层柱、南侧斜柱）及中上部钢管柱，基本未出现压缩损伤（仅上部柱局部出现压缩轻微损伤）；裙楼顶部的托柱转换柱及上部局部柱出现受拉轻微至中度损伤。说明这些部位的柱在大震作用下受力较大，施工图设计时应加强其配筋（加强钢管强度）。

综上分析，结构整体抗震性能良好，基本与预期塑性化过程吻合；上部柱局部出现受拉损伤，在施工图设计时需对托柱转换柱及上一层所托柱、塔楼上部钢管柱等采取加强钢管柱强度等措施。

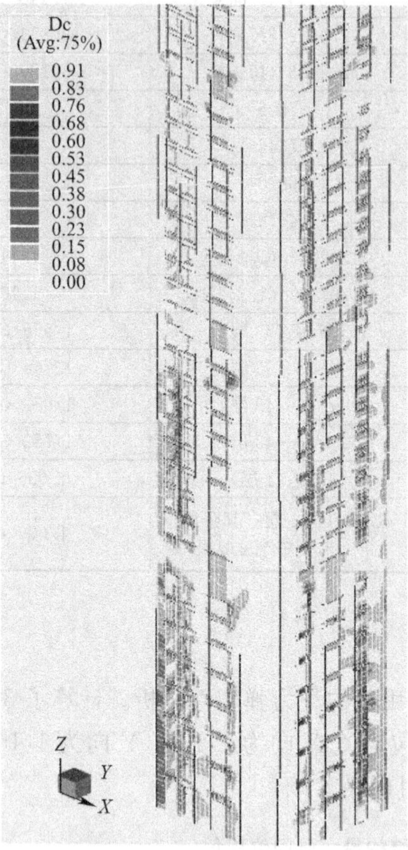

(a)塔楼中下部

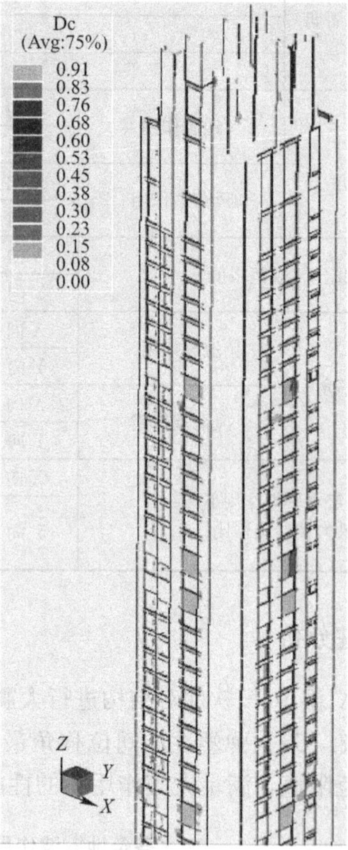

(b)塔楼中上部

图 5-2　人工波作用下结构 X 向剪力墙损伤图

6　关键构件分析与设计

6.1　基础设计

项目地下 5 层，底板底为中、强风化岩（局部存在微风化夹层），根据上部结构荷载及场地勘察报告揭露的地质情况，并综合考虑施工难易、进度要求、工程造价等多方面的因素，基础选型如下：1）地下室范围采用柱下局部加厚的筏板基础，以中风化岩为持力层（地基承载力特征值 $f_{ak}\geqslant1200kPa$）；2）塔楼墙柱采用大直径人工挖孔灌注桩基础，以微风化岩为持力层（岩石天然单轴抗压强度标准值 $f_{rk}\geqslant8MPa$）；3）地下室抗浮采用岩石锚杆。

底板及承台混凝土强度等级为 C35，大直径人工挖孔为 C50；底板厚 1.0m，柱下筏板局部加厚至 1.2～1.6m。塔楼桩径为 2800、3200mm，桩底直径扩大 800～1400mm；单桩承台厚 1.6m，核心筒下联合承台厚 2m；抗拔锚杆孔径为 200mm，单根锚杆抗拔承载力特征值 440kN，锚入中、微风化深度为 8.0m。

6.2 穿层柱及底部不封闭外框架影响分析

本工程在首层南、北侧有通高 8 层的山形大堂，导致⑥轴⑧轴的柱成为通高 6 层的穿层柱，以及 2～8 层外框梁无法拉通（图 6-1），形成不封闭外框架结构。由于穿层柱线刚度与周边柱差异较大，在罕遇地震作用下整体受力复杂，不封闭的外框架与规范的框架-核心筒结构受力上有一定差异，因此有必要对其进行专项分析。

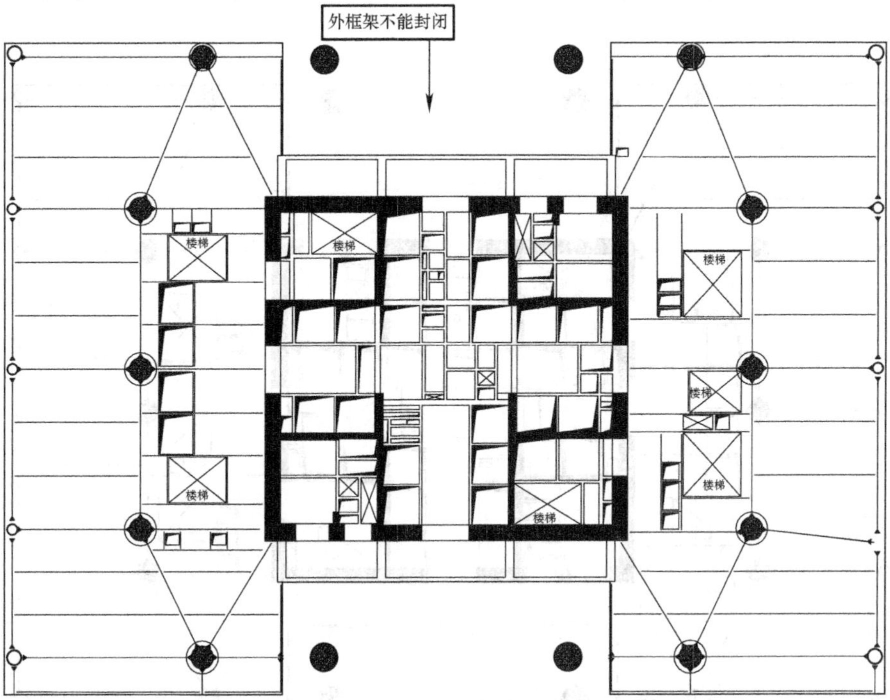

图 6-1 底部不封闭外框层典型平面布置图

6.2.1 穿层柱长径比分析

以北大堂穿层柱为例，穿层柱高 37.5m，钢管混凝土柱直径取 2000m，满足《钢管混凝土结构技术规范》GB 50936—2014 中关于长径比不大于 20 的规定。

6.2.2 穿层柱承载力分析

穿层柱按关键构件进行复核，由罕遇地震作用下的等效弹性计算可知，穿层柱最大应力比为 0.54，满足受力要求且有一定的承载力富余度。由弹塑性时程分析可知，在罕遇地震作用下，穿层柱未见压缩和受拉损伤。可见穿层柱能满足罕遇地震作用下的性能要求。

6.2.3 穿层柱有限元屈曲分析

对穿层柱进行了有限元屈曲分析，屈曲分析荷载工况组合系数为恒荷载 1.0、活荷载 0.5。以自由长度最长的北中庭穿层柱为例（柱高 $L=37.5$m，柱截面为 $\phi2000\times50$，内灌 C80 混凝土），计算的临界荷载系数为 18.15，临界荷载为 1101612.8kN。由欧拉公式推导

出计算长度系数 μ 为 0.59，小于软件采用的计算长度系数（最小为 0.94），且有一定的安全度。通过构件有限元屈曲分析，穿层柱承载力能保证受力要求。

6.2.4 底部不封闭外框架影响分析

为分析不封闭框架的影响，计算了外框封闭的对比模型，对比模型在 2～8 层外框的典型布置如图 6-2 所示。表 6-1 列出了两个模型主要计算参数差异，由表可知，两模型周期相差不大，可认为外框不封闭对整体结构影响不大。但 X 向（不封闭向）框架柱承担的地震剪力和地震倾覆弯矩差异较大（尤其是承担的地震剪力，外框不封闭时相差 10.1%），可见外框架不封闭削弱了外框架承担地震剪力及倾覆弯矩的能力。

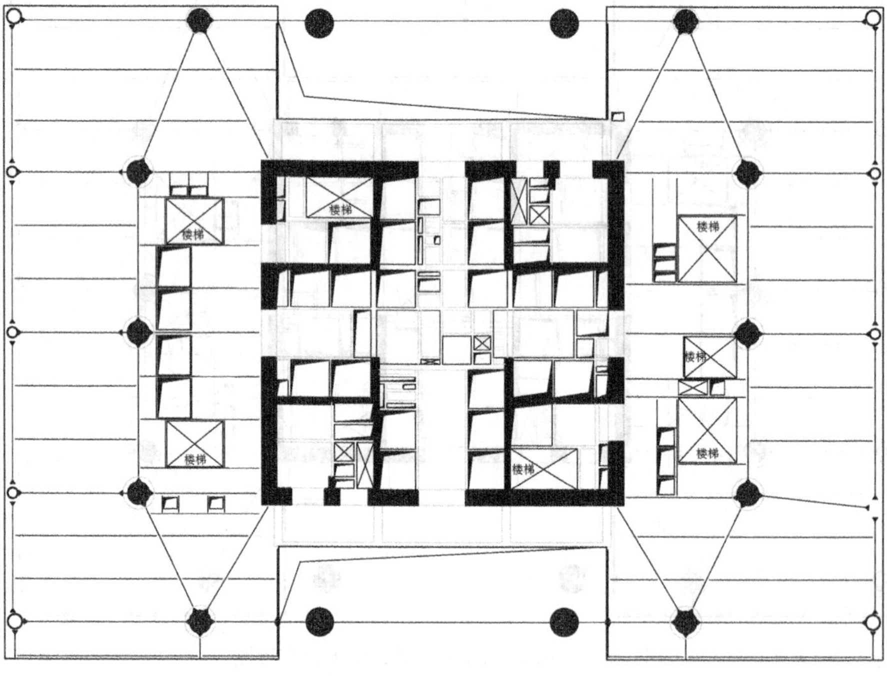

图 6-2 封闭外框对比模型的典型平面布置图

底部外框是否封闭对结构的典型影响分析 **表 6-1**

比较项		不封闭框架模型	封闭框架模型	变化率
基本周期（s）	T_1	7.3914	7.3906	−0.011%
	T_2	7.0322	7.0274	−0.068%
	T_3	3.2908	3.2822	−0.261%
首层框架柱承担的地震倾覆弯矩占比	X 向	17.1%	17.5%	2.34%
	Y 向	17.1%	17.1%	0
首层框架柱承担的地震剪力占比	X 向	6.21%	6.84%	10.1%
	Y 向	6.48%	6.5%	0.31%

通过上述分析，底部不封闭楼层（1～8 层）核心筒剪力墙加强为按承担 100%地震剪力进行构件设计。

6.3 斜柱设计

因建筑底部骑楼宽度需要，塔楼南侧外排柱在 9～12 层楼面处设置斜柱实现柱外移（柱中心偏 1650mm，斜柱与水平面夹角约 83°）。斜柱相关的楼面梁与核心筒斜柱向（Y 向）剪力墙相连，使斜柱产生的拉压力能直接传递至核心筒。在正常使用时，斜柱受竖向力产生的水平分量由相关楼面梁及楼板共同分担，在罕遇地震作用下楼板开裂后仅由梁承担。为保证斜柱受力安全，对相关楼面梁、楼板按不利工况分析，其中分析梁时不考虑楼板作用，分析楼板时采用弹性板模型。

通过分析可知：

（1）斜柱相关梁在竖向荷载 D+L 作用下拉、压力明显，与斜柱相连的楼面梁在斜柱底层（9 层）为压力，约 2050～5200kN，随着楼层增加，梁压力急剧减小后转变为拉力，并在斜柱顶层（12 层）拉力最大，约 1430～1820kN。而在地震作用下，梁拉、压力数值较小，不控制截面设计。

（2）斜柱产生的水平拉、压力能通过楼面梁传递给核心筒剪力墙及周边框架柱，传力途径直接、有效。

（3）楼板方面：斜柱底层（9 层）及上一层（10 层）楼板在斜柱跨（核心筒至外围斜柱范围）的应力以受压为主，9 层楼板压应力稍大，约 2～5MPa，小于楼板的受压强度，10 层稍小，仅约 1MPa。斜柱顶层（12 层）及下一层（11 层）楼板在斜柱跨的应力以受拉为主，12 层楼板拉应力稍大，约 1～3MPa，11 层稍小，约 1MPa。斜柱相关层（9～12 层）楼板在水平地震作用下的楼面应力不明显。

根据以上分析，结构设计时按如下考虑：

（1）全部与斜柱相连的框架梁按偏拉、偏压构件进行承载力设计，梁拉、压力采用不考虑楼板作用的模型内力。相关梁柱、梁墙节点设计按偏拉梁的内力进行设计，以确保节点受力安全。

（2）楼板方面，由于斜柱底层（9 层）同时为底部通高大堂的顶板层，本层配置双层双向配筋，单层单向配筋率不小于 0.25%。对于斜柱中间层（10、11 层），斜柱及相邻跨均配置双层双向配筋，单层单向配筋率不小于 0.25%。对于斜柱顶层（12 层），本层楼板斜柱跨及相邻一跨均配置双层双向钢筋，考虑裂缝因素控制钢筋应力水平不超 200MPa，因此单层单向钢筋配筋率提高至约 0.3%，为 ϕ10@180，沿受拉梁区域板钢筋根据应力水平加密，约加密至 ϕ10@90。

斜柱节点是结构成立的关键部位，采用 ABAQUS 软件对楼面受拉梁与剪力墙内钢骨连接（图 6-3）节点进行了有限元分析。该节点以拉力为主，建模时不考虑混凝土作用，采用弹塑性材料模拟，有限元模型如图 6-4 所示，受拉梁与钢骨连接区应力分布如图 6-5 所示，由图可知，受拉梁与钢骨柱连接区有较明显的应力集中现象。该处增加三角形过渡板后，应力集中现象明显改善（图 6-6）。在大震作用下，节点区域的 Mises 应力水平不超 300MPa，节点过渡板局部应力最大约 306MPa，均未超过材料强度设计值（节点区钢板材质加强为 Q345GJC），可见节点区域未发生屈服，传力有效。

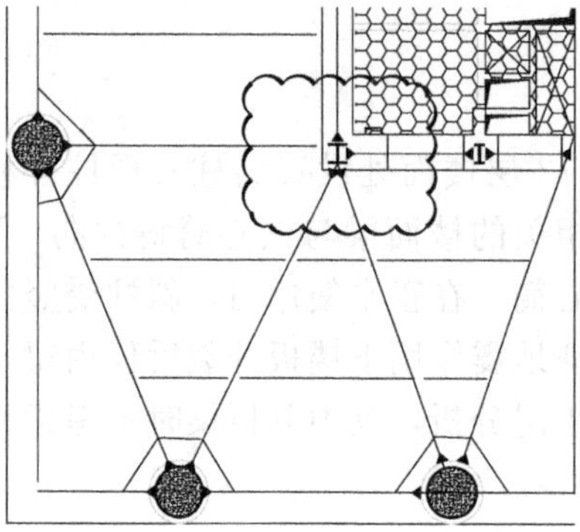

图 6-3　斜柱顶层（12 层）结构局部平面图

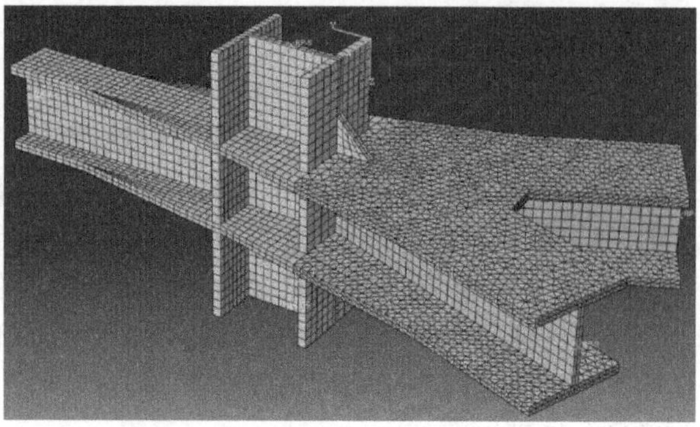

图 6-4　节点 ABAQUS 有限元模型

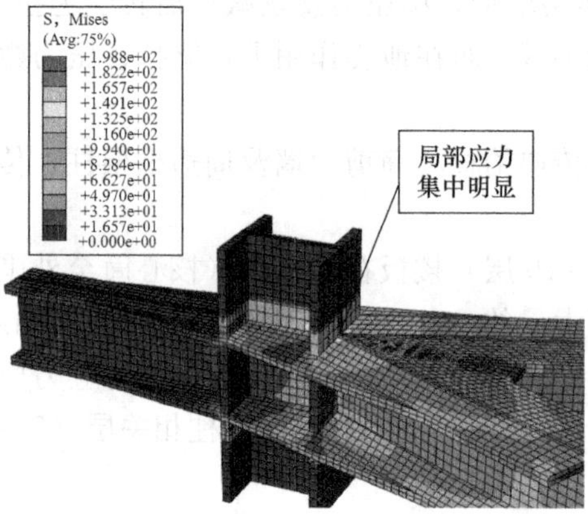

图 6-5　受拉梁与钢骨连接区应力分布图

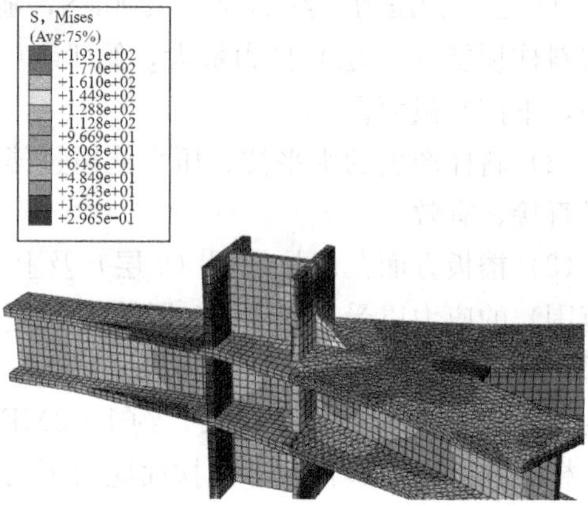

图 6-6　增加节点过渡板后的有限元分析结果

6.4　徐变分析

本工程结构体系为钢管混凝土框架+钢筋混凝土核心筒的混合结构，高度超过 300m，楼面梁与柱为刚接，与核心筒为铰接。混凝土材料在长期荷载作用下会产生徐变，而钢结构则无此特性。因此，有必要研究混凝土核心筒和钢管混凝土柱之间因核心筒徐变产生的影响。

采用 YJK 软件对混凝土核心筒轴向刚度进行折减（取 0.6，见广东省标准《高层建筑混凝土结构技术规程》DBJ 15—92—2013），计算了考虑徐变后对整体结构的影响，计算结果见表 6-2。

D+L 作用下考虑徐变后对结构的典型影响分析　　**表 6-2**

比较项		不考虑徐变模型	考虑徐变模型	考虑徐变后变化率
基本周期（s）	T_1	7.4186	7.4186	0%
	T_2	7.104	7.104	0%
	T_3	3.4405	3.4405	0%
底层柱	⑤×B 轴柱轴力（kN）	64716	66350	3%
	⑥×B 轴柱轴力（kN）	72246	74442	3%
	④×C 轴柱轴力（kN）	67782	69889	3%
	④×D 轴柱轴力（kN）	67923	70131	3%

续表

比较项		不考虑徐变模型	考虑徐变模型	考虑徐变后变化率
2层C轴东侧连接墙、柱的框架梁	梁端 M(kN·m)	561	620	11%
	梁底 M(kN·m)	493	463	−6%
	梁端 V(kN)	306	313	2%
	梁控制应力比	0.43	0.46	7%
2层东南角部外框梁	梁端 M(kN·m)	719	707	−2%
	梁端 V(kN)	411	409	0%
	梁控制应力比	0.4	0.4	0%
25层C轴东侧连接墙、柱的框架梁	梁端 M(kN·m)	21	361	1619%
	梁底 M(kN·m)	528	379	−28%
	梁端 V(kN)	166	204	23%
	梁控制应力比	0.69	0.85	23%
25层东南角部外框梁	梁端 M(kN·m)	124	72	−42%
	梁端 V(kN)	99	90	−9%
	梁控制应力比	0.6	0.62	3%
50层C轴东侧连接墙、柱的框架梁	梁端 M(kN·m)	113	403	257%
	梁底 M(kN·m)	504	376	−25%
	梁端 V(kN)	177	209	18%
	梁控制应力比	0.82	0.99	21%
50层东南角部外框梁	梁端 M(kN·m)	254	230	−9%
	梁端 V(kN)	127	124	−2%
	梁控制应力比	0.56	0.55	−2%

通过以上计算对比可知，当考虑混凝土徐变后：1）对整体结构的自重周期无影响，对整体结构弹性刚度、地震作用、风荷载等无影响。2）核心筒外围框架柱的柱底轴力均有增加，增加幅度约3%。3）连接核心筒与外围钢管柱的框架梁梁端弯矩增大，相应地，跨中弯矩减小，梁控制应力比有所增大，且塔楼中上部的增大幅度显著大于塔楼下部楼层。4）对各层外周边连接钢管柱的框架梁受力影响很小，基本可忽略。

综上分析，结构设计时拟包络考虑混凝土徐变的模型进行基础及结构构件设计。

7 点评

(1) 本项目结合建筑造型要求，通过对结构体系、柱网、塔冠等的优化及结构构件的灵活布置，做到了结构体系合理、传力简单可靠，确保结构设计的安全与经济。

(2) 通过对关键部位的专项分析，使整体结构获得了必要的安全度与可靠度，满足规范要求。为类似项目的结构设计提供参考。

32 星河湾总部大楼

关　　键　　词：混合框架-核心筒结构；核心筒收进；动力弹塑性分析
结构主要设计人：王维俊[1]　高玉斌[1]　韩建强[1]　陈　祥[1]　陈振华[1]　郭俊鸿[1]
谢　俐[1]　陈　晋[2]
设　计　单　位：1 广州市设计院集团有限公司；2 美国 SOM 建筑事务所

1　工程概况与设计标准

星河湾总部大楼位于广州琶洲西区，新港东路以北、琶洲大道以南，介于双塔路和琶洲南大街之间，总用地面积为 11839m^2，总建筑面积为 12.12 万 m^2，主要功能为办公。设置一栋超高层塔楼和 3 层地下室。

地下室 3 层，基础埋深为 15.200m，功能主要为人防、停车、商业；塔楼建筑高度为 279m，主屋面结构高度为 254.5m，地上 46 层，屋面以上设有冠顶。建筑效果图如图 1-1 所示，结构三维图如图 1-2 所示。

图 1-1　建筑效果图

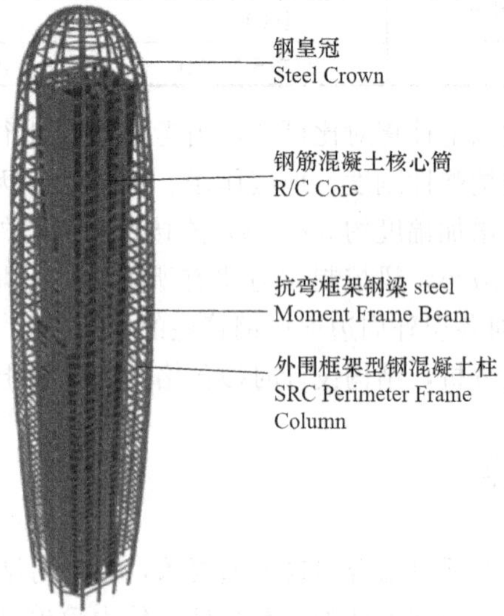

图 1-2　结构三维图

本项目的主要设计参数见表 1-1。

主要设计参数　　**表 1-1**

使用年限	50 年	基础设计等级	甲级
基本风压	0.5kN/m^2	地面粗糙度类别	C 类
安全等级	二级	抗震设防类别	丙类

注：广州市建筑集团有限公司科技计划项目资助项目（［2021］-kJ020）

2 结构体系及超限情况

2.1 结构体系

塔楼建筑高度 279m，为减小结构自重，外框柱采用钢管混凝土柱，外框梁和核心筒与外框之间的楼层梁采用钢梁，因此塔楼采用了混合框架（钢管混凝土柱+钢梁）-钢筋混凝土核心筒结构体系。

首层塔楼平面尺寸为 44.2m×44.2m，从首层以上开始逐层缩进至主屋面平面尺寸 30.1m×30.1m。由于向上逐层平面尺寸减小，核心筒外圈剪力墙也分多次收进（分别在第 5 层、31 层、40 层楼层标高将核心筒右侧、左侧、北侧剪力墙取消）并在 40 层最北面剪力墙退化为 3 根 500mm×1200mm 的框架柱，确保最大的建筑使用面积。低、高区结构平面布置如图 2-1、图 2-2 所示。

钢管混凝土柱主要截面为 D1350×35～D850×20，管内填充 C50～C60 混凝土，剪力墙厚度为 250～600mm。

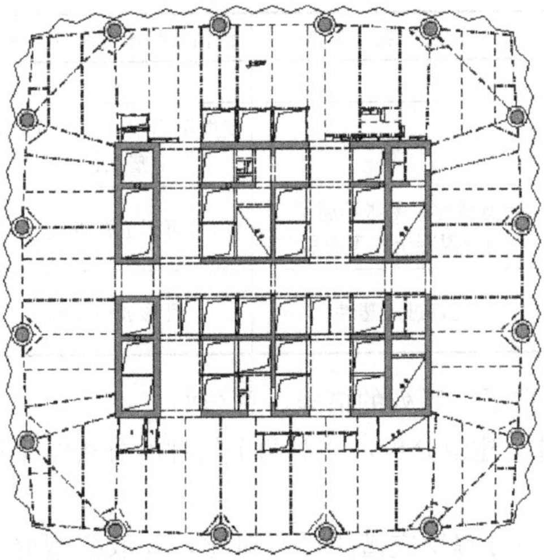

图 2-1 低区结构平面布置图

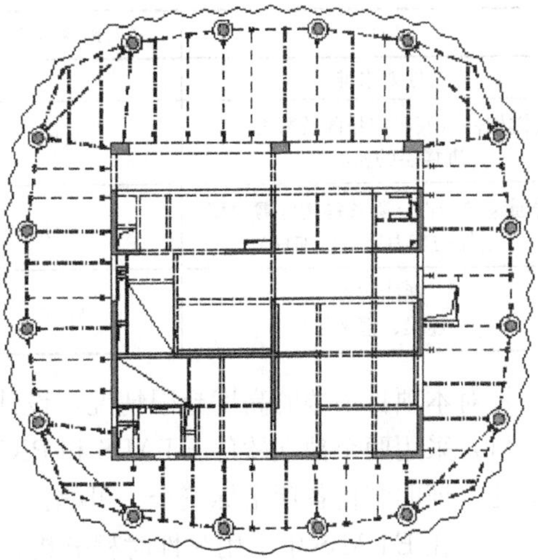

图 2-2 高区结构平面布置图

2.2 结构的超限情况

（1）楼板不连续。由于建筑功能需求，在 2 层核心筒两侧设置天井，导致楼板有效宽度仅 41%，小于楼板有效宽度不小于 50%的规定，属于楼板不规则。

（2）侧向刚度不规则。根据《高层建筑混凝土结构技术规程》JGJ 3—2010（下文简称《高规》），与上层侧向刚度的比值不宜小于 0.9（本层层高大于上层层高的 1.5 倍时，不宜小于 1.1），底部嵌固层不宜小于 1.5。第 4、21、31、41 层与上层的侧向刚度比值分别为 1.089、1.049、1.047、0.965，但该层层刚度均大于上层的 1.5 倍，因此属于侧向刚度不规则。

（3）局部不规则。由于建筑造型原因，塔楼柱从底层开始向上往塔楼内逐层收进，为避免柱转换，结合建筑造型，采用每层不同角度的斜柱，属于局部不规则项。

虽然本项目塔楼仅存在楼板不连续、侧向刚度不规则 2 项不规则，但主屋面结构高度 254.5m，冠顶建筑高度 279m，属于超 B 级高度的超高层建筑。

3 超限应对措施及分析结论

3.1 超限应对措施

3.1.1 分析模型及分析软件

小震：采用 PKPM、ETABS 两个软件分别进行小震分析，并对结构主要指标进行对比。

中震：采用 ETABS 模型进行中震计算。

大震：采用 Perform-3D 软件进行大震作用下的动力弹塑性分析。

3.1.2 抗震设防标准、性能目标及加强措施

结合抗震设防类别、设防烈度、建造费用以及震后损失和修复难易程度，本项目抗震性能目标选定为 C 级。各构件抗震性能水准见表 3-1。

各构件抗震性能水准 表 3-1

项目	多遇地震（小震）	设防烈度地震（中震）	预估的罕遇地震（大震）
性能水准	1	3	4
关键构件（底部加强区及剪力墙收进楼层的核心筒）	弹性	弹性	受剪不屈服，受弯可形成塑性铰
普通竖向构件（除关键构件剪力墙之外的剪力墙、框加柱）	弹性	受剪弹性、受弯不屈服；钢管混凝土柱不屈服	可形成塑性铰
耗能构件（连梁、框架梁）	弹性	允许进入塑性	可形成塑性铰

针对本项目塔楼的高度超限情况，设计中采取了一系列的措施，总结如下：

（1）采用两个独立软件 ETABS 和 PKPM 进行建模分析，并对两个软件的分析结果进行对比，证明结构各项指标安全、可靠。

（2）在 ETABS 中采用弹性时程分析，与振型分解反应谱法进行对比，并取振型分解反应谱法、弹性时程分析平均值两者的大值，调整楼层地震剪力放大系数。

（3）在 Perform-3D 中采用动力弹塑性时程分析对结构大震作用下的抗震性能进行评估，并找出薄弱部位，提出加强建议。

（4）底部加强区（地面层以上 4 层，34m）和 29～31 层核心筒转换区的剪力墙设计为 $P\text{-}M$ 中震弹性和斜截面抗剪中震弹性，大震抗剪截面控制。

（5）外围框架采用延性优良的钢管混凝土柱。外框柱按中震不屈服进行控制。

（6）在多道防线的处理上，外框地震剪力按底部总剪力 20%和除转换层外最大层框架剪力 1.5 倍二者的较小值调整。

（7）在楼板不连续的 2 层，周边框架是连续的，框架高度为 16.0m，因此在主轴方向，没有明显的长短柱情况，在柱的弱轴方向，柱的有效高度为 22.9m。强度验算根据两个方向的有效柱高进行，方法按穿层柱处理。

（8）斜柱导致楼面梁板受拉，对梁板进行设计时，考虑斜柱的影响。

3.2 分析结果

3.2.1 不同分析软件结果对比

采用 SATWE、ETABS 两种分析软件，分别对塔楼进行小震整体指标分析，两种软件的分析结果对比见表 3-2，可见两个软件计算接近，均满足规范的相应要求。

3.2.2 计算嵌固端的确定

地下一层层高 7.0m，首层层高 16.0m，由于首层的层高达到地下一层层高的 2.28 倍，X、Y 两个方向地下一层的侧向刚度分别为首层的 4.5 倍和 4.4 倍，满足《高规》第 5.3.7 条当地下室顶板作为上部结构嵌固部位时地下一层与首层侧向刚度比不宜小于 2.0 的要求。因此，地下室顶板作为塔楼的嵌固端。

SATWE 和 ETABS 分析结果对比 **表 3-2**

指标	SATWE 分析结果	ETABS 分析结果	比值
质量（t）（恒+0.5 活）	1272597	1259274	1.01
周期（s）	T_1：5.87 T_2：5.64 T_3：3.18	T_1：5.70 T_2：5.54 T_3：3.24	1.03 1.02 0.98
地震作用基底剪力（kN）	X：15271 Y：15269	X：15110 Y：15110	1.01 1.01
风荷载作用基底剪力（kN）	X：17763 Y：18150	X：19640 Y：19640	0.90 0.93
地震作用层间位移	X：1/892 Y：1/892	X：1/1053 Y：1/975	1.18 1.09
风荷载作用层间位移	X：1/697 Y：1/647	X：1/781 Y：1/699	1.12 1.08

3.2.3 核心筒剪力墙收进部位对层间位移角影响

由于离地面越高，风压高度系数越大，建筑单位面积承受的风荷载也就越大，因此超高层建筑一般高区的每层建筑面积远小于低区的建筑面层。为尽量增加建筑使用面积，核心筒的面积也需根据建筑功能进行收进，本塔楼在 5、31、40 层核心筒剪力墙均有收进，结构层间位移角如图 3-1 所示。从图中可以看出，由于核心筒收进，导致除在层高变化处和剪力墙收进处结构刚度发生变化，层间位移角也发生变化。

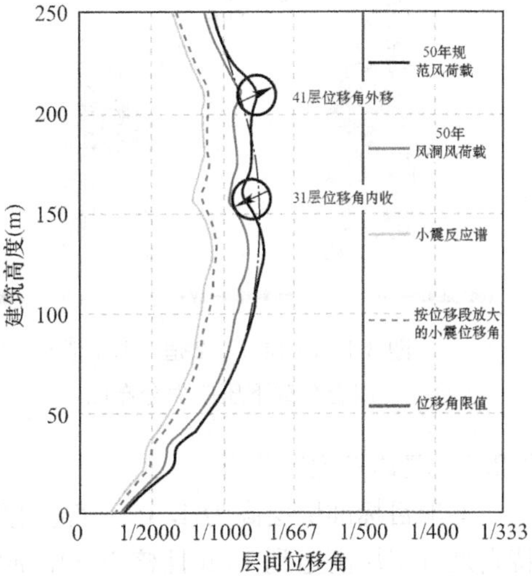

图 3-1 层间位移角

因核心筒北侧在 40 层楼板标高收缩转换，最北侧墙最高点为 40 层楼板面，且北侧第二道墙在 40 层以上退化为 3 根 500mm×1200mm 的柱子，造成41层相对下层 X 方向抗侧刚度减小。位移角外凸原因合理。

3.2.4 剪力墙收进部位分析

本项目存在剪力墙收进且在剪力墙收进部位存在转换梁，该位置的传力模型为剪力墙通过连梁将墙体荷载传递给邻侧的剪力墙，剪力墙和转换梁受力较复杂且存在应力集中现象，属于结构薄弱，因此需对该位置进行重点分析，同时根据本项目设定的性能目标，该位置属于结构的关键构件。

对于剪力墙收进且同时存在局部转换的位置，按性能目标中震弹性进行设计，采用有限元软件ETABS对该位置进行分析，转换梁和剪力墙均采用壳单元进行模拟。

以31层北侧墙肢为例，对该墙体位置在重力荷载组合（1.2恒+1.4活）作用下的压应力与剪力，以及中震弹性组合下的剪应力进行分析。从图3-2～图3-5可见，若不采取任何措施，则剪应力将超过C60混凝土的容许应力，故采取加强措施，在剪力墙内部设置H300×150×50×50型钢。此外，转换梁还承受较大的轴力，连梁按拉弯构件进行承载力验算。

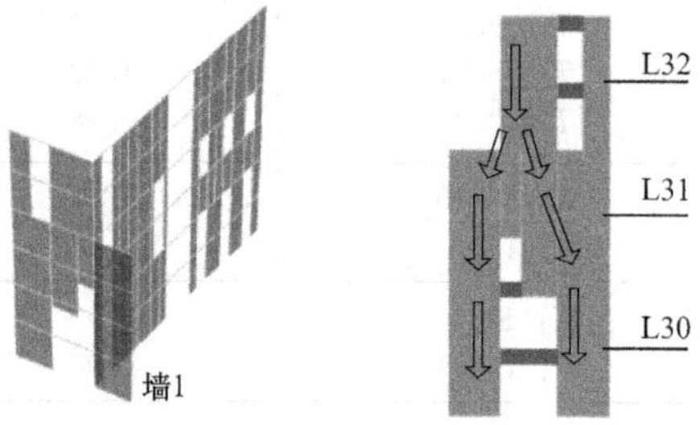

图3-2　31层核心筒收进转换位置示意图

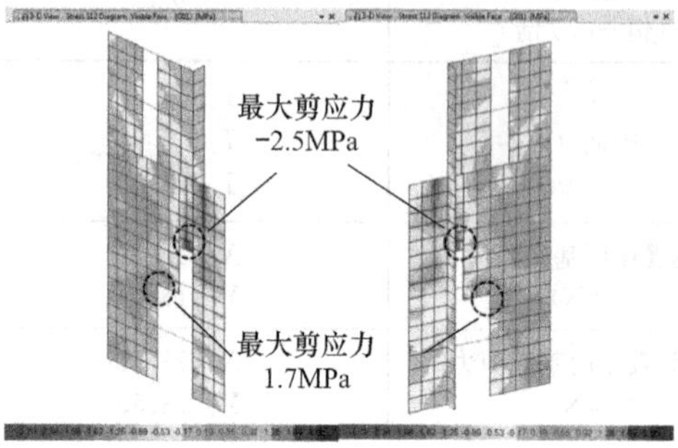

图3-3　31层（1.2恒+1.4活）组合荷载下剪力分布图

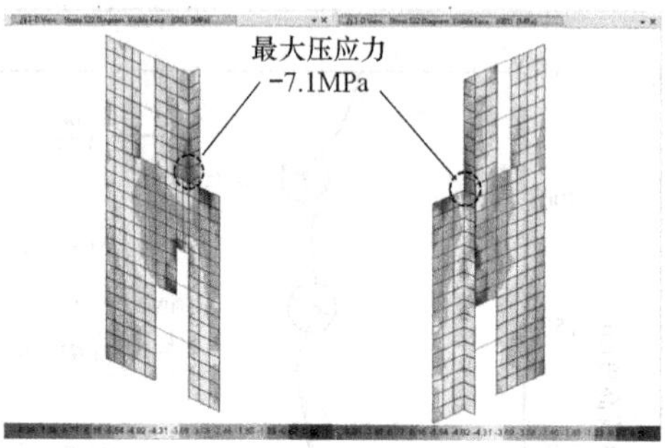

图3-4　31层（1.2恒+1.4活）组合荷载下压应力分布图

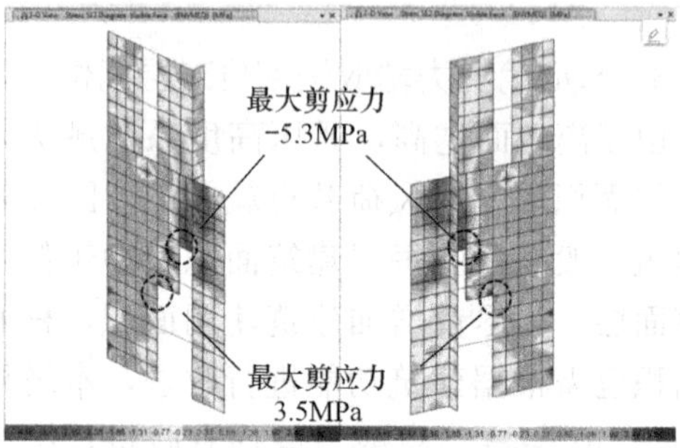

图3-5　31层中震弹性包络组合下的剪力分布图

3.2.5 墙体稳定性分析

本项目标准层层高为4.3m，部分楼层因建筑功能的需求，建筑层高为7.1m、8.6m，特别是首层层高达到16m且核心筒中部的剪力墙墙厚仅400～600mm，因此墙体稳定是本项目的主要关注点之一。

由于《高规》中剪力墙稳定性计算采用的是简化算法，而SATWE软件的按该规范计算剪力墙的稳定性，因此剪力墙的稳定性采用 ETABS 软件的屈曲分析功能进行验算。

屈曲分析结果表明，由于首层层高过高，导致首层剪力墙屈曲失稳。为确保剪力墙的稳定性，采用在首层层高中间位置增加垂直于剪力墙方向的楼层梁加强剪力墙平面外的刚度的方法，重新进行屈曲分析，剪力墙的屈曲因子大于 1.0，确保了剪力墙的稳定性。

3.2.6 框架剪力分析

由于本塔楼的柱子为倾斜柱，在地震作用下，柱子轴力产生的水平分力会平衡掉一部分外框柱实际根据刚度分配的剪力。为了剔除由于倾斜柱中轴力的水平分量对外框剪力分担计算的干扰，根据每根倾斜柱的倾角及轴力的不同，进行了柱子的剪力修正，剔除了轴力水平分量的干扰。选取一层为隔离体，进行框架承担地震作用下的剪力分析，如图 3-6 所示。

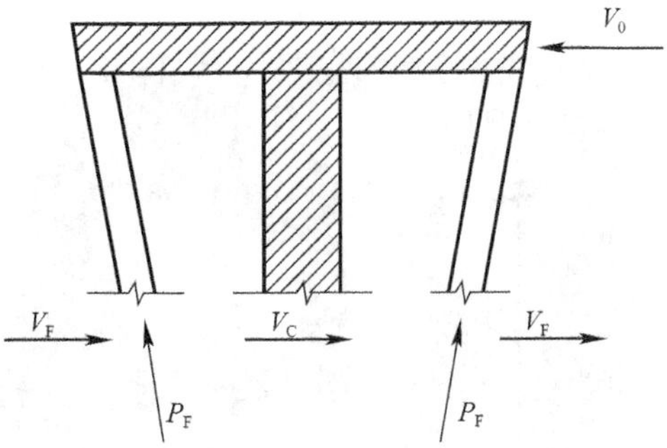

图 3-6 隔离体受力分析图

$$V_0 = V_c + \sum V_F - \sum (P_F \cos\theta) \tag{3-1}$$

式中：V_0——地震作用下的楼层剪力；

V_c——楼层核心筒承担的地震作用下的剪力；

ΣV_F——框架柱分配到的地震作用下的剪力；

P_F——地震作用下的框架柱轴力；

θ——框架柱和楼层标高的夹角。

根据式（3-1）和隔离体受力分析，可得核心筒、框架柱承担的剪力百分比计算式为：

$$\text{核心筒承担的剪力百分比} = \frac{V_c}{V_0} \times 100\% \tag{3-2}$$

$$\text{框架柱承担的剪力百分比} = \frac{\sum V_F}{V_0} \times 100\% = \frac{V_0 - V_c + \sum (P_F \cos\theta)}{V_0} \times 100\% \tag{3-3}$$

按上述公式对框架柱的剪力复核后发现，仅首层、3 层框架柱承担的剪力百分比小于 10%，但大于 5%（7.2%～9.0%）。

3.2.7 楼板应力分析

由于外圈的框架柱由底部向上逐层收进，塔楼沿高度方向逐层缩进，同时核心筒在 5、31、40 层分别收进，核心筒和斜柱的变化使楼层以及相邻楼层板产生较大的拉力。

在框架柱的轴力作用下，导致框架柱与核心筒之间的钢梁、楼板受拉，特别是地上框架柱均为斜柱的情况，钢梁和楼板的拉力分析是本项目设计应关注的重点之一。对此主要在以下几个方面采取措施：

（1）钢梁与框架柱直接相连，楼板钢筋仅伸至钢柱边。钢梁受弯验算时，钢梁直接承担框架柱水平方向的分力，强度乘以折减系数（1-a），a 为钢梁轴压（拉）比，确保整个截面的应力比小于 1.0。

（2）采用有限元软件分析斜柱和核心筒收进引起的楼板拉、压力。楼板配筋除考虑竖向荷载外，还考虑水平拉、压力对楼板的影响。

（3）为保证钢梁与楼板的共同作用，钢梁的栓钉数量不仅应满足组合梁的栓钉的数量要求，还要满足楼板水平拉压力所需的栓钉数量。

采用ETABS软件对塔楼进行楼板应力分析，以核心筒收进楼层31层为例，分析结果如图3-7、图3-8所示。从图中可以看出，地震作用下楼板拉应力约为1.4MPa，1.0恒荷载+0.5活荷载+1.0地震作用下的楼板水平应力X向、Y向拉应力分别为2.3MPa、2.7MPa，楼板的水平应力按小震不屈服进行配筋设计。

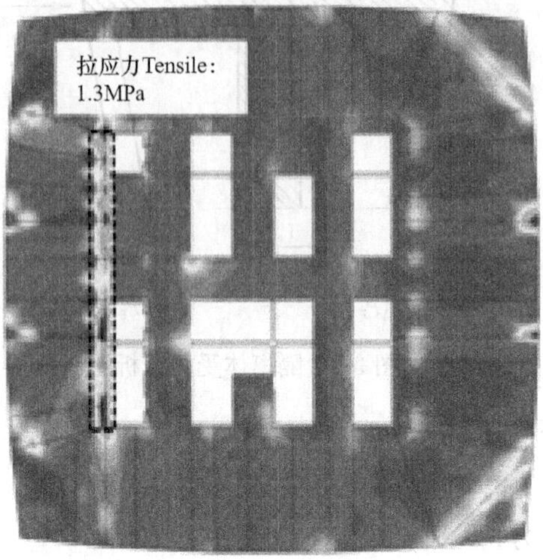

图3-7　31层X向地震作用下楼板应力

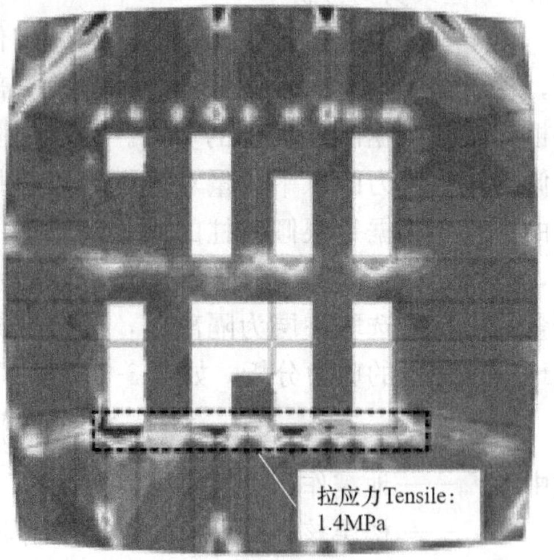

图3-8　31层Y向地震作用下楼板应力

3.2.8　“皇冠”分析

“皇冠”通过外框架柱向上弯曲向中心汇集后交于一点，同时每隔一定高度设置一道圆形结构梁，增加“皇冠”的总体刚度。由于“皇冠”框架柱仅在一个方向与楼层相连，因此屈曲失稳问题是其主要关注点。

为确保在各种荷载组合作用下，“皇冠”均不失稳而破坏，分别对1.2恒+1.4活、1.35恒+0.98活、（1.2恒+0.5活）+0.28风+1.3地震、1.2恒+0.98活+1.4风，几种不同荷载组合下的“皇冠”屈服进行分析，得出在地震组合作用下的屈服模态因子最小，为20.0，但远大于1.0，因此“皇冠”不会因屈曲失稳而破坏。

“皇冠”与主屋面相连处，由于造型原因，“皇冠”框架柱会传给主屋面结构较大的拉力，因此主屋面的楼板配筋应加强，同时，主屋面楼层钢梁应能平衡“皇冠”框架柱的水平分力。

3.2.9　动力弹塑性分析

针对工程特点，采用Perform-3D软件进行结构在罕遇地震作用下的弹塑性分析，以了解结构由弹性到屈服的全过程行为，判断该结构是否存在薄弱区域。

采用Perform-3D软件进行大震作用下的弹塑性分析。以办公塔楼为例，大震弹塑性的基底剪力与大震弹性、小震弹性的基底剪力比值见表3-3。

大震弹塑性与弹性基底剪力比值　　**表3-3**

项目		地震波1	地震波2	地震波3	地震波4
X方向	大震弹塑性基底剪力	63188	74464	60936	57981
	大震弹性基底剪力	101961	110799	91561	89114
	比值	62%	67%	67%	65%

续表

项目		地震波 1	地震波 2	地震波 3	地震波 4
Y 方向	大震弹塑性基底剪力	67242	79544	70589	59445
	大震弹性基底剪力	115225	128439	105423	102700
	比值	58%	62%	67%	58%

大震弹塑性和大震弹性底部剪力的比值约为 58%～67%，表明本塔楼在大震下非线性特征明显，地震能量得到了有效消散。

在考虑双向地震作用组合的前提下，X、Y 向最大弹塑性层间位移角分别为 1/154、1/155，均小于《建筑抗震设计规范》GB 50011—2010（2016 年版）对大震层间弹塑性位移角 1/100 的限值要求，实现了结构“大震不倒”的抗震性能目标。

4 抗震设防专项审查意见

本项目于 2016 年 9 月 8 日在广州大厦 716 会议室进行超限高层建筑工程抗震设防专项审查。专家组提出审查意见如下：

（1）完善送审文本和抗震性能目标。

（2）进一步加强剪力墙收进部位和转换墙及其洞口下部的连梁、板的抗震性能，其上下两层范围墙按特一级抗震设防；41 层北侧墙上立柱宜加型钢。

（3）“皇冠”结构与其支承层应进一步加强，标准层框架梁布置宜优化。

（4）基础设计应进一步优化。

审查结论：通过。

5 点评

本项目属于超 B 级高度的高层建筑，存在局部楼层层高极大（首层层高达 16m）、全楼框架柱均为斜柱、楼板开大洞以及“皇冠”设计等较多难点和重点。

针对本项目的特点，对每处重点关注的问题均采用有限元软件进行分析论证，同时结合审查专家意见，确保结构安全，为后期同类型的项目提供经验。

33 厦门国贸金融中心

关　　键　　词：B级高度；大底盘连体；型钢混凝土墙柱；性能设计
结构主要设计人：赵松林　朱祖敬　吕　鹏　刘洪亮　李　翔　彭水力　雷　磊
周　定
设　计　单　位：广州市设计院集团有限公司

1　工程概况

厦门国贸金融中心项目场地位于厦门岛东部湖里高林板块，北临仙岳路，距离翔安隧道出口约700m；西临湖里万达广场、湖边水库；南临高林小学（未来也将作为金融中心办公用地）；东临金融中心A2地块，距环岛干道约800m，项目总用地面积约2.43万m^2。

项目建成为包含办公及商业等功能的建筑综合体，总建筑面积约25万m^2，其中裙楼以上的塔楼建筑面积约10.9万m^2。

本工程地下4层，商业裙楼4层（局部5层），2栋连体写字楼塔楼各30层。塔楼主要屋面结构高度为135.5m，建筑物埋深约为16.6m，结构体系采用框架-剪力墙结构，属于B级高度的连体高层建筑（26层及以上层通过钢结构刚性连接连为一体）。层高自下而上分别为：3.6m（－4～－2层）、5.8m（－1层）、6.4m（1层）、5.6m（2～4层）、5.5m（5层）、4.2m（6～16层）、5.6m（17层）、4.2m（18～29层）、4.6m（30层）。

图1-1为项目建成后的实景图，图1-2为塔楼标准层平面图。

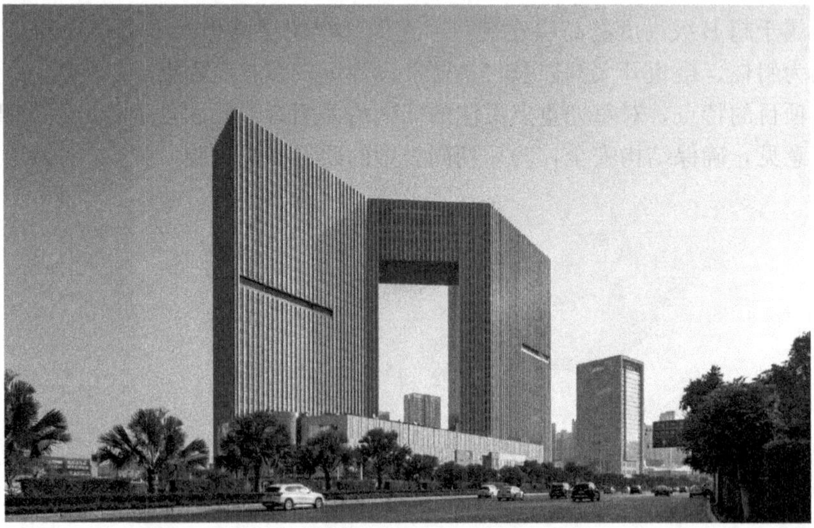

图1-1　项目实景图

注：广州市建筑集团有限公司科技计划项目资助项目（[2021]-kJ020）

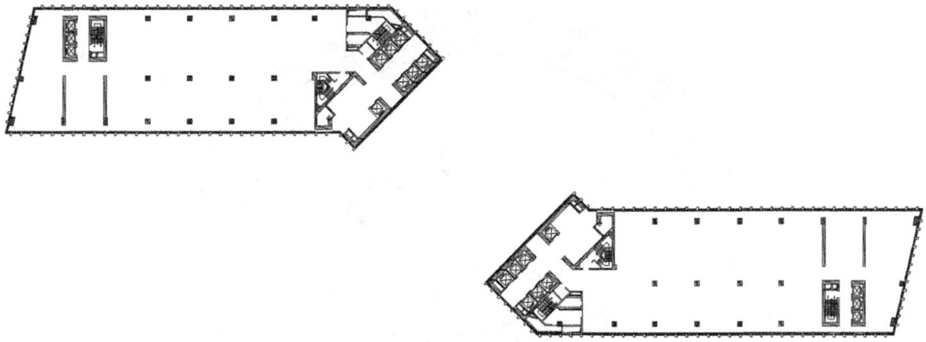

图 1-2　塔楼标准层平面图

2　设计参数

2.1　结构基本参数

本工程的设计使用年限为 50 年，建筑结构的安全等级为一级，结构重要性系数 $\gamma_0=1.1$。地基基础设计等级为甲级。

根据《建筑工程抗震设防分类标准》GB 50223—2008，本工程为重点设防类（乙类）建筑。本工程抗震设防烈度为 7 度，设计基本地震加速度为 0.15g，设计地震分组为第二组。主要结构构件的抗震等级见表 2-1。

主要结构构件的抗震等级　　**表 2-1**

楼层	构件		备注
	框架	剪力墙	
地下 3 层	三级	二级	—
地下 2 层	二级	一级	—
地下 1 层	一级	特一级	—
首层及以上层	一级	特一级	连体钢结构抗震等级一级

2.2　风荷载

根据《建筑结构荷载规范》GB 50009—2001（2006 年版）及《高层建筑混凝土结构技术规程》JGJ 3—2010（下文简称《高规》）的规定，本工程重现期 50 年的基本风压 $w_0=0.80\text{kN/m}^2$，地面粗糙度为 A 类，建筑体型系数为 1.4。本工程为“立面开洞的连体建筑”，补充进行了风洞试验。在风洞试验中选取 36 个风向角（0°～350°）进行动力响应计算，风向角间隔 10°，如图 2-1 所示，即对于所有进行风洞试验的风向角均进行风致响应分析。报告给出最不利方向的等效静力风荷载以指导设计。

2.3　场地地震安评报告

根据《厦门国贸金融中心工程场地地震安全性评价报告》，表 2-2 给出规范时程加速度峰值、反应谱参数与安评报告参数的比较。图 2-2～图 2-4 为规范地震反应谱与安评报告地震反应谱的比较。

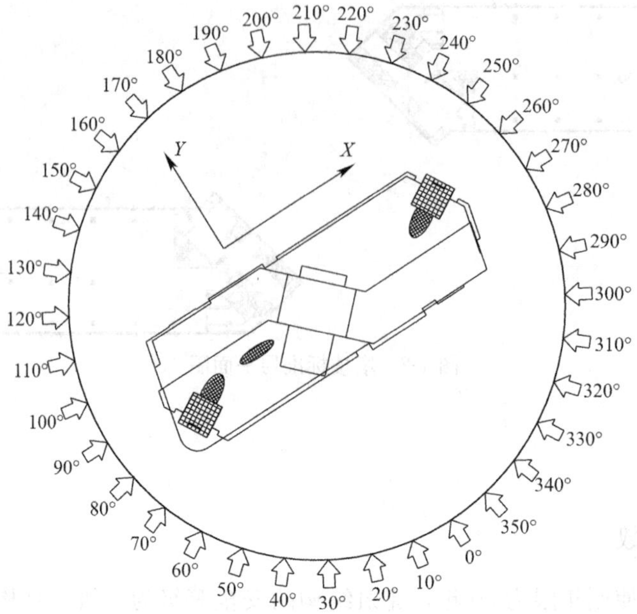

图 2-1 风洞试验方向角

规范时程加速度峰值、反应谱参数与安评报告参数的比较 **表 2-2**

项目		超越概率水准		
		50 年 63% （多遇地震）	50 年 10% （设防地震）	50 年 2% （罕遇地震）
峰值加速度平均值 (gal)	规范	55	150	310
	安评报告	61	178	324
α_{max}	规范	0.12	0.34	0.72
	安评报告	0.137	0.401	0.729
T_g	规范	0.40	0.40	0.45
	安评报告	0.45	0.50	0.55
γ（阻尼比 0.05）	规范	0.9		
	安评报告	0.9		

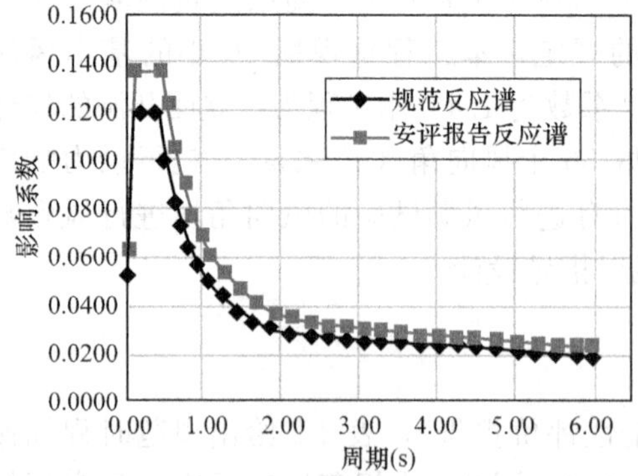

图 2-2 多遇地震规范反应谱与安评报告比较

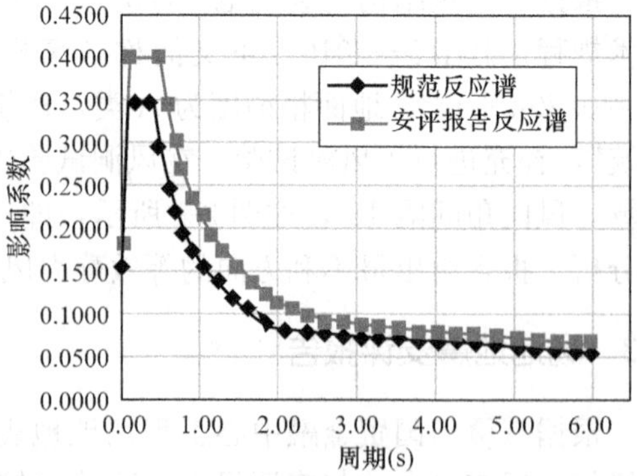

图 2-3 设防地震规范反应谱与安评报告比较

从以上比较可见，安评报告提供的地震参数均比规范取值稍大。本工程结构分析地震参数的选用原则如下：多遇地震取安评报告参数，设防地震取规范参数，预估罕遇地震取规范参数。

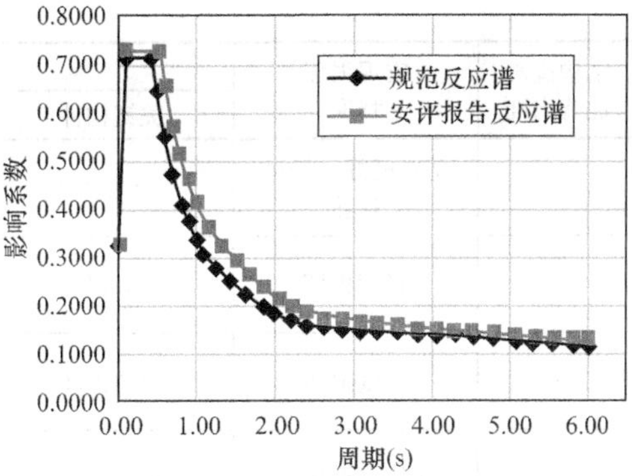

图 2-4　罕遇地震规范反应谱与安评报告比较

3　结构方案选型

本工程属于 B 级高度的连体高层建筑（26 层及以上层通过钢结构刚性连接连为一体）。裙楼以上分为南、北两栋塔楼，均采用框架-边筒剪力墙结构，边筒剪力墙布置在两栋塔楼的连体侧，两栋塔楼的另一侧设置剪力墙。为了减小柱截面尺寸，增大建筑面积使用率，同时又能控制适当的轴压比，本工程塔楼中、下部的框架柱采用具有优良抗震性能的型钢混凝土柱。两栋塔楼在 114.1m 通过钢结构连为一体，连体结构净跨 40.2m。在 26 层设置整层的双向钢桁架支承上部钢框架结构。钢结构桁架上、下弦杆及腹杆均采用箱形截面的钢梁，钢材采用 Q390GJC，截面尺寸分别为 1200mm×500mm×50mm×65mm（下弦），1200mm×500mm×50mm×65mm（上弦），600mm×500mm×50mm。钢桁架与埋置于核心筒剪力墙内的钢骨刚性连接。结构三维模型如图 3-1 所示。

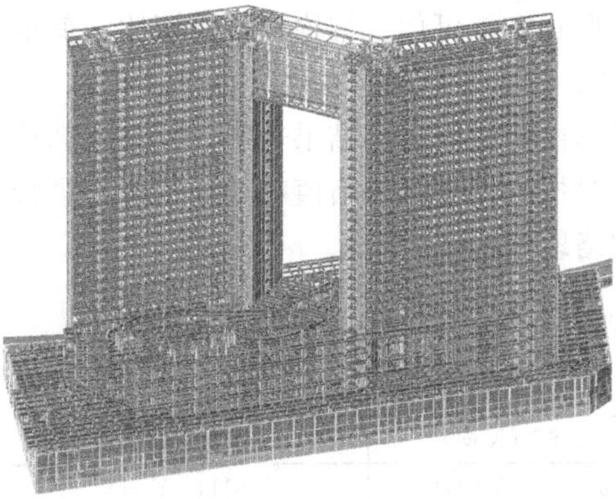

图 3-1　结构三维模型

根据《关于印发〈超限高层建筑工程抗震设防专项审查技术要点〉的通知》（建质〔2010〕109 号）及《高规》，本工程属于扭转不规则、竖向尺寸突变、楼层受剪承载力突变、大底盘、连体的 B 级高度复杂超限高层建筑。

4　结构设计

4.1　结构抗震性能目标

本工程的结构抗震性能目标取《高规》表 3.11.1 的 C 级要求，即要求在多遇地震作用下，满足性能水准 1；在设防烈度地震作用下，满足性能水准 3；在预估的罕遇地震作用下，满足性能水准 4。各性能水准下结构预期的震后性能状况见表 4-1。

抗震性能目标　　表 4-1

结构抗震性能水准	宏观损坏程度	关键部位			继续使用的可能性
		关键构件	普通竖向构件	耗能构件	
1	完好、无损坏	无损坏	无损坏	无损坏	不需修理即可继续使用

续表

结构抗震性能水准	宏观损坏程度	关键部位			继续使用的可能性
		关键构件	普通竖向构件	耗能构件	
2	基本完好、轻微损坏	无损坏	无损坏	轻微损坏	稍加修理即可继续使用
3	轻度损坏	轻微损坏	轻微损坏	轻度损坏、部分构件中度损坏	一般修理即可继续使用
4	中度损坏	轻微损坏	部分构件中度损坏	中度损坏、部分构件比较严重损坏	修复或加固后可继续使用
5	比较严重损坏	中度损坏	部分构件比较严重损坏	比较严重损坏	需排险大修

4.2 结构整体计算分析

本工程结构分析运用SATWE（2010）和ETABS（V9.7.0）程序对结构进行弹性分析，结果见表4-2。由表4-2可知，SATWE、ETABS两种软件计算的主要结果（周期、基底剪力）较为接近，规律较为一致，表明结构模型真实、可信。结构扭转周期比、剪重比、层间位移角、扭转位移比等指标均符合规范要求。

选取符合规范要求的7条地震波对结构进行了弹性时程分析，结果表明，部分上部楼层反应谱计算值小于时程分析计算的包络值，设计时按时程分析包络值对楼层地震力进行放大（该放大系数需与剪重比各层剪力放大系数包络取值）。

结构整体计算结果　　表4-2

指标			SATWE软件	ETABS软件
结构基本自振周期（s）	T_1		3.2367（X向）	3.0761（X向）
	T_2		2.7761（Y向）	2.8114（Y向）
	T_3		2.6648（扭转）	2.7246（扭转）
基底剪力（kN）	地震作用	X向	89500	86550
		Y向	103353	99020
	风荷载作用	X向	25148	24900
		Y向	73927	70680
剪重比（规范限值）		X向	2.70%（1.2%）	2.63%
		Y向	3.12%（1.2%）	3.00%
最大层间位移角	地震作用	X向	1/899（12层）	1/1048（12层）
		Y向	1/1089（20层）	1/1113（18层）
	风荷载作用	X向	1/2787（11层）	1/3813（11层）
		Y向	1/1274（18层）	1/1245（15层）
规定水平力作用下最大楼层位移比		X向	1.02（25～30层）	1.04（12、13层）
		Y向	1.30（29、30层）	1.18（10～19层）

4.3 基础设计

根据福建省地质工程研究院2012年8月提供的《工程地质勘察报告》，场地基坑开挖后，底板底下岩土层依次为残积土、全—强风化岩、中风化岩。基础形式适合采用以中风化岩为持力层的人工挖孔桩基础，中风化岩饱和单轴抗压强度不小于 34.5MPa。框架柱下采用单柱单桩基础，剪力墙核心筒下采用多桩联合承台基础。桩身直径范围取 ϕ1200～3000mm，桩净长控制在 15m 以内。桩身钢筋笼通长设置。地下室底板面标高为 −16.600m，地下室抗浮水位取室外地坪标高以下 0.5m。本工程抗浮设计措施为，在塔楼范围以外的底板层设置抗拔锚杆。

4.4　连体钢结构设计

本工程两栋塔楼在 114.1m 通过钢结构连为一体，连体结构净跨 40.2m。在 26 层设置整层的双向钢桁架支承上部钢框架结构。结构连体及以上层三维视图如图 4-1 所示。

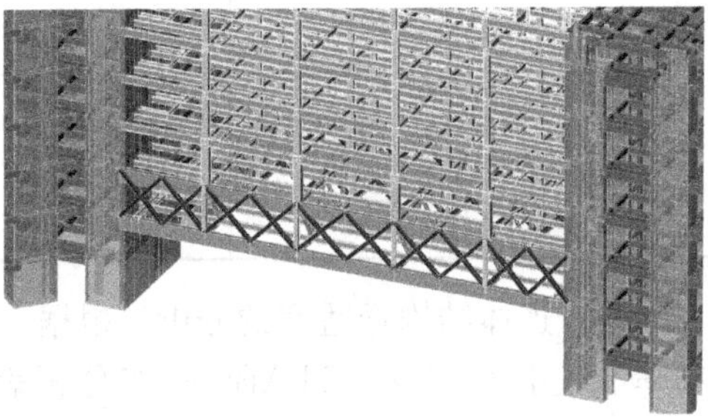

图 4-1　结构连体及以上层三维视图

钢结构桁架上、下弦杆及腹杆均采用箱形截面的钢梁，钢材采用 Q390GJC，截面尺寸分别为 1200mm×500mm×50mm×65mm（下弦），1200mm×500mm×50mm×65mm（上弦），600mm×500mm×50mm。连体钢结构三维视图如图 4-2 所示。连体主钢桁架结构三维视图如图 4-3 所示。

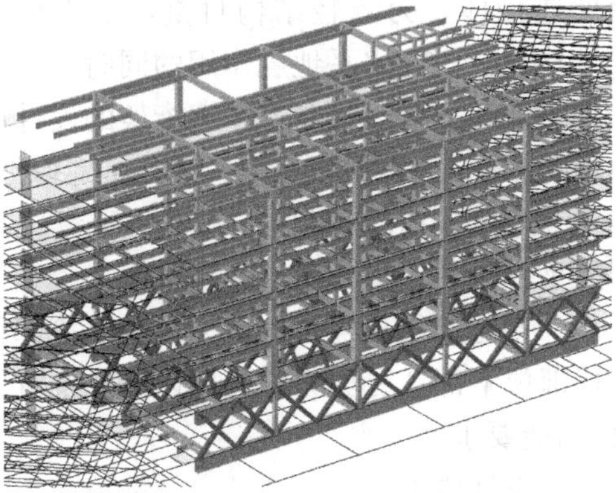

图 4-2　连体钢结构三维视图

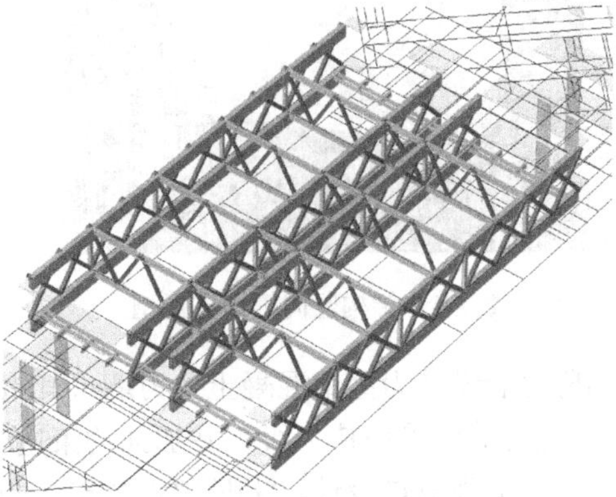

图 4-3　连体主钢桁架结构三维视图

通过两款有限元软件的计算分析，连体钢结构各杆件应力比均满足要求，且数值较为接近，连体结构方案安全、可靠。同时，连体钢结构的施工次序对结构内力、变形的影响需要重点关注。现通过 SATWE 的施工模拟计算几种施工次序方案，主要的荷载效应对比见表 4-3。

各施工次序构件受力对比　　表 4-3

连体部分施工次序方案	钢桁架下弦杆（多遇地震组合）		钢桁架上弦杆（多遇地震组合）		钢桁架下弦杆跨中重力荷载下的弹性挠度
	支座应力比	跨中应力比	支座应力比	跨中应力比	
方案一：整层钢结构桁架层完成后逐层向上施工	0.72	0.38	0.47	0.37	18.6mm (1/2161)

续表

连体部分施工次序方案	钢桁架下弦杆（多遇地震组合）		钢桁架上弦杆（多遇地震组合）		钢桁架下弦杆跨中重力荷载下的弹性挠度
	支座应力比	跨中应力比	支座应力比	跨中应力比	
方案二：整层钢结构桁架层及上一层结构完成后逐层向上施工	0.69	0.37	0.52	0.32	17.2mm (1/2337)
方案三：连体钢结构整体完成后一次施加荷载	0.66	0.34	0.49	0.30	15.7mm (1/2560)

关于连体结构舒适度的分析，根据《高规》第 3.7.7 条的规定，楼盖结构的竖向振动频率不宜小于 3Hz。ETABS 模态分析表明，第 20 振型为连接体结构竖向第 1 主振型（图 4-4），竖向振动频率 3.3Hz，满足大于 3Hz 的要求。

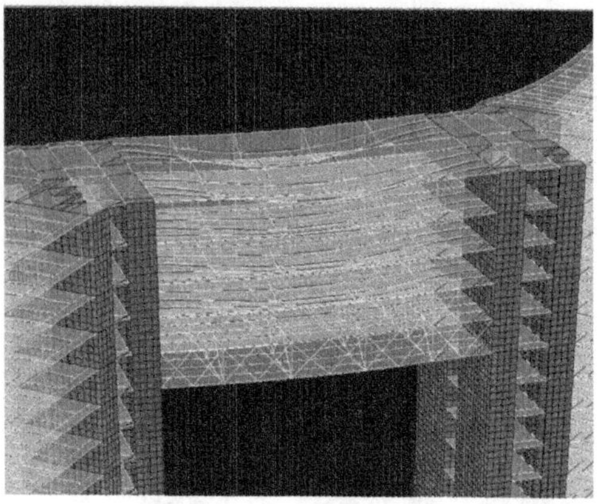

图 4-4 连体结构竖向第 1 主振型

4.5 针对关键部位的加强措施

（1）本工程塔楼连体跨度净跨达 40m，为大跨度连接体，为减轻结构自重，采用钢结构。结构设计考虑水平地震作用的同时，考虑竖向地震作用效应。控制连体钢桁架的设计应力，并要求满足在设防地震作用下保持弹性，在罕遇地震作用效应组合下，要求受弯不屈服，受剪弹性。

（2）与连体结构连接的剪力墙及连接部位下部剪力墙设计为型钢混凝土剪力墙（其中，连接部位下部 2 层剪力墙腹板内增加设置钢板），抗震等级采用特一级，并加强约束边缘构件构造要求。

（3）加强节点设计，满足“强节点，弱构件”的设计要求。

（4）加强连接体楼板设计。连接体顶部及底部板厚取 180mm，其余板厚取 150mm，双层双向配筋，要求单向单层的配筋率均不小于 0.25%，并按应力分析结果进行受剪截面和承载力验算。

（5）加强裙楼屋面及塔楼收进部位（裙楼屋面标高处）楼板设计，板厚不小于 150mm，双层双向配筋，并要求单向单层的配筋率均不小于 0.25%。

（6）补充单塔计算分析，在施工图设计阶段对塔楼进行包络设计。

4.6 抗震设防专项审查

2012 年 9 月 27 日，福建省住房和城乡建设厅在福州市主持召开了该项目的超限高层建筑工程抗震设防专项审查会议。专家组提出审查意见如下：

（1）底部加强部位剪力墙按中震受剪弹性、受弯不屈服复核；支承连接体的两个边筒剪力墙、钢结构连接体主桁架、主楼穿层柱、地下一层局部转换梁及框支柱按中震弹性复核；连接体楼板按中震不屈服复核。

（2）钢连接体与裙楼大跨度悬臂梁应进行竖向地震为主工况验算。

（3）建议支撑四榀钢桁架的端部剪力墙内部形成二榀竖向钢桁架，竖向钢桁架的截面形式与 40m 钢桁架的上、下弦截面匹配。

审查结论：通过。

后期施工图设计阶段，对审查意见提到的问题进行了严格的补充分析、复核等工作，连接体两端的边筒剪力墙也按审查意见采取了必要的加强措施，如图 4-5 所示。结构可以满足预期抗震性能目标要求。

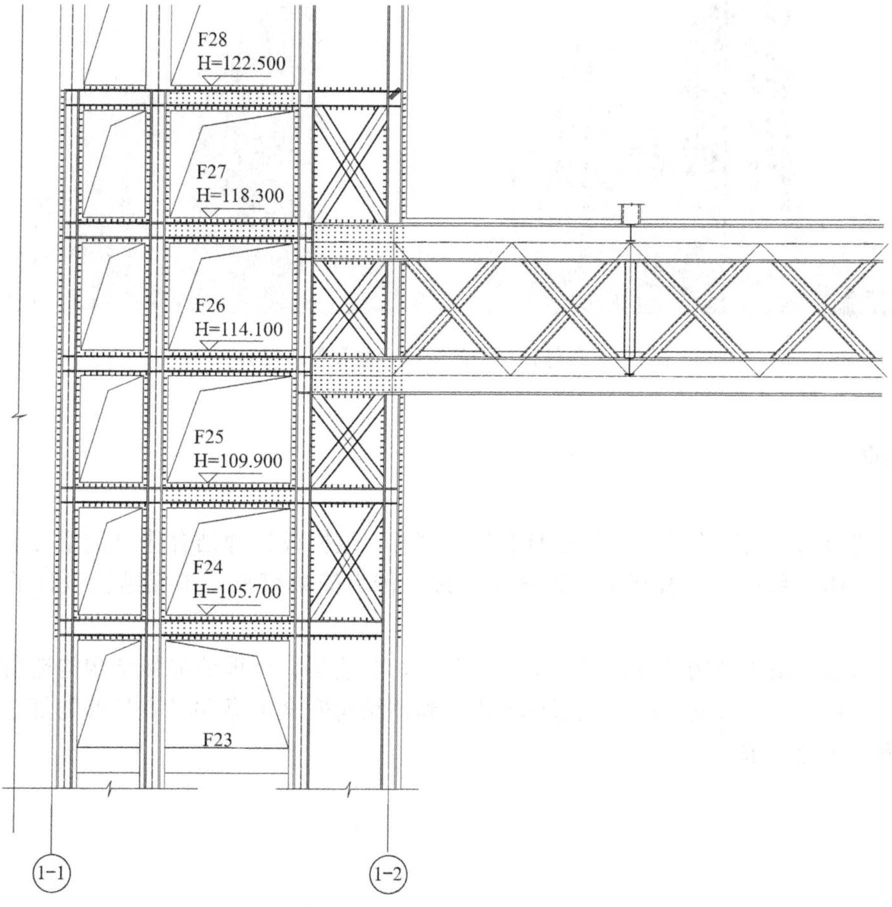

图 4-5　连体主桁架（墙内钢骨）立面示意图

5　连体钢结构的分段运输及整体提升技术

本工程钢结构连体结构采用分段运输、现场拼接、整体提升的施工方式（图 5-1），整体提升总重量达 1280t，采用由电脑精密控制的 16 台 200t 液压提升装置，通过 20h 不间断作业，顺利提升至 114.1m 高空。配合施工方案的结构设计和高难度的施工技术也是本工程的一大亮点。

图 5-1　连体钢结构的分段运输及整体提升

6　点评

（1）建筑的“门”字造型在当地具有特殊寓意，结构设计师结合建筑造型要求，选择合理的结构体系和布置，做到了结构体系合理、传力简单可靠，确保结构设计的安全与经济。

（2）通过对整体结构和关键部位的专项分析，在适当、合理地加强结构构造措施情况下，本工程可以满足预期抗震性能目标要求，整体结构安全可靠并具有足够的舒适度，各项指标满足规范要求。

34 华邦国际中心

关　　键　　词： 超限高层；连体结构
结构主要设计人： 赵松林　王松帆　黎文辉　曹辛迪　郭　朋　苍思骏　李　翔
设　计　单　位： 广州市设计院集团有限公司

1　工程概况

本项目位于广州市海珠区琶洲西区相邻的 AH040108 地块（商务设施用地）和 AH040110 地块（商务设施用地），即广州市新中轴线东面，紧邻琶洲会展，面朝金融城，远眺珠江新城，邻近猎德大桥南。

AH040108 地块项目自编华邦国际中心 A 栋，总用地面积 5042m^2，总建筑面积 89803.7m^2。包括地上 1 栋 32 层办公塔楼和商业裙房，以及相对应的 4 层地下室；采用钢筋混凝土框架-核心筒结构，幕墙顶高度 172m，结构高度 161.5m，主要层高 4.5m。平面尺寸（$b\times h$）48.5m×30.1m，结构长宽比 1.61，高宽比 5.5；核心筒尺寸（$b_1\times h_1$）25.6m×10.4m，核心筒高宽比 15.5。

AH040110 地块项目自编华邦国际中心 B 栋，总用地面积 4251m^2，总建筑面积 56010.8m^2。包括地上 1 栋 31 层酒店塔楼和酒店配套裙房，以及相对应的 4 层地下室；采用钢筋混凝土框架-核心筒结构，幕墙顶高度 149m，结构高度 144m，主要层高 3.8m。平面尺寸（$b\times h$）41.6m×35.2m，结构长宽比 1.18，高宽比 4.2；核心筒尺寸（$b_1\times h_1$）33.8m×10.1m，核心筒高宽比 14.3。

两栋塔楼之间楼面标高为 128.9m 和 133.7m 处布置高位连廊，如图 1-1、图 1-2 所示。建筑效果图如图 1-3 所示。

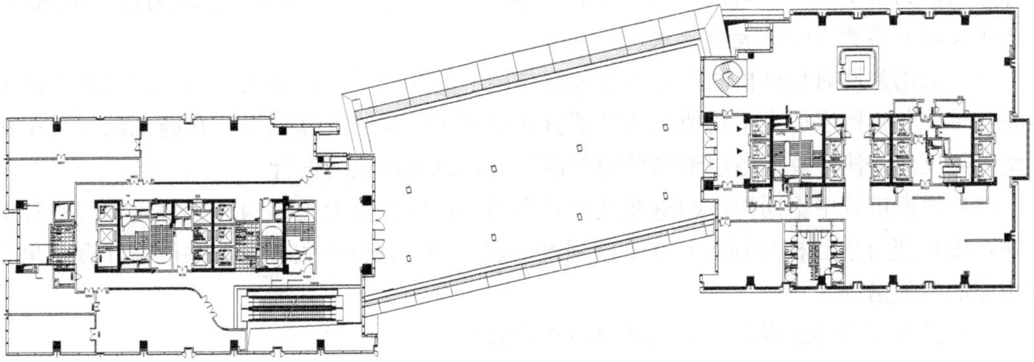

图 1-1　连体平面下层（128.9m 标高）

注：广州市建筑集团有限公司科技计划项目资助项目（［2021］-kJ020）

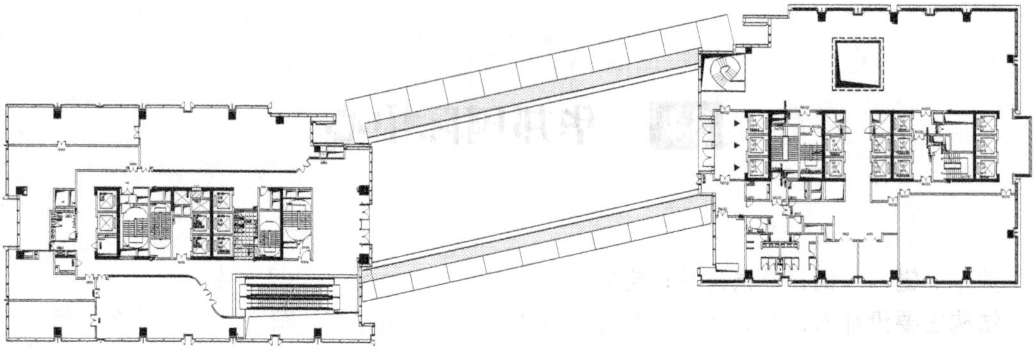

图 1-2　连体平面上层（133.7m）

图 1-3　建筑效果图

2　项目超限介绍

2.1　超限情况

主要屋面高度 A 栋 161.4m，B 栋 144mm，超 A 级高度；存在侧向刚度不规则、竖向构件不连续、承载力突变、局部不规则 4 项一般不规则，属于高度超限的一般超限高层建筑。

2.2　超限对策

针对塔楼超限情况，根据概念设计，对结构进行合理布置，并采取以下计算手段及加强计算措施：

（1）采用两个不同的弹性分析程序 YJK 和 ETABS 进行分析对比，互相校核结果，确保结构整体计算指标准确、可靠；计算结果表明，两种不同的弹性分析程序计算结果基本吻合，结构的剪重比、层间位移角、扭转位移比、层刚度比、层剪切承载力比、刚重比、轴压比等相关参数均满足规范要求。

（2）采用弹性时程分析法进行多遇地震作用下的补充计算，输入 2 组人工波和 5 组天然波，时程分析楼层剪力平均值在顶部部分楼层大于反应谱计算结果，在施工图设计中对振型分解反应谱法计算的各层地震剪力相应放大，以实现包络设计。

（3）根据抗震中不同构件的重要性及其作用，将构件分为关键构件、普通构件和耗能构件，按 C 级性能目标分别对其在不同强度地震作用下进行相关计算，并根据计算结果采取相应的加强措施。

（4）进行了罕遇地震作用下的动力弹塑性分析。

（5）补充连体结构的计算分析，包括：性能目标验算；温度作用的影响分析；竖向地震作用计算对比；楼板应力分析；大震楼板完全破坏情况分析；挠度及舒适度分析；施工模拟分析；抗连续倒塌分析。根据计算结果采取相应的加强措施。

2.3 超限审查

2019 年 7 月 4 日，项目通过了由广州市住房和城乡建设局组织的超限高层建筑抗震设防专项评审，表 2-1 列出了专家组意见及相应改进措施。

超限高层建筑抗震设防专项审查意见及改进措施 表 2-1

编号	专家组意见	改进措施
1	各类构件在中、大震作用下承载力计算应与所设定的抗震性能水准一致	复核性能设计计算结果
2	应补充局部转换结构的分析计算，进一步完善穿层柱的分析计算	文本补充完善
3	应补充 B 栋 6～27 层周边柱间缺梁对结构抗震性能的影响	补充对比分析，经复核，对整体结构影响很小，按规范进行 0.2Q 调整作为加强的措施，不再做额外加强
4	应进一步补充完善连体层塔楼内楼盖的受力分析、传力路径及抗震加强措施	连体层塔楼内楼盖水平力作用下的应力集中处增设水平撑，改善水平力传递
5	补充连接体与柱连接节点有限元分析，并做到“强节点、弱构件”	补充分析，优化连接节点
6	建议加大箱梁截面宽度与柱同宽	优化节点，使箱梁腹板与柱内钢骨尽量对齐

3 结构设计条件及结构布置

3.1 结构设计参数

结构设计基准周期 50 年，结构安全等级二级，结构重要性系数 1.0。按《建筑工程抗震设防分类标准》GB 50223—2008 的规定，裙房区段为重点设防类，其余为标准设防类。建筑高度类别为 B 级，基础设计等级为甲级，基础安全等级为二级。抗震设防烈度为 7 度（0.10g），Ⅱ类场地，设计地震分组为第一组。结构阻尼比：小震 0.05，中震 0.055，大震 0.06。按《高层建筑混凝土结构技术规程》JGJ 3—2010（下文简称《高规》）和《建筑抗震设计规范》GB 50011—2010（2016 年版，下文简称《抗规》）的要求，框架抗震等级为一级（连接体和连接体相连构件在连接体高度范围及上、下层为特一级），核心筒抗震等级为一级（底部加强部位和连体所在楼层及上、下层为特一级），连体钢结构框架抗震等级为二级（按《抗规》7 度区钢结构抗震等级为三级，本项目将连体部分抗震等级提高至二级）。

3.2 风荷载作用及风洞试验分析

根据广东省标准《建筑结构荷载规范》DBJ 15—101—2014 的规定，本工程重现期 50 年的基本风压 w_0 = 0.50kN/m^2，地面粗糙度为 C 类；本工程风洞试验数据由广东省建筑科学院风工程研究中心提供。通过对风洞试验单位提供的风荷载文件与规范算法得到的底部弯矩、剪力指标进行对比，在多数指标下，规范的风荷载算法得到较不利的结果，但与风洞试验结果差别不大，因此在设计中按照规范算法进行风荷载的导算，考虑横风向风振，并进行±45°风的计算。

3.3 结构布置和结构材料

塔楼为框架核心筒结构，空中连体为钢结构。墙柱混凝土强度等级为 C60～C40，梁板混凝土强度等级为 C35；连体钢结构材质为 Q345GJ，部分采用 Q390GJ；钢筋均采用 HRB400 级钢筋。

本工程两栋塔楼在标高 128.9m 处通过钢结构连为一体，连体结构净跨约 46m。根据方案设计的效果要求，本项目连体结构主要由两道连接在柱间的大型钢箱梁和布置在端部的交叉斜撑组成的局部桁架组成。平台层北侧悬挑约 10m，南侧悬挑约 4m，采用架设在两道大型钢箱梁之间的桁架实现悬挑。平台顶层属于钢框架体系，采用钢梁向北侧悬挑约 6m。

图 3-1　结构三维模型

连体北侧主桁架截面尺寸（mm）为□2800×800×50×50（下层）、H800×800×50×50（上层）、□800×800×70（竖杆）、□800×400×50（斜撑）。与连体相接处的结构采用钢结构或钢骨混凝土。连体及连体相连楼层采用 150mm 厚楼板，其中架设在钢结构上楼板采用钢筋桁架楼板，其他区域采用普通现浇楼板。

连体部分与主体结构采用刚接形式，可避免因设置滑动支座带来的考虑罕遇地震作用下适应较大位移而采用复杂结构节点。结构三维模型如图 3-1 所示，连体模型如图 3-2 所示。

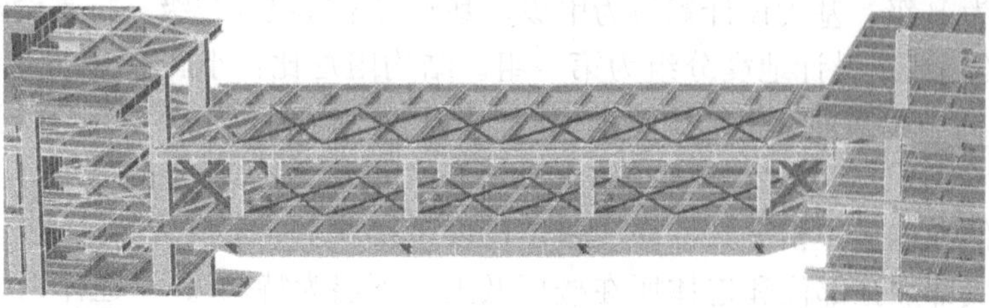

图 3-2　连体模型

4　基础设计概况

根据广东省地质建设工程勘察院提供的《琶洲 AH040108、AH0404110 地块项目岩土工程勘察（详细勘察）》，基底以下土层主要为中风化泥质粉砂岩，部分区段为强风化泥质粉砂岩，中风化层存在不连续的强风化层。本项目强风化泥质粉砂岩的地基承载力特征值 f_{ak}=500kPa，中风化泥质粉砂岩的单轴抗压强度标准值 f_{rs}=4.85MPa，地基承载力特征值 f_{ak}=1200kPa。本项目采用天然地基，持力层为中风化泥质粉砂岩，个别裙楼区段为强风化泥质粉砂岩，整体筏板基础，裙楼筏板厚1.1m，柱下根据冲切需要布置柱墩，塔楼筏板厚2.8m。经复核，由于裙楼基底附加应力较小，沉降量小。按照《高层建筑筏形与箱形基础技术规范》JGJ 6—2011式（5.4.3），其中，强风化层的变形模量为 $E_0=120MPa$，计算得裙楼区段沉降小于20mm，总体沉降和沉降差可满足规范要求。裙楼层数较少，自重不足以抗浮的区域则布置抗浮锚杆。

5 主体结构的计算及分析

5.1 结构的抗震设防性能目标

本工程的抗震性能目标为广东省标准《高层建筑混凝土结构技术规程》DBJ 15—92—2013（下文简称《广东高规》）所规定的C级：多遇地震作用下满足性能水准1要求；设防地震作用下满足性能水准3要求；罕遇地震作用下满足性能水准4要求。关键构件部位及重要性系数取值详见表5-1。

关键构件部位及重要性系数　　表5-1

关键构件	连体楼层及上、下层竖向构件，局部转换框架	$\eta=1.10$
普通竖向构件	一般剪力墙、一般框架柱	$\eta=1.00$
耗能构件	框架梁、连梁	$\eta=0.70$

连体（钢结构）抗震性能根据《抗规》附录M中的性能3制定，见表5-2。

连体（钢结构）抗震性能　　表5-2

项目	多遇地震	设防地震	预估罕遇地震
结构分析、验算方法	弹性分析	等效弹性分析	等效弹性分析/动力弹塑性分析
连体钢结构	弹性	受剪弹性，受弯不屈服	轻—中等破坏，承载力按极限值复核
连体处楼板	弹性	不屈服	中等破坏，承载力达到极限值后能维持稳定

5.2 多遇地震及风荷载作用分析

采用YJK、ETABS两种软件对整体结构进行计算分析（表5-3），各项指标均符合规范要求。弹性时程分析，反应谱法基本能包络时程分析结果，对时程分析大于反应谱法的部分楼层相应放大，以实现包络设计。

整体结构计算结果　　表5-3

指标			SATWE软件	ETABS软件
结构基本自振周期（s）	T_1		4.9466（Y向）	4.973（Y向）
	T_2		4.5730（X向）	4.646（X向）
	T_3		1.4167（扭转）	1.616（扭转）
基底剪力（kN）	地震作用	X向	A：10870，B：12563	A：11301，B：12630
		Y向	A：11972，B：13714	A：13862，B：14763
	风荷载作用	X向	A：6197，B：7065	A：6073，B：6982
		Y向	A：10248，B：9866	A：10043，B：9751

续表

指标			SATWE 软件	ETABS 软件
剪重比（规范限值）		X 向	A：1.21%，B：1.29%（1.31%）	A：1.21%，B：1.33%
		Y 向	A：1.36%，B：1.42%（1.21%）	A：1.48%，B：1.55%
最大层间位移角	地震作用	X 向	1/900（A 塔 15 层）	1/927（A 塔 15 层）
		Y 向	1/692（A 塔 23 层）	1/713（A 塔 23 层）
	风荷载作用	X 向	1/1761（A 塔 15 层）	1/1812（A 塔 15 层）
		Y 向	1/726（A 塔 23 层）	1/747（A 塔 23 层）
规定水平力作用下最大楼层位移比		X 向	1.07（B 塔 3 层）	1.07（B 塔 3 层）
		Y 向	1.21（A 塔 3 层）	1.19（A 塔 3 层）

5.3 设防地震和罕遇地震作用下的抗震性能验算

5.3.1 计算参数

采用 JYK 软件，按《广东高规》进行中震和大震作用下的构件性能的等效弹性验算。计算时不考虑风荷载，周期折减系数取 1，材料强度取标准值。阻尼比中震取 0.055，大震取 0.06。连梁刚度折减系数中震取 0.4，大震取 0.3。梁刚度放大系数中震取 1.5，大震取 1。地震影响系数最大值和特征周期按规范取值。

5.3.2 中震构件性能目标验算（性能目标：性能水准 3）

由中震计算结果与小震计算结果的比较可知：

（1）大部分核心筒剪力墙配筋由小震计算或构造要求控制，个别墙肢由中震控制。

（2）大部分框架柱配筋由小震计算控制，仅裙楼个别框架柱由中震控制。同时，穿层柱的承载力按不低于所在楼层其他柱的承载力复核配筋。

（3）大部分框架梁配筋由小震计算控制，部分外圈框架梁由中震控制。大部分连梁配筋由中震控制。

（4）大部分剪力墙不存在拉应力，仅首层个别墙肢存在拉应力且均小于 $2f_{tk}$。

5.3.3 大震竖向构件截面验算（性能目标：性能水准 4）

各层竖向构件的受剪截面均符合《广东高规》大震第 4 性能水准的要求。

5.4 罕遇地震作用下结构动力弹塑性分析

采用 SAUSAGE 软件对本工程进行罕遇地震作用下的动力弹塑性分析。

选择小震弹性时程所用的地震波进行罕遇地震作用下的动力弹塑性分析，验证结构的抗倒塌性能。两个方向层间位移角曲线基本平滑，说明结构在罕遇地震作用下塑性变形均匀，不存在薄弱层。X 向最大层间位移角平均值为 1/187（B 塔 16 层），Y 向最大层间位移角平均值为 1/132（A 塔 29 层），两个方向均满足预设的性能目标限值（1/125），能实现“大震不倒”的设防要求。

在大震作用下，部分水平构件轻微损伤，其中部分连梁中等损伤。大部分框架柱无损伤，仅顶部楼层部分框架柱轻微损伤。大部分墙体无损伤，底部楼层核心筒部分墙体发生了轻微损伤或中等损伤。整个塑性化过程和损伤情况符合预期，框架部分能较好地起到二道防线的作用。

6 连体专项分析

6.1 塔楼动力特性对比分析

对单塔模型和连体模型的振型和主要计算结果进行对比。单塔模型中，连体结构仅作为荷载，分配于A、B塔楼，对两个塔楼单独计算。

两个塔楼单独计算的前三振型周期不存在显著不同的情况。按连体结构计算后，对比单独计算，如图6-1所示，前三振型周期分别介于单塔计算的周期之间，但振型方向未改变。分析结果表明，单塔单体与连体结构中的单塔动力特性相近，基底剪力和位移接近，单体及连体的动力特性差异基本符合预期。

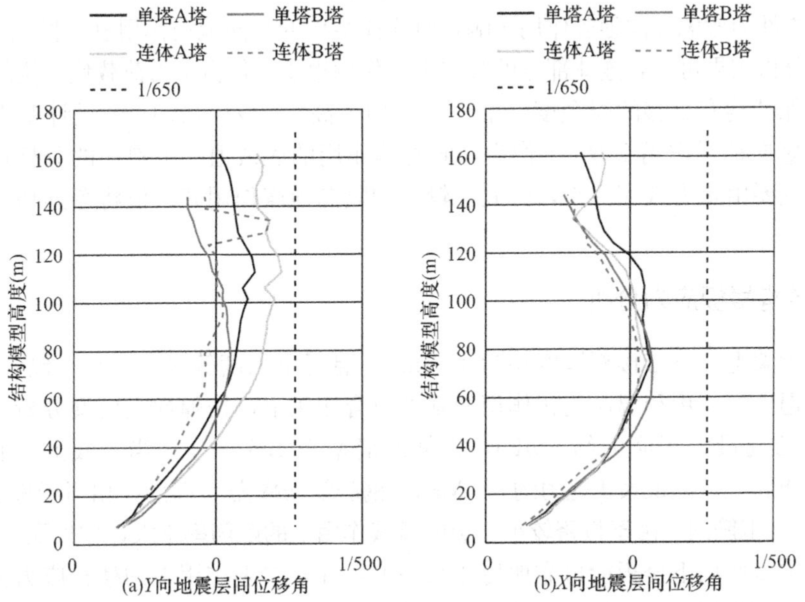

图6-1 单塔及连体地震作用下层间位移角对比

6.2 连体结构受力特点分析

6.2.1 连体结构在荷载作用下的内力分析

对比重力荷载和水平荷载作用下的构件内力标准值，地震作用下的内力值与重力荷载存在显著差异，本项目连体设计主要由重力荷载控制。

6.2.2 钢箱梁扭转效应分析

因连体北侧的悬挑较大，北侧的大型箱梁承受较大的扭矩，故需参照AISC 360-10[1]的H3-2规定复核北侧主桁架的扭转效应。

6.3 连体结构主要构件应力比

包含重力荷载、风荷载和地震作用组合的常规设计中，对连体结构钢构件应力比分布进行分析（考虑净截面系数0.85）。可知本项目主要杆件，即主跨桁架和悬挑桁架的应力比在0.85以内，部分应力比较小杆件考虑在后续设计中优化。

6.4 连体结构受温度作用影响分析

本项目均设置空调系统，外表面为幕墙，钢结构平台外包幕墙构件，大部分构件温度变化不显著。本项目钢结构平台构件的合拢温度控制在约20℃，考虑一定的变化余量，按钢平台降温或升温20℃考虑温度作用。温度作用与重力荷载、风荷载等组合，温度作用的组合值系数取0.6。

从计算所得的内力数据可知，温度作用主要令大型箱梁出现较大的轴力效应，主体结构其他构件影响不显著，温度组合多数不控制截面和配筋。

6.5 连体结构的竖向地震作用计算对比

通过选择计算程序中的“计算水平和竖向地震作用（局部模型独立求解）”功能，并指定连体结构构件为考虑竖向地震作用影响，对连体结构的竖向地震作用进行振型分解反应谱法分析，从分析结果可见，连体部分的竖向地震作用很小，仅占重力荷载代表值的0.3%。

为了确保结构有足够的安全度，本项目采用《高规》表4.3.15中设计基本地震加速度0.15g的竖向地震作用系数8%作为竖向地震作用的底线值。由前面的分析可知，连体部分的内力主要由重力效应控制，因此，较大的竖向地震作用底线值将令连桥部分安全度更高。

6.6 连体结构楼板应力分析

钢结构桁架上、下弦楼板厚度均为150mm，混凝土强度等级为C35。包含竖向荷载、风荷载、多遇地震作用和温度变化作用的基本组合作用下，按弹性膜模型分析得到的连体部分楼板X方向最大正应力约6MPa，钢筋配筋率需1.67%，相当于板上、下层各增加D14@120钢筋网；Y向最大正应力约3.2MPa，钢筋配筋率需0.89%，相当于板上、下层各增加D12@150钢筋网。由于板跨较小，竖向荷载作用下的配筋率不大，楼板配筋可行。

为确保中震作用下楼板能可靠地传递水平力，补充中震作用下的楼板应力分析，计算结果显示，中震作用下，连体和塔楼相接处的楼板应力较大。

根据应力分析的结果，对连体所在楼层的楼板板厚均取为150mm，与连体部分及塔楼与连体相接处的楼板按中震不屈服复核楼板配筋，整体双层双向配筋（每层每个方向配筋率不小于0.3%）。对于斜撑附近楼板应力较大的区域，在板底布置6mm厚钢板。

6.7 连体部分大震楼板完全破坏情况分析

考虑楼板与钢结构连接完全失效的极端情况下，对整体进行大震作用下的等效弹性分析，重点考虑连体和相连部分的承载力。分析结果显示，除个别构件外，在楼板完全不参与的极端情况下，连体和相连部分构件可达到大震不屈服的性能水准。

6.8 连体结构挠度及舒适度分析

6.8.1 挠度分析

计算连体结构D+0.5L荷载作用下的挠度，主桁架跨中挠度$L/970<L/300$，北侧下层悬挑梁挠度$L/188<L/150$，满足《混凝土结构设计规范》GB 50010—2010（2015年版）

（下文简称《混凝土规范》）的要求。北侧上层悬挑梁挠度 $L/128>L/150$，按《混凝土规范》需采用预起拱。

6.8.2 舒适度分析

平台跨度 46m，平台屋面行人可到达区域单侧悬挑 6m，平台层行人可到达屋面从主梁悬挑约 10m，有必要对该平台及平台屋面进行楼盖的行人舒适度复核。

（1）对大跨楼板进行了自振频率验算。平台屋面楼盖自振频率最小为 5.96Hz，平台层楼盖自振频率最小为 7.83Hz，均满足《高规》第 3.7.7 条不低于 3Hz 的要求。

（2）对大跨楼板进行了楼板加速度时程计算。楼板阻尼比 0.01，根据模态分析结果，分别在平台屋面层、平台层的端部施加单点行走时程（工况 1），沿平台长向在悬挑段 2 人同时行走时程（工况 2），沿平台长向在内跨 4 人同时行走时程（工况 3）等；时程布置点如图 6-2 所示，其中平台层加载位置和路径与平台屋面层类似。

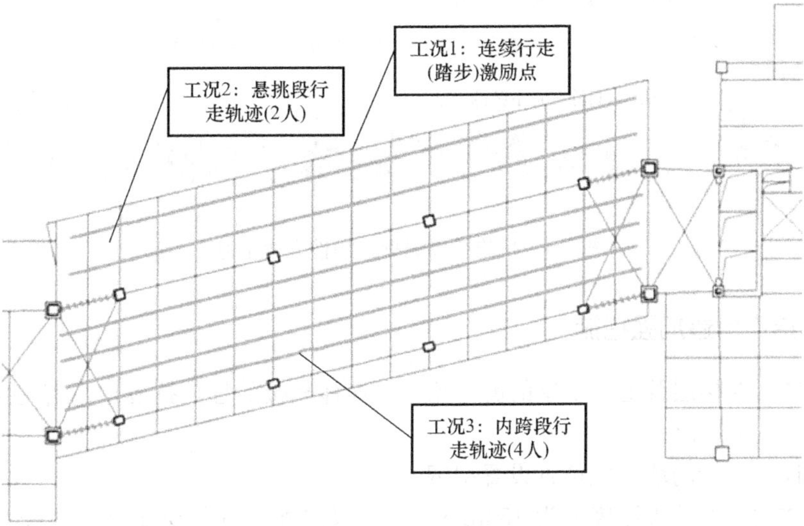

图 6-2 平台屋面行走时程加载方式

经计算，平台屋面楼板在各工况下最大加速度约 $0.15m/s^2$，基本可满足商场及室内连廊峰值加速度限值（$0.15m/s^2$）。

综上分析，平台及平台屋顶楼盖的自振频率、楼板峰值加速度等均满足规范要求，可见，平台楼盖满足正常使用要求。

6.9 连体结构施工模拟分析

经与业主和总承包方商议，连体部分按整体提升考虑，在主体结构封顶后进行整体提升（图 6-3）。通过在计算软件的施工次序中指定钢结构平台的加载次序，在主体结构完成加载，真实反映结构受力状态。

6.10 连体结构抗连续倒塌分析

按《高规》第 3.12 节进行抗倒塌分析，分别按图 6-4 所示方案一、方案二拆除部分构件，复核剩余结构的承载力。计算结果表明能满足抗连续倒塌的要求。

图 6-3 连体钢结构整体提升

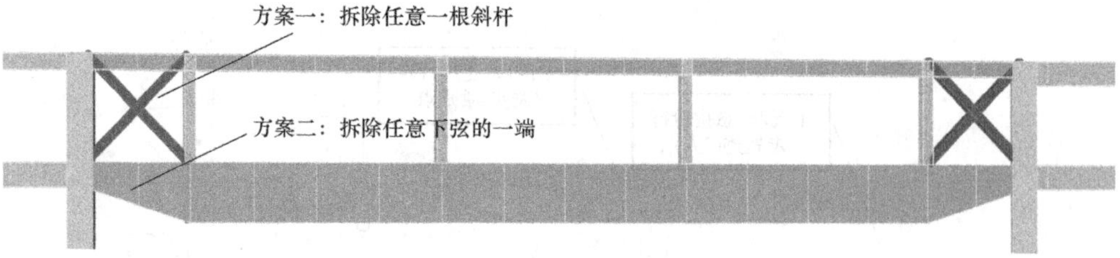

图 6-4 抗连续倒塌拆除构件方案示意

6.11 连体结构构造加强措施

（1）连体所在楼层及上、下层的剪力墙，与连体相接的柱，抗震构造措施按特一级执行；连体钢结构为二级。

（2）与连体相接的墙、柱位置设置型钢。

（3）连体楼层的楼板厚度取为 150mm，双层双向配筋（每层每个方向配筋率不小于 0.3%）。

7 点评

（1）本工程结合建筑造型需求，选择合理的结构体系和布置，做到了结构体系合理，传力简单、可靠，确保结构设计的安全与经济。

（2）通过对整体结构和关键部位的专项分析，在适当、合理地加强结构构造措施情况下，本工程可以满足预期抗震性能目标要求，整体结构安全可靠并具有足够的舒适度，各项指标满足规范要求。

参考文献

AISC. Specification for structural steel buildings：ANSI/AISC 360-10 [S]. Chicago：American Institute of Steel Construction，2010.

35 珠海某旅游酒店

关　　键　　词：部分框支剪力墙结构；六项超限不规则；钢结构穹顶；自由曲面网壳；初始缺陷；几何非线性
结构主要设计人：万志勇　张龙生　高术森　熊　伟　梁健宇　曹　亮
设　计　单　位：广州市设计院集团有限公司

1 工程概况与设计标准

1.1 工程概况

珠海某旅游酒店总建筑面积 20.4 万 m^2，地上建筑面积为 15.5 万 m^2。项目由一栋高层酒店塔楼和下部 3 层酒店附属配套设施裙楼组成，地下 1 层，地上 26 层，裙楼 3 层。地下 1 层高 6m、局部 4.5m，首层层高 6.5m，2 层层高 7.35m，3 层层高 5.3m，4 层及以上客房层层高 3.5m。地下室主要为停车库，首层主要功能为酒店后勤、厨房区域、美食广场和餐厅功能，2 层主要功能为游客接待大堂和餐厅，3 层主要功能为客房和餐厅及屋顶游乐平台，4 层为客房及设备转换层，5～26 层均为客房。大堂上空设置钢桁架混凝土楼盖，旱喷广场上空设置钢结构穹顶。建筑效果图如图 1-1所示，标准层建筑平面图如图 1-2所示。

图 1-1　酒店效果图

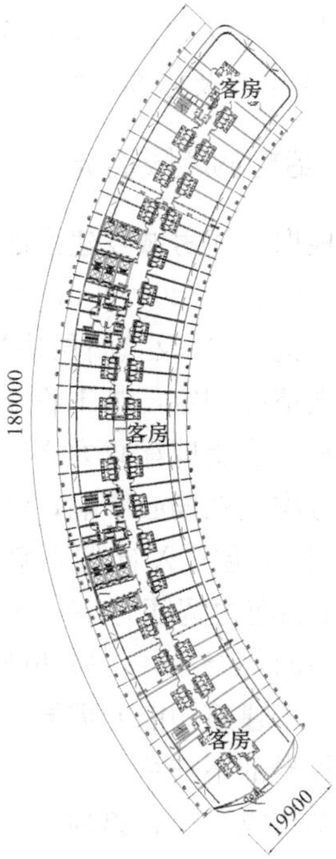

图 1-2　标准层建筑平面图

注：广州市建筑集团有限公司科技计划项目资助项目（［2021］-kJ020）

1.2 设计标准

本项目设计标准见表1-1。

结构设计标准　　表1-1

项次	标准	项次	标准
结构设计基准期	50年	结构抗震设防烈度	7度
结构设计使用年限	50年	基本地震加速度	0.10g
安全等级	钢结构穹顶一级，其余二级	场地类别	Ⅱ类
建筑抗震设防分类	钢结构穹顶：重点设防类（乙类）其余标准设防（丙类）	设计地震分组	第二组
		地基基础设计等级	甲级

2 结构体系及超限情况

2.1 结构体系

根据结构平面布置及使用功能要求，采用部分框支混凝土剪力墙结构体系。为满足下部大堂大空间使用功能要求，4层楼面以下局部取消剪力墙，并于4层楼面采用混凝土框架托墙转换，以满足上、下两个功能区的使用要求。4层楼面以上于客房之间布置径向剪力墙。并且根据建筑平面布置，在电梯井以及走廊西侧布置落地剪力墙，提高结构的抗侧和抗扭刚度。剪力墙厚600～250mm，柱截面1100mm×1100mm～800mm×800mm，混凝土强度等级C60～C35；转换梁截面900mm×1200mm，混凝土强度等级同框支柱采用C60。4层以及标准层结构平面如图2-1、图2-2所示。

2.2 结构的超限情况

根据《住房城乡建设部关于印发〈超限高层建筑工程抗震设防专项审查技术要点〉的通知》（建质〔2015〕67号）、《建筑抗震设计规范》GB 50011—2010（2016年版）（下文简称《抗规》）及《高层建筑混凝土结构技术规程》JGJ 3—2010（下文简称《高规》）进行超限情况判定，本工程结构高度99.9m，为7度区A级高度高层建筑，结构无刚度突变，相邻层受剪承载力之比0.87（2层）＞0.80。

考虑偶然偏心影响，结构最大位移比为1.44（裙房2层）＞1.2，属于扭转不规则，标准层（6层）X向偏心率为1.0995＞0.15，属于偏心布置。

4层南边宽度为19.9m，4层北边带裙房宽度为55.3m，凸出比例为（55.3－19.9）/55.3＝64％＞30％，属凹凸不规则。

由于建筑功能的需要，3层有效楼板宽度与该层楼板典型宽度比为17.0％＜50％，造成楼板局部不连续。

结构收进位置离地高度（20.85m）与房屋高度（99.9m）之比为20.9％＞20％，缩进大于25％，属尺寸突变。

4层存在部分框支剪力墙转换，上下墙、柱不连续，属构件间断。

大堂有6根2层楼面至4层楼面的穿层柱，穹顶支座框架柱为穿层柱，属其他不规则项。

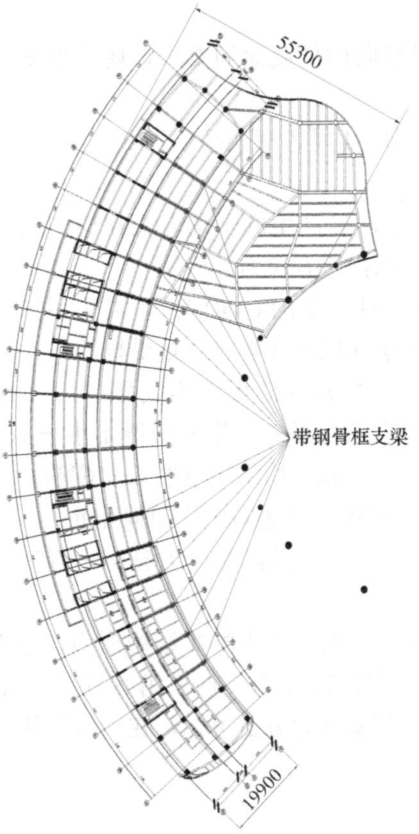

图 2-1　4 层结构平面图

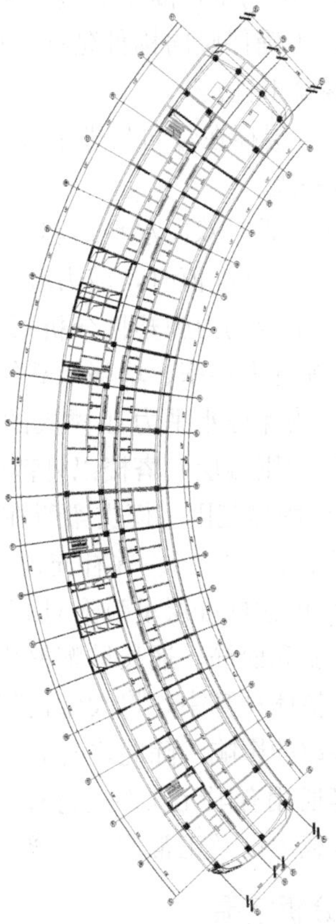

图 2-2　标准层结构平面图

综上所述，本项目结构属于不超过 100m 的 A 级高度的部分框支剪力墙结构高层建筑，存在 6 项不规则：扭转不规则及偏心布置，凹凸不规则，楼板不连续，尺寸突变，构件间断和局部穿层柱。

3　超限应对措施及分析结论

3.1　超限应对措施

3.1.1　分析模型及分析软件

采用 SATWE、YJK 分析结构整体受力；采用 YJK-EP 进行动力弹塑性时程补充分析，采用 ANSYS 15.0 进行钢结构穹顶屈曲分析与钢桁架节点分析；采用 SAP 2000 进行钢结构桁架与钢结构穹顶分析。

3.1.2　抗震设防标准、性能目标及加强措施

（1）按照《抗规》第 1.0.1 条规定的抗震设防目标（小震不坏、中震可修、大震不倒），根据结构与构件的受力及变形特点，以及《高规》第 3.11.1 条抗震性能目标四等级和第 3.11.2 条抗震性能五水准的规定，本工程取抗震性能目标为 C 级。

（2）加强措施：

1）为加强底部加强区范围剪力墙延性，严控轴压比，剪力墙底端加强区水平和竖向

分布筋的配筋率，高于规范限值0.05%。

2）为确保竖向构件延性，同时满足建筑图对竖向构件截面的要求，塔楼框支柱采用型钢-混凝土柱。

3）4层存在竖向收进不规则，相应上下各2层塔楼周边框架柱（即2～5层）抗震等级提高一级。

4）中震时双向水平地震作用下墙肢全截面由轴向力产生的平均名义拉应力超过混凝土抗拉强度标准值时，剪力墙边缘构件内设置型钢承担所有拉力。

5）结合动力弹塑性分析所得结论，对有较深塑性状态的竖向构件，需采用扩大截面面积、提升配筋率、增强承载能力等方法，避免上述部位在地震时严重受损。

6）为保证水平力在楼板的可靠传递，塔楼3层楼板（楼板不连续楼层）、4层楼板（凹凸不规则楼层）塔楼以外范围、5层楼板（竖向收进后的第一层）板厚不小于150mm，4层楼板塔楼范围（框支梁所在楼层）板厚不小于180mm，均采用双层双向配筋，楼板配筋率不小于0.25%。并补充地震作用下的楼板应力分析，对薄弱部位加强配筋。

7）塔楼标准层呈弧形且超长（弧长约180m），补充楼板温度应力分析，且环向配置通长底筋和面筋，通长筋配筋率不小于0.25%。

在整体计算中，将大堂桁架、钢结构穹顶以及入口雨棚拼入整体结构模型，分析其对整体参数的影响。除此之外，对大堂桁架、钢结构穹顶以及刚节点采用SAP 2000、ANSYS等通用有限元软件进行补充分析，由受力状态与承载力分析可知，在荷载作用下均能满足承载力以及正常使用要求。

3.2 分析结果

地震及风荷载作用下结构整体性能指标见表3-1。

地震及风荷载作用下结构整体性能指标 **表3-1**

指标		SATWE软件	YJK软件	误差
结构总质量（t）		339208.281	335584.844	1.08%
单位面积质量（kg/m²）	6层（塔楼标准层）	1581.95	1529.42	3.43%
	4层（转换层）	2107.19	2044.36	3.07%
第1周期		3.5550（Y）	3.5921（Y）	1.0%
第2周期		2.5553（X）	2.6567（X）	3.8%
第3周期		2.3069（扭转）	2.4311（扭转）	5.1%
周期比		0.65	0.68	4.62%
地震作用下基底剪力（kN）	X向	52434.38	49424.70	6.09%
	Y向	39537.42	38954.65	1.50%
结构首层剪重比（抗震规范要求的楼层最小剪重比）	X向	2.14%（1.60%）	2.06%（1.60%）	3.88%
	Y向	1.62%（1.60%）	1.62%（1.60%）	0.00%
地震作用下倾覆弯矩（kN·m）	X向	1612946.25	1593677.06	1.21%
	Y向	1374788.50	1342938.56	2.37%
地震作用下最大层间位移角（规范限值1/650）	X向	1/1201（20层）	1/1133（28层）	—
	Y向	1/843（10层）	1/909（10层）	—
考虑偶然偏心最大位移比	X向	1.23（5层）	1.40（21层）	—
	Y向	1.42（2层）	1.44（2层）	—

续表

指标		SATWE 软件	YJK 软件	误差
风荷载作用下基底剪力（kN）	X 向	48518.4	48021.3	1.04%
	Y 向	19802.5	19407.1	2.04%
风荷载作用下倾覆弯矩（kN·m）	X 向	3092193.0	3080906.8	0.37%
	Y 向	1071361.1	1062386.6	0.84%
风荷载作用下最大层间位移角	X 向	1/734（26 层）	1/665（28 层）	—
	Y 向	1/1569（10 层）	1/1477（4 层）	—

通过使用振型分解反应谱法进行小震弹性对比分析，两个分析程序所得的主要计算结果基本一致，结构周期、基底剪力等均处于合理范围，剪重比及层间位移角等多个指标都在规范限值以内，剪力墙、框架梁及连梁的配筋均在合理范围。

3.3 入口雨棚——海螺分析

原计划在该酒店入口处设置一个海螺形的混凝土楼盖，现将其改造成海螺形自由曲面单层网壳，改造后的剖面图见图 3-1。

该自由曲面单层网壳是先在 Rhino 中根据海螺的外形，利用非均匀有理 B 样条曲线建立出自由曲面外形，如图 3-2 所示，然后抓取到 Grasshopper 形成 NURBS 曲面，通过调控参数控制网格大小来实现参数化建模，再烘焙到 Rhino 中，最后导出到 CAD 进行边界的处理，形成一种海螺形状的自由曲面网壳，该网壳长 43.187m，宽 47.227m，如图 3-3 所示。

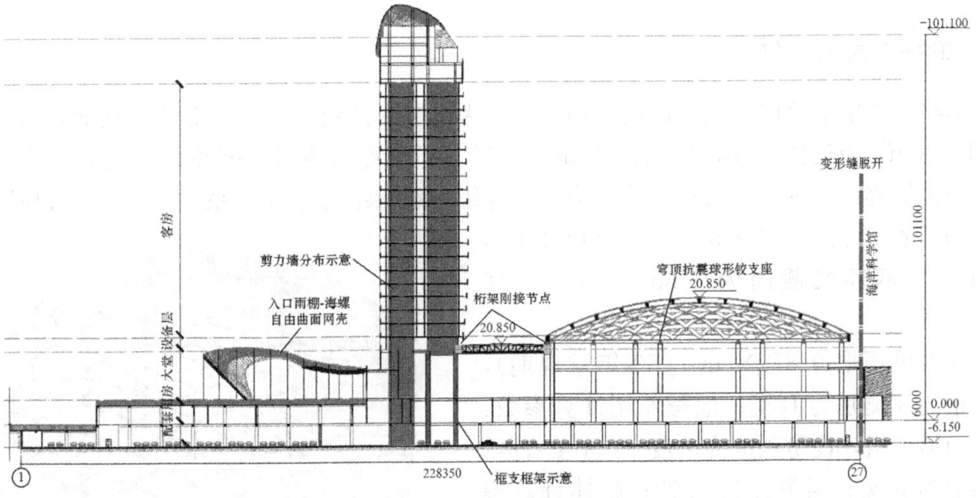

图 3-1 入口海螺剖面图

对该结构进行分析，按 1.0 恒荷载＋1.0 全跨活荷载和 1.0 恒荷载＋1.0 半跨活荷载计算，其中恒荷载取 $1.0kN/m^2$，活荷载取 $0.5kN/m^2$。采用有限元软件 ANSYS 进行考虑初始缺陷的几何非线性分析，把均布荷载转化为等效节点荷载施加在结构上，结构的杆件采用圆钢管 $\phi180\times6$。得到结论如下：

（1）基于 Rhino 软件及其插件 Grasshopper，可以方便、快捷、参数化地设计出建筑师想要的不规则曲面建筑物；（2）该海螺形自由曲面网壳在不对称荷载组合下，整体稳定性的荷载级数大于规范规定的4.2，可以满足稳定性的要求；（3）对于该海螺形自由曲面网壳结构，其线性屈曲系数小于几何非线性屈曲系数的原因是，初始缺陷使得该结构的刚度变大所导致；（4）对于该海螺形自由曲面网壳结构，初始缺陷是有利的，提高了结构的稳定性；（5）由两种不对称荷载组合下几何非线性分析可以看出，该结构对不对称荷载并不敏感；（6）该海螺形自由曲面网壳一般是从洞口左边开始失稳，然后向两边扩散。

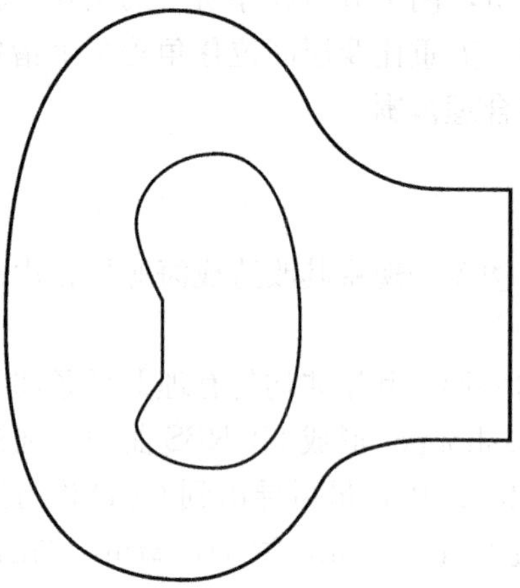

图3-2　自由曲面外形

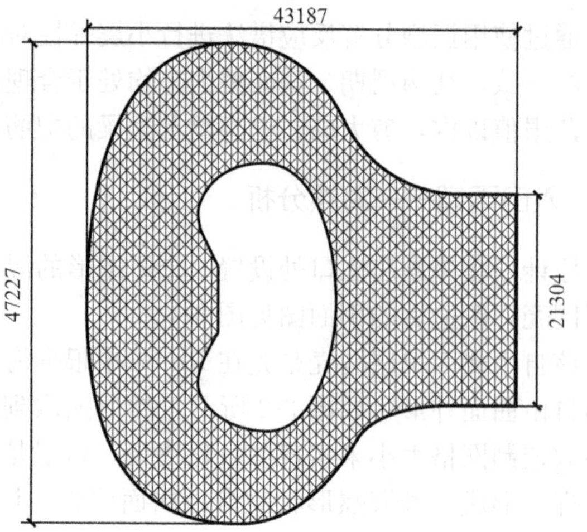

图3-3　最终成形图及尺寸

3.4　钢结构穹顶分析

本项目首层旱喷广场上空设钢结构穹顶，为单层网壳钢结构，上部铺设玻璃，顶部标高31.990m，跨度约80m，矢高约10m。网壳下部设置钢环梁，钢环梁与混凝土柱顶铰接。结构抗震设计等级三级；建筑结构安全等级一级；结构重要性系数为1.1；穹顶网壳部分钢梁截面为□500×300×14（Q345B），穹顶下部钢环梁截面为□1400×700×20（Q345B）。

基本风压取0.85kN/m²（50年重现期），地面粗糙度类别为B类；地震作用计算参数：分组为第二组，设防烈度为7度（0.10g）；场地类别为Ⅱ类；阻尼比为0.02；整体计算模型阻尼比0.03，单独屋盖计算模型阻尼比0.02；本工程抗震设防为标准设防。考虑竖向地震作用，竖向地震影响系数最大值0.052。穹顶网壳钢结构受阳光直射且与室外连通温差加大，按室外钢结构考虑−40～+40℃的温差作用。钢结构穹顶计算模型如图3-4所示，计算结果见表3-2。

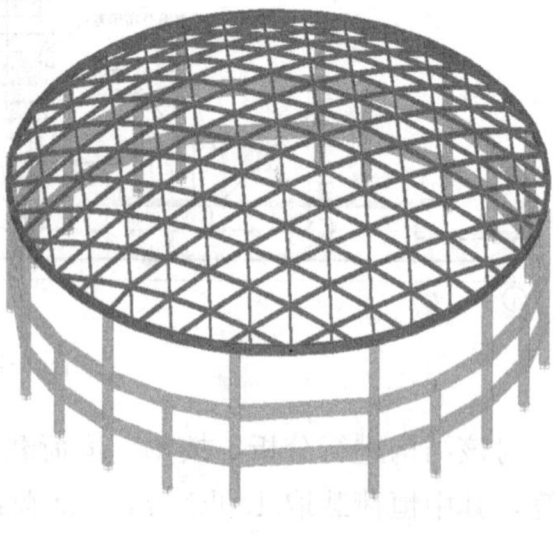

图3-4　穹顶计算模型

穹顶计算结果 表 3-2

项目	计算结果	规范限值
小震作用下钢结构应力比	0.61	0.9
恒荷载作用下竖向变形	33.6mm	200mm (80000/400)
活荷载作用下竖向变形	16.9mm	200mm (80000/400)
风吸力作用下竖向变形	22.1mm	200mm (80000/400)

钢结构应力比最大为 0.69<0.90，结构由挠度控制；恒荷载+活荷载作用下梁挠度为 51mm，挠度/跨度=51/80000=1/1500<1/400。计算结果满足规范要求，结构是安全可靠的。

采用 ANSYS（15.0）软件的屈曲分析功能进行屈曲分析，判断穹顶网壳结构的稳定性。通过非线性稳定分析可得，安全系数 K 约为 5.8，满足规范对稳定性的要求。恒荷载加活荷载作用下线性稳定模态如图 3-5 所示。

4 抗震设防专项审查意见

该项目进行了超限高层建筑工程抗震设防专项审查会，提出审查意见如下：

（1）钢筋混凝土结构构件抗震等级可按一级考虑，钢结构构件可按三级考虑。

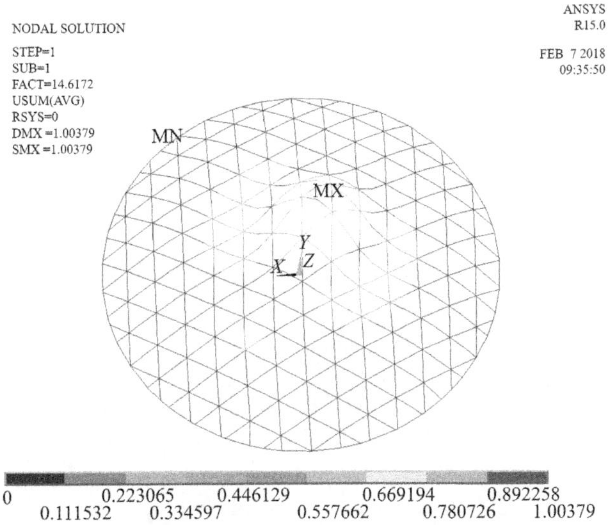

图 3-5 恒荷载加活荷载作用下线性稳定模态

（2）应加强主楼落地筒体的整体性，剪力墙不必要的洞口可取消。

（3）进一步分析采用型钢混凝土柱、型钢混凝土转换梁的必要性。

（4）海螺造型入口雨棚的壳体厚度偏大，可以优化。

（5）补充钢穹顶网壳节点构造及受力分析。

审查结论：通过。

5 点评

本项目采用了YJK、PKPM两种软件对结构进行了常规的弹性静、动力分析，补充了中、大震作用下的构件验算，采用YJK-EP软件进行大震动力弹塑性分析。计算结果表明，结构的各项控制性指标满足规范要求，选取的抗震性能目标合适，所采用的抗震加强措施有效，可保证结构的抗震安全性。此外，通过特殊部位的专项分析，满足局部的安全性要求。

36 越秀国际金融中心

关　　键　　词： 超B级高度；不对称大跨度复杂连体；刚性
结构主要设计人： 李东存　刘付钧　吴金姝　李盛勇　谭智诚　李豪安　黄元根　谢聪睿
设　计　单　位： 广州容柏生建筑结构设计事务所（普通合伙）

1　工程概况与设计标准

1.1　工程概况

本项目位于南沙明珠湾区的启动区灵山岛尖，北临蕉门水道，江水环抱。总建筑面积约16.6万m^2，其中地上建筑面积约13.4万m^2，地下建筑面积约3.2万m^2。地面以上由两栋超高层办公（编号为A、B塔）和底部商业组成，其中A塔地面以上43层，主屋面结构高度为195.90m，幕墙顶高度为219.52m；B塔地面以上33层，主屋面结构高度为144.50m，幕墙顶高度为162.11m。两塔楼在标高101.1m处设有两层连接体，作展厅用途，连接体跨度为48～62m，且与两栋塔楼约成45°夹角。地面以下设有一层地下室（局部塔楼投影范围为两层），作为停车、设备用房和人防车库用途。建筑平面、剖面及立面效果图如图1-1～图1-5所示。

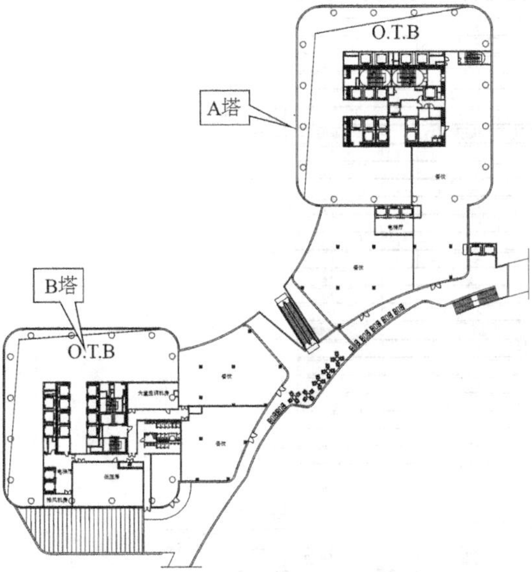

图1-1　裙房建筑平面图

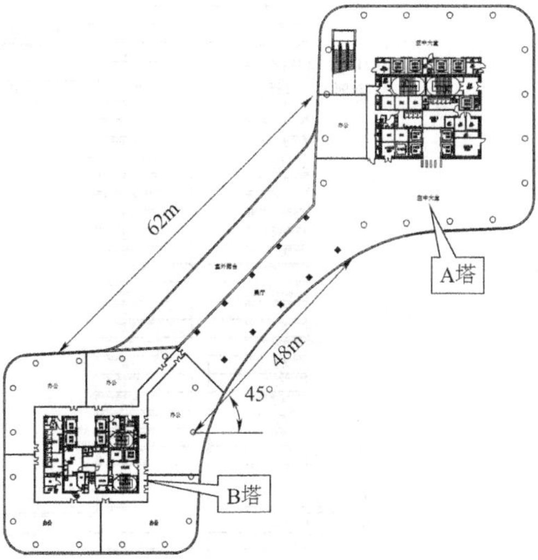

图1-2　连体层建筑平面图

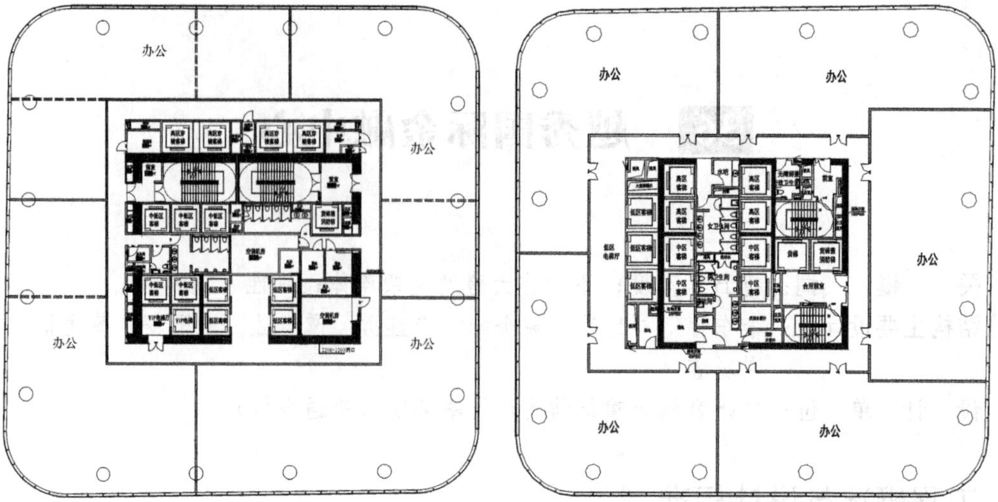

(a)A塔　　　　(b)B塔

图 1-3　标准层建筑平面图

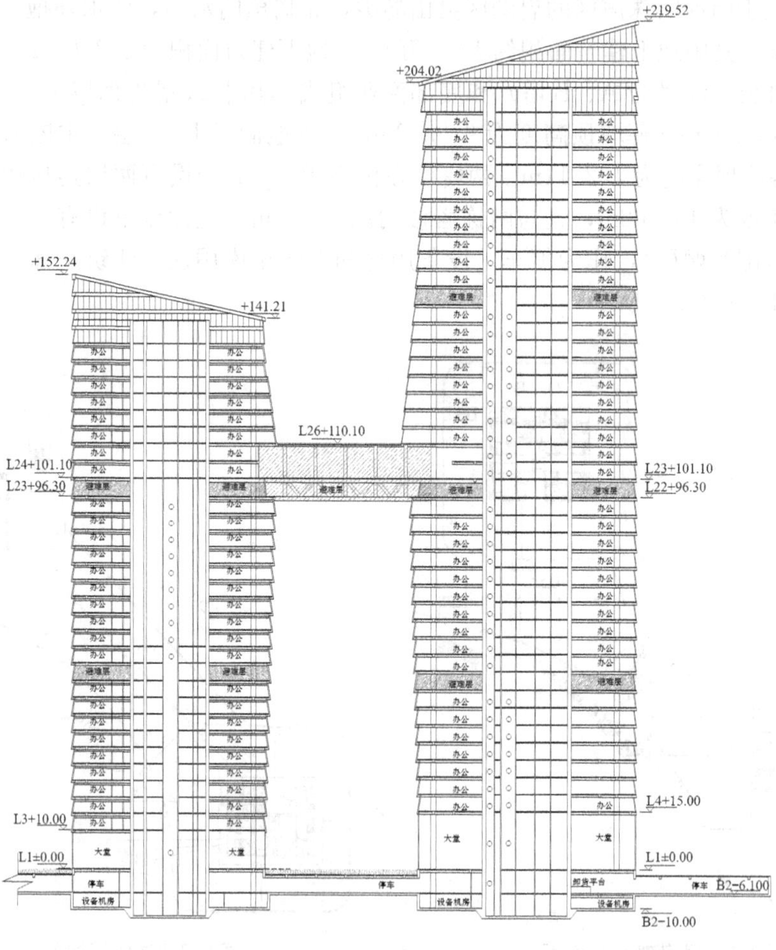

图 1-4　建筑剖面图

1.2 设计标准

本工程设计基准期为50年，结构安全等级为二级，地基基础等级为甲级，抗震设防烈度为7度，设计基本地震加速度为0.1g，设计地震分组为第一组，场地类别为Ⅲ类，场地特征周期0.45s。设计风荷载取值采用风洞试验与规范风荷载两者较大值。

图1-5 建筑立面效果图

2 结构体系及超限情况

2.1 结构体系

通过前期对结构方案的合理性及经济性比选，本项目塔楼采用钢筋混凝土框架-核心筒结构体系，连接体为钢结构桁架体系。其中，A塔外框柱在27层及以下采用圆钢管混凝土柱，27层以上采用圆钢筋混凝土柱，B塔除与连接体相连的外框柱采用圆钢管混凝土柱外，其余均采用圆钢筋混凝土柱；两栋塔楼核心筒均为钢筋混凝土核心筒；连体结构采用刚性连接方案，具体为利用连接体下层的避难层设置钢桁架，连接体两层为支承在钢桁架上的子结构，单层钢结构桁架上、下弦杆与塔楼框架柱均采用铰接，为传递节点水平力，钢桁架弦杆伸入塔楼内一跨，支承于塔楼核心筒剪力墙上，并在上、下弦杆所在平面设置平面桁架结构。抗侧体系如图2-1所示。

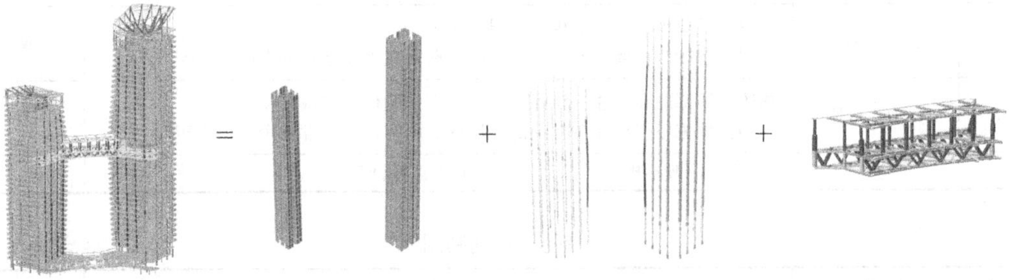

图2-1 结构抗侧力体系

2.2 结构的超限情况

根据《建筑抗震设计规范》GB 50011—2010（2016年版）（下文简称《抗规》）、《高层建筑混凝土结构技术规程》JGJ 3—2010（下文简称《高规》）、《住房城乡建设部关于印发〈超限高层建筑工程抗震设防专项审查技术要点〉的通知》（建质〔2015〕67号）以及广东省标准《高层建筑混凝土结构技术规程》DBJ 15—92—2013有关规定，结构的超限情况如表2-1～表2-3所示。

高度超限判别　　表 2-1

结构类型	适用高度（A级）	适用高度（B级）	本工程高度	是否超限
框架-核心筒（A、B塔楼）	130m	180m	A塔楼 195.9m B塔楼 144.5m	是

一般不规则判别　　表 2-2

序号	不规则类型	描述及判别	是否超限
1a	扭转不规则	描述：考虑偶然偏心的扭转位移比大于 1.2 判别：A塔楼最大扭转位移比 1.33	是
1b	偏心布置	描述：偏心率大于 0.15 或相邻层质心相差大于边长的 15% 判别：连接体区最大偏心率为 0.126，小于 0.15	否
2a	凹凸不规则	描述：平面凹凸尺寸大于相应边长的 30%等 判别：无	否
2b	组合平面	描述：细腰形或角部重叠形平面 判别：无	否
3	楼板不连续	描述：有效宽度小于 50%，开洞面积大于 30%，错层大于梁高 判别：B塔 2 层楼面、A塔 2、3、24 层开洞面积大于 30%	是
4a	刚度突变	描述：框剪、框筒结构侧向刚度小于相邻上层的 90%或 110%（层高大于相邻上层的 1.5 倍）或 150%（底层嵌固端），框架结构侧向刚度小于相邻上层的 70%或上三层平均侧移刚度 80%中之较小者 判别：两栋塔楼首层侧向刚度小于相邻上层的 150%，连接体桁架以下一、二层侧向刚度小于相邻上层的 90%	是
4b	尺寸突变	描述：竖向构件收进位置高于结构高度 20%且收进大于 25%，或外挑大于 10%和 4m，多塔 判别：无	否
5	构件间断	描述：上下墙、柱、支承不连续，含加强层、连体类 判别：无	否
6	承载力突变	描述：受剪承载力小于相邻上层的 80% 判别：连接体桁架以下一、二层的受剪承载力小于相邻上层的 80%	是
7	其他不规则	描述：局部的穿层柱、斜柱、夹层、个别构件错层或转换 判别：两栋塔楼均存在有局部穿层柱、斜柱，A塔存在个别构件转换	是
	一般不规则项目总计（a、b 不重复计算）		5

特别不规则判别　　表 2-3

序号	不规则类型	判定原因	是否超限
1	扭转偏大	描述：裙房以上的较多楼层，考虑偶然偏心的扭转位移比大于 1.4 判别：无	否
2	抗扭刚度弱	描述：扭转周期比大于 0.9，混合结构扭转周期比大于 0.85 判别：扭转周期比小于 0.85	否
3	层刚度偏小	描述：侧向刚度小于相邻上层的 50% 判别：无	否
4	高位转换	描述：框支墙体的转换构件位置，7 度超过 5 层，8 度超过 3 层 判别：钢结构连体上及其上设置的梁上转换柱，非转换剪力墙	否

续表

序号	不规则类型	判定原因	是否超限
5	厚板转换	描述：7～9度设防的厚板转换结构 判别：无	否
6	塔楼偏置	描述：单塔或多塔与大底盘的质量偏心距大于底盘相应尺寸的20% 判别：无	否
7	复杂连接	描述：各部分层数、刚度、布置不同的错层；连体两端的塔楼高度、体型或者沿大底盘某个主轴方向的振动周期显著不同 判别：塔楼上部存在连接体，两栋塔楼高度显著不同	是
8	多重复杂	描述：结构同时具有转换层、加强层、错层、连体和多塔等复杂类型的3种 判别：具有连体1种	否
	特别不规则项目总计		1

由表2-1～表2-3可见，本项目两栋塔楼高度均超过A级高度，其中A塔超过B级高度，B塔为B级高度高层建筑；存在扭转不规则、楼板不连续、刚度突变、承载力突变和其他不规则等5项一般不规则，复杂连接1项特别不规则。

3 超限应对措施及分析结论

3.1 超限应对措施

3.1.1 分析模型及分析软件

本工程计算分析选用YJK软件作为主要设计软件，ETABS、SAUSAGE、ABAQUS等作为辅助计算软件，其中ETABS作为弹性分析第二计算软件对主要整体计算结果和关键构件内力进行复核，SAUSAGE主要用于大震弹塑性时程分析，ABAQUS用于节点有限元分析。结构分析模型如图3-1所示。

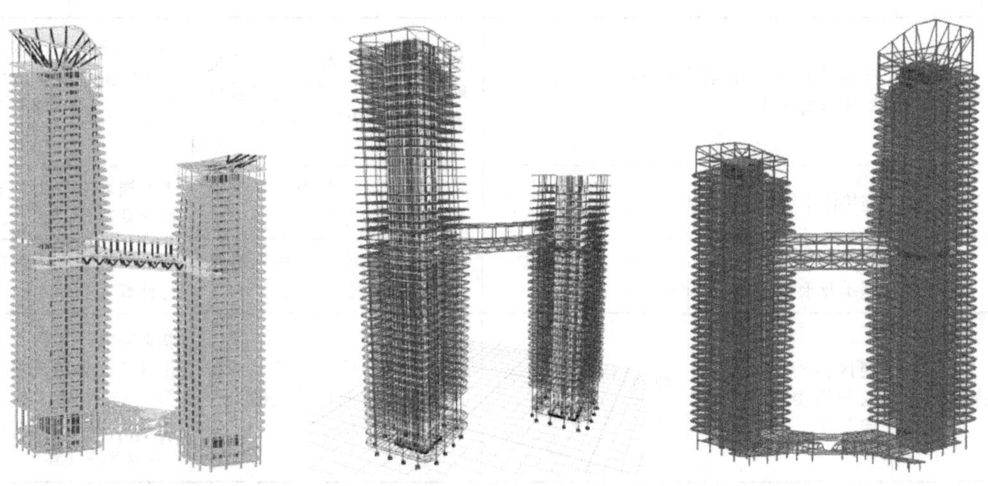

(a)YJK分析模型　(b)ETABS分析模型　(c)SAUSAGE分析模型

图3-1 结构分析模型

3.1.2 抗震设防标准、性能目标及加强措施

本工程建筑面积超过 8 万 m^2，经常使用人数超过 8000 人，根据《建筑工程抗震设防分类标准》GB 50223—2008 第 6.0.11 条，塔楼抗震设防类别为重点设防类，属乙类建筑；同时，针对本工程的超限项目，采取了结构抗震性能化设计的措施。结构整体抗震性能目标按照《高规》第 3.11 节内容执行（连体钢结构部分性能目标按照《抗规》附录 M.1.1 执行）。

本工程地处 7 度区，存在高位连体，设定结构抗震性能目标为 C 级。各地震水准下的构件性能目标如表 3-1、表 3-2 所示。

混凝土构件抗震性能目标　　表 3-1

构件类型	构件位置	小震	中震	大震
关键构件	塔楼底部加强部位核心筒及框架柱、与连接体桁架相连的塔楼框架柱和同楼层核心筒（上下各延一层）、A 塔顶部转换梁和转换柱	弹性	受剪弹性，正截面不屈服	受剪不屈服（等效弹性计算）
普通竖向构件	其余楼层核心筒剪力墙、框架柱	弹性	受剪弹性，正截面不屈服	受剪满足最小截面要求（等效弹性计算）
耗能构件	剪力墙连梁	弹性	受剪不屈服部分构件正截面屈服	大部分构件进入屈服阶段（动力弹塑性计算）
	框架梁	弹性	受剪不屈服部分构件正截面屈服	大部分构件进入屈服阶段（动力弹塑性计算）
水平连接构件	楼板不连续楼层板	弹性	不屈服	控制塑性变形（动力弹塑性计算）
	连接体桁架上、下弦对应楼层楼板	弹性	弹性	不屈服（动力弹塑性计算）

钢构件抗震性能目标　　表 3-2

构件类型	构件位置	小震	中震	大震
关键构件	连接体桁架、子结构转换次桁架	弹性（应力比≤0.85）	基本完好，承载力按不计抗震等级调整地震效应的设计值复核；应力比≤0.95	轻—中度损坏，承载力按极限值复核；应力比≤1.00（等效弹性计算）
普通构件	连接体子结构钢柱	弹性（应力比≤0.90）	轻微损坏，承载力按标准值复核；应力比≤0.95	中度损坏（动力弹塑性计算）
	连接体子结构普通钢梁及水平支撑	弹性（应力比≤0.90）	轻微损坏，承载力按标准值复核；应力比≤0.95	中度损坏（动力弹塑性计算）
关键节点	连接体桁架上、下弦与塔楼框架柱连接节点	弹性（应力比≤0.85）	基本完好，承载力按不计抗震等级调整地震效应的设计值复核；应力比≤0.90	基本完好，承载力按不计抗震等级调整地震效应的设计值复核；应力比≤1.00（等效弹性计算）

结合以上抗震设防标准及性能目标，设计中采取如下抗震加强措施：

（1）塔楼核心筒剪力墙的抗震等级提高至特一级，连接体所在楼层（上下各延一层）

核心筒外墙与水平桁架连接处增设型钢以提高抗震性能。

（2）塔楼核心筒剪力墙约束边缘构件范围按如下原则选取：1）核心筒底部加强区上延一层；2）核心筒角部全楼高度；3）连接体所在楼层核心筒及其上下各延两层。

（3）与连接体桁架相连的塔楼框架柱（上下各延一层）采用钢管混凝土柱，抗震等级提高至特一级。

（4）穿层柱计算长度将根据屈曲分析结果及规范要求进行取值，并加强穿层柱纵筋和箍筋的配置，同时加强与穿层柱相连的框架梁截面及配筋，增加其对穿层柱的约束作用。

（5）楼板不连续楼层板（B塔2层，A塔2、3层）加厚至120mm（A塔24层加厚至130mm），连接体桁架上、下弦对应楼层板（A塔22～23层、25层，B塔23～24层、26层及其两塔间桁架）加厚至200mm。

（6）为保证连接体桁架上、下弦与塔楼框架柱连接节点的可靠性，弦杆腹板对接焊缝采用一级熔透焊缝，并按桁架承受大震作用下的组合内力进行设计，高强连接螺栓按桁架承受恒荷载+活荷载标准组合下的内力进行设计，设计中对该节点按铰接及考虑实际转动刚度两种工况分别进行有限元分析及包络设计。

（7）与连接体桁架上、下弦对应的楼层内设置水平钢桁架，楼板加厚至200mm。

（8）连接体桁架层剪力墙内埋置型钢与水平桁架上、下弦进行有效连接，以保证连接体与塔楼间传力的可靠性。

（9）与斜柱相接的楼面梁按考虑及不考虑楼板作用时的内力进行截面及相关节点包络设计。

（10）斜柱转折楼层：与斜柱相邻的楼板按斜柱产生的拉应力进行配筋，并设置双层双向配筋，楼板加厚至200mm。

3.2 分析结果

3.2.1 多遇地震作用分析

结构计算以地下室顶板作为结构嵌固端。计算竖向和水平荷载工况，考虑X、Y向及相应的45°、135°地震作用，同时考虑双向水平地震（连接体考虑竖向地震）作用及偶然偏心的影响。楼层风荷载参数按风洞试验数据最大等效风荷载对应角度的层等效静力风荷载作为静力风荷载输入。竖向荷载工况计算考虑施工模拟工况。整体结构考虑二阶效应的不利影响。

小震计算主要输入参数：周期折减系数取0.85，连梁刚度折减系数0.70（周期及位移计算时取1.0），阻尼比按构件材料类型定义（混凝土取5%，钢材取2%，应变能加权平均法），梁刚度放大系数按《高规》取值（不超过2.0），楼板假定为：楼板不连续楼层、连接体及其对应塔楼楼层采用弹性膜模拟，其余楼层采用刚性楼板。主要计算结果见表3-3。

小震主要计算结果 表3-3

周期（s）	T_1	4.85
	T_2	4.25
	T_3	3.74
	T_4	1.93
	T_5	1.80
	T_6	1.26

续表

周期比		0.40							
栋号（方向）		A塔（X向）	A塔（Y向）	A塔（45°）	A塔（135°）	B塔（X向）	B塔（Y向）	B塔（45°）	B塔（135°）
层间位移角	风荷载	1/1056	1/1006	1/1353	1/1234	1/1192	1/1055	1/1464	1/1313
	地震作用	1/1178	1/1033	1/1003	1/977	1/967	1/1440	1/1133	1/1006
剪重比		1.35%	1.26%	1.14%	1.22%	1.43%	1.27%	1.14%	1.24%
扭转位移比		1.33	1.15	1.25	1.15	1.08	1.08	1.11	1.10
方向		X向		Y向		45°		135°	
刚重比		3.11		2.42		2.89		2.77	

3.2.2 设防地震作用分析

对设防烈度地震（中震）作用下，除普通楼板、次梁以外所有结构构件的承载力，根据其抗震性能目标要求，按最不利荷载组合进行验算，分别进行了中震弹性和中震不屈服的受力分析。计算中震作用时，水平最大地震影响系数 α_{max} 按规范取值为 0.23，阻尼比为 0.06。计算结果见表 3-4。

中震计算结果 **表 3-4**

指标	A塔		B塔	
	X向	Y向	X向	Y向
底部剪力（kN）	42903.29	40093.84	27057.72	23205.53
倾覆弯矩（kN·m）	4915578.22	4995930.12	2315149.08	1875774.4

（1）框架柱在中震作用下保持弹性，A 塔底层柱在弹性荷载组合下最大轴力为 70842kN，其相应弯矩为 5200kN·m，B 塔底层柱在弹性荷载组合下最大轴力为 56271kN，其相应弯矩为 2324kN·m。

（2）核心筒剪力墙在中震作用下基本保持弹性。

（3）连接体桁架和子结构转换桁架在中震作用下保持弹性，水平支撑及连接体子结构保持不屈服。

（4）部分楼层的个别连梁、框架梁的配筋需求比多遇地震作用下的需求要高。

3.2.3 罕遇地震作用分析

本工程选用 1 组双向人工波和 2 组双向天然波，采用 SAUSAGE 软件进行了连体结构 0°、90°、45°及 135°罕遇地震作用下的弹塑性时程分析。

罕遇地震作用下的结构层间位移角如图 3-2 及表 3-5 所示；结构最大层间位移角为 A 塔 1/131（45°输入）、B 塔 1/140（0°输入），均未超过规范限值。

罕遇地震作用下结构最大层间位移角 **表 3-5**

指标	A塔				B塔			
	X向	Y向	45°	135°	X向	Y向	45°	135°
最大层间位移角	1/149	1/148	1/131	1/141	1/140	1/204	1/181	1/159

罕遇地震作用下的结构主要构件损伤情况如图 3-3 所示。可以看出，两栋塔楼核心筒连梁存在不同程度的损伤，而大部分墙肢均未出现显著受压损伤及剪切破坏；框架柱底

部、连接体桁架层的框架柱柱端和中上部出现局部轻度受压损伤，其余部位未出现受压损伤；连接体钢桁架及其上子钢结构均无塑性应变。结构在罕遇地震作用下显示了良好的受力性能。

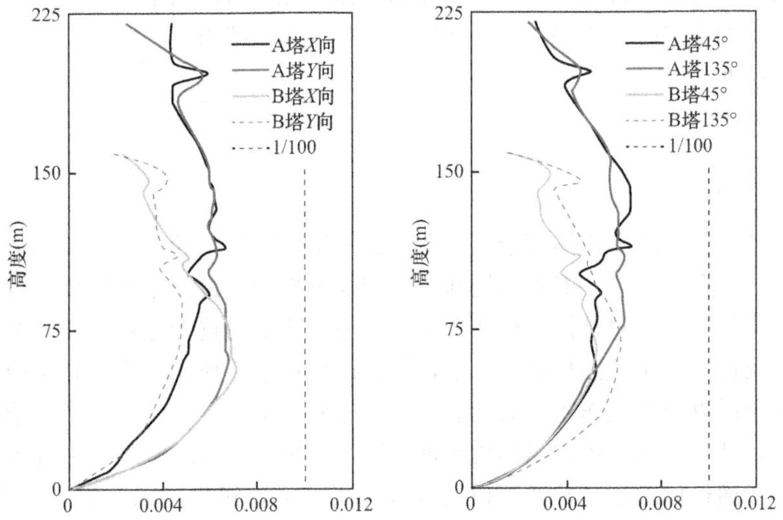

图 3-2　罕遇地震作用下结构层间位移角

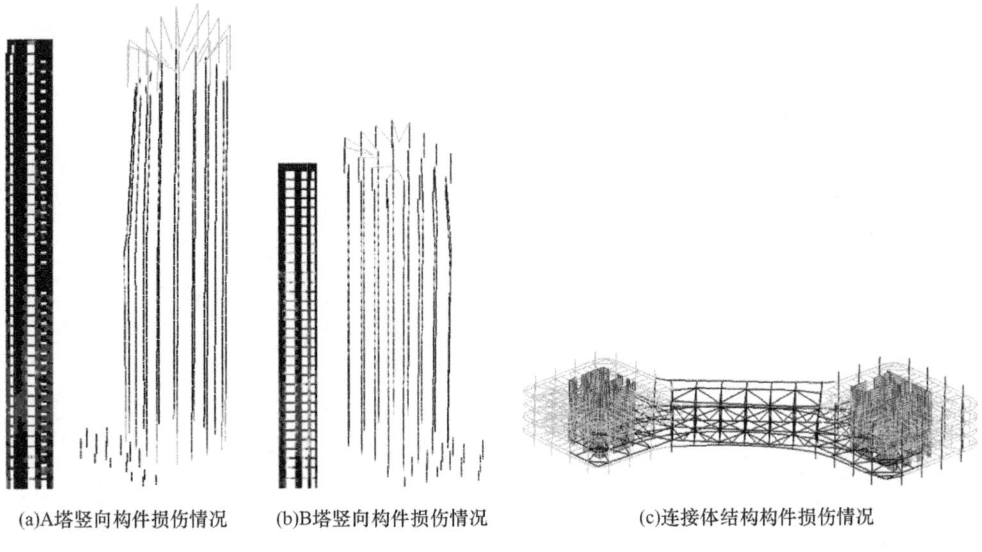

图 3-3　结构主要构件损伤情况

4　抗震设防专项审查意见

2019 年 5 月 17 日，广州市住房和城乡建设局在嘉业大厦 14 楼第二会议室主持召开了本项目超限高层建筑工程抗震设防专项审查会，魏琏教授任专家组组长。与会专家审阅了送审资料，听取了设计单位对项目的汇报。经审议，形成审查意见如下。

(1) 优化连接体根部楼盖的构件布置，形成明确的水平力传递路径。

(2) 完善连接体主要构件与核心筒角部端柱的连接构造和节点设计。

(3) 应充分考虑两塔楼竖向变形差（包括徐变影响）对连体内力的不利影响。

(4) 建议采用另一种分析软件复核大震动力弹塑性分析的结果。

(5) 进一步加强连接体相关楼层竖向构件的配筋和承载力。

审查结论：通过。

5 点评

本工程为“高位大跨度连体复杂结构”，其中A塔楼高度超过B级高度，B塔楼属B级高度高层建筑，存在5项一般不规则和1项特别不规则。设计中采用概念设计方法，根据抗震原则及建筑特点，对整体结构体系及布置进行详细的选型分析，使之具有良好的结构性能。抗震设计中采用性能化设计方法，保证结构在小震作用下完全处于弹性性能，并对主要构件在中震以及大震作用下的性能进行了分析。采用多个计算程序对结构进行弹性和弹塑性计算，结果表明，各项指标均表现良好，满足规范要求。结构不规则程度得到有效控制。同时，通过概念设计及各阶段的计算分析结果，对关键以及重要构件做了加强，提高相应的构造措施。

37 环球都汇广场

关　　键　　词： 超 B 级高度；斜墙；加强层
结构主要设计人： 李东存　陈晓航
设　计　单　位： 广州容柏生建筑结构设计事务所（普通合伙）

1 工程概况与设计标准

1.1 工程概况

本工程位于广州市珠江新城中央商务区的新城市中轴线东侧，地块东、北两侧分别临冼村路和花城大道，西、南两侧毗邻东塔及 J2-5 地块商务办公楼。地上裙房 4 层，塔楼 67 层，地下 5 层（底板标高－20.15m）。建筑总高度为 306.7m（幕墙顶高度 318.85m）。从首层而上，建筑的功能分别为高端临街商铺及入口大堂、餐饮设施、办公。塔楼的平面近似正方形，与地块呈 45°角布置。建筑平面、剖面及立面效果图如图 1-1～图 1-4 所示。

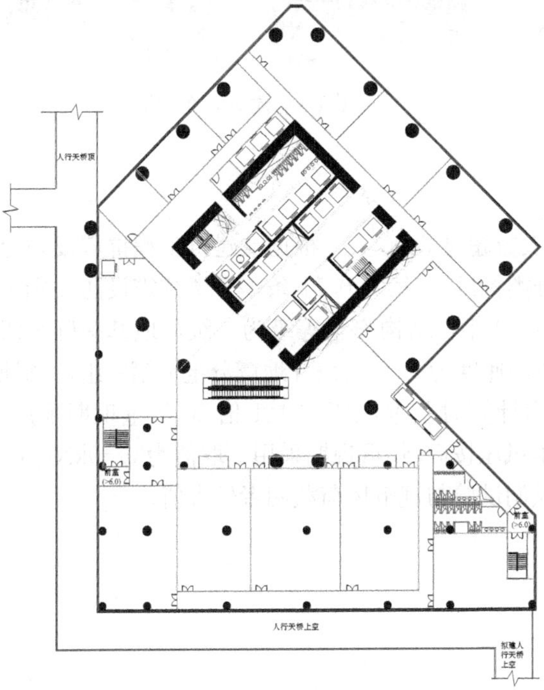

图 1-1　裙房建筑平面图

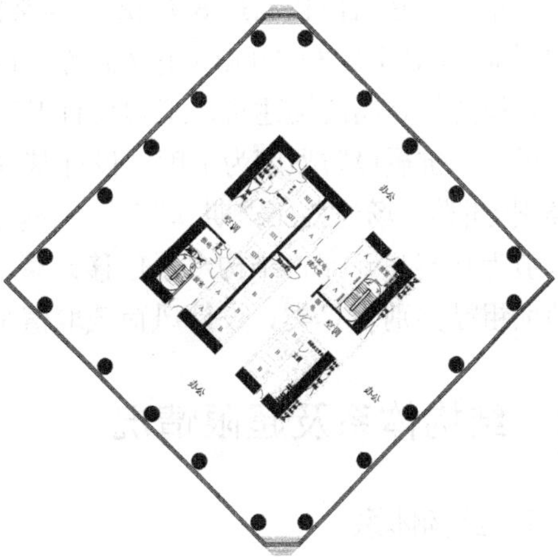

图 1-2　标准层建筑平面图

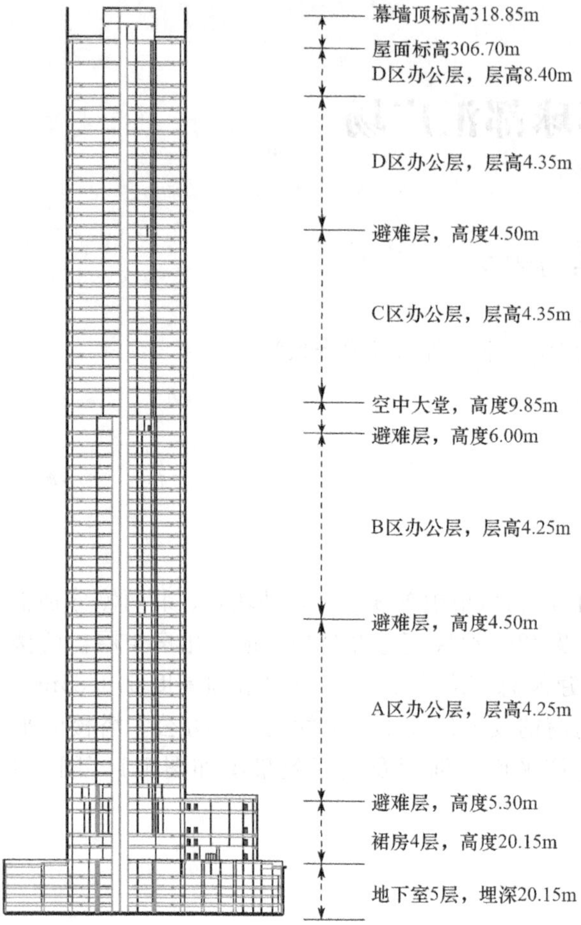

图 1-3　建筑剖面图

图 1-4　建筑立面效果图

1.2　设计标准

本工程建筑面积超过 8 万 m^2，经常使用人数超过 8000 人，根据《建筑工程抗震设防分类标准》GB 50223—2008（下文简称《设防分类标准》）第 6.0.11 条，塔楼抗震设防类别为重点设防类，属乙类建筑；工程设计基准期为 50 年，结构安全等级为二级，地基基础等级为甲级，抗震设防烈度为 7 度，设计基本地震加速度为 0.1g，设计地震分组为第一组，场地类别为Ⅱ类，场地特征周期 0.35s。结构承载力计算时基本风压按 1.1 倍 50 年重现期采用，取值为 0.55kN/m^2；结构水平位移计算时基本风压按 50 年重现期采用，取值为 0.50kN/m^2；地面粗糙类别为 C 类；设计风荷载取值采用风洞试验与规范风荷载两者较大值。

2　结构体系及超限情况

2.1　结构体系

本工程结构平面的长宽比为 43.6/43.6=1，高宽比为 306.7/43.6=7，核心筒高宽比为 306.7/23.4＝13；结合建筑平面功能、立面造型、抗震（风）性能要求、施工周期以及造价合理等因素，结构采用带伸臂桁架和腰桁架加强层的钢管混凝土柱型钢梁框架-钢筋混凝土核心筒混合结构体系（图 2-1）。其中，钢管混凝土柱型钢梁框架部分：37 层设置腰桁架与伸臂桁架，53 层设置伸臂桁架；框架柱 60 层以下为圆钢管混凝土柱，60 层及以上层为圆钢管柱；框架梁为 H 型钢梁。核心筒部分：10 层及以下为型钢混凝土剪力墙筒体（角部设置型钢），其余楼层为钢筋混凝土剪力墙筒体，该筒体在 40～43 层有一侧逐步缩进 2.08m（图 2-2）。框架和筒体抗震等级为特一级。

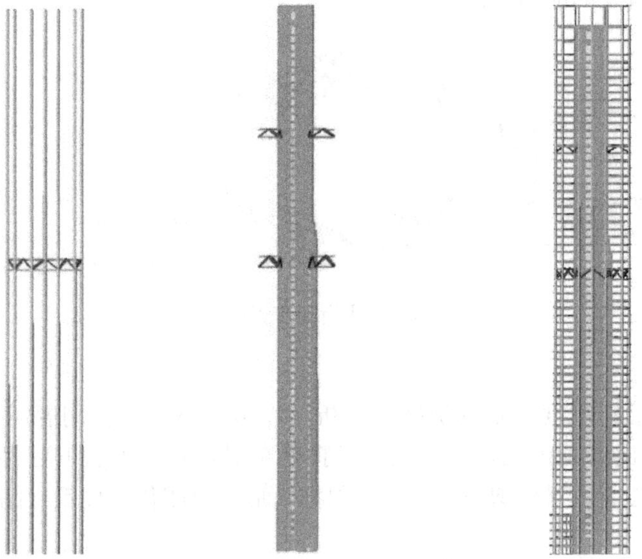

(a)外框柱+腰桁架　(b)核心筒+连梁+伸臂桁架　(c)带加强层核心筒-核心筒结构体系

图 2-1　结构抗侧力体系

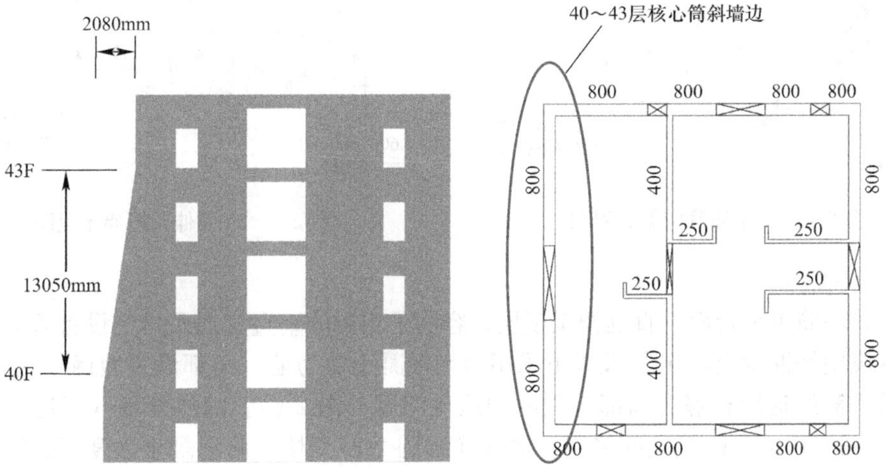

图 2-2　40～43 层核心筒斜墙过渡段示意

2.1.1　外框柱

配合建筑造型的需要，沿建筑周边共布置 20 根框架柱；框架柱 60 层以下为圆钢管混凝土柱，截面为 ϕ1700～1100；60 层及以上层为圆钢管柱，截面为 ϕ1100。为了保证框架柱能满足相应的抗震性能，底部框架柱需采用强度等级高的混凝土，框架柱的混凝土强度等级沿楼层为：−5～22 层 C80，23～38 层 C70，39～54 层 C60，60 层以上层 C50。

2.1.2 腰桁架

根据腰桁架对结构刚度贡献的敏感性分析，于 37 层设置腰桁架作为结构体系中的环向构件。一方面协调外框各竖向构件的变形，减少外框柱之间的竖向变形差异，使得外框柱竖向受力均匀；另一方面作为与外框柱共同作用的巨型梁，形成整体性较好的外框架，提高外框架抵抗水平荷载的能力（图 2-3）。

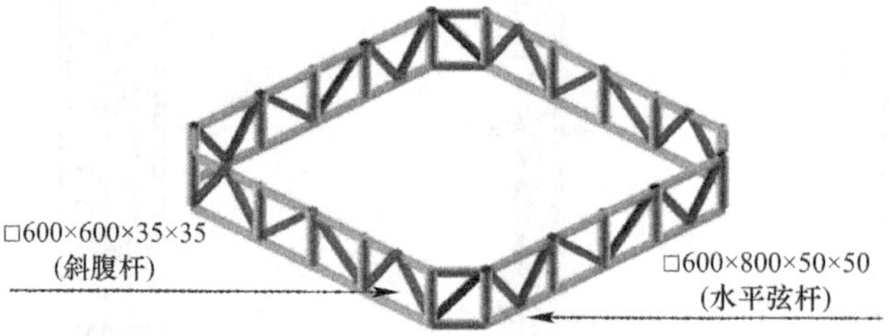

图 2-3　37 层腰桁架布置图

2.1.3 伸臂桁架

根据伸臂桁架对结构刚度贡献的敏感性分析，以满足整体结构刚度需要为限，于 37 层及 53 层设置 X、Y 向伸臂桁架，采用人字形腹杆布置，并在上、下弦对应平面沿墙体设置水平钢梁贯通核心筒，对应剪力墙内设置斜撑，形成封闭传力体系（图 2-4、图 2-5）。

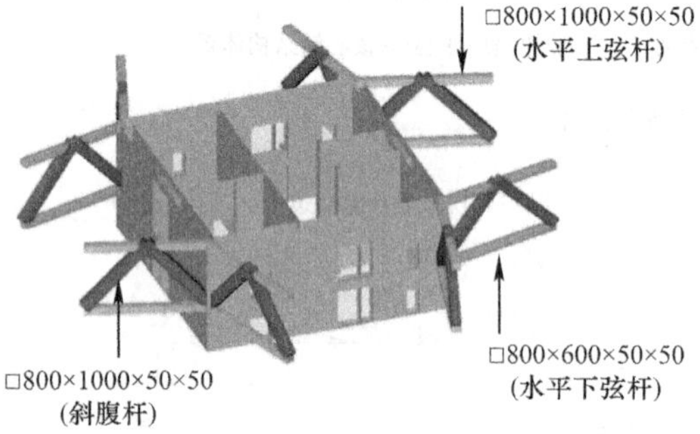

图 2-4　37 层伸臂桁架布置图

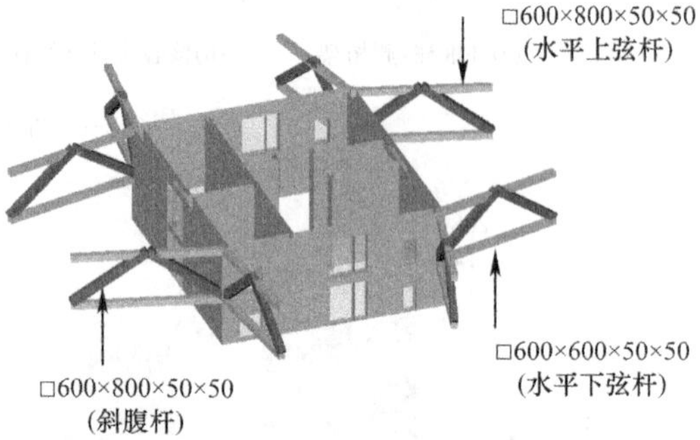

图 2-5　53 层伸臂桁架布置图

2.1.4 核心筒剪力墙

中部核心筒由承台面一直延伸至顶层，容纳了主要的垂直交通及机电设备管井。核心筒采用现浇钢筋混凝土，10 层及以下采用型钢混凝土剪力墙（角部设置型钢），主要目的是增加核心筒的延性和解决局部墙肢的轴压比问题（图 2-6）。筒体外墙（三边）完整直上，其中一边在 40～43 层之间采用斜墙变换（图 2-2）。核心筒混凝土强度等级沿楼层设置为：−5～11 层 C70，12～24 层 C60，25～44 层 C55，45～58 层 C50，59 层以上层 C45。

2.1.5 楼盖体系

塔楼核心筒内及裙房采用典型钢筋混凝土主次梁楼盖系统，塔楼核心筒内板厚

150mm，裙房板厚 120mm。塔楼加强层上层楼板厚 250mm，首层、加强下层楼板厚 200mm，斜墙底部及顶端楼层楼板厚 150mm。其余层塔楼核心筒外采用桁架式楼承板的钢-混凝土组合楼盖系统，支承钢筋桁架模板的钢梁间距控制在 3m 左右，板厚 120mm。钢梁通过栓钉（抗剪连接件）与现浇楼板组合，同时作为桁架式楼承板与钢梁的固定连接件。

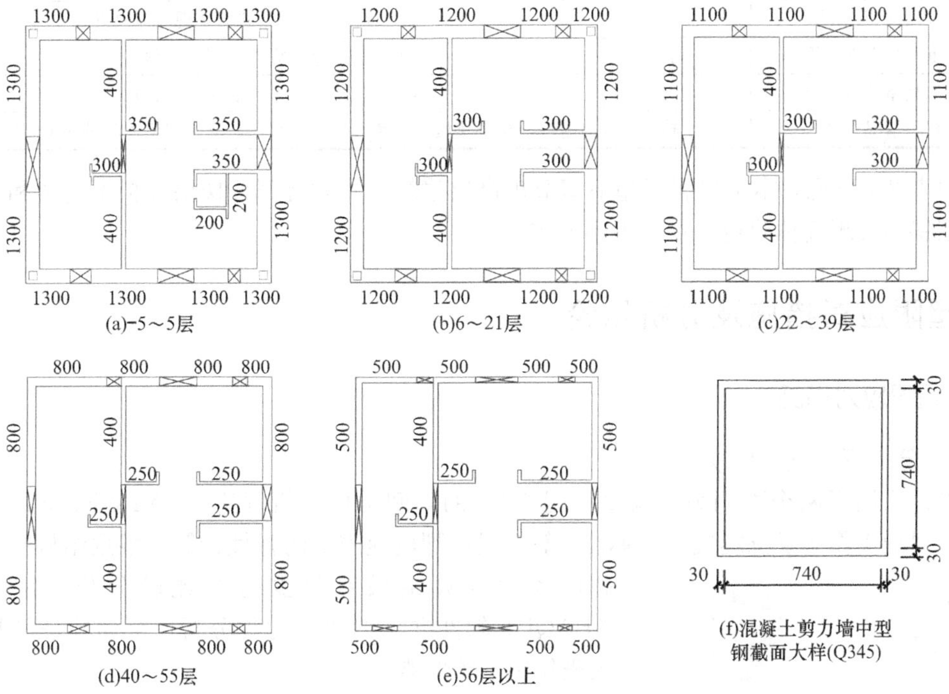

图 2-6 核心筒平面布置图

2.2 结构的超限情况

根据《建筑抗震设计规范》GB 50011—2010、《高层建筑混凝土结构技术规程》JGJ 3—2010（下文简称《高规》）、《关于印发〈超限高层建筑工程抗震设防专项审查技术要点〉的通知》（建质〔2010〕109 号）（下文简称《技术要点》）的有关规定，结构的超限情况如表 2-1 所示。

结构超限情况 **表 2-1**

分类	类型	程度与注释（规范限值）
高度超限	是	306.7m>190m《技术要点》《高规》
1a 扭转不规则	X 向：规则	1.20（首层）＝（1.2）
	Y 向：规则	1.14（首层）<（1.2）
1b 偏心布置	否	偏心率小于 0.15，相邻层质心相差小于相应边长 15%
2a 凹凸不规则	否	平面凹凸尺寸小于其相应边长 30%
2b 组合平面	否	无细腰形或角部重叠形平面
3 楼板不连续	是	2、39 层楼板有效宽度小于 50%及 3 层夹层楼板开洞面积大于 30%

续表

分类	类型	程度与注释（规范限值）
4a 刚度突变	否	依据《高规》判断（除加强层相邻下层外）
4b 尺寸突变	否	无竖向构件位置缩进大于 25%，无外挑大于 10%和 4m
5 构件间断	否	全楼柱及墙连续
6 承载力突变	否	除加强层相邻下层外，相邻楼层受剪承载力变化满足规范要求
7 其他不规则项	是	部分核心筒剪力墙采用斜墙实现筒体收进
严重不规则性超限	否	不属于严重不规则性超限工程
特殊类型高层建筑	否	不属《技术要点》中表 4 定义类别
超限情况总结	高度超限，同时有部分楼层楼板不连续和核心筒采用斜墙实现筒体收进等不规则项	

由表 2-1 可见，本项目属于超 B 级高度高层建筑，同时有部分楼层楼板不连续和核心筒采用斜墙实现筒体收进 2 项一般不规则。

3 超限应对措施及分析结论

3.1 超限应对措施

3.1.1 分析模型及分析软件

设计采用了两个不同力学模型（图 3-1）的空间结构分析程序（SATWE、ETABS）进行多遇地震作用下抗震抗风的弹性计算和设防烈度地震下的弹性计算，根据结构静力与弹性动力计算结果对数据进行比较分析。并使用 ABAQUS 软件进行弹塑性时程分析，全面验证结构在大震作用下的性能。

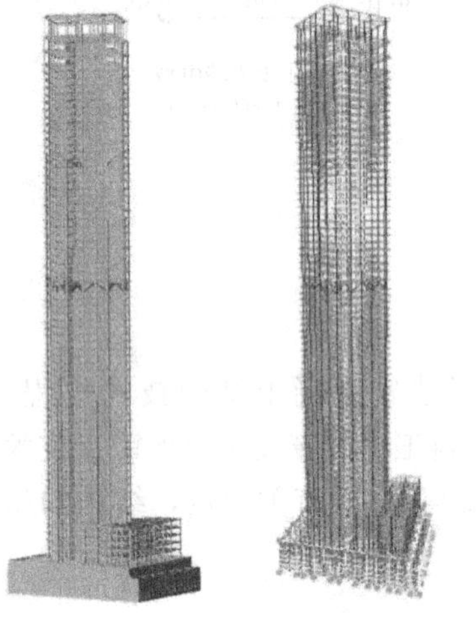

(a)SATWE分析模型　(b)ETABS分析模型

图 3-1　结构分析模型

3.1.2 抗震设防标准、性能目标及加强措施

本项目塔楼地上建筑面积为 149005m²，根据《设防分类标准》，其抗震设防类别为重点设防类（乙类）。设计中根据结构可能出现的薄弱部位及需要加强的关键部位，依据规范，针对性地选用 C 级性能目标及相应的抗震性能水准（部分关键构件予以一定的提高）。对应抗震性能设计目标的选择见表 3-1。

结合以上抗震设防标准及性能目标，设计中采取如下抗震加强措施：

（1）抗震措施由 7 度提高至 8 度，抗震等级取特一级。剪力墙轴压比控制在 0.5 以内。

（2）底部加强区（10 层及以下）核心筒角部设置型钢，同时，底部加强区（10 层及以下）核心筒墙身水平钢筋配筋率提高至 1%，以提高核心筒剪力墙的延性和抗剪能力。

（3）伸臂桁架的上、下弦延伸入筒体，对应剪力墙内设置斜撑形成封闭受力体系；伸臂桁架与核心筒剪力墙连接处设置型钢混凝土约束边缘构件，型钢柱向相邻上下层各延伸一层，实现节点传力的可靠性及抗震延性，满足性能目标要求。

（4）结合相应设防水准下关键构件的截面验算及动力弹塑性分析结果，对关键构件做相应加强，满足性能目标要求，并以此计算结果指导施工图设计。

（5）结合相应设防水准下关键构件（加强层剪力墙及斜墙）的有限元分析及动力弹塑性分析结果，对墙厚、墙身钢筋做相应加强，满足性能目标要求，并以此计算结果指导施工图设计。

（6）结合相应设防水准下关键楼层楼板的有限元分析及动力弹塑性分析结果，对板厚和配筋做相应加强，满足性能目标要求。施工图设计阶段落实性能化设计的配筋要求。

主要构件在不同地震水准下的性能目标　　表 3-1

<table>
<tr><th colspan="2">项目</th><th>多遇地震</th><th>设防烈度</th><th>罕遇地震</th></tr>
<tr><td rowspan="5">关键构件</td><td>底部加强区核心筒剪力墙</td><td>弹性</td><td>弹性</td><td>轻微损坏（不屈服）</td></tr>
<tr><td>非底部加强区核心筒剪力墙</td><td>弹性</td><td>轻微损坏（不屈服）</td><td>轻度损坏（不屈服）</td></tr>
<tr><td>外框柱</td><td>弹性</td><td>轻微损坏（不屈服）</td><td>轻度损坏（不屈服）</td></tr>
<tr><td>伸臂桁架、腰桁架</td><td>弹性</td><td>弹性</td><td>轻微损坏（不屈服）</td></tr>
<tr><td>加强层楼板</td><td>弹性</td><td>轻微损坏（不屈服）</td><td>轻度损坏（不屈服）</td></tr>
<tr><td>耗能构件</td><td>连梁、普通楼层梁</td><td>弹性</td><td>轻度损坏（不屈服）</td><td>不发生受剪破坏</td></tr>
<tr><td colspan="2">普通竖向构件</td><td>弹性</td><td>轻微损坏（不屈服）</td><td>不发生受剪破坏</td></tr>
<tr><td colspan="2">其余层楼板</td><td>弹性</td><td>轻度损坏（不屈服）</td><td>不发生受剪破坏</td></tr>
</table>

3.2 分析结果

3.2.1 小震弹性分析结果

结构计算以地下室底板作为结构嵌固端。计算竖向和水平荷载工况，考虑 X、Y 向及相应的 45°、135°地震作用，同时考虑双向水平地震作用及偶然偏心的影响。楼层风荷载参数按风洞试验数据最大等效风荷载对应角度的层等效静力风荷载作为静力风荷载输入。竖向荷载工况计算考虑施工模拟工况。整体结构考虑二阶效应的不利影响。

小震计算主要输入参数：周期折减系数取 0.85，连梁刚度折减系数 1.00，阻尼比 0.035，梁刚度放大系数 2.0，楼板假定为：2 层、39 层、3 层夹层、加强层及其上层为弹性膜，其余楼层为刚性板。主要计算结果见表 3-2。

小震主要计算结果　　表 3-2

<table>
<tr><td rowspan="3">周期（s）</td><td>T_1</td><td colspan="2">6.58</td></tr>
<tr><td>T_2</td><td colspan="2">6.48</td></tr>
<tr><td>T_3</td><td colspan="2">3.25</td></tr>
<tr><td>周期比</td><td colspan="3">0.49</td></tr>
<tr><td rowspan="3">层间位移角</td><td>方向</td><td>X 向</td><td>Y 向</td></tr>
<tr><td>风荷载</td><td>1/548</td><td>1/573</td></tr>
<tr><td>地震作用</td><td>1/869</td><td>1/926</td></tr>
<tr><td colspan="2" rowspan="2">剪重比</td><td>X 向</td><td>Y 向</td></tr>
<tr><td>1.08%</td><td>1.08%</td></tr>
<tr><td colspan="2">扭转位移比</td><td>1.20</td><td>1.14</td></tr>
<tr><td colspan="2">刚重比</td><td>1.62</td><td>1.66</td></tr>
</table>

3.2.2 关键构件性能化设计分析结果

塔楼外框架柱沿高度分别为圆钢管混凝土柱及圆钢管柱两种类型。设计中针对框架柱的承载力，对其在风荷载及中、大震作用下进行复核验算；外框柱的计算长度取各层层高的 1.25 倍，其中首层及 38 层在入口大堂处出现跨层柱，跨层柱计算长度取两层层高的 1.25 倍。外框柱在中震弹性和大震不屈服工况下的截面利用率为 51%～79%，可达到预设的抗震性能目标。

伸臂桁架和环向腰桁架在中震弹性工况下的应力比为 0.43～0.81，高于所设定的“中震不屈服”的抗震性能目标。

核心筒在 40～43 层设置斜墙收进，设计中采用壳元模型进行应力分析，分析结果显示，设计采用水平钢筋的构造加强即可满足相应的抗震性能目标。

3.2.3　动力弹塑性时程分析结果

本工程选用 1 组双向人工波（L740）和 2 组双向天然波（L201、L266），采用 ABAQUS 软件进行了罕遇地震作用下的弹塑性时程分析，分析结果见表 3-3。

大震动力弹塑性时程分析结果　　**表 3-3**

指标		人工波 L740		天然波 1 L202		天然波 2 L266	
		X 主方向	Y 主方向	X 主方向	Y 主方向	X 主方向	Y 主方向
剪重比	X	4.88%	5.72%	4.96%	3.93%	5.70%	4.45%
	Y	4.32%	5.04%	4.25%	5.21%	4.37%	5.58%
最大层间位移角	X	1/218	1/249	1/217	1/201	1/154	1/192
	Y	1/374	1/311	1/318	1/266	1/269	1/189
结构总质量		204654（t）					

对动力弹塑性整体计算指标的综合评价：

（1）罕遇地震作用下结构保持直立，最大层间位移角为 X 向 1/154，Y 向 1/192，小于框-筒结构 1/100 的限值。

（2）由于结构周期相对较长，在各组地震波作用下，无论双向地震主方向为 X 向还是 Y 向，结构的弹塑性剪重比均偏小。

（3）结构的楼层剪力主要由剪力墙承担，框架承担的部分大于 10%。

（4）各榀剪力墙在地震作用下的受压损伤如图 3-2 所示，从图示结果可知，各榀剪力墙主承重墙肢基本完好，抗压损伤主要出现在连梁部位，剪力墙抗震承载力足够。

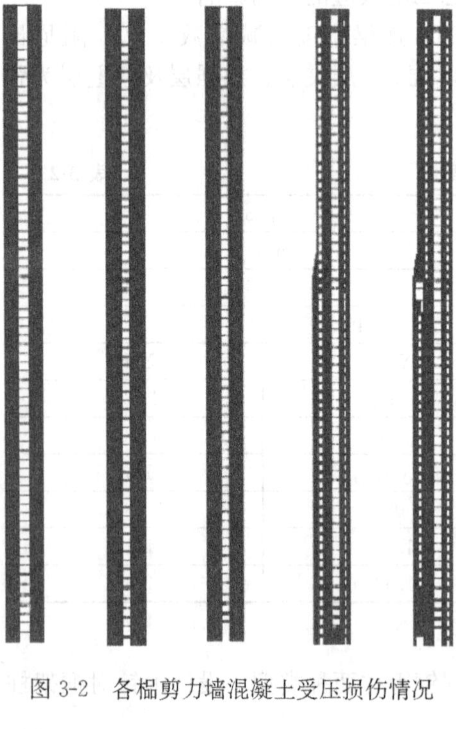

图 3-2　各榀剪力墙混凝土受压损伤情况

4　抗震设防专项审查意见

2011 年 5 月 30 日，广州市城乡建设委员会在广东大厦东江厅主持召开了“珠江新城 J2-2 地块项目（环球都汇广场）”超限高层建筑工程抗震设防专项审查会，上海现代建筑设计（集团）有限公司总工程师汪大绥设计大师任专家组组长。与会专家听取了设计单位关于该工程抗震设防设计的情况汇报，审阅了送审资料。经讨论，提出审查意见如下：

（1）对结构的抗震性能目标做进一步优化，罕遇地震作用下的构件内力可不作为设计的依据。

（2）计算罕遇地震作用时，场地特征周期应增加 0.05s。

（3）建议适当提高核心筒的混凝土强度等级。

（4）斜墙引起的水平分力应有适当的处理措施。

（5）建议对结构体系、构件截面尺寸和节点构造做适当优化。

（6）本工程的控制性荷载为风荷载，建议对风洞试验结果进行专门论证。

审查结论：通过。

5 点评

本工程为高度超过 300m 的超限项目，结构体系采用带伸臂桁架及腰桁架的钢管混凝土柱型钢梁框架-钢筋混凝土核心筒体系。针对工程超限情况，结构设计通过竖向及平面结构的合理化布局及全面、细致的计算分析，确保对重力荷载、地震作用、风荷载作用的合理评估，对关键构件采取更为严格的抗震构造措施，关键抗侧构件及节点部位采用钢/型钢混凝土或钢管混凝土等高延性构件，提高结构安全标准及耗能水平，确保整体延性的发挥。同时，在整体结构及构件设计中全面融入抗震性能化设计的思想，外框架、核心筒剪力墙、伸臂桁架及腰桁架满足中震无损坏（弹性）及大震轻微损坏（不屈服）的抗震性能要求，高于所设定的抗震性能目标。

38 保利增城金融总部办公塔楼

关　　键　　词：超 B 级高度；受拉分析；转换桁架

结构主要设计人：张文华　王　鹏
设　计　单　位：广州容柏生建筑结构设计事务所（普通合伙）

1 工程概况与设计标准

1.1 工程概况

保利增城金融总部项目位于广州市增城区永宁街，总用地面积 4.3 万 m^2。项目由 4 栋塔楼和 4 层裙房组成，塔楼与裙房由防震缝分开。本办公塔楼为其中一栋，地上总建筑面积为 14.3 万 m^2，建筑总高 335m。地上 60 层，主屋面高度 289.60m；塔冠高度 45.4m。4 层地下室，底板标高－17.7m。办公塔楼分为 5 个办公区，办公标准层层高 4.5m；设 5 个避难层，避难层层高 6.5m；首层大堂 4 层通高 20m；在第 5 层与 60 层设有配套层，层高 6.5m；空中大堂设在 42 层，层高 7.3m，空中大堂南侧中空，高度 11.8m。外立面使得外框柱竖向三次不连续，分别为：在 1～4 层形成大 V 形斜柱（高度 20m），在 30～31 层与 50～51 层形成两道 V 形转换桁架（高度均为 11m）。塔冠为斜交网格形式（高度 45.4m）且镂空。办公塔楼的效果图、立面图与剖面图如图 1-1 所示。

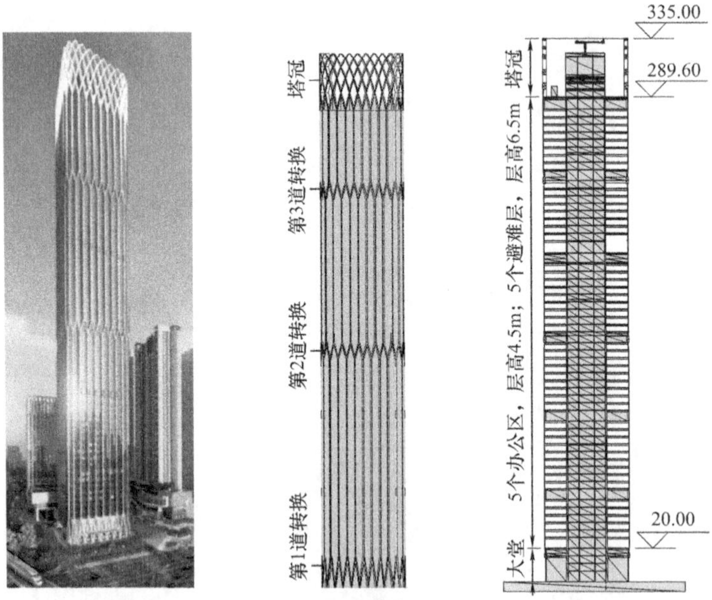

(a)效果图　(b)立面图　(c)剖面图

图 1-1　办公塔楼效果图、立面图与剖面图

建筑平面外轮廓尺寸为 52.0m×52.0m，高宽比 5.6；核心筒尺寸为 26.8m×25.4m，高宽比 11.4。首层核心筒南侧为穿梭梯入口，核心筒外墙需减小墙厚且做开洞处理。核心筒在 4 区（约 2/3 高度以上）与 5 区（约 4/5 高度以上）分别将南侧与北侧外剪力墙取消变为柱，以提高楼层的使用率。标准层建筑平面如图 1-2 所示。

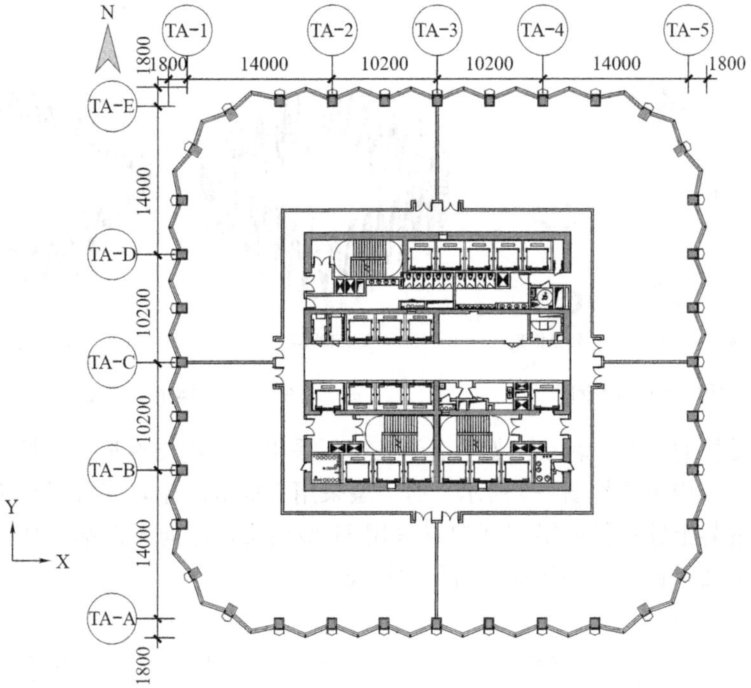

图 1-2　标准层建筑平面图

1.2　设计标准

工程设计基准期为 50 年，结构安全等级二级，抗震设防类别为乙类。风洞试验风荷载与规范风荷载计算得到的基底剪力比为 0.93～0.97，基底倾覆弯矩比为 0.91～1.02，故风荷载取值采用风洞试验数据。抗震设防烈度为 6 度，场地类别为Ⅱ类，设计基本地震加速度值为 0.05g，设计地震分组为第一组，特征周期为 0.35s。地震影响系数曲线按《建筑抗震设计规范》GB 50011—2010（2016 年版）第 5.1.5 节采用，6s 以后的地震影响系数曲线按拉平处理，即 6s 以后的地震影响系数等同于 6s 的系数。项目所在区域的混凝土厂家无生产 C80 混凝土的经验，故本塔楼墙柱混凝土强度等级采用 C60～C40，梁板 C30。钢材除了关键部位采用 Q390B 外，均采用 Q355B。钢筋采用 HRB400。

2　结构体系及超限情况

2.1　结构体系

结构体系为带三道转换桁架的钢管混凝土框架-钢筋混凝土核心筒混合结构，模型如

图 2-1 所示。结构主要有以下特点：1）结构高宽比 5.6，核心筒高宽比 10.9，均在经济适中的范围；2）层高较高，存在三道转换桁架（图 2-2），核心筒外墙取消变为柱子的起始楼层较低，这些均影响结构刚度；3）外框柱距 5.1m，但柱宽仅 600mm，且梁高受限，不能形成有效的外框密筒效应；4）外框刚度偏弱，计算与设计时，核心筒承担全部地震剪力，以保证安全。

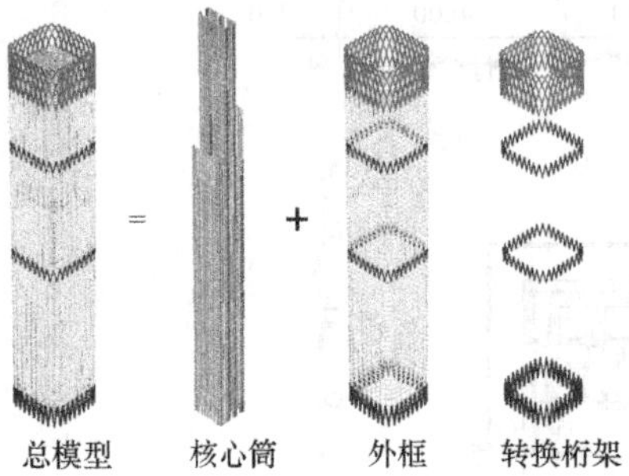

图 2-1　结构体系构成示意图

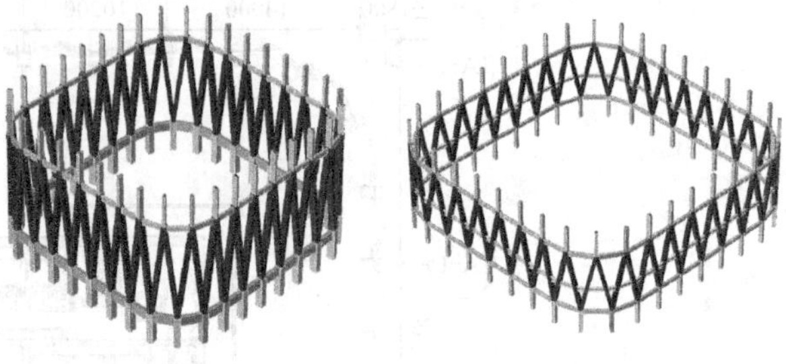

(a)首层　(b)第2/3道转换桁架

图 2-2　转换桁架模型示意图

考虑楼面受拉的影响，转换桁架上、下弦楼板采用水平钢支撑形式。标准层与转换桁架上、下弦楼层结构布置如图 2-3 所示。剪力墙采用钢筋混凝土，底部设置钢骨；外框柱采用矩形钢管混凝土柱；径向梁与环向梁采用 H 型钢梁，径向梁两端铰接；核心筒外楼板采用钢筋桁架楼承板。主要构件截面尺寸见表 2-1。

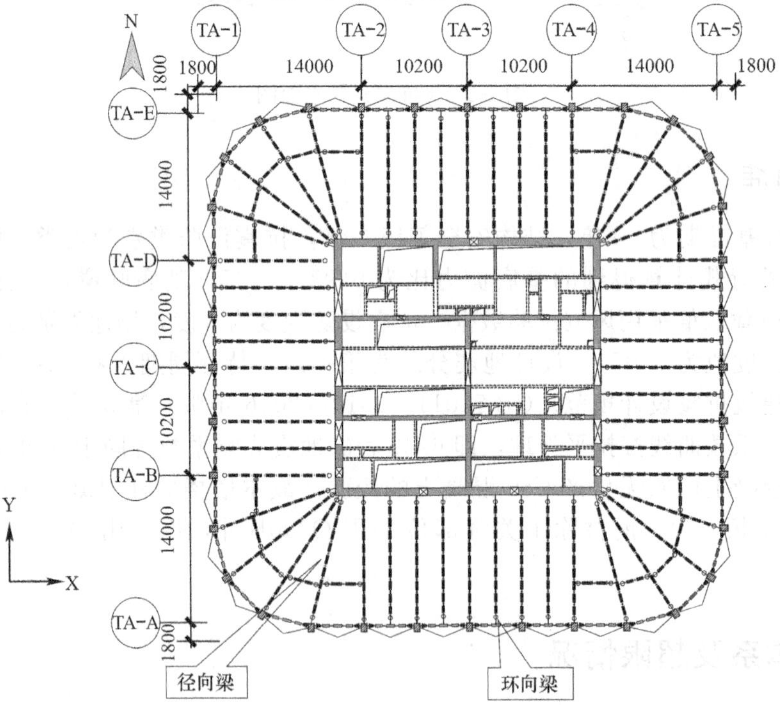

(a)标准层

图 2-3　标准层与转换桁架上、下弦楼层结构布置（一）

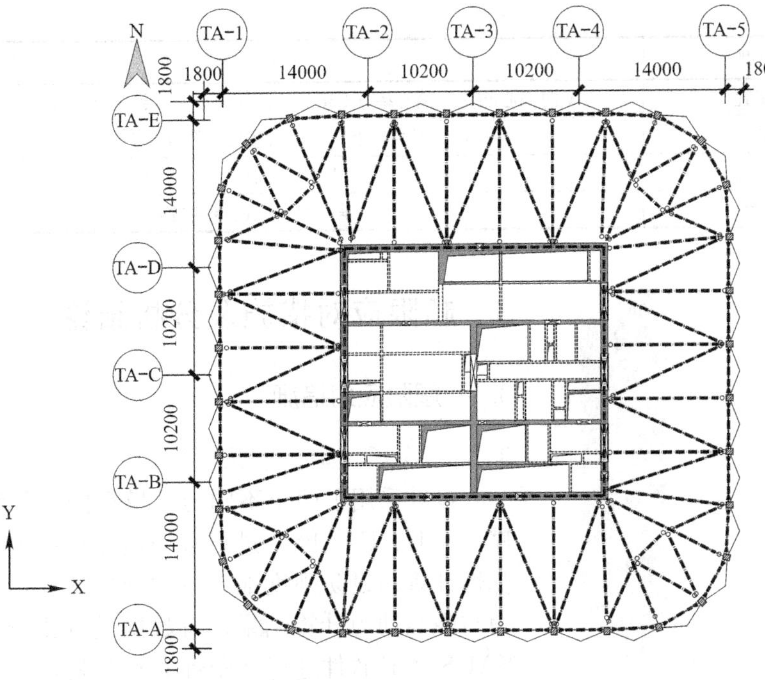

(b)转换桁架上、下弦楼层

图 2-3　标准层与转换桁架上、下弦楼层结构布置（二）

主要构件截面尺寸　　表 2-1

构件		构件尺寸(mm)
核心筒	外围墙厚	底部 1200～顶部 400
	内部墙厚	底部 500～顶部 250
梁	筒内部（混凝土）	钢筋混凝土：200×1000，200×800，200×600
	筒外部（钢）	径向梁：H550×175×8×10；环向梁：H800×350×16×25
外框柱（矩形钢管混凝土）		底部：□600×1200×30；顶部：□600×600×14
楼板厚		标准层：120；转换桁架上下弦楼板：200
转换桁架	腹杆斜柱（矩形钢管混凝土）	第 1 道：□800×1200×25；第 2 道：□600×700×22；第 3 道：□600×600×18
	上、下弦（箱形钢梁）	第 1 道：下弦梁 SRC-1000×1400，上弦梁□1200×400×22；第 2/3 道：上、下弦均为□800×400×16
转换桁架上、下弦楼层水平钢支撑		H550×175×10×20、H550×175×10×24

2.2 结构的超限情况

塔楼高度超限，同时具有扭转不规则（偏心布置）、楼板不连续、刚度突变与构件间断 4 项不规则，属于超限高层建筑。超限情况如表 2-2 所示。

不规则判别　　表 2-2

不规则类型	不规则判定
房屋高度	高度超限，主屋面高度 289.6m（适用最大高度 220m）
1a 扭转不规则	X 向不规则，扭转位移比 1.29>1.2（仅第 1 层，其他楼层扭转规则）

续表

不规则类型	不规则判定
1b 偏心布置	X 向偏心布置，偏心率 0.258>0.15（仅 1～4 层，其他楼层布置不偏心）
3 楼板不连续	是，首层大堂上空：最大楼层开洞面积 75.4%>30%
4a 刚度突变	是，49 层侧刚比 0.83<90%
5 构件间断	是，存在三道转换桁架

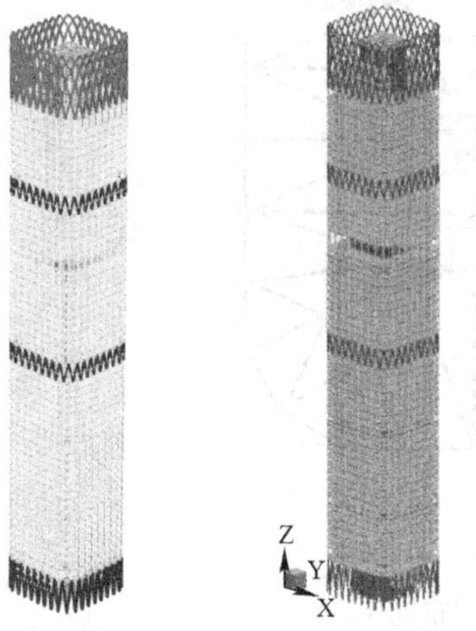

图 3-1　结构分析模型

3　超限应对措施及分析结论

3.1　超限应对措施

3.1.1　分析模型及分析软件

设计采用了两个不同力学模型的空间结构分析程序（YJK、ETABS）进行多遇地震作用下抗震抗风的弹性计算和设防烈度地震下的弹性计算，根据结构静力与弹性动力计算结果，对数据进行比较分析。使用 SAUSAGE 软件进行弹塑性时程分析，全面验证结构在大震下的性能。结构分析模型如图 3-1 所示。

3.1.2　抗震设防标准、性能目标及加强措施

根据塔楼特点和规范要求，主楼结构抗震性能目标定为 C 级。相应的结构在中震和大震水准下预期的震后性能状况如表 3-1 所示。

各构件对应性能目标及描述　　**表 3-1**

构件		中震	大震
关键构件	底部加强区剪力墙、转换桁架层及上下两层核心筒范围竖向构件	轻微损坏（受剪弹性，受弯不屈服）	轻度损坏（允许部分受弯屈服，受剪不屈服，满足受剪截面要求）
	转换桁架、桁架转换层转角径向梁、转换桁架上下一层的外框柱	无损坏（应力弹性）	轻度损坏（应力不屈服，满足受剪截面要求）
普通竖向构件	除关键构件外竖向构件	轻微损坏（抗剪弹性，抗弯不屈服）	部分构件中度损坏（部分屈服，但均满足受剪截面要求）
楼板	转换桁架层及上下一层楼板	无损坏（弹性）	轻度损坏
耗能构件	框架梁、剪力墙连梁	轻度损坏，部分构件中度损坏（受剪不屈服，部分构件可受弯屈服）	中度损坏，部分比较严重损坏（大部分屈服，部分严重损坏）

结合以上抗震设防标准及性能目标，设计中采取如下抗震加强措施：

（1）核心筒墙身分布筋配筋率：通过中大震性能验算，提出核心筒墙身分布筋配筋率如表 3-2 所示；对局部需要再次加强分布筋的部位进行加强。

（2）核心筒墙身钢骨设置：为提高核心筒抗震性能，并解决轴压比问题，对−1～4

层核心筒设置钢骨，并往下、往上适当构造延伸：部分钢骨伸至−2层结构楼板面，将核心筒四个角部的钢骨延伸到7层楼面上1000mm。

核心筒墙身分布筋配筋率　　表 3-2

楼层	抗震等级	水平筋最小配筋率	竖向筋配筋率
−4层	三级	0.30%	0.30%
−3层	三级	0.30%	0.30%
−2层	二级	0.30%	0.30%
−1层	一级	0.50%	0.50%
1～6层	一级	0.50%	0.50%
转换桁架层及上下各两层（28～33层、48～53层）；空中大堂层（42层）	一级	0.40%	0.40%
其他层	一级	0.30%	0.30%

（3）核心筒剪力墙边缘构件：由小震弹性阶段控制。

（4）转换桁架节点：按“强节点弱构件”要求，钢材提高到Q390，并加大节点区钢板壁厚。

（5）混凝土框架梁：框架梁与连梁箍筋按小震弹性和中震受剪不屈服包络设计，纵筋由小震弹性阶段控制。

（6）楼板：中、大震性能验算，在转换桁架的上、下弦楼层（1、5、30、32、50、52层）楼板需加厚至200mm，双层双向不小于0.35%，底面筋均需锚入剪力墙内。5层在核心筒南侧外墙范围楼板Y向双层配筋率均不小于0.8%，长度不小于3m。

3.2 分析结果

3.2.1 小震弹性分析结果

结构计算以地下室底板作为结构嵌固端。计算竖向和水平荷载工况，考虑X、Y向地震作用，同时考虑双向水平地震作用及偶然偏心的影响。楼层风荷载参数按风洞试验数据最大等效风荷载对应角度的层等效静力风荷载作为静力风荷载输入。竖向荷载工况计算考虑施工模拟工况。整体结构考虑二阶效应的不利影响。

小震计算主要输入参数：周期折减系数取0.85，连梁刚度折减系数0.7，阻尼比0.035，钢构件梁刚度放大系数1.5，楼板假定为：转换桁架及其上、下层为弹性膜，其余楼层为刚性板。主要计算结果见表3-3。

小震主要计算结果　　表 3-3

指标		YJK软件	ETABS软件
周期（s）	T_1（Y向）	7.38	7.11
	T_2（X向）	6.51	6.59
	T_3（扭转）	3.77	3.50
地上结构单位面积重度（kN/m^2）		14.28	14.08
风荷载作用下最大层间位移角（限值1/500）	X向	1/724（47层）	1/688（47层）
	Y向	1/602（46层）	1/576（47层）

续表

指标		YJK 软件	ETABS 软件
地震作用下最大层间位移角（规范限值 1/500）	X 向	1/1592（47 层）	1/1560（47 层）
	Y 向	1/1282（46 层）	1/1276（47 层）
框架部分承担的地震剪力最大值（最小值）占底部总剪力的百分比（加强层及其上、下层除外）	X 向	最大：16.5%；最小：5.01%	—
	Y 向	最大：23.8%；最小：7.53%	—
规定水平力作用下外框架承担的底部倾覆力矩的百分比	X 向	28.3%	—
	Y 向	34.8%	—

3.2.2 关键构件性能化设计分析结果

按性能目标，关键构件为底部加强（即 1～6 层）部位剪力墙、转换桁架层及上下两层（即 28～34 层、48～54 层）核心筒范围竖向构件、转换桁架构件（1～5 层、30～32 层、50～52 层），以及桁架转换层转角区域径向梁。

底部加强（即 1～6 层）部位剪力墙配筋大部分由小震控制，但个别墙肢水平分布筋由大震受剪不屈服控制，中震不起控制作用。按设定的 0.5%水平筋配筋率可以包络住小震和大震。

转换桁架层及上下两层（即 28～34 层、48～54 层）剪力墙配筋大部分由小震控制，但 28 层、30～31 层、33～34 层、48 层、50～51 层局部墙肢水平分布筋由大震受剪不屈服控制，中震不起控制作用。

转换桁架钢构件、桁架转换层转角区域径向钢梁、转换桁架上下一层外框架柱应力均满足中、大震的性能设计要求。

3.2.3 动力弹塑性时程分析结果

本工程选用 1 组双向人工波和 2 组双向天然波，采用 SAUSAGE 软件进行了罕遇地震作用下的弹塑性时程分析，分析结果见表 3-4。

大震动力弹塑性时程分析结果 **表 3-4**

作用地震波	X 为主输入方向		Y 为主输入方向	
	剪重比	最大层间位移角	剪重比	最大层间位移角
人工波	3.84%	1/232	3.02%	1/227
天然波 1	2.99%	1/240	2.63%	1/264
天然波 2	3.04%	1/235	2.78%	1/238
平均值	3.29%	1/236	2.81%	1/242
最大值	3.84%	1/232	3.02%	1/227

对动力弹塑性整体计算指标的综合评价：

（1）在考虑重力二阶效应及大变形的条件下，结构的最大层间位移角为 1/227，满足规范 1/100 的限值要求。

（2）弹塑性层间位移和位移角曲线变化趋势与弹性曲线基本一致，位移角曲线在低区、中区、高区转换桁架层及剪力墙收进处略有突变，其余楼层曲线分布光滑。

（3）大震弹塑性分析的结构剪重比约为 2.6%～3.8%，基底剪力与弹性大震的比值为 0.77～0.92，说明结构出现塑性损伤后刚度下降；大震弹塑性分析的结构顶点位移与弹性大震的比值为 0.82～0.91，弹塑性位移有适量增大。

(4) 从顶点位移时程曲线和基底剪力时程曲线可以看出，随着地震的作用，两主方向下结构顶点弹塑性位移时程与弹性时程从基本重合到有一定的滞后，X、Y 向基底剪力时程与顶点位移时程滞后现象类似，表明结构的损伤逐渐发展，导致结构变柔，出现周期延长的现象。

(5) 由于地震烈度较低且风荷载较大，大震作用下剪力墙主要是连梁损伤，主承重剪力墙均未出现明显损伤，剪力墙边缘构件钢筋未出现塑性应变；6 轴剪力墙在收进层下部楼层肋墙出现局部竖向带状中度损伤，宽度小于 1/5，肋墙整片墙轻度损伤，可保证竖向力的有效传递。剪力墙损伤总体上满足所设定的性能目标。

(6) 个别内框架柱出现轻度受压损伤，外框柱混凝土在转换桁架上、下楼层局部出现轻微—轻度受压损伤，内框架柱钢筋未出现塑性应变，外框柱钢材未出现塑性应变，框架柱满足预设的性能水准要求。

(7) 转换桁架、顶部塔冠斜交网格钢材未出现塑性应变，满足预设的性能水准要求。

(8) 核心筒外钢梁均未出现塑性应变，满足预设的性能目标要求。

(9) 低区转换桁架顶层，中区及高区转换桁架上、下弦层，剪力墙收进层楼板及局部开大洞楼层楼板受压损伤为无损伤—轻度损伤，钢筋基本无塑性应变。中区及高区转换桁架上、下弦层楼板混凝土的受压损伤集中在柱周围、内外筒楼板交界处及沿梁径向条状分布，为轻微—轻度损伤，其余楼板混凝土均未出现受压损伤。楼板钢筋塑性应变为楼板边缘局部点状分布，楼板钢筋均为轻微损坏，其余楼板钢筋无损坏。楼板可满足预设的性能目标要求。

(10) 在 3 组地震波作用下，所有外框柱未出现拉力，核心筒外圈墙肢 Q1、Q5、Q11、Q12、Q13、Q19 出现了 1269～8413kN 拉力，按设计配筋率计算的钢筋复核大震作用下的墙肢拉力，各墙肢均可满足各地震工况下的抗拉要求。

综上所述，本结构可满足预设的罕遇地震作用下的抗震性能目标。

4 抗震设防专项审查意见

2019 年 3 月 18 日，广州市住房和城乡建设局在广州市嘉业大厦主持召开了“广东保利增城金融总部项目（办公塔楼）”超限高层建筑工程抗震设防专项审查会，傅学怡设计大师任专家组组长。与会专家听取了广州容柏生建筑结构设计事务所对本项目超限高层抗震设防设计的汇报，审阅了送审材料。经过讨论评审，提出意见如下。

(1) 核心筒四角全高设置型钢。

(2) 加强转换层及上、下层抗震措施。

(3) 径向梁可均为铰接，转换层楼盖设水平钢支撑，取消钢次梁。

(4) 进一步完善节点的分析与构造。

审查结论：通过。

5 点评

本项目高度超限，同时具有扭转不规则（偏心布置）、楼板不连续、刚度突变与构件间断4项不规则。在设计过程中，对其进行合理且经济的结构布置；通过两种计算程序进行小震弹性计算，各项指标均满足规范的相关要求；通过弹性时程进行补充计算；合理设置结构抗震性能目标，对各构件进行抗震性能验算，并采用了合理的加强措施，使其满足性能水准要求；对环带桁架及伸臂桁架敏感性分析、嵌固端有效性分析、穿层柱屈曲分析、舒适度分析、转换桁架节点有限元分析、塔冠分析、混凝土收缩徐变分析、与首层穿梭梯间柱分析等进行了专题分析。本结构除能够满足竖向荷载和风荷载作用下的有关指标外，抗震性能目标满足C级要求，设计合理、安全且可行。

39　新世界增城综合发展项目办公塔楼

关　　键　　词： 双塔；偏筒；斜柱；C80 混凝土；空腹桁架加强层
结构主要设计人： 徐　麟　吕坚锋　黄忠海　刘亚敏　伍承彦　周　定　李盛勇
设　计　单　位： 广州容柏生建筑结构设计事务所（普通合伙）

1　工程概况与设计标准

1.1　工程概况

新世界增城综合发展项目位于广州市增城区新塘镇永宁街长岗村，拟新建建筑物包括 2 栋办公（酒店）及 2 栋住宅，其中办公楼底部设置商业及共享办公（4 层）。项目占地面积约 35245m^2，地上建筑面积约 257500m^2，地下建筑面积约 120000m^2，设置 4 层地下室。

本文仅介绍 2 栋办公（酒店）塔楼，其建筑效果如图 1-1 所示。C1 塔楼地上 48 层，屋面高度为 221.2m，主要功能为办公（层高 4.5m），典型平面如图 1-2 所示；C2 塔楼地上 47 层，屋面高度为 184.4m，低区为酒店（层高 3.5m），中高区为办公（层高 4.15m），典型平面如图 1-3 所示；1～4 层为裙房（层高 4.5～7.1m），裙房高度为 21.1m。

图 1-1　建筑效果图

1.2　设计标准

本工程设计基准期为 50 年，抗震设防分类裙房以上塔楼为丙类（裙房为乙类），结构安全等级裙房以上塔楼为二级（裙房为一级），地基基础等级为甲级，抗震设防烈度为 6 度，设计基本地震加速度为 0.05g，设计地震分组为第一组，场地类别为Ⅱ类，场地特征周期 0.35s。设计风荷载取值采用风洞试验与规范风荷载两者较大值。

2　结构体系及超限情况

2.1　结构体系

C1、C2 塔楼具有以下建筑特点和结构设计难点：

（1）结构高宽比较大（C1 塔楼 7.4，C2 塔楼 9.1）；

（2）核心筒偏置（核心筒高宽比 C1 塔楼 14.9、C2 塔楼 17.8），其中 C2 塔楼核心筒存在局部收进；

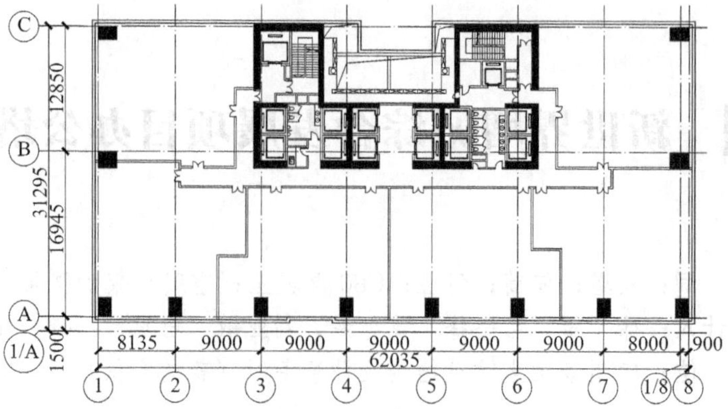

(a)低区办公

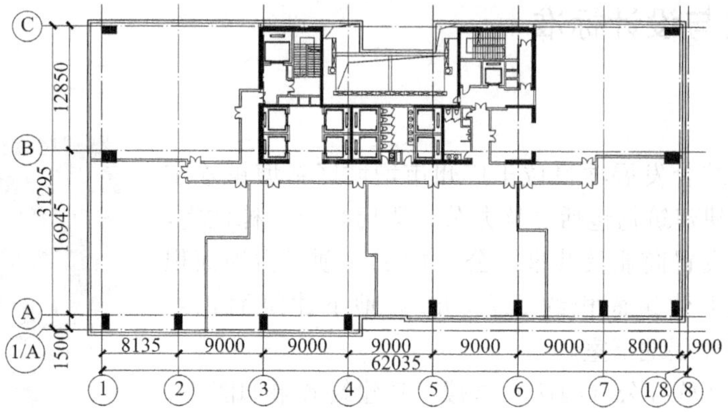

(b)高区办公

图 1-2　C1 塔楼典型建筑平面图

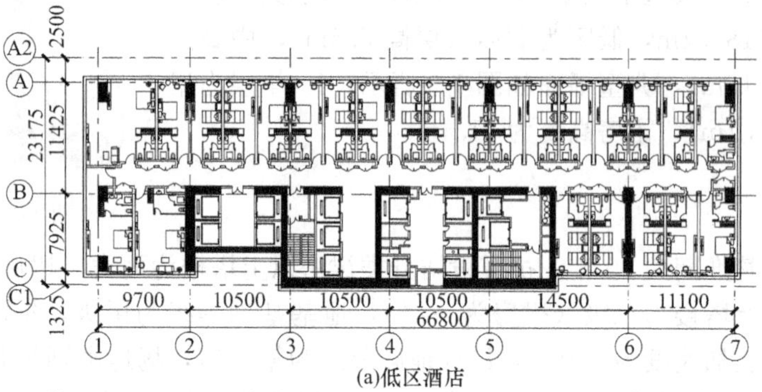

(a)低区酒店

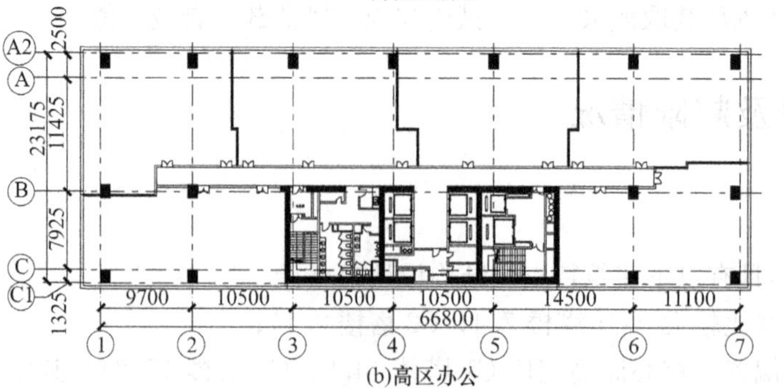

(b)高区办公

图 1-3　C2 塔楼典型建筑平面图

（3）框架柱存在外凸和内收，结构采用斜柱设计；

（4）C2 塔楼采用空腹桁架加强层，C1 塔楼无加强层。

考虑裙房部分商业及共享办公使用要求，以及外立面局部幕墙的造型需求，两栋塔楼与底部裙房之间未设置防震缝，即 C1、C2、裙房形成整体的双塔结构（图 2-1）。由于塔楼高度较大，而裙房仅有 4 层，裙房对上部塔楼整体特性影响有限，塔楼总体指标以双塔模型为主，构件设计以双塔和单塔模型包络设计。

结合建筑功能、立面造型、抗震（风）要求、施工周期以及造价等因素，两栋塔楼均采用钢筋混凝土框架-核心筒结构体系（图 2-2 及图 2-3），其中 C1 塔楼无加强层，C2 塔楼带两个空腹桁架加强层。

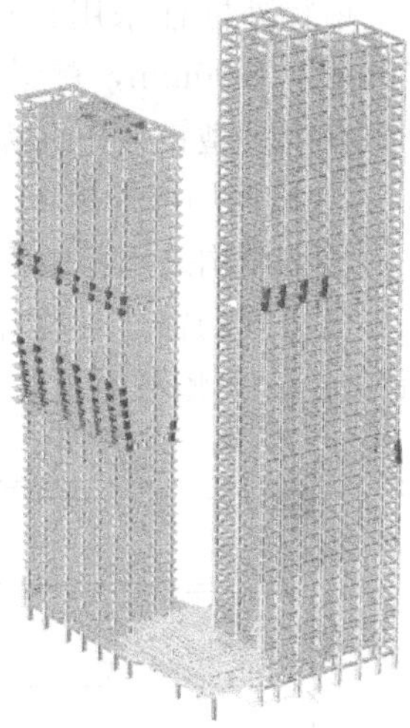

图 2-1　双塔模型示意

2.2　结构布置

2.2.1　C1 塔楼结构布置

C1 塔楼核心筒形状呈凹字形，布置在长方形平面的中间偏北侧，核心筒平面上下对齐，无尺寸收进，外墙厚度自下至上为 800～400mm，内墙厚度自下至上为 500～200mm。标准层核心筒连梁 Y 向高 800mm，X 向高 800mm、600mm。

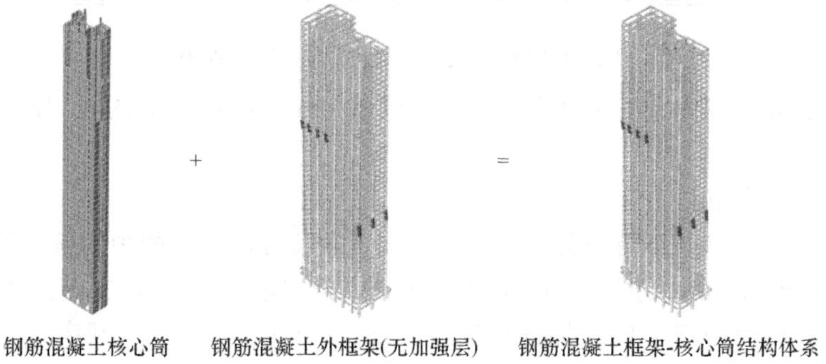

图 2-2　C1 塔楼结构体系示意

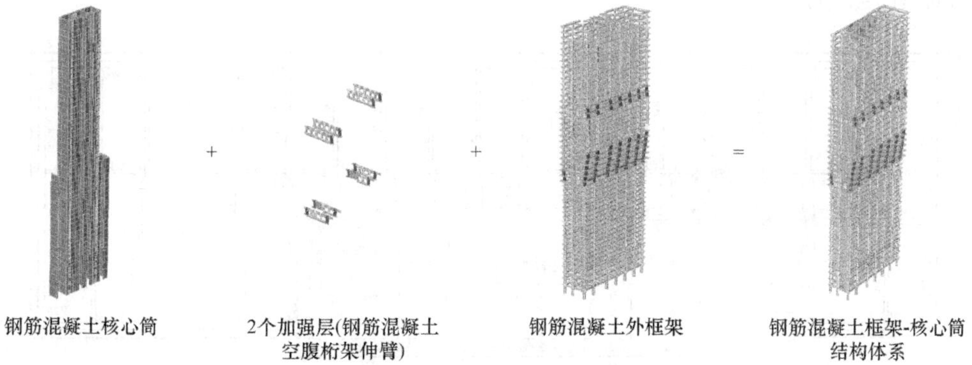

图 2-3　C2 塔楼结构体系示意

塔楼外框柱采用普通钢筋混凝土柱，典型柱截面自下至上为1400mm×2000mm～800mm×1200mm，首层至26层柱混凝土强度等级为C80，其余为C60～C50，底部楼层外框柱内设型钢。中区东侧内收0.9m，东侧外框柱通过两层斜柱过渡；高区西侧外扩0.9m，南侧局部外扩1.5m，西侧外框柱直上，南侧通过两层斜柱过渡。

楼面结构采用普通钢筋混凝土楼盖体系，框架柱到核心筒间净距约14.7～16.2m，考虑办公分隔的需求，框架梁及次梁均沿正交方向布置。典型外框梁及径向梁高1000～1100mm，典型平面布置如图2-4所示。

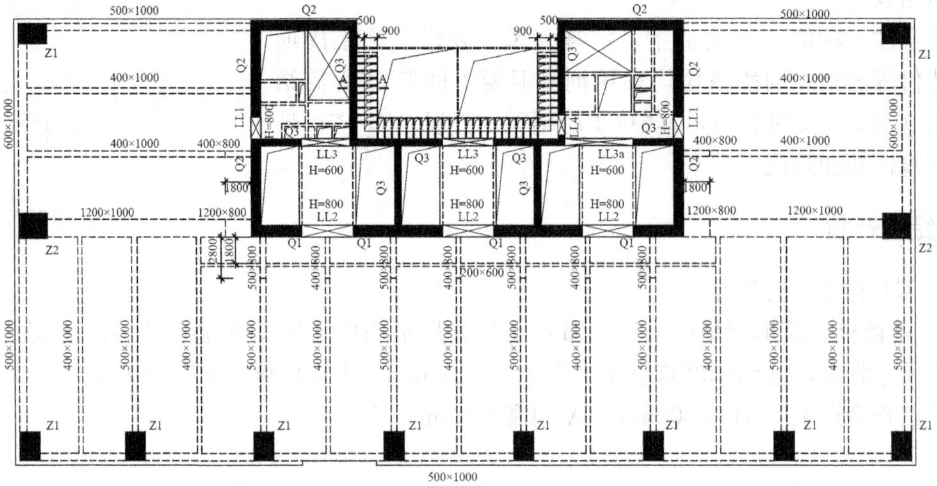

图2-4 C1塔楼办公标准层结构平面布置图

标准层核心筒范围内、外的楼板厚度均为120mm。裙房、避难层、屋面层楼板厚度为150mm。

2.2.2 C2塔楼结构布置

C2塔楼结构布置与C1塔楼类似，核心筒布置在长方形平面的中间偏南侧，外墙厚度最大1000mm，外框柱最大为1000mm×2000mm，首层至24层柱混凝土强度等级为C80，底部楼层外框柱内设型钢。典型外框梁高800mm，径向梁高750（酒店）～700（办公）mm，典型平面布置如图2-5所示。标准层核心筒范围内的楼板厚度为120mm，核心筒外周边走廊区域楼板厚度为110mm，其余大部分位置楼板厚度为120mm。低区酒店典型平面布置如图2-5所示。

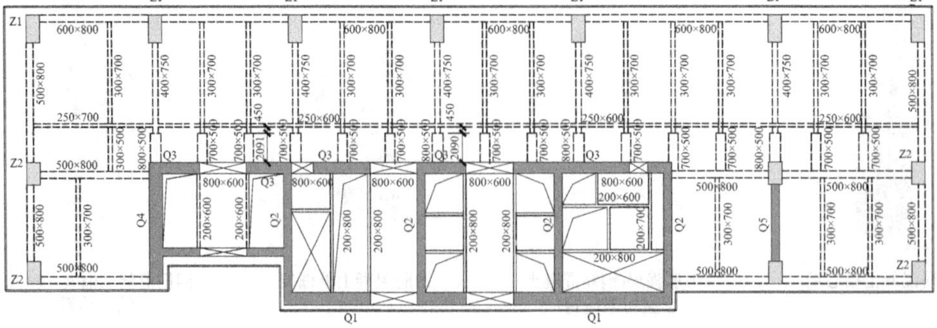

图2-5 C2塔楼低区酒店标准层结构平面布置图

塔楼在办公和酒店过渡区（24～30 层）采用 6 层斜柱过渡，斜柱上、下端及受拉楼层框架梁加设型钢。

塔楼在 24、36 层避难层设置两个加强层，采用钢筋混凝土 SRC 空腹桁架形式的伸臂，仅 Y 向布置。可有效简化节点做法，提高节点可靠性，加快施工速度，并且无斜杆布置时，加强层设备布置更加灵活。

2.3 结构的超限情况

根据《建筑抗震设计规范》GB 50011—2010（2016 年版）（下文简称《抗规》）、《高层建筑混凝土结构技术规程》JGJ 3—2010（下文简称《高规》）和《住房城乡建设部关于印发〈超限高层建筑工程抗震设防专项审查技术要点〉的通知》（建质〔2015〕67 号）的有关规定，本项目为双塔楼结构，除高度超限外，塔楼存在 4 项不规则，裙楼存在 2 项不规则，整体共存在 5 项不规则，即扭转不规则、楼板不连续、尺寸突变（双塔）、构件间断（加强层）、局部穿层柱等，应进行超限高层抗震设防专项审查。

3 超限应对措施及分析结论

3.1 超限应对措施

3.1.1 分析模型及分析软件

小震弹性分析选用 YJK 软件和 ETABS 软件，考虑偶然偏心、双向地震作用、扭转耦联、最不利地震作用方向及施工模拟加载的影响，并对单塔及双塔模型整体指标进行对比；采用 YJK 软件进行小震弹性时程分析；采用 YJK 等效弹性算法对各类构件中、大震作用下的承载力进行复核；采用 SAUSAGE 软件进行罕遇地震动力弹塑性时程分析，根据主要构件的塑性损伤和整体变形情况，确认结构是否满足“大震不倒”的设防要求。

3.1.2 抗震设防标准、性能目标及加强措施

两栋塔楼裙楼以上部分抗震设防类别为丙类，裙楼为乙类，因此框架及核心筒抗震等级均为：塔楼（5 层及以上）为二级，裙楼（1～4 层）为一级，地下 1 层及地下 2 层同首层，地下 3 层及地下 4 层逐层降低。

针对本工程超限项目，采取了结构抗震性能化设计的措施。综合考虑建筑的功能和规模，设定结构抗震性能目标为 C 级。根据不同构件的重要性将其划分为关键构件、普通竖向构件和耗能构件（表 3-1）。

结构抗震性能目标及震后性能状态　　表 3-1

构件分类	构件位置地震性能水准	多遇地震(性能 1)	设防烈度地震(性能 3)	罕遇地震(性能 4)
关键构件	塔楼底部加强区核心筒剪力墙	无损坏（弹性）	轻微损坏（受剪弹性、受弯不屈服）	轻度损坏（受剪不屈服）
	塔楼斜柱及斜柱顶层或底层拉梁		轻微损坏（受剪弹性、受弯不屈服）	轻度损坏（受剪不屈服）
	裙楼转换柱和转换梁、大跨度梁、大悬挑梁		轻微损坏（受剪、受弯弹性）	轻度损坏（受剪、受弯不屈服）

续表

构件分类	构件位置地震性能水准	多遇地震(性能1)	设防烈度地震(性能3)	罕遇地震(性能4)
普通竖向构件	除塔楼底部加强区外的核心筒剪力墙	无损坏（弹性）	轻微损坏（受剪弹性、受弯不屈服）	部分构件中度损坏（受剪截面）
	除塔楼斜柱外的框架柱			
塔楼加强层	塔楼空腹桁架	无损坏（弹性）	轻微损坏（受剪、受弯不屈服）	部分构件中度损坏（受剪截面）
耗能构件	塔楼外框架梁	无损坏（弹性）	轻微损坏（受剪、受弯不屈服）	部分构件中度损坏（受剪截面）
	连梁；除塔楼外框架梁外的框架梁		轻微损坏、部分中度损坏（受剪不屈服）	中度损坏（部分屈服）
楼板	塔楼斜柱顶层楼板；裙楼顶楼板	无损坏（弹性）	轻微损坏（受剪、受弯不屈服）	轻度损坏，部分中度损坏
	其余层楼板		轻度损坏，部分进入屈服	中度损坏，部分比较严重损坏

3.2 分析结果

3.2.1 弹性计算分析结果

C1、C2塔楼双塔及单塔模型的计算结果对比见表3-2，主要指标曲线如图3-1所示。

塔楼（裙楼以上）计算结果对比表（ETABS计算结果略）　　表3-2

指标		C1塔楼		C2塔楼	
		双塔模型	单塔模型	双塔模型	单塔模型
自振周期 $T_1/T_2/T_3$		6.66/5.39/4.24	6.89/5.57/4.46	5.72/3.96/2.49	5.86/4.18/2.62
单位面积重度（kN/m^2）		19.0（双塔平均）	21.0	19.0（双塔平均）	17.4
裙楼顶-地震作用下倾覆力矩(kN·m)	X	788696	789111	654805	619022
	Y	839933	832684	587234	586571
裙楼顶-风荷载作用下倾覆力矩(kN·m)	X	1563207	1563207	1734434	1734434
	Y	2494057	2494057	581899	581899
风荷载作用下最大层间位移角（限值1/535）	X	1/1829（33层）	1/1772（33层）	1/629（41层）	1/613（42层）
	Y	1/589（33层）	1/571（33层）	1/3998（29层）	1/3928（29层）
考虑偶然偏心最大扭转位移比	X	1.16（48层）	1.24（5层）	1.17（20层）	1.19（17层）
	Y	1.18（50层）	1.22（5层）	1.15（36层）	1.25（34层）

结论：

（1）两栋塔楼底部楼层剪重比均为0.0042，小于《抗规》最小剪力系数的限值要求，需按照《抗规》第5.2.5条规定的方法对剪重比调整系数进行调整。

（2）塔楼框架柱承担的底部总倾覆力矩比为18%～33%，满足规范对框架剪力墙结构体系的要求。

（3）水平力作用下的层间位移角最大值两栋塔楼分别为1/571、1/613，满足《高规》第3.7.3条要求。

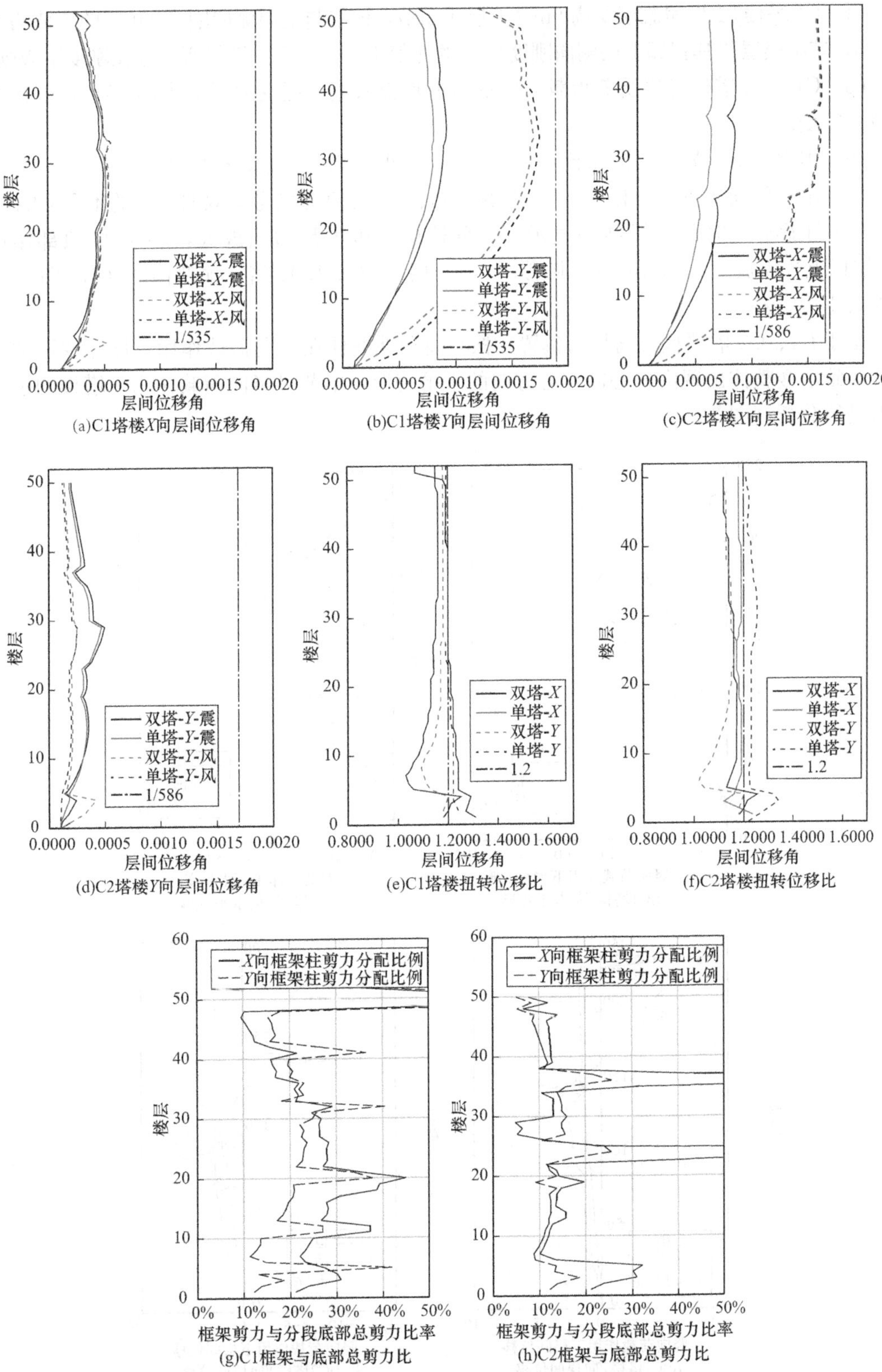

图 3-1　弹性计算分析整体指标曲线

（4）C1 塔楼 31 层避难层层高 9m（上层 4.5m），该层与上层侧向刚度 110%的比值略小于 1.0，其余楼层与其相邻上层侧向刚度 90%的比值不小于 1.0；C2 塔楼不存在刚度不规则。

（5）C1、C2 塔楼各层受剪承载力均不小于其相邻上一层受剪承载力的 75%，不存在承载力突变。

（6）本项目 X、Y 方向刚重比均大于 1.4，但小于 2.7，需要考虑 P-Δ 效应。

（7）由于偏筒布置，塔楼存在一定的扭转效应，计算时已考虑双向地震的不利影响。

（8）小震弹性时程分析结果显示，部分楼层地震力需适当放大，C1 塔楼顶部楼层（43 层以上）需放大 1.15 倍；C2 塔楼 10～27 层需放大 1.05 倍，顶部楼层（37 层以上）需放大 1.10 倍。

由于 C1、C2 塔楼核心筒均为偏置，核心筒和外框柱在竖向荷载作用下压缩变形的差异会导致塔楼整体出现沿核心筒偏心方向的水平变形，本节对竖向荷载作用下塔楼的水平变形进行分析（图 3-2）。

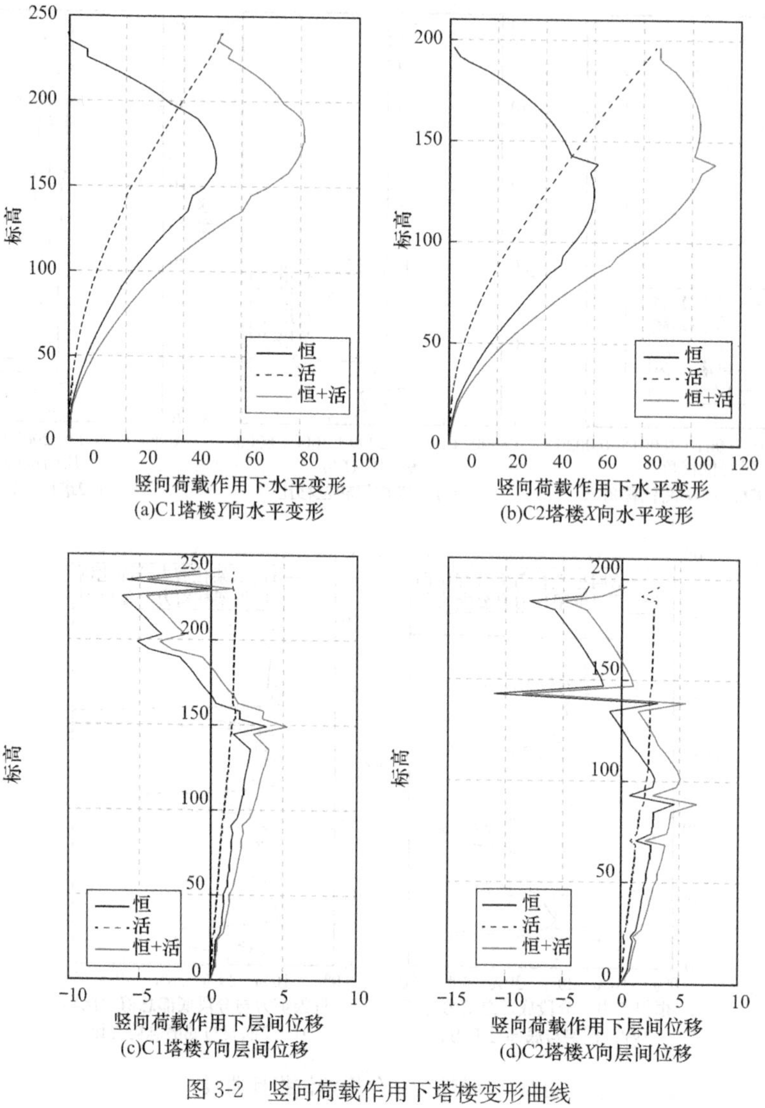

图 3-2　竖向荷载作用下塔楼变形曲线

结论：

（1）恒荷载作用下，采用了施工模拟三，已考虑施工找平的影响，水平变形值由低到高逐渐增大，在约 2/3 高度处达到最大值，再往上逐渐减小为零。C1、C2 塔楼恒荷载下最大水平变形分别为 51mm、61mm。

（2）活荷载作用下，水平变形值由低到高逐渐增大，在顶部达到最大值。C1、C2 塔楼活荷载下最大水平变形分别为 53mm、85mm。

（3）C1、C2 塔楼在恒荷载＋活荷载作用下最大水平变形分别为 81mm、109mm，最大层间位移绝对值分别为 5.3mm、8.5mm，最大层间位移角绝对值分别为 1/851、1/486。

（4）竖向荷载作用下的层间位移角包含了下部结构弯曲变形引起的转角产生的位移角，结构实际有害层间位移角较小。且结构计算已考虑了 P-Δ 效应引起的附加内力，可以满足结构及构件设计安全。

（5）结构施工及设备和幕墙安装应考虑上述竖向荷载作用下的水平变形产生的不利影响，确保结构施工完成后的垂直度满足要求，电梯等设备和幕墙的安装需预留足够变形空间，避免影响正常使用。

3.2.2 中震及大震抗震性能分析

针对设定的抗震性能目标，采用等效弹性算法对各类构件中、大震作用下的承载力进行复核，中震时取阻尼比 0.06，连梁刚度折减系数 0.5；大震时取阻尼比 0.07，连梁刚度折减系数 0.3。主要指标见表 3-3。

塔楼中大震底部剪力及层间位移角　　表 3-3

塔楼	地震工况	基底剪力（kN）		层间位移角	
		X	Y	X	Y
C1 塔楼	小震	6315.03	6833.17	1/1926	1/1090
	中震	16936.97	19688.25	1/810	1/457
	大震	40727.11	47575.55	1/292	1/178
C2 塔楼	小震	6862.91	6207.07	1/1156	1/2021
	中震	18455.27	17067.30	1/528	1/931
	大震	43966.83	40034.59	1/212	1/356

（1）中震作用下，C2 塔楼个别楼层核心筒外侧个别剪力墙出现拉应力，其名义拉应力均不大于混凝土抗拉强度标准值，竖向分布筋采用最小配筋率（0.3%）即可满足要求。C1 塔楼未出现剪力墙受拉情况。

（2）塔楼底部加强区核心筒剪力墙中震作用下可满足受剪弹性、受弯不屈服的性能目标，除少数构件为中震配筋控制外，其余均为小震配筋控制。底部加强区核心筒剪力墙大震作用下满足受剪不屈服的要求。

（3）针对局部斜柱区域，对各斜柱段在竖向荷载、中震、大震作用下的水平拉力、楼板应力及变形等进行分析。采取局部加强措施：受拉楼层斜柱、与斜柱相连的框架梁、承受水平拉力的核心筒剪力墙或框架柱均埋设构造钢骨。相应构件在中震作用下可满足受剪弹性、受弯不屈服的要求。

（4）普通竖向构件中震作用下可满足受剪弹性、受弯不屈服的要求，大部分由小震控制，仅个别墙肢和框架柱由中震控制。普通剪力墙及框架柱大震作用下可满足最小受剪截面的要求。

（5）C2 塔楼的加强层空腹桁架中震作用下可满足受剪弹性、受弯不屈服的要求，构件配筋均由小震控制。

3.2.3 动力弹塑性时程分析

为了评价结构在罕遇地震作用下的弹塑性行为，以及主要构件的塑性损伤情况和整体变形情况，采用 SAUSAGE 软件进行罕遇地震作用下动力弹塑性分析。计算结果见表 3-4。

各组地震波作用下结构最大顶点位移及最大层间位移角　　表 3-4

塔楼	地震波	X 为主输入方向			Y 为主输入方向		
		最大顶点位移（m）	最大层间位移角	质心层间位移角	最大顶点位移（m）	最大层间位移角	质心层间位移角
C1 塔楼	人工波	0.499	1/313（26 层）	1/400（27 层）	1.000	1/167（35 层）	1/205（34 层）
	天然波 1	0.458	1/361（28 层）	1/472（29 层）	0.863	1/197（35 层）	1/245（52 层）
	天然波 2	0.469	1/331（28 层）	1/402（25 层）	0.801	1/208（30 层）	1/266（34 层）
	最大值	0.499	1/313	1/400	1.000	1/167	1/205
C2 塔楼	人工波	1.075	1/120（28 层）	1/184（29 层）	0.267	1/390（31 层）	1/683（17 层）
	天然波 1	0.774	1/174（39 层）	1/222（39 层）	0.260	1/399（31 层）	1/728（29 层）
	天然波 2	1.090	1/114（29 层）	1/234（29 层）	0.275	1/391（31 层）	1/643（29 层）
	最大值	1.090	1/114	1/184	0.275	1/390	1/643

（1）在考虑重力二阶效应及大变形的条件下，结构满足“大震不倒”的设防要求；结构主塔的最大层间位移角满足规范限值 1/100 的要求，质心位移角满足广东省标准《高层建筑混凝土结构技术规程》DBJ 15—92—2013 限值 1/125 的要求。

（2）弹塑性层间位移和位移角曲线变化趋势与弹性曲线基本一致，曲线分布光滑。

（3）从顶点位移的弹性与弹塑性时程曲线可以看出，随着地震作用的持续，对比弹性反应，C1 塔楼约 7s 后（C1 塔楼约 12s 后）顶点位移时程出现显著相位差。结构发生了一定损伤，产生了刚度退化。

（4）根据剪力墙的损伤分布，剪力墙混凝土受压损伤大部分为连梁损坏，墙肢均未出现显著受压损伤。剪力墙边缘构件亦未出现钢筋塑性应变。剪力墙损伤总体满足所设定的性能目标。大震作用下部分剪力墙出现拉力，通过提高墙身竖向分布钢筋配筋率可以满足抗拉要求。

（5）大部分楼层外框柱未出现混凝土受压损伤，钢筋也未屈服，满足大震的性能要求。大震作用下框架柱未出现拉力；大部分楼层外框梁角部梁端出现轻度受压损伤，钢筋未屈服，满足大震的性能要求。

（6）各层楼板受压损伤轻微，钢筋未屈服，依然保持良好的传递水平地震力的作用；部分楼层框架梁梁端进入屈服状态，表明大震作用下框架梁开始进入屈服状态。各层楼板出现局部点状轻微—轻度受压损坏，钢筋轻微塑性应变，大震下楼板依然可以保持良好的传递水平地震力的作用。

（7）斜柱楼层：斜柱未出现明显受压损伤，钢筋未屈服，受拉层楼板出现较明显拉力，对楼板应适当加强配筋率，提高至 0.5%，并采用双层双向配筋。

4 抗震设防专项审查意见

2018 年 4 月 24 日，广州市住房和城乡建设委员会在广州市嘉业大厦 14 楼第二会议室主持召开了“新世界增城综合发展项目”超限高层建筑抗震设防专项审查会，华南理工大学建筑设计研究院韦宏副院长担任专家组组长。与会专家听取了广州容柏生建筑结构设计事务所关于该项目抗震设防设计情况的汇报，并审阅了送审资料。经讨论，提出审查意见如下：

（1）应补充验算 C1、C2 塔楼在风荷载作用下柱或剪力墙是否出现拉力。

（2）应优化斜柱层抗拉构件的布置，进一步论证斜柱处拉梁传力途径及锚固的可靠性。

（3）C1、C2 塔楼两个方向刚度相差过大，扭转效应明显，宜在塔楼端部增设柱间支撑、剪力墙或空腹桁架等措施。

（4）C2 塔楼加强层及相邻层柱的轴压比限值应减小 0.05。

（5）改善结构布置，使传力路径更简捷。

（6）宜加大 C1 塔楼③、⑥轴 27 层以上剪力墙的厚度或端柱。

审查结论：通过。

5 点评

（1）本工程两栋塔楼结构高度分别为 221.2m、184.4m，两栋塔楼与裙楼连成整体，存在双塔、偏心布置、构件间断、楼板不连续、局部穿层柱及斜柱等多项不规则，结构设计通过概念设计、方案优选、详细的分析及合理的设计构造，采用局部楼层框架柱为钢骨混凝土柱的钢筋混凝土框架-核心筒结构体系，其中 C2 塔楼采用了空腹桁架形式的加强层以提高抗侧刚度，塔楼满足设定的性能目标要求，结构方案经济合理，抗震性能良好。

（2）针对双塔结构，分别对单塔及双塔模型进行了对比分析。结果显示，底部裙楼的连接对上部塔楼整体指标几乎没有影响，仅对裙楼及与裙楼相连的少数楼层构件配筋有所影响。施工图设计阶段直接采用双塔模型进行配筋设计。

（3）针对两栋塔楼偏筒的情况，适当增加了外围框架梁截面以提高塔楼抗扭能力，并将外围框架梁抗震性能目标提高至受剪、受弯不屈服。对竖向荷载作用下核心筒与外框的竖向沉降差及水平变形进行分析，用于幕墙、电梯等设备变形复核并指导施工。

（4）塔楼外框柱混凝土强度等级为 C80（C1 塔楼 1～29 层，C2 塔楼 1～24 层），底部楼层外框柱内设 Q420GJ 型钢，以尽量减小外框柱截面尺寸，提升建筑空间品质。

（5）针对斜柱进行细致分析，对斜柱受拉楼层的斜柱、拉梁、受拉楼板进行构造加强，确保传力可靠。

40 樾云台项目

关　键　词： 超B级高度；低位连体；高区斜墙收进
结构主要设计人： 徐　麟[1]　吕坚锋[1]　李盛勇[1]　周　定[1]　郑依力[1]　宋　策[1]
梁子彪[2]　张树林[2]　胡志伟[2]
设　计　单　位： 1 广州容柏生建筑结构设计事务所（普通合伙）；
2 深圳市华阳国际工程设计股份有限公司广州分公司

1　工程概况

樾云台项目位于广州市增城区增城国家经济开发区，拟新建建筑物包括2栋办公楼、5栋住宅及商业街。项目地上建筑面积约30.6万m^2，地下建筑面积约13.1万m^2，设置3层地下室。

6号办公塔楼地上55层，屋面高度为246.60m，主要功能为办公（典型层高4.15m、4.40m）；7号办公塔楼地上23层，屋面高度为98.15m，主要功能为办公（层高4.15m）；两栋塔楼在标高14.4～23.2m范围（对应6号楼2、3层）通过两层高连廊相连，连廊跨度60m，功能为办公。

本文主要介绍6号办公塔楼及两栋塔楼之间的连廊。

6号办公塔楼平面为正方形，尺寸为47.2m×47.2m，平面尺寸沿高度不变；塔楼核心筒35层（含）以下平面尺寸为25.15m×23.50m，35层以上核心筒南侧有约2.3m收进，收进后尺寸为24.55m×20.70m，并上升至塔楼顶部。

两栋塔楼建筑剖面如图1-1所示。建筑几何信息如表1-1所示。

建筑几何信息　　表1-1

项目	6号楼	连廊
地面以上高度	246.60m	22.90m
屋面幕墙高度	254.60m	24.70m
地面以上层数	55	2
平面（长×宽）	47.2m×47.2m	59.7m×30.6m
塔楼高宽比	5.22	—
核心筒高宽比	10.49	—

2　结构体系与结构布置

2.1　设计特点与难点

本项目具有以下建筑特点和结构设计难点：1）结构高宽比5.22较合理；2）核心筒

高宽比 10.49，核心筒尺寸较大；3）首层结构层高 14.4m，二层层高 4.4m，6 号楼底部刚度差异较大；4）6 号楼高 246.60m、7 号楼高 98.15m，在 2～3 层（14.4～22.9m）通过两层高的连廊连接；5）高区核心筒存在局部收进，35 层设置斜墙过渡。

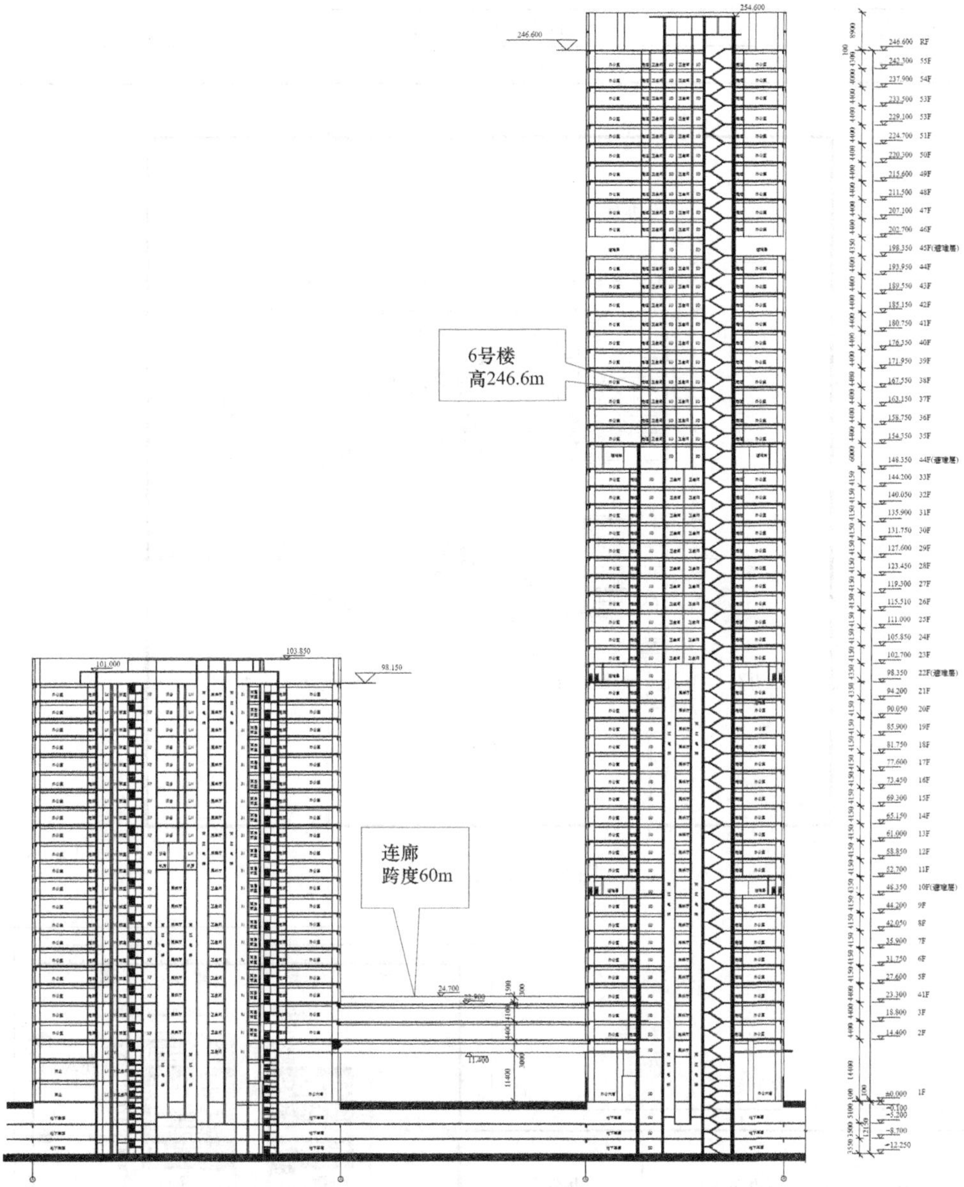

图 1-1 建筑剖面图

结构主要构件尺寸与材料等级见表 2-1。标准层平面图见图 2-1，连廊层平面图见图 2-2。

主要构件尺寸与材料等级 表 2-1

构件部位	构件尺寸(mm)	材料等级
塔楼核心筒	1000～400	C60～C40
塔楼框架柱	SRC：1600×1600（9%～4%） RC：1600×1600～800×800	C60～C40

续表

构件部位	构件尺寸(mm)	材料等级
框架梁	400×700	C30
次梁	250×700	C30
连廊钢梁	H2500×1100×25×60	Q420GJ
连廊桁架	H800×800×60×60	Q420GJ

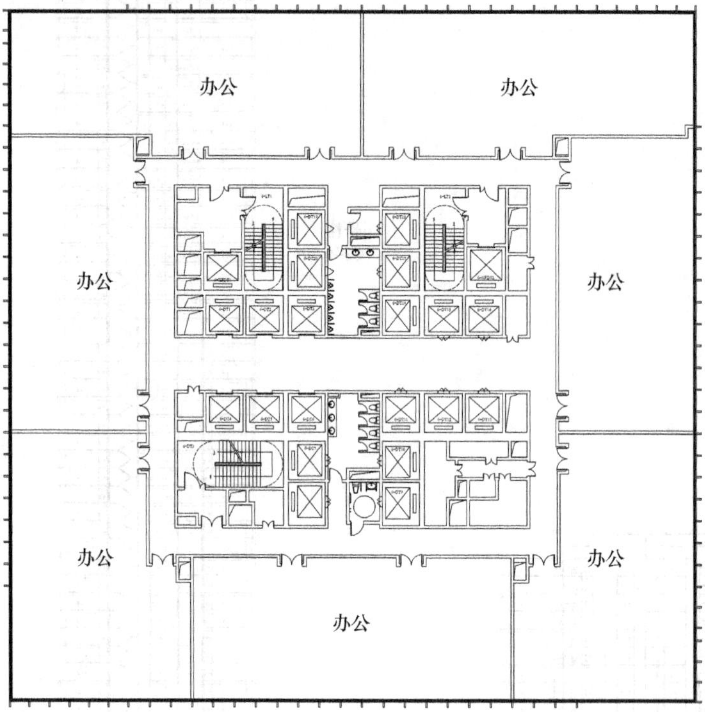

图 2-1 标准层平面图

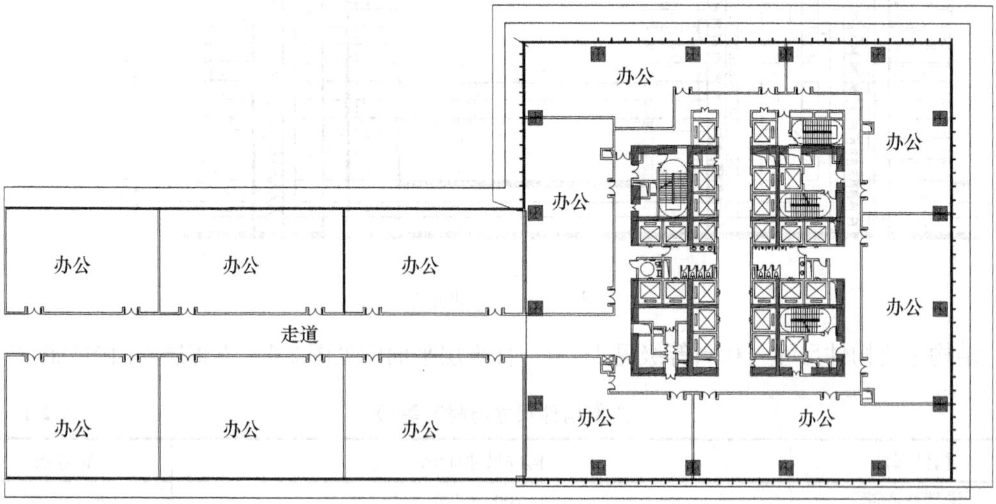

图 2-2 连廊层平面图

2.2 塔楼核心筒收进

6号楼核心筒形状呈正方形，平面尺寸为25.15m×23.50m，内墙呈九宫格布置在塔楼中央，1～34层核心筒平面上下对齐，35层及以上核心筒南侧尺寸收进2200mm（图2-3和图2-4），收进后尺寸为24.55m×20.70m，核心筒收进后设置墙垛以满足墙肢稳定及框架梁连接需要，墙垛以斜墙形式往下延伸至35层。

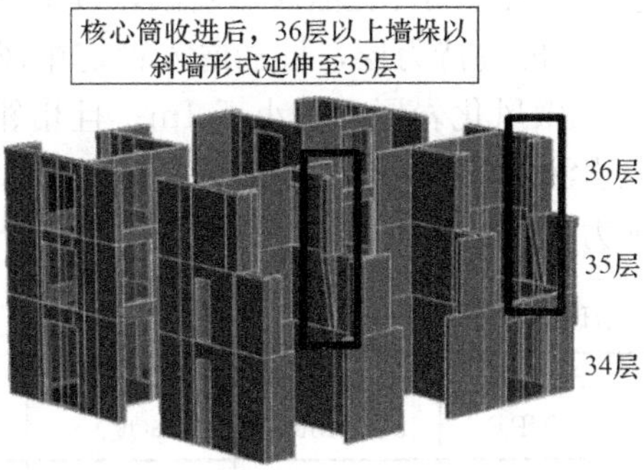

图2-3 34～36层核心筒三维图

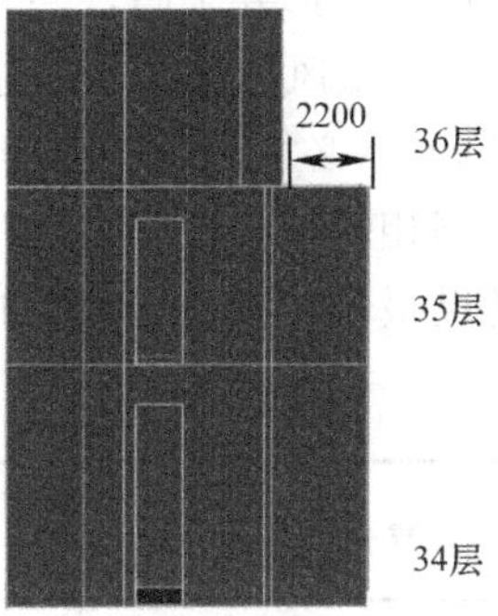

图2-4 34～36层核心筒侧视图

2.3 连廊部分

6号楼底部2、3层处设置钢结构连廊。

连廊横向长度为28m，高度为8.5m（连廊底层高4.4m，连廊2层高4.1m）跨度为60m。连廊与7号楼之间采用滑动支座连接，与6号楼之间铰接连接。

连廊与6号楼2、3、4层连接楼板（连廊底部、中部、顶部）厚度均150mm。

连廊整体布置及结构分解图如图2-5所示。

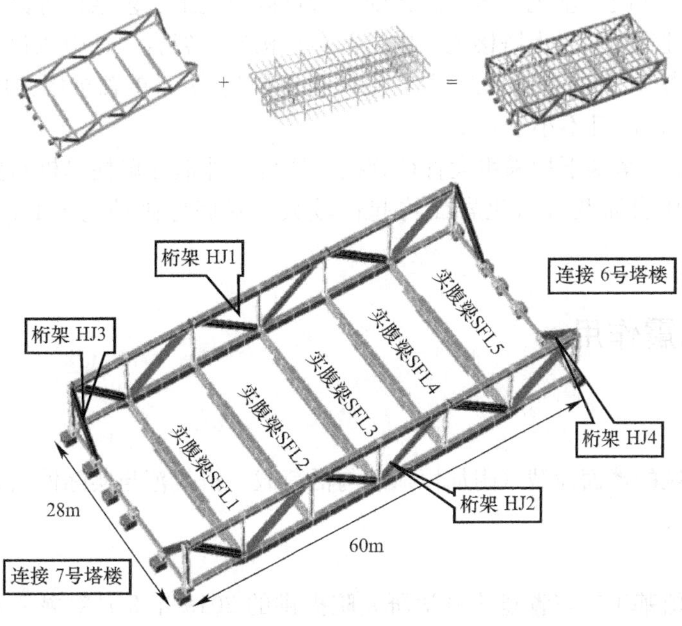

图2-5 连廊布置分解图

3 基础及地下室

3.1 地质概况

根据勘察结果，结合拟建建筑物特点，可知拟建6号楼（55层超高层建筑）上部荷载要求大，强度、变形要求高，差异沉降敏感，建议采用冲孔灌注桩基础，以中风化花岗岩（层序号⑤$_3$）或微风化花岗岩（层序号⑤$_4$）为桩端持力层，桩端嵌入稳定中风化花岗岩层不宜小于5m（必须穿越构造碎裂岩），嵌入微风化岩层不宜小于1m；且相邻桩长不宜相差太大，当相邻桩长相差太大时，桩的入岩深度应取大值进行协调。

根据地勘报告，本工程场地的土层物理力学指标见表3-1。

场地土层物理力学指标　表3-1

地层成因	层序号	岩土名称	承载力特征值（kPa）	变形模量 E_0（MPa）	压缩模量 $E_{S1\text{-}2}$（MPa）	内摩擦角 φ（度）	凝聚力 c（kPa）
γ	⑤$_1$	全风化花岗岩	$f_{ak}=350$	100	8.0	27.0	33.0
	⑤$_2$	强风化花岗岩	$f_{ak}=600$	200	15.0*	30.0*	45.0*
	F	构造碎裂岩	$f_{ak}=1000$	—	—	—	—
	⑤$_3$	中风化花岗岩	$f_a=3500$	—	—	—	—
		中风化辉绿岩	$f_a=2800$				
	⑤$_4$	微风化花岗岩	$f_a=8000$	—	—	—	—

注：“*”为经验取值。

3.2 基础设计

根据场地地质状况、基坑方案、结构受力特点以及施工工艺条件等因素，本项目基础拟采用旋挖灌注桩基础，考虑塔楼范围内局部存在构造碎裂岩，且中风化岩层较为破碎不宜作为持力层，塔楼下桩端持力层拟取为微风化花岗岩⑤$_4$，单轴抗压强度为46MPa，桩端进入微风化岩0.5m且不小于0.4d。

如图3-1所示，塔楼下拟采用大直径旋挖灌注桩，外框柱单柱单桩布置，可有效减少桩数。由于中风化岩面及微风化岩面均起伏较大，基底标高约为−13.25m，预估桩长26～56m。

4 荷载与地震作用

4.1 楼面荷载

本项目各区域的楼面荷载（附加恒荷载与活荷载）按规范与实际做法取值。

4.2 风荷载

风荷载的取值基于广东省建筑科学研究院提供的2019年9月对樾云台项目所进行的风洞试验结果以及荷载规范。

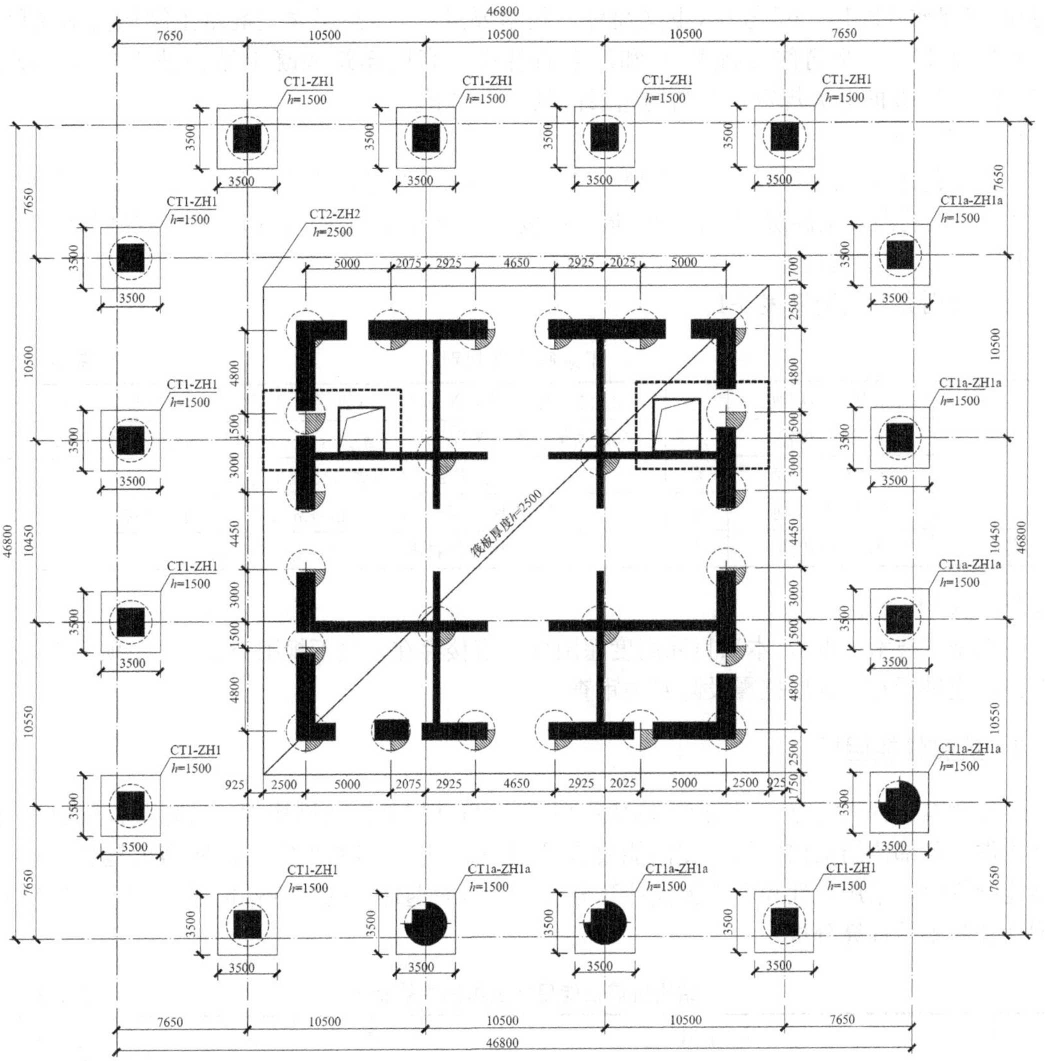

图 3-1　6 号办公塔楼桩布置平面图

4.3　地震作用

根据《建筑抗震设计规范》GB 50011—2010（2016 年版）、《中国地震动参数区划图》GB 18306—2015 及本工程岩土工程勘察报告，本工程抗震设防烈度为 6 度，设计基本地震加速度 0.05g，设计地震分组为第一组，场地类别为Ⅱ类，特征周期为 0.35s。中震与大震计算按规范的参数。

5　结构超限判别及抗震性能目标

5.1　结构超限类型和程度

参照《住房城乡建设部关于印发〈超限高层建筑工程抗震设防专项审查技术要点〉的

通知》（建质〔2015〕67号）（下文简称《技术要点》）、《高层建筑混凝土结构技术规程》JGJ 3—2010（下文简称《高规》）和广东省标准《高层建筑混凝土结构技术规程》DBJ 15—92—2013的有关规定，对结构超限情况说明如下。

5.1.1 高度超限判别

本工程建筑物高246.60m，按照《高规》第11.1.2条的规定，框架-核心筒结构6度B级高度钢筋混凝土高层建筑适用的最大高度为210m，本工程属超B级高度超限结构。

5.1.2 不规则类型判别

不规则类型判别见表5-1。

不规则类型判别 **表5-1**

类型一	1a 扭转不规则	是	最大扭转位移比：*X*向1.29（首层），*Y*向1.13（首层），大于1.2
	1b 偏心布置		最大偏心率：*X*向0.48（首层），*Y*向0.14（首层），大于0.15
	6 承载力突变	是	首层楼层受剪承载力比最小为0.62<0.75
	7 局部不规则	是	首层层高14.4m，首层外框柱相当于三层通高的穿层柱
类型三	1. 高位转换	是	核心筒收进（36层），4片墙垛斜墙过渡

5.1.3 超限情况总结

根据《技术要点》，本项目除高度超限外，塔楼存在3项不规则类型一，1项不规则类型三，应进行超限高层抗震设防专项审查。

5.2 抗震性能目标

针对本工程的特点，根据不同构件的重要性将其划分为关键构件、普通竖向构件和耗能构件。各部位结构构件的抗震性能要求见表5-2。进行多遇地震和设防烈度地震的构件性能验算时，采用弹性和等效弹性计算分析；进行罕遇地震的构件性能验算时，采用等效弹性和弹塑性计算分析。

结构抗震性能目标及震后性能状态 **表5-2**

构件分类	构件位置（性能水准）	多遇地震（性能水准1）	设防地震（性能水准3）	罕遇地震（性能水准4）
	层间位移角限值	1/506	—	1/125
关键构件	底部加强区核心筒剪力墙及框架柱（1～4层）	无损坏（弹性）	轻微损坏	轻度损坏
	核心筒收进层及上、下层（34～36层）剪力墙和35层楼盖		轻微损坏	轻度损坏
	塔楼支承连廊的框架及斜撑（6号塔楼1～3层及7号塔楼1～6层）		轻微损坏	轻度损坏
	塔楼支承连廊的悬臂梁及支座（6号塔楼2层及7号塔楼4层）		轻微损坏	轻微损坏
	连廊大跨度桁架		轻微损坏	轻度损坏

6 结构计算与分析

6.1 分析模型

分析模型如图6-1～图6-3所示。

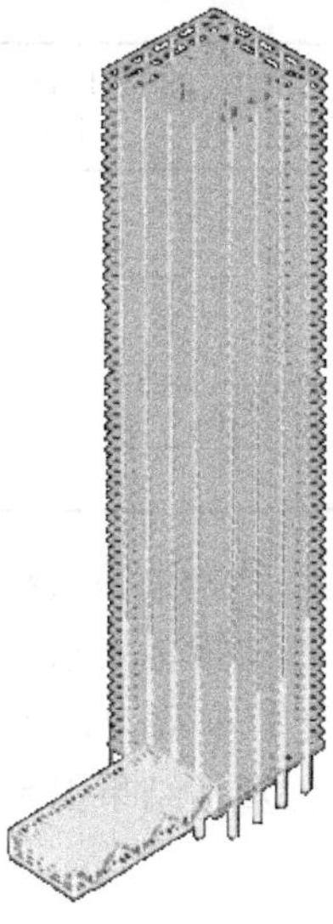

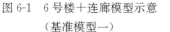

图 6-1 6 号楼+连廊模型示意（基准模型一）

图 6-2 6 号楼模型示意（基准模型二）

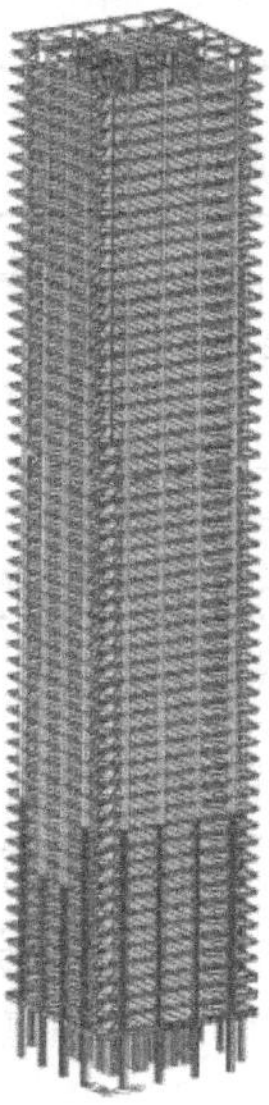

图 6-3 MIDAS/Building 模型示意

6.2 小震及风荷载作用分析

多遇地震作用分析采用了振型分解反应谱法和弹性时程分析法，使用软件为 YJK 与 MIDAS/Building，主要计算结果见表 6-1，由于风荷载远大于小震数据，故表中只提供风荷载作用下的分析数据。

结构分析主要结果汇总 **表 6-1**

指标		YJK（基准模型一）	YJK（基准模型二）	MIDAS/Building（基准模型二）
地震计算振型数		24	24	24
自振周期（s）（平动 X+平动 Y+扭转）	T_1	6.12(0.01+0.99+0.00)	6.17(0.00+1.00+0.00)	6.21(0.00+1.00+0.00)
	T_2	5.87(0.98+0.01+0.01)	5.89(0.98+0.01+0.01)	5.95(0.98+0.00+0.02)
	T_3	4.77	4.86	5.07
第 1 扭转周期/第 1 平动周期		0.78	0.79	0.81
地上结构单位面积重度（kN/m^3）		17.3	17	16.7
最小剪重比（限值，塔楼 0.6%）	X	0.47%	0.48%	0.47%
	Y	0.48%	0.47%	0.48%
框架柱承担的底部倾覆力矩比	X	17.3%	17.1%	—
	Y	19.3%	19.2%	—
风荷载作用下最大层间位移角（限值 1/505）	X	1/1097（38 层）	1/1098（38 层）	1/1121（38 层）
	Y	1/1104（37 层）	1/1105（37 层）	1/1133（29 层）
地震作用下考虑偶然偏心最大扭转位移比（对应层间位移角）	X	1.30（3 连廊层）	1.25（1 层）	1.26（1 层）
	Y	1.17（3 连廊层）	1.15（1 层）	1.14（3 层）

续表

指标		YJK（基准模型一）	YJK（基准模型二）	MIDAS/Building（基准模型二）
地震作用下各层侧向刚度与上一层相应侧向刚度 90%/150%比值的最小值	X	1.14（30层）/ 1.16（1层）	1.14（30层）/ 1.20（1层）	—
	Y	1.14（30层）/ 1.07（1层）	1.14（30层）/ 1.31（1层）	—
楼层受剪承载力与上层的比值	X	0.62（1层）	0.62（1层）	—
	Y	0.53（1层）	0.61（1层）	—

由表 6-1 及图 6-4～图 6-6 可以看出，由于塔楼结构平面规则，结构体系及材料选择合理，结构高宽比合适，小震计算总体参数均能满足现行设计规范各项指标要求。计算结果显示，由于首层层高/2 层层高差异较大（14.4m/4.4m），首层受剪承载力比小于 2 层的 75%（图 6-7），根据小震及中震的弹性分析结果，同时根据大震弹塑性结果揭示的薄弱部位，将首层剪力墙厚度加大至 1000mm，水平筋配筋率为 1.0%。

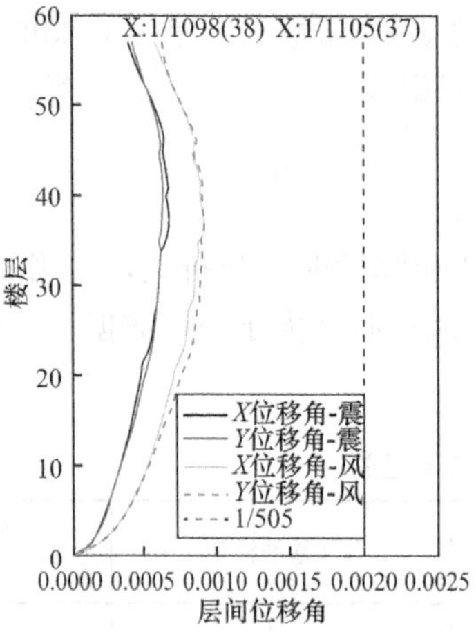

图 6-4　各楼层层间位移角

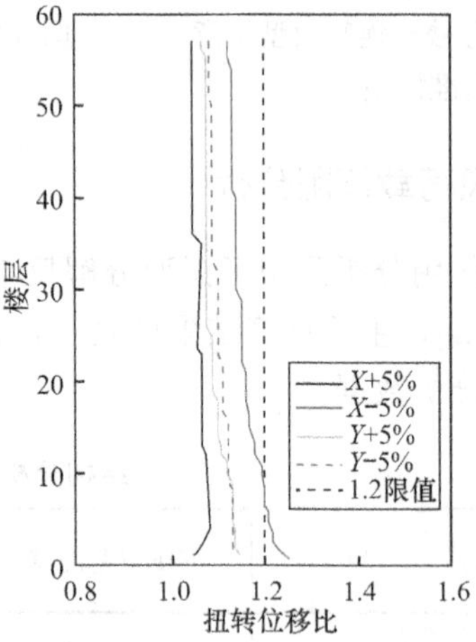

图 6-5　扭转位移比

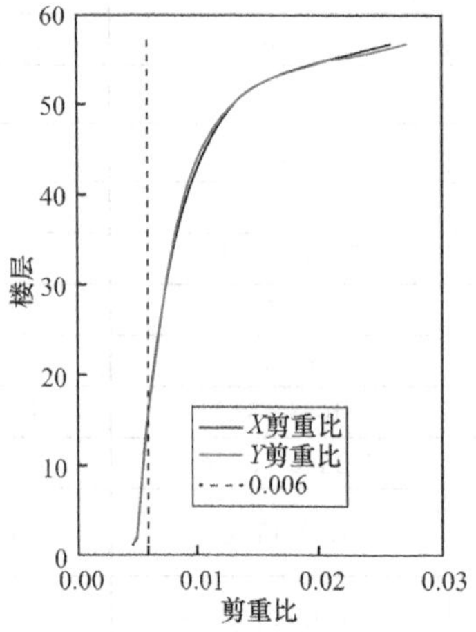

图 6-6　剪重比

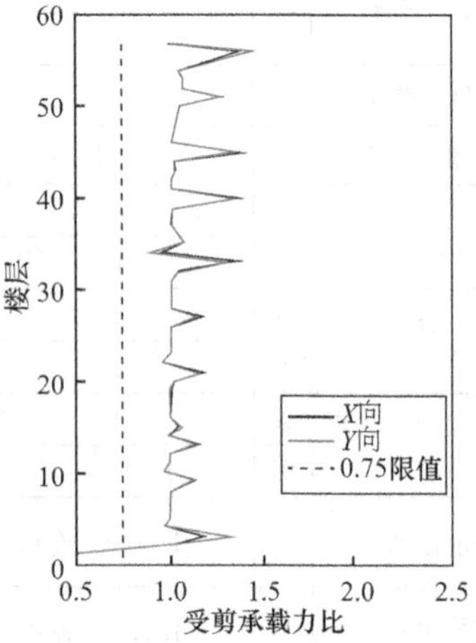

图 6-7　受剪承载力比

6.3 中震作用分析

对设防烈度地震（中震）作用下，除普通楼板、次梁以外所有结构构件的承载力，根据其抗震性能目标要求，按最不利荷载组合进行验算。设计中，分别进行了中震弹性和中震不屈服的受力分析。计算中震作用时，水平最大地震影响系数 α_{max} 按规范取值为 0.12，阻尼比为 0.05。相应加强措施如下：1）构件配筋采用小震与中震包络配筋；2）核心筒剪力墙基本保持中震弹性；3）塔楼支撑低位连体的相关框架及支座均保持中震弹性。

6.4 罕遇地震作用下的弹塑性时程分析

本工程罕遇地震作用下的弹塑性时程分析采用 SAUSAGE 软件。根据规范的要求，输入 2 组真实地震记录和 1 组人工地震记录。3 组地震波均按照三向输入。其加速度最大值按照 1（水平 1）：0.85（水平 2）：0.65（竖向）的比例调整。三条地震波大震弹性反应谱和大震弹性时程分析基底反力均满足规范要求，图 6-8 为软件计算的部分结果。

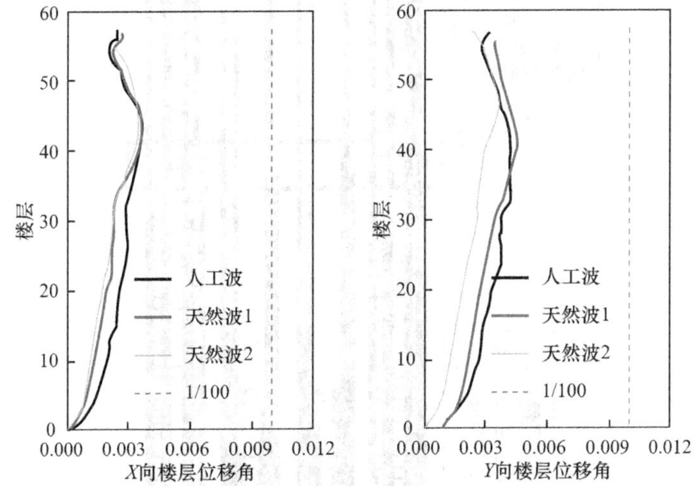

图 6-8　3 组地震波作用下楼层位移角曲线

由计算结果可知，在罕遇地震作用下，墙体产生部分屈服；各层塑性位移角最大值均小于 1/100，符合《高规》第 4.6.5 条的规定，建筑物可以实现“大震不倒”的设防目标。结构整体弹塑性计算指标评价如下：

（1）模型在整体分析中的最大位移角为 1/266，小于规范限值 1/100 的要求，满足“大震不倒”的总体设防要求。

（2）从顶点位移的弹性与弹塑性时程曲线对比可以看出（图 6-9），随着地震作用的持续，对比弹性反应，约 7s 后顶点位移时程出现显著相位差。结构发生了一定损伤，产生了刚度退化。

（3）如图 6-10 所示，在弹塑性大震作用下，34～36 层核心筒收进处剪力墙局部出现中度损伤，将其水平及竖向分布筋配筋率提高至 1%。根据加强后的剪力墙损伤分布，剪力墙混凝土受压损伤大部分为连梁损坏，墙肢均未出现显著受压损伤。

（4）如图 6-11 所示，连桥钢结构在弹塑性大震作用下，构件无明显塑性应变，满足性能目标要求。

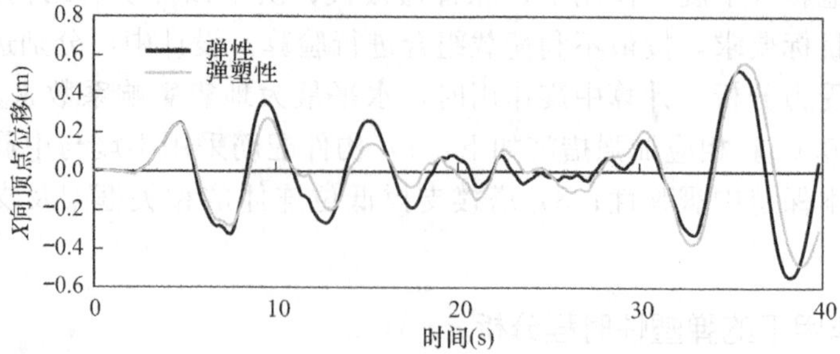

图 6-9　人工波 X 主方向作用下弹性与弹塑性顶点位移时程曲线对比

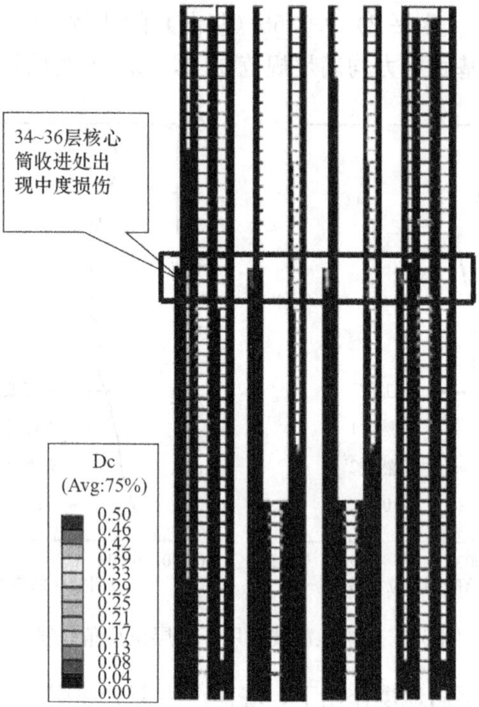

图 6-10　剪力墙损伤展开图

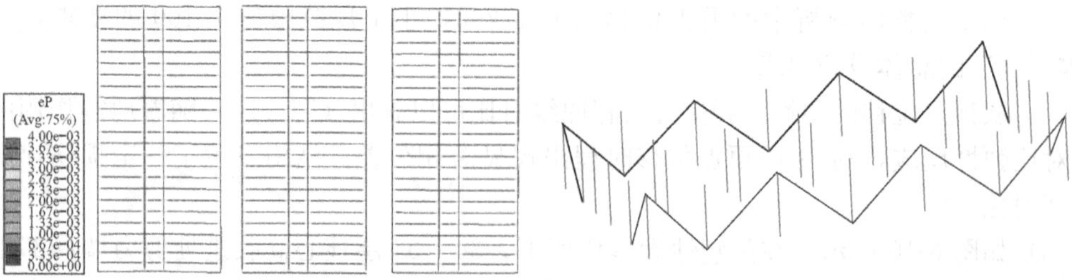

图 6-11　连桥钢构件塑性应变

7 关键结构设计

7.1 连廊结构设计

6 号楼底部 2、3 层处设置钢结构连廊。连廊横向长度为 28m，高度为 8.5m（连廊底层高 4.4m，2 层高 4.1m），跨度为 60m。由两榀跨度约 60m 的桁架，底部 5 根变截面实腹梁，以及维系结构的钢框架构成。

连廊底部与 6 号楼铰接连接，与 7 号楼采用滑动连接，两边各设置 6 个支座，连廊中部层及连廊顶部层与两边塔楼主体结构脱开。与 7 号楼楼板分缝，防震缝宽 150mm。连廊布置如图 7-1～图 7-3 所示。

7.1.1 连廊支座设计

考虑大震弹性对支座进行设计，同时采用多工况组合包络取最不利组合值进行设计。

结合地震及风荷载设计状况，针对本项目连廊采用组合工况进行设计。多工况对比下发现，连廊结构内力由自重下工况控制：1.3D+1.5L。依据连廊滑动支座设计反力选取对应成品支座。

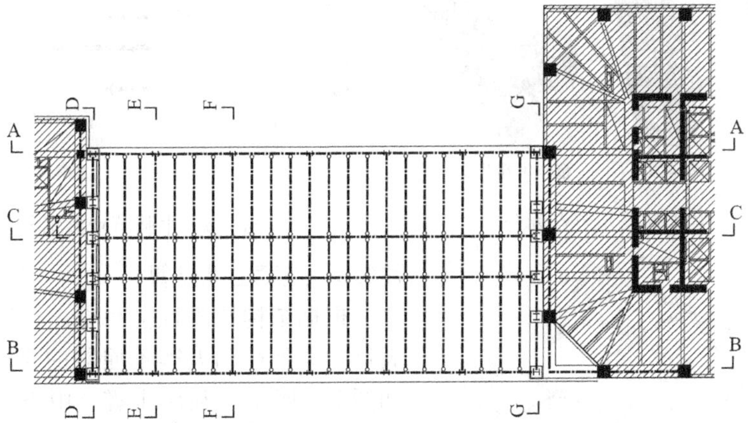

图 7-1 连廊剖面位置示意

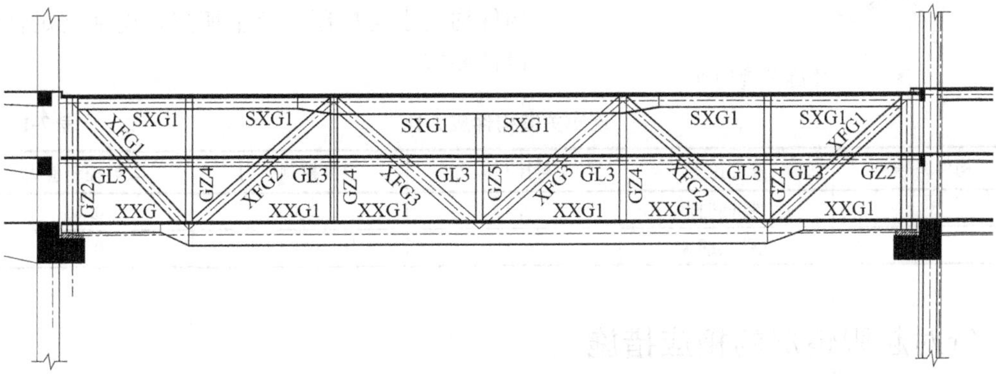

图 7-2 连廊 A-A 剖面

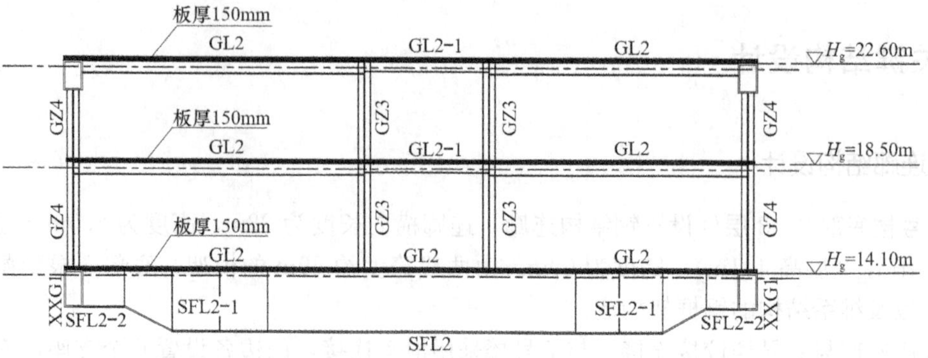

图 7-3　连廊 F-F 剖面

7.1.2　连廊牛腿设计

支座下的牛腿设计同样采用支座反力设计值进行设计。

牛腿采用 YJK 软件及 ABAQUS 有限元分析软件同时计算。实际计算模型如图 7-4、图 7-5 所示，计算时只考虑牛腿内型钢，实际施工时采用长条型钢-混凝土牛腿贯通施工。

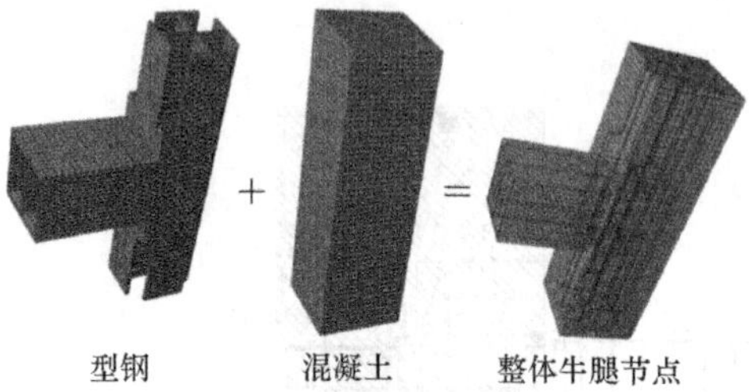

图 7-4　牛腿有限元节点划分

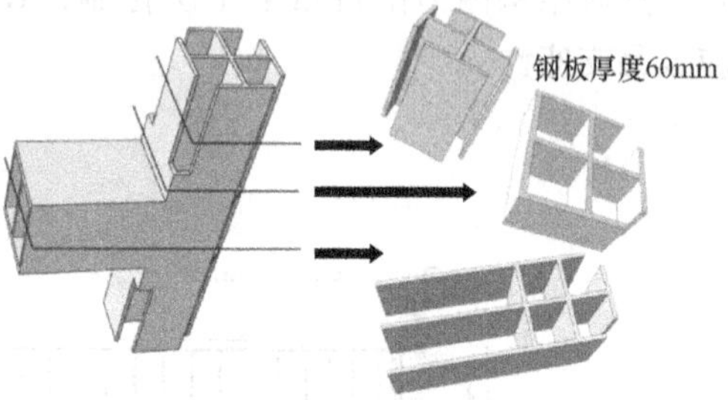

图 7-5　牛腿节点型钢分解图

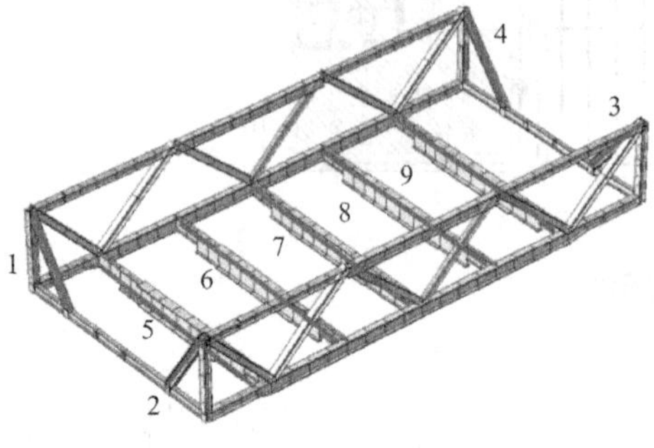

图 7-6　连廊关键构件

7.1.3　连廊性能验算

根据结构抗震性能目标，连廊关键构件应满足中震弹性和大震不屈服的要求。关键构件如图 7-6 所示。利用小震、中震及大震计算模型，连廊关键构件应力比见表 7-1。对比结果显示：部分桁架应力比由中、大震控制，其余构件均由小震控制。综上所述，连廊满足性能设计要求。

连廊关键构件应力比　　　　**表 7-1**

构件编号	杆件位置	小震控制应力	中震控制应力	大震控制应力
3	端部斜杆	0.49	0.68	0.68
7	底部实腹梁	0.82	0.82	0.82

8　针对超限情况的相应措施

（1）6 号楼剪力墙是本结构的主要抗侧力构件，底部加强区核心筒剪力墙按中震受剪弹性、受弯不屈服及大震受剪不屈服的性能目标进行验算，并与小震结果包络设计。首层剪力墙厚度加大为1000mm，水平筋配筋率提高至1.0%。

（2）6号楼底部框架柱采用型钢混凝土柱及C60混凝土，以控制外框柱轴压比在合理范围内；提高外框柱抗震延性，将首层与连廊相连的框架柱含钢率提高至9%。

（3）6号楼核心筒收进楼层采取如下加强措施，并按中震受剪弹性、受弯不屈服的抗震性能目标进行设计，提高核心筒收进层上、下层的可靠度：

1）34～36层部分剪力墙竖向及水平筋配筋率提高至1.0%；

2）由35层斜墙过渡至36层形成收进后墙垛，34～35层墙垛底部墙肢加厚为500mm。

（4）6号楼1～3层和7号楼1～6层支承连廊的框架及相关构件按性能设计，并对相关构件进行加强。

（5）连廊大跨度桁架按照按中震弹性、大震不屈服的抗震性能目标进行设计。

（6）连廊支座及6号楼支承连廊的悬臂梁按照大震弹性抗震性能目标进行设计。

（7）针对6号楼首层层高14.4m的局部不规则情况，对2层楼盖进行加强处理：外框梁高度为1500mm，框架梁高度为1200mm，与连廊支座相连位置局部加强，2层楼板厚度加大为200mm。

（8）对于连廊、6号楼3～4层及34～36层的楼板进行加强处理。

通过以上加强措施，经过计算复核，本项目结构达到抗震性能目标C要求。

9 抗震设防专项审查意见

2019年10月18日，广州市住房和城乡建设局在嘉业大厦14楼第二会议室主持召开了“樾云台项目”超限高层建筑抗震设防专项审查会。陈星教授级高工担任专家组组长。与会专家听取了广州容柏生建筑结构设计事务所关于该项目抗震设防设计情况的汇报，并审阅了送审资料。经讨论，提出审查意见如下：

（1）支承连廊1～3层框架及35层剪力墙收进处楼盖应为关键构件。

（2）6号楼及7号楼支承连廊的悬臂构件和支座节点，均应按大震弹性设计。

（3）进一步提高连廊桁架平面外稳定性和支座大震作用下的抗震和防撞能力，补充不利方向水平力作用和温度应力计算，严格控制支座应力比。

（4）补充夹层对塔楼的不利影响分析。

（5）优化剪力墙收进处结构的布置。

审查结论：通过。

10 点评

（1）本工程塔楼结构高度246m，由塔楼与连廊组成，存在跨度为60m的低位连体、首层通高大堂、高区核心筒局部收进等特点，结构设计通过概念设计、方案优选、详细的分析及合理的设计构造，塔楼采用型钢混凝土框架-核心筒结构体系，连廊采用两榀桁架加实腹梁的钢框架结构体系，满足设定的性能目标要求，结构方案经济合理，抗震性能良好。

（2）60m跨度的低位连廊属于大跨度连廊，为保证建筑功能及使用效果，结合连廊两侧塔楼的支承条件，经过多轮方案与经济性对比，最终选定连廊的支座条件及结构体系。针对本项目的大跨度低位连体，注重连体结构的效率分析，通过传力路径分析，优化结构布置及杆件截面，减轻结构自重。同时，控制连体对周围塔楼相关楼层的影响，通过概念设计和软件分析，提出并确认塔楼相关楼层的加强措施，确保连体结构安全可靠。

（3）本工程首层通高大堂位置，由于首层与2层的高度比为3.3，两层高度的差异导致了层间刚度变化较大，出现首层受剪承载力低于2层的75%，容易出现抗震的薄弱部位。通过手工验算，结合弹性、弹塑性（超大震）分析等手段，最终确定首层竖向构件的加强措施，确保首层剪力墙有足够的延性和承载力。

（4）对于高区核心筒局部收进位置可能产生应力集中导致核心筒及相应楼盖出现损伤的情况，本工程通过设置转换梁、加强墙体暗柱及斜墙过渡的办法，较好地解决了核心筒局部收进可能带来的问题。

41 珠海中心

关　　键　　词：混合结构；斜柱；斜墙；加强层；外包多腔钢板混凝土墙；基于性能的抗震设计

结构主要设计人：陈　颖　陈招智　吴金妹

设　计　单　位：广州容柏生建筑结构设计事务所（普通合伙）

1　工程概况

1.1　建筑概况

珠海中心项目位于珠海市香洲区南湾大道，属十字门中央商务区会展商务一期组团，与澳门隔海相望。珠海中心是集甲级写字楼、超五星级酒店功能为一体的地标性超高层建筑。总建筑面积约为 14.3 万 m^2，屋面高度为 308.7m，外立面总高度为 322.9m。地下 2 层，建筑总埋深 14.6m；地面以上 61 层，其中首层～34 层为甲级写字楼区，35～顶层为超五星级酒店区，建筑立面效果及剖面如图 1-1 所示。

1.2　体型特征

建筑整体造型如海边灯塔，设计师为最大限度地利用临海景观，采用带切角的三角形平面，并且每层旋转，沿竖向楼层平面从切角三角形渐变为接近圆形，再由圆形渐变至与底部方向相反的切角倒三角形。中部核心筒为切角三角形平面，主要用作竖向交通、设备用房和服务用房，如图 1-2 所示。因酒店层平面及功能的需要，外框柱形式需要转换为矩形，核心筒剪力墙存在转换，部分墙肢需采用斜墙实现筒体收进。

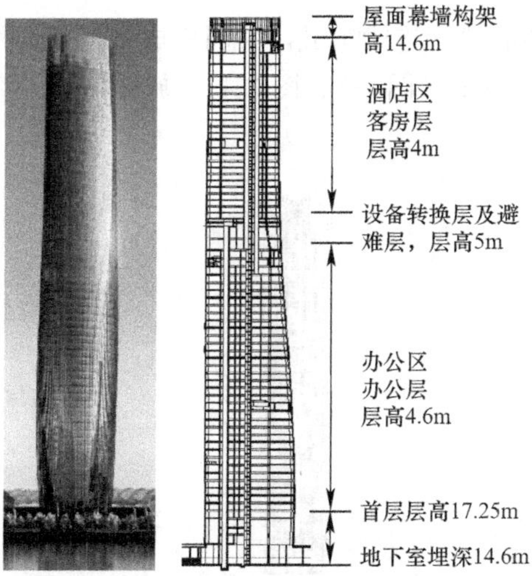

图 1-1　立面效果图及剖面图

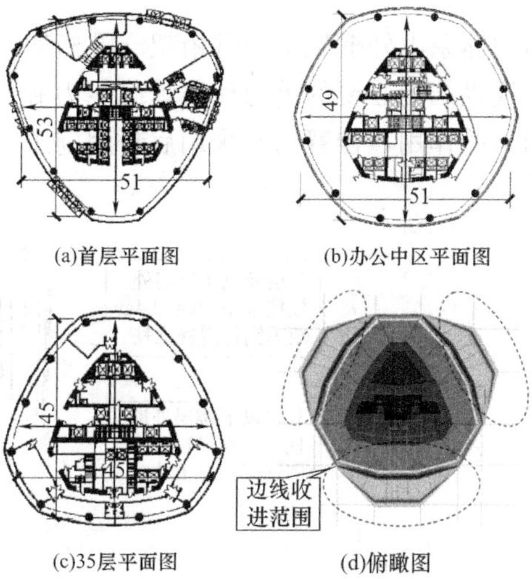

图 1-2　建筑平面图及俯瞰图

1.3 设计参数

工程设计基准期为 50 年，结构安全等级为二级，抗震设防类别为乙类，抗震设防烈度为 7 度，设计基本地震加速度为 0.1g，设计地震分组为第一组，场地类别为Ⅱ类，场地特征周期 0.4s。结构承载力计算时基本风压按 100 年重现期采用，取值为 $0.90kN/m^2$；结构水平位移计算时基本风压按 50 年重现期采用，取值为 $0.85kN/m^2$；地面粗糙类别为 B 类。设计风荷载取值采用风洞试验与规范风荷载两者较大值。由于塔楼总高度为 322.9m，立面形状变化较复杂，为超高的长周期结构，风荷载及响应对塔楼结构体系起控制作用。

2 结构体系

2.1 体系概述

结合平面功能、立面造型、抗震（风）性能要求、施工周期以及造价合理等因素，结构采用带伸臂桁架及腰桁架的型钢混凝土框架-钢筋混凝核心筒结构体系，于 35 层设置加强层，38 层设置转换层。38 层是建筑功能从酒店服务区变化为客房层的过渡层。为满足建筑功能要求，外框柱及筒体的角部剪力墙需进行转换处理（图 2-1、图 2-2）。框架和筒体抗震等级为特一级。

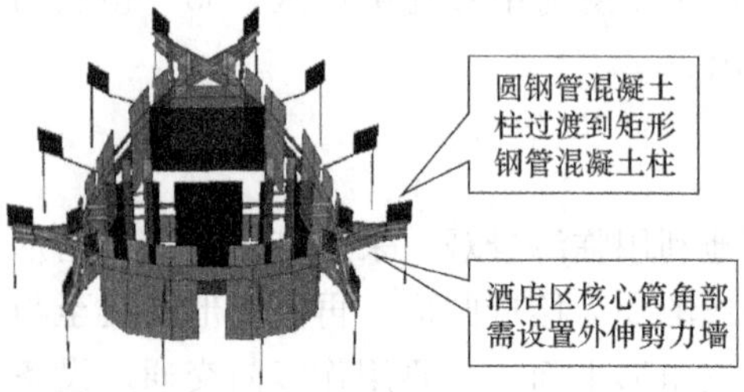

图 2-1　38 层结构空间模型

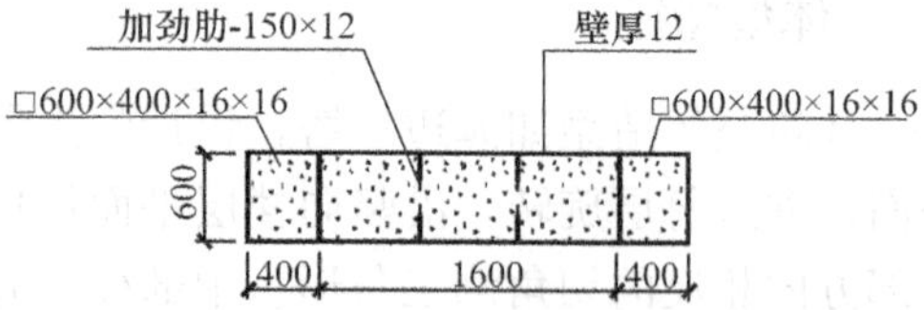

图 2-2　外包多腔钢板混凝土墙(设计按矩形柱考虑)

2.2 体系分述

结构体系由外框架＋伸臂桁架＋腰桁架与核心筒＋连梁组成，共同构成多道设防结构体系，提供结构必要的重力荷载承载能力和抗侧刚度（图 2-3、图 2-4）。施工阶段不考虑伸臂桁架的作用，伸臂桁架采用后封闭施工。

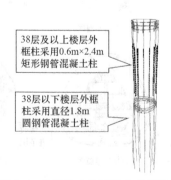

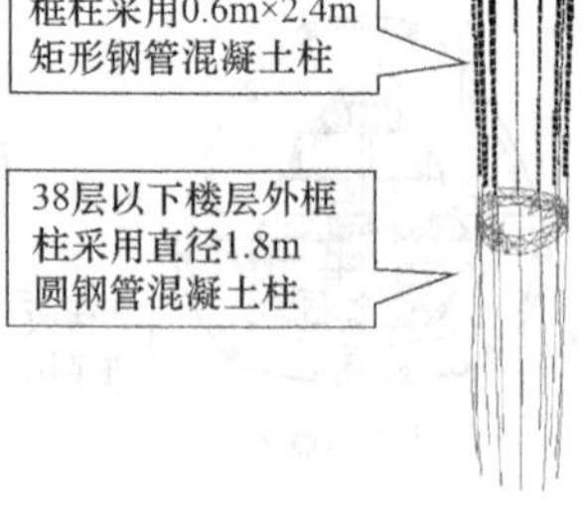

图 2-3　外框柱＋伸臂桁架＋腰桁架

图 2-4　核心筒＋连梁

2.2.1 外框柱

配合造型需要在外圈布置 12 根沿竖向单向（沿轴线）微曲率变化的框架柱，以（C-6）轴对称布置。如图 2-5、图 2-6 所示。6（7）轴、3（10）轴、2（11）轴位置处的框架柱斜率变化较其余轴线位置大，且斜率最大位置位于第 12 层并在该层出现反向斜率。柱混凝土强度等级沿楼层设置为：地下 2 层～43 层 C60，43 层以上 C50。

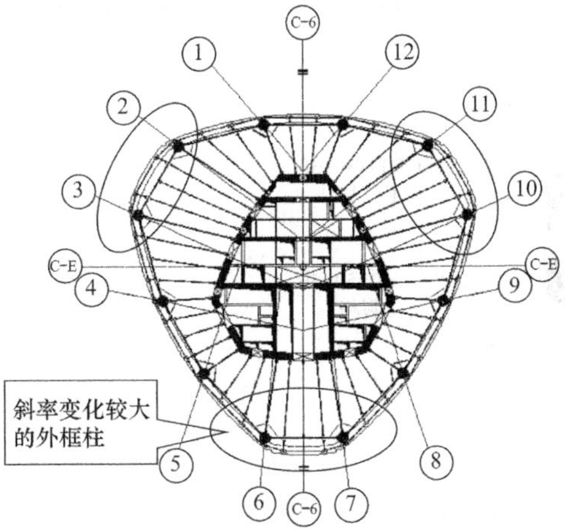

图 2-5 外框柱轴线定位

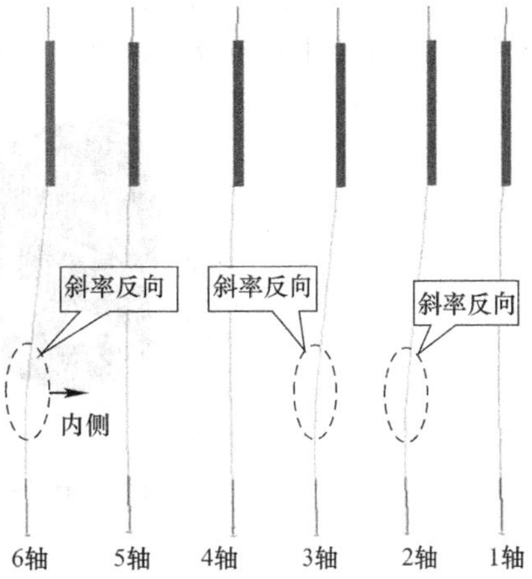

图 2-6 外框柱沿轴线曲率变化示意

2.2.2 腰桁架

根据腰桁架对结构刚度贡献的敏感性分析，以及结构二道抗震防线的论证结果，于 35 层（层高 10m）设置腰桁架作为结构体系中的环向构件。一方面，协调外框各竖向构件的变形，减少外框柱之间的竖向变形差异，使得外框柱竖向受力均匀；另一方面，作为与外框柱共同作用的巨型梁，形成整体性较好的外框架，提高外框架抵抗水平荷载的能力(图 2-7)。

2.2.3 伸臂桁架

根据伸臂桁架对结构刚度贡献的敏感性分析，以满足整体结构刚度需求为限，仅于 35 层（层高 10m）设置 *X* 向伸臂桁架，采用交叉型腹杆布置，并在上、下弦对应平面沿墙体设置水平钢梁贯通核心筒，对应剪力墙内设置斜撑，形成闭合的传力体系(图 2-8)。

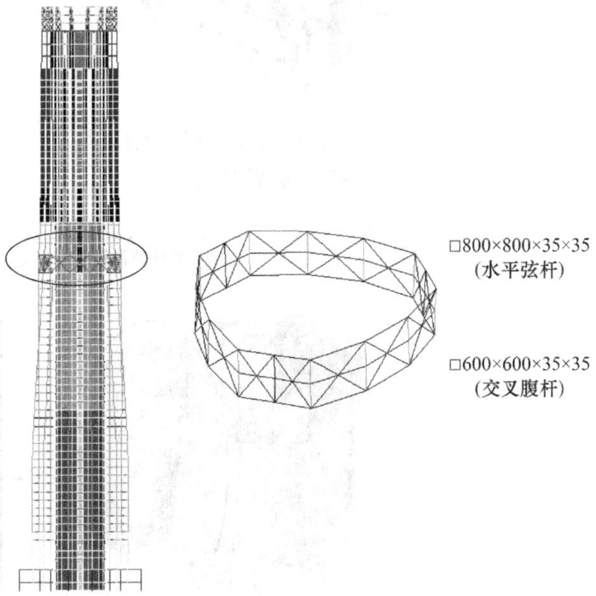

图 2-7 腰桁架布置

2.2.4 核心筒剪力墙

因建筑功能需要，酒店区核心筒较办公区核心筒有收进（收进 3m），结构利用避难层及设备层（高 18.8m）设置斜墙，避免筒体剪力墙结构转换。核心筒平面为带切角三角形，筒内局部墙体延伸至 38 层楼面标高后终止，筒外墙（3 个长边）除其中一条边需要采用斜墙变换，另外两条边的墙体基本直上（图 2-9～图 2-11）。

核心筒混凝土强度等级沿楼层设置为：地下 2 层～43 层 C60，43 层以上 C50。地下 2 层～8 层筒体设置型钢为型钢混凝土剪力墙，主要目的是增加核心筒的延性和刚度，有效控制截面及解决核心筒轴压比问题。筒体外圈剪力墙厚度为 1.2～0.6m，内部剪力墙厚度为 0.9～0.4m。核心筒剪力墙的厚度及墙内型钢的布置如图 2-12、图 2-13 所示，型钢牌号为 Q345。竖向构件截面及材料见表 2-1。

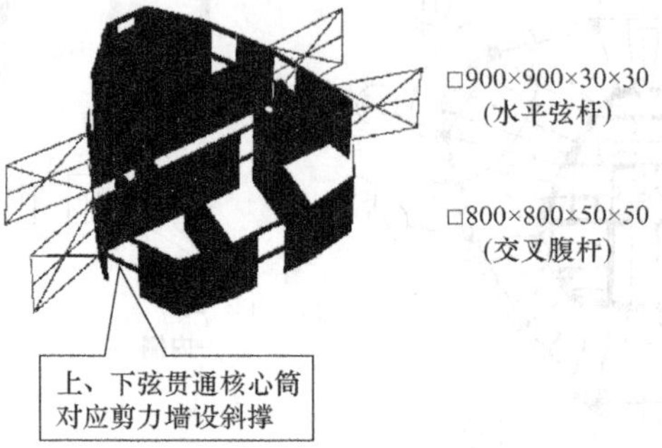

图 2-8　伸臂桁架布置

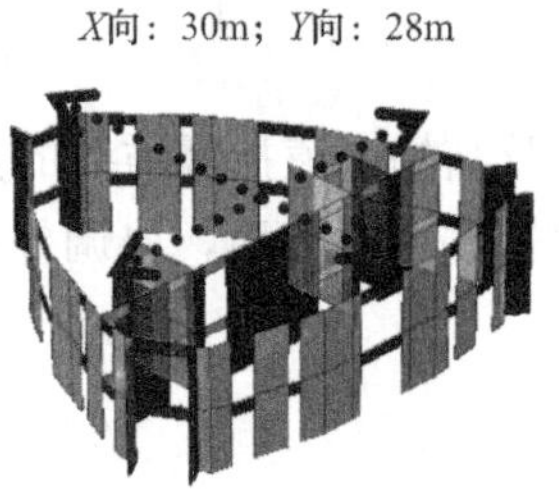

图 2-9　酒店层（38 层以上）核心筒结构布置

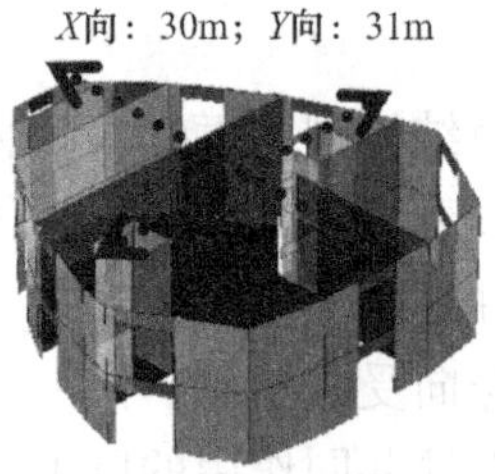

图 2-10　办公层（36 层以下）核心筒结构布置

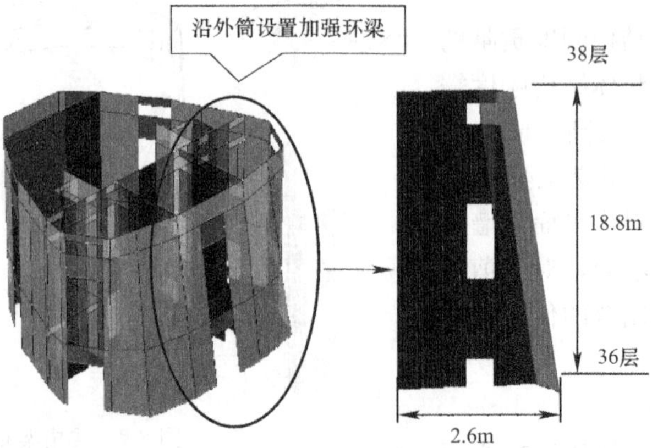

图 2-11　36～38 层核心筒斜墙过渡段示意

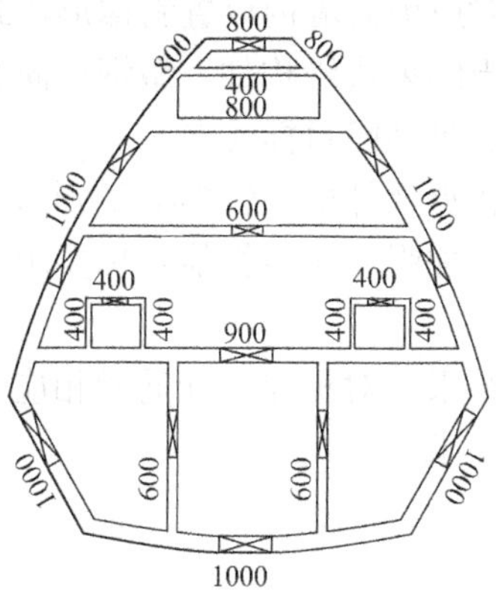

图 2-12 19～35 层核心筒布置

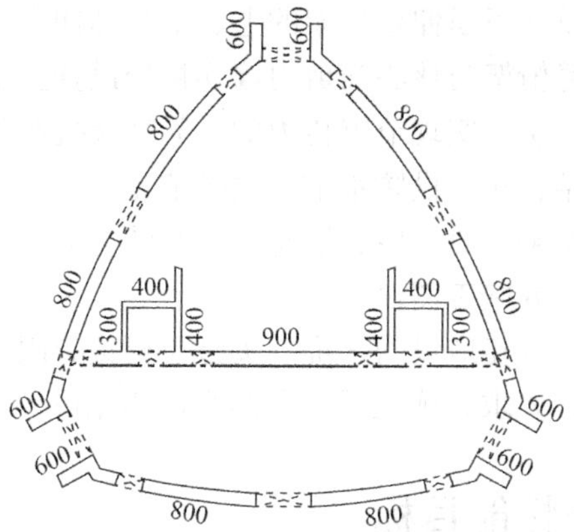

图 2-13 38～50 层核心筒布置

竖向构件截面及材料汇总 表 2-1

分区	外框柱截面（mm）	筒体剪力墙截面（m）
地下室～3 层	圆钢管混凝土柱 D1800×50	1.2，0.9，0.6，0.4
4～18 层	圆钢管混凝土柱 D1800×35	1.2，0.9，0.6，0.4
19～37 层	圆钢管混凝土柱 D1800×35	1.0，0.9，0.6，0.4
38～42 层	外包多腔钢板混凝土墙□2400×600×16	0.8，0.9，0.6，0.4
43～50 层	外包多腔钢板混凝土墙□2400×600×16	0.8，0.9，0.6，0.4
51～58 层	外包多腔钢板混凝土墙□2400×600×16	0.6，0.9，0.4
59～屋面层	外包多腔钢板混凝土墙□1200×600×16	0.6，0.9，0.4

2.2.5 楼盖体系

核心筒内采用钢筋混凝土主次梁楼盖，板厚 150mm，混凝土强度等级 C30。首层、加强层及其上层以及转换楼层全楼层板厚 200mm。核心筒外采用钢筋桁架自承式楼板，办公区楼板厚 120mm。酒店区钢梁布置受到建筑功能的制约，间距在 5.5m 左右，板厚 150mm。

3 结构超限情况

塔楼结构高度为 308.7m，超过《关于印发〈超限高层建筑工程抗震设防专项审查技术要点〉的通知》（建质〔2010〕109 号）中关于型钢混凝土框架-钢筋混凝土核心筒适用最大高度 190m 的限值，属于高度超限的建筑。经过计算分析，结构同时带有构件间断、外框斜柱和采用斜墙实现筒体收进等不规则项。其中构件间断是由于酒店层过渡至办公层所导致的墙、柱不连续。

针对超限情况，设计采用如下抗震加强措施：

（1）塔楼为乙类建筑，结构安全等级为二级，抗震措施由 7 度提高至 8 度，抗震等级取特一级。剪力墙轴压比≤0.5。

（2）基础至 8 层设置型钢混凝土剪力墙，有效减小墙身厚度，同时提高筒体的抗震延性。

（3）型钢混凝土剪力墙与钢筋混凝土剪力墙轴压比控制，设置竖向过渡段，提高结构抗震延性。

(4) 设计考虑伸臂桁架的上、下弦延伸入筒体，对应剪力墙内设置斜撑形成封闭受力体系；伸臂桁架与核心筒剪力墙连接处设置型钢混凝土约束边缘构件，型钢柱向相邻上下层各延伸一层。实现节点传力的可靠性及抗震延性，满足性能目标要求。

(5) 结合相应设防水准下关键节点（斜墙斜率变化点及外框柱转换梁Y形节点）的有限元分析结果，对墙厚、墙身钢筋及转换梁截面做相应加强，满足性能目标要求，并以此计算结果指导施工图设计。

(6) 结合相应设防水准下关键层楼板有限元分析结果，对板厚和配筋做相应加强，满足性能目标要求。施工图阶段落实性能化设计的配筋要求。

4 抗震性能目标

针对结构类型及不规则情况，设计采用抗震性能设计方法进行补充分析和论证。塔楼高度超过规范限值较多，且属重点设防类建筑，设计根据结构可能出现的薄弱部位及需要加强的关键部位，依据规范针对性地选用B级性能目标及相应的抗震性能水准（表4-1）。

设计采用等效弹性计算方法对关键构件、耗能构件、楼板等进行验算。经比较，重现期100年风荷载工况组合为构件设计控制工况，结构能实现既定的B级性能目标。

各主要构件在不同地震水准下的性能目标　　表4-1

项目		多遇地震	设防地震	罕遇地震
关键构件	核心筒	弹性	弹性	不屈服
	外框柱	弹性	弹性	不屈服
	伸臂桁架腰桁架	弹性	弹性	不屈服
	框支梁	弹性	弹性	不屈服
	加强层楼板框支层楼板	弹性	弹性	不屈服
耗能构件	连梁、普通楼层梁	弹性	不屈服	不发生受剪破坏
普通竖向构件		弹性	弹性	不屈服
其余层楼板		弹性	不屈服	不发生受剪破坏

5 结构计算与分析

设计采用3个不同力学模型的空间结构分析程序（SATWE，ETABS，MIDAS/Gen）进行多遇地震作用下抗震抗风的弹性计算和设防地震下的弹性计算，根据结构静力与弹性动力计算结果，对数据进行比较分析。使用ABAQUS软件进行弹塑性时程分析，全面验证结构在大震作用下的性能。此外，还进行了施工模拟、外框柱屈曲分析、徐变效应分析和竖向温差效应分析。

5.1 小震弹性计算

结构计算以地下室底板作为结构嵌固端。计算竖向和水平荷载工况，考虑X、Y向及相应的45°、135°地震作用，同时考虑双向水平地震作用及偶然偏心的影响。楼层风荷载参数按风洞试验数据最大等效风荷载对应角度的层等效静力风荷载作为静力风荷载输入。

竖向荷载工况计算考虑施工模拟工况。整体结构考虑二阶效应的不利影响。

小震计算主要输入参数：周期折减系数取 0.90，连梁刚度折减系数 0.80，阻尼比 0.035，梁刚度放大系数 2.0，楼板假定为全楼弹性板。主要计算结果见表 5-1。

主要计算结果 **表 5-1**

周期（s）	T_1	5.89	
	T_2	5.83	
	T_3	2.30	
周期比	0.39		
层间位移角	方向	X 向	Y 向
	风荷载	1/546	1/690
	地震作用	1/1116	1/1079
剪重比(%)		1.23	1.20
位移比		1.18	1.20
刚重比		2.71	2.58

根据上述计算结果，结合规范的要求及结构抗震概念设计理论，可以得出如下结论：

（1）周期比远小于 0.85，扭转刚度较大，扭转变形较小，周期比满足规范要求。

（2）在考虑偶然偏心地震作用下，双方向最大扭转位移比均小于 1.2，属于扭转规则结构类型。

（3）风荷载效应较小震作用效应要大（图 5-1），风荷载作用下最大层间位移角小于 1/500。层间位移角曲线（图 5-2）在加强层及转换层处有明显收进。

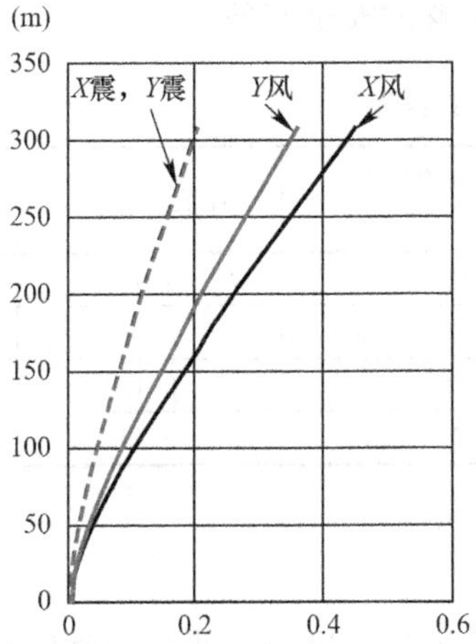

图 5-1　层位移

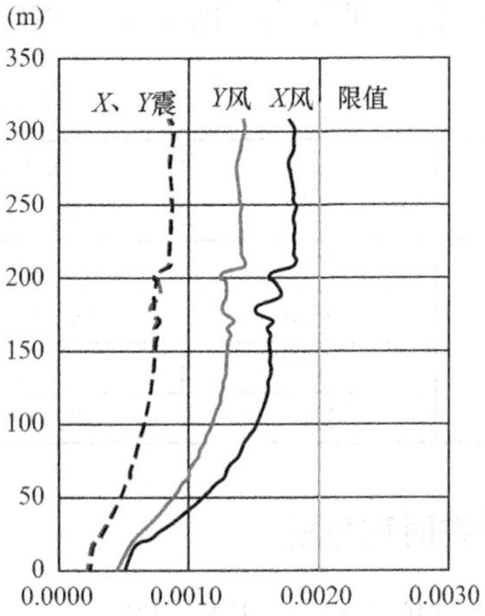

图 5-2　层间位移角

（4）塔楼 X、Y 方向剪重比≥1.2%，满足规范要求。

（5）结构选型和布置可行，楼层侧向刚度规则性（图 5-3）、除加强层及相邻上下层外楼层的受剪承载力规则性（图 5-4）均满足规范限值要求，不属刚度突变和承载力突变的超限高层。

（6）刚重比小于 2.7，大于 1.4，需要考虑 $P-\Delta$ 效应对水平力作用下结构内力和位移的不利影响。结构满足整体稳定的要求。各宏观计算指标满足规范要求，构件截面取值合理，结构体系选择恰当。

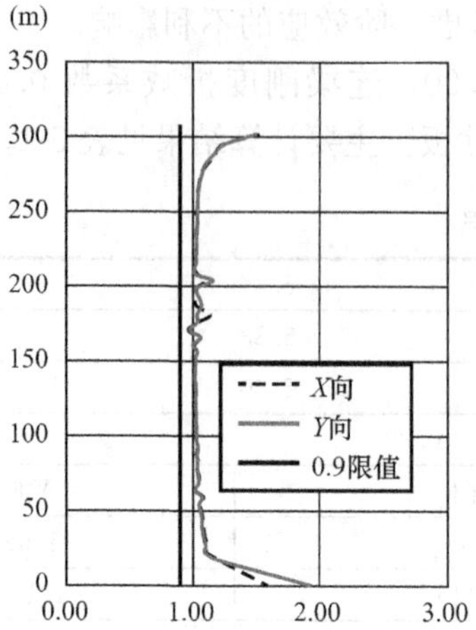

图 5-3　侧向刚度比

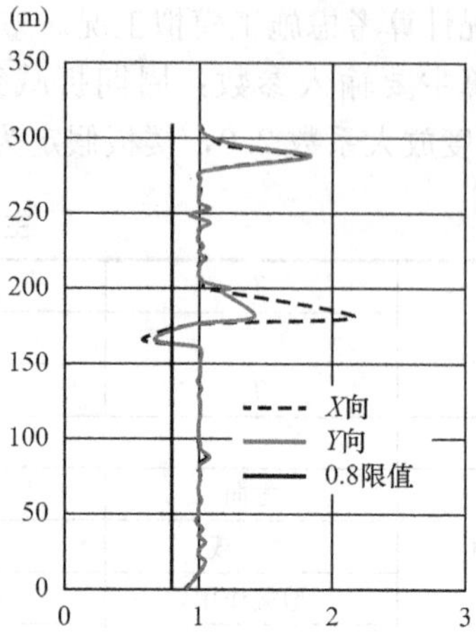

图 5-4　受剪承载力比

5.2　顶点风振加速度计算

根据湖南大学风洞试验室提供的《等效静力风荷载及风振分析研究报告》，重现期 10 年风荷载作用下结构顶部峰值加速度响应，X 向在 30°风向角下最大值为 24.7cm/s^2，Y 向在 270°风向角下最大值为 21.0cm/s^2，均满足规范相关要求。

5.3　结构整体抗倾覆验算

表 5-2 的结果表明，结构整体抗倾覆能力具有足够的安全储备。

整体抗倾覆验算（SATWE 结果）　　表 5-2

作用	方向	抗倾覆力矩 M_r(kN·m)	倾覆力矩 M_{ov}(kN·m)	比值 M_r/M_{ov}	零应力区 (%)
风荷载	X 向	72772528	14757778	4.93	0
	Y 向	67874296	11749968	5.78	0
地震	X 向	72772528	7672481	9.48	0
	Y 向	67874296	7075624	9.59	0

5.4　小震弹性时程分析

根据《建筑抗震设计规范》GB 50011—2010 的规定，进行了小震弹性时程分析，分析结果满足规范要求。经比较，大部分楼层时程反应包络值小于反应谱结果。受到高振型的影响，顶部楼层时程曲线分析的层剪力在弹性阶段对结构起控制作用。施工图阶段将对该部分楼层的反应谱地震作用放大进行构件验算，确保结构计算的准确性和安全性。

5.5　关键节点性能化设计

5.5.1　伸臂桁架及斜墙上、下层剪力墙有限元分析

35～37 层是伸臂桁架及斜墙转换的范围。伸臂桁架的变形协调使得水平力作用下剪

力墙产生较大的内力以及局部应力集中。斜墙结构受力则在轴向力作用下产生较大的平面外附加弯矩及顶端和底部的平面外水平力。计算采用壳元模型进行应力分析，结果显示重现期 100 年风荷载组合为构件设计控制工况，性能化设计分析结论如下：

（1）沿伸臂上、下弦对应剪力墙相应出现拉、压应力区，应力水平为−8～8MPa，结构布置考虑伸臂上、下弦贯通剪力墙，对应剪力墙内设置斜撑形成闭合受力体系，满足性能目标要求。

（2）斜墙在同时受竖向荷载及 Y 向水平力作用下时，其应力表现仍然为压应力，考虑到斜墙在轴向力作用下产生的平面外弯矩，结构设计按有限元应力分析结果设计墙身竖向钢筋，并在斜墙开始和终止层设置封闭环梁构造加强措施，以实现性能目标的要求。

（3）36 层是斜墙转换的起始楼层，也是腰桁架与伸臂桁架的上弦层。该层在沿伸臂桁架径向及斜墙起始位置楼板出现局部应力集中，楼板应力在±6.0MPa 范围，考虑采取楼板双层双向 ϕ14@200 配筋，并在局部应力集中位置适当加密钢筋，以满足性能目标要求。

（4）38 层是斜墙转换的终止楼层，楼板应力在±3.0MPa 范围，在转换位置楼板适当加密钢筋，以满足性能目标要求。

5.5.2 38 层框支梁有限元分析

第 38 层是建筑功能从酒店服务区过渡至酒店客房层的过渡层。为满足建筑功能要求，外框柱及筒体的角部剪力墙需做转换处理。由于角部的转换处理采用了非常规的 Y 形交叉布置转换梁（图 5-5），故结构计算采用更为精确的壳元模型进行分析，其余部分采用杆系单元计算。

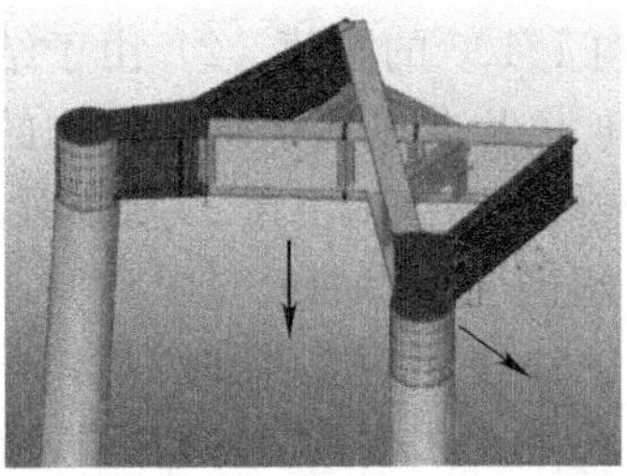

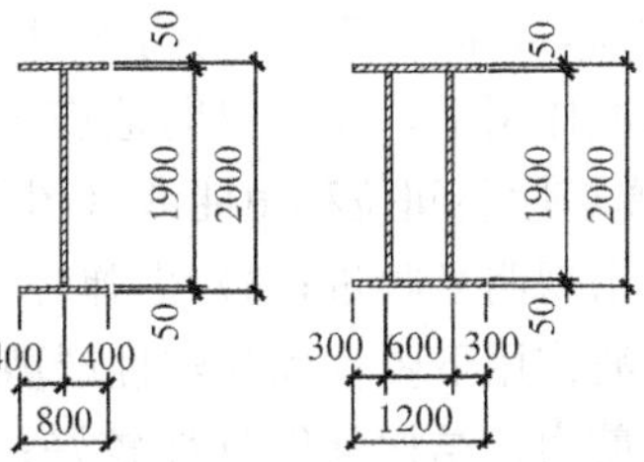

图 5-5 框支梁截面及节点示意

（1）转换梁荷载效在重现期 100 年风荷载弹性组合与中震弹性组合下的规律应接近，重现期 100 年风荷载作用下转换梁应力分布如图 5-6 所示，设计内力考虑包络值设计。

（2）转换梁上下翼缘及腹板在最不利荷载组合作用下，满足材料强度要求，且有一定安全储备，可以满足性能目标要求。

5.6 动力弹性时程分析

本工程选用 1 组双向人工波（L740-1+L740-2）和 2 组双向天然波［天然波 1（L0106+L0107）、天然波 2（L0781+L0782）］，采用 ABAQUS 软件进行了罕遇地震作用下的弹塑性时程分析。分析结果见表 5-3。

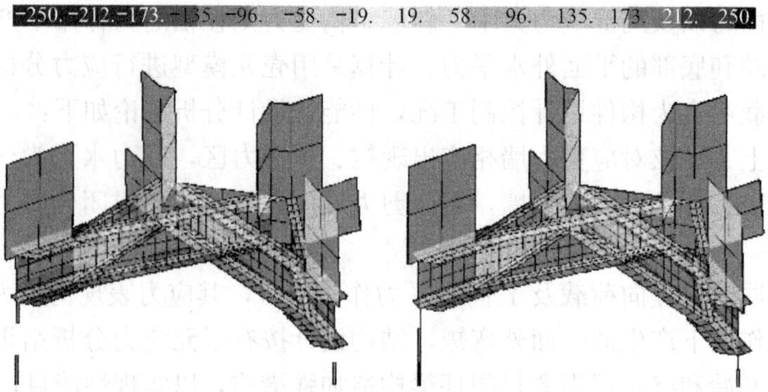

(a)X向　　(b)Y向

图 5-6　风荷载作用下转换梁应力分布

大震动力弹塑性时程分析部分结果　　表 5-3

指标		人工波		天然波 1		天然波 2	
		Y 主方向	X 主方向	Y 主方向	X 主方向	Y 主方向	X 主方向
剪重比（%）	X	5.14	4.49	4.69	4.46	4.86	4.77
	Y	4.20	4.79	3.66	3.97	4.10	5.33
最大层间位移角	X	1/288	1/301	1/248	1/269	1/215	1/247
	Y	1/267	1/234	1/204	1/205	1/188	1/188
总质量（t）		253803					

注：各组地震波的反应以人工波为最大，下文主要列举这组地震波作用下的计算结果。

对弹塑性整体计算指标的综合评价：1）罕遇地震作用下结构保持直立，最大层间位移角为 X 向 1/215，Y 向 1/188，小于框-筒结构 1/100 的限值；2）由于结构周期相对较长，在各组地震波作用下，无论双向地震主方向为 X 向还是 Y 向，结构的弹塑性剪重比均偏小；3）从弹塑性层间位移角曲线（图 5-7）可以看到，由于 35 层加强层和 38 层转换层的存在，曲线出现明显收进；4）由弹性与弹塑性层剪力曲线（图 5-8、图 5-9）的对比可以看到，人工波作用下弹性和弹塑性层剪力曲线的形状基本类似，大部分楼层弹塑性剪力均小于弹性层剪力，结构耗能延性较好；5）分析结果表明，结构的楼层剪力主要由剪力墙承担，框架承担的部分约为 10%。

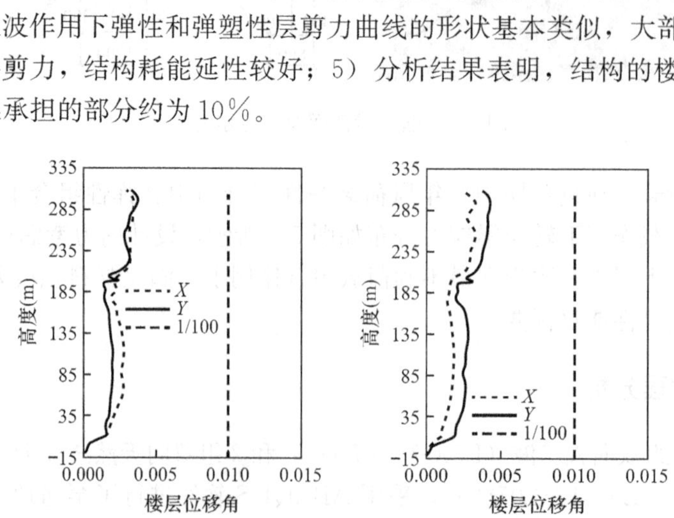

(a)X主方向作用　　(b) Y主方向作用

图 5-7　人工波大震弹塑性位移角曲线

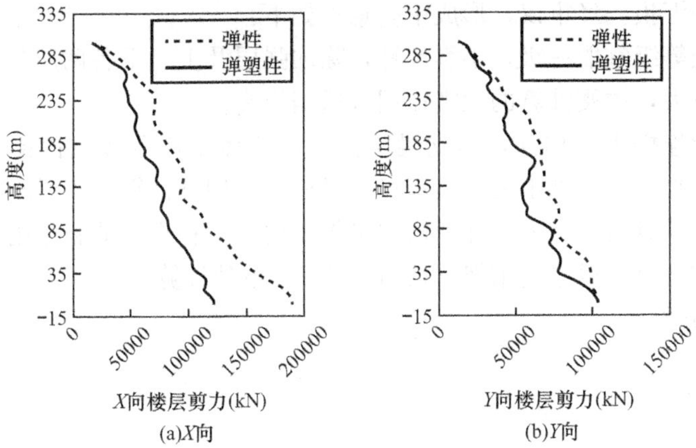

图 5-8 人工波 X 主方向大震弹性与弹塑性楼层剪力曲线对比

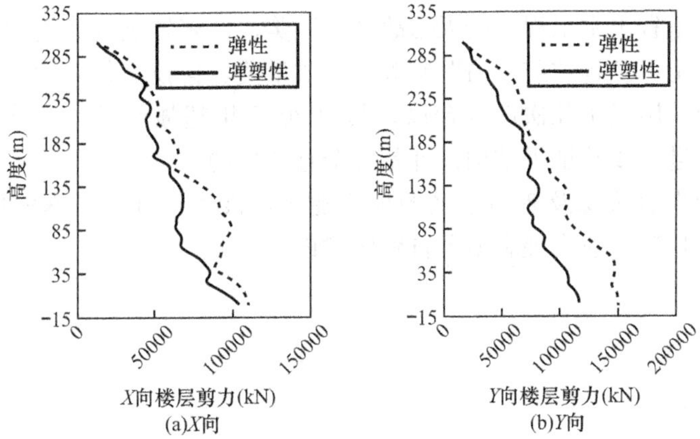

图 5-9 人工波 Y 主方向下大震弹性与弹塑性楼层剪力曲线对比

对大震作用下结构构件和关键节点的抗震性能评价：1）各榀剪力墙主承重墙肢基本完好，抗压损伤主要出现在连梁部位，剪力墙抗震承载力足够；2）钢筋和钢骨仅上部楼层局部出现轻微塑性应变，梁柱混凝土未出现受压损伤，核心筒内部混凝土梁出现轻微受拉损伤，梁柱抗震承载力足够；3）在大震作用下，用壳元（墙）模拟的转换梁未出现塑性应变，转换层抗震承载力足够；4）与转换层相邻的上、下层剪力墙损伤仅出现在连梁上，墙肢完好；5）各层楼板仅局部出现轻微至中度受压损伤和钢筋塑性应变。转换层楼板、反弯点楼层（12、26 层）沿着核心筒剪力墙周边出现中度损坏，其余各层沿着核心筒剪力墙周边出现轻微至轻度损坏，楼板抗震承载力足够。

综上所述，结构构件满足既定的大震作用下的性能目标要求，结构抗震性能良好。

6 抗震设防专项审查意见

2011 年 2 月 15 日，珠海市住房和城乡规划建设局主持召开了本项目超限高层建筑工程抗震设防专项审查会，王亚勇研究员任专家组组长。与会专家审阅了送审资料，听取了设计单位对项目的汇报。经审议，形成审查意见如下：

（1）结构安全等级宜取一级，小震计算，除加强层及上、下各两层外，核心筒墙体剪力墙剪力宜全高放大，中震计算的地震作用宜适当提高。

（2）与斜墙相连楼板宜加强，框支梁与核心筒墙体采用刚接或铰接宜作进一步的比较，斜柱底层的水平力宜全部由框架梁承担，风荷载作用下计算，连梁刚度不应折减。

（3）施工模拟计算时，宜考虑伸臂桁架未封闭情况，补充风荷载作用下的工况分析。

（4）顶部钢构架宜形成空间桁架，按阻尼比2%单独计算。

审查结论：通过。

7 点评

珠海中心为高度超过300m的超限项目，立面形状变化较为复杂，设计单位采用了创新性的结构方案，结构技术经济指标优异，超预期地实现了复杂的建筑效果，先后获得中国钢结构金奖、广东省土木工程“詹天佑故乡杯”奖、广东省土木建筑学会科学技术一等奖、第十八届中国土木工程“詹天佑”奖等各项质量奖、科技奖共27项。

项目运营至今，历经了几次超强台风，其中2017年超强台风“天鸽”正面吹袭，珠海中心毫发无损，进一步验证了结构设计是安全且合理的。

珠海中心作为当前珠海及澳门地区的地标建筑，极大地促进了珠海国际宜居城市建设、珠海“三高一特”产业发展和横琴自贸区建设。

42 中冶口岸大厦

关　　键　　词：超高层；刚性连体；大跨连体结构；性能设计；整体吊装
结构主要设计人：徐　麟　彭林海　裔裕峰　李盛勇　周　定　张文华　常　磊
刘亚敏　肖　鹏　谢聪睿
设　计　单　位：广州容柏生建筑结构设计事务所（普通合伙）

1　工程概况与设计标准

1.1　工程概况

中冶口岸大厦位于珠海市横琴新区福临道东侧，港澳大道南侧，十字门水道西侧，濠江路北侧。项目用地面积 19897.6m^2，总建筑面积 198005.8m^2，其中地上建筑面积 148047m^2，地下 48958.8m^2。地下 4 层；地上 2 栋塔楼，北塔为 23 层高的办公楼，南塔为 41 层高的办公和公寓塔楼，屋顶标高分别为 99.9m、159.9m，幕墙顶标高分别为 104.9m、165.0m。考虑裙楼部分商业使用要求，两栋塔楼在底部裙楼之间未设置结构缝，塔楼在 17～19 层存在 3 层连体，连体部分跨度约 36m。塔楼剖面图如图 1-1 所示，效果图及实景图如图 1-2 所示，塔楼平面图如图 1-3 所示。塔楼工程概况见表 1-1。

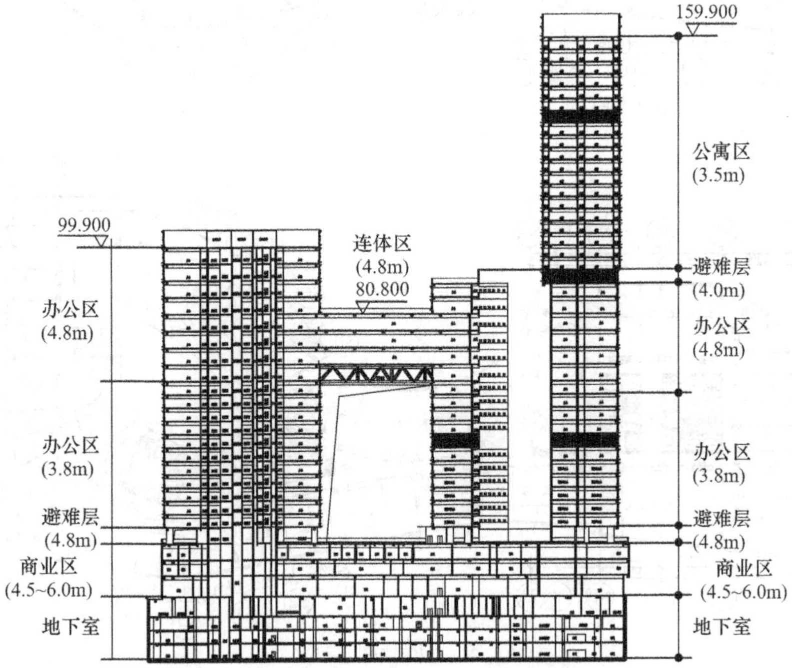

图 1-1　建筑剖面图

(a)效果图

(b)实景图

图 1-2　建筑效果图及实景图

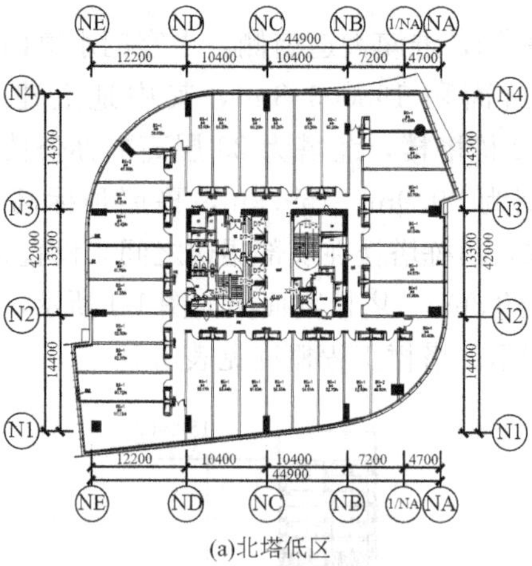

(a)北塔低区

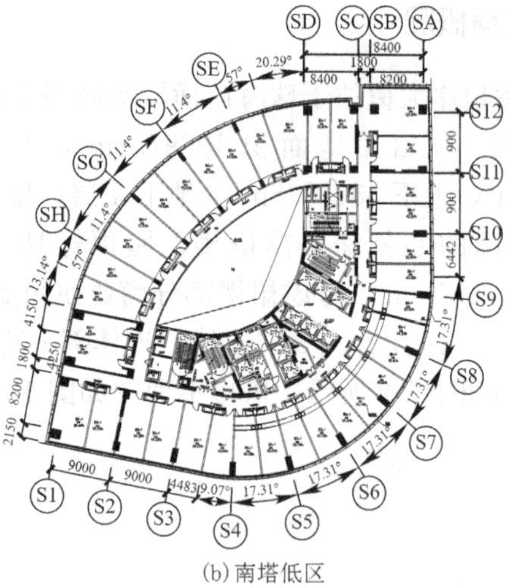

(b)南塔低区

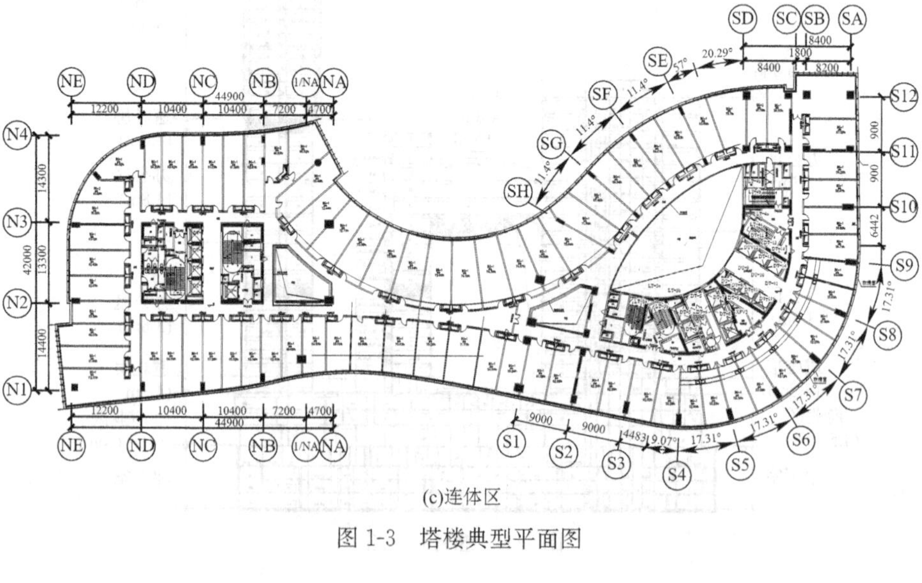

(c)连体区

图 1-3　塔楼典型平面图

塔楼工程概况 表 1-1

塔楼	北塔	南楼
地面以上高度	99.9m	159.9m
屋面幕墙构架高度	104.9m	165.0m
地面以上层数	23 层	41 层
平面（长×宽）	41.3m×44.9m	53.9m×57.0m（办公层）
		47.8m×52.4m（公寓层）
等效高宽比	2.5	低区 3.8　高区 1.6

1.2 设计标准

根据《建筑工程抗震设防分类标准》GB 50223—2008 第 6.0.10 条，本工程抗震设防类别为乙类。主要建筑分类等级如表 1-2 所示。根据计算结果，地下一层 X、Y 向的抗侧刚度与地上一层的抗侧刚度比值为 3.7 和 2.6，满足《建筑抗震设计规范》GB 50011—2010（2016 年版）（下文简称《抗规》）第 6.1.14 条地下室顶板作为嵌固端的要求，结构整体计算选取地下室顶板作为整体结构的嵌固端。

建筑分类等级 表 1-2

项目	内容	项目	内容
设计基准期	50 年	设计耐久性	50 年
设计使用年限	50 年	建筑结构防火等级	一级
抗震设防分类	乙类	地基基础的设计等级	甲级
建筑结构安全等级	二级	混凝土结构的环境类别	地下室临水面和露天混凝土结构为二类 a 组，其余均为一类

2 结构体系及超限情况

2.1 结构体系

本项目结合建筑平面功能、立面造型、抗震（风）性能要求、施工周期以及造价等因素，塔楼内部在电梯井道和设备用房及卫生间设置剪力墙构件，北塔为框架-核心筒结构体系，南塔为框架＋多筒＋剪力墙结构体系，综合以上因素，结构体系应为框架-剪力墙。底部加强区楼层针对关键构件采用高延性的构件类型，部分剪力墙墙肢内置型钢，底部的外框柱采用型钢混凝土柱，既减小了竖向构件的截面，又提高了其承载力及抗震延性。楼板采用钢筋混凝土现浇楼板，板厚 120～200mm。

结构抗侧体系由核心筒或剪力墙与外框柱组成，共同构成多道设防结构体系，提供结构必要的重力荷载承载能力和抗侧刚度。重力荷载通过楼面水平构件传递至给剪力墙和外框柱，最终传递至基础。水平荷载产生的剪力和倾覆弯矩由剪力墙与外框架共同承担。其中剪力主要由剪力墙承担，倾覆弯矩由外框架与剪力墙共同承担。

结构体系如图 2-1 所示，核心区域为剪力墙，外围为钢筋混凝土柱或型钢混凝土柱。

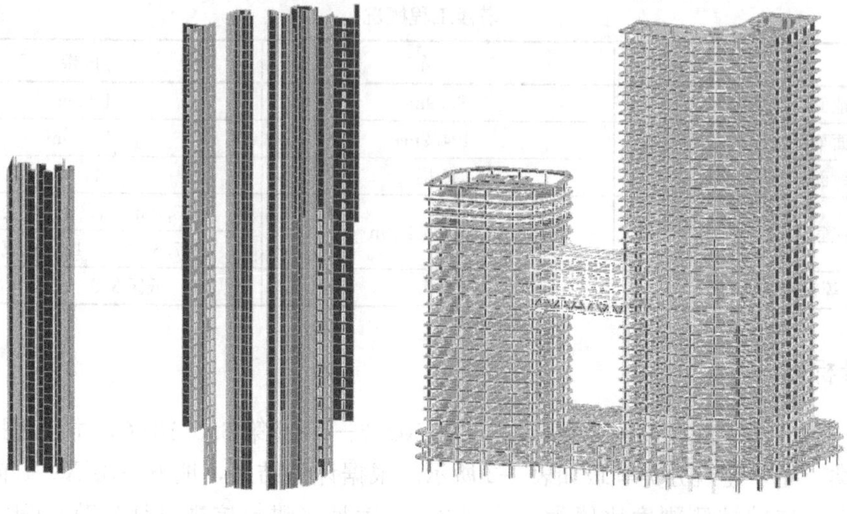

(a)剪力墙　　　　(b)外框架及连体

图 2-1　结构体系

南北塔在 17～19 层设置了三层连体，通过分析论证，本项目选用刚性连接的钢桁架加上部钢框架方案。底部单层钢结构桁架托换上部三层连体结构，连体两端弦杆伸入塔楼内部并与核心筒连接。为满足两栋塔楼水平剪力传递的要求，连体桁架部分（16～17 层）楼板加厚为 200mm，连体层顶板（20 层）加厚为 200mm，连体框架部分及相邻层（15 层、18～19 层、21 层）楼板加厚为 150mm，连体结构体系如图 2-2、图 2-3 所示。

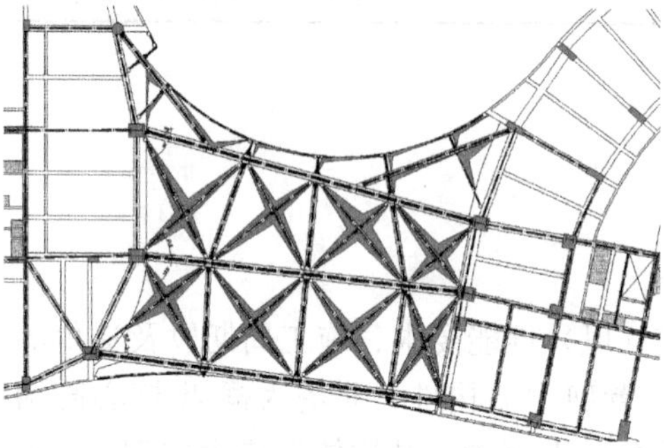

图 2-2　连体桁架下弦层平面结构布置

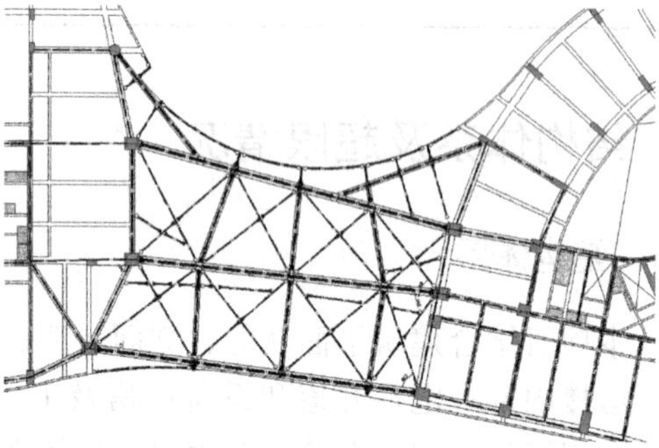

图 2-3　连体桁架上弦层平面结构布置

2.2　结构布置

2.2.1　连体结构布置

连体层桁架部分由三道主桁架＋多道次桁架＋水平交叉支撑组成。主桁架跨度分别为 37.5m、34.6m 和 37.5m。共设置三道次桁架，用来转换主桁架位置外的钢柱。考虑建筑平面的要求，次桁架与主桁架不是完全垂直的关系（75°）。三榀主桁架部分钢材选用 Q420GJ，次桁架和水平支撑部分钢材选用 Q390GJ。连体桁架组成如图 2-4～图 2-6 所示。

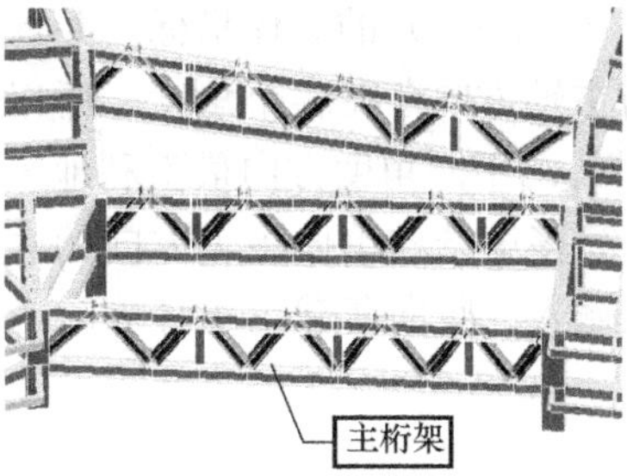

图 2-4 连体主桁架

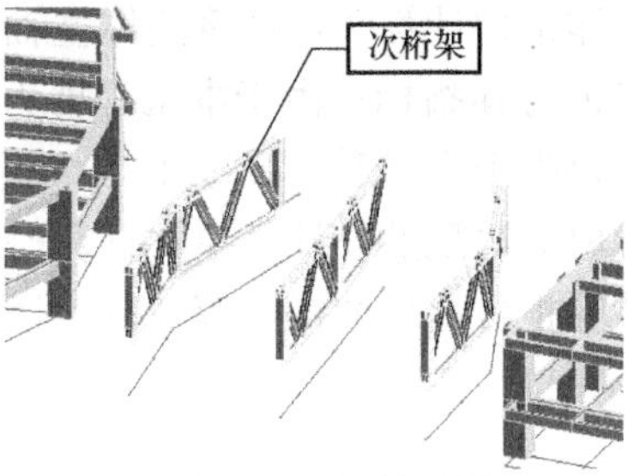

图 2-5 连体次桁架

图 2-6 典型节点连接大样

2.2.2 体型收进及剪力墙转换

南塔底部商业，22 层以上建筑功能由办公改为公寓，体型有收进，收进平面如图 2-7、图2-8 所示。为减少由于体型收进引起的竖向刚度突变，下部的墙体伸至收进层以上再进行调整，保证墙体部分的连续，减少收进层上的位移角突变。

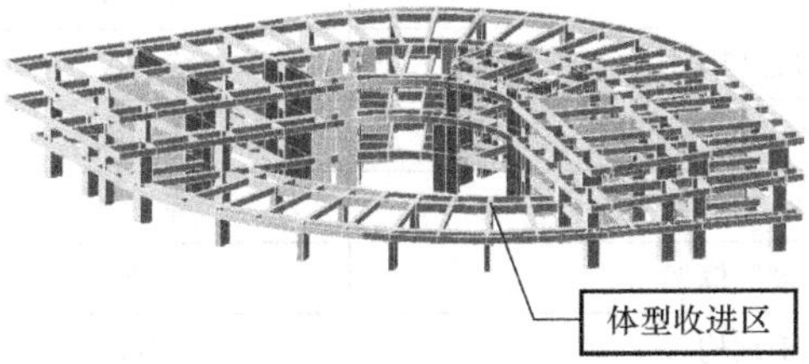

图 2-7 体型收进示意

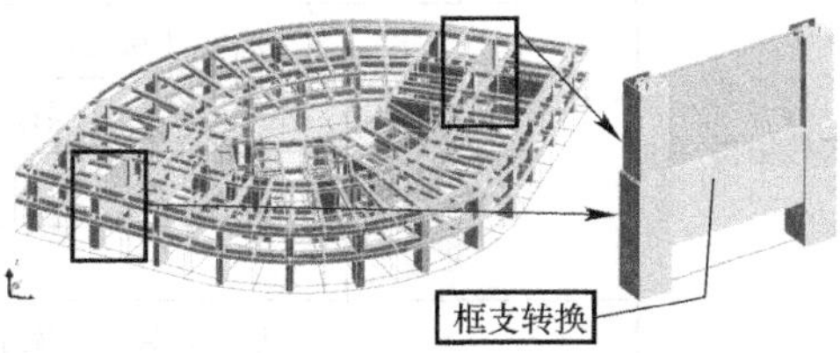

图 2-8 南塔裙楼框支转换示意

2.3 结构的超限情况

根据《抗规》《高层建筑混凝土结构技术规程》JGJ 3—2010 和《住房城乡建设部关于印发〈超限高层建筑工程抗震设防专项审查技术要点〉的通知》（建质〔2015〕67 号）（下文简称《技术要点》）的有关规定，本工程的结构超限情况见表 2-1。

结构超限情况 表 2-1

分类		判定结果	程度与注释（规范限值）
高度超限		是	超 B 级，南塔楼高度 159.9m（B 级高度 140m）
不规则类型一	1a 扭转不规则	是	最大扭转位移比：X+偶然偏心方向 1.12（41 层），Y+偶然偏心方向 1.33（15 层）大于 1.2
	4b 尺寸突变	是	南塔 22 层收进尺寸大于 25%
	5 构件间断	是	2 片剪力墙在 5 层楼面转换，转换比例小于 10%
不规则类型三	3 复杂连接	是	16～19 层连体

根据《技术要点》，本项目为大底盘双塔楼连体结构，除高度超限外，还存在 3 项一般不规则、1 项特别不规则，应进行超限高层抗震设防专项审查。

3 超限应对措施及分析结论

3.1 分析模型及分析软件

本工程弹性分析选用 YJK 考虑偶然偏心地震作用、双向地震作用、扭转耦联以及施工模拟加载的影响。整体结构计算时，计算连体主轴方向（0°、90°）的总体指标，并计算整体结构主轴方向 125°的总体指标；由于本工程剪力墙与主轴方向存在多个角度，所以构件内力计算时，补充按每隔 15°（15°、30°、45°、60°、75°）的不同角度方向最不利地震作用下构件内力验算进行剪力墙配筋设计。单体计算时，计算多塔结构单体主轴方向的总体指标。风荷载按风洞试验报告提供的楼层等效静力风荷载输入。竖向荷载工况计算时考虑施工模拟加载。

3.2 抗震设防标准、性能目标及加强措施

按照《高规》第 3.9.1 条、第 3.9.5～3.9.7 条规定，确定本工程各部分的抗震等级如表 3-1 所示。

塔楼结构构件抗震等级 **表 3-1**

结构部位			抗震等级
塔楼裙楼	剪力墙		特一级
	框架	15～21 层与连体连接框架梁柱（上下各一层）	特一级
		20～23 层框架柱（收进上下各一层）	特一级
		4 层框支框架	特一级
		其余楼层框架	一级
	连体桁架及桁架上部钢结构		二级

根据设定的结构抗震性能目标 C 级，结合本工程的特点和超限情况，结构各部位构件性能化设计的具体要求如表 3-2 所示。

结构抗震性能目标及震后性能状态 **表 3-2**

构件分类	地震性能水准		多遇地震（性能水准 1）	设防烈度地震（性能水准 3）	罕遇地震（性能水准 4）
	层间位移角限值		1/630	—	1/125
关键构件	剪力墙	底部加强区剪力墙（1～4 层）	无损坏（弹性）	轻微损坏（受剪弹性、受弯不屈服）	轻度损坏（弹塑性）受剪不屈服（等效弹性）（满足最小受剪截面）
		5 层框支框架及上部 1 层墙			
		15～21 层连体层及上、下层剪力墙，20～23 层体型收进处剪力墙			
	16～20 层连体桁架、水平支撑及与其相连梁柱、节点			无损坏（弹性）	轻度损坏（弹塑性）（满足受剪不屈服）

4 分析结果

4.1 弹性计算分析结果

塔楼模型整体计算结果对比如表 4-1 所示。

两种软件整体计算结果对比　　表 4-1

指标		YJK 软件		MIDAS 软件
水平力角度		0°	125°	0°
自振周期（s）	T_1	3.72（0.95+0.05）	3.72（0.95+0.05）	3.86（0.77+0.23）
	T_2	3.23（0.98+0.02）	3.23（0.98+0.02）	3.34（0.80+0.20）
	T_3	3.00（0.53+0.47）	3.00（0.53+0.47）	3.06（0.35+0.65）
	T_4	1.82（0.26+0.74）	1.82（0.26+0.74）	1.82（0.50+0.50）
	T_5	1.36（0.97+0.03）	1.37（0.96+0.04）	1.38（0.96+0.05）
	T_6	1.11（0.83+0.17）	1.11（0.83+0.17）	1.14（0.65+035）
第 1 扭转周期/第 1 平动周期		0.49		0.79
结构总质量（t）		256280		261941
单位面积重度（kN/m²）		17.9		17.5
剪重比（剪重比的限值）	X	1.91%（1.92%）（1 层）	1.61%（1.85%）（6 层）	1.90%（1.92%）（1 层）
	Y	1.66%（1.85%）（3 层）	1.86%（1.92%）（1 层）	1.70%（1.85%）（3 层）
50 年重现期风作用下的最大层间位移角（限值 1/630）	X	1/1527（1 塔 25 层）	—	1/1466（1 塔 29 层）
	Y	1/1060（1 塔 19 层）	—	1/978（1 塔 29 层）
地震作用下的最大层间位移角（限值 1/630）	X	1/879（1 塔 34 层）	1/763（1 塔 28 层）	1/881（1 塔 34 层）
	Y	1/893（1 塔 31 层）	1/935（1 塔 31 层）	1/891（1 塔 31 层）
地震作用下考虑偶然偏心最大扭转位移比	X	1.18（3 层）（1/1842）	1.35（1 层）（1/2727）	—
	Y	1.46（1 层）（1/2419）	1.36（3 层）（1/1756）	—
地震荷载下本层侧向刚度与上层侧向刚度比	X	0.79（15 层）	1.01（15 层）	—
	Y	1.12（15 层）	0.96（15 层）	—
楼层受剪承载力与上层的比最小	X	0.80（1 层）	0.81（1 层）	—
	Y	0.81（1 层）	0.80（1 层）	—
塔楼刚重比	X	4.0>2.7	2.7=2.7	—
	Y	3.4>2.7	3.8>2.7	—

计算结果表明，各项宏观计算指标满足规范要求，构件截面取值合理，结构体系选择恰当。塔楼的层间位移角等曲线如图 4-1 所示（南塔为高塔，北塔为矮塔）。

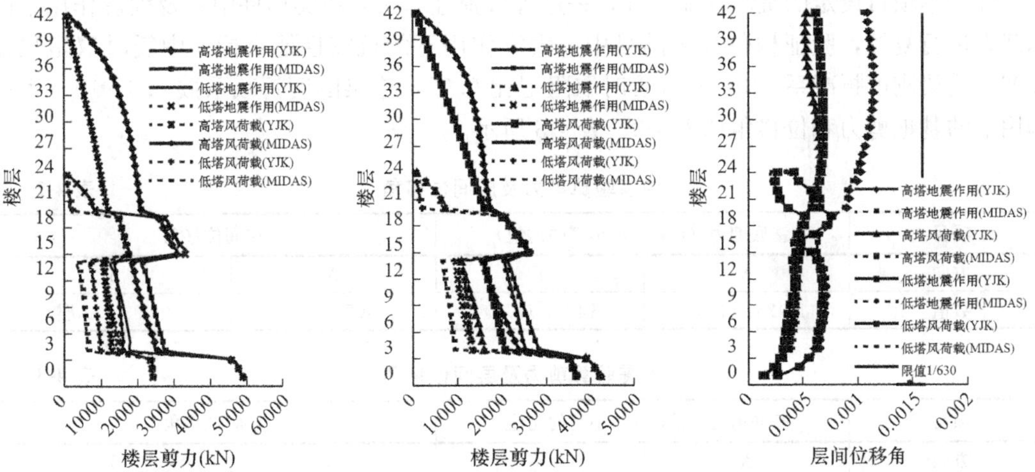

(a)塔楼X向剪力　(b)塔楼Y向剪力　(c)塔楼X向层间位移角

图 4-1　弹性计算分析整体指标曲线（一）

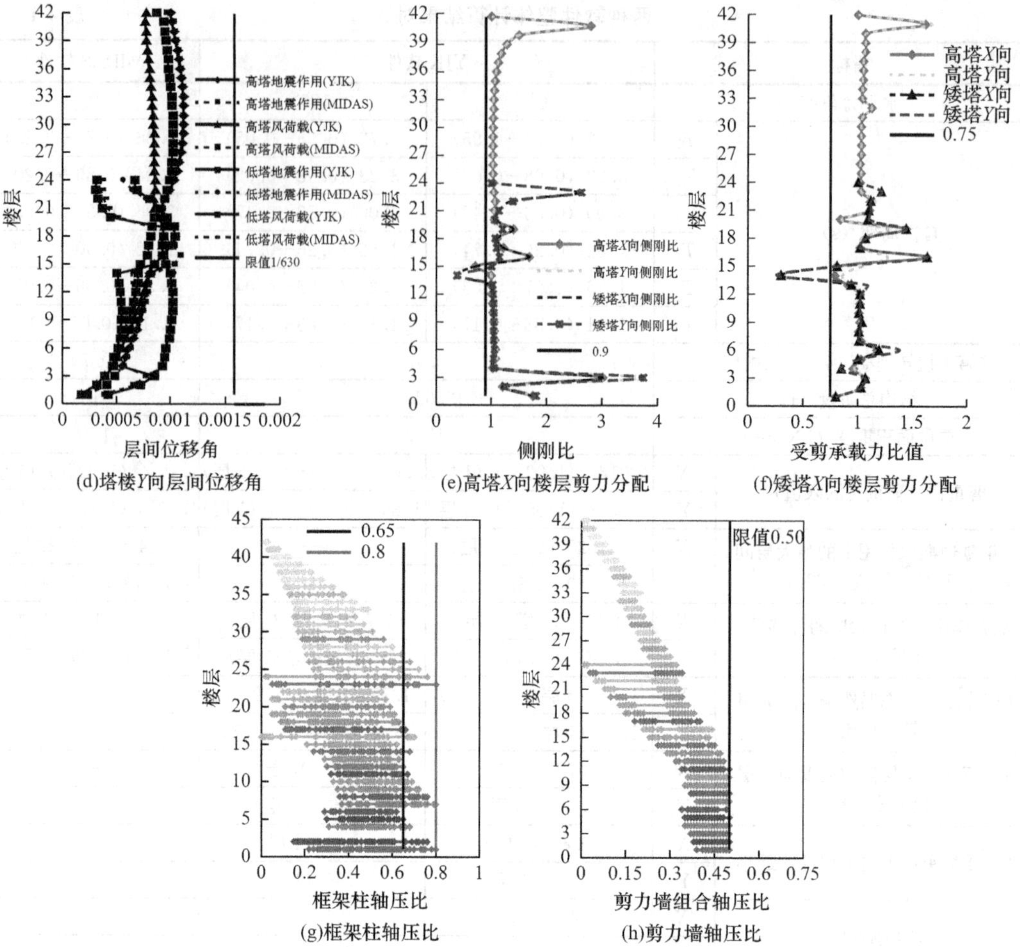

图 4-1　弹性计算分析整体指标曲线（二）

4.2　中震及大震抗震性能分析

针对本项目设定的抗震性能目标，采用等效弹性算法对各类构件中震及大震作用下的承载力进行复核，验证构件是否满足中、大震作用下的抗震性能目标。中震时取阻尼比0.06，连梁刚度折减系数0.5；大震时取阻尼比0.07，连梁刚度折减系数0.3。中、大震作用下的基地剪力和位移角如表4-2、表4-3所示。

中震验算剪力及层间位移角　　　　表 4-2

项目	基底剪力（kN）（与小震的比值）		层间位移角	
方向	X	Y	X	Y
数值	104265（2.1）	94234（2.2）	1/402（34层）	1/395（31层）

大震验算剪力及层间位移角　　　　表 4-3

项目	基底剪力（kN）（与小震的比值）		层间位移角	
方向	X	Y	X	Y
数值	215010（4.4）	203615（4.8）	1/155（26层）	1/162（31层）

4.3 中、大震等效弹性分析结论

根据性能分析结果，统计塔楼各构件在设防地震与罕遇地震下的性能目标判断如表 4-4所示。

设防烈度地震和罕遇地震下的抗震性能验算结果 表 4-4

构件类型	构件位置	设防烈度地震（中震）	预估的罕遇地震（大震）	验算结果描述	验算结果判定
关键构件	底部加强区剪力墙（1～4层）	受剪弹性，受弯不屈服	最小受剪截面（等效弹性），受剪不屈服	在底部加强区和连体层，剪力墙水平筋的配筋率提高为 1.0%，除局部剪力墙抗剪钢筋超过 1%以外，大部分都能验算满足，设计时取 1%和设计配筋的包络； 局部剪力墙受剪截面超限，施工图设计时埋置 2%的离散钢骨	OK
	5 层框支框架及上部 1 层墙				
	连体层及连体上、下层剪力墙，体型收进处剪力墙				
	连体桁架层、水平支撑及与其相连梁柱、节点	弹性	受剪不屈服（等效弹性）	连体桁架及水平支撑应力比均满足限值要求；与其相连的梁柱、节点满足中、大震性能要求	OK

4.4 动力弹塑性时程分析

本工程在满足性能目标的前提下进行大震弹塑性时程分析。结构最大弹塑性层间位移角如表 4-5 所示，满足规范的要求。各组地震波主方向层间位移角曲线如图 4-2 所示。

各组地震波作用下结构最大顶点位移及最大层间位移角 表 4-5

项目	X 为主输入方向				Y 为主输入方向			
	最大顶点位移（m）		最大层间位移角		最大顶点位移（m）		最大层间位移角	
	北塔	南塔	北塔	南塔	北塔	南塔	北塔	南塔
人工波	0.472	0.993	1/141(8 层)	1/108(20 层)	0.608	0.939	1/119(10 层)	1/116(25 层)
天然波 1	0.273	0.570	1/211(10 层)	1/183(27 层)	0.357	0.552	1/174(9 层)	1/206(30 层)
天然波 2	0.181	0.440	1/279(6 层)	1/180(27 层)	0.344	0.444	1/210(9 层)	1/217(30 层)
最大值	0.472	0.993	1/141	1/108	0.608	0.939	1/119	1/116

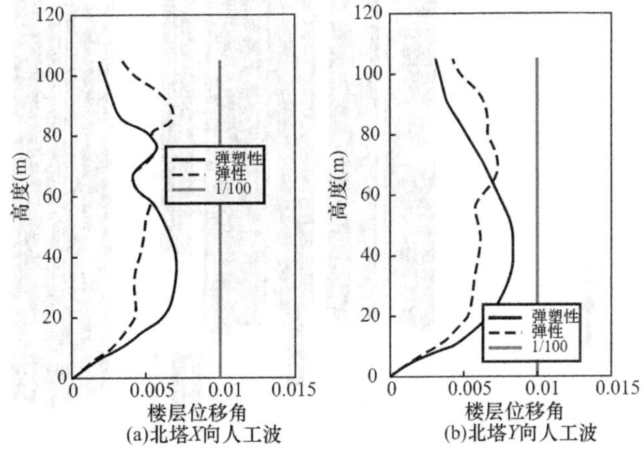

图 4-2 各组地震波主方向层间位移角曲线（一）

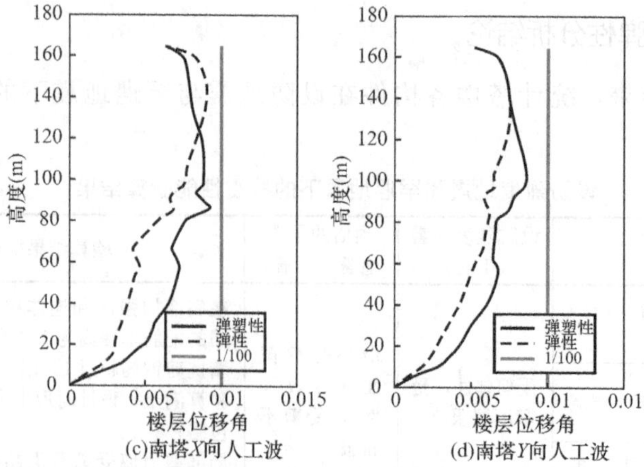

图 4-2　各组地震波主方向层间位移角曲线（二）

罕遇地震作用下剪力墙的损伤如图 4-3 所示，大震作用下剪力墙混凝土受压轻微损伤，墙体边缘构件均未出现屈服，主要损伤集中在连梁。连体桁架的损伤如图 4-4 所示，连体桁架及相连柱均未出现屈服，满足性能设计要求。连体层的水平内力如图 4-5 所示，连体上、下层传递很大的轴力，中部楼层传递的轴力逐渐递减。故连体楼板设计时，综合考虑大震作用下楼板计算内力。

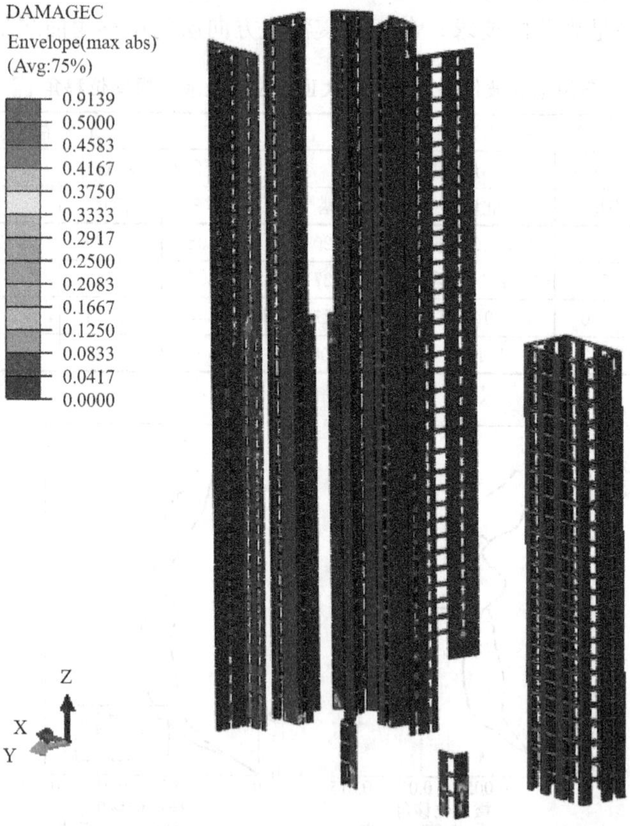

图 4-3　典型剪力墙损伤示意

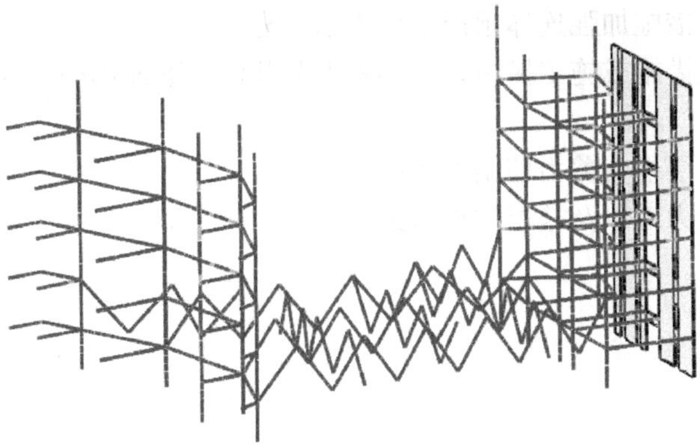

图 4-4 连体桁架损伤示意

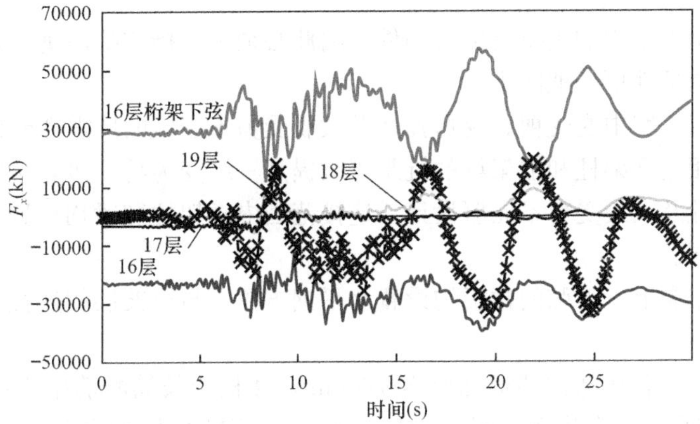

图 4-5 连体各层轴向拉、压力时程图

4.5 连体桁架施工

考虑到连体施工的复杂性，为节约连体施工时间，简化施工步骤，采用连体桁架及上部钢构件先在裙房顶层组装，再整体吊装、原位提升的施工方案，图 4-6 所示为连体桁架的提升现场，实际施工效果良好。

5 抗震设防专项审查意见

2016 年 8 月 8 日，珠海市住房和城乡规划建设局在珠海市正青公司会议室主持召开了“中冶口岸大厦项目”超限高层建筑工程抗震设防专项审查会，华南理工大学韩小雷教授任专家组组长。与会专家听取了广州容柏生建筑结构设计事务所关于该工程抗震设防设计的情况汇报，审阅了送审材料。经讨论，提出审查意见如下：

图 4-6 连体桁架提升现场

（1）应采取有效措施加强连体顶层平面内承载力。

（2）应采取构造措施或施工措施，减小重力荷载作用下连体桁架对两塔楼结构的不利影响。

（3）应对南塔5层框支剪力墙结构进行优化。

（4）可对钢板剪力墙以及楼层钢板带进行优化。

审查结论：通过。

6 点评

本项目属于有大底盘的超B级高度双塔连体高层建筑，存在扭转不规则、局部竖向构件不连续、体型收进、复杂连接4项不规则。针对超限采用了多种分析手段，并进行了以下加强：

（1）剪力墙是本结构的主要抗侧力构件，因此必须采取措施提高剪力墙的延性，使抗侧刚度和整体结构延性更好地匹配。

（2）连体桁架按照中震受剪、受弯弹性及大震受剪不屈服的抗震性能目标进行设计。

（3）与连体相连框架柱和框架梁的抗震等级提高一级变为特一级，抗震性能目标按中震受剪、受弯弹性及大震受剪不屈服设计。连接范围内框架柱和梁均设置了型钢，其性能目标与桁架层相同。

（4）连体桁架层上、下弦的楼板均设置水平钢支撑，与桁架层相连接的楼板均内置了钢板用于传递水平剪力。

（5）裙房顶框支转换部位楼板加厚至180mm，楼板通长筋配筋率不小于0.25%；尽量加大框支柱与框支梁的截面，同时设置型钢，保证转换构件自身足够的承载能力和刚度。

（6）裙房顶转换墙以上一层的墙体取消洞口，以上三层的墙体内均内置抗剪钢板。

43 "美丽之冠" 珠海横琴梧桐树大厦

关 键 词：超高层；偏筒结构；斜柱框架；空腹桁架；高空悬挑施工
结构主要设计人：徐 麟 彭林海 彭丽红 李盛勇 周 定 张文华 刘亚敏
赵 青 林绍明
设 计 单 位：广州容柏生建筑结构设计事务所（普通合伙）

1 工程概况与设计标准

1.1 工程概况

珠海横琴梧桐树大厦位于珠海市横琴岛，东侧与澳门特别行政区隔海相望，总用地面积为2.5万m^2，总建筑面积17.9万m^2，建筑屋面高度188.8m。结构地上40层，典型层高5.4m和4.4m，建筑面积10万m^2，主要功能为商业、办公楼、七星级酒店，其中10层和26层为避难层；地下4层，地上40层，地下4层～地下1层层高分别为3.85m、3.85m、5.1m、6.0m，建筑面积5.8万m^2，主要功能为商业、酒店用房、车库、设备用房。塔楼结构高度为188.8m，呈树形，采用钢筋混凝土框架-剪力墙结构体系，底部长度从81m变化到上部108m，最大悬挑13.2m。建筑剖面和典型的建筑平面如图1-1、图1-2所示，塔楼的效果图和实景图如图1-3所示。

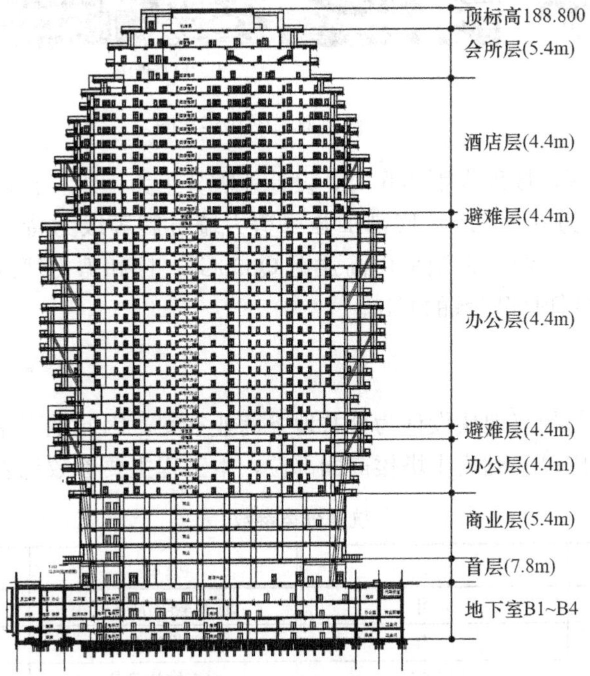

图1-1 建筑剖面图

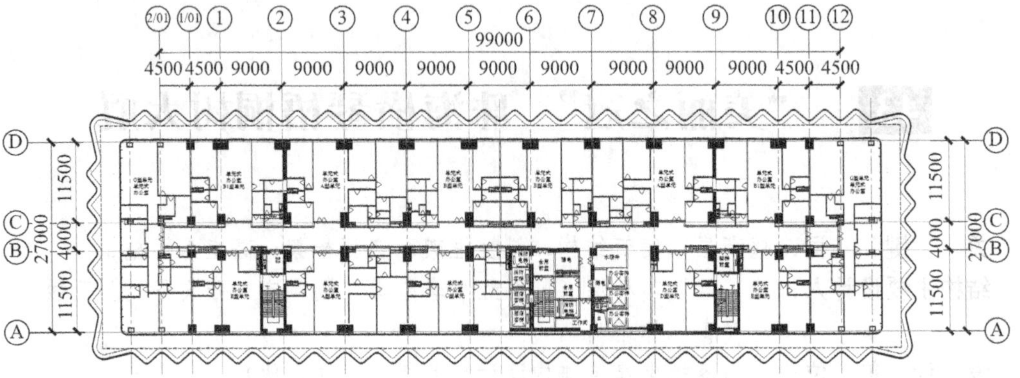

图 1-2　塔楼标准层平面图（26 层）

(a)效果图

(b)实景图

图 1-3　建筑效果图和实景图

本工程位于 7 度区，场地类别为Ⅳ类，设计地震分组为一组，抗震设防类别为标准设防类；50 年基本风压为 0.85kPa；底部加强区剪力墙抗震等级为特一级，其他区域为一级，外框架抗震等级为一级。型钢采用高强钢 Q390GJ，柱和剪力墙混凝土强度等级从底部区域 C60 逐渐变化到顶部区域的 C40。

1.2　设计标准

由于地下室首层与相邻地块设计为公共地下商业空间，因此地下室顶板暂不具备首层嵌固条件，设计时考虑以基础为主塔楼嵌固部位，本工程主要参数见表 1-1。

抗震分类参数　　**表 1-1**

项目	内容	项目	内容
设计基准期	50 年	地下室防水等级	二级
设计耐久性	50 年	抗震设防烈度	7 度
设计使用年限	50 年	抗震措施烈度	7 度

续表

项目	内容	项目	内容
抗震设防类别	标准设防类（丙类）	基本地震加速度	0.1g
结构安全等级	二级	场地类别	Ⅳ类
基础设计等级	甲级	特征周期（s）	0.65（规范），0.50（安评）
结构耐火等级	一级	阻尼比	0.05
建筑防火分类	一类	周期折减	0.80（弹性）

2　结构体系及超限情况

2.1　结构体系

本工程塔楼建筑平面狭长，高度较高，在弱轴方向上的高宽比较大，体型特殊且又处于台风登陆区，因此本项目风荷载、地震作用都属于控制因素。结构抗侧力体系中，将塔楼两侧的楼梯区域设置成剪力墙筒体，并在塔楼核心区域楼（电）梯周边布置剪力墙，与框架共同组成双向抗侧力体系。结合建筑造型及使用功能的要求，对于两端悬挑结构区域，采用分段斜柱框架的悬挑方案，减小悬挑跨度，相关区域框架梁柱通过防连续倒塌设计，加强相关区域框架梁柱配筋，发挥二道防线作用。

综上所述，本工程选择了抗侧刚度较大的钢筋混凝土框架-剪力墙结构体系，部分构件设置型钢加强，悬挑区域按不同的竖向分区采用分段斜柱-框架结构形式，结构的抗侧力体系如图 2-1 所示，结构悬挑区域的布置如图 2-2 所示。

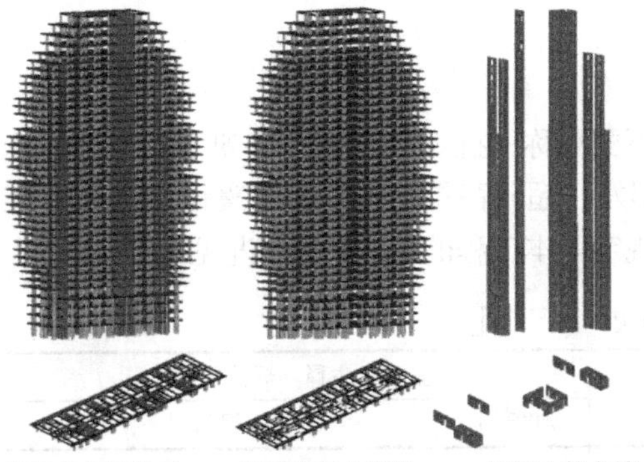

图 2-1　结构抗侧力体系

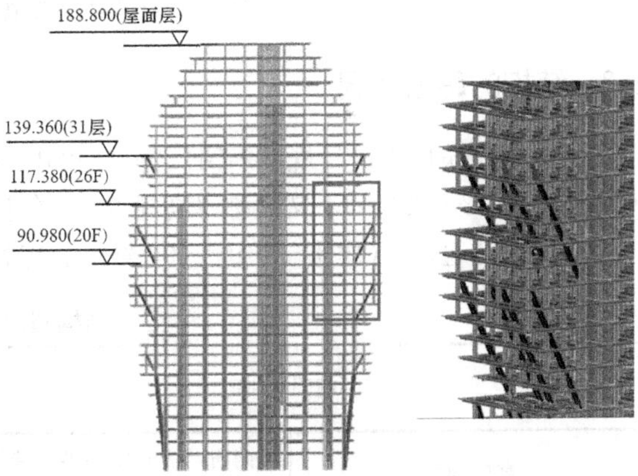

图 2-2　悬挑区域布置

2.2　结构布置

结构的每侧四个区域通过斜柱-框架体系构成独特的建筑造型，中间两个悬挑区域斜柱框架层数多，悬挑距离大，最大悬挑为 13.2m，如图 2-3 所示。

中间悬挑区域二、三的斜柱框架通过后施工柱方式，可以减少竖向荷载的向下累积，使两个区域的斜柱框架能独立承担本区域竖向荷载，同时通过防连续倒塌、二道防线补充验算，使两个区域斜柱框架既相对独立，又能相互协助。典型的斜柱框架柱间距为 4.5m，斜柱均跨两层与柱节点相交，梁和柱之间均为刚接，这种体系相对于空腹桁架结构，由于斜柱的参与，结构刚度、传力效率明显提升。斜柱主要承受竖向荷载，同时需要承受竖向地震作用。

悬挑区域斜撑以外的框架，由于设计的需求，需要施工单位严密配合，待悬挑主体结构完成后按悬挂框架进行施工，以避免承担上部楼层荷载引起的弯矩的影响。

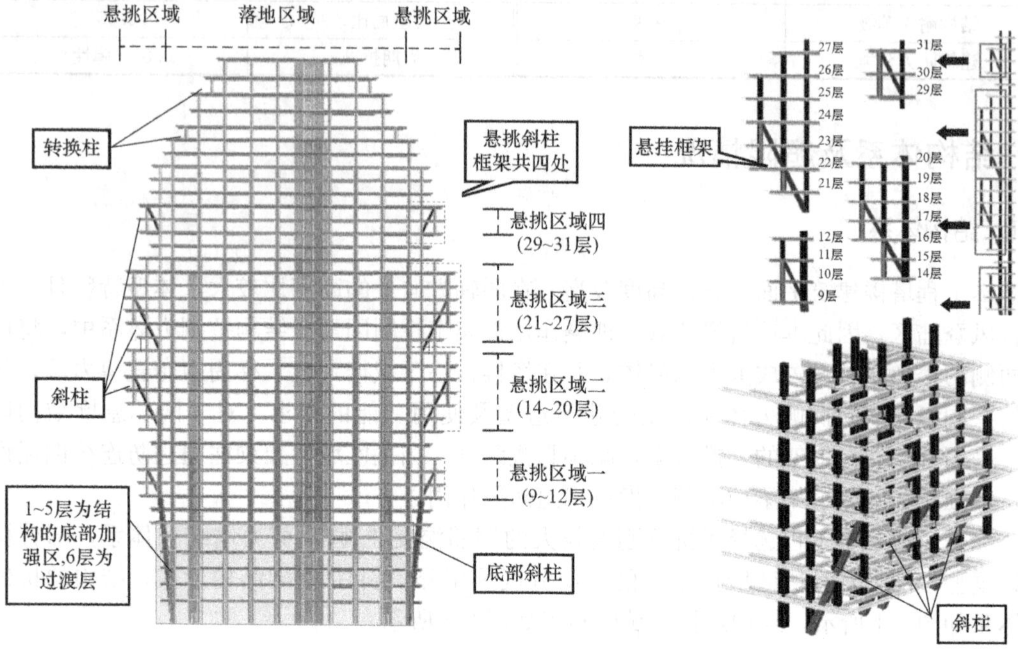

图 2-3 结构体系布置及斜柱-框架构成

2.3 结构的超限情况

根据《建筑抗震设计规范》GB 50011—2010（下文简称《抗规》）、《高层建筑混凝土结构技术规程》JGJ 3—2010（下文简称《高规》）、《关于印发〈超限高层建筑工程抗震设防专项审查技术要点〉的通知》（建质〔2010〕109 号）的有关规定，本工程的结构超限情况见表 2-1。

结构超限情况 **表 2-1**

超限类别				程度与注释（规范限值）	
				判断	超限限值
高度判断			钢筋混凝土框架-剪力墙体系为超 B 级高度高层建筑	是	188.5m>120m（A 级） 188.5m>140m（B 级）
体型判断	1a	扭转不规则	考虑偶然偏心的扭转位移比大于 1.2	是	X 向：1.06，Y 向：1.22，属于扭转不规则
	7	局部不规则项	跨层柱、斜柱等	是	存在局部跨层柱

3 超限应对措施及分析结论

3.1 分析模型及分析软件

多遇地震作用下的计算采用了 SATWE 软件（简化墙元模型 2010 版）和 ETABS 软

件（V9.7.4）。结构计算以基础作为结构计算嵌固端。计算竖向和水平荷载工况，其中竖向荷载工况包括结构自重、附加恒荷载及活荷载，水平荷载工况包括地震作用及风荷载。竖向荷载工况计算时考虑施工模拟工况。

采用 ABAQUS 软件对塔楼进行罕遇地震作用下动力弹塑性时程分析，评价结构在罕遇地震作用下的弹塑性行为，根据主要构件的塑性损伤情况和整体变形情况，确认结构是否满足“大震不倒”的设防水准要求。

3.2 抗震设防标准、性能目标及加强措施

按照《高规》第 3.9.1 条、第 3.9.5～3.9.7 条的规定，确定本工程各部分的抗震等级如表 3-1 所示。考虑到高度超 B 级、斜柱框架及 X 向框架抗倾覆弯矩承担比例较大等因素，框架和剪力墙的抗震构造等级在底部加强区按规范提高一级，按特一级加强。结构的抗震性能目标如表 3-2 所示。

塔楼抗震等级 表 3-1

构件位置		框架（斜柱）	剪力墙
主体塔楼及地下室（塔楼相关范围内）	地上部分	其他部分：一级	其他部分：一级
		底部加强区：一级（抗震构造措施按特一级）	底部加强区：一级（抗震构造措施按特一级）
	地下 1 层～地下 4 层	一级（抗震构造措施按特一级）	
地下室（塔楼相关范围外）	地下 1 层～地下 4 层	三级	三级

结构抗震性能目标及震后性能状态 表 3-2

项目		多遇地震（性能水准 1）	设防烈度地震（性能 2，3）	罕遇地震（性能 4）
层间位移角限值		1/583	—	1/100
关键构件	6 层以下底部加强区剪力墙、框架柱；悬挑区域斜柱及相关框架梁	无损坏（弹性）	轻微损坏（受剪弹性，受弯不屈服）	轻度损坏（最小受剪截面）
	1～8 层斜柱，地下 2 层转换梁	无损坏（弹性）	无损坏（受剪弹性，受弯弹性）	轻度损坏
	钢筋混凝土超短柱	无损坏（弹性）	轻微损坏（受剪弹性，受弯不屈服）	轻度损坏（受剪不屈服）

4 分析结果

4.1 弹性计算分析结果

塔楼小震整体计算结果汇总见表 4-1。

弹性计算分析结果汇总 表 4-1

指标	STAWE 软件	ETABS 软件
结构的总质量（t）	396283	400248
第 1、2 平动周期（s）	5.22	5.20
	4.27	4.20

续表

指标		STAWE 软件	ETABS 软件
第 1 扭转周期（s）		3.73	3.68
第 1 扭转周期/第 1 平动周期		0.72	0.71
标准层单位面积重度（kN/m^2）		商业：22.8；办公：18.0；酒店：15.8	商业：23.0；办公：18.2；酒店：16.0
50 年风荷载作用下最大层间位移角（限值 1/583）	X	1/1439（16 层）<1/583	1/1416（13 层）<1/583
	Y	1/677（37 层）<1/583	1/680（31 层）<1/583
地震作用下最大层间位移角（限值 1/583）	X	1/717（16 层）<1/583	1/721（16 层）<1/583
	Y	1/710（37 层）<1/583	1/757（37 层）<1/583
考虑偶然偏心最大扭转位移比（规范限值 1.4）	X	1.06（10 层，33 层，37 层，40 层）	1.05（35 层，36 层，37 层，38 层）
	Y	1.22（16～18 层）	1.30（15 层）
楼层侧刚不宜小于相邻上层 90%	X	1.01（24 层）	1.02（25 层）
	Y	1.04（24 层）	1.04（27 层）
受剪承载力不应小于相邻上层受剪承载力的 75%	X	0.76（1 层）	
	Y	0.82（1 层）	
刚重比	X	1.4<2.01<2.7	
	Y	2.83>2.7	

计算结果表明，各项宏观计算指标满足规范要求，构件截面取值合理，结构体系选择恰当。

本工程塔楼存在较多的短柱和超短柱，因此超限设计时采用了多种结构的加强措施，包含控制结构设计轴压比，采用全高加密箍筋和芯柱，同时验算强剪弱弯来保证塔楼柱的可靠性。典型框架超短柱、短柱和型钢梁、柱分布如图 4-1 所示。

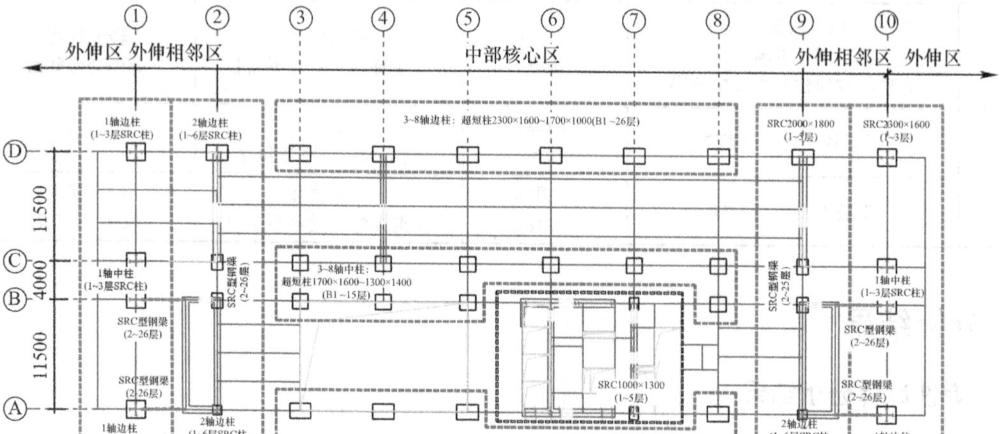

图 4-1　典型框架超短柱、短柱和型钢梁、柱分布

4.2　中震及大震抗震性能分析

针对本项目设定的抗震性能目标，采用等效弹性算法对各类构件中震及大震作用下的承载力进行复核，验证构件是否满足中、大震作用下的抗震性能目标。中震时取阻尼比

0.06，连梁刚度折减系数 0.5；大震时取阻尼比 0.07，连梁刚度折减系数 0.3。

4.2.1 中震不屈服下剪力墙拉应力验算

剪力墙在较大地震作用下容易产生拉力，需对剪力墙在中震不屈服下的拉应力进行验算，验算时不考虑剪力墙内埋型钢和钢筋的作用。剪力墙编号如图 4-2 所示。

除 C11、C15 外，其他墙肢受到的拉力较小，换算为墙肢全截面拉应力均小于 5.7MPa（2 倍 f_{tk}）；C11 和 C15 墙肢的拉应力为 6.28MPa 和 5.79MPa，略大于 5.7MPa（2 倍 f_{tk}）；施工图设计时通过设置加强型钢解决其拉应力超限的问题。

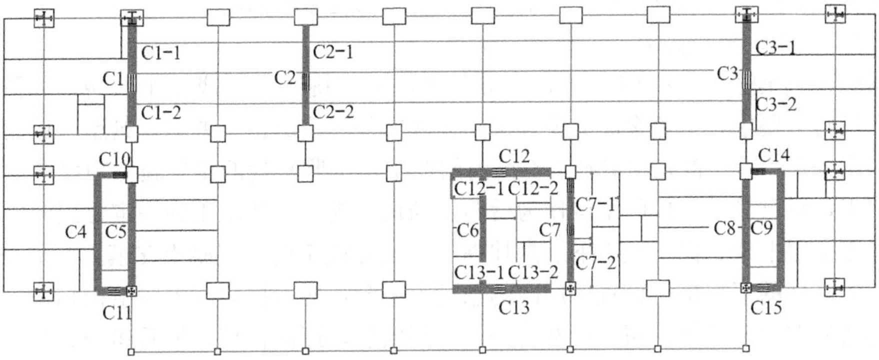

图 4-2 剪力墙编号

4.2.2 中震不屈服下竖向构件验算

图 4-3 为中震不屈服验算的框架柱纵筋配筋率图。由图可见，框架柱基本都为最小配筋率控制，仅有部分剪力墙端柱配筋为受力控制。

结合其他外框柱中震作用下的配筋可知，框架柱底部加强区按特一级抗震构造措施，上部按一级抗震构造措施要求设计，可满足中震作用下受剪弹性、受弯不屈服的性能目标。

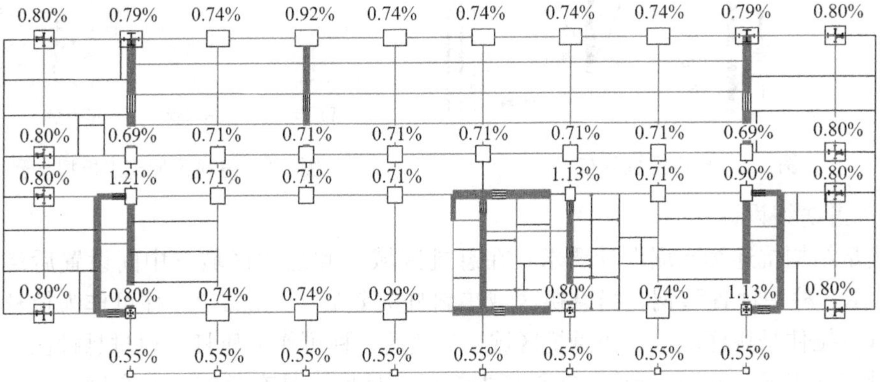

图 4-3 首层柱配筋率

4.2.3 中震弹性验算

对塔楼的剪力墙进行中震弹性验算，计算结果表明，剪力墙配筋满足受剪弹性的性能目标。底部加强区剪力墙按特一级抗震构造措施要求设计，底部加强区剪力墙的水平筋配筋率为：Y 向剪力墙（C1～C10）的水平配筋率取 0.6%，X 向剪力墙（C11～C16）的水平配筋率取1.0%，结构可满足中震作用下剪力墙受剪弹性的性能目标；其余楼层剪力墙的水平配筋率应根据实际计算结果进行。

4.2.4 大震作用下构件验算结果（等效弹性方法）

采用等效弹性分析方法对框架超短柱柱和剪力墙构件进行验算，用于初步评估结构在大震屈服下构件的抗剪性能及最小截面要求。同时，按照专家意见的要求，复核 X 向剪力墙大震作用下的抗剪性能。

经验算，大震作用下框架柱和剪力墙都能满足大震受剪不屈服及最小截面的性能目标，局部剪力墙内需要埋置型钢，以解决其受剪截面超限的问题。

4.2.5 施工模拟分析及实际施工方案

根据施工方案进行实际施工计算模拟分析，将悬挑区域分成 4 个区域，如图 4-4 所示。为满足施工要求，避免全高支模，采用逐次向外建造的施工方案，典型区域的施工模拟步骤如图 4-5 所示。首先逐层施工斜撑内的框架，按照常规的楼层施工顺序向上及向外侧进行施工，将已施工完成的结构作为后施工结构的支点。待施工到一定楼层时，便可同时向上施工上层框架、向下施工下层悬挂框架。实际施工时，混凝土支模方案如图 4-6 所示。在悬挑区域的下部楼层设置整层高的悬挑钢平台，通过拉索与主体结构相连，在平台上支模建造斜撑上部悬挑区域，待施工到一定楼层后，逐次拆模，最后建造斜柱下部悬挂框架。

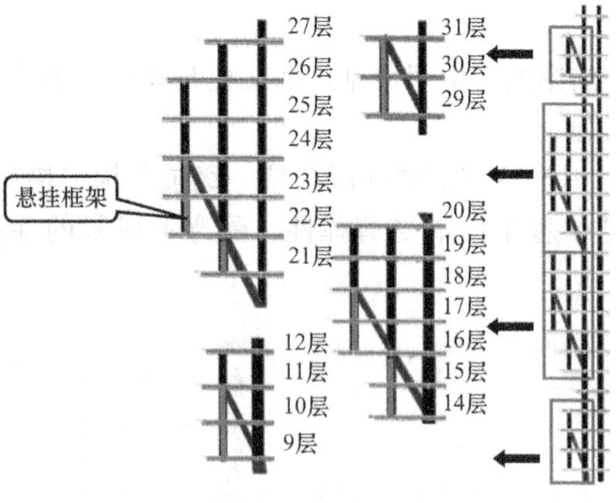

图 4-4 悬挑区域分布

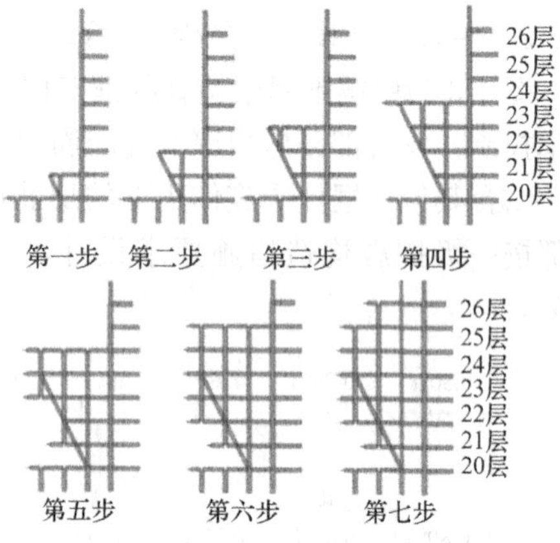

图 4-5 悬挑区域施工模拟步骤

4.2.6 二道防线设计

为满足结构抗连续倒塌设计要求，在悬挑区域二和悬挑区域三中间设置后浇柱，如图 4-7 所示。柱中埋置型钢，当悬挑区域二斜杆失效后（工况二），柱可作为拉杆，通过悬挑区域三拉住悬挑区域二；当悬挑区域三失效后，柱可作为压杆，通过悬挑区域二支承悬挑区域三（工况一）。经计算，在斜杆失效后，悬挑端具有足够的冗余度，满足二道防线的要求。

4.3 动力弹塑性时程分析

为了评价结构在罕遇地震作用下的弹塑性行为，以及主要构件的塑性损伤情况和整体变形情况，采用 ABAQUS 软件进行罕遇地震作用下动力弹塑性分析。

计算结果如表 4-2 和图 4-8 所示，可以看出，塔楼的剪力墙和斜柱框架方案在大震作用下，仅局部区域出现轻微的塑性损伤，满足预设的性能目标要求。

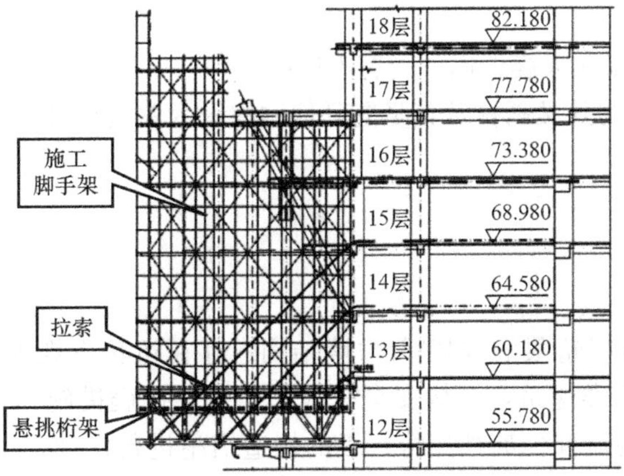

图 4-6　悬挑区域高支模方案

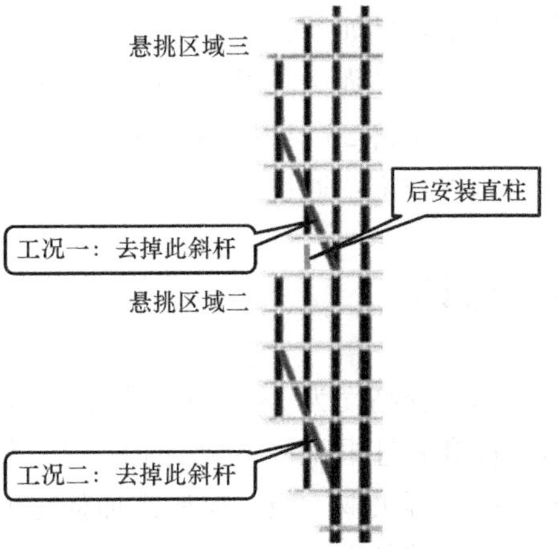

图 4-7　悬挑区域二道防线组成

各组地震波作用下结构最大顶点位移及最大层间位移角　　表 4-2

项目	X 为主输入方向		Y 为主输入方向	
	最大顶点位移（m）	最大层间位移角	最大顶点位移（m）	最大层间位移角
人工波	0.71	1/154（37 层）	0.79	1/102（37 层）
天然波 1	0.85	1/159（29 层）	0.84	1/125（37 层）
天然波 2	0.62	1/157（29 层）	0.78	1/102（37 层）

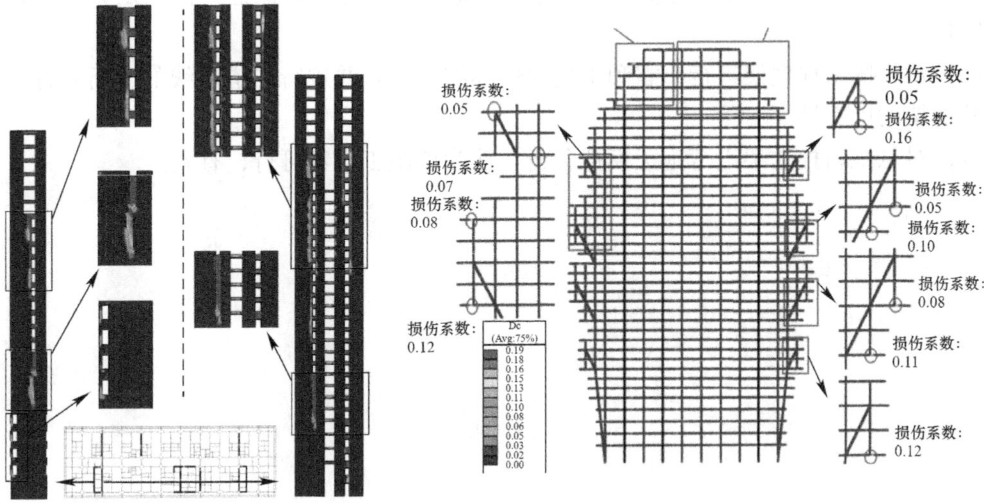

图 4-8　典型剪力墙及框架受压损伤

5　抗震设防专项审查意见

2014 年 10 月 20 日，珠海市住房和城乡规划建设局在正青建筑勘察设计咨询有限公司会议室主持召开了“美丽之冠珠海横琴梧桐树大厦”项目超限高层建筑工程抗震设防审查会，由华南理工大学韩小雷教授担任专家组组长。与会专家听取了设计单位广州容柏生建筑结构设计事务所对本项目超限高层抗震设防设计的汇报，审阅了送审材料。经过讨论评审，提出意见如下：

（1）宜加强 X 方向剪力墙，复核剪力墙在大震作用下受剪不屈服。

（2）应将 26 层以下的①轴、⑩轴外侧的开叉斜柱及其竖向延伸的柱设为关键构件。

审查结论：通过。

6 点评

本工程高度为 188.8m，属于超 B 级高度超限的框架-剪力墙结构，存在扭转不规则、跨层柱和斜柱框架等不规则项。本工程为丙类建筑，结构安全等级为二级，抗震措施为 7 度，抗震等级取一级，但底部加强区的剪力墙和框架柱按特一级的构造措施进行设计，以提高结构的延性。同时，为了保证结构的可靠性，采用如下分析手段：

（1）采用多个程序计算，对整体计算结果及构件设计的内力情况作细致的对比分析，衡量结构整体计算的合理性，及关键构件计算的准确性。

（2）采用弹性动力时程分析作为加速度反应谱的补充分析手段，地震效应采用加速度反应谱与时程分析包络值进行设计。

（3）针对超限情况，保证关键构件及耗能构件满足中、大震作用下的性能目标要求。

（4）按《抗规》及广东省标准《高层建筑混凝土结构技术规程》DBJ 15—92—2013 对框架-剪力墙结构中框架部分承担的剪力进行调整。

（5）采用软件 ABAQUS 对整体结构进行弹塑性时程分析，保证构件满足大震作用下的性能目标。

（6）对悬挑斜柱框架进行小震和中震弹性详细分析，并进行二道防线的分析，保证悬挑斜柱框架的可靠性。

（7）对悬挑斜柱框架进行施工模拟分析，认为该施工方案可行、有效。

44 富雅国际金融中心

关　　键　　词：抗震性能目标；钢管混凝土剪力墙；钢管混凝土柱
结构主要设计人：谢　春　姚永革　郑建东　叶云青
设　计　单　位：广州瀚华建筑设计有限公司

1　工程概况

富雅国际金融中心位于广西南宁市五象金融新区。建筑用地面积 14290.55m^2，总建筑面积 206155.76m^2。项目设有 5 层地下室，底板面标高－18.9m；地面以上主楼 70 层，1～3 层通高 15.15m，12 层、27 层、42 层、43 层、55 层为避难层，层高 4.0～5.2m，标准层层高 4.15m。室外地面算起的建筑总高度为 297.75m，两向的高宽比分别为 6.22、8.88（回转半径计算）。地下室为车库和设备用房。建筑效果如图 1-1 所示。

图 1-1　建筑效果图

2　结构体系及加强层设置

2.1　结构体系

根据主楼为高档超高层写字楼的建筑功能，考虑采用技术成熟、造价经济的钢筋混凝土框架-核心筒结构体系，以 9.5～9.7m 柱距的框架满足高档办公楼对于开阔景观视野的功能要求。结构平面中部为落地核心筒，外围布置 16 根底部直径为 1700mm、1500mm 的钢管混凝土柱，连接两者的框架梁与外框架柱和内筒剪力墙面内均为刚接，通过框架效应将外框和内筒协同为整体，共同抵抗水平作用。由于 Y 向结构高宽比达 8.88，核心筒高宽比达 18.5，且建筑师要求梁高仅为 600mm，故 Y 向需要利用建筑的 42 层、43 层避难层设置一道加强层来满足抗侧刚度的要求。标准层结构布置及伸臂桁架平面如图 2-1、图 2-2 所示。

2.2　加强层设置

由于核心筒高宽比较大，需设置伸臂桁架，经初步敏感性分析，竖向在 42 层、43 层避难层设置一道加强层可以满足抗侧刚度的要求，同时对平面设置位置作比较。分别计算对比以下 4 个方案：

方案 B-1：设置四榀伸臂桁架＋腰桁架；方案 B-2：设置四榀伸臂桁架；方案 B-3：设置中间两榀伸臂桁架＋腰桁架；方案 B-4：设置两侧两榀伸臂桁架＋腰桁架。如图 2-3～图 2-6 所示。

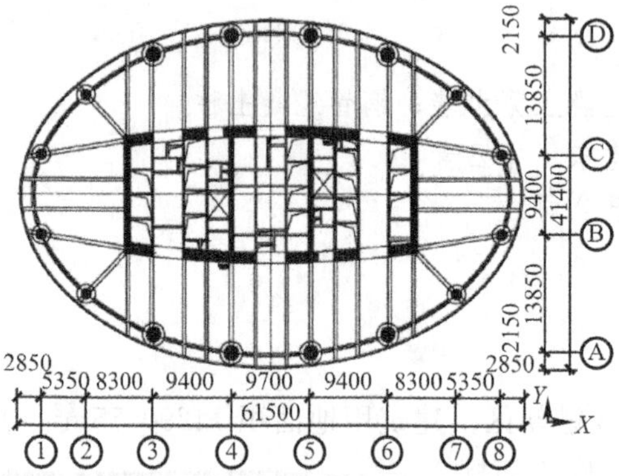

图 2-1　标准层结构布置

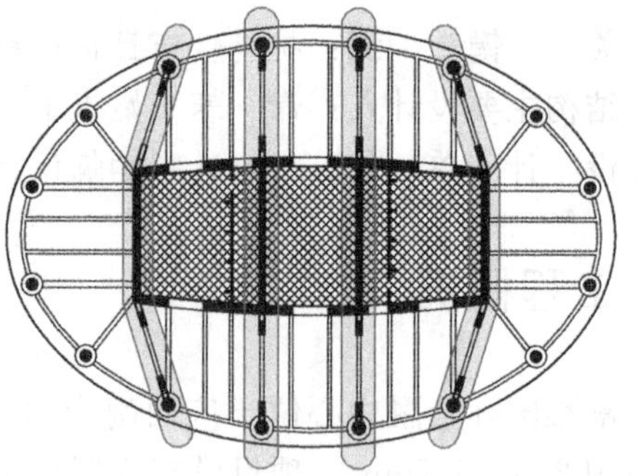

图 2-2　42 层、43 层伸臂桁架平面图

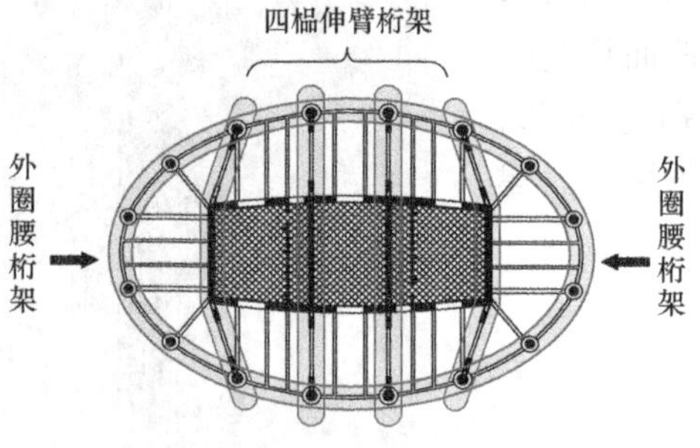

图 2-3　方案 B-1（设四榀伸臂桁架＋腰桁架）

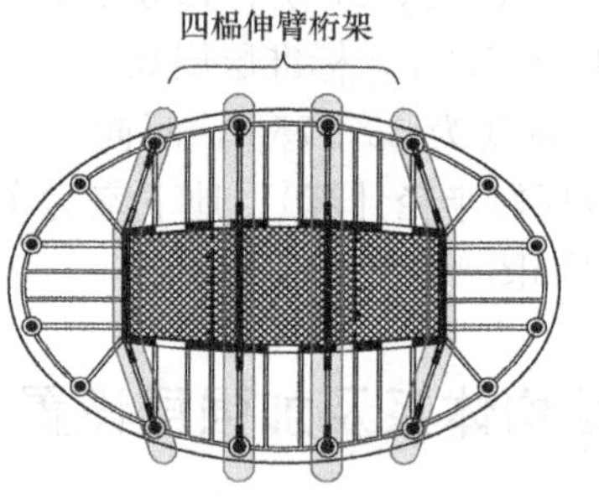

图 2-4　方案 B-2（设四榀伸臂桁架）

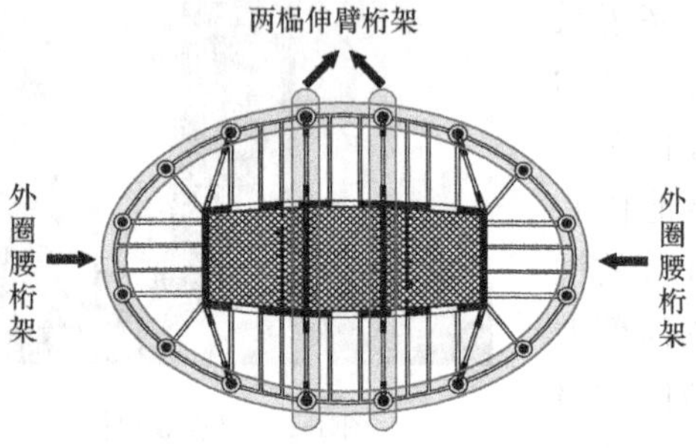

图 2-5　方案 B-3

（设中间两榀伸臂桁架＋腰桁架）

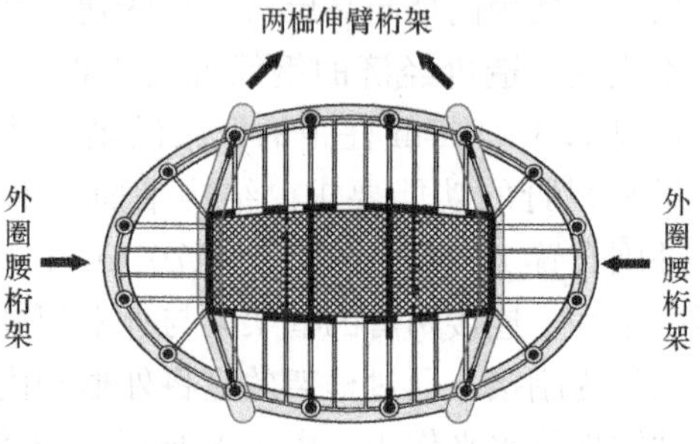

图 2-6　方案 B-4

（设两侧两榀伸臂桁架＋腰桁架）

各方案刚重比如表 2-1 所示，层间位移角曲线对比如图 2-7 所示。由图 2-7 及表 2-1 可知，方案 B-4 的层间位移角满足要求，但其刚重比小于 1.4，不满足要求，其余方案的层间位移角及刚重比均满足要求。设置两榀伸臂桁架＋腰桁架的方案 B-3、B-4 与设置四榀伸臂桁架的方案 B-2 相比，刚重比差 5.0%～5.5%。而设置四榀伸臂桁架＋腰桁架的方案 B-1 较未设置腰桁架的方案 B-2，其位移角减小 6.6%，刚重比增加 1.1%，故知其贡献较小。

因此，可不设置腰桁架，仅设置四榀伸臂桁架，即采用方案 B-2。

各方案刚重比　　表 2-1

方案	X向	Y向
B-1	1.862	1.497
B-2	1.881	1.479
B-3	1.809	1.405
B-4	1.810	1.398

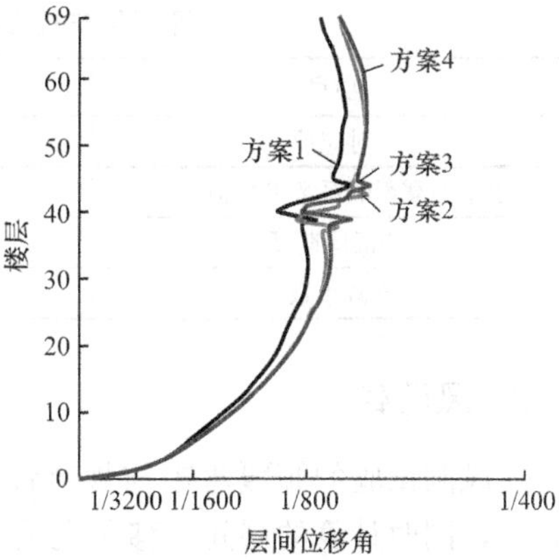

图 2-7　各方案层间位移角曲线

3　超限判别

本工程结构高度 297.75m，属超 B 级高度超限结构，存在扭转不规则和构件间断（有加强层）等不规则项。

4　抗震性能目标

设定本结构的抗震性能目标为性能 C，不同地震水准下的结构、构件性能水准如表 4-1 所示。

结构抗震性能目标　　表 4-1

项目		小震	中震	大震
性能目标等级		C		
性能水准		1	3	4
结构宏观性能目标		完好、无损坏	轻度损坏	中度损坏
层间位移角限值		1/500	—	1/100
关键构件	剪力墙底部加强部位	无损坏	轻微损坏，即受剪弹性、压弯不屈服	轻度损坏，受弯、受剪不屈服
	加强层核心筒剪力墙			
	加强层伸臂桁架			
	加强层及其相邻层框架柱、加强层楼板、加强层节点			
普通竖向构件		无损坏	轻微损坏，即受剪弹性、压弯不屈服	部分构件中度损坏，即受剪满足截面限制条件，受弯屈服
耗能构件	框架梁、连梁	无损坏	轻度损坏、部分中度损坏，即受剪满足截面限制条件，受弯屈服	中度损坏、部分比较严重损坏
一般楼板		无损坏	轻微损坏，即受剪弹性	中度损坏，即受剪不屈服

5 结构计算及分析

5.1 参数取值

小震作用时，分别取抗震规范和安评报告的地震动参数计算，取二者计算所得结构底部剪力较大者的楼层水平地震力进行结构抗震验算（表 5-1）。中震和大震作用下按规范提供的地震动参数进行分析。

安评报告与抗震规范地震动参数及相应的地震参数比较 **表 5-1**

项目	小震	
对应项	抗震规范	安评报告
水平地震影响系数最大值 α_{max}	0.04	0.105
特征周期 T_g	0.35s	0.35s
衰减指数 γ	0.9	0.95

5.2 风荷载

风洞试验的倾覆弯矩与规范计算值相仿，基底剪力 X 向比规范计算大 8%，Y 向大 10%，同时计算的层间位移角也是由风洞控制，故风荷载作用按风洞参数输入计算。

5.3 小震和风荷载作用下的弹性分析

采用 YJK 软件进行弹性整体计算，并用 ETABS 软件进行校核对比分析。计算结果表明，除框剪比外，各项整体计算指标均满足规范要求，小震作用下能达到“完好、无损坏”的第 1 水准的抗震性能目标。

5.4 框剪比的控制

地震作用下，框架部分各层与底部总剪力的比值以及与本层总剪力的比值沿高度变化如图 5-1 所示。

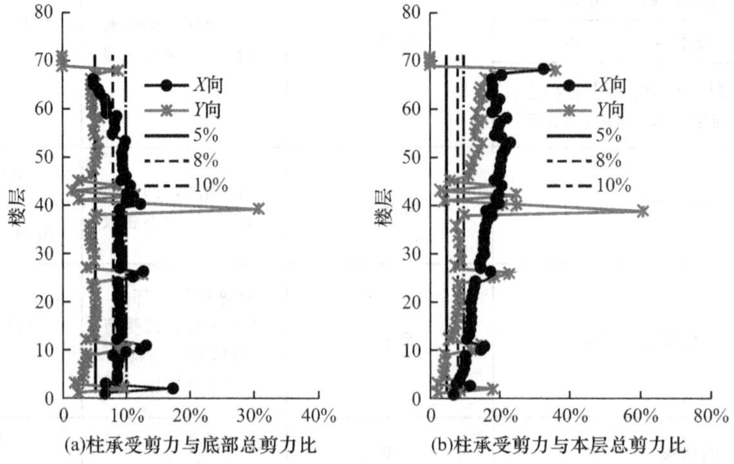

图 5-1 框架柱框剪比

结果分析：

（1）剪力大部分由核心筒承担，3层以下X向框架分配的地震剪力未超过底部总剪力的8%，8层以下楼层Y向框架分配的地震剪力均小于底部总剪力的5%，Y向1/3楼层小于8%，未满足《关于印发〈超限高层建筑工程抗震设防专项审查技术要点〉的通知》（建质〔2010〕109号）的要求。对于框架部分分配的楼层地震剪力标准值小于结构底部总地震剪力标准值的20%的楼层，按规范要求进行剪力调整，框架柱剪力放大系数取1.2～14.5，柱实配的受剪承载力均大于设计剪力。

（2）框架与核心筒分担倾覆力矩的比例为：X向32.8%，Y向49.8%，处于框架-核心筒体系的正常水平。

（3）剪力墙按承担100%的总地震剪力设计，抗剪需求能力比（剪力与受剪承载力比）最大值为0.060，剪压比最大值为0.011，存在较大富余。

（4）补充中震墙柱受拉分析：中震作用下，底部及中部楼层墙柱均未出现受拉。

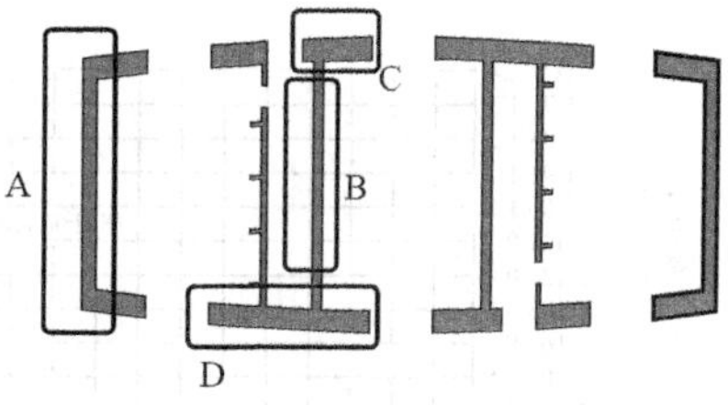

图5-2 内筒剪力墙

（5）补充首层剪力墙及加强层剪力墙中、大震分析。

以图5-2所示剪力墙为例，剪力墙在多遇、设防及罕遇水平地震作用下的剪力及相应截面轴向承载力设计值、标准值、极限值见表5-2，各剪力墙均满足抗震性能目标的要求。

首层剪力墙抗剪承载力分析（单位：kN） **表5-2**

剪力墙号	小震剪力	中震剪力	大震剪力	受剪承载力设计值	受剪承载力标准值	受剪截面限制条件
A	3124	5140	19940	91913	137869	95535
B	2421	3556	13291	28987	43480	50204
C	660	1370	3862	50166	75250	31706
D	4050	8309	15869	115927	173890	73425

通过以上分析可知，虽然结构底部部分楼层框剪比不满足规范要求，但通过按规范放大剪力进行柱的设计，增加柱的受剪承载力，同时核心筒剪力墙按承担100%的总地震剪力进行设计并预留较大富余，是安全可靠的，不必对结构刚度进行调整。

5.5 中震性能分析

通过YJK软件，采用相对简化的等效弹性方法，进行中震作用下的不屈服验算以及弹性验算。

中震不屈服验算结果表明，连梁、框架梁、加强层桁架、楼板以及所有竖向构件均能达到受弯不屈服；中震弹性分析表明，竖向构件、楼板和加强层桁架能满足受剪中震弹性，满足“轻微损坏”的要求，且加强层及其相邻层的框架柱满足受弯、受剪均为弹性的要求。

首层墙柱最小轴压力19924.4kN，桁架下一层（40层）墙柱最小轴压力1321.3kN，墙柱均未出现受拉。

综上所述，中震作用下结构总体满足仅“轻度损坏”，达到第3水准的抗震性能目标。

5.6 罕遇地震作用下静力弹塑性（Push-over）分析及结构抗震性能评价

Push-over 分析所得的双向需求能力谱曲线、性能控制点处（对应于结构遭受罕遇地震状态）弹塑性层间位移角曲线、楼层剪力曲线如图 5-3 所示。性能控制点处结构的内力和变形结果见表 5-3。

据上推断，在罕遇地震作用下，结构的抗震性能满足“中度损坏，变形不大于 0.9 倍塑性变形限值”的抗震设计目标。

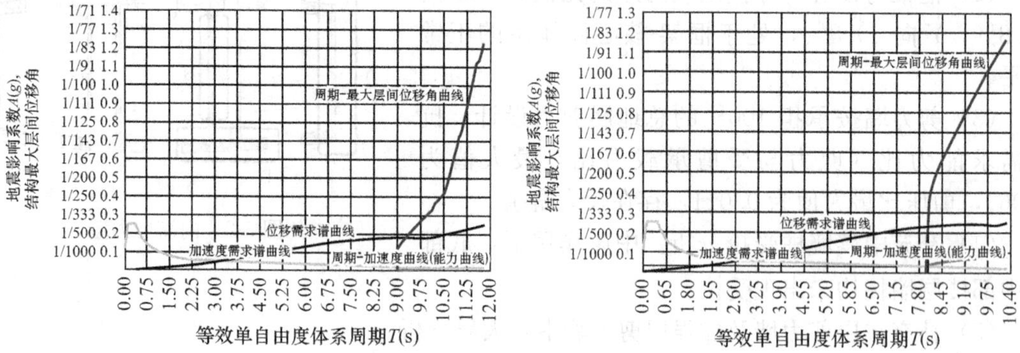

图 5-3　Push-over 分析结果

性能控制点处的相关指标　　表 5-3

指标	X 向	Y 向
顶点位移（m）	0.843	0.769
最大层间位移角	1/234	1/325
基底剪力（kN）	49913	68569
与 YJK 小震基底剪力之比	5.30	6.87

5.7 罕遇地震作用下的弹塑性分析（Perform-3D）

5.7.1 主要整体计算指标汇总

各地震波加速度峰值调至 125gal，并采用双向输入（主次峰值比例为水平主方向：水平次方向=1：0.85）进行动力弹塑性时程分析。各工况作用下结构的最大层间位移角均小于 1/100，满足预设的性能目标。其中，天然波 1（TRB1）工况作用下结构 Y 向的层间位移角最大，达到 1/174。

5.7.2 大震作用下框架剪力分担比例分析

大震作用下，在结构基底剪力达到最大值时，框架柱分担的基底剪力占总基底剪力分别为 9.54%（X 向）和 6.20%（Y 向）。因此，结构在大震作用下，由剪力墙承担主要地震基底剪力，框架柱承担的剪力并未超过基底总剪力的 20%，小震分析时取 $0.2Q_0$ 框架柱剪力调整是安全且有一定富余的。

5.7.3 结构抗侧构件的塑性损伤及屈服机制分析

在大震作用下，个别框架梁和连梁约在 12.5s 开始进入屈服状态，竖向构件（框架柱、剪力墙）在地震过程中并未进入屈服状态，各类构件的损伤状态如下：

（1）框架梁和连梁。在大震作用下，大量的连梁或者框架梁出现弯曲塑性铰，并达到“轻微损坏、少量轻度损坏、个别中度损坏甚至严重损坏”的程度，满足表 4-1 中预先设定的抗震性能要求。

（2）剪力墙。在大震作用下，剪力墙出现弹塑性变形。对于轴弯，中上部部分墙端受拉出现了轻微损坏，最大拉应变达到 0.000445920，剪力墙端大部分处于弹性状态，局部位置进入塑性状态，最大压应变达到 0.000837210，受压均未压碎；对于抗剪，剪力墙的剪力均未超过受剪截面限制条件，通过对剪应力较大部位的相应加强，可使剪力墙在大震作用下满足受剪不屈服的性能要求。

（3）框架柱。在大震作用下，出现弹塑性变形：对轴弯受拉，中部个别柱出现轻微损坏；对轴弯受压，下部柱出现轻微损坏，混凝土均未压碎。

（4）加强层。在大震作用下，对于加强层处钢梁及钢斜撑的拉压，部分处于轻微损伤状态，最大拉压应变为 0.001061、0.00109164，因此，加强层中钢梁及钢斜撑基本可达到表 4-1 中设定的“轻微损坏”的抗震性能目标。

5.7.4 动力弹塑性时程分析小结

弹塑性时程分析结果表明，在罕遇地震作用下，结构能满足第 4 水准的抗震性能目标，剪力墙、框架柱可达到结构抗震性能第 3 水准目标，有一定安全富余度，保证了结构的抗震安全性。

6 混凝土徐变收缩变形对伸臂桁架影响的结果分析

6.1 对比分析结论

（1）采用 MIDAS/Gen 软件考虑混凝土的徐变收缩后，梁端弯矩明显降低。如第 23 计算层，不考虑徐变收缩时模型的弯矩值为 928kN·m，考虑徐变收缩后，弯矩降为 473.6kN·m，下降了 49%。墙柱内力变化不大。因此考虑徐变收缩变形对于本项目普通楼面梁是一种有利因素。

（2）采用 MIDAS/Gen 软件分析考虑徐变与否对加强层斜腹杆的轴力影响，如图 6-1、图 6-2 所示。由此可知，考虑徐变后，斜腹杆的轴力较不考虑徐变有较大的增长。因此必须考虑徐变因素对斜腹杆内力的影响。

6.2 加强层桁架斜撑后连接做法及验算

本工程 42 层、43 层设置伸臂桁架加强层，加强层桁架的斜撑仅用于与内筒及框架一起承担水平荷载作用下的倾覆力矩。为避免在竖向荷载作用下斜撑承担较大的轴力，在现场施工时，先施工节点，斜撑与节点之间采用活动套筒连接，待主体结构封顶及隔墙、幕墙安装完成后再将其焊接固定。

为确保斜撑连接固定之前主体结构刚度满足施工要求，采用 10 年一遇基本风压 0.25kPa 验算未设加强斜撑时的结构刚度，计算结果为最大层间位移角 X 向 1/1120（71 层），Y 向 1/521（71 层），均满足规范要求。

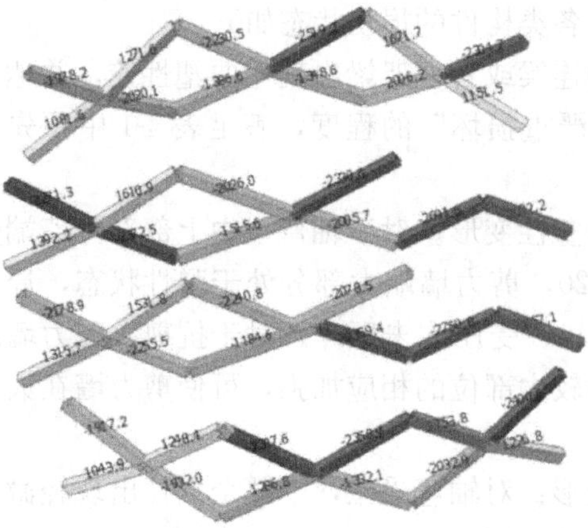

图 6-1　不考虑徐变时加强层斜腹杆轴力

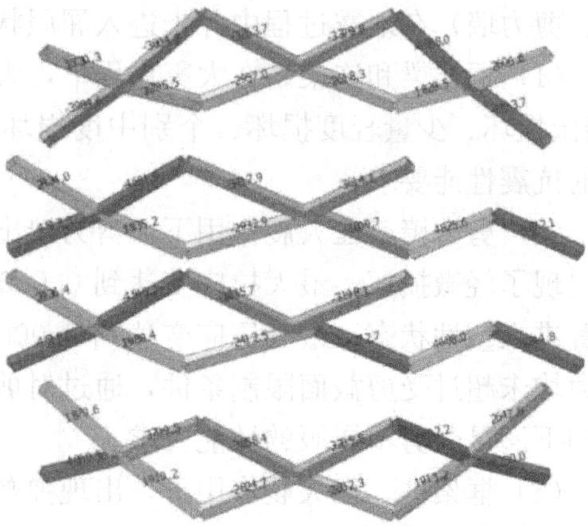

图 6-2　考虑徐变时加强层斜腹杆轴力

7　关键部位、构件分析验算

7.1　加强层桁架分析

以图 7-1 所示桁架构件为例，构件在多遇、设防及罕遇水平地震作用下的轴力见表 7-1。结果表明，各构件均满足多遇地震作用下无损坏、设防地震作用下轻微损坏、罕遇地震作用下轻度损坏的抗震性能目标。

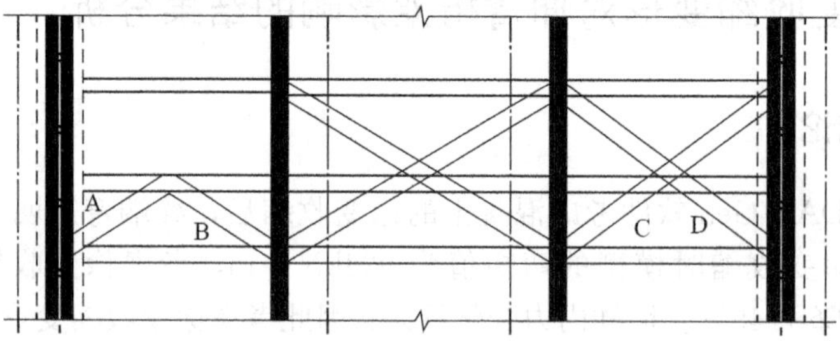

图 7-1　桁架构件

桁架受拉、受压承载力分析（单位：kN）　　表 7-1

构件号	小震轴力设计值	中震轴力	大震轴力	构件受拉承载力设计值	构件受压承载力设计值	构件受拉承载力标准值	构件受压承载力标准值
A	−7350	−12183	−30714	37100	37100	48230	48230
B	7360	12304	30928	37100	37100	48230	48230
C	−5175	−10187	−23436	37100	37100	48230	48230
D	7853	13987	22946	37100	37100	48230	48230

7.2　节点有限元分析

针对本工程的实际情况，先选取一个典型伸臂桁架节点，采用有限元分析软件

ABAQUS进行分析。节点选取为伸臂桁架上节点（伸臂桁架斜腹杆、环向框架梁与钢管混凝土柱相交处的节点），计算结果如图7-2、图7-3所示。

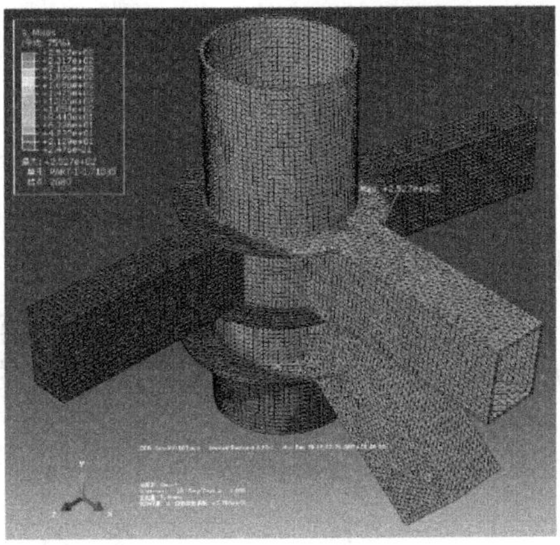

图7-2 中震弹性荷载组合下节点Mises应力云图

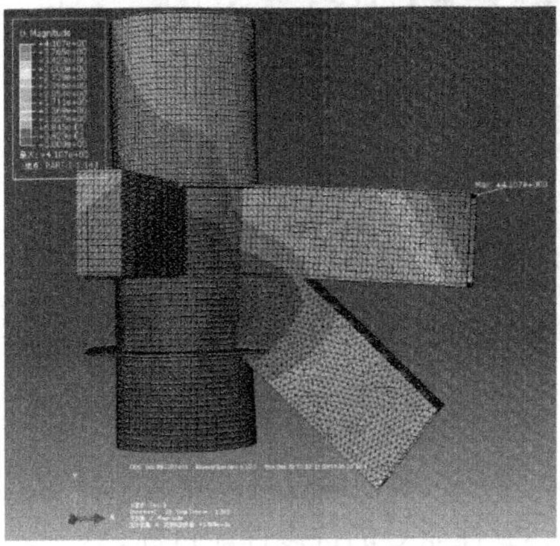

图7-3 节点位移云图

由图7-2可知，节点最大应力为253MPa，未超出设计强度295MPa。施工图设计中将对应力集中部位适当加强。由图7-3可知，最大位移点出现在伸臂桁架上弦杆，最大值达到4.107mm。

通过以上分析，可以判定该节点具有很好的力学性能，满足设计要求。

7.3 钢管高强混凝土剪力墙设计

按照《高层建筑混凝土结构技术规程》JGJ 3—2010的要求，剪力墙的混凝土强度等级不宜高于C60，轴压比小于0.5，而本项目核心筒受荷面积大，层数多，难以满足建筑师对于墙厚控制在1100mm以内的要求，故通过以下方式控制墙厚：

（1）核心筒采用钢管高强混凝土剪力墙，并采用C70高强混凝土。

（2）为提高核心筒的延性，适当增加墙的配箍率。

（3）钢管混凝土柱剪力墙的设计参照《钢管高强混凝土剪力墙轴心受压试验研究》（方小丹等，2013）的结果，同时偏安全地不考虑套箍系数的提高作用，保留足够的安全储备。

（4）大震作用下动力弹塑性分析表明，钢管高强混凝土剪力墙在大震作用下仅轻微损伤，小于设定的性能目标。

图7-4、图7-5为钢管混凝土剪力墙大样及施工现场照片。

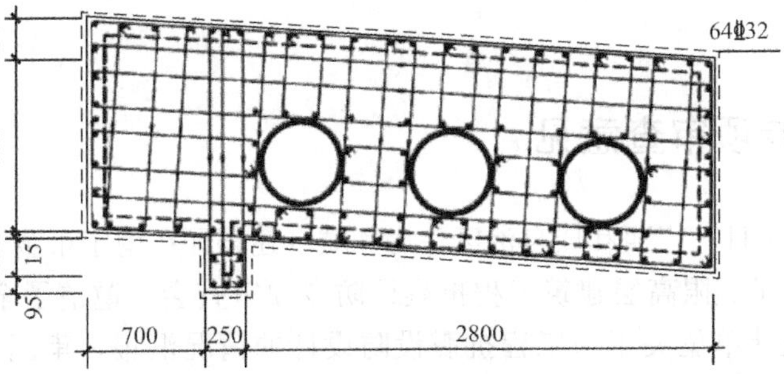

图7-4 钢管混凝土剪力墙大样

图 7-5 钢管混凝土剪力墙施工现场

8 结构超限的抗震加强措施

8.1 计算分析措施

(1) 分别采用 YJK 和 ETABS 两个不同力学模型的程序对结构进行对比计算，判断结构计算模型的合理性。

(2) 对结构进行小震作用下的弹性时程补充分析，取其平均值与 CQC 法两者中的大者用于构件设计。

(3) 采用抗震性能设计，通过对结构进行小震、中震和大震作用下的计算分析，保证结构能达到性能 C 的抗震性能目标。

(4) 采用 YJK 进行中震作用下的拟弹性分析。

(5) 采用 Perform-3D 对结构进行罕遇地震作用下的弹塑性时程分析，验证结构能否满足大震阶段的抗震性能目标，并寻找薄弱楼层与薄弱构件，对薄弱部位制订相应的加强措施。

(6) 采用 MIDAS/Gen 模拟实际施工中结构逐层搭建和加载的方法，考虑钢筋混凝土随时间变化的徐变收缩特性，分析混凝土徐变收缩变形对结构的影响。

(7) 采用 YJK 建立弹性楼板模型，分析楼板应力，对加强层楼板进行加强。

(8) 采用 SAP 2000 (V15) 对结构进行整体屈曲分析。

8.2 抗震加强措施

(1) 竖向构件结构安全等级按一级。核心筒剪力墙底部-1～4 层按特一级进行构造加强，按承担 100%楼层剪力进行构件设计，并于筒体外围墙体中设置钢管。

(2) 加强层及相邻层的框架柱、核心筒剪力墙的抗震等级提高一级至特一级；加强层及相邻层核心筒剪力墙设置约束边缘构件，墙内设置型钢、箱形钢斜杆及弦杆。

(3) 加强层楼板 (42～44 层) 加厚至 150mm，其上下相邻层加厚至 120mm，均设贯通筋加强。

(4) 第一结构层层高 15.15m，第一结构层相对于第二结构层增加部分剪力墙，且 Y 向的剪力墙厚度较上层的 800mm 增加 300mm，Y 向剪力墙中的钢管壁厚由上层的 10mm 增加至 12mm。

9 抗震设防专项审查意见

2015 年 1 月 14 日，广西壮族自治区住房和城乡建设厅在南宁市金湖路 58 号广西建设大厦对本项目进行了超限高层建筑工程抗震设防专项审查会，邀请了全国 7 名专家到会。与会专家听取了设计单位关于该工程抗震设防设计的情况汇报，审阅了送审资料。经讨论，提出如下审查意见：

（1）主楼按剪重比的要求进行检查，基本满足相关规定。
（2）主楼框架与筒体分担的剪力尚可按同楼层剪力检查。
（3）主楼Y向周期偏长，宜适当增大刚度。
（4）对主楼部分伸臂桁架与剪力墙斜交所产生水平分力的不利影响应采取有效措施。
（5）附楼错层处的框架及平面外受力的剪力墙应按关键构件设定抗震性能目标。
（6）附楼穿层柱中震作用下受弯、受剪应按弹性的抗震性能目标设计。
（7）应对附楼转换主梁补充专门应力分析。
审查结论：通过。

10 点评

在采取合适的抗震设计及加强措施后，本工程抗震性能设计能达到性能C的目标等级且有一定安全储备。本工程结构设计能使建筑物具有合理的强度和刚度，满足正常使用及抗震要求。

45 广州烟尘治理大厦

关　　键　　词：超高层办公楼；抗震性能目标；钢筋混凝土伸臂大梁；整层高钢筋混凝土腰梁
结构主要设计人：严仕基　姚永革　邓永伦　叶云青　周培厚　陈焕恩
设　计　单　位：广州瀚华建筑设计有限公司

1　工程概况

广州烟尘治理大厦为1幢超高层办公楼，位于广州市新港东路。总建筑面积12.3万m^2。地下3层，主要功能为车库和设备用房；地上55层，主要功能为办公。首层为大堂；25层为机电层；13层、23层、39层为避难层，其中39层同时作为结构加强层；14～22层、24～38层为办公标准层，结构总高度为230.5m。结构高宽比X向为4.15，Y向为7.48，项目实景、剖面图和平面图如图1-1～图1-3所示。

图1-1　项目实景

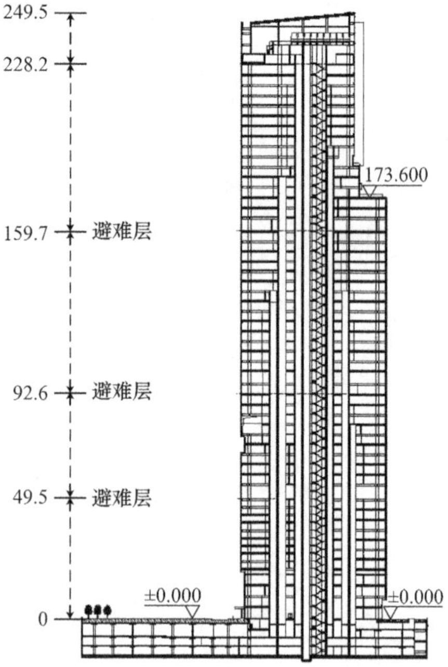

图1-2　剖面图

2　结构体系与结构布置

本项目采用钢筋混凝土框架-核心筒结构体系，以稀疏框架满足高档办公楼开阔景观视野的功能要求。结构平面中部为落地核心筒，外围布置 14 根底部直径 1300mm 的钢管圆柱，连接两者的框架梁两端均为刚接，通过框架效应将外框和内筒协同为整体，共同抵抗水平作用。由于 Y 向结构高宽比达 7.48，核心筒高宽比达 20.8，远大于《高层建筑混凝土结构技术规程》JGJ 3—2010（下文简称《高规》）的建议值，故 Y 向需要利用建筑的避难层设置加强层来满足抗侧刚度的要求。为尽量增大建筑使用面积，外围柱采用截面面积尽量小的钢管混凝土柱。

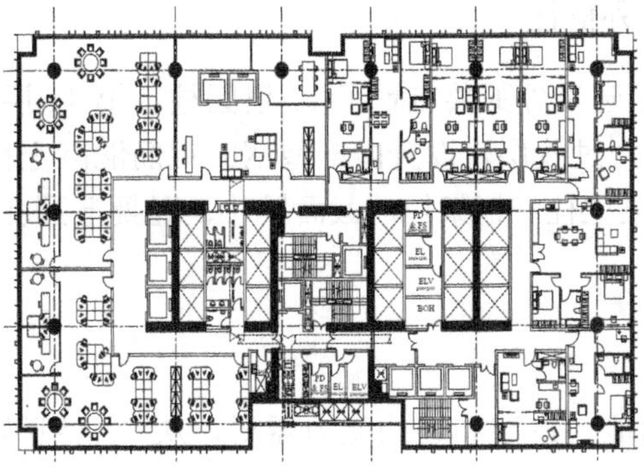

(a)中低区

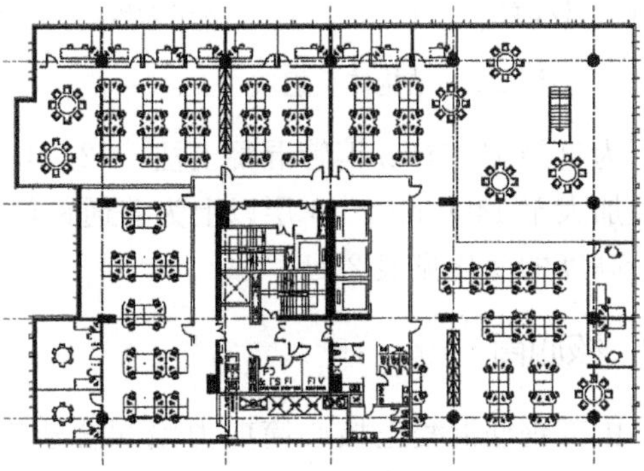

(b)高区

图 1-3 平面图

分别对加强层的竖向位置和数量、加强构件的平面布局、伸臂桁架（大梁）和腰桁架（大梁）的结构形式，以及框架柱截面不同时对结构侧向刚度的影响程度进行详细敏感性对比分析，最终选择在 39 层沿 Y 向设置两根 500mm×3700mm 钢筋混凝土伸臂大梁和两根 300mm×6900mm 整层高钢筋混凝土腰梁的加强层方案，如图 2-1 所示。

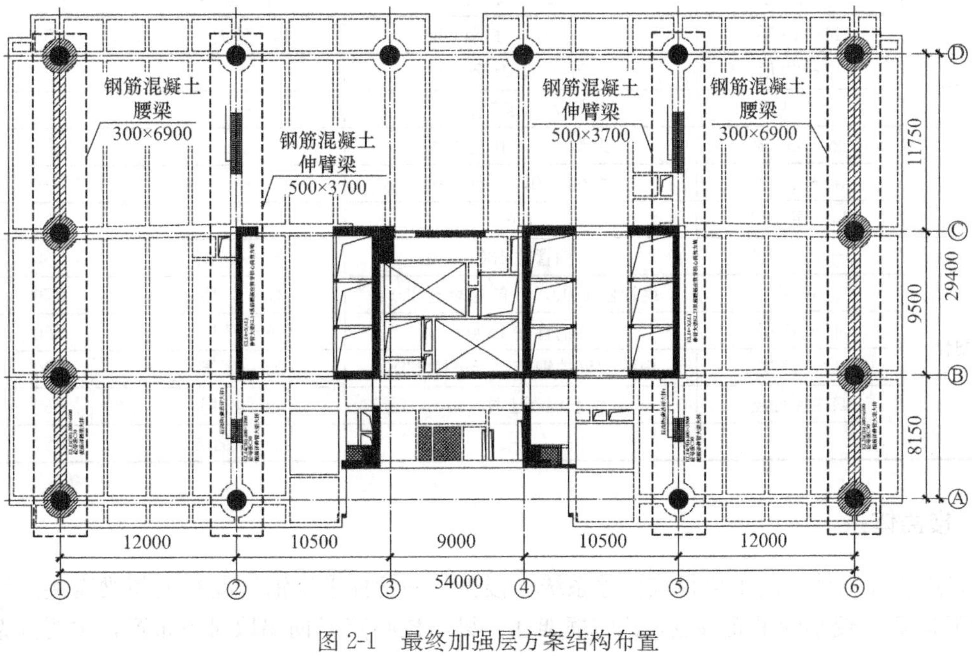

图 2-1 最终加强层方案结构布置

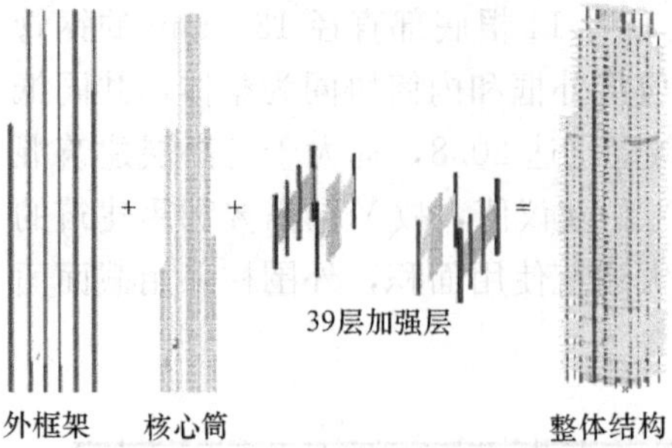

图 2-2　结构体系组成

结构受力体系由外框架＋核心筒＋一道伸臂梁及腰梁组成，共同构成多道抗震防线，提供结构必要的重力荷载承载能力和抗侧刚度，如图2-2所示。水平荷载产生的剪力和倾覆弯矩由外框架和核心筒二道防线共同承受，其中核心筒承担了大部分剪力和弯矩。

2.1　外框柱

沿建筑外围共布置了14根圆柱，第41层及以下为直径1300mm钢管混凝土柱，42～43层为过渡层，设置内配型钢的钢筋混凝土柱，直径加大至1400mm，44层以上为普通钢筋混凝土柱。框架柱的截面尺寸、混凝土强度等级沿高度的变化见表2-1。

2.2　核心筒

中部钢筋混凝土核心筒剪力墙配合建筑功能、造型和结构受力需要，从21层开始，平面尺寸逐步向上收进，其中42层以上作了较大收缩，核心筒剪力墙厚度由底部的局部翼缘1300mm、其余800mm，渐变至顶部的600mm、400mm。剪力墙厚度、混凝土强度等级沿高度的变化见表2-1。

墙柱截面尺寸、混凝土强度等级变化　　**表 2-1**

构件	截面尺寸变化		混凝土强度等级变化	
	部位	尺寸（mm）	部位	等级
剪力墙	−3～4层	北侧1300，其余800	−3～40层	C60
	5～10层	北侧1200，其余700	41～43层	C60
	11～16层	北侧1100，其余600	44～屋面层	C50
	17～20层	北侧900，其余600	—	—
	21～25层	北侧700，其余500	—	—
	26～40层	北侧600，其余400	—	—
	41～43层	北侧500，其余400	—	—
	44～屋面层	400	—	—
框架柱	−3～38层	钢管柱1300	−3～16层	C80
	39层	钢管柱1300，外包混凝土2300	17～25层	C70
	40～41层	钢管柱1300	26～37层	C60
	42～43层	内配型钢的钢筋混凝土柱1400	38～41层	C80
	44～屋面层	钢筋混凝土柱1300	42～43层	C60
	—	—	44～屋面层	C50

2.3　楼盖体系

采用普通钢筋混凝土梁板式楼盖系统，楼盖与钢管柱采用钢筋混凝土环梁连接。结合结构Y向宽度较小的平面特点，Y向框架柱、梁与核心筒Y向墙取对齐布置，主要框架梁截面为650mm×700mm，由于上部结构体型收进对主体结构产生较大的扭转作用，周边框架梁截面需加大至 600mm×900mm，以满足结构整体抗扭刚度的要求。在未设计成加强层的避难层，即 13 层、23 层楼盖的周边梁截面高度提高至 1300～2000mm。典型结构平面布置如图 2-3 所示。

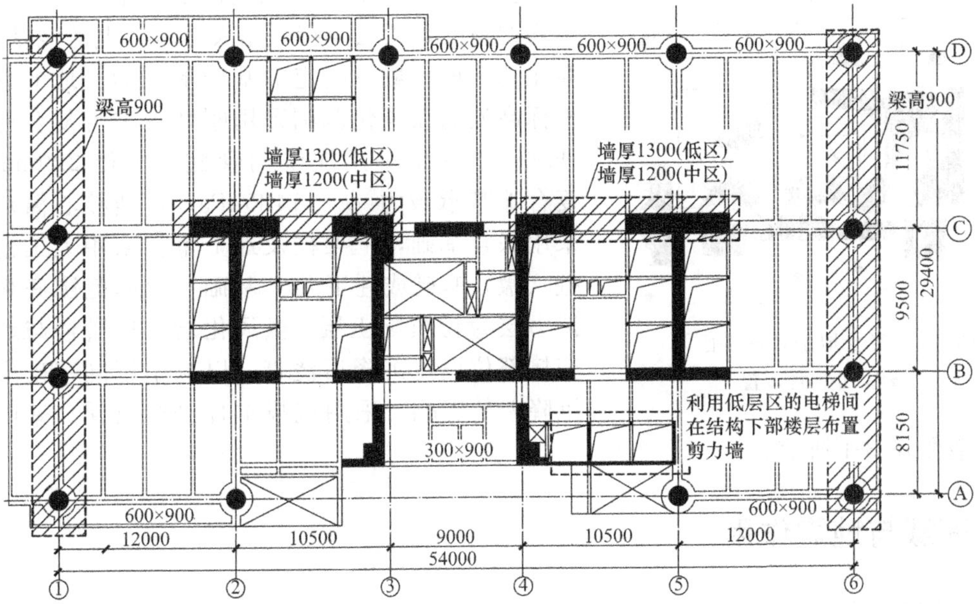

注：1.梁高度除标明外均为700；
2.剪力墙厚度除标明外，低区为800，中区为600。

(a)中低区

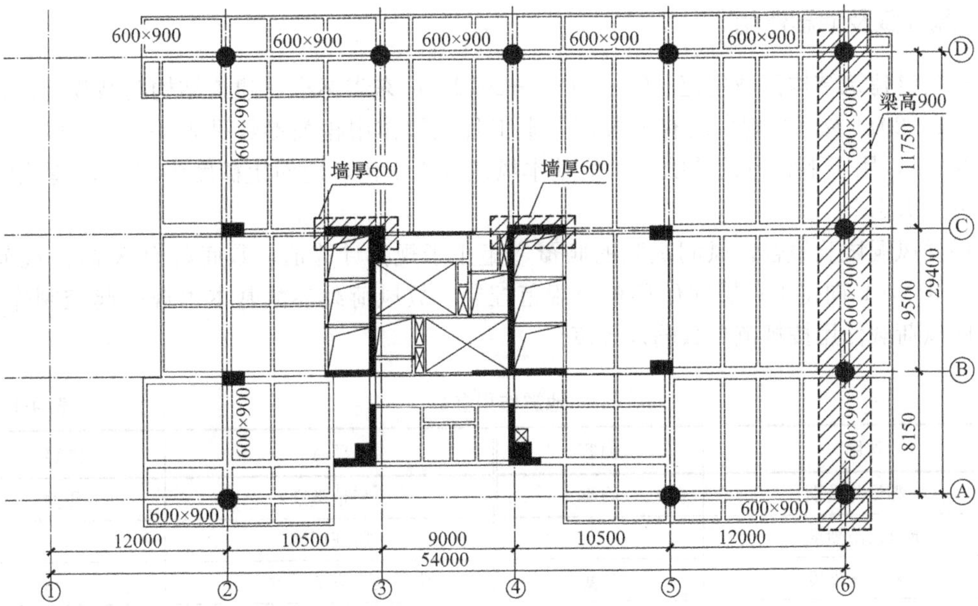

注：1.梁高度除标明外均为700；
2.剪力墙厚度除标明外均为400。

(b)高区

图 2-3 结构平面布置

3 基础设计

超前钻揭示的地质情况十分复杂，地下室底板标高处存在强风化/中风化层软硬不均的情况，无法直接采用天然地基上的浅基础。经比选论证，最终确定的基础形式为：地下室底板标高处的强风化范围采用刚性桩进行复合地基处理，刚性桩采用注浆钢管桩（桩径 220mm），复合地基承载力 $f_{ak}=1485kPa$。塔楼核心筒范围采用联合基础，框架柱及地下室柱采用人工挖孔桩（墩）基础或柱下独立基础，地库范围底板底持力层为粉质黏土层—微风化岩，在塔楼与地库交接部位设置沉降后浇带，以减小不同基础形式沉降差的影响。采用抗拔锚杆进行抗浮。基础平面布置如图 3-1 所示。

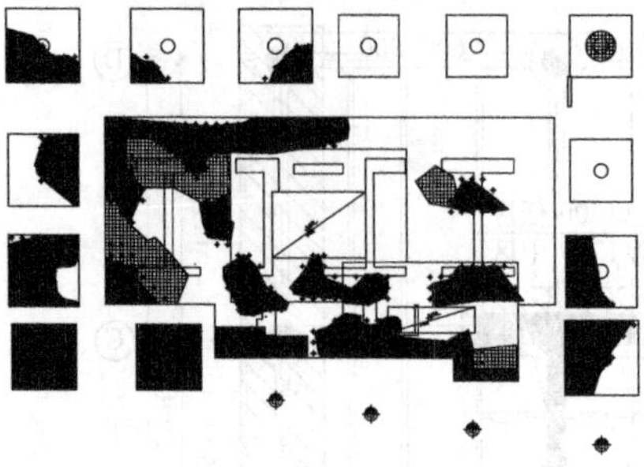

图 3-1 复合地基处理平面及浅基础平面布置

4 荷载与地震作用

4.1 楼面荷载

本项目各区域的楼面荷载（附加恒荷载与活荷载）按规范与实际做法取值。

4.2 风荷载及地震作用

根据《建筑结构荷载规范》GB 50009—2012、广东省标准《建筑结构荷载规范》DBJ 15—101—2014 及《高规》的有关规定，本工程地震作用相关参数见表 4-1。基本风压为 $0.5kN/m^2$，用于承载力设计的风压取基本风压的 1.1 倍，地面粗糙度为 C 类，建筑体型系数 $\mu_s=1.40$。

根据风洞试验报告，风洞试验的倾覆弯矩小于规范计算值，基底剪力 X 向比规范计算值大 3%，Y 向持平；层间位移角由规范控制，故风荷载参数基本由规范起控制作用，顺风向风荷载作用按规范参数输入计算。

地震作用参数　　表 4-1

项目	内容	项目	内容
抗震设防类别	丙类	场地类别	Ⅱ类
抗震设防烈度	7 度	特征周期	0.35s
抗震措施烈度	7 度	水平地震影响系数 α_{max}	0.08
设计基本地震加速度	0.1g	衰减系数	0.9
设计地震分组	第一组	阻尼比	0.05
设计使用年限	50 年	结构安全等级	二级

5 结构超限判别及抗震性能目标

5.1 结构超限类型和程度

本工程建筑物高230.5m，属超B级高度的超限高层建筑。存在扭转不规则（考虑偶然偏心的扭转位移比最大值为1.55，大于1.2）和楼板局部不连续（54层开洞面积大于30%）2项不规则。

5.2 抗震性能目标

根据《高规》第3.11节相关内容，设定本结构的抗震性能目标为性能C。不同地震水准下的结构、构件性能水准见表5-1。

结构抗震性能 **表5-1**

<table>
<tr><th colspan="2">项目</th><th>小震</th><th>中震</th><th>大震</th></tr>
<tr><td colspan="2">性能目标等级</td><td colspan="3">C</td></tr>
<tr><td colspan="2">性能水准</td><td>1</td><td>3</td><td>4</td></tr>
<tr><td colspan="2">结构宏观性能目标</td><td>完好、无损坏</td><td>轻度损坏</td><td>中度损坏</td></tr>
<tr><td colspan="2">层间位移角限值</td><td>1/524</td><td>—</td><td>1/100</td></tr>
<tr><td rowspan="5">关键构件</td><td>剪力墙加强部位</td><td rowspan="4">无损坏</td><td rowspan="4">轻微损坏，即受剪弹性、压弯不屈服</td><td rowspan="4">轻度损坏</td></tr>
<tr><td>错层处剪力墙</td></tr>
<tr><td>加强层大梁、核心筒剪力墙</td></tr>
<tr><td>竖向收进部位的上下各2层周边框架柱</td></tr>
<tr><td>加强层及其相邻层框架柱、加强层节点</td><td>无损坏</td><td>无损坏，即中震弹性</td><td>轻微损坏，即大震不屈服</td></tr>
<tr><td colspan="2">普通竖向构件</td><td>无损坏</td><td>轻微损坏，即受剪弹性、压弯不屈服</td><td>部分构件中度损坏，即受剪满足截面限制条件，受弯屈服</td></tr>
<tr><td>耗能构件</td><td>框架梁、连梁</td><td>无损坏</td><td>轻度损坏、部分中度损坏，即受剪满足截面限制条件，受弯屈服</td><td>中度损坏、部分比较严重损坏</td></tr>
<tr><td colspan="2">一般楼板</td><td>无损坏</td><td>轻微损坏，即受剪弹性</td><td>中度损坏，即受剪不屈服</td></tr>
</table>

6 结构计算与分析

采用YJK、ETABS两种不同力学模型的程序对结构进行对比计算，判断结构计算模型的合理性，并采用弹性时程分析方法进行多遇地震补充计算，采用YJK软件进行中震验算，采用Perform-3D软件对结构进行罕遇地震作用下的弹塑性时程分析。

6.1 弹性分析结果

两种软件的计算结果基本接近，表明计算模型基本准确，计算结果合理、有效，可以作为设计依据，具体结果见表6-1。

弹性反应谱计算主要结果汇总　　表 6-1

项目		限值	YJK 软件	ETABS 软件
前 3 周期（s）	T_1（方向因子）	—	6.19（X=0，Y=0.93，T=0.07）	6.09（X=0，Y=0.91，T=0.09）
	T_2（方向因子）	—	5.35（X=0.7，Y=0.03，T=0.27）	5.23（X=0.75，Y=0.03，T=0.22）
	T_3（方向因子）	—	5.05（X=0.3，Y=0.06，T=0.64）	4.87（X=0.22，Y=0.06，T=0.72）
第 1 扭转/第 1 平动周期		≤0.85	0.82	0.80
总重力荷载（恒+活）（kN）		—	1634685	1635000
典型标准层单位面积重度（kN/m²）		—	14.0	
地震作用下基底（结构首层）剪力（kN）	X 向	—	16016	16580
	Y 向	—	16401	16820
基底（结构首层）剪重比	X 向	1.2%	0.99%	0.98%
	Y 向	1.2%	1.00%	0.98%
地震作用下基底（结构首层）倾覆弯矩（kN·m）	X 向	—	2239925	2290000
	Y 向	—	1951088	2092000
风荷载作用下基底（结构首层）剪力（kN）	X 向	—	13726	14380
	Y 向	—	22528	23850
风荷载作用下基底（首层）倾覆弯矩（kN·m）	X 向	—	2057244	2142000
	Y 向	—	3292608	3472000
地震作用下最大层间位移角	X 向	1/524	1/999（51 层）	1/1094（51 层）
	Y 向		1/703（34 层）	1/777（51 层）
风荷载作用下最大层间位移角	X 向	1/524	1/1271（51 层）	1/1118（51 层）
	Y 向		1/543（51 层）	1/556（58 层）
规定水平力作用下最大扭转位移比	X 向	≤1.6	1.24（56 层）	1.16（57 层）
	Y 向		1.55（1 层）	1.43（1 层）
最小楼层侧向刚度比	X 向	≥1	1.035（43 层）	—
	Y 向		1.09（17 层）	—
最小楼层受剪承载力比	X 向	≥75%	0.95（27 层）	—
	Y 向		0.87（27 层）	—
刚重比	X 向	≥1.4	2.01	2.83
	Y 向		1.55	1.90
最大楼层质量比		≤1.5	1.17（43 层）	—

6.2　弹性时程分析结果

本工程采用弹性时程分析法进行多遇地震补充计算，选用 2 组人工模拟波（user1，user2）和 5 组实际地震记录波（user3～user7）。

底部剪力计算结果表明：每条波的底部剪力均不小于反应谱法的 65%且不大于 135%，7 条波的底部剪力平均值不小于反应谱法的 80%且不大于 120%，满足《高规》第 4.3.5 条的要求。

时程分析的最大楼层剪力、最大层间位移角等指标包络曲线与 CQC 法的曲线比较见

图 6-1。对比结果表明：7 条波时程分析层剪力平均值 X 向小于 CQC 法，Y 向与 CQC 法相当；除 X 向上部若干楼层外，7 条波时程分析层间位移角平均值均小于 CQC 法。

弹性时程分析结论：构件施工图设计时，按 CQC 法的计算结果进行配筋。

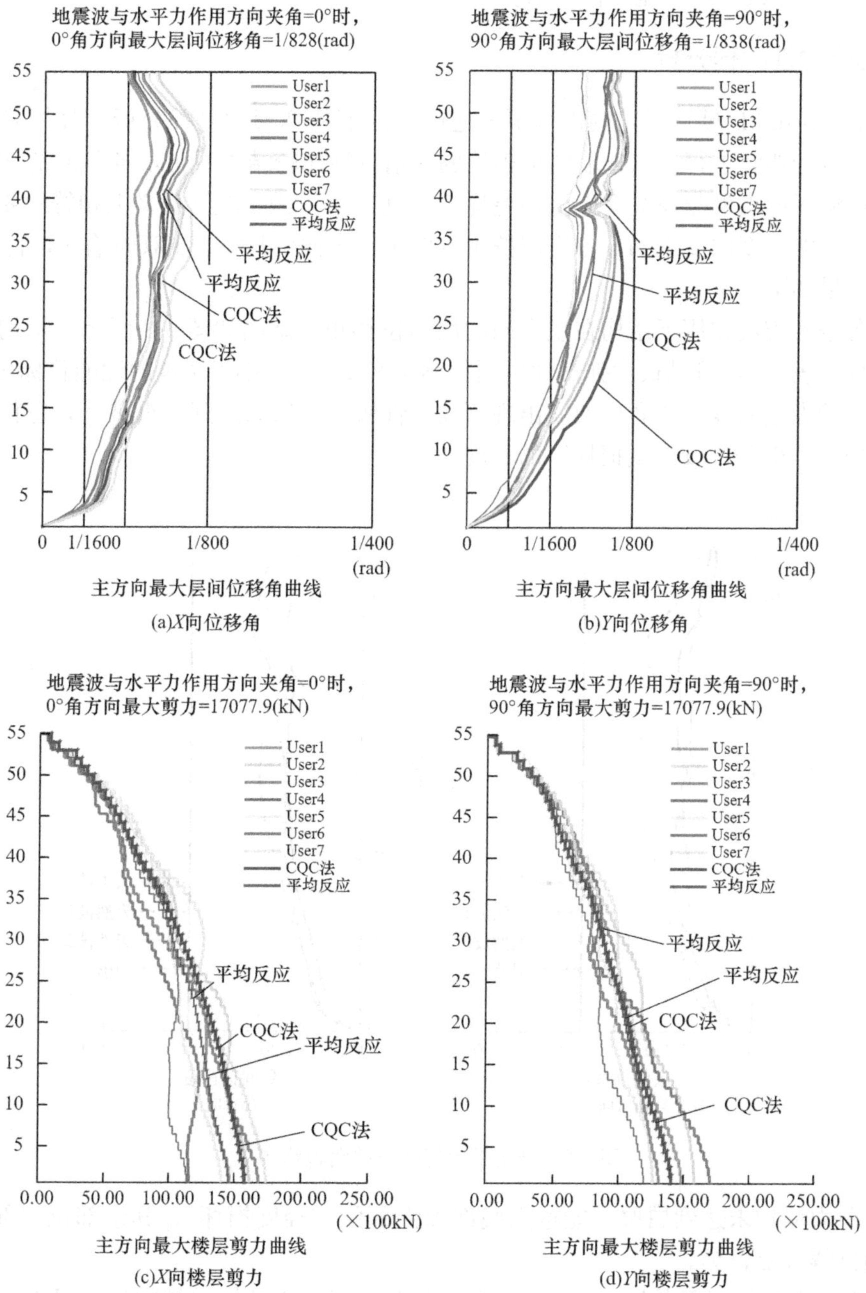

图 6-1　弹性时程分析与 CQC 法计算结果对比曲线

6.3　中震不屈服验算

采用 YJK 软件进行中震不屈服验算。计算结果表明，标准层除部分连梁出现受弯屈服（受剪不屈服），进入“中度损坏”外，其他大部分连梁、框架梁、加强层大梁以及所有竖向构件均能达到受弯不屈服的要求，竖向构件和加强层大梁能满足中震受剪弹性及“轻微损坏”的要求，且加强层及其相邻层的框架柱满足受弯、受剪均为弹性，故抗震构件能满足表 5-1 所设定的性能目标要求。

6.4 动力弹塑性时程分析

采用 Perform-3D 软件对结构进行罕遇地震作用下的弹塑性时程分析。分析采用 1 组人工波与 2 组天然波进行。从选取的地震波的频谱特性比较结果看出，各条波的弹性反应谱在基本振型周期点处与规范反应谱相差均不超过 20%，满足统计意义上相符的要求。大震地震波峰值加速度取 220gal，各组波按主方向：次方向＝1：0.85 双向输入，持时 40s。主要分析结果如下：

（1）各条地震波作用下结构在主方向的层间位移角包络图如图 6-2 所示，结构主要整体计算指标见表 6-2，可见最大弹塑性层间位移角为 1/153，小于预设的性能目标 1/100。

（2）有较大量的连梁或者框架梁出现弯曲塑性铰，但均未达到严重破坏，总体损伤低于“中度损坏、部分比较严重损坏”的程度。

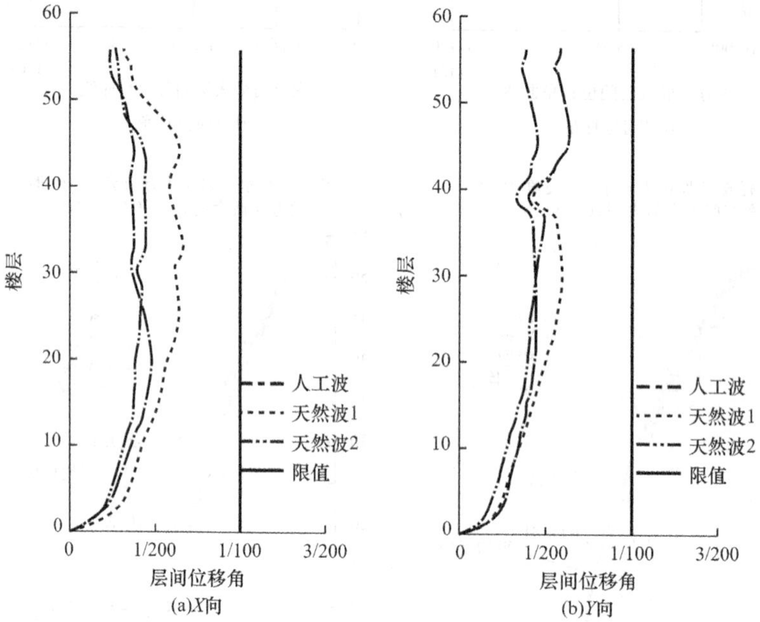

图 6-2 结构最大层间位移角包络图

（3）剪力墙均未达到屈服，能达到底部加强部位“轻度损坏”、其余部位“部分中度损坏”的抗震性能目标。

（4）1～41 层的钢管混凝土柱均未屈服，满足“轻度损坏”的抗震性能目标；41 层以上的钢筋混凝土柱，仅顶部部分柱出现轴弯受拉轻度损坏，但均未达到中度损坏；均未出现混凝土轴弯受压压碎，满足部分“中度损坏”的抗震性能目标。

总体而言，剪力墙、框架柱、框架梁及连梁等均能满足表 5-1 所设定的性能目标要求。

动力弹塑性时程分析主要计算指标　　表 6-2

指标	人工波		天然波 1		天然波 2	
	X 向	Y 向	X 向	Y 向	X 向	Y 向
大震最大基底剪力（kN）	56000	64000	64000	72000	61000	69000
小震最大基底剪力（kN）	11600	11500	13200	15500	13000	16800
与相应小震基底剪力比	4.83	5.56	4.85	4.65	4.62	4.11
最大顶点位移（mm）	776.3	872.9	1122.0	1201.5	729.5	975.9
最大层间位移角	1/209	1/220	1/153	1/157	1/219	1/158

7 针对超限情况的计算分析及相应措施

7.1 针对超限情况的计算分析

（1）分别采用 YJK 和 ETABS 两个不同力学模型的程序对结构进行对比计算，判断结构计算模型的合理性。

（2）取规范反应谱和安评反应谱的不利值作为小震计算分析的参数。

（3）选取 2 组场地人工地震波和 5 组实际地震记录波对结构进行小震作用下的弹性时程补充分析，取其平均值与 CQC 法两者中的大者用于构件设计。

（4）采用抗震性能设计，通过对结构进行小震、中震和大震作用下的计算分析，保证结构能达到性能 C 的抗震性能目标。

（5）采用 YJK 进行中震作用下的近似分析。

（6）采用 Perform-3D 对结构进行罕遇地震作用下的弹塑性时程分析，验证结构能否满足大震阶段的抗震性能目标，并寻找薄弱楼层与薄弱构件，对薄弱部位制订相应的加强措施。

（7）采用 MIDAS/Gen 模拟实际施工中结构逐层搭建和加载的方法，考虑钢筋混凝土随时间变化的徐变收缩特性，分析混凝土徐变收缩变形对结构的影响。

（8）采用 ETABS 建立弹性楼板模型，分析楼板应力，对楼板薄弱部位进行加强。

7.2 针对超限情况的相应措施

（1）核心筒剪力墙底部加强部位抗震等级按特一级。

（2）加强剪力墙的构造配筋，如表 7-1 所示，以保证剪力墙在罕遇地震作用下不率先出现剪切破坏，并具有良好的压弯延性。

剪力墙构造配筋加强　　表 7-1

楼层	剪力墙水平分布筋最小配筋率	翼缘墙竖向分布筋最小配筋率	边缘构件配筋率	其他竖向分布筋最小配筋率
−1～2 层	0.6%	0.6%	1.6%	0.4%
3～5 层	0.6%	0.4%	1.4%	0.4%
6～7 层	0.5%	0.3%	1.2%	0.3%
8～20 层	0.4%	0.25%	1.0%	0.25%
21～35 层	0.3%	0.25%	1.0%	0.25%
36～顶层	0.25%	0.25%	1.0%	0.25%

（3）加强层及其相邻层的框架柱、核心筒剪力墙的抗震等级提高一级至特一级；加强层及其相邻层的框架柱采用钢管混凝土柱；加强层及其相邻层核心筒剪力墙设置约束边缘构件。

（4）加强层楼板加厚至150mm，其上下相邻层加厚至120mm。42层楼层收进楼板加厚至150mm。

（5）错层处框架柱的抗震等级提高一级至特一级，箍筋全高加密；错层处平面外受力的剪力墙抗震等级提高一级至特一级，水平和竖向分布筋的最小配筋率按0.5%。

（6）前期方案钢管柱仅设至加强层下层即38层，分析表明，加强层及其相邻层的框架柱内力发生突变，尤其是加强层上一层柱剪力的增幅明显，经反复试算，最终保持钢管柱伸至加强层上两层即41层，钢管柱壁厚由底部40mm渐变至38层20mm，39～41层加厚至40mm，42～43层为过渡层，设置内配型钢的钢筋混凝土柱，直径加大至1400mm，尽量减小因柱刚度和承载力突变带来的不利影响，过渡层柱大样如图7-1所示。

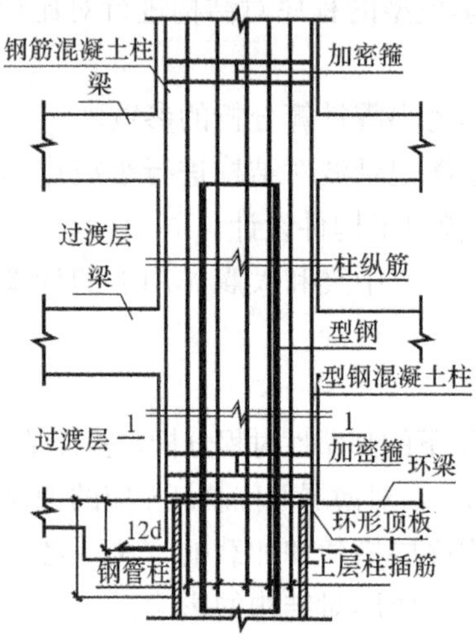

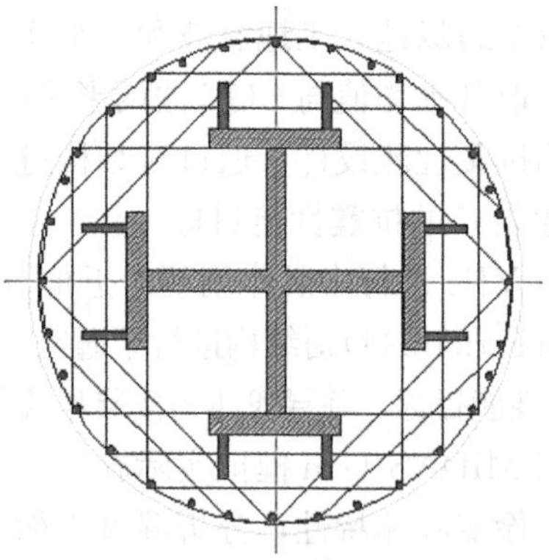

图7-1 过渡层柱大样

（7）加强层39层在钢管柱外围包裹厚度为500mm的环形截面钢筋混凝土柱，并在柱上、下端设置连接钢牛腿，以保证与钢筋混凝土大梁的连接和钢筋锚固。连接大样如图7-2所示。

8 抗震设防专项审查意见

2013年8月1日，广州市住房和城乡建设委员会在广东大厦鼎湖厅会议室主持召开了“广州烟尘治理专业有限公司‘三旧’改造项目”超限高层建筑工程抗震设防专项审查会，广东省建筑设计研究院陈星总工程师任专家组组长。与会专家听取了广州瀚华建筑设计有限公司关于该工程抗震设防设计的情况汇报，审阅了送审资料。经讨论，提出审查意见如下：

（1）完善送审文本和抗震性能目标内容。

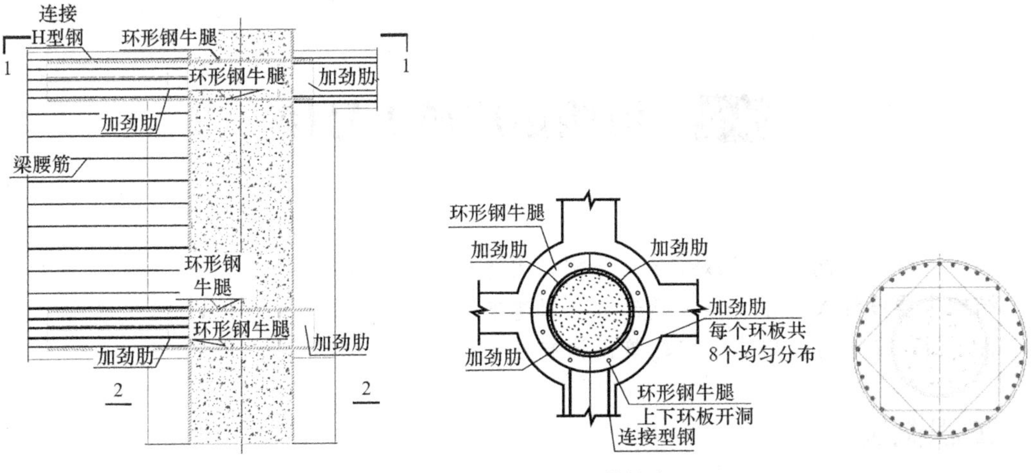

(a)竖剖面 (b)横剖面一 (c)横剖面二

图 7-2 钢管柱与混凝土大梁连接大样

（2）优化加强层的设计和构造，并进一步分析其与柱连接节点的抗震性能，宜增加钢牛腿连接。

（3）上部竖向收进部分水平和竖向构件应加强，沿 X 向的墙厚应加大，双向墙刚度应提高。

（4）错层部分和加强层梁柱节点宜提高其抗震性能目标。

（5）上部楼层大悬臂应考虑竖向地震作用，并增加整体计算的振型数。

（6）应确保框架梁与核心筒剪力墙可靠连接和施工方便。

审查结论：通过。

9 点评

（1）本工程塔楼结构高度为 230.5m，除高度超限，另有扭转不规则、楼板局部不连续 2 项不规则。根据高档超高层办公楼的建筑功能，结合本工程的结构特点，采用局部楼层框架柱为钢管柱的钢筋混凝土框架-核心筒结构体系，满足设定的性能目标要求，结构方案经济合理，抗震性能良好。

（2）采用设置伸臂大梁及腰梁加强层的钢筋混凝土框架-核心筒结构体系，并采用基于性能的抗震设计方法，结构整体及构件在小震弹性分析、小震弹性时程分析、中震验算、大震作用下均能达到抗震性能目标 C。

（3）钢管柱伸至加强层上一层即 41 层，并增加壁厚；42～43 层设计为内配型钢的钢筋混凝土柱过渡层，并加大截面，该措施能有效减小因柱刚度和承载力突变带来的不利影响。

（4）加强层中与钢筋混凝土伸臂桁架（大梁）、腰桁架（大梁）相连的钢管柱外包环形截面钢筋混凝土柱，能有效保证两者连接且便于施工。

46 海骏达广场1号楼

关　　键　　词：超B级高度；斜柱；大跨外框柱；大悬挑
结构主要设计人：顾太华　姚永革　郑建东　唐　羽　肖　鹏
设　计　单　位：广州瀚华建筑设计有限公司

1 工程概况

海骏达广场为城市商业综合体，位于广东省佛山市顺德区容桂城区文塔公园东侧。项目总建筑面积约50.8万m^2，地下3层，地上为3层（局部4层）裙楼及9栋塔楼。地下3层、地下2层平时为机动车车库和设备用房，战时为常5级、核6级人防，地下1层～4层裙楼为商业。1号楼总建筑面积5.8万m^2，建筑高度181.40m，地面以上共43层，其中1～4层为商业裙楼，5层为架空层，7～21层为酒店，6层、22层、38层为避难层，23～37层、39～43层为办公层。建筑效果图、剖面图和典型平面图如图1-1～图1-4所示。

图1-1　建筑效果图

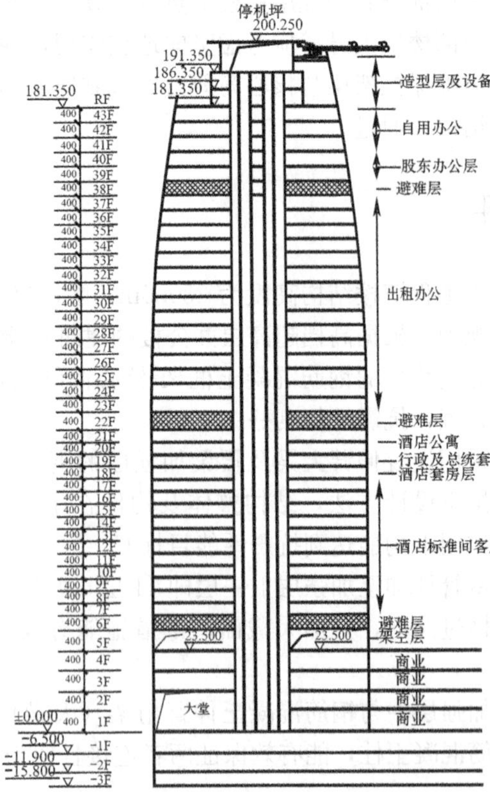

图1-2　建筑剖面图

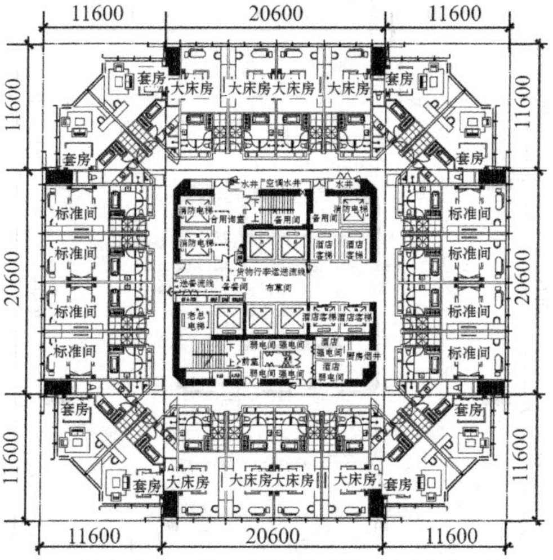

图 1-3 标准层建筑平面图
（低层酒店）

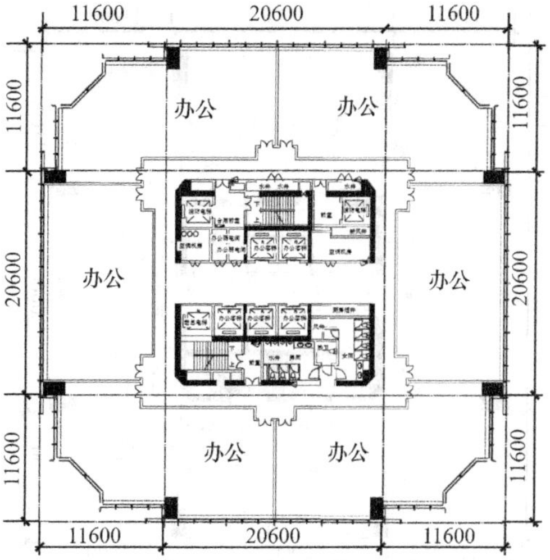

图 1-4 标准层建筑平面图
（高层办公）

本工程设计使用年限50年，结构安全等级二级（$\gamma_0=1.0$），基础设计等级甲级，设防烈度7度。

2 结构体系及超限情况

2.1 结构体系

1号塔楼结构高度181.35m，X向与Y向高宽比均为4.2，采用钢筋混凝土框架-核心筒结构体系。水平荷载产生的剪力和倾覆弯矩由外框架和核心筒二道防线共同承受，其中核心筒承担了大部分剪力和弯矩。核心筒全高贯通布置，核心筒周边剪力墙厚度由底部最大值900mm渐变至顶部的400mm。建筑外周边长度43.8m，每边仅布置2根大柱子，柱中心距19.4m，同时悬挑约10m。框架柱截面由底部的1700mm×3000mm渐变至顶部的800mm×1500mm。配合建筑造型，外框柱从第34层开始逐渐向核心筒呈中心对称状倾斜。

楼盖采用梁板式结构，连接框架柱和核心筒的框架梁截面尺寸为（500～600）mm×700mm，外周边框架梁截面尺寸为400mm×1200mm（酒店层高小，截面450mm×1000mm；局部荷载较大的避难层梁截面500mm×1200mm）。典型标准层平面布置如图2-1、图2-2所示。

1号楼采用旋挖灌注桩基础，以中—微风化花岗片麻岩为持力层。外框柱灌注桩直径2.4m、2.6m，承台厚1.70m；核心筒灌注桩直径1.6～2.6m，桩尽量布置在剪力墙下，核心筒承台厚2m。

2.2 结构超限情况

1号楼结构高度181.35m，超过钢筋混凝土框架-核心筒结构7度B级最大适用高度180m，属超B级高度超限结构。其不规则情况见表2-1～表2-3。

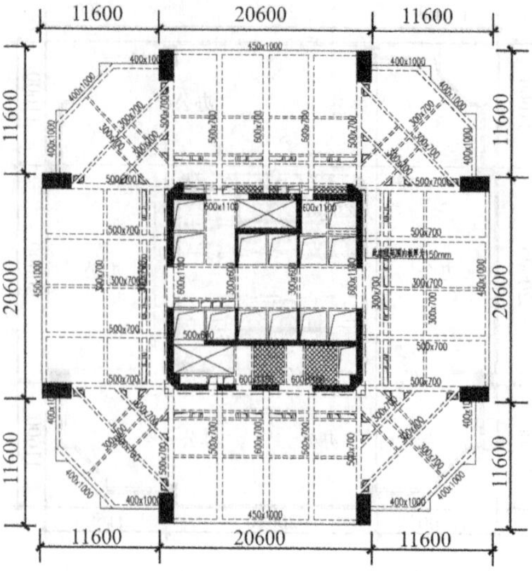

图 2-1 标准层结构平面图（低层酒店）

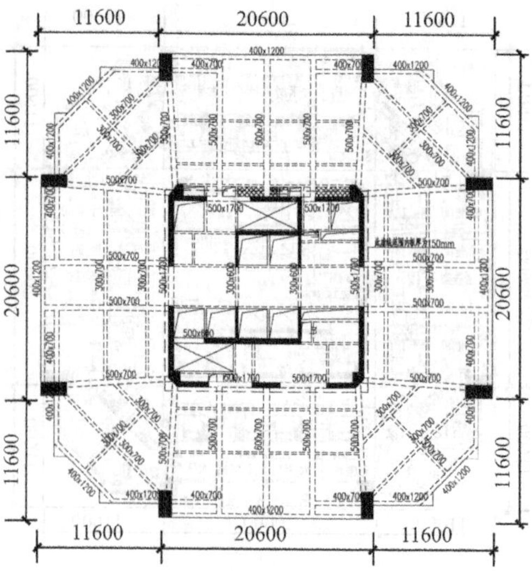

图 2-2 标准层结构平面图（高层办公）

三项及以上不规则判别 **表 2-1**

不规则类型	简要涵义	本工程情况	超限判别
扭转不规则	考虑偶然偏心的扭转位移比大于 1.2	最大值 1.15	否
偏心布置	偏心率大于 0.15 或相邻层质心大于相应边长 15%	无	
凹凸不规则	平面凹凸尺寸，大于相应投影方向总尺寸的 30%等	无	否
组合平面	细腰形或角部重叠形	无	
楼板不连续	有效宽度小于 50%，开洞面积大于 30%，错层大于梁高	2 层楼板有效宽度小于该层楼板宽度的 50%	是
刚度突变	相邻层刚度变化大于 70%或连续三层变化大于 80%	满足侧向刚度要求	否
尺寸突变	竖向构件位置缩进大于 25%或外挑大于 10%和 4m，多塔	无	
构件间断	上下墙、柱、支撑不连续，含加强层、连体类	无	否
承载力突变	相邻层受剪承载力变化大于 80%	无	否
不规则情况总结	不规则项 1 项		

两项不规则判别 **表 2-2**

序号	不规则类型	简要涵义	本工程情况	超限判别
1	扭转偏大	裙房以上的较多楼层，考虑偶然偏心的扭转位移比大于 1.4	X 向 1.15（5 层） Y 向 1.12（5 层）	否
2	抗扭刚度弱	扭转周期比大于 0.9，混合结构扭转周期比大于 0.85	无	否
3	层刚度偏小	本层侧向刚度小于相邻层的 50%	无	否
4	塔楼偏置	单塔或多塔与大底盘的质心偏心距大于底盘相应边长 20%	无	否
不规则情况总结		不规则项 0 项		

某一项不规则判别 表 2-3

序号	不规则类型	简要涵义	本工程	超限判别
1	高位转换	框支墙体转换构件位置：7度超过5层，8度超过3层	无	否
2	厚板转换	7～9度设防的厚板转换结构	无	否
3	复杂连接	各部分层数、刚度、布置不同的错层，两端塔楼高度、体型或振动周期显著不同的连体结构	无	否
4	多重复杂	结构同时具有转换层、加强层、错层、连体和多塔等复杂类型的3种	无	否
不规则情况总结		不规则项0项		

综上所述，本工程高度超过B级高度，同时存在扭转不规则、楼板不连续、二层局部穿层柱3项不规则，本工程属超B级高度的不规则超限高层建筑。

3 超限应对措施及分析结论

3.1 超限应对措施

3.1.1 分析模型及分析软件

（1）分别采用SATWE和广厦2个不同力学模型的程序对结构进行对比计算，判断结构计算模型的合理性。

（2）取规范反应谱和安评反应谱两者的不利值作为小震计算分析参数。

（3）选取2组场地人工地震波和5组实际地震记录波对结构进行小震作用下的弹性时程补充分析，取其平均值与CQC法两者中的大值用于构件设计。

（4）采用抗震性能设计，通过对结构进行小震、中震和大震作用下的计算分析，保证结构能达到性能C的抗震性能目标。采用SATWE进行中震作用下的近似分析。

（5）罕遇地震作用下，采用PKPM软件对结构进行动力弹塑性时程分析，验证结构能否满足大震阶段的抗震性能目标，并寻找薄弱楼层与薄弱构件，对薄弱部位制订相应的加强措施。

（6）采用ETABS建立弹性楼板模型，分析斜柱部分的楼板应力及角部楼板舒适度，根据分析结果进行相应加强。

3.1.2 抗震设防标准

本项目为酒店、办公大楼，上部建筑面积约5.8万m^2，抗震设防类别为普通设防类（丙类），抗震设防烈度7度，抗震计算及抗震措施均按7度考虑。其抗震等级如表3-1所示。

抗震等级 表 3-1

部位	构件	抗震等级
地下3层	框架	二级
	剪力墙	二级
地下2层	框架	一级
	剪力墙	一级

续表

部位	构件	抗震等级
地下1层～4层	框架	特一级
	剪力墙	特一级
5层～顶层	框架	一级
	剪力墙	一级

3.1.3 抗震性能目标

结构总体按C级性能目标要求，根据结构可能出现的薄弱部位及需要加强的关键部位，具体性能目标要求如表3-2所示。

结构抗震性能目标 **表3-2**

项目		小震	中震	大震
性能目标等级		C		
性能水准		1	3	4
结构宏观性能目标		完好、无损坏	轻度损坏	中度损坏
层间位移角限值		1/678	—	1/100
关键构件	剪力墙底部加强部位	无损坏	轻微损坏，即受剪弹性，压弯不屈服	轻度损坏
	塔楼底部外框柱			
	斜柱起始楼层与斜柱相交的梁			
普通竖向构件		无损坏	轻微损坏，即受剪弹性，压弯不屈服	部分构件中度损坏，即受剪满足截面限制条件，受弯屈服
耗能构件	框架梁、连梁	无损坏	轻度损坏、部分中度损坏，即允许部分受弯屈服	中度损坏、部分比较严重损坏
斜柱起始楼层楼板及2层薄弱楼板		无损坏	无损坏，弹性	—

3.1.4 加强措施

（1）采用抗震性能设计，保证结构能达到性能C的抗震性能目标，抗震构件按照规范要求进行小震、中震配筋包络设计。

（2）将剪力墙底部加强部位、斜柱及与斜柱相连的水平构件定为抗震关键构件。底部加强区处的剪力墙和框架抗震等级为特一级，非底部加强区为一级。

（3）根据楼板应力分析结果，加强连接薄弱部位及斜柱起始楼层34层的楼板厚度及配筋。

（4）对斜柱及其起始楼层相交梁进行内力分析，加强起始楼层相交梁的纵向配筋。

（5）加强剪力墙的构造配筋，以保证剪力墙在罕遇地震作用下不率先出现剪切破坏，并具有良好的延性。

3.2 分析结果

3.2.1 小震及风荷载分析结果

采用SATWE软件进行弹性整体计算分析，并用GSSAP软件进行校核对比分析。楼面荷载按规范与实际做法取值。用于舒适度验算的10年一遇基本风压为 $w_0=0.35\text{kN/m}^2$，用于水平位移计算的50年一遇基本风压为 $w_0=0.6\text{kN/m}^2$，用于承载力设计的风压取50年一遇基本风压的1.1倍。地面粗糙度为C类，建筑体型系数 $\mu_s=1.30$。主要计算结果见表3-3。

结构分析主要结果汇总 **表3-3**

项目		限值	SATWE软件	GSSAP软件	备注
前3周期（s）	T_1	—	4.9234（X=0.0，Y=1.0，T=0.0）	5.1163（X=0.0，Y=1.0，T=0.0）	
	T_2	—	4.6961（X=1.0，Y=0.0，T=0.0）	4.8965（X=1.0，Y=0.0，T=0.0）	
	T_3	—	2.6060（X=0.0，Y=0.0，T=1.0）	2.9107（X=0.0，Y=0.0，T=1.0）	
第1扭转/第1平动周期		≤0.85	0.53	0.56	
总重力荷载（恒+活）（kN）		—	1249198.75	1218041	
典型标准层单位面积重度（kN/m^2）		—	16.53	16.24	
地震作用下基底（结构首层）剪力（kN）	X向	—	15303	14915	
	Y向	—	15389	14681	
基底（结构首层）剪重比	X向	1.24%	1.31%	1.25%	
	Y向	1.20%	1.32%	1.23%	
地震作用下基底倾覆弯矩（kN·m）	X向	—	1788374	1735997	
	Y向	—	1787003	1716451	
风荷载作用下基底剪力（kN）	X向	—	12827.8	12494.6	
	Y向	—	12760.6	12494.6	
风荷载作用下基底倾覆弯矩（kN·m）	X向	—	1703828.2	1692907	
	Y向	—	1694331.0	1658556	
地震作用下最大层间位移角	X向	1/678	1/978（33层）	1/891（33层）	
	Y向		1/875（29层）	1/844（26层）	
风荷载作用下最大层间位移角	X向	1/678	1/1026（32层）	1/1010（32层）	
	Y向		1/947（29层）	1/961（26层）	
规定水平力作用下最大扭转位移比	X向	≤1.4	1.15（5层）	1.13（6层）	
	Y向		1.12（5层）	1.09（6层）	
最小楼层侧向刚度比	X向	≥1	1.1256（24层）	1.03（25层）	侧向刚度采用层剪力比层间位移角的算法
	Y向		1.1434（35层）	1.01（27层）	
最小楼层受剪承载力比	X向	≥80%	0.89（9层）	0.86（9层）	与相邻上层之比
	Y向		0.88（9层）	0.85（9层）	
刚重比	X向	≥1.4	2.18	1.7	刚重比小于2.7，需考虑重力二阶效应
	Y向		2.03	1.6	
最大楼层质量比		≤1.5	1.45（50层）	1.38（49层）	与相邻下层相比
结构底层框架承担的倾覆力矩比	X向	—	14.17%		
	Y向	—	14.43%		

续表

项目		限值	SATWE 软件	GSSAP 软件	备注
框架部分的地震剪力最大值与底部总剪力的比例	X 向	≥10%	10.7%（39 层）		
	Y 向	≥10%	10.5%（39 层）		
顺风向结构顶点风振加速度	X 向	≤0.25m/s²	0.055		
	Y 向	≤0.25m/s²	0.054		
横风向结构顶点风振加速度	X 向	≤0.25m/s²	0.055		
	Y 向	≤0.25m/s²	0.064		

小震计算结果显示两个软件的计算结果基本接近，表明计算模型基本准确、合理。各项整体计算指标、各构件的强度及变形等均能满足规范要求。

3.2.2 中震分析结果

采用等效弹性方法进行中震作用下的性能分析，连梁刚度折减系数取 0.4，结构阻尼比取 0.06，中震分析的地震动参数按规范取值：$\alpha_{max}=0.23$，$T_g=0.45$。采用 SATWE 软件计算。中震验算结果表明，标准层除部分连梁出现受弯屈服（受剪不屈服），进入“中度损坏”外，其他大部分连梁以及竖向构件和框架梁均为不屈服，满足“轻微损坏”的要求。

3.2.3 罕遇地震分析结果

采用动力弹塑性时程分析法进行分析，主要指标见表 3-4，可见最大弹塑性层间位移角满足小于 1/100 的预设目标。

弹塑性时程分析的主要指标（包络值） **表 3-4**

指标	X 向	Y 向
顶点位移（m）	0.806	0.878
最大层间位移角	1/192	1/186
性能目标 C 层间位移角限值	1/100	1/100
基底剪力（kN）	75443	73405
与 SATWE 小震基底剪力之比	4.93	4.77

3.2.4 特殊、关键构件和楼板特殊部位的分析验算

（1）楼盖竖向舒适度验算

本工程四个角部外框梁悬挑 6m 左右，悬挑跨度较大，需对其进行竖向舒适度验算。选取最不利的典型楼层楼盖，采用 ETABS 分析其竖向振动特性，分析时阻尼比取 0.03，计算得到楼盖结构的第 1 竖向振型对应的竖向自振频率为 6.6Hz，满足规范不宜小于 3Hz 的要求。

（2）斜柱及其起始楼层相交梁及楼板内力分析

本工程 34 层以上框架柱逐渐向核心筒呈中心对称状倾斜，在起始楼层的框架梁及楼板产生拉力。

计算相连框架梁承受的拉力时，不考虑楼板的作用，提取大震作用下斜柱最大轴力，进行内力及配筋分析。在罕遇地震作用下，34 层框架斜柱最大轴力为 28120kN，柱与竖直方向夹角为 4.5°，因此主梁承受拉力为 2200kN，需要贯通筋为 2200000/400＝5500mm²，梁配筋设计时将另加 5500mm² 的全长贯通筋，均匀布置在梁顶、梁底和侧面，

则可以满足大震作用下由斜柱引起的梁抗拉需求。

在分析楼板因斜柱产生的拉力时，对34层以上的楼板设成弹性膜模型，在ETABS中进行楼板应力分析。分析结果表明，在常遇地震作用下，34层楼板局部薄弱部位正应力X向和Y向（设计值）最大值分别为0.59MPa、0.52MPa。所有楼板正应力均小于f_t=1.43MPa，楼板处于弹性状态；偏于安全地以常遇地震作用下最大正应力乘上放大系数0.23/0.08=2.875，即0.59MPa×2.875=1.7MPa作为设防地震下的应力值，在斜柱的起始楼层楼板配双层双向8@200拉通筋，可抵抗由斜柱产生的水平拉力。

（3）其他特殊构件的分析

针对2层存在楼板不连续及穿层柱等不利影响，进行了薄弱楼层楼板应力分析、穿层柱稳定性分析及1、2层并层对比分析，因篇幅所限，不逐一介绍。

4 抗震设防专项审查意见

2013年4月16日，佛山市顺德区国土城建和水利局在顺德顺建审图中心会议室主持召开“海骏达城市广场1号楼”超限高层建筑抗震设防专项审查会，广东省建筑设计研究院陈星总工程师任专家组组长。与会专家听取了广州瀚华建筑设计有限公司关于该工程抗震设防设计的情况汇报，审阅了送审材料。经认真审议，提出审查意见如下：

（1）完善送审文本和抗震性能目标内容。

（2）补充斜柱及起始层楼板的内力分析，并提高相关构件抗震性能。

（3）2层大开洞穿层柱较多，应补充柱稳定和1、2层并层分析，并加强3层框架和各层外环梁刚度。

（4）应提高核心筒的整体性，底部加强区剪力墙和框架抗震等级应提高为特一级，剪跨比过小短柱应进一步加强。

（5）四角悬臂梁应考虑竖向地震作用，结构布置宜优化。

审查结论：通过。

5 点评

（1）本建筑平面每个方向的长度均为43.8m，外框柱通过两边梁悬挑及大间距，每一边仅设2个大柱子，柱的间距达到19.4m，外框梁在低层酒店层为1m高、在高层办公层为1.2m高，满足了建筑所需要的大面积、开阔景观视野的功能要求；通过针对外框梁的大跨度及大悬挑进行扰度及舒适的计算并采用相应加强措施，也满足了结构安全要求。

（2）因建筑造型的需要，外框柱从第34层开始至顶层逐渐向核心筒呈中心对称状倾斜收进。对收进部分的梁板进行应力分析，并采用相应加强措施。

47 大白庙A6地块超高层办公楼

关　　键　　词：超B级高度；框架-核心筒结构；抗震性能设计；动力弹塑性分析
结构主要设计人：郑少昌　郑建东　姚永革　周　因
设　计　单　位：广州瀚华建筑设计有限公司

1 工程概况

本项目位于昆明市北京路大白庙A6地块，东起北京路延长线、北至金江路和金康园、南至白云路、西至金禧园。建筑用地面积7828.39m²，总建筑面积126560.42m²，设3层地下室，底板面标高－14.9m；地面以上53层，下部设5层裙楼，裙楼层高5.1～6m，标准层层高4.2m，地面以上总高度234.7m，两向的高宽比分别为6.3、4.1。建筑效果图如图1-1所示，剖面图如图1-2所示，典型楼层的建筑平面图如图1-3所示。

根据规范，本工程结构安全等级为一级，结构重要性系数为1.1；建筑结构抗震设防类别为乙类；地基基础设计等级为甲级；结构抗震设防烈度为8度；建筑场地类别为Ⅱ类，基本风压按《建筑结构荷载规范》GB 50009—2012取0.30kN/m²。

图1-1　建筑效果图

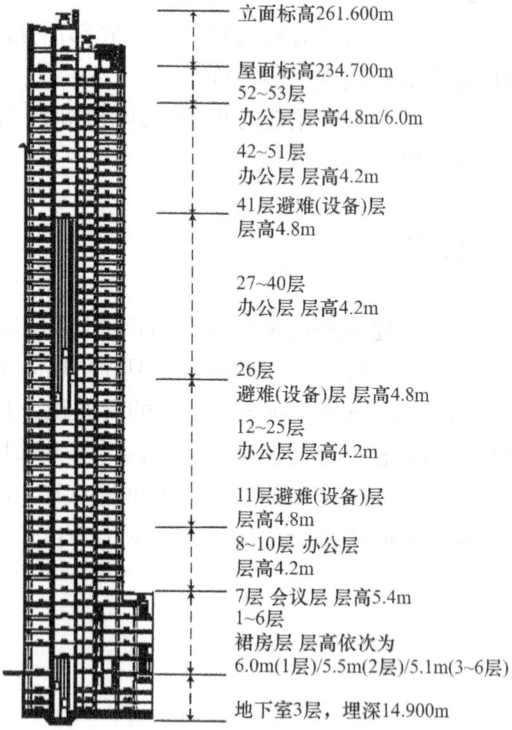

图1-2　剖面图

2 结构体系及超限情况

2.1 结构体系

本工程由于最大高宽比为 6.3，仅比规范建议的适用高宽比 6 略大（核心筒 Y 向的高宽比为 13.6），故结构较容易达到合适的刚度。经对多个结构方案的试算比对，并与业主共同协商后，采用技术成熟、造价合理的钢筋混凝土框架-核心筒结构体系。中部落地核心筒为主要的抗侧力构件，结合建筑平面及立面造型，外围布置 16 根首层直径为 1600mm 的圆柱，以稀疏框架的形式来满足高档办公楼大面积、开阔景观视野及尽量增加实用建筑面积的功能要求，同时，可满足裙楼商业的需要。经对比分析设加强层与不设加强层的小震计算结果，发现不设加强层时结构仍能满足规范有关整体计算指标，且避免了加强层带来的刚度和内力突变，故最后决定采用不设加强层的外框架＋核心筒体系。

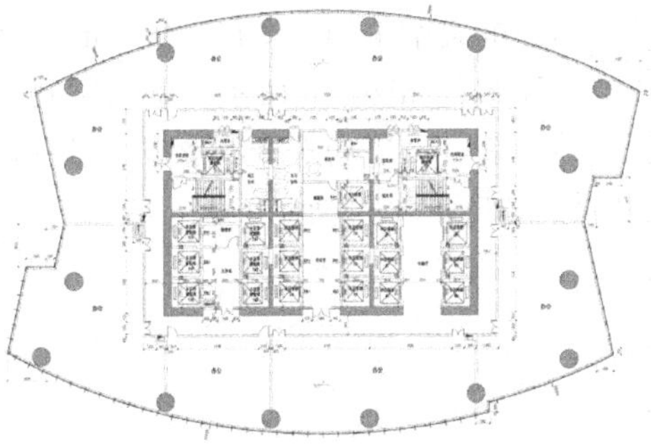

图 1-3　标准层建筑平面图

2.1.1 外框柱

配合建筑平面功能及立面造型的需要，沿建筑外围共布置了 16 根框架圆柱，其中第 23 层及以下为型钢混凝土柱，23 层以上为钢筋混凝土柱，框架柱直径由底部的 1600mm 渐变至顶部的 1400mm。框架柱的截面尺寸、混凝土强度等级沿高度的变化如图 2-1 所示。

钢筋混凝土核心筒沿建筑全高连续贯通布置，核心筒周边剪力墙厚度由底部的 1200mm 渐变至顶部的 600mm。剪力墙厚度、混凝土强度等级沿高度的变化如图 2-2 所示。

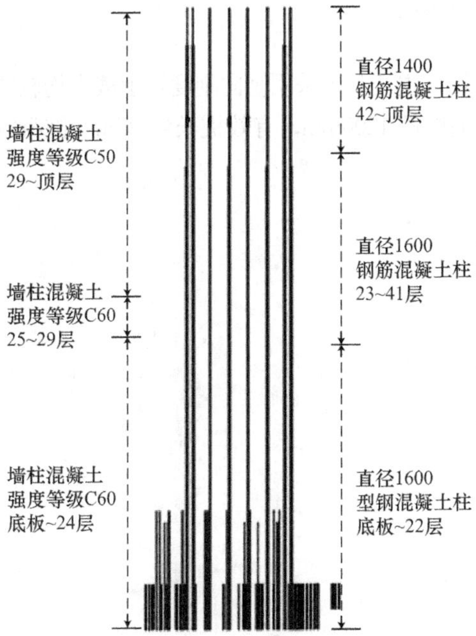

图 2-1　外框柱竖向变化

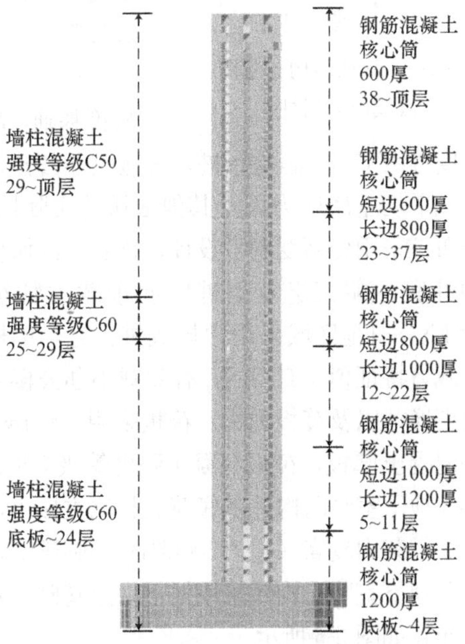

图 2-2　核心筒剪力墙竖向变化

2.1.2 楼盖体系

采用普通钢筋混凝土梁板式楼盖系统，结合结构 Y 向宽度较小的平面特点，Y 向框架柱、梁与核心筒 Y 向墙取对齐布置，主要框架梁采用 $B\times H=1000\text{mm}\times700\text{mm}$ 的宽扁梁，周边框架梁采用 $B\times H=400\text{mm}\times1000\text{mm}$，以提供较大的 Y 向刚度和抗扭刚度。标准层平面布置如图 2-3 所示。梁板混凝土强度等级地下室至天面均为 C30。

结构首、二层局部开洞形成 7 条穿层柱，如图 2-4 所示。顶部楼层因造型需要，局部为斜柱，如图 2-5 所示。

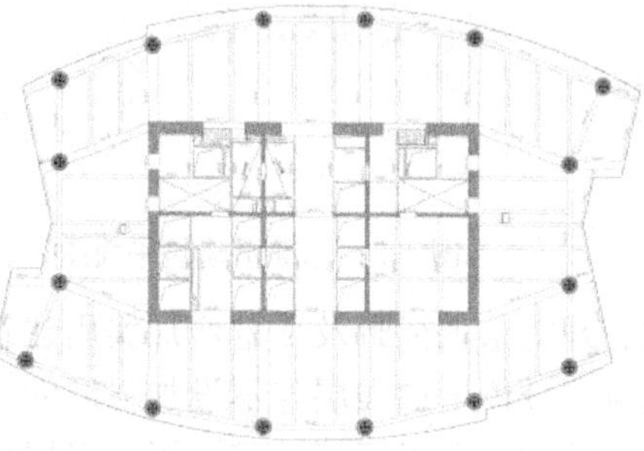

图 2-3 结构标准层平面

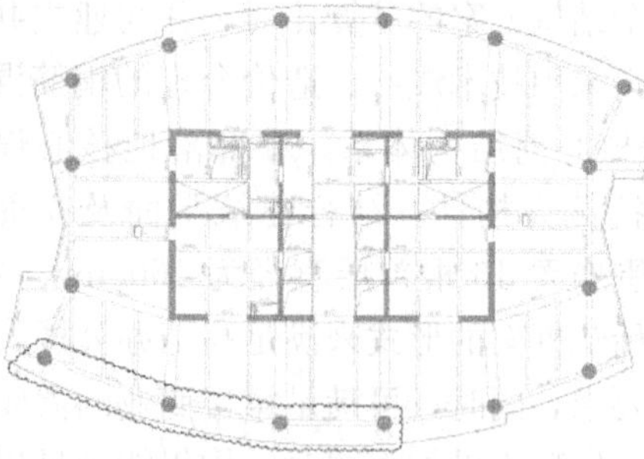

图 2-4 二层结构布置图（云线内为穿层柱）

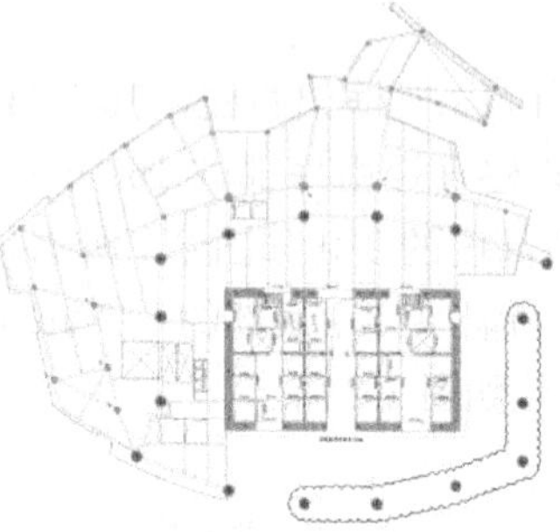

图 2-5 斜柱结构布置图（云线内为斜柱）

2.2 地基和基础设计方案

2.2.1 地质概况

本项目位于滇池断陷盆地北部边缘地带龙盘江Ⅰ级阶地，地下室开挖后，底板以下为深厚的第四系全新世和更新世冲洪积层，主要为稍密—中密的圆砾层，中间夹有多层可塑—硬塑黏土层。

2.2.2 基础设计

经多方案比较，主楼基础采用竖向刚度及承载力均较高的桩筏基础，灌注桩桩径 1200mm，有效桩长约 35m，桩身混凝土强度等级 C35，满堂布桩。为适应办公楼核心筒区域平均基底应力大于其他区域的实际情况，基础布桩采用变刚度调平设计，核心筒区域桩拟采用桩底注浆工艺，单桩竖向承载力特征值 12500kN，其他区域采用常规成桩工艺，单桩竖向承载力特征值 10000kN，有效减小办公楼基底竖向变形差以及筏板内力。筏板采用 3000mm 厚钢筋混凝土厚板，筏板混凝土强度等级 C40。因裙楼及地下室竖向构件基底荷载相比主楼小，而基底为承载力较高（$f_{ak}\geqslant500\text{kPa}$）的圆砾层，故裙楼及地下室竖向构件采用柱下独立基础。基础平面布置如图 2-6 所示。

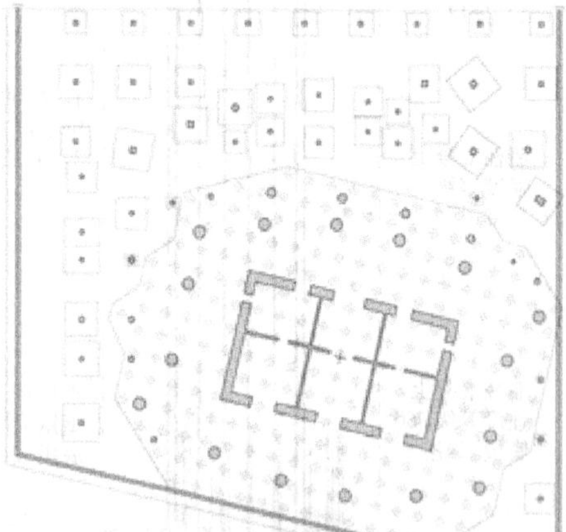

图 2-6 基础平面布置

2.3 设计条件

2.3.1 结构设计分类、等级与地震参数

根据《工程结构可靠性设计统一标准》GB 50153—2008、《建筑抗震设防分类标准》GB 50223—2008、《高层建筑混凝土结构技术规程》JGJ 3—2010（下文简称《高规》）以及安评报告的相关内容，本工程进行结构分析与设计时，采用分类参数如表2-1所示。

分类参数 **表2-1**

项目	内容	项目	内容
设计基准期	50年	设计基本地震加速度	0.2g
设计使用年限	50年	设计地震分组	第三组
抗震设防类别	乙类	抗震措施烈度	9度
结构安全等级	一级	场地类别	Ⅱ类
基础设计等级	甲级	特征周期	0.45s
抗震计算烈度	8度	阻尼比	0.05

2.3.2 地震作用参数取值

安评报告提供的场地地面小震设计地震动参数与抗震规范的相应参数比较见表2-2；结果表明，小震作用下，基底剪力由规范反应谱控制，因此，小震计算时采用规范反应谱。

小震地震动参数比较 **表2-2**

指标	小震	
	抗震规范	安评报告
水平地震影响系数最大值 α_{max}	0.16	0.195
特征周期 T_g(s)	0.45	0.45
衰减指数 γ	0.9	0.9

2.4 结构超限判别及抗震性能目标

2.4.1 结构超限类型和程度

根据《关于印发〈超限高层建筑工程抗震设防专项审查技术要点〉的通知》（建质〔2010〕109号）（下文简称《技术要点》），对本工程的超限情况判断见表2-3。

（1）特殊类型高层建筑

本工程采用框架-核心筒结构体系，不属于《建筑抗震设计规范》GB 50011—2010（2016年版）（下文简称《抗规》）、《高规》和《高层民用建筑钢结构技术规程》JGJ 99—2015暂未列入的其他高层建筑结构。

（2）高度超限判别

本工程建筑物高234.7m，按《高规》第3.3.1条的规定，框架-核心筒结构8度B级高度钢筋混凝土高层建筑适用的最大高度为140m，本工程属超B级高度超限结构。

（3）不规则类型判别

三项及以上不规则判别见表2-3。两项及一项不规则判别均为否。

三项及以上不规则判别　　表 2-3

序号	不规则类型	简要涵义	本工程情况	超限判别
1a	扭转不规则	考虑偶然偏心的扭转位移比大于 1.2	裙楼最大值 1.14，塔楼最大值 1.08	否
1b	偏心布置	偏心率大于 0.15 或相邻层质心大于相应边长 15%	无	
2a	凹凸不规则	平面凹凸尺寸，大于相应投影方向总尺寸的 30%等	无	否
2b	组合平面	细腰形或角部重叠形	无	
3	楼板不连续	有效宽度小于 50%，开洞面积大于 30%，错层大于梁高	无	否
4a	刚度突变	相邻层刚度变化大于 70%或连续三层变化大于 80%	无	否
4b	尺寸突变	竖向构件位置缩进大于 25%或外挑大于 10%和 4m，多塔	无	
5	构件间断	上下墙、柱、支撑不连续，含加强层、连体类	无	否
6	承载力突变	相邻层受剪承载力变化大于 80%	无	否
7	局部不规则	如局部的穿层柱、斜柱、夹层、个别构件错层或转换	2 层存在穿层柱，顶层存在斜柱	否
不规则情况总结		不规则项 0 项		

2.4.2 超限情况小结

本工程仅于 2 层存在 7 条穿层柱，因穿层柱的长细比较小（为 6.4），经分析，穿层柱的屈曲特征值达 68，故不存在失稳问题；2 层楼板开洞与不开洞的对比计算表明，整体结构指标基本无变化，故认为穿层柱对整体结构影响不大。顶层斜柱因为轴力较小，产生的水平分力也较小，对整体结构影响很小。因此上述两项局部不规则可不计入不规则项。本工程属超 B 级高度的超限高层结构。

2.4.3 抗震性能目标

针对结构高度及不规则情况，设计采用结构抗震性能设计方法进行分析和论证。根据本工程的抗震设防类别、设防烈度、结构类型、超限情况和不规则性，按照《高规》第 3.11 节的相关内容，设定本结构的抗震性能目标为性能 C，不同地震水准下的结构、构件性能水准见表 2-4。其中，层间位移角的限值参照《抗规》的相关规定取用。

结构抗震性能目标及震后性能状况　　表 2-4

项目		小震	中震	大震
性能目标等级		C		
性能水准		1	3	4
结构宏观性能目标		完好、无损坏	轻度损坏，变形小于 3 倍弹性位移限值	中度损坏，变形不大于 0.9 倍塑性变形限值
层间位移角限值		1/530	1/176	1/110
关键构件	剪力墙加强部位	无损坏	轻微损坏	轻度损坏
	塔楼底部外框柱			
普通竖向构件		无损坏	轻微损坏	部分构件中度损坏
耗能构件	框架梁、连梁	无损坏	轻度损坏、部分中度损坏	中度损坏、部分比较严重损坏
一般楼板		无损坏	轻微损坏	中度损坏

注：1～5 层的剪力墙和塔楼框架柱设为关键构件。

3　超限应对措施及分析结论

3.1　超限应对措施

3.1.1　分析模型及分析软件

（1）分别采用 SATWE 和 ETABS 两个不同力学模型的程序对结构进行对比计算，判断结构计算模型的合理性。

（2）取规范反应谱和安评反应谱两者的不利值作为小震计算分析的参数。

（3）选取 2 组场地人工地震波和 5 组实际地震记录波对结构作小震作用下的弹性时程补充分析，取其平均值与 CQC 法两者中的大值用于构件设计。

（4）采用 SATWE 进行中震作用下的近似分析。

（5）罕遇地震作用下，对结构采用 PKPM 进行静力弹塑性分析（Push-over），并采用 Perform-3D 进行动力弹塑性时程分析，验证结构能否满足大震阶段的抗震性能目标，并寻找薄弱楼层与薄弱构件，对薄弱部位制订相应的加强措施。

（6）采用 ETABS 建立弹性楼板模型，分析楼板应力，对楼板薄弱部位进行加强。

（7）采用 MIDAS/Gen 模拟实际施工中结构逐层搭建和加载的方法，考虑钢筋混凝土随时间变化的徐变收缩特性，分析混凝土徐变收缩变形对结构的影响。

3.1.2　抗震设防标准、性能目标及加强措施

（1）核心筒剪力墙、框架的抗震等级均按特一级。

（2）采用抗震性能设计，通过对结构进行小震、中震和大震作用下的计算分析，保证结构达到性能 C 的抗震性能目标。

（3）23 层以下采用型钢混凝土柱，以提高框架柱的抗震延性。

（4）−2～5 层采用型钢混凝土剪力墙筒体，加强底部加强区剪力墙的延性。

（5）适当加强剪力墙构造配筋，保证剪力墙在罕遇地震作用下不率先出现剪切破坏，并具有良好的延性。

3.2　分析结果

3.2.1　小震及风荷载作用分析

小震及风荷载作用分析结果汇总见表 3-1。

小震及风荷载作用分析结果汇总　　表 3-1

项目		限值	SATWE 软件	ETABS 软件	备注
前 3 周期（s）	T_1（方向因子）	—	5.71（X=0，Y=1，T=0）	5.88（X=0，Y=1，T=0）	
	T_2（方向因子）	—	4.31（X=1，Y=0，T=0）	4.67（X=1，Y=0，T=0）	
	T_3（方向因子）	—	2.78（X=0，Y=0，T=1）	3.76（X=0，Y=0，T=1）	
第 1 扭转周期/第 1 平动周期		≤0.85	0.486	0.64	
总重力荷载（恒+活）（kN）		—	2689768	2669000	

续表

项目		限值	SATWE 软件	ETABS 软件	备注
典型标准层单位面积重度（kN/m²）		—	16.62	—	
地震作用下基底（结构首层）剪力（kN）	X 向	—	51662	46980	
	Y 向	—	46444	43720	
基底（结构首层）剪重比	X 向	2.4%	2.88%	2.6%	
	Y 向	2.4%	2.60%	2.4%	
地震作用下基底（结构首层）倾覆弯矩（kN·m）	X 向	—	6390495	6137000	
	Y 向	—	5499137	5449000	
风荷载作用下基底（结构首层）剪力（kN）	X 向	—	9105	8769	
	Y 向	—	14956	13620	
风荷载作用下基底（结构首层）倾覆弯矩（kN·m）	X 向	—	1334971	1315000	
	Y 向	—	2312786	2214000	
地震作用下最大层间位移角	X 向	1/530	1/822（42 层）	1/759（36 层）	
	Y 向		1/540（48 层）	1/546（44 层）	
风荷载作用下最大层间位移角	X 向	1/530	1/4293（37 层）	1/3860（35 层）	
	Y 向		1/1116[60 层(顶层)]	1/1355[60 层(顶层)]	
规定水平力作用下最大扭转位移比	X 向	≤1.4	1.14 1.08	1.03 1.03	
	Y 向		1.13 1.08	1.05 1.01	
最小楼层侧向刚度比	X 向	≥1	1.55（58 层）	—	侧向刚度采用层剪力比层间位移角的算法
	Y 向		1.51（58 层）	—	
最小楼层受剪承载力比	X 向	≥80%	0.83（42 层）	—	与相邻上层之比
	Y 向		0.83（45 层）	—	
刚重比	X 向	≥1.4	3.15	3.14	刚重比小于 2.7，需考虑重力二阶效应
	Y 向		1.83	1.85	
最大楼层质量比		≤1.5	1.25（56 层）	—	与相邻下层之比

在规定水平力作用下，结构底层（首层）框架部分和核心筒部分承担的剪力和倾覆弯矩比例见表 3-2。分析可知：水平剪力和倾覆弯矩主要由核心筒承担；框架与核心筒分担水平剪力的比例处于框架-核心筒体系的正常水平，框架部分分配的楼层地震剪力标准值的最大值大于结构底部总地震剪力标准值的 10%；对于框架部分分配的楼层地震剪力标准值小于结构底部总地震剪力标准值的 20%的楼层，按结构底部总地震剪力标准值的 20%和框架部分分配的最大楼层地震剪力标准值的 1.5 倍二者的较小值进行调整。

结构底层框架与核心筒承担剪力和倾覆弯矩的比例 **表 3-2**

方向	剪力（kN）					倾覆弯矩（kN·m）				
	总剪力	框架部分		核心筒部分		总倾覆弯矩	框架部分		核心筒部分	
		剪力	比例	剪力	比例		弯矩	比例	弯矩	比例
X	54351	4470	8.22%	49881	91.78%	7908215.4	979444.9	12.39%	6928770.5	87.61%
Y	49151	7310	14.87%	41841	85.13%	7097129.5	1396371.0	19.68%	5700158.5	80.32%

3.2.2 中震作用分析

(1) 层间位移角

中震作用下的最大层间位移角见表 3-3，均能满足所设定的性能目标要求。

模型中震作用下的最大层间位移角 表 3-3

项目	X 向	Y 向
最大层间位移角 θ	1/269	1/198
θ 所在层	32	44
性能目标	1/176	1/176

(2) 构件性能分析

中震验算结果表明，标准层除部分连梁出现受弯屈服（受剪不屈服），进入“中度损坏”外，其他大部分连梁以及竖向构件和框架梁均为不屈服，满足“轻微损坏”的要求，故抗震构件能满足所设定的性能目标要求。

3.2.3 罕遇地震作用下的静力弹塑性分析

为了解结构在罕遇地震作用下的性能及结构薄弱部位，本工程进行了罕遇地震作用下的静力弹塑性分析及弹塑性时程分析，图 3-1 为采用 PKPM 进行推覆分析（Push-over）的位移曲线。

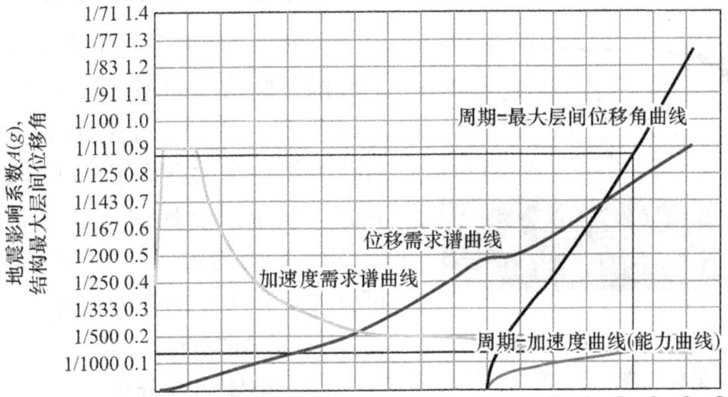

图 3-1 需求能力谱曲线

通过静力弹塑性分析结果，可以作出如下分析：

(1) 部分剪力墙出现弯曲裂缝，但尚未达到钢筋屈服，均未见有呈剪切破坏特征的交叉状裂缝，因此剪力墙基本满足“轻度损伤”的性能目标。

(2) 框架柱均未出现塑性铰，因此钢筋尚未屈服，满足“轻度损伤”的性能目标。

(3) 较多连梁和部分框架梁出现塑性铰，局部短连梁的塑性铰达到比较严重损坏的程度，但大部分均未出现剪切铰，故能满足“中度损坏、部分比较严重损坏”抗震性能目标。

(4) 静力推覆的计算性能点的可见最大弹塑性层间位移角为 1/115，满足小于 1/110 的预设目标。

3.2.4 罕遇地震作用下的弹塑性时程分析

本工程罕遇地震作用下的弹塑性时程分析采用 Perform-3D 进行计算，采用 2 组天然波［L196（主）和 L197（次）、L283（主）和 L284（次）］及 1 组人工波［L8501（主）和 L8502（次）］，频谱特性比较结果表明，各条波的弹性反应谱在基本振型周期点处与规范反应谱相差均不超过 20%，满足统计意义上相符的要求。

各组地震波作用下结构主要整体计算指标见表 3-4，可见最大弹塑性层间位移角为 1/128，小于预设的性能目标 1/110。

大震作用下结构的整体计算指标 **表 3-4**

指标		天然波 L196-197	天然波 L283-284	人工波 L8501-8502
		主方向	主方向	主方向
最大基底剪力（kN）	X	195819	183564	171300
	Y	167390	203078	205223
最大剪重比	X	9.70%	9.10%	8.49%
	Y	8.30%	10.06%	10.17%
最大顶点位移（mm）	X	689	876	804
	Y	932	1398	1314
最大层间位移角	X	1/190（44 层）	1/180（23 层）	1/187（31 层）
	Y	1/178（45 层）	1/128（31 层）	1/142（48 层）

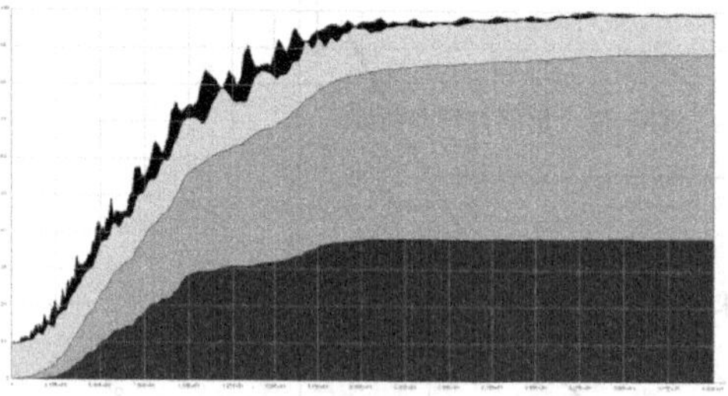

图 3-2 天然波 L196-197 作用下的结构能量耗散图

天然波 L196-197 作用下结构对地震能量的耗散分配情况如图 3-2 所示。从能量耗散图可以看到，滞回耗能约占总耗能量的 40%，可认为结构在大震作用下基本处于中等非线性状态。在滞回能耗中，剪力墙约占 20%，连梁及框架梁约占 80%，柱基本不参与耗能。可见连梁是主要的耗能构件。

3.2.5 关键或特殊结构、构件设计

（1）整体屈曲分析

本工程首层大堂局部为两层高，其中有 5 根柱为跃层柱，由于底部轴压力较大，有可能导致跃层柱局部失稳。为此，采用 MIDAS/Gen 进行整体屈曲分析以考察其稳定性。屈曲分析表明，结构在 9.25 倍竖向荷载作用下出现第一屈曲模态，为结构整体失稳；在 68 倍竖向荷载作用下，首层大堂跃层柱出现屈曲。这都在结构的极限承载力之上，因此可以判定，在满足承载力要求的前提下，现有设计不会发生屈曲。

（2）考虑混凝土徐变收缩的施工模拟分析

本工程采用 MIDAS/Gen 模拟实际施工中结构逐层搭建和加载的方法，考虑混凝土和型钢混凝土随时间变化的徐变收缩特性，分析混凝土徐变收缩变形对结构的影响，计算终止时间为主体封顶后 1 年，预估总共为 746 天。核心筒角点考虑施工模拟后的竖向压缩变形曲线如图 3-3 所示。

分析结果表明，考虑混凝土徐变收缩影响对楼面水平平整度和层高、非结构构件的影响基本可忽略不计，对结构构件的影响也不大，不需采取特别的处理措施。

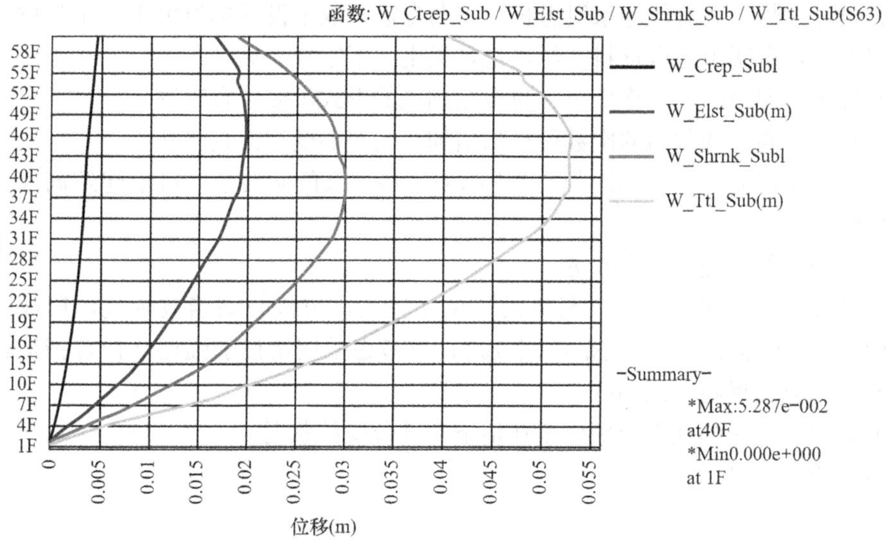

图 3-3　核心筒角点处的竖向压缩变形（封顶后 1 年）

（3）楼板应力分析

采用 ETABS 建立弹性膜楼板模型，分析楼板应力可得，全楼平面最大剪应力约 1.1MPa，最大拉应力约 3.8MPa。

由于核心筒形成了空间约束作用较强的筒体效应，因此标准层楼板的应力传递路径是连续的，并未出现薄弱部位，拟对核心筒附近的楼板采取适当的加强措施。实际设计时将参考应力分析结果，对相关板带的内力作平均化处理，并叠加正常使用竖向荷载作用下的内力，按中震不屈服进行配筋。

（4）节点有限元分析

标准层在中部的框架梁与核心筒内隔墙肢平面内相交处的节点，梁宽达 600mm，而为其提供平面内约束的核心筒内部剪力墙厚度仅为 300mm，梁端与内隔墙肢之间为 500mm 厚的核心筒外缘墙肢。从受力角度分析，需研究 300mm 厚的剪力墙在通过 500mm 厚剪力墙厚度方向的扩散后能否将约束应力均匀地传递到 600mm 宽的梁端范围内。

图 3-4 为弹性计算应力云图，由图可见，梁端上、下的拉压应力较为均匀，未出现明显的应力集中现象，故知经 500mm 厚的外缘剪力墙沿厚度扩散后，300mm 厚内隔剪力墙对 600mm 宽梁端实现均匀约束是没有问题的。本工程中该类型节点可以均匀传递约束应力，不需进行特别的节点处理。

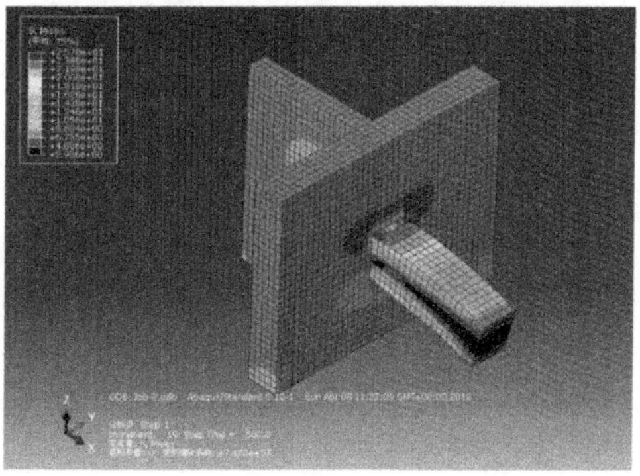

图 3-4　应力云图

4　抗震设防专项审查意见

2012 年 3 月 19 日在北京市召开本项目超限高层建筑工程抗震设防专项审查会，全国工程勘察设计大师王亚勇任专家组组长。与会专家听取了设计单位关于该工程抗震设防设计的情况汇报，审阅了送审资料。经讨论，提出如下审查意见：

（1）柱子内型钢采用翼缘变窄、腹板贴钢板的形式不妥，宜改进。

（2）柱子沿高度变截面的次数可适当增加，但与墙变截面宜错开。

（3）进一步研究－1～53层墙、柱全部采用特一级的必要性，可沿建筑高度逐步降低（墙、柱错开）。

（4）嵌固端的处理形式宜改进。

（5）楼面采用端部加腋的“宽扁梁”尺寸较大，与核心筒墙肢刚接，形成“强梁弱柱”，在核心筒角部支座构造复杂，宜改进；可考虑采用增设加强层（伸臂桁架或加大外框架环梁）的方法提高抗侧刚度。

（6）宜复核中震弹性下个别柱子在地下室部位受拉状况。

审查结论：通过。

5 点评

（1）本工程塔楼结构高度234.7m，结构设计通过概念设计、方案优选、详细的分析及合理的设计构造，采用钢筋混凝土框架-核心筒结构体系，在多遇地震作用下本工程结构的第1扭转与平动周期比、侧向刚度、竖向规则性、扭转位移比等指标均符合规范要求，能达到“小震完好”的性能目标；中震作用下能满足“重要和一般构件不屈服，仅耗能连梁少量屈服”的抗震性能目标；罕遇地震作用下能满足“不严重破坏”的抗震性能目标，因此可认为本工程的结构体系在遭遇地震作用时，结构整体能达到性能C以上的抗震设防目标，结构方案经济合理，抗震性能良好。

（2）因本工程属于高烈度区的超高层建筑，为提高结构的抗震性能，23层以下采用型钢混凝土柱，以提高框架柱的抗震延性，－2～5层采用型钢混凝土剪力墙筒体，加强底部加强区剪力墙的延性。

48 华发研发中心

关　　键　　词： 超高层建筑；框架-核心筒结构；外框型钢混凝土斜柱；核心筒竖向缩进
结构主要设计人： 黄泰赟　边建烽　何铭基　袁　昆
设　计　单　位： 北京市建筑设计研究院有限公司华南设计中心

1　工程概况与设计标准

本工程位于广东省珠海市保税区内，总用地面积约 1.36 万 m^2，总建筑面积约 16.3 万 m^2，项目建筑总平面如图 1-1 所示。华发研发中心大楼主要由办公塔楼、商业裙楼、地下车库以及公共配套功能用房等组成，地上建筑面积约 12.3 万 m^2，其中办公面积约 10.8 万 m^2。办公主塔楼结构总高度 247.5m（幕墙顶高度为 258.5m），地上 56 层，地下 5 层，主塔楼与裙楼不设缝。图 1-2 为建筑竖向功能分布图。

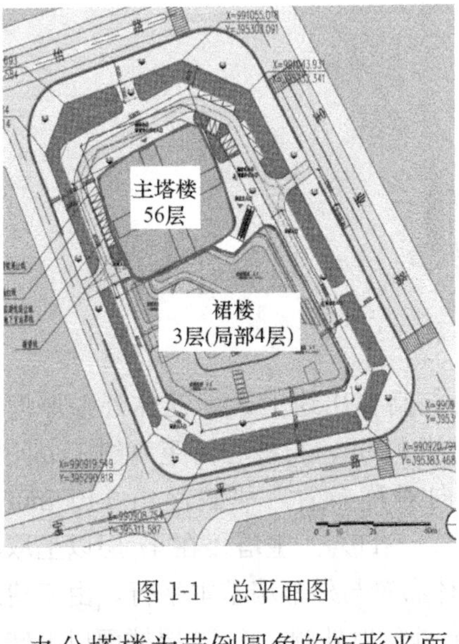

图 1-1　总平面图

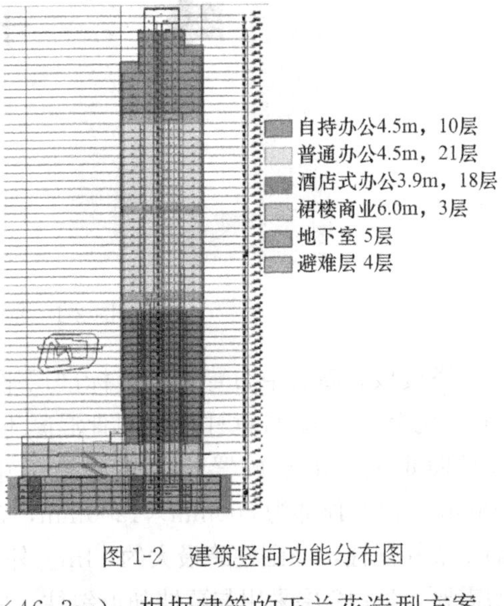

图 1-2　建筑竖向功能分布图

办公塔楼为带倒圆角的矩形平面（48.7m×46.3m）。根据建筑的玉兰花造型方案，建筑体型在底部（1～13 层）由上往下内收约 1.5m，在 53 层处开始逐层收进，结合外围幕墙，形成四片花瓣绽开的造型，建筑效果如图 1-3 所示。

本工程结构设计使用年限为 50 年，结构安全等级为二级，基础设计等级为甲级。根据《建筑抗震设计规范》GB 50011—2010（2016 年版）与《中国地震动参数区划图》GB 18306—2015 的有关规定，本项目抗震设防烈度为 7 度（0.10g），设计地震分组为第二组，场地类别为Ⅲ类。主塔楼属于重点设防类（办公面积超过 8 万 m^2）。

图 1-3　建筑效果图

2　结构体系及超限情况

2.1　结构体系

结合建筑平面功能、高度、结构经济性及受力合理性，本工程地上、地下结构整体不分缝。地上主塔楼部分采用钢筋混凝土框架（钢骨混凝土柱）-钢筋混凝土核心筒结构体系，裙楼部分采用钢筋混凝土少墙框架-剪力墙结构体系。

2.1.1　结构抗侧力体系

主塔楼在风荷载和地震作用下产生的剪力和倾覆弯矩，由外框架与核心筒组成的抗侧力体系共同承担，其中剪力主要由核心筒承担，倾覆弯矩由外框架与核心筒共同承担。结构抗侧力体系如图 2-1 所示。

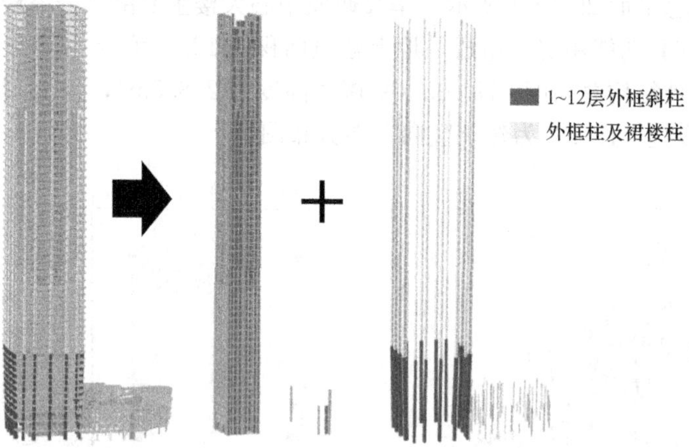

图 2-1　结构抗侧力体系

主塔楼核心筒居中布置于各个标准层平面，核心筒高宽比约 11.4，筒体外壁厚度由 1.5m 变化至 0.5m。外框柱采用钢骨混凝土柱，柱距约 9.9m，与核心筒距离约 11m。外框柱竖向走向、水平放置均以核心筒为中心呈双向对称布置。柱截面由 1400mm×2400mm 变化至顶部为 800mm×1200mm，含钢率为 5%～11%。主塔楼在 47 层以上取消角部 4 根外框柱，外围柱跨最大约 14m。外框柱的总体布置与外幕墙基本平行，由于建筑造型需要，1～12 层采用与幕墙随形斜柱，由下至上向外放射外倾，至 13 层楼面以上转为竖直柱。其中 TKZ4 由于下部建筑功能原因，斜柱需要在 1～3 层进行一次转折，如图 2-2 所示，1～3 层斜柱与地面的夹角约为 82°，4 层以上与其他外框柱以相同方式外倾，与地面的夹角约为 88°。

2.1.2　楼盖结构体系

主塔楼范围内，筒外功能区楼盖结构采用普通混凝土梁＋现浇板承重结构。商业、酒店式办公采用主次梁体系（图 2-3），梁高 700～800mm，一般板厚 100～110mm，部分楼层（如斜柱转折位置层等）加厚为 150mm、180mm。普通办公采用主梁＋大板结构体系（图 2-4），外框梁截面尺寸为 500mm×900mm，其余框架梁高 1000～1300mm，其中部分主梁采用钢骨混凝土梁。与核心筒相连的主框架梁，在与框架柱连接的一端设置一定长度钢骨，以解决梁端钢筋密集的问题，大板跨度约为 9.9m×12m，楼板厚 250mm。核心筒内结构采用钢筋混凝土主次梁结构，筒内楼板厚 120mm，部分楼层加厚至 180mm。

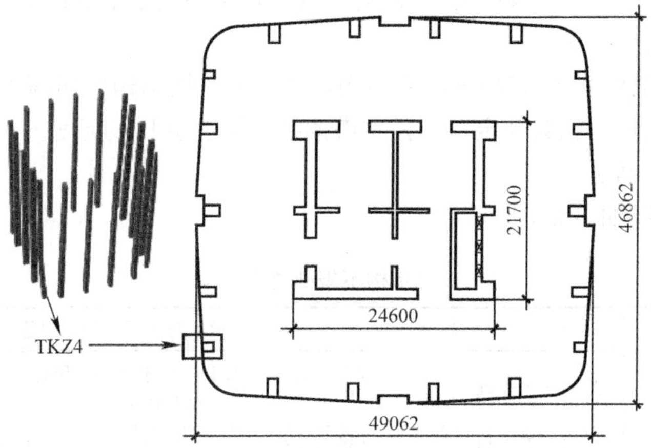

图 2-2　主塔楼核心筒与斜柱示意

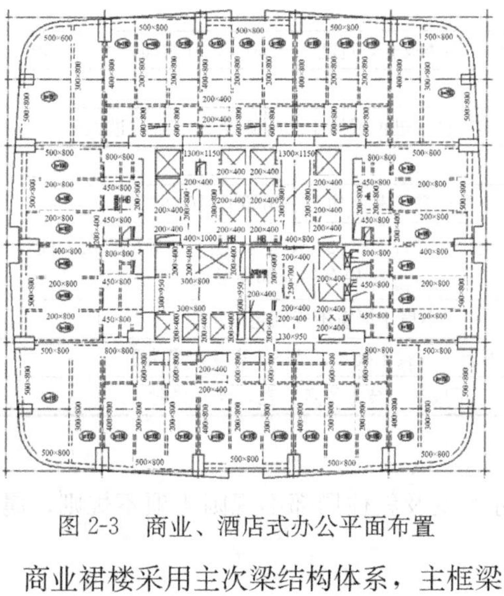

图 2-3　商业、酒店式办公平面布置

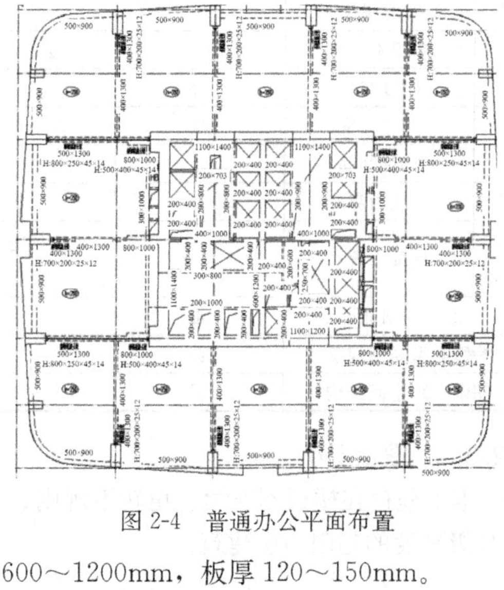

图 2-4　普通办公平面布置

商业裙楼采用主次梁结构体系，主框梁高 600～1200mm，板厚 120～150mm。

地下室结构在主塔楼范围内及设备用房处采用主次梁结构，室外部分采用主梁＋加腋大板结构。－5～－1 层车库区域采用无梁楼盖结构，跨度约 7～12m，板厚 220～250mm，柱顶采用柱帽＋平板托板的形式，高度约 550～800mm。

2.1.3　基础设计

本工程基础采用旋挖水下灌注桩＋防水板（900mm 厚）的结构形式，底板及承台的混凝土强度等级为 C40。抗压灌注桩采用以中风化花岗岩为持力层的端承桩，桩径 1～2m，单桩抗压承载力特征值为 9600～39000kN，预估有效桩长约 15～35m，主塔楼下桩混凝土强度等级为C45，其他区域为C40，其中裙楼范围抗压灌注桩兼作抗拔桩。

2.2 结构的超限情况

参照《住房城乡建设部关于印发〈超限高层建筑工程抗震设防专项审查技术要点〉的通知》（建质〔2015〕67号）（下文简称《技术要点》）和《高层建筑混凝土结构技术规程》JGJ 3—2010（下文简称《高规》）的有关规定，结构超限情况说明如下。

2.2.1 结构高度超限情况

本工程采用钢筋混凝土框架-核心筒结构，办公主塔楼结构屋面高度为247.5m。根据《技术要点》和《高规》相关规定，办公主塔楼结构属于超B级高度。

2.2.2 结构不规则情况

结构不规则情况如表2-1所示。

结构不规则情况　　表2-1

类型		判别	程度与注释（规范限值）
1a	扭转不规则	X向：不规则	首层最大位移比1.53，位于塔楼穿层柱位置，裙楼以上塔楼位移比最大为1.15
		Y向：不规则	2层最大位移比为1.29，裙楼以上塔楼位移比最大为1.21
1b	偏心布置	是	裙楼1～3层的偏心率大于0.15
2a	凹凸不规则	否	
2b	组合平面	否	
3	楼板不连续	是	2层、5层及48层楼板有效宽度小于50%，开洞面积大于>30%
4a	刚度突变	否	
4b	尺寸突变	是	53～56层竖向构件收进位置高于结构高度20%且收进大于25%
5	构件间断	否	
6	承载力突变	否	下层受剪承载力均大于相邻上层的80%
7	局部不规则	是	1～12层外框柱为斜柱，1～3层、4～6层存在局部穿层斜柱，47～49层存在局部穿层柱
显著不规则		否	不属于严重不规则超限工程
特殊类型高层建筑		否	不属于《技术要点》表3、表4定义类别
超限大跨空间结构		否	不属于《技术要点》表5定义类别

2.2.3 超限情况小结

本工程存在楼板不连续、扭转不规则、尺寸突变及斜柱局部不规则4项不规则，属于超B级高度的超限高层建筑。

3 超限应对措施及分析结论

3.1 超限应对措施

3.1.1 分析模型及软件

本工程所采用的分析软件有：YJK-A（V2.0），主要用于整体分析、配筋、楼板分析等；ETABS（V18），主要用于整体分析双软件校核；SAUSAGE（2019版），主要用于罕遇地震作用动力弹塑性分析。

3.1.2 抗震设防标准和性能目标

结合本工程所在场地的地震烈度、结构高度、场地条件、结构类型和不规则情况，选用C级性能目标及相应条件下的抗震水准性能，具体见表3-1。

结构抗震性能设计目标及震后性能状态　　表3-1

项目		多遇地震	设防烈度地震	预估罕遇地震
抗震性能目标		性能1	性能3	性能4
层间位移角限值		1/502	1/250	1/125
关键构件	1～5层核心筒底部加强区剪力墙	无损坏（弹性）	轻微损坏 受剪弹性，受弯不屈服	轻度损坏受 受剪不屈服，压弯可屈服，控制塑性变形
	外框斜柱及其上、下层框架柱	无损坏（弹性）	轻微损坏 受剪弹性，受弯不屈服	轻度损坏 受弯与受剪不屈服
	与外框斜柱相连的框架梁	无损坏（弹性）	轻微损坏 受剪弹性，受弯不屈服	轻度损坏 受弯与受剪不屈服
	外框斜柱转折处混凝土楼盖	无损坏（弹性）	轻微损坏 受剪弹性，受弯不屈服	轻度损坏 受弯与受剪不屈服
耗能构件	连梁、普通楼层框架梁、非悬臂梁及除关键楼板外的其他楼盖	无损伤（弹性）	轻度损坏、部分中度受剪不屈服，部分受弯允许屈服	中度损坏、部分较严重
普通竖向构件	除关键构件外的墙柱	无损伤（弹性）	轻度损坏 受弯不屈服、受剪弹性	部分中度损坏 剪压比≤0.15

3.2 分析结果

3.2.1 风荷载与多遇地震作用分析结果

风荷载与多遇地震作用下，分别采用YJK和ETABS这两个不同力学模型的分析程序进行计算分析，并对结构各整体指标进行对比，如表3-2所示。

结构主要计算结果对比　　表3-2

指标		YJK软件	ETABS软件
计算振型数		27	27
第1、2平动周期（s）		5.784（Y向）	5.892（Y向）
		5.552（X向）	5.566（X向）
第1扭转周期（s）		3.771	3.470
第1扭转/第1平动周期		0.65	0.59
有效质量系数	X	94.70%	95.33%
	Y	92.57%	93.13%
地震作用下基底剪力（kN）	X	37640.2（首层）	38201.9（首层）
	Y	37704.5（首层）	38288.7（首层）
风荷载作用下基底剪力（kN）	X	41694.1（首层）	41685.7（首层）
	Y	42307.6（首层）	42310.4（首层）
结构总质量（不含地下室）（t）		307382	302748

续表

指标		YJK 软件	ETABS 软件
楼层单位质量（t/m²）		2.73	—
剪重比（规范限值 1.2%）	X	1.225%（首层）	1.219%（首层）
	Y	1.227%（首层）	1.290%（首层）
地震作用下倾覆弯矩（kN·m）	X	4773908（首层）	4956079（首层）
	Y	4589621（首层）	4759872（首层）
风荷载作用下倾覆弯矩（kN·m）	X	6144679（首层）	6430506（首层）
	Y	6400309（首层）	6729057（首层）
50 年一遇风荷载作用下最大层间位移角	X	1/803（49 层）	1/780（49 层）
	Y	1/621（49 层）	1/628（49 层）
地震作用下最大层间位移角	X	1/952（49 层）	1/941（49 层）
	Y	1/854（49 层）	1/857（49 层）
考虑偶然偏心最大扭转位移比	X	裙楼：1.53（1 层），塔楼：1.15（6 层）	裙楼：1.45（1 层），塔楼：1.11（12 层）
	Y	裙楼：1.29（2 层），塔楼：1.21（6 层）	裙楼：1.22（2 层），塔楼：1.16（12 层）
构件最大轴压比		0.50（剪力墙），0.66（框架柱）	—
本层塔侧移刚度与上一层相应塔侧移刚度的比值	X	≥1.0	≥1.0
	Y	≥1.0	≥1.0
本层受剪承载力和相邻上层的比值	X	0.85（4 层）	—
	Y	0.80（4 层）	—
嵌固端规定水平力框架柱及短肢墙地震倾覆力矩百分比	X	16%	14%
	Y	17.7%	15.6%
嵌固端框架柱地震剪力百分比	X	12.18%	—
	Y	9.96%	—
刚重比	X	2.254（首层）	—
	Y	2.104（首层）	—
结构顶点风振加速度（m/s²）	X	0.118（横风）	—
	Y	0.113（横风）	—

计算结果表明，两个软件分析得到的主要结果及趋势基本吻合。结构周期比、剪重比、层间位移角、刚度比、刚重比、楼层受剪承载力等整体指标均符合规范要求，结构体系选择恰当。

3.2.2 设防地震作用分析结果

按《高规》的等效弹性方法，利用 YJK 软件对结构进行设防烈度下的结构抗震性能水准 3 验算。表 3-3 为设防烈度地震作用下结构分析主要结果。由表可知，结构基底剪力呈现一定程度的非线性增大，最大层间位移角满足中震对应的性能目标要求，说明结构在宏观上能够实现预定的性能目标。

设防烈度地震作用下等效弹性法主要计算结果 **表 3-3**

指标	X 向	Y 向
最大层间位移角	1/323（36 层）	1/282（49 层）
基底剪力（kN）	91744.9	100178.1

续表

指标	X 向	Y 向
中震与小震或风荷载作用下剪力比值（中震/小震）/（中震/风）	2.44/2.20	2.66/2.37
首层剪重比（%）	2.985%	3.259%
基底倾覆弯矩（kN·m）	12415875.0	11959772.0
中震与小震或风荷载作用下弯矩比值（中震/小震）/（中震/风）	2.60/2.02	2.61/1.87

在中震与风荷载单工况分别作用下，两者结构基底剪力比值为2.20～2.37，可知中震抗剪弹性计算时，底部墙柱的抗剪配筋大部分由中震控制。在中震与风荷载单工况分别作用下，两者结构基底倾覆弯矩比值为1.87～2.02，考虑到中震受弯不屈服计算时荷载采用标准组合、材料强度采用标准值，而风荷载计算时承载力放大1.1倍，且荷载采用基本组合、材料强度采用设计值，经综合考虑分析，底部墙体抗弯需求基本由风荷载与小震组合控制。

3.2.3 罕遇地震作用下动力弹塑性分析结果

主要取地上部分结构作为分析对象，建立SAUSAGE弹塑性有限元分析模型。按规范要求选取5条天然波和2条人工场地波进行罕遇地震动力弹塑性时程分析。

图3-1和图3-2分别给出在不同地震动作用下结构各层的最大层间剪力和最大层间位移角曲线。由图可知，除个别地震动工况外，动力弹塑性分析与反应谱法得到的各层最大层间位移角曲线分布形态基本接近。这表明结构在罕遇地震作用下，没有出现明显的塑性变形集中区和薄弱区。在不同地震动作用下，结构最大层间位移角为1/161，小于预设的性能目标限值1/125，满足要求。

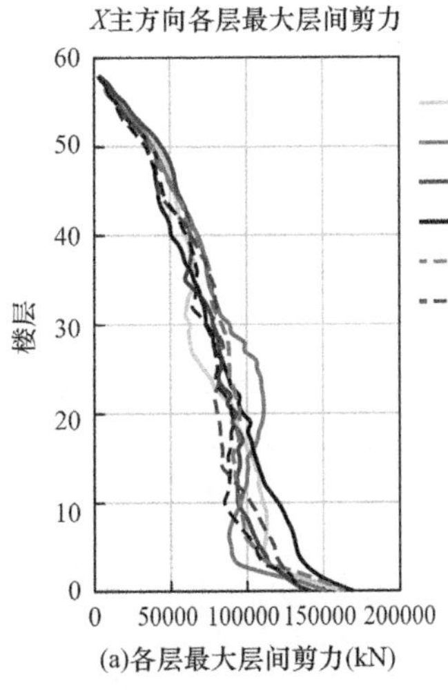

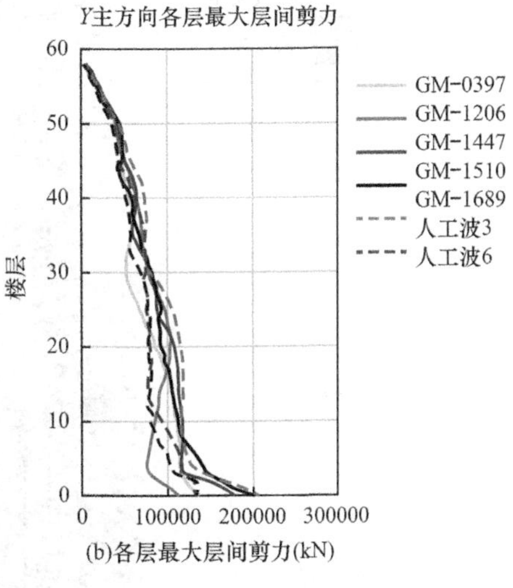

图3-1 结构各层最大层间剪力曲线

图3-3和图3-4分别给出框架部分构件和核心筒墙体的损伤分布情况。由图可知，大部分主框梁处于中度或轻度损伤破坏状态，外框柱基本处于无损或轻度损伤状态。核心筒剪力墙基本处于无损或轻度损伤状态，而大部分连梁处于重度或严重损坏状态。整个分析过程中，墙、柱、梁均满足受剪不屈服要求。综上所述，在罕遇地震作用下，结构整体变形和构件均达到了预期的性能目标。

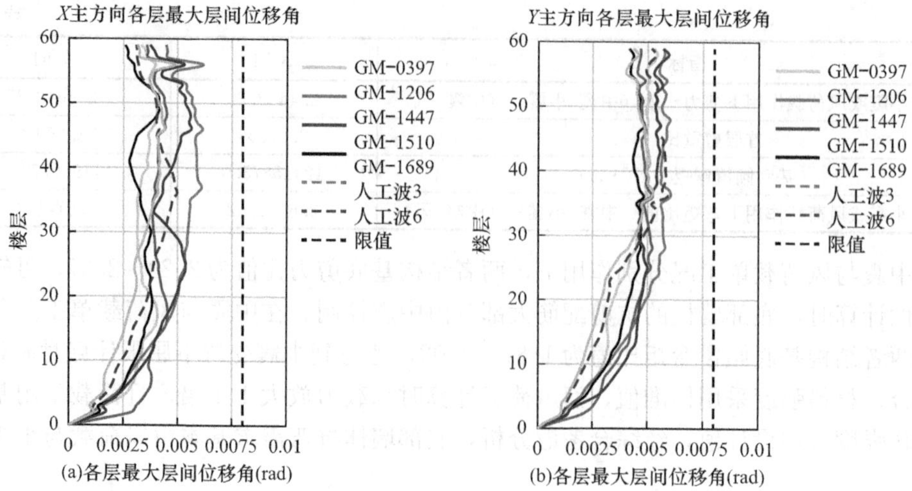

图 3-2　结构各层最大层间位移角曲线

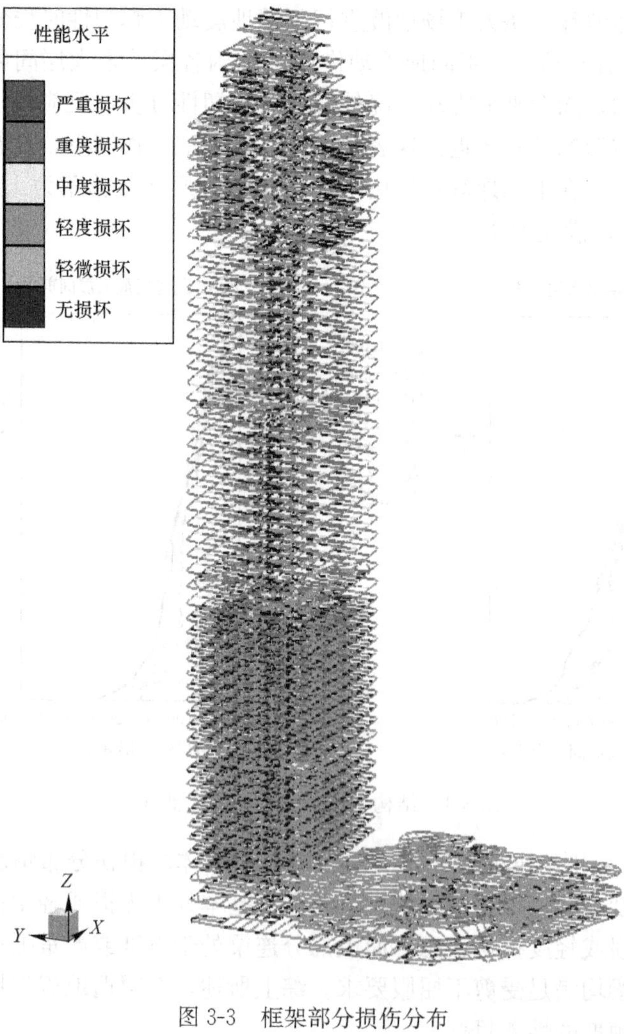

图 3-3　框架部分损伤分布

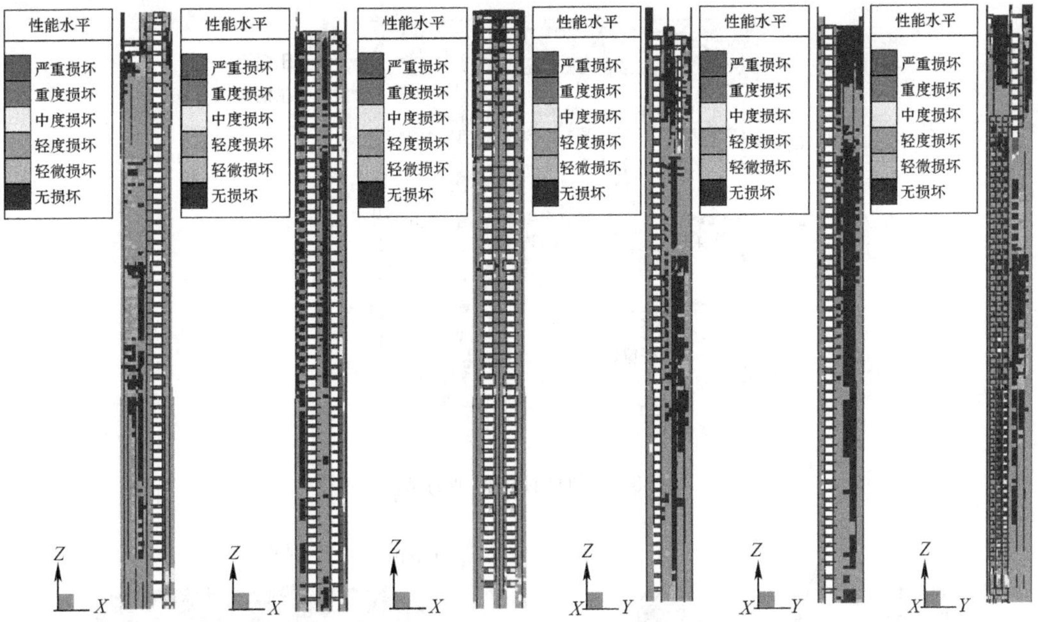

图 3-4　核心筒各片剪力墙损伤分布

3.2.4　专项分析

（1）外框斜柱结构受力分析

由于建筑造型要求，在主塔楼 1～12 层之间布置了外框斜柱。计算结果表明，转折处（首层和 13 层楼面）不平衡力主要由竖向荷载产生，水平荷载影响不大，大部分梁板结构能承担斜柱产生的附加水平力（表 3-4）。与外框斜柱相连的框架梁采用型钢混凝土梁，确保其产生的水平分力能可靠地传递到周边竖向构件。

在竖向荷载设计值作用下第 13 层斜柱的不平衡力　　**表 3-4**

构件编号	斜柱轴力（kN）	不平衡力（kN）	柱剪力（kN）	水平构件承担力（kN）
TKZ1	98596	2752	1767	985
TKZ4	45208	1262	437	825
TKZ5	79637	2222	1566	656

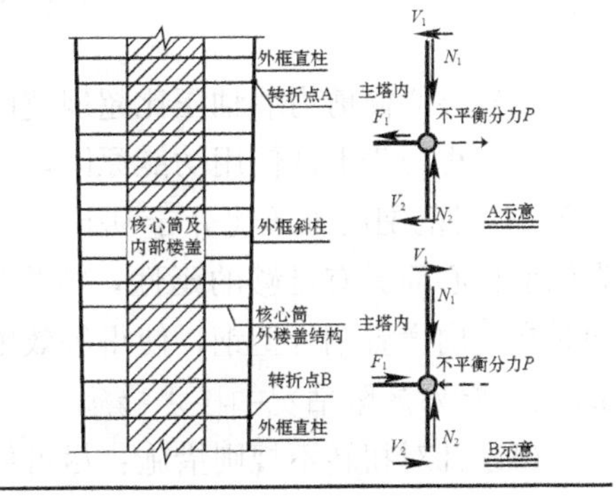

图 3-5 和图 3-6 分别给出塔楼周边斜柱柱顶（第 13 层楼面）在重力荷载（1.3 恒＋1.5 活）作用下主框梁轴力和楼板应力结果。由图可以看出，楼板拉应力的方向与受拉框梁基本一致。两个方向核心筒范围的拉力主要由框架梁传递至核心筒，核心筒外的拉力由楼板传递，形成一个自平衡的楼盖体系。扣除核心筒周边的应力集中后，计算的楼板拉应力为 1.3～2.0MPa，施工图阶段通过加强双层双向配筋抵抗楼板应力。

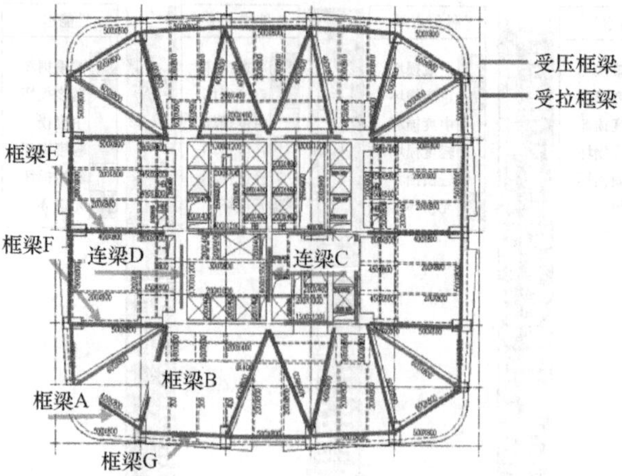

图 3-5　斜柱顶框梁轴力情况

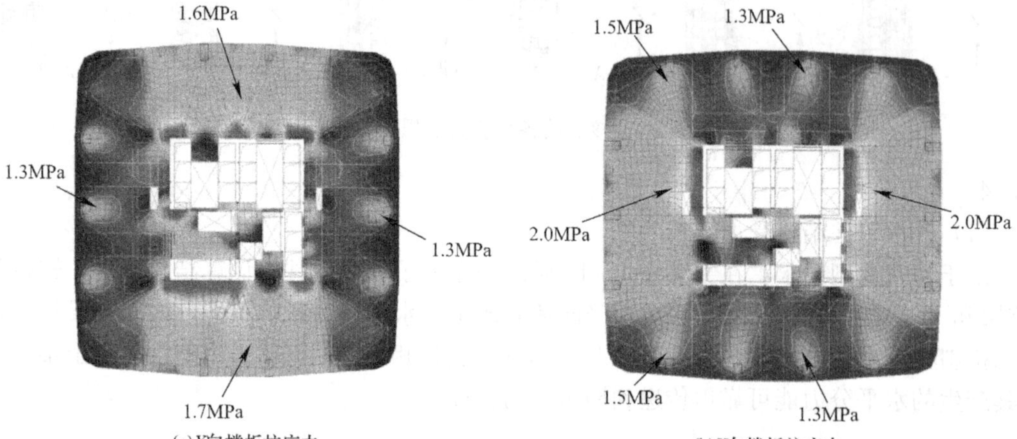

(a)X向楼板拉应力　(b)Y向楼板拉应力

图 3-6　第 13 层楼面应力分布情况

（2）核心筒剪力墙轴压比超规范的处理措施

本工程由于上部使用功能原因，竖向荷载较大，在结构侧向刚度富余情况下，核心筒底部 10 层范围内轴压比介于 0.5～0.6，不满足规范一级剪力墙轴压比限值 0.5 的要求。为保证核心筒具有足够的延性，拟将底部加强区的墙身竖向分布筋配筋率提高至 0.5%，同时在墙内设置钢骨型钢，使得等效轴压比满足 0.5 的限值要求。

3.2.5　针对超限情况的技术措施

（1）针对扭转不规则措施：尽可能沿裙楼周边设置少量剪力墙，并且通过加强裙楼框架的边梁截面，以提高结构的抗扭刚度。

（2）针对楼板不连续措施：根据分析结果，对楼板薄弱位置加大板厚至 150～180mm，并提高配筋率，楼板钢筋双层双向拉通，对大开洞周边的结构梁适当配置受拉腰筋。

（3）对于结构底部斜柱和折柱：通过对斜柱和折柱部位的构件承载力分析，对与之连接的梁采用型钢混凝土梁，同时，增加楼板厚度和提高配筋率。

(4) 对于核心筒的加强措施：根据抗震性能化设计结果，底部加强区剪力墙竖向分布筋配筋率不小于0.5%，水平分布筋配筋率不小于0.65%，以保证在不同地震水准下作为关键构件的剪力墙能满足相应的性能目标。

4 抗震设防专项审查意见

2019年10月30日，珠海市住房和城乡规划建设局在珠海正青建筑勘察设计咨询有限公司主持召开“华发研发中心”超限高层建筑工程抗震设防专项审查会，陈星教授级高工任专家组组长。与会专家听取了设计单位北京市建筑设计研究院有限公司华南设计中心关于该工程抗震设防设计的情况汇报，审阅了送审资料。经讨论，提出如下审查意见：

(1) 进一步提高裙房的抗震能力，竖向构件中震弹性，加强其自身刚度并考虑不利方向水平力作用；应有可靠措施解决塔楼与裙房的沉降差。

(2) 优化剪力墙设计，选取合理的刚度和减小自重，提高核心筒外筒四角约束边缘构件的配筋率并宜采用大直径钢筋。

(3) 塔楼15层以下框架应为特一级，完善型钢混凝土梁与墙、柱连接节点构造。

(4) 加强与核心筒外墙相连接的洞口边楼板及次梁的刚度。

(5) 第5层局部错层构件应按规范要求加强。

(6) 首层高差较大处应有可靠传递水平力的措施。

审查结论：通过。

5 点评

由于建筑造型和使用功能需要，造成结构抗震上存在多项不规则。针对结构高度超B级和存在不规则项的情况，设计上进行了精细化的抗震性能分析，并相应地加强抗震措施，包括对外框斜柱和底部核心筒墙体进行专项分析。通过在主框梁和剪力墙中设置钢骨型钢，确保斜柱产生的附加水平力能可靠传递至周边竖向构件，保证核心筒具有足够的延性。

49 招商局海南区域总部

关　　键　　词：高烈度；大跨度悬挑；竖向地震；核心筒偏拉；穿层柱
结构主要设计人：龙原野　李高岩　周兴帅
设　计　单　位：深圳市华阳国际工程设计股份有限公司广州分公司

1 工程概况

1.1 项目信息

招商局海南区域总部项目位于海南省海口市滨海大道南侧，秀英港码头对面，包含1号、2号两栋高度不大于100m的总部办公楼（超限高层）及4栋住宅楼（非超限高层）。建设用地面积约$27819m^2$，建筑面积约19.6万m^2，设置2层地下室。本文仅介绍1号、2号办公楼，办公楼效果图如图1-1所示。

图1-1　办公楼效果图

1.2 场地信息

本工程抗震设防烈度为8度，基本地震加速度为0.30g，场地类别为Ⅱ类，设计地震分组为第二组，特征周期0.45s，抗震设防分类标准为丙类。基本风压为$0.75kN/m^2$，地面粗糙度为A类。1号、2号办公楼结构高度98.8m，标准层建筑平面功能相同。1号楼共20层，其中1层为保证方案效果，外框柱约16.8m通高，与核心筒无连接，核心筒范围在8.4m高处局部设置设备夹层；2号楼共23层，其中1～3层设置局部夹层，部分外框柱为16.8m高穿层柱。两栋办公楼均采用钢筋混凝土框架-核心筒结构体系，核心筒15层以下在剪力墙内设置型钢；屋顶玻璃幕墙高度约10m。

2 结构体系和抗震等级

2.1 结构体系

本工程如采用混合结构，则属于A级高度高层建筑，如采用混凝土结构（非筒中筒结构）则属于B级高度高层建筑。结合本项目的规则性特点，综合考虑混合结构和混凝土结构方案的经济合理性、施工难度等因素，本工程1号、2号办公塔楼确定采用钢筋混凝土框架-核心筒结构体系。本工程高宽比约为2.2，核心筒高宽比X向约5.28，Y向约4.74。

2.2 构件尺寸

1 号楼外框柱截面：－2～1 层为 1250mm×1250mm（型钢），2～9 层为 1000mm×1200mm（型钢），10 层、11 层为型钢过渡层。核心筒外周剪力墙厚度：－2～1 层为 750mm（型钢），2～9 层为 500mm（型钢）、500mm，10～15 层为 450mm（型钢）、450mm，16 层以上为 400mm、不设型钢。

2 号楼外框柱截面：－2～4 层为 1250mm×1250mm（型钢），5～12 层为 1000mm×1200mm（型钢），13 层、14 层为型钢过渡层。核心筒外周剪力墙厚度：－2～4 层为 750mm（型钢），5～12 层为 500mm（型钢）、500mm，13～18 层为 450mm（型钢）、450mm，19 层以上为 400mm、不设型钢。

10 层以下剪力墙和框架柱采用的混凝土强度等级为 C55，往上每 4 层混凝土强度减小一个等级。

1 号楼标准层、19 层平面布置如图 2-1、图 2-2 所示。

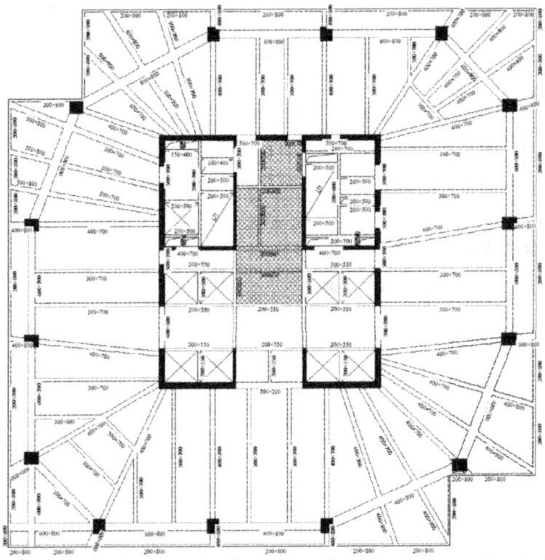

图 2-1　1 号楼标准层结构布置图

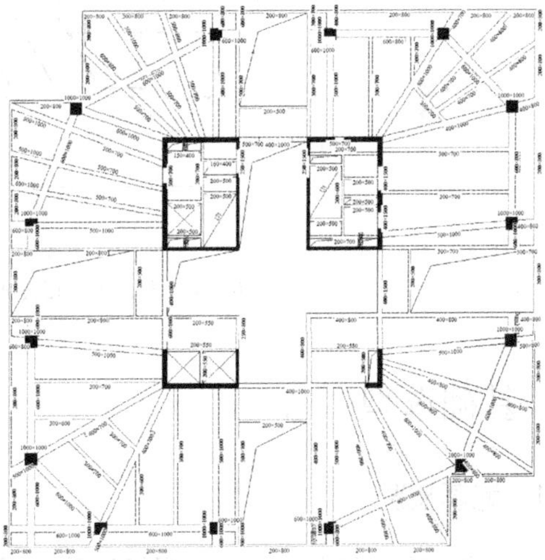

图 2-2　1 号楼 19 层结构布置图

2.3 抗震等级

塔楼核心筒剪力墙偏心受拉，抗震等级设为特一级，底部跃层柱设为特一级，其余塔楼框架抗震等级为一级，地下 1 层抗震等级同首层，地下 2 层抗震等级均比首层降低一级。

为加强底部 16.8m 高外框柱的延性及受剪承载力，将底部穿层框架柱抗震等级提高到特一级，并内设型钢。为加强底部剪力墙的延性和受剪承载力，避免小偏心受拉时承载力退化，将底部及往下一层核心筒剪力墙抗震等级提高至特一级，并根据受力特点设置型钢。型钢均延伸至基础，采用埋入式柱脚可靠连接。

2.4 计算嵌固层

本工程上部结构投影范围外的地下室顶板采用梁板结构，且顶板没有开设大洞口；结构地下1层侧向刚度大于地上1层侧向刚度的2倍，故本工程计算嵌固层确定为地下室顶板。该层楼板厚度为180mm（室内区域）、250mm（室外区域），并采用双层双向配筋加强。为了有效传递水平力，高差较大处（1.5m）采用深梁加腋，做法如图2-3所示。

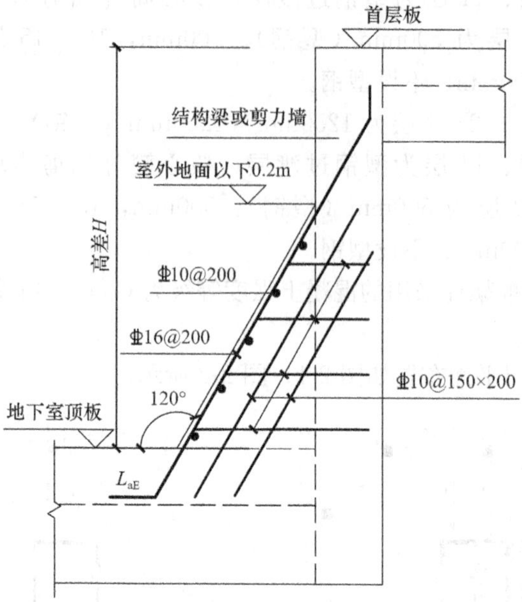

图2-3　板加腋大样

注：主楼与地下室顶板高差 H 大于600mm处均设置。

3　基础选型

3.1　地质概况

场地地震地质灾害评价：现场钻孔揭露及附近地质调查表明，拟建场地附近区域未发现岩溶、滑坡、危岩和崩塌、泥石流、采空区、地面沉降等不良地质作用及地质灾害，无全新活动断裂。

钻探最大揭露深度范围内揭示的地层从上至下可划分为：①杂填土、②中砂、③粉质黏土、④粉土、$④_1$ 粉质黏土、⑤强风化凝灰岩、⑥中风化凝灰岩。

3.2　基础设计

根据勘察报告，本项目场地工程地质有如下特征：场地中下部地层性状较好，为良好的桩端持力层。结合本工程的结构特点，拟采用以下基础形式：

办公楼采用灌注桩基础，以中风化凝灰岩为桩端持力层，基础埋深约9.6m，外围框架柱下基础桩身混凝土强度等级C40、C45，内部核心筒下基础桩身混凝土强度等级C45，桩身直径均为1000mm。根据入岩深度不同分为8300kN和9500kN两种承载力。外框柱采用桩独立承台，核心筒采用桩＋2.5m厚筏板（多桩承台）的基础布置方式，桩尽量设置在墙下，减小对承台的冲切及剪切作用。由于本项目位于高烈度区，核心筒范围剪力墙偏心受拉较为严重，为了保证墙内型钢能有效抵抗拉力，采用埋入式柱脚设计。基础布置平面图如图 3-1 所示。

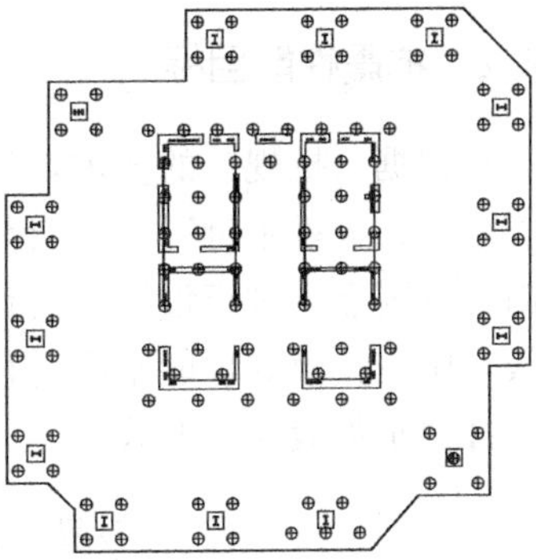

图 3-1 1 号办公塔楼基础布置平面图

4 结构超限判别及抗震性能目标

4.1 结构超限类型和程度

根据《住房城乡建设部关于印发〈超限高层建筑工程抗震设防专项审查技术要点〉的通知》（建质〔2015〕67 号）（下文简称《技术要点》）、《海南省住房和城乡建设厅关于印发〈海南省超限高层建筑结构抗震设计要点（试行）〉的通知》（琼建质〔2019〕3 号）（下文简称《海南设计要点》）的有关规定，本项目结构超限情况判别如下。

4.1.1 特殊类型高层建筑

本工程采用框架-核心筒结构体系，不属于《建筑抗震设计规范》GB 50011—2010（2016 年版）（下文简称《抗规》）、《高层建筑混凝土结构技术规程》JGJ 3—2010（下文简称《高规》）和《高层民用建筑钢结构技术规程》JGJ 99—2015 暂未列入的其他高层建筑结构。

4.1.2 高度超限判别

本项目 1 号、2 号办公楼主屋面高度均为 98.8m。根据《高规》第 3.3.1 条的规定，A 级、B 级高度钢筋混凝土高层建筑的最大适用高度分别是 90m、120m，1 号、2 号楼属于 B 级高度超限结构。

4.1.3 不规则类型判别

（1）同时具有三项及以上不规则的高层建筑工程判别情况见表 4-1。

（2）本工程不具有《技术要点》表 3 中二项不规则或同时具有表 3 和表 2 中某项不规则，也不具有表 4 中某一项不规则，不属于表 5 中所列举的其他高层建筑工程。

4.1.4 超限情况总结

本项目 1 号、2 号办公楼均为 B 级高度建筑，均具有 3 项一般不规则而判别为结构超限，须进行超限高层建筑工程抗震设防专项审查。

三项及以上不规则判别　　表 4-1

不规则类型	简要涵义	判断结果	
		1 号办公楼	2 号办公楼
扭转不规则	考虑偶然偏心的扭转位移比大于 1.2	是（最大位移比 1.30）	是（最大位移比 1.30）
楼板不连续	有效宽度小于 50%，开洞面积大于 30%，错层大于梁高	是（20 层有效宽度约 11.5%）	是（23 层有效宽度约 11.5%）
刚度突变	相邻层刚度变化大于 70% 或连续三层变化大于 80%	是	否
局部不规则	如局部的穿层柱、斜柱、夹层、个别构件错层或转换，或个别楼层扭转位移比略大于 1.2 等	否	是（2～4 层局部有穿层柱，与相应楼层楼板大开洞合为一项）
不规则情况小结	1 号办公楼合计不规则项共 3 项，分别为：扭转不规则，楼板不连续，刚度突变； 2 号办公楼合计不规则项共 3 项，分别为：扭转不规则，楼板不连续，局部不规则（穿层柱）		

4.2 抗震性能目标

根据《抗规》的要求，建筑结构以“三个水准”为抗震设防目标，即“小震不坏、中震可修、大震不倒”。本工程依据《高规》第3.11节“结构抗震性能设计”的要求及《海南设计要点》进行设计，总体抗震性能目标设定为D级（底部加强区关键构件采用弱C级，中震按第3性能水准进行设计）。各构件类型对应D级（弱C级）性能目标的承载力设计要求如表4-2所示。

D级（弱C级）性能目标的主要构件承载力设计要求　　表4-2

构件类型	构件名称	小震	中震	大震
关键构件	穿层柱	无损坏	轻度损坏	中度损坏
	底部加强区剪力墙	无损坏	轻微损坏	中度损坏
	大悬挑梁	无损坏	无损坏	轻微损坏
	大开洞周边楼板	无损坏	轻度损坏	中度损坏
普通竖向构件	普通剪力墙、框柱	无损坏	部分构件中度损坏	部分构件比较严重损坏
耗能构件	框架梁、连梁	无损坏	中度损坏、部分比较严重损坏	比较严重损坏

5 结构计算与分析

5.1 小震及风荷载作用分析

本工程多遇地震作用分析采用振型分解反应谱法和弹性时程分析法，使用软件为YJK与MIDAS/Gen，主要计算结果见表5-1。

结构分析主要结果汇总　　表5-1

指标		MIDAS/Gen软件	YJK软件
计算振型数		15	15
第1、2平动周期（s）		$T_1=2.165$ $T_2=2.085$	$T_1=2.266$ $T_2=2.196$
第1扭转周期（s）		$T_3=1.83$	$T_3=1.92$
地震作用下基底剪力（kN）	X	30541	32002
	Y	33138	34697
不含地下室结构总质量（1.0恒+0.5活）（kN）		64137	66784
剪重比（规范限值1.2%）	X	4.898%	4.792%（首层）
	Y	5.315%	5.195%（首层）
地震作用下倾覆弯矩（kN·m）	X	1890556	1899728
	Y	2052960	2066816
风荷载作用下最大层间位移角（限值1/500）	X	1/2151（19层）	1/2322（20层）
	Y	1/2006（11层）	1/2355（11层）
地震作用下最大层间位移角（限值1/500）	X	1/815（11层）	1/778（20层）
	Y	1/728（11层）	1/760（11层）
刚重比	X	—	7.161
	Y	—	6.608

塔楼结构平面规则，高宽比较小，结构体系及材料选择合理，小震计算总体参数（各层位移角见图 5-1，楼层剪重比见图 5-2，框架分担剪力比例见图 5-3）均能满足设计规范各项指标要求（根据《海南设计要点》第 4.2.4 条，位移角可适当放松要求，但不应大于《高规》限值的 1.1 倍）。两种软件计算顶上两层构架层地震位移角相差较大，是因为 YJK 选用的是连梁不折减的位移角，计算 20 层以下筒体刚度增大，导致高阶振型对顶部刚度较弱的几层的鞭稍效应增大，造成计算结果有差异。框架柱承担的剪力比小于结构底部地震总剪力的 10%，但其最小值不小于结构底部总地震剪力标准值的 5%，根据《高规》第 9.1.11 条的规定，将各层框架部分承担的地震剪力标准值增大到结构底部总地震剪力标准值的 20%，框架柱内设置钢骨，加强框架的二道防线作用；各层核心筒墙体的地震剪力标准值增大 1.1 倍，底部加强区核心筒按承担所有地震剪力进行承载力验算，墙体抗震等级已为特一级不再提高，底部框架柱及剪力墙通过内置型钢、提高配筋率等措施提高了核心筒剪力墙的延性，从而提高剪力墙的安全储备，可满足小震抗剪弹性的性能目标。

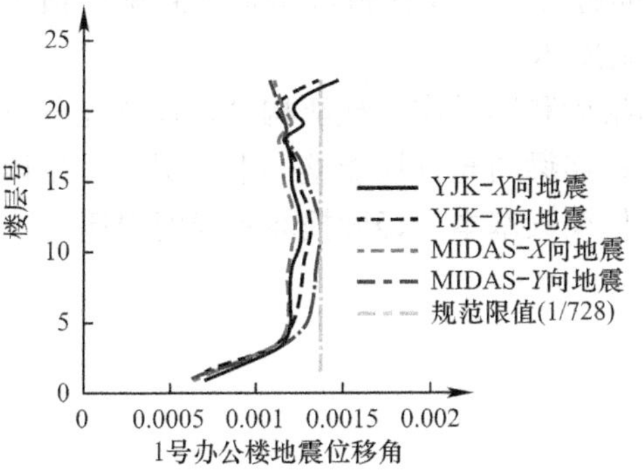

图 5-1 各楼层层间位移角

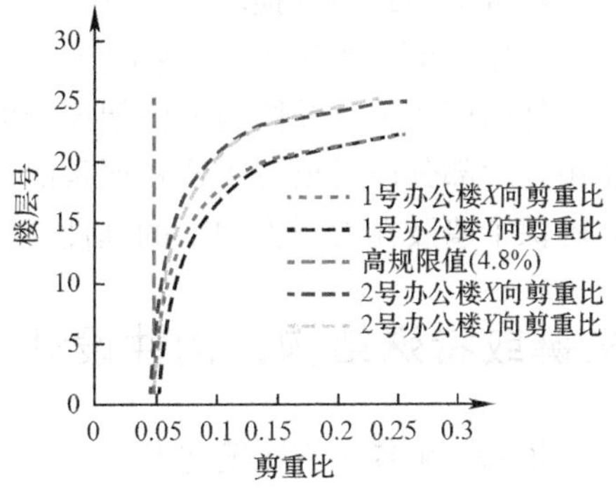

图 5-2 各楼层剪重比

5.2 中震作用分析

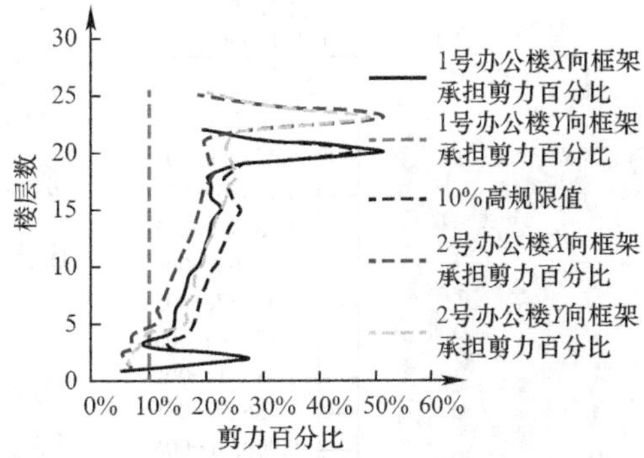

图 5-3 框架承担剪力比例

对设防烈度地震（中震）作用下框架和剪力墙等主要结构构件的承载力，结合《高规》中“不同抗震性能水准的结构构件承载力设计要求”的相关公式，分别进行了中震弹性和中震不屈服的受力分析。计算中震作用时，水平最大地震影响系数 α_{max} 按规范取值为 0.68，阻尼比为 0.06。按全楼弹性楼板计算 X 向底部剪力 90817kN，Y 向底部剪力 90822kN；X 向倾覆弯矩 6345120kN · m，Y 向倾覆弯矩 6409378kN · m。框架承担剪力的比例如图 5-3 所示。由计算结果得知：1）底层柱和加强区剪力墙满足“受剪弹性、受弯不屈服”的性能水准 3 要求。2）剪力墙受剪截面承载力满足规范要求。3）核心筒剪力墙出现拉应力，根据《海南设计要点》及有关文献，剪力墙内设置型钢并加强纵筋配筋率，共同抵抗拉应力。4）外围框架梁作为耗能构件，仅个别出现轻微破坏，满足中震性能水准 4 允许个别构件轻度损坏的抗震要求。

5.3 罕遇地震作用下的动力弹塑性时程分析

本工程采用 SAUSAGE 软件进行了罕遇地震作用下的动力弹塑性时程分析。采用 3 条地震波（1 条人工波、2 条天然波）进行弹塑性动力时程分析，分别对主方向 X 向和主方向 Y 向进行计算，主方向峰值加速度均为 510cm/s²，次方向峰值加速度取为主方向的 0.85 倍即 433.5cm/s²，地震波双向输入。地震波频谱特性满足《抗规》要求。

结构整体弹塑性计算指标评价如下：

(1) 在 3 条地震波罕遇地震作用下，各层的最大塑性位移角最大值为 1/109，小于 1/100；X 向顶点最大位移 0.655m，Y 向顶点最大位移 0.720m，符合《高规》第 4.6.5 条的规定，建筑物可以实现"大震不倒"的设防目标。

(2) 外框架柱在底部加强部位轻微损伤或轻度损伤，其他楼层柱无损伤或轻微损伤。

(3) 首层除 Y 方向地震作用下，核心筒剪力墙局部小单元出现重度损坏，其余剪力墙均能保持轻微损坏到中度损坏；2 层、3 层全部剪力墙均能保持轻微损坏到中度损坏的程度。4 层及以上楼层剪力墙基本保持弹性到轻微损坏。

(4) 外围框架梁、外筒与外框架连接的框架梁和连梁作为耗能构件。连梁充分发挥了耗能作用，大部分连梁出现了比较严重的损坏；连梁的充分耗能整体上也保护了主体承重结构，确保了墙肢在大震作用下的延性储备。框架梁基本为轻微损坏到轻度损坏。

6 关键或特殊结构、构件设计

6.1 16.8m 高穿层柱的屈曲分析

为满足建筑首层大堂的使用感受，首层 16.8m 高度范围内不设置梁板等结构构件。结构首层外框柱的最大无支撑长度达到 16.8m，柱截面尺寸为 1000mm×1200mm，内设型钢（含钢率接近 10%）。采用 MIDAS/Gen 有限元软件进行屈曲稳定分析。分析得出，框柱的临界屈曲荷载为 507800kN，约为实际承受荷载的 17.8 倍，计算长度系数为 0.526。分析模型及结果如图 6-1 所示。

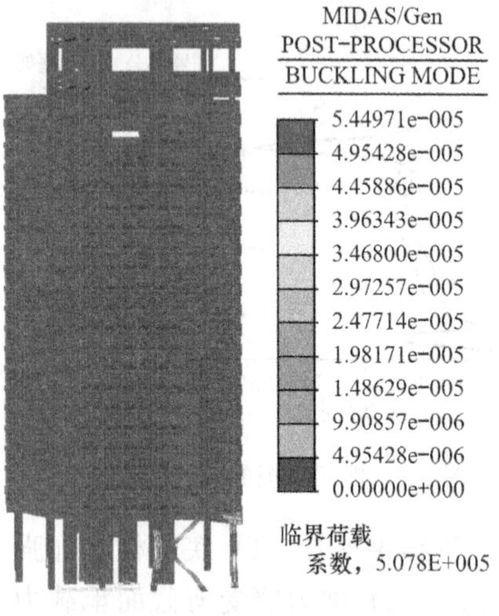

图 6-1 1 号办公楼首层柱屈曲模态示意

6.2 大跨度悬挑梁及其支撑部位结构竖向地震验算

为满足建筑在建筑物角部的使用视野要求，结构采用内推结构柱、外挑悬臂梁承受楼面荷载。悬挑梁长度约 7.5m。按《抗规》第 5.3.3 条的规定，8 度设防，设计基本加速度为 0.3g 时，在多遇地震、设防地震、罕遇地震作用下，长悬臂构件的竖向地震作用标准值可分别取该结构构件重力荷载代表值的 15%、41%、70%。通过 YJK 软件计算，各关键楼层悬挑梁及其支撑部位结构在多遇地震、设防地震、罕遇地震作用下，竖向地震计算结果均能满足要求，满足小震、中震弹性，大震不屈服的承载力要求，按中震计算结果进行配筋设计。

7 超限计算分析及主要措施

7.1 超限计算分析

(1) 分别采用 YJK 和 MIDAS/Gen 程序对整体结构进行分析及对比，判断整体计算分析的合理性。

(2) 采用小震弹性时程分析、中震不屈服和等效弹性计算分析，地震效应采用加速度反应谱与时程分析包络值、中震计算值进行包络设计。

(3) 针对项目特点及超限情况，设定合理的抗震性能目标和关键构件，采用 YJK、SAUSAGE 分别进行中震、大震等效弹性分析和大震动力弹塑性分析，保证关键构件及耗能构件满足中震及大震作用下的性能目标要求。

(4) 采用 MIDAS/Gen 有限元程序对无支撑长度 16.8m 的首层柱和穿层柱进行专项屈曲分析与设计。

(5) 对局部楼层楼板不连续区域，采用 YJK 程序进行中震楼板应力分析。

(6) 对大跨度悬挑部分采用 YJK 程序进行小震、中震弹性及大震不屈服分析。

(7) 对设置钢骨的剪力墙受剪截面和偏拉应力按规范公式进行人工复核验算。

7.2 抗震加强的主要措施

(1) 根据超限情况、受力特点及其重要性，确定其抗震性能目标为 D 级（底部加强区关键构件抗震性能目标为弱 C 级）。

(2) 根据大震作用下弹塑性静力分析结果、中震/大震作用下的等效弹性分析结果，对结构相对薄弱部位、关键部位进行适当加强（如中震作用下出现拉力的剪力墙采用内置型钢组合剪力墙等），提高抗侧刚度和增加结构构件延性。

(3) 提高底部加强区剪力墙竖向分布筋配筋率至 0.6%、对于关键构件提高至 1.0%，剪力墙约束边缘构件设置型钢；框架柱采用型钢混凝土柱。

(4) 考虑底部剪力墙承载全部地震剪力，对 1 号、2 号办公楼首层的地震剪力放大 1.1 倍进行设计。

(5) 加大 2 层外框架梁截面尺寸，加强 2 层梁板对首层 16.8m 高框架柱的约束以及提高首层刚度。对 2 层梁板加强配筋。

(6) 设置约束边缘构件上一层为过渡层，适当加强过渡层的配筋，设置两层过渡型钢层。剪力墙约束边缘构件延伸至轴压比小于 0.3 的高度。

(7) 大震动力弹塑性时程分析显示，连接核心筒外边的连梁为较早进入屈服的构件，为避免地震作用下此核心筒连梁过早退出工作，加大核心筒外边连梁的箍筋配箍率。

(8) 大悬挑梁面筋按包络小震、中震计算结果放大 1.35 倍，底筋、箍筋按放大 1.2 倍进行设计；其支撑结构按放大 1.1 倍进行施工图设计。

(9) 对于楼板局部不连续楼层，根据中震应力分析结果，对薄弱部位楼板的厚度及配筋进行适当加强，并加强洞口边梁的配筋。板厚设置 120～150mm，楼板钢筋按不小于 0.25%的配筋率双层双向设置。

8 抗震设防专项审查意见

2019 年 9 月 27 日，在海口市由海口市住房和城乡建设局主持召开本工程超限高层建筑工程抗震设防专项审查会，清华大学钱稼茹教授担任专家组组长。与会专家听取了设计单位关于该工程抗震设防设计的情况汇报，审阅了送审材料。经讨论，提出审查意见如下：

（1）反应谱特征周期应根据勘察报告提供的覆盖层厚度和等效剪切波速按有关规定取插值，并复核相关结构分析。

（2）1 号、2 号办公楼核心筒剪力墙：加强区抗震性能宜适当提高，中震作用下宜满足受剪弹性、正截面不屈服性能目标，大震作用下宜满足极限承载力性能目标；上部楼层剪力墙约束边缘构件延伸至轴压比小于 0.3 的高度。

（3）1 号、2 号扭转周期比应严格控制，满足不大于 0.85 的要求。

（4）大跨度悬臂梁考虑竖向地震效应，悬臂梁及其支撑梁满足中震弹性、大震不屈服的承载力要求。

审查结论：修改通过。

9 点评

本项目位于高烈度区，地震响应较强，在地震作用下，核心筒产生较大的偏拉应力。设计中采用剪力墙内设型钢延伸锚固到基础筏板中，抵抗拉应力及提高剪力墙的受剪承载力和延性。底部剪力墙按承载全部地震剪力进行设计，框架柱内设型钢，满足轴压比控制及提高柱延性，起到结构的二道防线作用。结构布置较为合理，虽然存在多项不规则，但通过利用概念设计方法，设定合理的性能目标，对整体结构和关键构件进行充分论证，确保整体建筑满足“小震不坏、中震可修、大震不倒”的抗震设防目标。

50 佛山苏宁广场地标塔

关　　键　　词：超高层混合结构；抗震性能化设计；收缩徐变
结构主要设计人：李力军　梁振庭　吴伟河　陈晓城　唐　荣
设　计　单　位：深圳华森建筑与工程设计顾问有限公司广州分公司

1 工程概况

佛山苏宁广场项目位于佛山新城裕和路与文华南路交汇处西南角，东起文华南路，南至君兰路。项目由四组建筑群体环绕中央下沉广场组成。北侧为购物中心，南侧为步行商业街及公寓，西侧为总部办公大楼，东侧为构架高度318m的地标塔楼及酒店裙楼，地标塔楼立面图如图1-1所示。地下1层为商业及与地块周边地铁车站连接通道，地下2层～地下3层为机动车库和设备用房。本工程抗震设防烈度为7度，基本地震加速度为0.10g，设计地震分组为第一组，场地类别为Ⅲ类。由于地标塔楼结构单元的建筑面积超过8万m^2，抗震设防类别确定为重点设防类（乙类），抗震措施提高一度按8度考虑。

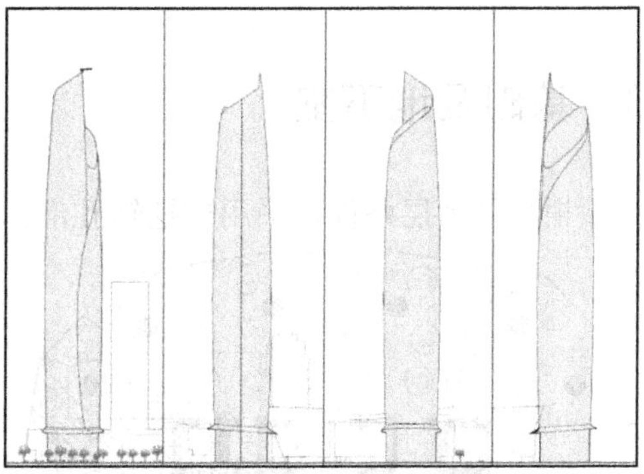

图1-1　地标塔楼立面图

2 上部结构体系与结构布置

本工程塔楼结构高度为264.79m，采用钢管混凝土框架-钢筋混凝土核心筒体系，在22层、38层、55层、62层设置4道腰桁架加强层，在38层设置伸臂钢桁架加强层。

核心筒根据结构刚度及建筑功能需求，采用双核心筒结构形式。外筒截面为22.90m×22.05m、厚度为600mm，内筒截面为16.50m×15.65m、厚度为750mm，外筒伸至23层楼面（办公区低区顶部）。

外框架由圆形钢管混凝土柱及钢梁组成，参与抵抗风荷载和地震作用，同时承担了大部分的重力荷载。为配合建筑总体布置的要求，大部分外框柱随外立面轻微倾斜，倾斜角度最大楼层处约为2°，楼面钢梁考虑斜柱水平分力按拉（压）弯设计。框架钢梁与钢管混凝土柱采用刚接，与核心筒剪力墙采用铰接连接。外框架钢管混凝土柱截面由首层ϕ1500mm×40mm逐渐收进至顶层ϕ800mm×22mm，结构平面布置图如图2-1所示。

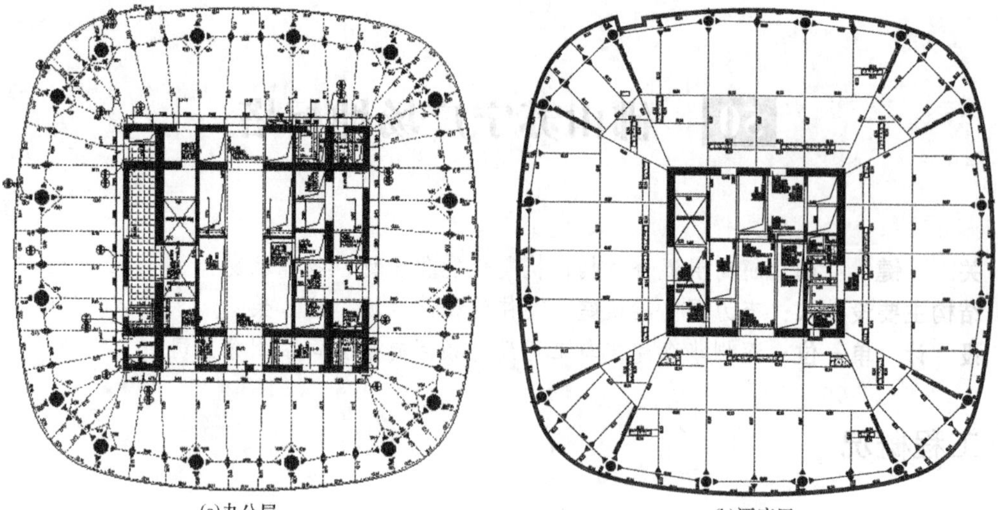

(a)办公层　　　　(b)酒店层

图 2-1　结构平面布置示意图

3　基础及地下室

根据持力层条件，采用旋挖钻孔灌注桩基础，桩径 1.4m，以稳定连续的微风化岩作桩端持力层，桩端进入持力层深度不小于 6.5m，桩长 24～28m，单桩竖向抗压承载力特征值 17000kN。由于持力层中/微风化岩风化不均匀，而且软硬夹层发育，岩面起伏变化较大，适当加大桩端嵌岩深度。

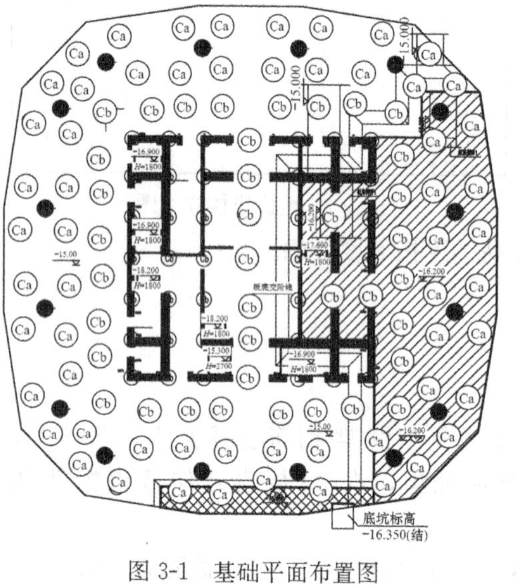

图 3-1　基础平面布置图

本工程地下室顶板采用梁板结构、地下 3 层与地下 2 层楼面采用无梁楼盖结构。根据地质报告设防水位取室外地面标高，普通地下室底板采用无梁楼盖结构形式，以抗压桩承台和跨中抗拔桩承台作为柱帽来减小板跨。地标塔采用桩筏基础形式，底板厚度 3000mm，采用 60d 龄期强度作为设计强度。基础平面布置图如图 3-1 所示。

4　结构超限判别及抗震性能目标

本工程塔楼结构高度为 264.79m，按照《高层建筑混凝土结构技术规程》JGJ 3—2010（下文简称《高规》）第 11.1.2 条的规定，型钢（钢管）混凝土框架-钢筋混凝土核心筒结构在 7 度区适用的最大高度为 190m，本工程高度超限。结构 2 层、3 层楼板有效宽度小于该层楼板宽度的 50%，属于楼板不连续；结构 37 层、42 层存在刚度突变；在 22 层、38

层、55层及62层设置4道腰桁架加强层，38层设置伸臂钢桁架加强层；结构2层、3层存在穿层柱。

针对结构高度及不规则情况，设计采用结构抗震性能设计方法进行分析和论证。本工程的抗震性能目标为《高规》第3.11.1条的C级。

5 结构计算及分析

5.1 主要设计信息

塔楼62层，高度264.79m，高宽比5.62，核心筒高宽比12.01。地基基础设计等级甲级。安全等级为二级，结构设计使用年限为50年，重点设防类（乙类），地震烈度为7度，场地类别为Ⅲ类，场地特征周期0.45s。框架柱抗震等级除伸臂或环带加强区为特一级外，其余为一级；钢梁抗震等级为二级，剪力墙抗震等级为特一级。

5.2 小震及风荷载作用分析

本工程初步设计阶段结构计算分析采用振型分解反应谱法和弹性时程分析法，使用软件为YJK与ETABS，主要计算结果如表5-1所示。

小震及风荷载作用分析结果　　表5-1

指标		ETABS软件	YJK软件
计算振型数		60	60
第1、2平动周期（$X+Y$向平动因子）(s)		$T_1=5.89$ $T_2=5.79$	$T_1=5.94$ (0.04+0.96) $T_2=5.86$ (0.96+0.04)
第1扭转周期（s）		$T_3=2.46$	$T_3=2.61$
地震作用下基底剪力（kN）	X	19576	20118
	Y	19411	19951
风荷载作用下基底剪力（50年重现期）(kN)	X	25716	25213
	Y	26157	25683
不含地下室结构总质量（1.0恒+0.5活）(kN)		1645012	1662610
剪重比（规范限值1.2%）	X	1.19%	1.21%（首层）
	Y	1.18%	1.20%（首层）
地震作用下倾覆弯矩（kN·m）	X	3143879	3169376
	Y	3112652	3124151
风荷载作用下倾覆弯矩（50年重现期）(kN·m)	X	4334215	4273725
	Y	4415174	4338042
风荷载作用下最大层间位移角（限值1/500）	X	1/641（48层）	1/621（48层）
	Y	1/602（52层）	1/583（52层）
地震作用下最大层间位移角（限值1/500）	X	1/941（46层）	1/913（46层）
	Y	1/903（52层）	1/884（52层）
刚重比	X		2.51
	Y		2.40

5.3 中震作用分析

5.3.1 中震包络设计

设防烈度地震（中震）作用下验算包括以下几个方面：1）基于整体模型，分别进行中震弹性和中震不屈服的受力分析计算，从整体指标上分析结构是否满足中震性能要求；2）根据其抗震性能目标要求，复核各类构件截面是否满足承载力要求，不满足时调整截面，重新计算复核；3）满足上述要求后，确定构件对应其抗震性能目标的配筋结果，取小震与中震的包络值。

计算中震作用时，水平地震影响系数最大值 α_{max} 按规范取值为 0.23，阻尼比为 0.05。

5.3.2 中震整体计算主要结果

本工程中震计算结果见表 5-2。

中震计算结果 表 5-2

指标	X 向	Y 向
底部剪力（kN）	52523	50917
倾覆弯矩（kN·m）	7936275	7736577

5.3.3 中震构件计算复核

本工程中震计算结果包络设计思路见表 5-3。

中震计算结果包络设计思路 表 5-3

构件		小震	中震验算	配筋
关键构件	核心筒底部加强区及加强层上、下层	弹性	水平钢筋：中震弹性 竖向钢筋：中震不屈服	取小震与中震包络值
	与伸臂桁架相连的框架柱		中震弹性	
重要构件	腰桁架及伸臂桁架	弹性	腹杆：中震弹性 弦杆：中震不屈服	
普通竖向构件	一般部位核心筒	弹性	箍筋：中震弹性 竖向钢筋：中震不屈服	
	一般部位框架柱			
耗能构件	核心筒连梁	弹性	箍筋：中震不屈服	
	普通框架梁			

5.3.4 中震性能复核结论

（1）框架柱保持弹性。

（2）底部加强区剪力墙在中震作用下基本保持弹性，加强层及其上、下层剪力墙为中震验算控制。

（3）加强层腰桁架及伸臂桁架均满足弦杆不屈服、腹杆弹性的要求。

（4）部分楼层个别连梁、框架梁的配筋需求比多遇地震作用下的需求高，部分连梁在局部楼层处受弯屈服、受剪不屈服。

5.4 罕遇地震作用下动力弹塑性非线性地震反应分析与抗震性能评价

本工程进行了罕遇地震作用下动力弹塑性时程分析，分析采用 ABAQUS 软件。采用安评报告提供的 1 组地面设计谱人工波加速度时程记录、2 组地面设计谱加速度时程记录（天然波）。地震波的输入方向依次选取结构 X 或 Y 方向作为主方向，另一方向为次方向，分别输入 3 组地震波的两个分量记录进行计算。在时程分析中，主方向与次方向的峰值加速度比值为 1.0∶0.85。地震波输入时程曲线如图 5-1 所示。

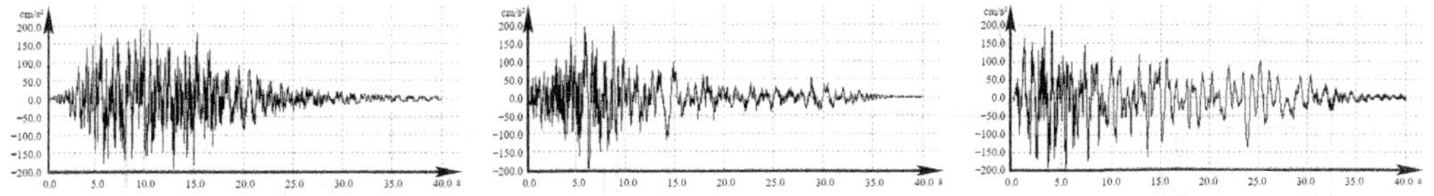

(a)人工波　(b)天然波1　(c)天然波2

图 5-1　地震波输入时程曲线

5.4.1　动力弹塑性非线性地震反应整体计算结果

各组地震波均按双向地震主方向为 X 向和 Y 向分别计算，结果见表 5-4。

双向地震作用下结构整体计算结果汇总　　表 5-4

指标	人工波		天然波 1		天然波 2	
	X 主方向	Y 主方向	X 主方向	Y 主方向	X 主方向	Y 主方向
YJK 总质量（t）	163219					
ABAQUS 总质量（t）	162597					
X 向最大基底剪力（kN）	125300	—	104700	—	94750	—
弹性时程 X 向最大基底剪力（kN）	26914	—	20001	—	26172	—
X 向基底剪力比值	4.66		5.23		3.62	
Y 向最大基底剪力（kN）	—	143300	—	141000	—	139800
弹性时程 Y 向最大基底剪力（kN）	—	31793	—	21430	—	20822
Y 向基底剪力比值		4.51		6.58		6.71
X 向最大顶点位移（m）	0.857	—	0.783	—	0.991	—
Y 向最大顶点位移（m）	—	0.975	—	0.968	—	1.120
X 向最大层间位移角	1/151(45 层)	—	1/149(47 层)	—	1/120(42 层)	—
Y 向最大层间位移角	—	1/136(52 层)	—	1/124(52 层)	—	1/128(50 层)

5.4.2　动力弹塑性非线性地震反应主要结果

（1）在考虑重力二阶效应的情况下，结构在完成动力弹塑性分析后，结构最终仍保持直立，满足“大震不倒”的设防要求。

（2）主体结构在 3 组地震波作用下的最大弹塑性层间位移角 X 向为 1/120，Y 向为 1/124，均小于 1/100 的规范要求。

（3）结构的层间位移角曲线在加强层以及核心筒收进上几层收进处有较大突变，其原因是腰桁架、伸臂桁架的加强以及核心筒剪力墙的改变，造成结构竖向刚度突变。

（4）由于计算结果数据量大，后文未注明地震波的计算结果均为 3 组地震波计算所得到的最大损伤结果。核心筒剪力墙及框架柱损伤情况如图 5-2 所示，外圈框架梁及伸臂与腰桁架塑性应变情况如图 5-3 所示。

5.4.3 弹塑性分析抗震性能评价

（1）结构层间位移角曲线在加强层及核心筒收进处有较大突变，核心筒剪力墙的塑性发展主要位于伸臂加强层及以上三层的墙肢。38 层核心筒四个角部塑性损伤以及 39 层楼面到 40 层楼面的剪力墙塑性损伤较大。从大震作用下构件的损伤情况可见，应加强伸臂加强层及以上三层核心筒剪力墙构件。

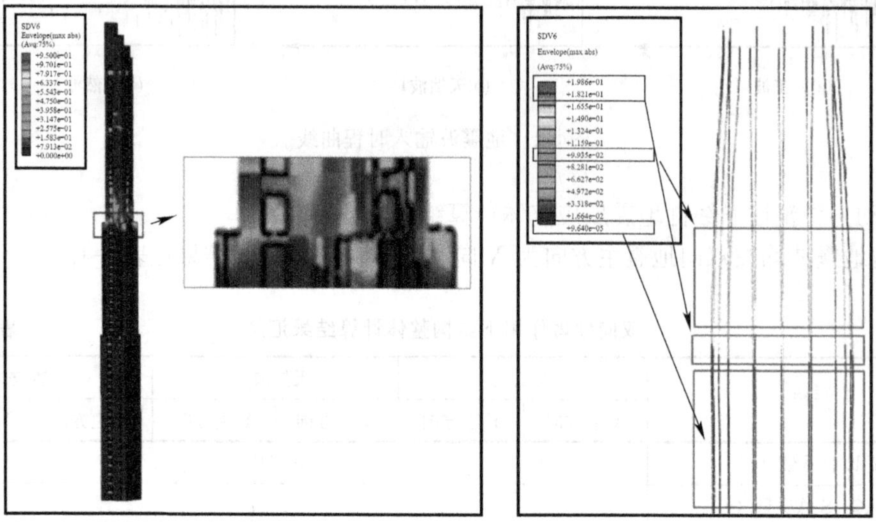

(a)X向大震作用下核心筒剪力墙抗压损伤　　(b)X向大震作用下框架柱混凝土受压损伤

图 5-2　核心筒剪力墙及框架柱损伤情况

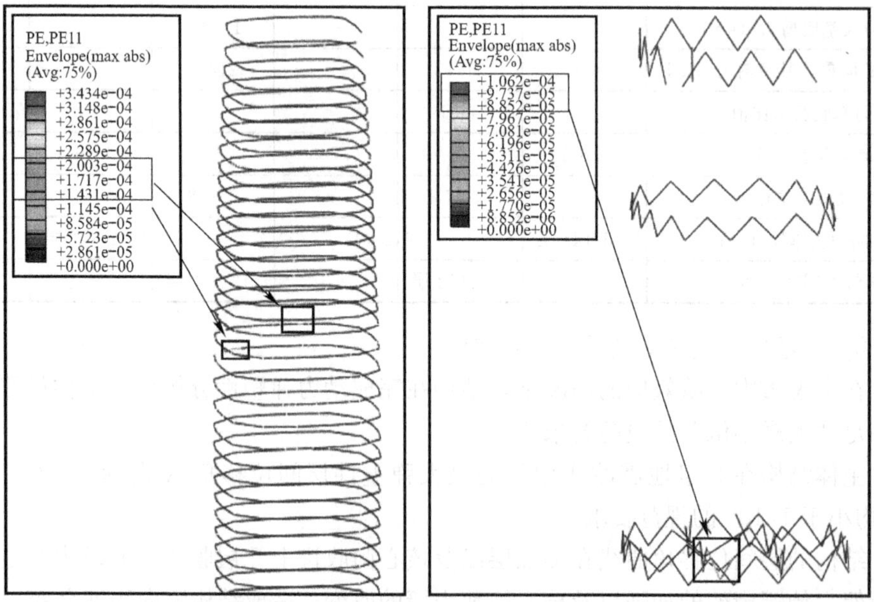

(a)X向大震作用下外圈框架梁钢材塑性应变　　(b)X向大震作用下腰桁架钢材塑性应变

图 5-3　外圈框架梁及腰桁架塑性应变情况

（2）1～38 层钢管混凝土柱均未出现混凝土受压损伤，亦未见钢材塑性应变；38 层以上钢管混凝土柱出现轻微混凝土受压损伤，但未见钢材塑性应变，外框柱抗震承载力足够。

（3）大震作用下部分外框梁进入塑性，最大塑性应变为 3.52×10^{-4}，塑性应变较小。加强层腰桁架的大部分构件未进入屈服状态，仅伸臂桁架及第三道腰桁架的少部分构件钢材进入塑性，且最大塑性应变为 3.02×10^{-4}，可以认为大部分伸臂和腰桁架杆件在大震作用下未进入屈服状态。

（4）X 向地震作用下，核心筒钢骨部分未出现塑性变形；Y 向地震作用下，仅顶部出现很小的塑性应变；底部加强区钢骨在大震作用下未进入屈服状态。

（5）由于本工程斜柱倾斜角度并不大，斜柱产生的水平拉力也不大，8 层楼板在与斜柱底部相连部位及核心筒剪力墙周围出现了混凝土拉裂，但无明显的混凝土受压损伤；38、39 层楼板在与伸臂桁架相连部位及核心筒剪力墙周围出现了混凝土拉裂，且在相应部位有明显的混凝土受压损伤，适当加强与伸臂桁架相连部位的楼板配筋。

6　非荷载下的变形分析

施工过程由于结构内筒和外框柱材料的差异以及受力的不同，会产生不同的轴向压缩量。对于这种超高层结构来说，核心筒、外框柱的非均匀压缩，不论是弹性的或者是非弹性的（包括混凝土的收缩及徐变），其影响在设计和施工中均应专门考虑。核心筒与角柱非荷载作用下竖向变形如图 6-1 所示。

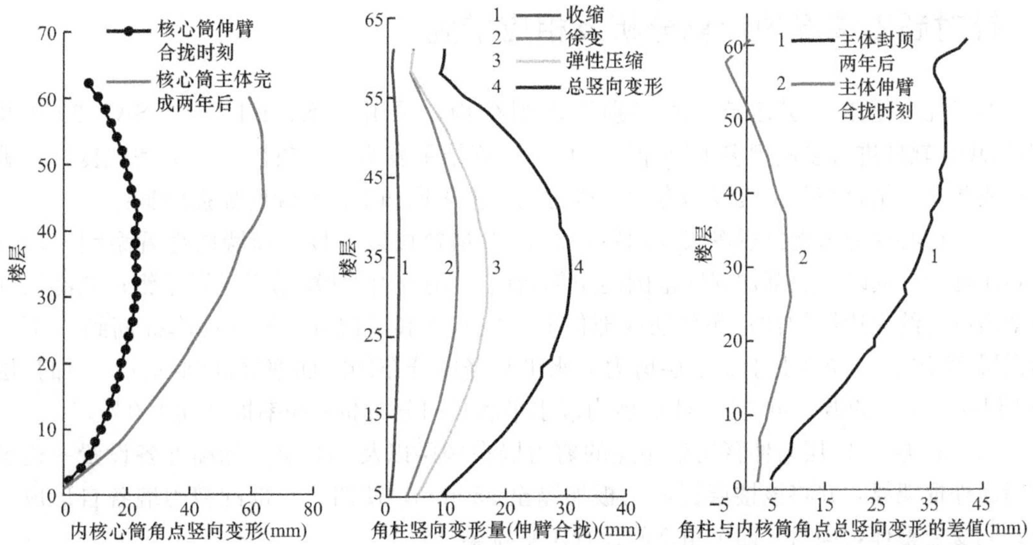

(a)核心筒角点竖向变形　(b)角柱竖向变形　(c)角柱与内核心筒角点变形差值

图 6-1　核心筒与角柱非荷载作用下竖向变形分析

7　型钢混凝土梁柱及梁柱节点构造

型钢混凝土梁柱及梁柱节点有限元分析如图 7-1 所示。由分析结果可知：重现期 100

年风荷载工况、中震弹性工况下，除转角区域存在微弱的应力集中外（重现期 100 年风荷载工况下约为 297MPa，见图 7-1a；中震弹性工况下约为 301MPa），节点的绝大部分区域处于弹性工作状态。在大震不屈服工况下，节点区进入塑性区域相对前述工况进一步扩大，但塑性应变最大值分别为 7.76×10^{-3}（图 7-1b）、2.52×10^{-3}，能够保证大震作用下节点的安全性能。

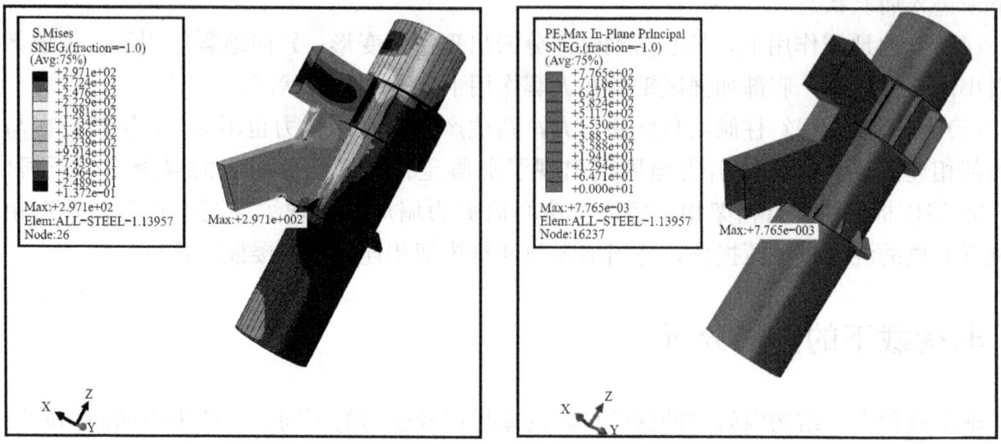

(a)重现期100年风荷载工况钢材应力　　(b)中震弹性工况钢材塑性区域分布

图 7-1　型钢混凝土梁柱及梁柱节点有限元分析

8　针对超限情况的计算分析及相应措施

本工程为超限高层建筑，属特别不规则结构，采用 YJK、ETABS、SAP 2000 及 ABAQUS 软件进行多模型多工况计算分析。计算结果表明，各项控制指标表现良好，满足规范要求。结合超限抗震设防专项审查意见，拟采取如下针对性的加强措施：

（1）核心筒剪力墙抗震等级采用特一级，42 层楼面以下核心筒墙内埋置型钢以增加核心筒延性，同时，底部加强区范围内角部墙体按偏拉构件计算结果设置型钢；核心筒外圈全高设置约束边缘构件；底部加强部位剪力墙水平和竖向分布筋配筋率提高到 0.6%；加强层 22 层、55 层及其上、下层剪力墙水平和竖向分布筋配筋率提高到 0.6%；加强层 38 层及 37 层、39 层、40 层、41 层剪力墙水平和竖向分布筋配筋率提高到 1.0%。

（2）38 层、39 层与伸臂桁架相连的剪力墙在楼层以及 1/2 层高标高处各设置一道剪力墙面外框架梁，并将该楼层翼墙角板加厚至 350mm，使四个角部的剪力墙各自形成一个共同受力整体，同时，四个角部间设置水平拉梁。

（3）提高核心筒收进部位以上三层（39 层、40 层、41 层）的墙肢含钢率，且在这三层筒体外墙加设斜向交叉的型钢，减轻该部分剪力墙的损伤。

（4）外框架柱在剪力墙底部加强部位和加强层及其上、下各一层范围内抗震等级取为特一级。

（5）加强层楼板厚 200mm，加强配筋以确保剪力在楼板面内可靠传递，按楼板满足中震不屈服性能目标进行设计。与伸臂相连部分楼板采用后浇，减小加强层伸臂变形对楼板产生的次应力。

（6）对抗剪强度不足的连梁，改为分缝连梁或增设型钢，以保证连梁的延性和耗能能力。

9 抗震设防专项审查意见

本项目超限高层建筑工程抗震设防专项审查会于2014年1月23日由佛山市佛山新城建设管理委员会城市建设管理局组织召开，华南理工大学建筑设计研究院有限公司总工程师方小丹任专家组组长。专家组听取了建设单位和设计单位的介绍，查阅了设计文件，进行了必要的质询。经认真讨论后，提出如下审查意见：

（1）按《高层建筑混凝土结构技术规程》JGJ 3—2010要求补充大震作用下关键构件承载力验算；也可采用广东省标准《高层建筑混凝土结构技术规程》进行结构抗震性能设计；补充地下室构件抗震等级。

（2）补充斜柱产生的拉压应力对楼盖影响的分析。

（3）连接伸臂桁架剪力墙之间应有梁连接，也可考虑取消伸臂桁架。

（4）适当提高底部加强区及核心筒收进部分剪力墙配筋率。

（5）补充出屋面结构与主结构的连接构造。

（6）基础设计可考虑优化。

审查结论：通过。

10 点评

（1）本工程塔楼结构高度为264.79m，采用钢管混凝土框架-钢筋混凝土核心筒体系，在22层、38层、55层、62层设置4道腰桁架加强层，在38层设置伸臂钢桁架加强层，属特别不规则结构，采用YJK、ETABS、SAP 2000及ABAQUS软件进行多模型多工况计算分析。计算结果表明，各项控制指标表现良好，满足规范要求。

（2）在初步设计阶段对加强层作敏感性分析，选取较为合适的加强层设置方案。

（3）钢筋混凝土核心筒采用双核心筒方案，在满足建筑功能需求的同时，较好地满足结构刚度需求。

（4）对塔楼重力荷载作用下外框柱与核心筒剪力墙竖向变形及差异进行计算分析，根据其长期竖向变形规律，在设计及施工阶段采取相应的措施。

51 寰城海航广场（天誉四期）

关　　键　　词：超高层建筑；弹塑性时程分析；抗震性能；振动台试验
结构主要设计人：刘　洋　刘永添　陈伟军　唐　珉　苏艳桃　周小军
设　计　单　位：广州市城市规划勘测设计研究院

1　工程概况

寰城海航广场位于广州市天河区天河北路与林和东路交界处，总建筑面积约为 11.4 万 m^2，其中地上建筑面积约为 9.0 万 m^2，地下建筑面积约为 2.4 万 m^2，建筑效果图如图 1-1 所示。本工程由两栋超高层塔楼和局部 4 层裙楼组成，地上各层设防震缝，宽 750mm，其中南塔楼结构共 50 层，标准层层高 3.5m，主要屋面高度为 190.25m，构架层高度为 196.8m，高宽比约为 6.7，结构平面为直角扇梯形，无凹凸；北塔楼结构共 42 层，标准层层高 3.5m，主要屋面高度为 158.3m，高宽比约为 6.8，结构平面为矩形。整个地块范围设 6 层地下室，作为停车库和功能用房，地下室底板顶面标高约为－24m，地下室各层均不设缝。建筑剖面及楼层功能分布如图 1-2 所示。

图 1-1　建筑效果图

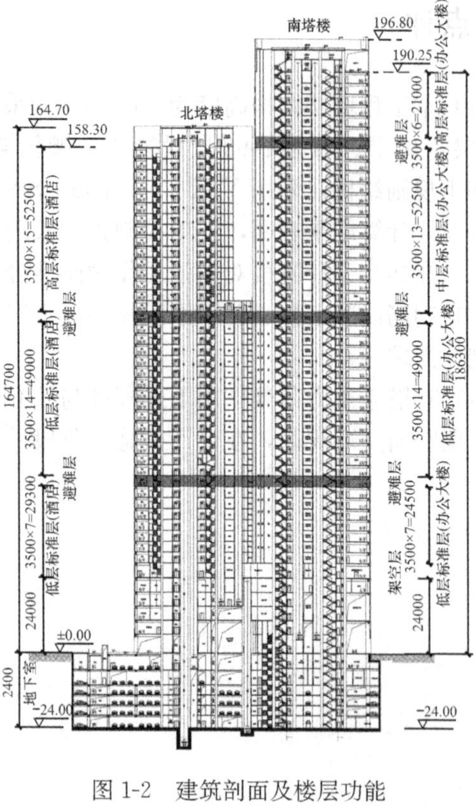

图 1-2　建筑剖面及楼层功能

2 结构体系与结构布置

2.1 结构方案

本工程为超高层办公、酒店综合体，地处城市的中心区繁华地段，由于场地限制，整个建筑较为狭长，由双核心筒组成，双塔距离较近。结构平面短向尺寸约 23m，长向尺寸约 72m，核心筒宽度约 9m。塔楼标准层结构平面图如图 2-1 所示。

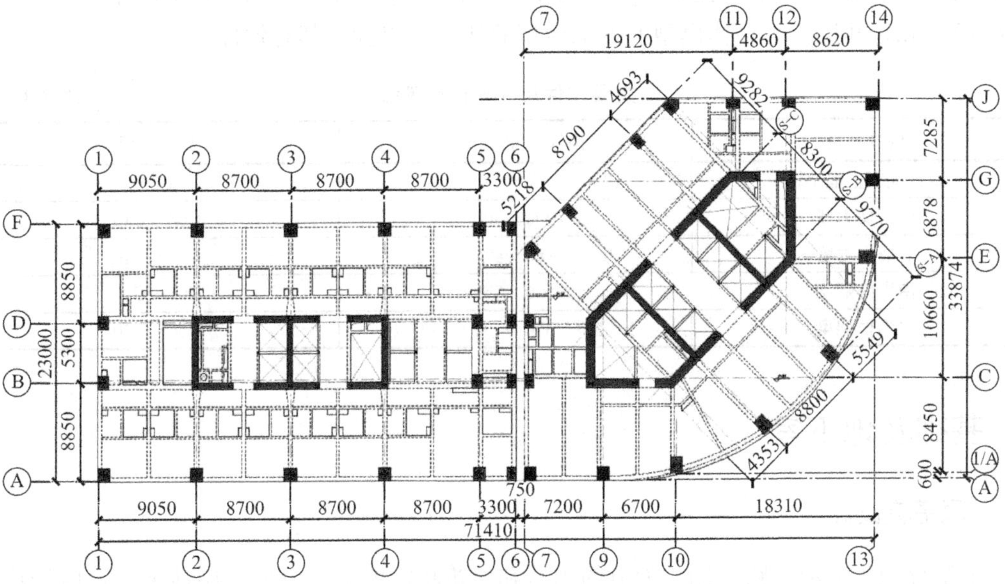

图 2-1 标准层结构平面图

建筑在立面上基本保持一致，楼层无收进和挑出，塔楼整体高宽比合适，但核心筒高宽比偏大，是本工程结构设计的主要难点。结构方案阶段考虑合并塔楼和设置防震缝双塔楼两种结构方案。

合并塔楼方案产生较大的扭转效应，进而影响整个结构在地震作用下的抗震性能，使得多项计算指标超出《高层建筑混凝土结构技术规程》JGJ 3—2002（下文简称《高规》）限值；设置防震缝的双塔楼方案，结构平面规则，受力明确，整体计算指标更加合理。经过方案分析对比，确定采用设置防震缝双塔楼方案。

2.2 结构布置

结构体系为钢筋混凝土框架-核心筒结构，竖向抗侧力体系为钢筋混凝土核心筒（底部加强区埋设型钢）。南塔 26 层（北塔 20 层）及以下塔楼框架柱采用型钢混凝土柱，其他柱为钢筋混凝土柱；南塔 26 层（北塔 20 层）以上塔楼框架柱采用钢筋混凝土柱。钢筋混凝土核心筒是承担地震作用和风荷载等水平荷载的主要构件。主要构件尺寸与材料等级见表 2-1。

2.3 防震缝设置

在多、高层建筑结构中，防震缝的设置已相当普遍，但超高层建筑设置防震缝相对并不常见，主要是其宽度较大，会给建筑立面的处理造成一定困难，同时在强烈地震作用下，相邻结构有可能发生局部碰撞而损坏。

双塔楼结构存在同向振动和反向振动两种形式，对称双塔的反向振型参与系数接近于零，对地震作用和作用效应的计算无影响；不对称双塔各振型的参与系数不为零，均对结构的地震作用效应有贡献。本工程考虑各自振动形态的差异性，补充其中震弹性作用下两塔楼的最不利情况，即相向运动时的位移效应分析，南、北双塔之间设置的防震缝宽度确定为750mm，并进行了整体模型的振动台试验研究，以验证其有效性。

主要构件尺寸与材料等级　　表 2-1

构件部位	构件尺寸（mm）	材料等级
型钢混凝土框架柱	1200×1600～900×1000	C60
南塔剪力墙	900～500	C60～C40
北塔剪力墙	750～450	C60～C40
南塔内隔墙	500～350	C60～C40
典型框架梁	400×850～400×750	C60～C40

3 基础及地下室

3.1 深基坑设计

本工程处于天河北路北侧，为节约用地和建筑功能要求，设置 6 层地下室，由于场地限制给设计与施工难度带来极大挑战。为减小层高及地库埋深并增加楼层净空，结合建筑及机电实际情况，在地下 2 层～地下 4 层均采用带柱帽的无梁楼盖结构形式。对于跨度较大柱网，为了保持相同的净高，采取局部加高加宽柱帽处理。地下室较深，基坑支护设计采用灌注桩结合内支撑梁的形式，地下 6 层局部为吊脚灌注桩，同时加强对支护点的监测频率和密度。施工地下室外墙时，直接以基坑支护桩内壁采用挂钢筋网抹灰的模板，有效地节约了地下室外墙与支护的施工空间。

3.2 基础设计

塔楼区域采用柱墩基础，塔楼外区域地下室采用天然扩展基础，基础面结构标高为−24.0m，以④$_S$层微风化细砂岩体作为基础的持力层，地基承载力特征值 6000kPa。取室外地坪标高作为地下结构抗浮设计水位，塔楼区域自身重力可以抵抗水浮力，塔楼区域外采用抗拔锚杆以抵抗本区域地下室浮力。

3.3 地下室设计

地下室采用钢筋混凝土楼盖，地下室底板厚约 1200mm，为平板结构，地下 5 层人防顶板及首层采用梁板结构，板厚 250mm；地下 2 层～地下 4 层采用带柱帽无梁楼盖的结构形式，板厚200mm，对于跨度较大柱网，为了保持相同的净高，采取局部加高加宽柱帽处理。地面以上采用钢筋混凝土楼盖，标准层板厚110mm，楼板混凝土强度等级均为C35。

4 荷载与地震作用

4.1 楼面荷载

本项目各区域的楼面荷载（附加恒荷载与活荷载）按规范与实际做法取值。

4.2 风荷载及地震作用

广州地区50年重现期的基本风压值为0.50kN/m²，本工程结构高度为186.3m，超过60m，根据《高规》规定，计算位移时基本风压取0.50kN/m²，计算承载力时基本风压取0.55kN/m²，建筑物地面粗糙度C类。

根据《高规》第4.2.7条的规定，对本工程进行了风洞试验，风洞试验结果小于《建筑结构荷载规范》GB 50009—2012（下文简称《荷载规范》）中的规定值，因此进行风荷载作用下位移和承载力计算时，采用《荷载规范》中的风荷载。

5 结构超限判别及抗震性能目标

5.1 结构超限情况

参照《关于印发〈超限高层建筑工程抗震设防专项审查技术要点〉的通知》（建质〔2010〕109号）、《高规》和《广东省实施〈高层建筑混凝土结构技术规程〉JGJ 3—2002补充规定》DBJ/T 15—46—2005的有关规定，结构超限情况说明如下。

5.1.1 高度超限判别

按照《高规》第4.3.2条的规定，框架-核心筒结构7度B级高度钢筋混凝土高层建筑适用的最大高度为180m，本工程南塔属超B级高度超限结构，北塔属B级高度超限结构。

5.1.2 不规则类型判别

（1）同时具有三项及以上不规则的高层建筑工程判别见表5-1。

三项及以上不规则判别　　表5-1

序号	不规则类型	简要涵义	本工程情况	超限判别
1a	扭转不规则	考虑偶然偏心的扭转位移比大于1.2	南塔 X 向1.31（8层），北塔 Y 向1.21（1层）	是
1b	偏心布置	偏心率大于0.15或相邻层质心大于相应边长15%	无	
2a	凹凸不规则	平面凹凸尺寸大于相应投影方向总尺寸的30%等	无	否
2b	组合平面	细腰形或角部重叠形	无	

续表

序号	不规则类型	简要涵义	本工程情况	超限判别
3	楼板不连续	有效宽度小于 50%，开洞面积大于 30%，错层大于梁高	南塔：3 层楼板开洞面积超过总面积的 30% 北塔：5 层楼板开洞宽度超过总宽度的 50%	是
4a	刚度突变	相邻层刚度变化大于 70%或连续三层变化大于 80%	满足侧向刚度要求	否
4b	尺寸突变	竖向构件位置缩进大于 25%或外挑大于 10%和 4m，多塔	无	
5	构件间断	上下墙、柱、支撑不连续，含加强层、连体类	无	否
6	承载力突变	相邻层受剪承载力变化大于 80%	无	否
7	其他不规则	如局部的穿层柱、斜柱、夹层、个别构件错层或转换	无	否
不规则情况总结		不规则项 2 项		

（2）具有某一项不规则的高层建筑工程判别见表 5-2。

某一项不规则判别 **表 5-2**

序号	不规则类型	简要涵义	本工程情况	超限判别
1	扭转偏大	裙房以上的较多楼层，考虑偶然偏心的扭转位移比大于 1.4	南塔 X 向 1.31（8 层） 北塔 Y 向 1.21（1 层）	否
2	抗扭刚度弱	扭转周期比大于 0.9，混合结构扭转周期比大于 0.85	无	否
3	层刚度偏小	本层侧向刚度小于相邻层的 50%	无	否
4	高位转换	框支墙体的转换构件位置：7 度超过 5 层，8 度超过 3 层	无	否
5	厚板转换	7～9 度设防的厚板转换结构	无	否
6	塔楼偏置	单塔或多塔与大底盘的质心偏心距大于底盘相应边长 20%	无	否
7	复杂连接	各部分层数、刚度、布置不同的错层，两端塔楼高度、体型或振动周期显著不同的连体结构	无	否
8	多重复杂	结构同时具有转换层、加强层、错层、连体和多塔等复杂类型的 3 种	无	否
不规则情况总结		不规则项 0 项		

5.1.3 超限情况总结

本工程存在平面扭转不规则、楼板不连续等超限情况，南塔属超 B 级高度超限结构，北塔属 B 级高度超限结构。

5.2 抗震性能目标

针对结构高度及不规则情况，设计采用结构抗震性能设计方法进行分析和论证。设计根据结构可能出现的薄弱部位及需要加强的关键部位，依据《高规》第 3.11.1 条的规定，结构总体按 C 级性能目标要求，具体要求如表 5-3 所示。

结构抗震性能目标　　表 5-3

构件位置	设定性能目标	验算结果及要求
跨层框架柱	中震弹性	采用 SATWE 计算并配筋；按分层和并层计算结果，取最不利值
底部加强区核心筒剪力墙	中震弹性	采用 SATWE 计算并配筋；设置钢骨
北塔核心筒外四片剪力墙	中震弹性	采用 SATWE 计算并配筋；设置型钢暗柱与钢梁
核心筒连梁	中震可屈服，大震仍具有一定的竖向承载力	按小震计算并配筋；采用构造措施处理，如设置暗撑、钢骨等；按不发生剪切破坏设计
局部框架梁位置	中震屈服	按小震计算并配筋；梁端部加密加大箍筋，采用钢骨等构造措施加强

6　结构计算与分析

6.1　主要设计信息

主要设计信息见表 6-1。

主要设计信息　　表 6-1

高度	南塔 186.3m，北塔 158.3m	基础埋深	22.1m
层数	南塔 50 层，北塔 42 层，地下 6 层	地基基础设计等级	甲级
高宽比	186.3/28.13=7.2（南塔），158.3/23.16=6.9（北塔）	安全等级	二级
核心筒高宽比	186.3/9=20.7（南塔），158.3/6=26.3（北塔）	结构设计使用年限	50 年
建筑抗震设防类别	裙楼商场（地下 1 层～8 层）为乙类，其余楼层为丙类	抗震设防烈度	7 度
结构类型	钢筋混凝土框架-核心筒结构	建筑场地类别	Ⅱ类
框架抗震等级	一级（塔楼）	场地土液化等级	中等
核心筒抗震等级	一级（塔楼），特一级（底部加强区）	场地特征周期	0.35s
地下室抗震等级	地下一层同首层，往下逐级递减	主要计算软件	SATWE、ETABS、ABAQUS

6.2　小震及风荷载作用分析

采用 SATWE 软件对结构进行整体小震弹性分析，采用 ETABS 软件进行补充计算。计算时结构阻尼比取 0.05，采用振型分解法，结构计算考虑偶然偏心地震作用、双向地震作用、扭转耦联和施工模拟。结构整体分析结果如表 6-2、表 6-3 所示。

南塔整体分析结果（小震）　　表 6-2

指标	SATWE 软件		ETABS 软件
水平力角度	0°	45°	0°
第 1、2 平动周期（s）	5.758（Y 向）	5.781（Y 向）	5.562（Y 向）
	3.975（X 向）	3.985（X 向）	3.666（X 向）

续表

指标		SATWE软件		ETABS软件
第1扭转周期（s）		3.0848	3.0848	2.6239
周期比		0.53	0.53	0.47
地震作用下基底剪力（kN）	X向	12191.52	9026.12	12330
	Y向	10999.50	8933.64	10900
结构总质量（t）		91758.367		91940
单位面积重度（kN/m²）		19.4		19.4
计算剪重比	X向	1.47%	1.47%	1.47%
	Y向	1.20%	1.47%	1.2%
地震作用下倾覆力矩（kN·m）	X向	1396933.13	945494.50	1434000
	Y向	1191282.00	941851.50	1246000
50年一遇风荷载作用下最大层间位移角	X向	1/2309（23层）	1/122（28层）	1/2764（28层）
	Y向	1/631（33层）	1/1169（31层）	1/703（33层）
地震作用下最大层间位移角	X向	1/1326（27层）	1/1041（31层）	1/1412（29层）
	Y向	1/770（33层）	1/1029（33层）	1/769（32层）
最大扭转位移比	X向	1.31（8层）	1.24（1层）	—
	Y向	1.17（1层）	1.25（1层）	—
楼层最小侧向刚度比	X向	0.9828（1层）		—
	Y向	1.0458（1层）		—
楼层最小受剪承载力与上层的比值	X向	0.94（1层）		
	Y向	0.88（1层）		
刚重比	X向	3.58		
	Y向	1.72		

北塔整体分析结果（小震） **表6-3**

指标		SATWE软件	ETABS软件
第1、2平动周期（s）		5.2157（Y向）	5.039（Y向）
		3.6512（X向）	3.3581（X向）
第1扭转周期（s）		2.8189	2.69044
周期比		0.54	0.53
地震作用下基底剪力（kN）	X向	11081.82	11310
	Y向	9307.61	9246.0
结构总质量（t）		75646.102	76210
单位面积重度（kN/m²）		18.6	18.7
计算剪重比	X向	1.56%	1.5%
	Y向	1.22%	1.3%
地震作用下倾覆力矩（kN·m）	X向	1040542.81	1071000
	Y向	886704.31	930900
50年一遇风荷载作用下最大层间位移角	X向	1/2895（23层）	1/3731（23层）
	Y向	1/837（31层）	1/1031（22层）
地震作用下最大层间位移角	X向	1/1372（23层）	1/1542（24层）
	Y向	1/814（19层）	1/792（22层）

续表

指标		SATWE 软件	ETABS 软件
最大扭转位移比	X 向	1.13（1层）	—
	Y 向	1.21（1层）	—
楼层侧向刚度比	X 向	0.8907（1层）	—
	Y 向	1.0932（5层）	—
楼层受剪承载力与上层的比值	X 向	0.80（1层）	
	Y 向	0.91（1层）	
刚重比	X 向	3.71	
	Y 向	1.77	

由表 6-2、表 6-3 可知，SATWE 及 ETABS 两种软件的计算结果接近，说明结构建模与分析的正确性。小震计算结果表明，结构的主振型以平动为主，周期比、位移比、层间位移角、刚重比、刚度比、受剪承载力比、底层柱倾覆力矩等均满足《高规》的限值要求，说明结构体系是合理的。

6.3 小震弹性时程分析

小震弹性时程分析采用 SATWE 软件进行。选取Ⅱ类场地上 2 组天然波（天然波 1、天然波 2）及 1 组人工波进行弹性时程分析，地震加速度最大值为 $35cm/s^2$，时程分析结果如表 6-4、表 6-5 所示。时程分析结果表明，南、北两塔楼地震作用下结构基底剪力平均值不小于振型分解反应谱法结果的 80%，每条地震波作用下结构基底剪力不小于振型分解反应谱法结果的 65%，所选地震波满足规范要求。

南塔时程分析结果 **表 6-4**

方向	人工波	天然波 1	天然波 2	平均值
X 向	84%	82%	93%	86%
Y 向	69%	84%	92%	82%

北塔时程分析结果 **表 6-5**

方向	人工波	天然波 1	天然波 2	平均值
X 向	84%	82%	93%	86%
Y 向	69%	84%	92%	82%

6.4 大震弹塑性时程分析

采用有限元软件 ABAQUS 对本工程进行罕遇地震弹塑性时程分析，一维杆件弹塑性模型采用纤维束模型，二维剪力墙和楼板弹塑性模型采用 ABAQUS 内置的弹塑性壳单元。

大震弹性时程分析选取Ⅱ类场地上 2 组天然波（天然波 1、天然波 2）、人工波和基岩波，弹塑性时程分析最大层间位移角如表 6-6、表 6-7 所示。动力弹塑性分析结果表明，结构仍保持直立，薄弱层的最大弹塑性层间位移角满足规范要求，结构满足“大震不倒”的基本要求。

南塔弹塑性时程分析最大层间位移角 表 6-6

方向	人工波	天然波 1	天然波 2	基岩波
X 向	1/256（22 层）	1/243（22 层）	1/193（23 层）	1/294（22 层）
Y 向	1/114（39 层）	1/119（40 层）	1/135（40 层）	1/142（39 层）

北塔弹塑性时程分析最大层间位移角 表 6-7

方向	人工波	天然波 1	天然波 2	基岩波
X 向	1/263（22 层）	1/262（26 层）	1/209（20 层）	1/319（22 层）
Y 向	1/125（22 层）	1/174（34 层）	1/143（21 层）	1/145（22 层）

大震弹塑性分析结果表明，包括跨层柱在内的各层型钢混凝土柱均未出现混凝土受压损伤和钢筋、型钢塑性应变，跨层柱未出现屈曲，外框型钢柱抗震承载力足够，外圈框架梁混凝土除拉裂外基本未出现混凝土受压损伤，个别梁端钢筋出现轻微塑性应变，适当加强配筋后均可满足抗震承载力要求；南塔核心筒呈菱形，工字形翼缘底部剪力墙边缘在加强前出现了轻微的混凝土受压损伤，菱形角部的墙肢边缘出现了轻微的损伤，通过在底部配置钢骨和配筋加强后，该损伤消失。

北塔首层在核心筒外周设置四片 Y 向附加剪力墙，由于初始轴压比较低，大震作用下均出现了严重的弯压破坏，这四片剪力墙边缘通过埋设型钢暗柱和暗梁构造措施，使其在大震作用下剪力墙破坏后仍能承担竖向荷载。

6.5 结构整体振动台试验

为研究本工程结构整体抗震性能及构件连接节点的抗震性能，在广州大学工程抗震研究中心开展了整体模型的振动台试验研究。根据振动台台面尺寸，模型缩尺比例为 1/30。试验采用安评报告的 2 条人工波和 2 条天然波共 4 种地面运动。

结构整体振动台试验结果表明：试验模型测得各阶频率比理论模型计算值略高，模型结构与原型结构动力特性吻合较好。在罕遇地震作用下，结构位移角均小于 1/100，满足规范要求。在多遇地震作用下，北塔裙楼与塔楼的钢筋混凝土剪力墙底部和型钢柱底部是受力较大的区域，拉应变和压应变均小于混凝土的开裂应变和钢材的屈服应变；设防烈度地震作用下，部分混凝土测点应变出现拉、压应变分布不对称现象，混凝土出现细微裂缝，裙楼与塔楼钢筋混凝土剪力墙底部和型钢柱底部，其拉应变和压应变均达到混凝土的开裂应变；在罕遇地震作用下，核心筒底部超过混凝土的开裂应变，多处剪力墙门洞角部及过梁发生破坏。历经多遇地震、设防烈度地震后，试验宏观现象和实测数据表明，结构总体上满足初步设计抗震性能目标，计算和试验结果基本相符，对试验出现的薄弱部位，设计上予以加强构造措施。

7 针对超限情况的计算分析及相应措施

7.1 针对超限情况的计算分析

（1）分别采用 ETABS、SATWE 程序，对整体计算结果及构件设计的内力情况作细致的对比分析，衡量结构整体计算的合理性及关键构件计算的准确性。

（2）抗震设计加速度反应谱与安评反应谱比较，考虑最不利情况进行水平地震计算参数的选取。

（3）针对超限情况，设定比较严格的抗震性能目标，采用 ETABS、SATWE 及 ABAQUS 软件进行小震及大震作用下的分析，保证关键构件及耗能构件满足大震作用下的性能目标要求。

（4）采用 SATWE 按照 10 年一遇的风荷载取值（基本风压 0.3kN/m^2）、阻尼比 0.02 对风振舒适度进行验算，计算结果与风振试验报告进行对比分析，确保结构的风振舒适度满足要求。

（5）为研究本工程结构整体抗震性能及构件连接节点的抗震性能，在广州大学工程抗震研究中心开展了整体模型的振动台试验研究，根据试验结果指导设计。

7.2 针对超限情况的相应措施

（1）南、北塔楼下部楼层框架柱采用型钢混凝土柱，提高了结构的延性，局部跨层框架柱是本工程的重要构件，设计中采用型钢混凝土柱设计，并将抗震等级提高到特一级，箍筋采用复合螺旋箍，按中震弹性设计。

（2）结构整体分析计算时，对北塔 5 层楼板、南塔 3 层楼板用符合楼板平面内实际刚度变化的弹性楼板假定的计算模型。

（3）北塔 5 层楼板、南塔 3 层楼板大开洞处，采取加强板厚由 130mm 加强到 150mm，局部 200mm，每层每向配筋率不小于 0.30%。

（4）对底部加强部位的钢筋混凝土核心筒剪力墙内埋设型钢，抗震等级取特一级，底部加强部位核心筒墙按中震弹性设计。

（5）对北塔核心筒外四片剪力墙内埋设型钢暗柱，连梁采用型钢混凝土，抗震等级取特一级，按中震弹性设计。

8 抗震设防专项审查意见

2009 年 10 月 23 日，广州市建设委员会在广州大厦主持召开“天誉四期发展项目超限高层建筑工程抗震设防专项审查会”，广东省建筑设计研究院副总工程师陈星教授级高工任专家组组长。与会专家听取了广州市城市规划勘测设计研究院关于该工程抗震设防设计的情况汇报，审阅了送审材料。经讨论，提出审查意见如下：

（1）应进一步完善结构的抗震性能目标。

（2）弹性时程分析所选取的地震记录曲线应满足规范要求。

（3）结构布置应进一步优化和调整。

（4）结构的 X、Y 方向的侧向刚度不宜相差太大。

审查结论：通过。

9 点评

本工程高度超限，南塔属于超 B 级高度超限高层建筑，北塔属于 B 级高度超限高层建筑，同时存在楼板开洞、扭转不规则情况。设计时采取基于性能化的抗震设计方法，根据构件的重要性，采取不同的性能目标，分别进行了小震弹性分析、小震弹性时程分析、中震性能设计、大震弹塑性时程分析，结构整体和各构件的抗震性能均能达到预期目标，满足规范提出的“小震不坏、中震可修、大震不倒”的要求。

（1）采用两个不同的有限元软件 SATWE、ETABS 对结构进行小震作用下的分析计算，结果表明，结构各项指标均满足规范要求，结构体系安全、合理。

（2）用 ABAQUS 软件对结构进行了大震作用下的动力弹塑性分析和构件损伤分析，结果表明，构件均满足抗震性能目标的要求，结构屈服机制符合抗震概念设计的屈服顺序，且罕遇地震作用下各构件损坏程度均可控制在轻微损坏至轻度损坏范围内，满足所设定的抗震性能目标的要求。

（3）结构整体振动台试验宏观现象和实测数据表明，结构总体上满足初步设计抗震性能目标，计算和试验结果基本相符，根据试验结果指导设计。

52 广州市越秀区恒基中心地块（北塔）

关　　键　　词：超高层建筑；方钢管混凝土框架-钢筋混凝土核心筒结构；地铁下穿；逆作法
结构主要设计人：刘永添　刘少武　陈剑图　卢　亮　叶瑞欣　熊　彧　蔡　舒　崔　灿
设　计　单　位：广州市城市规划勘测设计研究院

1 工程概况

广州市越秀区恒基中心项目位于广州市越秀区沿江西路以北、海珠广场以西、解放路以东及一德路以南地块。所在地区为广州传统中轴线与珠江交汇处的核心，拥有良好的城市景观资源。项目主要由南塔、北塔、裙房及地下室组成，其中南、北塔楼主要建筑功能为办公，裙房主要建筑功能为商业。

本工程设地下室 5 层，地上部分北塔 30 层，屋面高度 146.35m；南塔 20 层，屋面高度 99.35m。裙房共 7 层，建筑高度 43.45m。总建筑面积约 23 万 m^2。建筑实景如图 1-1 所示。南、北塔在首层以上由抗震缝分开，形成两个塔楼及其附带裙楼独立的结构单元，其中地铁 6 号线从北塔主楼下穿过。

图 1-1　建筑实景

2 结构体系与结构布置

2.1 办公塔楼部分

北塔建筑总高度为 146.35m，属于 B 级高度的超限高层建筑。8～30 层采用混合框架-钢筋混凝土核心筒结构体系，框架由矩形钢管混凝土柱与钢梁组成，标准层和屋面层结构布置如图 2-1、图 2-2 所示。型钢框架梁上铺压型钢板作模板的混凝土楼板。钢梁与框架柱刚接，与核心筒剪力墙铰接。

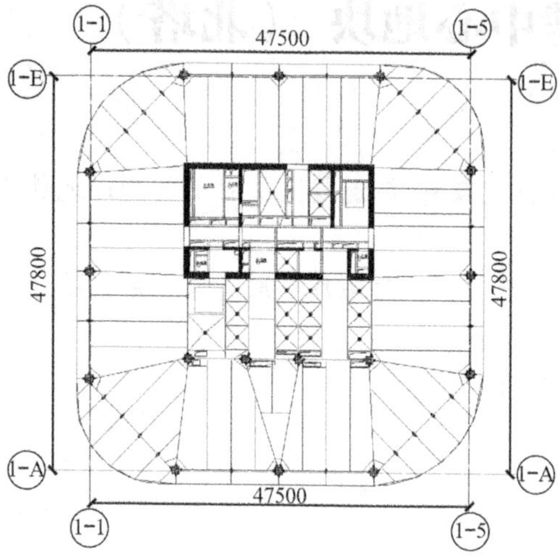

图 2-1　标准层结构布置

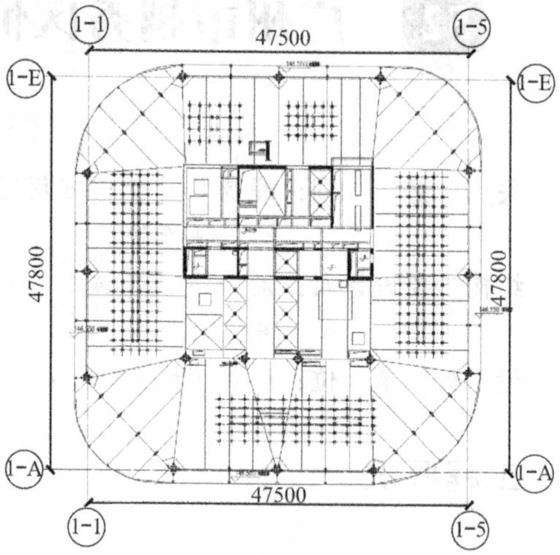

图 2-2　屋面层结构布置

北塔通过 7 层为过渡层，实现内置十字形型钢混凝土柱与钢管混凝土柱的转换。矩形钢管混凝土柱与钢梁连接位置，矩形钢管内设置横隔板，钢管外焊接牛腿式型钢短梁。梁柱刚接，钢梁上下翼缘、腹板、柱内隔板采用全熔透坡口焊缝。钢管内隔板四角设置 50mm 透气孔；中心设置孔径 300mm 混凝土浇筑孔。

裙房以上采用钢结构，使结构自重下降到 $11kN/m^2$，达到降低结构自重、减小基础和地铁上方转换梁的柱荷载的目的。主要构件尺寸与材料等级见表 2-1。

主要构件尺寸与材料等级　　**表 2-1**

构件部位	构件尺寸（mm）	材料等级
塔楼核心筒	700～600	C60～C50
裙楼剪力墙	800	C60
塔楼矩形钢管混凝土柱	900×900×30～700×700×30	C60～C45/Q345GJ-C
框架梁	H900×450×20×36～H700×300×14×30	Q345B
次梁	H600×300×12×20～H500×250×10×20	Q345B

2.2　裙楼部分

7 层裙楼采用钢筋混凝土框架-核心筒结构（图 2-3、图 2-4），考虑到裙房柱位置有扭转不规则情况，在北塔南边 1～2 层左右角部薄弱柱边各设置一片剪力墙，适当加大与柱连接的框架梁截面。针对裙楼 6～7 层电影院存在多处大开洞、楼板局部不连续，周边楼板加厚至 150mm。考虑到 3～5 层存在斜柱情况，每根斜柱双向均有框架梁拉结。裙楼型钢柱尺寸为 1500mm×1500mm，内置十字形型钢 1000×400×30×36（mm）。

2.3　基础及地下室设计

项目用地现状条件复杂，广州市地铁六号线隧道从北塔主楼下方穿过。隧道拱顶埋深约为 29.5m，基础开挖深度约 24m，拱顶离地下室底板净距仅 5.5m，如图 2-5、图 2-6 所示。在本项目施工前，地铁隧道已完成施工，如何保证地铁隧道和上部结构的安全是本项目重点考虑的问题。

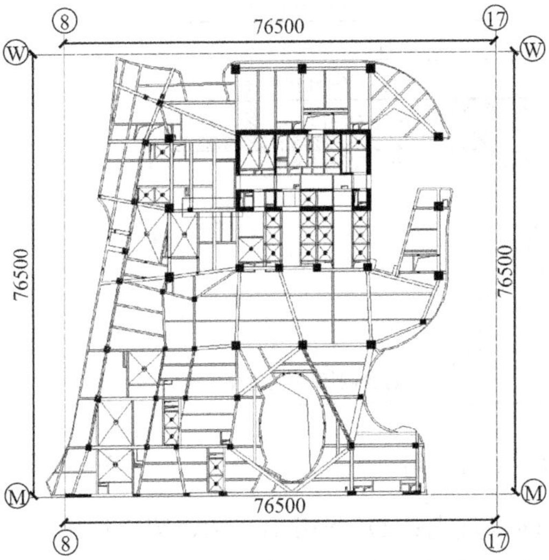

图 2-3　2 层结构布置

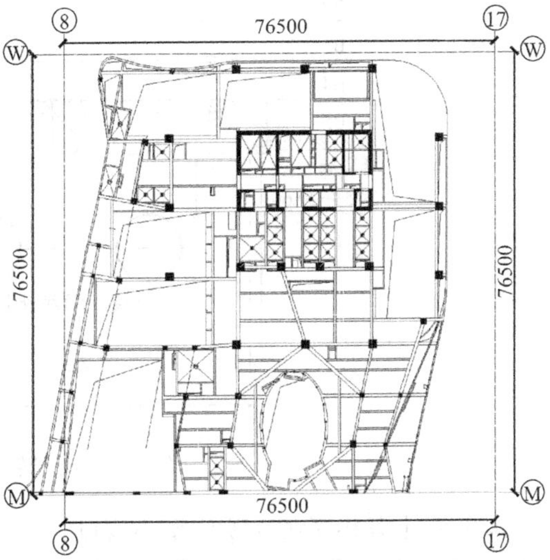

图 2-4　7 层结构布置

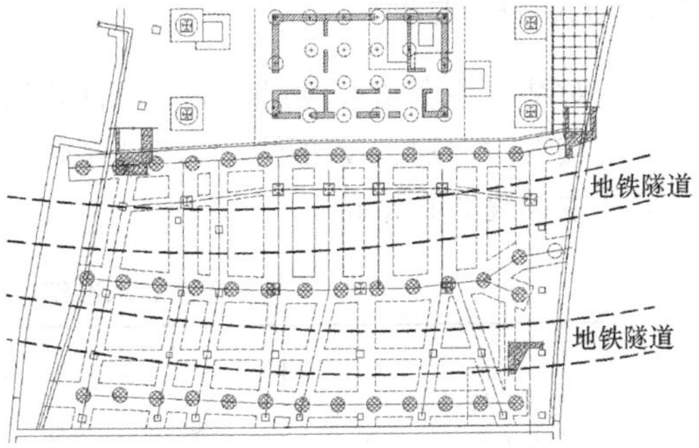

图 2-5　梁式转换筏板基础平面图

北塔基坑支护采用地下连续墙＋内支撑方案，南、北地下室分两期施工。在地铁隧道边布置 3 排 ϕ2000mm 的旋挖桩。办公塔楼下采用 ϕ2200mm 的大直径灌注桩，持力层为中、微风化岩。核心筒与周边框架柱设置联合承台，为了减小承台厚度，同时也能满足核心筒冲切要求，尽量在核心筒范围内布置较多的桩（图 2-5）。在合理安排建筑平面布局前提下，利用北塔地下 5 层半层平面，设置结构转换梁高 4.3m，梁间底板厚 1.5m。上部结构通过调整核心筒剪力墙位置，避免核心筒落在隧道上方，减小转换梁的荷载。裙楼与纯地下室采用单柱单桩基础，需抗拔处设置抗拔桩，桩径为 1000～1600mm。

3　结构超限判别及抗震性能目标

3.1　结构超限判别

本工程位于 7 度区（0.1g），结构总高度 146.35m，大于 130m，裙楼采用钢筋混凝土框架-核心筒结构，支承塔楼的框架柱采用型钢混凝土柱；塔楼采用方钢管混凝土框架-钢筋混凝土核心筒结构，根据《住房城乡建设部关于印发〈超限高层建筑工程抗震设防专项审查技术要点〉的通知》（建质〔2015〕67 号），属于高度超限的高层建筑。

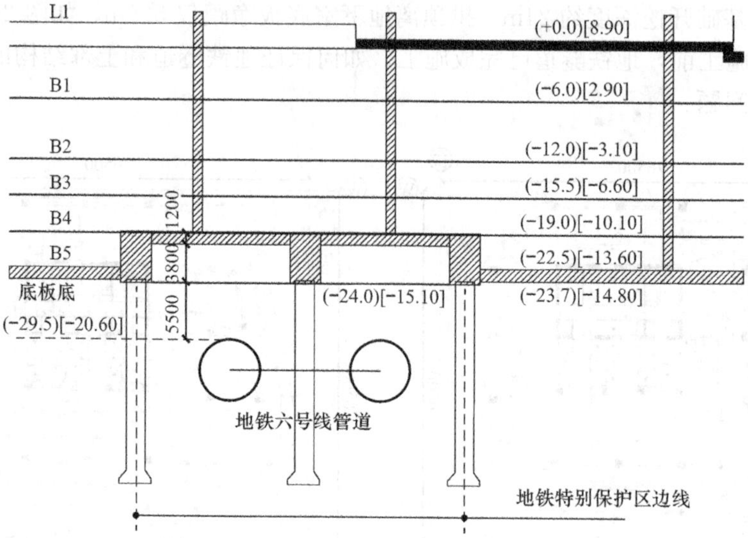

图 2-6　梁式转换筏板基础剖面图

本工程北塔共存在 3 项体型不规则：1）扭转不规则；2）楼板不连续，第 7 层电影院开洞面积大于 30%；3）尺寸突变，第 8 层竖向构件位置缩进大于 25%。

3.2　抗震性能目标

针对结构高度及不规则情况，设计采用结构抗震性能设计方法进行分析和论证。综合考虑抗震设防类别、设防烈度、场地条件、建造费用等，结构的抗震性能目标定为 C 级。具体要求如表 3-1 所示。

各性能水准结构预期的震后性能状况　　表 3-1

地震水准	结构抗震性能水准	宏观损坏程度	损坏部位			继续使用的可能性
			关键构件：底部加强区剪力墙	普通竖向构件：非加强区剪力墙、框架柱（包括斜柱）	耗能构件：框架梁、剪力墙连梁	
多遇地震	1	完好、无损坏	无损坏	无损坏	无损坏	不需修理即可继续使用
设防烈度地震	3	轻度损坏	轻微损坏	轻微损坏	轻度损坏、部分中度损坏	一般修理后可继续使用
预估的罕遇地震	4	中度损坏	轻度损坏	部分构件中度损坏	中度损坏、部分比较严重损坏	修复或加固后可继续使用

4　结构计算与分析

4.1　主要设计信息

本工程抗震设防烈度 7 度，基本地震加速度 0.10g，设计地震分组为第一组，Ⅱ类场地。建筑设防类别：地下 1 层～7 层商场为乙类，其余为丙类。基本风压为 0.5kN/m^2，地面粗糙度为 C 类。北塔为办公楼，标准层层高 4.45m，裙楼采用钢筋混凝土框架-核心筒结构，塔楼采用混合框架-钢筋混凝土核心筒结构。主体结构的设计使用年限为 50 年，建筑结构安全等级为二级，地基基础设计等级为甲级。

结构分析选用 SATWE 软件和 YJK 软件，计算模型分别如图 4-1、图 4-2 所示。

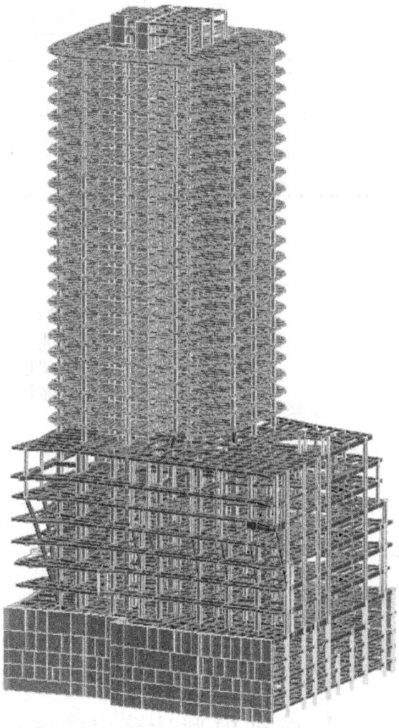

图 4-1 SATWE 计算模型

图 4-2 YJK 计算模型

4.2 小震及风荷载作用分析

地下 1 层与首层的侧移刚度比为 X 向 7.96>2、Y 向 14.97>2，结构的嵌固端设在地下室顶板面，结构计算考虑偶然偏心地震作用、双向地震作用、扭转耦联及施工模拟，主要计算结果如表 4-1 所示。

结构分析主要结果汇总 **表 4-1**

指标		SATWE 软件	YJK 软件
计算振型数		18	18
第 1、2 平动周期（s）		$T_1=4.37$ $T_2=3.39$	$T_1=4.39$ $T_2=3.45$
第 1 扭转周期（s）		$T_3=2.42$	$T_3=2.52$
地震作用下基底剪力（kN）	X 向	16437	16584
	Y 向	16628	16780
剪重比（放大系数）	X 向	1.27%（1.260）	1.22%（1.311）
	Y 向	1.28%（1.250）	1.30%（1.231）
框架部分承受的地震倾覆力矩比值	X 向	19.97%	20.1%
	Y 向	25.80%	25.2%

续表

指标		SATWE 软件	YJK 软件
本层与上一层侧向刚度的 90%、110%或 150%的最小比值	X 向	1.1013（6 层）	1.1476（17 层）
	Y 向	1.1703（14 层）	1.1637（17 层）
风荷载作用下最大层间位移角（限值 1/650）	X 向	1/2078（17 层）	1/1832（17 层）
	Y 向	1/1409（24 层）	1/1253（24 层）
地震作用下最大层间位移角（限值 1/650）	X 向	1/859（13 层）	1/732（17 层）
	Y 向	1/854（24 层）	1/809（25 层）
刚重比	X 向	3.67	3.42
	Y 向	1.94	1.98

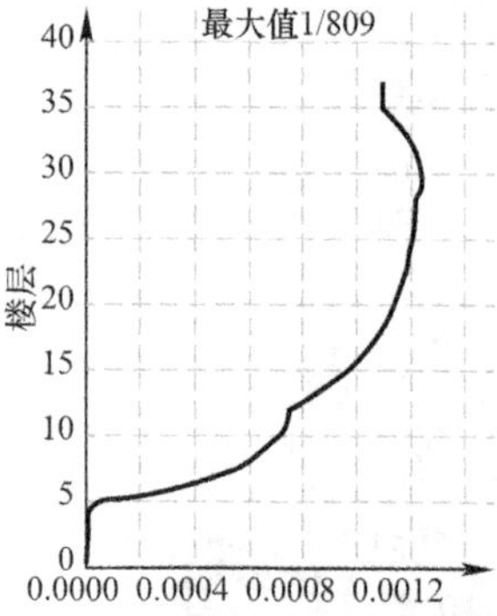

图 4-3　各楼层层间位移角

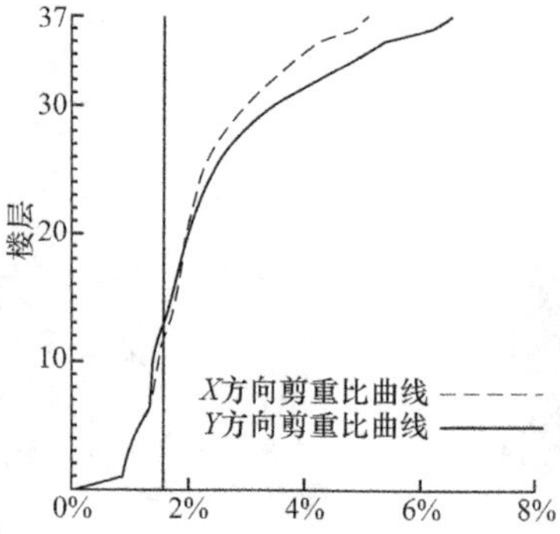

图 4-4　各楼层剪重比

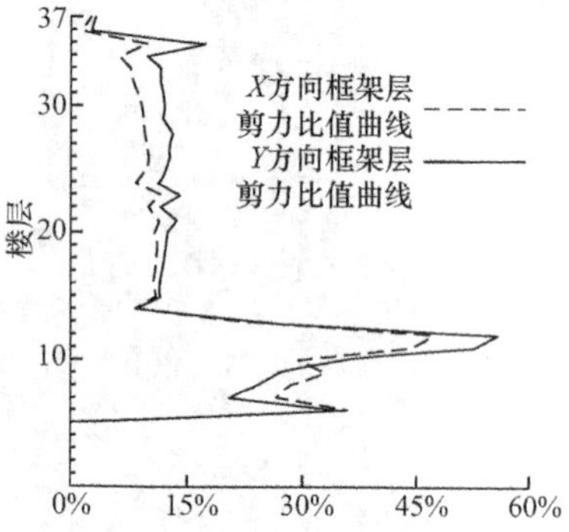

图 4-5　框架分担剪力比例

由表 4-1 及图 4-3～图 4-5 可以看出，SATWE 和 YJK 两种模型计算出的结构周期结果基本一致，都是第一振型为 Y 方向平动，第二振型为 X 方向平动，第三振型为扭转。两种模型计算出的结构楼层剪力和剪重比结果差别较小，满足《高层建筑混凝土结构技术规程》JGJ 3—2010 的要求。结构两个主方向的弹性最大层间位移角均小于 1/650（SATWE 计算的层间位移角结果略小）。结构两个主方向的最小侧向刚度比＞0.9。其他指标，两种模型计算出的结果差异不大，且在合理的范围之内，计算结果均满足规范要求。

4.3　中震作用分析

4.3.1　抗震承载力复核

根据“中震可修”的原则和本工程的特点，需要对中震作用下结构构件的抗震承载力进行复核，确定其达到设定的性能指标。

核心筒剪力墙底部加强区为 1～3 层，为保证主要的抗侧力构件——核心筒剪力墙在设防烈度地震作用下处于第 3 性能水准的要求，其承载力应满足广东省标准《高层建筑混凝土结构技术规程》DBJ 15—92—2013（下文简称《广东高规》）第 3.11.3 条式(3.11.3-1) 的要求。本工程采用 YJK 程序进行中震第 3 水准承载力验算，底部加强区核心筒剪力墙按抗震等级特一级的配筋率要求以及包络小震下的计算结果，加强墙身水平和竖向分布筋配筋，水平分布配筋可到 H10.1、竖向分布配筋可到 H7.1，均大于上述中震计算结果，可保证剪力墙在中震作用下无损坏，满足第 3 性能水准允许轻微损坏的要求。

框架柱在小震作用下的计算配筋等于或大于中震不屈服的计算结果，说明框架柱按小震结果配筋，在中震作用下不会损坏；塔楼钢管混凝土框架柱强度应力比，在小震下小于中震，且结果均小于 1，没有损坏，可满足第 3 性能水准允许轻微损坏的要求。非加密区剪力墙在小震作用下的计算配筋，大于中震不屈服的计算结果，说明非加密区剪力墙按小震结果配筋，在中震作用下不会损坏，可满足第 3 性能水准允许轻微损坏的要求。

4.3.2 楼板应力分析

大开洞楼层楼板设为弹性板，并考虑梁与弹性板的协调变形，对弹性板进行有限元计算，得到楼板在地震作用下的面内应力（图 4-6）。经分析可知，在设防烈度地震作用下，裙楼及塔楼大部分区域的楼板应力小于混凝土抗拉强度标准值，楼板不产生裂缝。局部位置楼板应力超过混凝土抗拉强度标准值，可通过加厚楼板和加强配筋来满足要求。

施工图设计阶段将楼板应力分析结果与竖向荷载作用下的结果进行包络设计；核心筒内转角位置洞口及剪力墙边缘处的应力集中部位将加强楼面钢筋配置，保证楼板有效传递地震剪力。

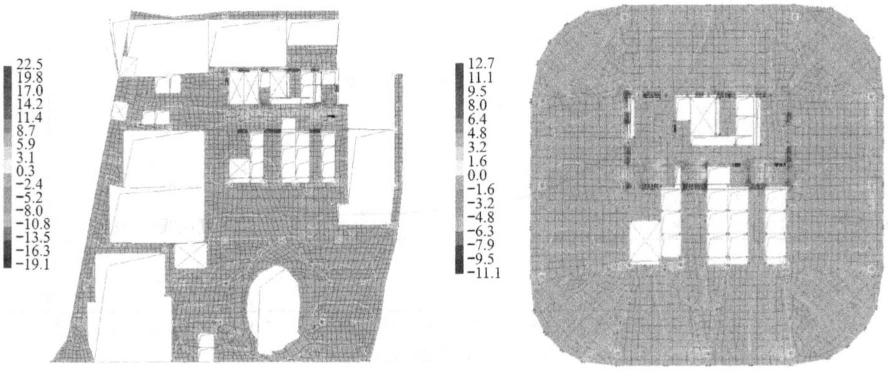

图 4-6 中震作用下楼板应力

4.4 楼盖舒适度分析

塔楼标准层的角部存在大跨度悬臂梁，对标准层进行楼面舒适度验算，采用 YJK 软件进行模拟分析。楼板舒适度模态图如图 4-7 所示。由分析结果可知，北塔标准层结构的前四阶竖向振型模态出现在四个角部悬挑较大的区域，第一阶竖向自振频率 f=5.60581Hz，楼盖竖向振动加速度 a_p=0.042m/s^2（<0.05m/s^2），结构的舒适度满足规范要求。

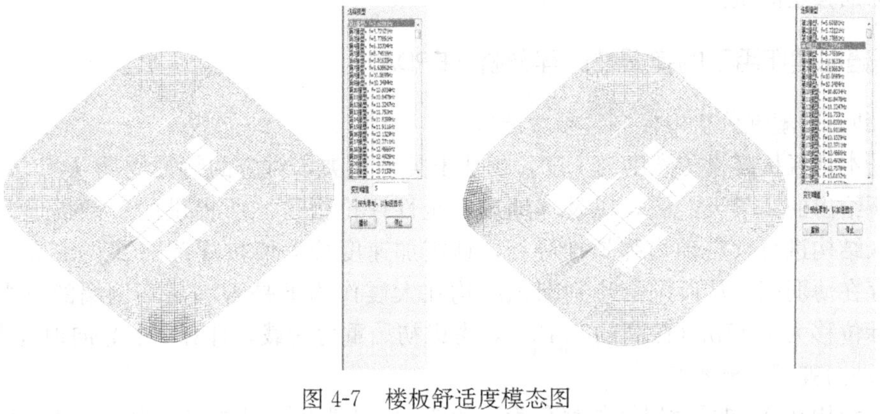

图 4-7 楼板舒适度模态图

4.5 静力弹塑性推覆分析结果

为了解结构在罕遇地震作用下由弹性到弹塑性的全过程行为，判断结构在罕遇地震作用下是否存在薄弱区，从而进一步判断该结构在大震作用下是否满足不倒塌的抗震性能要求，本工程进行了罕遇地震作用下的静力弹塑性分析及弹塑性时程分析。Push-over 分析中控制性参数选取：目标位移为 1.17m（楼高的 1/125），侧向荷载模式为倒三角模式，考虑初始重力荷载，计算 X 与 Y 向地震作用。图 4-8 为 Push-over 分析的位移曲线。

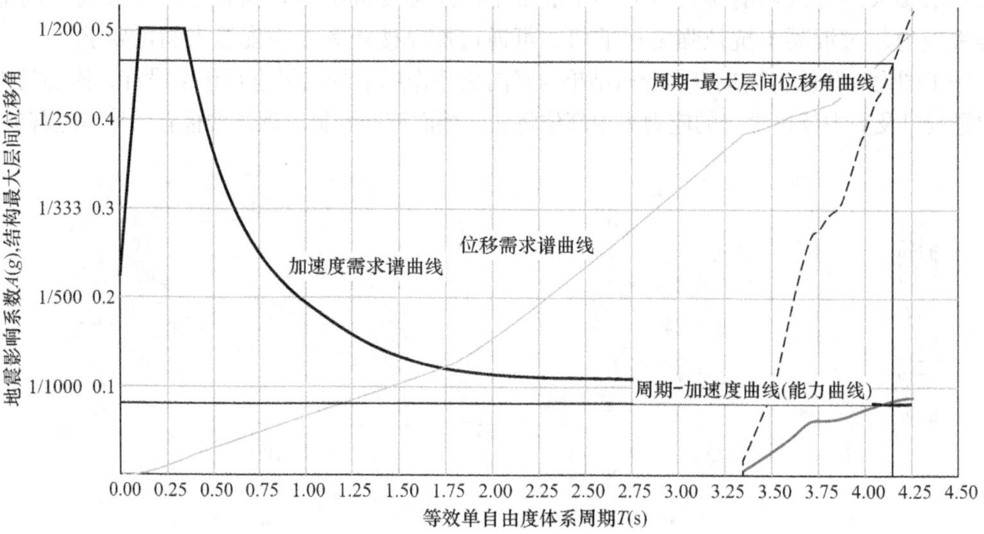

图 4-8 静力弹塑性推覆分析位移曲线

通过静力弹塑性分析结果，可作出如下分析：

（1）结构在 X 方向需求层间位移角为 1/211，需求点对应的总荷载步号为 70；Y 方向需求层间位移角为 1/153，需求点对应的总荷载步号为 48，小于框架-核心筒结构层间位移角限值 1/125 的要求，塑性铰出现在连梁及剪力墙底部加强区等预先设定的部位，符合“大震不倒”的设防要求。

（2）结构在罕遇地震作用下，连梁部分开裂，塑性铰大部分出现在水平构件，主要集中在底部加强层区域内。

4.6 罕遇地震作用下的弹塑性时程分析（EPDA）

4.6.1 动力弹塑性分析中控制性参数选取

根据本地区抗震设防烈度为 7 度，场地土类别Ⅱ类，对应的特征周期 $T_g=0.35$s，选取程序所给出的 2 条天然波，以及《地震安全性评价报告》所提供的 1 条场地人工地震波，输入结构进行大震动力弹塑性分析，地震加速度最大值按规范取 220cm/s^2，判断结构是否存在薄弱区，从而进一步判断该结构在大震作用下是否满足不倒塌的抗震性能要求。目标位移为 1.17m（楼高的 1/125），考虑初始重力荷载，计算 X、Y 向地震作用。

4.6.2 动力弹塑性分析结果

（1）结构在 X 向最大层间位移角为 1/306；Y 向最大层间位移角为 1/158，小于框架-

核心筒结构层间位移角限值 1/125 的要求，塑性铰出现在连梁及剪力墙底部加强区等预先设定的部位，符合“大震不倒”的设防要求。

（2）罕遇地震作用下，整个结构首先是梁端产生塑性铰，且进入塑性阶段的时间比较早，分布也比较广泛，大多数梁基本进入塑性阶段。而柱端产生塑性铰的数量并不多，进入塑性铰的时间也比较晚。

（3）在罕遇地震作用下，本工程剪力墙连梁大部分开裂，说明在大震作用下，连梁刚度明显退化。在 X 向大震作用下，核心筒剪力墙 1～2 层东面出现裂缝，其他层只有较少的局部裂缝；在 Y 向大震作用下，核心筒剪力墙 7～9 层出现裂缝，其他层只有较少的局部裂缝，说明在整体结构中，1～2 层及 7～9 层剪力墙比较薄弱，在设计中应予加强，适当提高剪力墙水平分布筋的配筋率。

4.7 大震竖向构件截面复核

为保证竖向构件在罕遇地震作用下处于第 4 性能水准的要求，根据《广东高规》第 3.11.3-4 条的规定，大震作用下，需验算竖向构件的受剪截面满足式（3.11.3-3）的要求，将程序计算的罕遇地震作用下剪力，与各竖向构件的受剪截面指标进行比较，判断大震作用下是否满足受剪截面条件，表 4-2 为提取的部分主要竖向构件计算结果。

底层主要柱受剪截面验算 表 4-2

墙柱编号	设定性能目标	长（mm）	宽（mm）	重力荷载代表值 V_{GEK}（kN）	X 向地震作用标准值 V_{EK}^{*}（kN）	Y 向地震作用标准值 V_{EK}^{*}（kN）	$0.15f_{ck}bh_0$（kN）	判定
墙（1）	4	6000	800	540	17987	790	27627	满足
墙（2）		3400	800	460	2150	5517	15615	满足
柱（1）		1400	1400	80	1400	670	11076	满足
柱（2）		1500	1500	268	1790	915	12993	满足

5 针对超限情况的计算分析及相应措施

5.1 针对超限情况的计算分析

（1）结构整体分析计算采用两种符合实际情况的空间分析软件 SATWE 和 YJK 进行对比分析，采用考虑扭转耦联振动影响的振型分解反应谱法计算。

（2）在 YJK 中采用弹性板单元，计算中震作用下裙房及塔楼的楼板应力，并用于配筋。

（3）按规范要求，选用 3 条地震波（2 条天然波＋1 条安评报告所提供的场地人工波），对结构作弹性时程分析，并将结果与反应谱分析结果相比较，取时程分析计算结果的包络值与振型分解反应谱法计算结果的较大值设计。

（4）对关键构件、普通竖向构件、耗能构件，按拟定的性能目标，进行中震第 3 水准和大震第 4 水准验算，并采取相应加强措施。

（5）对结构进行罕遇地震作用下的 Push-over 计算以及动力弹塑性分析，确保结构能满足第三阶段抗震设防水准要求，并对薄弱构件制订相应的加强措施。

5.2 针对超限情况的相应措施

（1）针对核心筒剪力墙采取的技术措施：本工程核心筒剪力墙是主要的抗侧力构件，提高剪力墙的延性，使抗侧刚度和结构延性更好地匹配，框架和剪力墙有效地协同抗震。底部加强区特一级墙身水平分布筋，1～2层最小配筋率提高到0.50%；其他底部加强部位最小配筋率0.40%。约束边缘构件竖筋最小配筋率1.4%，配箍特征值增大20%；适当加强核心筒周边楼层楼板厚度及配筋。6～12层剪力墙抗震措施按特一级，水平和竖向分布筋最小配筋率提高到0.35%；构造边缘构件竖筋最小配筋率为1.2%。

（2）考虑到裙房柱位置存在扭转不规则情况，计算时考虑扭转耦联效应，并在北塔南边1～2层左右角部薄弱柱边各设置一片剪力墙，适当加大与薄弱柱连接的框架梁截面，并加强周边楼板的厚度和配筋。

（3）针对楼板局部不连续，加强北塔7层电影院开洞周边楼板，计算时设置弹性楼板，楼板加厚至150mm，采用双层双向配筋，加大配筋率且满足中震作用下楼板应力分析的要求。

（4）针对塔楼标准层楼板电梯井大开洞的情况，电梯井范围内楼板加厚至150mm，底、面筋拉通，配筋率不小于0.25%。而9～30层塔楼主钢梁按非组合梁设计，不考虑楼板共同受力，减小震害对主钢梁的承载力影响。

（5）考虑到3～5层存在斜柱情况，每根斜柱双向均有框架梁拉结，楼板按弹性膜模型，不考虑平面外刚度，拉梁承受全部内力，梁配筋按中震分析结果进行设计，梁底、面筋拉通。斜柱附近楼板在拉力方向底、面筋拉通，配筋应满足中震作用下楼板应力分析的要求。

（6）考虑到裙房顶存在竖向收进的情况，北塔裙房顶层楼板加厚至150mm，双层双向配筋率不小于0.25%。裙房顶下两层，即6～7层竖向构件抗震措施提高至特一级。

6 抗震设防专项审查意见

2016年8月12日，广州市住房和城乡建设委员会在广州大厦主持召开了“广州市越秀区恒基中心地块（北塔）”超限高层建筑工程抗震设防专项审查会，广州建协建筑技术咨询有限公司周定教授级高工任专家组组长。与会专家听取了广州市城市规划勘测设计研究院关于该工程抗震设防设计的情况汇报，审阅了送审资料。经讨论，提出审查意见如下：

（1）完善构件抗震性能水准，补充钢构件抗震等级。

（2）上部混合结构底部框架承担地震剪力小于10%的楼层，应由核心筒承担100%的地震剪力，抗震措施提高一级；裙房核心筒周边楼板开洞较多，框架地震剪力调整宜适当增加。

（3）第一振型的质量参与系数小于50%，宜补充大震动力弹塑性分析；补充核心筒外墙中震受力状态分析；补充跃层柱稳定分析及斜柱顶产生水平拉力对楼面的不利影响分析。

（4）8层型钢混凝土柱转换为钢管混凝土柱截面收进幅度过大，宜增加过渡，避免突变。

审查结论：通过。

7 点评

恒基中心作为超高层商业建筑，具有规模大、综合性强、场地环境复杂等特点，设计中采用了钢结构等合理的结构形式，解决了跨越地铁隧道建设超高层建筑的难题。充分利用概念设计方法，整体结构及构件全面融合了性能化设计思想，重点部位采用严格的抗震构造措施。针对工程超限情况，结构设计通过采用 YJK、SATWE 等软件进行全面、细致的计算对比分析，除按规范要求的中、大震承载力复核＋大震弹塑性层间位移角分析的性能化设计要求外，进一步对大震作用下的构件变形进行合理的定量分析，对主要薄弱环节的构件进行针对性的承载力或延性构造加强。

53 珠海富力中心

关　　键　　词：B级高度；框架-核心筒结构；局部楼板不连续；钢管混凝土柱
结构主要设计人：罗志国　魏作伟　王　芳　马清华　刘赞滔　王雪宝　陈佳琪
设　计　单　位：广州市住宅建筑设计院有限公司

1　工程概况与设计标准

1.1　工程概况

珠海富力中心位于珠海横琴新区富邦道东侧、兴盛二路南侧、福城道西侧、兴盛一路北侧。建筑用地面积约为 11466.3m^2，总建筑面积为 134455.9m^2，其中地下室面积为 34393.2m^2，地上建筑面积为 100062.7m^2，裙楼商业建筑面积为 18796.6m^2；塔楼建筑面积为 81203.4m^2，扣除 12 层、28 层两层避难层，其中办公建筑面积为 77038.0m^2。地下室 4 层，为停车库、设备用房，负 4 层为核六级人防。地上部分共 43 层，总高约为 179.8m；其中 1～5 层为裙楼部分，建筑用途为商业；6～43 层为塔楼部分，建筑用途为办公；结构采用框架（钢管混凝土柱＋钢筋混凝土梁）-核心筒结构形式。建筑效果图、剖面图、平面图如图 1-1～图 1-3 所示。

图 1-1　建筑效果图

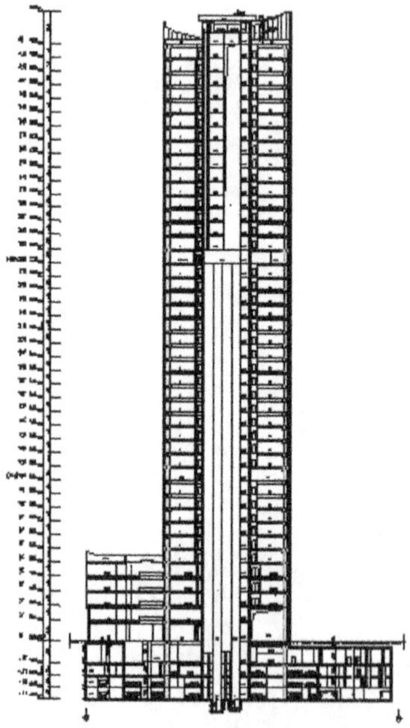

图 1-2　建筑剖面图

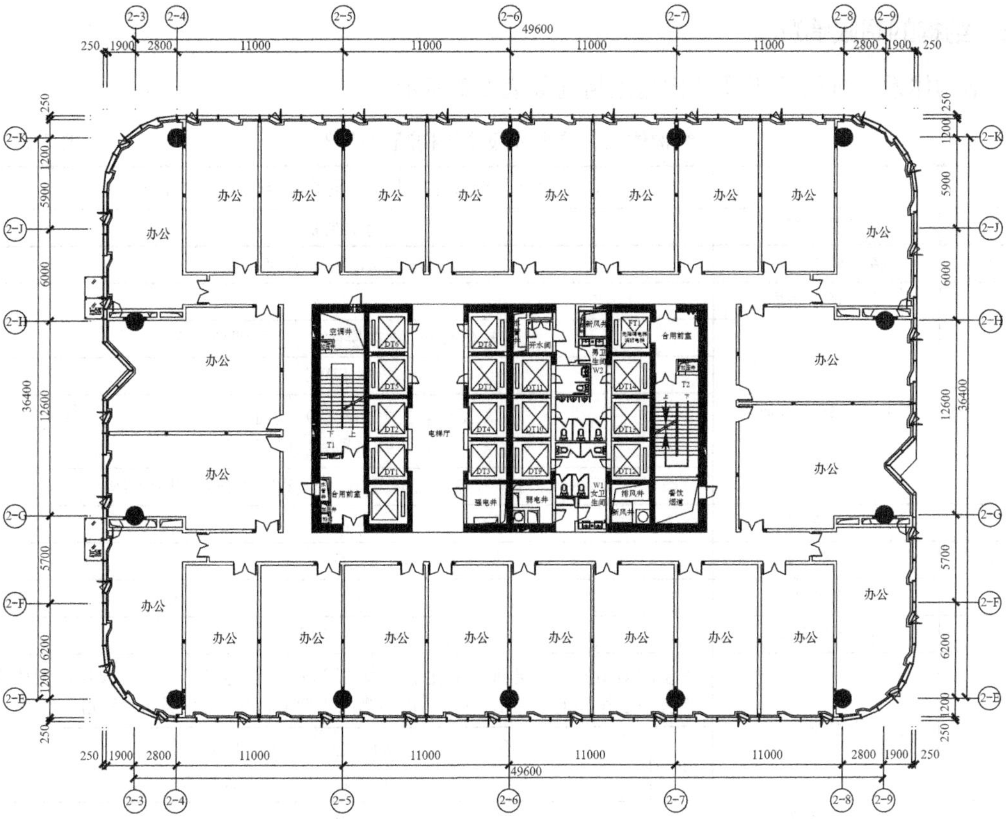

图 1-3　标准层建筑平面图

1.2　设计标准

本工程结构设计使用年限为 50 年，建筑结构安全等级为二级；抗震设防烈度为 7 度，Ⅲ类场地，设计地震分组为第一组，设计基本地震加速度值为 0.1g，商业部分抗震设防分类为重点设防类（乙类），塔楼办公部分抗震设防分类为标准设防类（丙类）。混凝土结构的环境类别：地下室临水面和露天混凝土结构为三类 a 组，其余均为一类；建筑结构防火等级为一级；地基基础的设计等级为甲级。

2　结构体系与超限情况

2.1　结构体系

本工程塔楼考虑建筑平面设计及结构抗侧能力，采用框架-核心筒结构体系；外框架采用延性较好的钢管混凝土柱＋钢筋混凝土梁，核心筒采用抗侧力刚度较大的钢筋混凝土剪力墙和有良好耗能性能的连梁，各楼层核心筒完整，空间作用强，为主要抗侧力构件；框架、核心筒之间通过平面内刚度无限大的楼板连接在一起，在水平力作用下，使其水平位移协调一致，具有多道抗震防线。

2.2 结构的超限情况

结构体系、抗震等级及结构超限情况如表 2-1 所示。

结构体系、抗震等级及结构超限情况 **表 2-1**

<table>
<tr><td colspan="2">结构形式</td><td colspan="2">框架（钢管混凝土柱＋钢筋混凝土梁）-核心筒</td></tr>
<tr><td>项次</td><td>超限类型</td><td colspan="2">超限判别</td></tr>
<tr><td>1</td><td>高度是否超限</td><td colspan="2">是（179.8m，属于 B 级高度）</td></tr>
<tr><td>2</td><td>是否复杂高层</td><td colspan="2">否</td></tr>
<tr><td rowspan="4">3</td><td rowspan="4">平面扭转不规则</td><td colspan="2">扭转位移比/所在层数/对应层间位移角</td></tr>
<tr><td colspan="2">SATWE</td></tr>
<tr><td colspan="2">X 向：1.21（5 层）（1/1395）
Y 向：1.46（2 层）（1/3423）</td></tr>
<tr><td colspan="2">θ_E<1/1300，1.4<μ<1.6，属于Ⅱ类扭转不规则结构</td></tr>
<tr><td>4</td><td>偏心布置</td><td colspan="2">否</td></tr>
<tr><td>5</td><td>凹凸不规则</td><td colspan="2">否</td></tr>
<tr><td>6</td><td>组合平面</td><td colspan="2">否</td></tr>
<tr><td>7</td><td>楼板不连续</td><td colspan="2">是（仅 2 层）</td></tr>
<tr><td rowspan="2">8</td><td rowspan="2">刚度突变</td><td colspan="2">本层侧向刚度与上层 90%的比值（楼层层高大于上层 1.5 倍时，该层侧向刚度不宜小于相邻上层的 1.1 倍）（楼层侧向刚度取楼层剪力/层间位移角）</td></tr>
<tr><td>否</td><td>X 向：1.1339（21 层）
Y 向：1.1416（34 层）</td></tr>
<tr><td>9</td><td>尺寸突变</td><td colspan="2">否</td></tr>
<tr><td>10</td><td>竖向构件间断</td><td colspan="2">否</td></tr>
<tr><td rowspan="2">11</td><td rowspan="2">承载力突变</td><td colspan="2">（楼层受剪承载力与上层 75%的比值及相应层号）</td></tr>
<tr><td>否</td><td>X 向：1（1 层），Y 向：1.04（1 层）</td></tr>
<tr><td colspan="2">超限情况总结</td><td colspan="2">B 级高度、Ⅱ类扭转不规则、局部楼板不连续、存在跃层柱的框架-核心筒结构</td></tr>
</table>

注：1 按照《高层建筑混凝土结构技术规程》JGJ 3—2010（下文简称《高规》）第 3.3.1 条的规定，框架-核心筒结构 7 度 B 级高度钢筋混凝土高层建筑适用的最大高度为 180m。

2 表中“复杂高层”按照《高规》第 10.1.1 条确定。本工程 6 层质心坐标为：$x=55.88$，$y=23.84$；7 层质心坐标为：$x=65.34$，$y=12.68$；上部塔楼综合质心相对底盘质心偏心率为：X 向 0.13，Y 向 0.18，满足《高规》第 10.6.3 的要求。

3 表中“平面扭转位移比”按照《高规》第 3.4.5 条的规定，B 级高度高层建筑、混合结构高层建筑及复杂高层建筑的楼层竖向构件的最大水平位移和层间位移，不宜大于该楼层平均值的 1.2 倍，不应大于该楼层平均值的 1.4 倍；并由《广东省住房和城乡建设厅关于印发〈广东省超限高层建筑工程抗震设防专项审查实施细则〉的通知》（粤建市函〔2011〕580 号）（下文简称《广东超限审查细则》）第三条中表六 a、表六 b 确定。

4 按照《高层民用建筑钢结构技术规程》JGJ 99—98 第 3.2.2 条的规定，结构任一层的偏心率不大于 0.15。

5 表中“凹凸不规则”按照《建筑抗震设计规范》GB 50011—2010（下文简称《抗规》）第 3.4.3 的规定，结构平面凹进一侧尺寸，不大于相应投影方向总尺寸的 30%。

6 表中“组合平面”按照《高规》第 3.4.3 条的规定确定。

7 表中“楼板局部不连续”按《抗规》第 3.4.3 条和《广东超限审查细则》第三条中表五的楼板连续性要求确定。2 层开洞后，有效楼板宽度小于开洞处楼面宽度的 50%。

8 侧向刚度不规则按《高规》第 3.5.2 条的规定，是指该层侧向刚度小于相邻上层的 90%（楼层层高大于上层 1.5 倍时，该层侧向刚度小于相邻上层的 1.1 倍）（楼层侧向刚度取楼层剪力/层间位移角）。

9 竖向尺寸无凸出或收进，按照《高规》第 3.5.5 条的规定不属于竖向不规则。另外，《广东超限审查细则》第三条中表五未将该项列入超限内容。

10 按照《抗规》第 3.4.3 条及《广东超限审查细则》第三条中表五的规定，本工程竖向抗侧力构件连续。

11 楼层承载力突变依据《高规》第 3.5.3 条及《广东超限审查细则》第三条中表五的规定，按楼层层间受剪承载力不小于其上一层受剪承载力的 75%确定。

3 超限应对措施及分析结论

3.1 超限应对措施

3.1.1 分析模型及分析软件

选用 SATWE（简化墙元模型，2012 版）和 YJK（2013 版）软件。结构计算考虑偶然偏心地震作用、双向地震作用、扭转耦联及施工模拟。

3.1.2 抗震设防标准、性能目标及加强措施

按照我国抗震设计规范，要求建筑结构采用三水准进行抗震设防，即“小震不坏、中震可修、大震不倒”。本工程建筑高度 179.8m，超过规范规定的“7 度区 A 级高度钢筋混凝土框架-核心筒结构最大适用高度 130m”，超高 49.8m，超高幅度 38.3%；为 B 级高度的Ⅱ类扭转不规则建筑；2 层楼面开洞面积较大，有效楼板宽度约为楼面宽度的 45%，小于 50%，裙楼存在跃层柱。

以上三项超出规范限值范围，据此对结构采取基于性能的设计方法来评价结构系统在多遇、设防和罕遇地震作用下的性能。基于性能的设计方法是通过使用非线性或线性近似模拟的方法对结构进行分析，以证明结构可以达到预定的性能目标，通过对各主要结构构件的分析，对结构的整体性能给出定性或定量评价。

根据《高规》和相关规范，基于本工程的超高幅度和不规则程度，确定本工程整体结构承载力参考指标和层间位移参考指标需达到《高规》第 3.11 节结构抗震性能设计性能目标 C 的要求。性能目标 C 要求结构在多遇地震作用下达到第 1 性能水准，在设防地震作用下达第 3 性能水准，在罕遇地震作用下达到第 4 性能水准。

综上所述，结构各构件的性能目标如表 3-1 所示。基于此设防标准和性能目标，采用以下加强措施：

（1）控制钢筋混凝土剪力墙的轴压比不大于 0.5，降低剪力墙的压应力水平，从而提高剪力墙的延性和耗能、变形能力。

（2）外框架采用延性好的圆钢管混凝土柱，控制其套箍指标 $\theta \geqslant 1.0$，保证其进入屈服阶段的延性。

（3）底部加强部位竖向分布筋的配筋率提高至 0.8%，水平钢筋构造配筋率提高为 0.4%，提高底部剪力墙在风荷载、中震作用下的抗剪、抗拉能力。底部加强部位约束边缘构件设置芯柱，芯柱配筋率 1.4%，出底部加强部位后，核心筒四角设置约束边缘构件并保留芯柱。

（4）墙体连梁：当跨高比≤2 时设置交叉钢筋，≤1 时设交叉暗撑，提高连梁的耗能能力。

（5）根据弹性时程分析结果，6 层因层高突变，墙体适当提高墙身竖向及水平筋配筋率。

（6）框架部分严格按“强柱弱梁”设计，充分发挥框架的延性。

（7）根据计算结果，在大悬臂梁中加预应力对其予以加强，同时提高相关柱的配筋率。

（8）根据弹塑性分析的结果及建议，对薄弱构件予以加强。

构件抗震性能指标　　表 3-1

<table>
<tr><th>构件类型</th><th>构件位置</th><th>小震</th><th>中震</th><th>大震</th></tr>
<tr><td rowspan="2">普通竖向构件</td><td>一般剪力墙（非底部加强区）</td><td rowspan="2">弹性</td><td rowspan="2">受剪弹性，受弯不屈服</td><td rowspan="2">部分构件屈服，受剪截面满足截面限制要求</td></tr>
<tr><td>裙楼框架柱</td></tr>
<tr><td rowspan="2">关键构件</td><td>钢管混凝土柱、长悬臂构件（>5m）</td><td>弹性</td><td>弹性</td><td>受剪弹性
受弯不屈服</td></tr>
<tr><td>剪力墙（底部加强区）</td><td>弹性</td><td>弹性</td><td>受剪弹性
受弯不屈服</td></tr>
<tr><td rowspan="2">耗能构件</td><td>剪力墙连梁</td><td>弹性</td><td>受剪不屈服，部分构件受弯屈服</td><td>允许大部分构件屈服</td></tr>
<tr><td>框架梁</td><td>弹性</td><td>受剪不屈服，部分构件受弯屈服</td><td>允许大部分构件屈服</td></tr>
</table>

3.2 分析结果

结构整体电算结果如表 3-2 所示。

整体电算结果　　表 3-2

<table>
<tr><th colspan="2">指标</th><th>SATWE 软件</th><th>YJK 软件</th></tr>
<tr><td colspan="2">计算振型数</td><td>21</td><td>21</td></tr>
<tr><td colspan="2" rowspan="2">第 1、2 平动周期（s）</td><td>4.445（Y 向）</td><td>4.374（Y 向）</td></tr>
<tr><td>4.356（X 向）</td><td>4.297（X 向）</td></tr>
<tr><td colspan="2">第 1 扭转周期（s）</td><td>3.445</td><td>3.668</td></tr>
<tr><td colspan="2">第 1 扭转/第 1 平动周期</td><td>0.78</td><td>0.84</td></tr>
<tr><td rowspan="2">地震作用下基底剪力（kN）</td><td>X</td><td>18945.82</td><td>19686.88</td></tr>
<tr><td>Y</td><td>21511.85</td><td>21882.16</td></tr>
<tr><td colspan="2">结构总质量（t）</td><td>131076.03</td><td>134259.41</td></tr>
<tr><td colspan="2">标准层单位面积重度（kN/m²）</td><td>15.2</td><td>15.3</td></tr>
<tr><td rowspan="2">剪重比
（不足时已按规范要求放大）</td><td>X</td><td>1.42%</td><td>1.47%</td></tr>
<tr><td>Y</td><td>1.44%</td><td>1.63%</td></tr>
<tr><td rowspan="2">地震作用下倾覆弯矩（kN·m）</td><td>X</td><td>1865373.38</td><td>1896670.36</td></tr>
<tr><td>Y</td><td>1803123.50</td><td>1830402.63</td></tr>
<tr><td rowspan="2">有效质量系数</td><td>X</td><td>97.15%</td><td>97.6%</td></tr>
<tr><td>Y</td><td>94.97%</td><td>95.25%</td></tr>
<tr><td rowspan="2">50 年一遇风荷载作用下最大层间位移角</td><td>X</td><td>1/1084（17 层）</td><td>1/1044（17 层）</td></tr>
<tr><td>Y</td><td>1/670（28 层）</td><td>1/691（28 层）</td></tr>
<tr><td rowspan="2">安评反应谱地震作用下最大层间位移角</td><td>X</td><td>1/1134（19 层）</td><td>1/1162（19 层）</td></tr>
<tr><td>Y</td><td>1/1043（32 层）</td><td>1/1064（31 层）</td></tr>
<tr><td rowspan="2">规定水平力作用下考虑偶然偏心最大扭转位移比（对应层间位移角）</td><td>X</td><td>1.21（5 层）（1/1395）</td><td>1.21（5 层）（1/1725）</td></tr>
<tr><td>Y</td><td>1.46（2 层）（1/3423）</td><td>1.52（1 层）（1/3947）</td></tr>
<tr><td rowspan="2">构件最大轴压比（SATWE）</td><td>钢管混凝土柱/普通柱</td><td colspan="2">0.93/0.53</td></tr>
<tr><td>核心筒剪力墙</td><td colspan="2">0.47</td></tr>
<tr><td rowspan="2">本层侧向刚度与上层 90%的比值
（楼层层高大于上层 1.5 倍时，
该层侧向刚度不宜小于相邻上层的 1.1 倍）
（楼层侧向刚度取楼层剪力/层间位移角）</td><td>X</td><td>1.1339（21 层）</td><td>1.1353（21 层）</td></tr>
<tr><td>Y</td><td>1.1416（34 层）</td><td>1.1435（34 层）</td></tr>
</table>

续表

指标		SATWE 软件	YJK 软件
楼层受剪承载力与上层 75%的比值	X	1（1层）	1.07（1层）
	Y	1.04（1层）	1.11（1层）
刚重比	X	2.78	2.89
	Y	3	3.05

根据《抗规》第 5.1.2 条表 5.1.2-1 的规定，采用 SATWE 程序对结构进行多遇地震作用下的弹性时程分析。按地震选波三要素（频谱特性、有效峰值和持续时间），选取了 5 组实际强震记录 Tianran1、Tianran2、Tianran3、Tianran4、Tianran5，以及 2 组人工模拟的场地波 RH1TG045、TH2TG045 进行弹性时程分析。通过分析对比可知，弹性时程分析的各栋楼层内力和位移平均值均小于安评反应谱结果，安评反应谱分析结果在弹性阶段对结构起控制作用；楼层位移曲线以弯曲型为主，曲线光滑无突变，反映结构侧向刚度较为均匀；曲线斜率变化最大位置接近底部，说明最大有害层间位移角位于底部楼层，需特别增大该部分的竖向构件刚度，减小层间位移角，并予以构造加强。

根据前述要求的性能目标，在设防地震作用下对结构各构件进行验算，为方便设计，《高规》中允许采用等效弹性方法进行计算。本节运用 SATWE 对结构进行设防地震作用下的等效弹性近似验算，中震计算参数如表 3-3 所示。

中震计算参数 **表 3-3**

计算参数	中震弹性	中震不屈服
地震作用影响系数 α_{max}	0.23	0.23
作用分项系数	和小震弹性分析相同	1.0
计算参数	中震弹性	中震不屈服
材料分项系数	和小震弹性分析相同	1.0
抗震承载力调整系数	和小震弹性分析相同	1.0
材料强度	和小震弹性分析相同	采用标准值
活荷载最不利布置	不考虑	不考虑
风荷载计算	不计算	不计算
周期折减系数	1.0	1.0
构件地震力调整	不调整 （框架、剪力墙抗震等级按四级输入）	不调整 （框架、剪力墙抗震等级按四级输入）
双向地震作用	不考虑	不考虑
偶然偏心	不考虑	不考虑
按中震（或大震）不屈服作结构设计	否	是
中梁刚度放大系数	1.5	1.0
连梁刚度折减系数	0.5	0.5
计算方法	弹性计算	弹性计算

本工程关键构件的中震弹性验算结果显示：

（1）钢管混凝土框架柱（非跃层）的内力设计值与其承载力的比值底层最大值为 0.99，上部（7 层）最大值为 0.98，钢管混凝土柱（非跃层）的应力比满足要求；经逐层复核，其他非跃层柱受剪承载力均满足弹性要求。

（2）在裙楼存在跃层钢管混凝土柱，其内力设计值与承载力的比值最大为0.90，跃层钢管混凝土柱的应力比满足要求；经逐层复核，其他跃层柱受剪承载力均满足弹性要求。

4　抗震设防专项审查意见

2014年4月29日，珠海市住房和城乡规划建设局在珠海市主持召开了“珠海富力中心”超限高层建筑工程抗震设防专项审查会，周定教授级高工任专家组组长。与会专家审阅了送审资料，听取了广州市住宅建筑设计院有限公司对该项目的结构超限设计可行性论证汇报。经讨论，提出审查意见如下：

（1）裙楼屋顶应适当加强。

（2）对大悬臂构件及相关柱进行加强。

（3）对跃层柱进行稳定性验算。

（4）特一级剪力墙水平分布筋配筋率需取0.4%，剪力墙边缘构件的构造措施：特一级配筋率为1.4%。

（5）复核中震及风荷载作用下的竖向构件的偏拉情况，并相应采取加强措施。

审查结论：通过。

5　点评

本工程虽然属于B级高度的超限高层建筑，但结构形式较简单，体型较规则，竖向构件连续。在设计中充分利用概念设计方法，对关键构件设定抗震性能化目标。并在抗震设计中，采用多种程序对结构进行了弹性、弹塑性静力推覆分析，除保证结构在小震作用下完全处于弹性阶段外，还根据《高规》对结构在设防地震和罕遇地震作用下，进行了详尽的性能分析，得出相应的性能目标。计算结果表明，各项指标均表现良好，基本满足规范的有关要求。根据计算分析结果和概念设计方法，对关键、重要构件和薄弱部位做了适当加强，以保证在地震作用下的延性。

因此，可以认为本工程除能满足竖向荷载、地震作用和风荷载作用的有关指标外，亦满足“小震不坏，中震可修，大震不倒”的抗震设防目标，结构是可行且安全的。

54 凯华国际中心

关　　键　　词： 超B级高度；竖向刚度不均匀；伸臂桁架
结构主要设计人： 罗志国　魏作伟　何富华　张达明　陈　锐
设　计　单　位： 广州市住宅建筑设计院有限公司

1　工程概况与设计标准

1.1　工程概况

该项目位于广州市天河区，建筑面积约为 149000m^2，地上 53 层，地下 4 层。主体结构高度为 230.1m，天面以上高 7.4m，建筑总高度为 237.5m，幕墙高度为 252.1m；地下 4 层，底板面标高为−17.300m，负 1 层为设备房，其余为车库和设备房，地下室底层设核 6 级人防。建筑效果图见图 1-1，建筑剖面图见图 1-2。

图 1-1　建筑效果图

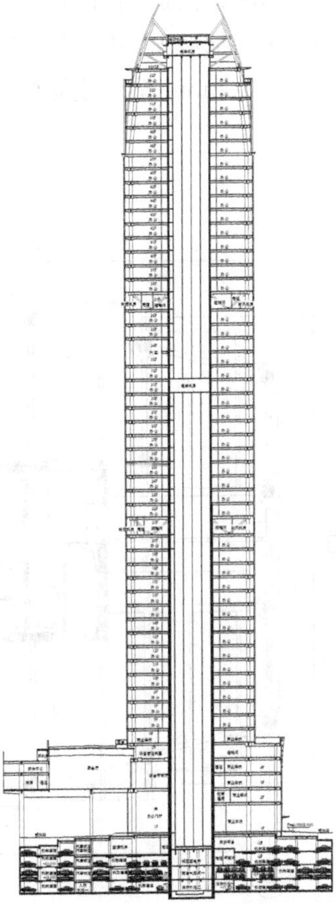

图 1-2　建筑剖面图

1.2 设计标准

本工程抗震设防烈度为7度，基本地震加速度为0.10g，设计地震分组为第一组，场地类别为Ⅱ类。塔楼结构高度230.1m，采用框架-核心筒结构体系，外框采用钢筋混凝土梁+钢管混凝土柱，核心筒为钢筋混凝土剪力墙；结合建筑避难层，设两个结构加强层，加强层设伸臂桁架，上、下弦杆贯通核心筒。

2 结构体系与超限情况

2.1 结构体系

主体塔楼为矩形，底部建筑平面为矩形，尺寸40m×59m，核心筒尺寸14.0m×32.8m。塔楼的高宽比为230/40=5.75；核心筒的高宽比为230/14.0=16.43。内筒与外框架间的距离为11.50m。48～53层局部外框倾斜，角度为2.8°。地下室负1层顶板采用现浇钢筋混凝土梁板体系，地下室其余楼层采用现浇钢筋混凝土无梁楼盖体系，与钢管混凝土柱的连接采用钢筋混凝土环梁节点，地下室顶板厚180mm。结构布置如图1-3所示。

主要构件尺寸：芯柱剪力墙筒体底部墙厚1000mm（X向），1000mm（Y向）；底部外围的钢管混凝土柱，边柱为ϕ1300mm×30mm，角柱为ϕ1200mm×25mm；周边框架梁为400mm×800mm，内筒与外框架之间的楼面梁为400mm×700mm，局部水平加腋为600mm×700mm；加强层斜撑为450mm×450mm×20mm箱形截面，上、下弦杆为450mm×550mm×25mm箱形截面标准层结构布置平面图如图2-1所示。

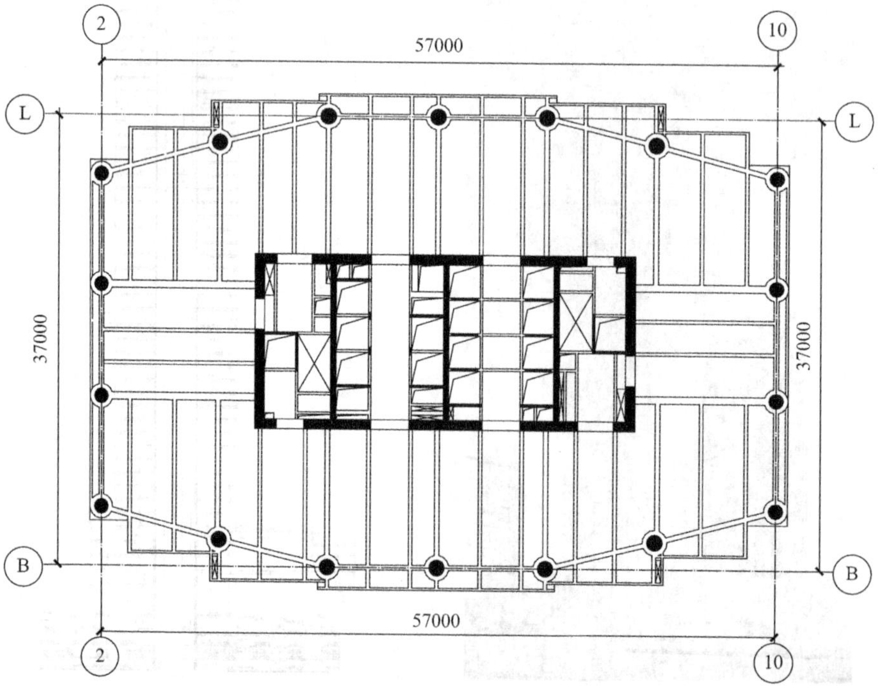

图2-1 标准层结构布置平面图

2.2 结构的超限情况

结构体系、抗震等级及结构超限情况如表 2-1 所示。

结构体系、抗震等级及结构超限情况　　表 2-1

<table>
<tr><td colspan="2">结构形式</td><td colspan="2">带伸臂桁架加强层的框架-核心筒</td></tr>
<tr><td>项次</td><td>超限类型</td><td colspan="2">超限判别</td></tr>
<tr><td>1</td><td>高度是否超限</td><td colspan="2">是（230.1m，属于超 B 级高度）</td></tr>
<tr><td>2</td><td>是否复杂高层</td><td colspan="2">否</td></tr>
<tr><td rowspan="4">3</td><td rowspan="4">平面扭转不规则</td><td colspan="2">扭转位移比/所在层数/对应层间位移角</td></tr>
<tr><td colspan="2">SATWE</td></tr>
<tr><td colspan="2">X 向：1.14（6 层）（1/2172）
Y 向：1.15（21 层）（1/1001）</td></tr>
<tr><td colspan="2">μ<1.2</td></tr>
<tr><td>4</td><td>偏心布置</td><td colspan="2">否</td></tr>
<tr><td>5</td><td>凹凸不规则</td><td colspan="2">否</td></tr>
<tr><td>6</td><td>组合平面</td><td colspan="2">否</td></tr>
<tr><td>7</td><td>楼板不连续</td><td colspan="2">是（仅 2 层）</td></tr>
<tr><td rowspan="2">8</td><td rowspan="2">刚度突变</td><td colspan="2">本层侧向刚度与上层 70%的比值或上三层平均侧向刚度 80%的比值中之较小者
（楼层侧向刚度取楼层剪力/层间位移角）</td></tr>
<tr><td>否</td><td>X 向：1.1275（37 层）
Y 向：1.2454（5 层）</td></tr>
<tr><td>9</td><td>尺寸突变</td><td colspan="2">否</td></tr>
<tr><td>10</td><td>竖向构件间断</td><td colspan="2">否</td></tr>
<tr><td rowspan="2">11</td><td rowspan="2">承载力突变</td><td colspan="2">（楼层受剪承载力与上层 75%的比值及相应层号）</td></tr>
<tr><td>否</td><td>X 向：1.16（45 层），Y 向：1.13（19 层）</td></tr>
<tr><td colspan="2">超限情况总结</td><td colspan="2">超 B 级高度、局部楼板不连续、竖向刚度不均匀（带伸臂桁架加强层）</td></tr>
</table>

3 超限应对措施及分析结论

3.1 超限应对措施

3.1.1 分析模型及分析软件

选用 SATWE（简化墙元模型，2012 版）和 ETABS（V9.1.1）软件。结构计算考虑偶然偏心地震作用、双向地震作用、扭转耦联及施工模拟。

3.1.2 抗震设防标准、性能目标及加强措施

按照《建筑抗震设计规范》GB 50011—2010（下文简称《抗规》），要求建筑结构采用三水准进行抗震设防，即“小震不坏、中震可修、大震不倒”。本工程建筑高度 230.1m，超过规范规定的“7 度区钢筋混凝土框架-核心筒结构最大适用高度 180m”，超高 50.1m，超高幅度 27.8%，为超 B 级高度的扭转规则建筑；建筑竖向设置两道加强层，属于竖向刚度不规则；裙楼仅 2 层存在楼板局部不连续。

以上 3 项超出规范限值范围，据此对结构采取基于性能的设计方法来评价结构系统在

多遇、设防和罕遇地震作用下的性能。基于性能的设计方法是通过使用非线性或线性近似模拟的方法对结构进行分析，以证明结构可以达到预定的性能目标，通过对各主要结构构件的分析，对结构的整体性能给出定性或定量评价。

根据《抗规》和《高层建筑混凝土结构技术规程》JGJ 3—2010（送审稿）的规定，基于本工程的超高幅度和不规则程度，确定本工程整体结构承载力参考指标和层间位移参考指标需达到《抗规》附录M表M.1.1-1和表M.1.1-2中性能目标3的要求。

综上所述，结构各构件的性能目标如表3-1所示。

性能目标 **表3-1**

项目	小震	中震	大震
整体性能描述	完好	轻度损坏	中度损坏（关键构件轻度损坏）
允许层间位移	完好（1/550）	—	有明显塑性变形（1/100）
核心筒混凝土墙体	完好	轻微损坏	轻度损坏
伸臂	完好	轻微损坏	轻度损坏
外框圆钢管混凝土	完好	完好	轻度损坏
连梁	完好	轻度损坏	中度损坏

基于以上设防标准和性能目标，采用以下加强措施：

（1）控制芯柱钢筋混凝土剪力墙的名义轴压比不大于0.5，降低剪力墙的压应力水平，从而提高剪力墙的延性和耗能、变形能力。

（2）外框架采用延性较好的圆钢管混凝土柱，保证其进入屈服阶段的延性。

（3）塔楼筒体加强层及其上下各一层和底部加强区楼层定为特一级，其他部位仍为一级，并在加强层及其上、下层筒体与伸臂连接位置设置型钢钢骨，以提高承载力和抗震性能；伸臂采用后安装的施工措施，等主体封顶后再连接到位形成抗侧刚度，以减小重力荷载产生的内力。

（4）核心筒墙体连梁：当跨高比≤2时设置交叉钢筋，≤1时设置交叉暗撑，提高连梁的耗能能力。

（5）对于2层裙楼局部不连续的楼面，加大板厚至150mm，适当提高配筋率至0.25%。

（6）框架部分严格按“强柱弱梁”设计，充分发挥框架的延性。

（7）根据静力弹塑性分析结果，对薄弱构件予以加强。

3.2 分析结果

3.2.1 结构整体分析结果

结构整体分析结果见表3-2。

结构整体分析结果 **表3-2**

指标		混凝土梁（SATWE计算）			混凝土梁（ETABS计算）		
振型周期	振型属性	X向平动	Y向平动	扭转	X向平动	Y向平动	扭转
	1		6.1825			5.8438	
	2	4.7207			4.1028		

续表

指标		混凝土梁（SATWE 计算）			混凝土梁（ETABS 计算）		
振型周期	3			3.7857			2.9222
	4		1.6020			1.5193	
	5	1.4424			1.1365		
	6			1.3646			1.0593
	周期比（T_t/T_1）	0.61			0.50		

方向		X 方向	Y 方向	X 方向	Y 方向
地震作用	最大层间位移角	1/1068	1/698	1/1175	1/741
	基底弯矩（kN·m）	3059370	2585354	3195000	2691000
	基底剪力（kN）	23485	20538	26320	20510
	总重量（kN）	173728.12		1712000	
	剪重比	0.013	0.012	0.012	0.012
规范风荷载作用	最大层间位移角	1/1785	1/635	1/2203	1/749
	基底弯矩（kN·m）	2065153	3085928	2029000	3049000
	基底剪力（kN）	15148	21734	14770	20180
刚重比		2.60	1.50	2.71	1.84

3.2.2 时程分析结果

弹性动力时程分析结果显示：3 条地震波的基底剪力均大于 CQC 法的 65%；3 条波所得基底剪力平均值大于 CQC 法计算结果的 80%；CQC 法计算所得基底地震剪力均大于 3 条波所得基底剪力包络值，结构内力计算以 CQC 法为准。

3.2.3 设防地震性能分析

设防地震作用下结构构件的计算分析结果见表 3-3。

设防地震性能分析　　表 3-3

项目		轴压比	剪压比	配筋率（%）	应力水平
墙体 Q（性能 3）		0.36	0.127	2.5	—
伸臂（性能 3）	上弦杆	—	—	—	0.25
	腹杆	—	—	—	0.72
	下弦杆	—	—	—	0.25
连梁 LL1（性能 3）		—	0.050	0.40	—
钢管柱（性能 1）		—	—	—	0.85

在设防地震作用下，钢管混凝土框架柱能达到性能 1 要求；核心筒混凝土墙体、加强层支撑、上下弦杆和各层连梁能满足性能 3 要求。结构的最大层间位移满足性能 3 要求。

3.2.4 罕遇地震性能分析

罕遇地震作用下结构构件的计算分析结果见表 3-4。

罕遇地震性能分析　　表 3-4

项目		轴压比	剪压比	配筋率（%）	应力水平
墙体 Q（性能 3）		0.42	0.102	5.0	—
伸臂（性能 3）	上弦杆	—	—	—	0.26

续表

项目		轴压比	剪压比	配筋率（%）	应力水平
伸臂（性能 3）	腹杆	—	—	—	0.99
	下弦杆	—	—	—	0.26
连梁 LL1（性能 3）		—	0.049	0.44	—
钢管柱（性能 2）		—	—	—	0.89

在罕遇地震作用下，钢管混凝土框架柱能达到性能 2 要求；核心筒混凝土墙体可达到性能 3 要求；加强层支撑、上下弦杆和各层连梁能满足性能 3 要求。结构的最大层间位移为 1/125，满足性能 3 要求（1/110）。

3.2.5 静力推覆结果分析

（1）结构在完成弹塑性静力推覆后，最大顶点位移约 1.1226m，在考虑重力二阶效应和大变形的情况下，结构最终仍能保持直立，满足“大震不倒”的抗震设防要求。

（2）结构能力谱与罕遇地震需求谱存在交点（性能点），在罕遇地震作用下，Y 向最大层间位移角为 1/166，小于 1/100，满足《抗规》第 5.5.5 条的规定。

（3）在推覆的过程中，塑性铰首先出现在核心筒外围剪力墙之间的连梁上，随后，X 向和 Y 向有个别塑性铰出现在核心筒角部门洞口边位置。随着水平推力的增大，塑性铰主要出现在剪力墙连梁上，起到了很好的耗能作用，裙楼少量剪力墙局部位置出现塑性铰。到性能点位置，核心筒主要剪力墙未出现塑性铰，表明在罕遇地震作用下主要剪力墙不发生剪切破坏。外框钢管混凝土柱未出现塑性铰，外框梁仅个别位置出现少量塑性铰，表明外框梁、柱抗震承载力足够且还有较大富余。从塑性铰出现的过程来看，剪力墙部分墙肢进入塑性的区域主要分布在底部加强区，对于较快出现塑性铰（集中在伸臂加强层）的部分短肢剪力墙及核心筒角部，施工图设计中，需要采用相应的措施予以加强，如在伸臂层剪力墙加设型钢暗柱、适当加大配筋率等。

（4）由于加强层桁架斜杆采用后安装方式，大大减轻了初始重力负担，故加强层伸臂桁架在罕遇地震作用下基本未出现塑性铰，伸臂桁架抗震承载力足够。但与伸臂桁架相连的核心筒 Y 向剪力墙受伸臂牵动较为明显，其中，墙厚较小的内侧三道剪力墙在加强层出现了少量塑性铰，设计中在加强层剪力墙内设置钢骨暗撑，同时将伸臂水平杆件贯通剪力墙以提高其抗震承载力是有效和必要的。

3.2.6 风作用响应分析

风洞试验与规范风荷载对比计算结果见表 3-5，由此可知，结构对风洞试验风荷载的响应明显大于对 SATWE 单向风荷载的响应，故将风洞试验的风荷载作为结构设计用风荷载。

风洞试验与规范风荷载对比计算表　　表 3-5

风荷载	倾覆弯矩（kN·m）（100 年重现期）	层间位移角（50 年重现期）	最大顶点位移（mm）（50 年重现期）
荷载规范（Y 向）	3777915.0	1/603	318.85
风洞试验（340°，Y 向）	4504257.5	1/510	348.01

10 年重现期、1.5%模态阻尼比所计算的塔楼顶层峰值加速度最大值（$0.148m/s^2$），满足规范限值要求（$0.25m/s^2$）。

3.2.7 施工顺序对伸臂内力的影响分析

加强层伸臂桁架剖面示意图见图 3-1。伸臂构件如果在安置后就立即与竖向构件完全连接，则由于施工过程中外柱与内筒的竖向压缩变形不同，竖向变形差会使伸臂产生较大的初始应力，对伸臂构件后期受力是很不利的。为了减小施工过程中的初始应力，伸臂的一端与竖向构件临时固定或做椭圆孔连接（不完全固定），在整个结构施工完成，大部分自重作用下竖向变形已基本稳定时，再将连接节点完全固定。本工程采用 SATWE 软件进行内力组合，得出 21 层、37 层伸臂的一根腹杆轴力变化如表 3-6 所示，本工程伸臂将按照伸臂后安装的内力进行构件设计。

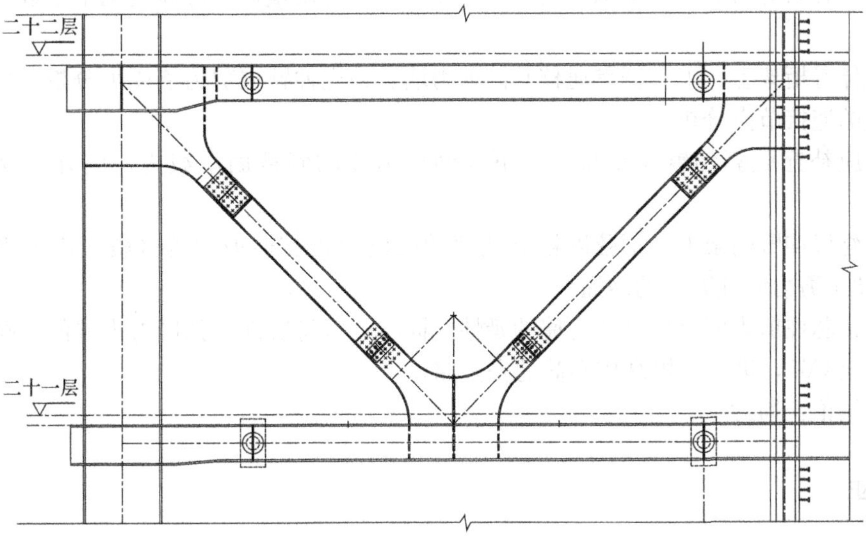

图 3-1 加强层伸臂桁架剖面示意

伸臂内力受施工顺序影响分析表 表 3-6

杆件位置	伸臂先装杆件的轴力 N_f(kN)	伸臂后装杆件的轴力 N_p(kN)	轴力变化幅度比值 N_p/N_f(100%)
21 层腹杆	7055.8	4893.5	69.3%
37 层腹杆	7086.8	5025.5	70.9%

3.2.8 加强层楼板有限元分析

利用 ETABS 壳单元模拟加强层的楼板，楼板厚度均取 150mm，不考虑楼板的刚度折减，进行小震组合下的楼板应力分析。分析结果表明，加强层 21 层和 37 层上、下楼面因为有伸臂弦杆，弦杆承受拉力，所以与之相连楼板会出现较大拉力。风荷载作用下楼板 Y 向最大拉应力为 2.0MPa，最大压应力为−2.0MPa，地震作用下楼板 Y 向最大拉应力为 2.4MPa，考虑采用 ϕ12@150mm 双层双向配筋，并在各上、下弦杆处加设 1000mm×h（h 为楼板厚度）的暗梁（方向同弦杆）之后，楼板可以满足抗拉的要求。

4 抗震设防专项审查意见

2011 年 5 月 11 日，广州市住房和城乡建设委员会在广州大厦 716 会议室主持召开了本项目超限高层建筑工程抗震设防专项审查会，华南理工大学建筑设计研究院有限公司总工程师方小丹任专家组组长。与会专家审阅了送审资料，听取了广州市住宅建筑设计院有限公司对该项目的结构超限设计可行性论证汇报。经讨论，提出审查意见如下：

（1）建议按新规范确定关键构件的抗震性能目标。

（2）按新规范确定结构的抗震等级。伸臂加强层及其上、下层的楼板应适当加厚并适当提高其配筋率。

（3）部分计算参数取值不合适，应予调整。39 层以上核心筒 Y 向外墙偏薄，应适当加厚。

（4）核心筒剪力墙、框架承担的剪力按新规范进行调整，核心筒的调整系数建议不小于 1.1。

（5）伸臂桁架上、下弦杆贯通核心筒剪力墙。补充伸臂层剪力墙受力分析，伸臂桁架与柱、墙的连接节点分析。

（6）应补充验算伸臂层桁架上、下弦间剪力墙的斜截面承载力，应有必要的加强措施。

（7）建议伸臂桁架上、下弦以箱形截面的两侧腹板贯通剪力墙（腹板应承担最大拉力），以便于剪力墙混凝土的浇灌。

（8）带芯柱剪力墙可提高剪力墙的延性。同时，可将底部加强区剪力墙的混凝土强度等级提高至 C65，进一步提高核心筒的安全储备。

审查结论：通过。

5 点评

本工程虽然属于超 B 级高度的超限高层建筑，但超高的比例不高，结构形式比较简单，体型较规则，竖向构件连续。在设计中充分利用概念设计方法，对关键构件设定抗震性能化目标。在抗震设计中，采用多种程序对结构进行了弹性、弹塑性静力计算分析，除保证结构在小震作用下完全处于弹性阶段外，还根据《抗规》，对结构在设防地震和罕遇地震作用下，进行了详尽的性能分析，得出相应的性能目标。此外，还进行了风洞专项分析和加强层楼板有限元应力分析等专题分析。计算结果表明，各项指标均表现良好，基本满足规范的有关要求。根据计算分析结果和概念设计方法，对关键和重要构件做了适当加强，以保证在地震作用下的延性。

因此，可以认为本工程除能满足竖向荷载、地震作用和风荷载作用的有关指标外，亦满足“小震不坏，中震下主要构件不屈服、震后可以修复，大震不倒塌”的抗震设防目标，结构是可行且安全的。

55 陆河嘉华半岛温泉酒店

关　　键　　词：超B级高度；框支转换；型钢混凝土转换梁；穿层柱；大跨度预应力混凝土梁
结构主要设计人：张鸿儒　麦明冰　林　震　曹活辉　林东泽　肖志伟　黄　翔　宁小波　盘　景
设　计　单　位：广州市天启正业建筑设计事务所（普通合伙）

1　工程概况与设计标准

本项目位于广东省汕尾市陆河县新田镇文田路西侧BC-02地块，规划总用地面积33544.39m^2。拟建总建筑面积89595.63m^2，其中酒店上部面积70725.47m^2，酒店单元使用人数约为1200～1500人。由2层地下室、地上1栋超高层酒店塔楼及多层裙房组成，建筑功能包括酒店客房、会议、餐饮、休闲、温泉配套等。塔楼建筑结构总高度148.07m（算至主屋面），共37层，其中第12层和25层为避难层。裙楼共3层，均为酒店配套设施。建筑效果图见图1-1，酒店建筑标准层平面图见图1-2。地下室结构不设置伸缩缝，塔楼在首层以上与裙楼之间设置防震缝，并于地下室顶板处连为一体。各层层高分别为：地下2层4.0m，地下1层6.0m，首层6.0m，2层7.4m，标准层3.8m，避难层3.7m。

本工程设计使用年限50年，结构安全等级二级，地基基础设计等级甲级，抗震设防烈度6度，基本地震加速度0.05g，设计地震分组为第一组，场地类别Ⅱ类。根据《建筑工程抗震设防分类标准》GB 50223—2008第6.0.11条的规定，本工程抗震设防分类为标准设防类（丙类）。结构高宽比为4.87。

图1-1　建筑效果图

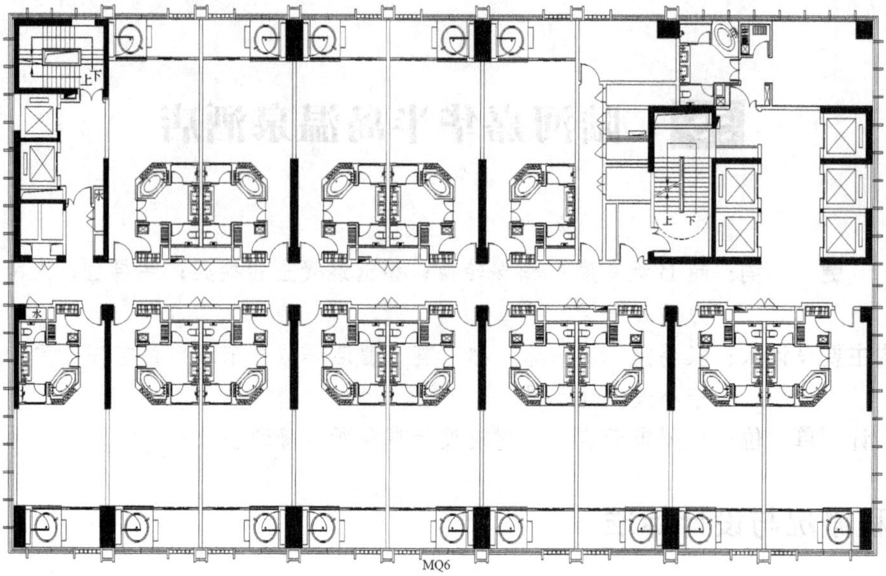

图 1-2 酒店建筑标准层平面图

2 结构体系及超限情况

2.1 结构体系

通过对结构方案的合理性和经济性对比，本工程超 B 级高度的酒店塔楼确定采用钢筋混凝土带框支转换的框架-剪力墙结构，转换层设在 3 层楼面。剪力墙＋框架组成的结构体系共同承受竖向、水平地震作用及风荷载，提供必要的侧向刚度，通过框架梁、楼板进行连接并传递水平力，形成良好的抗侧力体系。除设置构造型钢的转换柱外，其余楼层的转换柱、框架柱设置芯柱以提高转换层以下柱的延性。楼盖根据酒店房间分隔采用主次梁楼盖，楼板厚 130mm，楼（电）梯间楼板加厚至 150mm。酒店中间走廊位置，为方便走管线，提高净高，采用 200mm 厚板并在两端剪力墙处设置暗梁加强。主要构件尺寸与材料等级见表 2-1，转换层结构平面布置见图 2-1，标准层结构平面布置见图 2-2。

主要构件尺寸与材料等级　　表 2-1

层数	主要结构构件尺寸				
	剪力墙（mm）	框架柱（mm）	连梁（mm）	框架梁（mm）	楼板（mm）
混凝土强度等级	C60～C30	C60～C30	C40、C30	C30	C40、C30
−2～1 层	500/400/300	600×600、1400×1700 1400×2400、700×900 1000×1000、900×1400	墙厚×(400～600) 墙厚×(600～1000)	400×900、300×800 200×600、250×600 250×800、300×600	160、150、120
2 层（转换层）	500/400/300	600×600、1400×1700 1400×2400、700×900 1000×1000、900×1400	墙厚×(400～600) 墙厚×(600～1000)	300×1500、500×1500 300×800、400×1000 1200×2000、700×2000	150、180

续表

层数	主要结构构件尺寸				
	剪力墙（mm）	框架柱（mm）	连梁（mm）	框架梁（mm）	楼板（mm）
3～5层	520/450/300	700×1500、700×900 900×2400、700×2400	墙厚×(400～500) 墙厚×(600～1000)	300×800、450×600 250×800、200×600	130/150
6～15层	400/350/300	850×2400、700×2400 800×2400、900×900	墙厚×(600～800)	300×800、400×600 250×800、200×600	130/150
16～23层	400/300/250	700×2400、700×900、 900×1200、900×900	墙厚×(600～800)	300×800、300×600 250×800、200×600	120/150/200
24～屋面层	400/300/ 250/200	700×2400、700×900、 900×1200、900×900	墙厚×(600～800)	300×800、300×600 250×800、200×600	120/150/200

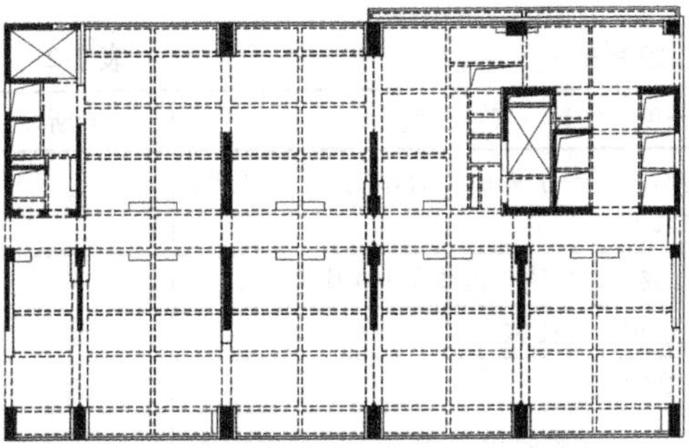

图 2-1 转换层结构平面布置

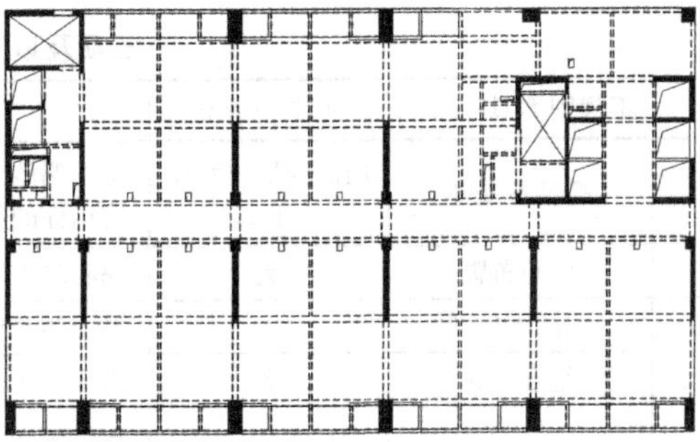

图 2-2 标准层结构平面布置

裙楼和高层塔楼设置防震缝分开，结合裙楼的建筑平面布置，采用框架结构。裙楼建筑功能主要为酒店大堂和宴会厅，其中宴会厅区域为大跨度结构，最大跨度达 31.2m，采用大跨度预应力混凝土梁，楼盖采用主次梁楼盖，楼板厚 120mm。主框架梁截面尺寸 300mm×800mm，次梁截面尺寸 200mm×600mm、250mm×700mm 等，大跨度预应力梁截面尺寸 700mm×2000mm。

2.2 基础设计

根据地质条件及上部荷载情况，本工程采用旋挖灌注桩基础，酒店塔楼下采用直径 1600mm、1800mm 两种大直径灌注桩，混凝土强度等级采用 C40。为了减小承台厚度，并且满足墙柱、桩的冲切要求，灌注桩均布置在上部剪力墙、柱截面范围内，楼（电）梯筒承台厚 2000mm。裙楼采用单柱单桩基础，需要抗拔的区域设置抗拔桩，桩径为 1000mm、1200mm 两种，混凝土强度等级 C35。桩端以中风化花岗岩为持力层，中风化花岗岩天然湿度单轴抗压强度为 33MPa。桩径 1000mm、1200mm 的桩入岩深度不小于 0.5m，桩径 1600mm、1800mm 的桩入岩深度不小于 1.5m，单桩承载力特征值分别为 7500kN、9000kN、19500kN、25000kN，均以桩身强度控制。

2.3 结构的超限情况

本工程根据《住房城乡建设部关于印发〈超限高层建筑工程抗震设防专项审查技术要点〉的通知》（建质〔2015〕67 号）（以下简称《技术要点》）、《广东省住房和城乡建设厅关于印发〈广东省超限高层建筑工程抗震设防专项审查实施细则〉的通知》（粤建市〔2016〕20号）的规定，对结构不规则项进行逐项判定，结构超限情况说明如下。

2.3.1 特殊类型高层建筑

本工程采用带框支转换的框架-剪力墙结构，转换层设置在3层楼面，不属于《建筑抗震设计规范》GB 50011—2010（2016年版）、《高层建筑混凝土结构技术规程》JGJ 3—2010和《高层民用建筑钢结构技术规程》JGJ 99—2015暂未列入的其他高层建筑结构体系。

2.3.2 高度超限判别

本工程结构总高度148.07m（算至主屋面），属于超B级高度的超限高层建筑结构。

2.3.3 不规则类型判别

同时具有三项及以上不规则项的高层建筑工程判别见表2-2。本工程不存在《技术要点》中表3和表4的不规则情况。

三项及以上不规则判别　　表2-2

不规则类型		本工程情况	程度与注释（规范限值）	判断
1a	扭转不规则	局部楼层位移比大于1.2	考虑偶然偏心影响的规定水平地震力作用下，楼层竖向构件的位移比大于1.2	是
1b	偏心布置	无	偏心率大于0.15或相邻层质心相差大于相应边长15%	否
2a	凹凸不规则	无	平面凹凸尺寸大于相应边长30%	否
2b	组合平面	无	细腰性或角部重叠性	否
3	楼板不连续	36层存在大开洞	有效宽度小于50%，开洞面积大于30%，错层大于梁高	是
4a	刚度突变	无	楼层侧向刚度小于相邻上一层的70%（按高规考虑层高修正时，数值相应调整）；小于相邻上三层刚度平均值的80%	否
4b	尺寸突变	无	竖向构件位置缩进位置大于25%，或外挑大于10%和4m，多塔楼结构	否
5	构件间断	部分剪力墙转换	上下墙、柱、支撑不连续，含加强层、连体类	是
6	承载力突变	无	相邻楼层受剪承载力变化大于75%	否
7	局部不规则	36层存在局部穿层柱	如局部的穿层柱、斜柱、夹层、个别构件错层或转换，或个别楼层扭转位移比略大于1.2等	是 已计入1～6项者除外

2.3.4 超限情况小结

通过以上分析可知，本工程主体塔楼高度超过B级结构高度，存在扭转不规则、楼板不连续、竖向构件间断、局部穿层柱4项一般不规则，根据《技术要点》需进行超限高层建筑抗震设防专项审查。

3 超限应对措施及分析结论

3.1 超限应对措施

3.1.1 分析模型及分析软件

选用YJK（V2.0.1）和MIDAS/Building软件进行整体计算，多遇地震作用计算采用振型分解反应谱法，并采用弹性时程分析法进行补充计算。罕遇地震作用弹塑性时程采用YJK-EP模块进行计算分析。

3.1.2 抗震设防标准、性能目标及加强措施

本工程抗震设防类别为标准设防类（丙类），地震作用和抗震措施均按本地区抗震设防烈度6度的要求。针对结构高度和不规则情况，设计采用结构抗震性能设计方法进行分析和论证。按照广东省标准《高层建筑混凝土结构技术规程》DBJ 15-92—2013（下文简称《广东高规》）第3.11节的要求进行本工程的结构抗震性能设计。针对结构特殊性、建造费用、不规则情况、结构可能出现的震害和修复难易程度，本工程整体结构按性能目标C的要求设计，对框支框架的转换柱、转换梁构件性能目标提高至B级要求进行设计。其中关键构件定为底部加强区范围的剪力墙、框架柱、转换柱、转换梁。整体抗震性能设计目标及结构构件承载力设计要求见表3-1。

整体抗震性能设计目标及结构构件承载力设计要求 **表3-1**

项目		多遇地震	设防地震	罕遇地震
结构整体性能	性能水平	1	3	4
	定性描述	完好无损，一般不需修理即可继续使用	轻度损坏，一般修理后才可继续使用	中度损坏，修复或加固后才可继续使用
	位移角限值	1/650		1/125
	计算方法	弹性分析，按规范常规设计	等效弹性分析，按规范常规设计（不考虑抗震调整系数）	等效弹性验算关键竖向构件受剪截面，弹塑性动力时程分析
	采用计算软件	YJK、MIDAS	YJK	YJK
关键构件	底部加强区剪力墙（η=1.1）	无损坏，弹性	轻微损坏，承载力满足《广东高规》式（3.11.3-1）的要求，压、剪 ζ=0.74，弯、拉 ζ=0.87	轻度损坏，受剪截面满足《广东高规》式（3.11.3-3）的要求，剪压比 ζ=0.15
	底部加强区框架柱（η=1.05）	无损坏，弹性	轻微损坏，承载力满足《广东高规》式（3.11.3-1）的要求，压、剪 ζ=0.74，弯、拉 ζ=0.87	轻度损坏，受剪截面满足《广东高规》式（3.11.3-3）的要求，剪压比 ζ=0.15
	转换柱、转换梁（η=1.1）	无损坏，弹性	提高至性能水准2，无损坏，承载力满足《广东高规》式（3.11.3-1）的要求，压、剪 ζ=0.67，弯、拉 ζ=0.77	提高至性能水准3，轻微损坏，受剪截面满足《广东高规》式（3.11.3-3）的要求，剪压比 ζ=0.133
普通竖向构件	其他部位剪力墙、框架柱（η=1.0）	无损坏，弹性	轻微损坏，承载力满足《广东高规》式（3.11.3-1）的要求，压、剪 ζ=0.74，弯、拉 ζ=0.87	部分构件中度损坏，受剪截面满足《广东高规》式（3.11.3-3）的要求，剪压比 ζ=0.15
耗能构件	框架梁、连梁（η=0.8）	无损坏，弹性	轻度损坏，部分构件中度损坏，承载力满足《广东高规》式（3.11.3-1）的要求，压、剪 ζ=0.74，弯、拉 ζ=0.87	中度损坏，部分构件比较严重损坏，无计算指标要求

根据上述性能目标，采取的分析措施有：1）结构弹性阶段计算分析采用两个不同的程序YJK和MIDAS/Building进行分析对比，互相校核结果，确保结构整体计算指标准

确、可靠；2）主体结构采用动力弹性时程分析方法对多遇地震作用进行补充计算，输入5组天然波和2组人工波，结构地震效应取多组时程曲线的平均值与振型分解反应谱法计算结果的较大值；3）按照《广东高规》的性能执行标准进行性能化设计，根据不同构件在抗震中的重要性及其作用，将构件分为关键构件、普通构件和耗能构件，按C级性能目标（框支框架提高至B级性能目标），分别对其在不同强度地震作用下进行相关计算，并根据计算结果采取相应的加强措施；4）进行罕遇地震作用下的动力弹塑性分析，确保主体结构满足“大震不倒”的性能要求；5）对转换层楼板进行应力分析，根据应力分析计算结果加强配筋，使转换层楼板满足中震弹性、大震不屈服的性能要求。

采取的加强措施有：1）提高框支框架的抗震等级至一级，并采用B级性能目标进行验算，即满足中震性能水准2、大震性能水准3的要求，并与小震弹性计算结果进行包络设计；2）采用型钢混凝土转换梁，在转换柱内设置构造小型钢与转换梁内的型钢相连接；3）采用C60高强度混凝土，严格按规范要求控制剪力墙、框架柱的轴压比，对部分轴压比略超规范限值的框架柱采用配置井字复合箍筋并设置芯柱的措施提高柱的延性；4）底部加强区剪力墙墙体约束边缘构件纵筋配筋率按不小于1.5%（对应规范值为1.2%）控制，体积配筋率提高至1.80%（规范对应值为1.53%），墙身水平分布钢筋配筋率提高至0.40%（规范对应值为0.3%），约束边缘构件箍筋间距加密；5）转换层楼板加厚至180mm，按每层每个方向配筋率不小于0.25%采用双向双层配筋，并按中震弹性、大震不屈服进行楼板应力分析，满足性能化设计要求；6）对穿层柱按计算长度系数1.25进行承载力计算，并按整层建模和分层建模进行配筋包络设计。

3.2 分析结果

3.2.1 小震及风荷载作用分析

小震及风荷载作用主要计算结果见表3-2。

根据计算结果，由于酒店塔楼结构平面规则，结构体系及材料选择合理，结构高宽比合适，小震作用下的计算总体参数均能满足设计规范的各项指标要求。

小震及风荷载作用主要计算结果汇总 **表3-2**

指标		YJK软件		MIDAS软件	
结构基本自振周期（s）	T_1	5.1638（X）		5.0599（X）	
	T_2	3.8147（Y）		3.9147（Y）	
	T_3	2.8219（T）		2.8768（T）	
扭转周期比		0.55		0.57	
主轴方向		X向	Y向	X向	Y向
有效质量系数		97.79%	94.35%	96.93%	93.00%
总质量（t）		79137.6（恒）	7647.6（活）	83161.290（恒）	7684.159（活）
单位面积质量（kg/m^2）		1561.58		1591.75	
地震作用	基底剪力（kN）	5175.98	5894.15	5443.04	5986.56
	基底弯矩（kN·m）	481132.2	502289.47	552917.06	600382.48
	最大层间位移角	1/1172（14层）	1/1857（22层）	1/1616（13层）	1/2092（21层）
	最大层间位移比	1.05（1层）	1.31（1层）	1.06（1层）	1.31（1层）
	剪重比［限值］	0.60%［0.80%］	0.68%［0.80%］	0.60%［0.80%］	0.66%［0.80%］

续表

指标		YJK 软件		MIDAS 软件	
地震作用	整体抗倾覆比值 M_r/M_{ov}	32.98	22.67	55.494	30.810
风荷载作用	基底剪力（kN）	8091.7	13128.7	8110.9	13158.8
	基底弯矩（kN·m）	741725.5	1194196.1	742886.7	1195911.4
	最大层间位移角	1/1158（13 层）	1/1219（20 层）	1/1185（13 层）	1/1071（20 层）
	整体抗倾覆比值 M_r/M_{ov}	29.37	12.42	37.698	13.087
刚重比		1.768	3.001	1.85	2.89
层刚度比		1.00	1.00	1.00	1.00
层受剪承载力比		1.00	1.00	1.01	0.95
底部框支框架承担地震倾覆力矩占比		24.4%	26.3%	41.5%	19.3%
底部框架柱承担地震剪力占比		30.63%	18.22%	33.2%	24.9%

3.2.2 二道防线及框架地震剪力调整

塔楼上部为框架-剪力墙结构，是框架和剪力墙协同工作的双重抗侧力结构体系，由于框架柱距较大，梁跨度较大，造成框架刚度过低，楼（电）梯位置的剪力墙刚度较大，剪力主要由剪力墙承担。为保证框架体系能够成为结构抗震的二道防线，小震作用下框架总地震剪力按《广东高规》第 8.1.4 条进行调整。

塔楼下部为部分框支剪力墙结构，转换层设在三层楼面，框支柱承受的水平地震剪力标准值按《广东高规》第 11.2.16 条进行调整。本工程框支柱的数目为 8 根，小于 10 根，底部框支层为 2 层，每根框支柱所受的地震剪力应不小于结构基底总剪力的 2%。

根据上述原则，将塔楼沿高度分为底部框支层、标准层（3～35 层）、36～37 层、出屋面以上 4 个区段进行框架柱（包括框支柱）的剪力调整。各层框架柱（包括框支柱）地震剪力如图 3-1 所示，由图可知，仅需要对 Y 向框架地震剪力进行调整。调整后的框架可满足二道防线的抗震需求。

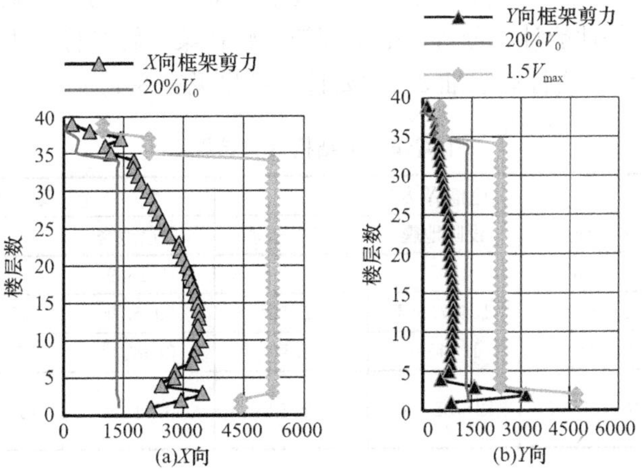

图 3-1 框架地震剪力

3.2.3 弹性时程补充计算

采用 YJK 软件进行弹性时程分析，计算基于空间三维模型按照 $X:Y=1:0.85$ 输入两个方向地震波。时程分析采用 5 条天然波和 2 条人工波，7 条波的峰值加速度均按规范小震的18cm/s^{2}进行调整，结构阻尼比0.05。时程曲线计算结果满足平均底部剪力不小于振型分解反应谱法的80%，每条地震波底部剪力不小于反应谱法的65%的要求。弹性时程分析与反应谱分析主要计算结果对比见表3-3。由补充计算结果可知，弹性时程反应平均值略大于反应谱CQC的结果。在施工图阶段直接将反应谱CQC的计算结果乘以相应的放大系数进行构件验算，可满足计算结果准确性和安全性的要求。

弹性时程分析与反应谱分析倾覆弯矩、基底剪力比较　　表3-3

项次	最大层间位移角		倾覆弯矩（kN·m）		基底剪力（kN）	
	X向	Y向	X向（比值）	Y向（比值）	X向（比值）	Y向（比值）
规范反应CQC	1/1134(16层)	1/1719(29层)	481132.2	502289.47	5175.98	5894.15
人工波1	1/1285(15层)	1/1517(41层)	566060.05(112%)	447267.03(88%)	5870.48(112%)	6819.49(118%)
人工波2	1/1359(17层)	1/1222(41层)	531430.67(105%)	597039.458(117%)	5829.12(111%)	6617.63(114%)
天然波1	1/1893(15层)	1/1963(41层)	408161.20(80%)	475385.64(94%)	4737.19(90%)	5581.10(96%)
天然波2	1/1563(25层)	1/899(41层)	463478.49(91%)	451438.34(89%)	5298.00(101%)	5446.44(94%)
天然波3	1/1547(15层)	1/2258(24层)	488970.57(96%)	422249.05(83%)	5376.74(103%)	5264.00(91%)
天然波4	1/1631(15层)	1/1862(41层)	462204.46(91%)	462133.86(91%)	4797.89(92%)	6152.66(106%)
天然波5	1/1552(16层)	1/1535(41层)	482453.32(95%)	490755.09(97%)	5184.91(93%)	5669.03(98%)
时程平均值	1/1535	1/1504	486108.39(96%)	529527.74(94%)	5299.19(101%)	5935.76(102%)

3.2.4 中震作用分析

选用YJK软件，采用振型分解反应谱法进行设防烈度地震（中震）作用下复核计算，考虑连梁刚度折减，结构开始进入弹塑性，整体刚度有所折减，自振周期逐渐变长，采用等效弹性进行计算。对除普通楼板、次梁以外所有结构构件的承载力进行验算。根据其抗震性能目标，结合《广东高规》中“不同抗震性能水准的结构构件承载力设计要求”的相关公式，进行结构构件性能计算分析。框支框架（转换梁、转换柱）中震性能目标提高至性能水准2，其余构件均为性能水准3。主要计算结果见表3-4。

中震作用下结构计算结果　　表3-4

指标	反应谱X方向			反应谱Y方向		
	多遇地震	设防地震	设防/多遇	多遇地震	设防地震	设防/多遇
最大层间位移角	1/1167	1/370	3.15	1/1859	1/516	3.31
基底剪力（kN）	5183.30	13407.994	2.59	5956.76	15694.33	2.63
基底剪重比	0.596%	1.545%	2.59	0.685%	1.729%	2.52
基底倾覆力矩（kN·m）	481727.07	1267027.96	2.63	502218.98	1338101.41	2.66

3.2.5 罕遇地震作用弹塑性时程分析

本工程的罕遇地震作用弹塑性时程分析采用YJK-EP模块。根据规范要求，分析采用3组地震波（2组天然波和1组人工波）输入。3组地震波均按照三向输入，其加速度最大值按照1（水平1）：0.85（水平2）：0.65（竖向）的比例调整。天然波SanSimeon_CA_NO_3994的最终时刻混凝土受压损伤和钢筋受拉损伤情况如图3-2、图3-3所示。

结构弹塑性计算指标评价如下：

（1）在给定的地震波作用下（大震），结构处于稳定状态，满足“大震不倒”的抗震设防目标。

（2）大震计算结果与小震对比，由于结构开裂及屈服，刚度退化，X、Y 向大震动力弹塑性分析基底剪力与小震 CQC 的比值均在 3.0～5.0 这一可接受区间范围内，小于二者按弹性计算的比值，地震力满足要求。

（3）结构 X 方向层间位移角最大值为 1/137，出现在 14 层；结构 Y 方向层间位移角最大值为 1/273，出现在 25 层，均满足性能目标 1/125 的要求。

（4）动力弹塑性计算过程中，部分连梁、框架梁在地震力作用下受弯屈服出现塑性铰，首先在结构受力较大的中部位置出现，逐渐延伸发展。

（5）根据动力弹塑性分析，随着连梁、框架梁塑性铰的发展，剪力墙的受力逐步增大，少部分墙肢出现一定程度的损伤，其中以受拉损伤居多。

（6）大震作用下，部分连梁开裂严重，说明在大震作用下该区域连梁刚度退化明显，连梁发挥了预期的耗能作用；大震作用下底部加强区部分剪力墙出现一定程度损伤开裂，而其他层只有轻微的局部裂缝，未出现整体刚度破坏。

（7）大震作用下各楼层的层间位移角、层位移曲线相对平滑，无明显突变，位移角在中部楼层最大，位移曲线下部为弯曲型、上部为剪切型，与小震弹性阶段曲线趋势一致，说明结构进入弹塑性阶段后的刚度分布较为合理，没有出现明显的薄弱层。

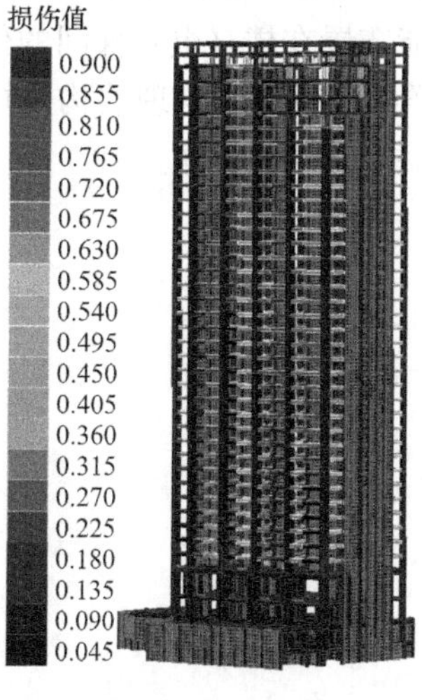

图 3-2　天然波最终时刻混凝土受压损伤

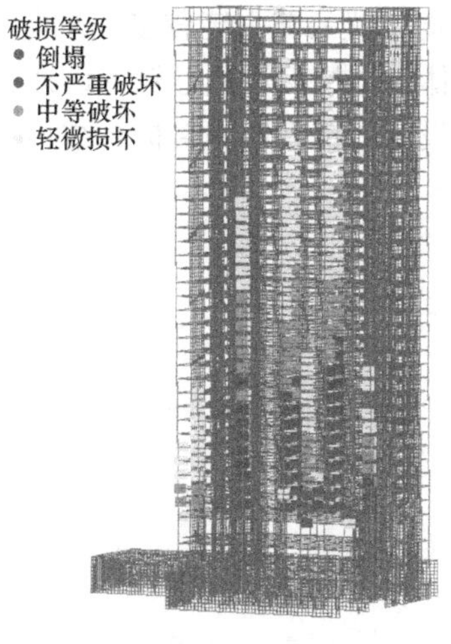

图 3-3　天然波最终时刻钢筋受拉损伤

4　抗震设防专项审查意见

2020 年 6 月 11 日，广东省超限高层建筑工程抗震设防审查专家委员会通过网络在线主持召开了“陆河嘉华半岛温泉酒店”超限高层建筑工程抗震设防专项审查会议，广东省工程勘察设计行业协会会长陈星教授级高工任专家组组长。与会专家听取了设计单位关于该工程抗震设防设计的情况汇报，审阅了送审资料。经讨论，提出如下审查意见：

（1）穿层柱、顶部剪力墙墙变柱、首层高差变化较大处竖向构件应设为关键构件；穿层柱和其相连接的框架梁抗震等级应按一级采取抗震构造措施加强；加强首层跌级处构件的刚度和配筋。

（2）补充负1层为计算嵌固端的结构分析，并做包络设计。

（3）进一步加强落地剪力墙筒体的完整性，应增加X向剪力墙数量；细化剪力墙分析，并补充底部剪力墙大震作用下的受拉验算。

（4）完善转换层结构的专项分析及节点构造。

（5）完善抗风分析，风荷载计算应考虑横向风振的影响；提高屋顶构架的抗风和抗震性能，增加计算振型数量，充分考虑鞭梢效应影响。

（6）两个计算软件部分计算结果差异较大，应予校核。

（7）优化标准层结构设计，宜取消房间内X向拉结梁；走廊范围Y向剪力墙之间宜设置暗连梁；基础设计可优化。

审查结论：通过。

5 点评

本工程酒店塔楼建筑结构总高度148.07m，采用带框支转换的框架-剪力墙结构，转换层设在3层楼面，属于超B级高度的高层建筑结构，存在扭转不规则、楼板局部不连续、局部不规则（穿层柱）、竖向构件不连续4项一般不规则。受酒店建筑平面布置的限制，结构Y向布置的剪力墙较多，X向剪力墙基本只能布置在楼（电）梯间的位置，并尽量布置成筒体。结构设计通过概念设计、方案优选、详细分析以及合理的构造措施，主体结构能满足设定的抗震性能目标，结构方案经济合理，抗震性能良好。

56 南山区科技联合大厦

关　　键　　词： 超B级高度；搭接柱转换；带斜腹杆桁架自平衡搭接柱转换
结构主要设计人： 傅学怡　吴　兵　孟美莉　杨泽辉　冯叶文　黄船宁　陈宋良　游　力　胡云霞　韦鲜琼　王淑媛　郑　静　林俊发　郑金航　林志威　吴伟枫　王元中
设　计　单　位： 深圳大学建筑设计研究院有限公司

1　工程概况与设计标准

南山区科技联合大厦位于深圳市南山区西丽留仙洞总部基地，为该片区超级总部基地综合体，以总部办公和研发为主导功能，以商业、产业配套为辅助功能。本工程建筑体型收进，结合避难层，分别在23层、35层、45层及57层处形成立面上的退台，形成五种典型的楼层平面，建筑效果图、立面图及平面图如图1-1～图1-3所示。项目总建筑面积225102m^2，地上总建筑面积184855m^2，地下室建筑面积30699m^2。主塔楼结构高度307.2m，共67层，采用型钢混凝土框架-钢筋混凝土核心筒结构体系；塔楼与裙房之间不

图1-1　建筑效果图

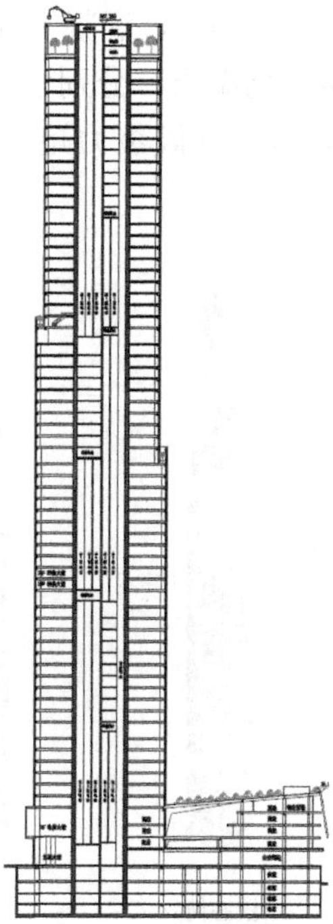
图1-2　立面图

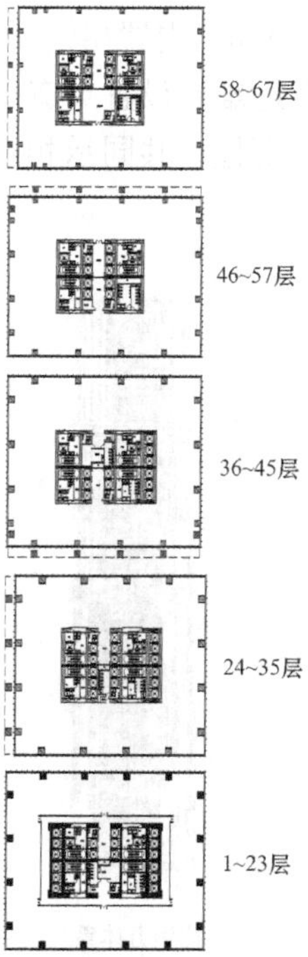

图1-3　平面图

设结构缝，裙房结构高度23.4m，共5层，采用钢筋混凝土框架结构体系，考虑到建筑效果及使用功能需求，裙房屋面与塔楼连接位置跨度约30m，该区域采用工字形钢梁组合楼盖。本工程共4层地下室，主要用于停车库、商业配套等功能。

本工程设计使用年限50年，重要构件（核心筒、外框柱、转换构件）安全等级为一级，抗震设防烈度7度（0.10g），设计地震分组为第一组，场地类别Ⅱ类，抗震设防类别为重点设防类（乙类），抗震措施按提高一度考虑。地基基础设计等级为甲级，基础设计安全等级为一级。

2 结构体系与结构布置

2.1 抗侧力体系

本工程采用型钢混凝土框架-钢筋混凝土核心筒结构体系，主要抗侧力体系由核心筒、外框柱及周边带状桁架组成，如图2-1所示，抵抗风荷载和地震作用。主塔楼结构高度307.2m，高宽比6.6，核心筒高宽比14.9，底部核心筒面积占比23%，标准层结构平面布置如图2-2所示。

底部核心筒为32.27m×20.55m的矩形，结合穿梭电梯的布置，核心筒两侧分别在23层及45层处收进，顶部核心筒尺寸为24.27m×18.95m。底部外墙厚1.3m，内墙厚0.65m，墙体厚度随高度增加而逐渐减小，在顶部外墙减为0.5m，内墙减为0.3m。混凝土强度等级均为C60，核心筒角部内埋型钢柱以增加核心筒的延性。

外框柱为型钢混凝土柱，共16根，底部尺寸为1.8m×1.8m，在顶部逐渐减小至0.9m×0.9m。内置型钢含钢率4%～9%，混凝土强度等级均为C60。

结合避难层设置4道周边带状桁架层，分别位于22层、34层、44层、56层，带状桁架连接外框柱，共同承担侧向力引起的倾覆力矩。同时，兼作外框柱搭接转换的自平衡桁架。

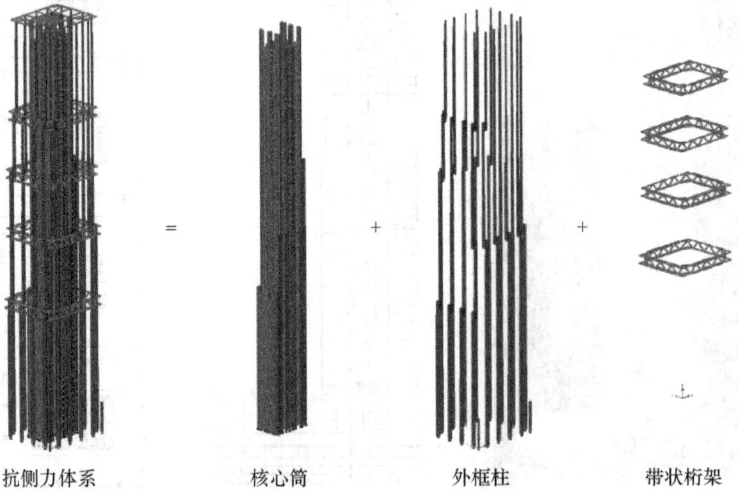

图2-1　主要抗侧力体系构成

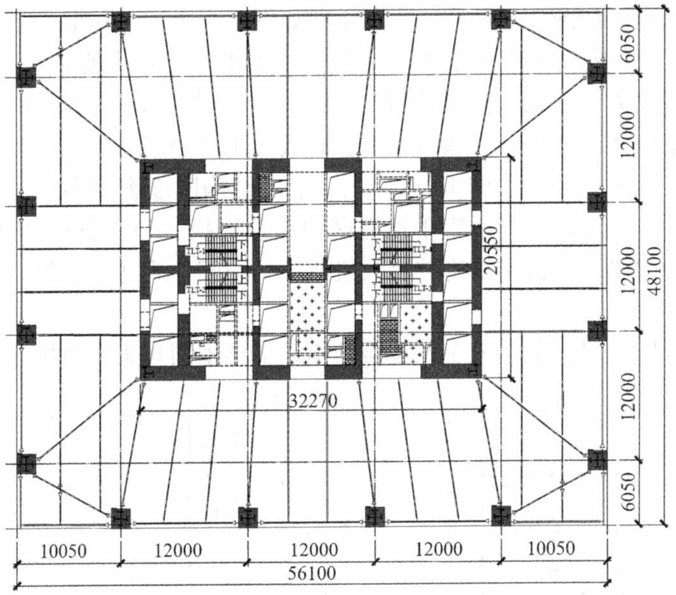

图 2-2　标准层结构平面布置

2.2　转换结构

本工程建筑在 23 层、35 层、45 层及 57 层处形成立面的退台，导致部分外框柱需进行转换。

2.2.1　转换结构选型

（1）梁式转换。如图 2-3 所示，为工程中常用的结构转换形式，广泛应用于底部大空间剪力墙结构。初步计算转换梁截面需 3500mm×4000mm（内置型钢），转换梁截面大，刚度大，突变严重，且在高位转换，更容易引起地震作用积聚。转换梁梁高较大，影响建筑的使用。

（2）斜柱转换。如图 2-4 所示，斜柱跨三层，影响下面两层办公楼层空间，对建筑室内使用效果有较大影响，业主及建筑师均不同意采用。

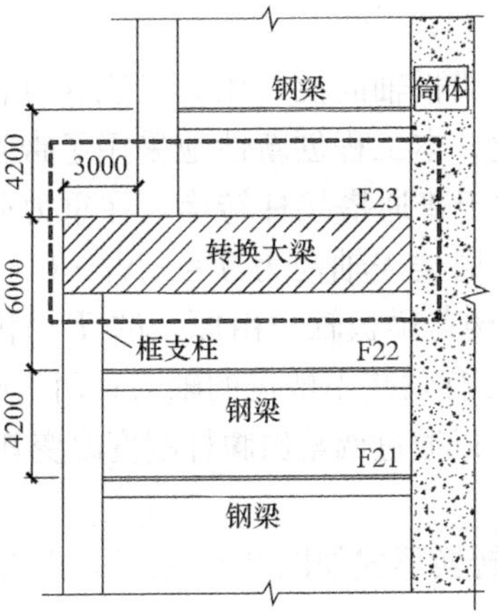

图 2-3　梁式转换示意

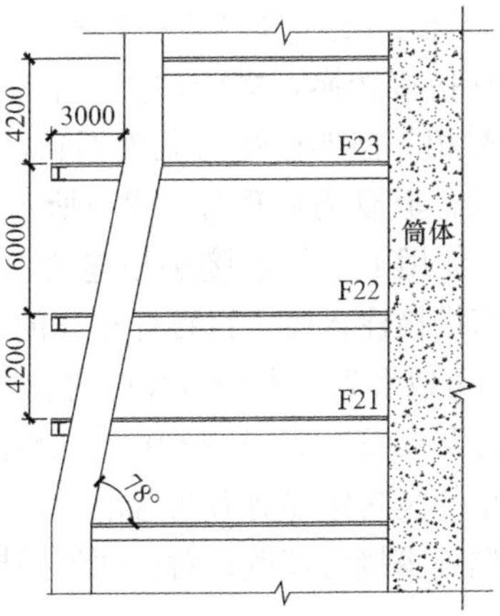

图 2-4　斜柱转换示意

（3）搭接柱转换。如图 2-5 所示，受力原理如图 2-6 所示，在重力荷载产生的上层柱轴向力 N_1 作用下，搭接块会产生不平衡弯矩，该不平衡弯矩主要由与搭接块相连的上、下层楼盖提供的轴向力 T 平衡，轴向力 $T \approx (N_1 \cdot C - \sum M)/h$。与传统的梁式转换结构相比，搭接柱转换结构体系新颖、合理、经济、有效，主要表现在：1）混凝土钢筋用量少、造价低、自重小，也大大方便了施工；2）上、下层结构刚度突变小，地震作用下框架柱受力均匀、平缓、不突变，尤其适宜于地震区中高位转换；3）充分利用楼盖刚度和承载力，避免设置转换大梁，省去了结构转换大梁所占的空间，为业主提供了较好的建筑使用空间和平面利用。

在方案设计阶段，对比了以上三种转换结构，最终本项目采用搭接柱转换。

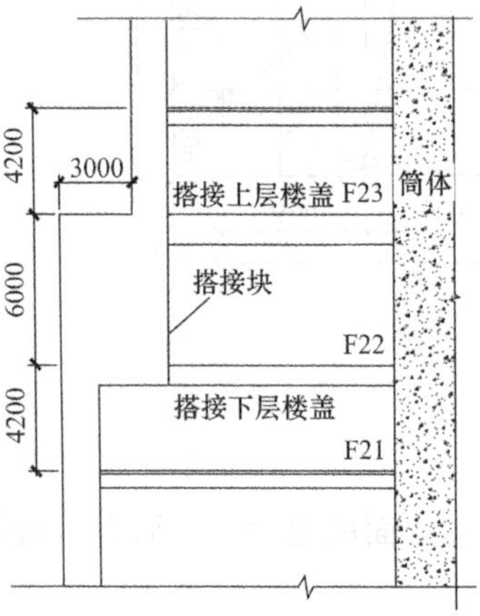

图 2-5 搭接柱转换示意

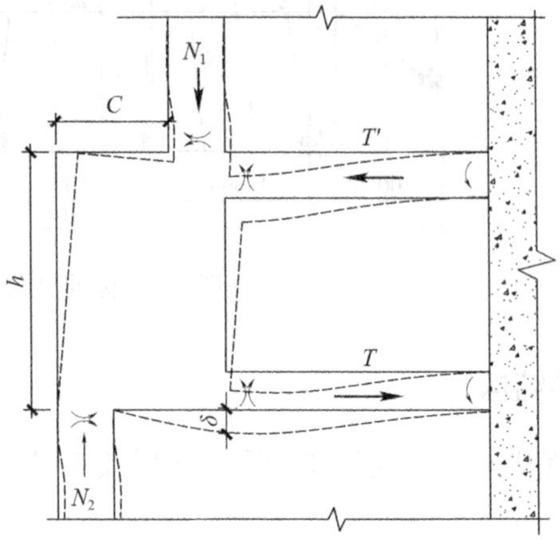

图 2-6 搭接柱转换受力原理

2.2.2 搭接柱转换

本工程共设 4 层搭接柱转换，均位于避难层，分别为 22 层、34 层、44 层、56 层。22 层、34 层转换层平面如图 2-7 和图 2-8 所示。楼盖受到的轴向力较大，该搭接形式用于搭接柱上、下层楼盖梁板能直接连接并锚固于筒体的情况。由于 22 层搭接柱平面与锚固端筒体剪力墙平面错位较大，楼盖梁在搭接柱平面外产生较大分力，因此搭接楼盖梁采用分叉的形式，以平衡平面外的分力。

2.2.3 带斜腹杆桁架自平衡搭接柱转换

对于边框柱搭接转换，搭接柱上、下层楼盖梁板轴向拉、压力只能通过相邻的框架柱的剪力平衡，对相邻框架柱受力尤为不利，因此，本工程创新性地采用了带斜腹杆桁架自平衡搭接柱转换。其受力原理如图 2-9 所示，对于普通搭接柱转换，在重力荷载产生的上层柱轴向力 N_1 作用下，与搭接块相连的上、下层楼盖轴向力 $T \approx (N_1 \cdot C - \sum M)/h$。而对于桁架自平衡搭接柱转换，斜腹杆相连的下层楼盖梁板轴力由原来的 T 退化为 T'，$T' = T - T_{斜} \cdot \cos\theta$，可以看到，由于斜腹杆的引入，可有效减小楼盖的轴力；而内侧相邻竖向构件所承担的剪力 $V \approx (T - T_{斜} \cdot \cos\theta)/2$。因此，可以通过调整斜腹杆刚度改变其轴力 $T_{斜}$ 的大小来调整减小相邻竖向构件剪力及弯矩。

取一榀边框柱搭接为算例，对比两种搭接柱转换形式如图 2-10 所示，内力分析如表 2-1 所示。

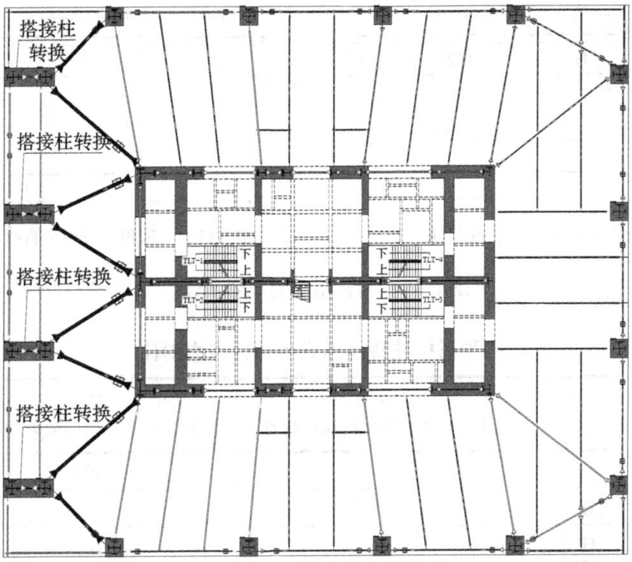

图 2-7　22 层搭接柱转换平面示意

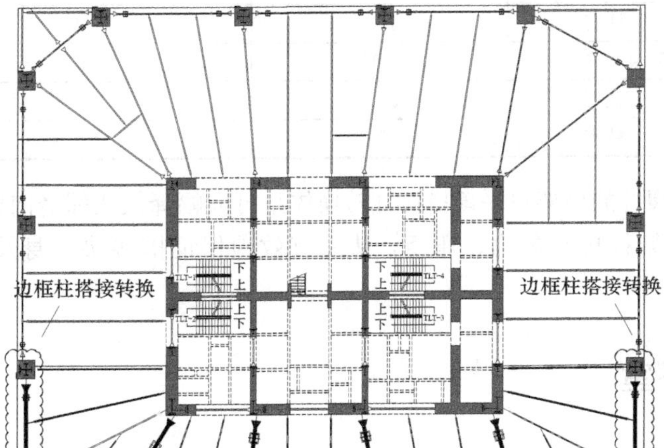

图 2-8　34 层搭接柱转换平面示意

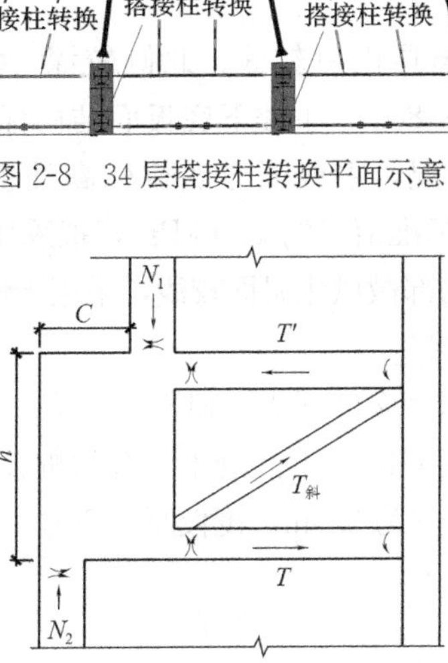

图 2-9　带斜腹杆桁架自平衡搭接柱转换受力原理示意

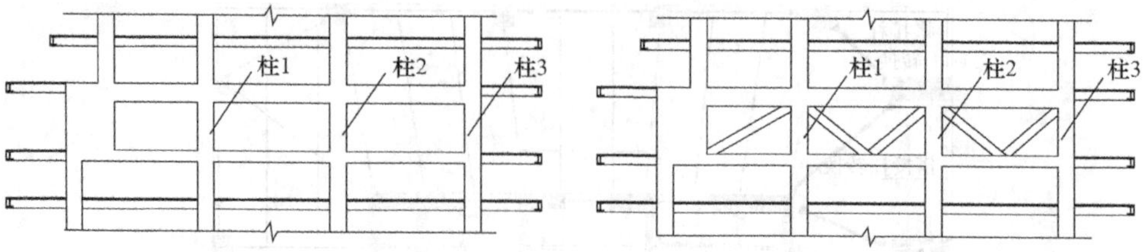

(a)方案一　不带斜腹杆搭接柱转换　　(b)方案二　带斜腹杆桁架自平衡搭接柱转换

图 2-10　两种搭接柱转换形式

两种搭接柱转换形式相邻柱内力对比　　表 2-1

与搭接块相连框架柱内力（kN·m）小震、风荷载包络工况			方案一 不带斜腹杆搭接柱转换	方案二 带斜腹杆桁架自平衡搭接柱转换	变化幅度
相邻框柱 1	剪力 V(kN)		16039	10234	减小 36%
	弯矩 M（kN·m）	柱顶	36870	9738	减小 74%
		柱底	26693	10824	减小 60%
相邻框柱 2	剪力 V(kN)		1551	22	减小 99%
	弯矩 M（kN·m）	柱顶	4932	287	减小 94%
		柱底	4374	154	减小 96%
相邻框柱 3	剪力 V(kN)		1017	13	减小 99%
	弯矩 M（kN·m）	柱顶	3350	290	减小 91%
		柱底	2751	209	减小 92%

可见，引入斜腹杆的桁架自平衡搭接柱转换体系可大幅降低相邻竖向构件内力，尤其是与搭接柱相邻的框架柱杆端剪力、弯矩，从而有效地保证搭接块自身及相邻竖向构件的安全。

3　基础及地下室

3.1　基础设计

根据地勘报告，本地块的岩层南侧较浅、北侧较深，主塔楼位于地块北侧。本工程±0.000 相对应的黄海高程为 18.80m，主楼下底板面结构标高分别为−17.800m（1.00m）。根据地质资料及建筑物荷载状况，主楼下方底板标高处主要为强风化花岗岩层（f_{ak}=500kPa），小于主塔楼基底反力标准值（约 1100kPa），拟采用机械成孔灌注桩基础，以微风化为持力层（f_{ak}=6000kPa）；局部微风化岩面较浅，采用天然基础，以微风化为持力层，嵌岩天然基础下设 300mm 厚褥垫层。

核心筒下桩直径为 2.8m（R_a=72000kN）和 3.0m（R_a=82000kN），外框柱下直径 1.8m（R_a=29700kN）的灌注桩，采用 C45 水下混凝土，有效桩长为 6.50～16.50m，平均有效桩长约 12m；核心筒及柱下承台厚均为 3.5m，筏板厚 0.8m。

3.2　地下室设计

本工程设有 4 层地下室，主要用于停车库、商业配套、人防等功能。地下室顶板作为上部结构的嵌固端，顶板采用梁板结构，板厚 200mm。整个地下室超长，最大长度约 116m，通过设置后浇带，进行超长结构温差收缩效应专项计算分析并采用针对性的加强措施，减小超长的不利影响。

4 结构的超限判别及抗震性能目标

4.1 结构超限类型和程度

根据《住房城乡建设部关于印发〈超限高层建筑工程抗震设防专项审查技术要点〉的通知》（建质〔2015〕67 号）的要求，对塔楼可能存在的超限项目进行逐一检查（表 4-1、表 4-2）。

建筑结构一般规则性超限检查　　表 4-1

	项目	判断依据	超限判断	备注
平面不规则类型	1a 扭转不规则	考虑偶然偏心的扭转位移比大于 1.2	无	
	1b 偏心布置	偏心距大于 0.15 或相邻层质心相差大于相应边长 15%	有	
	2a 凹凸不规则	平面凹凸尺寸大于相邻边长的 30%	无	
	2b 组合平面	细腰形或角部重叠形	无	
	3 楼板不连续	有效宽度小于 50%，开洞面积大于 30%，错层大于梁高	无	仅有两层楼层，不需计入
竖向不规则类型	4a 刚度突变	相邻层刚度变化大于 70%（按高规考虑层高修正时，数值相应调整）或连续三层变化大于 80%	有	
	4b 尺寸突变	竖向构件收进位置高于结构高度 20%且收进大于 25%，或外挑大于 10%和 4m，多塔	无	
	5 构件间断	上下墙、柱、支撑不连续，含加强层、连体类	有转换层	
	6 承载力突变	相邻层受剪承载力变化大于 80%	有	
	7 局部不规则	如局部的穿层柱、个别构件错层或转换，或个别楼层扭转位移比略大于 1.2 等	无	已计入 1～6 项者除外

建筑结构严重规则性超限检查　　表 4-2

项目	判断依据	超限判断	备注
1 扭转偏大	不含裙房的楼层扭转位移比大于 1.4	无	表 4-1 之 1 项不重复计算
2 扭转刚度弱	扭转周期比大于 0.9，超过 A 级高度的结构扭转周期比大于 0.85	无	
3 层刚度偏小	本层侧向刚度小于相邻上层的 50%	无	表 4-1 之 4a 项不重复计算
4 塔楼偏置	单塔或多塔与大底盘的质心偏心距大于底盘相应边长的 20%	有	表 4-1 之 4b 项不重复计算
5 高位转换	框支墙体的转换构件位置：7 度超过 5 层，8 度超过 3 层	有	
6 厚板转换	7～9 度设防的厚板转换结构	无	
7 复杂连接	各部分层数、刚度、布置不同的错层或连体结构	无	
多重复杂	结构同时具有转换层、加强层、错层、连体和多塔类型的 2 种以上	无	

4.1.1 高度及高宽比

根据《高层建筑混凝土结构技术规程》JGJ 3—2010（下文简称《高规》）及《组合结构设计规范》JGJ 138—2016，型钢混凝土框架-钢筋混凝土核心筒体系的结构最大高度限值为190m。本建筑塔楼结构高度为307.2m，高度超过规范限值。

4.1.2 塔楼结构的规则性

4.1.3 超限情况小结

本项目塔楼高度超限，存在偏心布置、刚度突变、构件间断、承载力突变4项一般不规则，以及塔楼偏置1项严重不规则，属于超B级高度超限高层建筑。

4.2 抗震性能目标

依据本工程建筑规模及超限指标，参照《高规》第3.11节的相关内容，本工程采用C级性能目标，对抗震设防性能目标进行细化如表4-3、表4-4所示。

整体结构性能目标 **表4-3**

项目		多遇地震（小震）	设防烈度地震（中震）	罕遇地震（大震）
性能水平定性描述	关键构件	无损坏	轻微损坏	轻度损坏
	普通竖向构件	无损坏	轻微损坏	部分构件中度损坏
	耗能构件	无损坏	轻度损坏、部分中度损坏	中度损坏、部分比较严重损坏
层间位移角限值		$h/500$	$h/200$	$h/100$
结构工作特性		结构完好处于弹性	结构基本完好，基本处于弹性状态，地震作用后的结构动力特性与弹性状态的动力特性基本一致	主要节点不发生断裂，结构不发生局部或整体倒塌，主要抗侧力构件框架柱和核心筒墙体不发生剪切破坏

注：关键构件包括底部加强区和转换层及其上、下层的核心筒、外框柱、转换结构（含搭接块、上下楼盖梁、桁架）。

构件性能目标 **表4-4**

项目	多遇地震（小震）	设防烈度地震（中震）	罕遇地震（大震）
核心筒墙体	按规范要求设计，保持弹性	受剪中震弹性；底部加强区及转换层与上、下楼层偏压（拉）中震弹性，其他区域中震不屈服	受剪大震不屈服；满足受剪截面控制条件
外框柱	按规范要求设计，保持弹性	中震弹性	受剪大震不屈服；满足受剪截面控制条件
转换结构（含搭接块、上下楼盖梁、桁架）	按规范要求设计，保持弹性	中震弹性	受剪大震弹性；偏压（拉）大震不屈服
带状桁架	按规范要求设计，保持弹性	中震不屈服；与搭接柱相连桁架中震弹性	
框架梁、连梁	按规范要求设计，保持弹性	中震不屈服；控制受剪截面条件	

5 结构计算与分析

5.1 小震及风荷载作用分析

本项目采用振型分解反应谱法和弹性时程分析法进行多遇地震作用计算，使用SAT-

WE 与 ETABS 软件对比分析，主要计算结果如表 5-1 所示。

结构分析主要计算结果汇总　　表 5-1

指标		SATWE 软件		ETABS 软件	
计算振型数		90		90	
周期（s）	T_1	6.08（Y）		6.10（Y）	
	T_2	5.92（X）		5.97（X）	
	T_3	4.25（扭转）		4.32（扭转）	
结构总质量（kN）		2906748		2950465	
方向		X	Y	X	Y
地震作用下基底剪力（kN）		28070	32133	27833	31867
风荷载作用下基底剪力（kN）（50 年重现期）		35686	40913	34810	38860
剪重比（规范限值 1.2%）		0.97%	1.11%	0.96%	1.11%
地震作用最大层间位移角		1/926（36 层）	1/913（56 层）	1/1010（36 层）	1/1033（56 层）
风荷载作用最大层间位移角		1/934（36 层）	1/622（53 层）	1/975（36 层）	1/692（53 层）
地震作用最大扭转位移比		1.28（5 层）	1.26（1 层）	1.26（5 层）	1.19（1 层）
刚重比		1.89	1.78	1.96	1.85

由表 5-1 可知，两个软件分析的结果较为接近，结构在风荷载及多遇地震作用下，具有良好的抗侧性能和抗扭转能力，结构体系合理，主要指标满足极限状态设计和抗震设计第一阶段的结构性能目标要求。

根据风洞试验报告，风洞试验结构基底剪力为 28400kN（X 向）、38800kN（Y 向），风洞试验结果比规范结果小，结构设计考虑三向组合后的风洞试验结果对构件进行承载力复核，与规范结果进行包络设计。此外，风振舒适度验算，取 10 年重现期，基本风压 0.45kN/m^2，阻尼比 0.015，塔楼顶部单方向最大加速度响应为 0.184m/s^2（Y 向），满足《高规》风振加速度限值 0.25m/s^2 的要求。

5.2 中震作用分析

中震水平地震作用的地震影响系数最大值 $\alpha_{max}=0.23$，阻尼比取 0.04。对核心筒底部加强区、外框柱和转换结构及其上下各一层均进行中震弹性计算，对核心筒底部加强区以上部位和外框梁进行受剪弹性、受弯不屈服计算，对环带桁架进行中震弹性计算。施工图设计时，按小震（风荷载）、中震组合包络设计。

5.3 罕遇地震作用下弹塑性时程分析

本工程罕遇地震作用下的弹塑性时程分析采用 SAUSAGE 2020。大震作用下结构最大顶点位移 X 向为 1.06m，Y 向为 1.36m；最大层间位移角 X 向为 1/146，Y 向为 1/121，满足 1/100 的规范限值要求，并满足“大震不倒”的设防要求。

经计算分析，剪力墙钢筋处于弹性阶段，绝大部分剪力墙没有发生损伤或轻微损伤；绝大部分框架柱处于无损坏状态；绝大部分连梁屈服进入塑性，起到耗能作用。

转换结构性能水平：混凝土损伤因子在0.25以内，大部分无损伤；钢筋应力均在弹性阶段，应力水平在200MPa以内；搭接块区域钢骨应力水平在140MPa以内；与搭接柱相连的上、下梁混凝土损伤因子在0.2以内，绝大部分无损伤。梁钢筋应力处于弹性阶段；搭接层核心筒大部分剪力墙无损伤，仅与搭接柱连接一侧剪力墙处于轻微损坏或轻度损坏。

5.4 其他计算分析

（1）采用MIDAS/Gen进行楼板舒适度分析，楼板竖向振动频率及峰值加速度均满足要求。

（2）对转换层建立实体有限元分析模型，重力工况下，节点区绝大部分混凝土主压应力小于抗压强度设计值，节点区钢骨Mises应力均小于设计强度，满足设计要求；大震不屈服工况下，节点区绝大部分混凝土主压应力小于抗压强度标准值，节点区钢骨Mises应力小于屈服强度，满足大震不屈服的要求。

（3）采用ETABS进行楼板应力分析，与搭接块相连的上、下层楼板厚度加大到250mm。重力荷载组合工况下，22层（受拉层）楼板最大拉应力为5.8MPa，23层（受压层）楼板最大轴向压应力为6.4MPa。

5.5 转换结构构件分析与设计

5.5.1 设计原则

（1）采用全楼弹性楼盖假定，考虑施工模拟。

（2）采用等效弹性大震组合（受剪弹性、受弯不屈服）；对搭接块及与搭接块相连楼盖梁进行承载力计算复核时，偏安全地不考虑楼板刚度的有利作用，上、下楼层楼板刚度退化至零。

（3）假定与搭接块相连上、下层楼盖梁与筒体铰接，复核搭接柱在重力荷载代表值作用下的承载力。

（4）楼板承载力控制：重力荷载标准值作用下，按钢筋强度200MPa计算楼板钢筋，控制最大裂缝宽度小于0.2mm；重力荷载标准值作用下，控制受拉层楼盖截面轴向拉应力平均值$\leqslant f_{tk}$；受压楼盖梁板截面轴向压应力平均值$\leqslant 0.1f_{ck}$。楼板与受拉梁之间设置后浇带，待主体施工完毕后合拢，以减小结构自重下楼板拉力。

5.5.2 搭接块承载力复核

搭接块节点如图5-1所示。

（1）裂缝控制条件：$V_k \leqslant \beta f_{tk} bh + fA_a$。

（2）斜截面受剪控制条件：$V \leqslant 1/\gamma_{RE}\ (0.15 f_c bh + f_v A_a)$。

（3）搭接块抗剪钢筋（含型钢），不考虑混凝土抗剪，考虑型钢、钢筋，按大震弹性组合：

竖向抗剪钢筋 $V_1 \leqslant 1/\gamma_{RE}\ [f_y\ (A_{sv}/s)\ h + f_v A_{a1}]$

水平抗剪钢筋 $V_2 \leqslant 1/\gamma_{RE}\ [f_y\ (A_{sv}/s')\ c + f_v A_{a2}]$

其中，A_{a1}为搭接块内置钢板竖向截面面积；A_{a2}为搭接块内置钢板水平截面面积。

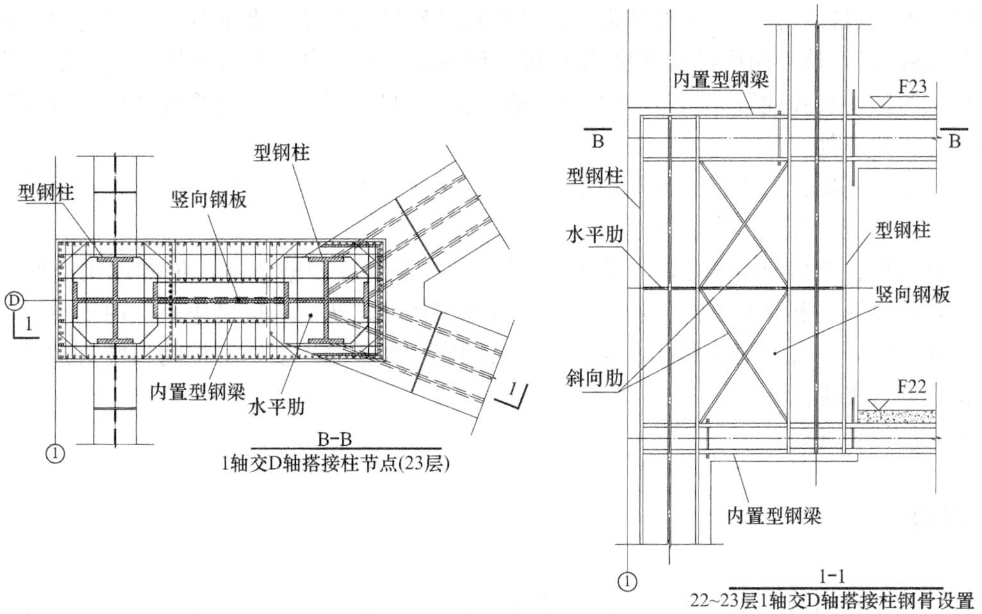

图 5-1 搭接块节点图

6 针对超限情况的结构设计和相应措施

针对本项目存在构件间断（高位转换）等超限情况，采用如下措施进行加强及优化：

（1）建立多道抗震防线，力求结构平面对称布置，结合避难层，在外围设置与型钢混凝土柱相连的带状桁架（四道），形成一个较强的周边抗侧框架。

（2）增强核心筒的延性，严格控制核心筒的轴压比和剪压比，核心筒角部增设型钢；增强型钢混凝土外框柱延性，严格控制外框柱的轴压比，采用合理的构造措施，提高体积配箍率。

（3）对搭接柱转换结构进行加强，承载力复核时忽略转换层上、下楼盖楼板的刚度贡献，增加转换结构的安全储备。同时，搭接柱转换所在楼层上、下楼盖按双层双向拉通配置钢筋。与搭接柱相连钢梁和型钢混凝土梁的型钢伸入剪力墙中，转换楼层及其上、下楼层剪力墙加强配筋。

7 抗震设防专项审查意见

2020 年 11 月 17 日，由全国超限高层建筑工程抗震设防审查专家委员会在北京主持召开“南山区科技联合大厦”超限高层建筑工程抗震设防专项审查会，中国建筑科学研究院有限公司徐培福研究员任专家组组长。与会专家听取了设计单位关于该工程抗震设防设计的情况汇报，审阅了送审资料。经讨论，提出如下审查意见：

（1）结构体系满足抗震设防要求，设防标准正确，针对超限设计确定的性能目标基本合理、可行。

（2）性能目标：核心筒底部加强区、外框柱和转换结构及其上下各一层宜为“中震受弯、受剪弹性”，核心筒底部加强区以上部位和外框梁为“中震受剪弹性、受弯不屈服”；环带桁架为“中震弹性”；墙、柱满足“大震截面受剪条件”；约束边缘构件的设置宜延伸至轴压比为0.3处。

（3）地基基础：采用桩与天然地基混用，应补充最不利荷载工况下变形差和结构抗倾覆验算，施工应保证桩端嵌岩深度。

（4）结构：裙房与塔楼之间连廊两侧钢梁宜加强刚度和整体性，顶部休闲空间12m通高柱，宜设纵向和水平支撑，加强抗侧刚度和整体性；转换层搭接块两柱内钢骨应向上下各延伸一层，柱含钢率应提高，与核心筒之间宜增加斜撑，上、下柱间斜肋宜加强，角部环带桁架宜加强。

审查结论：通过。

8　点评

（1）本工程结构高度307.20m，塔楼高度超限，存在构件间断（高位转换）等多项不规则。通过前期概念设计，多方案比选，以及详细的分析及合理的设计构造，采用型钢混凝土框架-钢筋混凝土核心筒结构体系，该方案能满足设定的性能目标要求，结构经济合理，抗震性能良好。

（2）建筑的主要特点是体型收进，结合避难层，分别在23层、35层、45层及57层处形成立面上的退台，结构外框柱在退台处需要进行转换。本工程采用搭接柱转换，与传统的梁式转换结构相比，搭接柱转换结构体系新颖、合理、经济有效，主要表现在：①混凝土钢筋用量少、造价低、自重小，也大大方便了施工；②上、下层结构刚度突变小，地震作用下框架柱受力均匀、平缓、不突变，尤其适宜于地震区中高位转换；③充分利用楼盖刚度和承载力，避免设置转换大梁，省去了结构转换大梁所占的空间，提高了建筑有效使用功能。

（3）本工程创新性地采用了带斜腹杆桁架自平衡搭接柱转换，与普通搭接柱转换相比，引入斜腹杆的桁架自平衡搭接柱转换体系可大幅降低相邻竖向构件内力，尤其是与搭接柱相邻的框架柱柱端剪力、弯矩，从而有效地保证搭接块自身及相邻竖向构件的安全，有利于“强柱弱梁、强剪弱弯”抗震延性的实现。

57 深圳太子湾 DY03-02 地块 1 栋

关　　键　　词： 超高层办公楼；超限高层结构；框架-核心筒结构；抗震性能设计；穿层柱；斜柱

结构主要设计人： 周润泉　莫世海　徐　霖　何定锴　贾和培　刘　冬　寇海燕　刘建平

设　计　单　位： 广东博意建筑设计院有限公司

1　工程概况

深圳太子湾 DY03-02 地块位于深圳市南山区港湾大道蛇口港路段北侧，用地面积约 10807.25m^2。项目设 4 层地下室，地上建筑由两栋楼组成。1 栋为超高层办公楼，地上 48 层，结构高度 238.5m，幕墙顶部高度 249.5m，地上总建筑面积约 9.42 万 m^2；2 栋为集中商业，地上 3 层。1 栋和 2 栋在地下室以上完全脱离开。项目建筑效果图见图 1-1，1 栋剖面图见图 1-2，标准层平面图见图 1-3 和图 1-4。

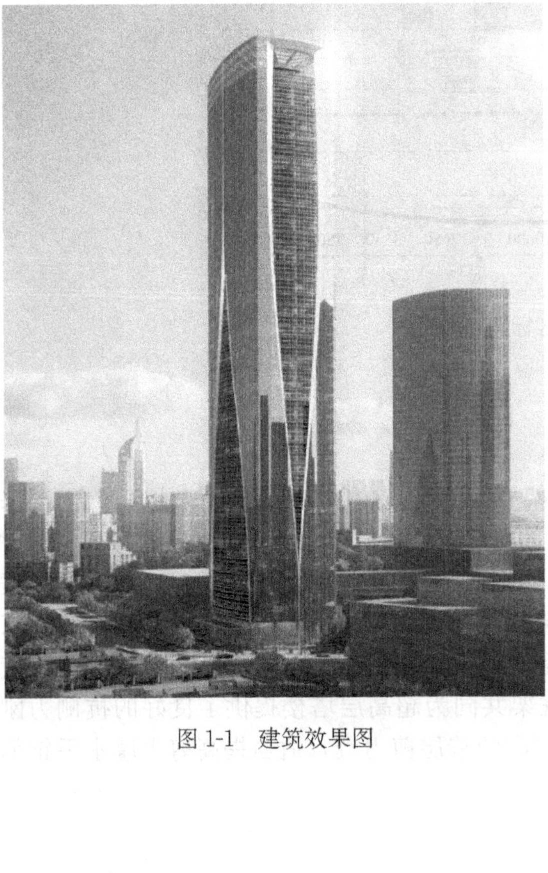

图 1-1　建筑效果图

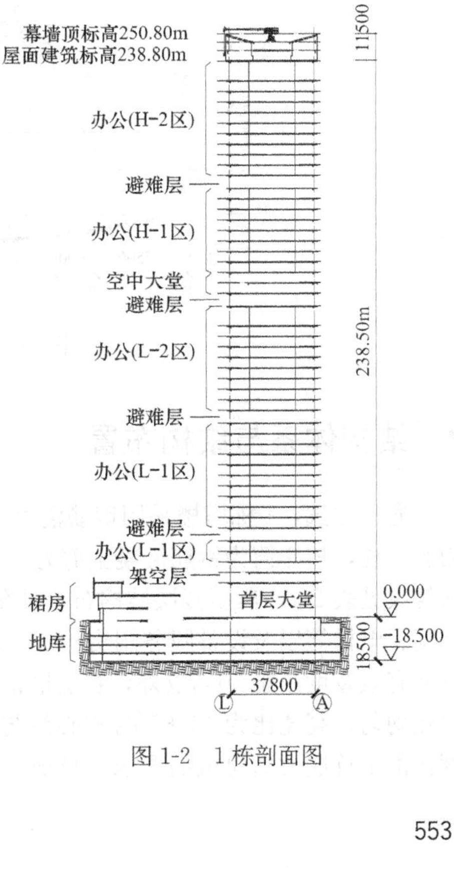

图 1-2　1 栋剖面图

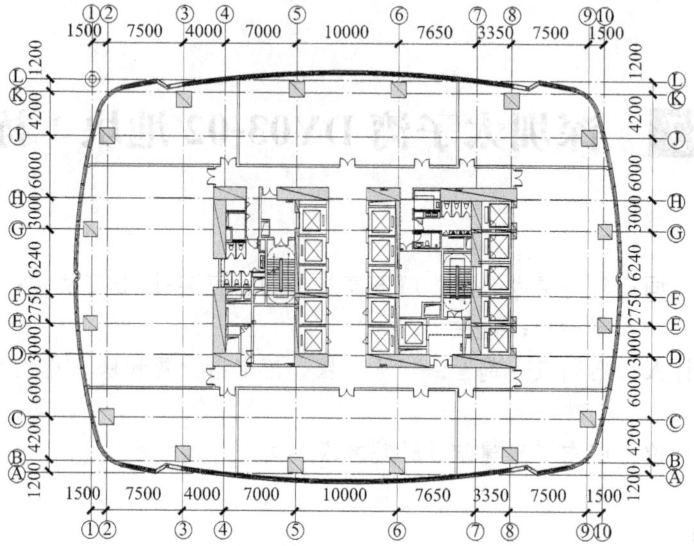

图 1-3　低区标准层平面图

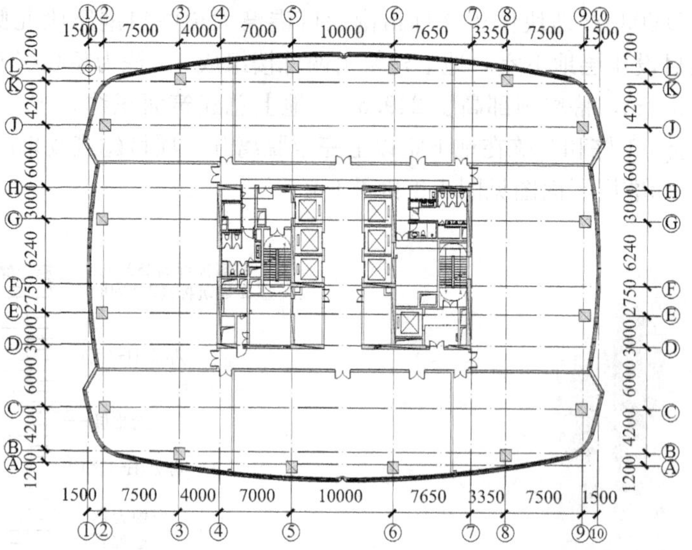

图 1-4　高区标准层平面图

2　结构体系与结构布置

通过比选，1 栋塔楼采用钢筋混凝土框架-核心筒结构体系，周边框架柱底部 20 层采用叠合柱，核心筒为钢筋混凝土剪力墙。楼盖为钢筋混凝土梁板楼盖，主要构件尺寸与材料等级见表 2-1，典型楼层结构布置见图 2-1、图 2-2。本工程高宽比约 6.12，核心筒由楼梯间、电梯筒以及设备服务用房构成，31 层及以上筒体尺寸局部收进，除 3 层、29 层 X 方向有效宽度小于 50%以外，各层塔楼楼板连续，没有楼板大开洞的情况，塔楼侧向刚度变化均匀，高宽比为 13.87 的核心筒与外框架共同为超高层塔楼提供了良好的抗侧力刚度。由于首层大堂建筑的要求，形成 15m 层高的首层剪力墙，适当提高剪力墙水平钢筋配筋，增强底部楼层的受剪承载力。框架柱 20 层以下采用叠合柱以控制柱截面尺寸。为了减小墙体厚度，底部核心筒墙体增设少量型钢。

主要构件尺寸与材料等级　　表 2-1

构件部位	构件尺寸（mm）	材料等级
塔楼核心筒	1300～400	C60～C40
塔楼叠合柱	1500×1600～1500×1500	C60
塔楼叠合柱钢管	1100×(35～16)	Q390
塔楼钢筋混凝土柱	1500×1500～800×800	C60～C40
柱筒间框架梁	500×800～700×800	C30
柱间框架梁	500×800	C30
次梁	300×800	C30

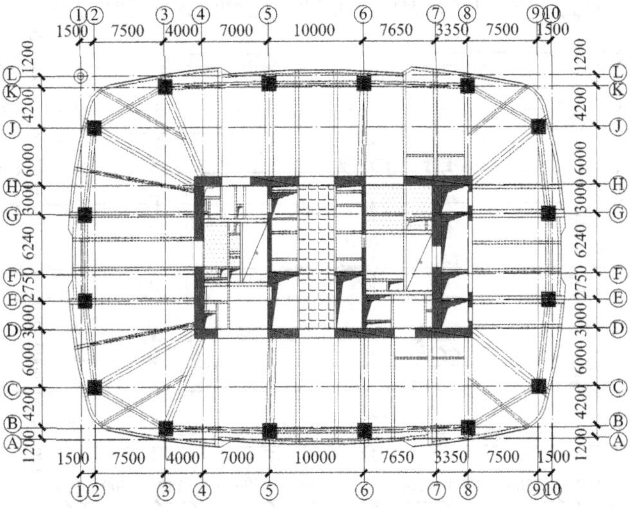

图 2-1　低区标准层结构布置

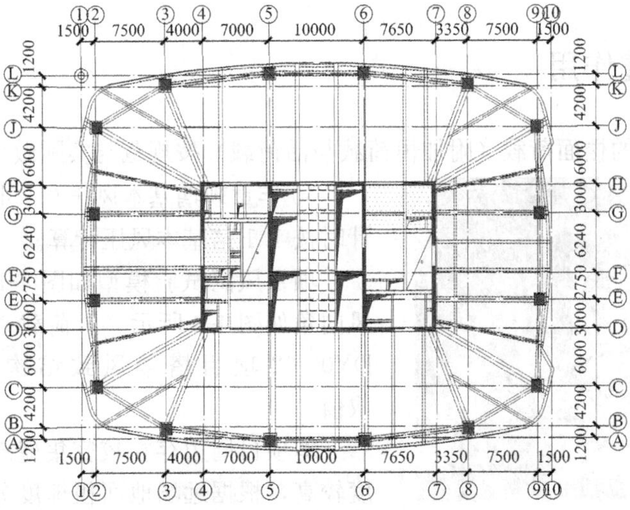

图 2-2　高区标准层结构布置

3 基础

根据地勘资料，场地原始地貌为滨海地貌，经人工填海工程改造，现状为平整空地，地形平坦，地表微起伏。场地岩土层按成因类型和岩土性质，自上而下分别为：人工填土层、淤泥质土、粉质黏土、粗砂、砾质黏性土、强风化花岗岩、中风化花岗岩、微风化花岗岩层。根据标贯法对粗砂层进行液化判定，其液化等级结果为不液化。

本工程基础埋深约 20m，到达中风化及微风化岩，外框柱采用墩基或独立基础，以微风化岩为持力层；核心筒采用筏板基础，以中风化及微风化岩为持力层。独立基础平面尺寸为 4000mm×4000mm，厚度为 2000mm。除采用独立基础之外的外框柱均采用墩基础。核心筒下筏板厚 2.8m。基础布置见图 3-1。

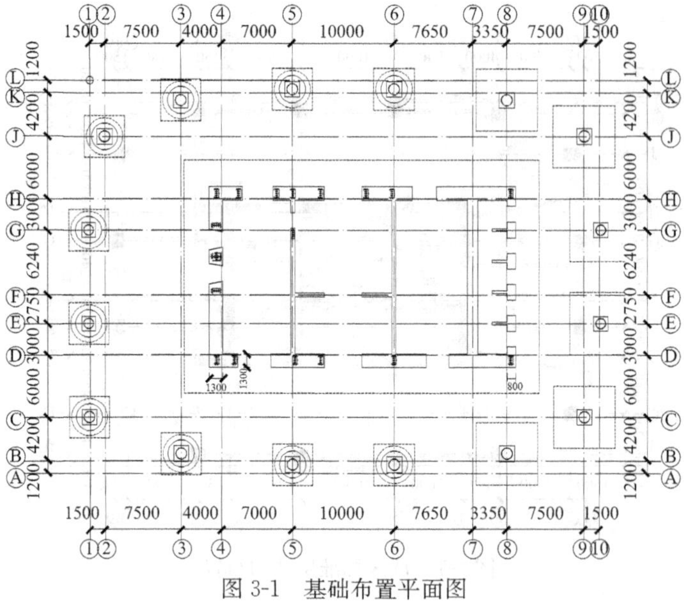

图 3-1　基础布置平面图

4 荷载与地震作用

本项目各区域的楼面荷载（附加恒荷载与活荷载）按规范与实际做法取值。

图 4-1　风洞试验模型

50 年重现期基本风压 0.75kN/m^2，承载力设计时按 1.1 倍基本风压计算。

项目风洞试验模型如图 4-1 所示，风洞试验风向角如图 4-2 所示。风荷载基于《中集太子湾 DY03-02 项目塔楼风致结构响应分析报告》取值。

本项目周边存在较密集建筑群且平均建筑高度较高，根据远场地面粗糙度分析，确定试验时 280°～310°风场类别采用 A 类地貌；110°～160°

风场类别采用 C 类地貌；其余角度均为 B 类地貌。

经过分析，在 10 年一遇的风荷载作用下，结构顶点风振加速度两个方向分别为 $0.177m/s^2$、$0.213m/s^2$，风振舒适度满足规范限值 $0.25m/s^2$ 的要求。

图 4-2　风洞试验风向角示意图

本工程抗震设防烈度 7 度，基本地震加速度 0.10g，设计地震分组为第一组，场地类别为Ⅱ类。小震、中震与大震计算按规范谱参数。由于 1 栋办公塔楼结构单元的建筑面积超过 8 万 m^2，抗震设防类别确定为重点设防类（乙类），抗震措施提高一度按 8 度考虑。

5　结构超限判别及抗震性能目标

本工程塔楼采用钢筋混凝土框架-核心筒结构体系，塔楼高 238.5m，属超 B 级高度的超限高层建筑，存在扭转不规则、楼板不连续、承载力突变、局部不规则 4 项不规则。

根据本工程的超限情况，选定本工程的抗震性能目标为《高层建筑混凝土结构技术规程》JGJ 3—2010（下文简称《高规》）第 3.11.1 条的 C 级，具体要求如表 5-1 所示。

结构抗震性能目标及震后性能状况　　**表 5-1**

项目	多遇地震	设防地震	罕遇地震
性能水准	性能水准 1	性能水准 3	性能水准 4
层间位移角限值	$h/523$	—	1/100
底部加强区核心筒	弹性	受剪弹性，受弯不屈服	受剪、受弯不屈服
非底部加强区核心筒	弹性	受剪弹性，受弯不屈服	允许部分构件屈服，满足受剪截面要求
底部加强区外框柱	弹性	受剪弹性，受弯不屈服	受剪、受弯不屈服
非底部加强区外框柱	弹性	受剪弹性，受弯不屈服	允许部分构件屈服，满足受剪截面要求
连梁、普通楼层梁	弹性	允许部分构件受弯屈服、受剪不屈服	允许进入塑性
楼板	弹性	受剪、受弯不屈服	受剪不屈服

6 结构计算与分析

6.1 针对超限情况的计算分析

（1）小震和中震计算采用 YJK 和 ETABS 两种程序，互相校核整体指标，确保计算的准确、可靠。

（2）大震计算采用 SAUSAGE 程序。

（3）采用小震弹性时程分析作为加速度反应谱的有力补充计算，地震效应采用加速度反应谱与时程分析包络值进行设计。

（4）对竖向构件进行设防烈度地震受剪弹性验算及受弯不屈服验算。

（5）对楼板进行地震作用下的应力计算。

（6）对穿层墙、柱进行稳定性分析。

6.2 主要设计信息

本工程初步设计阶段采用的结构计算分析软件为 YJK 与 ETABS。主要设计信息见表 6-1，计算模型如图 6-1 所示。

主要设计信息　　表 6-1

高度	塔楼 238.5m	抗震设防烈度	7 度
层数	地上 48 层　地下 4 层	建筑场地类别	Ⅱ类
高宽比	6.12	场地土液化等级	不液化
核心筒高宽比	13.87	场地特征周期	0.35s
基础埋深	19.45m	结构类型	钢筋混凝土框架-核心筒结构
地基基础设计等级	甲级	框架抗震等级	一级
安全等级	二级	剪力墙抗震等级	特一级
结构设计使用年限	50 年	地下室抗震等级	地下一层同首层，往下逐级递减
建筑抗震设防类别	重点设防类（乙类）	主要计算软件	YJK、ETABS

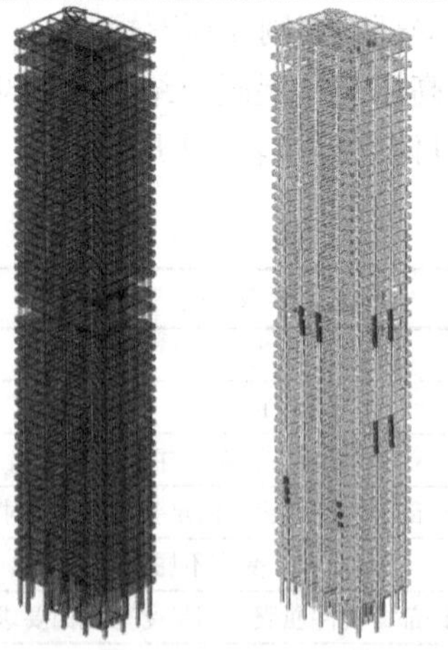

(a)ETABS计算模型　(b)YJK计算模型

图 6-1　计算模型三维示意图

6.3 小震及风荷载作用分析

本工程多遇地震作用分析采用振型分解反应谱法和弹性时程分析法，主要计算结果见表 6-2。

根据计算结果可以看出，两个不同计算内核的结构分析软件计算结果接近，说明模型及计算结果合理、有效，计算模型符合结构实际工况，可以作为工程设计的依据。在考虑偶然偏心的地震作用下，结构 Y 向底部出现楼层最大扭转位移比（略大于 1.2），主楼双方向底部剪重比满足《住房城乡建设部关于印发〈超限高层建筑工程抗震设防专项审查技术要点〉的通知》（建质〔2015〕67 号）第十三条的规定，由计算软件调整至满足要求。其余各项指标均满足规范限值要求，结构选型和总体布置是可行的。

6.4 中震作用分析

对设防烈度地震（中震）作用下，除普通楼板、次梁以外所有结构构件的承载力，根据其抗震性能目标要求，按最不利荷载组合进行验算，分别进行了中震弹性和中震不屈服的受力分析。计算中震作用时，水平最大地震影响系数 α_{max} 按规范取值为 0.23，中震弹性分析时阻尼比为 0.05，中震不屈服分析时阻尼比为 0.055。分析结果见表 6-2。

结构分析主要结果汇总　　表 6-2

指标		YJK 软件	ETABS 软件
计算振型数		程序自动确定振型数	程序自动确定振型数
第 1、2 平动周期（X+Y 向平动因子）(s)		T_1=5.77 T_2=5.22	T_1=5.73 T_2=4.86
第 1 扭转周期（s）		T_3=4.53	T_3=4.00
地震作用下基底剪力（kN）	X	18939.89	19741.01
	Y	19322.40	19477.74
风荷载作用下基底剪力（kN）（100 年重现期）	X	23223.9	23223.9
	Y	27814.40	27814.40
不含地下室结构总质量（1.0 恒+0.5 活）（kN）		184662.08	184296.79
剪重比（规范限值 1.2%）	X	1.03%	1.09%
	Y	1.05%	1.08%
风荷载作用下最大层间位移角（限值 1/523）	X	1/1106（38 层）	1/1152（38 层）
	Y	1/576（38 层）	1/606（38 层）
地震作用下最大层间位移角（限值 1/500）	X	1/1059（38 层）	1/1229（38 层）
	Y	1/852（38 层）	1/980（38 层）

6.4.1 剪力墙

在中震弹性作用下，大部分墙肢水平分布筋为构造配筋，其他非构造配筋墙肢在底部楼层由小震、风荷载组合控制，在中上部楼层由中震弹性组合控制。在小震、风荷载及中震弹性作用下，大部分墙肢边缘构件纵筋为构造配筋，其他非构造配筋墙肢在底部楼层由小震、风荷载组合控制，在中上部楼层由中震不屈服组合控制。

构件在轴向力作用下，采用混凝土抗拉强度标准值 f_{tk}（中震不屈服下采用材料强度标准值）控制结构的受拉应力，以防构件出现混凝土全断面开裂，影响结构刚度和抗剪能力。经分析，底部剪力墙在小震、风荷载工况标准组合下，均未出现偏拉，在中震不屈服工况标准组合下，底部局部墙肢出现偏拉，但平均拉应力均小于 $2f_{tk}$。剪力墙墙肢编号如图 6-2 所示，其中 P20 在 1～4 层出现偏拉、P12 在 3～4 层出现偏拉、P14 在 1～6 层出现偏拉，墙肢最大拉应力为 $1.03f_{tk}$。为减小墙厚而在底部核心筒墙体增设的型钢也完全满足抗拉需求。

通过对剪力墙在风荷载及小震组合、中震弹性组合、中震不屈服组合下承载力的验算，剪力墙达到其设定的性能目标要求。剪力墙水平筋应按风荷载及小震组合、中震弹性组合进行包络设计。剪力墙边缘构件纵筋应按风荷载及小震组合、中震不屈服组合进行包络设计。

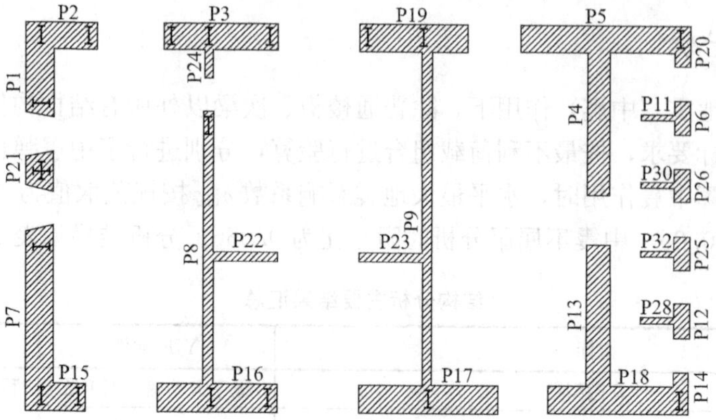

图 6-2　首层剪力墙墙肢编号

6.4.2　框架柱

通过对框架柱在中震弹性组合、中震不屈服组合下承载力的验算，框架柱达到其设定的性能目标要求。框架柱箍筋应按风荷载及小震组合、中震弹性组合进行包络设计。框架柱纵筋应按风荷载及小震组合、中震不屈服组合进行包络设计。

6.4.3　框架梁、连梁

在中震不屈服组合下框架梁及连梁均未出现受剪、受弯屈服。框架梁及连梁能满足受弯、受剪不屈服，少部分构件受弯屈服的性能目标。

6.5　罕遇地震

采用 SAUSAGE 软件进行弹塑性分析，以模拟结构在大震工况下的受力及变形，观察关键构件的损失状态，查找结构存在的薄弱部位，最终确定结构是否满足大震性能目标。

6.5.1　结构基底剪力及变形

按照《高规》的要求，采用 2 条天然波（天然波 1、天然波 2）和 1 条人工波进行大震弹塑性分析，大震弹塑性时程分析计算结果见表 6-3。结果表明，结构最大位移角为 1/146，小于规范 1/100 的限值要求，满足性能目标要求。

大震弹塑性时程分析计算结果　　表 6-3

工况		弹塑性基底剪力最大值（MN）	大震/小震（基底剪力）	顶点最大位移（m）	最大层间位移角（计算楼层）	剪重比
人工波	X 向	85.8	4.53	0.902	1/184（38 层）	4.75%
	Y 向	102.2	5.29	1.162	1/146（48 层）	5.66%
天然波 1	X 向	69.7	3.68	0.838	1/178（34 层）	3.86%
	Y 向	92.0	4.76	1.119	1/162（25 层）	5.09%
天然波 2	X 向	76.6	4.04	0.770	1/209（27 层）	4.24%
	Y 向	103.5	5.36	1.086	1/156（37 层）	5.36%

6.5.2　结构构件损伤

在大震作用下，剪力墙及连梁的受压损伤主要有以下情况：连梁大部分进入塑性，损伤明显，起到较好的耗能作用。连梁损伤延伸至其端部墙体，但未大范围扩散。核心筒在

31 层因穿梭梯产生平面尺寸突变，突变处出现拉应力稍有变大的情况。剪力墙基本完好无损。

在大震作用下，大部分框架柱保持完好，只在顶部出现轻微损坏，大部分梁损伤值较轻。

楼板整体上属于轻度损伤，在大震作用下仍能有效承担竖向荷载和传递水平地震力。

总体上，在大震作用下，结构构件处于良好的工作状态，满足预期的抗震性能目标。

7 特殊结构构件设计

7.1 斜柱分析

本工程为满足建筑需求，外框架柱在 9 层、10 层、16 层、17 层、26 层、27 层局部存在斜柱。斜柱的受力特点可归纳为向上内斜和向上外斜两类情况，如图 7-1 所示。为确定因斜柱产生的相关梁拉、压力，将 YJK 模型中的楼板厚设为 0，使其只传导竖向荷载，不提供面内、面外刚度，由此统计出的梁轴力偏于保守地排除了楼板的影响。计算结果表明，斜柱带来的相关梁的拉、压力处于合理水平。

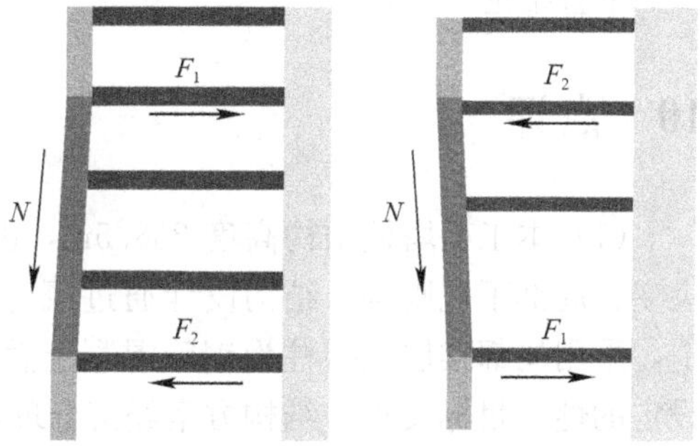

图 7-1 外框架斜柱受力分析示意图

7.2 斜柱节点分析

通过对受力较大的 9～11 层斜柱梁柱节点采用 ABAQUS 软件进行应力分析，按照节点分析结果，大部分钢筋、混凝土及钢管的应力水平均在材料承载能力范围之内，仅在钢管内混凝土的局部区域应力稍高，但考虑到到此部分混凝土的套箍效应，强度有大幅提高，其承载能力也能满足要求。

8 针对超限情况的相应措施

（1）对于 15m 层高的首层剪力墙，适当提高剪力墙水平钢筋配筋率，增强底部楼层的受剪承载力。

（2）底部加强区核心筒左侧角部剪力墙在中震作用下产生偏拉，在此两片墙体内配置型钢，增加剪力墙抗拉能力和抗震延性。

（3）斜柱箍筋全长加密，加强斜柱纵筋；加强节点区构造措施；加强与斜柱相连梁的纵筋与箍筋；加厚斜柱起止层之间相关范围楼板；按照 0 板厚模型进行各相关构件的包络配筋。

（4）核心筒平面尺寸在 31 层有突变，加强 30～31 层突变处剪力墙配筋，以抵抗局部应力增加的影响。

（5）适当加强有穿层柱楼层中非穿层柱的配筋。

（6）开大洞楼层相关范围楼板加厚，双向双层配筋并适当提高配筋率。

（7）地下室顶板作为嵌固端，将洞口周边梁进行加强，梁纵筋拉通并提高配筋率，提高楼盖传递水平力的能力。

9 抗震设防专项审查意见

2019 年 10 月 23 日，深圳市住房和建设局在设计大厦 5 楼第四会议室主持召开了“深圳太子湾 DY03-02 地块 1 栋”超限高层建筑工程抗震设防专项审查会，张正国教授级高工担任专家组组长。与会专家审阅了送审资料，听取了广东博意建筑设计院有限公司对该项目的结构超限设计可行性论证汇报。经讨论，提出审查意见如下。

（1）补充梁柱节点设计构造。

（2）补充主导风向的地面粗糙度分析。

（3）进一步分析剪力墙收进对相关构件的不利影响并采取相应的加强措施。

审查结论：通过。

10 点评

（1）本工程塔楼结构高度 238.5m，由于塔楼存在扭转不规则、楼板不连续、承载力突变、局部不规则等，结构设计通过概念设计、方案优选、详细的分析及合理的设计构造，采用局部楼层框架柱为钢管混凝土叠合柱的钢筋混凝土框架-核心筒结构体系，满足设定的性能目标要求，结构方案经济合理，抗震性能良好。

（2）通过风洞试验，考虑项目体型及所在场地复杂环境的影响，为抗风设计提供了可靠依据。

（3）对 15m 层高的首层墙柱以及两种形式的斜柱等构件进行了专项分析，并进行构件加强处理，确保其安全可靠。

58 碧桂园云曦台2号楼

关　　键　　词：超高层建筑；超限高层结构；框架-核心筒结构；抗震性能设计；斜柱
结构主要设计人：姜清春　莫世海　曲家新　丁锡荣　张志浩　陈创森　罗庆刚　赵世民　杨　敏　王加伟
设　计　单　位：广东博意建筑设计院有限公司

1　工程概况

项目地块位于广州市增城区城市发展中轴线上。项目用地总面积 19453.8m^2，总建筑面积 228194m^2，分1号楼和2号楼。1号楼主要为住宅及市政配套公建等，2号楼主要为酒店、办公等，建筑效果图见图1-1。本文针对2号楼的结构设计进行论述。2号楼建筑剖面图见图1-2，酒店区典型楼层平面图见图1-3，办公区典型楼层平面图见图1-4。

2号楼建筑总高度240.0m。地上共51层，1～3层为裙房，层高5.0m，主要功能为办公大堂和酒店配套；4层层高5.9m，包括2.1m钢结构夹层和酒店客房层；5～11层为酒店客房，层高3.8m；12层为避难层，层高5.0m；13层及以上为办公，层高4.5m（其中23层、34层、43层为避难层，层高5.0m）。地下室4层，地下1层层高5.8m，地下2层～地下4层层高均为3.6m。

图1-1　建筑效果图

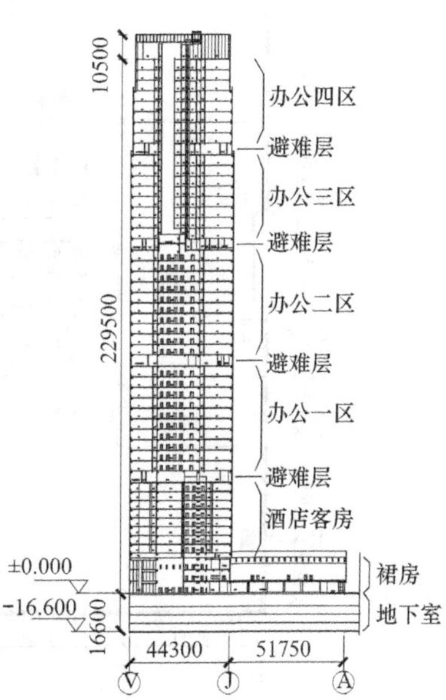

图1-2　2号楼建筑剖面图

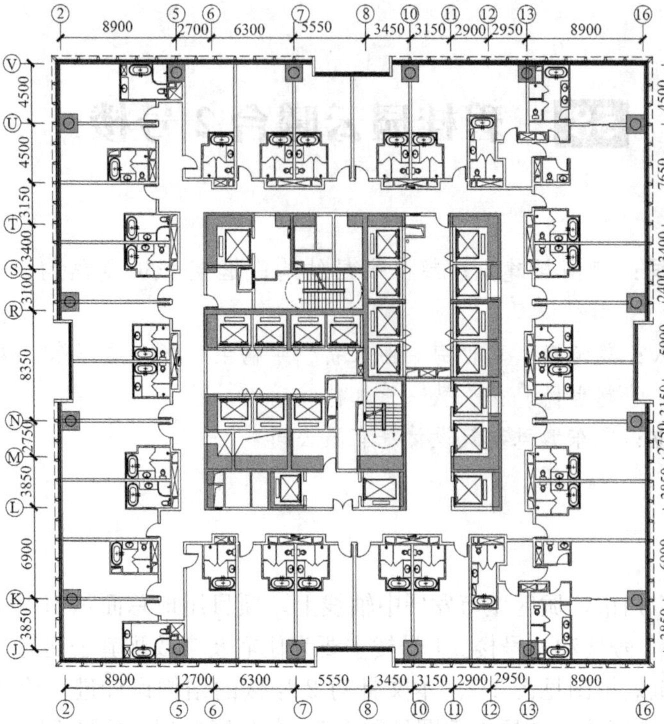

图 1-3　酒店区典型楼层平面图

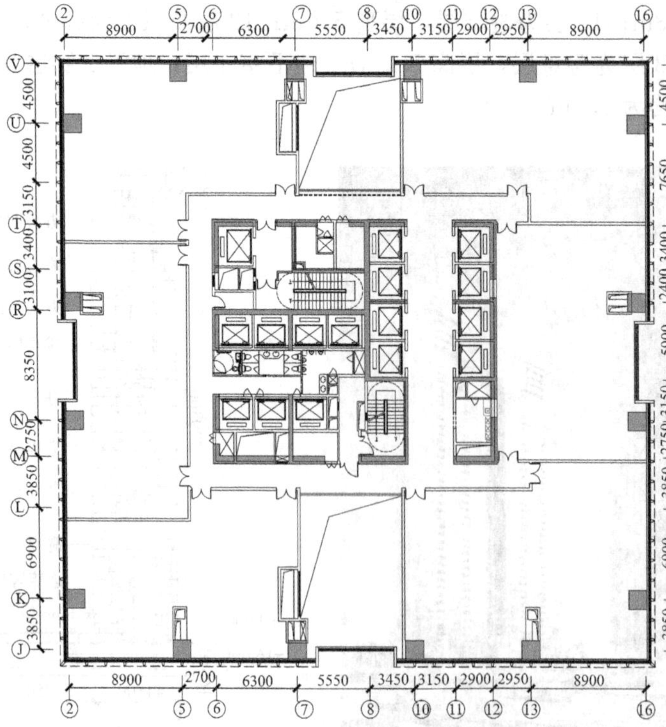

图 1-4　办公区典型楼层平面图

2 结构体系及结构布置

塔楼采用框架-核心筒结构体系。为减小竖向构件截面尺寸，核心筒部分剪力墙墙肢内置型钢，底部外框柱采用钢管混凝土叠合柱，上部为钢筋混凝土柱，楼盖采用现浇钢筋混凝土结构。初步设计的主要构件尺寸与材料等级见表 2-1。根据结构高度及平面图，塔楼的高宽比为 240/45＝5.33，核心筒体的高宽比为 240/19.6＝12.24。高宽比属于经济合理范围。

主要构件尺寸与材料等级 **表 2-1**

构件部位	构件尺寸（mm）	材料等级
塔楼核心筒外筒	1200～500	C60～C40
塔楼核心筒内部剪力墙	500～300	C60～C40
叠合柱（钢管截面）	1400×1400（ϕ850×(32～25)） 1300×1300（ϕ800×(32～25)）	C60
钢筋混凝土柱	1400×1400～800×800	C60～C40
框架梁	(400～500)×800、(300～500)×700	C30
次梁	300×700	C30

酒店结构布置平面图见图 2-1，典型办公层结构布置平面图见图 2-2。

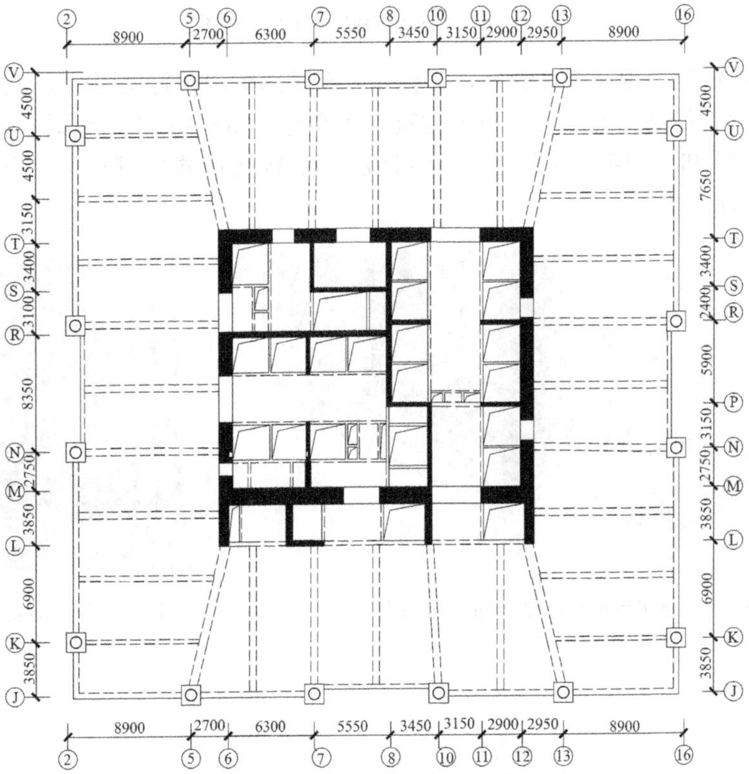

图 2-1 酒店结构布置平面图

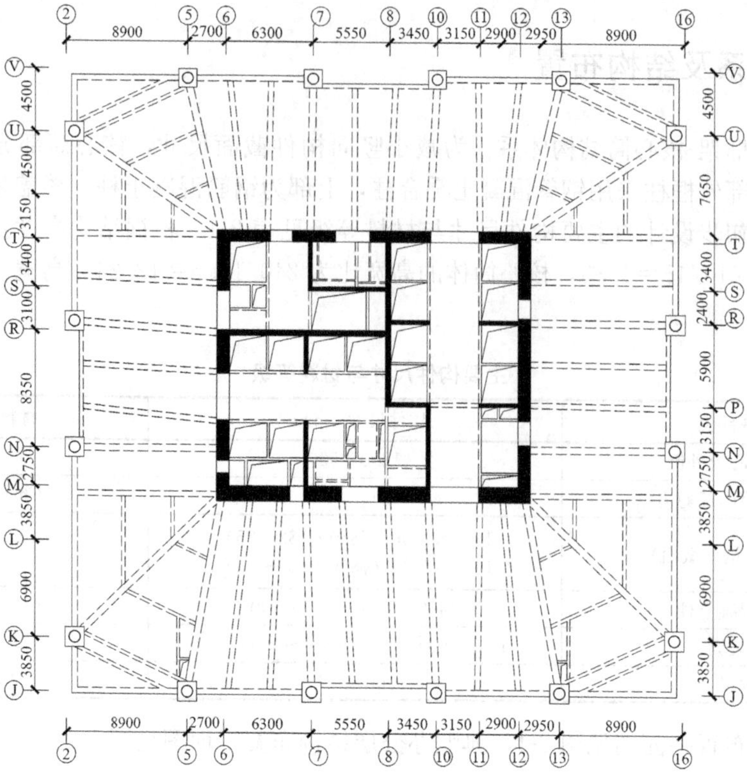

图 2-2　典型办公层结构布置平面图

与塔楼连接的裙房顶层为宴会厅，宴会厅屋面局部结构布置见图 2-3，屋盖 27m 大跨度梁采用预应力钢筋混凝土结构。根据建筑立面变化，43～48 层、49 层～屋顶层平面收进，结构在 41 层和 42 层、47 层和 48 层分别采用斜柱形式实现，斜柱的竖向倾角为 5.71°。斜柱布置见图 2-4。

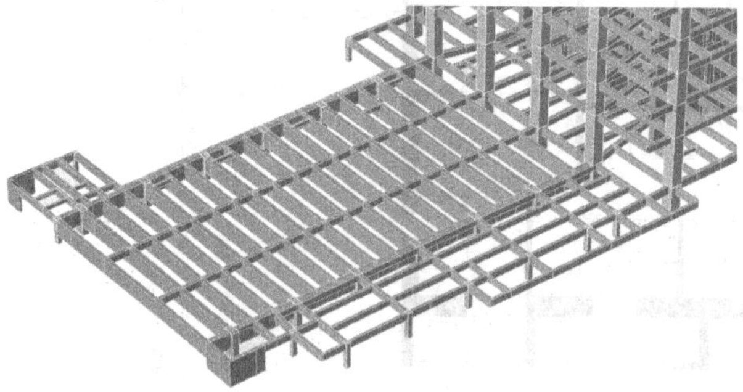

图 2-3　裙房屋面局部结构布置示意图

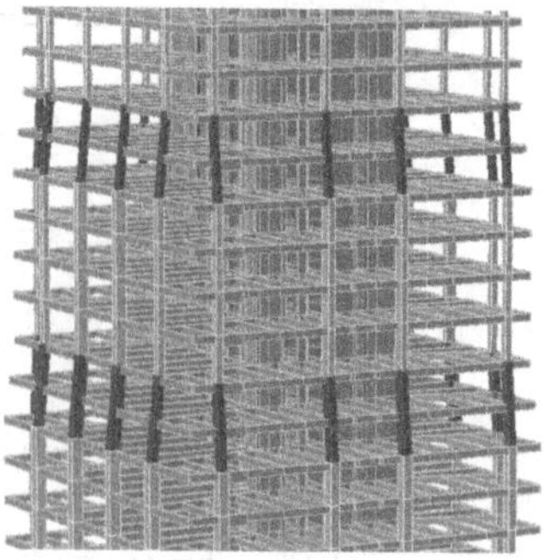

图 2-4　外框架斜柱示意图

3　基础设计

根据钻探揭示，场地内地层自上而下依次为：①人工填土层（Q_4^{ml}）；②粉质黏土（Q_4^{al}）；③中砂、粗砂（Q_4^{al}）；④淤泥质粉质黏土（Q_4^{al}）；⑤残积土层（Q^{el}）；⑥全风化花岗岩；⑦强风化花岗岩；⑧中风化花岗岩；⑨微风化花岗岩。

塔楼采用旋挖（钻、冲）孔灌注桩，以微风化花岗岩作为桩端持力层，桩长25～40m，桩直径分为2000mm、2600mm、2800mm三种，对应单桩承载力分别为33000kN、56000kN、65000kN，混凝土强度等级C40。塔楼核心筒为桩筏基础，外框柱为一柱一桩，基础平面布置图见图3-1。

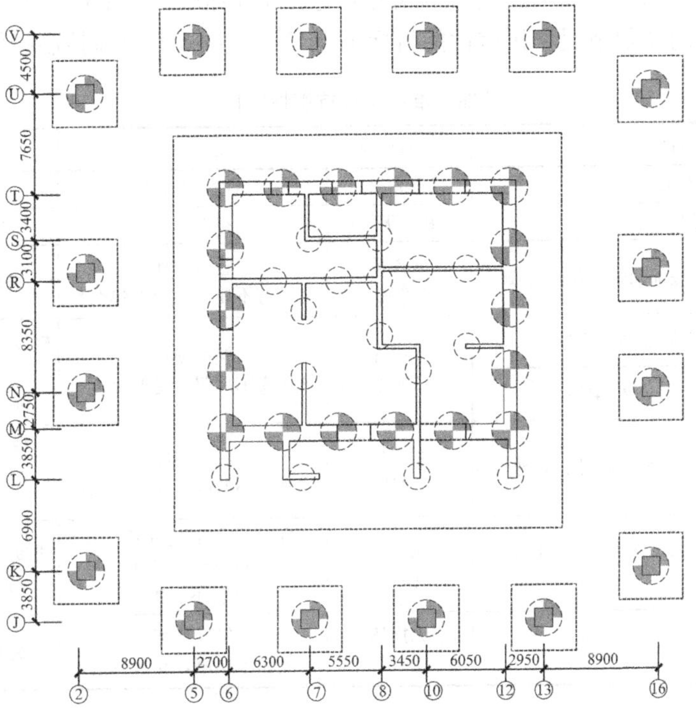

图3-1 基础平面布置图

4 荷载与地震作用

本工程按照《建筑结构荷载规范》GB 50009—2012以及业主的要求确定设计荷载及作用。

项目所在的广州市增城区50年一遇基本风压为0.5kN/m²。通过风洞试验确定建筑物的风荷载和居住者的舒适度。风洞试验由广东省建筑科学研究院集团股份有限公司分析完成，试验模型如图4-1所示。本项目风洞风荷载所得的结构主轴方向基底弯矩值、剪力为规范计算值的91%～97%，两者计算结果接近。

图4-1 风洞试验模型

本工程抗震设防烈度为6度，设计基本地震加速度为0.05*g*，设计地震分组为第一组，场地类别为Ⅱ类，特征周期0.35s。2号楼总建筑面积约为 10.5 万 m^2，抗震设防类别按重点设防类（乙类）设计。

5 结构的超限情况及抗震性能目标

本工程塔楼采用框架-核心筒结构体系，塔楼高度 240m，属于超 B 级高度的高层建筑，存在扭转不规则、楼板不连续、承载力突变、局部穿层柱、斜柱等不规则。

根据本工程的超限情况，抗震性能目标选为 C 级。设计时具体控制指标见表 5-1。

性能水准和构件抗震性能目标 **表 5-1**

项目		多遇地震	设防地震	罕遇地震
性能水准		性能水准 1	性能水准 3	性能水准 4
宏观损坏程度		完好、无损坏	轻度损坏	中度损坏
关键构件	底部加强部位剪力墙	无损坏（弹性）	轻微损坏（受弯不屈服、受剪弹性）	轻度损坏（不屈服）
普通竖向构件	非底部加强部位剪力墙	无损坏（弹性）	轻微损坏（受弯不屈服、受剪弹性）	轻度损坏、部分中度损坏（部分受弯屈服、满足最小受剪截面）
	框架柱			
耗能构件	支撑楼面梁的连梁	无损坏（弹性）	轻微损坏（受弯不屈服、受剪弹性）	轻度损坏、部分中度损坏（部分受弯屈服、受剪不屈服）
	其他连梁、普通楼层框架梁	无损坏（弹性）	轻度损坏、部分中度损坏（部分受弯屈服、受剪不屈服）	中度损坏、部分比较严重损坏（多数屈服）
其他	楼板	无损坏（弹性）	轻度损坏（受拉不屈服，受剪弹性）	轻度损坏（不屈服）

6 结构计算与分析

6.1 多遇地震计算与分析

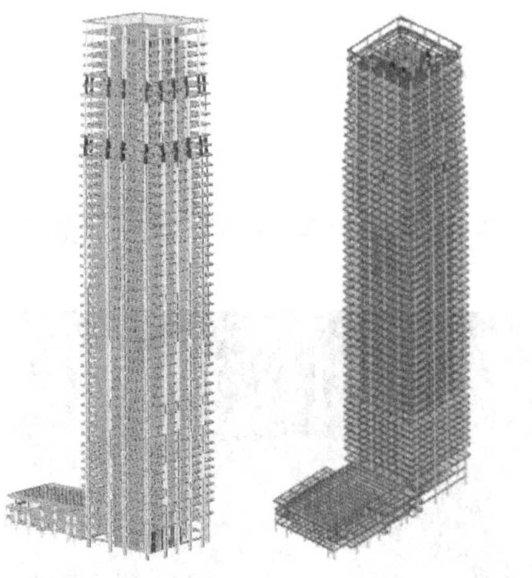

(a)YJK结构模型 (b)MIDAS/Building结构模型

图 6-1 结构模型三维示意图

多遇地震作用采用振型分解反应谱法进行计算。采用 YJK 及 MIDAS/Building 进行整体计算分析、相互比较，以保证力学分析结果的可靠性，并采用弹性时程分析法补充计算。结果计算模型如图 6-1 所示。

整体计算主要计算结果见表 6-1。可以看出，两个结构分析软件计算结果相近，说明模型及计算结果是合理且有效的。总体上，各项指标满足规范要求。

除了基于规范加速度反应谱的振型分解反应谱法进行抗震计算外，采用时程分析法进行多遇地震的补充计算。采用 5 组天然波和 2 组人工波共 7 组加速度波进行分析。

整体计算结果对比 **表 6-1**

指标		YJK软件	MIDAS/Building 软件
第1平动周期（s）		5.96（Y）	5.79（Y）
第2平动周期（s）		5.82（X）	5.69（X）
第1扭转周期（s）		4.49	4.27
第1扭转周期/第1平动周期		0.75	0.74
地震作用下基底剪力（kN）	X	9614.61	9822.23
	Y	8895.52	9358.49
风荷载作用下基底剪力（kN）	X	19910.9	19840.1
	Y	19399.3	19349.9
标准层单位面积重度（kN/m^2）		17.8	18.3
刚重比（>1.4）	X	2.027	2.12
	Y	1.901	1.98
50年一遇风荷载作用下最大层间位移角（限值1/512）	X	1/1141（34层）	1/1186（36层）
	Y	1/986（35层）	1/1058（34层）
地震作用下最大层间位移角（限值1/512）	X	1/1731（34层）	1/1990（35层）
	Y	1/1416（35层）	1/1830（35层）
规定水平力作用下框架承担的底部倾覆弯矩比的百分比	X	17.50%	—
	Y	16.10%	—

按反应谱法计算的剪力在顶部有十几层小于时程分析法的平均剪力。对于振型分解反应谱法分析结果不能包络的局部楼层，在结构构件设计时，对该部分楼层地震作用放大（放大系数取时程分析法层剪力平均值与反应谱法层剪力的比值），剪力放大系数如图6-2所示。

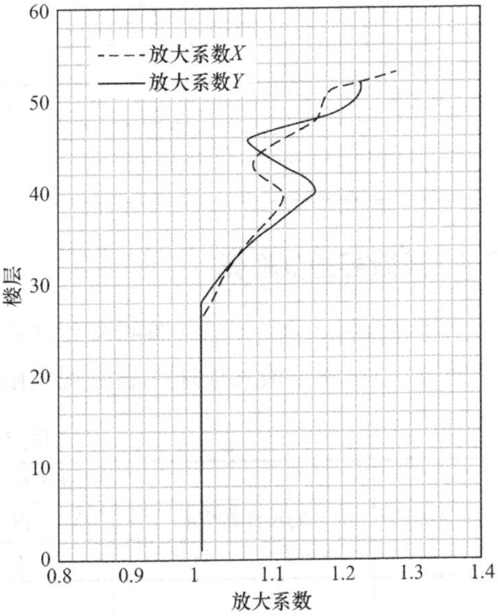

图6-2 剪力放大系数

6.2 设防烈度地震作用下结构抗震性能分析

根据设防烈度地震作用下的抗震性能目标的要求，对结构进行中震弹性或不屈服计算分析。采用ETABS程序进行分析，在中震弹性计算模型下，对剪力墙、框架柱受剪性能进行弹性判别；在中震不屈服计算模型下，对剪力墙、框架柱的受弯以及框架梁、连梁的受弯与受剪进行判别。

根据设防地震作用下结构抗震性能分析，各类构件均满足所设定的抗震性能目标。

（1）剪力墙满足受弯不屈服的性能目标，斜截面满足受剪弹性的性能目标，局部墙肢水平钢筋配筋率大于构造要求，与小震设计取包络设计；中震不屈服组合下，墙肢基本处于受压状态。

（2）框架柱满足受弯、受剪弹性的性能目标。

（3）连梁满足受剪不屈服的性能目标，对于部分剪压比接近限值的连梁，通过设置交叉斜筋的措施来提高其受剪承载力。

（4）框架梁满足受剪不屈服、受弯部分屈服的性能目标。

6.3 罕遇地震动力弹塑性分析

采用SAUSAGE软件进行结构的动力弹塑性时程分析，研究塔楼结构抗震性能，评价结构在罕遇地震作用下的弹塑性行为，确认结构是否满足“大震不倒”的设防水准要求，针对结构薄弱部位和薄弱构件提出相应的加强措施，以指导施工图设计。

进行了3组大震地震记录（2组天然波、1组人工波）的分析，每组地震动均按水平双向地面加速度时程的方式施加到模型。地震动水平双向输入时，主次方向分别按100%和85%幅值施加。大震弹塑性时程分析计算结果见表6-2。结果表明，两个方向最不利工况下楼层层间位移角分别为1/250（X）和1/219（Y），均满足规范限值要求。

罕遇地震作用下，核心筒主体结构受压损坏主要集中在连梁，墙肢未出现明显的受压损伤；框架柱混凝土未出现较严重的受压损伤；部分框架梁混凝土出现了一定的受压损伤，部分框架梁钢筋屈服。楼板没有出现较严重的受压损伤，钢筋未屈服。

总体上，该结构具有较好的抗震性能，能够满足预定的抗震性能目标。

大震弹塑性时程分析计算结果 **表6-2**

时程	方向	大震弹塑性分析基底剪力（kN）	弹塑性剪重比	最大楼层位移角
天然波1	X+0.85Y	54534	2.88%	1/278（33层）
	Y+0.85X	62053	3.28%	1/243（34层）
天然波2	X+0.85Y	75913	4.01%	1/250（34层）
	Y+0.85X	76584	4.04%	1/248（39层）
人工波	X+0.85Y	58701	3.10%	1/323（34层）
	Y+0.85X	63145	3.34%	1/219（34层）
包络	X+0.85Y	75913	4.01%	1/250（34层）
	Y+0.85X	76584	4.04%	1/219（34层）

6.4 风振舒适度验算

经过分析，在10年一遇的风荷载作用下，结构顺风向和横风向的结构顶点最大加速度见表6-3，顶点最大加速度满足规范限值要求，具有良好的使用舒适度。

顶点最大加速度结果 **表6-3**

项次	顶点最大加速度（m/s^2）						规范限值（m/s^2）
	YJK计算结果		MIDAS/Building计算结果		风洞试验结果		
	顺风向	横风向	顺风向	横风向	顺风向	横风向	
X向风	0.039	0.073	0.037	0.069	0.104	0.101	0.25
Y向风	0.037	0.073	0.036	0.070	0.080	0.097	0.25

7 特殊结构分析

根据建筑立面变化，43～48层、49层～屋顶层平面收进，结构在41层和42层、47

层和 48 层分别采用斜柱形式实现，斜柱的竖向倾角为 5.71°。在斜柱过渡区段，对斜柱的传力进行分析。分别考虑弹性楼板和无楼板两种情况下梁柱轴力。结构 41～42 层的斜柱分析结果如图 7-1 所示。

结果表明：

(1) 考虑弹性楼板时，框架梁端轴力在框架柱侧最大，越靠近核心筒侧越小（相差约为 45%），表明沿框架梁方向轴力逐渐分配至周边楼板。

(2) 由考虑弹性楼板与不考虑楼板的轴力比较可知，斜柱引起的水平拉力主要由框架梁分担，但楼板也分担了相当一部分（约为 25%）斜柱引起的水平拉力。

(3) 斜柱开始的 41 层梁拉力最大，相邻的 40 层梁拉力较小；42 层梁轴力较小，可忽略其影响；43 层以受压为主。

考虑到斜柱、梁、板之间的传力较为复杂，设计时对斜柱区段的重要构件，采用考虑弹性楼板和不考虑楼板两种力学模型进行包络设计：一方面，径向框架梁的纵筋需能全额承担无楼板时该梁上的拉力，同时要求斜柱能承受无楼板和弹性楼板两种情况时的柱底、柱顶弯矩；另一方面，楼盖根据弹性楼板的应力结果，结合受拉梁的受拉承载力，配置双层双向楼板钢筋。

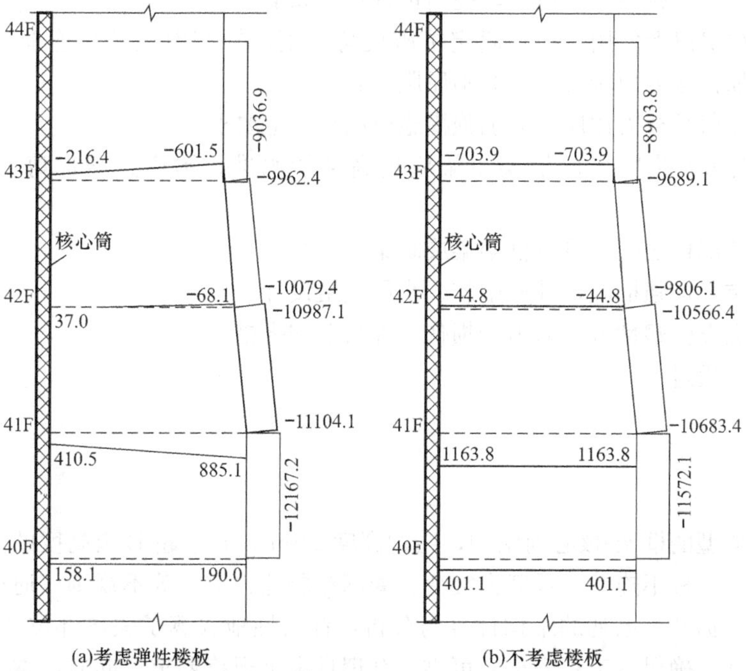

图 7-1 结构 41～42 层斜柱区段主要梁柱组合最大轴力（kN）

8 综合分析结论

(1) 在多遇地震及风荷载作用下，YJK 和 MIDAS/Building 两种软件分析的各项指标基本一致；结构构件处于弹性阶段，承载能力和变形能力均能满足规范要求。时程分析与反应谱之间具有一致性和规律性，符合工程经验及力学概念所作的判断；能够满足“小震不坏”的抗震性能目标。

（2）在设防烈度地震作用下，底部加强区剪力墙均满足受弯不屈服、受剪弹性；其他部位剪力墙及框架柱均满足受弯不屈服、受剪弹性；框架梁及连梁仅有少量出现受弯屈服，但受剪不屈服；可满足“中震可修”的抗震性能目标。

（3）在罕遇地震作用下，结构层间弹塑性位移及层间位移角均满足规范限值要求，结构主要抗侧力构件没有发生严重破坏。因此，该结构可以满足“大震不倒”的抗震性能目标。

（4）该结构满足抗震性能目标C的各项抗震性能水准要求，是安全、可靠、合理且满足规范要求的。

9 抗震设防专项审查意见

2018年5月30日，广州市住房和城乡建设委员会在嘉业大厦14楼第二会议室主持召开了“碧桂园云曦台2号楼”超限高层建筑工程抗震设防专项审查会，周定教授级高工任专家组组长。与会专家听取了广东博意建筑设计院有限公司关于该工程抗震设防设计的情况汇报，审阅了送审材料。经讨论，提出审查意见如下：

（1）核实裙房以上使用人数，确定抗震设防类别；补充斜柱及相连框架梁的性能目标；补充底部加强区剪力墙大震受剪不屈服验算。

（2）楼层受剪承载力比应采取加强措施以满足规范要求。

（3）4层支承大跨度梁的框架主梁应提高性能水准；裙房宜增加剪力墙提高抗扭刚度。

（4）平面角部柱之间应设置框架梁或暗梁。

（5）细化抗震加强措施，补充中震、小震包络设计。

（6）检查大震弹塑性分析剪力墙损伤，并采取加强措施。

审查结论：通过。

10 结语

本工程为典型的框架-核心筒结构，结构高度240m，属于超B级高度的高层建筑，存在扭转不规则、楼板不连续、承载力突变、局部穿层柱、斜柱等不规则。通过合理设定结构的抗震性能目标和一系列的结构计算与分析，针对性地验算了关键部位各种受力状态，并提高构造措施，确保本工程安全、可靠、合理且满足规范要求。同时，本工程底部楼层采用了钢管混凝土叠合柱，在占用面积、结构造价、耐火性、抗震延性等方面取得了较好的技术经济效果。

由于项目所在地的抗震设防烈度仅为6度，风荷载起控制作用。考虑到建筑较高，通过风洞试验确定建筑物的风荷载和居住者的舒适度，为抗风设计提供了可靠依据。

59 云东海碧桂广场9号、12号楼

关　　键　　词：超高层办公楼；超限高层结构；框架核心筒结构；穿层柱；抗震性能设计
结构主要设计人：秦兴勇　莫世海　宁家滔　曲家新　康旭云　陈　虎　邓　骁
设　计　单　位：广东博意建筑设计院有限公司

1　工程概况与设计标准

云东海碧桂广场项目地块位于佛山市三水区云东海街道，南侧临近轻轨三水北站，北侧为规划的湖滨南路，东侧为规划的高丰路，西侧为规划的鲁村路，总体建筑效果图见图1-1。9号楼与12号楼基本为对称结构，本文主要针对12号楼进行论述。12号楼总建筑面积70150.7m²，其中地上64950.7m²，地下5200m²。建筑总高度172.65m，地上共38层，1层层高6.0m；2层层高4.5m，主要功能为中空办公大堂和商业配套；3～38层主要功能为办公，层高4.5m，其中11层、22层、28层为避难层。设1层地下室，层高6.25m，功能为设备用房及汽车库。

图1-1　建筑效果图

本项目抗震设防类别为标准设防类，抗震设防烈度为7度，设计基本地震加速度0.10g，设计地震分组为第一组，场地类别为Ⅲ类，特征周期0.45s。50年一遇基本风压0.5kN/m²，地面粗糙度为B类。设计使用年限为50年，安全等级为二级。

2　结构体系及结构布置

结合建筑平面功能、立面造型、抗震（风）性能要求、施工周期以及结构经济合理等因素，塔楼采用框架-核心筒结构体系，并采用现浇钢筋混凝土楼盖。

2层结构布置平面图见图2-1，标准层结构布置平面图见图2-2。

由于建筑功能需要，首层办公大堂中空，局部外框柱形成11.2m的穿层柱。5层及以下核心筒墙厚800mm、350mm、300mm，6～16层墙厚700mm、350mm、300mm，17～21层墙厚600mm、300mm，22层以上墙厚450mm、300mm。5层及以下周边框架柱截面尺寸为1500mm×1500mm，6～16层为1400mm×1400mm，17～21层为1200mm×1200mm，22层以上为1000mm×1000mm。1～8层墙柱混凝土强度等级C60，以上楼层每5层递减一个等级，34层～构架层混凝土强度等级为C30。各楼层梁板混凝土强度等级均为C30。

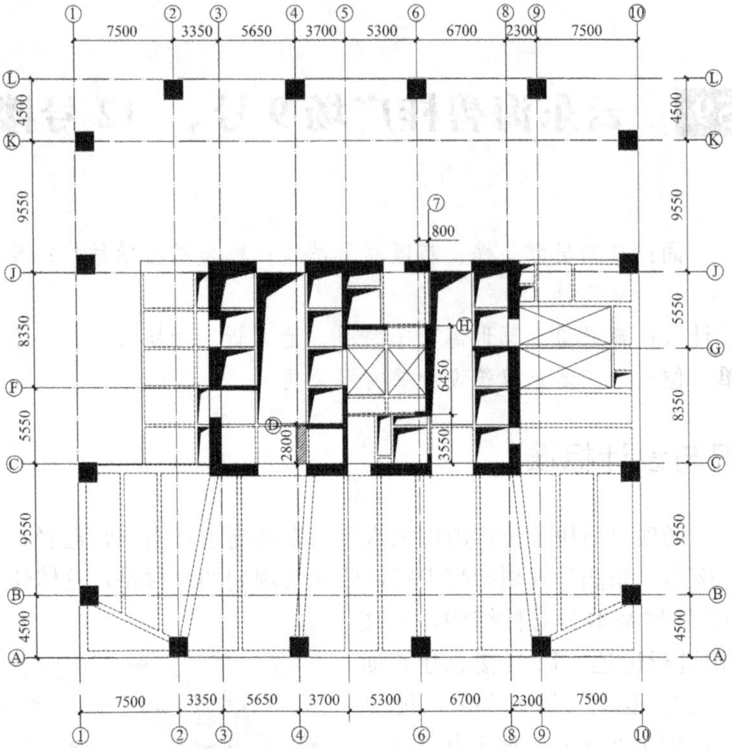

图 2-1　2 层结构布置平面图

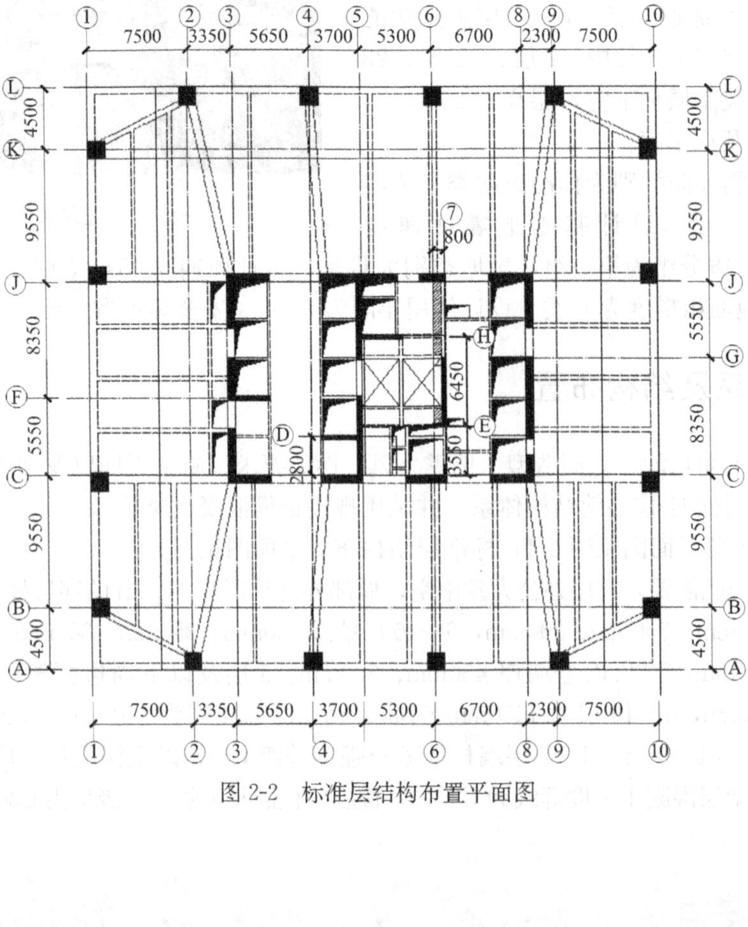

图 2-2　标准层结构布置平面图

3 基础

3.1 地质概况

根据钻探揭示，场地内地层自上而下依次为：①素填土，②粉质黏土、黏土，③淤泥、淤泥质土，④粉质黏土、粉土，⑤中、粗砂，⑥强风化岩带，⑦中风化岩带及⑧微风化岩带。

3.2 基础设计

根据场地条件，经综合比较分析，本工程采用旋挖（钻、冲）孔灌注桩，塔楼以⑦中风化岩为桩端持力层。本工程地基基础设计等级为甲级。根据初步计算，塔楼拟采用桩基，设计参数见表3-1。

塔楼部分采用钻孔灌注桩，核心筒筏板厚度约2.8m，外框柱承台厚3.0m，基础埋深7.85～9.05m，基础平面布置图见图3-1。

塔楼桩基参数　　表3-1

桩编号	桩径（mm）	桩长（m）	混凝土强度等级	桩端持力层	承载力特征值（kN）
ZH1（外框柱）	1400	约50～60	C40	中风化岩	15600
ZH2（核心筒）	1800	约50～60	C40	中风化岩	25900

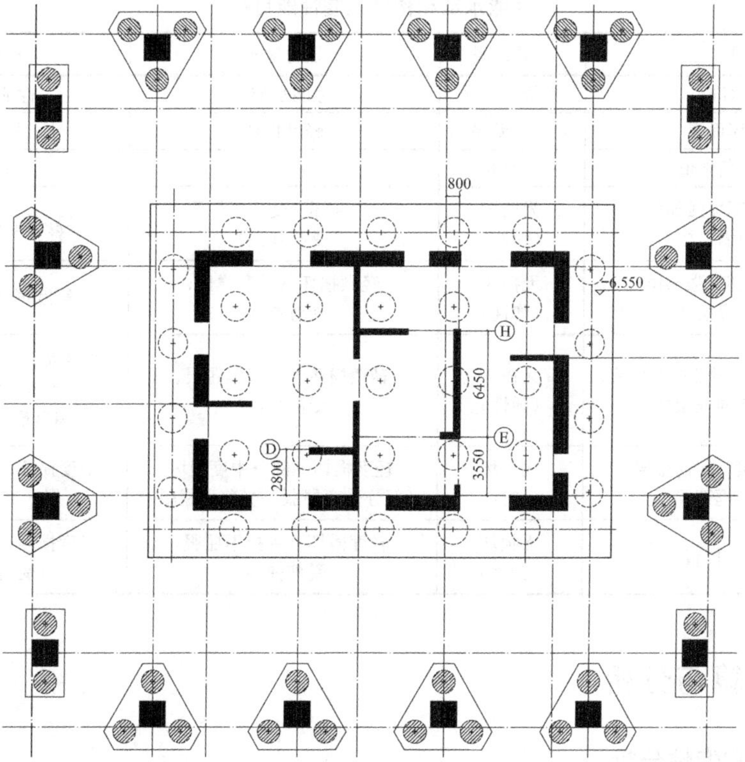

图3-1　基础平面布置图

4 结构超限情况与抗震性能目标

4.1 结构超限情况

塔楼建筑高度 172.65m，采用框架-核心筒结构，根据《高层建筑混凝土结构技术规程》JGJ 3—2010（下文简称《高规》）第 3.3.1 条的规定，属于 B 级高度钢筋混凝土高层建筑。根据高度及平面图，高宽比为 172.65/42.6=4.06，筒体高宽比为 172.65/15.7=11，满足广东省标准《高层建筑混凝土结构技术规程》DBJ 15—92—2013（下文简称《广东高规》）第 9.2.1 条“核心筒宽度不宜小于筒体总高 1/12”的要求。根据《住房城乡建设部关于印发〈超限高层建筑工程抗震设防专项审查技术要点〉的通知》（建质〔2015〕67 号）的规定，本工程属于高度超限、规则性超限（扭转不规则、楼板不连续、局部不规则）建筑。

4.2 抗震性能目标

综合考虑抗震设防类别、设防烈度、场地条件、结构特点、建造费用和修复难易程度等因素，根据《高规》对抗震性能目标的划分，塔楼抗震性能目标选为 C 级。

针对不同的抗震性能水准对应的结构构件抗震性能目标，设计时具体控制指标见表 4-1。

性能水准和构件抗震性能目标　　表 4-1

项目		多遇地震	设防地震	罕遇地震
性能水准		性能水准 1	性能水准 3	性能水准 4
宏观损坏程度		完好、无损坏	轻度损坏	中度损坏
层间位移角限值		1/608	—	1/100
关键构件	底部加强部位剪力墙、框架柱	无损坏（弹性）	轻微损坏（受弯不屈服、受剪弹性）	轻度损坏（不屈服）
	底部加强部位穿层柱	无损坏（弹性）	轻微损坏（受弯弹性、受剪弹性）	轻度损坏（不屈服）
普通竖向构件	非底部加强部位剪力墙、普通框架柱	无损坏（弹性）	轻微损坏（受弯不屈服、受剪弹性）	轻度损坏、部分中度损坏（部分受弯屈服、满足最小受剪截面）
耗能构件	连梁、普通楼层框架梁	无损坏（弹性）	轻度损坏、部分中度损坏（部分受弯屈服、受剪不屈服）	中度损坏、部分比较严重损坏（多数屈服）
普通构件	楼板	无损坏（弹性）	轻度微坏（受拉不屈服，受剪弹性）	轻度损坏、部分中度损坏（受剪不屈服）

5 结构计算与分析

5.1 多遇地震弹性分析

本项目多遇地震作用采用振型分解反应谱法进行计算。采用 YJK 及 MIDAS/Building

两个结构分析软件进行整体计算分析，相互比较，以保证力学分析结果的可靠性，并采用弹性时程分析法进行补充计算，建立的三维结构模型如图 5-1 所示。

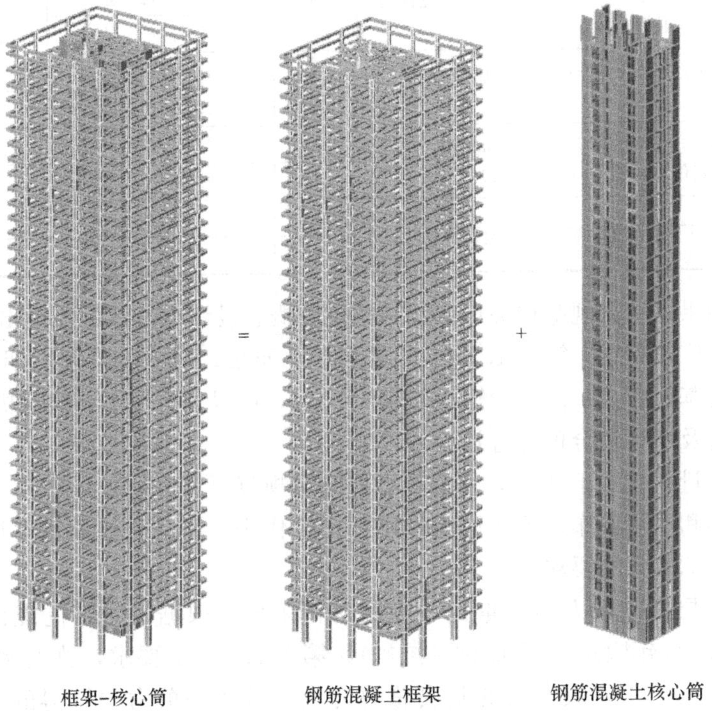

图 5-1　三维结构模型

两个软件的主要计算分析结果见表 5-1。

整体计算结果对比　　表 5-1

指标		YJK 软件	MIDAS/Building 软件
计算振型数		18	18
第 1 平动周期（s）		4.40（Y）	4.44（Y）
第 2 平动周期（s）		4.32（X）	4.24（X）
第 1 扭转周期（s）		3.61	3.31
第 1 扭转周期/第 1 平动周期		0.82	0.75
地震作用下基底剪力（kN）	X	13872.6	13941.3
	Y	13459.2	13574.9
剪重比（限值 X：1.38%，Y：1.34%）（不足时已按规范要求放大）	X	1.31%	1.33%
	Y	1.27%	1.30%
地震作用下倾覆弯矩（kN·m）	X	1700130.9	1662739.4
	Y	1642693.5	1607877.0
结构总质量（t）		105821.6	106844.2
刚重比（>1.4）	X	2.79	2.97
	Y	2.67	2.65
50 年一遇风荷载作用下最大层间位移角（限值 1/608）	X	1/1554（23 层）	1/1567（25 层）
	Y	1/1341（23 层）	1/1302（23 层）

续表

指标		YJK 软件	MIDAS/Building 软件
规范反应谱地震作用下地震剪力调整后最大层间位移角（限值 1/608）	X	1/1295（25 层）	1/1243（25 层）
	Y	1/1113（25 层）	1/1069（25 层）
考虑偶然偏心规定水平力作用下最大位移与层平均位移的比值（限值 1.4）	X	1.18（2 层）	1.18（2 层）
	Y	1.29（1 层）	1.28（1 层）
考虑偶然偏心规定水平力作用下最大层间位移与平均层间位移的比值（限值 1.4）	X	1.17（2 层）	1.16（2 层）
	Y	1.29（1 层）	1.28（1 层）
规定水平力作用下框架柱地震倾覆力矩百分比	X	29.8%	26.2%
	Y	27.8%	25.4%

根据计算结果，结合规范相关规定及结构抗震概念设计理论，可以得出如下结论：

（1）根据《广东高规》第 5.1.14 条的规定，总质量、前三阶自振周期相差小于 8%，反应谱法计算的基底剪力、倾覆弯矩相差小于 15%，可以判定两个结构分析软件计算结果相近，说明模型及结果是合理且有效的。

（2）有效质量系数大于 90%，所取振型数满足规范要求。

（3）在地震和风荷载作用下，地震作用起控制作用，层间位移角均满足《广东高规》及《高规》第 3.7.3 条的要求。

（4）底部 3 层 X、Y 方向剪重比不满足规范限值，根据《建筑抗震设计规范》GB 50011—2010（2016 年版）（下文简称《抗规》）第 5.2.5 条的要求，放大楼层地震剪力至满足最小地震剪力要求，放大后的基底总剪力大于按底部剪力法算得的总剪力的 85%（0.85 倍基底剪力法计算的基底总剪力为 11569.0kN）。

（5）在考虑偶然偏心地震作用下，最大扭转位移比大于 1.20，小于 1.40，属于扭转不规则结构。

（6）按《高规》第 3.5.2 条的规定，考虑层高修正后，侧向刚度满足要求。

（7）楼层层间抗侧力构件的受剪承载力大于其上一层受剪承载力的 75%，程序判断无薄弱层，满足《高规》第 3.5.3 条楼层承载力均匀性要求。

（8）该结构刚重比大于 1.4，符合《高规》第 5.4.4 条的规定，同时，刚重比略小于 2.7，本工程结构小震弹性分析时需考虑重力二阶效应。

（9）底部框架部分承担的地震剪力满足《高规》第 9.1.11 条“剪力标准值最大值不宜小于结构底部总地震剪力标准值 10%”的要求。

总体上，塔楼各项宏观计算指标满足规范要求。

5.2 弹性时程分析

根据《抗规》第 5.1.2 条的规定，该塔楼应采用弹性时程分析法进行多遇地震作用下的补充计算。计算分析时，选取 5 条天然波、2 条人工波，地震加速度最大值取 35cm/s^2，并分别沿 X 向和 Y 向加载，建筑结构的阻尼比为 0.05，地震波有效持续时间均大于 $5T_1$，地震波的时间间距 Δt 为 0.02s。

结果表明，每条时程曲线计算所得基底剪力均在振型分解反应谱法计算结果的 65%～135%之间；7 条时程曲线计算所得基底剪力的平均值在振型分解反应谱法计算结果的

80%～120%之间，满足《高规》第4.3.5条的规定。按反应谱法计算的剪力除顶部有8～13层小于时程分析法的平均剪力外，其余与时程分析法的平均剪力较为接近。对于振型分解反应谱法分析结果不能包络的局部楼层，在结构构件设计时，对该部分楼层地震作用进行放大（放大系数可取时程法层剪力平均值与反应谱法层剪力的比值）。

5.3 设防烈度地震作用分析

根据《高规》第3.11.3条第3款及其条文解释，中震作用下整体结构进入弹塑性状态，为方便设计，仍允许采用等效弹性方法验算结构构件性能水准，可适当考虑结构阻尼比的增加以及剪力墙连梁刚度折减，本工程阻尼比增加值取0.01，连梁刚度折减系数取0.4（部分连梁取0.3）。

本工程综合考虑构件的重要性、震后继续使用的维修难易程度及维修费用等因素，将底部加强区的剪力墙和框架柱均划分为关键构件，非底部加强区的剪力墙和框架柱划分为普通竖向构件。按《高规》第3.11.3条第3款要求对关键构件（底部加强区穿层柱除外）和普通竖向构件进行中震正截面不屈服、斜截面弹性设计；穿层柱抗震性能适当提高，中震正截面、斜截面均按弹性设计，且斜截面弹性设计时按本层非穿层柱弹性组合内力的最大值进行包络设计。根据设防地震作用下结构抗震性能分析，得到：

（1）全部结构构件配筋均未超限，关键构件和普通竖向构件受剪、压、弯、拉承载力安全储备满足要求。水平耗能的损坏程度能满足轻度损坏、部分中度损坏的性能水准要求。

（2）部分竖向构件、框架梁钢筋配筋率大于构造要求，与小震设计取包络设计。

（3）考虑构件重要性系数的性能要求组合下，底部少数墙肢基本处于受拉状态但名义拉应力均未超过$2f_{tk}$，通过提高墙肢全截面配筋率，墙肢满足受拉承载力要求。

结论：设防烈度地震作用下，各项设计控制指标均满足性能水准3的抗震性能目标。

5.4 罕遇地震作用下结构动力弹塑性分析

进行了3组大震地震记录（2组天然波、1组人工波）分析，每组地震动均按水平双向地面加速度时程方式施加到模型，主次方向分别按100%和85%幅值施加。由表5-2可看出，两个方向最不利工况下楼层层间位移角分别为1/166（X）和1/161（Y），均满足1/100的限值要求。

罕遇地震弹塑性楼层层间位移角　　表5-2

时程	方向	大震弹塑性分析楼层位移角	所在层（计算层号）
天然波1	100%X；85%Y	1/170	23
	100%Y；85%X	1/161	26
天然波2	100%X；85%Y	1/175	18
	100%Y；85%X	1/177	23
人工波	100%X；85%Y	1/166	21
	100%Y；85%X	1/167	23
包络	100%X；85%Y	1/166	21
	100%Y；85%X	1/161	26

罕遇地震作用下，核心筒主体结构受压损坏主要集中在连梁，墙肢未出现明显的受压损伤，整片墙未出现明显的剪切型受压损伤。筒体墙肢钢筋未屈服。罕遇地震作用下，底部加强部位剪力墙满足不屈服、其他剪力墙满足部分受弯屈服的性能要求，剪力墙受剪截面均可满足要求；连梁满足大震作用下多数屈服的性能。罕遇地震作用下，框架柱混凝土未出现较严重的受压损伤，最大损伤因子 0.23<0.6，出现在中上部楼层，属于中度损坏；部分框架梁混凝土均出现了一定的受压损伤，最大受压损伤因子 0.71，部分框架梁钢筋屈服。

罕遇地震作用下，框架柱满足受弯、受剪不屈服的性能；框架梁满足部分屈服的性能。

6 抗震加强措施

（1）采用中震配筋与小震配筋包络设计。

（2）设置约束边缘构件上两层为过渡层，适当加强过渡层的配筋。

（3）根据楼板应力分析结果，对薄弱部位楼板厚度及配筋适当采取加强措施。

（4）底部 1、2 层指定为薄弱层，将地震作用放大 1.25 倍进行整体指标验算及配筋计算。

（5）剪跨比小于 2、轴压比超过 0.70 的外框柱，沿柱全高采用间距 100mm、直径不小于 12mm、肢距不大于 200mm 的井字复合箍，以提高其延性及承载力。

（6）1～2 层穿层柱抗震性能适当提高，其正截面按中震弹性进行设计，斜截面弹性设计时按 1～2 层非穿层柱弹性内力组合的最大值进行包络设计，穿层柱采用井字复合箍沿柱全高加密。

7 抗震设防专项审查意见

2018 年 11 月 13 日，佛山市三水区国土城建和水务局（住建）在三水区西南街道碧堤路 9 号 411 会议室主持召开“云东海碧桂广场 12 号楼”超限高层建筑抗震设防专项审查会，广东省工程勘察设计行业协会陈星会长任专家组组长。与会专家听取了广东博意建筑设计院有限公司关于该工程抗震设防设计的情况汇报，审阅了送审材料。经讨论，提出审查意见如下：

（1）优化抗震性能目标和抗震计算相关参数取值。

（2）1、2 层应补充并层包络设计。

（3）增加核心筒剪力墙墙肢长度，提高筒体的完整性，底部加强区宜封闭部分设备洞口，优化墙厚度。

（4）周边有开洞的标准层，周边框架梁刚度及配筋应加强。

（5）宜提高桩侧摩阻力，减小桩长。

（6）加强首层塔楼跌级处构件传递水平力的抗震构造。

（7）充分考虑屋顶构架对主体结构的不利影响。

审查结论：通过。

8 点评

（1）本工程属于典型的框架-核心筒结构，其高宽比和筒体高宽比均较小，属于高度超限、规则性超限（扭转不规则、楼板不连续、局部不规则）建筑，结构设计通过概念设计、方案优选、详细的分析及合理的设计构造，满足设定的性能目标要求，结构方案经济合理，抗震性能良好。

（2）本工程底部楼层存在穿层柱，设计将1～2层穿层柱抗震性能适当提高。

（3）本工程存在局部楼板不连续及局部不规则，设计对薄弱部位楼板厚度及配筋采取适当加强措施。

60 南海之门

关　　键　　词：连体结构；连接体；拱连接体；超 B 级高度；复杂转换
结构主要设计人：邓建强　朱永辉　徐　婧　左文睿　张琴芝　何定锴
设　计　单　位：佛山市岭南建筑设计咨询有限公司

1　工程概况与设计标准

南海之门位于广东省佛山市南海区大沥镇新轴线上，为商业、办公超高层公共建筑综合体，总建筑面积 11.1 万 m^2。地下 2 层，主要为停车库及设备用房，地上至主屋面高度 141.2m，由两栋对称相同的 41 层超高层塔楼组成，1、2 层裙楼为商业，3～39 层塔楼为办公及办公式公寓，40、41 层塔楼由 45.6m 跨的空中连廊连接，连接体及两侧塔楼空间为城市客厅，建筑效果图见图 1-1，建筑剖面图见图 1-2，主要建筑平面图见图 1-3。

图 1-1　建筑效果图

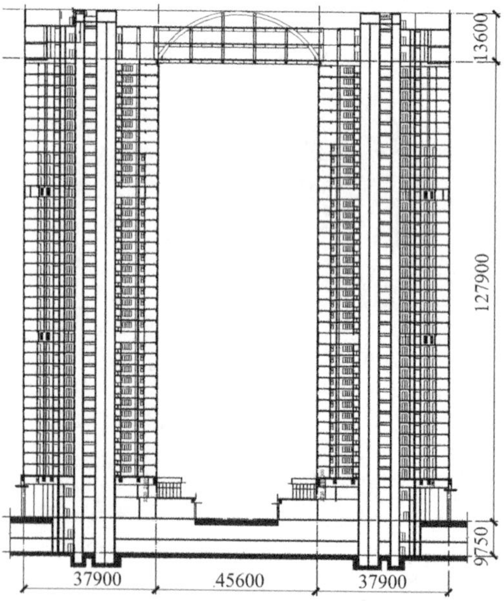

图 1-2　建筑剖面图

本项目抗震设防烈度 7 度，场地类别Ⅱ类，设计地震分组为第一组，设计基本地震加速度 0.1g，特征周期 0.35s，抗震设防类别为丙类，结构位移计算时风压取 0.50kN/m^2，承载力计算时考虑风力互相干扰的群体效应，风压增大系数取 1.2。

地质资料揭示本场地地质情况由上而下分别为：人工填土、淤泥、淤泥质粉砂、粉质黏土、中粗砂、残积土及强风化、中风化、微风化砾砂岩或灰岩，部分区域有溶洞。根据上部结构竖向构件轴力大小，结合地质情况，本工程基础采用混凝土灌注桩，桩径 1.0～1.6m，单桩竖向承载力特征值取 7000～32000kN。

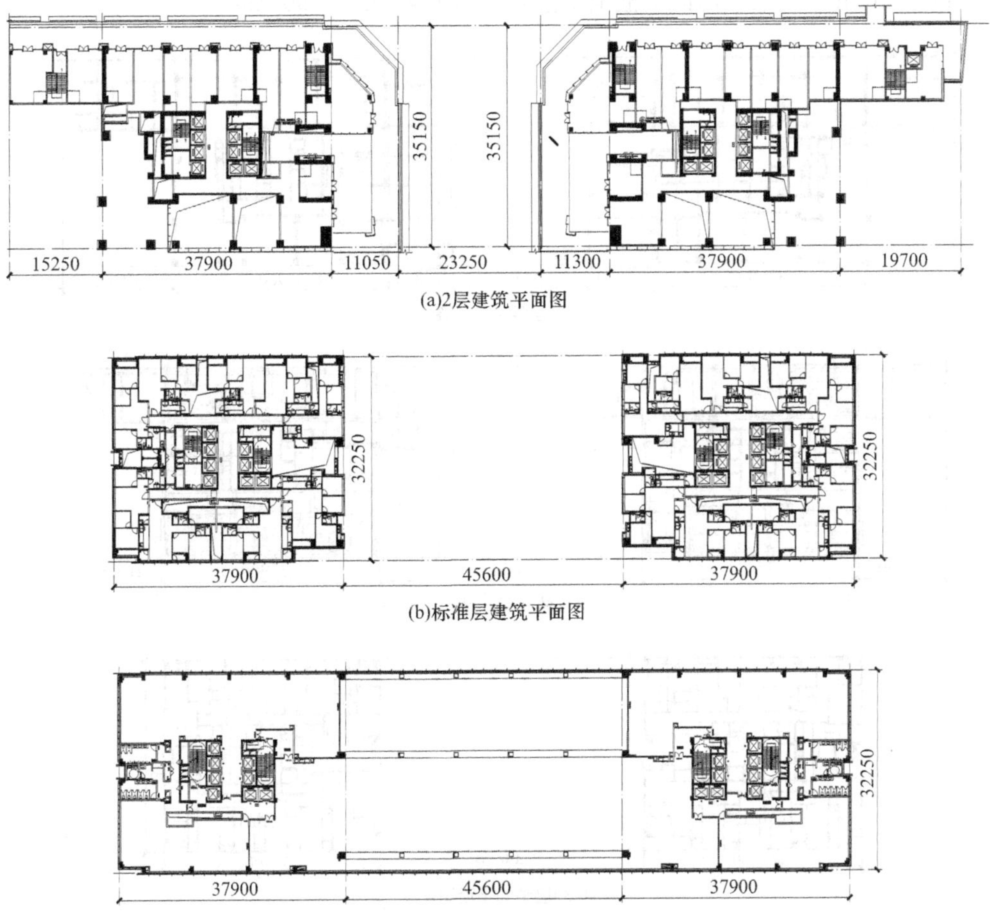

(a)2层建筑平面图

(b)标准层建筑平面图

(c)40层、41层建筑平面图

图 1-3　主要建筑平面图

2　结构体系及超限情况

2.1　结构体系

本项目地上为两个对称单塔组成的连体结构，单塔由下至上沿高度分为三种不同的结构体系。由于 1、2 层为架空及商业，除核心筒以外，大部分剪力墙在 3 层结构平面进行转换，3～39 层为含有部分框架柱的剪力墙结构，40 层、41 层除核心筒外的剪力墙取消、仅保留 3～39 层部分框架柱及剪力墙端柱，结构体系转变为框架-核心筒结构，塔楼 40、41 层和屋面层通过连接体相连，该连接体是由三榀拱作为主受力构件的结构体。主要结构平面如图 2-1 所示。

1、2 层剪力墙厚 300～600mm，框支柱大部分采用型钢混凝土柱，主要截面为 1200mm×1200mm；3～39 层剪力墙厚 200～300mm，框架柱主要截面为 600mm×1200mm；40～41 层核心筒剪力墙厚 300mm，周边框架柱截面为 600mm×800mm。2 层框架梁主要截面为 400mm×800mm，3 层转换梁由于建筑要求大部分位置截面高度仅允许 1500mm 而采用型钢混凝土梁，4～40 层框架梁、连梁主要截面为 200mm×600mm、300mm×600mm，41 层～屋面层框架梁主要截面为 400mm×900mm。

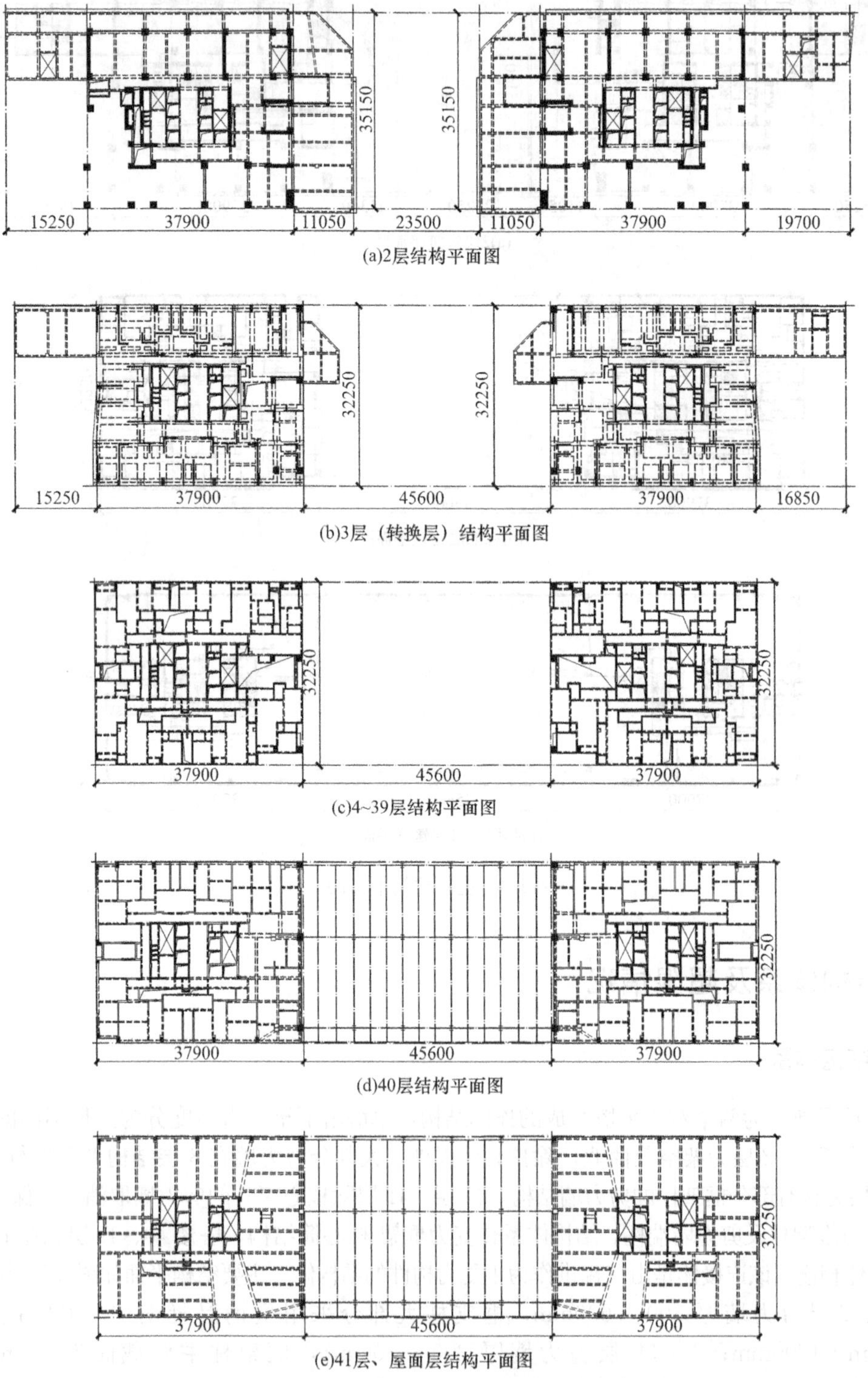

(a)2层结构平面图

(b)3层（转换层）结构平面图

(c)4~39层结构平面图

(d)40层结构平面图

(e)41层、屋面层结构平面图

图 2-1　结构平面图

连接体跨度 45.6m，共两层高，层高均为 4.5m，因建筑立面及室内空间要求尽量少出现可见杆件，故连接体主结构采用带拉杆的圆弧拱形结构，连接体宽度（南北向尺寸）为 32.25m，共布置三榀圆弧拱，跨度方向共设五个开间，每个开间柱距约 9m。拱脚支承于两塔楼的剪力墙端柱上，端柱采用矩形钢管混凝土柱。拱压杆为 900mm×1000mm 的矩形钢管混凝土构件，拱拉杆拉力较大，采用 900mm×900mm 的矩形钢管，钢管伸至塔楼内的一跨改为 H 型钢，吊柱及楼面主次梁均采用 H 型钢，楼板为钢筋桁架楼承板，三层的板厚分别为 150mm、140mm、150mm。

2.2 结构超限情况

本项目结构高度 141.20m，抗震设防烈度 7 度，为部分框支剪力墙结构，存在凹凸不规则（标准层 $l/b=2.18>2$，$l/B_{max}=0.31>0.30$）、楼板不连续（2 层结构平面有效宽度 31.5%<50%）、构件间断（大部分剪力墙在 3 层结构平面转换）、承载力突变（38/39 层，X 向 0.62，Y 向 0.66）、局部不规则（1 层存在部分穿层柱）5 项不规则，属于特别不规则的超 B 级高度超限结构。

3 超限应对措施及分析结论

3.1 超限应对措施

针对本项目超限情况，采取了如下计算分析及抗震加强措施。

3.1.1 分析模型及分析软件

（1）结构计算采用空间有限元程序 YJK、MIDAS 分别进行小震弹性的整体计算，采用考虑扭转耦联的振型分解反应谱法，并考虑竖向地震作用，对比分析验证，保证计算结果的准确和可靠。

（2）采用 YJK 进行小震弹性时程分析，计算 2 条人工波和 5 条天然波下的结构反应，取地震波时程分析结果的平均值与反应谱法计算结果的大者用于构件设计。

（3）采用 YJK 对整体进行中震作用下的等效弹性分析，并考虑竖向地震作用；采用 YJK 计算中震作用下楼板应力，以复核结构构件的承载力是否满足中震性能目标要求。

（4）采用 YJK 进行大震作用下结构等效弹性分析，以复核竖向构件的剪压比是否满足截面限值的要求。

（5）采用 YJK 进行大震作用下动力弹塑性时程分析，验证结构能否满足“大震不倒”的抗震性能目标，并寻找薄弱层与薄弱构件，对薄弱部位制订相应的加强措施。

（6）对单塔进行上述除竖向地震作用外的所有分析计算，比较分析单塔与双塔的受力特性异同，竖向构件按单塔和双塔的小震、中震计算结果包络配筋。

（7）对连接拱体进行详细的竖向荷载及水平荷载作用下的受力分析，分析拱体对两塔楼受力的影响并采取相应的加强措施。

3.1.2 抗震设防标准、性能目标及加强措施

根据本工程的超限情况、结构特点和经济性要求，本工程按性能目标 C 的要求设计，计算方法依据广东省标准《高层建筑混凝土结构技术规程》DBJ 15—92—2013（下文简称

《广东高规》）在多遇地震（小震）作用下满足第 1 抗震性能水准的要求，在设防地震（中震）作用下满足第 3 抗震性能水准的要求，在罕遇地震（大震）作用下满足第 4 抗震性能水准的要求，结构及构件实现抗震性能要求的层间位移角、承载力设计及截面限值要求见表 3-1。

采取如下抗震加强措施：

（1）转换柱、转换梁、转换层上两层的框架柱采用型钢混凝土，提高其极限承载力及延性。

（2）支撑拱连接体的框架柱、剪力墙端柱及其下一层采用矩形钢管混凝土柱，并提高其抗震等级至特一级。

（3）连接体拱压杆采用矩形钢管混凝土拱，拱拉杆采用矩形钢管，两者等效弹性中震作用下的应力比均控制为小于 0.7，抗震等级分别定义为特一级和一级，提高其极限承载力及延性。

（4）连接体上、下层楼盖内设置水平钢桁架，连接体楼板开裂后水平桁架仍能有效传递水平力，协调约束两塔楼的水平及扭转。

（5）拱体下弦拉杆上、下面标高处在塔楼内设置厚度均为 150mm 的双层楼板，使拱脚作用在塔楼的推力更有效地传至核心筒及剪力墙。

（6）连接体拱拉杆受力分析时不考虑连接体楼板的作用，拉力全部由拉杆承担，即使楼板开裂退出工作，拉杆仍满足承载力要求。

（7）采用小震、中震计算包络结果，如包络结果为构造配筋，则构件配筋按规范要求的最小配筋率提高 10%～30%配置。

抗震性能目标细化 **表 3-1**

项目		小震	中震	大震
性能水准		1	3	4
层间位移角限值		1/800	—	1/150
关键构件	转换层楼板、标准层连接薄弱位置楼板、连廊楼板	弹性	受弯、受剪弹性	受剪不屈服（等效弹性计算）
	转换梁、加强区剪力墙、加强区框支柱、连接体对应塔楼及其下一层柱		[轻微损坏] 按《广东高规》取值，$\eta=1.05$，$\xi=0.87$（弯、拉）、0.74（压、剪）	[部分构件中度损坏] 正截面：变形不超过中度损坏 斜截面：满足截面受剪条件
	拱压杆、拱下弦拉杆、连接体钢吊柱		压弯、拉弯、受剪弹性，拱压杆、拱下弦拉杆应力比小于 0.7	[轻微损坏] 正截面、斜截面不超过轻微损坏
	拱脚节点		受弯、受剪弹性	受弯、受剪弹性（等效弹性计算）
普通竖向构件	除上述关键构件外的竖向构件	弹性	[轻微损坏] 按《广东高规》取值，$\eta=1.00$，$\xi=0.87$（弯、拉）、0.74（压、剪）	[部分构件中度损坏] 正截面：变形不超过中度损坏 斜截面：满足截面受剪条件
耗能构件	框架梁、剪力墙连梁	弹性	[轻微损坏] 按《广东高规》取值，$\eta=0.70$，$\xi=0.87$（弯、拉）、0.74（压、剪）	[中度损坏、部分比较严重损坏] 正截面：变形不超过中度损坏

3.2 分析结果

3.2.1 小震和风荷载作用计算及结果分析

（1）小震计算及结果分析

采用 YJK 和 MIDAS/Building 软件对结构进行常遇地震作用（小震）下弹性反应谱静力计算分析，计算考虑偶然偏心地震作用、双向地震作用、扭转耦联及施工模拟，考虑到地下室顶板无大开洞，且为普通现浇钢筋混凝土梁板体系，地下一层与首层侧向刚度比大于2，故取地下室顶板作为结构计算嵌固端，结构模型如图 3-1 所示，两个软件的计算结果基本接近，YJK 弹性反应谱静力计算得到的双塔及单塔前四周期见表 3-2。

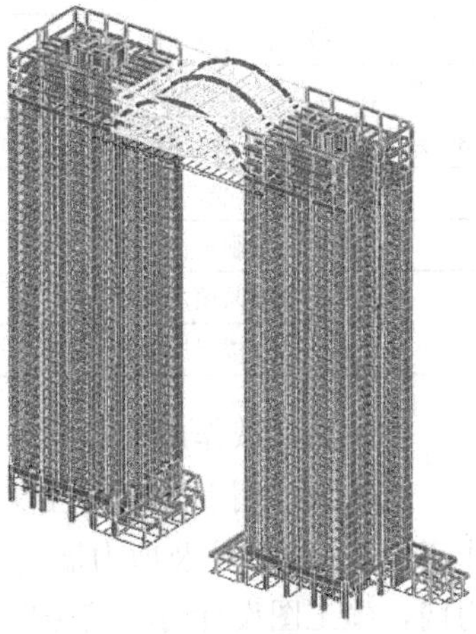

图 3-1 YJK 结构模型

由表 3-2 可见，单塔计算结果前三周期分别为 3.98（扭转）、3.60（Y 向）、3.41（X 向），第 1 扭转/第 1 平动周期=1.11，结构扭转刚度相对抗侧刚度偏小，增加了连接体的双塔连体结构第 1 扭转/第 1 平动周期=0.32，表明连接体对塔楼的扭转约束较大，同时，由于连接体宽度达到 32.25m，由楼板应力分析可见连接体内楼板剪应力较小。

结构前四周期计算结果 表 3-2

周期	双塔	单塔
T_1	3.99（Y） （X=0.00，Y=1.00，T=0.00）	3.98（扭转） （X=0.02，Y=0.31，T=0.67）
T_2	3.74（Y） （X=0.16，Y=0.54，T=0.30）	3.60（Y） （X=0.01，Y=0.66，T=0.33）
T_3	3.60（X） （X=0.84，Y=0.10，T=0.06）	3.41（X） （X=0.97，Y=0.03，T=0.00）
T_4	1.28（扭转） （X=0.05，Y=0.00，T=0.95）	1.05（扭转） （X=0.06，Y=0.01，T=0.93）

YJK 弹性反应谱静力计算双塔主要结果见表 3-3。由分析结果可知，连体结构的周期比、层间位移角、楼层侧向刚度比、转换层与上一层等效剪切刚度比、刚重比、顶点风振加速度均满足《高层建筑混凝土结构技术规程》JGJ 3—2010（下文简称《高规》）或《广东高规》的要求；结构基底剪重比计算结果不满足规范要求，但可根据规范进行调整；连接体下两层的竖向构件受剪承载力比不满足规范要求，但后续等效大震分析表明其受剪承载力满足大震受剪要求；最大位移比<1.20，满足《高规》不应大于 1.40 的限值要求。

小震和风荷载作用下的主要计算结果 表 3-3

项目	限值	计算值	
		X 向	Y 向
基底剪重比	≥1.57%、1.47%	1.29%	1.31%
地震作用下最大层间位移角	≤1/800	1/1141（20 层）	1/1036（28 层）

续表

项目	限值	计算值	
		X 向	Y 向
风荷载作用下最大层间位移角	≤1/800	1/2566（20 层）	1/1423（25 层）
最大扭转位移比	≤1.4	1.10（3 层）	1.13（3 层）
最小楼层侧向刚度比	≥1.0	1.13（33 层/34 层）	1.14（34 层/35 层）
转换层等效剪切刚度比（2 层/3 层）	≥0.5	0.5893	0.5174
39 层（连接体下一层）与 40 层侧向刚度比	≥1.0	1.29	1.35
最小楼层受剪承载力比	≥80%	0.62（38 层/39 层）	0.66（38 层/39 层）
刚重比	≥1.4	3.397	2.706
顶点风振加速度	≤0.15	0.049	0.066
最大楼层质量比	≤1.5	2.19（39 层/40 层）	

（2）风荷载作用下竖向构件抗拉验算分析

风荷载作用下，框支柱及剪力墙拉力与混凝土抗拉承载力标准值之比 $N/(f_{tk} \cdot A)$ 均小于 1.0，表示柱及剪力墙均满足风荷载作用下的抗拉要求。对于风荷载作用下受拉的剪力墙，施工图设计时将其竖向分布筋配筋率按规范要求提高 1.2 倍执行。

3.2.2　中震计算及结果分析

（1）中震整体计算分析

本项目采用《广东高规》的方法进行中震验算，控制各类构件在中震作用下的受弯及受剪承载力满足第 3 水准要求，验算过程不考虑风荷载、抗震等级相关增大系数、荷载分项系数、承载力抗震调整系数，水平地震影响系数 α_{max} 取 0.23，阻尼比混凝土取 0.06、钢取 0.02，连梁刚度折减系数取 0.4。

计算结果表明，中震作用下 X、Y 两个方向基底剪力分别为 57237kN 和 56038kN，为小震作用基底剪力的 2.83 倍和 2.73 倍，地震力计算结果合理；X、Y 向层间位移角最大值为 1/388 和 1/334，小于 2.87 倍弹性层间位移角限值（1/278），满足性能目标要求。

（2）构件配筋计算结果分析

由计算结果可知，框支柱及底部 1 层、2 层剪力墙端柱配筋率均小于 5%，转换梁最大配筋率小于 2.5%；转换梁上的 3 层、4 层部分剪力墙端部竖向钢筋配筋率较大，配筋率大于 5%的在施工图设计时按“抗弯等效”原则增设型钢；5～38 层剪力墙端部竖向配筋率均小于 5%；连接体楼层范围内与连接体相连的方钢管混凝土柱，其承载力有较大富余，故仍为构造配筋，其余框架柱及剪力墙端部竖向钢筋配筋率均小于规范限值 5%的要求；除 3 层、4 层剪力墙水平钢筋配筋率部分达到 2%外，其他楼层的柱箍筋及剪力墙水平筋均在合理计算范围。

（3）中震竖向构件抗拉验算

中震作用下，1 层、2 层框支柱、剪力墙的拉力与混凝土抗拉承载力标准值之比 $N/(f_{tk} \cdot A)$ 最大值为 1.50、大部分小于 1.0，3 层剪力墙 $N/(f_{tk} \cdot A)$ 最大为 3.12。对 $N/(f_{tk} \cdot A)>1.0$ 的受拉剪力墙，将其竖向分布筋配筋率加大至 1.0%，并对其端柱在中震作用下的计算配筋值放大 1.2 倍执行；对个别受拉严重的剪力墙在端部配置型钢，并按 3.0%的配筋率配置暗柱纵筋。

3.2.3 大震验算及结果分析

（1）大震等效弹性验算及结果分析

结构采用大震等效弹性方法，验算结构竖向构件是否满足最小受剪截面的要求。由计算结果可知，1层、2层竖向构件剪压比均小于抗剪截面限值 $0.15f_cbh$ 的要求；3层部分、4层少量剪力墙剪压比不满足受剪截面限值要求，分析其原因，大部分剪力墙在3层结构平面转换，一段支承于框支柱、一段支承于转换梁的剪力墙，在竖向荷载作用下，转换梁变形使剪力墙产生较大的剪力，导致剪压比超出受剪截面限值要求，再往上一层即4层的剪力墙剪压比仅剩个别超出限值要求，施工图设计时针对3层、4层剪压比超限的剪力墙按“抗剪等强”的原则在墙端部增加型钢，达到满足剪压比限值的要求，并提高剪力墙的受剪承载力；40层刚度减小，质量增加，且剪力墙减少，但竖向构件剪压比仍满足截面限值要求。

（2）大震弹塑性验算及结果分析

选取天然波一 Hector Mine_NO_1786、天然波二 San Fernando_NO_68、人工波 ArtWave-RH1TG035 进行大震弹塑性分析，经比较，各组波满足“在统计意义上相符”的要求，各组波按主方向：次方向＝1：0.85 双向输入，持时不小于25s，三条波 X、Y 向基底剪力平均值与小震的基底剪力比值为5.41和3.91，处于合理范围。

计算结果表明，转换位置的位移、位移角曲线未出现突变，抗侧刚度变化合理，上部连体层位移曲线变化较大，存在突变情况。通过对时程分析全过程的观察，得知构件裂缝发展及塑性铰发展的过程如下：连梁、框架梁首先受弯屈服出现塑性铰，并在受力较大的中上部位首先出现，逐渐向上下延伸发展；当梁铰发展到一定程度后，剪力墙的受力逐步增大，在转换层上层的局部位置开始出现弯曲裂缝，最终少部分墙肢出现轻微至中度损伤；1层、2层加强区剪力墙仅部分出现轻微损伤；个别框支柱出现塑性铰，大部分处于弹性状态；转换梁、转换层及连接体楼板，在时程分析全过程仅局部出现轻微损伤，满足“部分构件中度损伤”的性能目标。最终时刻各构件的损伤状态如图3-2所示。

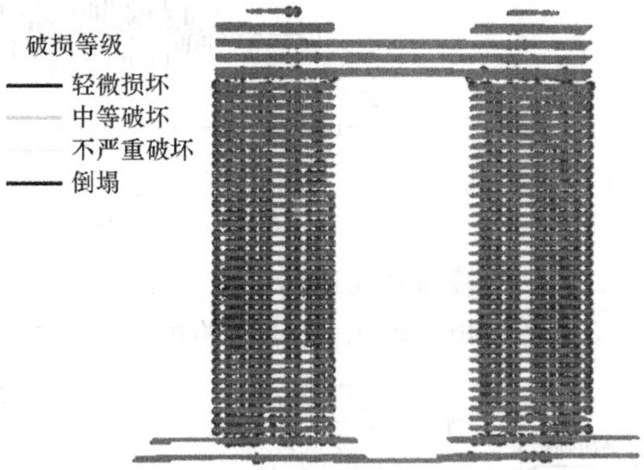

图3-2 构件损伤状态云图

3.2.4 连接体专项分析

（1）楼层之间吊柱与拉梁、楼层梁的连接形式分析

设计比较了吊柱与拉梁、楼层梁的连接为铰接和刚接的两种方案，铰接方案连接体如图3-3所示。两个方案中，地震作用下连接体所在的40层、41层及屋面层的层间位移角及塔楼最大位移角、顶点最大位移均基本相同，拱体在竖向荷载及水平地震作用下的弯矩及轴力变化均不大，说明两个方案对塔楼整体和拱体的受力影响基本一致。地震作用下，铰接方案支承连接体的塔楼剪力墙端柱的剪力是刚接方案的0.58～0.66倍，竖向荷载作用下，刚接方案吊柱与下层拉梁及楼层梁相交位置的弯矩及剪力较大，而铰接方案的弯矩为零、剪力较小，说明铰接方案连接体支承柱及吊柱的受力较小、受力更为有利。根据比较结果，采用吊柱与拉梁、楼层梁铰接的方案。

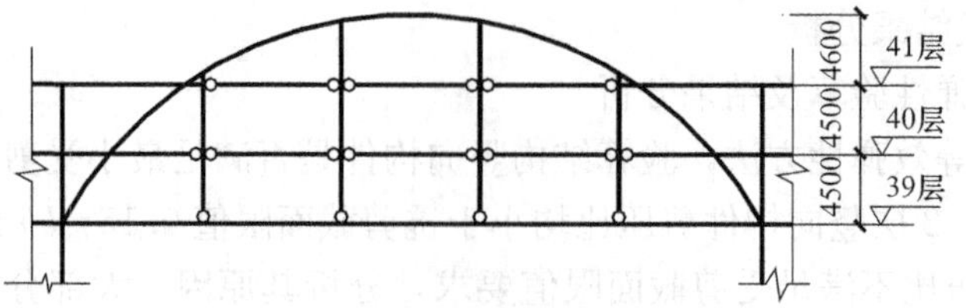

图 3-3　铰接方案连接体示意图

(2) 温度应力计算及分析

温度作用的分项系数、组合系数、准永久系数分别为 1.4、0.6、0.4，混凝土应力松弛系数取 0.3，连接体部分所在楼层温差按±20℃考虑。计算结果表明，升温时 40 层最大拉应力为 2.3MPa，位于塔楼范围内，施工图设计时楼板配筋同时叠加温度应力的作用，在升温和降温两种工况中，40 层、41 层及屋面层连接体楼板压应力均小于 4.4MPa，远小于混凝土抗压强度标准值 f_{ck}=20.1MPa。

(3) 连接体楼板竖向振动及舒适度分析

根据舒适度计算要求，计算楼板自振频率时活荷载按 0.5kN/m^2 取值，计算得到 40 层、41 层的自振频率为 6.31Hz、5.04Hz，均满足规范不低于 3Hz 的要求；计算竖向振动峰值加速度时按单人行走激励在楼盖施加移动荷载并取最大值，计算得到 40 层、41 层峰值加速度为 116mm/s^2、94mm/s^2，均满足规范不大于 150mm/s^2 的要求。41 层楼板节点振动峰值加速度时程曲线如图 3-4 所示。

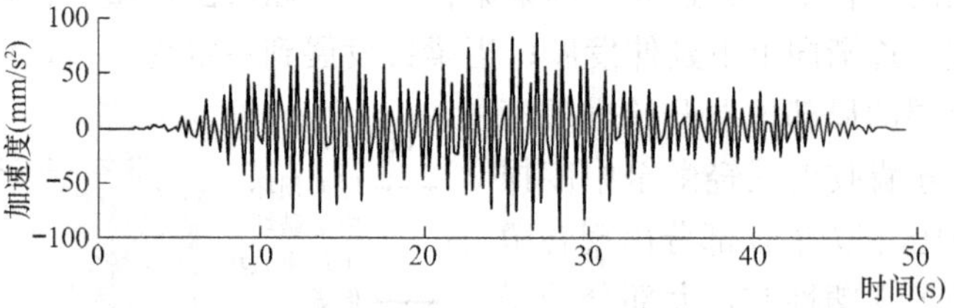

图 3-4　41 层楼板节点振动峰值加速度时程曲线

(4) 连接体竖向地震分析

按《高规》第 4.3.14 条的规定对连接体进行竖向地震作用计算。本项目采用振型分解反应谱方法，且 $\alpha_{vmax}=0.65\alpha_{max}$，设计地震分组按第一组采用。由 YJK 软件计算得到的 39 层、40 层、41 层连体层地震作用系数分别为 4.98%、5.11%、5.10%，小于规范限值 8%，设计时由程序自动调整放大竖向地震作用系数至 8%。

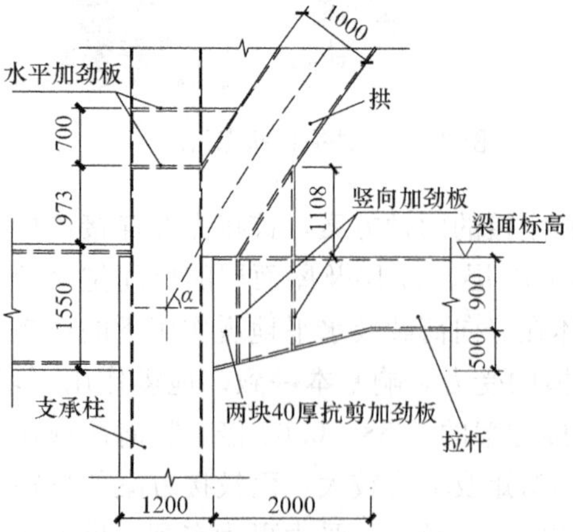

图 3-5　拱脚节点示意图

(5) 拱脚节点受力分析

拱脚节点如图 3-5 所示。除采用有限元分析节点的应力外，还采用简化的偏于安全的包络计算方法验算节点的受弯、受剪承载力。拱压杆大震弹性计算得到的压力 N 分解为水平力 $H=N\cdot\cos\alpha$ 和竖向力 $V=N\cdot\sin\alpha$，α 为拱脚中心线与水平方向的夹角，水平力 H 不考虑上柱型钢柱内混凝土的抗剪作用，全部由上柱型钢水平受剪承载力及压杆与拉梁的水平相交焊缝承载力承担，竖向力 V 全部由拉杆端部竖向受剪承载力承担，拉杆端部内需另加设两块 $t=40\text{mm}$、$h=1200\text{mm}$ 受剪竖板，可满足拉杆端部受剪承载力要求。

(6) 连接体挠度验算

由上述计算结果可知，最大挠度 1/550 发生在 40 层次梁跨中，小于混凝土规范限值 1/300，满足规范要求。

4 抗震设防专项审查意见

2018 年 3 月 14 日，在南海区国土城建和水务局会议室召开了“南海之门”超限高层建筑工程抗震设防专项审查会，刘维亚总工程师任专家组组长。与会专家听取了佛山市岭南建筑设计咨询有限公司关于该工程抗震设防设计的情况汇报，审阅了送审资料。经讨论，提出审查意见如下：

(1) 建议采用国际通用软件复核大震动力弹塑性分析结果。

(2) 补充连体结构考虑三向地震作用的大震计算分析。

(3) 转换层结构布置复杂，补充框支梁、框支柱及节点的有限元分析，并根据分析结果采取相应的加强措施；对部分剪力墙偏置的转换梁应补充专门分析和相应构造措施。

(4) 塔楼底部落地剪力墙偏少，建议适当增加落地剪力墙。

(5) 明确连体拱各构件的节点连接方式，选择符合实际的结构计算模型，按计算结果采取相应的加强措施。

(6) 补充计算横风向风振和扭转风振。

(7) 补充计算跃层框支柱的稳定性，采取相应加强措施。

审查结论：通过。

5 点评

(1) 本项目存在 5 项体型不规则，为带转换的连体超 B 级高度的超限结构，结构设计针对项目特点进行详细的分析，根据计算结果在受力大的框支柱、转换梁、转换层之上的剪力墙和框架柱以及支承连接体的剪力墙端柱内设置型钢，满足设定的性能目标要求，结构方案经济合理，抗震性能良好。

(2) 连接体采用了一种较新颖的拱体结构形式，并比较了拱连接体内吊柱与拉梁和楼层梁的刚接与铰接对拱以及其他构件的受力影响，确定了吊柱与拉梁和楼层梁采用铰接的方案，为类似项目提供参考。

61 昭信联创中心

关　　键　　词：大底盘双塔结构；超B级高度；大跨度；舒适度；穿层柱
结构主要设计人：丁钢成　古宝铖　林俊兴　王世涛　丁勇成　韩秀华
设　计　单　位：佛山市岭南建筑设计咨询有限公司

1　工程概况与设计标准

昭信联创中心位于广东省佛山市南海区桂城街道平洲，为商业、办公超高层公共建筑综合体，总建筑面积约16.8万m^2。地下2层，主要是停车库及设备用房，地上至主屋面的高度为190.5m，由两栋对称布置的超高层塔楼组成（1栋45层，2栋44层，顶部层高略有差异，层数相差1层，下述均按45层表述），1～4层裙楼为商业，6～45层塔楼为办公及办公式公寓。建筑效果图如图1-1所示，建筑剖面图如图1-2所示，场地布置关系简图如图1-3所示，主要建筑平面图如图1-4所示。

图1-1　建筑效果图

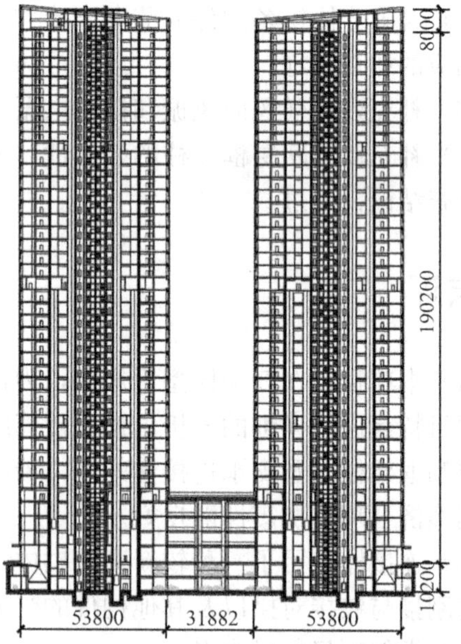

图1-2　建筑剖面图

本项目抗震设防烈度7度，场地类别Ⅱ类，设计地震分组为第一组，设计基本地震加速度0.1g，特征周期0.35s，±0.000至裙楼屋面部位为重点设防（乙类），其余部位为标准设防（丙类），结构位移计算时风压取0.50kN/m^2，承载力计算时考虑风力互相干扰的群体效应，风压增大系数取1.1。

地质资料揭示本场地地质情况由上而下分别为人工填土、粉砂、淤泥质土及全风化、强风化、中风化、微风化岩，根据上部结构竖向构件轴力大小，结合地质情况，本工程基础采用大直径混凝土灌注桩，桩端持力层为微风化岩，其天然湿度单轴极限抗压强度 f_{rp} = 15MPa，桩径 0.8～2.8m，单桩竖向承载力特征值取 4300～61000kN。

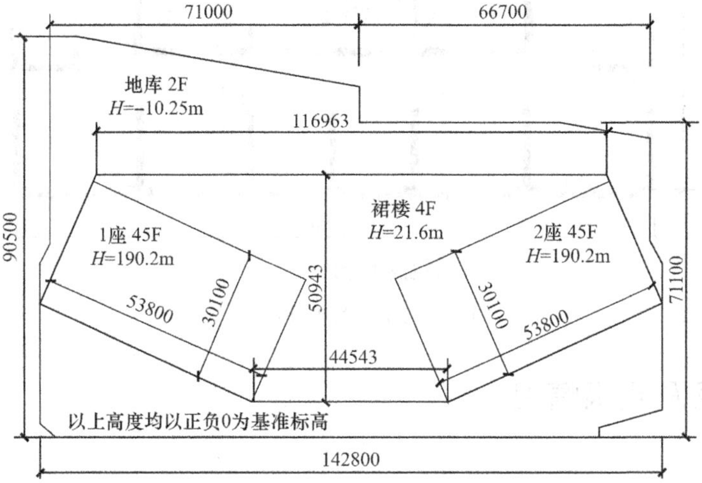

图 1-3　场地布置关系简图

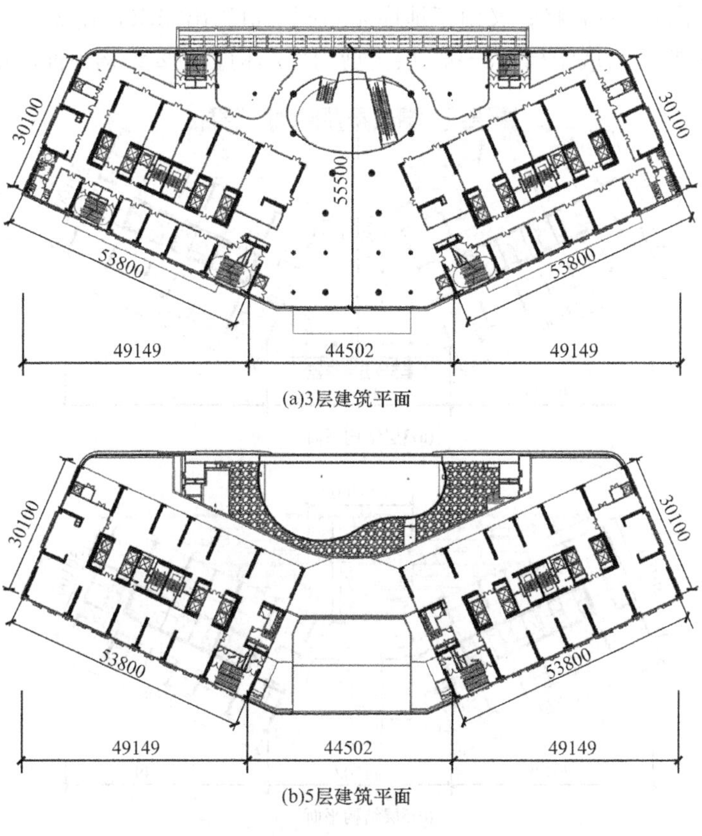

图 1-4　主要建筑平面图（一）

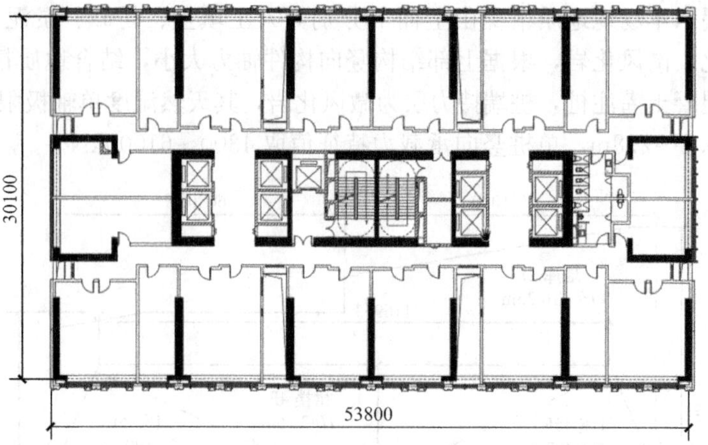

(c)标准层建筑平面

图 1-4　主要建筑平面图（二）

2　结构体系及超限情况

2.1　结构体系

本项目为两个对称单塔组成的大底盘双塔结构，由于南面大堂入口大开间高空间需求，在 3 层结构平面进行转换；又由于地库东西面车道进出需求，在 2 层结构平面进行转换；1～4 层为框架-剪力墙结构，5～45 层为剪力墙结构。主要结构平面图如图 2-1 所示。

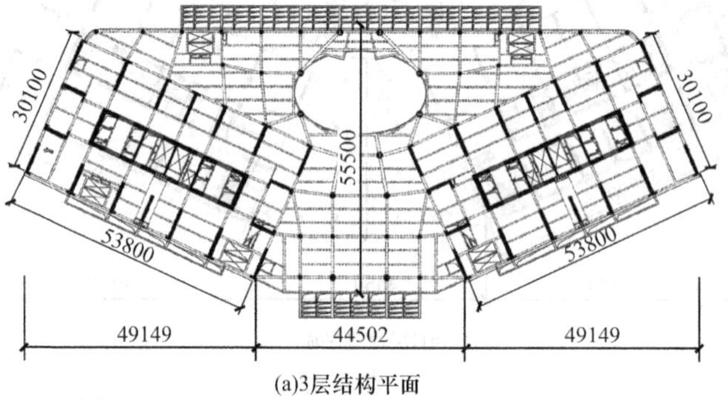

(a)3层结构平面

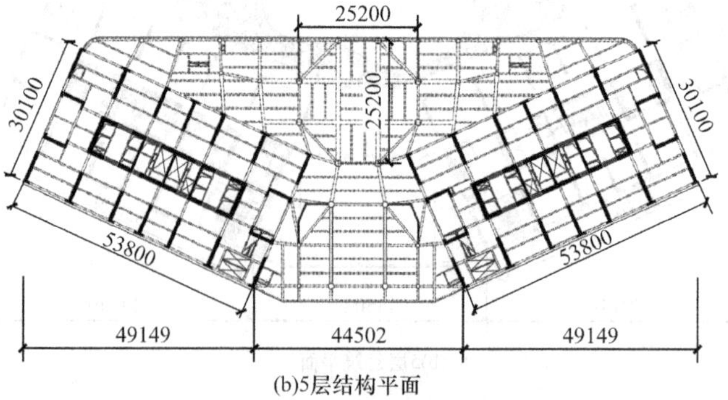

(b)5层结构平面

图 2-1　主要结构平面图（一）

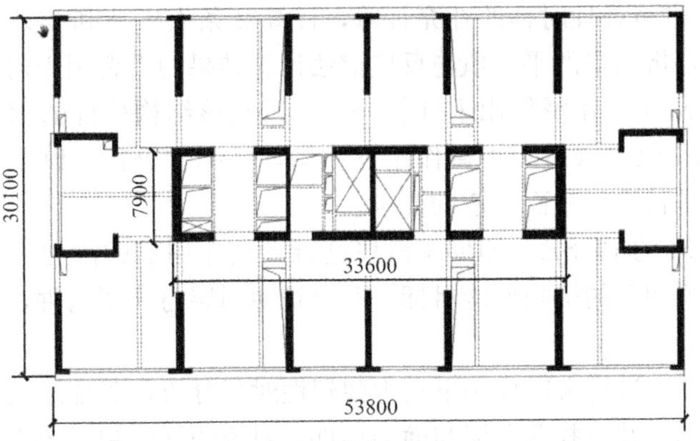

(c)标准层结构平面

图 2-1 主要结构平面图（二）

1～4 层剪力墙厚 400～900mm，框架圆柱截面直径 800～1300mm，框支柱采用型钢混凝土柱，截面尺寸为 1200mm×3000mm 和 1500mm×2200mm；5～11 层剪力墙厚 250～800mm；12～22 层剪力墙厚 250～650mm；23～33 层剪力墙厚 250～500mm；34 层～屋顶层剪力墙厚 250～400mm。裙楼层框架梁主要截面尺寸为 250mm×800mm、400mm×800mm；2、3 层转换梁采用型钢混凝土梁，截面尺寸为 2200mm×2000mm、3000mm×2000mm；5 层双向大跨度梁采用型钢混凝土梁，截面尺寸为 900mm×1500mm；6 层～屋顶层框架梁主要截面尺寸为 300mm×800mm、300mm×1300mm，连梁主要截面尺寸为墙厚×800mm。

2.2 结构超限情况

本项目自室外地面至主要屋面的结构高度为 190.5m，抗震设防烈度 7 度，主要采用钢筋混凝土剪力墙结构体系，其中裙楼部分为框架结构，局部存在框支转换结构和大跨度框架结构，存在尺寸突变（大底盘对称双塔，收进尺寸大于 25%）、楼板不连续（2 层结构平面有效宽度为 40%<50%）、构件间断（主要承重剪力墙在 2 层和 3 层结构平面转换）、局部不规则（首层存在部分穿层柱）4 项不规则，属于特别不规则的超 B 级高度超限结构。

3 超限应对措施及分析结论

3.1 超限应对措施

针对本项目超限情况，采取了如下计算分析及抗震加强措施。

3.1.1 分析模型及分析软件

（1）结构计算采用空间有限元程序 PKPM、YJK 分别进行整体计算，考虑扭转耦联的振型分解反应谱法，对比分析验证，保证计算结果的准确和完整。

（2）采用 PKPM 分别计算温度工况和中震时的楼板应力，寻找薄弱部位，并对薄弱部位制订相应的加强措施。

（3）采用 YJK 进行弹性时程的补充计算，计算 2 条人工波和 5 条天然波下的结构响应，取地震波时程分析结果的平均值与反应谱法计算结果的大者用于构件设计。

（4）采用 PKPM 进行中震作用下计算分析，以复核结构构件的承载力是否满足抗震性能目标要求；采用 PKPM 进行大震作用下结构等效弹性分析，以复核剪力墙底部加强部位墙肢的剪压比是否满足截面限值的要求。

（5）采用 PKPM 的 PUSH&EPDA 模块进行大震作用下的静力弹塑性分析，验证结构能否满足“大震不倒”的抗震性能目标，并寻找薄弱层与薄弱构件，对薄弱部位制订相应的加强措施。

（6）采用 STRAT 进行大震作用下动力弹塑性时程分析，验证结构能否满足“大震不倒”的抗震性能目标，并寻找薄弱层与薄弱构件，对薄弱部位制订相应的加强措施。

（7）采用 PKPM 对大跨度部位进行小震作用下的竖向地震作用分析，考虑竖向地震作用对大跨度构件受力的影响，使大跨度构件满足竖向地震、水平地震、重力荷载同时作用下的承载力要求。

（8）采用 STRAT 进行大跨度楼盖舒适度分析，验证大跨度部位能否满足竖向加速度和最小频率的舒适性目标要求。

（9）采用 MIDAS/Gen 进行穿层柱的屈曲分析，求得穿层柱的屈曲模态和临界荷载系数，通过欧拉失稳公式反算计算长度系数。

（10）对单塔和双塔进行上述的分析计算，其中楼板应力分析、竖向地震作用和楼盖舒适度分析主要对双塔进行，比较分析单塔与双塔的受力特性异同，关键构件按单塔和双塔的小震、中震和大震作用下计算结果包络配筋，竖向构件和耗能构件按单塔和双塔的小震、中震作用下计算结果包络配筋。

3.1.2 抗震设防标准、性能目标及加强措施

根据本工程的超限情况、结构特点和经济性要求，本工程按性能目标 C 的要求设计，计算方法依据《高层建筑混凝土结构技术规程》JGJ 3—2010（下文简称《高规》）在多遇地震（小震）作用下满足第 1 抗震性能水准的要求，在设防地震（中震）作用下满足第 3 抗震性能水准的要求，在罕遇地震（大震）作用下满足第 4 抗震性能水准的要求，结构及构件实现抗震性能要求的层间位移角、承载力设计及截面限值要求见表 3-1。

抗震性能目标细化 **表 3-1**

项目		小震	中震	大震
性能水准		1	3	4
层间位移角限值		1/1000	—	1/120
关键构件	底部加强区剪力墙	弹性	受弯不屈服、受剪弹性	部分受弯屈服、受剪不屈服（等效弹性计算）
	转换柱和转换梁		受弯不屈服、受剪弹性	受弯不屈服、受剪不屈服（等效弹性计算）
普通竖向构件	除上述关键构件外的竖向构件	弹性	受弯不屈服、受剪弹性	部分受弯屈服、满足受剪截面验算（等效弹性计算）
耗能构件	框架梁、剪力墙连梁	弹性	部分受弯屈服、受剪不屈服	大部分屈服

采取的抗震加强措施：

（1）底部加强区剪力墙分布筋最小配筋率构造加强至0.5%，提高其极限承载力及延性。

（2）转换柱、转换梁采用型钢混凝土，被转换剪力墙由于其剪应力超出受剪截面要求，采用钢骨剪力墙，提高其极限承载力及延性。

（3）部分剪力墙在中震作用下出现拉应力，应力较小且均小于混凝土受拉强度标准值，对该类墙肢的竖向分布筋最小配筋率加强至0.5%，提高其极限承载力及延性。

（4）部分纯混凝土剪力墙在大震作用下剪压比超限，采用钢骨剪力墙进行抗剪措施处理，提高其极限承载力及延性。

（5）裙楼超长尺寸，存在大开洞和大跨度，根据中震作用下弹性楼板应力分析、温度和重力组合下楼板应力分析，加厚裙楼楼盖至150mm，并采用双层双向拉通配筋，局部薄弱部位另加钢筋。

（6）裙楼双向大跨度（25.2m×25.2m）框架梁采用型钢混凝土，加强刚度和强度，提高其极限承载力及延性。

（7）主塔楼X向的A轴和F轴短墙肢按框架柱的抗震构造措施进行构件设计。

（8）裙楼穿层柱经计算分析，计算长度系数均小于1.25，按计算长度系数1.25进行构件设计；主楼穿层转换柱经计算分析，计算长度系数为1.87，按实际的计算长度系数进行构件设计。

3.2 分析结果

3.2.1 小震和风荷载作用计算及结果分析

（1）小震计算及结果分析

采用PKPM和YJK软件对结构进行常遇地震（小震）作用下弹性反应谱静力计算分析，计算考虑偶然偏心地震作用、双向地震作用、扭转耦联及施工模拟，考虑到地下室顶板无大开洞，且为普通现浇钢筋混凝土梁板体系，地下一层与首层侧向刚度比大于2，故取地下室顶板作为结构计算嵌固端，结构模型如图3-1所示。两个软件的计算结果基本接近，PKPM弹性反应谱静力计算主要结果如表3-2、表3-3所示。

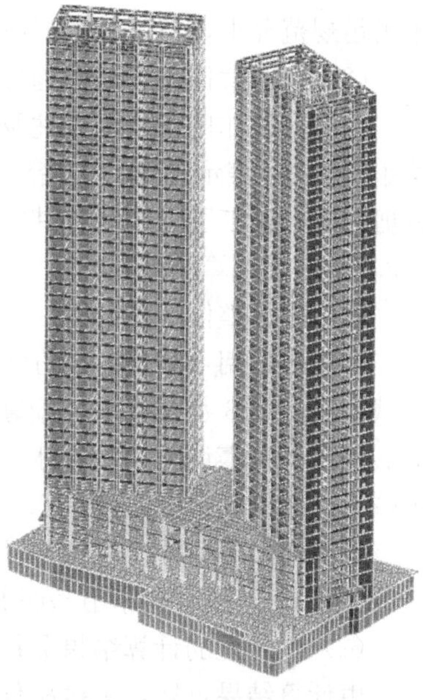

图3-1 PKPM结构模型

结构前6周期计算结果 表3-2

周期	计算结果	周期	计算结果	周期	计算结果
T_1	4.4809（1座Y）	T_3	3.8947（1座X）	T_5	3.3564（1座扭转）
T_2	4.3227（2座Y）	T_4	3.6013（2座X）	T_6	3.2599（2座扭转）

主要计算结果 表3-3

项目	限值	计算值	
		X向	Y向
基底（结构首层）剪重比	≥1.49%、1.34%	1.11%	1.11%
地震作用下最大层间位移角	≤1/1000	1/1205（25层）	1/1132（29层）

续表

项目	限值	计算值	
		X向	Y向
风荷载作用下最大层间位移角	≤1/1000	1/2117（24层）	1/1235（28层）
规定水平力作用下最大扭转位移比	≤1.4	1.08	1.03
考虑层高修正的最小楼层侧向刚度比	≥1.0	1.0	1.0
最小楼层受剪承载力比	≥75%	0.99（3层）	0.98（3层）
刚重比	≥1.4	2.63	2.19
顶点风振加速度	≤0.15	0.018	0.026
最大楼层质量比	≤1.5	1.24（3层）	

小震静力弹性整体计算结果小结：周期比、层间位移角、位移比、楼层侧向刚度比、楼层受剪承载力比、刚重比、顶点风振加速度和楼层质量比均满足《高规》或广东省标准《高层建筑混凝土结构技术规程》DBJ 15—92—2013的要求；结构的基底剪重比计算结果不满足规范要求，但可根据规范进行调整。

（2）风荷载作用下竖向构件抗拉计算分析

在风荷载作用下，框支柱及剪力墙拉力与混凝土受拉承载力标准值之比$N/(f_{tk} \cdot A)$均小于1.0，表示柱及剪力墙均可满足风荷载作用下的抗拉要求，对于风荷载作用下受拉的剪力墙，施工图设计时将其竖向分布筋配筋率按规范要求提高1.2倍执行。

3.2.2　中震计算及结果分析

（1）中震整体计算分析

本项目采用《高规》的方法进行中震验算，控制各类构件在中震作用下的受弯及受剪承载力满足第3水准要求，验算过程不考虑风荷载、抗震等级相关增大系数、荷载分项系数、承载力抗震调整系数，水平地震影响系数α_{max}取0.23，阻尼比混凝土取0.06、钢取0.02，连梁刚度折减系数取0.5。

计算结果表明，中震作用下X、Y两个方向基底剪力分别为49807.55kN和50826.34kN，为小震作用基底剪力的2.51倍和2.57倍，地震力计算结果合理。

（2）构件配筋计算结果分析

由计算结果可知，关键构件和普通竖向构件均满足受弯不屈服和受剪弹性，耗能构件受弯和受剪均不屈服。其中部分剪力墙的受弯计算配筋和受剪计算配筋比小震时大，部分框架梁和连梁的受剪计算配筋比小震时大。框架柱及剪力墙端部竖向钢筋配筋率均小于规范限值5%的要求；除2～6层部分剪力墙水平钢筋配筋率部分达到2.2%，其他部位的柱箍筋及剪力墙水平筋均在合理计算范围。

（3）中震竖向构件抗拉验算

中震作用下，1～4层部分剪力墙的拉力与混凝土受拉承载力标准值之比$N/(f_{tk} \cdot A)$最大值为0.73，小于1.0。对于受拉剪力墙，将其竖向分布筋配筋率加大至0.5%。

3.2.3　大震验算及结果分析

（1）大震等效弹性验算及结果分析

结构采用大震等效弹性方法，由计算结果可知，底部加强区剪力墙可满足受剪不屈服，其余剪力墙满足受剪截面要求，框支转换梁和转换柱均满足受弯不屈服和受剪不屈服，耗能构件大部分屈服。其中部分剪力墙的受剪计算配筋比小震和中震时大。

（2）大震静力推覆验算及结构分析

在结构性能点处，最大层间位移角为 X 向 1/139、Y 向 1/199，均满足限值 1/120 的要求。经查小、中、大震性能点处的结构损伤分布图，小震时保持弹性工作状态，中、大震时部分耗能构件的塑性铰陆续开展。大震作用下结构体系通过构件屈服进入弹塑性阶段，起到较好的耗能作用，表明本结构体系具有一定的延性。底部结构转换处，转换梁、转换柱在小、中、大震性能点均处于弹性状态，无损伤。

（3）大震弹塑性验算及结果分析

选取天然波一 L0202、天然波二 SAN-FERNANDO-193、人工波 RH3TG035 进行大震弹塑性分析。经比较，各组波满足“在统计意义上相符”的要求，各组波按主方向：次方向＝1：0.85 双向输入，持时不小于 25s，三条波 X、Y 向基底剪力平均值与小震的基底剪力比值为 4.28 和 5.12，处于合理范围。

计算结果表明，X 方向最大层间位移角为 1/196（1 座）和 1/235（2 座）；Y 方向最大层间位移角为 1/188（1 座）和 1/149（2 座）。通过时程波历时分析可见：核心筒连梁屈服出现早、范围大、程度深，有效耗能；框架梁大面积屈服，有效耗能；核心筒底部墙肢局部轻微受弯屈服；外围剪力墙底部局部轻微受弯屈服；外框柱柱底均未出现拉力；框支转换梁端出现轻微损伤，框支转换柱无损伤；裙楼屋顶大跨度部位结构梁柱未见损伤；裙楼楼板应力局部较大，局部部位屈服。最终时刻各构件的损伤状态如图 3-2 所示。

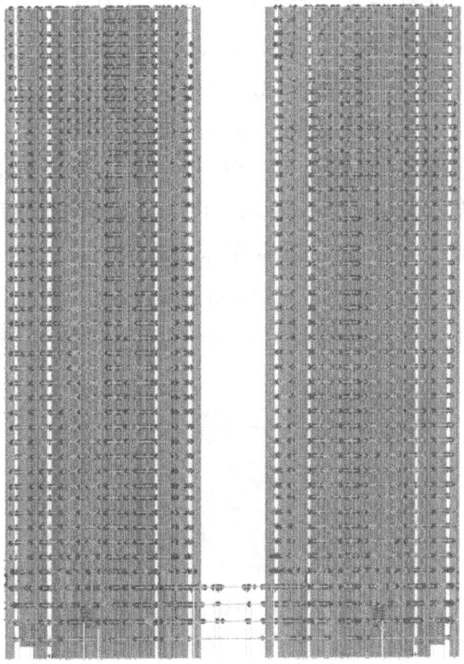

图 3-2　构件损伤状态云图

（圆点处为损失状态）

3.2.4　专项分析

（1）温度和重力作用应力计算及分析

温度作用的分项系数、组合系数、准永久系数分别为 1.4、0.6、0.4，混凝土应力松弛系数取 0.3，大底盘部分温差按±20℃考虑。计算结果表明，大底盘裙楼最大拉应力为 3.5MPa，位于塔楼范围内，施工图设计时楼板配筋同时叠加温度应力的作用，在升温和降温的两种工况中，大跨度部位楼板压应力均小于 8.0MPa，远小于混凝土抗压强度标准值 f_{ck}＝20.1MPa。

（2）大跨度楼盖竖向振动及舒适度分析

根据舒适度计算要求，计算楼盖自振频率时活荷载按 0.5kN/m^2 取值，计算得到 5 层大跨度楼盖第 1 阶振型模态自振频率为 3.8Hz，满足规范不低于 3Hz 的要求；计算竖向振动峰值加速度时，按单人行走激励在楼盖施加移动荷载并取最大值，计算得到该处峰值加速度为 0.018m/s^2，均满足规范不大于 0.15m/s^2 的要求。单人行走峰值加速度时程曲线如图 3-3 所示。

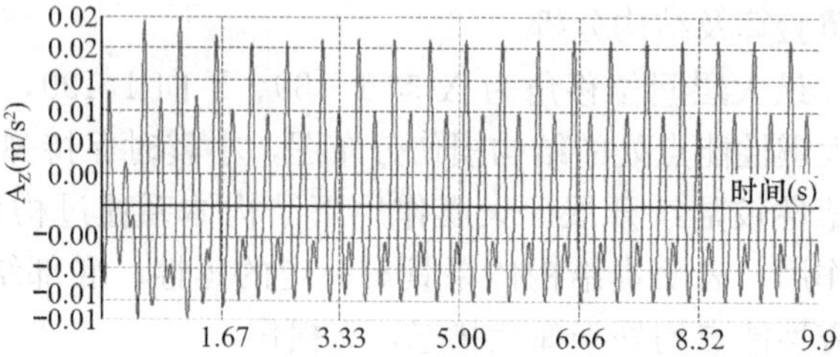

图 3-3 单人行走峰值加速度时程曲线

(3) 大跨度楼盖竖向地震分析

按《高规》第 4.3.14 条的规定对大跨度楼盖进行竖向地震作用计算。本项目采用振型分解反应谱法进行计算，且 $\alpha_{vmax}=0.65\alpha_{max}$，设计地震分组按第一组采用。由 PKPM 软件计算得到 5 层地震作用系数为 6.3%，小于规范限值 8%，设计时由程序自动调整放大竖向地震作用系数至 8%。

(4) 穿层柱稳定分析

本项目存在较多穿层柱，以入口大堂处转换柱为研究对象，应用 MIDAS/Gen (2014) 进行模拟分析，在该柱顶端施加单位集中力，如图 3-4 所示。通过计算分析，得到屈曲模态状况如图 3-5 所示。图 3-6 中第 1 阶模态即为穿层柱首先出现的屈曲模态，临界荷载系数为 461593，对应临界荷载 $P_{cr}=461593$kN。利用欧拉失稳公式反算计算长度得出 $\mu L=20.92$，由于 1～2 层高共 11.2m，则计算长度系数 $\mu=1.87$，该柱按曲屈分析的计算长度系数输入进行计算，结构柱整体完好，由此可判定本工程穿层柱截面合理。

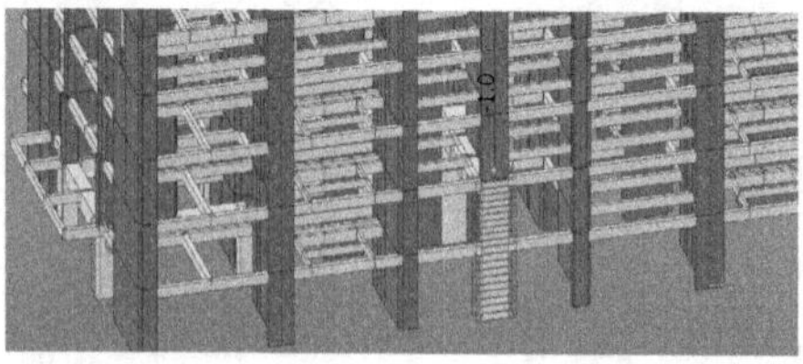

图 3-4 柱顶施加节点荷载

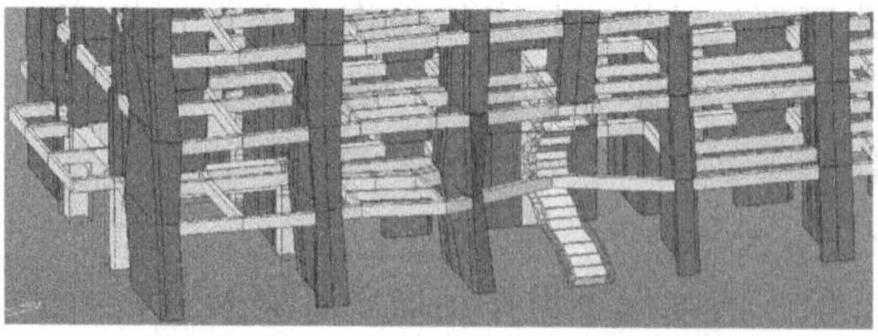

图 3-5 屈曲模态

模态	ux	uy
模态	特征值	容许误差
1	461592.748145	4.3094e-079
2	494906.640302	3.0173e-075
3	636362.395779	7.8126e-066
4	699050.552298	1.5380e-061
5	807545.464665	2.1837e-055
6	1011148.855325	1.8126e-049
7	1146935.816274	4.1116e-043
8	1662352.730858	1.4407e-027
9	1746887.963435	1.8076e-026
10	1769716.818332	9.0473e-026
11	1838294.171155	1.0872e-022
12	2284760.970166	1.3535e-016
13	2324282.780459	6.8682e-016
14	2424074.612705	1.0598e-016
15	2650813.075997	4.2645e-012

图 3-6 临界荷载系数图

4 抗震设防专项审查意见

2017 年 4 月 7 日，在南海区国土城建和水务局（住建）会议室召开了“昭信联创中心”超限高层建筑工程抗震设防专项审查会，周定教授级高工任专家组组长。与会专家听取了佛山市岭南建筑设计咨询有限公司关于该工程抗震设防设计的情况汇报，审阅了送审资料。经讨论，提出审查意见如下：

(1) 结构安全等级可取二级，裙房以上塔楼的抗震设防类别可取丙类，裙房框架的抗震等级应取特一级。

(2) 塔楼 X 方向 A 轴、F 轴剪力墙应满足框架柱的抗震构造措施要求。

（3）补充小震弹性时程分析楼层剪力放大系数及位置；中震验算时连梁刚度折减系数0.3偏小；穿层柱屈曲分析结果不合理，应检查，补充穿层柱大震作用下柱顶位移及重力的稳定验算。

（4）抗震性能验算中，中震受拉墙肢的加强措施应细化；剪压比不满足最小受剪截面要求，采取措施后应补充复核。楼板开洞位于两塔楼之间，宜加厚和加强配筋。

（5）地下室置于液化砂层上对抗震不利，应复核桩基础的抗震承载力并进行加强。

（6）结构高宽比较大，应考虑横风效应。

审查结论：通过。

5 点评

（1）本项目存在4项体型不规则，为带转换的大底盘超B级高度超限结构，结构设计针对项目特点进行详细的分析，根据计算结果在受力大的框支柱、转换梁、剪力墙内设置型钢，满足设定的性能目标要求，结构方案经济合理，抗震性能良好。

（2）将型钢混凝土应用于大跨度楼盖竖向舒适度的控制，为类似项目提供参考。

第3篇　住宅建筑

62 龙光南澳香域海景高层公寓

关　　键　　词：高烈度区；高风压；超限结构；抗震措施
结构主要设计人：周越洲　林　凡　丁少润　李加成　孙孝明　李国清
设　计　单　位：华南理工大学建筑设计研究院有限公司

1　工程概况及设计标准

1.1　工程概况

龙光南澳香域海景高层公寓项目位于汕头市南澳县环岛路旁，主要使用功能为住宅和公寓，总建筑面积约 13.76 万 m^2。通过设置抗震缝，将建筑分为 1 号楼、2-A 号楼和 2-B 号楼。其中，1 号楼裙楼 5 层，2-A 号楼裙楼 7 层，2-B 号楼裙楼 6 层，主要使用功能为停车库；裙楼以上的塔楼均为 30 层，1 号楼结构高度为 118m，2-A 号楼结构高度为 125.3m，2-B 号楼结构高度为 119.5m。各塔楼效果图如图 1-1 所示。

图 1-1　项目效果图

1.2　设计标准

1.2.1　设计使用年限、安全等级及抗震设防类别

本工程的结构设计使用年限为 50 年，安全等级为二级，结构重要性系数为 $\gamma=1.0$。本工程抗震设防类别为丙类。

1.2.2　主要荷载参数

（1）风荷载

结构位移计算采用 50 年一遇的基本风压 $w_0=0.80\text{kN/m}^2$，承载力设计时按基本风压的 1.1 倍采用，地面粗糙度类别为 A 类，体型系数取 1.4。

由于本工程位于山坡上，根据《建筑结构荷载规范》GB 50009—2012 第 8.2.2 条的规定，风压高度变化系数 μ_z 除按平坦地面的粗糙度类别确定外，还应考虑山坡地形条件下风压高度变化系数的修正系数 η，经计算，该修正系数取为 1.15。

（2）地震作用

本工程的抗震设防烈度为 8 度，设计基本地震加速度值为 0.20g，场地类别Ⅱ类，地震分组第二组，特征周期 $T_g=0.40$。

由于本工程位于非岩石和强风化岩石的边坡上，除保证其在地震作用下的稳定性外，尚需考虑不利地段对设计地震动参数的放大作用，根据《建筑抗震设计规范》GB 50011—

2010（2016 年版）（下文简称《抗规》）计算得到地震作用放大系数为 1.15。

1.2.3　基础设计

本工程采用人工挖孔灌注桩基础，桩径为 1200mm，单桩竖向受压承载力特征值为 10000kN，桩端持力层为中风化短柱状花岗岩，要求其单轴饱和抗压强度标准值不小于 25MPa。桩身混凝土强度等级为 C40。

2　结构体系及超限情况

2.1　结构体系

本项目 1 号楼、2-A 号楼和 2-B 号楼的结构体系相同，整体刚度、构件尺寸等基本一致，由于篇幅所限，下面仅以 1 号楼进行详细介绍。

图 2-1　1 号楼结构模型

1 号楼结构高度为 118m，裙楼 5 层，采用钢筋混凝土框架-剪力墙结构，6 层及以上楼层采用钢筋混凝土剪力墙结构（存在四个框架柱）。由于四个框架柱不能落在 5 层及以下楼层，需在 5 层楼板面转换，转换层采用梁板结构。剪力墙厚度为 200～600mm，混凝土强度等级为 C50～C40，底部框架柱截面为 600mm×600mm～800mm×800mm，混凝土强度等级为 C45～C40。

裙楼 1～4 层主要使用功能为停车库，主要混凝土梁截面为 400mm×(700～800)mm，楼板厚度一般为 120mm；5 层局部托柱转换梁截面为 900mm×1400mm，与托住转换梁相邻楼板厚度为 180mm；塔楼主要梁截面为 200mm×400mm、200mm×500mm 等，楼板厚度一般为 100mm；电梯厅和楼梯厅位置的楼板厚度为 150mm。结构模型及标准层结构平面如图 2-1、图 2-2 所示。

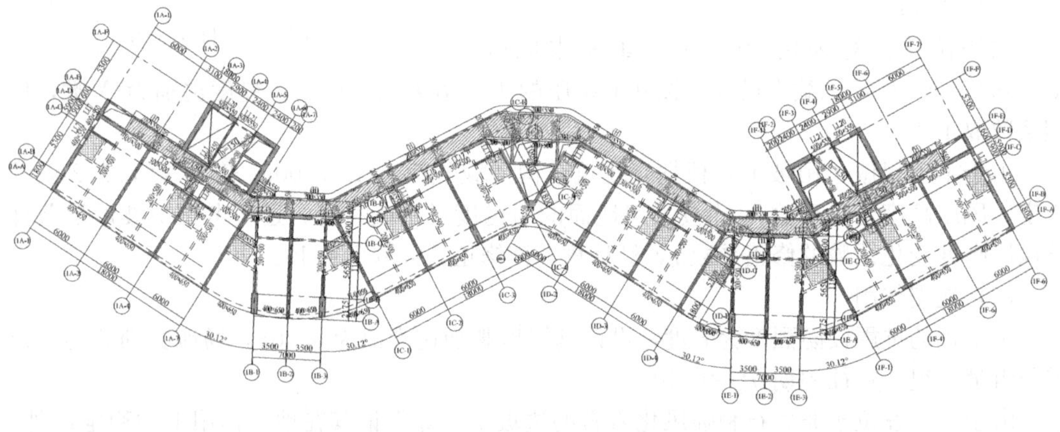

图 2-2　1 号楼标准层结构平面图

2.2 结构超限情况

本工程 1 号楼结构高度为 118m，裙楼采用框架-剪力墙结构，塔楼采用剪力墙结构，按照广东省标准《高层建筑混凝土结构技术规程》DBJ 15—92—2013（下文简称《广东高规》）第 3.3.1 条：抗震设防烈度 8 度剪力墙结构 B 级高度钢筋混凝土高层建筑适用的最大高度为 130m，本工程属 B 级高度的高层建筑。不规则判别如表 2-1 所示。

三项及以上不规则判别　　表 2-1

序号	不规则类型	规范定义及要求	本工程情况	超限判定
1a	扭转不规则	考虑偶然偏心的扭转位移比大于 1.2	裙楼：X 向：1.24，Y 向：1.31 塔楼：X 向：1.08，Y 向：1.30	是
1b	偏心布置	偏心率大于 0.15 或相邻层质心相差大于相应边长 15%	有	是
2a	凹凸不规则	平面凹凸尺寸大于相应边长 30%等	无	否
2b	组合平面	细腰形或角部重叠形	无	否
3	楼板不连续	有效宽度小于 50%，开洞面积大于 30%，错层大于梁高	塔楼局部楼板有效宽度为 52.3%	否
4a	刚度突变	相邻层刚度变化大于 70%（按高规考虑层高修正时，数值相应调整）或连续三层变化大于 80%	X 向：1.00，Y 向：1.00	否
4b	尺寸突变	竖向构件收进位置高于结构高度 20%且收进大于 25%，或外挑大于 10%和 4m，多塔	5 层 Y 向剪力墙外挑 0.9m，$B_1/B=9.25/8.35=1.10$	否
5	构件间断	上下墙、柱、支撑不连续，含加强层、连体	局部托柱转换梁设置于 4 层	是
6	承载力突变	相邻层受剪承载力变化大于 80%	X 向：0.81（1）； Y 向：0.82（1）	否
7	局部不规则	如局部的穿层柱、斜柱、夹层、个别构件错层或转换，或个别楼层扭转位移比略大于 1.2 等	无	否

本项目 1 号塔楼为高度 118m 的钢筋混凝土剪力墙结构，属 B 级高度高层建筑，存在扭转不规则（偏心布置）及构件间断 2 项不规则，需进行抗震设防专项设计。

3 超限应对措施及分析结论

3.1 超限应对措施

1 号塔楼存在扭转不规则（偏心布置）及构件间断，属 B 级高度的超限高层建筑，设计中对结构计算分析和抗震措施两方面进行了加强，保证结构整体安全可靠，关键构件具备足够的延性，具体措施如下：

（1）按照《高层建筑混凝土结构技术规程》JGJ 3—2010 结构抗震性能设计要求，设定结构抗震性能目标为 D 级。

（2）进行了小震作用下的弹性动力时程分析，并和小震作用下的振型分解反应谱法计算结果进行对比，地震作用效应取两者规定值的较大值结果。

（3）根据规范反应谱，采用 YJK 软件进行整体计算，要求构件满足预定的中震不屈服的性能目标。

（4）采用 Perform-3D 弹塑性分析程序进行罕遇地震作用下的整体分析，判断结构和构件在大震作用下对应的性能水准，以验证结构能够实现“大震不倒”的设防目标。

（5）扭转不规则（偏心布置）及构件间断的加强措施：

1）加强裙楼楼板，采用双层双向通长配筋；

2）验算裙楼角部框架柱的受剪承载力；

3）验算局部穿层柱的压弯承载力；

4）X 向截面高厚比不大于 4 的短墙肢按框架柱的抗震构造。

（6）一字形墙的加强措施

一字形墙作为边缘构件的墙端暗柱长度不应小于 3 倍墙厚，暗柱的体积配箍率不应小于 1.5%，箍筋的直径不小于 10mm，间距不大于 100mm，暗柱纵筋的配筋率不小于 1.5%。

（7）底部加强区剪力墙的加强措施

底部加强区核心筒剪力墙中震压弯和受剪不屈服，在罕遇地震作用下的剪应力水平不超过 $0.167f_{\mathrm{ck}}$；重点关注大震作用下剪力墙受压区边缘的混凝土最大压应变是否小于极限压应变，确保混凝土不压溃；提高底部加强区剪力墙水平分布筋配筋率至 0.6%，提高底部加强区剪力墙竖向分布筋配筋率至 1.2%，约束边缘构件的配筋率不小于 1.5%。

3.2 抗震性能目标

本工程结构预期的抗震性能目标要求达到 D 级，相应小震、中震和大震作用下的结构抗震性能水准分别为水准 1、水准 4 和水准 5。关键构件为底部加强部位剪力墙、局部框支柱和框支梁，普通竖向构件为非底部加强部位剪力墙、裙楼框架柱，耗能构件为连梁及框架梁。各构件性能水准具体分述如表 3-1 所示。

结构构件抗震性能水准　　表 3-1

结构构件	性能要求		多遇地震	设防地震	罕遇地震
关键构件	底部加强部位剪力墙	压弯	弹性设计	不屈服	可屈服，但压区混凝土不压溃
		剪	弹性设计	不屈服	受剪截面尺寸复核
	局部框支柱、框支梁、框支墙	压弯	弹性设计	不屈服	可屈服，但压区混凝土不压溃
		剪	弹性设计	不屈服	受剪截面尺寸复核
普通竖向构件	普通剪力墙	压弯	弹性设计	不屈服	可屈服，但压区混凝土不压溃
		剪	弹性设计	不屈服	受剪截面尺寸复核
	裙楼框架柱	压弯	弹性设计	不屈服	可屈服，但压区混凝土不压溃
		剪	弹性设计	不屈服	受剪截面尺寸复核
耗能构件	框架梁	弯	弹性设计	可屈服，但压区混凝土不压溃	可屈服，但压区混凝土不压溃
		剪	弹性设计	不屈服	—
	连梁	弯	弹性设计	可屈服，但压区混凝土不压溃	可屈服，但压区混凝土不压溃
		剪	弹性设计	不屈服	—

3.3 分析结果

3.3.1 小震和风荷载作用分析结果

本项目 1 号塔楼结构采用 YJK 软件进行小震和风荷载分析，并采用 ETABS 软件进行校核，主要计算结果如下：

(1) 结构刚重比满足规范要求，可不考虑重力二阶效应的不利影响。

(2) 最大值扭转位移比为 X 向：1.23（3 层）、Y 向：1.43（3 层），但裙楼楼层（3 层）层间位移角为 1/1839，不大于《广东高规》中层间位移角限值的 0.5 倍时，扭转位移比可适当放松为不大于 1.6，1 号塔楼的扭转位移比满足要求。

(3) 1 号塔楼结构的楼层侧向刚度比、本层与相邻上层的受剪承载力比均满足要求。

(4) 1 号塔楼结构高度为 118m，Y 向顺风作用下层间位移角限值为 1/680，Y 向地震作用下层间位移角限值为 1/741，不满足《广东高规》关于层间位移角限值 1/800 的要求。

根据《建筑抗震设计规范》GB 50011—2010（2016 年版）第 5.5.1 条规定，以弯曲变形为主的高层建筑，计算弹性层间位移角时，可扣除结构整体弯曲变形。

1 号塔楼采用剪力墙结构，计算结果显示，结构弯曲变形明显，扣除结构整体弯曲变形后，地震作用下最大有害层间位移角为 1/3088，风荷载作用下最大有害层间位移角为 1/4723，满足规范要求。另外，根据《汕头香域海景项目结构风荷载及风振响应分析报告》，风洞试验结果 M_x 和 M_y 值均小于规范结果的 80%，风洞试验的顶点峰值加速度为 0.08m/s^2，满足《广东高规》第 3.7.6 条舒适度的要求。

(5) 裙楼的框架部分承受的地震倾覆力矩不大于结构总地震倾覆力矩的 10%，按剪力墙结构设计，框架部分按框架-剪力墙的框架进行设计。

(6) 底部单片剪力墙承担的水平剪力均不大于结构底部总水平剪力的 30%，满足《广东高规》第 8.1.7 条的规定。

(7) X 向、Y 向地震剪力满足最小剪重比的限值要求，不需进行剪重比调整。

3.3.2 中震等效弹性分析结果

采用 YJK 进行中震不屈服性能化设计与验算，包括竖向构件受剪承载力验算、竖向构件正截面承载力验算以及连梁、框架梁的受剪承载力验算。计算结果表明：采用抗震加强措施，且取小震弹性计算配筋、中震等效弹性计算配筋两者的包络值，可满足其中震性能水准 4 的要求。

3.3.3 大震动力弹塑性分析结果

运用 Perform-3D 对结构进行罕遇地震作用下的弹塑性分析，了解在罕遇地震作用下，结构构件进入塑性阶段的程度以及结构整体在罕遇地震作用下的抗震性能，进而寻找结构薄弱环节。主要计算结果如下：

(1) 整体结构计算结果

罕遇地震作用下首层地震剪力与小震时程的比值为 3～3.6，滞回耗能约占总耗能量的 30%～55%，表明结构在大震作用下基本处于强非线性状态；在滞回能耗中，框架梁和连梁约占 90%～95%，剪力墙耗能约占 5%～10%，柱基本不参与耗能，可见梁是主要的耗能构件；结构最大层间位移角为 1/128，均小于 1/120。

综上所述，整体结构满足预定的性能目标要求。

(2) 构件层次计算结果

在罕遇地震作用下，从各构件损伤图可得到以下结论：

1) 框架梁及连梁为主要耗能构件，基本都出现塑性铰，大部分梁处于轻度损坏和中度损坏水平，极个别端部转角较大，达到严重损伤。

2）裙楼钢筋混凝土柱受压、受拉均不超过轻微损伤；满足受剪最小截面尺寸的要求。

3）在裙楼高度范围内大部分剪力墙受压不超过轻微损伤，部分剪力墙受压达到轻度损伤；由于体型收进，在裙楼上一层部分剪力墙受压达到中度损伤，端角部墙肢受压达到重度损伤，但其最大压应变约为0.002，混凝土并未压溃；上部楼层的剪力墙受压不超过轻微损伤。

4）各层剪力墙的钢筋受拉不超过轻微损伤；在底层、裙楼上一层钢筋最大拉应变约为0.003，小于钢筋极限受拉应变0.01。

5）剪力墙剪应力水平均小于0.167f_{ck}，满足剪力墙剪压比的要求。

综上所述，构件均满足设定的性能目标要求。

4 抗震设防专项审查意见

2018年10月16日，汕头市住房和城乡建设局在华南理工大学东四3楼会议室主持召开了“香域海景项目”超限高层建筑工程抗震设防专项审查会，韩小雷教授任专家组组长。与会专家听取了华南理工大学建筑设计研究院有限公司关于该工程抗震设防设计的情况汇报，审阅了送审资料。经讨论，提出审查意见如下：

（1）补充场地地质灾害评估报告。

（2）小震、中震包络设计后，应确保构件实现“强剪弱弯”。

（3）宜增加结构耗能连梁的设置。

（4）应加强±0.00标高以下结构构造，细化±0.00以下结构受力分析，使±0.00以下竖向构件承载力强于±0.00标高以上相应的竖向构件承载力。

（5）补充复核桩受剪和受压弯承载力，加强桩抗震配筋构造，适当增加桩入岩深度，确保桩作为结构的嵌固端。

审查结论：通过。

5 点评

（1）本工程位于高烈度区，抗震设防烈度为8度，且位于非岩石和强风化岩石的边坡上，需考虑不利地段对地震的放大作用；本工程位于海边，基本风压大，且需考虑风压高度变化系数的放大。综上，本工程承受的风荷载和地震作用均较大。

（2）本工程1号塔楼为B级高度的高层建筑结构，裙楼采用框架-剪力墙结构，塔楼采用剪力墙结构，结构存在扭转不规则（偏心布置）及构件间断等不规则项，针对不规则项采取了针对性的加强措施。

（3）在抗震设计中，采用多种程序对结构进行了弹性、弹塑性计算分析，除保证结构在小震作用下完全处于弹性阶段外，还补充了关键构件在中震和大震作用下的验算。计算结果表明，多项指标均表现良好，满足规范的有关要求。根据计算分析结果和概念设计方法，对关键和重要构件做了适当加强，以保证在地震作用下的延性。

因此，本工程除能满足竖向荷载和风荷载作用下的有关指标外，亦满足“小震不坏、中震可修、大震不倒”的抗震设防目标，结构是可行且安全的。

63 投控·广贤汇

关　　键　　词：超限分析；动力时程分析；静力弹塑性分析；抗震性能评估
结构主要设计人：韩小雷　季　静　苏家杰　高　榛
设　计　单　位：华南理工大学建筑设计研究院有限公司

1　工程概况与设计标准

1.1　工程概况

本工程位于广东省汕尾市，总用地面积 10396m²，总建筑面积 40115.15m²。地下 2 层，为车库和设备用房，地上为沿高度逐步收进的 26 层公寓，建筑效果图如图 1-1 所示。

图 1-1　建筑效果图

1.2　抗震设计参数

抗震设计参数见表 1-1。

抗震设计参数　　表 1-1

项目	内容	项目	内容
场地类别	Ⅱ类	抗震设防类别	标准设防类
建筑结构安全等级	二级	地基基础设计等级	甲级
设防烈度	7 度（0.1g）	设计地震分组	第一组

2 结构体系及超限情况

2.1 结构体系

2.1.1 结构特点

公寓楼为V形建筑平面，两翼分别在3层、12层、18层和23层内收，形成退台，建筑立面呈阶梯状。典型层建筑平面如图2-1所示。

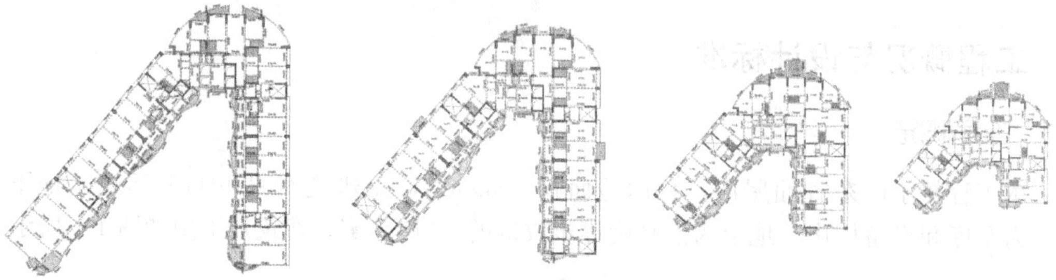

图2-1 典型层建筑平面图

2.1.2 结构体系

采用框架-剪力墙结构，地下2层，地上26层，高度88.90m。建筑平面呈V形，向上逐步收进。两翼最大尺寸为71.2m×12.2m和55.0m×12.2m，长宽比为5.84和4.51。

2.2 结构超限分析

该项目存在扭转不规则、凹凸不规则、尺寸突变等不规则情况，属于A级高度的超限高层建筑。

3 超限应对措施及分析结论

3.1 超限应对措施

3.1.1 分析软件

该项目使用YJK和ETABS（2016）进行小震弹性分析，并使用Perform-3D（7.0）进行大震弹塑性分析，最后使用PBSD（1.0）展示结构的构件性能评估结果。

3.1.2 抗震设防标准、性能目标及加强措施

（1）构件抗震性能水准

根据广东省标准《建筑工程混凝土结构抗震性能设计规程》DBJ/T 15—151—2019的规定，本工程抗震性能目标取为C级，构件抗震性能目标如表3-1所示，采用两水准（多遇地震、罕遇地震）、两阶段（多遇地震弹性承载力设计、罕遇地震承载力或弹塑性变形复核）方法进行结构抗震设计。

构件抗震性能目标 表 3-1

<table>
<tr><th colspan="3">构件类型</th><th>小震</th><th>大震</th></tr>
<tr><td rowspan="6">普通竖向构件</td><td rowspan="2">底部加强区剪力墙</td><td>控制指标</td><td>承载力设计值满足规范要求</td><td>受剪不屈服，变形不超过轻度损坏（SW3）</td></tr>
<tr><td>构件损坏状态</td><td>完好</td><td>轻度损坏</td></tr>
<tr><td rowspan="2">非底部加强区剪力墙</td><td>控制指标</td><td>承载力设计值满足规范要求</td><td>受剪满足最小截面要求，变形不超过中度损坏（SW4）</td></tr>
<tr><td>构件损坏状态</td><td>完好</td><td>中度损坏</td></tr>
<tr><td rowspan="2">框架柱</td><td>控制指标</td><td>承载力设计值满足规范要求</td><td>受剪满足最小截面要求，变形不超过中度损坏（Z4）</td></tr>
<tr><td>构件损坏状态</td><td>完好</td><td>中度损坏</td></tr>
<tr><td rowspan="4">耗能构件</td><td rowspan="2">框架梁</td><td>控制指标</td><td>承载力设计值满足规范要求</td><td>受剪满足最小截面要求，变形不超过比较严重损坏（L5）</td></tr>
<tr><td>构件损坏状态</td><td>完好</td><td>严重损坏</td></tr>
<tr><td rowspan="2">连梁</td><td>控制指标</td><td>承载力设计值满足规范要求</td><td>受剪满足最小截面要求，变形不超过严重损坏（L6）</td></tr>
<tr><td>构件损坏状态</td><td>完好</td><td>严重损坏</td></tr>
</table>

（2）抗震加强措施

剪力墙底部加强区位置为−2～2 层，底部加强区剪力墙约束边缘构件位置为−2～3 层。提高底部加强区剪力墙墙肢的延性，底部加强区剪力墙约束边缘构件纵筋配筋率不小于 1.0%，箍筋体积配箍率不小于 1.17%（轴压比大于 0.4 时）和 0.70%（轴压比不大于 0.4 时），分布筋配筋率不小于 0.25%。对罕遇地震作用下不满足受剪不屈服的墙肢，通过加大水平分布筋使其达到受剪不屈服的性能目标。底部加强区墙体约束边缘构件范围内采用箍筋替代拉筋。

对剪重比不满足要求的楼层，按规范要求乘以相应调整系数。

竖向收进楼层上下各 2 层竖向构件的抗震等级提高一级，竖向收进层楼板厚度不小于 150mm，设双层双向钢筋，配筋率不小于 0.25%，其上、下层梁板也适当加强。

增强塔楼楼板在抗侧力构件之间传递水平力的能力，各层楼板厚度不小于 100mm，按中震弹性复核竖向收进层楼板厚度及配筋，保证水平力在剪力墙和框架柱之间的可靠传递，提高结构整体性。

3.2 分析结果

3.2.1 小震弹性分析

根据计算结果，结合规范规定及结构抗震概念设计理论，可以得出如下结论：

（1）结构振型质量参与系数、风荷载和地震作用下的最大层间位移角、楼层侧向刚度比、楼层受剪承载力比、结构的刚重比以及框架柱、剪力墙轴压比满足规范要求。

（2）剪重比略小于广东省标准《高层建筑混凝土结构技术规程》DBJ 15—92—2013 的要求，不满足楼层按规范要求进行地震剪力调整。

（3）在考虑偶然偏心影响的规定水平地震力作用下，扭转位移比除 Y 向首层、2 层不满足外，其余各层及 X 向均满足《高层建筑混凝土结构技术规程》JGJ 3—2010（下文简称《高规》）要求，Y 向首层和 2 层在地震作用下的最大位移角为 1/4404 和 1/2361，远小于规范限值；结构的扭转周期比小于 0.90，满足《高规》要求。

3.2.2 罕遇地震作用下结构动力弹塑性计算及抗震性能评估

（1）罕遇地震作用下的结构宏观响应

罕遇地震作用下，结构 X 向及 Y 向最大层间位移角分别为 1/323、1/315，均满足《高规》限值要求。

（2）罕遇地震作用下的构件性能评估

通过 PBSD 软件使构件的性能评估结果可视化，连梁性能状态统计结果如图 3-1 和图 3-2 所示，底部加强区剪力墙性能状态统计结果如图 3-3～图 3-6 所示。

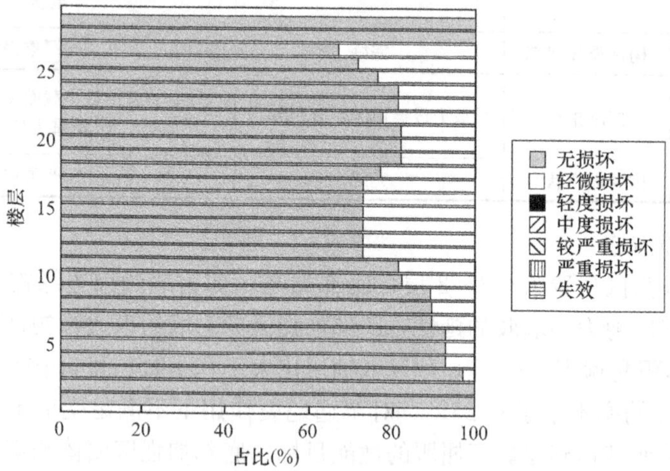

图 3-1 各楼层连梁正截面性能状态统计

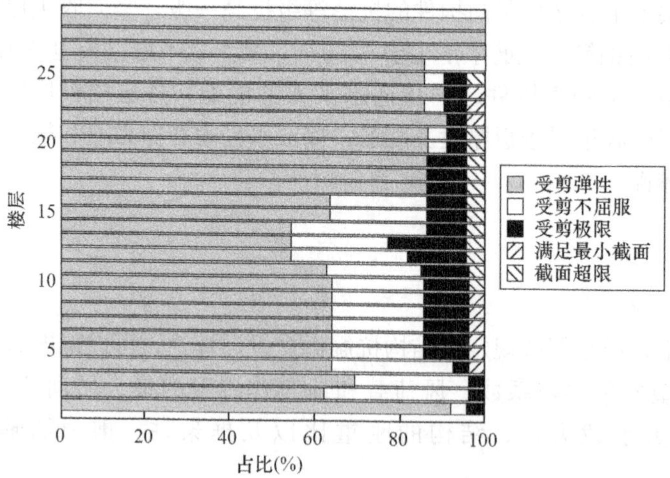

图 3-2 各楼层连梁斜截面性能状态统计

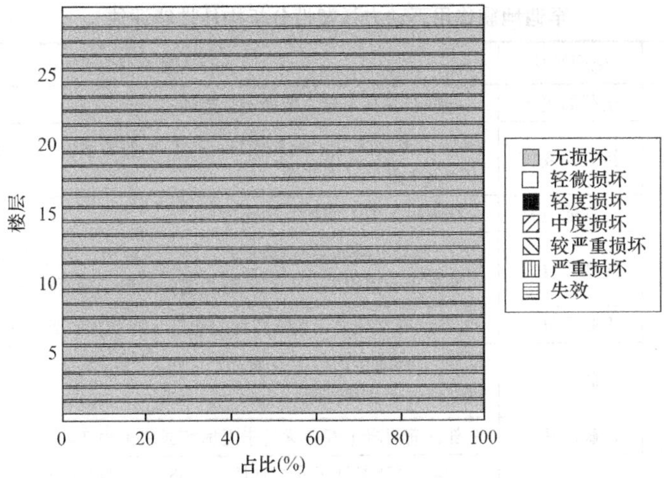

图 3-3 底部剪力墙正截面性能状态统计

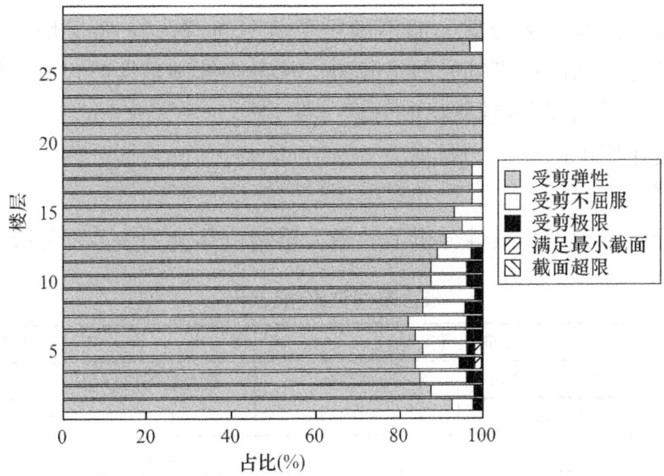

图 3-4 底部剪力墙斜截面性能状态统计

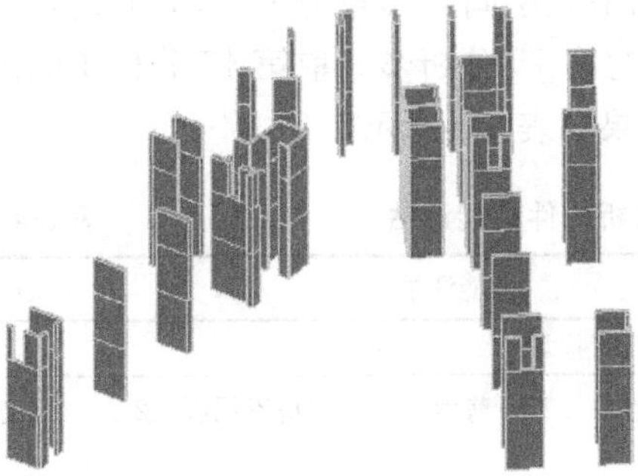

图 3-5 底部加强区剪力墙正截面性能状态

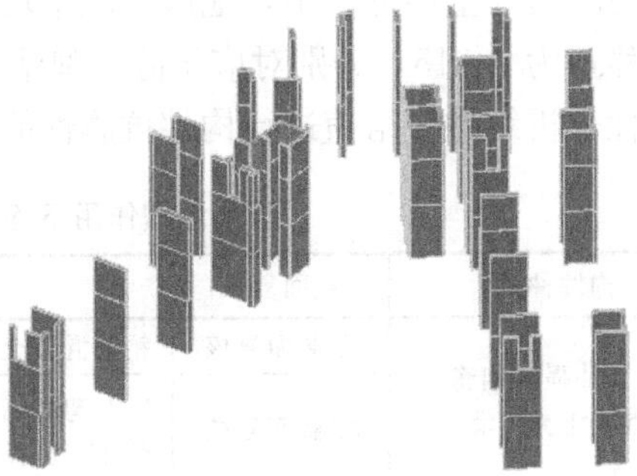

图 3-6 底部加强区剪力墙斜截面性能状态

罕遇地震作用下的构件性能评估结果如表 3-2 所示。

罕遇地震作用下动力弹塑性分析构件性能评估　　表 3-2

构件种类	截面复核	性能评估
底部加强区钢筋混凝土剪力墙	正截面复核	全部钢筋混凝土剪力墙处于无损坏
	斜截面复核	88.57%剪力墙处于受剪弹性，9.14%剪力墙处于受剪不屈服，2.29%剪力墙处于受剪极限状态
非底部加强区钢筋混凝土剪力墙	正截面复核	全部混凝土剪力墙均处于无损坏
	斜截面复核	93.03%剪力墙处于受剪弹性，5.56%剪力墙处于受剪不屈服，0.24%剪力墙处于受剪极限，0.17%剪力墙处于最小截面状态
钢筋混凝土柱	正截面复核	99.72%框架柱处于无损坏性能状态，0.28%框架柱处于轻微损坏状态
	斜截面复核	98.89%框架柱均处于受剪弹性，0.83%框架柱处于受剪不屈服，0.28%框架柱处于受剪极限
钢筋混凝土框架梁	正截面复核	全部钢筋混凝土框架梁处于无损坏或轻微损坏状态
	斜截面复核	92.24%框架梁处于受剪弹性，1.38%框架梁受剪截面超限
钢筋混凝土连梁	正截面复核	全部钢筋混凝土连梁的正截面性能状态不超过轻度损坏
	斜截面复核	2.02%连梁受剪截面超限，不超过40%

小结：底部加强区有少部分剪力墙不满足受剪不屈服，1～3 层均有分布，需对该部分剪力墙增加水平分布筋以提高其受剪承载力。其余构件满足性能水准 4 的需求。

3.2.3　结构静力弹塑性计算及屈服机制分析

（1）罕遇地震作用下的结构宏观响应

1）层间位移角

静力弹塑性分析与动力弹塑性分析下的最大层间位移角如表 3-3 所示。

最大层间位移角统计　　表 3-3

项目	X 向地震工况		Y 向地震工况	
	最大层间位移角	所在楼层	最大层间位移角	所在楼层
Push-over 正向	1/343	10	1/357	13
Push-over 负向	1/346	10	1/332	13
动力弹塑性平均值	1/323	13	1/315	14

2）罕遇地震作用下的构件性能评估

在动力弹塑性分析中，地震工况平均值下 X 向最大层间位移角为 1/323，Y 向最大层间位移角为 1/315，分别对应于静力弹塑性分析中的第 15 分析步。取第 15 分析步的静力弹塑性分析结果包络值进行构件抗震性能评估，结果如表 3-4 所示。

罕遇地震作用下静力弹塑性分析构件性能评估　　表 3-4

构件种类	截面复核	性能评估
底部加强区钢筋混凝土剪力墙	正截面复核	钢筋混凝土剪力墙均处于无损坏
	斜截面复核	92%剪力墙处于受剪弹性，5.71%剪力墙处于受剪不屈服，2.29%剪力墙处于受剪极限
非底部加强区钢筋混凝土剪力墙	正截面复核	全部混凝土剪力墙均处于无损坏
	斜截面复核	94.86%钢筋混凝土剪力墙处于受剪弹性，全部钢筋混凝土墙均满足最小截面

续表

构件种类	截面复核	性能评估
钢筋混凝土柱	正截面复核	全部框架柱均处于无损坏性能状态
	斜截面复核	96.95%框架柱均处于受剪弹性，全部框架柱均满足最小截面
钢筋混凝土框架梁	正截面复核	全部钢筋混凝土框架梁处于无损坏或轻微损坏状态
	斜截面复核	92.24%框架梁处于受剪弹性，1.59%构件无法满足最小截面要求，0.41%构件受剪截面超限
钢筋混凝土连梁	正截面复核	全部钢筋混凝土框架梁处于无损坏或轻微损坏状态
	斜截面复核	98.14%钢筋混凝土连梁均满足最小截面，72.52%连梁处于受剪弹性，1.86%钢筋混凝土连梁受剪截面超限，不超过40%

3）静力与动力弹塑性分析结果对比

本小节与3.2.2节中动力弹塑性时程分析多条波平均值下的构件性能评估结果对比，以底部加强区剪力墙和连梁的对比结果为例，分析如下。

① 底部加强区剪力墙、非底部加强区剪力墙和框架柱

对于正截面性能复核，Push-over和动力时程分析结果相同，所有构件均处于无损坏状态。对于斜截面性能复核，与动力时程分析结果相比，在Push-over分析下更多构件超过受剪弹性状态，如图3-7所示。

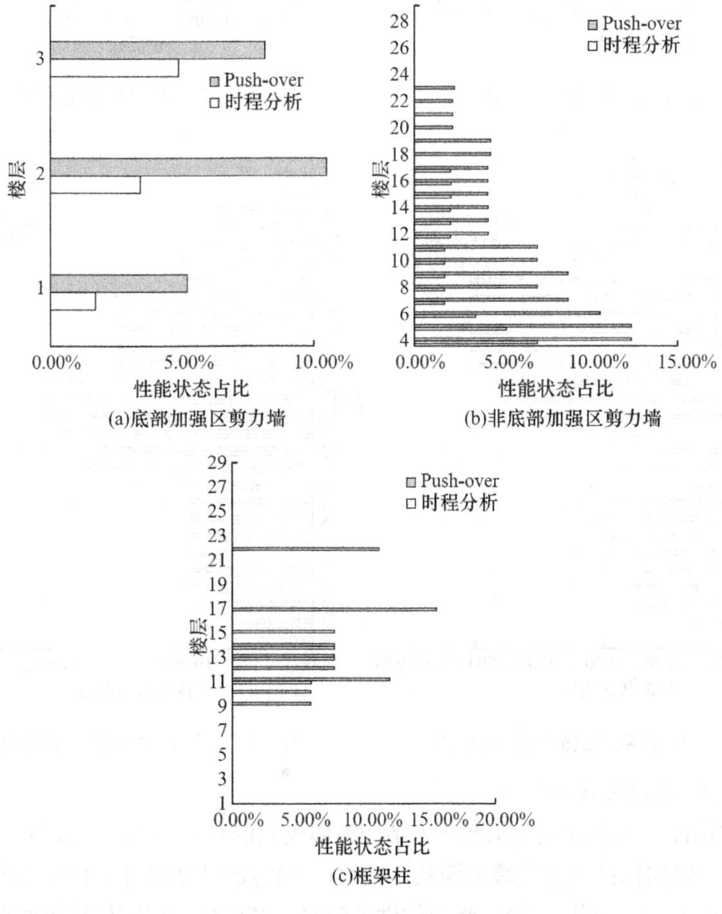

图3-7 斜截面复核对比图

② 框架梁和连梁

对于正截面性能复核，与动力时程分析结果相比，在 Push-over 分析下更多构件超过受剪弹性状态、无损坏状态。对于斜截面性能复核，与动力时程分析结果相比，在 Push-over 分析下更多构件超过受剪弹性状态，如图 3-8～图 3-11 所示。

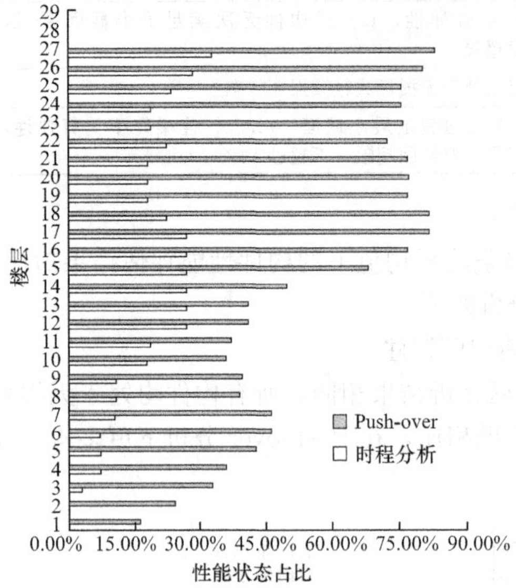

图 3-8 连梁正截面复核对比图

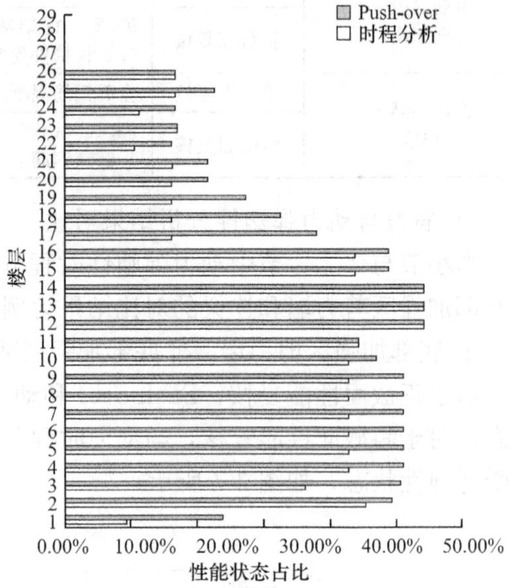

图 3-9 连梁斜截面复核对比图

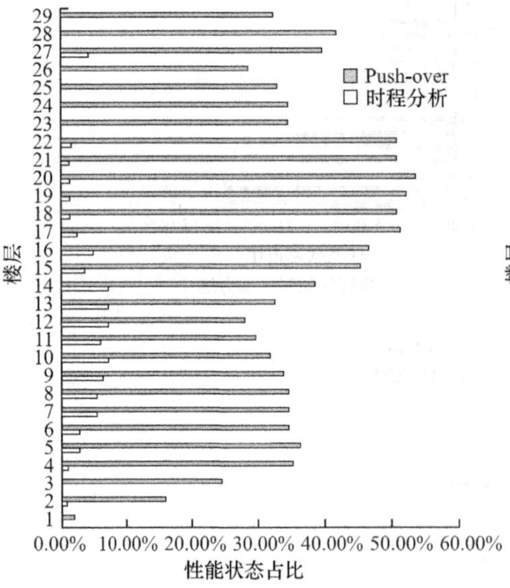

图 3-10 框架梁正截面复核对比图

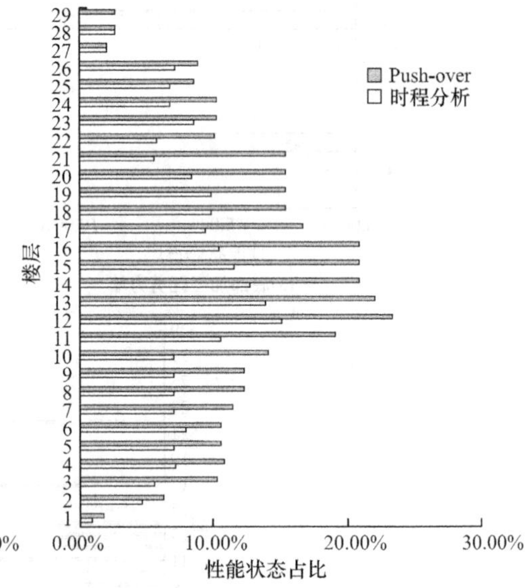

图 3-11 框架梁斜截面复核对比图

（2）结构失效时的宏观响应

以第一竖向构件进入失效性能状态作为结构整体失效的判定标准，$+X$ 及 $-X$ 加载在第 80 分析步时发生第一竖向构件（剪力墙大墙肢）失效；$+Y$ 及 $-Y$ 加载在第 90 分析步时发生第一竖向构件失效（剪力墙大墙肢）。第一竖向构件失效时，结构最大层间位移角如表 3-5 所示。

结构失效时最大层间位移角统计　　表 3-5

项目	X 向地震工况		Y 向地震工况	
	最大层间位移角	所在楼层	最大层间位移角	所在楼层
Push-over 正向	1/57	10	1/52	12
Push-over 负向	1/59	10	1/50	13

（3）结构失效时的构件性能评估

第一竖向构件失效时构件抗震性能评估结果如表 3-6 所示，可见，结构失效前连梁和框架梁进入屈服状态，部分底部剪力墙受弯屈服，呈现出良好的屈服机制。

结构失效时构件性能评估　　表 3-6

构件种类	截面复核	性能评估
底部加强区钢筋混凝土剪力墙	正截面复核	首层 26.32%剪力墙失效，大部分为小墙肢，2 层 3.51%小墙肢失效
	斜截面复核	3 层剪力墙都能满足最小截面要求，2 层个别小墙肢无法满足
非底部加强区钢筋混凝土剪力墙	正截面复核	除 4 层外全部楼层剪力墙均处于无损坏或轻微损坏状态，4 层有极个别小墙肢处于超限状态
	斜截面复核	除 6 层、7 层、8 层和 12 层外，4～22 层均有少量剪力墙无法满足最小截面要求，其他层剪力墙基本能满足最小截面要求
钢筋混凝土柱	正截面复核	底部楼层有个别框架柱处于中度损坏状态
	斜截面复核	上部楼层有个别框架柱无法满足最小截面要求
钢筋混凝土框架梁	正截面复核	结构有大量钢筋混凝土框架梁失效
	斜截面复核	结构有大量钢筋混凝土框架梁无法满足最小截面要求
钢筋混凝土连梁	正截面复核	结构中有部分钢筋混凝土连梁失效
	斜截面复核	结构上部楼层少部分钢筋混凝土连梁无法满足最小截面要求

4　抗震设防专项审查意见

（1）底部加强区宜提高至 4 层，V 形平面凹位处边缘梁和板应进一步提高其抗震性能，加强中震计算应力较大处的楼板配筋，以及收进楼盖范围的边框架梁配筋。

（2）补充以斜方向为主轴的风荷载和地震作用分析。

（3）单跨剪力墙 V 形平面凹位处剪力墙宜进行大震等效弹性分析；补充全楼弹性板的框架-剪力墙构件分析，并包络设计。

（4）3 层楼板宜加厚至 150mm，双层双向配筋，加强周边框架梁配筋，减小偏心布置的不利影响。

（5）涵洞处的转换梁不宜单跨布置，或局部加厚底板，以增强其整体性及刚度。

（6）补充风荷载作用下结构舒适度验算。

审核结论：通过。

5　点评

本超限项目采用两水准（多遇地震、罕遇地震）、两阶段（多遇地震弹性承载力设计、罕遇地震承载力或弹塑性变形复核）的方法进行结构抗震设计，并补充静力弹塑性推覆分析，证明结构具有良好的屈服机制。

钢筋混凝土设计理论建立在构件试验基础上，本文从小震承载力设计到大震承载力复核、变形复核均建立在构件层次，且判别指标得到试验验证，概念清晰，便于工程师理解和掌控大震作用下结构构件的真实状态。

64 保利三元里BC地块

关　　键　　词：超B级高度；框支-剪力墙结构；复式住宅；抗震性能设计
结构主要设计人：孙　亮　黄文辉　林容辉　卓全丹
设　计　单　位：广州瀚华建筑设计有限公司

1　工程概况

本项目位于广州市三元里大道北侧，BC地块共由4栋超高层塔楼组成，各栋塔楼首层主要为商业裙楼及设备房，2层为架空入户大堂，地上总建筑面积约10.8万m^2。其中B2栋、C1栋为46层，标准层为复式住宅，层高3m，15层、31层为避难层，层高3.9m，建筑总高度为147.20m；B4栋、C3栋为39层，上部平层住宅层高3m，下部4～8层为公寓，层高5m，9层、25层为避难层，层高3.9m，建筑总高度135.15m；B地块为2层地下室，C地块为3层地下室。以下以C地块典型楼栋C1栋为例进行论述。建筑效果图见图1-1，典型楼层建筑平面图见图1-2。

图1-1　BC地块建筑效果图

根据规范，本工程建筑结构抗震设防类别为丙类；地基基础设计等级为甲级；结构抗震设防烈度为7度；建筑场地类别为Ⅱ类，基本风压按《建筑结构荷载规范》GB 50009—2012取0.50kN/m^2。

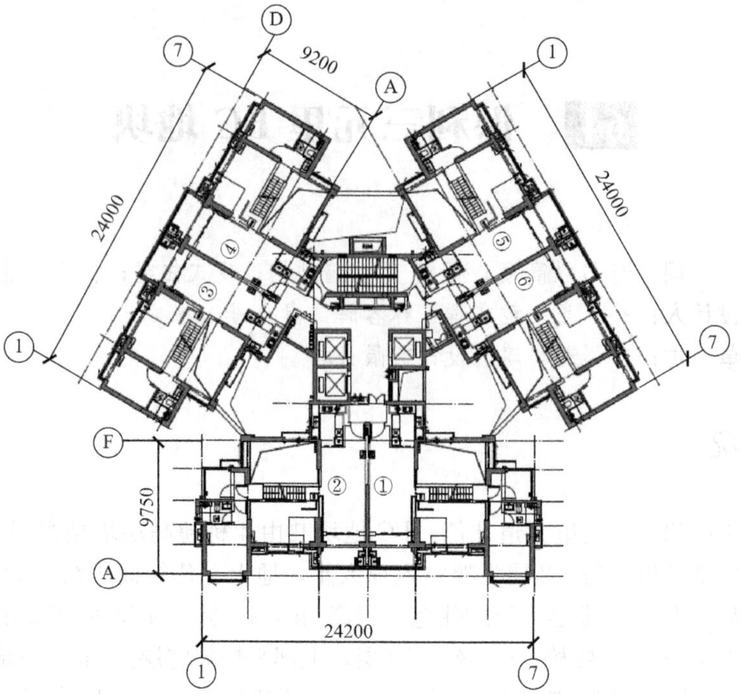

图 1-2　C1 栋典型楼层（奇数层）建筑平面图

2　结构体系及超限情况

2.1　结构体系

本项目结构平面整体呈 Y 形布置，各分塔主轴夹角为 30°。C1 塔楼主要为复式住宅，客厅通高两层，奇数、偶数层客厅交错布置。导致楼板产生大量开洞。为保证建筑的通风采光功能，建筑外围凹凸较多，设计上在建筑转角位设置剪力墙，并通过增加端柱或墙垛使 X、Y 方向及各分塔主轴方向的剪力墙形成联肢，加强结构抗侧刚度，同时结合飘窗做法增加外框架梁高度，相连较近的分塔端设置连系梁，加强结构抗扭刚度。本地块首层主要为商业和设备房，2 层为住宅大堂和架空层，需要保证较大的空间。综合以上功能需求，结构体系采用框支-剪力墙结构，C1 栋转换层位于 3 层楼面。典型结构平面图如图 2-1～图 2-3 所示。核心筒及细腰部位楼板厚度为 150mm，标准层客厅削弱部位楼板厚 120mm。其余位置楼板除计算需要外，板厚 100mm。

2.2　地基和基础设计方案

2.2.1　地质概况

本场地位于广花凹陷构造区内。广花凹陷位于广从断裂以西、广三断裂以北，受广从断裂控制，主体构造为北东向，主要为上古生界组成的北东向复式向斜构造，并发育了上三叠系与下第三系组成的断陷盆地。场地及周边地层有：人工填土层 Q_4^{ml}、冲积-洪积土层（Q_4^{al+pl}）及残积土层 Q^{el}，下伏基岩为下三叠统大冶组（T_{1d}）泥灰岩、砂岩、泥岩。

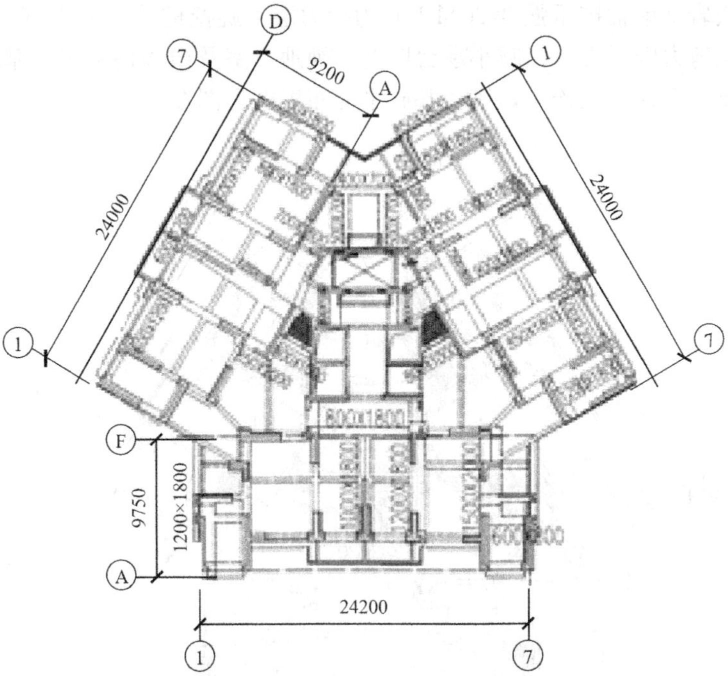

图 2-1　3 层转换层结构平面图

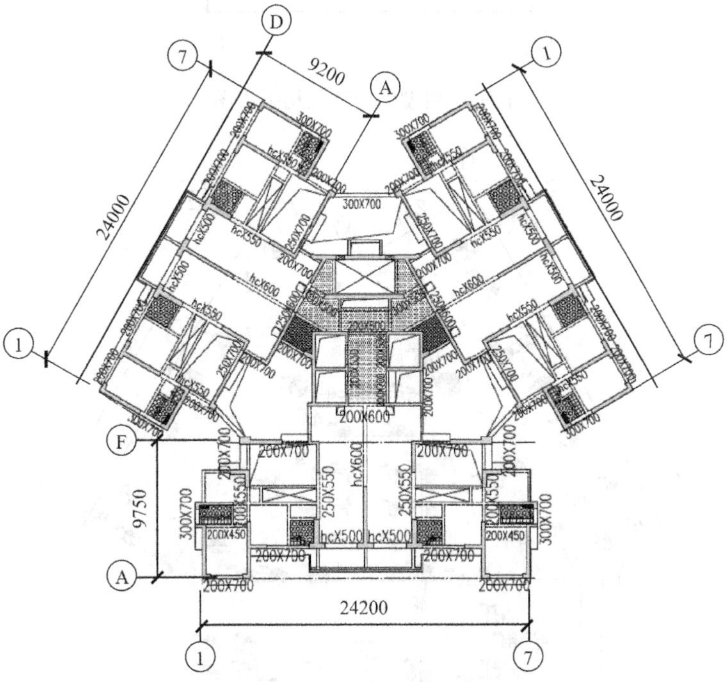

图 2-2　典型奇数层结构平面图

2.2.2　基础设计

C1 栋地下室 3 层，底板下方土层主要为全风化、强风化泥灰岩，局部为硬塑粉质黏土层。由于塔楼荷载较大，基底土层不满足浅基础的持力层要求，塔楼基础采用旋挖桩，以中微风化泥灰岩（单轴抗压强度 20MPa）为持力层。旋挖桩桩径为 ϕ800～1600mm，桩基础优先布置在剪力墙下方，以减小承台厚度。纯地下室及裙楼柱采用浅基础，抗拔采用锚杆，锚杆主要布置在板的跨中，塔楼基础平面布置图见图 2-4。

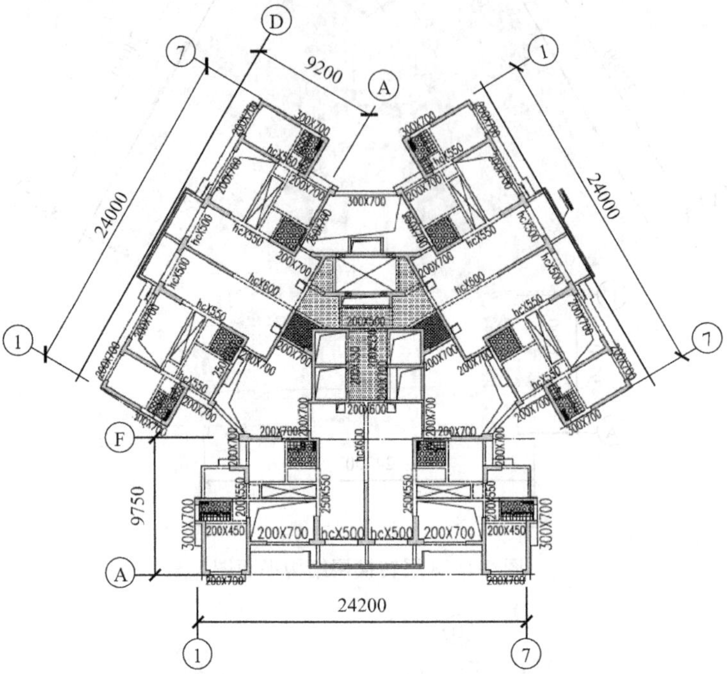

图 2-3　典型偶数层结构平面图

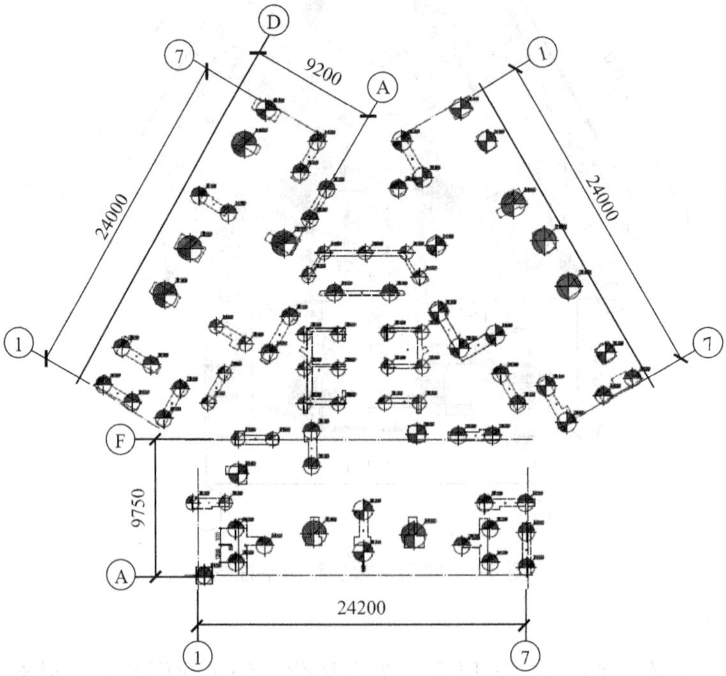

图 2-4　C1 栋基础平面布置图

2.3 结构设计分类、等级与地震参数

根据《工程结构可靠性设计统一标准》GB 50153—2008、《建筑抗震设防分类标准》GB 50223—2008、《高层建筑混凝土结构技术规程》JGJ 3—2010（下文简称《高规》）以及《白云区棠景街三元里大道项目详细勘察阶段岩土工程勘察报告》，本工程进行结构分析与设计时，相关的分类与等级取用见表 2-1。各阶段地震动参数取值见表 2-2。

分类与等级 表 2-1

项目	内容	项目	内容
设计基准期	50 年	设计基本地震加速度	0.1g
设计使用年限	50 年	设计地震分组	第一组
抗震设防类别	丙类	抗震措施烈度	7 度
结构安全等级	二级（$\gamma_0=1.0$）	场地类别	Ⅱ类
基础设计等级	甲级	特征周期	0.35s
抗震计算烈度	7 度（0.1g）	阻尼比	0.05

各阶段地震动参数 表 2-2

参数	小震	中震	大震
α_{max}	0.08	0.23	0.50
T_g(s)	0.35	0.35	0.40
加速度峰值(cm/s^2)	35	100	220
阻尼比	0.05	0.055	0.06

2.4 结构超限判别及抗震性能目标

2.4.1 结构超限类型和程度

根据《住房城乡建设部关于印发〈超限高层建筑工程抗震设防专项审查技术要点〉的通知》（建质〔2015〕67 号），对本工程的超限情况判断如下。

（1）特殊类型高层建筑

本工程采用框支-剪力墙结构体系，不属于《建筑抗震设计规范》GB 50011—2010（2016 年版）（下文简称《抗规》）、《高规》和《高层民用建筑钢结构技术规程》JGJ 99—2015 暂未列入的其他高层建筑结构。

（2）高度超限判别

本工程建筑物高 147.20m，按照《高规》第 3.3.1 条的规定，框支-剪力墙结构 7 度 B 级高度钢筋混凝土高层建筑适用的最大高度为 120m，本工程属超 B 级高度超限结构。

（3）不规则类型判别

三项及以上不规则判别见表 2-3。二项及一项不规则判别均为否。

三项及以上不规则判别　　表 2-3

序号	不规则类型	简要涵义	本工程情况	超限判别
1a	扭转不规则	考虑偶然偏心的扭转位移比大于 1.2	裙楼最大值 1.30，对应层间位移角 1/2933	是
1b	偏心布置	偏心率大于 0.15 或相邻层质心大于相应边长 15%	无	
2a	凹凸不规则	平面凹凸尺寸，大于相应投影方向总尺寸的 30%等	$l/B_{max}=0.367>0.35$ $b/B=0.351<0.4$	是
2b	组合平面	细腰形或角部重叠形		
3	楼板不连续	有效宽度小于 50%，开洞面积大于 30%，错层大于梁高	标准层有效宽度 45.4%	是
4a	刚度突变	相邻层刚度变化大于 70%或连续三层变化大于 80%	无	否
4b	尺寸突变	竖向构件位置缩进大于 25%或外挑大于 10%和 4m，多塔	无	
5	构件间断	上下墙、柱、支撑不连续，含加强层、连体类	三层存在结构转换	是
6	承载力突变	相邻层受剪承载力变化大于 80%	无	否
7	局部不规则	如局部的穿层柱、斜柱、夹层、个别构件错层或转换	部分剪力墙在奇数、偶数层跃层	是
不规则情况总结		不规则项 5 项，属于体型特别不规则结构		

2.4.2 抗震性能目标

针对结构高度及不规则情况，设计采用结构抗震性能设计方法进行分析和论证。根据本工程的抗震设防类别、设防烈度、结构类型、超限情况和不规则项，按照广东省标准《高层建筑混凝土结构技术规程》DBJ 15—92—2013（下文简称《广东高规》）第 3.11 节的相关内容，设定本结构的抗震性能目标为性能 C，不同地震水准下的结构、构件性能水准见表 2-4。构件损坏等级判断标准参照《建筑结构抗倒塌设计规范》CECS 392—2014 确定。

结构抗震性能目标及震后性能状况　　表 2-4

地震水准		小震	中震	大震
性能目标等级		C		
性能水准		1	3	4
结构宏观性能目标		完好、无损坏	轻度损坏，变形小于 3 倍弹性位移限值	中度损坏，变形不大于 0.9 倍塑性变形限值
层间位移角限值		1/800		1/120
关键构件	剪力墙底部加强部位	弹性	[轻微损坏] 按《广东高规》取 $\eta=1.05$，$\xi=0.87$（弯、拉）、0.74（压、剪）	[轻度损坏] 正截面轻度屈服（钢筋拉应变满足 $\varepsilon_y\leqslant\varepsilon_1\leqslant3.5\varepsilon_y$，混凝土压应变满足 $\varepsilon_p\leqslant\varepsilon_c\leqslant1.5\varepsilon_p$）（正截面验算采用动力弹塑性计算，抗剪配筋采用等效弹性计算）；竖向构件剪压比≤0.15
	框支框架	弹性	[弹性] 按《广东高规》取 $\eta=1.05$，$\xi=0.77$（弯、拉）、0.67（压、剪）	框支框架受弯、受剪不屈服（正截面验算采用动力弹塑性计算），抗剪配筋采用等效弹性计算

续表

地震水准		小震	中震	大震
关键构件	薄弱连接楼板、拉梁	弹性	受拉不屈服，受剪弹性	受拉轻度屈服（钢筋拉应变满足 $\varepsilon_y \leqslant \varepsilon_1 \leqslant 3.5\varepsilon_y$），受剪不屈服
普通竖向构件		无损坏	[轻微损坏] 按《广东高规》取 $\eta = 1.00$，$\xi = 0.87$（弯、拉）、0.74（压、剪）	[部分构件中度损坏] 部分受弯中度屈服（钢筋拉应变满足 $3.5\varepsilon_y \leqslant \varepsilon_1 \leqslant 8\varepsilon_y$，混凝土压应变 $1.5\varepsilon_p \leqslant \varepsilon_c \leqslant 2\varepsilon_p$），竖向构件剪压比 $\leqslant 0.15$
耗能构件	框架梁、连梁	无损坏	[轻度损坏、部分中度损坏] 按《广东高规》取 $\eta = 0.70$，$\xi = 0.87$（弯、拉）、0.74（压、剪）	截面中度屈服，部分正截面比较严重屈服（梁端塑性转角 $0.01 < \theta \leqslant 0.02$，或钢筋拉应变 $3.5\varepsilon_y \leqslant \varepsilon_1 \leqslant 8\varepsilon_y$，或混凝土压应变 $1.5\varepsilon_p \leqslant \varepsilon_c \leqslant 2\varepsilon_p$；部分允许 $\theta > 0.02$，或 $12\varepsilon_y \leqslant \varepsilon_1 \leqslant 8\varepsilon_y$，或混凝土压应变 $\varepsilon_{cu} > \varepsilon_c > 2\varepsilon_p$）

3 超限应对措施及分析结论

3.1 超限应对措施

3.1.1 分析模型及分析软件

（1）采用 YJK 和 ETABS 两个不同力学模型的软件进行对比分析，判断结构计算模型的合理性。

（2）选取 2 组人工波和 5 组天然波进行小震作用下的弹性时程分析，取其平均值与 CQC 法两者中的大者用于构件设计。

（3）进行中震等效弹性分析，验算构件中震作用下的抗震性能目标，并对墙柱进行受拉复核。

（4）进行大震等效弹性分析，验算竖向构件是否满足受剪截面条件。

（5）采用 YJK-EP 进行大震弹塑性时程分析，验算大震弹塑性层间位移角能否满足限值要求及构件是否满足预设的性能目标，并对发现的薄弱部位予以加强。

（6）进行楼板应力专项分析，根据分析结果相应加强薄弱连接处，确保楼板满足中震受剪弹性、受拉不屈服的性能目标。

（7）对跃层剪力墙进行稳定性验算，对框支框架进行小震、中震、大震的强度复核。

3.1.2 抗震设防标准、性能目标及加强措施

（1）按照《广东高规》采用抗震性能设计，通过对结构进行小震、中震和大震作用下的计算分析，保证结构能达到性能 C 的抗震性能目标，抗震构件进行小震、中震配筋包络设计。

（2）将剪力墙底部加强部位框支框架、细腰处连接楼板定为抗震关键构件，在抗震性能化设计中确保其达到相应的性能目标要求。

（3）加强连接薄弱部位的楼板厚度及配筋，并根据楼板应力分析结果，相应地加强应力较大部位楼板配筋。

（4）对跃层剪力墙进行稳定性复核，不满足时通过增加端柱、拐角墙或增大墙厚的方式处理。

(5) 适当加强剪力墙的构造配筋，以保证剪力墙在罕遇地震作用下不率先出现剪切破坏，并具有良好的延性。C1 栋-1～5 层为剪力墙底部加强部位，边缘构件配筋率提高到1.4%，6～7 层剪力墙设置为过渡层。

3.2 分析结果

3.2.1 小震及风荷载作用分析

小震及风荷载作用分析计算结果汇总见表 3-1。

小震及风荷载作用主要结果汇总 **表 3-1**

项目		限值	YJK 软件	ETABS 软件	备注
前 3 周期（s）	T_1（方向因子）	—	4.03（X=0.16，Y=0.84，T=0）	3.75	
	T_2（方向因子）	—	3.88（X=0.81，Y=0.15，T=0.04）	3.57	
	T_3（方向因子）	—	3.48（X=0.03，Y=0.01，T=0.96）	3.27	
第 1 扭转/第 1 平动周期		≤0.85	0.86	0.87	
总重力荷载（恒+活）（kN）		—	884390	884390	
典型标准层单位面积重度（kN/m²）		—	24.5	—	
地震作用下基底（结构首层）剪力（kN）	X 向	—	9071	8702	
	Y 向	—	9199	9063	
基底（结构首层）剪重比	X 向	1.60%	1.33%	1.30%	程序自动调整满足
	Y 向	1.60%	1.35%	1.40%	
地震作用下基底（结构首层）倾覆弯矩（kN·m）	X 向	—	701690	703600	
	Y 向	—	713558	756600	
风荷载作用下基底（结构首层）剪力（kN）	X 向	—	6969	7103	
	Y 向	—	7935	8153	
风荷载作用下基底（结构首层）倾覆弯矩（kN·m）	X 向	—	634074	644000	
	Y 向	—	724890	743000	
地震作用下最大层间位移角	X 向	1/800	1/1043（18 层）	1/1259（19 层）	
	Y 向		1/1088（18 层）	1/1357（18 层）	
风荷载作用下最大层间位移角	X 向	1/800	1/2246（18 层）	1/1735（18 层）	
	Y 向		1/1680（18 层）	1/1425（18 层）	
规定水平力作用下最大扭转位移比	X 向	≤1.4	1.31（4 层，层间位移角 1/4546）	1.25（4 层，层间位移角 1/4955）	
	Y 向		1.29（5 层，层间位移角 1/3300）	1.32（4 层，层间位移角 1/3226）	
最小楼层侧向刚度比	X 向	≥1	1.13（28 层）	—	侧向刚度采用层剪力比层间位移角的算法
	Y 向		1.13（18 层）	—	
最小楼层受剪承载力比	X 向	≥80%	0.96（47 层）	—	与相邻上层之比
	Y 向		0.96（47 层）	—	

续表

项目		限值	YJK 软件	ETABS 软件	备注
刚重比	X 向	≥1.4	3.04	3.09	
	Y 向		2.93	3.01	
最大楼层质量比		≤1.5	1.14	—	

3.2.2 中震作用分析

采用《广东高规》的等效弹性方法进行中震验算，控制各类构件在中震作用下的受弯及受剪承载力满足第 3 水准的要求。中震计算的主要参数见表 3-2。

《广东高规》中震验算参数取值 **表 3-2**

承载力验算公式	性能水准	承载力利用系数 ξ		构件重要性系数 η			阻尼比	连梁刚度折减系数
		弯、拉	压、剪	关键构件	普通竖向构件	耗能构件		
$S_{GFk}+\eta(S^*_{Ehk}+0.4S^*_{Evk})\leqslant\xi R_k$	3	0.87	0.74	1.10	1.0	0.7	5.5%	0.4

采用等效弹性法对竖向构件进行小震、中震包络，经复核，部分剪力墙受力为中震控制。同时，对首层墙柱进行受拉复核。经复核，仅少量角部剪力墙出现拉应力，拉应力为 0.41～1.37N/mm^2，最大名义拉应力仅为 0.48f_{tk}。混凝土仍处于弹性状态，未出现受拉裂缝，对受拉墙肢按小震、中震包络配筋即可，不需要其他特殊处理。

3.2.3 罕遇地震作用下的弹塑性时程分析

本工程罕遇地震作用下的弹塑性时程分析采用 YJK-EP 进行计算。C1 栋采用 2 组天然波（SD_U22 和 NEW_User1310）和 1 组人工波（NEW_User2R），各条波的弹性反应谱在基本振型周期点处与规范反应谱相差不超过 20%，满足“在统计意义上相符”的要求。地震波峰值加速度取 220cm/s^2，各组波按主方向：次方向＝1：0.85 双向输入，持时不小于 25s。各组地震波作用下结构主要整体计算指标见表 3-3，可见最大弹塑性层间位移角为1/159，小于预设的性能目标 1/120。

大震下结构的整体计算指标 **表 3-3**

指标	地震波					
	SD_U22		NEW_User1310		NEW_User2R	
方向	X 向	Y 向	X 向	Y 向	X 向	Y 向
最大层间位移角	1/170	1/184	1/159	1/184	1/167	1/177
性能 C 层间位移角限值	1/120	1/120	1/120	1/120	1/120	1/120
大震弹塑性基底剪力（kN）	47461	52174	44167	44102	51837	53655
小震基底剪力	8173	8124	8672	8774	9452	9569
与小震基底剪力之比	5.80	6.42	5.09	5.03	5.48	5.61

在大震作用下，部分框架梁及连梁达到轻微/轻度至中等损坏，部分达到较严重损坏，总体损伤表现为“中度损坏、部分比较严重损坏”的程度，上部结构中部剪力墙部分达到轻微/轻度损坏，个别受压达到中等损坏，其余墙柱钢筋均未屈服，满足“部分构件中度损坏”的抗震性能目标。底部加强区剪力墙、框支框架在大震作用下全过程钢筋均未屈服，满足“轻度损坏”的抗震性能目标。

同时，根据《广东高规》第 3.11.3 条的规定，第 3、4、5 性能水准的结构宜以大震弹性地震力控制竖向构件的受剪截面，以保证不发生剪切破坏。本工程大震作用下设定为第 4 性能水准，经复核，在大震作用下所有竖向构件的受剪截面均能满足相关要求。

3.2.4 特殊构件受力复核

（1）楼板应力分析

采用 YJK 的弹性膜模型分析本工程中的楼板应力。有限元分析结果表明，各层楼板应力均在核心筒附近集中，这是因核心筒侧向刚度较大而表现出来的正常规律，考虑到弹性有限元分析的特点、计算模型与实际的差异以及混凝土楼板具有很强的弹塑性调节能力和变形能力，将峰值应力进行平均化。实际设计时将按中震应力分析结果，对相关板带的内力做平均化处理，并叠加正常使用竖向荷载作用下的内力，薄弱连接部位的板按中震受剪弹性、正截面不屈服进行设计。

（2）框支框架受力复核

由于首层商业和 2 层架空层的要求，C1 栋在 3 层楼面设置了结构转换层，除核心筒外，较多的剪力墙产生了结构转换。框支框架均设置为关键构件，主要分析方式如下：

1）采用 YJK 进行小震、中震和大震的拟弹性分析，框支框架的受剪按三种情况的不利值包络设计，受弯按小震和中震进行包络设计。对局部剪力较大的框支梁增设型钢。

2）对框支框架部位的动力弹塑性分析结果进行核查，保证其满足轻微损伤的性能目标要求。

典型框支框架的受力复核结果如表 3-4 所示。

框支框架受力复核结果 **表 3-4**

<table>
<tr><th rowspan="3">构件编号</th><th rowspan="3">方向</th><th colspan="4">小震弹性</th><th colspan="4">中震第 2 性能水准</th><th colspan="2">大震第 3 性能水准</th></tr>
<tr><th colspan="2">控制组合内力</th><th colspan="2">计算或构造配筋（mm^2）</th><th colspan="2">控制组合内力</th><th colspan="2">计算或构造配筋（mm^2）</th><th>控制组合内力</th><th>计算或构造配筋（mm^2）</th></tr>
<tr><th>M（kN·m）</th><th>地震剪力 V(kN)</th><th>单边纵筋（柱）纵筋(梁)</th><th>箍筋</th><th>M（kN·m）</th><th>地震剪力 V(kN)</th><th>单边纵筋（柱）纵筋(梁)</th><th>箍筋</th><th>地震剪力 V(kN)</th><th>箍筋</th></tr>
<tr><td rowspan="2">框支柱 KZZ1(1.2×1.5)</td><td>X</td><td>1733</td><td>2538</td><td>4714</td><td>870</td><td>1733</td><td>1115</td><td>4714</td><td>870</td><td>2490</td><td>870</td></tr>
<tr><td>Y</td><td>7140</td><td>217</td><td>7152</td><td>870</td><td>4365</td><td>934</td><td>4891</td><td>870</td><td>1760</td><td>870</td></tr>
<tr><td>转换梁 KZL1(0.8×1.8)</td><td>—</td><td>2551</td><td>3534</td><td>9188</td><td>456</td><td>2663</td><td>3176</td><td>11622</td><td>556</td><td>2199</td><td>456</td></tr>
</table>

4 抗震设防专项审查意见

2019 年 11 月 16 日，广州市住房和城乡建设局在嘉业大厦主持召开了本工程超限高层建筑工程抗震设防专项审查会，周定教授级高工任专家组组长。与会专家听取了设计单位关于该工程抗震设防设计的情况汇报，审阅了送审资料。经讨论，提出如下审查意见：

（1）B2 栋、C1 栋薄弱楼板及拉梁应定为关键构件，性能满足中震受弯、受剪弹性性能要求。

（2）避免受拉独立柱设计；转换梁布置尽量延伸两端，避免单跨。

（3）对墙面外支承框支梁和框支梁宽度大于墙厚度的部位，应设计墙端框支柱；补充针对 B2 栋存在穿层转换柱的加强措施；框支框架重要性系数取值偏小。

（4）加强中部细腰墙肢以形成完整筒体；加强转换层楼板的完整性。

（5）时程分析按最不利方向与 CQC 比较取大值作为放大系数。

（6）补充 B4 栋、C3 栋剪力墙收进的加强措施。

审查结论：通过。

5 点评

（1）本工程为结构高度 147.20m 的框支-剪力墙结构，存在凹凸不规则、楼板不连续、扭转不规则、竖向构件间断、局部不规则 5 项不规则。通过合理的设计，可保证结构达到性能 C 的目标要求。

（2）将弹性时程和 CQC 结果进行对比包络，对部分楼层地震力进行放大处理。

（3）对关键构件框支框架进行小震、中震、大震复核，保证其轻微损伤的性能目标要求。对受力较大的框支梁增设型钢以保证其满足受力要求，对存在拉应力的竖向构件配筋进行加强。

（4）适当加强底部加强部位剪力墙的配筋率，以加强底部加强部位剪力墙的延性。

（5）对塔楼大开洞区域的楼板适当进行加厚处理，并根据应力分析结果对钢筋予以加强。

65 贵州文化广场（河滨剧场）棚户区改造项目A3、A4栋

关　　键　　词：B级高度；穿层柱；偏心柱；多塔结构
结构主要设计人：梁子彪　杨龙和　黄　斌　符雅珲　李煜筠　何珏颖
设　计　单　位：深圳市华阳国际工程设计股份有限公司广州分公司

1　工程概况

本项目位于贵州省贵阳市南明区瑞金南路原河滨剧场，包含A3、A4两栋超高层住宅及其裙楼、地下室。本工程集住宅、商业、配套于一体，建筑高度为A3栋199.55m、A4栋198.05m，结构高度均为197.25m，用地面积12021.69m²；裙楼5层，住宅59层，地面层数为63层，地下室停车库共3层。项目效果图见图1-1。

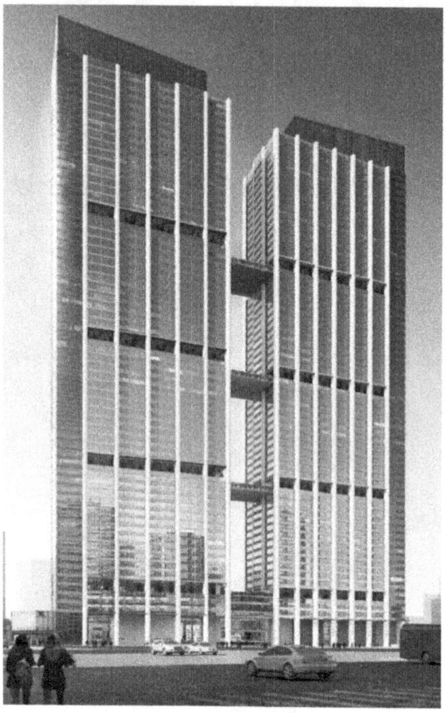

图1-1　项目效果图

2　结构体系与结构布置

2.1　塔楼部分

本项目塔楼采用框架-核心筒结构，结构平面布置见图2-1。

根据建筑功能需求，在20层、36层及52层设置单层结构连廊。中部设置防震缝，缝宽根据计算取500mm，防震缝采取建筑构造做法，满足使用及受力需求。

A4塔楼为满足结构整体刚度需要，同时保证首层底部裙楼建筑空间可灵活布置，在底部楼层设置斜墙以满足上部剪力墙向底部框架柱过渡，斜墙自6层过渡至3层。

A3塔楼及A4塔楼外框柱根据建筑功能要求，结构柱须偏心设置，偏心距为850mm，梁采取水平加腋，加腋宽度为400mm，加腋长度为800mm。

2.2　地下室部分

地下室楼盖全部采用现浇钢筋混凝土楼板，其中地下室顶板为梁板式楼盖，板厚250mm。地下室顶板层考虑水平剪力传递要求，塔楼范围内顶板厚取180mm，并对高差处结构楼板采取加腋做法。

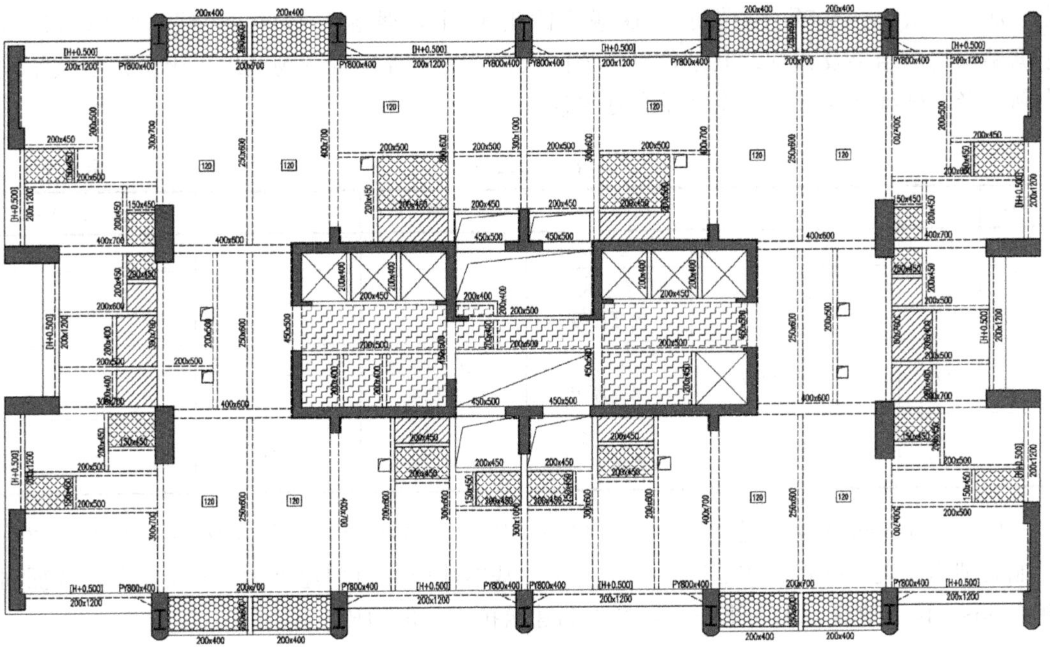

(a)A3塔楼

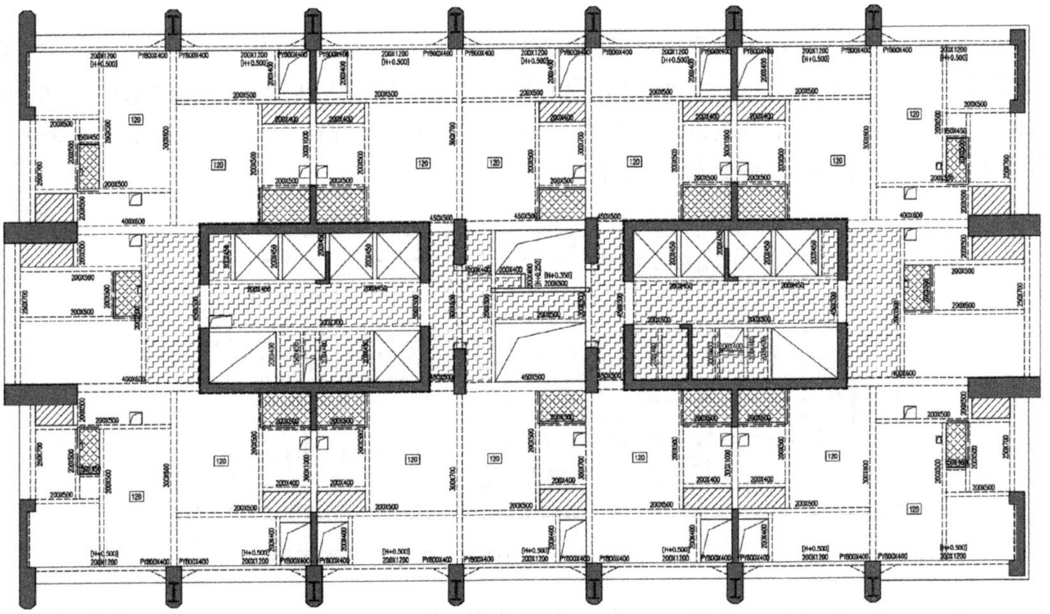

(b)A4塔楼

图 2-1　标准层典型结构平面布置图

3　基础设计

3.1　地质概况

本项目场地范围内工程条件、地形地貌较复杂，地层岩性简单，地质构造较发育，基岩为泥质白云岩。本项目勘探孔钻探遇溶钻孔 37 个，遇溶率 14.6%，线岩溶率 0.8%，根据钻探揭示结果及详细勘察工作判定该区域为岩溶中等发育。场地地下土层按地质年代由新到老、标准地层层序自上而下分述见表 3-1。

岩土层信息 **表 3-1**

层号	名称	岩性	层厚（m）	层顶标高（m）	f_{ak}(f_a)（kPa）	变形模量 E_0(MPa)
1	Q_4^{ml}	①杂填土	0.2～8.0	—	—	—
2	Q^{el}	②$_1$ 硬塑状红黏土	9.1～26.6（揭露厚度）	—	230	8.37
3	Q^{el}	②$_2$ 可塑状红黏土	0.4～5.9（揭露厚度）	62.36～85.06（绝对标高）	150	4.23
4	C_{2h}	③微风化灰岩	12.5～27.2（揭露厚度）	67.84～83.07（绝对标高）	8000	—

根据《建筑抗震设计规范》GB 50011—2010（2016 年版）（下文简称《抗规》），建筑场地类别为Ⅱ类，抗震设防烈度为 6 度，设计基本地震峰值加速度为 0.05g，设计特征周期 0.35s，设计地震分组为第一组，场地为建筑抗震一般地段。

3.2 基础设计

本工程采用灌注桩，地下车库底板底面高程为－14.8m，绝对高程为 1043.0m。根据地勘报告成果，地下室抗浮设防水位为绝对标高 1056.2m（100 年一遇抗洪水位）。塔楼和地下车库基础，根据工程场地地质情况选用灌注桩基础，桩径为 2.2～2.5m，桩端持力层为中风化白云岩。基础平面布置见图 3-1。

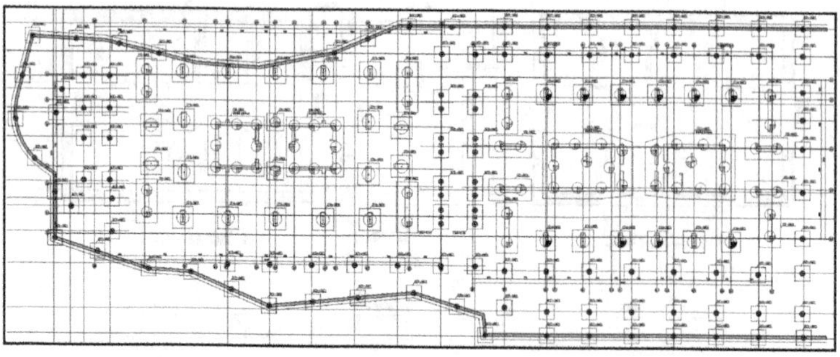

图 3-1 A3、A4 塔楼及周边地下室基础平面布置图

塔楼采用抗压灌注桩，单桩竖向受压承载力特征值为 21000～64000kN。地下车库采用抗压兼抗拔灌注桩，单桩竖向受压承载力特征值为 5200～11000kN；单桩抗拔承载力特征值为 2800～5500kN。抗浮设计考虑结构自重及顶板覆土压重。

4 荷载与地震作用

本项目各区域的楼面荷载（附加恒荷载与活荷载）按规范与实际做法取值。

根据《建筑结构荷载规范》GB 50009—2012，贵阳市 50 年重现期基本风压为 w_0＝

0.3kPa，用于位移控制；承载力按 50 年重现期基本风压的 1.1 倍进行设计；建筑物地面粗糙度类别为 C 类。体型系数取 1.4，考虑风力相互干扰的群体效应，相互干扰增大系数为 1.1。舒适度按 10 年重现期基本风压，取 0.20kN/m^2。

本项目地震作用计算以《抗规》为标准，小、中、大震计算按规范的参数。本项目弹性时程分析选取 2 条天然波和 1 条人工波进行计算。三个避难层处有较大水平悬挑构件，从严考虑竖向地震计算设计。

5 结构超限判别及抗震性能目标

5.1 结构超限类型和程度

根据《抗规》、《高层建筑混凝土结构技术规程》JGJ 3—2010（下文简称《高规》）及《住房城乡建设部关于印发〈超限高层建筑工程抗震设防专项审查技术要点〉的通知》（建质〔2015〕67 号）（下文简称《技术要点》）的有关规定，本工程 A3 塔楼为高度超限（B 级高度），有 3 项一般不规则类型（扭转不规则、承载力突变、其他不规则——局部穿层柱、夹层、个别构件错层），不存在特别不规则类型；A4 塔楼为高度超限（B 级高度），有 2 项一般不规则类型（扭转不规则、其他不规则——局部穿层柱、夹层、个别构件错层），不存在特别不规则类型。

5.2 抗震性能目标

针对本工程的超限情况，采取结构抗震性能化设计措施。根据《高规》设定其结构抗震性能目标为 C 级，结构各关键部位构件性能目标如表 5-1 所示。

构件抗震性能目标　　表 5-1

构件类型	构件位置	小震	中震	大震
关键构件	剪力墙（底部加强区）	弹性	受弯不屈服，受剪弹性	受剪不屈服
	框架柱（底部加强区）	弹性	受弯不屈服，受剪弹性	受弯不屈服，受剪不屈服
	大跨度悬挑梁及延伸跨框架梁	弹性	受弯弹性，受剪弹性	受弯不屈服，受剪不屈服
	大跨度悬挑梁相连的竖向构件	弹性	受弯弹性，受剪弹性	受弯不屈服，受剪不屈服
普通竖向构件	剪力墙（非底部加强区）	弹性	受弯不屈服，受剪弹性	部分构件受弯屈服，满足受剪截面要求
	框架柱	弹性	受弯不屈服，受剪弹性	受弯不屈服，受剪不屈服
耗能构件	剪力墙连梁	弹性	部分构件受弯屈服，受剪不屈服	大部分构件可屈服
	框架梁	弹性	部分构件受弯屈服，受剪不屈服	大部分构件可屈服

5.3 抗震等级

根据《建筑工程抗震设防分类标准》GB 50223—2008 及业主要求，提高底部裙楼抗震设防分类标准为乙类；塔楼部分住宅区域，抗震设防分类为丙类。

按照《高规》第 3.9.3 条、3.9.5 条和 3.9.6 条的规定确定本工程各部分的抗震等级。

6层及以上抗震设防类别为丙类，剪力墙、框架抗震等级为二级，大跨度悬挑连廊相关构架为一级；1～5层抗震设防类别为乙类，剪力墙、框架抗震等级为一级；地下1层各构件抗震等级同首层，往下逐级递减。

6 结构计算与分析

6.1 小震及风荷载作用分析

本工程弹性分析选用YJK和ETABS软件进行计算，考虑偶然偏心地震作用、双向地震作用、扭转耦联以及施工模拟加载的影响。结构设计按单塔和多塔包络设计。整体拼装计算模型见图6-1，主要计算结果见表6-1和图6-2。

根据上述计算结果，A3塔楼及A4塔楼楼层最小剪重比均小于规范限制。根据《技术要点》，6度（0.05g）设防且基本周期大于5s的结构，当计算的底部剪力系数比规定值低，但按底部剪力系数0.8%换算的层间位移满足规范要求时，即可采用规范关于剪力系数最小值的规定进行抗震承载力验算。

A3塔楼及A4塔楼在偶然偏心地震作用下，最大扭转位移比大于1.2，但小于1.4，不满足规范要求，属于一般扭转不规则结构。A3塔楼首层Y向受剪承载力与相邻上一层之比为0.78，属于楼层承载力突变结构。计算结果表明，结构周期及位移符合规范要求，构件截面取值合理，结构体系选择恰当。

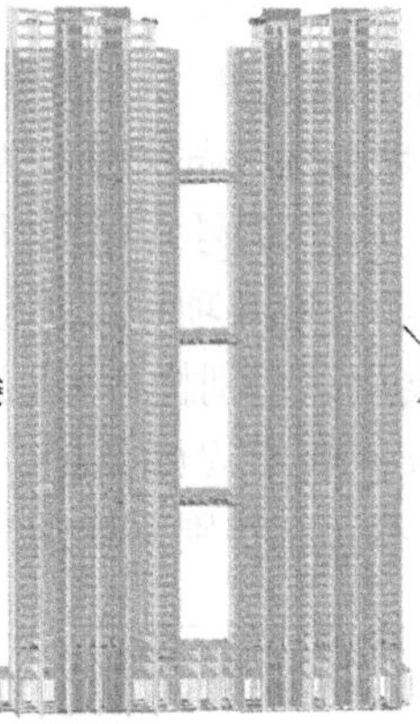

图6-1 A3、A4塔楼整体拼装计算模型

塔楼整体计算结果 **表6-1**

指标		A3塔楼YJK模型	A3塔楼ETABS模型	A4塔楼YJK模型	A4塔楼ETABS模型
计算振型数		60	60	60	60
自振周期（s）	T_1	6.05（Y）	6.28（Y）	5.84（Y）	5.70（Y）
	T_2	5.33（X）	5.39（X）	4.68（扭转）	4.80（扭转）
	T_3	4.67（扭转）	4.83（扭转）	4.59（X）	4.75（X）
第1扭转/第1平动周期		0.77	0.77	0.80	0.79
50年重现期风荷载作用下的基底剪力(kN)	X	5821	6044	5775	5871
	Y	9939	10190	10284	10510
50年重现期风荷载作用下的倾覆弯矩(kN·m)	X	749094	710200	740953	684300
	Y	1252393	1180000	1287889	1210000
地震作用下的基底剪力(kN)	X	7154	7207	8238	8150
	Y	6484	6495	6971	6883
剪重比（不满足最小剪重比的层数）	X	0.57%<0.83%（29层）	0.6%<0.83%（18层）	0.63%<0.83%（24层）	0.7%<0.83%（15层）
	Y	0.52%<0.83%（36层）	0.6%<0.83%（27层）	0.53%<0.83%（34层）	0.6%<0.83%（26层）

续表

指标		A3 塔楼 YJK 模型	A3 塔楼 ETABS 模型	A4 塔楼 YJK 模型	A4 塔楼 ETABS 模型
地震作用下的倾覆弯矩（kN·m）	X	872735	823500	979433	892100
	Y	798743	739400	868715	787200
风荷载作用下最大层间位移角（限值：1/615）	X	1/2464（24 层）	1/2387（24 层）	1/3417（35 层）	1/3170（35 层）
	Y	1/1122（35 层）	1/1032（35 层）	1/1322（35 层）	1/1114（35 层）
地震作用下的最大层间位移角（限值：1/615）	X	1/1503（19 层）	1/1978（25 层）	1/2032（30 层）	1/2310（35 层）
	Y	1/1171（35 层）	1/1539（35 层）	1/1261（35 层）	1/1680（35 层）
地震作用下考虑偶然偏心最大扭转位移比	X	1.07（1 层）	1.08（1 层）	1.11（5 层）	1.12（1 层）
	Y	1.27（1 层）	1.23（1 层）	1.26（5 层）	1.22（1 层）
刚重比	X	2.24		3.01	
	Y	1.61		1.73	

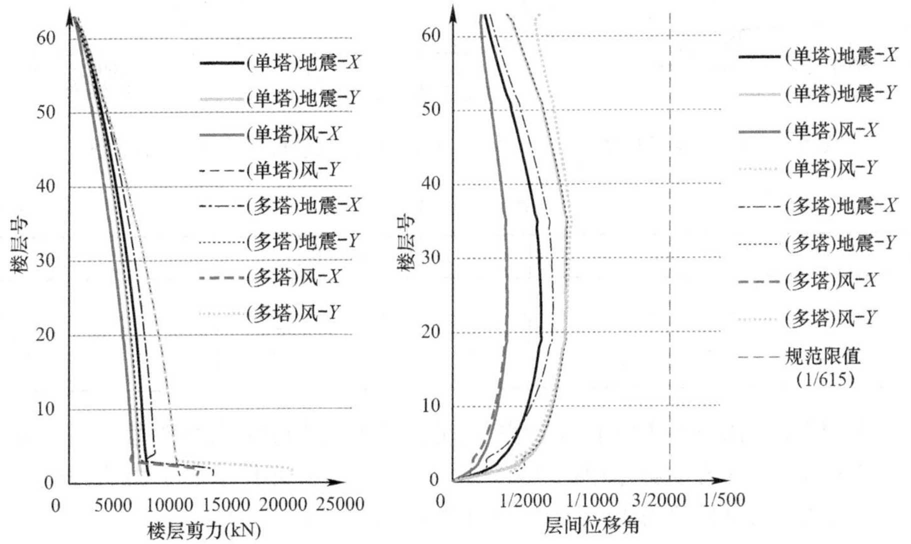

图 6-2　A3 塔楼楼层剪力、层间位移角曲线

6.2　弹性时程分析

根据《抗规》第 5.1.2 条表 5.1.2-1 的规定，采用 YJK 程序进行了多遇地震作用下的弹性时程分析。选取 2 组天然波以及 1 组人工波进行弹性时程分析。以 A3 栋为例，结果数据对比见图 6-3。

（1）时程分析结果满足平均底部剪力不小于振型分解反应谱法结果的 80%，每条地震波底部剪力不小于反应谱法结果的 65%的条件，所选地震波满足规范要求。

（2）三条波得出楼层剪力平均值曲线与 CQC 得出的剪力曲线基本一致，在施工图设计时，应对塔楼按规范反应谱得出的地震力适当放大，A3 塔楼放大系数不大于 1.388，A4 塔楼放大系数不大于 1.527。

6.3　中震计算

按照设定的性能目标要求，需要对中震作用下关键构件、普通构件和耗能构件的承载力进行复核，确定其达到预先设定的构件性能指标。中震作用下的构件强度复核采用 YJK 进行计算。计算结果见表 6-2。

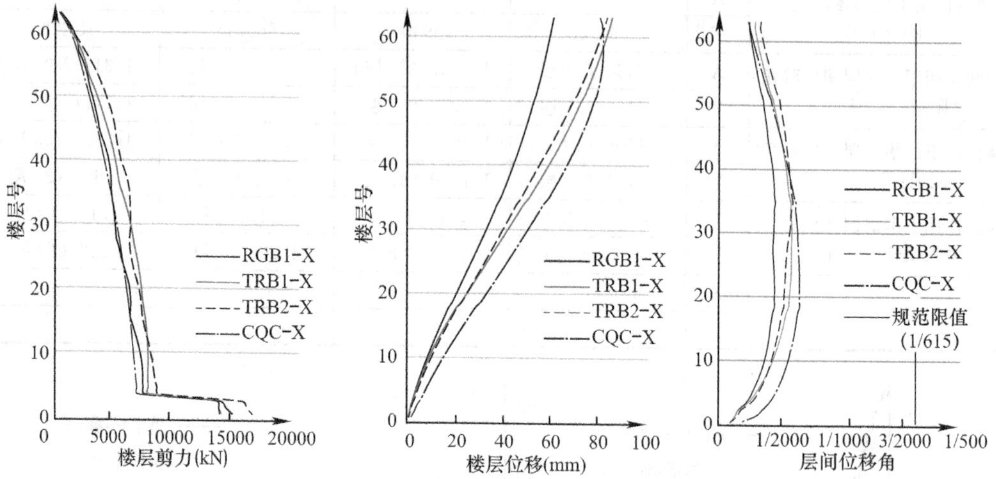

图 6-3　A3 塔楼 X 向楼层剪力、楼层位移、层间位移角弹性时程对比曲线

中震计算结果　　表 6-2

项目	基底剪力（kN）		中震基底剪力/小震基底剪力		层间位移角	
方向	X	Y	X	Y	X	Y
A3 塔楼	20522	18591	2.87	2.86	1/623（30 层）	1/504（35 层）
A4 塔楼	23970	20108	2.91	2.88	1/786（35 层）	1/545（35 层）

框架柱、剪力墙在中震作用下基本保持弹性，各构件均满足预定的性能目标要求。中震作用下的底部剪力约为小震作用的 2.86～2.91 倍。中震作用下的剪力墙和框架柱未出现拉应力。最大层间位移角为 1/504，小于 1/307，满足规范要求。

6.4　大震计算

方案设计阶段，大震计算采用等效弹性模型计算，并进行关键构件的承载力计算和性能目标复核，确定其达到预设的构件性能指标，最后采用动力弹塑性时程分析对性能目标进行复核。大震作用下的构件强度复核采用 YJK 进行计算。计算结果见表 6-3。

大震计算结果　　表 6-3

项目	基底剪力（kN）		大震基底剪力/小震基底剪力		层间位移角	
方向	X	Y	X	Y	X	Y
A3 塔楼	39553	35868	5.53	5.52	1/305（30 层）	1/248（35 层）
A4 塔楼	46511	38160	5.64	5.47	1/393（35 层）	1/262（35 层）

大震作用下各构件均满足预定的性能目标要求。大震作用下等效弹性计算得出的底部剪力约为小震作用的 5.47～5.64 倍，最大层间位移角为 1/248，小于 1/153，满足规范要求。两个方向的基底剪力均小于基底总受剪承载力，即在大震作用下，不会发生整体剪切破坏。

6.5　大震动力弹塑性时程分析

本工程塔楼存在楼板不连续和平面收进等不利因素，采用 SAUSAGE 软件进行结构的动力弹塑性分析，包括 3 组大震地震记录（2 组天然波、1 组人工波）分析。

6.5.1　罕遇地震动力弹塑性分析结果

为验证结构非线性特征，对比研究大震弹塑性与大震弹性时程的基底剪力，弹性分析模型单元网格划分密度与弹塑性模型基本一致，阻尼均采用振型阻尼。

A3、A4 塔楼大震弹塑性与大震弹性基底剪力的比值介于 54%～78%，表明塔楼在大震作用下非线性特征合理，地震能量得到有效消散。最大层间位移角 1/285（Y 向），满足规范限值要求。

时程分析构件反应如图 6-4 所示，设计结果表明：

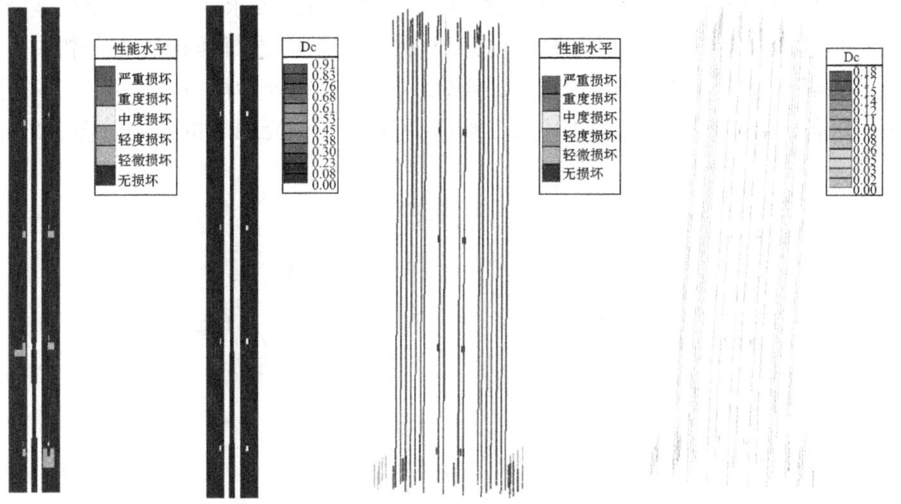

(a)剪力墙　　(b)框架柱

图 6-4　A3 塔楼剪力墙、框架柱性能水平和受压损伤

（1）罕遇地震作用下，塔楼部分连梁处于“中度损坏”，屈服耗能。部分剪力墙处于“轻微损坏”，个别处于“轻度损坏”。剪力墙钢筋未屈服。满足抗震性能目标要求。

（2）框架柱混凝土未出现受压损伤，部分钢筋受拉屈服。大部分框架柱无损坏，部分框架柱“轻微损坏”，部分“轻度损坏”，损坏程度低于“中度损坏”。满足抗震性能目标要求。

（3）部分塔楼钢筋屈服，大部分框架梁为“轻度损坏”，部分为“中度损坏”。满足抗震性能目标要求。

（4）罕遇地震作用下，楼板受压未出现明显损伤，部分钢筋屈服。局部薄弱连接部位受拉损伤严重，需加强配筋。裙楼屋面板受拉损伤较严重，需加强配筋。

（5）在考虑竖向地震的罕遇地震作用下，避难层大跨度悬挑部位悬挑梁及延伸跨框架梁大部分为“轻微损坏”，部分为“轻度损坏”；大跨度悬挑梁相连竖向构件部分为“轻微损坏”，满足抗震性能目标要求。

6.5.2 连廊端部位移时程分析

A3 塔楼及 A4 塔楼在 20 层、36 层及 52 层避难层处设置有连廊，为满足抗震要求，在两栋塔楼中间按规范要求设置防震缝，防震缝缝宽 500mm。为保证罕遇地震作用下塔楼连廊不会因位移过大导致碰撞，造成结构破坏或倒塌，对三个避难层标高悬挑连廊端部中间位置位移时程进行分析。

从分析结果可知，塔楼连廊位置相对位移最大值为 330mm，说明各避难层防震缝缝宽能保证大震时连廊不发生碰撞。防震缝连接处采用建筑构造做法。

7 结构专项分析

7.1 中震楼板有限元分析

为了验证楼板是否满足正常使用和承载能力极限状态的要求，同时保证在地震作用下楼板有效地传递水平荷载和有效协调所连接结构的变形，应进行楼板应力分析，并针对性地对楼板薄弱部位进行构造加强。本项目采用软件 YJK 进行弹性楼板应力分析，采用弹性膜模拟楼板，进行地震工况下的板中正应力及剪应力分析。计算结果如图 7-1、图 7-2 所示。

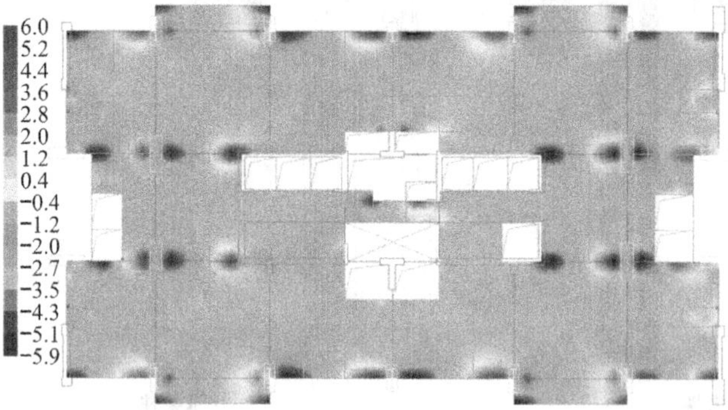

图 7-1 A3 塔楼标准层楼板正应力云图

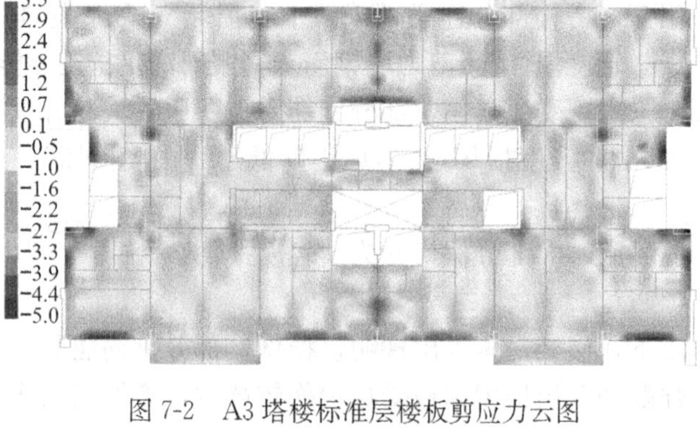

图 7-2 A3 塔楼标准层楼板剪应力云图

在中震反应谱工况下，大部分区域楼板拉应力一般为 0.3～1.0MPa，小于各层混凝土对应抗拉强度标准值，部分楼层弱连接处楼板厚度为 150mm，板配筋率为 0.3%并采取双层双向拉通等加强措施，其余部位可满足设计中震弹性的要求。

在中震反应谱工况下，大开洞处楼板及周边楼板剪应力大多数为 0.5～1.4MPa，各楼层楼板在受剪状态下应力均小于混凝土抗剪强度设计值（C30，$f_{tr}=0.15f_c/\gamma_{re}=2.52$MPa），反映出结构楼板平面内应力较小。中震作用下楼板满足受剪不屈服的性能要求。

7.2 大跨度悬挑连廊舒适度分析

本工程在 20 层、36 层及 52 层设置大跨度悬挑连廊，从 A3 塔楼、A4 塔楼各悬挑出 8.65m。针对该大跨度悬挑连廊进行舒适度分析，并采用 YJK 软件对结构动力特性进行分析，所用材料属性均按规范取值，阻尼比取为 0.05。本工程第一阶竖向自振频率为 3.98Hz，不低于 3Hz，满足《高规》第 3.7.7 条的限值要求，连廊舒适度可满足使用要求。

7.3 多塔大底盘分析

本地块由两栋超高层塔楼与 5 层裙房组成，其中，各栋塔楼与裙房之间不设缝，属于大底盘多塔结构。针对多塔大底盘进行了专项分析与研究，对比单塔模型和多塔模型弹性分析动力特性，并对多塔模型进行动力弹塑性分析。根据规范要求，对裙楼屋面相邻的竖向构件进行内力复核并加强抗震措施。

从分析结果可见，多塔模型下各栋塔楼的动力特性与单塔模型基本一致，各项整体指标较为吻合，均满足规范要求。为保证结构安全度，采用多塔模型与单塔模型各项指标的包络值作为控制指标。

8 针对超限采取的主要措施

（1）底部加强区剪力墙墙身水平分布筋和竖向分布筋最小配筋率提高到 0.35%。

（2）穿层柱、框架柱、框架梁按中震受剪弹性、受弯不屈服及大震不屈服的性能目标进行设计；核心筒周边楼板厚度增大到 120mm，并双层双向加强配筋，单层最小配筋率不小于 0.25%。

（3）针对核心筒薄弱连接部位，适当增加板厚至 150mm，配筋按各层 0.3%双层双向设计进行加强。

（4）针对 2 层局部夹层情况，1～2 层墙柱配筋按有无夹层包络配筋设计。2 层板厚不小于 120mm，双层双向配筋率不小于 0.25%。

（5）针对避难层存在大悬挑结构的情况，对支座约束较弱的大悬挑边梁提高抗倾覆能力，大悬挑边梁根部按铰接和刚接分别计算并取包络设计。

（6）两栋塔楼角部四片剪力墙全高设置约束边缘构件。

9 抗震设防专项审查意见

2020 年 8 月 13 日，由贵阳市住房和城乡建设局（贵阳市抗震办公室）组织审查专家组在贵阳市召开抗震设防专项审查会，专家组审查意见如下：

（1）岩土工程勘察报告应按《超限高层建筑工程抗震设防专项审查技术要点》进一步

完善。

（2）嵌固端宜按负1层底板作为嵌固端进行包络设计。

（3）塔楼框架柱均按大震不屈服进行验算。

（4）两筒体间的连梁应满足大震受剪不屈服的性能目标。

（5）补充并层与相邻上层的侧向刚度比不小于1.5倍。

（6）完善大悬挑边梁的抗倾覆措施。

审查结论：通过。

10 点评

本项目A3、A4两栋塔楼结构高度均为197.25m（B级高度），同时存在大底盘多塔结构、斜墙收进、高层大跨度悬挑连廊等不规则项。虽然A3塔楼存在3项不规则及A4塔楼存在2项不规则，但在设计中首先对整体结构体系及布置进行仔细考虑并作优化，对薄弱连接处楼板按应力分析结果进行配筋，对大跨度悬挑连廊进行舒适度分析并采取抗连续倒塌加强措施，针对大底盘结构裙楼屋面连接处进行分析并加强构造措施，使之具有良好的结构性能。抗震设计中采用性能化设计方法，除保证结构在小震作用下完全处于弹性阶段外，还补充了主要构件在中震、大震作用下的性能要求，再采取多种计算程序进行了弹性、弹塑性的计算，计算结果表明，多项指标均表现得较为良好，基本满足规范要求。

66 康王路下穿流花湖隧道安置房工程

关　　键　　词：跨越隧道；厚板转换；高位转换
结构主要设计人：刘永添　刘少武　占　甫　熊　彧　崔　灿　叶瑞欣　卢　亮
蔡　舒
设　计　单　位：广州市城市规划勘测设计研究院

1　工程概况

本项目位于越秀区（东风路—广园西路），为康王路下穿流花湖隧道工程上盖项目，其中1区、3区为高层商住楼。本篇以1区工程为例，1区工程建筑效果图见图1-1。

图1-1　建筑效果图

1区工程A、B栋地上30层，地面以上高度96.7m；C栋地上29层，地面以上高度93.8m；另设5层地下室。裙楼1～2层除住宅大堂出入口外，主要为公建配套功能，包括公交首末站、非机动车库、部分商业；3～5层为商业功能；6层为屋顶花园、塔楼结构转换架空层；7层以上的塔楼为住宅。1区地块规划总建筑面积为100091m²，地下建筑面积21545m²。工程平面布置示意图见图1-2。

本工程设计使用年限为50年，建筑结构安全等级为二级，地基基础设计等级为甲级。抗震设防烈度为7度，基本地震加速度为0.10g，设计地震分组为第一组，场地类别为Ⅱ类。抗震设防类别：A、B栋裙房抗震设防类别为重点设防类（乙类），其余部位抗震设防类别为标准设防类（丙类）。A、B栋裙房抗震措施提高一度按8度考虑，其余部分抗震措施按7度考虑。

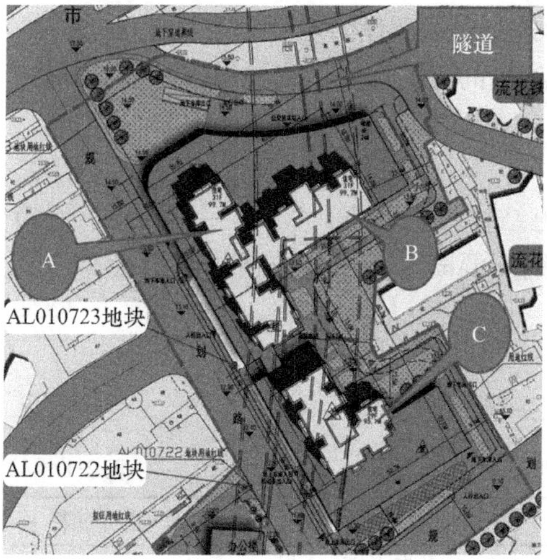

图1-2　1区工程平面布置示意图

2　结构体系与结构超限情况

2.1　结构体系

本工程地下室采用钢筋混凝土框架结构体系，地上采用部分框支剪力墙结构体系，属A

级高度高层建筑。

因建筑功能需要，住宅部分剪力墙不能落地，转换层设置在第6层，属于高位转换，并且主楼正位于隧道上方，局部墙柱需要通过二次转换。在隧道两侧及中间夹缝空间设置下部竖向支撑构件，但下部竖向构件受隧道限制，使得隧道顶以上的落地剪力墙、框支柱与下部隧道的梁、竖向构件无法对应，采用梁转换势必使得传力路径很长，而且产生多次转换。若采用厚板作为转换构件，则转换层上部的剪力墙可以灵活布置，下部的柱网也可满足隧道功能需要，故在主塔楼下方采用厚板。转换板厚取跨度的1/7～1/6，根据跨度不同，A、B、C栋下板厚有2000mm、3000mm、3500mm三种。考虑与隧道施工的配合，在有开挖条件的区域，在隧道两侧及中间夹缝空间设置2650mm×4500mm、2000mm×(3000～3500)mm的混凝土柱及柱顶大梁作为厚板支点，并在混凝土大柱之间设置600mm～800mm厚的混凝土侧壁；在没有开挖条件的区域，直接用大直径灌注桩和桩顶冠梁作为厚板的支点。这样利用隧道周边土体的嵌固作用，抵抗上部传来的水平力。A、B栋隧道顶转换情况如图2-1所示。

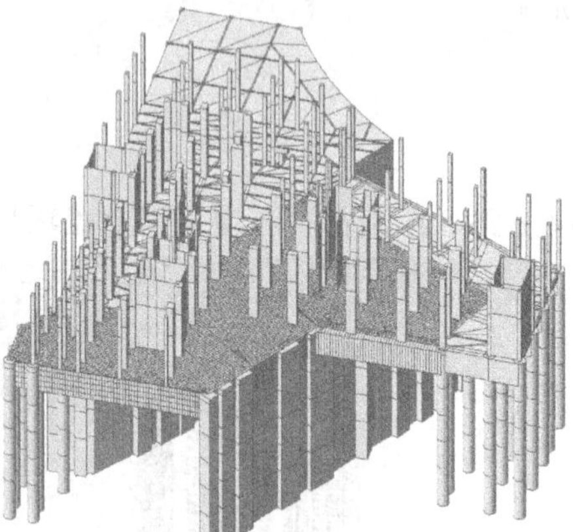

图2-1 A、B栋隧道顶转换（隐去上部楼层及楼板）

上部结构设计在电梯筒位置及其他建筑允许的位置尽可能多地设置落地剪力墙，合理布置框架柱，形成部分框支剪力墙结构。底部加强区剪力墙厚度为300mm，框支柱截面为1500mm×1000mm～1500mm×1500mm，部分为型钢混凝土柱，高位转换梁截面为1000mm×1600mm～1500mm×2000mm。高位转换层以上两层的剪力墙厚度为250mm，其余层均为200mm。

2.2 结构超限情况

参照《住房城乡建设部关于印发〈超限高层建筑工程抗震设防专项审查技术要点〉的通知》（建质［2015］67号）（下文简称《技术要点》）的有关规定，以A栋为例，结构超限情况说明如下。

2.2.1 高度超限判别

A栋建筑物高96.7m，按照《高层建筑混凝土结构技术规程》JGJ 3—2011（下文简称《高规》），部分框支剪力墙结构7度A级高度钢筋混凝土高层建筑适用的最大高度为100m，本工程不属于高度超限结构。

2.2.2 不规则判别

同时具有三项及以上不规则的高层建筑工程判别见表2-1。

三项及以上不规则判别　　表2-1

序号	不规则类型	简要涵义	现值	是否超限
1a	扭转不规则	考虑偶然偏心的扭转位移比大于1.2	X向1.65（1层） Y向1.17（1层）	是

续表

序号	不规则类型	简要涵义	现值	是否超限
1b	偏心布置	偏心率大于0.15或相邻层质心相差大于相应边长15%	无	否
2a	凹凸不规则	平面凹凸尺寸大于相应边长30%等	$L/B<6$ $l/B_{max}<0.35$ $l/b<2$	否
2b	组合平面	细腰形或角部重叠形	无	否
3	楼板不连续	有效宽度小于50%，开洞面积大于30%，错层大于梁高	各层开洞有效宽度小于相应平面总宽度的50%，开洞面积小于30%。	否
4a	侧向刚度不规则	该层侧向刚度小于上层的80%	X向本层与上层刚度的80%比最小：1.477（5层） Y向本层与上层刚度的80%比最小：1.089（5层）	否
4b	尺寸突变	竖向构件位置缩进大于25%或外凸大于10%和4m，多塔	$B_1/B=35\%<75\%$ （裙房顶）	是
5	竖向构件不连续	上下墙、柱、支撑不连续	第6层转换	是
6	承载力突变	A级高度相邻层受剪承载力变化大于70%	X向0.71（首层） Y向0.74（首层）	否
7	局部不规则	如局部的穿层柱、斜柱、夹层、个别构件错层或转换，或个别楼层扭转位移比略大于1.2等	无	否

同时具有二项不规则的高层建筑工程判别见表2-2。

二项不规则判别 **表2-2**

序号	不规则类型	简要涵义	现值	是否超限
1	扭转偏大	裙房以上的较多楼层考虑偶然偏心的扭转位移比大于1.4	X向1.65（1层） Y向1.17（1层）	是
2	抗扭刚度弱	扭转周期比大于0.9，超过A级高度的结构扭转周期比大于0.85	0.87	否
3	层刚度偏小	本层侧向刚度小于相邻上层的50%	X向本层与上层刚度的50%比最小：2.3632（5层） Y向本层与上层刚度的50%比最小：1.742（5层）	否
4	塔楼偏置	单塔或多塔与大底盘的质心偏心距大于底盘相应边长20%	无	否

同时具有一项不规则的高层建筑工程判别见表2-3。

一项不规则判别 **表2-3**

序号	不规则类型	简要涵义	现值	是否超限
1	高位转换	框支墙体的转换构件位置：7度超过5层，8度超过3层	第6层转换	是
2	厚板转换	7～9度设防的厚板转换结构	无	否

续表

序号	不规则类型	简要涵义	现值	是否超限
3	复杂连接	各部分层数、刚度、布置不同的错层，连体两端塔楼高度、体型或沿大底盘某个主轴方向的振动周期显著不同的结构	无	否
4	多重复杂	结构同时具有转换层、加强层、错层、连体和多塔等复杂类型的 3 种	无	否

综上所述，A 栋存在 3 项不规则：扭转不规则、尺寸突变、竖向构件不连续（且为高位转换）。根据《技术要点》的规定，属于超限高层建筑工程。

3 超限应对措施及分析结论

3.1 超限应对措施

3.1.1 分析模型及分析软件

（1）SATWE 和 YJK 软件：用于结构整体计算、对比分析，考虑偶然偏心地震作用、双向地震作用、扭转耦联及施工模拟。

（2）YJK 软件：用于中震及大震作用下的构件强度复核，大震静力弹塑性 Push-over 分析计算。厚板单元模拟转换厚板，并与上部结构整体建模进行复核计算。

（3）MIDAS/Gen 软件：用于隧道顶厚板转换结构的计算分析。对厚板采用 8 节点实体单元，梁柱采用空间梁单元，墙和楼板采用板单元，建立整体结构的混合单元模型。模型考虑厚板在厚度方向的应力、上部结构的刚度对厚板的影响等因素，得出各工况下厚板各方向的应力，用于厚板的构造和配筋。

3.1.2 抗震设防标准、性能目标及加强措施

（1）抗震性能目标：综合考虑抗震设防类别、设防烈度、场地条件、建造费用等，结合《高规》第 3.11 节相关要求，结构的抗震性能目标定为 C 级，具体见表 3-1。

结构构件抗震性能目标 **表 3-1**

项目			多遇地震	设防烈度地震	预估的罕遇地震
性能水准			第 1 水准	第 3 水准	第 4 水准
结构预期震后性能状况	关键构件	底部加强区剪力墙、框支柱、转换梁	无损坏（弹性）	轻微损坏	轻度损坏
	普通竖向构件	非加强区剪力墙	无损坏（弹性）	轻微损坏	部分中度损坏
		框架柱			
	耗能构件	框架梁	无损坏（弹性）	轻度损坏，部分中度损坏	中度损坏，部分比较严重损坏

（2）针对超限情况的加强措施

1）针对部分框支剪力墙结构高位转换结构采取的技术措施：本工程落在隧道顶的核心筒剪力墙和框支柱是主要的抗侧力构件，提高落地剪力墙的延性，使抗侧刚度和结构延性更好地匹配，框架和落地剪力墙有效地协同抗震。底部加强区墙身水平和竖向分布筋最小配筋率为 0.40%；约束边缘构件竖筋最小配筋率为 1.4%，配箍特征值增大 20%；隧道顶以上框支柱抗震等级按一级框支柱设计。计算时转换层楼板定义为弹性楼板，考虑楼板

的面内刚度。转换梁上部筋全部拉通布置，下部纵向钢筋全部直通到柱内，加强腰筋配置，箍筋全长加密。框支柱纵筋及箍筋加强，箍筋沿柱全高加密。转换层楼板厚度取180mm，双层双向配筋；适当加强转换层相邻上、下楼层楼板厚度及配筋。

2）考虑到高位转换及结构位于隧道上方，结构的抗震性能目标定为C级。中震按第3水准设计，大震按第4水准设计。

3）隧道顶采用厚板转换，并在支撑厚板的隧道竖向构件间设置600～800mm厚的混凝土侧壁。在没有开挖条件的区域，直接用大直径灌注桩和桩顶冠梁作为厚板的支点。这样利用隧道周边土体的嵌固作用，抵抗上部传来的水平力。隧道顶厚板厚度取跨度的1/7～1/6。根据应力配置多层双向钢筋网及局部另加受弯钢筋网、柱下抗冲切钢筋网，控制配筋率不小于0.5%，板边设置暗梁防止厚度方向的撕裂效应。

4）由于存在高位转换的情况，对楼板传递水平力给竖向构件保证协调变形的要求更高。因此，本工程赋予高位转换层至嵌固端之间的楼板比竖向抗侧力构件更高的抗震性能要求：①小震作用下，采用混凝土抗裂强度标准值作为控制楼板混凝土核心层开裂的指标；②中震作用下，采用水平钢筋的抗拉强度设计值作为承载能力的指标。按照小震、中震作用下楼板应力计算结果对裙房和转换层楼板进行加强。

5）考虑到裙房顶存在竖向收进过大的情况，将裙房顶层与塔楼相邻跨区域及裙房上、下层楼板加厚至150～180mm，双层双向配筋率不小于0.30%。

6）B、C栋裙房顶存在侧向刚度不规则的情况，是由于转换层刚度相对较大导致（但刚度比不小于50%），将该层定义为薄弱层，并提高裙房顶框架的抗震等级，加强裙房顶楼板。

7）考虑到存在裙房柱位置扭转不规则情况，加强周边梁的截面和配筋。

3.2 分析结果

3.2.1 小震及风荷载作用分析结果

结构分析主要结果见表3-2。

结构分析主要结果汇总 **表3-2**

指标		YJK软件	SATWE软件
周期（s）		T_1=2.53 T_2=2.21（扭转） T_3=1.96	T_1=2.52 T_2=2.20（扭转） T_3=1.99
地震作用下基底剪力（kN）	X	8891	8850
	Y	10095	9927
结构总重力荷载（kN）		486711	487877
剪重比（规范限值1.2%）	X	1.83%	1.81%
	Y	2.07%	2.03%
风荷载作用下最大层间位移角（限值1/800）	X	1/966（16层）	1/970（16层）
	Y	1/5883（14层）	1/5595（14层）
地震作用下最大层间位移角（限值1/800）	X	1/1005（17层）	1/1012（17层）
	Y	1/2033（15层）	1/1959（15层）
刚重比	X	5.76	5.78
	Y	10.14	9.69

两套软件计算结果差异不大，且在合理的范围之内，计算结果均满足规范要求。

3.2.2 中震、大震承载力验算结果

采用 YJK 进行中震第 3 水准承载力验算、大震第 4 水准承载力验算。根据截面尺寸和配筋率得出关键框支柱的 N-M 相关曲线。计算结果显示，梁柱配筋合理，框支柱、落地剪力墙、转换梁无超筋和配筋过大情况，按照计算结果配筋的设计可以达到中震第 3 水准设计目标、大震第 4 水准设计目标。

3.2.3 静力弹塑性推覆计算分析结果

为了解结构在罕遇地震作用下由弹性到弹塑性的全过程行为，判断结构在罕遇地震作用下是否存在薄弱区，并评价本工程结构在罕遇地震作用下的抗震性能，从而判断该结构在大震作用下是否满足不倒塌的抗震性能要求。结构计算采用了大震静力弹塑性 Push-over 分析评价结构在大震作用下是否能满足预先设定的目标性能。

Push-over 分析中控制性参数选取：目标位移为楼高（包括地下室及屋顶）的 1/100，侧向荷载模式为倒三角模式，考虑 P-Δ 效应，考虑初始重力荷载，计算 X 向与 Y 向地震作用。静力弹塑性 Push-over 分析结果如下：

（1）结构在罕遇地震作用下，连梁部分开裂，塑性铰大部分出现在水平构件，主要集中在底部加强层区域内。

（2）在性能点处，转换层框支柱端部和转换梁端部几乎不出现塑性铰，转换层塑性铰只出现在次梁、连梁等构件端部。周边剪力墙出现部分剪切破坏点。

（3）在性能点处，转换层上部三层核心筒剪力墙四周出现裂缝，尤其是底部加强区范围较普遍，应对底部剪力墙墙肢及转换层上部三层核心筒及周边墙体采取加强措施。

3.2.4 隧道顶厚板分析结果

本工程采用两种方法对隧道顶厚板进行分析设计：

（1）采用 MIDAS/Gen 建立整体结构计算模型，并根据结构实际情况采用混合单元模型，即：隧道顶转换厚板采用三维实体单元模型，并在厚度方向划分单元；梁、柱采用空间梁单元模型；一般的楼层板采用弹性板单元模型；剪力墙采用墙单元模型；厚板上下整体建模，柱和墙体的空间梁单元通过节点与厚板的实体单元变形协调，以如实反映上部结构刚度对转换厚板的影响，得到实体厚板转换层的详细应力分布情况。

（2）在 YJK 中采用厚板单元模拟转换厚板，并与上部结构整体建模，可以得到厚板单元的内力和配筋。

将二者结果相互对比、结合，共同用于施工图设计。

通过以上分析得出结论：本工程厚板的抗冲切、抗剪切问题需要配置钢筋网片解决。冲切承载力的验算根据《混凝土结构设计规范》GB 50010—2010（2015 年版）第 6.5 节的方法进行验算，柱脚的抗冲切箍筋或钢筋网片需要根据冲切承载力计算结果加强。厚板受弯、厚度方向承压等退化为次要问题，根据计算结果适当配置抗弯钢筋网即可解决受弯问题。各栋厚板转换构件应力合理，变形在可控范围之内，说明厚板转换构件的设计切实可行。

4 抗震设防专项审查意见

2016 年 3 月 22 日，广州市住房和城乡建设委员会在广州珠江规划大厦会议室主持召

开了“康王路下穿流花湖隧道安置房工程（1、3 区）”超限高层建筑工程抗震设防专项审查会，华南理工大学建筑设计研究院有限公司方小丹总工程师任专家组组长。与会专家听取了广州市城市规划勘测设计研究院关于该工程抗震设防设计的情况汇报，审阅了送审资料。经讨论，提出审查意见如下：

（1）补充支承转换厚板基础桩的受力分析，支承桩应按柱的构造进行配筋，其压弯、受剪承载力应留有充分的余地。

（2）裙楼宜不设缝；隧道底桩顶宜设梁或板拉结。

（3）改进厚板边缘的构造做法；板底钢筋至板边应向上弯折。

（4）可考虑取消框支柱的型钢。

（5）地震动参数可按规范取值。

审查结论：通过。

5 点评

本工程虽然为高位转换高层建筑，且存在多项不规则，但在设计中采用概念设计方法，采用多种程序对结构进行计算分析，除保证结构在小震作用下完全处于弹性阶段外，还补充了关键构件在中震和大震作用下的验算。计算结果显示，多项指标均表现良好，基本满足规范要求。根据计算分析结果和概念设计方法，对关键和重要构件做适当加强，可保证结构在地震作用下的延性性能。

因此，可以认为本工程除能够满足竖向荷载和风荷载作用下的有关指标外，亦满足“小震不坏，中震下主要构件不屈服、震后可以修复，大震不倒塌”的抗震设防目标，因此结构的设计是可行的。

67 广州恒大文化旅游城 01 地块项目 15 号、16 号楼

关　　键　　词：B级高度；软土地基
结构主要设计人：邓胜江　梁洁澎　李　博　江　维
设　计　单　位：广州市白云建筑设计院有限公司

1　工程概况

广州恒大文化旅游城 01 地块项目位于广州市南沙区万顷沙镇十六涌东南侧，本工程总占地面积约为 7.3 万 m^2，场地内规划多栋高层住宅楼和多栋多层住宅楼，地下 1 层，其中 15 号、16 号楼地上 45 层，建筑屋面高度 143.635m，属于 B 级高度，总建筑面积 52747m^2，首层为商业，上部为办公，鸟瞰示意图见图 1-1。

本工程抗震设防烈度 7 度，设计基本地震加速度峰值 0.10g，塔楼抗震设防类别丙类，抗震等级一级，基本风压 0.65kN/m^2，地面粗糙度 B 类，场地类别Ⅲ类，采用钢筋混凝土剪力墙结构，地基基础设计等级甲级。

图 1-1　鸟瞰示意图

2　结构体系与结构布置

15 号、16 号两栋塔楼除首层局部功能不同外，两栋塔楼地上部分标准层结构平面布置一致。建筑平面外尺寸 49.4m×25.2m，高宽比 5.7。根据建筑条件和抗震要求，标准层和避难层结构平面方案如图 2-1 和图 2-2 所示。本项目从基础到顶层，尺寸基本无收进，塔楼侧向刚度变化均匀，中间楼（电）梯的剪力墙与外侧剪力墙形成良好的抗侧力体系。塔楼范围内采用现浇钢筋混凝土梁板，整个平面楼板连续；楼（电）梯有开洞，设计中将核心筒周边楼板适当加强，板厚取 150mm，墙柱混凝土强度等级 C60～C30，梁板混凝土强度等级 C35～C30，钢筋牌号主要采用 HRB400，结构构件主要截面见表 2-1。

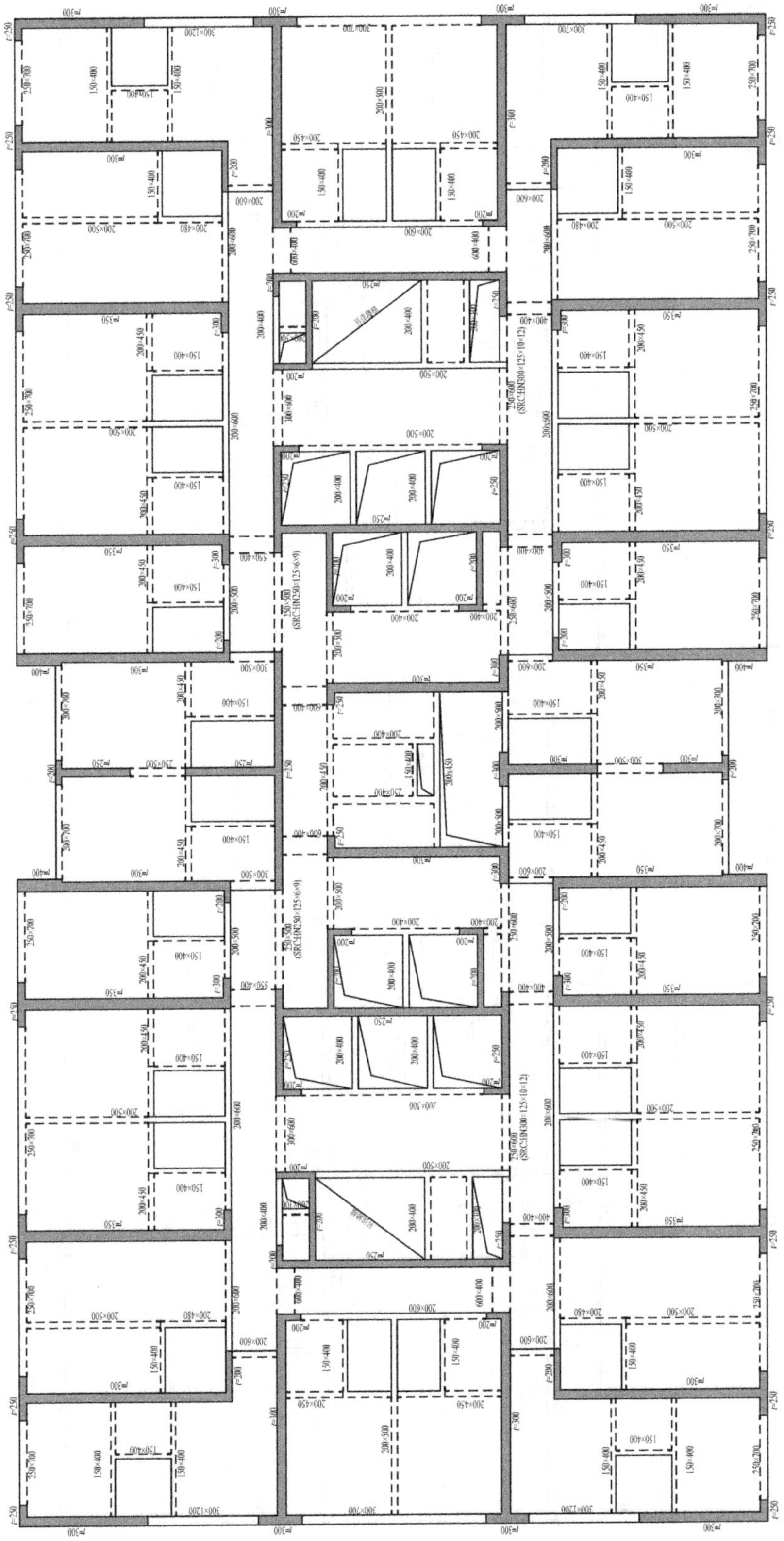

图 2-1 标准层结构平面示意图

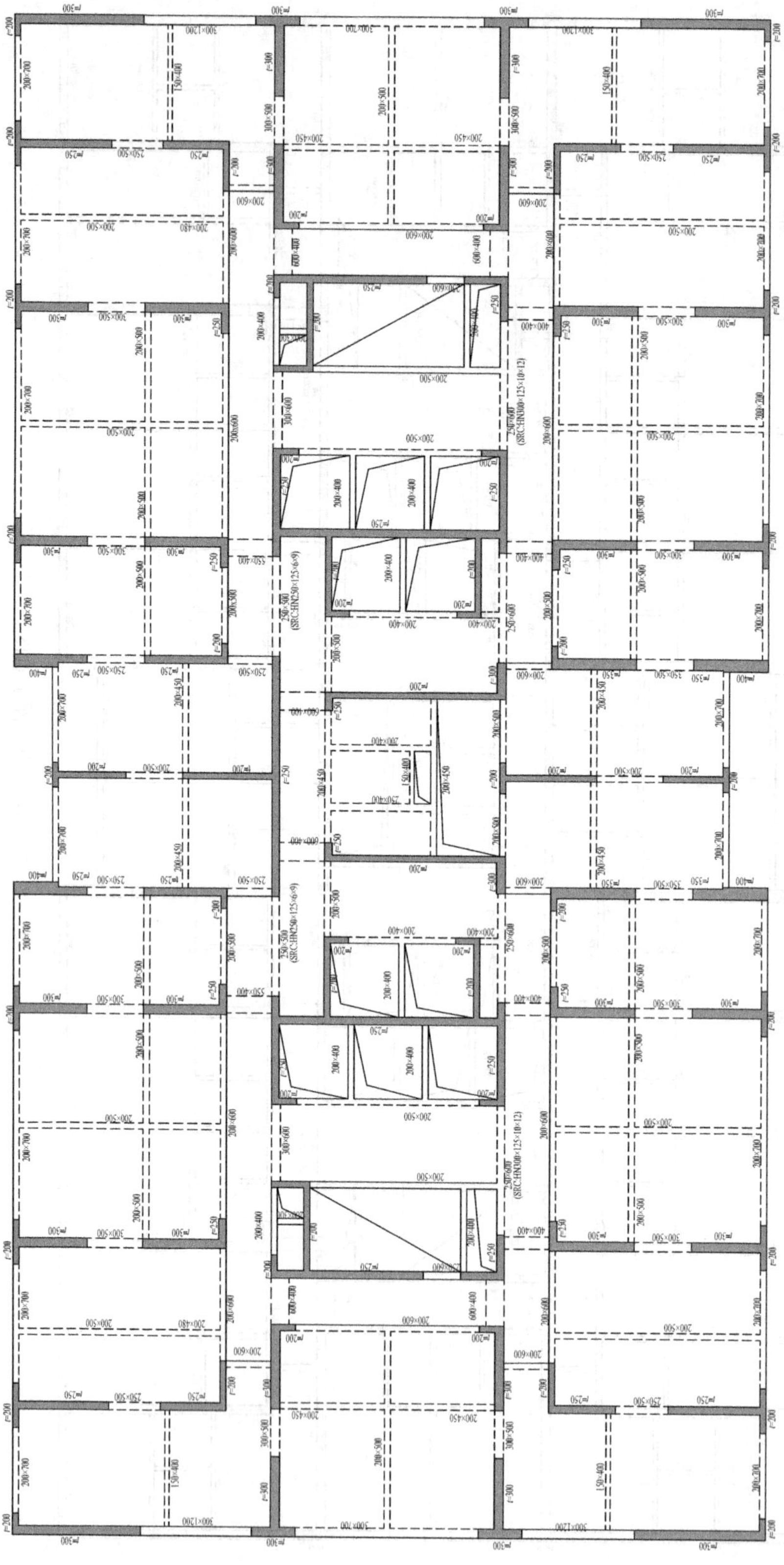

图 2-2 15 层、30 层避难层结构平面示意图

构件截面信息　　表2-1

建筑楼层	剪力墙厚度（mm）	框架梁（mm）	次梁（mm）
24～45层	250、300为主	200×450、200×500、200×1200为主	200×400为主
8～23层	300、350为主	200×450、200×500、200×1200为主	200×400为主
2～7层	300、350为主	200×450、200×500、300×1200为主	200×400为主
首层	300、350为主	200×450、200×500、200×700为主	200×400为主
地下室	400、450为主	200×450、200×500、200×1200为主	200×400为主

3 基础及地下室

根据地勘报告提供的地质资料，大面积分布的基岩为白垩系砂岩、泥岩、花岗岩，上层沉积物多为粉砂质淤泥，局部地区为砂或浅风化黏土，岩面高度变化较大。此项目地质条件比较复杂，淤泥层很厚，约20～40m，属于典型深厚软土地区，拟采用钻孔灌注桩，桩长60～80m。在满足桩距要求的前提下，桩尽量靠近竖向构件布置，考虑到淤泥层太厚，采用桩筏基础连成一片整体，从而提高了基础整体性和桩的利用率，因为有些钻孔中风化花岗岩太深，桩以强风化岩作为桩的持力层，采用后注浆的方式提高桩的承载力。桩径1200mm，考虑负摩擦力，并进行沉降计算，基础平面布置图见图3-1。

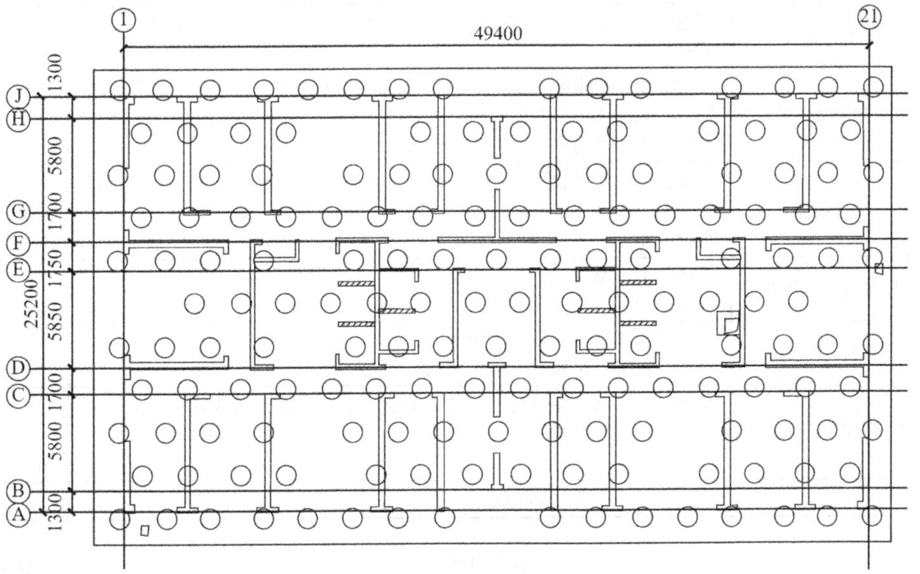

图3-1　基础平面布置图

本项目地下1层与大底盘地下车库相连通，塔楼内采取现浇梁板式楼盖，塔楼范围外车库典型柱距为6m×7.8m，采取框架梁＋加腋大板楼盖，塔楼板厚度取180mm，塔楼周边设置沉降后浇带，每隔约30m在地下室楼板设置伸缩后浇带，同时为了避免温度和收缩应力，各区域设置了结构标高差。

4 结构超限判别

根据《建筑抗震设计规范》GB 50011—2010（2016年版）、《高层建筑混凝土结构技术规程》JGJ 3—2010及《住房城乡建设部关于印发〈超限高层建筑工程抗震设防专项审查技术要点〉的通知》（建质〔2015〕67号）的有关规定，本工程结构超限情况见表4-1～表4-4。

本工程高度超限，有1项一般不规则类型，无特别不规则类型，应进行超限高层抗震设防专项审查。

高度超限判别 表4-1

结构类型		A级高度最大适用高度（7度）	B级高度最大适用高度（7度）	本工程高度	是否超限
15号、16号楼	剪力墙结构	120m	150	143.635m	是

不规则判别一 表4-2

序号	不规则类型	描述及判别	是否不规则
1a	扭转不规则	描述：考虑偶然偏心的扭转位移比大于1.2 判别：最大扭转位移比为1.23（X+偶然偏心），大于1.2，属于扭转不规则	是
1b	偏心布置	描述：偏心率大于0.15或相邻层质心相差大于相应边长15% 判别：无	否
2a	凹凸不规则	描述：平面凹凸尺寸大于相应边长的30%等 判别：平面凸出比例为$l/B_{max}=2.6/25.2=0.10<0.35$	否
2b	组合平面	描述：细腰形或角部重叠形 判别：无	否
3	楼板不连续	描述：有效宽度小于50%，开洞面积大于30%，错层大于梁高 判别：无	否
4a	侧向刚度突变	描述：相邻层刚度变化大于70%（按高规考虑层高修正时，数值相应调整）或连续三层变化大于80% 判别：各层侧向刚度比均满足要求	否
4b	尺寸突变	描述：竖向构件收进位置高于结构高度20%且收进大于25%，或外挑大于10%和4m，多塔 判别：无	否
5	竖向构件不连续	描述：上下墙、柱、支承不连续 判别：无	否
6	承载力突变	描述：相邻层受剪承载力变化大于75% 判别：首层与相邻上一层受剪承载力之比为97%	否
7	局部不规则	描述：如局部的穿层柱、斜柱、夹层、个别构件错层或转换，或个别楼层扭转位移比略大于1.2等 判别：无	否
不规则项目总计			1

不规则判别二 表4-3

序号	不规则类型	判定原因	是否不规则
1	扭转偏大	描述：裙房以上30%或以上楼层数考虑偶然偏心的扭转位移比大于1.5 判别：扭转位移比小于1.5	否
2	抗扭刚度弱	描述：扭转周期比大于0.9，超过A级高度的结构扭转周期比大于0.85 判别：周期比为0.83，小于0.85	否
3	层刚度偏小	描述：本层侧向刚度小于相邻上层的50% 判别：无	否
4	塔楼偏置	描述：单塔或多塔与大底盘的质心偏心距大于底盘相应边长20% 判别：无	否
不规则项目总计			0

不规则判别三 表4-4

序号	不规则类型	判定原因	是否不规则
1	高位转换	描述：框支墙体的转换构件位置，7度超过5层，8度超过3层 判别：无转换层	否
2	厚板转换	描述：7～9度设防的厚板转换结构 判别：无	否
3	复杂连接	描述：各部分层数、刚度、布置不同的错层；连体两端的塔楼高度、体型或者沿大底盘某个主轴方向的振动周期显著不同 判别：无	否
4	多重复杂	描述：结构同时具有转换层、加强层、错层、连体或多塔等复杂类型的3种及以上 判别：无	否
不规则项目总计			0

5 抗震性能目标

针对本工程的超限情况，采取结构抗震性能化设计措施。结构抗震性能目标按照广东省标准《高层建筑混凝土结构技术规程》DBJ 15—92—2013（下文简称《广东高规》）第3.11节内容执行，其结构抗震性能目标为C级。在多遇地震作用下，结构应满足性能水准1的要求；在设防地震（7度）作用下，结构应满足性能水准3的要求；在预估的罕遇地震作用下，结构应满足性能水准4的要求。本工程结构计算分析方法及计算分析软件见表5-1。

结构计算分析方法及计算分析软件 表5-1

项次	是否考虑风荷载	计算分类	计算分析方法	计算分析软件
多遇地震（小震）作用	是	位移指标计算	考虑偶然偏心地震作用、刚性楼板、风荷载取50年重现期基本风压	YJK，MIDAS/Building
		承载力计算	扭转耦联、弹性楼板、双向地震作用、风荷载取50年重现期基本风压的1.1倍	YJK
			弹性时程分析	YJK
设防地震（中震）作用	否	性能目标计算分析	中震等效弹性分析	YJK
			楼板应力分析	YJK
罕遇地震（大震）作用	否	性能目标计算分析	大震等效弹性分析	YJK
			弹塑性静力推覆分析	YJK

中震作用下耗能构件（连梁、框架梁）按照“部分受弯屈服、受剪不屈服”性能目标要求进行计算，按《广东高规》性能化分析方法，取构件重要性系数$\eta=0.9$，压、剪承载力利用系数$\xi=0.74$，弯、拉承载力利用系数$\xi=0.87$进行计算。计算结果表明，结构中部楼层（9～28层，45层）有部分（约10%）连梁、框架梁正截面配筋率超过最大配筋率，说明这部分连梁、框架梁在中震作用下出现受弯屈服的情况。但所有的连梁、框架梁斜截面均未出现超筋以及受剪截面不足的情况，能够满足受剪不屈服的要求。由此可见，耗能构件（连梁、框架梁）中震作用下能够达到性能水准3的要求。施工图设计时取小震弹性与中震计算结果中抗剪钢筋的包络值进行梁斜截面设计，保证耗能构件的抗剪性能。

本工程进行了罕遇地震作用下的静力弹塑性分析，并分别对X向和Y向进行推覆分析，侧推荷载采用规定水平力。需求谱地震影响系数最大值取0.50，特征周期取0.50s，初始结构阻尼比取0.05，考虑P-Δ效应的影响。X、Y向推覆分析结果如图5-1、图5-2所示。

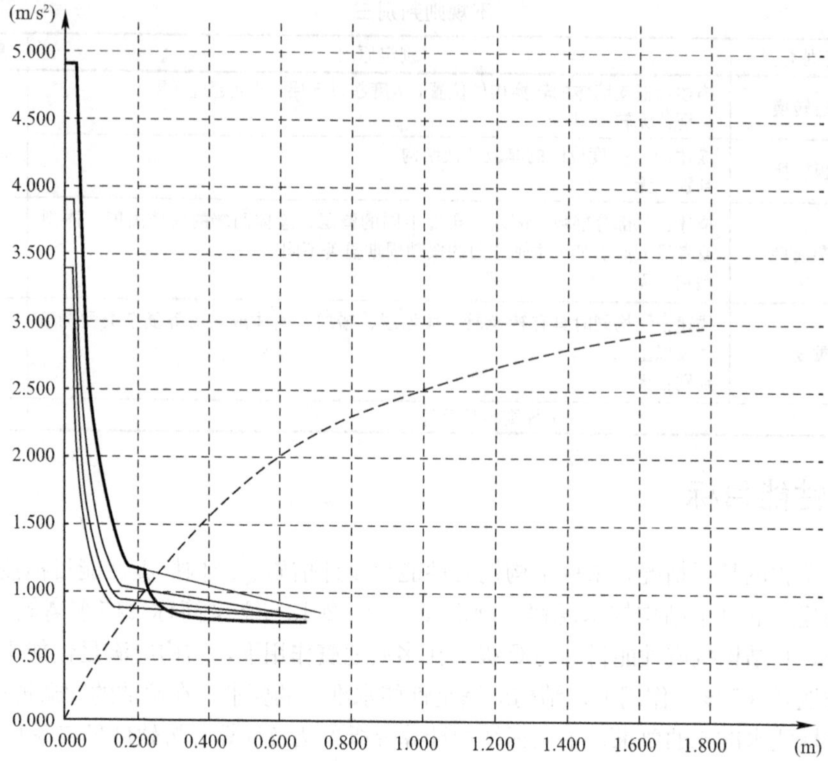

图 5-1 结构 X 向推覆分析结果（S_a-S_d 曲线）

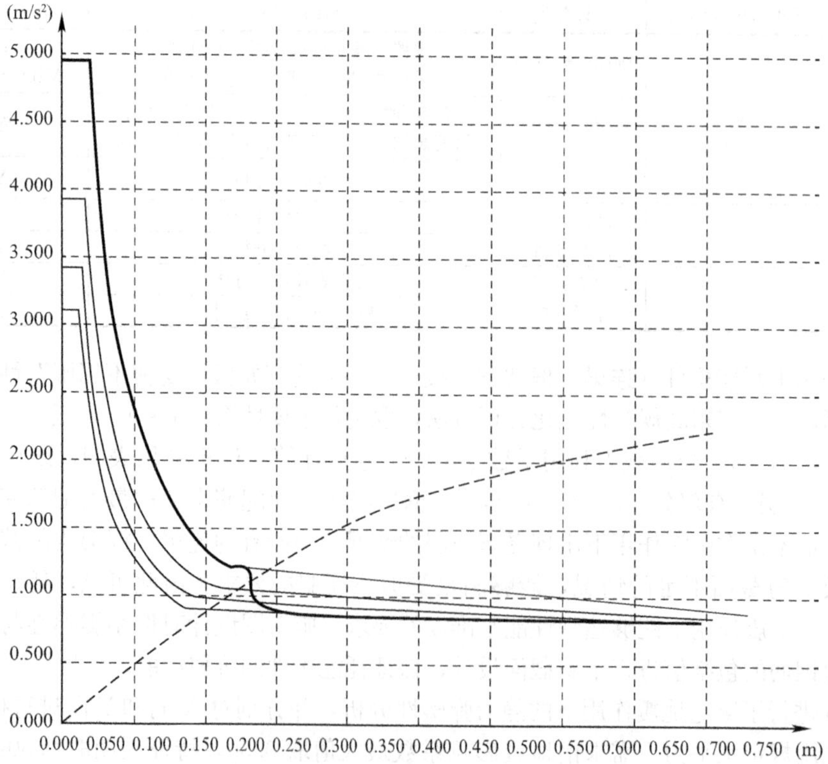

图 5-2 结构 Y 向推覆分析结果（S_a-S_d 曲线）

通过静力弹塑性分析结果，得到结果与需求点对应的加载步下两个方向最大层间位移角均小于《广东高规》规定的弹塑性位移角限值1/150，能够满足C级性能目标大震下性能水准4的位移角要求。

6 针对超限情况的计算分析及相应措施

本工程15号、16号楼高度属于B级高度，针对高度超限情况及设计中的关键技术问题，在设计中开展了以下工作：

（1）针对工程项目的超限情况，提出了结构及构件的抗震性能目标。

（2）采用两种计算程序分别进行计算，对计算结果进行对比分析，以论证分析模型及结果的准确性、可靠性。

（3）选取地震波（5条天然波、2条人工波）对塔楼进行弹性时程分析补充计算，并将弹性时程计算结果与CQC结果进行对比。

（4）对结构进行中震拟弹性验算，以判别结构在中震作用下的抗震性能，对楼板进行中震作用下的应力分析，对楼板薄弱部位进行适当加强，以保证楼板有效传递水平力。

（5）对结构进行大震拟弹性验算，以判别结构在大震作用下竖向构件的最小受剪截面。

（6）对结构进行静力弹塑性分析（Push-over），求得结构在罕遇地震作用下的性能点以及性能点对应的层间位移角及内力，并根据分析结果对薄弱部分或构件进行构造加强。

针对结构超限情况采取以下加强措施：

（1）将弹性时程计算结果与CQC结果进行对比，取7条地震波反应的平均值及CQC二者大值对构件进行包络设计。

（2）严格控制竖向构件轴压比，关键构件采取小震、中震抗剪计算结果包络值进行施工图设计，保证中震作用下达到性能水准3。

（3）中震作用下出现偏心受拉剪力墙的拉应力不超过混凝土的抗拉强度f_{tk}，以提高剪力墙在受拉状态下的抗剪性能。

（4）根据大震静力弹塑性分析结果，施工图设计时提高底部加强区建筑外周小墙肢的最小纵筋配筋率至1.4%，钢筋实配取小震结果的1.2倍并与中震结果包络。

（5）针对平面扭转不规则及楼板应力分析结果，对楼（电）梯间开洞周边板及建筑两端开间板采用双层双向钢筋拉通；对阳角部位采用附加筋加强。

7 抗震设防专项审查意见

2020年12月14日，广东省超限高层建筑工程抗震设防审查专家委员会主持召开了超限高层建筑抗震设防专项审查会。广东省工程勘察设计行业协会会长陈星教授级高工任专家组组长。与会专家听取了广州市白云建筑设计院有限公司关于该工程抗震设防设计的情况汇报，审阅了送审材料。经讨论，提出如下审查意见：

（1）计算参数土层水平抗力的比例系数偏大，应根据地质情况选取合适值。应按地下室顶板、底板分别作嵌固端进行地震作用分析及包络设计，并加强塔楼外两跨地下室框架的抗震性能设计。

（2）增加计算振型数量以考虑高振型的不利影响；复核规范谱与时程分析谱在周期1与周期2的偏差的合理性；复核地震作用分析参数的合理取值。

（3）平面周边短肢墙及剪力墙端柱应按框架柱配筋。

（4）中震作用下，部分楼层梁配筋超筋较多，请复核其抗震性能是否满足中震作用下受弯部分屈服、受剪不屈服的目标。

（5）细化避难层结构布置，减少刚度突变。结构整体刚度偏大，剪力墙布置可优化。

审查结论：通过。

8 点评

（1）本工程在多遇地震作用及风荷载作用下，YJK和MIDAS/Building分析得到的各项指标基本一致，模型准确；CQC及弹性时程分析各项指标均能满足规范要求，可满足“小震不坏”的性能水准1要求。

（2）在设防烈度地震作用下，关键构件（底部加强区剪力墙）及普通竖向构件（非底部加强区剪力墙）均满足受弯不屈服、受剪弹性，可满足“中震可修”的性能水准3要求。

（3）在罕遇地震作用下，结构弹塑性位移角满足规范限值要求，关键构件（底部加强区剪力墙）及普通竖向构件（非底部加强区剪力墙）均满足最小受剪截面要求，耗能构件多数为轻微—中度损坏，个别较重损坏，结构整体呈现轻度—中度损坏状态，可满足“大震不倒”的性能水准4要求。

（4）该结构满足设定的各项抗震性能水准要求，即“小震不坏、中震可修、大震不倒”，达到C级性能目标要求，设计安全、可靠、合理且满足规范要求。

68 广州地铁 6 号线萝岗车辆段上盖开发项目

关　　键　　词： 地铁车辆段上盖；单向全框支剪力墙结构；TOD 枢纽综合体
结构主要设计人： 彭　攀　黄　鹏　汪　睿　刘齐霞　欧裕兴　李红波　胡　鑫　郑　石　伍永胜　黄昱华
设　计　单　位： 广州地铁设计研究院股份有限公司

1　工程概况

广州地铁 6 号线萝岗车辆段上盖开发项目位于广州市黄埔区开创大道以南、荔红一路以东、伴河路以北、开源大道以西。项目用地面积约 31.2 万 m^2，建筑面积约 93.5 万 m^2，是集高层住宅、多层住宅、图书馆、商业街及教育配套于一体的大型车辆段场站 TOD 枢纽综合体。物业开发位于广州地铁 6 号线萝岗车辆段盖板及其周边白地（图 1-1），车辆段是保证轨道交通线网正常运营的综合性基地，按照功能大致可分为白地（A 区地铁综合楼）、出入段线区（B1～B2 区预留商业），咽喉区（C1～C3 区预留教育配套）及库房区（D1～D4 区预留高层住宅），车辆段已经通车运营，车辆段基础已施工，已实施的盖板考虑了盖上物业开发过程中的施工荷载、塔吊荷载、车道荷载等，预留了墙柱钢筋且对钢筋进行了保护。

图 1-1　项目总平面示意图

本工程多层住宅、教育组团及商业配套结构高度最高为 28m，采用带转换的框架结构体系，盖板上盖 1～18 号楼高层住宅，建筑高度为 99.9～113.15m，由于平行于轨道方向不能落剪力墙，采用的是单向全框支剪力墙结构。

2 结构体系与结构布置

以盖上高层住宅3号、4号楼为例，主体结构共32层，不带地下室，均在地面以上，采用单向全框支剪力墙结构体系，结构高度为105.8m，大于100m，属于B级高度高层建筑。本工程高宽比约为3.4，负2层为萝岗车辆段运用库，柱网规则，核心筒未落地，负1层为地下车库和设备用房构成，住宅首层为4.5m高架空层，标准层层高为2.95m。由于盖下有轨道，剪力墙不能落地，在首层设置转换层进行转换，剪力墙被转化率高达78%。图2-1为

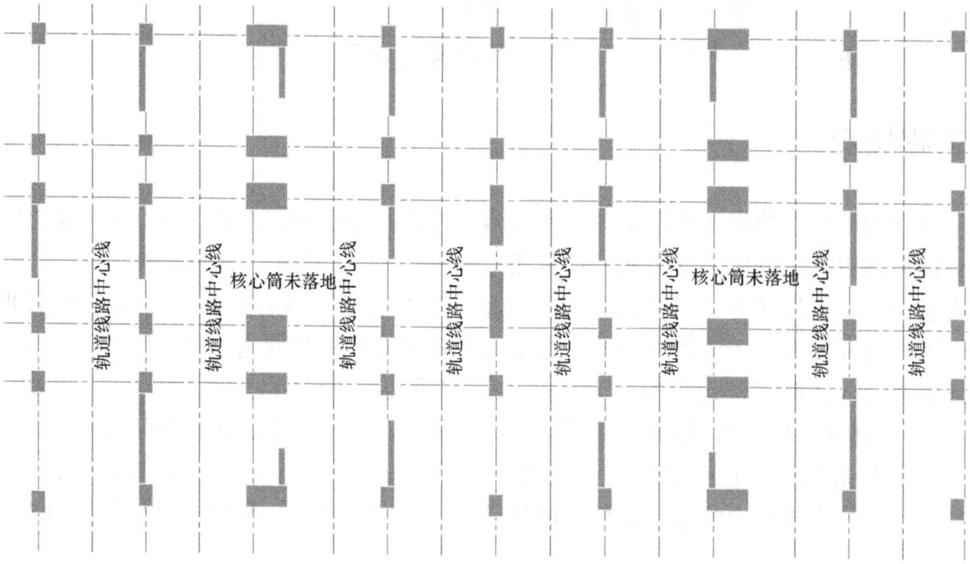

图2-1 3号、4号盖板下主要竖向构件与车辆段轨道相互关系图

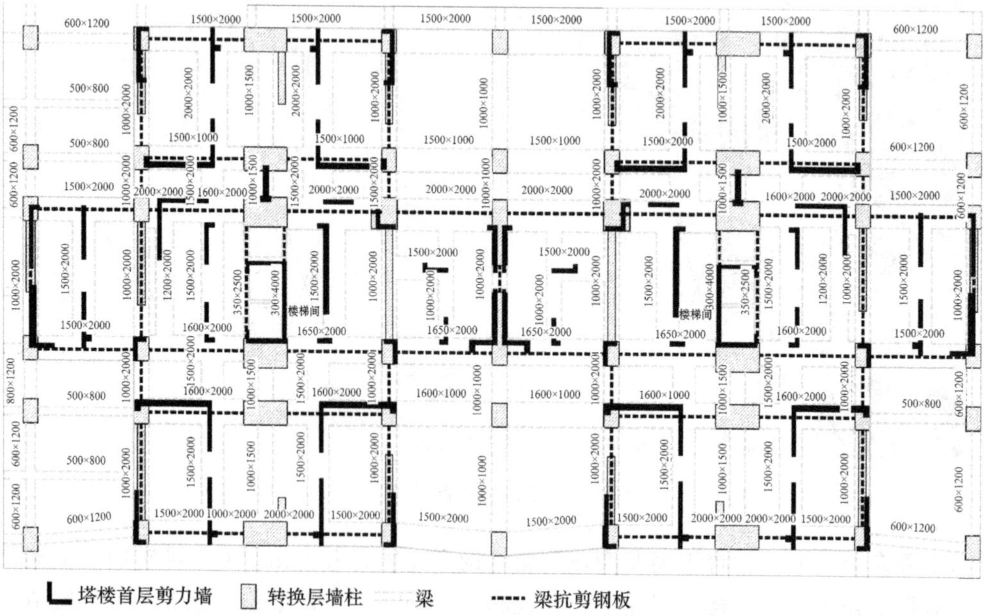

图2-2 3号、4号楼转换层结构布置图

3 号、4 号盖板下主要竖向构件与车辆段轨道相互关系图，图 2-2 为转换层结构布置示意图，表 2-1 为主要构件尺寸与材料等级。

主要构件尺寸与材料等级　　表 2-1

构件部位		构件尺寸（mm）	材料等级
转换层以下	框支柱	混凝土柱：1500×2900、1950×2900	C60
	核心筒剪力墙	400～500	C60
	转换梁	1500×2500、2000×2500	C40
	裙楼柱	800×800、1000×1000	C35
转换层以上	剪力墙	300、250、200	C60～C30
	框架梁	200×700、200×600	C30
	次梁	200×600、200×500	C30

3　基础设计

本工程基础采用冲孔灌注桩基础，采用直径 1200mm、1500mm 两种灌注桩，单桩竖向承载力分别 8000kN、14000kN，桩长约 25～52m，持力层为中风化岩（局部微风化岩）。高层住宅由于未设置地下室，基础埋深不满足规范的要求：桩基础的埋置深度（不计桩长）不宜小于建筑物高度的 1/18。高层住宅塔楼范围承台高度为 2.5m，其余范围承台高度为 1.7m，塔楼墙柱承台间设置基础梁。上盖物业开发时，基础已经施工，分别对基础进行了中震抗倾覆、抗滑移验算，结果满足要求。3 号、4 号楼桩基础结构布置见图 3-1。

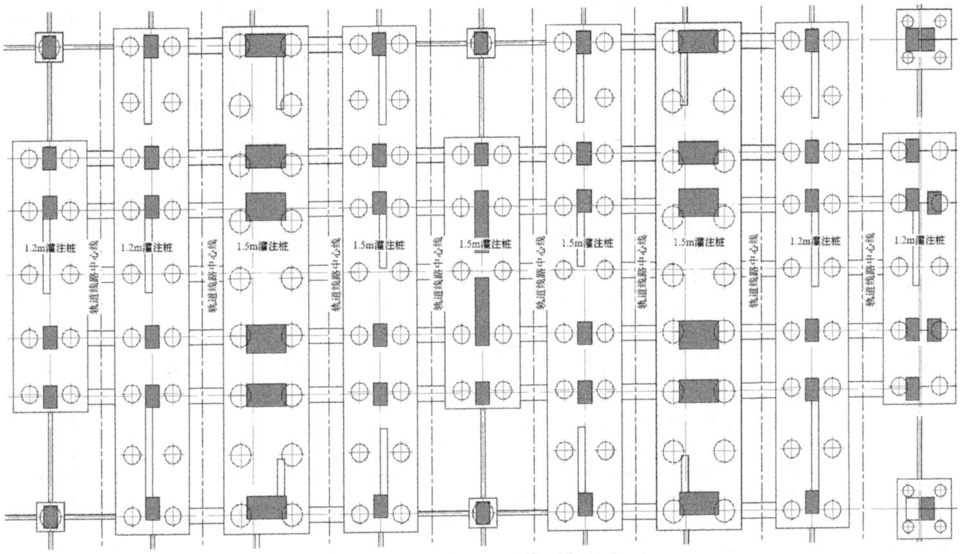

图 3-1　3 号、4 号楼桩基础结构布置图

4　荷载与地震作用

4.1　楼面荷载

本项目各区域的楼面荷载（附加恒荷载与活荷载）按规范与实际做法取值。

4.2 风荷载及地震作用

根据《建筑结构荷载规范》GB 50009—2012，50 年重现期的基本风压为 $w_0=0.50\text{kN/m}^2$，承载力计算时按基本风压的 1.1 倍采用，地面粗糙度类别为C类，体型系数取 1.4，舒适度验算时采用 10 年重现期的风压 0.30kN/m^2。本工程抗震设防烈度 7 度，设计地震分组为第一组，场地土类别为Ⅱ类。

5 结构超限判别及抗震性能目标

5.1 结构超限类型和程度

结构超限类别和程度按《住房城乡建设部关于印发〈超限高层建筑工程抗震设防专项审查技术要点〉的通知》（建质〔2015〕67 号）进行判定。

5.1.1 高度超限判别

本工程建筑物高 105.8m，参考部分框支剪力墙结构 7 度 B 级高度钢筋混凝土高层建筑适用的最大高度为 120m，判定本工程属 B 级高度超限结构。

5.1.2 不规则类型判别

（1）同时具有三项及以上不规则的高层建筑工程判别见表 5-1。

三项及以上不规则判别 **表 5-1**

序号	不规则类型	简要涵义	本工程情况	超限判别
1a	扭转不规则	考虑偶然偏心的扭转位移比大于 1.2	X 向 1.27（3 层），Y 向 1.21（3 层）	是
1b	偏心布置	偏心率大于 0.15 或相邻层质心大于相应边长 15%	本工程塔楼偏置	
2a	凹凸不规则	平面凹凸尺寸，大于相应投影方向总尺寸的 30%等	$L/B_{max}=0.40>0.30$	是
2b	组合平面	细腰形或角部重叠形	无	
3	楼板不连续	有效宽度小于 50%，开洞面积大于 30%，错层大于梁高	7.5/17.4=0.43	是
4a	刚度突变	相邻层刚度变化大于 70%或连续三层变化大于 80%	不满足侧向刚度要求	是
4b	尺寸突变	竖向构件位置缩进大于 25%或外挑大于 10%和 4m，多塔	双塔	
5	构件间断	上下墙、柱、支撑不连续，含加强层、连体类	剪力墙不落地被转换	是
6	承载力突变	相邻层受剪承载力变化大于 80%	X：0.72，Y：0.70 不满足受剪承载力之比	是
7	局部不规则	如局部的穿层柱、斜柱、夹层、个别构件错层或转换	无	否
不规则情况总结		不规则项 6 项		

（2）具有二项不规则的高层建筑工程判别见表 5-2。

二项不规则判别　　　　**表 5-2**

序号	不规则类型	简要涵义	本工程情况	超限判别
1	扭转偏大	裙房以上的较多楼层，考虑偶然偏心的扭转位移比大于1.4	X向1.21 Y向1.29	否
2	抗扭刚度弱	扭转周期比大于0.9，混合结构扭转周期比大于0.85	无	否
3	层刚度偏小	本层侧向刚度小于相邻层的50%	无	否
4	塔楼偏置	单塔或多塔与大底盘的质心偏心距大于底盘相应边长20%	无	否
不规则情况总结		不规则项0项		

（3）具有某一项不规则的高层建筑工程判别见表5-3。

一项不规则判别　　　　**表 5-3**

序号	不规则类型	简要涵义	本工程	超限判别
1	高位转换	框支墙体转换构件位置：7度超过5层，8度超过3层	无	否
2	厚板转换	7～9度设防的厚板转换结构	无	否
3	复杂连接	各部分层数、刚度、布置不同的错层，两端塔楼高度、体型或振动周期显著不同的连体结构	无	否
4	多重复杂	结构同时具有转换层、加强层、错层、连体和多塔等复杂类型的3种	无	否
不规则情况总结		不规则项0项		

5.1.3　超限情况总结

本工程3号、4号楼属于B级高度超限结构，并存在6项不规则：扭转不规则（偏心布置）；凹凸不规则；楼板不连续；刚度突变、尺寸突变；构件间断；承载力突变。

5.2　抗震性能目标

针对结构高度及不规则情况，设计采用结构抗震性能设计方法进行分析和论证。设计根据结构可能出现的薄弱部位及需要加强的关键部位，按照广东省标准《高层建筑混凝土结构技术规程》DBJ 15—92—2013（下文简称《广东高规》）进行性能设计，考虑到转换层以下为已经运营的车辆段，结构总体采用C级性能目标，转换层以下框支框架采用B级性能目标，具体要求如表5-4所示。

结构抗震性能目标及震后性能状况　　　　**表 5-4**

项目		性能目标等级：C（转换层以下框支框架性能目标B）			
		性能水准1	性能水准2	性能水准3	性能水准4
结构宏观性能目标		完好、无损坏	轻微损坏	轻度损坏	中度损坏
继续使用的可能性		不需修理即可继续使用	基本完好，检修后继续使用	一般修理后才可继续使用	修复和加固后才可继续使用
关键构件	转换框架	无损坏（弹性）	无损坏：完全弹性［$\eta=1.1$，$\xi=0.83$（压、剪），$\xi=0.74$（弯、拉）］	轻微损坏：受剪弹性、压弯不屈服［$\eta=1.1$，$\xi=0.133$（剪压比）］	—

续表

项目		性能目标等级：C（转换层以下框支框架性能目标 B）			
		性能水准 1	性能水准 2	性能水准 3	性能水准 4
关键构件	转换梁	无损坏（弹性）	无损坏：完全弹性 [η=1.1，ξ=0.83（压、剪），ξ=0.74（弯、拉）]	轻微损坏：受剪弹性、压弯不屈服 [η=1.1，ξ=0.133（剪压比）]	—
	转换层下底部加强部位剪力墙	无损坏（弹性）	—	无损坏 [η=1.1，ξ=0.67（压、剪），ξ=0.77（弯、拉）]	轻度损坏 [η=1.1，ξ=0.15（剪压比）]
普通竖向构件	裙房框架柱	无损坏（弹性）	—	轻微损坏 [η=1.0，ξ=0.74（压、剪），ξ=0.87（弯、拉）]	部分构件中度损坏 [η=1.0，ξ=0.15（剪压比）]
	非底部加强部位剪力墙				
耗能构件（框架梁、连梁）		无损坏	—	轻度损坏、部分中度损坏 [η=0.9，ξ=0.74（压、剪），ξ=0.87（弯、拉）]	中度损坏、部分比较严重损坏 [η=0.9，ξ=0.15（剪压比）]

6 结构计算与分析

6.1 小震及风荷载作用分析

多遇地震作用分析采用振型分解反应谱法和弹性时程分析法，主要计算结果见表 6-1。根据计算结果，结合《高层建筑混凝土结构技术规程》JGJ 3—2010 的规定，可得出如下结论：

（1）在偶然偏心地震作用下，最大扭转位移比大于 1.2，小于 1.5，属于扭转不规则结构。

（2）楼板平面存在凹凸不规则。

（3）存在多塔，竖向构件不连续。

（4）楼层侧向刚度比不满足《广东高规》第 3.1.4 条的要求，属于侧向刚度不规则结构。

（5）层受剪承载力比小于 80%，不满足《广东高规》第 3.1.4 条、3.5.3 条的要求。

综上，本项目主要存在负 2 层（车辆段）侧向刚度比较弱、受剪承载力比偏小、上部楼层扭转位移比略超规范限值（该部分楼层地震作用下层间位移角较小），楼板凹凸不规则，多塔、竖向构件不连续等情况。

结构分析主要计算结果汇总 **表 6-1**

指标		YJK 软件	MIDAS 软件
地震作用下基底剪力（kN）	X	25269	25014
	Y	26562	27612
剪重比	X	1.64%	1.68%
	Y	1.74%	1.84%

续表

指标		YJK 软件	MIDAS 软件
地震作用下最大层间位移角（限值 1/800）	X	1/1224（16 层）	1/1311（18 层）
	Y	1/1270（27 层）	1/1314（22 层）
广东省规定层侧向刚度不小于上一层的 90%，首层为 1.5 倍（未考虑刚度修正）	X	0.53（1 层）	0.58（1 层）
	Y	0.73（1 层）	0.73（1 层）
层受剪承载力之比最小值	X	0.55	0.57
	Y	0.61	0.62
1 层（车辆段层）/3 层（转换层上一层）层受剪承载力之比	X	2.50	2.60
	Y	2.07	2.60
1 层（车辆段层）/3 层（转换层上一层）层侧向刚度之比	X	2.19	2.24
	Y	3.92	3.96

6.2 中震作用分析

对设防烈度地震（中震）作用下，除普通楼板、次梁以外所有结构构件的承载力，根据其抗震性能目标要求，按最不利荷载组合进行验算。中震计算结果见表 6-2。对计算结果分析如下：

（1）关键构件框支柱、转换梁、转换层以下剪力墙满足中震性能水准 2 的设计要求，完全保持弹性。

（2）普通竖向构件转换层以上的剪力墙满足中震性能水准 3 的要求，基本保持弹性。

（3）部分楼层的个别连梁、框架梁的配筋需求比多遇地震作用下的需求要高，部分连梁在多数楼层处接近屈服。

中震计算结果　　表 6-2

指标		X 向	Y 向
层间位移角	标准层	1/396（16 层）	1/389（16 层）
	转换层	1/1664	1/1832
	车辆段首层	1/1048	1/1341
底部剪力（kN）		59057	83622
最小剪重比		4.48%	5.03%
基底剪力中震与小震 CQC 之比		2.56	2.62

6.3 罕遇地震作用下的动力弹塑性时程分析

本工程 3 号楼单塔采用 SAUSAGE 进行罕遇地震作用下的弹塑性时程分析。根据规范的要求，分析中使用 3 组地震波输入（1 号地震波 RH2TG040、2 号地震波 TH016TG040、3 号地震波 TH078TG040），大震动力弹塑性计算结果见表 6-3。

大震动力弹塑性计算结果　　表 6-3

项目	基底剪力（kN）		大震剪力/小震剪力		最大层间位移角		车辆段层间位移角		转换层层间位移角	
	X 向	Y 向	X 向	Y 向	X 向	Y 向	X 向	Y 向	X 向	Y 向
1 号地震波	65856.7	128955.0	3.89	7.16	1/184	1/257	1/535	1/868	1/637	1/656
2 号地震波	45019.6	132610.0	2.66	7.36	1/249	1/286	1/872	1/789	1/754	1/698
3 号地震波	58173.2	83224.6	3.43	4.62	1/340	1/353	1/617	1/1215	1/689	1/1350

从上述计算结果可以看出，大震弹塑性最大层间位移角为1/353～1/184，满足1/125的限值要求，转换层层间位移角为1/1350～1/637，转换构件基本处于弹性阶段。

结构在3条地震波动力时程分析下的塑性损伤分布情况基本类似，主要表现为以下特点：

（1）在罕遇地震波输入过程中，结构的破坏形态可描述为，首先住宅部分底部连梁进入塑性，之后损伤迅速发展并扩展至住宅上部的连梁，连梁起到了很好的耗能作用。

（2）在大震作用下，转换层基本完好，框支框架仅出现轻微损伤，此时上部墙体底部已有部分达到中度、重度损伤，充分表明转换层以上墙体破坏程度远大于转换层以下竖向构件，保证转换层以下结构不先于转换层以上结构破坏。

6.4 框支转换节点设计

本工程原盖板下预留的转换柱大部分为矩形钢管混凝土柱，截面尺寸为1500mm×1400mm×30mm，转换梁采用型钢混凝土梁，截面尺寸为1500mm×2500mm，框支转换节点如图6-1所示。为确保钢管柱与型钢混凝土梁结构的连接节点满足大震作用下的受力要求，采用ABAQUS建立了框支柱与转换梁连接节点的空间三维有限元进行计算分析。有限元计算结果显示，节点区应力水平不高，应力分布较为均匀，整个节点受力都在弹性范围之内，满足设计要求。

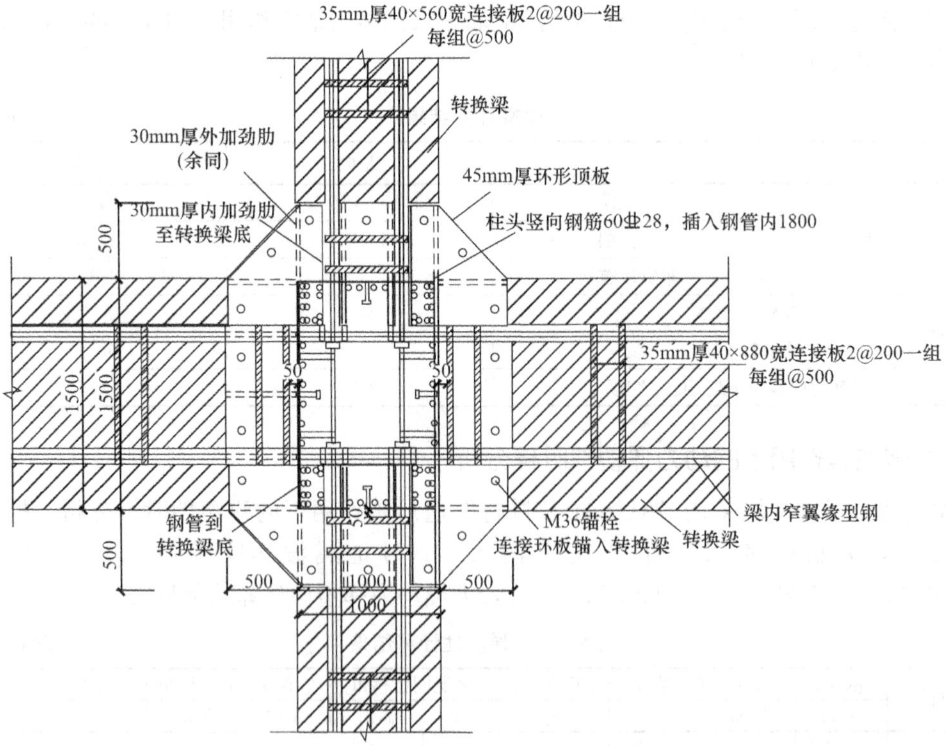

图6-1 节点区加劲肋构造（一）

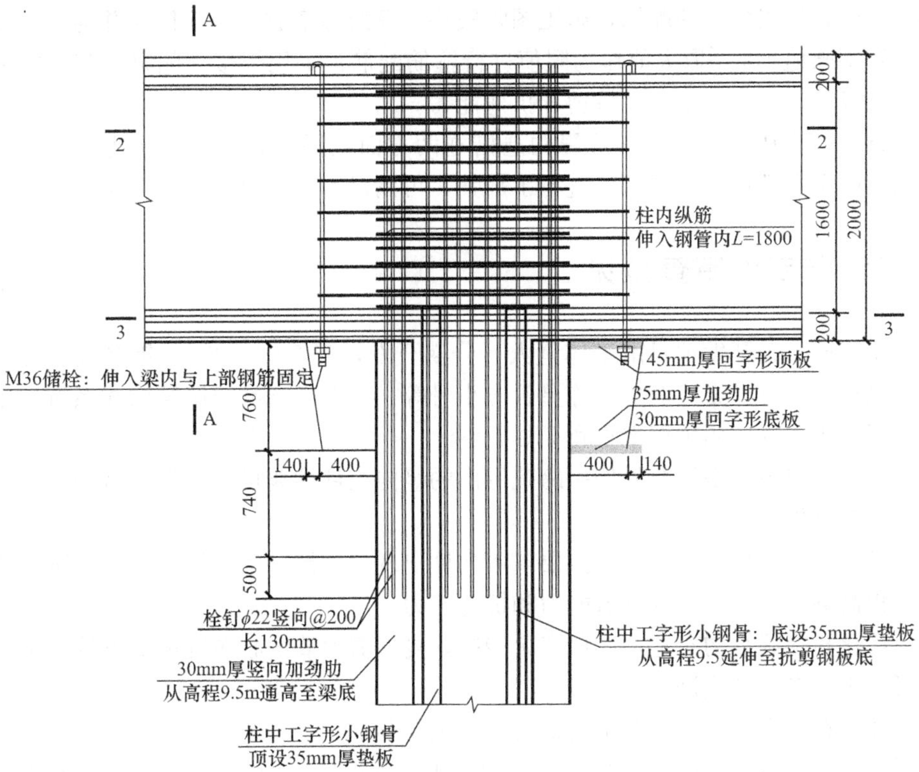

图 6-1 节点区加劲肋构造（二）

7 针对超限情况的相应措施

（1）针对平面不规则的措施：加强外围剪力墙及外围框架梁，提高结构的整体抗扭性能；加大核心筒周边的楼板厚度至150mm，采用双层双向配筋。

（2）针对尺寸突变的措施：加大多塔楼体型突变部位及其上、下层结构的楼板厚度，裙房顶板（转换层）板厚塔楼内采用250mm、塔楼外采用200mm，裙房上、下层楼板板厚150mm，以提高多塔楼刚度突变区域的结构整体协同受力性能，施工图阶段适当提高体型收进部位上下各2层塔楼周边竖向结构构件的配筋率。

（3）针对1层（车辆段层）刚度突变的措施：1）增加首层侧向刚度，控制首层层间位移角在设防烈度作用下满足不大于1/1000；2）适当提高首层墙身及约束边缘构件的最小配筋率，配箍特征值适当增大，控制底部关键构件中、大震剪压比，以提高竖向构件延性。

（4）针对竖向构件不连续的措施：施工图阶段对关键构件按小震、中震及大震结果包络配筋，对框支梁进行应力分析并以应力校核配筋，加强构造措施。

（5）本工程1层（车辆段层）梁板柱及基础已施工，地梁抗震等级已按首层设计。对已建结构进行抗震性能验算以满足性能目标的要求，复核单桩水平承载力特征值及结构整体抗倾覆以满足大震要求。

（6）对于转换层框支柱配筋，施工图阶段将计算配箍率放大 1.5 倍，并与特一级框支柱体积配箍率限值 1.6%取大值作为限值进行箍筋配筋；采用焊接封闭箍。与大震分析结果进行包络设计，保证框支柱的抗剪和抗弯能力。

上述抗震措施从计算分析和抗震构造措施两方面入手，对结构的已建部位进行了复核，对结构的重要部位、薄弱部位进行了加强，可满足本工程提出的抗震性能目标。

8 抗震设防专项审查意见

萝岗车辆段上盖开发项目由于体量大、分期开发，于 2019～2021 年多次召开超限审查会议，邀请了抗震专家王亚勇、陈星、方小丹等，对全框支剪力墙结构体系进行了激烈的探讨。对本工程提出的主要审查意见如下：

（1）转换层以下的塔楼及外伸一跨范围内的竖向构件性能目标提高至 B 级，并提高转换层楼板抗震性能。

（2）转换层以下构件不先于转换层以上构件出现塑性铰，确保竖向构件“强剪弱弯”。

（3）提高混凝土框支柱的抗剪能力和抗弯能力。

（4）优化转换梁结构布置，避免多次转换，复核剪力墙偏心布置情况下的转换梁抗扭能力，可考虑用厚板转换进行比选。

（5）建议补充振动台试验对结构抗震性能进行验证。

最近一次超限审查会议于 2021 年 3 月 19 日在华南理工大学建筑设计研究院召开，华南理工大学建筑设计研究院有限公司方小丹总工程师任专家组组长，会议对广州地铁设计院对此类全框支剪力墙新型结构形式的研究和应用作出了高度评价。

9 点评

（1）与一般地铁物业不同，地铁车辆段上盖综合开发项目一方面能提高土地价值，增加政府土地出让收入，另一方面，通过一体化开发设计施工，开创新时代轨道交通住宅物业发展新模式，具备广阔的发展情景。

（2）萝岗车辆段上盖开发项目是国内首个高度超过 100m 的单向全框支剪力墙结构体系，第一次提出了全框支剪力墙结构体系中“转换层及以下框支框架的抗震性能目标应比转换层以上结构高一级”和“底部框支框架结构晚于转换层以上结构屈服”的结构受力要求，为后续车辆段盖板设计以及全转换剪力墙结构提供了重要的实践经验。

（3）为进一步验证全框支剪力墙结构体系的安全，广州地铁设计院与同济大学研究团队合作，于 2021 年 5 月份完成了车辆段上盖总高度 150m 全框支厚板转换结构振动台模型试验，刷新国内车辆段基地上盖开发总高度，为广东省外推广全框支厚板转换提供了有力依据。

69 广州地铁22号线陈头岗停车场上盖开发项目

关 键 词：停车场上盖超限高层；高转换率；抗震性能设计
结构主要设计人：李颖平 何 亮 杨 帆 欧裕兴 伍永胜 刘东铭
设 计 单 位：广州地铁设计研究院股份有限公司

1 工程概况

广州地铁22号线陈头岗停车场位于番禺区石壁村北侧，待施工的东晓南放射线南侧，待施工的南大干线北侧。首层盖板下属于地铁功能，相对于地铁轨面的标高为9.500m，此标高以上属于上盖物业开发范围，上盖物业开发包括商业、高层住宅、小学、中学、幼儿园及公建配套等。本工程C区盖板通过抗震缝划分为2个区域，C1区为8号、9号、13号三栋高层住宅，C2区为6号、7号、10号、11号、12号五栋高层住宅，此8栋住宅均为1T6户型，住宅分布情况如图1-1所示。大底盘裙房共2层，不设地下室，建筑功能分别为：建筑负1层（结构地面2层）为物业车库，层高4.15m，转换区层高5.8m；建筑负2层为地铁停车场，层高9.5m。裙房顶面高度为13.650m（已含轨面与场坪高差0.7m），裙房以上33层标准层，总层数35层，总高度113.740m，塔楼高宽比3.96。负2层盖板及以下梁板、竖向构件及基础，已与停车场同步实施完成，并已投入运营使用。本文以C1区的8号楼为例，介绍陈头岗停车场上盖超限结构设计。

图1-1 项目总平面图

2 结构体系与结构布置

高层住宅采用部分框支剪力墙结构，塔楼以外的裙房采用框架结构，以剪力墙、框架作为抗侧力体系。上部结构计算的嵌固端为基础顶面。由于盖下停车场轨道限制，垂轨向剪力墙落地受限制，仅电梯井及其他两片剪力墙已实施落地。由于二级开发阶段上盖物业开发户型有调整，已预留的落地剪力墙不再全部适用于新户型，仅有电梯井剪力墙及东西侧山墙位剪力墙延伸至高层住宅的屋顶，其余剪力墙均需要进行转换，转换层设置在裙房顶板，采用梁式转换。转换层结构平面布置图见图 2-1，标准层结构平面布置图见图 2-2。

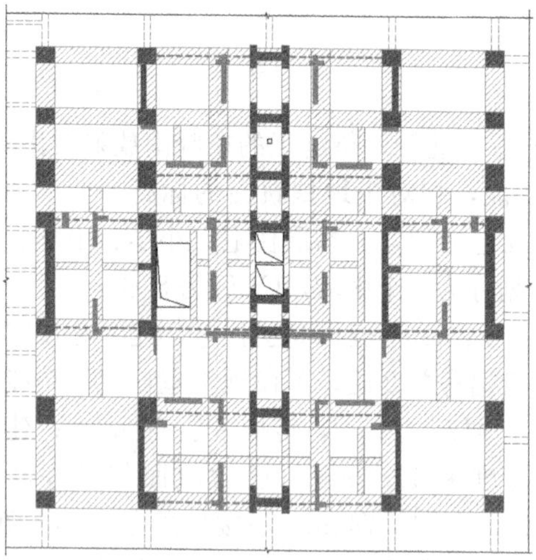

图 2-1　转换层结构平面布置图

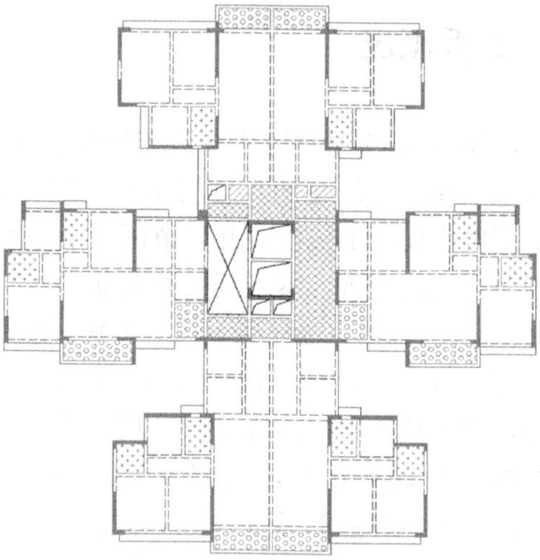

图 2-2　标准层结构平面布置图

3 地质概况及基础设计

根据区域地质资料，本场地地质情况从上至下为填土、淤泥质土、粉质黏土、全强风化岩、中风化岩、微风化岩。场地类别为Ⅲ类。根据地质资料及结构受力特点，基础采用钻孔桩（已施工），直径为 800mm、1000mm、1200mm、1400mm、1600mm 等，单桩承载力为 3600～16000kN，桩长 8～40m，持力层为中风化岩（局部为微风化岩）。高层塔楼由于未设置地下室，基础埋深不满足《高层建筑混凝土结构技术规程》JGJ 3—2010（下文简称《高规》）的要求，高层住宅塔楼范围承台面－3.0m，其余范围承台面－1.5～－1.9m，塔楼墙柱承台间设置基础梁，单塔下的基础平面如图 3-1 所示。

4 荷载与地震作用

4.1 楼面荷载

本项目各区域的楼面荷载（附加恒荷载与活荷载）按规范与实际做法取值。

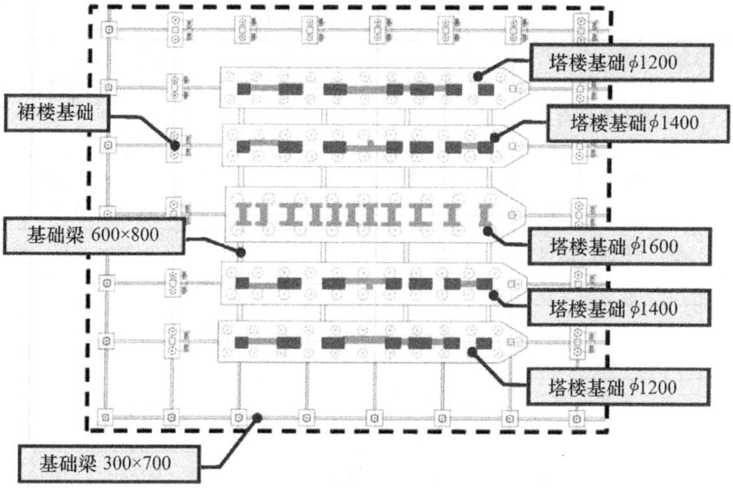

图 3-1 基础平面示意图

4.2 风荷载及地震作用

根据《建筑结构荷载规范》GB 50009—2012，50年重现期的基本风压为 $w_0=0.55kN/m^2$，承载力计算时按基本风压的1.1倍采用。地面粗糙度类别为B类，体型系数取1.4。舒适度验算时采用10年重现期的风压 $0.30kN/m^2$。

本工程抗震设防烈度7度，设计地震分组第一组，根据地质报告，场地类别为Ⅲ类。根据《建筑工程抗震设防分类标准》GB 50223—2008 第3.0.3条、《建筑抗震设计规范》GB 50011—2010（2016年版）（下文简称《抗规》）第3.1.1条、《高规》第3.9.1条的规定，抗震设防类别为标准设防类，即《高规》中的丙类建筑，应按本地区抗震设防烈度确定抗震措施和地震作用。

5 结构超限判别及抗震性能目标

5.1 结构超限类型和程度

参照《住房城乡建设部关于印发〈超限高层建筑工程抗震设防专项审查技术要点〉的通知》（建质〔2015〕67号）、《高规》和广东省标准《高层建筑混凝土结构技术规程》DBJ 15—92—2013（下文简称《广东高规》）的有关规定，结构超限情况说明如下。

5.1.1 特殊类型高层建筑

本工程采用部分框支剪力墙结构体系，不属于《抗规》《高规》和《高层民用建筑钢结构技术规程》JGJ 99—2015 暂未列入的其他高层建筑结构。

5.1.2 高度超限判别

本工程建筑物高113.74m，根据《高规》第3.3.1条的规定，属B级高度高层建筑，高度超限。

5.1.3 不规则类型判别

（1）同时具有三项及以上不规则的高层建筑工程判别见表5-1。

三项及以上不规则判别　　表 5-1

序号	不规则类型	简要涵义	本工程情况	超限判别
1a	扭转不规则	考虑偶然偏心的扭转位移比大于 1.2	X 向 1.49（1 层） Y 向 1.18（35 层）	是
1b	偏心布置	偏心率大于 0.15 或相邻层质心大于相应边长 15%	X 向 0.1968（1 层） Y 向 0.0656（3 层）	
2a	凹凸不规则	平面凹凸尺寸大于相应投影方向总尺寸的 30%等	$l/B_{max}=12.2/32=0.381>0.35$ $l/B_{max}=12.3/32.9=0.374>0.35$	是
2b	组合平面	细腰形或角部重叠形	$b/L=8.3/19.4=0.428>0.4$ （《广东高规》）	
3	楼板不连续	有效宽度小于 50%，开洞面积大于 30%，错层大于梁高	本工程不存在	否
4a	刚度突变	相邻层刚度变化大于 70%或连续三层变化大于 80%	X：1.0638（1 层） Y：0.5307（1 层）	是
4b	尺寸突变	竖向构件位置缩进大于 25%或外挑大于 10%和 4m，多塔	属于多塔	
5	构件间断	上下墙、柱、支撑不连续，含加强层、连体类	部分剪力墙需转换	是
6	承载力突变	相邻层受剪承载力变化大于 80%	X：0.71（1 层） Y：0.52（1 层）	是
7	局部不规则	如局部的穿层柱、斜柱、夹层、个别构件错层或转换	均已计入 1～6 项	否
不规则情况总结		不规则项 5 项		

（2）具有二项不规则的高层建筑工程判别见表 5-2。

二项不规则判别　　表 5-2

序号	不规则类型	简要涵义	本工程情况	超限判别
1	扭转偏大	裙房以上的较多楼层，考虑偶然偏心的扭转位移比大于 1.4	X 向 1.49（1 层） Y 向 1.18（35 层）	是
2	抗扭刚度弱	扭转周期比大于 0.9，混合结构扭转周期比大于 0.85	无	否
3	层刚度偏小	本层侧向刚度小于相邻层的 50%	无	否
4	塔楼偏置	单塔或多塔与大底盘的质心偏心距大于底盘相应边长 20%	无	否
不规则情况总结		不规则项 1 项		

（3）具有某一项不规则的高层建筑工程判别见表 5-3。

某一项不规则判别　　表 5-3

序号	不规则类型	简要涵义	本工程	超限判别
1	高位转换	框支墙体转换构件位置：7 度超过 5 层，8 度超过 3 层	无	否
2	厚板转换	7～9 度设防的厚板转换结构	无	否
3	复杂连接	各部分层数、刚度、布置不同的错层，两端塔楼高度、体型或振动周期显著不同的连体结构	无	否
4	多重复杂	结构同时具有转换层、加强层、错层、连体和多塔等复杂类型的 3 种	无	否
不规则情况总结		不规则项 0 项		

5.1.4 超限情况总结

本项目主要结构特点为：无地下室，基础埋深浅；底部两层层高差异大，底层同时存在软弱层和薄弱层；大底盘多塔楼结构，体型收进明显；部分框支剪力墙结构剪力墙转换率高。

本工程结构类型符合规范的适用范围，并存在以下5项不规则：扭转不规则（偏心布置）、凹凸不规则、刚度突变、构件间断、承载力突变。因此，本工程属于B级高度特别不规则超限高层结构。

5.2 抗震性能目标

本工程设计使用年限为50年，安全等级为二级，抗震设防类别为丙类。底层为已实施的停车场盖板，已按照地震安全性评价报告执行，地震作用、抗震措施均按7度（0.10g）设计。场地类别为Ⅲ类，设计地震分组为第一组。

本工程实际无地下室，共两层裙房，转换层的位置设置在裙房顶面，其框支框架抗震等级为特一级，底部加强区（首层及2层）的剪力墙抗震等级为一级，底部加强区（首层及2层）受塔楼影响范围内的裙房普通框架梁、框架柱为一级；转换层之上为塔楼住宅，设置1层过渡层，其剪力墙、框架梁的抗震等级为一级；过渡层以上楼层的剪力墙和框架梁抗震等级为一级。

结合结构不规则性、超限程度，按照《高规》要求，定义转换层以下部分剪力墙、框支框架、转换层楼板为关键构件，其余竖向构件即转换层以上剪力墙、裙房柱为普通竖向构件，框架梁及连梁为耗能构件，设定本结构的抗震性能目标为C级。

6 结构计算分析

针对本工程超限情况，采取了以下计算手段：

（1）采用YJK、MIDAS/Building两个不同程序进行小震反应谱弹性分析，互相校核，计算结果比较接近，总体上吻合。

（2）采用YJK软件补充小震弹性时程分析，输入2组人工波和5组天然波，结构地震效应取多组时程曲线的平均值与振型分解反应谱法计算结果的较大值。

（3）采用YJK软件进行关键构件中震、大震等效弹性计算。

（4）采用SAUSAGE程序进行罕遇地震作用下的动力弹塑性分析。

6.1 小震及风荷载作用分析

多遇地震作用分析采用了振型分解反应谱法和弹性时程分析法，主要计算结果见表6-1。

结构分析主要计算结果汇总　　表6-1

指标		YJK软件	MIDAS/Building软件
地震作用下基底剪力（kN）	X	12826.08	13122.36
	Y	14465.97	14314.08

续表

指标		YJK 软件	MIDAS/Building 软件
剪重比	X	1.75%	1.79%
	Y	1.89%	1.96%
地震作用下最大层间位移角（限值 1/800）	X	1/1247（20 层）	1/1213（20 层）
	Y	1/1126（17 层）	1/1109（17 层）
广东省规定层侧向刚度不小于上一层的 90%，首层为 1.5 倍（未考虑刚度修正）	X	1.3183（1 层）	1.3452（1 层）
	Y	0.5509（1 层）	0.5493（1 层）
层受剪承载力之比最小值	X	0.67	0.69
	Y	0.51	0.50
1 层（停车场层）/3 层（转换层上一层）层受剪承载力之比	X	5.94	6.04
	Y	5.10	5.16
1 层（停车场层）/3 层（转换层上一层）层侧向刚度之比	X	9.91	10.17
	Y	1.96	2.02

根据上述计算结果，结合《高规》规定，可得出如下结论：

（1）YJK 及 MIDAS/Building 软件的计算结果基本接近，相差不超过 10%，表明结果合理可信，可作为设计依据。

（2）有效质量系数大于 90%，计算振型数足够。

（3）基底剪重比按照《广东高规》的方法调整，即当计算结果不满足时，直接放大地震剪力以提高结构的抗震承载力，而不必调整结构整体刚度。

（4）在风荷载和地震作用下，楼层层间位移角均小于 1/800，满足《广东高规》第 3.7.3 的要求。其中风荷载的影响较大，本工程层间位移角由风荷载控制。

（5）在偶然偏心地震作用下，最大扭转位移比大于 1.2，小于 1.5，属于扭转不规则结构。

（6）楼层侧向刚度比不满足《广东高规》第 3.1.4 条的要求，属于侧向刚度不规则结构。

（7）首层受剪承载力比小于 2 层的 75%，不满足《广东高规》第 3.1.4 条、3.5.3 条的要求。

（8）刚重比大于 1.4，能够通过《广东高规》第 5.4.4 条的整体稳定验算，其中风荷载作用下刚重比小于 2.7，风荷载作用下需考虑重力二阶效应。

（9）框支框架承担底层地震倾覆力矩小于结构总地震倾覆力矩的 50%，满足《广东高规》第 11.2.15 条的要求。

（10）转换层下部结构与上部结构的等效侧向刚度比大于 0.5，满足《广东高规》附录 E 第 E.0.1 条的要求。

综上，本项目主要存在首层侧向刚度比较弱和承载力突变、构件间断、尺寸突变以及裙房扭转偏大、多塔、凹凸不规则等情况，其余各项指标均满足规范要求。

6.2 小震弹性时程分析

小震弹性时程分析，实际强震记录按照符合Ⅲ类场地、设计地震分组第一组对应的特征周期 T_g=0.45s 的原则进行选取，所选取的 5 条天然波的特征周期均在 0.45s 左右，2 条人工波采用 YJK 软件自带的特征周期为 0.45s 的人工模拟的时程曲线。

所选地震波的反应谱曲线，在前 3 阶周期点处的地震影响系数与规范反应谱相差不超过 20%，说明所选地震波与规范反应谱在统计意义上相符。各条时程曲线计算所得基底剪力与小震弹性CQC基底剪力之比为79%~98%，其中，*X*向平均值为88%，*Y*向平均值为88%。最大层间位移角*X*向为1/1200，*Y*向为1/1124。

所有楼层，弹性时程反应的剪力平均值均小于反应谱结果，反应谱分析层剪力在弹性阶段对结构起控制作用。

6.3 中震及大震等效弹性分析

对于框支柱、底部加强区剪力墙、转换梁等关键构件配筋验算，需要对其进行小震性能1、中震性能3、大震性能4包络设计。由于时程分析不具备施工图配筋功能，采用等效弹性方法计算，主要计算结果见表6-2。

墙柱剪压比、墙肢拉应力按大震控制，关键构件配筋按中震、大震进行包络设计，转换梁、转换层及其上、下层楼板按中震进行有限元应力配筋。

中震、大震等效弹性主要计算结果 **表6-2**

指标			*X*向	*Y*向
小震基底剪力（kN）			12826	14466
中震等效弹性	层间位移角	标准层	1/430（19层）	1/356（17层）
		转换层	1/9772	1/3561
		首层	1/9999	1/2021
	基底剪力（kN）		33141	36202
	最小剪重比		4.8%	5.1%
中震基底剪力与小震基底剪力与之比			2.58	2.50
大震等效弹性	层间位移角	标准层	1/214（18层）	1/177（16层）
		转换层	1/4944	1/1729
		首层	1/6435	1/924
	基底剪力（kN）		68765	78983
	最小剪重比		10.4%	10.9%
大震基底剪力与小震基底剪力与之比			5.36	5.46

在风荷载和罕遇地震作用下，结构整体抗倾覆验算如表6-3所示，可满足要求。

结构整体抗倾覆验算结果 **表6-3**

方向	风荷载作用			大震作用		
	倾覆力矩（kN·m）	抗倾覆力矩（kN·m）	比值	倾覆力矩（kN·m）	抗倾覆力矩（kN·m）	比值
X	5.51×10^5	106.09×10^5	19.25	2.58×10^6	10.36×10^6	4.02
Y	5.71×10^5	122.67×10^5	21.48	2.82×10^6	11.98×10^6	4.25

针对已建桩基础，本工程未设置地下室，基础埋深不满足《高规》的要求，采用恒载+活载+设防烈度地震的标准组合，按照《广东高规》第13.1.8条进行桩基础复核。塔楼下的桩基础受力均满足规范要求，在设防烈度地震作用下，桩基础未出现拉应力。

6.4 大震动力弹塑性时程分析

本工程8号楼单塔采用SAUSAGE进行罕遇地震作用下的弹塑性时程分析。根据规范的要求，分析中使用3组地震波输入（1号地震波ArtWave-RH2、2号地震波TH083_

KOBE JAPAN 1-16-1995 AMAGASAKI、3号地震波 TH097_LOMA PRIETA 10-18-1989 HOLLTSTER CITY HALL)。大震动力弹塑性计算结果见表 6-4。大震弹塑性最大层间位移角在 1/243～1/145 之间，满足 1/125 的限值要求，转换层的层间位移角 X 向在 1/4339～1/3891 之间、Y 向在 1/1320～1/855 之间，转换构件基本处在弹性阶段。

大震动力弹塑性计算结果 **表 6-4**

项目	基底剪力(kN)		大震剪力/小震剪力		最大层间位移角		结构首层(模型1层)的层间位移角		结构2层(转换层，模型2层)的层间位移角	
	X向	Y向	X向	Y向	X向	Y向	X向	Y向	X向	Y向
1号地震波	88634.4	68848.2	6.91	4.76	1/243	1/207	1/5651	1/979	1/3891	1/1320
2号地震波	78400.3	95239.3	6.11	6.58	1/162	1/145	1/4936	1/630	1/3973	1/855
3号地震波	62073.2	84121.7	4.84	5.82	1/166	1/174	1/6148	1/820	1/4339	1/1233

结构在3条地震波动力时程分析下的塑性损伤分布情况基本类似，以1号地震波工况为例，分析剪力墙和转换构件钢筋屈服和混凝土损伤情况，如图 6-1 所示。

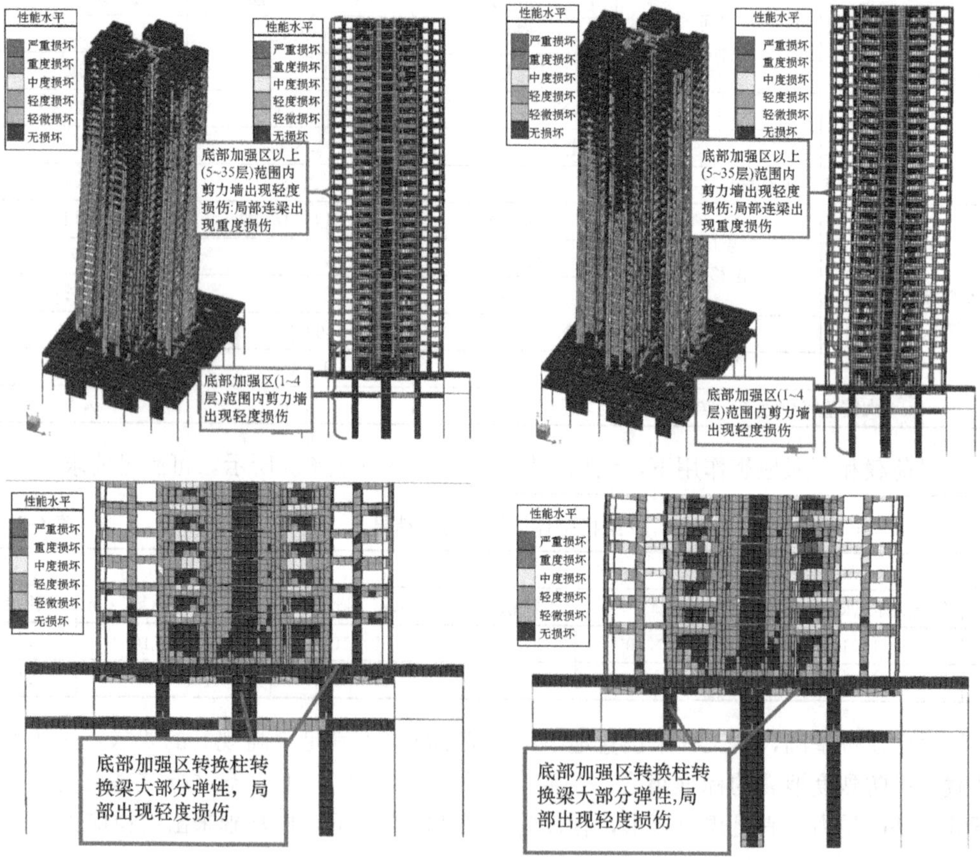

(a)X向作用 构件性能水平(最后时刻)　　(b)Y向作用 构件性能水平(最后时刻)

图 6-1 1号地震波（ArtWave-RH2）工况下整体损伤图

在罕遇地震波输入过程中，结构的破坏形态可描述为：首先住宅部分底部连梁进入塑性，之后损伤迅速发展并扩展至住宅上部的连梁，连梁起到了很好的耗能作用。转换层基本完好，竖向构件（X方向的柱、Y方向的剪力墙及柱）仅局部出现轻微、轻度损伤；转换层以上剪力墙有不同程度的损伤；转换层以上墙体破坏程度远大于转换层及以下竖向构件，保证转换层以下结构不先于转换层以上结构破坏；转换层以上连梁损伤大于墙体，塑性铰主要出现在连梁，可见连梁充分发挥了耗能能力，实现了“强墙肢弱连梁”的性能目标。此结果表明：在大震作用下，转换层以上墙体破坏程度远大于转换层以下竖向构件，且转换层以下结构不先于转换层以上结构破坏。在大震作用下，结构整体抗震性能与预期塑性化过程吻合。

6.5 大震静力推覆分析

本工程为复杂高层建筑结构，为验证转换层以下构件安全性，采用PKPM-PUSH软件补充罕遇地震作用下的静力弹塑性推覆分析。大震作用下静力弹塑性分析所得的性能点处相关指标如表6-5所示。

大震静力弹塑性分析性能点处相关指标　　表6-5

指标	推覆方向	
	0°	90°
顶点位移（mm）	382.6	367.9
最大层间位移角	1/215	1/218
基底剪力（kN）	62334.8	71896.0
多遇地震最大层间位移角	1/1246	1/1125
罕遇地震基底剪力/多遇地震基底剪力	4.86	4.97

由结构静力弹塑性分析可知：1）X、Y向楼层的最大层间位移角均小于规范限值1/125，满足《广东高规》表3.11.3中性能目标C关于罕遇地震作用下的弹塑性变形要求。2）塑性铰主要出现在转换层以上，其中连梁出现较多的损伤，连梁损伤大于墙体。3）转换层基本完好，首层裙楼梁出现部分轻微损伤，转换梁未出现损伤；墙体基本完好。

7 抗震设防专项审查意见

陈头岗车辆段上盖开发项目，于2019年4～5月多次召开超限审查会议，邀请了全国及广东省内抗震专家，对全框支剪力墙结构体系进行了激烈的探讨，对本工程提出的主要审查意见如下：

（1）补充中震作用下基础抗倾覆及抗滑移分析。

（2）补充整体模型的小震、中震、大震分析并与单塔模型做包络设计；增加45°方向的风荷载及地震作用计算分析。

（3）优化转换层结构布置，合理调整转换层结构刚度，尽量改善与首层的刚度和承载力比；首层同时存在薄弱层和软弱层，宜提高地震放大系数取值。

（4）进一步完善转换层钢管混凝土柱梁节点构造，建议补充节点试验验证；工字形剪力墙和转换梁节点应补充实体有限元分析。

（5）完善中震、大震性能验算。

8 点评

本工程地铁上盖采用基于性能的抗震计算分析，结构各项控制性指标，包括层间位移角、扭转位移比、侧向刚度比、剪重比、刚重比、框支柱及剪力墙的轴压比、罕遇地震作用下的弹塑性位移角等，基本满足规范要求，所采取的抗震加强措施有效，保证了结构的抗震安全性。

针对平面不规则的加强措施：加强外围剪力墙及外围框架梁，提高结构的整体抗扭性能。加大核心筒周边的楼板厚度及配筋，增强楼板的受剪承载力及延性，保证水平力能可靠传递，提高结构整体性。

针对尺寸突变的加强措施：加大多塔楼体型突变部位及其上、下层结构的楼板厚度，以提高多塔楼刚度突变区域的结构整体协同受力性能；配筋双层双向拉通，配筋率不小于0.25%，保证在地震作用下楼板能有效传递水平荷载和有效协调所连接结构的变形。施工图阶段适当提高体型收进部位上下各2层塔楼周边竖向结构构件的配筋率。

针对结构首层（模型1层）刚度突变的加强措施：增加首层侧向刚度，控制首层层间位移角在设防烈度作用下满足不大于1/1000；适当提高首层墙身及约束边缘构件的最小配筋率，配箍特征值适当增大，控制底部关键构件中、大震剪压比，以提高竖向构件延性。

针对竖向构件不连续的加强措施：施工图阶段对关键构件按小震、中震及大震结果包络配筋，对框支梁进行应力分析并以应力校核配筋，加强构造措施，达到小震、中震完全弹性，满足大震受剪弹性、压弯不屈服的性能目标。

综上所述，本工程着重概念设计，结构体系选择恰当，结构布置、构件截面取值合理，结构位移符合规范要求，剪重比适中，结构具有良好的耗能机制。针对超出规范限值的情况，已按规范要求做出相应的补充分析和加强构造处理，抗震性能目标可满足C级的要求。

70 广州地铁13号线官湖车辆段上盖开发项目

关　　键　　词：车辆段上盖超限高层；高转换率；抗震性能设计
结构主要设计人：刘东铭　梁杰发　骆志成　伍永胜　李红波　黄　鹏　葛　福
刘麟玮　陈若冰
设　计　单　位：广州地铁设计研究院股份有限公司

1 工程概况

官湖车辆段位于广州市增城区新塘镇，首层盖板属于地铁功能，相对于地铁轨面的标高为8.500m，此标高以上属于上盖物业开发范围，盖上共有1T6、1T3、1T4、叠墅等住宅户型，还有学校及商业配套等。本工程D区盖板通过抗震缝划分为9个区域，D1～D8区为14栋高层住宅，均为1T4户型，D9区为幼儿园。大底盘裙房共3层，不设地下室，建筑功能分别为：负1层为物业车库，层高4.2m，转换区为5.75m；负2层为物业车库，层高4.1m；负3层为地铁车辆段，层高8.5m。裙房顶面高度为19.050m（已含轨面与场坪高差0.7m），裙房以上为24～28层的标准层，总层数27～31层，总高度90.950～102.550m，塔楼高宽比3.34～4.00。负2层盖板的梁板、负3层墙柱及基础已与车辆段同步实施完成，并已投入运营使用，本文介绍官湖车辆段上盖高层住宅超限结构设计。

2 结构体系与结构布置

高层住宅采用部分框支剪力墙结构，塔楼以外的裙房采用框架结构，以剪力墙、框架作为抗侧力体系。上部结构计算的嵌固端为基础顶面。由于盖下车辆段轨道限制，垂轨向剪力墙落地受限制，仅电梯井、楼梯间及其他两片剪力墙已实施落地。由于二级开发阶段上盖物业开发户型有调整，已预留的落地剪力墙不再全部适用于新户型，仅有电梯井剪力墙延伸至高层住宅的屋顶，其余剪力墙均需要进行转换，转换层设置在裙房顶板，采用梁式转换。从竖向荷载直接传递路径是否被切断角度考虑，落地剪力墙按从基础贯通至塔楼屋顶计算。转换层结构平面布置图见图2-1，标准层结构平面布置图见图2-2，电梯井剪力墙断面面积为$2.88m^2$，同层墙柱总断面面积为$21.23m^2$，按抗侧力构件截面面积计算的转换率为86.4%。

3 地质概况及基础设计

根据区域地质资料，本场地地质情况从上至下为填土、淤泥质土、粉质黏土、全强风化岩、中风化岩、微风化岩。本场地土为中软土—中硬土，覆盖层厚度＞7.0m，建筑场地类别为Ⅱ类。

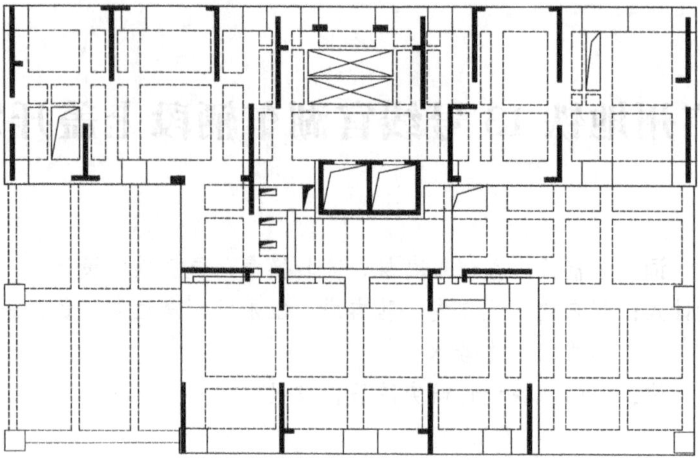

图 2-1　转换层结构平面布置图

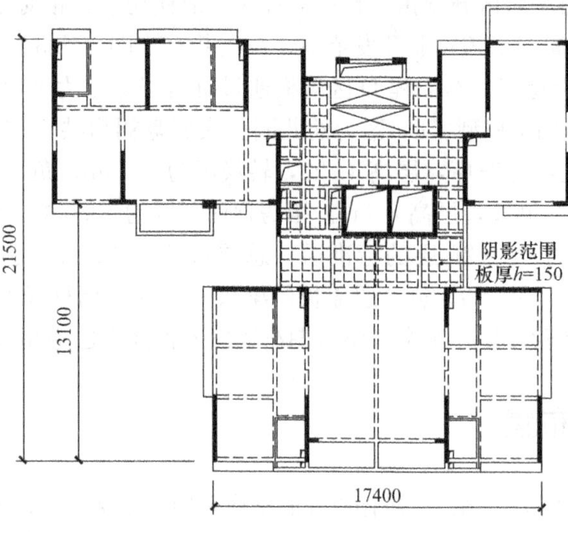

图 2-2　标准层结构平面布置图

根据地质资料及结构受力特点，基础采用钻孔桩（已施工），直径为 1000mm、1200mm、1400mm 等，单桩承载力为 5500～10000kN，桩长 20～30m，持力层为中风化岩（局部为强风化岩）。高层住宅未设置地下室，基础埋深不满足《高层建筑混凝土结构技术规程》JGJ 3—2010（下文简称《高规》）的要求，高层住宅塔楼范围承台面－1.3m，其余范围承台面－0.8m，塔楼墙柱承台间设置基础梁，并在塔楼范围承台面设置一层 150mm 楼板，配筋双层双向拉通，加强基础整体性及刚度。

4　荷载与地震作用

4.1　楼面荷载

本项目各区域的楼面荷载（附加恒荷载与活荷载）按规范与实际做法取值。

4.2　风荷载及地震作用

根据《建筑结构荷载规范》GB 50009—2012 的规定，50 年重现期的基本风压为 $w_0=0.50kN/m^2$，承载力计算时按基本风压的 1.1 倍采用。地面粗糙度类别为 B 类，体型系数取 1.4。舒适度验算时采用 10 年重现期的风压 $0.30kN/m^2$。

本工程抗震设防烈度为 6 度，设计地震分组第一组，根据地质报告，场地类别为Ⅱ类。根据《建筑工程抗震设防分类标准》GB 50223—2008 第 3.0.3 条、《建筑抗震设计规范》GB 50011—2010（2016 年版）（下文简称《抗规》）第 3.1.1 条、《高规》第 3.9.1 条的规定，抗震设防类别为标准设防类，即《高规》中的丙类建筑，应按本地区抗震设防烈度确定其抗震措施和地震作用。

5　结构超限判别及抗震性能目标

5.1　结构超限类型和程度

参照《住房城乡建设部关于印发〈超限高层建筑工程抗震设防专项审查技术要点〉的通知》（建质〔2015〕67 号）、《高规》和广东省标准《高层建筑混凝土结构技术规程》DBJ 15—92—2013（下文简称《广东高规》）的有关规定，结构超限情况说明如下。

5.1.1　特殊类型高层建筑

本工程采用部分框支剪力墙结构体系，不属于《抗规》《高规》和《高层民用建筑钢结构技术规程》JGJ 99—2015 暂未列入的其他高层建筑结构。

5.1.2　高度超限判别

本工程建筑物高 102.55m，根据《高规》第 3.3.1 条的规定，属 A 级高度高层建筑，高度不超限。

5.1.3　不规则类型判别

（1）同时具有三项及以上不规则的高层建筑工程判别见表 5-1。

三项及以上不规则判别　　表 5-1

序号	不规则类型	简要涵义	本工程情况	超限判别
1a	扭转不规则	考虑偶然偏心的扭转位移比大于 1.2	X 向 1.24（31 层） Y 向 1.24（26 层）	是
1b	偏心布置	偏心率大于 0.15 或相邻层质心大于相应边长 15%	X 向 0.1197（1 层） Y 向 0.2677（1 层）	
2a	凹凸不规则	平面凹凸尺寸大于相应投影方向总尺寸的 30%等	$l/B_{max}=13.1/21.5=0.60>0.35$	是
2b	组合平面	细腰形或角部重叠形	本工程不存在	
3	楼板不连续	有效宽度小于 50%，开洞面积大于 30%，错层大于梁高	本工程不存在	否
4a	刚度突变	相邻层刚度变化大于 70%或连续三层变化大于 80%	X：1.16（1 层） Y：0.87（1 层）	是
4b	尺寸突变	竖向构件位置缩进大于 25%或外挑大于 10%和 4m，多塔	裙房高度 19.050/102.55=18.6%<20%	

续表

序号	不规则类型	简要涵义	本工程情况	超限判别
5	构件间断	上下墙、柱、支撑不连续，含加强层、连体类	部分剪力墙需转换	是
6	承载力突变	相邻层受剪承载力变化大于80%	X：0.87（1层） Y：0.82（1层）	否
7	局部不规则	如局部的穿层柱、斜柱、夹层、个别构件错层或转换	均已计入1～6项	否
不规则情况总结		不规则项4项		

（2）具有二项不规则的高层建筑工程判别见表5-2。

二项不规则判别 **表5-2**

序号	不规则类型	简要涵义	本工程情况	超限判别
1	扭转偏大	裙房以上的较多楼层，考虑偶然偏心的扭转位移比大于1.4	X向1.24（31层） Y向1.24（26层）	否
2	抗扭刚度弱	扭转周期比大于0.9，混合结构扭转周期比大于0.85	无	否
3	层刚度偏小	本层侧向刚度小于相邻层的50%	无	否
4	塔楼偏置	单塔或多塔与大底盘的质心偏心距大于底盘相应边长20%	无	否
不规则情况总结		不规则项0项		

（3）具有某一项不规则的高层建筑工程判别见表5-3。

某一项不规则判别 **表5-3**

序号	不规则类型	简要涵义	本工程	超限判别
1	高位转换	框支墙体转换构件位置：7度超过5层，8度超过3层	无	否
2	厚板转换	7～9度设防的厚板转换结构	无	否
3	复杂连接	各部分层数、刚度、布置不同的错层，两端塔楼高度、体型或振动周期显著不同的连体结构	无	否
4	多重复杂	结构同时具有转换层、加强层、错层、连体和多塔等复杂类型的3种	无	否
不规则情况总结		不规则项0项		

5.1.4 超限情况总结

本项目主要结构特点为：无地下室，基础埋深浅；底部两层层高差异大；大底盘多层裙房单塔或多塔楼结构，体型收进明显；部分框支剪力墙结构剪力墙转换率高。

本工程结构类型符合规范的适用范围，并存在以下4项不规则：扭转不规则（偏心布置）、凹凸不规则、刚度突变、构件间断。因此，本工程属于A级高度特别不规则超限高层结构。

5.2 抗震性能目标

本工程设计使用年限为50年，安全等级为二级，抗震设防类别为丙类。底层为已实施的车辆段盖板，已按照地震安全性评价报告执行，地震作用、抗震措施均按7度(0.10g)设计。本工程位于广州市增城区新塘镇，上盖开发根据《抗规》取本地区抗震设防烈度为6度、基本地震加速度为0.05g，场地类别为Ⅱ类，设计地震分组为第一组。

本工程实际无地下室，共3层裙房，转换层设置在裙房顶面，其框支框架、剪力墙底部加强部位的抗震等级为一级，裙房普通框架梁、框架柱为二级；转换层之上为塔楼住宅，设置1层抗震等级过渡层，剪力墙、框架抗震等级为二级；以上楼层剪力墙、框架抗震等级为三级。体型收进部位上下各2层塔楼周边竖向结构构件的抗震等级提高一级。

结合结构不规则性、超限程度，按照《高规》第3.11节的相关内容，定义转换层以下部分剪力墙、框支框架为关键构件，其余竖向构件，即转换层以上剪力墙、裙房柱为普通竖向构件，框架梁及连梁为耗能构件，设定本结构的抗震性能目标为C级。

6 结构计算分析

针对本工程超限情况，采取了以下计算手段：

(1) 采用YJK、MIDAS/Building两个不同程序进行小震反应谱弹性分析，互相校核，计算结果比较接近，总体上吻合。

(2) 采用YJK软件补充小震弹性时程分析，输入2组人工波和5组天然波，结构地震效应取多组时程曲线的平均值与振型分解反应谱法计算结果的较大值。

(3) 采用YJK软件进行关键构件中震、大震等效弹性计算。

(4) 采用SAUSAGE程序进行罕遇地震作用下的动力弹塑性分析。

6.1 小震反应谱弹性分析

前3阶周期与振型见表6-1。结构第1、第2阶振型以平动为主，第3阶振型为扭转，第1扭转周期与第1平动周期比值小于0.90。小震反应谱弹性分析楼层曲线如图6-1～图6-4所示。

周期与振型 **表6-1**

指标		YJK软件			MIDAS/Building软件
项目		周期(s)	平动系数	扭转系数	周期(s)
前3阶	T_1	2.7558 (Y)	1.00 (0.09+0.91)	0.00	2.8462 (X)
	T_2	2.6626 (X)	0.92 (0.85+0.07)	0.08	2.7567 (Y)
	T_3	2.3280 (扭转)	0.08 (0.05+0.03)	0.92	2.5611 (扭转)
第1扭转/第1平动周期		0.84			0.89

塔楼平面$X_{max} \times Y_{max}$=33.700m×22.000m，因此，X向与Y向迎风面宽度差异较大，风荷载作用下两个方向剪力及倾覆力矩差异较大；在大多数楼层，风荷载作用下层剪力及倾覆力矩大于小震反应谱。

地震作用及风荷载作用下层间位移角均满足规范要求，其中风荷载层间位移角起控制作用。

在偶然偏心的规定水平力作用下，Y向塔楼最大扭转位移比超过1.2，但小于1.4，属于一般不规则项。

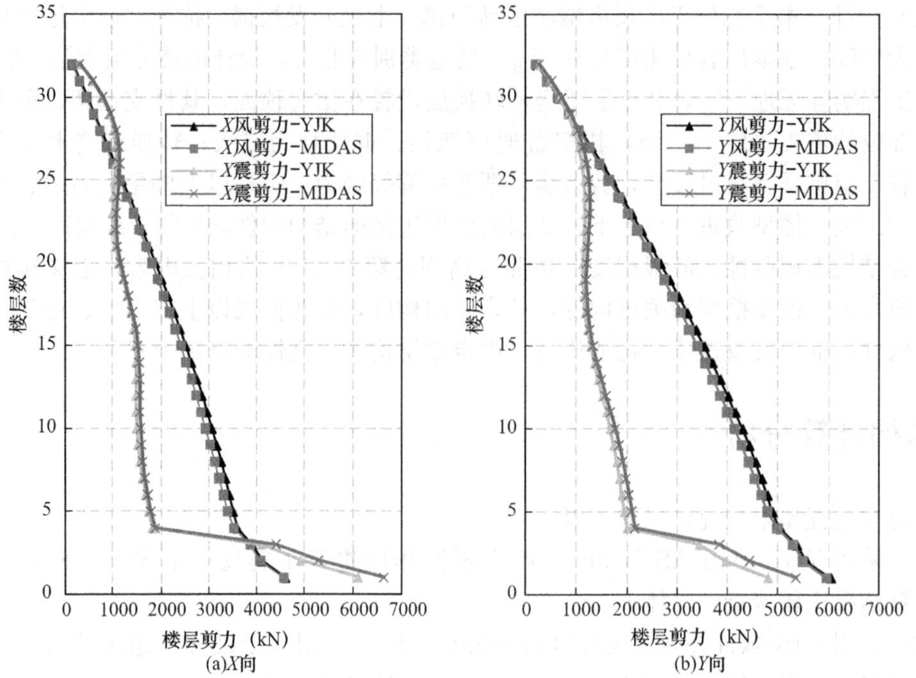

图 6-1　楼层剪力曲线

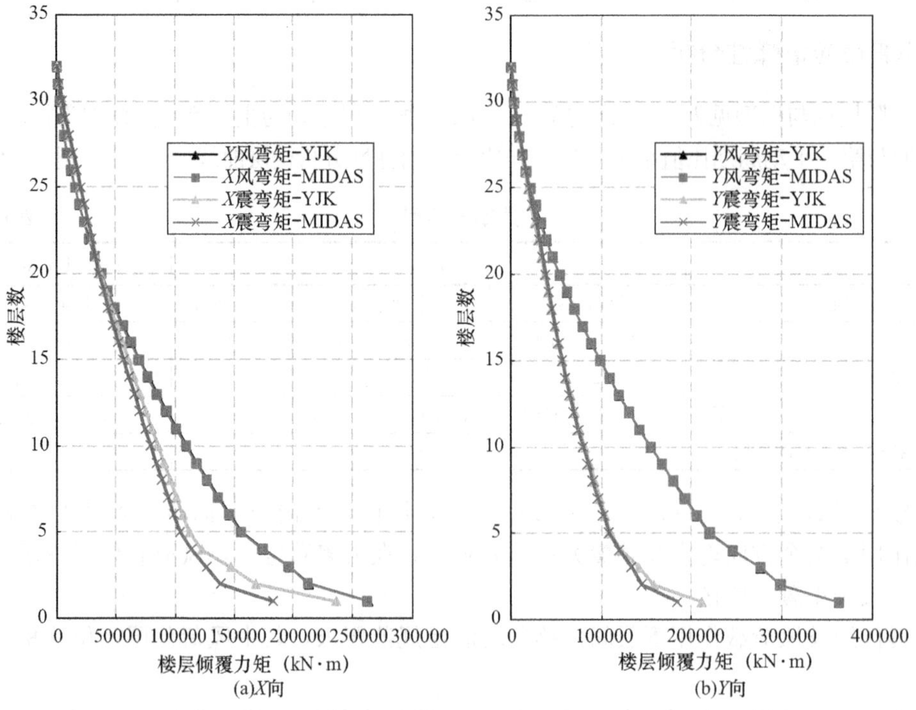

图 6-2　楼层倾覆力矩曲线

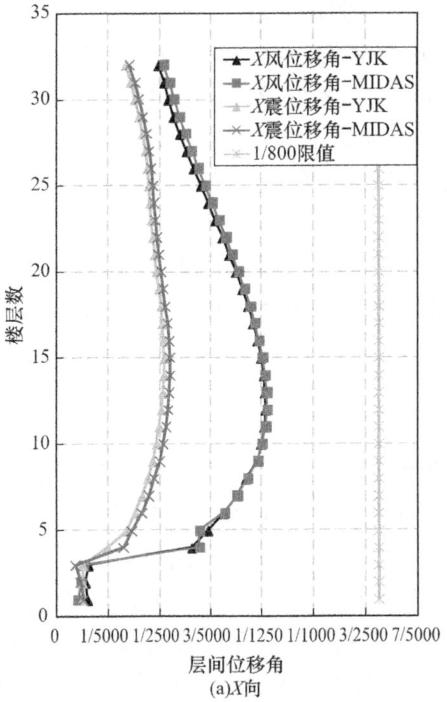

图 6-3 层间位移角曲线

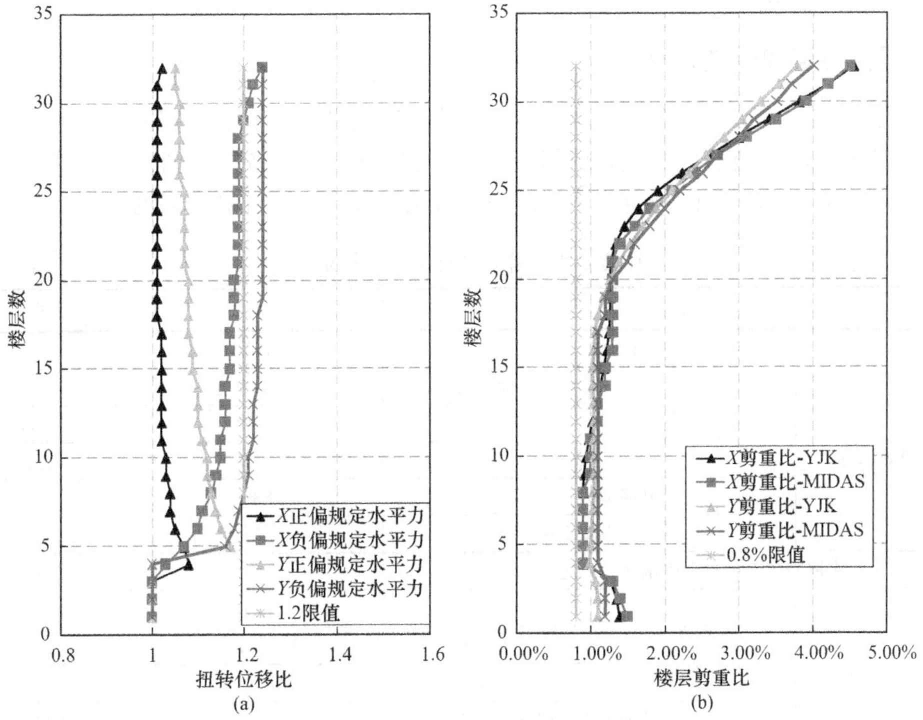

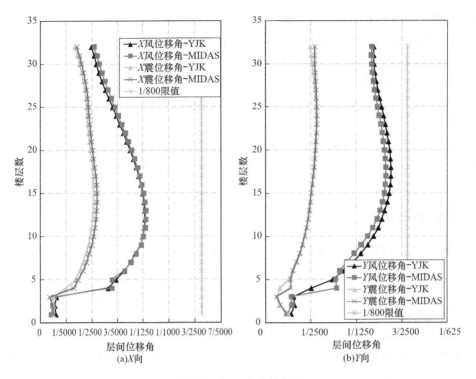

图 6-4 扭转位移比及楼层剪重比曲线

X、Y 方向各层剪重比均满足最小剪重比 0.8%的限值要求。

负 3 层层高 10.8m，负 2 层层高 4.1m，考虑层高修正后，各层侧向刚度比满足《高规》第 3.5.2 条的规定，无软弱层。由于底部两层层高差异较大，同时底层已实施，软件不应勾选参数"自动根据层间受剪承载力比值调整配筋至非薄弱"，此时底部两层层间受剪承载力比值为 X 向 0.46、Y 向 0.52，经过手工调整配筋后，层间受剪承载力比为 X 向 0.87、Y 向 0.82，均大于 0.80，无薄弱。

负 3 层框支框架承担的地震倾覆力矩 X 向为 37.8%，Y 向为 41.5%，均小于结构总地震倾覆力矩的 50%。转换层下部结构与上部结构的等效侧向刚度比 X 向为 6.385，Y 向为 2.256，均大于 0.8。

6.2 小震弹性时程分析

小震弹性时程分析，实际强震记录按照符合Ⅱ类场地、设计地震分组第一组对应的特征周期 T_g=0.35s 的原则进行选取，所选取的 5 条天然波的特征周期均在 0.35s 左右，2 条人工波采用 YJK 软件自带的特征周期为 0.35s 的人工模拟的时程曲线。

所选地震波的反应谱曲线，在前 3 阶周期点处的地震影响系数与规范反应谱相差不超过 20%，说明所选地震波与规范反应谱在统计意义上相符。各条时程曲线计算所得基底剪力与小震弹性 CQC 基底剪力之比为 65%～112%，其中，X 向平均值为 82%，Y 向平均值为 85%。最大层间位移角 X 向 1/1868，Y 向 1/1736。

所有楼层弹性时程反应的剪力平均值均小于反应谱结果，反应谱分析层剪力在弹性阶段对结构起控制作用。

6.3 中震大震等效弹性分析

对于框支柱、底部加强区剪力墙、转换梁等关键构件配筋验算，需要对其进行小震性能 1、中震性能 3、大震性能 4 包络设计。由于时程分析不具备施工图配筋功能，拟根据《广东高规》第 3.11.3 条的规定采用等效弹性方法计算，主要计算结果见表 6-2。

中震、大震等效弹性主要计算结果 **表 6-2**

<table>
<tr><th colspan="3">指标</th><th>X 向</th><th>Y 向</th></tr>
<tr><td colspan="3">小震基底剪力（kN）</td><td>6107.18</td><td>4796.04</td></tr>
<tr><td rowspan="5">中震等效弹性</td><td rowspan="3">层间位移角</td><td>标准层</td><td>1/879（15 层）</td><td>1/814（22 层）</td></tr>
<tr><td>转换层</td><td>1/6320</td><td>1/4533</td></tr>
<tr><td>首层</td><td>1/4227</td><td>1/2115</td></tr>
<tr><td colspan="2">基底剪力（kN）</td><td>14836</td><td>11636</td></tr>
<tr><td colspan="2">最小剪重比</td><td>2.347%</td><td>2.509%</td></tr>
<tr><td colspan="3">中震基底剪力与小震基底剪力之比</td><td>2.43</td><td>2.43</td></tr>
<tr><td rowspan="5">大震等效弹性</td><td rowspan="3">层间位移角</td><td>标准层</td><td>1/373（15 层）</td><td>1/339（22 层）</td></tr>
<tr><td>转换层</td><td>1/2541</td><td>1/1841</td></tr>
<tr><td>首层</td><td>1/1676</td><td>1/828</td></tr>
<tr><td colspan="2">基底剪力（kN）</td><td>37988</td><td>29805</td></tr>
<tr><td colspan="2">最小剪重比</td><td>5.68%</td><td>6.10%</td></tr>
<tr><td colspan="3">大震基底剪力与小震基底剪力之比</td><td>6.22</td><td>6.21</td></tr>
</table>

墙柱剪压比、墙肢拉应力按大震控制，关键构件配筋按中震、大震进行包络设计，转换梁、转换层及其上、下层楼板按中震进行有限元应力配筋。

在风荷载和罕遇地震作用下，结构整体抗倾覆验算结果见表6-3，可满足要求。

针对已建桩基础，本工程未设置地下室，基础埋深不满足《高规》要求，采用恒荷载＋活荷载＋设防烈度地震的标准组合，按《广东高规》第13.1.8条进行桩基础复核。塔楼下的桩基础受力均满足规范要求，在设防烈度地震作用下，桩基础未出现拉应力。

结构整体抗倾覆验算结果　　表6-3

方向	风荷载作用			大震作用		
	倾覆力矩（kN·m）	抗倾覆力矩（kN·m）	比值	倾覆力矩（kN·m）	抗倾覆力矩（kN·m）	比值
X	3.247×10^5	9.492×10^6	29.23	2.711×10^6	9.222×10^6	3.40
Y	4.245×10^5	1.162×10^7	27.38	2.127×10^6	1.129×10^7	5.31

6.4 大震弹塑性时程分析

本工程大震动力弹塑性计算选用2条人工波、5条天然波。各条波基底剪力与小震弹性CQC基底剪力之比为2.11～7.66，其中，X向平均值为4.40倍，Y向平均值为4.74倍。大震弹塑性最大层间位移角在1/395～1/240之间，满足1/120限值要求，转换层层间位移角在1/1543～1/1175之间，转换构件基本处在弹性阶段。结构在7条地震波动力时程分析下的塑性损伤分布情况基本类似。

查看各条地震波受压损伤平均值云图可知，墙肢受压损伤主要分布在转换层以上的底部加强区，说明这些部位的墙肢为塑性集中部位。核心筒周边框架梁在人工波的作用下产生了部分受压损伤，说明耗能构件起到了很好的耗能作用。转换层以下底部剪力墙及转换构件无受压损伤。查看各条地震波受拉损伤平均值云图可知，墙肢受拉损伤情况为，转换层以上的底部区域墙肢有轻微损伤。框架梁沿结构全高在人工波的作用下产生了部分受拉损伤，部分损坏严重，说明框架梁起到了很好的耗能作用。转换层以下底部剪力墙及转换构件无受拉损伤。

由各方向模型的地震波大震弹塑性时程分析过程可知，在罕遇地震波输入过程中，结构的破坏形态可描述为：首先结构框架梁进入塑性，然后局部角部剪力墙进入塑性，接着框架梁损伤迅速发展并扩散至全楼范围，剪力墙受拉损伤的同时扩展并集中于转换层以上的底部区域，并沿结构全高发展，但是受压损伤发展不大，塑性分布呈稳定状态，说明结构在各构件刚度退化及塑性耗能后，形成稳定的塑性分布机制。

上述结果表明：在大震作用下，转换层以下结构不先于转换层以上结构破坏，结构整体抗震性能良好，与预期塑性化过程吻合。

7 抗震设防专项审查意见

2021年4月9日，广东省超限高层建筑工程抗震设防审查专家委员会通过网络在线主持召开了“官湖车辆段上盖开发项目（22～28号、41～44号楼）”超限高层建筑工程抗震设防专项审查视频会议，周定教授级高工任专家组组长。与会专家听取了广州地铁设计研究院股份有限公司关于该工程抗震设防设计的情况汇报，审阅了送审资料。经讨论，提出如下审查意见：

(1) 补充调整剪力墙布置对已施工裙房首层及桩基础的复核情况说明，首层塔楼竖向构件按照实际配筋复核性能水准 C 级的抗震承载力。

(2) 框支框架大震性能水准满足受弯、受剪不屈服；落地剪力墙大震性能水准满足受剪不屈服。

(3) X 向剪力墙布置偏少，建议增加建筑可以布置的剪力墙，如楼梯内墙；补充 X 向按框架-剪力墙体系计算，对短肢翼缘、柱按照规范调整地震剪力，全高设置约束边缘构件，并包络设计。

(4) 转换层结构布置应避免转换梁放置在落地墙上；尽量将框支柱延伸至架空层。

(5) 一字形剪力墙端暗柱长度取 3 倍墙宽度，计算墙面外暗柱配筋，并保证框架梁钢筋的锚固构造措施。

(6) 5 轴、16 轴框架柱 Y 向无梁连接且有悬挑梁，建议楼面增设楼板暗梁作为面外稳定拉结。

审查结论：通过。

8 点评

本工程地铁上盖采用基于性能的抗震计算分析，结构各项控制性指标，包括层间位移角、扭转位移比、侧向刚度比、剪重比、刚重比、框支柱及剪力墙的轴压比、罕遇地震作用下的弹塑性位移角等，基本满足规范要求，所采取的抗震加强措施有效，保证了结构的抗震安全性。

车辆段无地下室，基础埋深较小，采用大震等效弹性分析方法，对已建基础及结构进行抗震性能验算，满足结构整体抗倾覆验算、墙肢稳定性验算等要求，同时考虑被动土压力及单桩水平承载力后，已建基础能满足大震抗滑移要求。

车辆段底部两层层高差异大，楼层刚度比应考虑层高修正，层间受剪承载力比值按实配钢筋调整，底层和转换层大震层间位移角基本处于弹性阶段，避免了底层同一楼层同时出现软弱层、薄弱层，减轻了竖向不规则程度。

相对盖板结构预留，后续二级开发户型调整较大，竖向构件不连续比例较高，剪力墙转换率高达 86.4%，上盖结构按本地区设防烈度进行抗震性能化设计，采用梁式转换可满足“大震不倒”的性能目标。

综上所述，本工程着重概念设计，结构体系选择恰当，结构布置、构件截面取值合理，结构位移符合规范要求，剪重比适中，结构具有良好的耗能机制。针对已建结构、已建基础、不规则超限情况，已按规范要求做出相应的加强构造处理和专项分析，抗震性能目标能满足 C 级的要求。

71 深圳机场东车辆段上盖项目

关　　键　　词： 全框支；抗震性能目标；转换层；型钢混凝土柱；钢管混凝土柱
结构咨询主要参与人： 谢　春　姚永革　郑建东　黄文辉　邱俊伟　叶云青
结 构 咨 询 单 位： 广州瀚华建筑设计有限公司

1 工程概况

本项目用地位于深圳黄田站东侧，G107 国道与机场路东南角。建筑总面积 370436m^2。运用库住宅包含 12 栋 25 层住宅楼，咽喉区包含 6 栋 25 层住宅楼，地铁出入段包含 3 栋 19 层办公楼与 1 栋 3 层幼儿园。其中首层为地铁车辆段，2 层为车库与局部设备用房，3 层为住宅架空与室外园林景观。首层层高 9m，2 层层高 7m，高层住宅架空层层高 5.8m，标准层层高 3m，建筑总高度 87.8m；办公楼层高 3.9m，建筑总高度 82.3m。本文选取其中具有代表性的 19D 栋作为研究对象，论证本项目中同类全框支转换结构的结构设计可行性。19D 栋为下部不规则柱网咽喉区的上盖住宅，两向的高宽比分别为 3.24、5.87，平面尺寸为 26.4m×14.60m。建筑效果图、平面图见图 1-1、图 1-2。广州瀚华建筑设计有限公司作为结构咨询单位参与了相关分析与论证工作。

图 1-1　建筑立面效果图

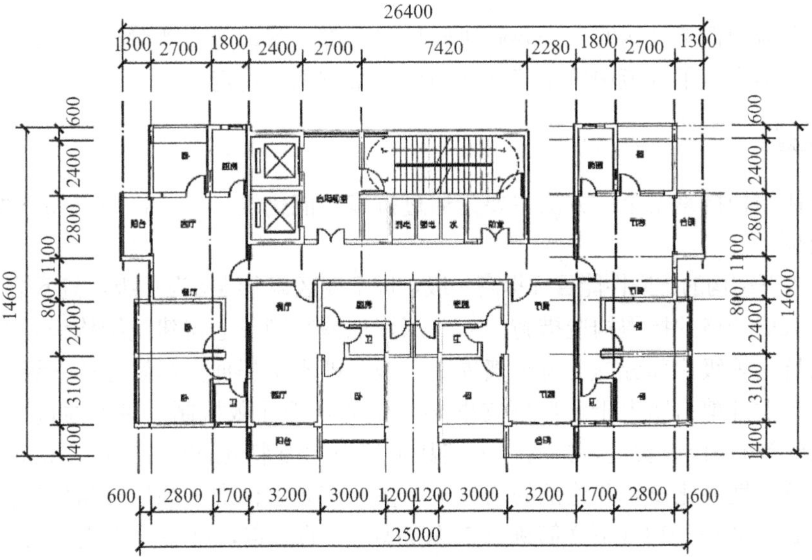

图 1-2　4～25 层建筑平面图

本工程抗震设防烈度7度，基本地震加速度0.10g，设计地震分组为第一组，场地类别Ⅱ类，特征周期0.35s。本工程19D塔楼结构高度87.8m，采用全框支剪力墙结构体系。

本工程通过设置防震缝（间距控制在200m左右）分成各自独立的7个结构单元，分缝如图1-3所示。

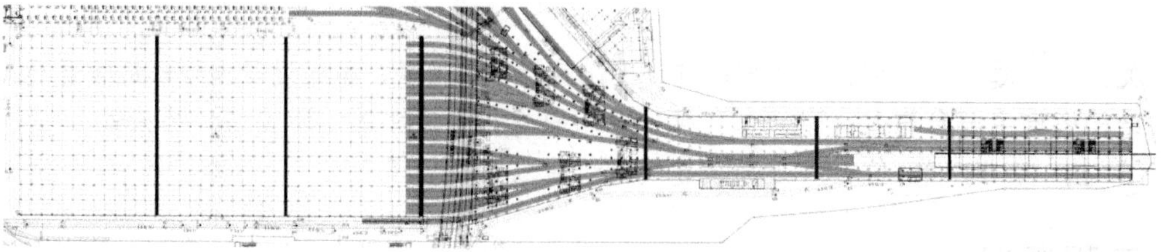

图1-3 裙楼分缝示意图

2 设计难点、重点和解决思路

2.1 设计难点

（1）上部住宅采用常规的剪力墙结构体系，而下部竖向构件只能在轨道与轨道间的间隙布置，上下部竖向构件基本无法对齐，因此存在较大程度的转换，19D栋的构件间断率为100%。

（2）由于底部车辆段结构沿垂直轨道方向竖向构件的尺寸受限为1000～1600mm，该方向只能布置对应尺寸的框架柱。

（3）若沿垂直轨道方向只能布置框架柱，将导致下部裙房为框架结构，不能满足规范要求的落地剪力墙的底部倾覆力矩不应小于50%的规定，属于全框支转换结构。

2.2 设计重点

车辆段上盖为框架结构时，需要解决转换层下部无落地剪力墙时纯框架结构的抗震安全问题，该方案突破了规范中关于落地剪力墙数量方面的规定。

2.3 解决思路

保证整体结构抗震安全的方法主要为通过抗震性能化设计手段，采取如下加强措施并进行相应论证：

（1）将盖下结构的抗震性能目标提高一级，即7度区盖上结构为C级，盖下结构为B级。

（2）采取更严格的抗震构造措施。如《深圳地铁车辆段上盖建筑结构设计指南》中将框支框架的抗震等级比部分框支剪力墙提高一级，即本工程框支框架为特一级。

（3）保证上部剪力墙先于下部框支框架屈服的合理屈服机制。该点通过以上第（1）、（2）点的加强措施来控制实现，并通过大震甚至超强大震来验证能否实现预想屈服机制。

在通过抗震性能化设计和论证的前提下，参照广东省标准《高层建筑混凝土结构技术规程》DBJ 15—92—2013（下文简称《广东高规》）的规定，可去除小震设计由于地震作用太小而设定的各种限制，如受剪承载力比、上下层刚度比等。

3 结构体系

19D 栋结构高度 87.8m，地上 25 层，综合考虑建筑功能、立面造型、抗震（风）性能要求，采用钢筋混凝土全框支剪力墙结构体系。在 3 层楼面设置转换层对上部剪力墙进行转换处理。

4 超限判别

19D 栋属于 A 级高度的全框支剪力墙结构，同时存在扭转不规则、凹凸不规则、刚度突变、构件间断（有转换层）和承载力突变（54%）5 项体型不规则，属于体型特别不规则结构。

5 抗震性能目标

根据本工程的超限情况、结构特点和经济性的要求，选定本工程上部结构的抗震性能目标为性能 C，为重点加强下部框支框架，实际“强下部弱上部”的屈服机制，将其目标提高为性能 B，具体见表 5-1。

结构抗震性能目标　　表 5-1

<table>
<tr><th colspan="2">项目</th><th>小震</th><th>中震</th><th>大震</th></tr>
<tr><td colspan="2">性能目标等级</td><td colspan="3">总体性能 C，框支框架性能 B</td></tr>
<tr><td colspan="2">性能水准</td><td>1</td><td>3（框支 2）</td><td>4（框支 3）</td></tr>
<tr><td colspan="2">结构宏观性能目标</td><td>完好、无损坏</td><td>轻度损坏（框支框架无损坏）</td><td>中度损坏（框支框架轻微损坏）</td></tr>
<tr><td colspan="2">层间位移角限值</td><td>1/800</td><td>—</td><td>1/150</td></tr>
<tr><td colspan="2">转换层位移角限值</td><td>1/2000</td><td>—</td><td>1/240</td></tr>
<tr><td rowspan="2">关键构件</td><td>框支柱及框支梁（B）</td><td>弹性</td><td>[弹性]
按《广东高规》取 η=1.10，ξ=0.67（弯、拉）、0.77（压、剪）（2 水准）</td><td>[轻微损坏]
正截面：不屈服
斜截面：弹性（3 水准）</td></tr>
<tr><td>转换层以上加强部位剪力墙（C）</td><td>弹性</td><td>[轻微损坏]
按《广东高规》取 η=1.00，ξ=0.87（弯、拉）、0.74（压、剪）（3 水准）</td><td>[轻微损坏]
正截面：不屈服
斜截面：不屈服（4 水准）</td></tr>
<tr><td>普通竖向构件</td><td>除关键构件外的剪力墙、框架柱（C）</td><td>弹性</td><td>[轻微损坏]
按《广东高规》取 η=1.00，ξ=0.87（弯、拉）、0.74（压、剪）（3 水准）</td><td>[部分构件中度损坏]
正截面：变形不超过中度损坏（B4、C4、SW4）
斜截面：满足截面受剪条件（4 水准）</td></tr>
<tr><td>耗能构件</td><td>框架梁、连梁（C）</td><td>弹性</td><td>[轻度损坏、部分中度损坏]
按《广东高规》取 η=0.70，ξ=0.87（弯、拉）、0.74（压、剪）（3 水准）</td><td>[中度损坏、部分比较严重损坏]
正截面：变形不超过严重损坏（B6）（4 水准）</td></tr>
</table>

注：构件损坏等级判断标准参照广东省标准《建筑工程混凝土结构抗震性能设计规程》DBJ/T 15—151—2019 确定。

6 结构计算及分析

6.1 小震与风荷载作用分析

多遇地震采用软件 YJK 与 ETABS 进行计算，除楼层侧向刚度比及受剪承载力比外，其余整体指标均满足规范要求，小震能达到“完好、无损坏”的性能目标。

6.1.1 楼层侧向刚度比

图 6-1 给出了各层与相邻上层的侧向刚度比例，由图可知，刚度比不足主要发生在首层，首层刚度不足是由于首层层高较大且 2 层和转换梁刚度增大较多引起的；2 层转换层与上部剪力墙结构的侧向刚度比反而较大，最大达到 11.0 左右，没有出现预计的“下小上大”的情形，这是由以下原因造成：1）主要原因是框支梁的刚度很大，对柱顶有较强约束，使框架侧向刚度大幅增加，类似加强层或巨型框架的效果；2）裙楼平面比上部塔楼有所扩大；3）框支柱截面大，刚度也相应大。首层侧向刚度比不足的问题是由于结构的客观体型条件造成的，拟不做专门调整，而是通过性能化设计，满足下部结构框支柱和转换梁在中震、大震和超强大震作用下的性能目标和合理屈服机制，以保证结构有足够的抗震承载力和延性。

6.1.2 楼层受剪承载力比

楼层受剪承载力比如图 6-2 所示，由图可知，受剪承载力不足发生在首层，是由于首层层高大于 2 层层高及 2 层转换层刚度增大较多引起的，而 2 层的受剪承载力则远大于上层剪力墙结构，并没有出现预计的下层框架结构小于上层剪力墙结构的情形，判断这是由于柱的截面和受弯承载力足够大引起的。针对该项不规则，首先，通过适当加强首层柱的配筋，提高首层柱的抗震能力；其次，通过性能化设计，满足下部结构框架柱和转换梁在中震、大震作用下的性能目标和预设屈服机制，以保证结构有足够的抗震承载力。

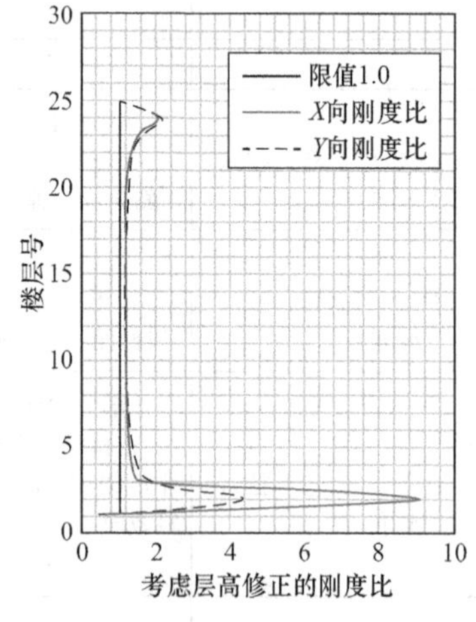

图 6-1 考虑层高修正的层侧向刚度比

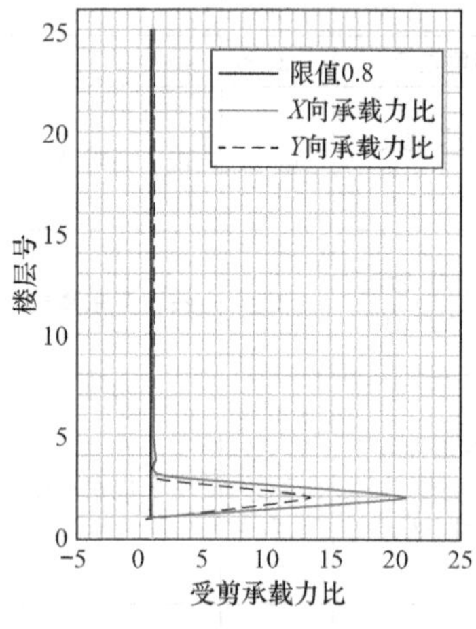

图 6-2 楼层受剪承载力比

6.2 中震抗震性能目标验算

采用《广东高规》的等效弹性方法进行中震验算，控制各类构件在中震作用下的受弯及受剪承载力满足第3水准的要求。

6.2.1 《广东高规》等效弹性方法自动验算

中震作用下，剪力墙除小墙垛外，配筋与小震相当，框架梁端配筋部分大于小震；对结构构件取此中震验算的配筋结果与小震弹性计算结果的包络值进行构件设计，即可满足抗侧力构件中震达到第3性能水准的要求。

6.2.2 中震作用下墙柱受拉验算

中震作用下，19D栋首层、2层墙柱未出现受拉，3层墙柱底部偏拉验算结果$N/(1.0f_{tk} \cdot A)$有16个墙肢出现受拉，其中3个小墙肢拉力大于1.0，1个小墙肢拉力大于2.0，其余12个墙肢名义拉应力均小于f_{tk}，这部分混凝土仍处于弹性状态，未出现受拉裂缝，对其按中、小震包络配筋即可，不需做特别处理。19DQ1～19DQ4墙肢名义拉应力大于f_{tk}，除按照中、小震包络设计其配筋外，拟增大受拉钢筋，控制其纵筋在中震作用下的拉应力水平不大于$0.6f_{yk}$，以限制墙肢裂缝宽度和刚度退化程度。该部分墙肢截面高宽比均不大于3，对比其截面面积与同向其他墙肢面积的比例关系，可判断该部分端柱和翼缘对结构整体抗侧刚度和承载力的贡献甚微，故其开裂后抗侧刚度退化引起的内力重分布对结构整体的影响可基本忽略，因此控制其纵筋应力后，可不加强同向其他墙肢。

6.2.3 中震验算结论

（1）19D栋3层极少数结构墙肢出现受拉，但其拉应力均小于混凝土的抗拉强度标准值，仍处于弹性状态；首层及2层墙柱均未出现受拉。

（2）盖下框支框架满足“无损坏”，能达到第2水准的抗震性能目标；盖上结构满足仅“轻度损坏”，各抗侧力构件能达到第3水准的抗震性能目标。

6.3 大震性能分析

采用弹塑性分析软件Perform-3D（V5.0）进行分析。采用2组天然波和1组人工波，地震波峰值加速度取220gal，各组波按主方向∶次方向∶竖方向＝1∶0.85∶0.65三向输入，持时不小于30s。

6.3.1 主要整体计算指标

弹塑性时程分析主要整体计算指标见表6-1，最大弹塑性层间位移角满足小于1/150的预设目标。

弹塑性时程分析主要整体计算指标（包络值） 表6-1

指标	X向	Y向
最大层间位移角	1/228	1/223
所在楼层	10	11
性能弱C层间位移角限值	1/150	1/150
基底剪力（kN）	52138	53258
与小震基底剪力之比	4.42	4.57

6.3.2 结构抗侧构件的塑性损伤分析

由结构抗侧力构件在大震各地震波工况包络值下的最终损伤状态图可知，在大震作用下，个别框架梁和连梁在3s左右进入屈服状态，并在地震过程中结构损伤累积，各类构件损伤状态如下：

（1）框架梁和连梁

在大震作用下，36%的框架梁和连梁正截面性能状态均控制在“轻微损坏”范围内，“轻度损坏”“中度损坏”占比均为0，余下部分无损坏，故正截面验算满足表5-1的性能要求。

所有框架梁和大部分连梁处于“受剪弹性”范围；处于“受剪不屈服”“受剪极限”范围的连梁各占10.41%、12.20%；处于“满足最小截面”的连梁占1.95%，故斜截面验算满足最小截面性能要求。

（2）剪力墙（底部加强区）

大震作用下，底部加强区剪力墙的性能状态如图6-3、图6-4所示。

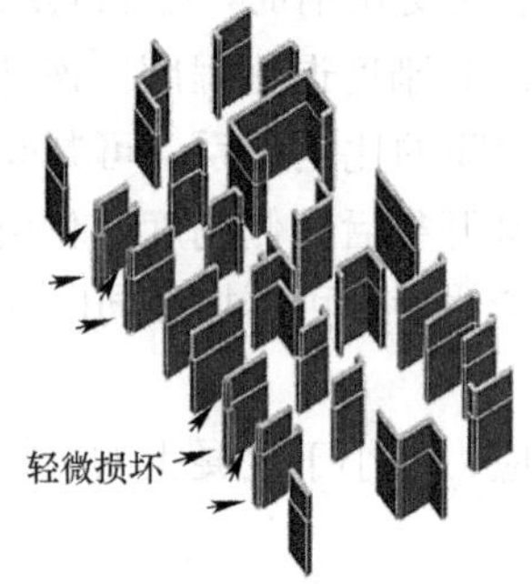

图6-3 底部加强区剪力墙正截面性能状态图

注：图中性能状态为地震工况包络值的结果，除箭头所示为轻微损坏外，其他均为无损坏。

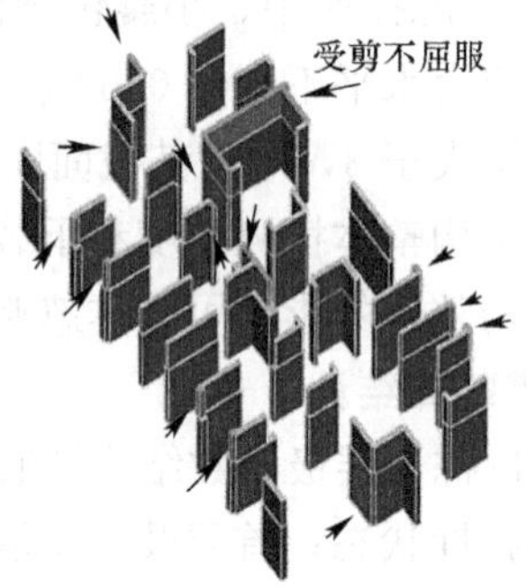

图6-4 底部加强区剪力墙斜截面性能状态图

注：图中性能状态为地震工况包络值的结果，箭头所示为抗剪不屈服外，其他均为受剪弹性。

底部加强区剪力墙正截面性能状态验算，除四片小墙肢处于“轻微损坏”程度，余下绝大部分剪力墙均控制在“无损坏”程度，满足正截面不屈服验算性能要求。

斜截面性能验算，97.22%的剪力墙控制在“受剪弹性”范围，余下部分处于“受剪不屈服”范围，斜截面验算满足最小截面性能要求。

（3）剪力墙（非底部加强区）

非底部加强区的剪力墙正截面性能状态均控制在“无损坏”程度，满足正截面不屈服验算性能要求；斜截面性能验算，86.40%的剪力墙控制在“受剪弹性”范围，处于“受剪不屈服”范围的剪力墙占比8.40%，处于“受剪极限”范围的占比5.20%，故斜截面验算满足最小截面性能要求。

（4）框支柱和框架柱

大震作用下，混凝土柱的正截面、斜截面性能状态如图6-5、图6-6所示。由图可见，框支柱、框架柱的受剪、受弯全部处于弹性状态，满足表5-1性能要求。

（5）转换层的框支梁

大震作用下，框支梁的正截面、斜性能状态如图6-7、图6-8所示。由图可见，框支梁的受剪、受弯全部处于弹性状态，满足表5-1的性能要求。

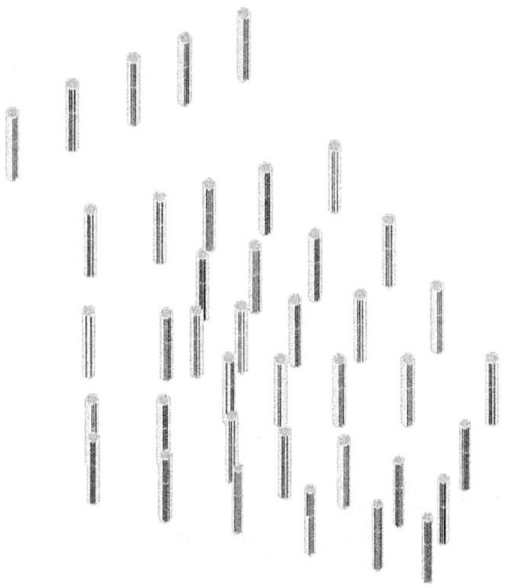

图 6-5 混凝土柱正截面性能状态图
注：图中性能状态为地震工况包络值的结果，
全部为无损坏。

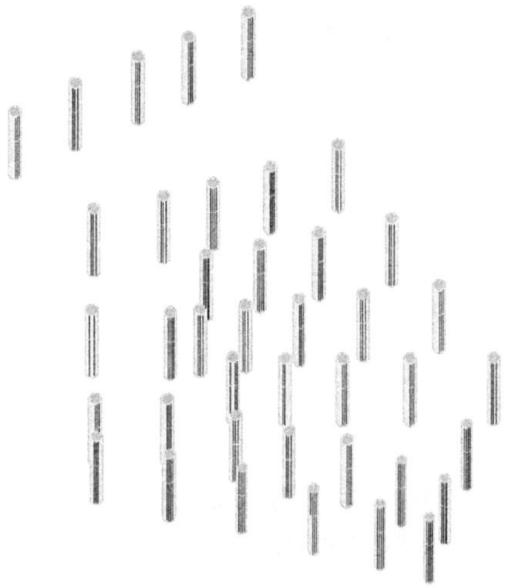

图 6-6 混凝土柱斜截面性能状态图
注：图中性能状态为地震工况包络值的结果，
全部为受剪弹性。

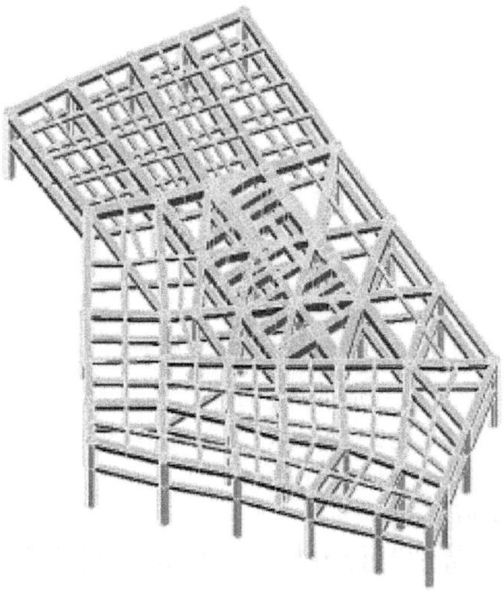

图 6-7 框支梁正截面性能状态图
注：图中性能状态为地震工况包络值的结果，
全部为无损坏。

图 6-8 框支梁斜截面性能状态图
注：图中性能状态为地震工况包络值的结果，
全部为受剪弹性。

6.4 超大震结构屈服机制分析

6.4.1 8 度罕遇地震分析

图 6-9～图 6-13 为罕遇地震作用下构件的塑性应变状态图。由图 6-9、图 6-10 可见，8 度罕遇地震作用下，上部塔楼底部剪力墙于 12.8s 左右进入屈服，盖下框支框架未屈服，框支框架可实现晚于转换层以上结构屈服；由图 6-11～图 6-13 可见，时程最终时刻上盖塔楼小部分剪力墙中下部出现轻度损坏（屈服），其余大部分为轻微损坏，盖下转换柱仅出现轻微损坏。

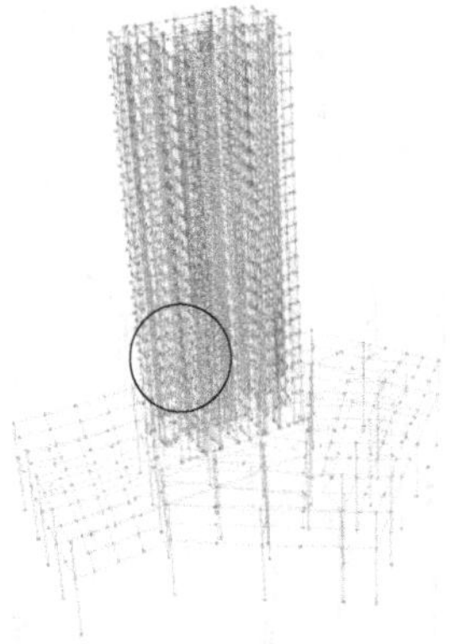

图 6-9 转换层以上剪力墙和框架柱
12.8s 塑性应变状态图

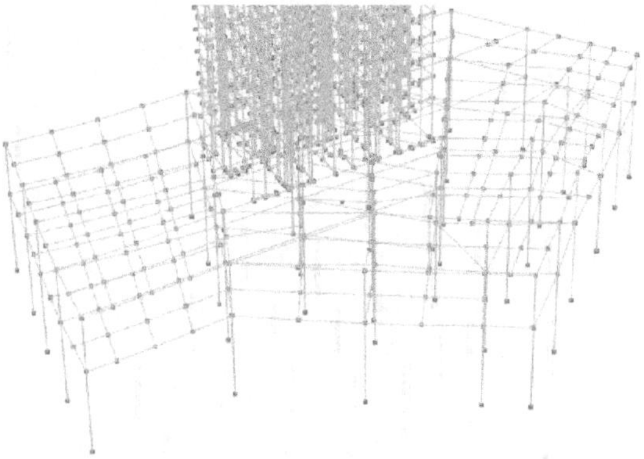

图 6-10 转换层以下框架柱
12.8s 塑性应变状态图

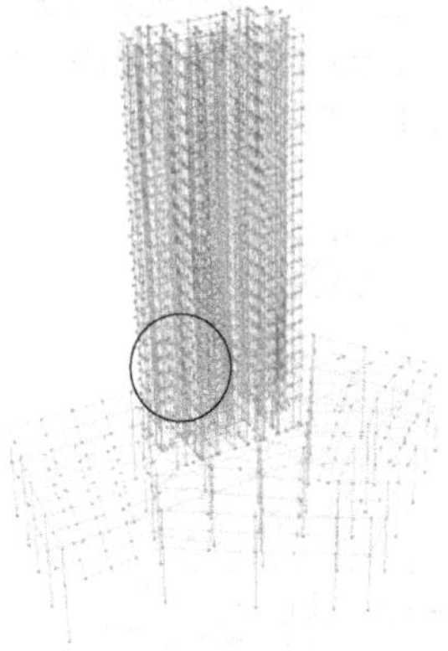

图 6-11 转换层以上竖向构件最终时刻
塑性应变状态图

注：图中性能状态为地震工况包络值的结果。

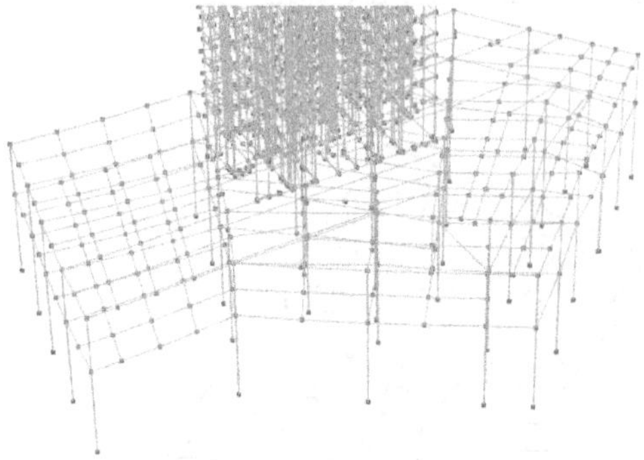

图 6-12 转换柱最终时刻塑性
应变状态图

注：图中性能状态为地震工况包络值的结果。

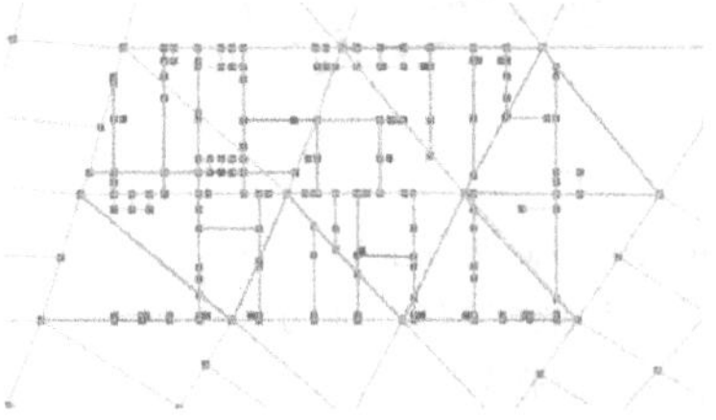

图 6-13 转换梁最终时刻
塑性应变状态图

注：图中性能状态为地震工况包络值的结果。

6.4.2 大震分析结论

以上大震弹塑性时程分析及竖向构件受剪截面验算结果表明，结构及构件能达到表5-1预设的抗震性能目标。

7 关键或特殊结构构件设计

7.1 钢管柱与转换梁关键节点的设计（钢管不伸入转换梁）

钢管柱柱顶与转换梁连接大样如图 7-1 所示。采用 Xtract 软件对钢管柱截面和对应扩大头钢筋混凝土截面进行承载力分析，分析结果见表 7-1。图 7-2、图 7-3 为钢管柱截面和扩大头钢筋混凝土截面的 P-M 承载力曲线。由图可见，扩大头钢筋混凝土截面由于截面扩大并配置钢筋，压弯承载力远大于钢管柱截面；扩大头钢筋混凝土截面拉弯承载力略小于钢管柱截面，但最大拉力能达到

32300kN，远大于 8 度超大震分析最大柱轴拉力。综上所述，扩大头钢筋混凝土截面压弯承载力能满足与钢管柱的等强设计，拉弯承载力能满足抗震所需的承载力。

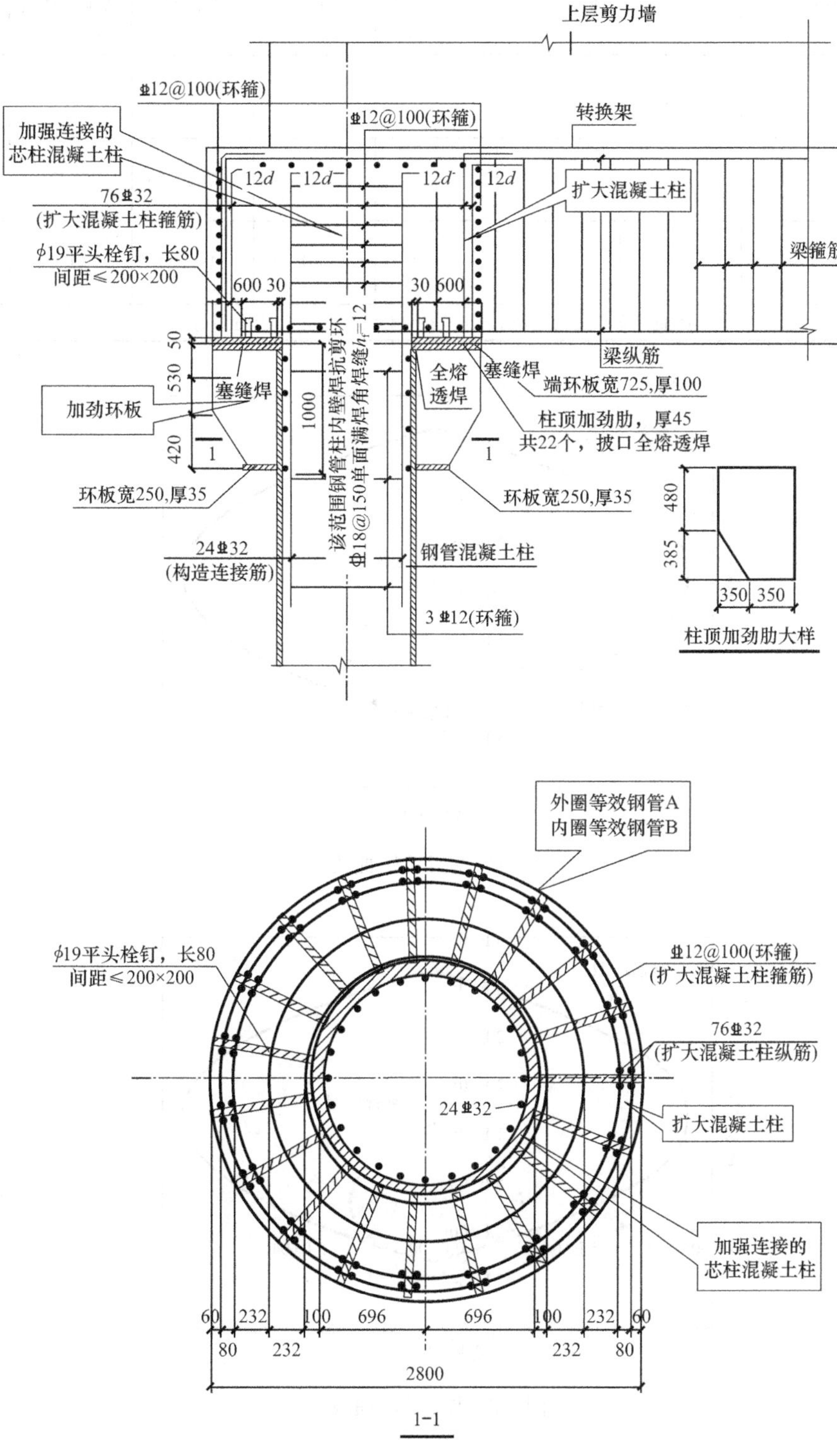

图 7-1 钢管柱柱顶与转换梁连接大样

钢管柱顶截面等强验算　　表 7-1

输入参数					计算过程		计算结果	
名称	圆环外径 D(m)	圆环厚度 t(m)	圆环强度 f_y(N/mm²)	等效钢筋直径(mm)	圆环面积 A(m²)	圆环惯性矩 W(m⁴)	弯矩设计值 M(kN·m)	等效钢筋数量
钢管柱截面	1.5	0.025	295	32	0.1157875	0.042029191	12399	144
柱顶环筋截面 A	2.68	0.0036	360	32	0.030254026	0.020231265	7283	38
柱顶环筋截面 B	2.52	0.0039	360	32	0.030812161	0.019366462	6972	38
环筋受弯承载力＝7283＋6972＝14255＞12399，满足要求								

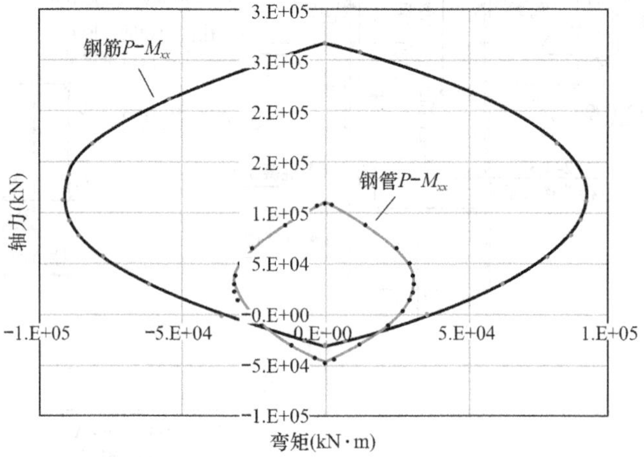

图 7-2　柱 $P\text{-}M_{xx}$ 曲线

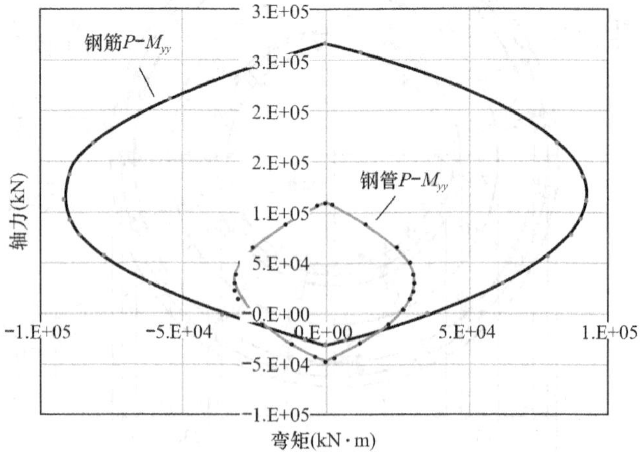

图 7-3　柱 $P\text{-}M_{yy}$ 曲线

7.2 基础抗滑移分析

本项目不设地下室，应进行抗倾覆和抗滑移验算含大震作用下的稳定性验算，荷载效应取小震组合作用设计值及大震组合作用标准值包络计算。19D 栋桩基水平承载力验算结果见表 7-2。

桩基水平承载力验算结果 表 7-2

单工况	小震基底剪力标准值（kN）	中震基底剪力标准值（kN）	大震基底剪力标准值（kN）	风工况基底剪力标准值（kN）	单桩（D=1500mm）水平承载力特征值/极限值（kN）	计算范围桩数（根）	群桩总水平抗力（特征值/极限值）（kN）
	7495.62	22311.61	45685.64	6609.6	703/1124	105	73815/118020
指标	小震	中震	大震	风	验算结果表明，上述工况下结构满足整体抗滑移要求。		
抗滑移系数	9.85	3.31	2.58	11.17			
控制目标	2.0	1.1	1.0	1.3			

注：大震验算采用桩水平承载力极限值。

7.3 超长混凝土楼盖应力分析

本工程由于平面长度超长，达 200m，需考虑楼板因混凝土自身收缩和水平温差效应带来的不利影响，采用 YJK 程序考虑实际楼板刚度，在程序中对整个结构施加整体温差进行有限元分析。

混凝土结构最大负温差－38.5℃，混凝土收缩当量温差约－16.7℃，总温差－55.2℃，考虑混凝土徐变特性，取应力松弛系数 0.3。经计算，在混凝土后期收缩及温差作用下，楼层楼板应力显示：运用库区首层大部分楼板拉应力为 1.2MPa，局部拉应力为 1.8MPa，大部分区域小于混凝土抗拉强度标准值 f_{tk}=2.20MPa；2 层大部分楼板拉应力为 1.8MPa，局部拉应力为 2.5MPa，大部分区域小于混凝土抗拉强度标准值 f_{tk}=2.39MPa；对于局部温度应力集中部位，在施工图阶段，按楼板应力大小配置双层双向楼板钢筋，配筋率不小于 0.25%；洞口周边局部拉应力较大部位，根据温度应力分析结果，配筋予以加强。

8 超限预审查意见

2020 年 9 月 16 日，深圳地铁置业集团有限公司在深圳地铁大厦召开了“深圳机场东车辆段上盖物业开发项目”超限高层建筑结构设计预审查会议，华南理工大学建筑设计研究院有限公司方小丹总工程师任专家组组长。与会专家听取了设计单位关于该工程抗震设防设计的情况汇报，审阅了论证资料。经讨论，提出预审查意见如下：

（1）补充多塔计算，考察对框支层楼盖的影响。

（2）可考虑采用厚板或梁-厚板转换的可行性。

（3）对于盖上结构的性能目标为 C 级而言，大震作用下剪力墙受弯不屈服偏严格，可调整。

（4）钢管混凝土柱与转换梁的连接节点可改进。

（5）取消筒体剪力墙不必要的开洞，尽可能保证筒体的完整性。

9 点评

采取相应加强措施后，全框支剪力墙结构的抗侧刚度和承载力均能满足相应的性能目标要求，可保证结构的抗震安全。

72 白云湖车辆段地铁上盖

关　　键　　词：B级高度；强下部弱上部；全框支转换
结构主要设计人：杨　坚　林　鹏　杨　坤　朱力雄
设　计　单　位：广州珠江外资建筑设计院有限公司

1 工程概况

白云区白云湖车辆段上盖开发项目一期工程位于广州市白云区，地铁亭岗站西侧，北靠鸦岗大道，东临石井工业园，南接规划白云三线。项目总用地面积约 22.28 万 m^2，建筑面积约 74.59 万 m^2，一期总建筑面积约 18.72m^2。本工程不带地下室，结构计算嵌固端设置在基础顶面，实际负 2 层为地面以上的第 1 层结构层；车辆段盖板两层，盖上为建筑首层+0.00，以下分别为负 1 层车库和负 2 层地铁车辆段。一期建筑+0.00 盖板以上设有 3 栋超高层住宅、幼儿园、九年一贯制学校和商业。项目基本信息见表 1-1。

项目基本信息　　　　表 1-1

项目		17 栋住宅	18 栋、19 栋住宅
结构总高度（m）		156.6	156.6
地面以上层数	高宽比	4.25	4.16
	盖上	46 层	46 层
	盖下	2 层	2 层
	合计	48 层	48 层
层高（m）	盖上	5.3m（首层）、3m（标准层）	5.3m（首层）、3m（标准层）
	盖下	负 2 层 8.5m（已完成施工）、负 1 层塔楼投影外 5.5m（塔楼投影 7.3m）	负 2 层 8.5m（已完成施工）、负 1 层塔楼投影外 5.5m（塔楼投影 7.3m）

2 结构体系与结构布置

2.1 抗震缝的设置及合拼

本工程未设地下室，各区塔楼以基础筏板面或承台面为嵌固端。已施工完毕的 8.5m 盖板通过结构变形缝分为 23 个区，一期工程主要分布在 12～23 区，17 栋、18 栋、19 栋超高层住宅分别位于 12 区、13 区、14 区。根据超限专项审查意见，并结合《深圳地铁车辆段上盖建筑结构设计指南》第 3.5 条“宜减少结构缝设置”的要求，加强 8.5m 盖板（住宅区：1～3 区、5～7 区、9 区、10 区、11 区-A）各分区整体性，拟将分区间的变形缝合拼形成大底盘结构。合缝位置见图 2-1。

混凝土浇筑时采取防止漏浆的措施，封底模板采用建筑胶或其他有效措施密封，避免对已施工的车辆段造成影响。合缝叠合板大样做法见图 2-2。

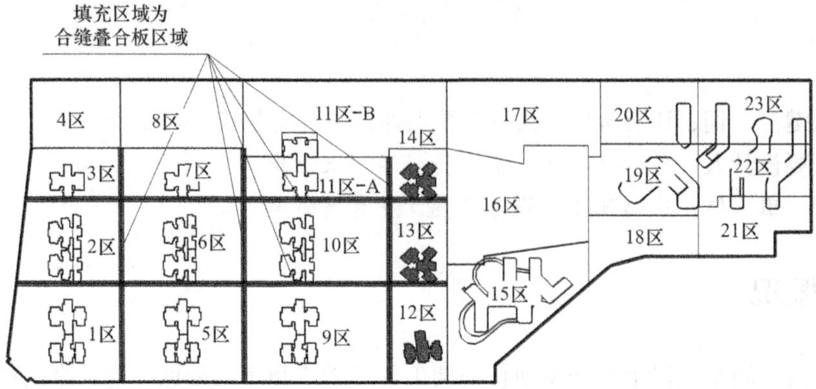

图 2-1　8.5m 盖板分缝处叠合板区域图

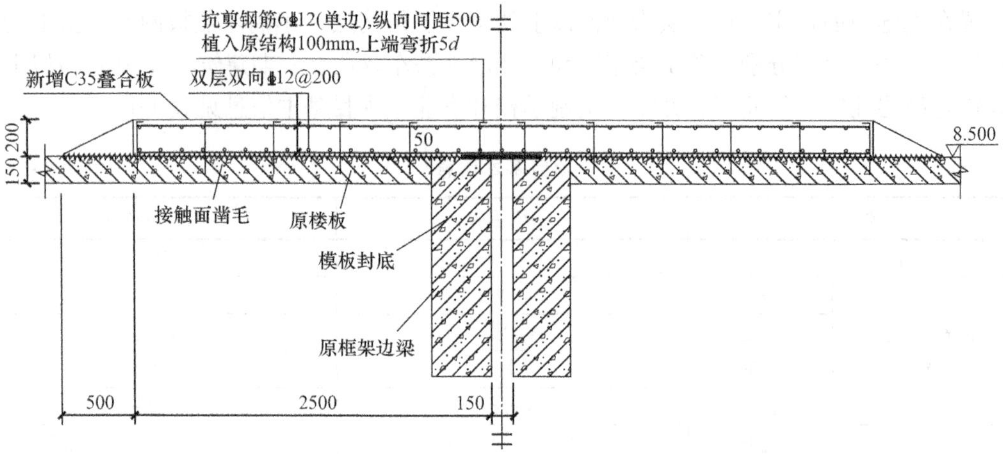

图 2-2　8.5m 叠合板大样图

8.5m 盖板合缝后总宽×总长约为 240m×400m，符合《深圳地铁车辆段上盖建筑结构设计指南》的要求。14.5m 转换层盖板同样按 8.5m 盖板分区范围进行分区。

2.2　结构体系

本工程住宅塔楼（17～19 栋）14.5m 盖板以上除首层作架空层及入户大堂以外，2 层以上均为住宅用途（避难层除外）。根据《深圳地铁车辆段上盖建筑结构设计指南》第 4 章要求，定义住宅塔楼 17～19 栋的结构形式为全框支-剪力墙结构（其中 17 栋落地剪力墙比例为 27%，18 栋、19 栋落地剪力墙比例为 8%）。

（1）抗侧刚度体系：由于住宅塔楼结构总高度达 156.6m，结构抗侧刚度要求较高，需尽量利用建筑条件设置较大尺度的剪力墙，利用连梁、框架梁与剪力墙墙肢平面内、翼缘的刚性连接有效传递水平剪力，将各片分散的剪力墙联系为一整体受力的联肢墙，成为贡献结构抗侧刚度的主干骨架。

（2）抗扭刚度体系：建筑物周边离扭转中心最远，因此布置抗侧构件对抗扭刚度的贡献最大，在不影响建筑功能及立面的前提下，尽可能布置墙肢或翼缘，并用尽可能高的梁进行刚性连接，从而形成尽可能刚的抗扭体系，以满足规范对结构抗扭刚度方面的要求。

（3）竖向承载体系：竖向荷载通过梁板等水平楼盖构件传递至剪力墙竖向构件，上述（1）、（2）的抗侧力剪力墙同时也是承受竖向荷载的构件，此外，其余剪力墙以承受竖向荷载为主，主要起到方便梁系搭设和减小跨度的作用，并按自身刚度分担部分水平荷载。

17～19 栋标准层、转换层结构布置图见图 2-3～图 2-6。

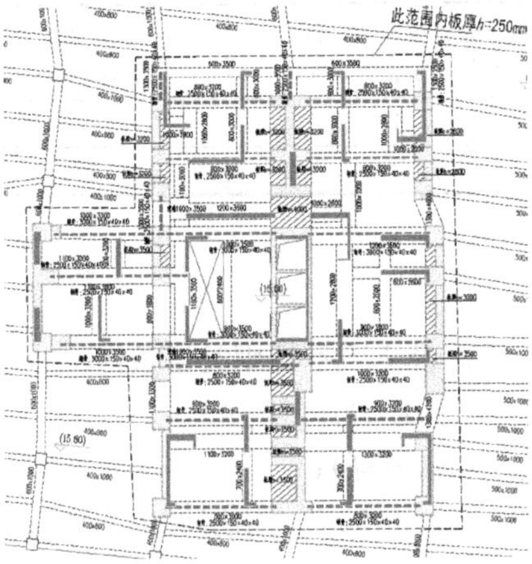

图 2-3　17 栋转换层结构布置图

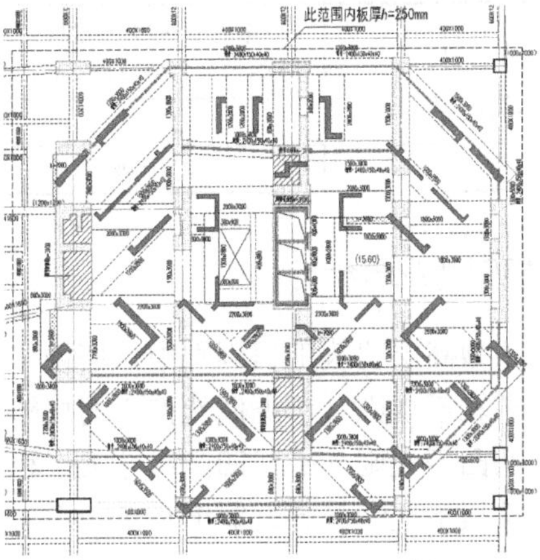

图 2-4　18 栋、19 栋转换层结构布置图

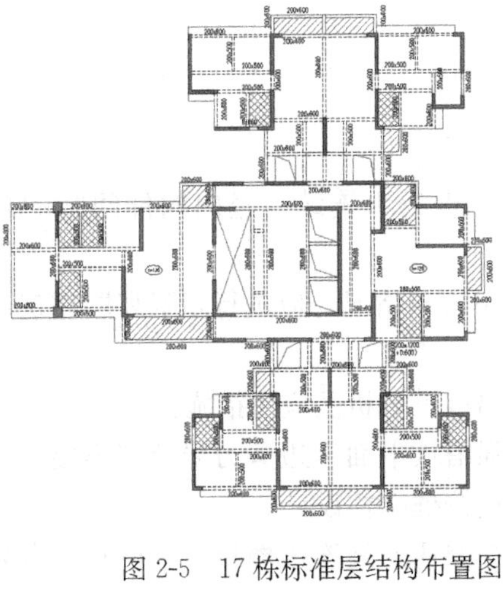

图 2-5　17 栋标准层结构布置图

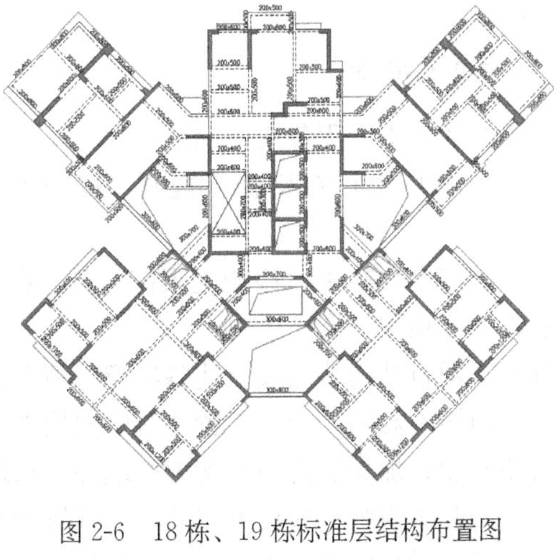

图 2-6　18 栋、19 栋标准层结构布置图

3　结构超限类别及程度

3.1　高度超限分析

根据《广东省住房和城乡建设厅关于印发〈广东省超限高层建筑工程抗震设防专项审

查实施细则〉的通知》（粤建市〔2016〕20 号）及广东省标准《高层建筑混凝土结构技术规程》DBJ 15—92—2013（下文简称《广东高规》）的相关规定，参照《住房城乡建设部关于印发〈超限高层建筑工程抗震设防专项审查技术要点〉的通知》（建质〔2015〕67 号）及《高层建筑混凝土结构技术规程》JGJ 3—2010（下文简称《高规》）的有关条文，对楼结构进行超限判别，并制订相应的抗震性能目标。本工程结构塔楼采用全框支-剪力墙结构。高度超限情况见表 3-1。

高度超限情况　　表 3-1

项目	17 栋	18 栋	19 栋
结构类型	全框支-剪力墙结构（落地剪力墙比例 27%）	全框支-剪力墙结构（落地剪力墙比例 8%）	全框支-剪力墙结构（落地剪力墙比例 8%）
结构高度（m）	156.6	156.6	156.6
结论	超 B 级	超 B 级	超 B 级

3.2　不规则情况分析

在三项型高层建筑工程判别中，塔楼 17～19 栋符合 4 项不规则类型条件：

（1）扭转不规则（考虑偶然偏心的扭转位移比大于 1.2）；

（2）凹凸不规则（平面凹凸尺寸大于相应边长的 30%等）；

（3）楼板不连续（有效宽度小于 50%，开洞面积大于 30%，错层大于梁高）；

（4）竖向构件间断（上下墙、柱不连续）。

在二项、单项型高层建筑工程判别中，17 栋、18 栋、19 栋塔楼均通过各分项的不规则判别条件。

3.3　超限应对措施

综上所述，本工程各塔楼超限情况如下：

17～19 栋塔楼存在扭转不规则、凹凸不规则、楼板不连续、竖向构件间断的超限情况。

各塔楼高度均超过 B 级规定限值，且存在多项不规则情况，应进行超限高层建筑工程的抗震设防专项审查。

针对本项目结构特点及上述各项超限情况，作出以下分析及应对措施：

（1）扭转不规则。合理布置建筑竖向构件，加强塔楼平面周边剪力墙及其连接，增大整体抗扭刚度；加强建筑周边剪力墙端柱，翼墙构造按框架柱设计。

（2）凹凸不规则、楼板不连续。加强塔楼平面细腰薄弱处连接楼板，分析其应力分布情况，保证其满足中震作用下的性能目标。

（3）竖向构件间断。结构属于全框支-剪力墙结构，主要采取以下措施：

1）合理布置转换构件，转换层传力路径尽量直接清晰；

2）转换梁、柱抗震性能目标提高一级按 B 级设置，并复核已建部分是否满足需求；

3）针对 18 栋、19 栋斜交转换的情况，补充厚板转换作选型对比；

4）保证转换层上下层间刚度比，保证小震、大震作用下满足设计要求；

5）转换梁柱关键节点进行有限元分析；

6）加强转换梁柱关键节点的构造设计。

（4）裙楼大底盘对应措施及分析。由于8.5m盖板及以下结构、基础已施工完毕，并通过变形缝分成多个分区，为提高裙楼整体性，拟通过在分缝处设置叠合板将各分区合拼，14.5m盖板按相同原则合拼，以此形成两层的整体大底盘。此外，针对合拼后的17栋、18栋、19栋大底盘多塔及塔楼偏置进行专项分析，对裙楼超长楼板进行温度应力分析。

（5）根据现结构方案，复核已施工的8.5m盖板及以下结构、基础承载力，复核整体结构抗倾覆、抗滑移能力。

4 多遇地震（小震）分析

采用PKPM和MIDAS两个不同计算内核软件计算的主要结果及趋势基本吻合。结合规范规定及结构抗震概念设计理论，汇总整体计算主要结果，可以得出以下结论：

（1）通过软件分析，上部塔楼主体结构在考虑偶然偏心影响的地震作用下的最大扭转位移比处于1.20～1.40之间，且不大于1.4。可见，本结构虽存在扭转不规则情况，但是，不规则程度仍在规范限值范围内。

（2）17～19栋第1、第2周期均为平动，扭转周期小于第1周期85%，即 $T_t/T_1=0.85$（B级高度），满足规范要求。

（3）17栋地震作用下最大层间位移角为 X 向1/979，Y 向1/964，满足规范要求。风荷载作用下最大层间位移角为 X 向1/786，Y 向1/782，基本满足《广东高规》高度超150m高层建筑层间位移角限值。18栋、19栋当水平力作用方向为45°（135°）时，地震作用下层间位移角最大值分别为 X 向1/1028，Y 向1/912；风荷载作用下层间位移角最大值分别为 X 向1/989，Y 向1/841。均满足规范要求。

（4）根据《深圳地铁车辆段上盖建筑结构设计指南》第6.3条要求，在多遇地震作用下，转换层层间位移角最大限值为1/2000。经计算，17栋结构转换层层间位移角分别为 X 向1/5350，Y 向1/9999；当18栋、19栋结构水平力作用方向为0°时，转换层层间位移角分别为 X 向1/8620，Y 向1/9999；当水平力作用方向为45°时，转换层层间位移角分别为 X 向1/9999，Y 向1/9999。均满足要求。

（5）17～19栋在底部加强区范围内，出现了 X、Y 方向上的结构剪重比小于规范限值的情况。因此，在程序中作出以下设定：当有剪重比不满足规范要求的楼层出现时，程序将自动按《建筑抗震设计规范》GB 50011—2010（2016年版）第5.2.5条的要求，对上述楼层所受水平地震作用标准值的楼层剪力乘以放大系数。

（6）《高规》第3.5.2条规定，楼层与其相邻上层的侧向刚度比的比值不宜小于0.9；当本层层高大于相邻上层层高的1.5倍时，该比值不宜小于1.1；对结构底部嵌固层，该比值不宜小于1.5。经软件分析，17～19栋结构均满足侧向刚度要求。

（7）《高规》第3.5.3条规定，B级高度高层建筑的楼层抗侧力结构的层间受剪承载力不应小于其相邻上一层受剪承载力的75%。根据计算分析结果，17栋层间受剪承载力比 X 方向为0.98，Y 方向为0.97；18栋、19栋结构的最小层间受剪承载力比出现在1层与2层之间，其层间受剪承载力比 X 方向为0.92，Y 方向为0.82，均满足规范要求。

(8) 17栋 X 方向刚重比为2.04，Y 方向刚重比为2.11；18栋、19栋的 X 方向刚重比为2.87，Y 方向刚重比为2.53，需要考虑 $P\text{-}\Delta$ 效应对水平力作用下结构内力和位移的不利影响。

(9) 17～19栋剪力墙最大轴压比均不大于0.5，框支柱轴压比均不大于0.6，满足《高规》要求。

5 设防地震（中震）分析

在计算设防烈度地震作用时，采用规范反应谱计算，水平最大地震影响系数 $\alpha_{max}=0.23$，阻尼比按材料取值：$\xi=0.06$（混凝土）、0.05（型钢）、0.03（钢）。

5.1 中震主要计算结果汇总

采用中震计算中，底部加强区剪力墙等关键构件没有出现超筋的情况；小部分楼层的剪力墙连梁出现超筋的情况，框架柱、框架梁的配筋较多遇地震作用下的稍小。

从中震弹性配筋分析结果数据可知：

(1) 在中震作用下，17～19栋转换层的转换梁及框支柱可满足受弯及受剪弹性要求。

(2) 在中震作用下，17～19栋转换层上部塔楼底部加强区剪力墙可满足受弯不屈服及受剪弹性的性能目标（剪力墙的暗柱配筋及墙身的水平钢筋需要按中震及小震计算结果进行包络设计）。

(3) 普通竖向构件可满足受弯不屈服及受剪弹性的性能目标。

(4) 耗能构件可满足受剪不屈服及受弯部分屈服的性能目标。

5.2 中震作用下剪力墙拉力复核

在中震作用下，考虑恒荷载＋活荷载及地震组合，取各栋首层进行墙体的轴向拉力验算。所有的墙肢拉应力均小于 $2f_{tk}$，满足规范要求。墙肢截面拉应力不大；在未考虑钢筋承担相应拉应力的情况下，17栋底层墙肢最大拉应力约为1.79MPa，18栋、19栋底层墙肢的角部局部截面最大拉应力约为2.66MPa，C60混凝土抗拉强度标准值 f_{tk} 为2.85MPa，最大拉应力均小于2倍混凝土轴拉强度标准值，满足规范要求。针对底部楼层部分墙肢中震受拉的情况，采取如下加强措施：对底部加强区受拉墙肢体的墙身水平向分布筋取0.6%的配筋率，墙身纵向分布筋取0.75%的配筋率。底部加强区受拉墙进行暗柱设计时，按特一级抗震构造措施要求，约束边缘构件竖向筋配筋率按不小于1.40%进行加强处理。通过计算，此配筋率满足中震轴拉设计的要求。

5.3 塔楼细腰处楼板内力补充分析

由于建筑平面布置原因，17～19栋结构存在楼板平面狭长的部位，该部位楼板的最小净宽度为5.0m，刚好满足规范要求的最小净宽度；17栋存在有效楼板宽度与该层楼板在同方向上的宽度比约为26%，18栋、19栋该部位有效楼板宽度与该层楼板在同方向上的宽度比约为34%，低于规范规定的50%宽度比。因此，为了确保在水平地震作用下，细腰部位的楼板仍然满足实际的受力要求，应进一步对细腰部位的楼板进行中震作用下的内力分析。

通过分析得出以下结论：

（1）经计算，在中震作用下，细腰部位楼板可满足受拉与受剪的承载力要求，能够保证水平地震作用较好地通过细腰部位楼板进行传递，充分发挥塔楼核心筒与各单体的共同作用。

（2）针对细腰部位楼板对结构产生的不利影响，对细腰部位楼板进行适当的构造加强，增大细腰部位楼板板厚至150mm，并在细腰处楼板设置双层双向⌀12@100钢筋。

6　罕遇地震（大震）分析

6.1　大震等效弹性分析

采用PKPM软件对罕遇地震（大震）作用下竖向构件的承载力，根据其抗震性能目标，结合《广东高规》中“不同抗震性能水准的结构构件承载力设计要求”的相关公式，进行结构构件性能计算分析。承载力利用系数受剪截面取0.15。

在计算罕遇地震作用时，采用规范反应谱计算，水平最大地震影响系数 $\alpha_{max}=0.50$，阻尼比 $\xi=0.065$（混凝土）、0.06（型钢）、0.04（钢）。按全楼弹性楼板计算的主要计算结果见表6-1。

大震等效弹性分析主要计算结果　　表6-1

指标		17栋		18、19栋			
		0°	90°	0°	90°	45°	135°
大震作用下最大层间位移角		1/166（25层）	1/161（28层）	1/202（25层）	1/180（24层）	1/167（32层）	1/145（31层）
基底剪力（地面首层）	Q_0(kN)	80751	77539	71222	65168	58418	56099
	与小震比值	6.23	6.00	6.16	6.00	5.38	5.16
基底弯矩（地面首层）	M_0(kN·m)	4.3×10^6	4.2×10^6	7.72×10^6	7.06×10^6	7.0×10^6	6.69×10^6

采用大震计算时，所有竖向构件的抗剪配筋均未出现超筋的情况；底部加强部位剪力墙等关键构件没有出现超筋的情况。具体为：

（1）在大震作用下，17～19栋转换层的转换梁及框支柱可以满足受弯及受剪不屈服要求。

（2）在大震作用下，17～19栋转换层上部塔楼底部加强区剪力墙可以满足受剪不屈服的性能目标（剪力墙的暗柱配筋及墙身的水平钢筋需要按大震计算结果进行包络设计）。

（3）普通竖向构件可以满足部分构件出现中度损坏，受剪满足最小截面要求。

（4）耗能构件可以满足中度损坏，部分较严重损坏。

6.2　大震作用下的动力弹塑性分析

6.2.1　分析方法

该分析方法能计及地震反应全过程各时刻结构的内力和变形状态，给出结构构件开裂和屈服顺序，揭示结构应力及塑性变形集中部位，从而判断结构的屈服机制、薄弱环节及可能破坏形式。

6.2.2 动力弹塑性结果分析

（1）模型基本信息

使用SAUSAGE建立的三维模型如图6-1、图6-2所示，结合本场地实际情况，选取天然波1（TH101TG040）、天然波2（TH078TG040）、人工波（RH1TG040）共3组地震波来进行结构罕遇地震作用下的动力弹塑性时程分析。反应谱和规范谱曲线对比如图6-3所示。

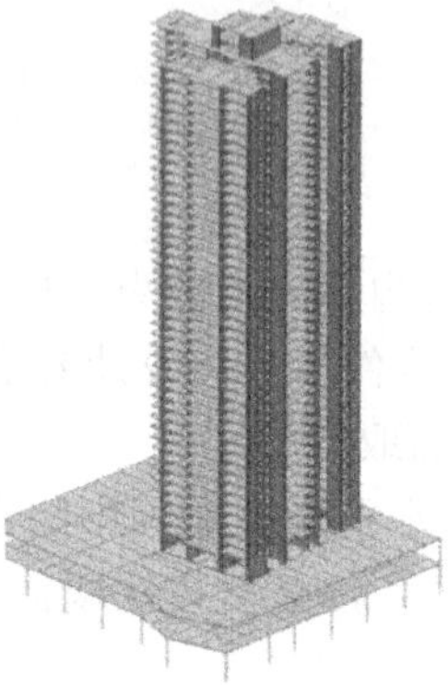

图6-1 17栋SAUSAGE模型

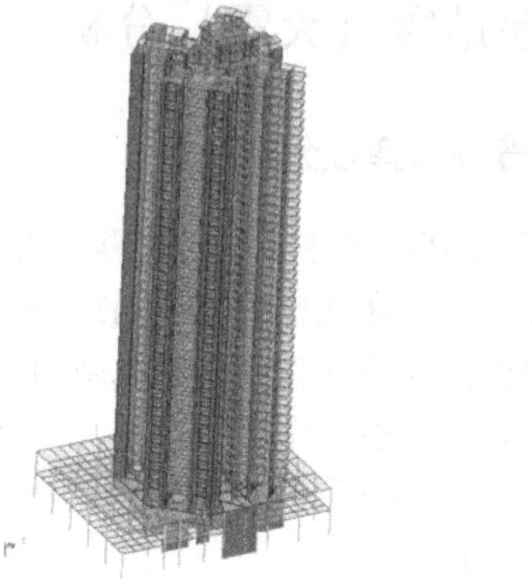

图6-2 18栋、19栋SAUSAGE模型

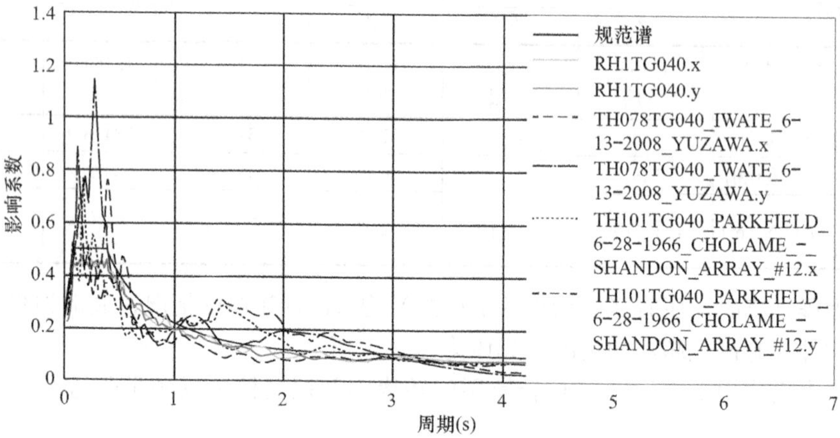

图6-3 反应谱与规范谱曲线对比图

（2）楼层位移及层间位移角

图6-4～图6-7所示为3组地震波取X向、Y向为主方向时的结构楼层位移和层间位移角结果。可见，X向为主方向输入时，楼顶最大位移为0.589m，楼层最大层间位移角为1/188（24层）；Y向为主方向输入时，楼顶最大位移为0.467m，楼层最大层间位移角为1/221（30层）。结构在X、Y向最大层间位移角均满足《高规》限值1/120的要求。

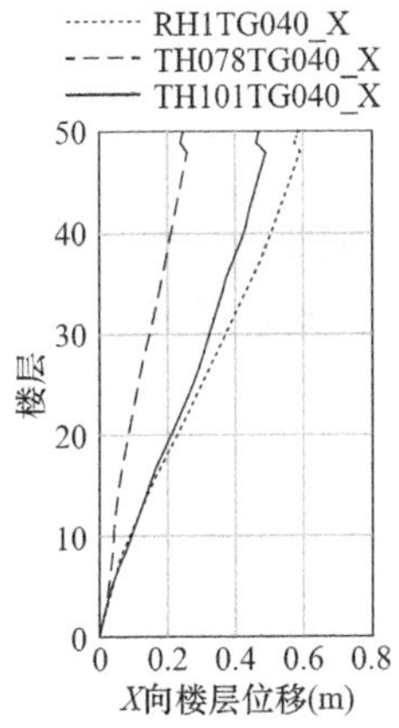

图 6-4 X 向地震作用楼层位移

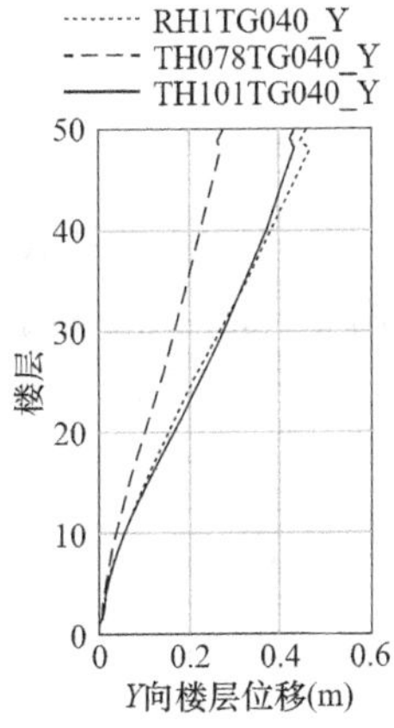

图 6-5 Y 向地震作用楼层位移

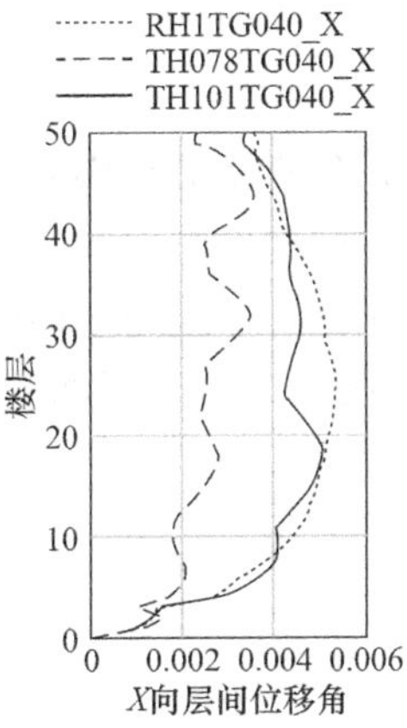

图 6-6 X 向地震作用层间位移角

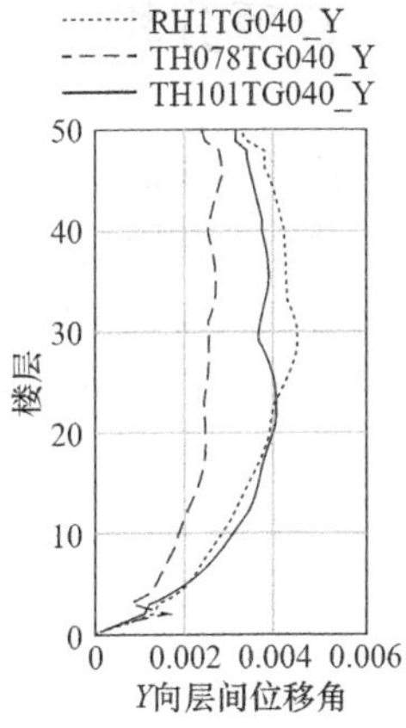

图 6-7 Y 向地震作用层间位移角

6.3 构件性能统计

采用 SAUSAGE 软件对结构主体进行动力弹塑性分析，并根据规范要求选取 1 条人工波和 2 条天然波进行验算。17～19 栋 X 向、Y 向地震作用下性能云图见图 6-8～图6-11。分析结果表明，在大震作用下结构仍处于相对稳定的状态，充分体现了强柱（墙）弱梁、强剪弱弯、强节点弱构件，以及强转换层弱上部的设计思路。

大震作用下部分框支转换层关键构件的结构受力形态具有以下特征：

（1）框支柱、转换墙在 X、Y 向最大地震作用下，基本处于无损状态，完全满足关键构件受剪、受弯不屈服的性能目标。

（2）个别转换梁出现轻度损伤，部分转换梁出现轻微损伤，还有相当多的转换梁处于完好状态。因此，可认为转换层已满足大震性能目标的要求。

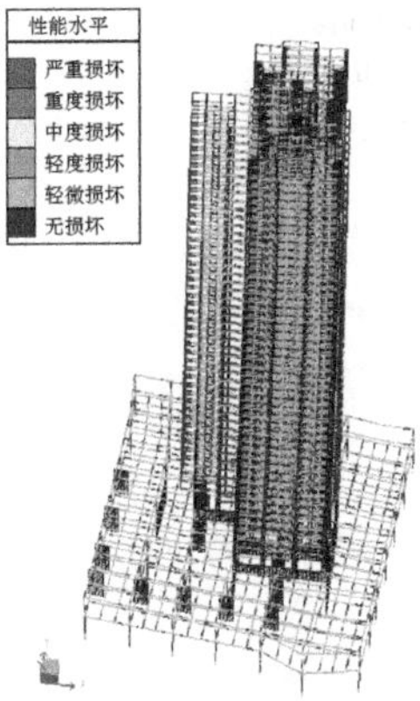

图 6-8 17 栋 X 向地震作用下性能云图

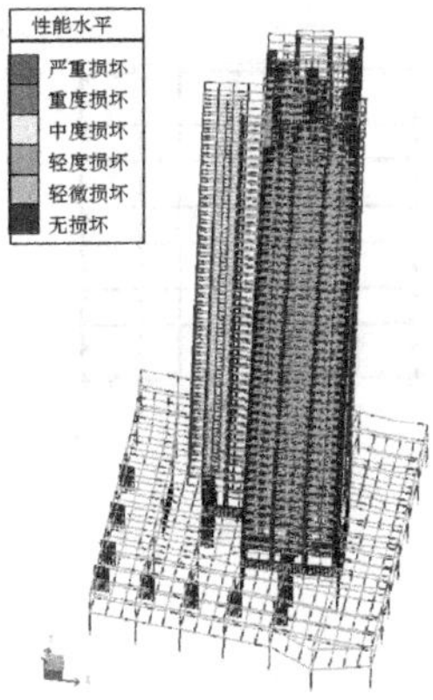

图 6-9 17 栋 Y 向地震作用下性能云图

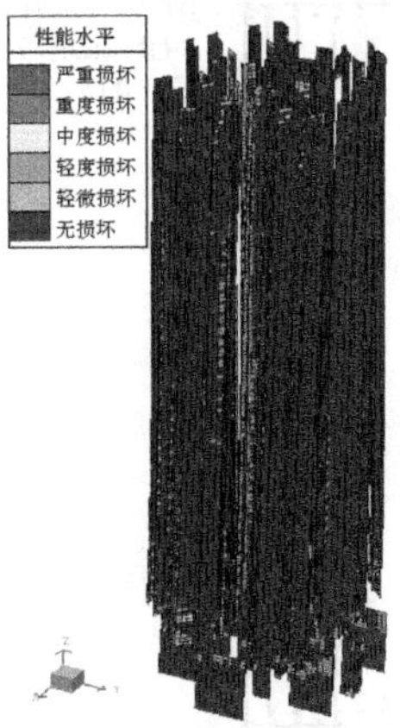

图 6-10 18 栋、19 栋 X 向地震作用下性能云图

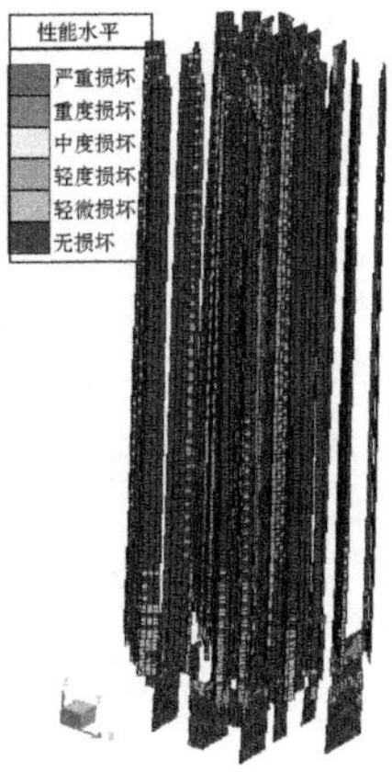

图 6-11 18 栋、19 栋 Y 向地震作用下性能云图

7 专项分析

转换层关键节点有限元分析及节点构造做法

为保证转换构件节点的抗震性能，利用有限元分析软件 ABAQUS 对部分关键节点进行罕遇地震作用下的有限元分析，混凝土构件采用 solid 单元，钢筋采用 truss 单元，型钢采用 shell 单元进行模拟，关键节点分析如图 7-1～图 7-9 所示。

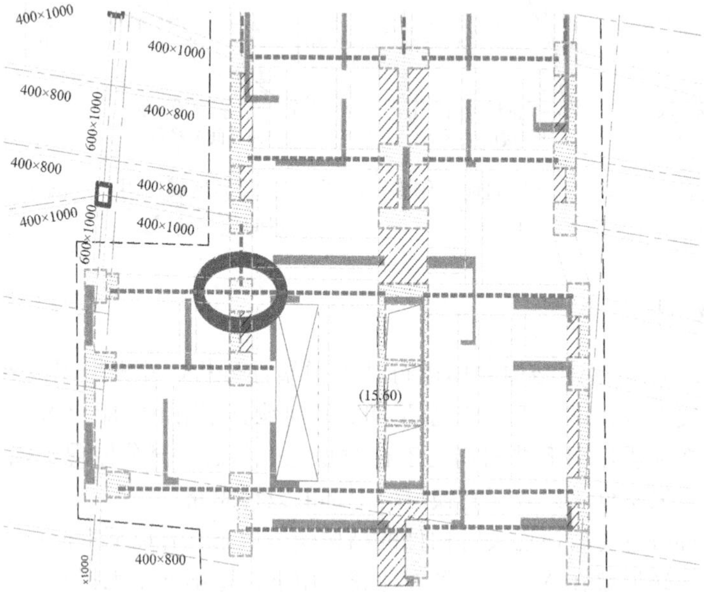

图 7-1 节点位置

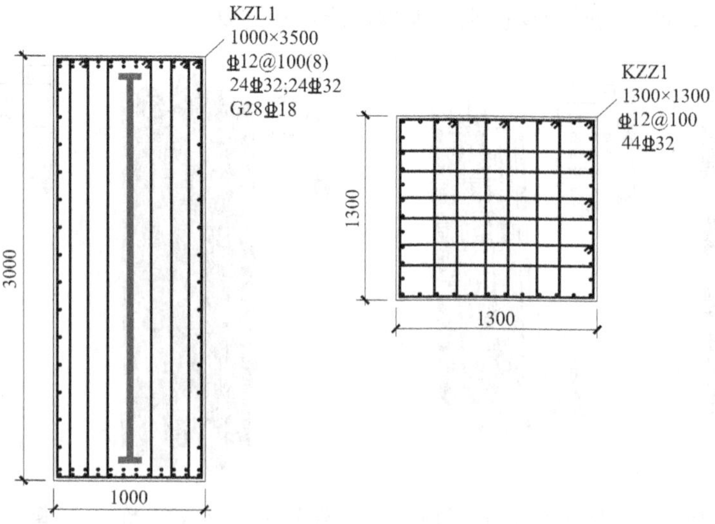

图 7-2 框支梁柱配筋

图 7-3　框支梁柱混凝土

图 7-4　钢筋单元划分

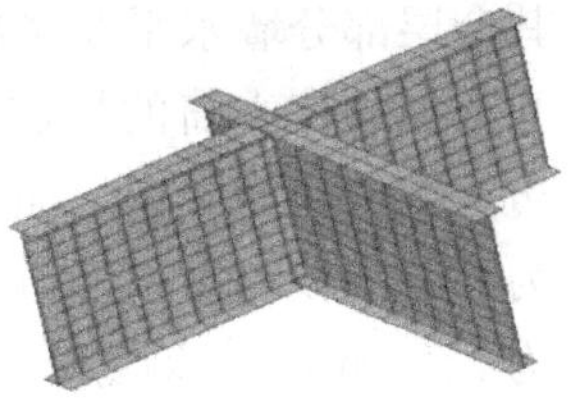

图 7-5　框支梁柱内置型钢单元

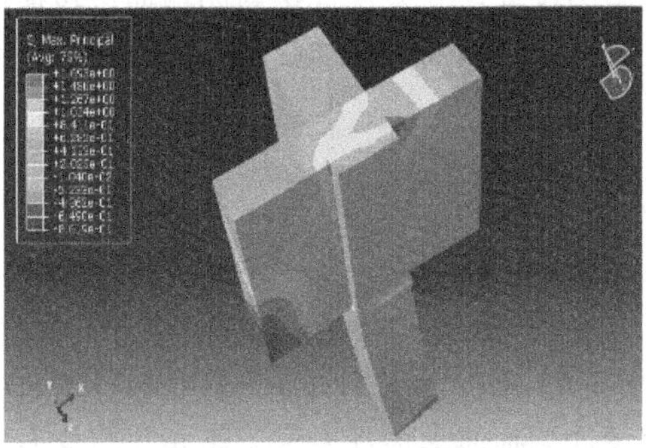

图 7-6　节点混凝土应力云图

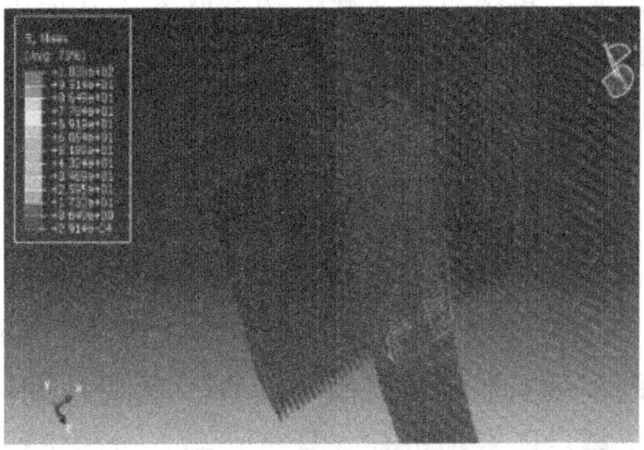

图 7-7　节点纵筋应力云图

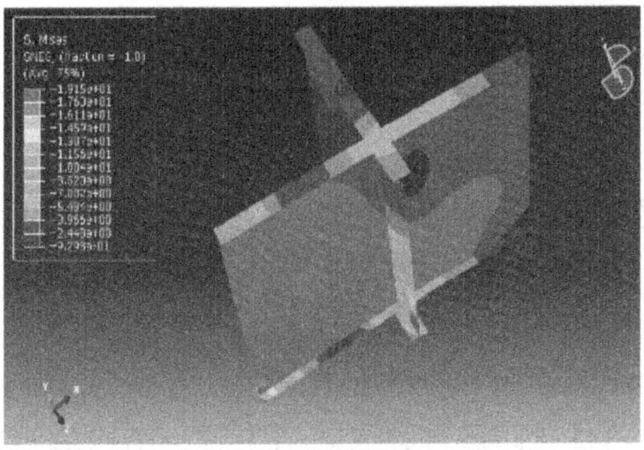

图 7-8　节点箍筋应力云图

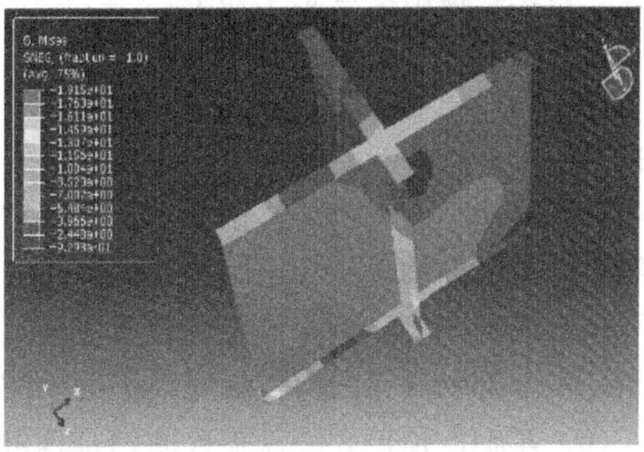

图 7-9　节点内置型钢应力云图

由图 7-6～图 7-9 可知，该节点在罕遇地震地震作用下，最大拉应力为 1.693MPa，处于混凝土抗拉强度标准值范围；箍筋最大拉应力为 103.8MPa，纵筋最大拉应力为 219MPa，钢筋拉应力未超过抗拉强度设计值；型钢最大拉应力为 19.1MPa，未超过型钢的抗拉强度设计值。以上分析表明，该节点在罕遇地震作用下，仍然处于弹性工作状态，满足性能设计的要求。

8　构造加强措施

底部加强区剪力墙抗震等级按特一级处理，并根据中、大震弹性或不屈服的性能目标复核底部加强区核心筒剪力墙竖向、水平分布筋，对配筋进行以下加强：

（1）底部加强区剪力墙水平分布筋配筋率约 0.6%～0.75%，竖向分布筋配筋率约 0.6%～0.75%，约束边缘构件配筋率约 1.4%。

（2）其余层部分墙水平及竖向筋配筋率约 0.30%。

（3）为了加强核心筒的抗震能力，底部加强区以上筒体角部墙体均设置约束边缘构件，约束边缘构件箍筋加密，加强建筑周边剪力墙端柱、翼墙按框架柱构造设计。

（4）为了减小核心筒内管道井、楼梯间开洞对楼面刚度的不利影响，核心筒内楼板厚度最小取为 150mm，并双层双向配筋（每层每个方向配筋率不小于 0.25%）。根据中震楼板应力分析对核心筒范围采取楼板加强措施。

（5）转换层设计是本项目的一大重点，根据计算结果，对 14.5m 转换层采取各项加强措施，包括对框支柱配箍率放大 1.5 倍进行施工图设计，并采用焊接封闭箍筋；转换梁内设型钢，除满足受剪截面要求以外，适当放大内置型钢截面以作加强；转换层楼板厚度不小于 250mm，配筋不小于Φ14@100。

9 抗震设防专项审查意见

2019 年 9 月 23 日，广州市住建局在市政府 3 号楼 402 会议室主持召开了“白云区白云湖车辆段地块项目地下车库及商业一期（17 栋、18 栋、19 栋住宅）”超限高层建筑工程抗震设防专项审查（复审）会，全国工程勘察设计大师傅学怡任专家组组长。与会专家听取了广州珠江外资建筑设计院有限公司关于该工程抗震设防的情况汇报，审阅了送审材料。经讨论，提出复审意见如下：

（1）计算模型应按目前 3 栋及含拟建 3 栋塔楼两种情况分别计算，包络设计。

（2）转换层（标高 15.6m）塔楼室内外高差较大，应有可靠合理措施，保证力的传递。

（3）塔楼平面细腰处连接薄弱，可采用隔层加板或每层加格栅等方法加强，注意该处边缘受拉区钢筋的设计和锚固。

（4）底部车辆段竖向构件承载力应满足等效弹性大震作用下不屈服。

（5）上部带翼缘的剪力墙应设平面外的次梁予以锚固和拉结。

（6）车辆段顶盖大底盘扩大原则合理可行，可优化防震缝设置，适当减小结构单元总长度。

审查结论：通过。

10 点评

综上所述，本工程处于 7 度烈度区，设计中充分利用概念设计方法，对关键构件在不同水准的地震作用下设定相应的抗震性能目标。抗震设计中，采用多种程序对结构进行了弹性、弹塑性计算分析，除保证结构在小震作用下完全处于弹性工作外，还补充了关键构件在中震和大震作用下的验算。计算结果表明，各项指标均表现良好，基本满足规范要求。

本工程除能满足竖向荷载和风荷载作用下的有关指标外，框支框架满足 B 级抗震性能目标，其余构件满足性能目标 C，结构安全、合理。

73 佛山市城市轨道交通3号线北滘停车场上盖项目

关　　键　　词：全框支剪力墙结构；车辆段上盖
结构主要设计人：马健雄　刘永强　李中健　何传铭
设　计　单　位：广东南海国际建筑设计有限公司

1　工程概况与设计标准

佛山市城市轨道交通3号线北滘停车场位于佛山一环以东，潭州水道以南，林上路以北地块，出入场线于高村站接轨。功能定位为佛山市城市轨道交通3号线重要的停车场，停车场上盖进行物业开发。北滘停车场占地面积：总建筑面积约10万m^2，其中有盖板区域面积约7万m^2。停车场内主要建筑有：运用库、综合维修楼、派出所、污水处理站、洗车机棚、门卫一、门卫二、垃圾房以及天桥。建筑效果图如图1-1所示。

图1-1　建筑效果图

本文主要介绍北滘停车场运用库上盖开发区域，总平面图如图1-2所示。上盖高层住宅采用钢筋混凝土剪力墙结构，根据盖下停车场的工艺要求，剪力墙均不能直接落地，底部3层采用全转换的框支框架结构，转换层在15m盖板（3层），框支柱和转换梁均采用型钢混凝土构件。

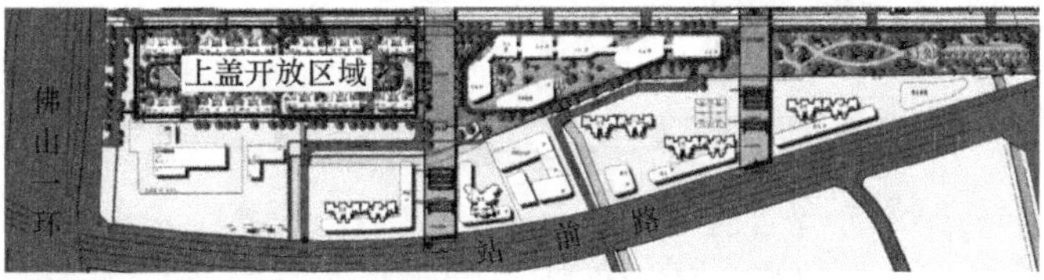

图1-2　总平面图

根据地质勘查报告及《建筑抗震设计规范》GB 50011—2010（2016年版），本项目结构分析和设计采用参数见表1-1。

塔楼设计参数　　表1-1

结构设计使用年限	50年	场地类别	Ⅲ类
建筑结构安全等级	二级	特征周期	0.45s
建筑抗震设防分类	丙类	弹性分析阻尼比	0.05

续表

抗震设防烈度	7 度	抗震等级	框支框架特一级，裙房框架、基础梁一级，底部加强部位剪力墙一级，其余构件二级
设计基本地震加速度峰值	0.1g	周期折减系数	0.8

2 结构体系及超限情况

2.1 结构体系

本工程为大底盘多塔楼结构，裙房 3 层，共有 12 栋塔楼，每栋塔楼在 15m 盖板以上均为 17 层，按 21 层建模（含 3 层裙房及 1 层构架层）。上部塔楼采用钢筋混凝土剪力墙结构，剪力墙均不落地，3 层楼面设置框支框架转换层，转换柱和转换梁均采用型钢混凝土构件。结构体型与布置见表 2-1，盖上盖下关系如图 2-1 所示，建筑剖面图如图 2-2 所示，盖板开发平面图如图 2-3 所示。

结构体型与布置　　表 2-1

项目	本工程设计参数
高度 H(m)	73.1
层数	地上 20 层，无地下室
结构层高	首层 5.3m，2 层 9.0m，3 层 6m，4 层 4.8m，5～20 层 3.0m
塔楼平面 $X_{max}\times Y_{max}$(m)	37.3×16.0，38.4×16.0
高宽比 H/B	73.1/16.0=4.57
结构体系	钢筋混凝土框支剪力墙结构，剪力墙均不落地，底部 3 层为型钢混凝土柱框架结构

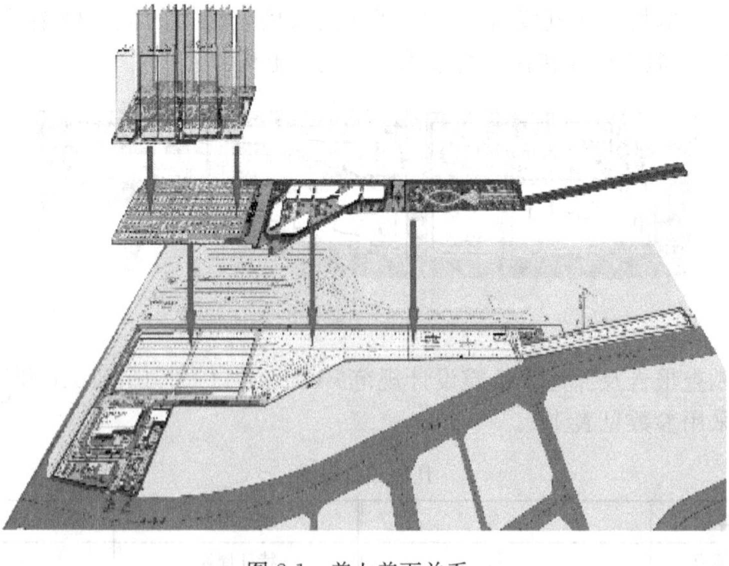

图 2-1　盖上盖下关系

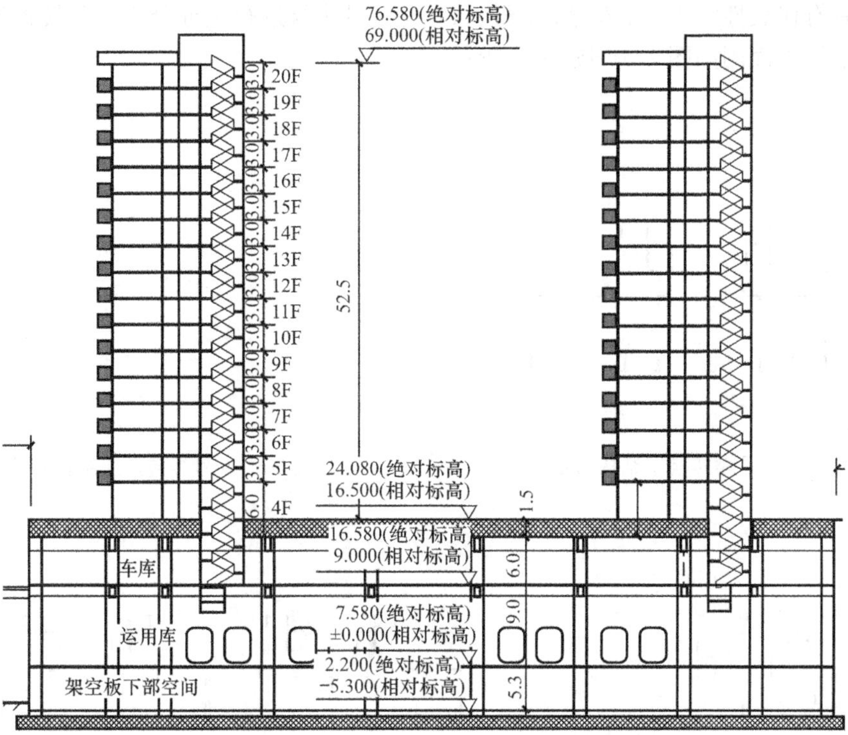

图 2-2　建筑剖面图

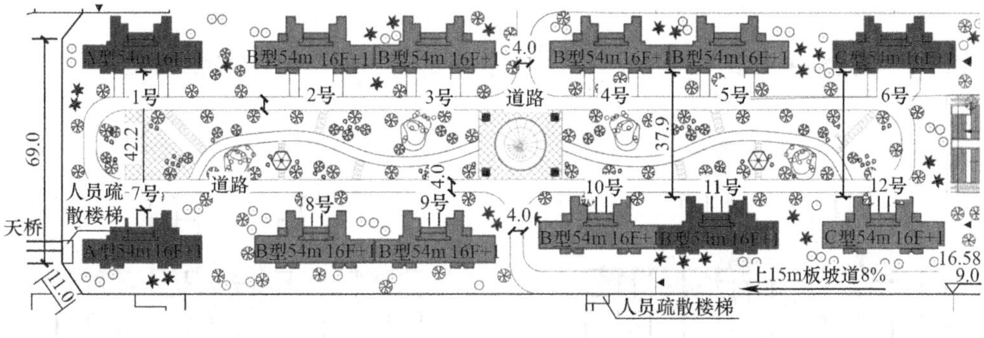

图 2-3　盖板开发平面图

首层大底盘长 321m、宽 114m，首层 9m 高板、15m 高板中部均设置一道 0.15m 宽的 Y 向防震缝。首层结构布置图如图 2-4 所示。

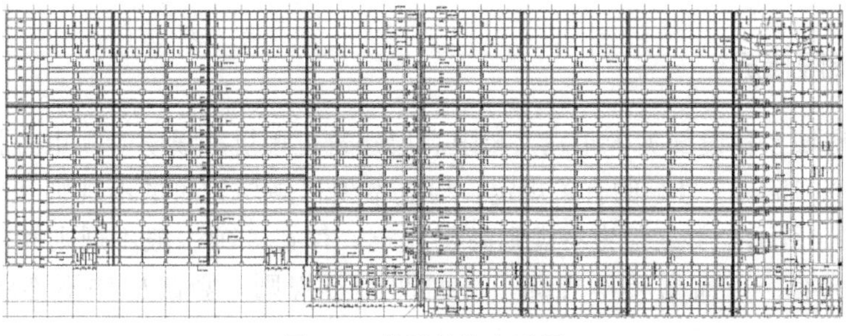

图 2-4　首层结构布置图

选取具有代表性的 1 号、6 号、7 号、11 号高层建筑进行论证分析。其转换层结构布置图、标准层平面图如图 2-5～图 2-10 所示。

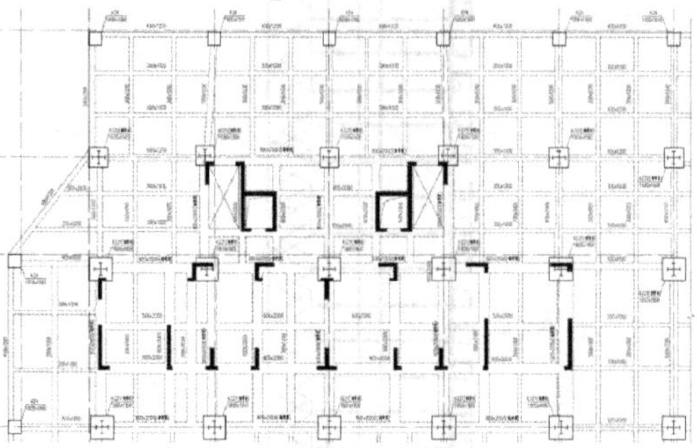

图 2-5　1 号楼转换层结构布置图

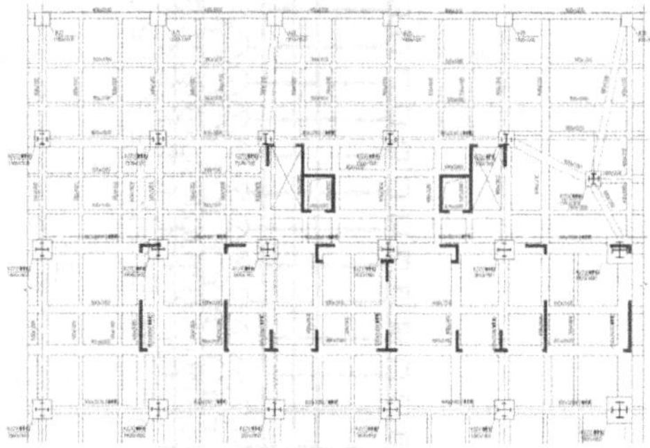

图 2-6　6 号楼转换层结构布置图

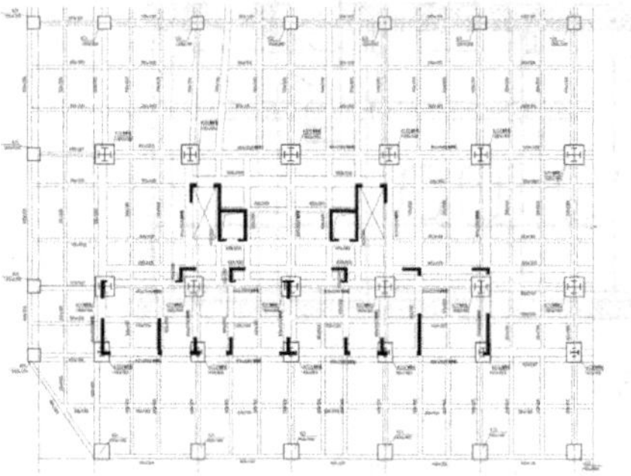

图 2-7　7 号楼转换层结构布置图

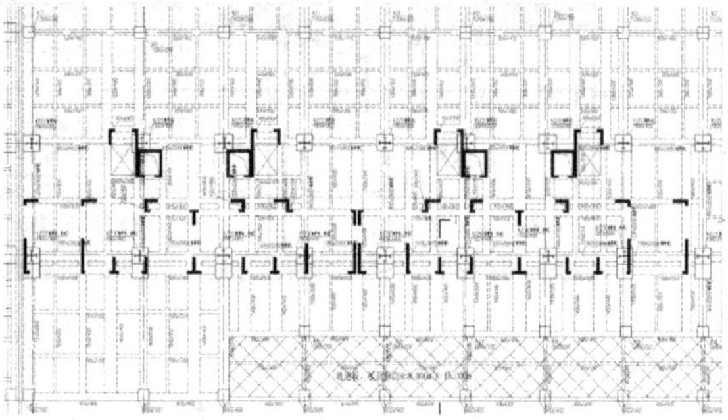

图 2-8　11 号楼转换层结构布置图

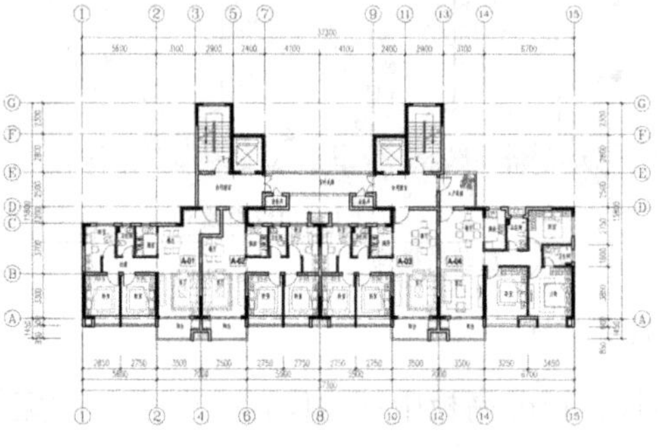

图 2-9　1～5 号和 7～11 号楼标准层平面图

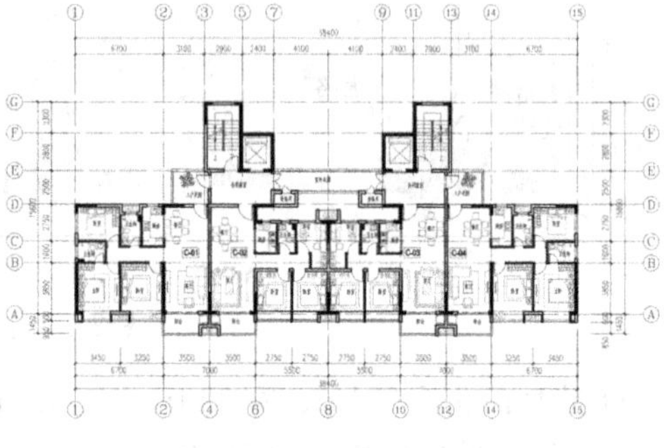

图 2-10　6 号和 12 号楼标准层平面图

2.2　结构的超限情况

根据《住房城乡建设部关于印发〈超限高层建筑工程抗震设防专项审查技术要点〉的通知》（建质〔2015〕67 号）的有关规定，检查本项目高层建筑的不规则状况，对照情况如表 2-2～表 2-4 所示。本工程为不规则高层建筑，存在 3 项一般不规则和 1 项严重不规则。不规则情况有：平面扭转不规则；平面凹凸不规则；竖向构件不连续；大底盘多塔楼。

建筑结构高度超限检查 **表2-2**

结构体系	最大适用高度（抗震设防烈度：7度）	超限判断
钢筋混凝土框支剪力墙结构，剪力墙均不落地，底部3层为型钢混凝土柱框架结构	100m	主楼高度为73.1m，不超高

高层建筑一般规则性超限检查 **表2-3**

序号	不规则类型	简要涵义	判断
1a	扭转不规则	考虑偶然偏心的扭转位移比大于1.2	有
1b	偏心布置	偏心率大于0.15或相邻层质心相差大于相应边长15%	无
2a	凹凸不规则	平面凹凸尺寸大于相应边长30%等	有
2b	组合平面	细腰形或角部重叠形	无
3	楼板不连续	有效宽度小于50%，开洞面积大于30%，错层大于梁高	无
4a	刚度突变	相邻层刚度变化大于70%（按高规考虑层高修正时，数值相应调整）或连续三层变化大于80%	无
4b	尺寸突变	竖向构件收进位置高于结构高度20%且收进大于25%，或外挑大于10%和4m，多塔	无
5	构件间断	上下墙、柱、支撑不连续，含加强层、连体类	有
6	承载力突变	相邻层受剪承载力变化大于80%	无
7	局部不规则	如局部的穿层柱、斜柱、夹层、个别构件错层或转换，或个别楼层扭转位移比略大于1.2等	无

注：序号a、b不重复计算不规则项。

高层建筑严重规则性超限检查 **表2-4**

序号	不规则类型	简要涵义	判断
1	扭转偏大	裙房以上的较多楼层考虑偶然偏心的扭转位移比大于1.4	无
2	抗扭刚度弱	扭转周期比大于0.9，超过A级高度的结构扭转周期比大于0.85	无
3	层刚度偏小	本层侧向刚度小于相邻上层的50%	无
4	塔楼偏置	单塔或多塔与大底盘的质心偏心距大于底盘相应边长20%	有
5	高位转换	框支墙体的转换构件位置：7度超过5层，8度超过3层	无
6	厚板转换	7～9度设防的厚板转换结构	无
7	复杂连接	各部分层数、刚度、布置不同的错层，连体两端塔楼高度、体型或沿大底盘某个主轴方向的振动周期显著不同的结构	无
8	多重复杂	结构同时具有转换层、加强层、错层、连体和多塔等复杂类型的3种	无

3 超限应对措施及分析结论

3.1 超限应对措施

3.1.1 分析模型及分析软件

设计时采用多个空间结构分析程序YJK、SATWE等进行计算，验算时考虑扭转耦联、偶然偏心、双向地震的影响。高层塔楼结果按单塔楼模型与大底盘多塔楼整体模型取包络。

3.1.2 抗震设防标准、性能目标及加强措施

（1）抗震设防标准和性能目标

本工程根据广东省标准《高层建筑混凝土结构技术规程》DBJ 15—92—2013（下文简称《广东高规》），综合考虑抗震设防类别、设防烈度、场地条件、结构的特殊性、建造费用、震后损失和修复难易程度等各项因素，制定结构抗震性能目标为C，其中关键构件框支框架的性能水准按性能目标为B。具体构件抗震性能目标见表3-1、表3-2。

结构抗震性能设计目标C级及震后性能状态 **表3-1**

项目			多遇地震（小震）（50年超越概率63%）	设防烈度地震（中震）（50年超越概率10%）	预估的罕遇地震（大震）（50年超越概率2%～3%）
性能水准			1	3	4
关键构件			完好、无损坏	轻微损坏	轻度损坏
普通竖向构件			无损坏	轻微损坏	部分构件中度损坏
耗能构件			无损坏	轻度损坏、部分中度损坏	中度损坏、部分比较严重损坏
层间位移角限值			1/800	—	1/125
继续使用的可能性			不需修理即可继续使用	一般修理后才可继续使用	修复或加固后才可继续使用
计算手法			弹性分析、弹性时程分析	等效弹性分析	等效弹性分析、弹塑性时程分析
构件的性能水准	关键构件	底部加强部位剪力墙、裙房框架柱、转换层楼板	弹性	抗震承载力满足《广东高规》式（3.11.3-1）的要求，取值：$\eta=1.1$，$\xi=0.74$（压、剪），$\xi=0.87$（弯、拉）	竖向构件的受剪截面满足《广东高规》式（3.11.3-3）的要求，取值：$\eta=1.1$，$\zeta=0.15$
	普通竖向构件	非底部加强部位剪力墙	弹性	抗震承载力满足《广东高规》式（3.11.3-1）的要求，取值：$\eta=1.0$，$\xi=0.74$（压、剪），$\xi=0.87$（弯、拉）	竖向构件的受剪截面满足《广东高规》式（3.11.3-3）的要求，取值：$\eta=1.0$，$\zeta=0.15$
	耗能构件	框架梁、连梁	弹性	抗震承载力满足《广东高规》式（3.11.3-1）的要求，取值：$\eta=0.8$，$\xi=0.74$（压、剪），$\xi=0.87$（弯、拉）	—

结构抗震性能设计目标B级及震后性能状态 **表3-2**

项目	多遇地震（小震）（50年超越概率63%）	设防烈度地震（中震）（50年超越概率10%）	预估的罕遇地震（大震）（50年超越概率2%～3%）
性能水准	1	2	3
关键构件	无损坏	无损坏	轻微损坏
层间位移角限值	1/800	—	1/125
继续使用的可能性	不需修理即可继续使用	稍加修理即可继续使用	一般修理后才可继续使用
计算手法	弹性分析、弹性时程分析	等效弹性分析	等效弹性分析，弹塑性时程分析

续表

项目			多遇地震（小震） （50年超越概率63%）	设防烈度地震（中震） （50年超越概率10%）	预估的罕遇地震（大震） （50年超越概率2%～3%）
构件的性能水准	关键构件	主楼范围内转换层及以下框架	弹性	抗震承载力满足《广东高规》式（3.11.3-1）的要求，取值：$\eta=1.1$，$\xi=0.67$（压、剪），$\xi=0.77$（弯、拉）	竖向构件的受剪截面满足《广东高规》式（3.11.3-3）的要求，取值：$\eta=1.1$，$\zeta=0.133$

（2）加强措施

1）计算措施

① 设计时采用多个空间结构分析程序YJK、SATWE等进行计算，验算时考虑扭转耦联、偶然偏心、双向地震的影响。

② 按规范要求，选用5组Ⅲ类场地的天然地震波和2组场地人工波，对结构作弹性时程分析，将结果与反应谱分析结果相比较并进行包络设计。

③ 对关键构件进行中震验算及大震作用下竖向构件受剪截面验算，了解其抗震性能，并采取相应加强措施。

④ 针对结构超限情况，对结构进行罕遇地震作用下的弹塑性动力时程分析，以确定结构能否满足第二阶段抗震设防水准要求，并对薄弱构件制订相应的加强措施。

2）设计和构造措施

① 本工程各塔楼均为全框支剪力墙结构，框架柱和剪力墙是主要的抗侧力构件，设计中通过设置型钢混凝土柱、型钢混凝土梁和提高底部剪力墙墙肢的延性等措施，使抗侧刚度和结构延性更好地匹配，有效地协同抗震。

A. 对于剪力墙，其底部加强区在中震和大震作用下分别满足第3和第4性能水准的要求，转换层以上两层地震力放大1.25倍复核剪力墙的受剪承载力。设计时按一级抗震等级要求，参考设防烈度地震作用下的计算结果配置剪力墙钢筋，并通过提高约束边缘构件的最小配筋率（1.4%）、竖向分布筋最小配筋率（0.6%），加大边缘构件的箍筋和墙身水平分布筋（1.0%）等措施提高剪力墙的承载能力。

B. 对于框支框架，设计时按特一级抗震等级要求和“中震和大震分别满足第2和第3性能水准关于关键构件设计的要求”进行性能设计，框支柱的型钢含钢率不小于4%，全部纵向钢筋配筋率不小于1.8%，框支梁采用型钢混凝土梁且梁的上、下纵向钢筋配筋率不小于0.8%，框支节点柱端范围内的体积配箍率为1.8%。

C. 针对上部塔楼剪力墙X向刚度较弱，将X向外围翼墙的边缘构件的最小配筋率提高至1.2%。

D. 剪力墙小墙肢边缘构件按框架柱构造进行设计。

② 扭转不规则主要出现在塔楼的角部，设计时采取减小角部结构竖向构件轴压比，提高配箍率、配筋率等措施，提高结构延性，避免脆性破坏。

③ 对转换层塔楼周边楼板进行构造加强，楼板采用双层双向配筋，每层每个方向的钢筋除满足计算要求外，最小配筋率提高至0.4%；对周边柱实配钢筋，除满足计算要求外，最小配筋率不小于1.4%。

④ 多塔楼结构按整体模型和塔楼分开的模型分别计算，并进行包络设计。

3.2 分析结果

3.2.1 弹性时程分析主要结果

本工程采用 5 组天然波和 2 组人工波进行弹性时程分析计算。由计算结果可知，7 组地震波的平均地震影响系数曲线与反应谱的地震影响系数曲线在统计意义上相符，且满足单条地震波计算所得结构底部剪力不小于 CQC 法计算结果的 65%、不大于 CQC 法计算结果的 135%，多条地震波计算所得结构底部剪力的平均值不小于 CQC 法计算结果的 80%、不大于 CQC 法计算结果的 120%。多组时程波的平均地震影响系数曲线与 CQC 法所用的地震影响系数曲线相比，在对应于结构主要振型的周期点上相差不大于 20%。根据时程分析多条波平均值与 CQC 法计算结果比较，个别楼层时程分析法地震剪力较大，因此在用 CQC 法计算楼层剪力时需乘以全楼放大系数 1.07～1.09。规范谱与反应谱对比图如图 3-1 所示。

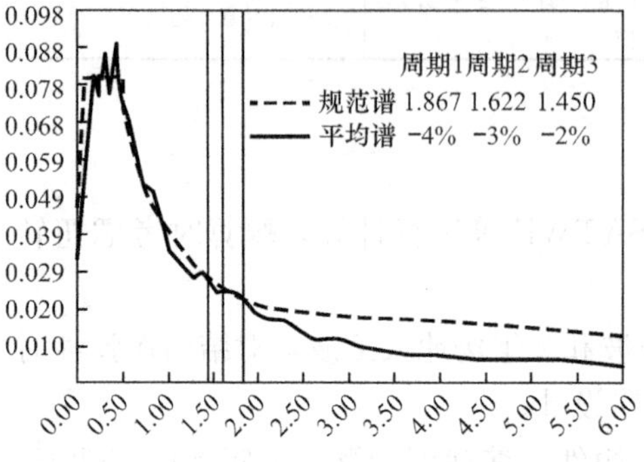

图 3-1　规范谱与反应谱对比图

3.2.2 楼板大震不屈服验算

由于转换层存在竖向构件不连续、刚度突变，为确保在地震作用下楼板能可靠地传递水平力，采用 YJK 软件对其进行大震作用下的不屈服验算。图 3-2～图 3-7 为大底盘多塔楼转换层在大震作用下楼板局部坐标面内正应力与剪应力图。计算结果显示，各工况下板内大多数范围内局部坐标正应力与剪应力均较小，小于混凝土抗拉强度标准值 2.51MPa（C45），框支柱角部处出现的应力较大，去除节点应力集中及梁宽范围后，基本小于 2.51MPa。因此转换层楼板在大震作用下均不屈服，能可靠传递水平力。

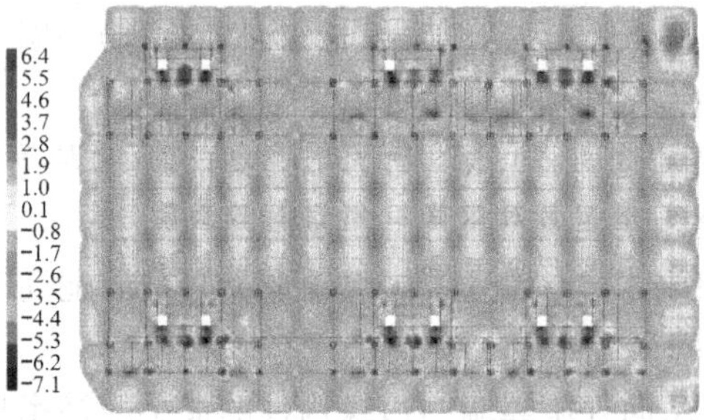

图 3-2　0°地震最不利工况下 X 向正应力图

注：较大拉应力约 2.0MPa，所需抗拉底筋 900mm²/m。

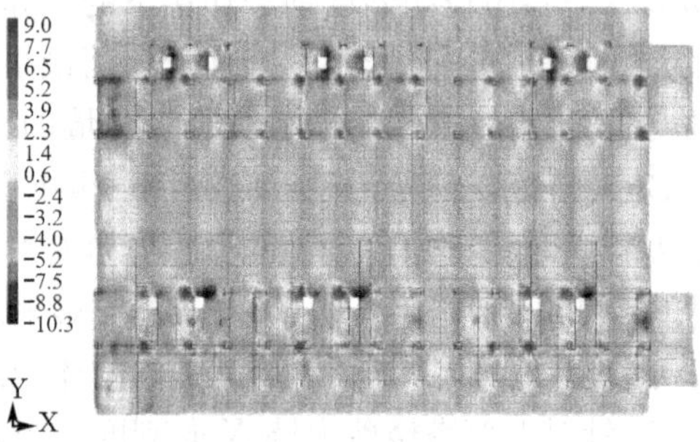

图 3-3　0°地震最不利工况下 X 向正应力图

注：较大拉应力约 2.0MPa，所需抗拉底筋 900mm²/m。

3.2.3 楼板温度应力验算

由于大底盘多塔楼 15m 盖板的转换层和 9m 盖板层超长，采用 YJK 软件对其进行温度应力验算。对结构最大升温的工况，均匀温度作用标准值取 20℃；最大降温工况取－20℃。在升温工况下，板内基本为压应力且应力远远小于混凝土的抗压强度，故满足要求。

大底盘多塔楼首层、2 层、转换层（3 层）在降温工况下的楼板应力计算结果显示，板内大多数范围局部坐标面内正应力均较小，分别小于混凝土抗拉强度标准值 2.20MPa

（C35）、2.01MPa（C30）、2.51MPa（C45），局部板跨中出现的应力较大，需附加板筋，去除节点应力集中及梁宽范围后，基本小于1.1MPa。因此首层、2层、转换层（3层）楼板在升温、降温工况下均不屈服。

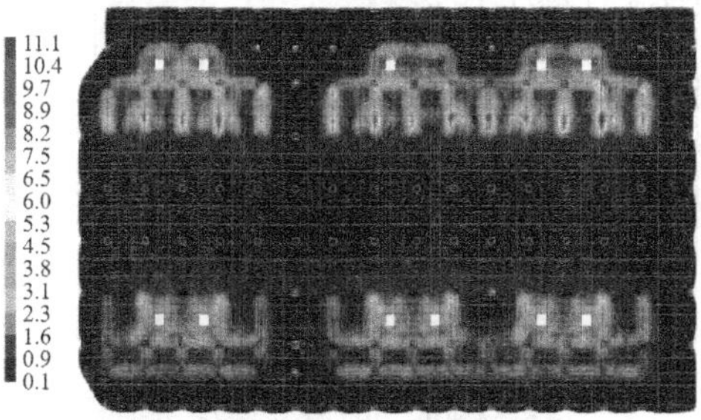

图3-4 大底盘左剪应力图

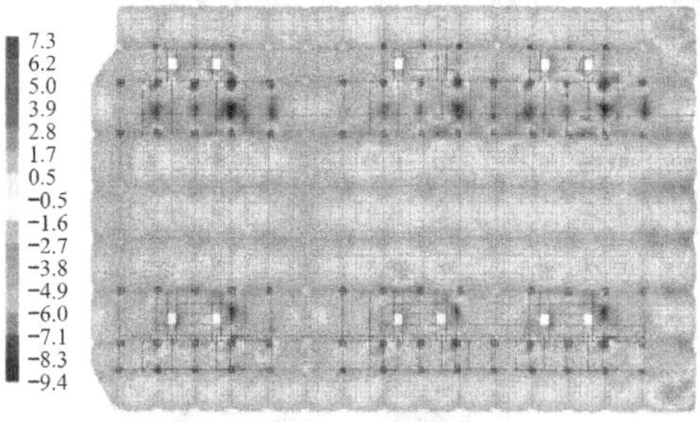

图3-5 90°地震最不利工况下Y向正应力图

注：较大拉应力约2.0MPa，所需抗拉底筋900mm²/m。

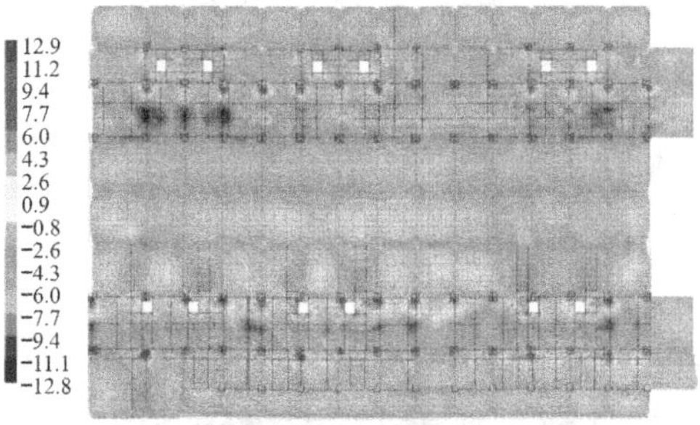

图3-6 90°地震最不利工况下Y向正应力图

注：较大拉应力约2.0MPa，所需抗拉底筋750mm²/m。

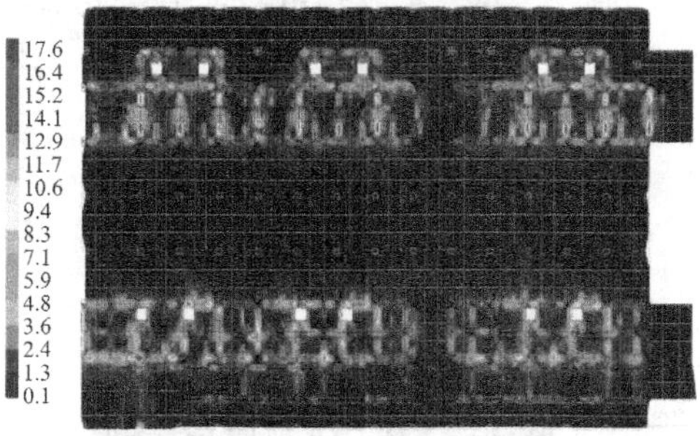

图3-7 大底盘右剪应力图

3.2.4 转换层与上一层结构承载能力及“强剪弱弯”复核

由于本工程属于全框支剪力墙结构，现采用能力设计的思想，保证“转换层以下结构承载能力大于转换层以上结构承载能力”。

（1）受压承载能力复核

以1号楼为例，框支柱截面为2000mm×2000mm，C55混凝土，1200×600×40×40（mm）钢骨柱，层高6000mm，柱纵向配筋率1.6%，箍筋C18@100（体积配箍率1.6%），塔楼区域下共12条框支柱，所以转换层竖向构件的受压承载力总和为1200000kN。转换层上一层剪力墙厚度为300～350mm，C50混凝土，边缘构件纵向钢筋配筋率1.2%，墙身分布筋配筋率0.25%，按此截面复核后，该层全部剪力墙的受压承载力总和为836000kN，小于框支层的竖向构件的受压承载力之和。其余各栋类似复核均满足要求。

（2）受剪承载能力复核

根据计算结果，各栋转换层与上一层的受剪承载力之比均大于1。

（3）性能水平论证

通过放大罕遇地震的峰值加速度1.5倍，观察转换层与上两层的性能水平，如图3-8～图3-11所示。

由图可知，当转换层上部为轻度至重度损坏时，转换构件基本处于轻微损坏状态，上部剪力墙以拉弯损坏主导，符合能力设计的思想，保证“转换层以下结构承载能力大于转换层以上结构承载能力”，并做到“强剪弱弯”。

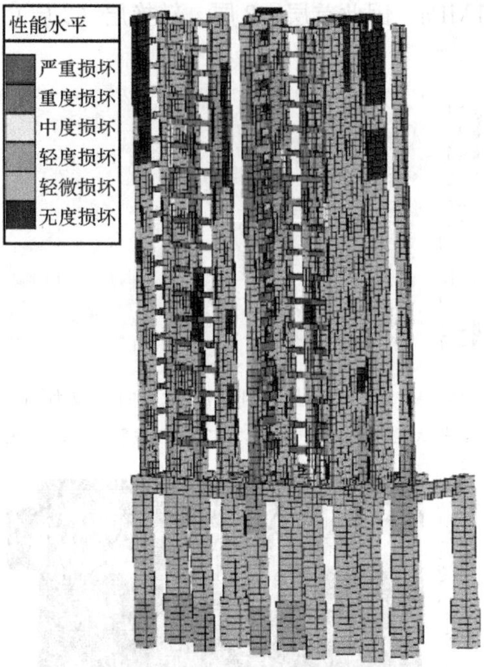

图 3-8　性能水平评价图

图 3-9　拉弯型整体刚度损伤图

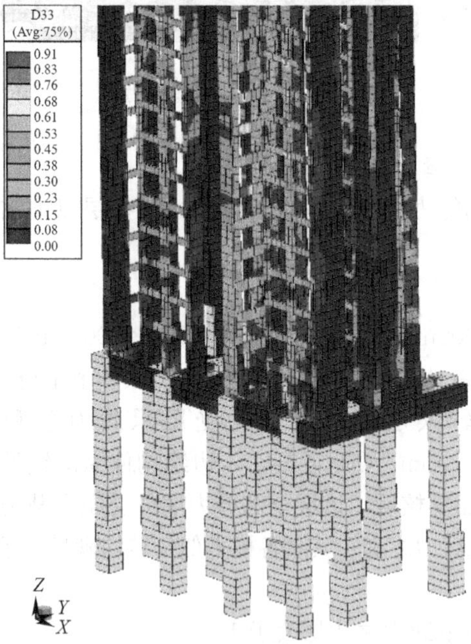

图 3-10　压弯型整体刚度损伤图

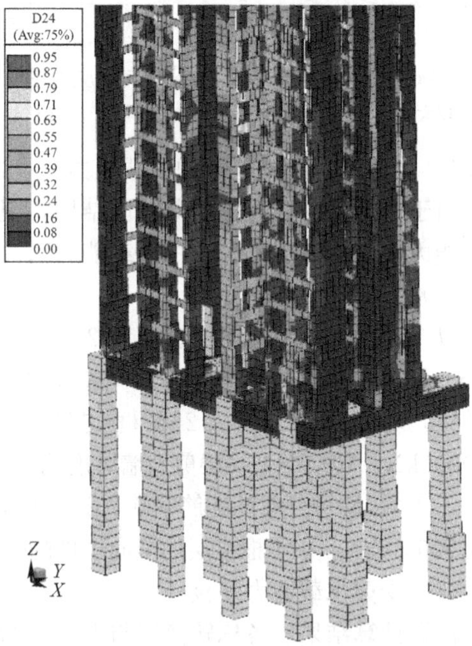

图 3-11　剪切型整体刚度损伤图

(4) 框支柱节点抗震分析

采用 SAUSAGE 对塔楼进行动力弹塑性时程分析，对典型框支柱节点进行应力以及钢筋塑性变形分析，评估其抗震性能，结果如图 3-12～图 3-17 所示。

由图可知，框支柱上剪力墙的单元最大平均剪应力为 3.94N/mm^2，按配筋率 1.0%设置水平分布钢筋就能抵抗剪切效应。同样，框支柱柱头也按体积配箍率 1.8%配筋。

典型位置型钢混凝土框支柱的钢筋、型钢最大塑性应变分别为 0.00089 和 0.00032，小于 0.001，可以认为典型位置型钢混凝土框支柱轻微损坏，并未达到轻度损坏，满足抗震性能目标 B 的要求。

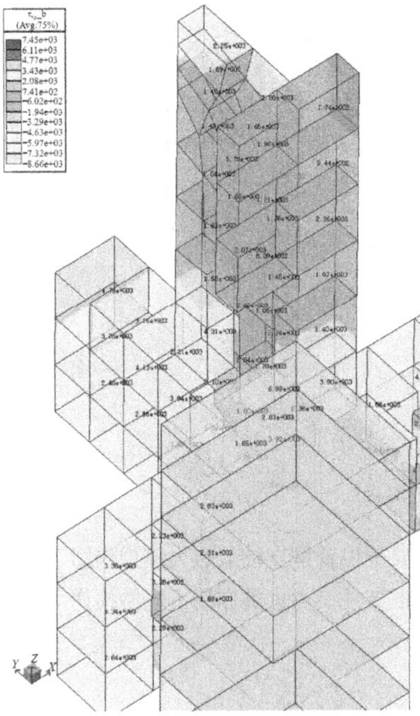

图 3-12　平面内剪应力图
（最大剪应 3.94N/mm^2）

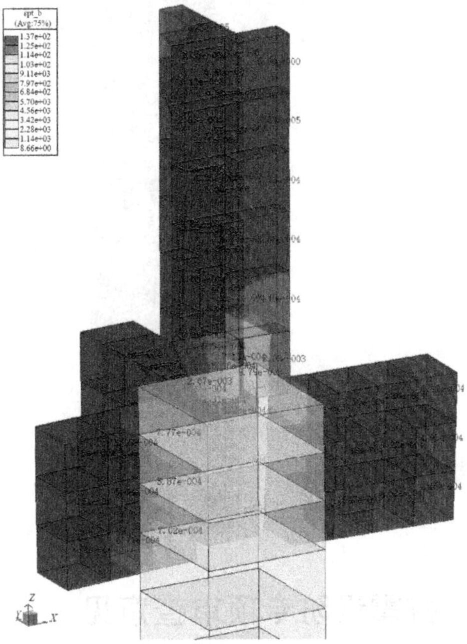

图 3-13　等效拉伸塑性应变图
（最大塑性应变 0.002）

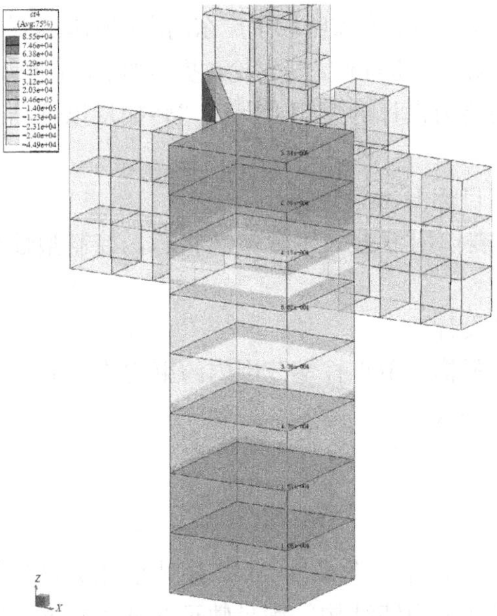

图 3-14　框支柱钢筋正应变图
（最大正应变 0.00089）

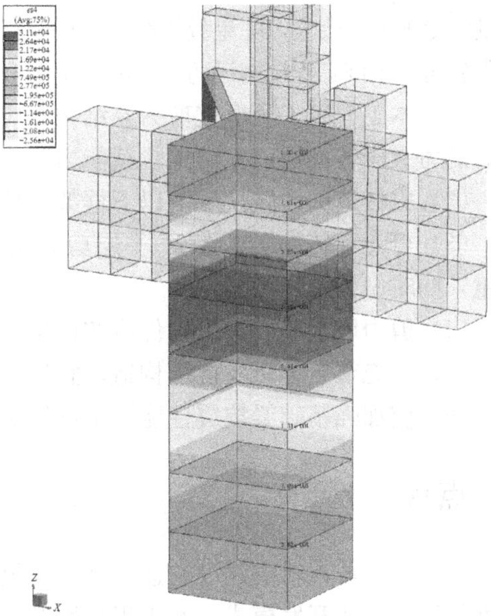

图 3-15　框支柱型钢正应变图
（最大正应变 0.00032）

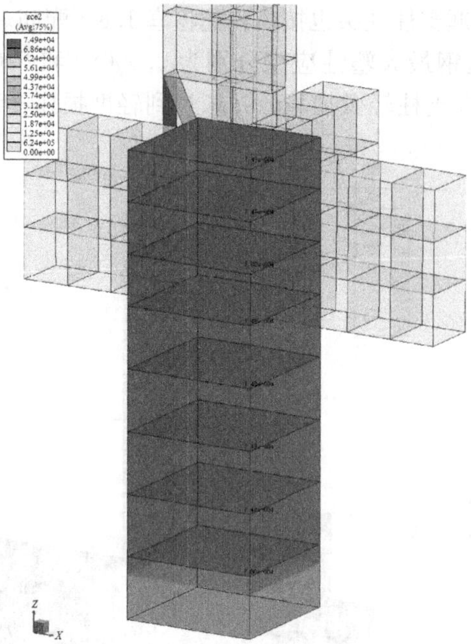

图 3-16　框支柱受压应变图
（最大正应变 0.00075）

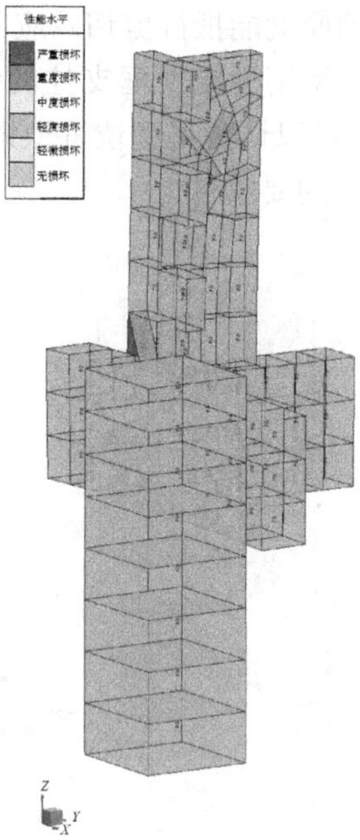

图 3-17　典型位置框支柱节点大震损伤图
（典型位置框支柱节点大震作用下轻微损伤）

4　抗震设防专项审查意见

2019 年 4 月 8 日，广东省超限高层建筑工程抗震设防审查专家委员会在广州市荔湾区流花路 97 号二楼会议室主持召开了“佛山市城市轨道交通 3 号线北滘停车场上盖项目”工程抗震设防专项审查会议，陈星教授级高工任专家组组长。与会专家听取了广东南海国际建筑设计有限公司关于该工程抗震设防设计的情况汇报，审阅了送审资料。经讨论，提出如下审查意见：

（1）本工程属于全框支剪力墙结构，应采用能力设计的思想，保证“转换层以下结构承载能力大于转换层以上结构承载能力”。

（2）主楼范围内转换层及以下框架应按性能目标 B 级设计。

（3）可允许转换层以上 1～2 层剪力墙在强震作用下进入压弯塑性状态，控制塑性变形量，同时做到“强剪弱弯”。

（4）剪力墙小墙肢边缘构件应按框架柱构造设计。

（5）补充节点分析及抗震构造，宜进一步加强框支节点柱端范围内约束构造措施。

（6）应加强基础梁抗震性能，抗震等级应为一级。

5　点评

近年来，城市轨道建设快速发展，车辆段上盖物业开发采用 TOD 模式已成为极具代表性的城市商业开发模式。本工程采用全框支转换剪力墙结构，满足轨道交通大柱网功能要求，通过创新性的抗震性能化设计，论证此类结构形式的实施可行性，对于同类型建筑结构设计特别是上盖开发项目具有一定参考价值。

第4篇　文体类建筑

74 南海区体育中心

关　　键　　词：超长结构；交叉桁架；温度效应；行波效应；错位柱；翼柱
结构主要设计人：罗赤宇　廖旭钊　劳智源　谭　和　王俊杰　李恺平　孟柳辰　游礼国　唐　靖　邓超宇　谢　奕
设　计　单　位：广东省建筑设计研究院有限公司

1　工程概况与设计标准

南海区体育中心所在的南海中央公园位于佛山市南海区博爱中路南侧，佛山一环西侧，场地现状为绿地水体，项目主要为“一场三馆一校及配套”（体育场，体育馆，游泳馆和全民健身综合馆/楼站点设施，体校及配套），总建筑面积 36.1 万 m²。项目总体鸟瞰图如图 1-1 所示，建筑效果图如图 1-2 所示。体育场座位数约 19000 个，游泳馆座位数约 600 个。本项目的超限部分为体育场和游泳馆。

图 1-1　项目总体鸟瞰图

本工程主体结构由体育场看台、游泳馆及钢罩棚组成，建筑面积 4.87 万 m²。钢罩棚平面近似鱼钩形，如图 1-3 所示，宽度为 18～60m（最大悬挑长度 30m），平面外包尺寸东西向宽 219m、南北向宽 375m；檐口高度为

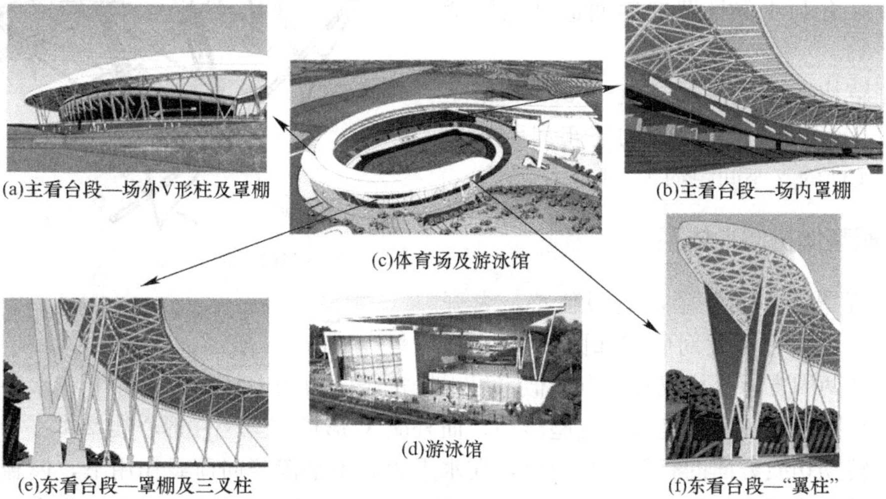

图 1-2　建筑效果图

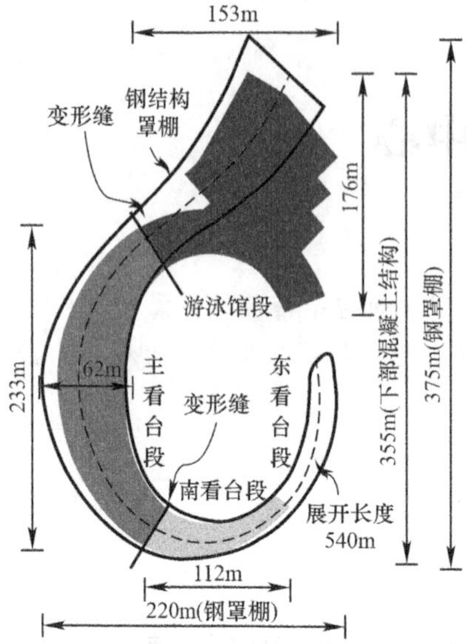

图 1-3　体育场结构区段示意图

24.45～37.26m，总高度为 37.26m。下部体育场混凝土看台、游泳馆平面外包尺寸东西向宽 230m、南北向宽 355m，属于平面不规则的超长结构。体育场主看台两侧各设一道结构缝，从北往南依次分成游泳馆段、主看台段、南看台段。为利用弧形屋盖的空间效应和满足建筑美观要求，钢罩棚不分缝，以 V 形柱及三叉柱支承于下部结构上。

本工程结构设计使用年限为 50 年，结构安全等级一级。抗震设防烈度为 7 度（0.10g），设计地震分组为第一组，场地类别为Ⅱ类。由于体育场与游泳馆组成的结构区段的座位容量超过 5000 人，抗震设防类别确定为重点设防类（乙类），抗震措施提高一度按 8 度考虑。体育场看台及游泳馆采用设少量剪力墙的钢筋混凝土框架—剪力墙结构体系，框架、剪力墙的抗震等级分别为二级、一级；罩棚屋盖采用交叉平面钢桁架结构，抗震等级为三级；地基基础设计等级为甲级；建筑防火分类为一类，耐火等级为一级。

2　结构体系

2.1　体育场罩棚结构选型和设计

罩棚平面近似鱼钩形，展开长度约为 540m，宽 18～60m，平均长宽比约为 14。为保证罩棚结构的整体刚度，采用了交叉桁架的结构形式，交叉桁架采用钢管平面桁架。交叉桁架体系可构成三角形网格，既保证平面内刚度，又有利于保证双曲屋面造型的顺滑度（图 2-1）。

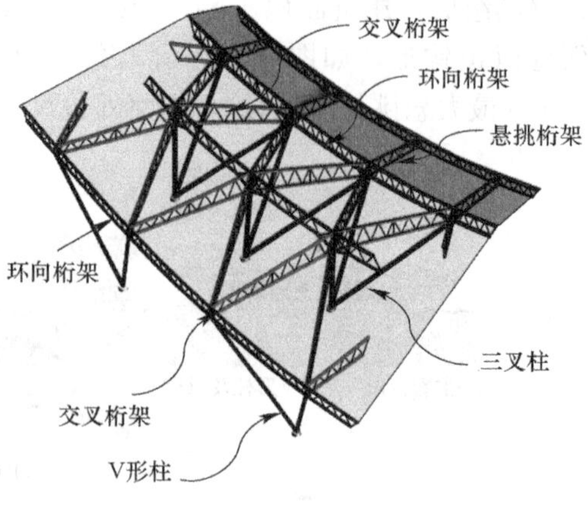

图 2-1　罩棚交叉桁架及支柱示意图

罩棚结构的最大悬挑长度为 30m，桁架高度为 3.5～1.0m。V 形柱的支座间距约为 40m，三叉柱的支座间距约为 18m。

2.2　罩棚整体抗侧力体系

本工程罩棚平面复杂，造型独特，大开口不封闭，主看台区段剖面图如图 2-2 所示，尽管内、外两圈支承柱构成双支点，似乎可以抵抗竖向力和水平力，实际上在水平力作用下，屋盖跟随内圈三叉柱绕其下支座转动，而外圈 V 形柱与三叉柱形心线基本平行，不能提供屋盖转动切线方向的有效水平约束，在水平力和不平衡竖向荷载作用下，屋盖会发生明显的翻转（取两个开间建模计算，D＋L＋W 作用下，场内侧悬臂端挠度和水平位移分别达 0.51m、0.15m，挠跨比和层间位移角分别为 1/64、1/80）。另一方面，东、南看台段为 27m 高的三叉独立柱，且屋盖偏置，向场内悬挑达 26m（图 2-2a）。在特殊造型屋盖结构高耸、平面超长的情况下，常规设计一般会设置专门的剪力墙、悬臂柱等落地抗侧力结构，但同时，这些抗侧力构件以承受弯矩为主，结构效率不高且建筑效果不佳，并容易陷入约束越强，温度应力越大的矛盾。如何巧妙化解难题和合理构成整体抗侧力体系成为设计重点。本工程成功地利用弧形平面的造型，采用铰接的轴力构件，构造了高效的空间抗侧力体系，具体措施如下：

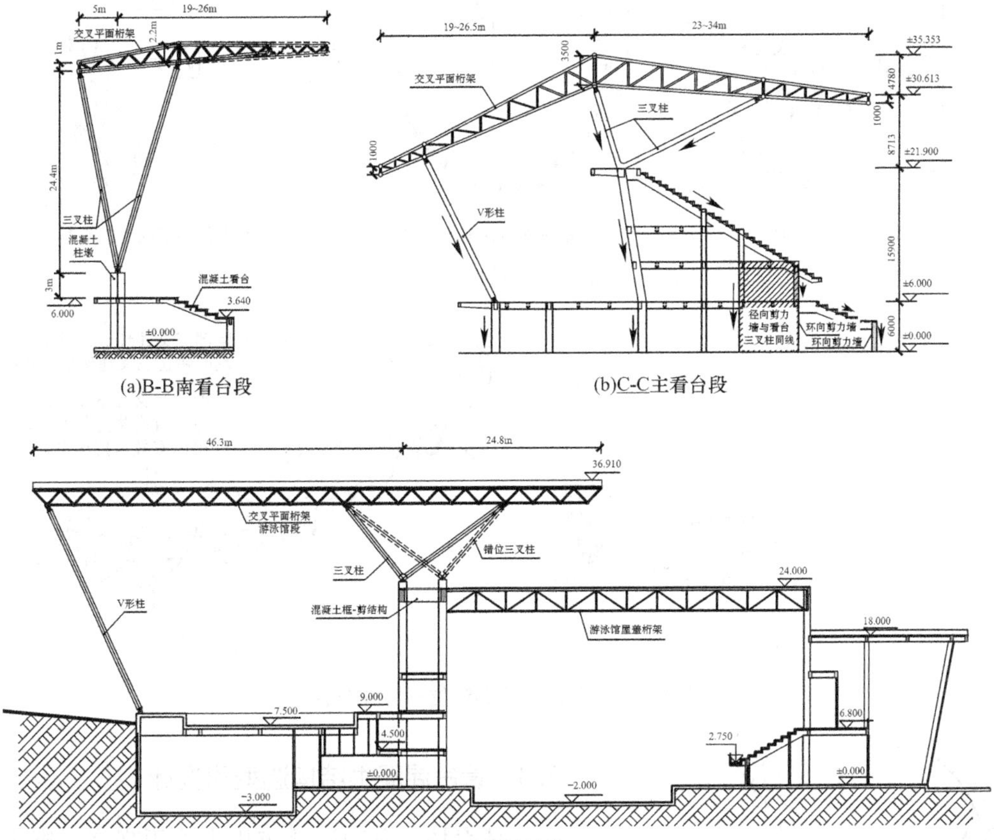

图 2-2　主看台区段剖面图

（1）内圈主要为三叉柱，下支座为铰接，可承受各向水平力，是罩棚结构的主要抗侧力构件。外圈主要为 V 形柱，上下节点为铰接，两根一组组成 V 形柱则可以抵抗 V 形柱平面方向的水平力，沿鱼钩状弧形布置之后，在刚性罩棚屋盖的协同作用下，形成空间抗侧力体系，无论受到哪个方向的水平力作用，都有部分 V 形柱参与抵抗（图 2-3）。

（2）体育场主看台段中部、东看台段、游泳馆段的部分三叉柱下支座错位布置，产生空间效应，可以有效抵抗水平力（图 2-4）。

（3）作为罩棚弯弧狭长平面端部，东看台段端部设置“翼柱”（参见图 1-2f、图 2-4a），由三根钢管组成三角形刚片，向心布置，再于刚片内角点连接在一起，形成稳定的空间结构，提高东看台段的抗侧能力。

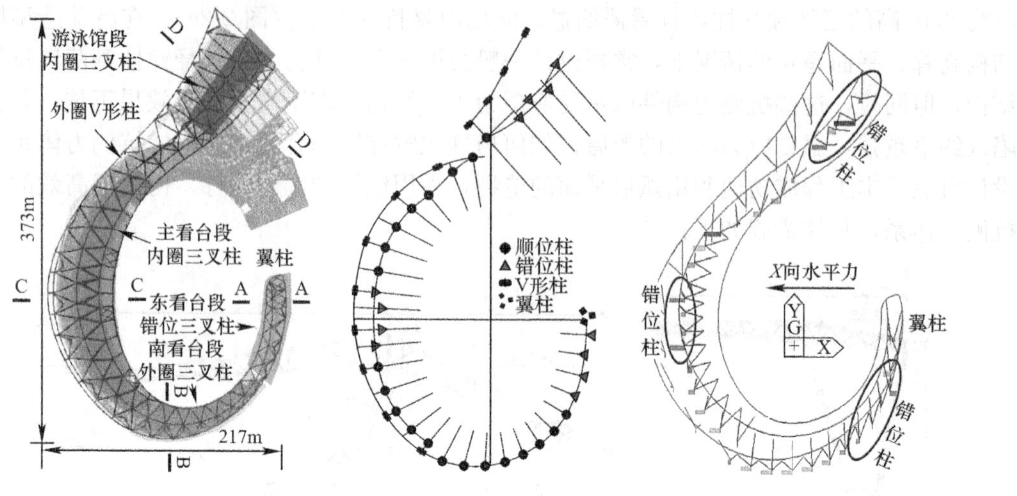

(a)罩棚平面　(b)罩棚支承柱平面布置　(c)X向水平力作用下的支座剪力

图 2-3　罩棚结构抗侧力体系示意图

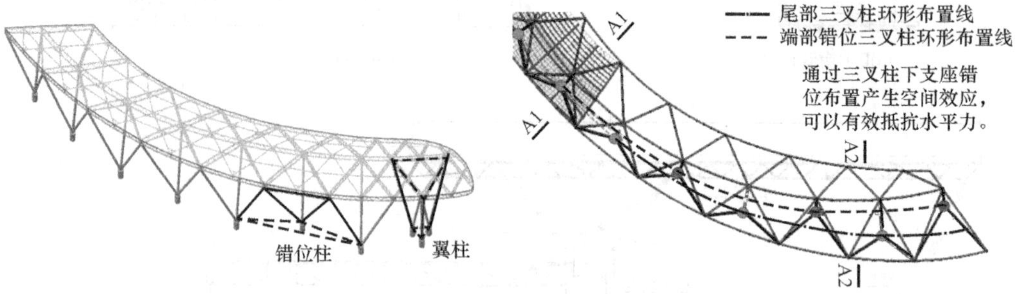

(a)　(b)

图 2-4　东看台段端部错位三叉柱布置

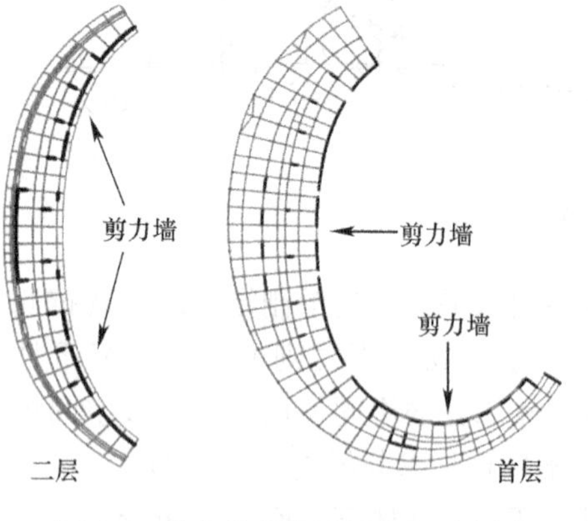

图 2-5　看台剪力墙平面布置示意图

2.3　看台混凝土结构选型和设计

体育场看台和游泳馆用房采用现浇混凝土框架-剪力墙结构体系，如图 2-5 所示。体育场看台在 1～2 层、3～5 层间均有斜板，这几个楼层各向的水平刚度都很大，而 2～3 层间没有斜板，存在刚度突变，形成薄弱层，为改善结构的抗震性能，于 1 层与 2 层内侧的径向和环向适度布置了剪力墙，与看台斜板连接形成整体并延续到基础面，提高水平及竖向不规则结构整体的抗震能力。

3　荷载与地震作用

3.1　楼面荷载、风荷载及地震作用

楼面荷载（附加恒荷载与活荷载）按规范与实际做法而取值。

风荷载及参数取值综合《建筑结构荷载规范》GB 50009—2012、广东省标准《建筑结构荷载规范》DBJ 15—101—2014（下文简称《广东荷载规范》）及风洞试验结果来确定。根据风洞试验分析，本工程大部分风向角的地面粗糙度类别为C类，有个别风向角为B类，因此，按规范验算时偏安全地取为B类，而风洞试验则考虑远期发展按C类进行。模型比例为1∶200，模拟了周边环境的影响，并作了风振响应分析，得出等效静力荷载。按照试验单位推荐的数个最不利风向角，补充了抗风复核验算，对金属屋面的高风压区及风敏感区，同时按广东省标准《强风易发多发地区金属屋面技术规程》DBJ/T 15—148—2018的规定进行对比分析。

地震作用计算的参数取值以《建筑抗震设计规范》GB 50011—2010（下文简称《抗规》）为依据。

3.2 温度作用

钢罩棚不设缝，长达375m；混凝土看台总长355m，设了两道缝后，主看台段长220m，仍属于超长结构。考虑屋面平面弯曲、高悬，不能起到完全的遮阳作用，大部分混凝土看台、V形柱和三叉柱等不同程度地受太阳辐射作用，形成复杂的温度场，需充分考虑不利温度作用对超长结构的影响。因此，本工程除考虑均匀温度作用、混凝土收缩作用外，同时参照《广东荷载规范》进行日照分析，得出太阳辐射下的局部温度荷载（图3-1）。

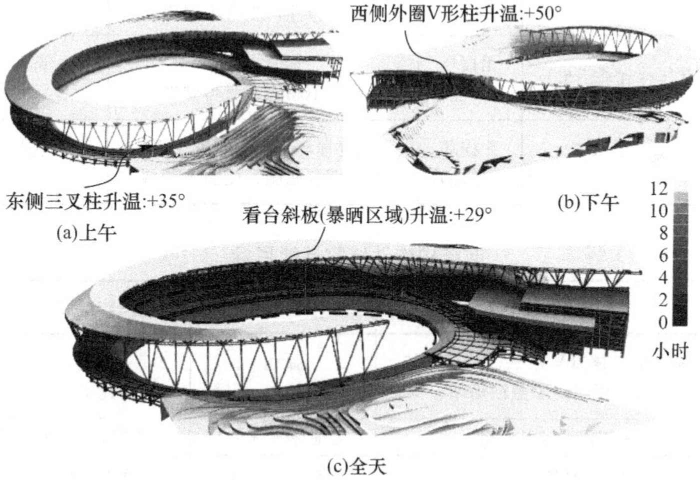

图3-1 夏至全天日照分析图

4 结构的超限情况

根据《住房城乡建设部关于印发〈超限高层建筑工程抗震设防专项审查技术要点〉的通知》（建质〔2015〕67号）、《高层建筑混凝土结构技术规程》JGJ 3—2010（下文简称《高规》）有关规定，本工程屋盖结构单元长度为375m，大于300m，属于屋盖结构单元长度超限的大跨屋盖建筑。

5 超限应对措施及分析结论

针对本工程的超限项目，采取了结构抗震性能化设计的措施。

5.1 抗震性能目标

混凝土结构抗震性能目标按照《高规》第 3.11 节，钢结构按《抗规》附录 M 的规定执行。本工程为 7 度区的乙类建筑，属于屋盖结构单元长度超限的大跨屋盖建筑，为保证结构安全性，设定结构抗震性能目标为 C。

在满足《抗规》的要求为前提下，混凝土构件和钢结构构件依据《高规》第 3.11 条所列各水准的验算公式计算；不同抗震性能水准的结构构件抗震性能目标见表 5-1、表 5-2。

混凝土结构构件抗震性能目标　　表 5-1

构件分类	具体构件	多遇地震	设防地震	罕遇地震
关键构件	转换柱和转换梁	无损坏（弹性）	无损坏 受剪弹性，受弯不屈服	轻度损坏 受剪、受弯不屈服
	支承 V 形柱以及三叉柱的框架柱	无损坏（弹性）	无损坏 受弯、受剪弹性	轻度损坏 受弯不屈服、受剪弹性
	游泳馆大跨度框架柱	无损坏（弹性）	无损坏 受剪弹性，受弯不屈服	轻度损坏 受剪、受弯不屈服
普通构件	其他框架柱和剪力墙	无损坏（弹性）	轻微损坏 受弯不屈服、受剪弹性	部分构件中度损坏 满足最小受剪截面
耗能构件	框架梁、连梁	无损坏（弹性）	轻度损坏、部分中度损坏 受弯部分屈服、受剪不屈服	中度损坏、部分比较严重损坏

钢结构构件抗震性能目标　　表 5-2

构件分类	具体构件	多遇地震	设防地震	罕遇地震
关键结构构件	支承屋盖的支撑（V 形柱以及三叉柱）及与其相连的屋盖钢桁架	弹性 （应力比<0.70）	弹性 （应力比<0.75）	应力比<0.9
普通构件	游泳馆钢结构桁架	无损坏（弹性）	无损坏（弹性）	应力比<1.0
	屋盖其他钢结构构件	无损坏（弹性）	无损坏（弹性）	允许部分进入屈服

钢结构关键结构构件和节点承载力计算时按《抗规》第 10.2.13 条进行内力放大。

关键节点在满足《抗规》第 10.2.13 条的前提下，进行小震、中震弹性和大震不屈服设计。

5.2 结构计算与分析

5.2.1 钢结构强度及变形验算

通过恒荷载、活荷载、风荷载和 0°、45°、90°、135°方向的多遇地震作用下的位移验算，钢罩棚在恒荷载＋活荷载工况下，悬挑端最大挠跨比为 1/175；在恒荷载＋风荷载工况下，悬挑端最大挠跨比为 1/157，均小于结构变形规范容许值（1/125）。在重力荷载代表值和多遇地震作用标准值作用下，屋盖的水平位移最大值为 53.1mm，位移角为 1/592，竖向位移最大值为 181.2mm，悬挑端挠跨比为 1/181。

通过非地震组合和地震组合下的杆件应力比可以看出：支承柱及罩棚钢屋盖的强度均由非地震工况组合控制，其中支承柱及相连钢桁架杆件的最大应力比为 0.6，屋盖桁架其他杆件最大应力比为 0.91；游泳馆钢结构桁架强度由大震工况组合控制，最大应力比为 0.95。均满足规范要求。

5.2.2 钢结构整体稳定分析

参考《空间网格结构技术规程》JGJ 7—2010 有关规定，分别对重力荷载和风荷载作用下的钢罩棚整体稳定进行验算，考虑几何非线性及初始缺陷，按重力荷载、风荷载作用下的低阶屈曲模态分布，稳定安全系数 k 分别为 9 和 8，均满足规范要求。主要是支承柱及局部桁架弦杆屈曲，并没有出现大范围的失稳。

5.2.3 钢结构抗连续倒塌分析

连续倒塌分析是动态的强非线性计算问题，根据《高层民用建筑钢结构技术规程》JGJ 99—2015 第 3.9 条，采用拆除构件的静力验算方法在该项目不一定能反映连续倒塌的效应。因此在规范要求的拆除构件法的静力验算的基础上，补充非线性时程分析进行倒塌全过程模拟，对支座混凝土柱墩等重要底部构件采用附加侧向偶然作用的方法验算，均满足规范要求。

5.2.4 整体大震弹塑性时程分析

本工程结构总长度大于 300m，属于超限大跨度空间结构，按《抗规》的要求，应作考虑行波效应的多点地震输入的分析比较，因此需要进行结构罕遇地震作用下的弹塑性时程分析，一致激励分析采用 SAUSAGE，一致激励和多点激励对比分析采用 ABAQUS。

计算结果表明，结构 0°、90°主方向最大层间位移角平均值分别为 1/182、1/252，均小于 1/125，其他方向结果相近，满足《高规》规定。各组地震波作用下构件的损伤顺序比较接近，框架梁首先进入屈服，随后是剪力墙和框架柱，从而形成二道防线。罕遇地震作用下，框架梁大部分为轻微至中度损伤，连梁中度至重度损伤，底层框架柱轻微至中度损伤，体现了“强柱弱梁”和“将塑性铰控制在结构底部”的抗震概念。主要结构构件损坏情况见表 5-3。

通过设置多点激励加速度时程来考虑行波效应，将多点激励计算结果与一致激励进行对比，得到构件的超载系数。框架柱的超载系数大部分在 1～2 倍之间，下部钢筋混凝土构件普遍是多点激励下内力大于一致激励，上部钢构件则相反，除在分缝处和东看台段的局部钢支撑柱轴力超载系数大于 1 外，大部分钢支撑柱在多点激励下的轴力均小于一致激励。由于东看台段下部没有混凝土结构作为行波效应传递的缓冲，因此行波效应在该段的体现更明显。

主要结构构件损坏情况汇总 **表 5-3**

构件	大震性能要求（性能 C）	计算结果	验算情况
混凝土结构构件			
转换柱和转换梁	轻度损坏 受弯不屈服、受剪弹性	轻微至轻度损坏	满足

续表

构件	大震性能要求（性能C）	计算结果	验算情况
支承V形柱以及三叉柱的框架柱	轻度损坏 受弯不屈服、受剪弹性	轻微至轻度损坏	满足
游泳馆大跨度框架柱	轻度损坏 受剪、受弯不屈服	轻微至轻度损坏	满足
其他框架柱	部分构件中度损坏	大部分框架柱出现轻微至轻度损伤，个别框架柱顶部出现中度损伤	满足
剪力墙	部分构件中度损坏	大部分剪力墙构件轻微至轻度损伤，个别剪力墙构件在多点激励下出现中度至重度损伤	满足
耗能构件	其他框架梁、连梁	大部分框架梁出现轻微至中度损伤，连梁出现中度至重度损伤	满足
钢结构构件			
支承屋盖的支撑及与其相连的屋盖钢桁架	强度应力比<0.9	一致激振下V形柱最大应力约为96MPa，多点激振下V形柱最大应力约为150MPa，强度应力比小于0.9	满足
游泳馆大跨度钢结构桁架	强度应力比<1.0	一致激振下大跨度钢桁架最大应力为198MPa，多点激振下大跨度钢桁架最大应力为205MPa，强度应力比小于1.0	满足
屋盖其他钢结构构件	允许部分进入屈服	罩棚空间桁架钢构件均未出现塑性应变	满足

综上所述，结构满足性能水准4的抗震性能要求。

6 关键或特殊结构、构件设计

6.1 超长罩棚释放温度效应的措施

超长结构通常采用分缝来降低温度应力，但分缝会带来结构整体性的下降。如前所述，体育场看台之上的钢结构由弧形布置的内圈三叉柱、外圈V形柱及刚性屋盖组成，整体不分缝的钢屋盖具有很好的空间抗侧能力。为了解决抵抗水平力需要强约束、消减温度效应需要释放约束的矛盾，结构设计采取了以下措施：

（1）由图2-2可见，屋盖为“剑脊状”的断面，交叉桁架高度由屋脊处的3.5～2.2m渐变至檐口处的1.0m，边缘处的面外刚度减弱到屋脊处的1/12～1/5。外圈V形柱为间断式的布置，隔一布一，诱导弱化面外刚度的屋盖边缘产生波浪式的面外变形，以释放结构温差形变（图6-1）。

（2）取消主看台段两侧、游泳馆侧的个别内圈三叉柱，支承柱的约束得到局部释放，以消减钢罩棚屋脊处的温度效应。

（3）V形钢柱上、下节点采用向心关节轴承，三叉柱下支座采用球铰支座，均为理想的铰接连接，同时利用高耸支承柱的微转动，避免了温差形变产生约束弯矩。

为了验证上述措施的有效性，对比了连续屋盖和设了两道缝的屋盖在相同温度作用下的构件应力，90%以上构件的温度应力比均小于0.1，且两种做法的构件温度应力差别很小。

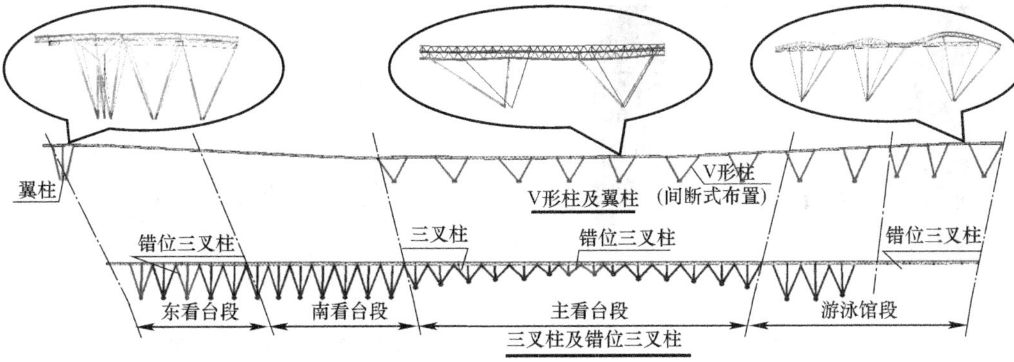

图 6-1 支承柱的展开图及屋盖温度变形示意图

6.2 关键节点设计

由于钢罩棚平面不规则且超长，在荷载作用下，支承柱的变位也是不规则的，尤其是温度作用下，屋盖呈现复杂的面外变形，因此，支撑柱两端铰接点的转动方向及转角极不规律，需要采用关节轴承（图 6-2、图 6-3）、球铰支座来满足万向转动的性能要求。

本工程的抗震球铰支座须满足抗压 11000kN、抗拔 7000kN、抗剪 5300kN 的承载力需求，而国标球铰支座成品的抗剪、抗拔承载力分别是抗压的 10%、25%，如果按抗拔力去选用更大规格的支座，则造成浪费，且尺寸过大，影响美观。成品支座抗拔、抗剪工况下，其铸钢组件间均为钢与钢接触，摩擦系数大，转动约束力矩也大，不能实现理想的铰接。此外，成品支座受压、拔、剪时的转动中心均不共心，甚至上下颠倒，不能实现顺滑的转动，且会导致相关杆件产生附加弯矩。为此本工程结构设计了大抗拔力、大抗剪力、低约束力矩的万向球铰支座，且压、拔、剪转动时基本共心，约束力矩仅为国标成品的 10%。运用 ANSYS 对支座进行了多体接触分析，并通过足尺荷载试验，成功验证了压剪、拉剪的承载力及约束力矩。如图 6-4、图 6-5 所示。

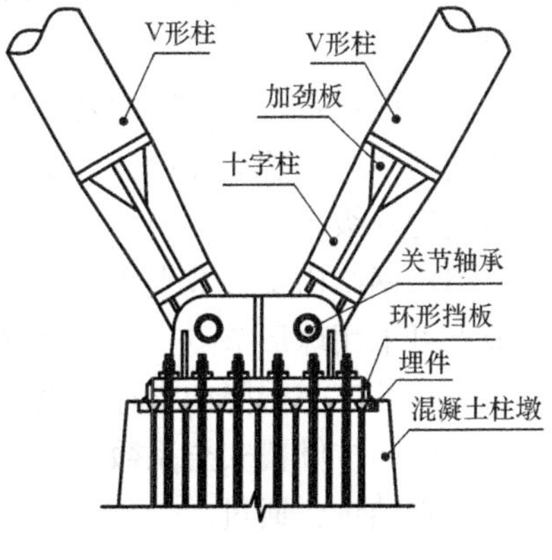

图 6-2 V 形柱万向关节轴承

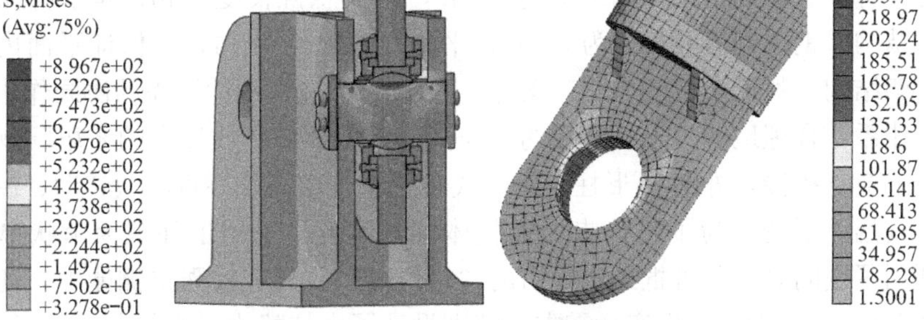

图 6-3 上耳板拉剪工况应力云图

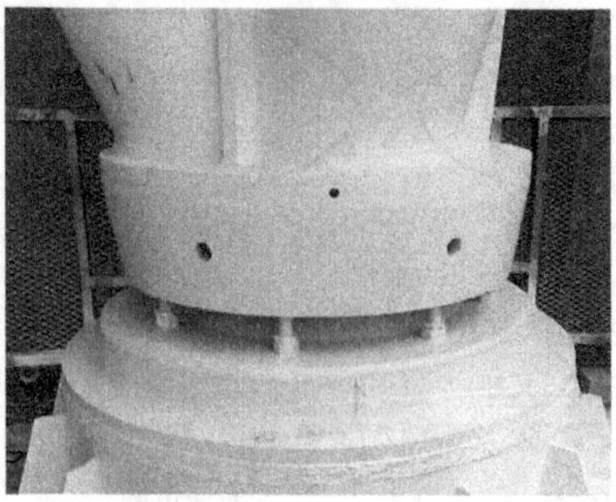

图 6-4 抗震球铰支座

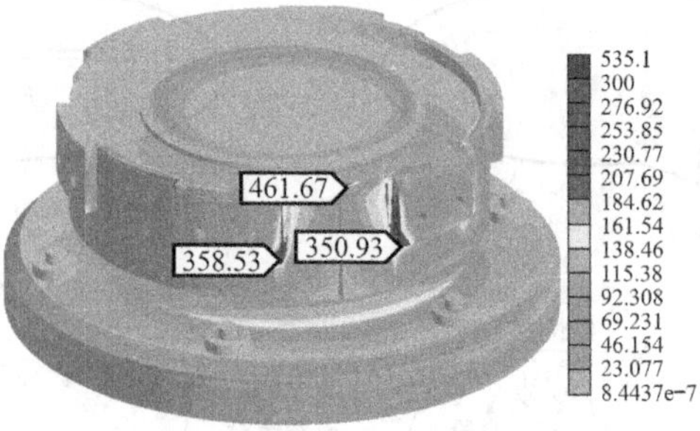

图 6-5 压剪工况应力云图

7 抗震设防专项审查意见

2020 年 3 月 4 日，广东省超限高层建筑工程抗震设防审查专家委员会通过网络在线主持召开了“南海区体育中心”超限高层建筑工程抗震设防专项审查视频会议，广东省勘察设计行业协会会长陈星教授级高工任专家组组长。与会专家听取了广东省建筑设计研究院有限公司关于该工程抗震设防设计的情况汇报，审阅了送审资料。经讨论，提出审查意见如下：

(1) 增加每 15°分量的斜方向水平荷载作用验算。风振系数不应小于 2.0。应适当增加整体混合模型振型数，周期折减系数取值应合理；时程分析模态法结果应与直接积分法对比。

(2) 优化看台转换结构及剪力墙布置，减少多次传力现象。转换框架重要部位宜采用内置型钢并按中震弹性设计。支承钢结构的看台框架和转换结构以及游泳馆四周立柱抗震等级应为一级。

(3) 钢结构支柱节点应考虑环向推力作用。柱头应增加支座抗剪、抗拔钢板；受力复杂节点可采用球形节点，并提高横跨混凝土结构分缝处钢结构和节点的安全性。

(4) 补充完善竖向支撑体系设计，提高东看台立柱的稳定性；各榀独立三叉柱和 V 撑及基础横向抗倾覆安全系数为 1.5。

审查结论：通过。

8 点评

南海区体育中心罩棚钢结构南北向宽 380m，最大悬挑长度 30m，属于特殊造型超长大跨度空间结构。钢罩棚展开长度为 540m，平均长宽比约为 14，为保证平面内刚度，采用交叉钢桁架结构。弧形布置的内圈三叉柱、外圈 V 形柱在刚性屋盖的协同作用下，构成空间抗侧力体系，合理地解决了抗侧强约束与消减温度效应释放约束的矛盾问题。所有钢柱通过上、下节点铰接，外圈 V 形柱为间断式布置，利用高耸柱身的微转动、屋盖的面外变形释放结构温差形变。为了进一步加强整体抗侧刚度，采用了外观为伞状单脚独立铰接，实际利用了空间效应，可抵抗水平力的“错位柱”并具有较强抗侧能力，还可释放扭转约束的“翼柱”。为满足工程实际需求，特别设计了大抗拔力、大抗剪力、低约束力矩，且压、拔转动时基本共心的万向支座。

75 顺德区德胜体育中心工程
——综合体育场、 综合体育馆、 综合游泳馆

关　　键　　词：单层马鞍形索网；索穹顶；轮辐式索桁架；张弦网格结构；巨型桁架
结构主要设计人：区　彤　刘雪兵　陈进于　张连飞　张增球　林全攀　陈　前
刘淼鑫　杨　新　刘思为
设　计　单　位：广东省建筑设计研究院有限公司

1　工程概况与设计标准

1.1　工程概况

德胜体育中心项目位于佛山市顺德区大良，顺德港以西、德胜东路以南、桂畔水闸桥以东、德胜河以北的范围内。项目内有广珠西线高速和广珠城际轨道在上方跨过，德胜东路东接五沙大桥和规划建设的顺兴大桥，西接大良城区。

体育中心主要设计包括“一场两馆”，即一座综合体育场（20000 座）、一座综合体育馆［包括体育馆主馆（12000 座）和训练馆（2000 座）］及一座游泳馆（2000 座）。同时在北侧沿德胜东路一侧布置商业配套功能，满足日常运营需要。体育中心总建筑面积 234458m^2，项目定位为集体育竞技、健身休闲、商业娱乐、文艺演出为一体的多功能、综合性、生态型的大型体育中心（图 1-1）。

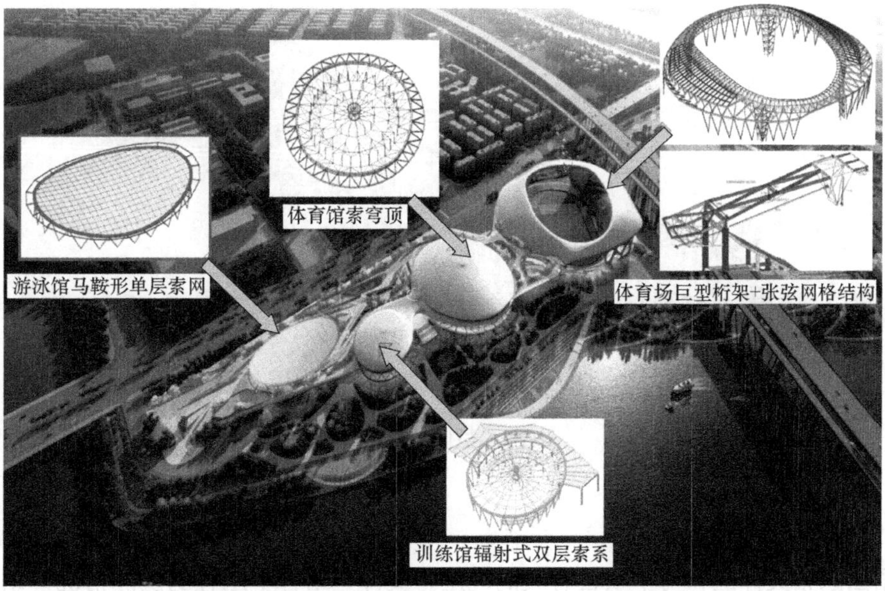

图 1-1　建筑效果图及各单体结构形式

整个项目结构单体主要分为综合体育场、体育馆（包括体育馆主馆和训练馆）及游泳馆。各个场馆之间通过绿化景观平台连接，绿化景观平台与各场馆主体结构之间设置结构缝分开。体育馆主馆与训练馆钢结构屋面设计结构缝，为两个相对独立的结构单元；综合体育场、游泳馆屋面各自为一个独立结构单元，综合体育场、综合体育馆与绿化屋面之间通过结构缝分开。各结构单元特征如表 1-1 所示。整体结构模型如图 1-2 所示。

结构单元特征 **表 1-1**

项目		综合体育场		体育馆		游泳馆
		东看台	西看台	体育馆主馆	训练馆	
结构体系	混凝土	钢筋混凝土框架		钢筋混凝土框架		混凝土框架
	屋面钢结构	巨型桁架＋张弦网格结构		索穹顶	轮辐式双层索桁架	单层马鞍形索网结构
结构层数	地下室	无	无	一层	一层	一层
	地上	3	4	4	2	2
	屋面钢结构	1	1	1	1	1
结构主要层高和高度（相对±0.000）（m）	1 层	5.80	5.80	5.80	5.80	4.30
	2 层	5.40	4.00	4.80	5.00	5.20
	3 层	11.933	4.00	3.90	—	—
	4 层	—	13.726	3.40	—	—
	混凝土顶标高	23.103	27.495	17.90	10.80	9.42
	屋盖结构高度	28.2～52.09		27.8～38.4	19.0～24.7	12.85～20.85
平面尺寸（m）	混凝土	223.8×223.5		138.5×119.4	81.6×66.8	86.6×60
	屋面钢结构	236.5×228.5		148.2×129.3	89.7×75.0	114×76.5
主要结构跨度（m）	混凝土	18.0，9.0	18.0，9.0	7.1，7.8	7.5，7.0	8.4，7.0
	屋面钢结构	长向 137.38 短向 104.9		长向 124.3 短向 105.3	长向 89.7 短向 75.0	长向 103 短向 71

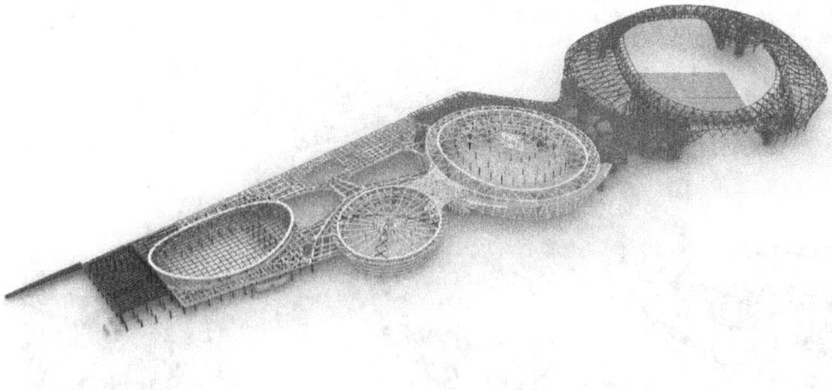

图 1-2 整体结构模型

1.2 设计标准

根据国家相关标准和与本项目有关的规定、文件，结合本工程的实际情况，结构各项设计分类等级如表 1-2 所示。

结构各项设计分类等级　　　　表 1-2

项目		综合体育场	体育馆		游泳馆
			体育馆主馆	训练馆	
结构设计使用年限		50 年	50 年	50 年	50 年
结构设计基准期		50 年	50 年	50 年	50 年
结构安全等级（结构重要性系数 γ_0）		一级（$\gamma_0=1.1$）	一级（$\gamma_0=1.1$）	二级（$\gamma_0=1.0$）	二级（$\gamma_0=1.0$）
		一级（$\gamma_0=1.1$）	一级（$\gamma_0=1.1$）	二级（$\gamma_0=1.0$）	二级（$\gamma_0=1.0$）
抗震设防烈度		7 度，0.10g，第一组			
抗震设防分类		乙类	乙类	丙类	丙类
抗震措施		8 度	8 度	7 度	7 度
抗震等级	混凝土	一级	一级	二级	二级
	钢结构	三级	三级	四级	四级
地基基础设计等级		甲级	甲级	甲级	甲级
建筑桩基设计等级		甲级	甲级	甲级	甲级
耐火等级		二级			
防水等级		屋面防水等级为一级			

2　结构体系及超限情况

2.1　综合体育场结构体系及超限概况

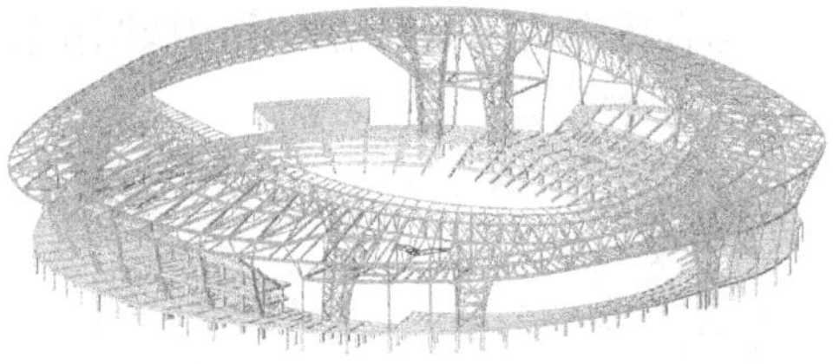

图 2-1　综合体育场结构轴测图

体育场屋面钢结构采用巨型桁架＋V 支撑＋张弦梁网格结构体系（图 2-1），平面为近似椭圆，南北侧长度约为 236.5m，东西两侧长度约为 228.5m，屋面钢结构顶标高为 51.29m，屋面钢结构投影面积 23400m²（图 2-2）。内环为巨型倒三角桁架，桁架高度为 7～10m，宽度为 6m；东西侧看台屋面钢结构支撑为看台上部的斜柱及后部的斜柱与屋面梁形成的稳定三角受力体系，侧向通过外围的钢桁架及屋面钢梁保证整体稳定性（图 2-3）；南北两侧由 8 根钢格构柱支撑屋面巨型桁架，格构柱东西两侧间距为 137.38m，南北两侧间距分别为 104.9m 和 70m，东西两侧看台上方 V 支撑与巨型三角桁架之间采用张弦梁网格体系进行连接，梁跨度为 28～38m，撑杆长度为 3～4m，屋面交叉结构钢梁中间设置抗风索。8 根钢格构柱弦杆落在 2 层 5.5m 平台后采用埋入式柱脚进行刚接，埋入式柱脚底部为基础承台面。主要构件截面尺寸为：巨型桁架、支撑及格构柱 P1000×25、P800×20、P500×16；张弦梁 B1000×400×16×20、B800×400×16×20。

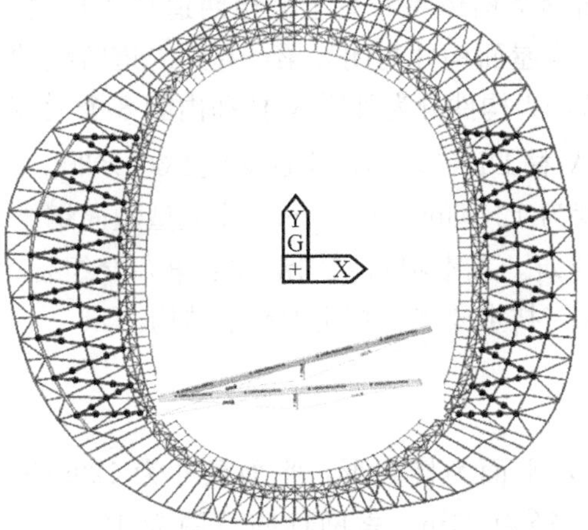

图 2-2　综合体育场张弦梁结构布置

根据《住房城乡建设部关于印发〈超限高层建筑工程抗震设防专项审查技术要点〉的通知》(建质〔2015〕67号)(下文简称《技术要点》)的规定，综合体育场屋面钢结构巨型拱结构最大跨度137.38m，超过120m跨度限值，属于特殊类型大跨度屋面钢结构建筑。

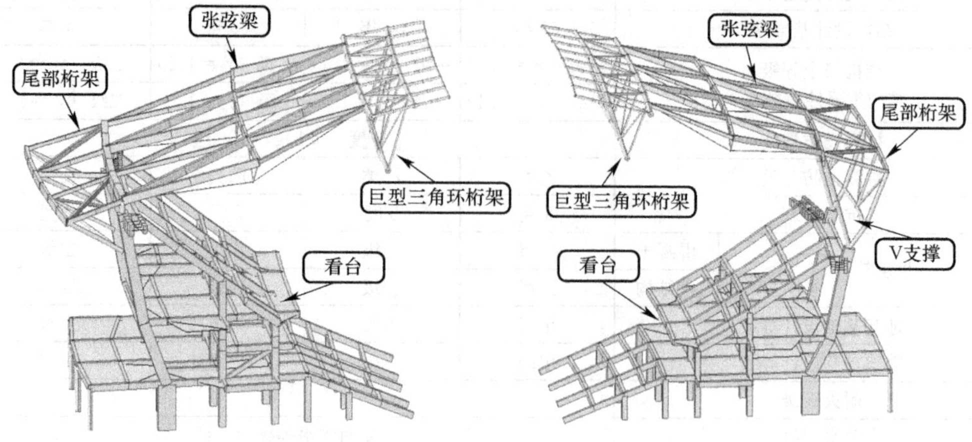

图 2-3 综合体育场东西看台结构单元示意图

2.2 综合体育馆结构体系及超限概况

综合体育馆屋面钢结构采用椭圆抛物面索穹顶结构，平面投影为椭圆形，其中长轴方向的结构净跨124m，短轴方向的结构净跨105m，屋面钢结构投影面积10512m^2(图2-4)。结构矢高8.1m，长向矢跨比1/15，短轴矢跨比1/13(图2-5)，屋面钢结构为索穹顶结构体系，索穹顶的布索方式采用内圈16等分Geiger方式，第三圈分叉开始采用Levy方式，至最外圈32等分的形式，从受力形式上提高索穹顶的侧向刚度和避免椭圆形长短轴环梁造成的索力不均。屋面钢结构体系布置上采用两道环梁形式，外圈环梁为屋面构件封闭环梁，起到二道防线的作用，抗侧力构件分为外圈V柱和内圈8个大V柱，形成两道抗侧力体系。主要构件尺寸为：内圈V柱D1200×35，外圈V柱D600×30。

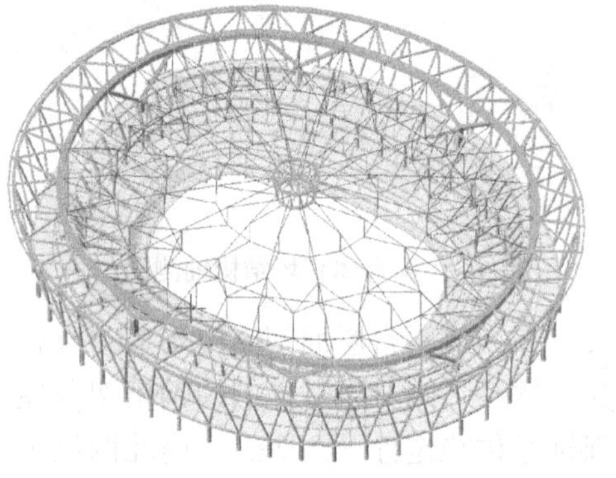

图 2-4 体育馆主馆结构轴测图

综合体育馆屋面钢结构采用索穹顶结构，跨度为124.3m×105.3m，该类型屋面钢结构属于广东地区应用较少的特别复杂的大型公共建筑。且本项目空间形式多重杂交组合、屋面钢结构形体特别复杂，因此，综合体育馆属于《技术要点》规定的超限结构。

2.3 综合游泳馆结构体系及超限概况

游泳馆屋面钢结构采用单层马鞍形索网结构，平面为椭圆形，平面尺寸为120m×76.5m。其中索网部分长轴直径为109m，短轴半径为71m。索网标高范围为12.85～20.85m，跨中标高为16.85m(图2-6)。马鞍形索网短向矢跨比为4/71=1/17.75；长向矢跨比为 4/109=1/27.25（图 2-7）。索网屋面钢结构的支撑体系和抗侧力体系由外围 V 支撑和屋面环梁共同组成。屋面支撑体系为场馆外围 V 支撑，东侧 4 根 V 支撑于首层，西侧 8 根 V 支撑于绿化斜坡屋面结构，南北两侧 V 支撑于 2 层混凝土结构上，截面均采用梭形变截面钢柱，截面为 D650/900/650×t30，材质为 Q345B。屋面环梁采用钢管混凝土梁，其截面为 B1000×2000×45，钢结构材质为 Q345B。索网结构主受力索纵索采用 2D65 高强密封索，稳定索横索采用 2D45 高强密封索。

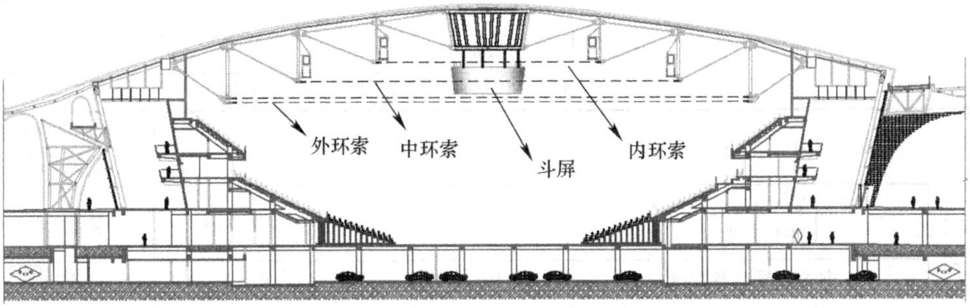

图 2-5 体育馆主馆结构剖面图

综合游泳馆屋面钢结构采用单层马鞍形索网结构跨度为 109m×71m，该类型屋面钢结构属于广东地区应用较少的特别复杂的大型公共建筑。且本项目空间形式多重杂交组合、屋面钢结构形体特别复杂，因此，综合游泳馆属于《技术要点》规定的超限结构。

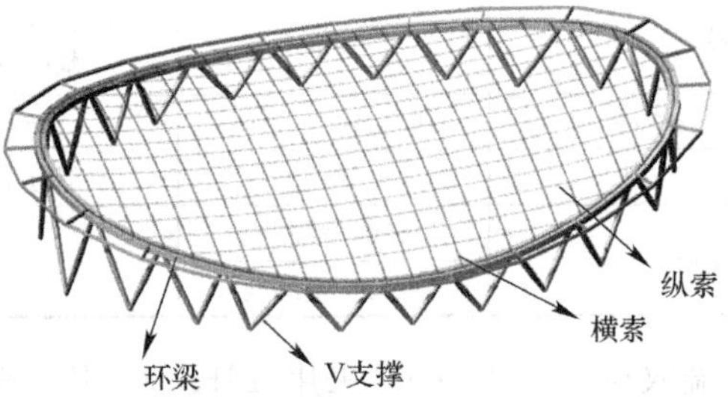

图 2-6 综合游泳馆屋面钢结构轴测图

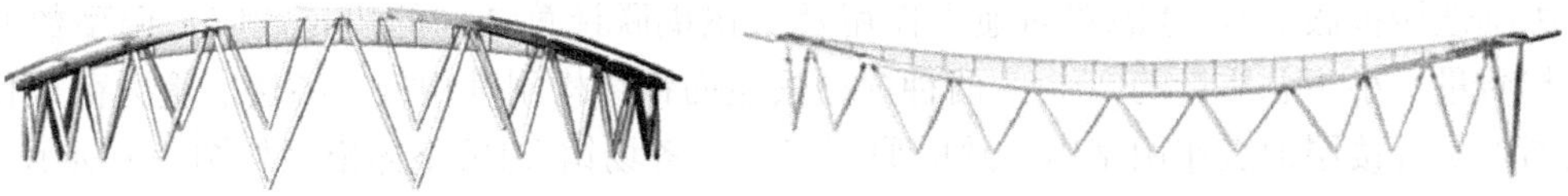

图 2-7 综合游泳馆屋面结构立面图

3 超限应对措施及分析结论

3.1 超限应对措施

本工程综合体育场、体育馆及游泳馆属于大跨度超限结构，结构抗震设计以“三个水准”为抗震设防目标，即“小震不坏、中震可修、大震不倒”。针对本工程的特点，抗震性能目标定为C级，具体采用的抗震性能水准如下：在多遇地震（小震）作用下满足第1抗震性能水准的要求，在设防地震（中震）作用下满足第3抗震性能水准的要求，在罕遇地震（大震）作用下满足第4抗震性能水准的要求；对支承屋面钢结构的竖向构件、薄弱部位的结构构件在设防烈度地震作用下的性能适当提高。本工程各个单体结构实现抗震性能要求的承载力设计要求如表3-1所示。

结构实现抗震性能的设计要求 **表3-1**

<table>
<tr><td colspan="2" rowspan="3">项目</td><td colspan="3">结构性能水准：C级</td></tr>
<tr><td>多遇地震</td><td>设防地震</td><td>罕遇地震</td></tr>
<tr><td>性能1：完好、无损坏</td><td>性能3：轻度损坏</td><td>性能4：中度损坏</td></tr>
<tr><td rowspan="5">关键构件承载力</td><td>支承屋面钢结构的混凝土柱</td><td>弹性</td><td>弹性</td><td>正截面不屈服，斜截面弹性</td></tr>
<tr><td>支承综合体育场屋面钢结构钢柱及支撑</td><td>应力比<0.7</td><td>应力比<0.9</td><td>应力比<1.0</td></tr>
<tr><td>体育场径向悬挑梁</td><td>应力比<0.85</td><td>应力比<1.0</td><td>不屈服</td></tr>
<tr><td>体育馆Y柱位置环梁</td><td>应力比<0.8</td><td>应力比<1.0</td><td>不屈服</td></tr>
<tr><td>索</td><td>应力比<0.4</td><td>应力比<0.5</td><td>弹性</td></tr>
<tr><td rowspan="4">普通竖向构件承载力</td><td rowspan="2">普通混凝土剪力墙</td><td rowspan="2">弹性</td><td>正截面不屈服</td><td rowspan="2">部分屈服，满足最小受剪截面条件</td></tr>
<tr><td>斜截面弹性</td></tr>
<tr><td rowspan="2">普通混凝土框架柱</td><td rowspan="2">弹性</td><td>正截面不屈服</td><td rowspan="3">大部分屈服，满足最小受剪截面条件</td></tr>
<tr><td>斜截面弹性</td></tr>
<tr><td rowspan="2">耗能构件承载力</td><td>框架梁</td><td>弹性</td><td>部分屈服，满足受剪截面条件</td></tr>
<tr><td>屋面钢结构一般构件</td><td>应力比<0.90</td><td>—</td><td>—</td></tr>
<tr><td colspan="2">混凝土楼板</td><td>弹性</td><td>大部分不开裂</td><td>大部分屈服</td></tr>
<tr><td rowspan="2">结构变形能力</td><td rowspan="2">层间位移角</td><td>1/550（混凝土）</td><td rowspan="2">—</td><td rowspan="2">1/50</td></tr>
<tr><td>1/250（钢结构）</td></tr>
</table>

各场馆计算模型嵌固端取在±0.000处。采用YJK和MIDAS/Gen两种有限元分析软件进行对比分析，上部钢屋盖结构同时采用3D3S和MIDAS/Gen两种有限元分析软件进行对比分析。计算模型中，楼板采用弹性楼板，反映其平面内实际刚度（验算扭转位移比时采用刚性楼板假定），考虑双向地震作用及平扭耦联计算结构的扭转效应，振型数使振型参与质量不小于总质量的90%。两种模型按屋面钢结构刚度相近，各楼层重力荷载代表值相同以及各楼层地震作用基本一致的原则建立。各场馆YJK整体模型如图3-1所示。

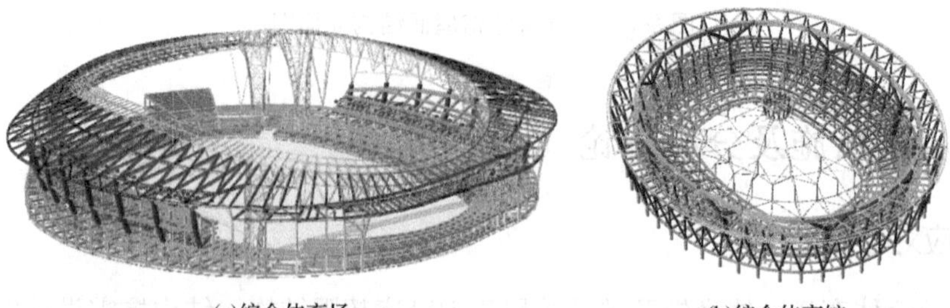

(a)综合体育场　　(b)综合体育馆

图3-1　各场馆YJK整体模型（一）

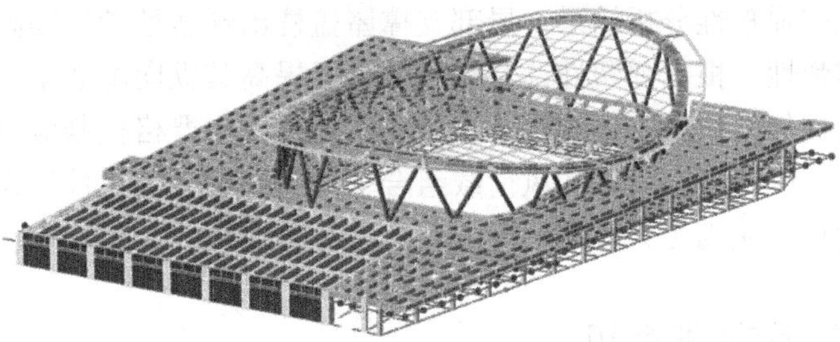

(c)综合游泳馆

图 3-1 各场馆 YJK 整体模型（二）

3.2 各场馆主要分析结果汇总

对各场馆结构均根据自身结构特点进行了振型分析、索找形找力分析、内力和变形分析、小震和大震弹性及弹塑性时程分析、线性和非线性稳定分析、温度分析、防连续倒塌分析、施工模拟分析、第三方软件对比分析和节点分析。限于篇幅所限，本文仅列举各场馆的主要分析结果如表 3-2 所示，具体分析过程不再赘述。

根据结构整体分析结果，各场馆结构的层间位移角、剪重比、侧向刚度变化和受剪承载力等各项整体指标基本满足规范要求；地震作用下部分节点最大扭转位移比超过规范 1.2 的限值要求。具有较多斜看台的体育场馆空间结构，普遍存在斜梁，同层柱高有很大差别，层的概念与规范中层的概念已有不同，采用层模型进行结构分析并不合适，层模型计算程序统计的扭转位移比指标有不同程度的失真，同时该层对应的结构位移很小，且在规范允许值范围内，因此结构安全是有保证的。根据结构弹性时程补充验算结果，结构在地震作用下无潜在的薄弱层；根据主要构件的抗震性能验算，关键构件能够达到预期抗震目标。

各场馆主要分析结果汇总　　表 3-2

指标		综合体育场模型	综合体育馆模型	综合游泳馆模型
索结构体系		张弦结构	索穹顶	单层索网
周期振型	T_1(s)	1.0651	2.0695	0.6474
	T_2(s)	0.9802	1.5748	0.6161
	T_t(s)	0.8012	1.3988	0.5146
T_t/T_1		0.752	0.686	0.795
索类型		高钒索	高钒索、密封索	密封索
索直径		D85	D70～D130	D65、D45
屋盖变形（mm）	DD+PS	—	156↑	-97↓
	D+L+PS	215（1/558）（巨型桁架）	−258↓（1/406）	−309↓（1/230）
	DD+W-+PS	93（1/403）（张弦梁）	255↑（1/411）	343↑（1/207）
侧移（mm）	PS	—	48	22
	风荷载	59（1/338）	53（1/276）	58（1/344）
	地震作用	12（1/1662）	10（1/1444）	5.2（1/1854）
稳定系数	线性	8.9	—	6.31
	非线性	7.2	4.351	4.4

根据各场馆大震弹塑性分析结果，局部支撑屋盖柱出现塑性铰。提高屋盖支承柱的抗震性能目标至中震弹性。根据弹塑性计算结果，分区提高其纵向配筋率，采用箍筋全高加密。对钢屋盖关键构件，包括支撑构件、悬挑支承构件等，严格控制应力比，在竖向荷载和小震作用组合下，以及竖向荷载和风荷载组合下，关键构件满足性能设计要求。提高支座承载能力及转动角度应满足大震作用下的安全性和可靠性。

4 超限设防专项审查意见

2019年5月22日，顺德区住房城乡建设和水利局在顺德区顺建施工图审查中心主持召开“顺德区德胜体育中心工程（综合体育场、综合体育馆主馆、综合游泳馆）”项目的超限大跨度结构抗震设防专项审查会，北京市建筑设计研究院有限公司副总工程师黄泰赟任专家组组长。与会专家听取了广东省建筑设计研究院有限公司关于该项目抗震设防设计的情况汇报，审阅了送审材料。经讨论，提出审查意见如下：

（1）完善送审文本，分栋细化构件抗震性能目标。

（2）完善体育场格构柱、张弦梁、体育馆及游泳馆的稳定问题论证。

（3）区分室内外结构，合理确定温度作用取值，并考虑混凝土收缩的当量温差。

（4）从严控制受力关键构件或节点的应力比，不应过度依赖内灌混凝土的作用。

（5）补充另一种通用有限元分析软件进行对比复核。

（6）地震分析中，索单元阻尼比应取0.01。

（7）补充主要节点的设计和分析，以及索结构屋盖的施工模拟分析。

（8）根据风洞试验结果完善抗风设计。

（9）控制张拉力，在强风作用下张弦梁拉索不应出现松弛。

审查结论：通过。

5 点评

作为我国首次在南方沿海台风高发区采用纯索屋盖结构，顺德区德胜体育中心项目结构设计在广东省大跨度结构技术领域具有重大开拓性意义。本工程采用了一系列分析手段和技术措施，确保结构安全、稳定、美观。后续还将针对索结构抗风、防火、智慧监测等方面进行研究，并结合现场施工情况进行更细致的问题分析和总结，争取在项目选型、设计、施工、监测、运维全生命周期等方面取得更多成果。

76 肇庆市体育中心升级改造

关　　键　　词：长度超限；钢结构屋面；防倒塌验算；预应力；加固
结构主要设计人：陈　星　陈泽钿　李伟锋　张春灵　冯智宁　潘伟江　丘文杰
欧旻韬　赖鸿立　罗丽萍　林松伟　吴桂广　张东升
设　计　单　位：广东省建筑设计研究院有限公司

1　工程概况与设计标准

肇庆体育中心坐落于广东省肇庆市星湖西畔，项目总用地面积 238831m²，建筑面积 49808m²。原建筑建成于 1994 年，已运行 20 多年，不满足现行体育比赛的要求和日益提高的全民健身活动需求。本着节约办赛事的原则，在保有原有规划布局的前提下进行升级改造。拆除原有屋盖及外墙，采取多种不同方式新建体育场、体育馆和游泳场钢结构屋面及幕墙。

新建体育场屋面结构总长度为 336m，属屋盖结构单元长度超限的大跨屋盖建筑，体育场新建屋面相对改造前屋面大小，大幅度增加了 40%，屋面挑出长度 26.6m，采用空间立体桁架钢结构。

本项目改造工程和钢结构工程规模大、难度高、“拆-建”和新旧连接关系复杂、问题多样化，设计上综合采用了预应力、铸钢节点、钢管混凝土柱组合支座等技术，结合多软件多阶段精细化计算分析手段，有效地解决了技术难题，创新、可靠地解决了体育场屋面钢 V 撑支座与原混凝土柱的连接难题，并利用 BIM 技术展示复杂新旧连接节点施工步骤，指导现场施工，为类似工程提供了宝贵的工程经验。

图 1-1　改造前项目实景

项目改造前后的效果见图 1-1 和图 1-2。

图 1-2　改造后项目实景

2 结构体系及超限情况

2.1 结构体系

钢结构屋盖采用空间立体桁架结构体系。网壳平面略呈近椭圆形，长轴方向采用立体三角桁架，短轴方向采用平面桁架（图 2-1），组合成空间立体桁架；长轴南北两个落地 V 形桁架支座中心间距离为 291.8m，短轴悬臂最大跨度 15.6m；钢结构屋盖在看台投影部分通过 V 撑（图 2-2）支承在看台混凝土结构柱上，长轴两端采用落地 V 形桁架支承在地面上（图 2-3）。屋盖建筑特征见表 2-1。

新建体育场钢屋盖建筑特征 表 2-1

建筑功能	层数	屋盖外轮廓（m）	长宽比	高宽比	高度（m）	备注
体育场	2 层，局部 5 层	337×232	1.45	0.17	17～40	既有混凝土屋面拆除后，新建钢结构屋盖

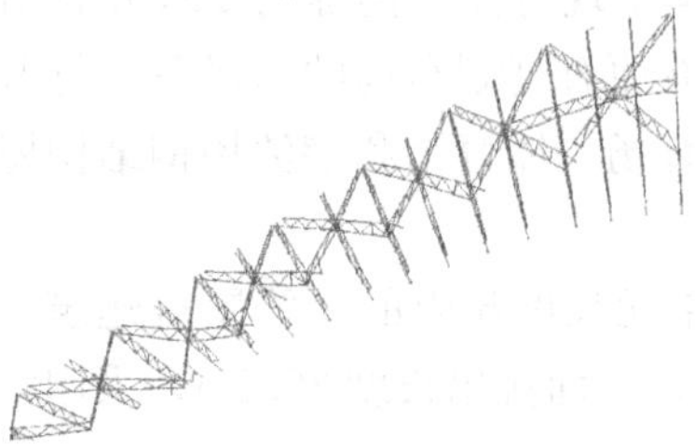

图 2-1 屋盖悬挑平面桁架及水平支撑桁架

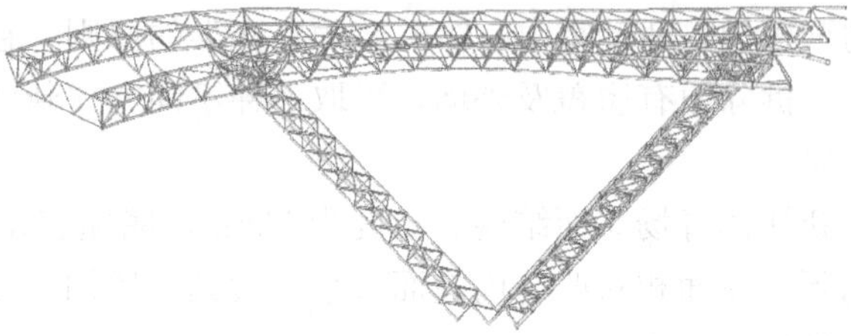

图 2-2 屋盖落地 V 撑（桁架）

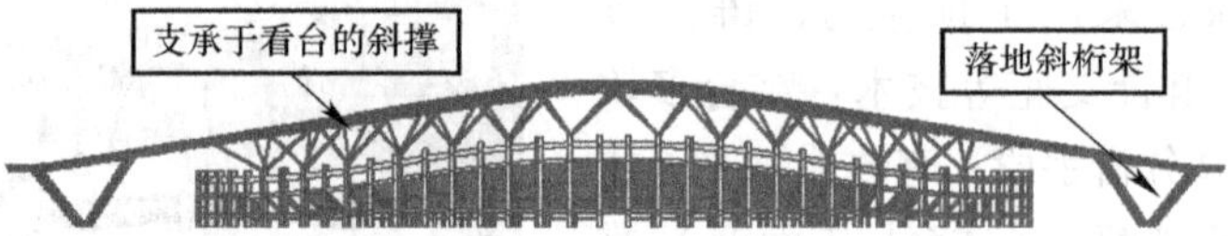

图 2-3 侧视图（长度方向）

2.2 结构的超限情况

本工程屋盖采用空间立体桁架结构体系，屋盖结构单元总长度为 336m，根据《住房城乡建设部关于印发〈超限高层建筑工程抗震设防专项审查技术要点〉的通知》（建质〔2015〕67 号）的规定，屋盖长度大于 300m，属于屋盖结构单元长度超限的大跨屋盖建筑。

3 超限应对措施及分析结论

3.1 超限应对措施

3.1.1 分析模型及分析软件

本工程采用 MIDAS/Gen、SAP 2000 和 ABAQUS 软件进行计算分析，计算模型如图 3-1～图3-3 所示。

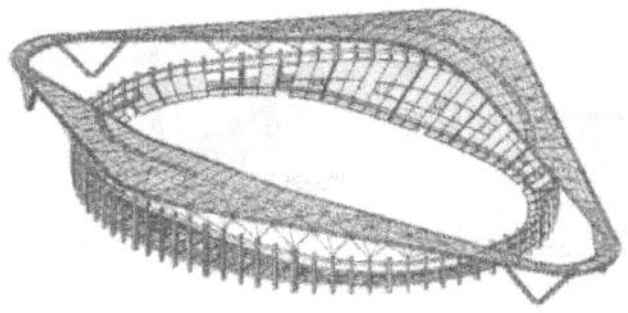

图 3-1 MIDAS/Gen 模型

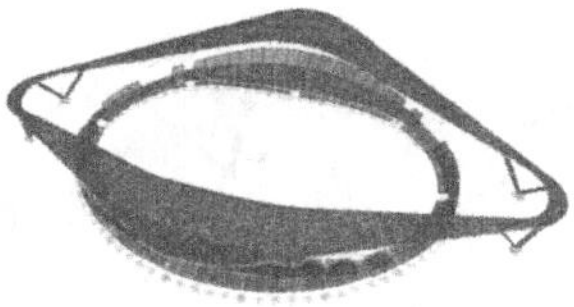

图 3-2 SAP 2000 模型

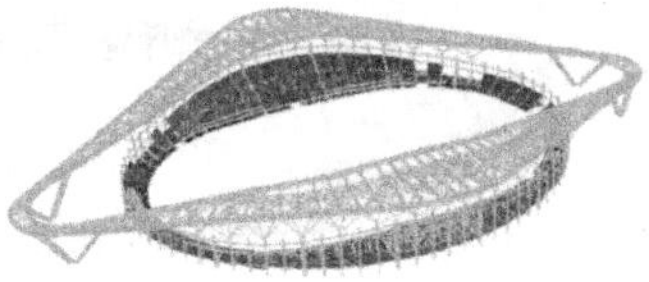

图 3-3 ABAQUS 模型

3.1.2 抗震设防标准、性能目标及加强措施

(1) 抗震设防标准

本工程抗震基本设防烈度为 6 度，设防类别为重点设防类，设计地震分组为第一组，场地类别为Ⅱ类。参考建设场地周边其他工程的安评报告，采用设防烈度为 7 度的规范地震参数进行多遇地震的计算，设防烈度和罕遇地震均采用设防烈度为 6 度的规范地震参数。

反应谱计算时，混凝土阻尼比取 0.05，钢结构阻尼比取 0.02；时程计算时，阻尼比按不利考虑统一取 0.025。

(2) 性能目标

本工程钢结构屋盖及下部混凝土支承体系（支承柱及其连系梁）按性能目标 3 要求设计，其他看台混凝土部分按性能目标 4 要求设计。不同抗震性能水准的构件承载力设计要求见表 3-1。

不同抗震性能水准的构件承载力设计要求 表 3-1

项目	多遇地震	设防地震	罕遇地震
钢结构屋盖悬挑桁架、看台 V 撑、落地 V 形桁架弦杆、悬挑桁架末端封口环桁架弦杆及其节点（包括支座锚杆）	弹性 应力比＜0.75 支座处＜0.65 节点＜0.6	弹性 应力比＜0.85 支座处＜0.70 节点＜0.65	强度应力比＜1.0 支座处＜0.8 节点＜0.75
其他钢结构构件	弹性 应力比＜0.85 支座处＜0.75	弹性 应力比＜0.95 支座处＜0.85	允许部分进入屈服
看台混凝土支承体系（支承柱及其连接梁）	弹性	受弯不屈服，受剪弹性	受弯、受剪不屈服，梁允许部分受弯屈服
普通混凝土柱	弹性	受弯允许部分屈服，受剪不屈服	部分屈服，受剪截面满足截面限制条件
普通混凝土梁	弹性	允许大部分构件进入屈服阶段，受剪截面满足截面限制条件	允许部分构件发生比较严重破坏，受剪截面满足截面限制条件

注：控制非地震组合的构件应力比，关键构件＜0.85，一般构件＜0.95。

3.2 分析结果

3.2.1 结构振动特性和周期

本工程计算 270 个振型时 X、Y、Z 向地震总参与系数可满足地震质量参与系数大于 90%的要求。振型以屋盖振动为主，典型振型如图 3-4 和图 3-5 所示。不同程序计算结果见表 3-2，结果表明，两个程序计算所得的各个周期值及振型参与质量均较为接近，第 2、3、8 振型参与质量较大。

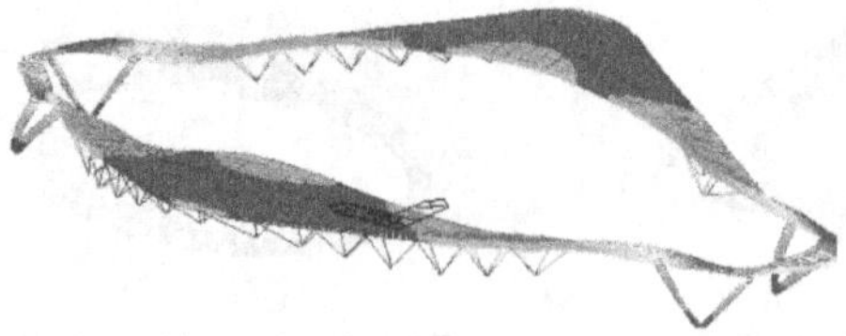

图 3-4　第 2 振型

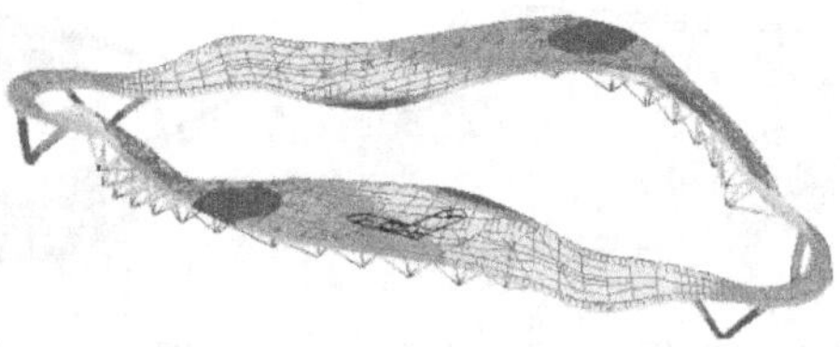

图 3-5　第 3 振型

周期与振型参与系数（百分比）　　表 3-2

振型	MIDAS/Gen 模型				SAP 2000 模型			
	周期（s）	X 向参与系数	Y 向参与系数	Z 向参与系数	周期（s）	X 向参与系数	Y 向参与系数	Z 向参与系数
2	1.06	18.64	0.00	0.00	1.06	18.65	0.00	0.00
3	0.99	0.00	24.00	0.00	0.99	0.00	23.98	0.00
8	0.74	26.47	0.00	0.01	0.74	26.46	0.00	0.01

3.2.2　多遇地震作用分析

（1）多遇地震工况基底反力

结构在 0°、45°、90°、135°多遇地震作用下的基底反力见表 3-3。各计算结果取时程法的平均值和振型分解反应谱法的包络值。

多遇地震反应谱工况基底反力　　表 3-3

多遇地震单工况	F_x(kN)	F_y(kN)	F_z(kN)
0°地震	9550	147.8	41.1
45°地震	6754.5	6002	61.7
90°地震	144.5	8489	112.8
135°地震	6754	6005	103.0
Z 向地震	23.0	70.7	4406

（2）多遇地震位移

在重力荷载代表值和多遇竖向地震作用标准值作用下，屋盖的水平位移最大值为 55.1mm；竖向位移最大值为 113.9mm。水平位移和竖向位移相对恒荷载作用时分别增大了 31%和 22%。

（3）多遇地震构件应力比

多遇地震作用下，结构大部分构件应力比在 0～0.3 之间，135°方向地震的组合工况为最不利工况，屋盖整体和看台 V 撑应力比分别如图 3-6 和图 3-7 所示，最大应力比为 0.666，看台 V 撑部分的应力比最大值为 0.409，最大值均出现在靠近屋盖长度方向两端。

3.2.3　设防烈度地震作用分析

（1）设防烈度地震工况基底反力

结构在 0°、45°、90°、135°设防烈度地震作用下的基底反力见表 3-4。

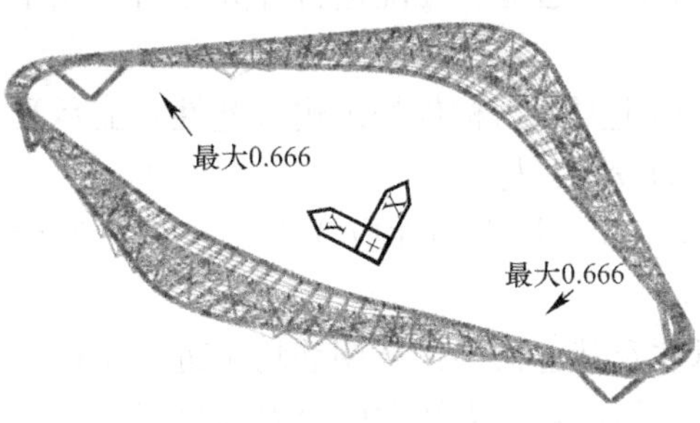

图 3-6 135°多遇地震组合工况屋盖整体应力比

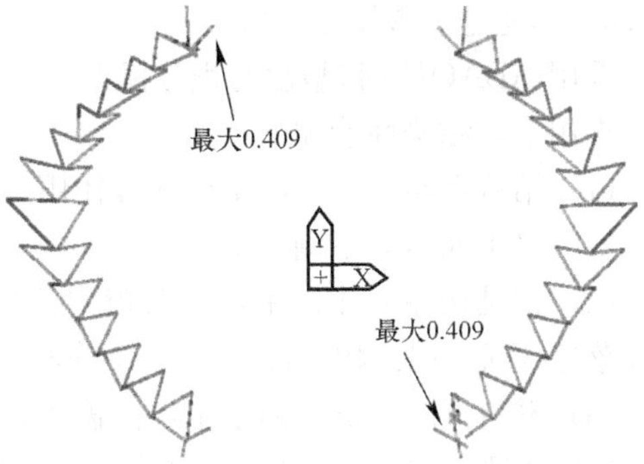

图 3-7 135°多遇地震组合工况 V 撑应力比

设防烈度地震工况基底反力 表 3-4

设防烈度地震单工况	F_x(kN)	F_y(kN)	F_z(kN)
0°地震	−14326	222	62
45°地震	−10132	9003	92
90°地震	217	−12734	169
135°地震	10130	−9008	−155
Z 向地震	−35	106	−6610

表 3-4 计算的主方向基底剪力是多遇地震工况计算的基底反力的 1.5 倍，符合中震（规范）影响系数比例的关系。

（2）设防烈度地震位移

在重力荷载代表值和竖向设防烈度地震作用标准值作用下，屋盖的水平位移最大值为 56.3mm，比小震结果增大 2.21%；竖向位移最大值为 118.5mm，比小震结果增大 4.04%。设防烈度地震竖向位移、水平向位移（恒荷载+地震作用）比多遇地震的增加比例大部分均在 8%以内，绝大部分在 5%以内。

（3）设防烈度地震构件应力比

设防烈度地震作用下，结构大部分构件应力比在 0～0.5 之间，135°方向地震的组合工况为最不利工况，最大应力比为 0.868，屋盖整体和看台 V 撑应力比如图 3-8 和图 3-9 所示。

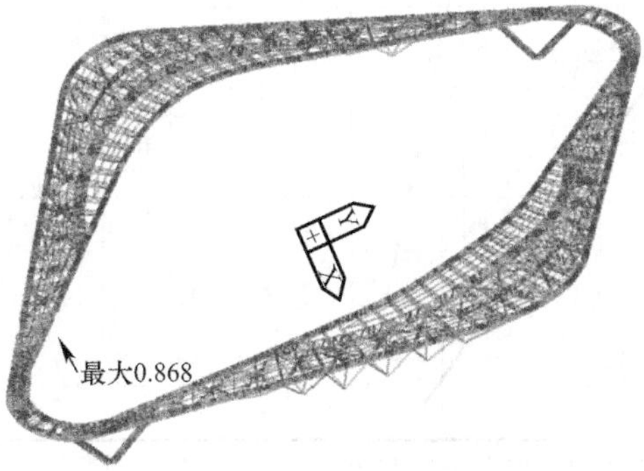

图 3-8 135°设防烈度地震组合工况屋盖整体应力比

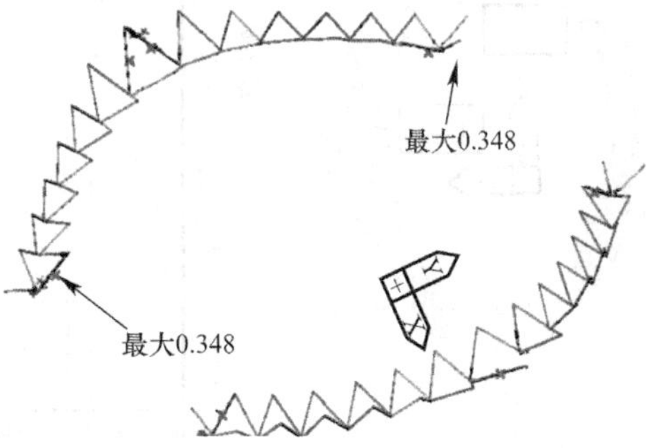

图 3-9 135°设防烈度地震组合工况 V 撑应力比

3.2.4　罕遇地震弹塑性分析

采用 ABAQUS 弹塑性时程分析方法，对本结构罕遇地震工况进行计算分析。在罕遇地震作用下，结构性能如下：

(1) 结构在经历了三向罕遇地震作用后，结构主要承力构件均未进入塑性，能承受结构本身的自重而竖立不倒，实现了“大震不倒”的设防目标。

(2) 钢结构屋盖体系中，少量桁架构件进入塑性，最大塑性应变为 0.0003，看台 V 撑及落地 V 形桁架构件均处于弹性工作状态。

(3) 看台混凝土支撑体系中，楼盖体系支撑柱及其连接梁构件钢筋均未进入塑性，混凝土未发生刚度退化；少量普通混凝土柱钢筋发生屈服，最大塑性应变为 0.0007。

(4) 通过采用大震等效弹性方法对结构竖向构件进行受剪截面验算，结果表明，全部竖向构件最大剪压比为 0.042，均满足规范限值。

(5) 钢结构屋盖悬挑桁架最大竖向位移为 206mm，最大挠度为 1/105；落地 V 形桁架支撑水平桁架最大竖向位移为 125mm，最大挠度为 1/159。看台 V 撑最大水平位移为 66mm，位移角为 1/110；落地 V 形桁架最大水平位移为 44mm，位移角为 1/336。看台混凝土支承体系最大位移为 41mm，位移角为 1/593。均满足规范要求。

3.2.5　钢结构的整体稳定分析

不考虑初始几何缺陷和非线性，进行第一类特征值屈曲分析，选用三种不利的荷载组合方式进行对比，计算结果表明，最小的屈曲因子大于 12。按照《空间网格结构技术规程》JGJ 7—2010 的规定，安全系数大于 4.2，结构的整体稳定性满足要求。

将上述第一类特征值屈曲分析的第一阶模态乘以相应的放大因子，并作为结构的初始缺陷，考虑结构的 $P\text{-}\Delta$ 效应及大变形等几何非线性带来结构刚度的变化，计算结果表明，荷载系数在 5.7 以内均未出现拐点，说明其屈曲因子均大于 4.2，结构的整体稳定性满足要求。主要控制点平面位置和屈曲因子曲线如图 3-10 所示。

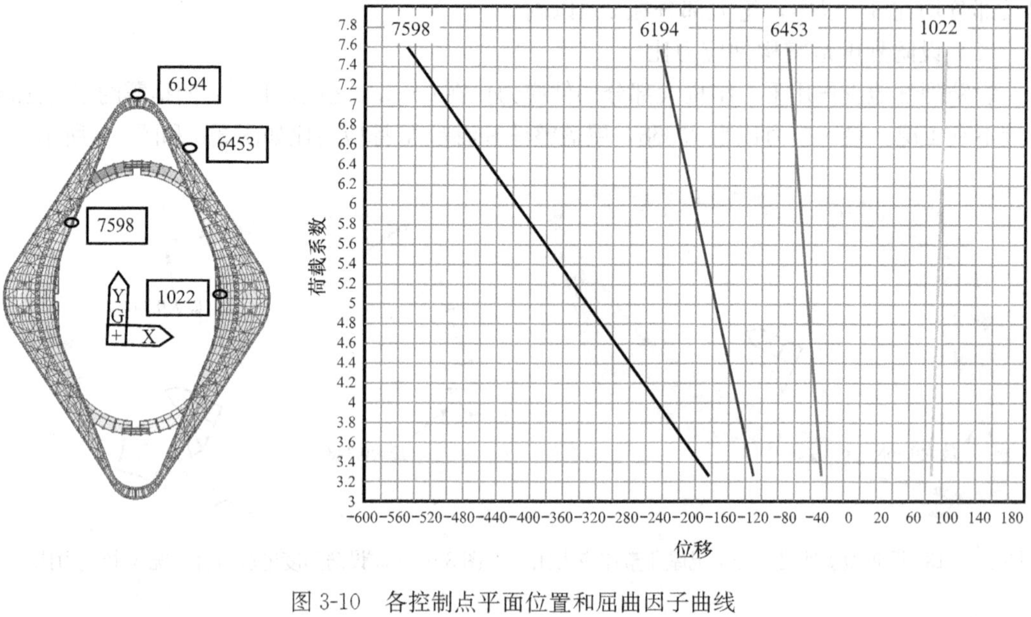

图 3-10　各控制点平面位置和屈曲因子曲线

3.2.6 防倒塌验算

本工程风荷载为主要控制工况。根据桁架应力分析的情况，考虑“恒荷载+活荷载+风荷载”作用，进行拆除落地V撑桁架和看台V撑情况的分析：

（1）落地V撑桁架拆除情况：落地V撑的一个桁架在落地位置的2根或4根弦杆拆除后，在“恒荷载+活荷载+风荷载”作用下的位移验算，应力比验算。

（2）看台V撑拆除情况：看台柱顶上的V撑拆除后，在“恒荷载+活荷载+风荷载”作用下的位移验算，应力比验算。

表3-5为落地V撑2根弦杆和4根弦杆拆除情况的分析结果汇总，可以看出，2根弦杆拆除后，落地V撑联系的上部屋盖体系的整体位移与正常情况比较接近，钢结构构件应力比为1.51；4根弦杆拆除后，落地V撑联系的上部屋盖体系的整体位移远比正常情况的大，钢结构构件应力比为4.88；看台柱顶上的一组V撑拆除后，V撑联系的上部屋盖体系的整体位移约增大8%，钢结构构件应力比约增大14%。

弦杆拆除情况各组合最大位移、应力比 **表3-5**

项次	最大水平位移（mm）	最大竖向位移（mm）	构件最大应力比
常规情况	80	162	0.80
拆除2根弦杆	79	161	1.51
拆除4根弦杆	276	811	4.88
拆除柱顶上的斜撑	83	175	0.91

注：应力比为“恒荷载+活荷载+风荷载”作用下构件应力与材料标准值之比。

3.2.7 体育场屋面钢V撑支座异形截面柱验算

体育场屋面钢V撑支座下的混凝土柱，为支承体育场屋面的重要构件，原混凝土柱纵筋沿弧形布置，纵筋与水平面的夹角随标高而变化，传统截面验算方法无法实施。V撑支座处异形截面柱顶加固做法如图3-11所示。

图3-11 屋面V撑支座处异形截面柱顶加固做法

体育场屋面在柱截面长度方向，一端挑出26.6m，另一侧挑出18.5m，柱截面长度方向经V撑传递了较大的弯矩；由于体育场长轴方向屋面为斜曲面，柱宽方向承受较大水平力，故对混凝土柱子的截面验算，关键在于验算引起两个方向弯矩最大值以及剪力最大值的几种组合工况下的截面承载力。

在柱宽度方向弯矩最大组合工况下的构件材料应力云图如图3-12～图3-14所示，混凝土及纵筋应力最大值均出现在柱有限元模型的底部，混凝土最大应力为15.5MPa，略小于混凝土抗压强度；纵筋最大拉应力为335MPa，个别纵筋局部进入屈服状态；箍筋最大拉应力为137MPa，箍筋处于弹性状态。有限元模型柱高度为7m，实际柱顶面以下约2m位置沿柱宽设置了环梁，能明显减小柱底内力，故认为实际混凝土及纵筋应力均小于材料强度设计值，柱承载力满足要求。

图 3-12　柱混凝土应力云图

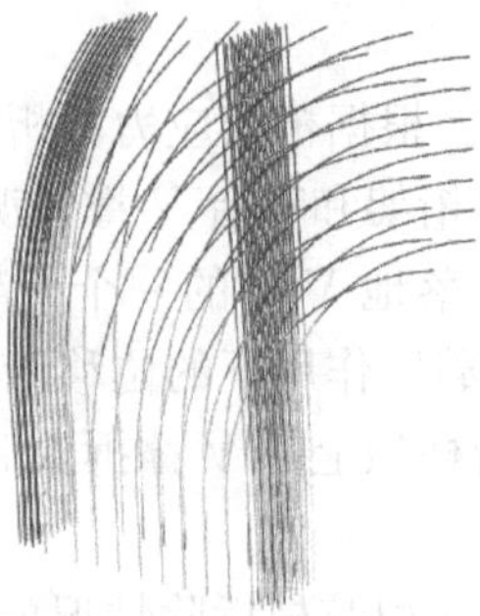

图 3-13　柱箍筋应力云图

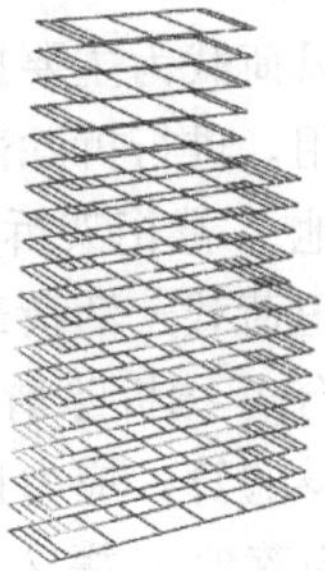

图 3-14　纵筋应力云图

3.2.8　拉索（杆）预应力

钢结构屋盖为满足建筑造型需求，屋盖重心相对支承柱有较大偏心，使得屋盖悬挑桁架末端有向体育场中心前倾的趋势。设计对主榀悬挑桁架和悬挑端封口三角桁架施加预应力，如图 3-15 和图 3-16 所示，使封口桁架产生整体上拱的竖向位移，从而在满足相同挠度限值的前提下，有效地降低钢材用量，每平方米用钢量减少 18.5kg，取得了明显的经济效益。

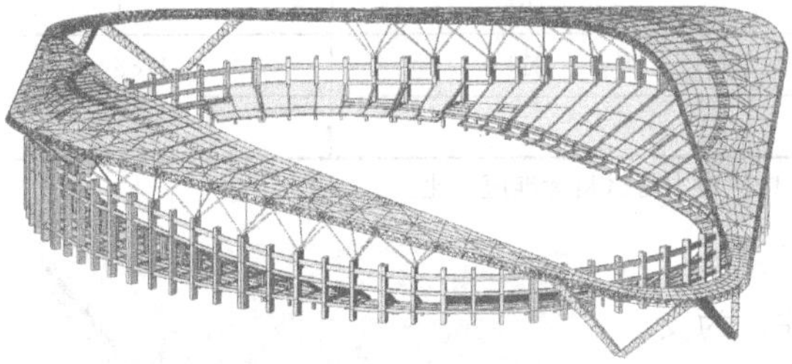

图 3-15　预应力拉索布置

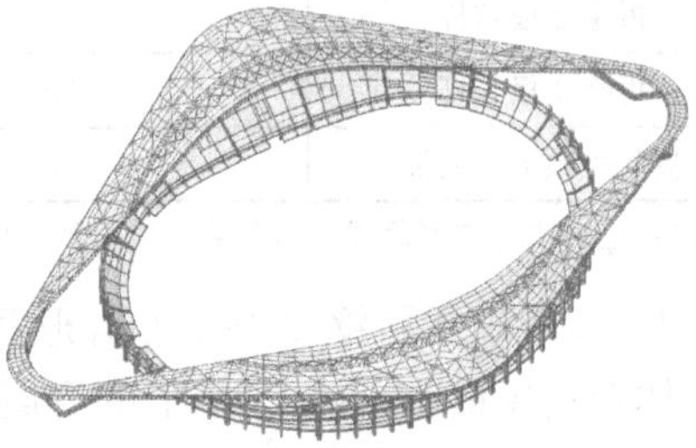

图 3-16　预应力硬拉杆布置

预应力拉索采用 1860 钢绞线 4 束 1×7－15.2；预拉力为 50kN 的硬拉杆采用 Q420 实心钢棒，直径为 30mm；预拉力为 30kN 的预应力拉索、硬拉杆均在胎架拆除前进行张拉。

预应力拉索最大拉力包络值为 115.9kN，最小拉力包络值为 15.8kN，拉索各种工况下均未出现拉力。预应力拉杆最大拉力包络值为 67.7kN，最小拉力包络值为 6.7kN，拉杆各种工况下均未出现压力。

4　抗震设防专项审查意见

2015 年，肇庆市体育中心管理处在广东省建筑设计研究院有限公司会议室召开“肇庆市体育中心升级改造”项目（设计）抗震设防专项审查会，广州市设计院副总工程师韩建强任专家组组长。与会专家听取了广东省建筑设计研究院有限公司关于该工程抗震设防的情况汇报，审阅了送审材料。经讨论，审查结论为“通过”。

5　点评

（1）本工程体育场屋面结构总长度为 336m,，短边方向构件考虑行波效应附加地震作用效应系数取 1.15。本工程结构杆件的抗震能力从以下三方面着手：1）控制关键桁架的应力比在非地震设计组合和设防地震作用组合时不超过 0.85，罕遇地震标准组合下关键桁架应力与材料屈服强度的比值不超过 1.0；支座处的构件应力比设计限值分别降低到 0.70 和 0.8。2）关键节点应力比在非地震设计组合和设防地震组合时不超过 0.6，其他节点区应力比限值相应降低 0.05。3）控制结构的水平变形和竖向变形满足规范挠度或位移角限值的要求。

（2）为保证钢结构屋面水平力可靠地向下传递，沿支承钢结构屋面的柱顶设置环向拉梁，满足规范关于框架结构侧向变形的要求，满足“大震受弯不屈服、受剪弹性”的性能目标要求。采用实体有限元的方式验算钢结构底部异形截面支承柱的承载力，结合 BIM 技术动态展示复杂节点处的加固做法，指导现场施工。

（3）通过拆除构件的方式进行防倒塌验算。

（4）采用考虑几何初始缺陷和几何非线性方式验算结构的整体稳定性。

（5）应用预应力技术，取得了较好的经济效益。

（6）屋面 V 撑支座与原有异形截面柱的复杂连接采用实体有限元进行验算，并采用 BIM 制作加固做法三维拆解视频，向施工方进行设计交底。

（7）采用环状锯齿形桩尖，有效降低了岩溶地区管桩施工断桩率。

77 广东美术馆、广东非物质文化遗产展示中心、广东文学馆“三馆合一”项目

关　键　词： 连体；多塔；大跨度钢桁架转换；大跨度钢桁架；斜幕墙体系；平面超长

结构主要设计人： 方小丹　丁少润　江　毅　孙孝明　黎奋辉　刘庆辉　曹　源

设　计　单　位： 华南理工大学建筑设计研究院有限公司

1　工程概况与设计标准

本项目位于广州市荔湾区白鹅潭长堤街芳村码头旁，由广东美术馆、广东非物质文化遗产展示中心、广东文学馆三部分组成一个整体，结构不分缝。本工程含2层地下室，其中地下2层为车库及设备房，层高4.5m；地下1层为各种功能用房，层高6.0m，地下室总建筑面积39000m^2。地上总建筑面积99000m^2，其中，广东美术馆地上12层（含1层天面幕墙构架），1～5层层高分别为7.5m、6.5m、8m、8m、8m，建筑使用功能为展厅等；6层、7层层高分别为6m、8m，建筑使用功能为库房；8～11层层高分别为8m、4m、4m、4m，建筑使用功能主要为培训、档案、办公及技术维修用房；屋面标高72.00m，幕墙构架最高点约80.00m。广东非物质文化遗产展示中心和广东文学馆地上9层（含1层天面幕墙构架），1～4层层高分别为6.5m、7.5m、8m、8m，建筑使用功能为展厅（展馆）等；5～8层层高分别为8m、4m、4m、4m，建筑使用功能主要为会议、办公用房等；屋面标高50.00m，幕墙构架最高点约54.00m。建筑效果图如图1-1所示，建筑剖面图如图1-2、图1-3所示。

图1-1　建筑效果图

本工程的结构设计使用年限为100年，安全等级为一级，结构重要性系数为$\gamma_0=1.1$，结构设计时使用荷载调整系数取1.1。地基基础设计等级为甲级。本项目各区域的楼面荷载（附加恒荷载与活荷载）按规范与实际做法而取值。本工程采用100年一遇的基本风压$W_0=0.60kN/m^2$，地面粗糙度类别为B类，塔楼体型系数取1.4，结构阻尼比采用5%。

本工程抗震设防烈度为7度，设计基本地震加速度值为0.10g，场地类别为Ⅱ类，设计地震分组为第一组，特征周期$T_g=0.35s$。本工程抗震设防类别属乙类，提高一度，按8度采取抗震措施。根据安评报告，多遇地震水平地震影响系数最大值$\alpha_{max}=0.136$。地震反应谱采用安评反应谱。

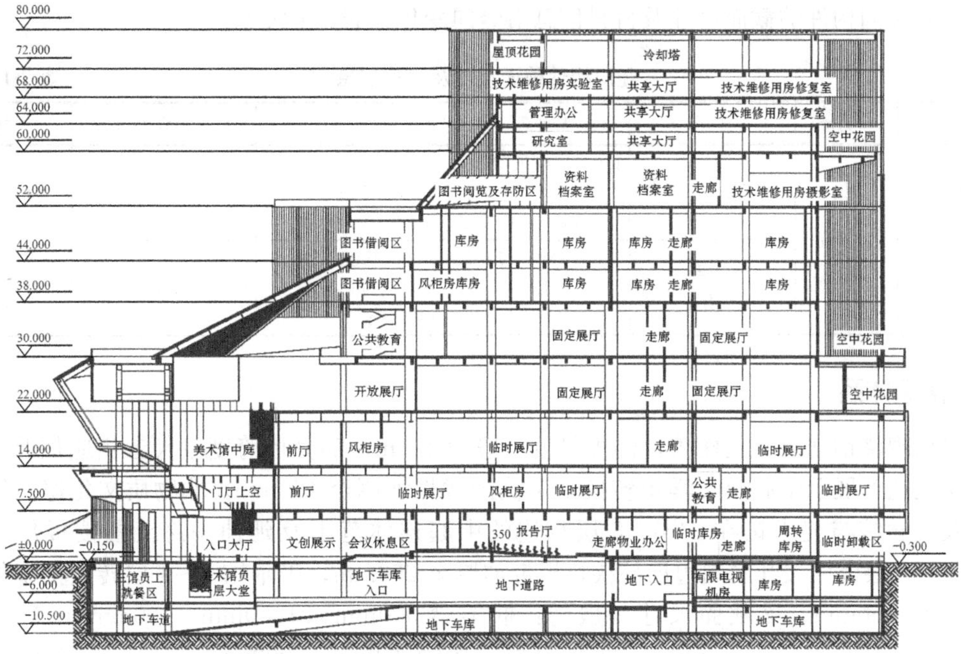

图 1-2　建筑剖面图一

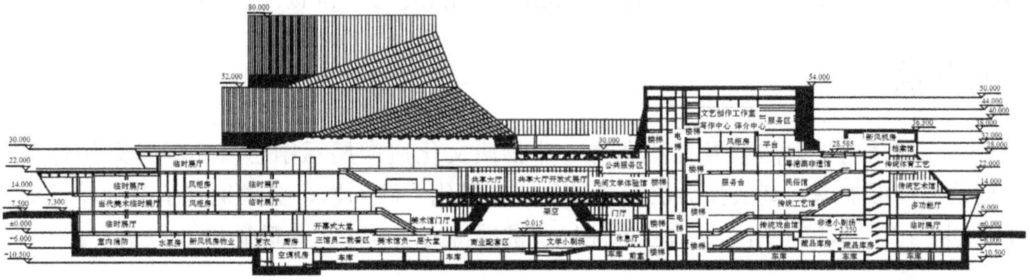

图 1-3　建筑剖面图二

2　结构体系与结构布置

2.1　抗侧力结构体系

根据建筑立面、平面使用功能及结构受力的要求，采用框架-剪力墙结构体系。利用楼梯、电梯及设备间设置钢筋混凝土剪力墙，框架柱为普通钢筋混凝土柱、局部钢管混凝土柱或型钢混凝土柱。结构整体模型如图 2-1 所示。

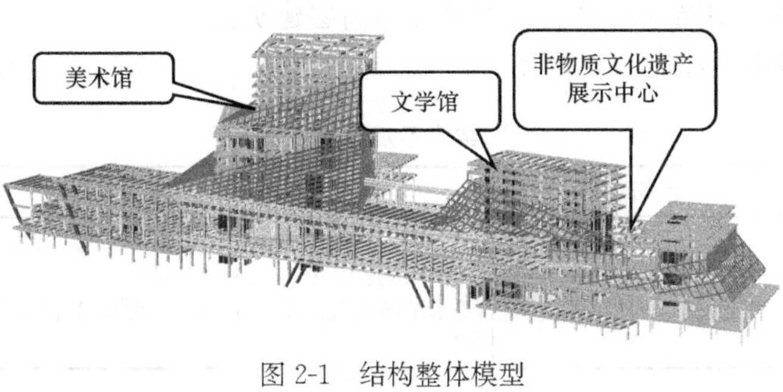

图 2-1　结构整体模型

主要竖向构件的截面尺寸及材料信息沿竖向变化如表 2-1 所示。

竖向构件截面尺寸及材料信息 **表 2-1**

楼层	剪力墙	楼层	普通钢筋混凝土柱尺寸（mm）	混凝土强度等级	钢材
地下 2 层～顶层	400mm	地下 2 层～5 层	1200×1800、1200×1200、1200×1000、1200×800、1000×1000、800×800、1400×800、D=1200、D=800	C60	Q355B
		6 层～顶层	800×1300、1000×1000、1200×800、1000×800、800×800、1400×800	C60	Q355B

2.2 楼盖体系

采用现浇钢筋混凝土楼盖，楼板厚度一般为 140m，部分板跨度较大者相应加厚，非物质文化遗产展示中心及文学馆转换桁架范围楼板加厚至 160mm，非物质文化遗产展示中心及文学馆与美术馆在 3 层、5 层相连的中庭连体范围及延伸一跨范围楼板加厚至 160mm，5 层楼板大开洞周边局部狭长板带加厚至 200mm，美术馆 2～4 层转换桁架处楼板加厚至 160mm。梁截面尺寸一般为：框架梁 500mm×1000mm、400mm×（800～1000）mm、（400～600）mm×1200mm 等，次梁 300mm×900mm、300mm×1000mm、300mm×800mm、300mm×600mm、200mm×600mm、200mm×500mm 等。

3 基础设计

根据上部结构受力需要及地质条件，非物质文化遗产展示中心及文学馆采用片筏基础，柱位处局部加厚，基底持力层为强风化（中风化）砂砾岩，要求地基承载力特征值不小于 350kPa；美术馆采用旋挖成孔灌注桩，桩端持力层为中风化砂砾岩。

4 结构超限判别及抗震性能目标

4.1 结构超限类型

根据《高层建筑混凝土结构技术规程》JGJ 3—2010（下文简称《高规》）、《住房城乡建设部关于印发〈超限高层建筑工程抗震设防专项审查技术要点〉的通知》（建质〔2015〕67 号）的有关规定，结构超限判定如下。

（1）高度判别。非物质文化遗产展示中心及文学馆结构高度 50m、美术馆结构高度 72m，采用框架-剪力墙结构，属于 A 级高度的高层建筑。

（2）结构不规则项如表 4-1 所示。

结构不规则项 **表 4-1**

序号	不规则类型	简要涵义	本工程情况	超限判定
1a	扭转不规则	考虑偶然偏心的扭转位移比大于 1.2	非物质文化遗产展示中心及文学馆最大值：X 向 1.34（3 层），Y 向 1.44（7 层） 美术馆最大值：X 向 1.31（8 层），Y 向 1.32（8 层）	是

续表

序号	不规则类型	简要涵义	本工程情况	超限判定
1b	偏心布置	偏心率大于 0.15 或相邻层质心相差大于相应边长 15%	非物质文化遗产展示中心及文学馆偏心率最大值：X 向 0.211（4 层），Y 向 0.518（1 层） 美术馆偏心率最大值：X 向 0.480（10 层），Y 向 0.527（9 层）	是
2a	凹凸不规则	平面凹凸尺寸大于相应边长 30%等	非物质文化遗产展示中心及文学馆：5 层：l/B_{max}＝0.52，7 层、8 层：l/B_{max}＝0.33 美术馆：2 层、3 层、4 层、5 层：l/B_{max}>0.30	是
3	楼板不连续	有效宽度小于 50%，开洞面积大于 30%，错层大于梁高	美术馆：5 层中庭，有效宽度小于 50%	是
4b	尺寸突变	竖向构件收进位置高于结构高度 20%且收进大于 25%，或外挑大于 10%和 4m，多塔	多塔	是
5	构件间断	上下墙、柱、支撑不连续，含加强层、连体类	上下柱不连续，连体	是
7	局部不规则	如局部的穿层柱、斜柱、夹层、个别构件错层或转换，或个别楼层扭转位移比略大于 1.2 等	局部穿层柱	是
不规则情况小结		6 项不规则		

（3）小结：非物质文化遗产展示中心及文学馆结构高度 50m，美术馆结构高度 72m，采用框架-剪力墙结构，均属 A 级高度的高层建筑。本工程存在扭转不规则（偏心布置）、凹凸不规则、楼板不连续、多塔、上下柱不连续及连体、局部穿层柱共 6 项不规则，需进行超限高层建筑工程抗震设防专项审查。

4.2 结构抗震等级与抗震性能目标

根据《高规》第 3.9.4 条、3.9.6 条的规定，除普通楼层钢框架结构抗震等级为二级外，其余承受水平作用的构件抗震等级均为一级。

根据《高规》第 3.11 节的规定，本工程结构预期的抗震性能目标要求达到 C 级，相应小震、中震和大震下的结构抗震性能水准分别为水准 1、水准 3 和水准 4。关键构件及楼板性能水准具体分述如表 4-2 所示，普通竖向构件、耗能构件的划分及性能目标按规范要求。

结构抗震性能目标及震后性能状况　　表 4-2

性能要求			多遇地震	设防地震	罕遇地震
关键构件	剪力墙底部加强区（1～4 层）	剪	弹性	弹性	不屈服
		压弯	弹性	不屈服	不屈服
	框架柱（1～4 层）	剪	弹性	弹性	不屈服
		压弯、拉弯	弹性	不屈服	不屈服

续表

性能要求			多遇地震	设防地震	罕遇地震
关键构件	非物质文化遗产展示中心及文学馆： 3层转换钢桁架及其竖向支承构件	剪	弹性	弹性	不屈服
		压弯、拉弯	弹性	不屈服	不屈服
	非物质文化遗产展示中心及文学馆： 3层转换梁及其竖向支承构件	剪	弹性	弹性	不屈服
		压弯、拉弯	弹性	不屈服	不屈服
	美术馆： 3层、4层转换钢桁架及其竖向支承构件	剪	弹性	弹性	不屈服
		压弯、拉弯	弹性	不屈服	不屈服
	美术馆： 6～8层悬挑桁架及其竖向支承构件	剪	弹性	弹性	不屈服
		压弯、拉弯	弹性	不屈服	不屈服
	中庭连体： 3层、5层钢桁架及其竖向支承构件	剪	弹性	弹性	不屈服
		压弯、拉弯	弹性	不屈服	不屈服
楼板	转换钢桁架及连接体楼板	面内剪	弹性	弹性	受剪截面尺寸复核
		面内拉压	弹性	不屈服	可屈服，但压区混凝土不压溃

5 结构计算与分析

本工程分别对美术馆单体模型、非物质文化遗产展示中心及文学馆单体模型、连体（整体）模型采用振型分解反应谱法和弹性时程分析法进行了多遇地震作用分析，计算软件为 YJK 与 ETABS，主要计算结果如表 5-1 所示。

结构分析主要结果汇总 **表 5-1**

指标		YJK 软件	ETABS 软件
结构总重（D+0.5L）(kN)		2169341	2112821
计算振型数		30	60
有效质量系数	X 向	99.90%	93.23%
	Y 向	99.89%	92.46%
第 1 周期	周期（s）	1.314	1.314
	X 向、Y 向、扭转的比例	0.81+0.15/0.04	—
第 2 周期	周期（s）	1.063	1.087
	X 向、Y 向、扭转的比例	0.13+0.86/0.01	—
第 3 周期	周期（s）	0.923	0.948
	X 向、Y 向、扭转的比例	0.12+0.42/0.46	—
地震作用下首层剪力（kN）（调整前）	X 向	71700	71918
	Y 向	85619	83529
首层剪重比（调整前）	X 向	3.343%	3.403%
	Y 向	3.992%	3.953%
地震作用下首层倾覆弯矩（kN·m）（调整前）	X 向	2375283	2451790
	Y 向	3006232	3005412
100 年一遇风荷载作用下首层剪力（kN）	X 向	8896	9230
	Y 向	14240	15881

续表

<table>
<tr><th colspan="2">指标</th><th>YJK 软件</th><th>ETABS 软件</th></tr>
<tr><td rowspan="2">100 年一遇风荷载作用下首层倾覆弯矩（kN·m）</td><td>X 向</td><td>394993</td><td>413487</td></tr>
<tr><td>Y 向</td><td>526111</td><td>595541</td></tr>
<tr><td rowspan="2">考虑偶然偏心影响，规定水平地震力作用下楼层竖向构件最大水平位移与平均水平位移比值</td><td>X 向</td><td>整体模型中非物质文化遗产展示中心及文学馆部分：1.14（3 层）
整体模型中美术馆部分：1.16（4 层）</td><td>—</td></tr>
<tr><td>Y 向</td><td>整体模型中非物质文化遗产展示中心及文学馆部分：1.31（1 层）
整体模型中美术馆部分：1.23（1 层）</td><td>—</td></tr>
<tr><td rowspan="2">考虑偶然偏心影响，规定水平地震力作用下楼层竖向构件最大层间位移与平均层间位移比值</td><td>X 向</td><td>整体模型中非物质文化遗产展示中心及文学馆部分：1.34（3 层）
整体模型中美术馆部分：1.31（8 层）</td><td>—</td></tr>
<tr><td>Y 向</td><td>整体模型中非物质文化遗产展示中心及文学馆部分：1.44（7 层）
整体模型中美术馆部分：1.32（8 层）</td><td>—</td></tr>
<tr><td rowspan="2">地震作用下最大层间位移角</td><td>X 向</td><td>整体模型中非物质文化遗产展示中心及文学馆部分：1/2352（构架层），1/1260（7 层）
整体模型中美术馆部分：1/756（构架层），1/1070（8 层）</td><td>整体模型中非物质文化遗产展示中心及文学馆部分：1/2673（构架层），1/1744（7 层）
整体模型中美术馆部分：1/781（构架层），1/1043（9 层）</td></tr>
<tr><td>Y 向</td><td>整体模型中非物质文化遗产展示中心及文学馆部分：1/1259（构架层），1/1074（7 层）
整体模型中美术馆部分：1/699（构架层），1/1478（8 层）</td><td>整体模型中非物质文化遗产展示中心及文学馆部分：1/1609（构架层），1/1163（8 层）
整体模型中美术馆部分：1/754（构架层），1/1221（8 层）</td></tr>
<tr><td rowspan="2">100 年一遇风荷载作用下最大层间位移角</td><td>X 向</td><td>整体模型中非物质文化遗产展示中心及文学馆部分：1/9999（构架层），1/7638（3 层）
整体模型中美术馆部分：1/4889（构架层），1/7567（8 层）</td><td>整体模型中非物质文化遗产展示中心及文学馆部分：1/9999（构架层），1/9999（3 层）
整体模型中美术馆部分：1/4081（构架层），1/5649（8 层）</td></tr>
<tr><td>Y 向</td><td>整体模型中非物质文化遗产展示中心及文学馆部分：1/9999（构架层），1/6669（8 层）
整体模型中美术馆部分：1/6828（构架层），1/7998（8 层）</td><td>整体模型中非物质文化遗产展示中心及文学馆部分：1/9999（构架层），1/7246（8 层）
整体模型中美术馆部分：1/5076（构架层），1/7246（9 层）</td></tr>
</table>

由表 5-1 可知，两个软件的主要计算结果，包括总质量、周期及振型、风荷载及地震作用下的基底反力及侧向位移等均比较接近，验证了分析的可靠性。小震及风荷载作用下计算结果基本能满足规范各项指标要求。

6　斜幕墙结构体系分析

6.1　斜幕墙结构体系

（1）连廊中庭及美术馆幕墙体系

5 层（30.00m 标高）～8 层（52.00m 标高）中庭三角幕墙，该处幕墙斜向最大跨度 53.5m，高度变化 22m。采用双向井字 H 型钢梁结构体系，井字格间距 3m×3m，钢梁截面按跨度不同分别为 H390×300×10×16、H588×300×12×20、H800×300×14×35。

8层（52.00m标高）～屋顶层（72.00m标高）天窗三角幕墙，该处幕墙斜向最大跨度25.5m，高度变化20m。采用双向井字H型钢梁结构体系，井字格间距3m×3m，钢梁截面为H588×300×12×20。计算结果显示，跨中最大应力不超过0.6，局部截面适当加厚后，支座处最大应力比不超过1.0。考虑幕墙自重和风荷载，4层中庭三角幕墙结构最大挠度为1/313；8层天窗三角幕墙结构最大挠度为1/777。

（2）非物质文化遗产展示中心及文学馆幕墙体系

1）文学馆5层（30.00m标高）～8层（44.60m标高）天窗三角幕墙，该处幕墙斜向最大跨度26m，高度变化14.6m。采用双向井字H型钢梁结构体系，井字格间距3m×3m，钢梁截面为H440×300×11×18。计算结果显示，跨中最大应力不超过0.58，局部截面适当加厚后，支座处最大应力比不超过1.0。考虑幕墙自重和风荷载，幕墙结构最大挠度为1/312。

2）非物质文化遗产展示中心3层（14.00m标高）～4层（28.60m标高）天窗三角幕墙，该处幕墙斜向最大跨度20.5m，高度变化14.6m。采用双向井字H型钢梁及矩形钢管结构体系，井字格间距3m×4m，钢梁截面为H390×300×10×16及矩形钢管250×400×20×20。计算结果显示，跨中最大应力不超过0.53，支座处最大应力比不超过0.98。考虑幕墙自重和风荷载，幕墙结构最大挠度为1/373。

6.2 斜幕墙结构体系对整体结构的影响

（1）美术馆

按含斜幕墙结构体系及无斜幕墙结构体系两种方式建模，含幕墙结构模型、无幕墙结构模型前6阶振型基本一致，楼层剪力、楼层倾覆弯矩也相差不大，斜幕墙结构体系对结构整体抗侧刚度的影响较小。

进一步考察斜幕墙结构对主体结构竖向构件内力的影响，X向地震作用下，含幕墙结构模型和无幕墙结构模型竖向构件内力相差不大；Y向地震作用下，由于斜幕墙结构构件通过轴力承担部分地震剪力，在设置斜幕墙的4～7层竖向构件中，含幕墙结构模型的5～7层竖向构件剪力均小于无幕墙结构模型，而支撑斜幕墙的4层竖向构件，含幕墙结构模型的竖向构件剪力明显大于无幕墙结构模型，但差值不大，约10%左右。结构设计中，竖向构件承载力计算按两者包络设计。

（2）非物质文化遗产展示中心及文学馆

按含斜幕墙结构体系及无斜幕墙结构体系两种方式建模，含幕墙结构模型、无幕墙结构模型前6阶振型基本一致，楼层剪力、楼层倾覆弯矩也相差不大，斜幕墙结构体系对结构整体抗侧刚度的影响较小。

进一步考察斜幕墙结构对主体结构竖向构件内力的影响，X向地震作用下，含幕墙结构模型和无幕墙结构模型竖向构件内力相差不大；Y向地震作用下，由于斜幕墙结构构件通过轴力承担部分地震剪力，在设置斜幕墙的4～7层竖向构件中，含幕墙结构模型的5～7层竖向构件剪力均小于无幕墙结构模型，而支撑斜幕墙的4层竖向构件中，含幕墙结构模型的竖向构件剪力明显大于无幕墙结构模型，由于非物质文化遗产展示中心及文学馆4层宽度不大，仅28m，其差值约30%左右。结构设计中，竖向构件承载力计算按两者包络设计。

7　针对超限情况的技术措施

本工程理论计算的各项指标均满足规范要求，但由于存在扭转不规则（偏心布置）、凹凸不规则、楼板不连续、多塔、上下柱不连续及连体、局部穿层柱 6 项不规则，除按规范要求进行设计外，还采取以下加强措施：

（1）对比连体模型和分塔模型竖向构件的内力分布情况，按最不利工况进行包络设计，并满足预定的性能目标。

（2）充分考虑斜幕墙结构对主体结构的影响，对比含幕墙结构模型和无幕墙结构模型竖向构件的内力分布情况，按最不利工况进行包络设计，并满足预定的性能目标。

针对具体不规则项的加强措施见表 7-1。

针对不规则项的加强措施　　表 7-1

超限项目	加强措施
扭转不规则偏心布置	加强边梁、边柱，加强端部剪力墙
凹凸不规则 楼板不连续	1）加强凹入部位及不连续处楼板，提高其楼板配筋率； 2）加强凹入部位及不连续处周边梁
连体	1）加强连接体及与其连接的竖向支承构件，采用钢管混凝土柱、钢管桁架，连接体钢桁架抗震等级提高至一级； 2）加厚连接体处楼板，提高其楼板配筋率
上下柱不连续	1）加强转换构件及与其连接的竖向支承构件，采用型钢混凝土柱、钢管桁架，转换钢桁架抗震等级提高至一级； 2）加厚连接体处楼板，提高其楼板配筋率。
多塔	加强多塔底盘竖向构件
局部穿层柱	提高穿层柱的体积配箍率及竖向钢筋配筋率，以提高其承载力

8　抗震设防专项审查意见

2020 年 8 月 10 日，广东省超限高层建筑工程抗震设防审查专家委员会通过网络在线主持召开了“广东美术馆、广东非物质文化遗产展示中心、广东文学馆‘三馆合一’项目”超限高层建筑工程抗震设防专项审查视频会议。与会专家听取了华南理工大学建筑设计研究院有限公司关于该工程抗震设防设计的情况汇报，审阅了送审资料。经讨论，提出如下审查意见：

（1）细化结构抗震性能目标。大收进层楼盖及其上、下层竖向构件、斜柱及其拉梁、连体和薄弱连接部位楼盖、长向两端周边框架、支承斜幕墙构件的梁和连接节点、大悬臂梁及其单跨支承框架应设为关键构件。大悬臂梁和大跨桁架、斜幕墙构架应考虑竖向地震作用。钢结构构件中、大震作用下的应力比不宜大于 0.9 和 0.95，关键构件从严控制。

（2）合理选择风载体型系数，补充斜方向为主轴的风荷载和地震作用分析，补充多塔连体部分楼板刚度退化分析，并包络设计。补充大震作用下构件弹塑性能详细分析。

（3）建筑周边框架梁设置腰筋和加密箍筋，适当提高纵向拉通筋的配筋率，对应的框架柱箍筋宜全高加密。宜通过适当增加地震作用偏心距的方式考虑扭转及超长结构影响，或进行多点地震波输入考虑行波效应影响。

（4）连体和薄弱连接处的楼盖、与斜柱相连的拉梁按中震弹性设计。斜柱转直柱的连接节点、斜幕墙构架与主体连接节点应加强。

（5）补充三角幕墙构架分离体在风荷载、地震作用及温度作用下的影响分析，取其最不利组合，复核支承构件和节点的承载力。

（6）连廊增加水平斜撑，补充桁架节点分析和构造大样，加强与大跨结构相连的内跨构件。转换钢结构桁架宜进行防连续坍塌和施工模拟分析。

（7）进一步提高受拉剪力墙肢和收进处剪力墙的配筋率。剪力墙底部加强区的抗震性能目标可优化；优化结构整体刚度。

（8）采取措施提高超长结构低温抗裂性能。

审查结论：通过。

9 点评

（1）本工程由广东美术馆、广东非物质文化遗产展示中心、广东文学馆三部分组成一个整体，受建筑条件所限，结构不分缝。结构存在扭转不规则（偏心布置）、凹凸不规则、楼板不连续、多塔、上下柱不连续及连体、局部穿层柱共6项不规则，结构体系采用框架-剪力墙结构，与钢桁架相连的框架柱采用钢管混凝土柱或钢骨混凝土柱，结构设计通过概念设计、方案优选、详细的分析及合理的设计构造，满足设定的性能目标要求，结构方案经济合理，抗震性能良好。

（2）本工程存在连体、多塔等多重复杂不规则，分别采用了单体模型与整体模型进行结构分析计算，并进行包络设计。

（3）本工程存在大面积斜幕墙构件体系，其与主体结构连接采用下端固接、上端铰接，斜幕墙体系参与结构整体计算。由于斜幕墙体系参与了楼层间内力分配，对主体结构分别采用了有幕墙模型及无幕墙模型进行结构分析，并进行包络设计。

78 华南理工大学广州国际校区二期工程——E3 图书馆档案馆

关 键 词：结构方案比选；斜柱；空腹桁架；开大洞；33.6m 跨度 Z 形钢梁；水平分量
结构主要设计人：江 毅 易伟文 赵 颖 刘光爽 杨子越 吴 憾
设 计 单 位：华南理工大学建筑设计研究院有限公司

1 工程概况与设计标准

华南理工大学广州国际校区二期项目位于广州市番禺区南村镇广州国际创新城南岸起步区，总用地面积约为 11 万 m^2。其中二期工程标志性建筑 E3 地块图书馆档案馆位于校园中轴线，东侧为 F3 公共教学楼，西侧为 D3 公共实验楼，南侧为仪式绿化广场，北侧为景观滨水空间，与活动中心 E5 相对而立。E3 工程总用地面积约 3.14 万 m^2，建筑面积约 5.2 万 m^2，其中地上建筑面积 3.89 万 m^2，地下建筑面积 1.31 万 m^2，主要功能为图书馆、档案馆及其配套设施。建筑主屋面高度为 27.3m，天窗屋架高度为 31.5m，地上 5 层，地下 1 层。建筑效果图、剖面图、立面图及典型平面图如图 1-1～图 1-4 所示。

图 1-1 建筑效果图

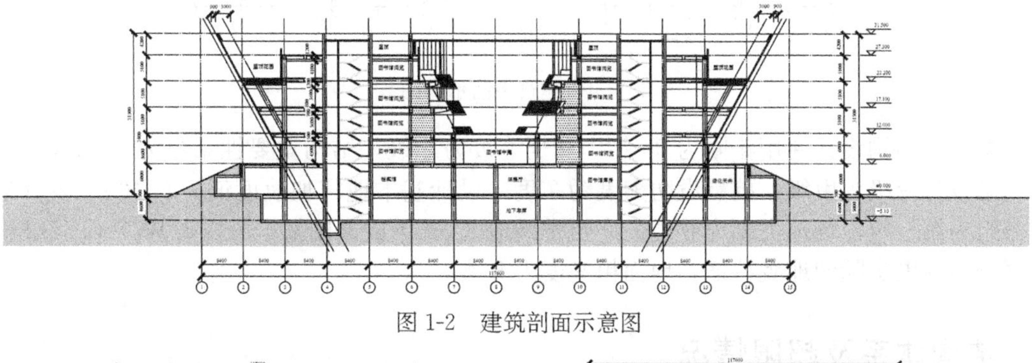

图 1-2 建筑剖面示意图

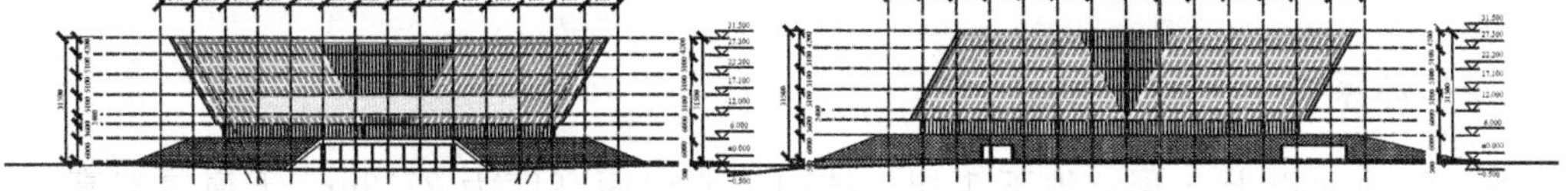

(a)北立面 (b)西立面

图 1-3 建筑立面示意图

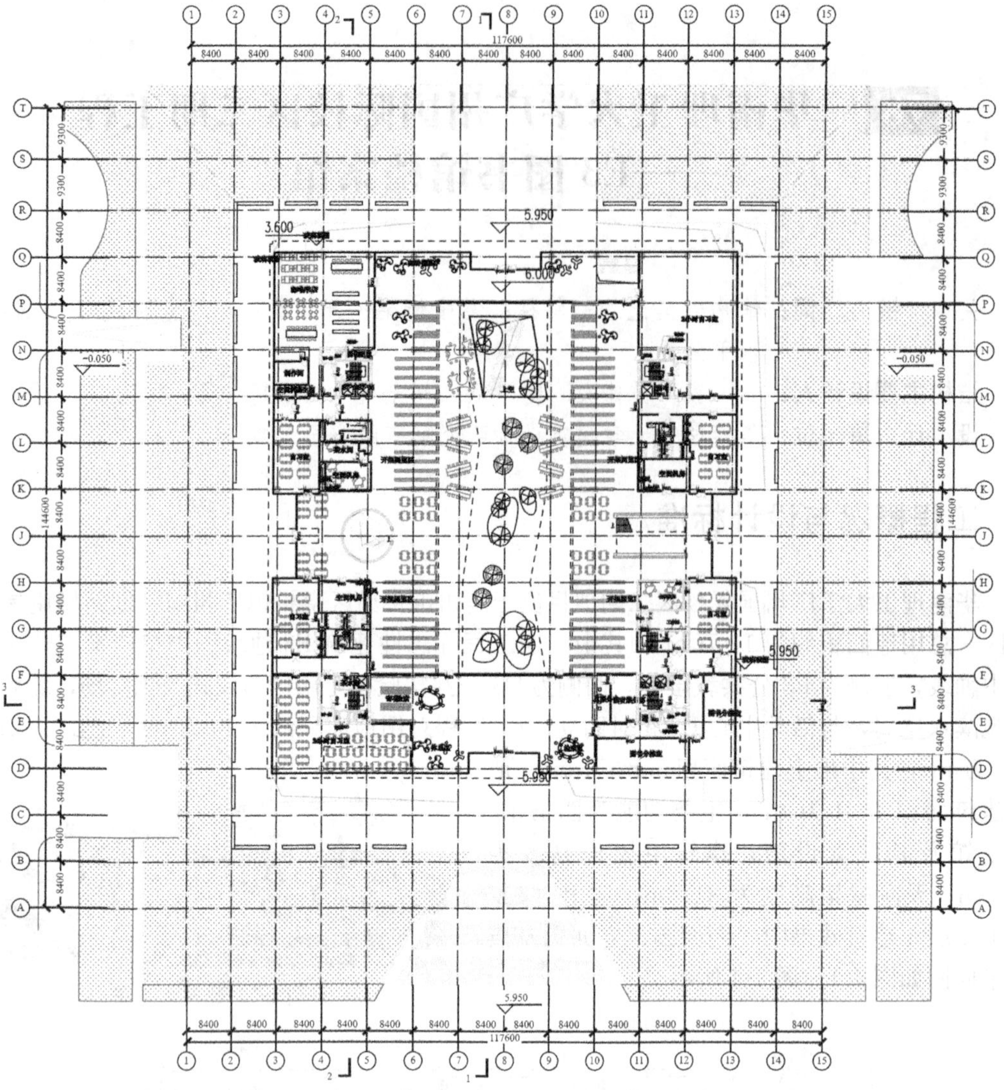

图 1-4 建筑平面示意图

本工程结构设计使用年限为 50 年，安全等级为二级，结构重要性系数为 $\gamma=1.0$。地基基础设计等级为甲级。抗震设防烈度为 7 度，设计基本地震加速度值为 0.10g，设计地震分组为第一组，场地类别为Ⅱ类。广州番禺地区 50 年重现期基本风压为 $W_0=0.55$kPa，根据场地周围实际的地貌特征，地面粗糙度为 B 类。

2 结构体系及超限情况

2.1 结构体系

本工程地面以上 5 层，地下 1 层，结构主要屋面高度为 27.3m，天窗屋架高度为 31.5m，天窗跨度为 33.6m。建筑 2 层平面尺寸约为 110m×129.2m 的近似正方形，3 层以上中庭位置开大洞，平面东西面为倒锥形，南北面为向南侧倾斜的平行四边形。柱网一般为 8.4m×8.4m，靠近中庭中部位置柱网尺寸为 8.4m×16.8m。根据建筑造型、使用功能及结构受力需求，结构拟采用框架结构或框架-剪力墙结构。

因建筑东侧、西侧、南侧 3～5 层外周边存在 3～8.4m 的悬挑，尤其 5 层楼板外周边悬挑 8.4m 且存在 600mm 厚覆土，梁高受建筑净高限制，为尽量减小对建筑空间的影响并保持与外立面的协调，考虑在 3 层以上东、西、南侧外周边布置斜柱，倾斜角度约为 29°，与建筑外立面幕墙倾斜角度一致。

将结构周期、传力路径、建筑使用空间等作为结构选型的考察指标，结构进行了以下两个方案的对比：

方案 A：框架＋剪力墙结构，在交通核周边布置 4 个筒体形状剪力墙和 4 个 C 形剪力墙，同时兼顾建筑立面效果和结构受力需求，在 3 层以上的东、西、南侧外周边沿 3 层框架柱底布置斜柱，斜柱与最外侧框架柱相交于同一节点。

方案 B：框架结构，框架柱按照建筑轴网布置，同时兼顾建筑立面效果和结构受力需求，在 3 层以上的东、西、南侧外周边贴合幕墙布置斜柱，斜柱与外周边框架形成空腹桁架。

两个方案的三维模型、斜柱剖面示意图如图 2-1～图 2-4 所示。

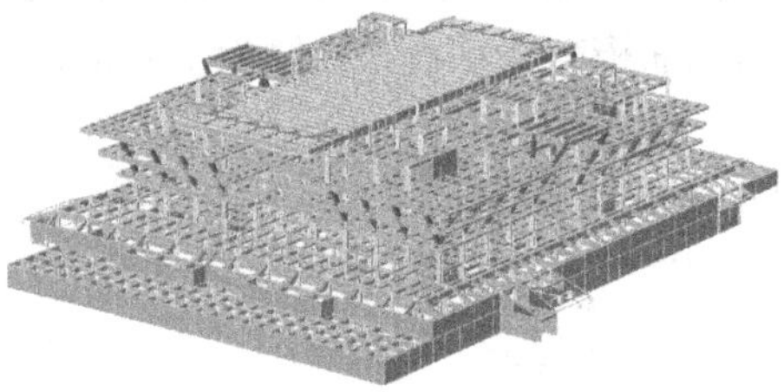

图 2-1　方案 A 三维模型图

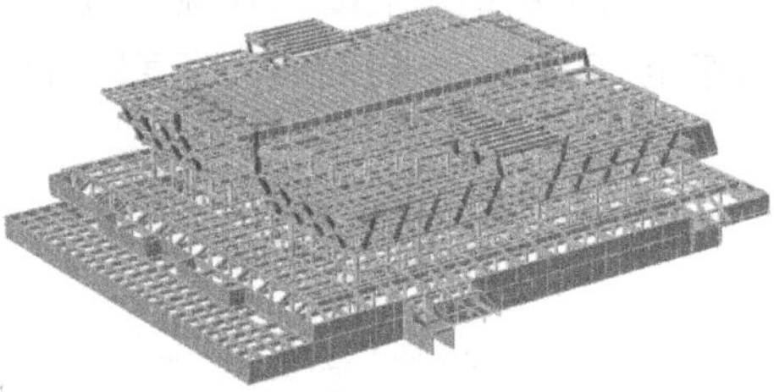

图 2-2　方案 B 三维模型图

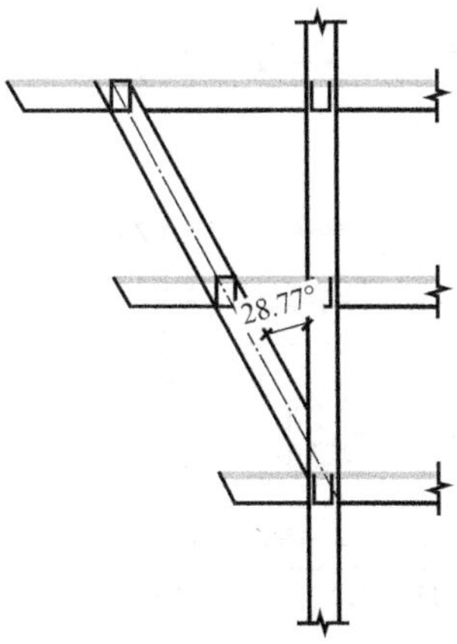

图 2-3　方案 A 斜柱剖面示意图

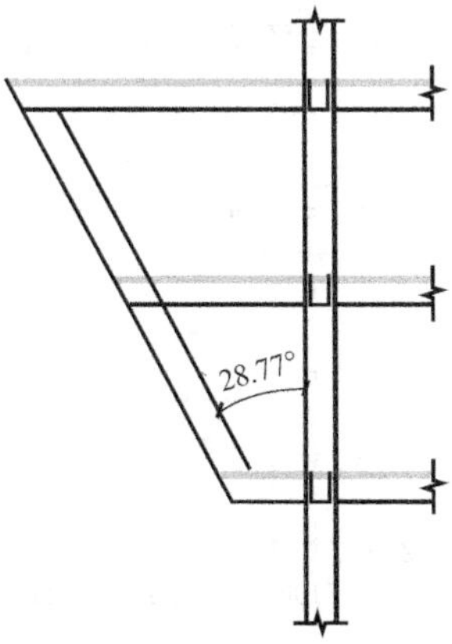

图 2-4　方案 B 斜柱剖面示意图

计算结果显示：1）方案 B 斜柱紧贴幕墙边，方案 A 斜柱位于幕墙内侧，影响建筑空间效果。2）方案 A 斜柱引起的水平分量大于方案 B，该水平分量需通过各层楼板传递给剪力墙，使楼板在竖向荷载作用下承受较大的面内力，楼板需特殊加强。3）方案 A 为尽量缩短楼板传力路径并控制剪力墙剪压比，剪力墙设置数量较多，厚度较大，导致结构刚度较大、地震力相应较大，中震作用下多数墙肢出现拉应力，少部分墙肢名义拉应力达到 $2f_{tk}$。4）方案 B 将斜柱移至幕墙边，斜柱与内侧框架梁和框架柱形成空腹桁架，斜柱水平分量相对减小，该水平分量主要由一榀框架承受，相应框架配筋大于方案 A，竖向荷载作用下楼板的传力需求降低。5）方案 A 因剪力墙布置较集中，建筑平面尺寸较大，剪力墙在常规荷载作用下有开裂的风险，而方案 B 刚度分布较均匀。综上所述，本项目选用方案 B，即钢筋混凝土框架结构。

框架柱截面尺寸一般为□800mm×800mm、□700mm×700mm、□600mm×700mm，空腹桁架斜柱截面为□400mm×800mm，局部荷载较大处、结构转换位置适当加大框架柱截面；框架梁截面尺寸一般为 400mm×700mm、500mm×700mm、300mm×900mm、400mm×900mm，中部跨度较大位置框架梁截面尺寸为 400mm×1200mm，中庭悬挑梁及悬挑梁的内跨一般为 350mm×1200mm、400mm×1200mm，空腹桁架位置横向框架梁 3 层梁截面为 600mm×1500mm、4 层为 400mm×1200/900mm、5 层为 400mm×1600/900mm，转换梁根据受力需求计算；次梁截面尺寸一般为 250mm×700mm、300mm×700mm。6 层局部 19.7m 大跨度屋盖，采用钢结构，钢梁截面尺寸为 H1200×300×16×25（mm）。3 层结构平面布置图如图 2-5 所示。

楼板一般采用钢筋混凝土现浇楼板，板厚一般为 120mm、150mm，局部开洞及走廊位置加厚至 200mm；6 层局部大跨度屋盖位置采用钢筋桁架楼承板，板厚为 150mm。

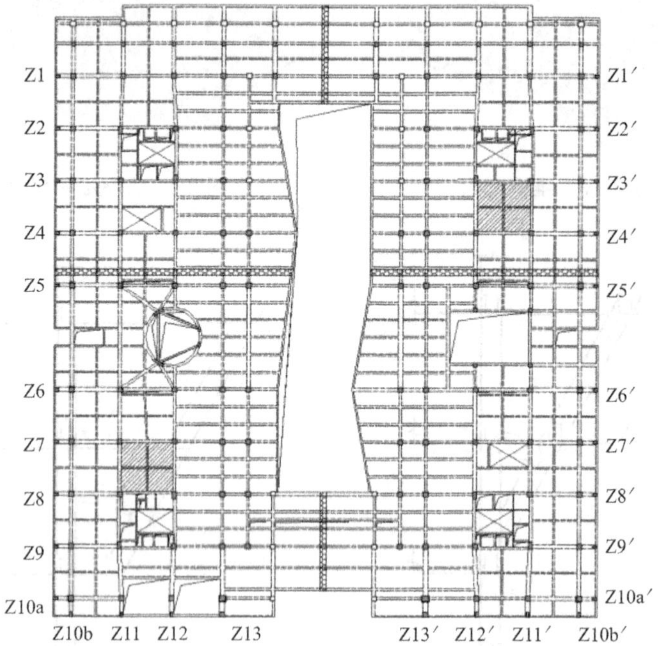

图 2-5　3 层结构平面布置图

为了满足建筑造型及自然采光需求，天窗屋架设置跨度为 33.6m 的 Z 形钢梁，钢梁高度为 2.2m，钢梁通过两片钢板和中间的加劲肋板外包成 Z 形，该梁倾斜 60°放置，每条梁可以独立承受竖向重力与水平风荷载。天窗屋架南北两侧预悬挂下部 3～4 层通高的幕墙，幕墙竖向荷载通过截面尺寸为□2000×600×25×50（mm）的大钢梁承受，水平荷载通过平面桁架传给两边的纵向框架。Z 形钢梁建筑立面放大示意图、结构做法示意图如图 2-6、图2-7 所示。

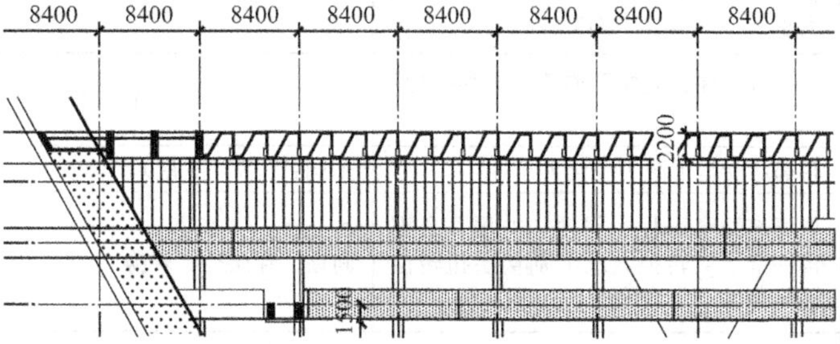

图 2-6　Z 形钢梁建筑立面放大示意图

2.2　结构超限情况

参照《住房城乡建设部关于印发〈超限高层建筑工程抗震设防专项审查技术要点〉的通知》（建质〔2015〕67 号）、《高层建筑混凝土结构技术规程》JGJ 3—2010（下文简称《高规》）的有关规定，对结构超限情况说明如下。

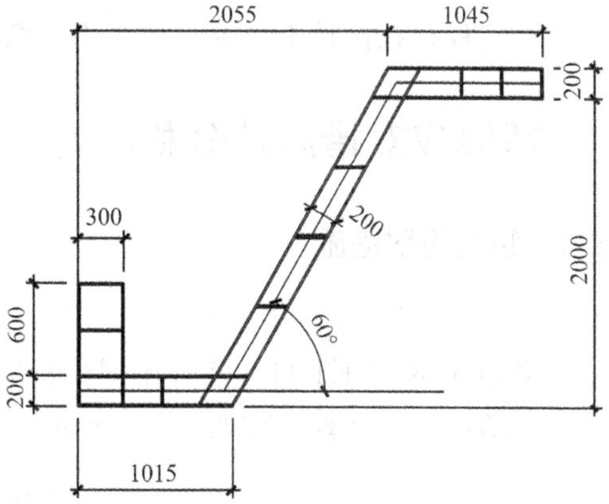

图 2-7　Z 形钢梁结构做法示意图

2.2.1　高度超限判别

本工程建筑物地面以上结构高度 27.3m，按照《高规》第 3.3.1 条的规定，钢筋混凝土框架结构 7 度地区适用的最大高度为 50m，本工程结构高度不超限。

2.2.2　不规则类型判别

同时具有三项及以上不规则的高层建筑工程判别见表 2-1。

三项及以上不规则判别　　　　表 2-1

序号	不规则类型	规范定义及要求	本工程情况	超限判定
1a	扭转不规则	考虑偶然偏心的扭转位移比大于 1.2	X 向：1.21～1.37（2 层～天窗层）	是
1b	偏心布置	偏心率大于 0.15 或相邻层质心相差大于相应边长 15%	无	否
2a	凹凸不规则	平面凹凸尺寸大于相应边长 30%等	无	否
2b	组合平面	细腰形或角部重叠形	无	否
3	楼板不连续	有效宽度小于 50%，开洞面积大于 30%，错层大于梁高	3 层楼板：Y 向北侧有效宽度为 11.5%，南侧有效宽度为 15.6%；开洞面积为 12.8%； 4 层楼板：Y 向北侧有效宽度为 14.6%，南侧有效宽度为 5.0%，开洞面积为 22.2%	是
4a	刚度突变	相邻层刚度变化大于 90%	无	否

续表

序号	不规则类型	规范定义及要求	本工程情况	超限判定
4b	尺寸突变	竖向构件位置缩进大于25%，或外挑大于10%和4m，多塔	无	否
5	构件间断	上下墙、柱、支撑不连续，含加强层、连体	无	否
6	承载力突变	相邻层受剪承载力变化大于80%	X向：0.80（2层）	否
7	其他不规则	如局部的穿层柱、斜柱、夹层、个别构件错层或转换，或个别楼层扭转位移比略大于1.2等	斜柱、穿层柱、转换	是
总计		3项不规则		

2.2.3 超限情况小结

本工程存在扭转不规则、楼板不连续、局部不规则3项不规则。

3 超限应对措施及分析结论

3.1 超限应对措施

3.1.1 分析模型及分析软件

采用YJK和ETABS两种不同分析软件对结构进行小震和风荷载作用下的内力和位移计算。结构主要计算参数如表3-1所示。模型三维图参见图2-2。

结构主要计算参数 **表3-1**

计算软件	YJK、ETABS
楼层层数	5层
风荷载	承载力计算按50年一遇基本风压0.55kN/m²，舒适度计算按10年一遇基本风压0.3kN/m²
风荷载作用方向	X、Y
地震作用	单向水平地震作用并考虑偶然偏心、双向地震
地震作用计算	采用规范反应谱进行振型分解反应谱法、弹性时程分析
地震作用方向	X、Y
地震作用振型组合数	30
活荷载折减	按规范折减
楼板假定	整体指标计算采用全刚性楼板，构件受力采用弹性楼板
结构阻尼比	舒适度计算采用0.02，风荷载、小震作用采用0.05
重力二阶效应（P-Δ效应）	不考虑P-Δ效应
楼层水平地震剪力调整	考虑
周期折减系数	0.8
嵌固端	首层楼面
恒荷载计算方法	考虑模拟施工
中梁放大系数	按规范计算

3.1.2 抗震设防标准、性能目标及加强措施

本结构抗震设防类别为丙类，应按本地区设防烈度 7 度确定其地震作用并采取抗震措施。

为达到"小震不坏、中震可修、大震不倒"抗震设防目标，本工程对整体结构及构件进行性能化设计。根据《高规》和广东省标准《高层建筑混凝土结构技术规程》DBJ 15—92—2013 第 3.11 节的规定，本工程结构预期的抗震性能目标要求达到 C 级。各构件性能水准具体分述如表 3-2 所示。

结构构件抗震性能水准 **表 3-2**

项目		多遇地震	设防烈度地震	罕遇地震
抗震性能要求		第 1 水准	第 3 水准	第 4 水准
关键构件	组成空腹桁架的框架柱＋斜柱＋框架梁	弹性	受剪弹性，压弯不屈服	受弯、受剪不屈服，正截面构件变形不超过轻度损坏
	支承天窗框架柱、支承中庭悬挑梁框架柱、支承 6 层大跨度屋盖框架柱、转换柱	弹性	受剪弹性	弹性
	转换梁、中庭悬挑梁支承梁、屋顶天窗支承梁	弹性	受剪弹性	转换梁、中庭悬挑梁支承梁、屋顶天窗支承梁
普通竖向构件	普通钢筋混凝土柱	弹性	受剪弹性，压弯不屈服	大部分满足受剪不屈服，少部分满足受剪截面限制，正截面构件变形不超过中度损坏
耗能构件	普通框架梁	弹性	受剪不屈服	受剪满足受剪截面限制，正截面构件变形不超过严重损坏

本工程存在 3 项超限不规则且存在斜柱、空腹桁架等关键受力，除按规范要求进行设计外，还采取以下加强措施对结构进行加强：

（1）加强组成空腹桁架框架柱和斜柱、支承天窗立柱、支承中庭悬挑梁框架柱以及转换柱。控制其轴压比不超过 0.65，以保证大震时的延性；柱全部采用复合部分箍筋全长加密，箍筋和纵筋均取小、中震包络并在此基础上适当提高箍筋体积配箍率、纵筋配筋率至不小于 1.2%，确保其达到"中震受剪弹性、受弯不屈服，大震受剪不屈服"的性能目标。

（2）加强其余框架柱。控制其轴压比，箍筋和纵筋均取小、中震包络，尤其对于 3～4 层与斜杆同一榀的框架柱，在包络设计的基础上适当提高其体积配箍率和纵筋配筋率，确保所有框架柱均能达到"中震受剪弹性、受弯不屈服，大震大部分满足受剪不屈服、少部分满足受剪截面限制"的性能目标。

（3）加强转换梁、中庭悬挑梁支撑梁、屋顶天窗支撑梁。控制梁的剪压比，适当提高其配箍率及纵向钢筋配筋率，首层个别转换梁提高其混凝土强度等级至 C50，3 层空腹桁架最底层梁个别采用型钢混凝土梁，以提高梁的受剪、受弯承载力。

（4）加强结构大开洞周边楼板。在实际的结构中，楼板是保证结构各构件协同受力的关键因素。该结构局部楼层楼板大开洞，楼板的整体性受到影响。为了保证传力的可靠性，适当加大楼板厚度，并根据应力计算结果双层双向配筋，提高楼板配筋率，纵筋均满

足受拉钢筋的搭接及构造要求。加强洞口边梁配筋，所有腰筋按照抗扭腰筋锚固。

3.2 分析结果

3.2.1 弹性分析结果

小震及风荷载作用下结构主要计算结果见表 3-3。

结构主要计算结果汇总 **表 3-3**

指标		YJK 软件	ETABS 软件
第 1 周期（s）		1.0500	1.0533
第 2 周期（s）		0.9626	0.9499
第 3 周期（s）		0.9486（扭转）	0.9347（扭转）
地震作用下首层剪力（kN）	X 向	24079	22930
	Y 向	29334	27940
地震作用下首层倾覆弯矩（kN·m）（未经调整）	X 向	342805	336800
	Y 向	419282	406500
50 年一遇风荷载作用下首层剪力（kN）	X 向	4367	4367
	Y 向	3853	3853
50 年一遇风荷载作用下首层倾覆弯矩（kN·m）	X 向	84338	84080
	Y 向	71195	70960
地震作用下最大层间位移角	X 向	1/1443（2 层）	1/1400（2 层）
	Y 向	1/1552（2 层）	1/1557（2 层）
50 年一遇风荷载作用下最大层间位移角	X 向	1/5883（5 层）	1/6050（5 层）
	Y 向	1/9227（2 层）	1/9238（2 层）
结构刚重比	X 向	37.257	—
	Y 向	41.090	—

由表 3-3 可知，两个软件的主要计算结果，包括周期及振型、风荷载及地震作用下的基底反力及侧向位移等均比较接近，验证了分析的可靠性。小震及风荷载作用下计算结果基本能满足规范各项指标要求。

3.2.2 整体模型与取消中庭所有连接分块模型计算结果摘要

因平面 3 层及以上中庭位置开设大洞，仅 3 层、4 层南北两侧楼板和屋顶天窗跨度为 33.6m 的大跨度 Z 形钢梁连接（无楼板），但该钢梁立面凹凸，连接不可靠。经验算，屋顶天窗钢梁在恒荷载下的轴力较小，最大约为 50kN。为保证结构安全，斜柱引起的水平分量需考虑整体模型能够承受的同时，取消中庭所有连接，东、西两侧两部分框架亦能独自承受。对比整体模型与取消中庭所有连接分块模型的结构主要计算指标可知：两个模型主要计算结果包括周期及振型、地震作用下的基底剪力、基底倾覆力矩及侧向位移等均比较接近。

两个模型典型一榀框架梁内力除竖向地震工况外，其余工况内力分布基本相同，内力数值有微小差异。竖向地震作用下框架梁悬挑端内力仅为恒荷载作用下的 3%～5%。为保证结构安全，构件配筋设计取以上两个模型的包络。

3.2.3 斜柱专项分析

普通框架结构框架柱垂直于框架梁，框架柱在竖向荷载作用下不会产生水平分量，本项目在 3 层以上东、西、南侧由于设置了空腹桁架斜柱，在竖向荷载作用下斜柱轴力将产生水平分量，该水平分量将引起楼板和框架梁的拉、压以及受剪。斜柱编号参见图 2-5。

斜柱水平分量在 3 层为压力，4 层、5 层为拉力。提取斜柱（1.30D+1.50L）组合下的轴力，计算对应的水平分量如表 3-4 所示，此处仅列举 4 层结果。

斜柱水平分量 **表 3-4**

指标	柱编号										
	Z1	Z2	Z3	Z4	Z5	Z6	Z7	Z10b	Z11	Z12	Z13
轴力设计值（kN）	497	443	417	465	410	374	470	587	0	206	584
水平分量（kN）	239	213	201	224	197	180	226	283	0	99	281

通过上述分析，对各层梁板采取以下加强措施：1）对于与斜柱正对应的每榀框架，斜柱的水平分量考虑全部由框架梁承担，3 层楼板对应斜柱水平分量为压力，控制梁的等效轴压比不超过 0.5，其余楼层水平分量为拉力；当计算框架梁等效拉应力超过 f_{tk}时，实配框架梁受拉钢筋按照 2 倍拉应力配置以控制裂缝宽度，相应地加强 2～3 跨范围内框架梁配筋。2）通过竖向荷载作用下的楼板应力分析，对楼板进行加强。

4 抗震设防专项审查意见

2020 年 7 月 29 日，广东省超限高层建筑工程抗震设防审查专家委员会通过网络在线主持召开了“华南理工大学广州国际校区二期工程—E3 地块图书馆档案馆”超限高层建筑工程抗震设防专项审查视频会议，广东省建筑设计研究院有限公司罗赤宇教授级高工任专家组组长。与会专家听取了华南理工大学建筑设计研究院有限公司关于该工程抗震设防设计的情况汇报，审阅了送审资料。经讨论，提出审查意见如下。

（1）对于斜柱空腹桁架悬挑结构、转换结构及大跨度连桥，应充分考虑竖向地震作用的不利影响。

（2）首层周边存在大量的钢筋混凝土挡土墙，与上部框架结构相比侧向刚度较大，2 层框架柱应按框架结构底层柱的抗震措施进行加强。

（3）周边斜柱悬挑结构应补充不考虑空腹桁架范围楼板作用的梁柱构件的拉弯（压弯）承载力复核。

（4）建议优化结构布置及构件截面，减小地震作用及改善结构整体抗震性能。

（5）应根据中震作用下楼板应力分析结果加强悬臂桁架及内跨区域楼盖沿悬臂方向的楼板钢筋。

（6）补充天窗层 Z 形钢梁的整体稳定分析及与主体结构的连接构造，并应采取可靠措施保证其不利荷载作用下的整体稳定性。

审查结论：通过。

5 点评

本项目为达到建筑空间效果，通过采用“斜柱+空腹桁架”的框架结构，最大限度地实现了建筑和结构方案的协调统一。针对结构设计的关键环节，通过专项分析论证了中庭大开洞结构传力的可靠性、斜柱水平分量的加强措施以及33.6m天窗大跨度屋架的结构实现等。

根据抗震设计目标，对结构进行抗震性能化设计，针对结构受力特点，采取有针对性的加强措施。采用多种程序对结构进行了弹性、弹塑性计算分析，分析结果表明，结构各项指标基本满足规范要求，结构可达到预期的抗震性能目标C级，结构抗震加强措施有效，结构设计是安全、可行的。

79 新建广州白云站站房屋盖

关　　键　　词：超长屋盖；性能化分析；行波效应
结构主要设计人：孙文波　陆德龙
设　计　单　位：华南理工大学建筑设计研究院有限公司

1　工程概况与设计标准

广州白云站站房总建筑面积约 14.3 万 m^2，地下 2 层，地上 4 层，建筑总高度 37m（屋盖最高点）。本车站站房功能和流线复杂，-7.2m 为出站夹层，±0.000m 为承轨层及站台层，4.7m 为站台层夹层，10m 为高架候车层，16.5m 为商业的高架夹层。16.5m 以上为整片不分缝的屋盖，屋盖南北向长 412m，东西向长 252m，为整个项目的重点、难点及亮点。图 1-1～图 1-3 分别为站房的平面效果图、立面效果图及剖面图。

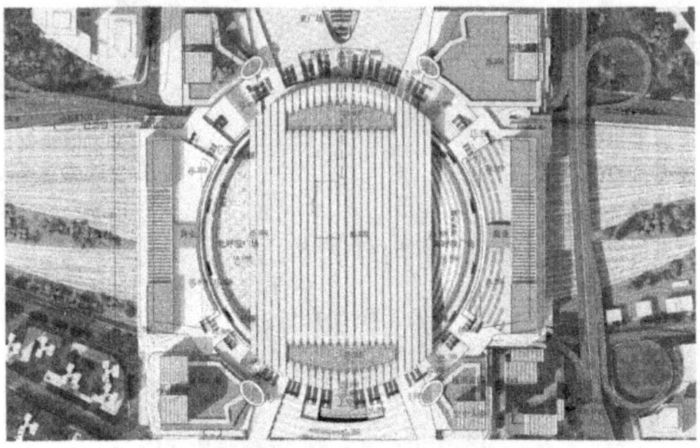

图 1-1　建筑平面效果图

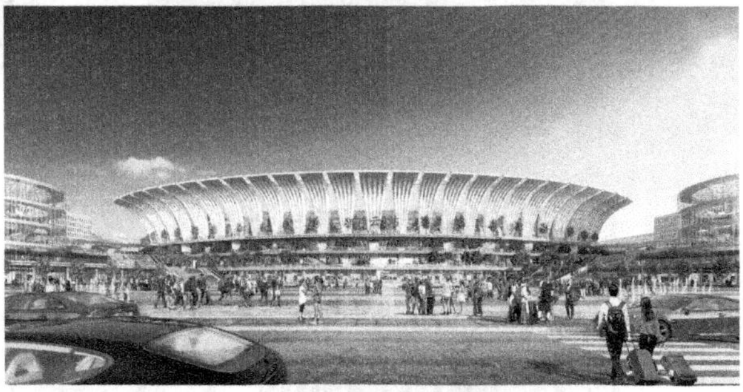

图 1-2　建筑正立面效果图

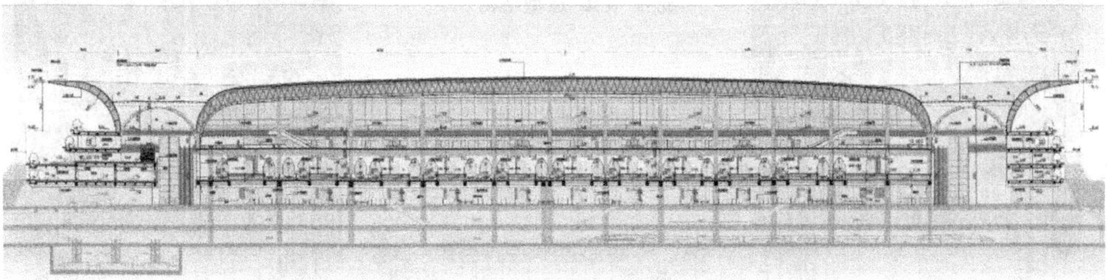

图 1-3　建筑剖面图（南北向）

本工程存在以下不规则项：下部结构为扭转不规则、局部楼板不连续、局部结构转换；由于建筑效果要求不设缝，屋盖部分的结构尺度很大，存在超长超限情况。按照《住房城乡建设部关于印发〈超限高层建筑工程抗震设防专项审查技术要点〉的通知》（建质〔2015〕67 号）（下文简称《技术要点》）要求，针对结构的不规则情况和屋盖的超长情况，设计应采用结构抗震性能设计方法进行分析和论证。本文仅针对屋盖结构抗震性能方面的分析进行论述。

本工程抗震设防烈度为 7 度，50 年设计基准期内水平地震影响系数最大值为 0.08，Ⅱ类场地，反应谱特征周期值为 0.35s，设计基本地震加速度值 0.10g，设计地震分组为第一组。屋盖钢结构部分设计使用年限为 50 年，建筑结构安全等级为一级，结构重要性系数 $\gamma_0=1.1$。采用钻孔灌注桩，中风化炭质灰岩层作为基础持力层，桩端需进入连续完整基岩，地基基础设计等级为甲级。

2　结构体系及超限情况

2.1　结构体系

站房钢结构屋盖的内部由直径 1.6m 的钢管柱支承。南北向最大柱距为 28.5m，东西向最大柱距 64m，结合屋面的几何形态、采光要求以及下部支承结构布置，站房屋盖主体结构分为中间屋盖结构、“波浪”造型结构、光谷“花瓣”造型结构三个部分，如图 2-1～图 2-3 所示。

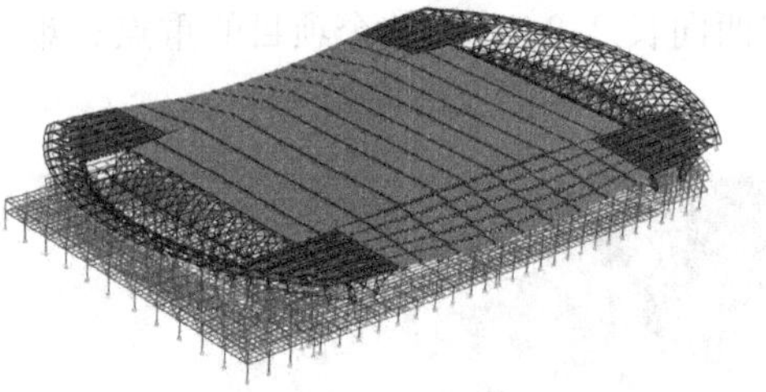

图 2-1　整体结构计算模型

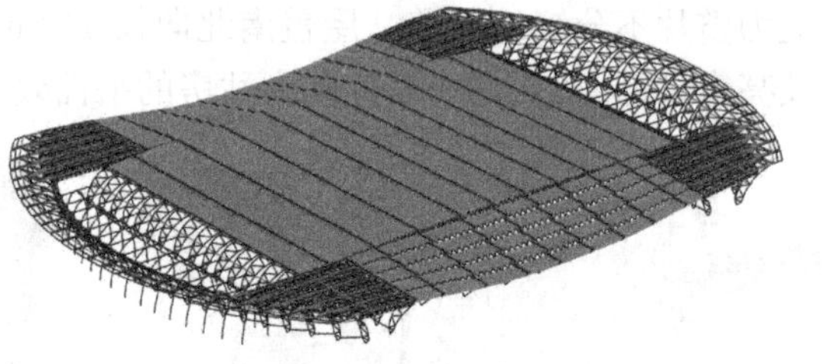

图 2-2　屋盖结构计算模型

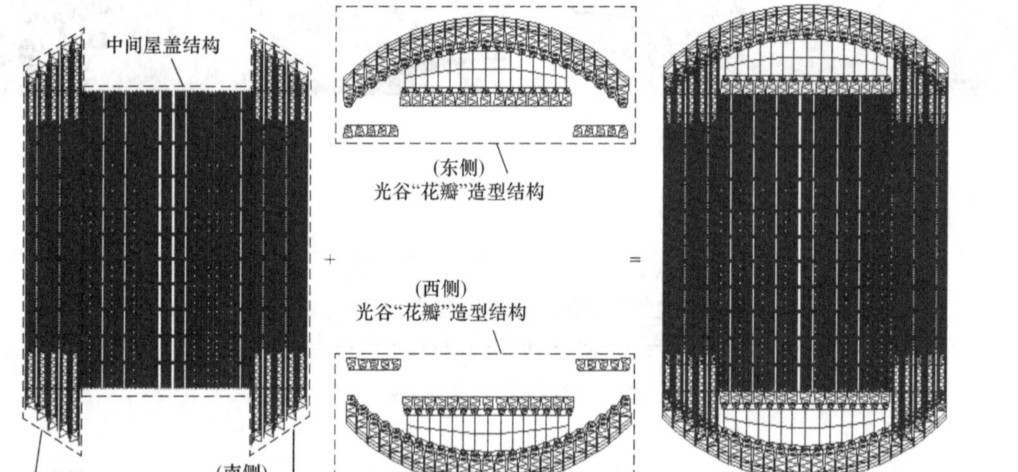

图 2-3　屋盖结构组成

屋盖主体结构构成如下：

(1) 柱网布置。站房东西向布置 6 列钢结构支承柱，柱距分别为 40m、40m、64m、

40m、40m；站房南北向典型柱距为 22m、23m、28m、28.5m。

（2）中间屋盖主体结构。采用钢结构桁架＋网架结构组合形式，桁架截面为 2.0m×3.6m，网架与桁架等高取为 3.6m。

（3）“波浪”造型结构。南北侧“波浪”造型采用横向主桁架＋网架结构组合结构形式，横向主桁架最大跨度为 40m，桁架截面取为 2.0m×3.0m，网架与桁架等高取为 3.0m。

（4）光谷“花瓣”造型结构。东西侧光谷“花瓣”造型采用悬挑曲线形钢梁＋水平拉杆＋拱组合结构形式，为实现建筑效果，“花瓣”采用焊接箱形实腹钢梁，并结合花瓣造型及受力特点变化截面高度，梁根部截面尺寸为 0.4m×1.5m，最大截面为 0.4m×2.8m；拉杆结构采用焊接箱形实腹钢梁，截面取为 0.4m×1.0m；拱结构采用焊接箱形实腹钢梁，截面取为 0.4m×1.0m。

2.2 结构的超限情况

本工程屋盖南北向长 412m，超过 300m，应根据《技术要点》的规定对其进行更详尽的计算分析，并采取有效的抗震措施和控制屋盖构件承载力和稳定的具体措施。

3 超限应对措施及分析结论

3.1 超限应对措施

3.1.1 分析模型及分析软件

采用 YJK、3D3S 进行竖向荷载、风荷载、地震作用的弹性计算，采用 SAP 2000 对超限屋盖结构进行系列分析和论证。计算采用完整模型，包含支承屋盖钢结构的下部混凝土结构构件。

3.1.2 抗震设防标准、性能目标及加强措施

本工程抗震设防烈度为 7 度。根据《建筑工程抗震设防分类标准》GB 50223—2008 第 6.0.3 条的规定，本工程属乙类建筑，按设防烈度 8 度采取抗震措施。

根据《高层建筑混凝土结构技术规程》JGJ 3—2010 第 3.11 条的规定，本工程结构整体的抗震性能目标设定为 C 级。屋盖结构各构件的性能目标见表 3-1。其中，关键构件包括中间屋盖主体结构的横向主桁架，“波浪”造型结构的横向主桁架和光谷“花瓣”造型结构（图 3-1）；一般构件为“关键构件”范畴以外的钢桁架和网架（图 3-2）。

屋盖结构性能目标细化表（设计基准期为 50 年）　　表 3-1

项目	多遇地震	设防地震	罕遇地震
宏观损坏程度	无损坏	轻度损坏	中度损坏
关键构件	弹性	受弯弹性 受剪弹性	受弯不屈服 受剪不屈服
一般构件	弹性	受弯不屈服 受剪不屈服	允许屈服 控制塑性变形

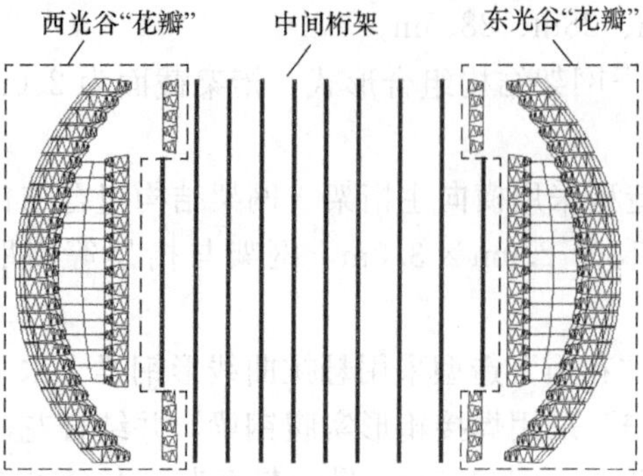

图 3-1　屋盖关键构件

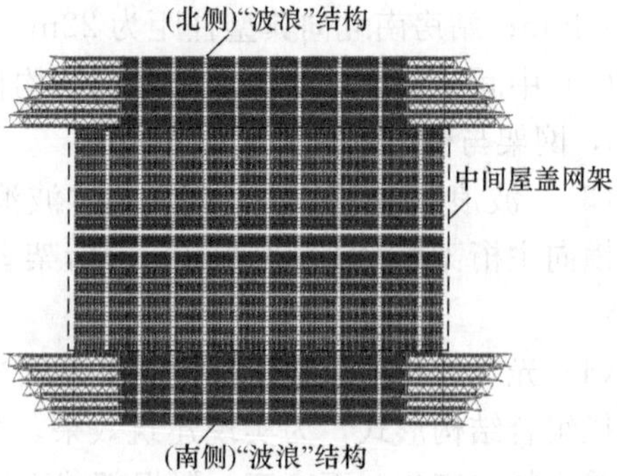

图 3-2　屋盖一般构件

针对本工程超限情况，采取以下补充分析以及加强措施：1）计算模型计入屋盖结构与下部结构的协同作用；2）采用时程分析法进行多遇地震、设防烈度及罕遇地震作用下的补充计算；3）针对超长结构特点补充结构的行波效应分析；4）重力荷载作用下的几何非线性稳定分析；5）竖向荷载和风荷载、地震作用、温差效应的组合分析；6）施工模拟和抗连续倒塌计算。

3.2　分析结果

3.2.1　小震时程分析

采用 2 条天然波和 1 条人工波，进行包络设计。其中，天然波 1 为 Livermore-01，天然波 2 为 Whittier Narrows-01，人工波为 RH1TG040。地震波峰值加速度根据设计使用年限 50 年调整为 $35cm/s^2$。两个分量峰值加速度比值为主方向∶次方向＝1.0∶0.85，阻尼比取 0.03。经分析，3 条波作用下，屋盖柱底总剪力包络值与反应谱法的比值为 133.32%。故采用振型分解反应谱法放大 1.33 倍计算结果为设计依据。

3.2.2　结构行波效应分析

本工程分别取视波速 1500m/s、1000m/s、500m/s 进行试算，则东西向行波效应的最大时间间隔 Δt 分别为 0.26s、0.39s、0.78s。选取小震弹性时程分析中的 3 条地震波进行多点激励时程分析。采用地面运动的位移作为动荷载建立动力平衡方程，进行多点地震动输入的激励。对屋盖支撑柱底东西向总剪力的行波效应进行计算统计，结果显示 3 条波的位移时程多点激励均比一致激励要小，且视波速越大，多点激励越接近一致激励。即表明，地震作用的行波效应对此屋盖结构的影响不明显。

因多点输入效应时，同一构件的内力变化规律不尽相同。本工程采用各内力共同作用下的构件截面最大应力作为钢构件的主要考察对象。给出基于抗震截面验算的设计响应比 K_d 作为衡量多点输入效应影响程度的参数。公式如下：

$$K_d = S^m / S^u$$

$$S^m = 1.2S_{GE} + 1.3S_{Ek}^m$$

$$S^u = 1.2S_{GE} + 1.3S_{Ek}^u$$

其中，S_{Ek}^m 为多点输入的地震作用效应；S_{Ek}^u 为一致输入的地震作用效应；S_{GE} 为重力荷载效应；S^m 为多点输入的基本组合设计值；S^u 为一致输入的基本组合设计值。

考察屋盖中部网架和两侧飘带下部支承柱（图 3-3、图 3-4）在上述荷载组合作用下的构件截面最大应力，具体结果见表 3-2 和表 3-3。

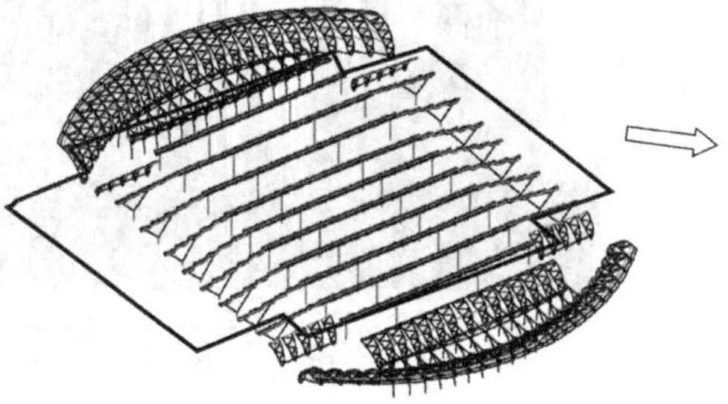

图 3-3　屋盖中部网架

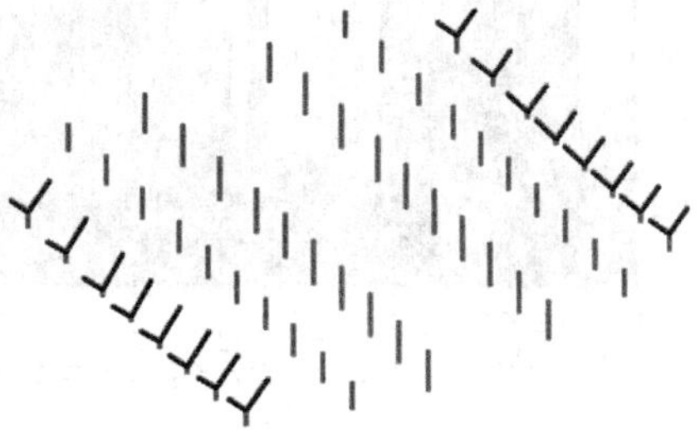

图 3-4　支承柱

各设计响应比下钢构件数量统计　　表 3-2

项目		$0.0 \leqslant K_d < 1.0$	$1.0 \leqslant K_d < 1.05$	$1.05 \leqslant K_d < 1.10$
天然波 1（m/s）	500	100%	—	—
	1000	92.05%	7.95%	—
	1500	88.64%	11.36%	—
天然波 2（m/s）	500	100%	—	—
	1000	97.73%	2.27%	—
	1500	94.32%	5.68%	—
人工波（m/s）	500	100%	—	—
	1000	93.18%	5.68%	1.14%
	1500	85.22%	13.64%	1.14%

综合计算结果统计　　表 3-3

时程波	超载比例（$K_d>1$）	设计响应比最大值 $K_{d,max}$	最大正应力 S_{11}（MPa）	
			一致输入	多点输入
天然波 1	11.36%	1.044	114.108	114.411
天然波 2	5.68%	1.017	117.78	114.396
人工波	14.77%	1.094	117.875	117.905

由表 3-2 可见，大多数钢构件的设计响应比 K_d 小于 1，即多点输入效应会减小大多数钢构件的设计应力。对于这些构件，不考虑多点输入效应是偏安全的。但仍然有大约 15% 的构件响应超过一致输入，其中大多数超载幅度小于 5%，小部分超载幅度在 5%～10% 之间，设计中予以复核即可。

3.2.3　等效弹性结构性能化设计验算

本工程的中震性能要求为：屋盖的关键构件中震弹性，一般构件中震不屈服。采用等效弹性方法计算，中震采用振型分解反应谱法放大 1.33 倍计算结果为设计依据（继承小震时程结果分析结论）。关键构件为中震弹性，荷载组合为：$1.2G+1.3E_{xy}$；一般构件为中震不屈服，荷载组合为：$1.0G+1.0E_{xy}$。

在双向地震作用下，对部分不满足要求的关键构件，针对性地采取截面加大和牌号提高措施，得出的主要分析结果如图 3-5 所示。

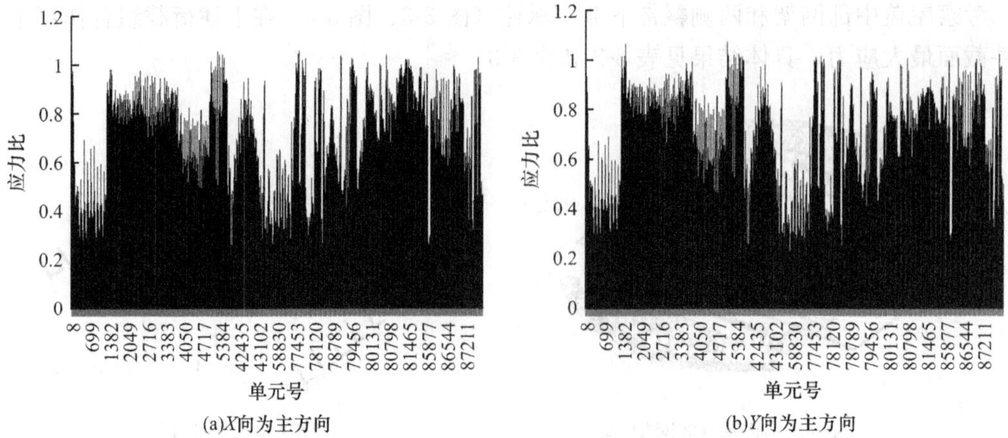

图 3-5　关键构件应力比柱状图

注：共 14660 根杆件，X 向仅 33 根应力比大于 1.0，其中最大应力比为 1.065；
Y 向仅 28 根应力比大于 1.0，其中最大应力比为 1.076。

由图 3-5 可知，采取上述针对性加强措施后，关键构件仅有个别构件未满足要求，在后期对剩余的个别杆件采取截面加大措施即可满足中震弹性性能目标。一般构件的主应力均未达到构件的屈服强度 355MPa，满足不屈服性能要求。

3.2.4　罕遇地震作用下屋盖钢结构等效弹性时程分析

罕遇地震时程分析时采用调幅后的时程曲线（时程曲线同小震时程分析），调幅峰值为 220cm/s^2。考虑罕遇地震作用下，下部结构出现损伤，刚度退化，阻尼相比多遇地震时增加了 0.005，即采用 0.035。屋盖的关键构件需满足大震不屈服的要求。大震工况荷载组合为：$1.0G+1.0E_{xy}$。

经大震时程分析，揭示出本工程主要构件中的薄弱环节有：

(1) 光谷的薄弱环节主要有 4 处（图 3-6）：光谷外排中部主梁、光谷中排中部主梁、光谷内排外侧主梁和光谷外排中部支撑。

加强措施：1）光谷薄弱部位的主梁采用高强度钢材，拟采用 Q460B 牌号。2）光谷外排中部支撑拟采用加大截面的形式，截面尺寸同外部支撑，即由原设计的“方 200×6”改成“方 300×10”。

(2) 中部桁架部位的薄弱环节主要有 2 处（图 3-7）：外排桁架端部腹杆和波浪横向桁架转折部位。

加强措施：1）外排桁架端部腹杆部位，拟采用加大截面的措施。2）波浪横向桁架转折部位拟采用“相关杆件加大截面＋立体桁架三面加钢板蒙皮”的加强措施。

罕遇地震作用下，关键构件出现薄弱环节，根据不同部位采用相应的加强措施后，只有光谷“花瓣”处两道环梁□1200×800×30×40（mm）和□1000×600×30×30（mm）与“花瓣”主梁连接节点位置不满足要求，略有超载。后期通过针对性的节点加强措施（如环梁牌号改成 Q460B，节点区域主梁和环梁加大截面厚度等）可满足不屈服性能目标。

本工程的超限分析内容还包括相应的防连续倒塌分析、结构稳定分析和施工模拟分析，限于篇幅，以上内容不在本文论述。本工程其他的专项分析（包括温度专项）则在后续施工图阶段进行专门分析论证。

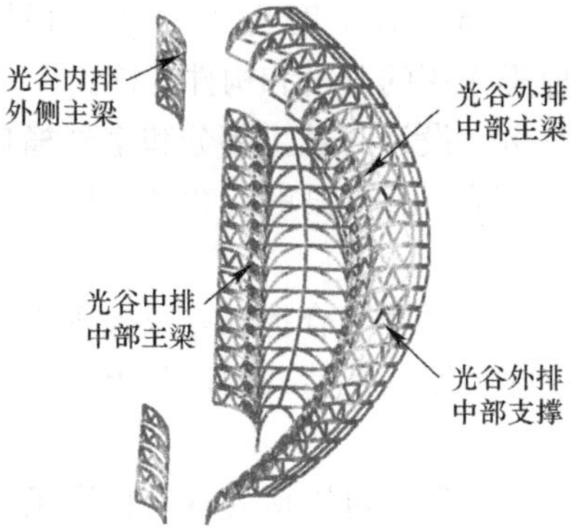

图 3-6　光谷薄弱部位

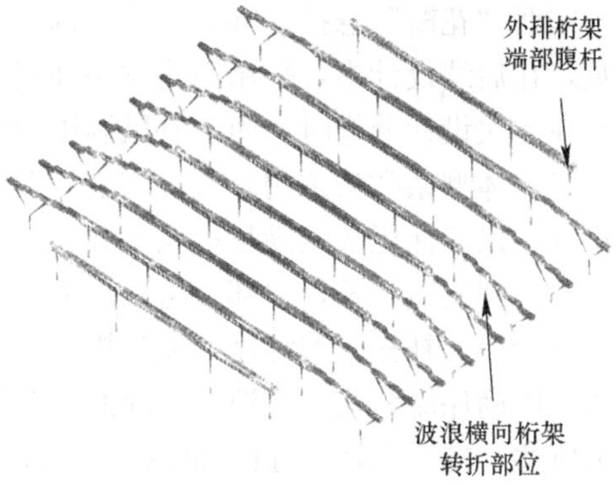

图 3-7　中部桁架薄弱部位

4　抗震设防专项审查意见

(1) 补充地面以上模型分析，并按保留夹层、合并夹层做包络设计；对大跨和悬挑部分增加竖向地震作用分析。

(2) 宜做风洞试验。补充正负风压荷载和屋面系统抗风分析，风振系数应不小于 2.0 或按风洞试验取值。

(3) 应采取有效措施减小温度应力对混凝土超长构件和屋盖结构的不利影响。

(4) 宜按照不设缝的工况对整体结构模型做地震行波效应分析。补充斜方向水平地震作用分析验算。

(5) 屋盖支撑柱、与柱连接节点、V 形撑、“花瓣”造型结构应按中震弹性作为性能目标。中间屋盖主体结构两侧纵向桁架应设为关键构件。

(6) 进一步排查地质情况，减小溶岩的不利影响，处理好主体结构与交通轨道结构的连接。

(7) 补充不同材质构件连接及钢与混凝土构件连接节点的分析，优化叠合板设计。

审查结论：通过。

5　点评

(1) 通过中震、大震分析，揭示本工程屋盖的薄弱环节，采取针对性的局部加强措施后，屋盖构件能满足相应的性能化设计目标要求。通过抗连续倒塌分析，显示本工程屋盖整体性较好，抗连续倒塌的能力储备较大。

(2) 针对本工程屋盖部分的光谷拱存在面外失稳的可能性，进行了稳定性分析，结论显示能满足整体稳定要求。实际图纸中，光谷拱之间尚有密布的百叶来增加光谷拱面外稳定的冗余度。

(3) 本工程因建筑效果要求不设缝，屋盖南北方向不设缝长度为 412m，单元长度超过 300m，在设计中，考察了行波效应对结构的影响，从结果看，行波效应不明显，局部构件做加强调整即可满足要求。

(4) 东西“花瓣”悬挑28m，屋盖中部最大跨度64m，在7度区(0.1g)，根据超限审查意见，在后续设计中，采用简化方法补充竖向地震作用的分析和构件复核。

(5) 在本次设计分析时，尚未有风洞试验数据参考，设计时悬挑部分和室外檐口形式上掀工况时，体型系数均采用－2.0。在后续风荷载工况，依超限审查意见，按2.0的风振系数设计，以确保屋盖能满足抗风承载力的要求。

(6) 本工程屋盖超长，中部屋盖外形平顺，外加光谷暴晒与合拢温差很大等因素，在后续施工图阶段，补充屋盖温度专项分析，并以温度作为第一活荷载的荷载组合进行构件验算复核，以确保屋盖能满足温差工况的承载能力。

综上所述，在采取针对性的加强措施且设计充分考虑后，可以认为本工程满足竖向荷载、温度作用的相关指标，屋盖结构能达到“小震不坏、中震关键构件弹性、大震不屈服不倒塌”的抗震设防目标，结构是可行且安全的。

80 江门体育中心体育场

关　　键　　词：超限大跨空间结构；性能化设计；整体稳定分析
结构主要设计人：孙文波　周伟星
设　计　单　位：华南理工大学建筑设计研究院有限公司

1　工程概况与设计标准

江门市体育中心位于江门滨江新城启动区，新南路与天沙河路的交汇处，用地面积 40 万 m^2，由体育场、游泳馆、体育会展中心等组成。其中体育场为甲级中型体育场，座位 25518 个，建筑面积 37778.5m^2。建筑方案采用不对称看台的设计造型，其中体育场西看台为主看台（图 1-1 和图 1-2），西看台屋盖钢结构顶高度为 53.924m，最大跨度为 264.44m，为整个项目的重点、难点及亮点。

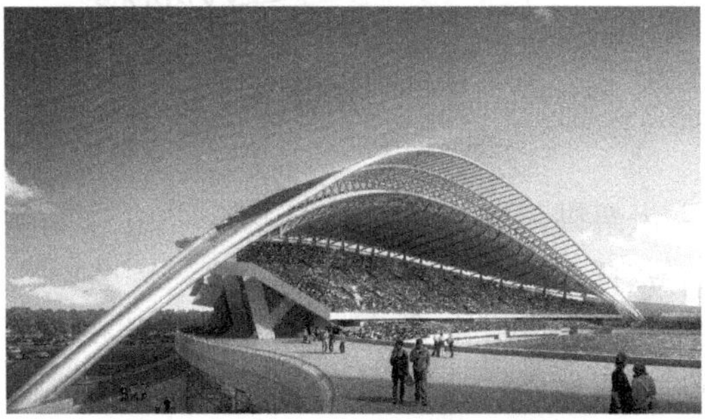

图 1-1　体育场西看台建筑效果图

图 1-2　体育场西看台竣工照片

本工程结构设计使用年限为 50 年；钢结构安全等级为一级；钢结构重要性系数 $\gamma=1.1$；抗震设防烈度为 7 度；抗震设防类别为乙类；设计基本地震加速度值为 0.10g；地震分组为第一组；场地类别为Ⅱ类；基本风压为 0.6kN/m^2（50 年一遇）和 0.65kN/m^2（100 年一遇）。

2　结构体系及超限情况

2.1　结构体系

根据建筑功能特点，本工程下部结构采用钢筋混凝土框架结构形式，可以满足竖向承载能力和水平承载能力的要求；上部大跨度结构采用钢结构的形式，钢屋盖主要承受竖向荷载和风荷载。

体育场西看台屋盖钢结构由拱桁架、桁架梁以及由拱架向两侧悬挑的飘篷组成，如图 2-1 所示。拱桁架横截面为倒三角形，两端拱脚支撑于地面，拱脚之间理论跨度约 260m（包含了混凝土支座的尺度），拱顶至地面矢高 50m，拱架平面与水平面夹角 47°，拱顶向场外倾斜，通过设置拱支撑杆支承于屋面桁架梁上，拱桁架由圆钢管构成。屋盖桁架梁一端与下部混凝土外侧边缘柱子铰接，另一端与拱架下弦钢管铰接。屋盖桁架梁为压弯构件，采用倒三角形空间管桁架形式。为保证屋盖的整体刚度，在桁架梁中间设置斜撑杆，并在跨中和端部设置稳定桁架，如图 2-2～图 2-4 所示。

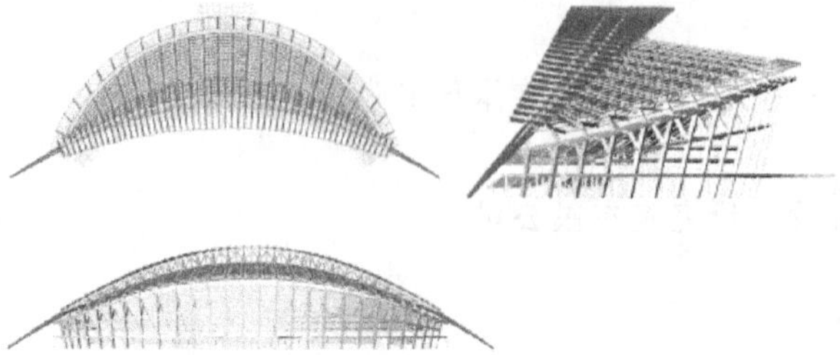

图 2-1 体育场西看台计算模型平面、立面图

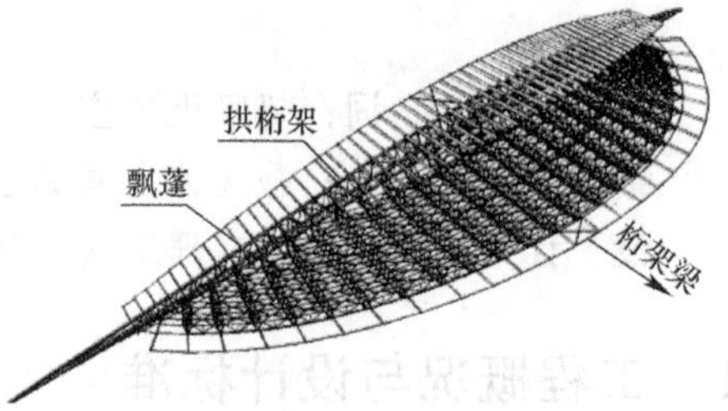

图 2-2 西看台钢结构轴测图

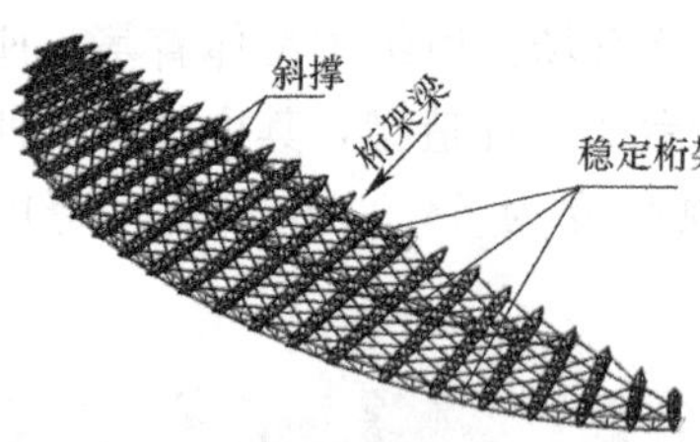

图 2-3 西看台屋面桁架梁+稳定桁架+斜撑

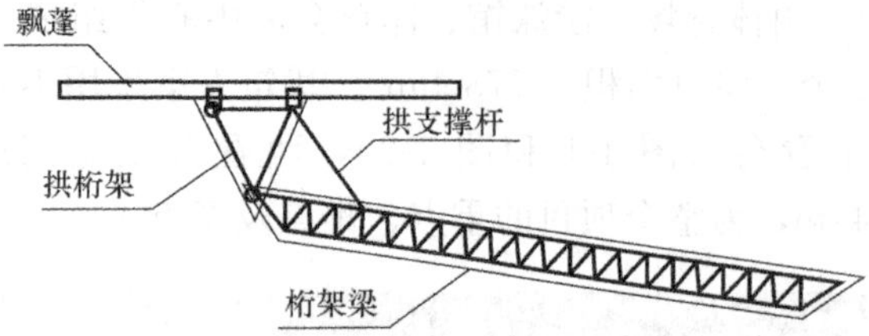

图 2-4 西看台钢结构体系侧立面图

西看台屋盖钢结构的主要构件截面如下：主桁架拱弦杆为圆钢管 ϕ1020×20，主桁架拱腹杆主要为圆钢管 ϕ273×7.0，桁架梁上、下弦杆主要为圆钢管 ϕ426×10、ϕ402×10，桁架梁腹杆主要为圆钢管 ϕ245×7.0，屋面斜撑主要为圆钢管 ϕ351×8.0，主桁架拱上面的悬挑飘梁为 H 型钢梁 H1000×400×16×20，屋面檩条主要为 H 型钢梁 H350×150×6×8，钢材材质均为 Q345B。

体育场西看台屋盖钢结构总用钢量约为 2015t，西看台屋盖展开面积约为 13000m^2，用钢量为 155kg/m^2。

2.2 结构的超限情况

参照《关于印发〈超限高层建筑工程抗震设防专项审查技术要点〉的通知》（建质〔2010〕109 号）（下文简称《技术要点》）附录 1 表 4 第 2 项（见表 2-1），本工程体育场西看台屋盖钢结构拱脚之间的理论跨度为 264.444m，超过 120m，应根据《技术要点》的规定对其进行更详尽的计算分析，并采取有效的抗震措施和控制屋盖构件承载力和稳定的具体措施。

其他高层建筑工程　　表 2-1

序号	简称	简要涵义
1	特殊类型高层建筑	《建筑抗震设计规范》《高层建筑混凝土结构技术规程》和《高层民用建筑钢结构技术规程》暂未列入的其他高层建筑结构，特殊形式的大型公共建筑及超长悬挑结构，特大跨度的连体结构等

续表

序号	简称	简要涵义
2	超限大跨空间结构	屋盖的跨度大于120m或悬挑长度大于40m或单向长度大于300m，屋盖结构形式超出常用空间结构形式的大型列车客运候车室、一级汽车客运候车楼、一级港口客运站、大型航站楼、大型体育场馆、大型影剧院、大型商场、大型博物馆、大型展览馆、大型会展中心，以及特大型机库等

注：表中大型建筑工程的范围，参见《建筑工程抗震设防分类标准》GB 50223—2008（下文简称《设防分类标准》）。

3 超限应对措施及分析结论

3.1 超限应对措施

3.1.1 分析模型及分析软件

西看台结构采用Strand 7、MIDAS/Gen和3D3S进行分析计算，弹性计算采用普通的梁柱单元，弹塑性计算采用纤维模型梁柱单元，所有计算均考虑几何非线性。计算采用完整模型，包含支承屋盖钢结构的下部混凝土结构构件。

3.1.2 抗震设防标准、性能目标及加强措施

（1）抗震设防标准

本工程抗震设防烈度为7度。根据《设防分类标准》第6.0.3条的规定，本工程属乙类建筑，按设防烈度8度采取抗震措施。

（2）性能目标

为保证结构在地震作用下的安全，本工程的抗震性能目标选定为B，各地震水准下的抗震性能水准要求及实现抗震性能目标的具体要求为：

1）在多遇地震作用下，结构构件的承载力要求达到结构抗震性能水准1，即构件完好、无损坏，按常规设计，满足弹性设计要求。地震作用设计参数按安评报告采用。当然，也要满足非地震组合作用下的各种性能要求。

2）在设防烈度地震作用下，结构构件的承载力要求达到结构抗震性能水准2，即构件基本完好、轻微损坏。关键构件及普通竖向构件的抗震承载力宜符合《高层建筑混凝土结构技术规程》JGJ 3—2010（下文简称《高规》）式（3.11.3-1）的规定；耗能构件的受剪承载力宜符合《高规》式（3.11.3-1）的规定，其正截面承载力应符合《高规》式（3.11.3-2）的规定。在本工程中，屋盖钢结构构件的抗震承载力按《高规》式（3.11.3-1）进行复核，即构件承载力按不计入风荷载效应的地震作用效应设计值复核。地震作用设计参数按规范采用。

3）在预估的罕遇地震作用下，结构构件的承载力要求达到结构抗震性能水准3，即构件轻度损坏。结构应进行弹塑性计算分析，关键构件及普通竖向构件的正截面承载力应符合《高规》式（3.11.3-2）的规定，水平长悬臂结构和大跨度结构中的关键构件正截面承载力尚应符合《高规》式（3.11.3-3）的规定。在本工程中，屋盖钢结构构件的抗震承载力按《高规》式（3.11.3-2）和式（3.11.3-3）进行复核，即采用不计入风荷载效应的地震作用效应标准组合按构件截面承载力标准值进行复核。地震作用设计参数按规范采用。

本工程中，屋盖钢结构的关键构件包括：拱桁架、桁架梁和斜撑。表3-1列出了结构构件（钢结构）的性能目标。

结构构件（钢结构）的性能目标　　表 3-1

地震烈度	性能要求	承载力指标
多遇地震	性能水准 1	完好，按常规设计，满足弹性设计要求
设防地震	性能水准 2	关键构件基本完好、少量次要构件轻微损坏，承载力按不计入风荷载效应的地震效应设计值复核
罕遇地震	性能水准 3	允许构件轻微损坏，承载力按不计入风荷载效应的地震效应标准值复核

（3）加强措施

针对本工程超限情况，采取以下措施：

1）计算模型计入屋盖结构与下部结构的协同作用。

2）采用时程分析法进行多遇地震及罕遇地震作用下的补充计算。

3）重力荷载作用下的几何材料双非线性稳定分析。

4）竖向荷载和风荷载、地震作用、温差效应的组合分析。

5）支座水平刚度的对比分析和支座沉降分析。

6）施工模拟和抗连续倒塌计算。

3.2 分析结果

3.2.1 找形分析

初始的建筑方案并未对拱结构的形状进行过专门的研究，筒壳外形并不能适应荷载分布形态。找形分析后，主拱结构的形状相对原始形态略有变化，但极大地改善了拱的受力，桁架拱以轴向受力为主要特征（即各弦杆内的压应力基本相同），从而获得了很好的结构经济性。

3.2.2 自振频率及振型

主拱结构的前三阶振型均表现为拱平面内的形变，如图 3-1 所示。

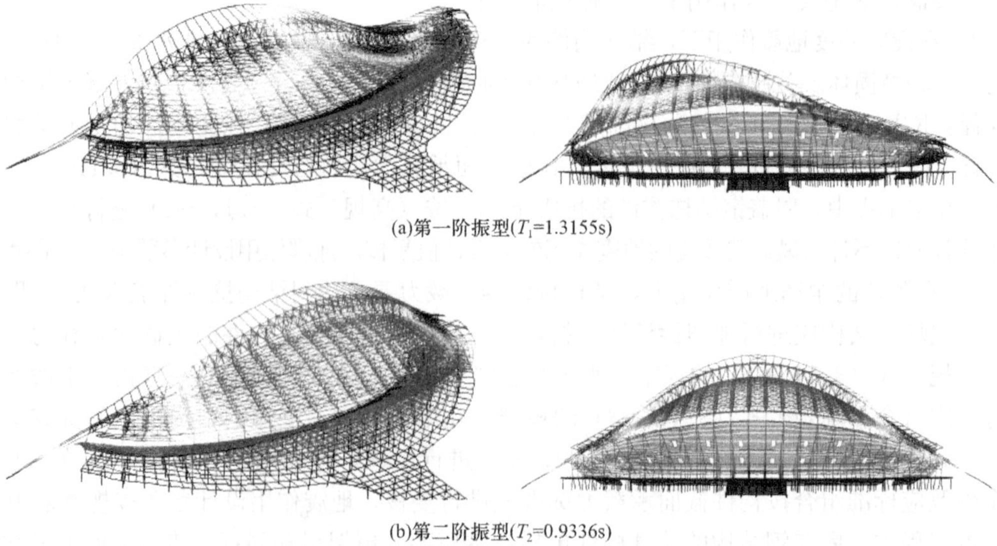

(a)第一阶振型(T_1=1.3155s)

(b)第二阶振型(T_2=0.9336s)

图 3-1　结构前三阶振型（一）

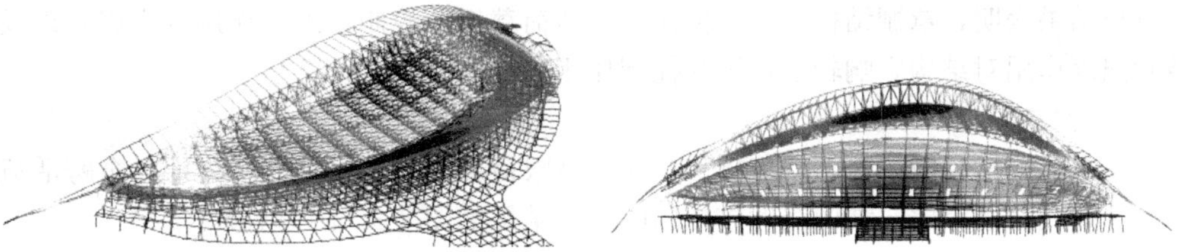

(c)第三阶振型(T_3=0.8426s)

图 3-1 结构前三阶振型（二）

3.2.3 外部作用（恒荷载、活荷载、风荷载、温度及多遇地震）分析

对于结构在恒荷载、活荷载、风荷载、温度及小震等外部因素作用下的反应，按照相关规范规定的组合进行分析计算。计算结果满足规范关于强度和刚度的要求。其中风荷载主要为上吸力，不起控制作用。部分计算结果如图 3-2 所示。

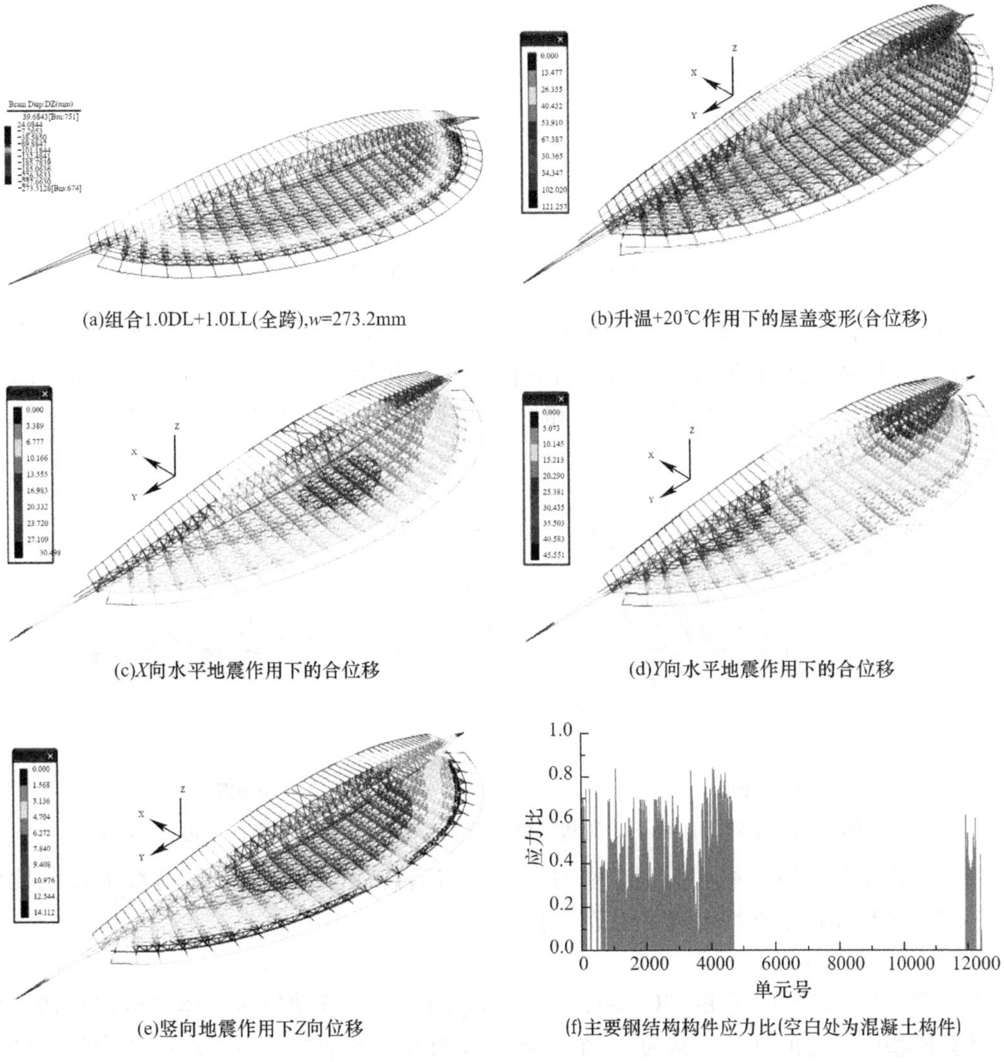

(a)组合1.0DL+1.0LL(全跨),w=273.2mm

(b)升温+20℃作用下的屋盖变形(合位移)

(c)X向水平地震作用下的合位移

(d)Y向水平地震作用下的合位移

(e)竖向地震作用下Z向位移

(f)主要钢结构构件应力比(空白处为混凝土构件)

图 3-2 结构变形图及应力比统计

分析结果表明，罩棚结构主要由恒荷载、活荷载组合控制，地震作用（小震）以及风荷载和温度作用对结构影响较小，不起控制作用。

3.2.4 结构的稳定性分析

主要包括线性屈曲（模态）分析和非线性极限荷载分析，每种分析均针对全跨活荷载和半跨活荷载分别考虑。结构线性整体屈曲分析结果如图 3-3、图 3-4 所示。

(a)轴测图　　(b)立面图

图 3-3　全跨活荷载第一阶线性整体屈曲模态（λ=6.203）

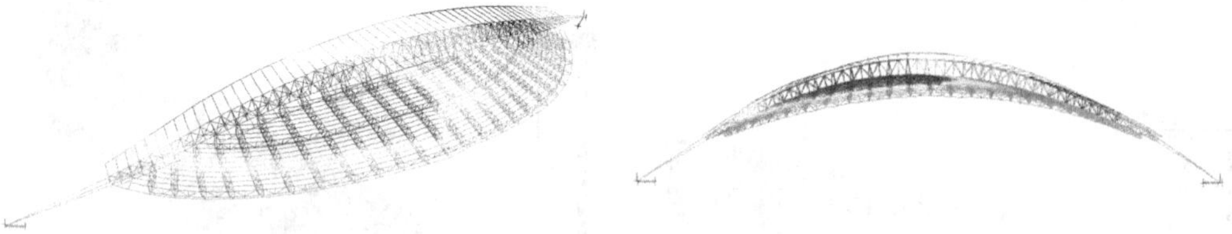

(a)轴测图　　(b)立面图

图 3-4　半跨活荷载第一阶线性整体屈曲模态（λ=6.358）

根据《空间网格结构技术规程》JGJ 7—2010 第 4.3.4 条的要求，分析时采用一致缺陷模态法，初始缺陷形状取各自的第一阶屈曲模态，初始缺陷值取钢结构屋盖跨度的 1/300（即 881mm），同时考虑几何非线性和材料非线性。分析结果如图 3-5、图 3-6 所示。

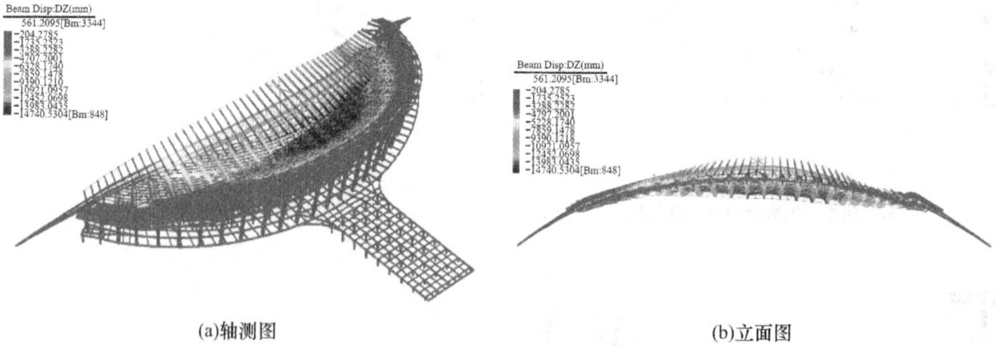

(a)轴测图　　(b)立面图

图 3-5　恒荷载+全跨活荷载下，弹塑性极限荷载系数 $K=2.07$ 时竖向变形 14749mm

稳定分析结果表明，相对于非对称的半跨分布活荷载，全跨均布活荷载为控制性作用，但结构的整体稳定性均可满足规范要求。

3.2.5 施工过程模拟分析

本工程采用 Strand 7 中的“Construction Sequence”计算功能对整体结构进行初步分析。计算模型中，总的施工步骤为 18 个：第 1 步为混凝土结构的施工；第 2 步为主拱胎架（如贝雷架等临时支撑）的安装就位；第 3 步为拱支座的施工；第 4～15 步为主拱结构由低到高依次在胎架上拼装就位；第 16 步为桁架梁的安装；第 17 步为剩余其他构件的安装，同时加上屋面系统的荷载；第 18 步为主拱胎架拆除，屋盖结构自主受力。由于结构刚度较大，施工过程对结构的最终变形影响极小，可忽略不计。如图 3-7 所示。

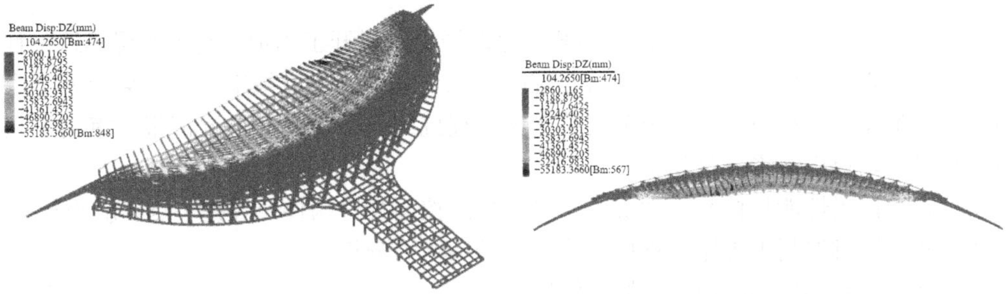

(a)轴测图　　(b)立面图

图 3-6　恒荷载＋半跨活荷载下，弹塑性极限荷载系数 $K=2.31$ 时竖向变形 15183mm

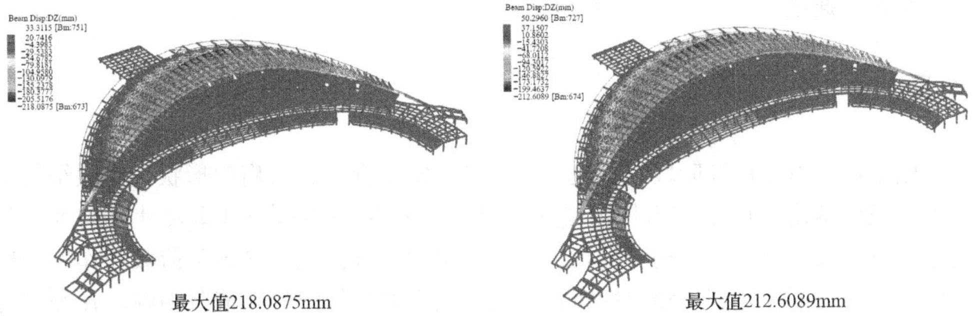

最大值218.0875mm　　最大值212.6089mm

(a)施工过程模型　　(b)一次成型加载模型

图 3-7　施工过程模型和一次成型加载模型变形对比

3.2.6　抗震性能综述

多遇地震组合的计算结果前文已有表述，参见图 3-2。

设防烈度地震组合和罕遇地震组合下的构件应力比如图 3-8、图 3-9 所示。

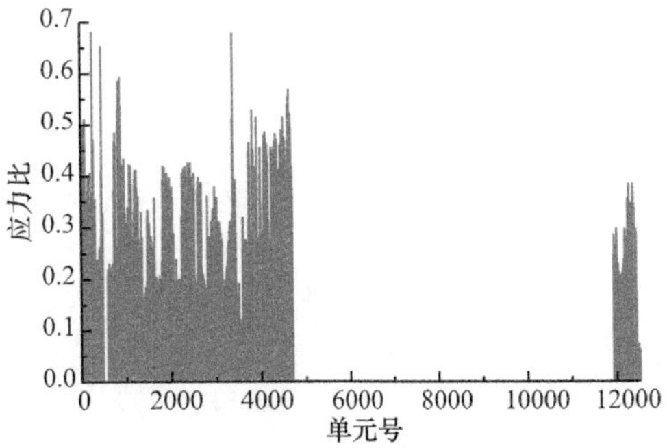

图 3-8　设防烈度地震组合构件应力比

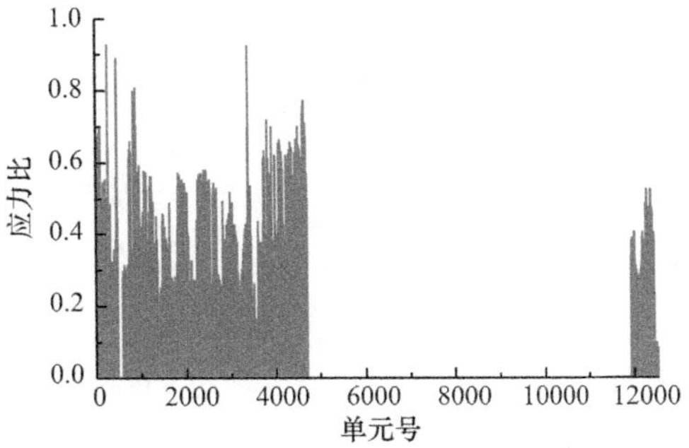

图 3-9　罕遇地震组合构件应力比

综合来看，本罩棚结构能够实现小震及中震弹性，大震不屈服的基本性能目标。事实上，由于地震作用相对于其他荷载作用影响较小，只需对少量构件略做加强，罩棚钢结构还能够实现大震弹性的抗震性能目标。

4 抗震设防专项审查意见

2013年11月14日，江门市住房和城乡建设局主持召开了本项目超限高层建筑工程抗震设防专项审查会，广东省建筑设计研究院陈星总工程师任专家组组长。与会专家听取了华南理工大学建筑设计研究院有限公司关于该工程抗震设防设计的情况汇报，审阅了送审资料。经讨论，提出审查意见如下：

（1）完善抗震性能目标与构件抗震等级，从严控制关键构件及关键节点的应力比。

（2）补充拱脚混凝土支座与钢拱的连接大样和受力分析。

（3）宜加强钢拱顶部飘篷的结构整体性。

（4）补充最不利地震角方向的计算分析。

（5）完善基础水平刚度的分析。

审查结论：通过。

5 点评

本罩棚结构在方案设计阶段，首先通过找形确定了合理的拱桁架形状，使拱结构由重力荷载下的压弯结构变成了基本均匀受压的结构，在保证拱桁架基本尺寸（跨度、矢高等）的条件下，大大减轻了结构自重，提高了结构的综合性能。在各种荷载和作用的影响下，罩棚结构的强度、挠度、稳定性指标均能控制在规范规定的限值范围内，在经济性和安全性之间取得了比较好的平衡。

抗震性能化分析结果表明，由于结构具有较为合理的刚度和质量分布，结构在中震和大震作用下具有较为宽裕的承载能力，这也说明了本场地条件下的地震作用对于该结构影响较弱。从计算结果来看，结构由稳定性分析控制，这是本工程设计的一个重要特征。

81 广州万达滑雪乐园

关　　键　　词： 滑雪乐园；大跨重载结构；先滑动后简支支座
结构主要设计人： 李盛勇　周　定　廖　耘　曹春华　李东存　吴金姝　李华荣　常　磊　张俊毫

设　计　单　位： 广州容柏生建筑结构设计事务所（普通合伙）

1　工程概况与设计标准

1.1　工程概况

广州万达滑雪乐园位于广州市花都区，是世界最先进的第四代室内滑雪场，占地 7.5 万 m^2，可同时接待 3000 名游客。L 形平面总长约 370m，滑道区横向总宽度约 110m，滑道高度从 66m 逐渐下降到地面。滑道区净高要求 22m，再加上约 10m 的屋面桁架高度，“雪世界” 屋面最高点标高为 98m，沿滑道以 7°～12°的坡度逐渐下降到最低点标高 40m（图 1-1）。

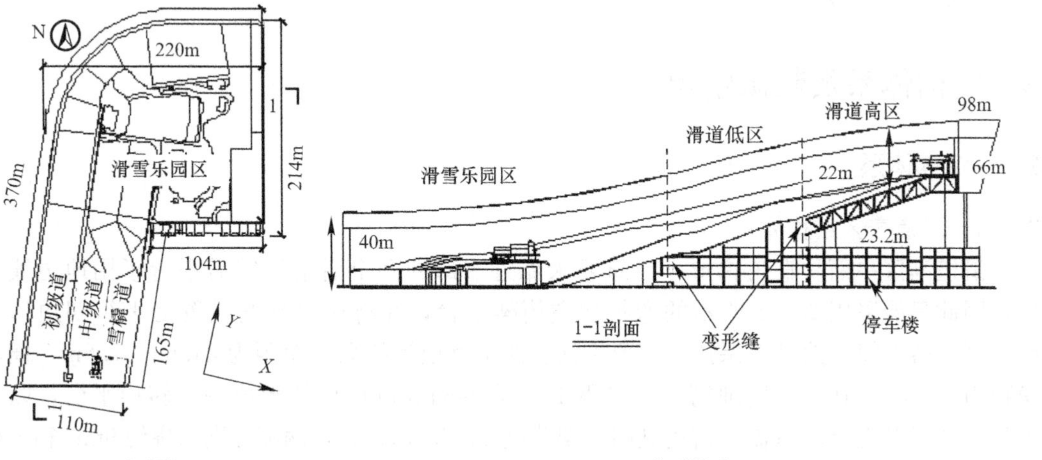

图 1-1　滑雪乐园平面、剖面示意图

滑雪乐园可用变形缝分为滑道高区、滑道低区和乐园区三个单体。滑道高区与停车楼之间有一个很大的架空区域，只有四个落地筒支承；建筑架空效果要求结构只能采用钢桁架转换，这个巨大的转换结构是滑雪场设计的主要难点。为加强刚度，滑道低区与下部停车楼相连。特殊的室内功能，造成倾斜的滑道区与 40m 标高的戏雪区平屋盖之间有一个明显的跌级区域，最大高差达到 32m，保持屋盖整体性是滑雪场设计的另一大难点。

如图1-2所示，建筑要求整个“雪世界”内部接近无柱空间，导致滑道区的结构柱只能设置在跨度110m的两条边上，形成大跨屋盖。

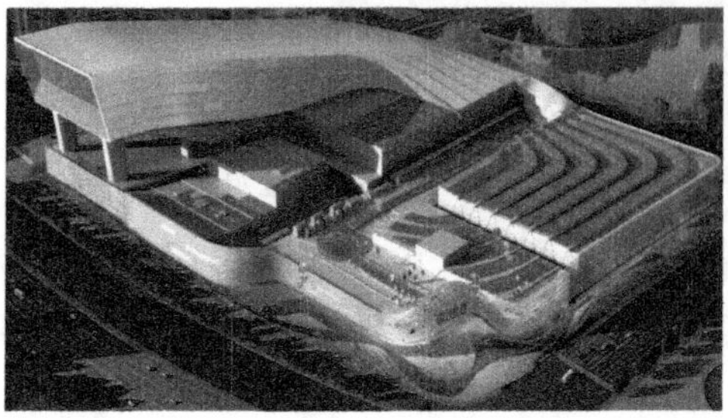

(a) 室外

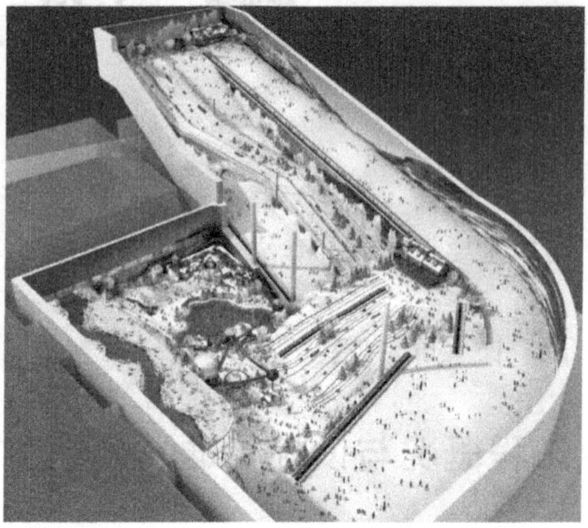

(b) 室内

图1-2　滑雪场室内外效果图

1.2　设计标准

广州花都属6度区，地基基础设计等级为甲级。滑雪场分缝后各单体的使用人数少，按一般设防类（丙类）考虑。结构安全等级为二级，但将跨度大于60m等关键构件的安全等级提高至一级。

2　结构体系及超限情况

2.1　结构体系

2.1.1　滑道高区结构体系

滑道高区平面呈直角梯形，建筑要求靠近端部的两个后落地筒需平行于用地边线布置，因此只能采用图2-1所示的弯折架空桁架平台，并将后落地筒设置为平行四边形平面，而前落地筒依然可以保持为矩形平面。四个落地筒的纵向净距为44.6～57.6m，横向净距为60.4m。在四个落地筒间，采用10m高的箱式巨型桁架形成一个转换平台，以支承整个高区滑道层及屋盖。箱式纵向桁架跨度44.6～57.6m，两端分别出挑约9m；箱式横向桁架跨度60.4m，两端分别出挑13m，再与连接屋面3m宽钢格构柱的纵向边桁架相连。在各榀主桁架间，结构设置了多榀横向次桁架、边桁架、纵向连系杆以及斜平面支撑，形成图2-2所示的刚度很大的完整转换桁架平台，用来支托上部的滑道和屋盖体系。由于高区三条滑道的起坡位置、坡度均不相同，在转换桁架平台以上，还需设置找形次结构。在次结构框架间设置了纵向、横向柱间支撑，形成框架支撑体系，以抵抗滑道倾斜引起的下滑力。

由于纵向桁架弯折、桁架受弯、滑道倾斜等影响，四个落地筒的弯矩高达约69.1×10^4kN·m，基础和筒体难以实现。设计在两个后筒顶部设置了先滑动后筒支支座，落地筒水平推力下降48%，Y向总弯矩下降约70%，效果非常显著（图2-3）。

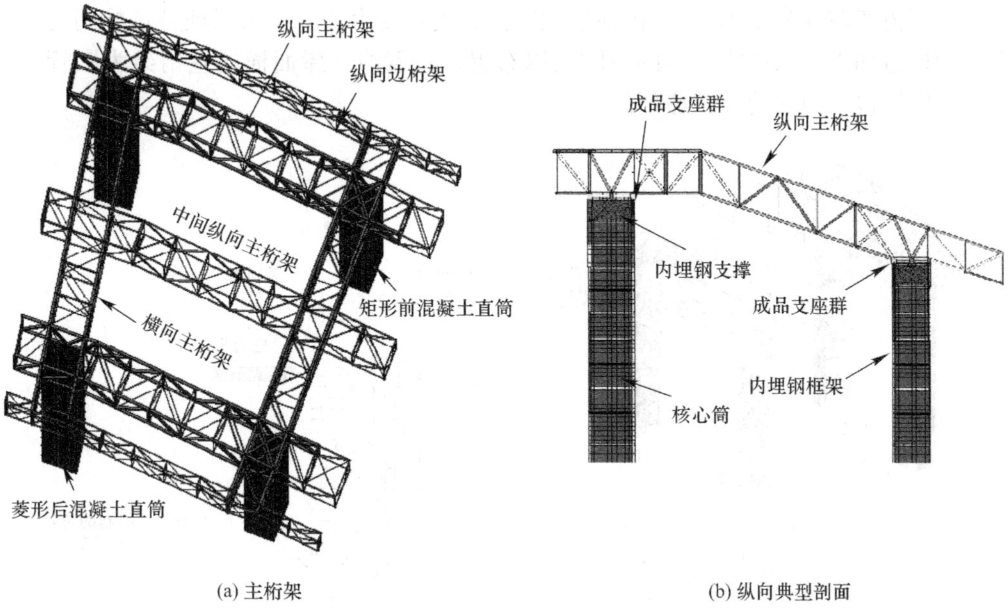

图 2-1 转换平台主桁架及纵向典型剖面图

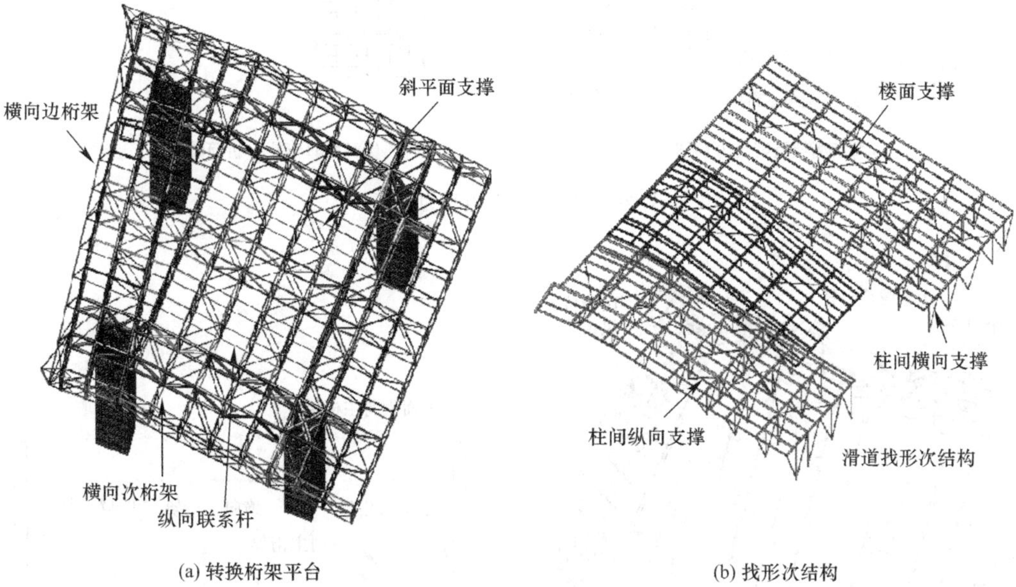

图 2-2 转换桁架平台及找形次结构构成

支承 110m 跨屋盖的滑道两侧结构柱宽不能超 3m，为减轻构件自重，滑道高区屋盖选用了如图 2-4 所示的“大跨主桁架＋格构柱”的门式刚架体系。大跨钢屋盖由主桁架、次桁架、上下弦稳定杆、屋面抗风撑、格构柱以及端部的山墙抗风系统等构件组成。

2.1.2 滑道低区结构体系

如图 2-5 所示，滑道低区结构体系由停车楼框架＋外排 3m 宽巨型柱＋屋面简支桁架构成，屋面桁架跨度为 104m，外排柱最大侧向无支长度为 45m。为保证外排柱间稳定性，采用双梁构造加强；双边梁中间的空隙用以布置设备管线。屋面横向主桁架为圆管桁架，用成品支座铰接在两端的外排柱顶部。

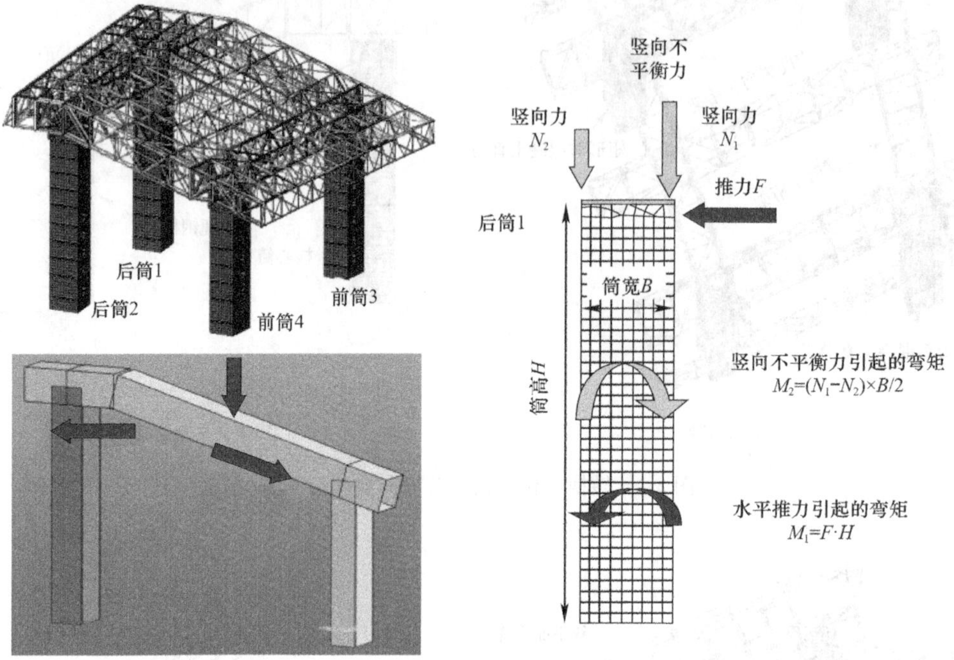

(a) 弯折桁架及其受力简图　　(b) 后筒1弯矩分析简图

图 2-3　落地筒弯矩受力分析

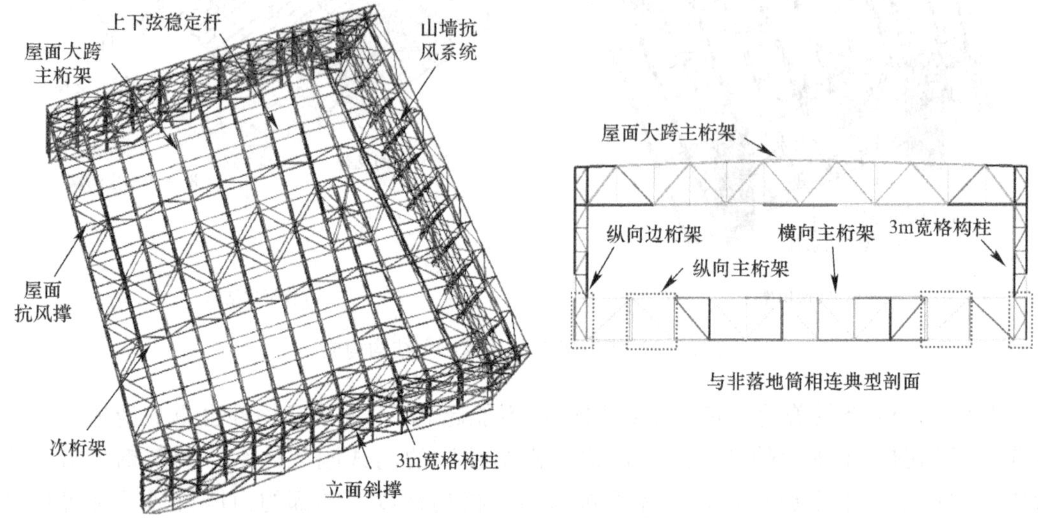

(a) 屋盖构成示意　　(b) 屋盖与架空平台连接

图 2-4　大跨屋盖构成及与下部架空平台连接

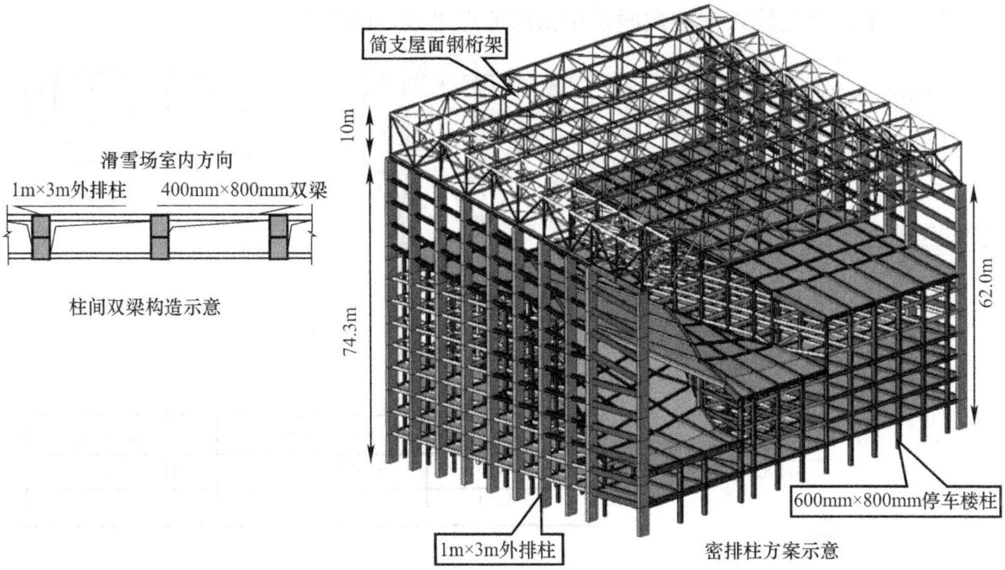

图 2-5　滑道低区结构体系

2.1.3　乐园区结构体系

如图 2-6 所示，滑雪乐园区的主结构体系由外排巨型柱＋内部屋盖支承柱＋大跨屋面桁架＋局部初级道框架组成。乐园区外排柱最大高度达到 60m，为提高柱稳定性，设计中对高度超过 45m 的乐园区外排柱采用了变阶柱加强，同时将这部分外排柱与初级道内部框架相连，形成稳定的双保险。

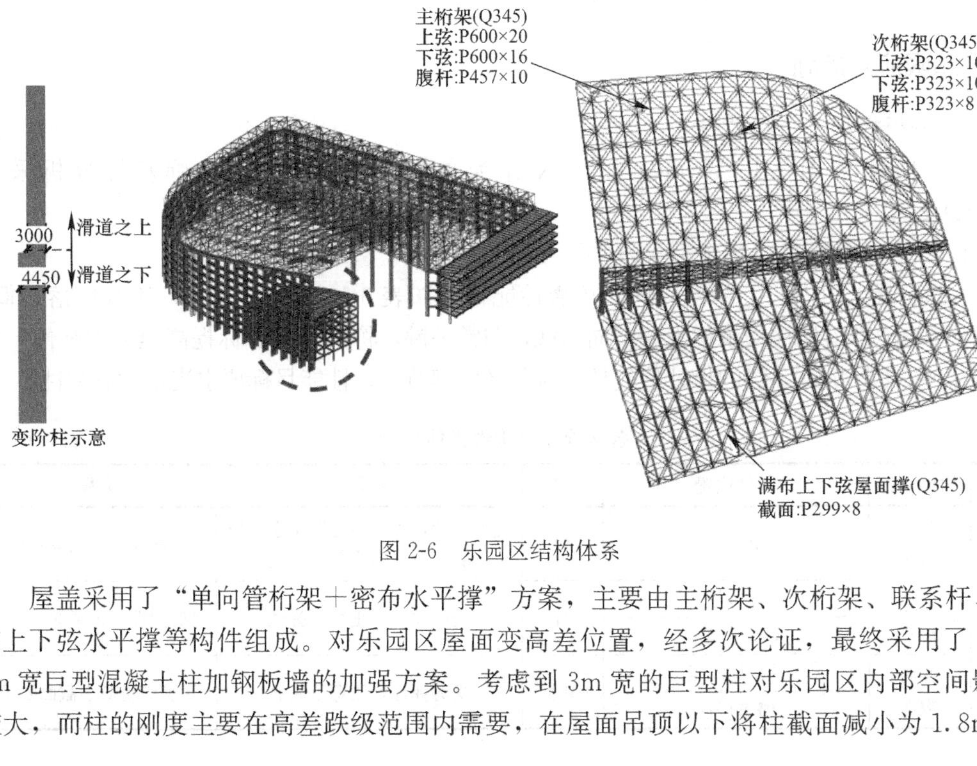

图 2-6　乐园区结构体系

屋盖采用了“单向管桁架＋密布水平撑”方案，主要由主桁架、次桁架、联系杆、满布上下弦水平撑等构件组成。对乐园区屋面变高差位置，经多次论证，最终采用了 5 根 3m 宽巨型混凝土柱加钢板墙的加强方案。考虑到 3m 宽的巨型柱对乐园区内部空间影响较大，而柱的刚度主要在高差跌级范围内需要，在屋面吊顶以下将柱截面减小为 1.8m 和

1.5m 宽，与吊顶以上较大的柱截面采用斜向节点过渡（图 2-7）。

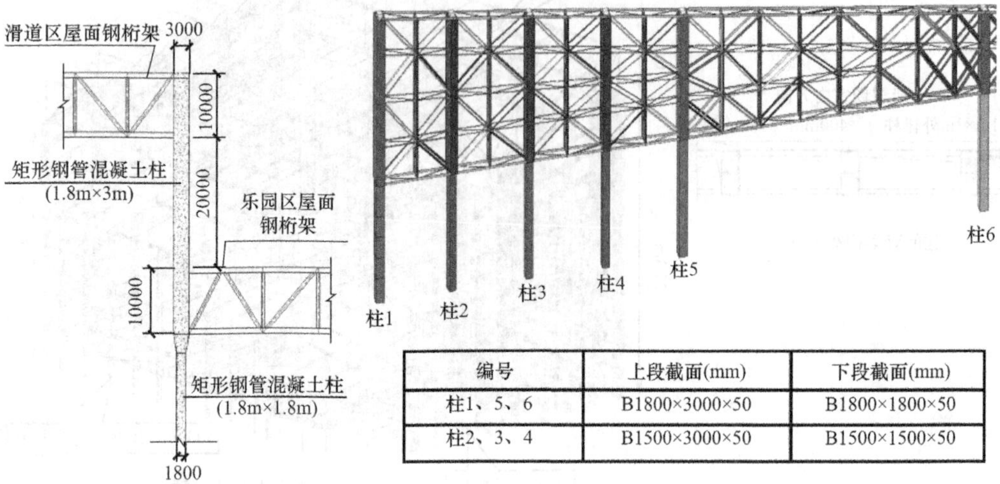

编号	上段截面(mm)	下段截面(mm)
柱1、5、6	B1800×3000×50	B1800×1800×50
柱2、3、4	B1500×3000×50	B1500×1500×50

图 2-7　乐园区跌级位置纵向桁架加强

2.2　结构的超限情况

本工程滑道高区、滑道低区、滑雪乐园区均采用了下部混凝土结构、上部钢结构的混合结构体系，各超限单体均属于“特殊形式的大型公共建筑”，应进行抗震设防专项审查。

3　超限应对措施及分析结论

3.1　超限应对措施

3.1.1　分析模型及分析软件

弹性阶段采用 MIDAS/Gen 和 YJK 作为主要计算分析软件，弹塑性分析采用 ABAQUS。

3.1.2　抗震设防标准、性能目标及加强措施

下部混凝土构件、上部钢构件的抗震性能目标如表 3-1、表 3-2 所示。因高区落地筒、乐园区 5 根内部落地柱均承担大量竖向荷载，非常关键，将其性能目标提高至大震弹性，大震作用下按不计抗震等级的设计值复核。对各区关键节点，性能目标要求满足大震弹性。

各区混凝土构件性能目标　　　　表 3-1

分区	构件类型	构件位置	小震	中震	大震
滑道高区	关键构件	落地筒	弹性	受剪弹性，中震不屈服组合墙肢名义拉应力不超过 $2f_{\mathrm{tk}}$	受剪弹性，压弯弹性
滑道低区	关键构件	外排柱	弹性	受剪弹性，正截面弹性	受剪弹性，正截面不屈服
		交叉滑道架空柱			
	普通构件	外排柱间梁	弹性	受剪弹性，压弯不屈服	受剪满足最小截面要求
		停车楼柱			

续表

分区	构件类型	构件位置	小震	中震	大震
滑雪乐园区	关键构件	外排柱	弹性	受剪弹性，正截面弹性	受剪弹性，正截面不屈服
	普通构件	外排柱间梁	弹性	受剪弹性，压弯不屈服	受剪满足最小截面要求
		左侧商业街条带框架柱			
		左侧商业街条带空腹桁架梁			

各区钢构件性能目标　　表 3-2

分区	构件类型	构件位置	性能要求	小震	中震	大震
滑道高区	关键构件	架空平台主桁架	性能 2	弹性	基本完好，承载力按不计抗震等级调整地震效应的设计值复核	轻—中等破坏，承载力按极限值复核
		钢罩棚柱				
		罩棚屋面主桁架				
	普通构件	架空平台次桁架	性能 3	弹性	轻微损坏，承载力按标准值复核	中等破坏，承载力达到极限值后能维持稳定，降低小于 5%
		滑道次结构、屋面次桁架和水平支撑				
滑道低区	关键构件	罩棚屋面主桁架	性能 2	弹性	基本完好，承载力按不计抗震等级调整地震效应的设计值复核	轻—中等破坏，承载力按极限值复核
	普通构件	罩棚屋面次桁架	性能 3	弹性	轻微损坏，承载力按标准值复核	中等破坏，承载力达到极限值后能维持稳定，降低小于 5%
		屋面水平支撑				
滑雪乐园区	关键构件	屋面跌级位置钢管柱	性能 1	弹性	基本完好，承载力按不计抗震等级调整地震效应的设计值复核	基本完好，承载力按不计抗震等级调整地震效应的设计值复核
		罩棚屋面主桁架、跌级位置纵向桁架	性能 2	弹性	基本完好，承载力按不计抗震等级调整地震效应的设计值复核	轻—中等破坏，承载力按极限值复核
	普通构件	罩棚屋面次桁架	性能 3	弹性	轻微损坏，承载力按标准值复核	中等破坏，承载力达到极限值后能维持稳定，降低小于 5%

3.1.3 加强措施

针对本工程超限情况及设计中的关键技术问题，从设计和构造措施、计算手段等方面采取了如下加强措施：

（1）对体型特殊的滑雪场进行专门的风洞试验，并与规范风进行包络设计。

（2）根据安评报告并结合规范参数，对小震、中震、大震作用进行同比放大，以保证施加在结构上的地震作用足够。

（3）根据隔热程度，对结构各部分考虑不同的温度作用。对滑道低区、滑雪乐园区等超长混凝土结构，采取后浇带措施，防止温度应力下混凝土受拉开裂，并适当增加构件的配筋率。

（4）对结构进行正常使用状态验算、承载力极限状态验算，并根据设定的性能目标，进行中震、大震性能设计。

（5）对滑道低区、滑雪乐园区外排柱进行屈曲分析，以确定柱计算长度系数。

（6）用静力法进行大跨桁架、滑雪乐园区内部落地柱等关键构件的抗连续倒塌分析。

（7）对滑雪场各区结构进行7度大震作用下的弹塑性时程分析补充计算，以寻找结构可能的薄弱部位。

3.2 分析结果

（1）高区结构前三周期分别为1.91s、1.40s、1.30s，扭转周期比为0.68。高区架空转换平台、钢屋盖的最大竖向挠度分别为1/509、1/521，可分别满足1/400、1/300的限值要求。钢屋盖在风荷载作用下的位移角为1/524，可满足1/250的限值要求；混凝土落地筒在竖向荷载作用下的最大位移角为1/2435，可满足1/800的限值要求。

（2）由于对高区筒体采取了有效的弯矩减小措施，四个落地筒底部墙肢在竖向荷载作用下均未出现竖向拉应力，筒顶最大竖向拉应力仅为1.4MPa，小于混凝土的开裂应力。

（3）高区整体屈曲及局部屈曲分析结果表明，钢屋盖格构柱面内计算长度系数在0.65以内，设计中偏安全地取1.0。

（4）低区结构高度较大，第一周期达2.10s，低区最大层间位移角为1/588，可满足规范要求。竖向荷载作用下，屋盖简支桁架的最大挠度为1/435，也可满足1/300的变形限值要求。

（5）滑雪乐园区第一周期1.67s，屋盖主桁架最大应力比为0.82，次桁架、屋面撑、连系杆等构件的最大应力比为0.9。

4 抗震设防专项审查意见

2015年9月15日，广州市住房和城乡建设委员会在广州市府前路1号大院3号楼401会议室主持召开了“广州万达文化旅游城商业楼滑雪乐园”超限高层建筑工程抗震设防专项审查会。与会专家听取了广州容柏生建筑结构设计事务所关于该工程抗震设防设计的情况汇报，审阅了送审资料。经讨论，提出审查意见如下：

（1）应补充关键节点（如支座、主桁架节点等）的抗震性能目标，应做到大震弹性。

（2）滑道高区下层桁架上弦平面内刚度应加强。

（3）支座节点设计应与制造商、施工单位协调，以满足预定的受力状态。

（4）建议加大乐园区屋盖跌级处柱的刚度。

（5）应补充滑道高区滑道下的次结构设计。

（6）滑道交叉处跨度30m梁应考虑疲劳验算。

（7）基础设计应处理好溶洞和土洞的不利影响。

审查结论：通过。

5 点评

滑雪乐园虽属于“特殊形式的大型公共建筑”，但结构体系清晰明确，整体性较好，在设计中采用概念设计与分析计算相结合的方法，通过设置结构缝、选择合理的结构体系、合理利用施工过程释放初应力、优化构件截面等方法，使结构应力、变形、温度效应等各项指标均控制在合理范围内。本结构抗震性能良好，关键构件及屋面重要构件均可满足设定的性能目标，且具有多道防线，结构是可行且安全的。

82 金湾航空城市民艺术中心

关　　键　　词：单层钢网格空间结构；带复杂连体结构；大跨度连桥；树形柱节点设计
结构主要设计人：黄泰赟　符景明　边建烽　庄　信　何铭基　袁　昆
设　计　单　位：北京市建筑设计研究院有限公司华南设计中心

1 工程概况与设计标准

金湾航空城市民艺术中心工程位于广东省珠海市金湾区，金湾航空城金帆大道以南、迎河东路以西。该项目用地面积约 6.7 万 m^2，平面呈蝴蝶形状（图 1-1）。本工程主要包括大剧院、多功能厅、艺术馆和科普馆四个地上单体建筑，含 2 层地下室（局部为 1 层），总建筑面积约 9.95 万 m^2。整个建筑在 2 层平台处分为四个分塔，各分塔在顶部通过大型连续曲面造型屋盖连为一体（图 1-2）。

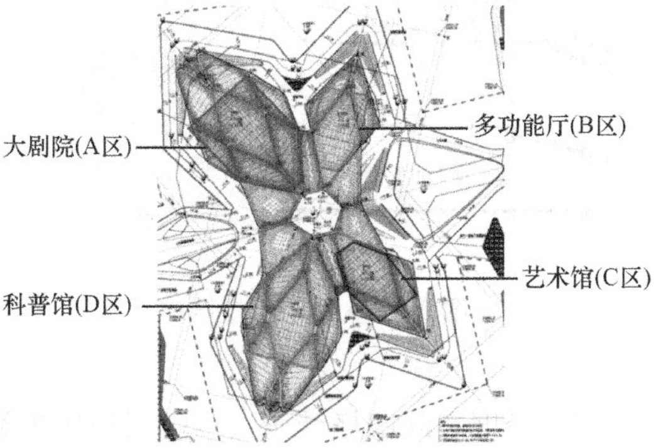

图 1-1　总平面图

图 1-2　建筑整体效果图

大剧院（A 区）地上共 7 层，主体结构总高度为 29.0m。多功能厅（B 区）和艺术馆（C 区）地上共 3 层，主体结构总高度均为 16.0m。科普馆（D 区）地上共 3 层，主体结构总高度为 17.0m。连接各分塔的造型屋盖标高在＋23～＋34m 之间变化。

本工程结构设计使用年限为 50 年，结构安全等级为二级，基础设计等级为甲级。根据《建筑抗震设计规范》GB 50011—2010（2016 年版）与《中国地震动参数区划图》GB 18306—2015 的规定，本项目抗震设防烈度为 7 度（0.10g），设计地震分组为第二组，场地类别为Ⅲ类。依据《建筑工程抗震设防分类标准》GB 50223—2008，本工程的大剧院及 2 层平台以下为重点设防类，其余部分为标准设防类。

2 结构体系及超限情况

2.1 结构体系

结合建筑平面功能、高度、结构经济性及受力合理性，本工程地上、地下结构整体不分缝，地上主体塔楼采用钢筋混凝土框架-剪力墙或框架结构+单层钢网格屋盖的受力体系，其中A区大剧院主体塔楼采用框架-剪力墙结构，B区多功能厅和D区科普馆采用框架结构，C区艺术馆采用少墙的框架-剪力墙结构。

2.1.1 竖向承载和抗侧力结构体系

（1）主体框架-剪力墙和框架结构

在主要竖向构件的布置上，将竖向承载与抗侧力体系结合起来考虑，实现构件的竖向承载和抗侧要求相协调（图2-1），同时结合屋盖钢结构的支承连接需要布置，使屋盖荷载能够明确、快速地传递至主体结构。框架柱、剪力墙主要采用钢筋混凝土，部分框架柱根据需要采用钢骨混凝土柱。由于建筑造型或功能转换需要，部分柱需采用斜柱形式（图2-2），其向外倾斜角度为17°～19°。

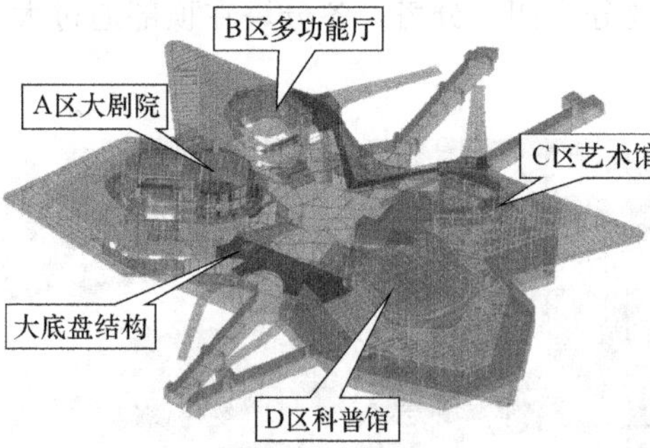

图2-1 四塔楼大底盘结构

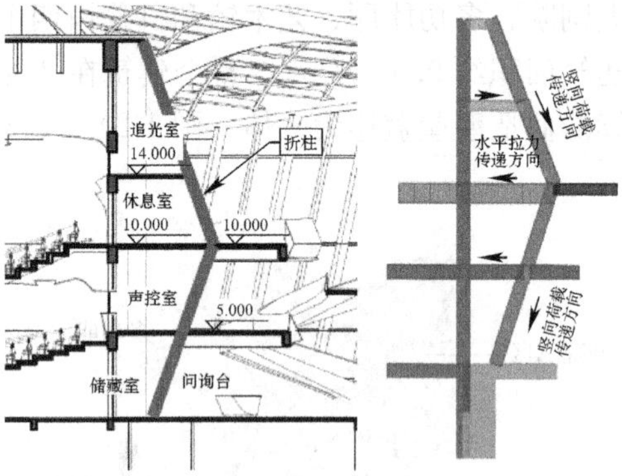

图2-2 大剧院折柱结构

（2）造型屋盖单层钢网格空间结构

造型屋盖钢结构主要是由两级层次组成的单层大跨度空间网格结构。第一级层次为类马鞍形边界、下部树形柱、幕墙柱及相关主体上部支撑，此部分结构为直接与主体结构发生传力联系的部位，是整个网格结构主受力系统（图2-3）。图2-4给出造型屋盖整体结构的一些关键尺寸的示意。第二级层次为以类马鞍形边界为受力支承的双向单层钢网格结构（图2-5）。

在构件的截面形式上，由于建筑要求整体二级构件均为外露钢结构，同时不允许设置面内支撑等稳定构件，结构设计上拟采用焊接箱形构件（箱形截面梁高300～500mm），所有节点采用刚接设计，构件的线形主要为直线或单曲线。对于类马鞍形单元边界，由于建筑外包曲面为扭曲的形态，对构件的截面和形式限制极为严格，设计上主要采用圆管截面（主管直径800mm，壁厚30～35mm），避免构件与装修冲突问题。树形柱主干和分枝主要采用圆管截面（主干直径1000～1300mm，分枝直径650～950mm），分枝杆件与主干、屋盖主梁的连接采用刚接设计，树形主干与主体连接为采用外包混凝土连接的方式，外包插入深度不小于一层。幕墙柱采用箱形截面构件（500mm×500mm），幕墙柱顶部与屋盖主梁刚接，底部与混凝土结构铰接。屋顶支撑采用二力杆的受力形式（图 2-6），截面形式为圆管截面（直径 450～650mm，壁厚 20～25mm），连接节点采用向心关节轴承连接形式，以充分反映设计实际情况。

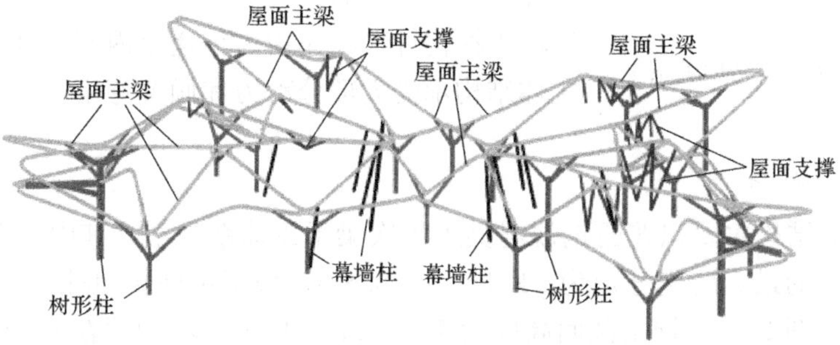

图 2-3　第一级层次结构

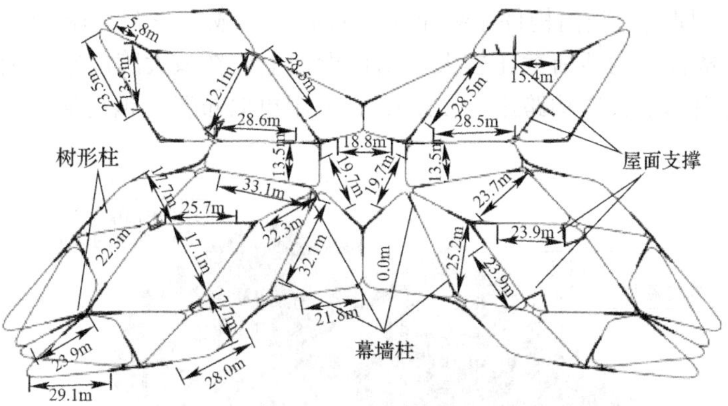

图 2-4　屋盖与支承结构关系

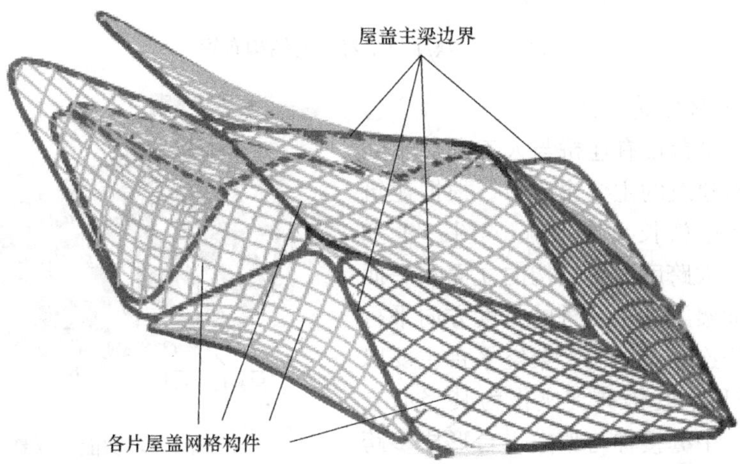

图 2-5　第二级层次结构

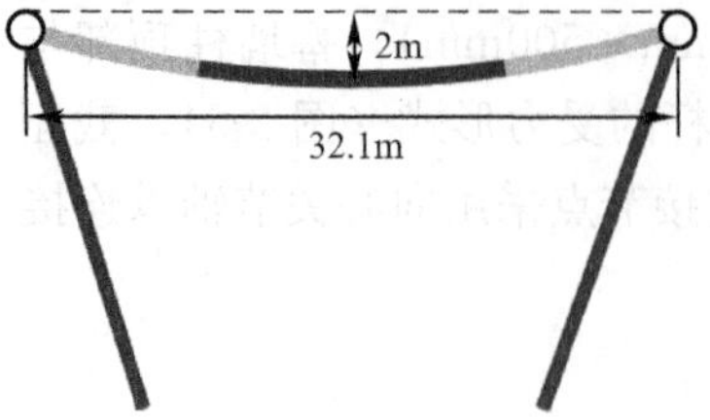

图 2-6 支撑与次屋盖结构关系

（3）造型屋盖钢结构与主体结构相互关系

竖向荷载主要由内部主体结构和外壳结构共同承受。由分析可知，无论是刚度还是质量，外壳钢结构均远小于内部主体结构，质量仅为主体结构的 9%左右。因此，在结构设计上，外帷幕钢结构通过树形柱构件、屋面支撑构件等将作用力传递至内部主体结构，由内部主体结构承受大部分剪力和倾覆弯矩，形成明确的抗侧设防传递体系。

2.1.2 楼盖结构体系

本工程楼盖结构主要以普通钢筋混凝土主次梁承重体系为主。其中 A 区大剧院观众厅顶和主舞台顶的最大跨度分别为 21.4m 和 28.8m，采用单向 H 型钢梁＋钢筋桁架楼承板承重体系（图 2-7），钢梁截面高度为 1.5～2m。B 区多功能厅在 6.0m 标高处设置一层悬挑楼座（出挑 4.6m），结合另一侧悬挑平台（出挑 6.8m），形成支承于声闸处竖向结构的双悬挑结构，挑梁采用 1.2m 高的型钢混凝土梁（图 2-8）。对于 D 区科普馆，3 层科普活动空间周边的竖向构件主要呈圆形排布，形成了一个直径 31m 的圆形大跨空间。考虑到展厅楼板上的活荷载比较大，结构设计上，在该大跨度空间内部增加两个竖向支点，该空间内部最大结构跨度为 16.8m，采用单向布置的钢筋混凝土梁板体系，梁高 1200mm。

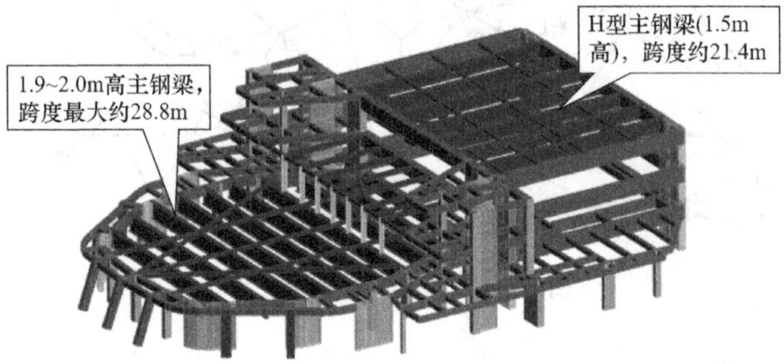

图 2-7 观众厅与主舞台的结构布置

2.1.3 大跨度桥体结构设计

本建筑 2 层平台设有连桥与人工湖对岸陆地相连，作为本建筑的主要出入口。根据建筑平面图，连桥的总长度约 80m。图 2-9 和图 2-10分别给出大跨度连桥结构的立面和平面示意图。桥面框架梁基本沿桥的长度方向平行布置，形成四跨连续梁结构。架空平台主要以连桥中部支座和中庭楼梯支座作为其竖向支承。连桥结构、中庭楼梯与架空平台形成多跨连续梁结构。架空平台结构利用两个斜撑与其相连的楼盖形成一种类似“拱”结构，传力方式也呈现“拱”轴向受力的特点（图 2-11）。

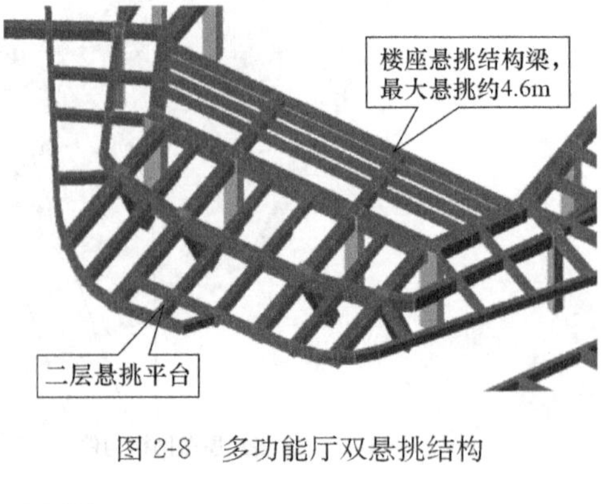

图 2-8 多功能厅双悬挑结构

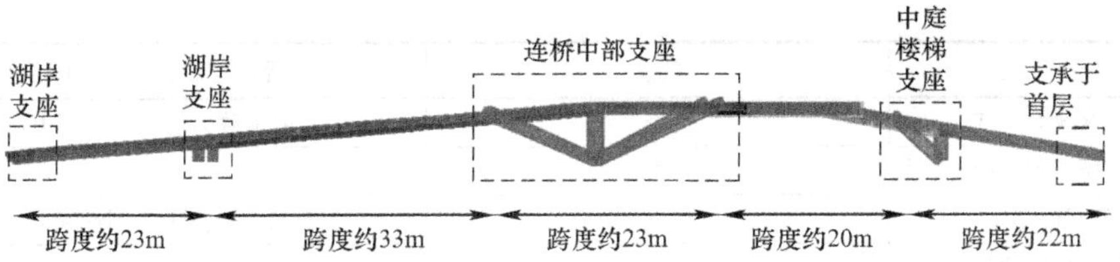

图 2-9 连桥、大跨度架空平台与中庭楼梯结构立面示意图

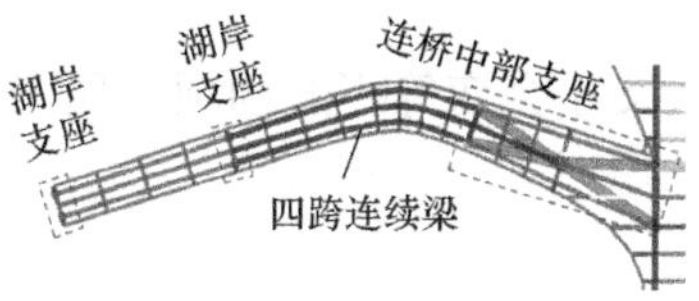

图 2-10 连桥结构平面示意图

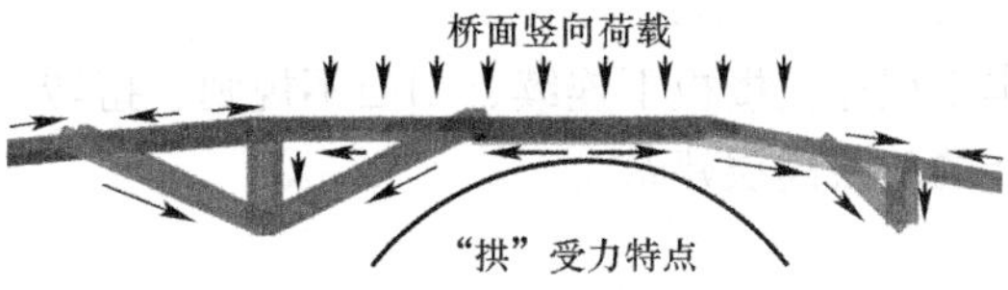

图 2-11 架空平台结构传力路径

2.1.4 基础设计

本工程采用钻（冲）孔灌注桩和静压式预应力高强混凝土管桩（PHC-AB）基础，底板按防水板设计。其中，地下 3 层、地下 2 层及屋盖钢结构柱在地下 1 层的支承位置采用灌注桩基础，其余部位采用预应力管桩基础。

2.2 结构的超限情况

2.2.1 结构高度超限情况

本工程采用框架-剪力墙或框架结构＋外帷幕单层钢网格空间结构组成的混合受力结构体系，屋面檐口最高点的高度约 30m，属于 A 级高度。

2.2.2 结构不规则情况

根据《住房城乡建设部关于印发〈超限高层建筑工程抗震设防专项审查技术要点〉的通知》（建质〔2015〕67 号）（下文简称《技术要点》），结构不规则情况如表 2-1 所示。

结构不规则情况 表 2-1

分类		类型	程度与注释（规范限值）
结构体系		主体框架-剪力墙或框架结构＋外帷幕单层钢网格空间结构	钢、混凝土混合结构
1a	扭转不规则	X 向：不规则	最大位移比为 1.27（C 区混凝土结构屋面）
		Y 向：不规则	最大位移比为 1.35（C 区混凝土结构屋面）
1b	偏心布置	否	
2a	凹凸不规则	是	2 层大平台结构平面凹进大于相应边长 30%
2b	组合平面	否	
3	楼板不连续	是	5.0m 标高以上大剧院、多功能厅、科普馆部分楼层的楼板有效宽度小于 50%，开洞面积大于 30%
4a	刚度突变	否	
4b	尺寸突变	是	6.0m 标高以上为四塔楼结构
5	构件间断	否	

续表

分类		类型	程度与注释（规范限值）
6	承载力突变	否	下层受剪承载力均大于相邻上层的80%
7	局部不规则	否	
显著不规则		否	不属于严重不规则性超限工程
特殊类型高层建筑		否	不属于《技术要点》表3、表4定义类别
超限大跨空间结构		否	不属于《技术要点》表5定义类别

2.2.3 超限情况小结

本工程存在楼板不连续、凹凸不规则、扭转不规则、尺寸突变等不规则项，属于带复杂连体的超限高层建筑。

3 超限应对措施及分析结论

3.1 超限应对措施

3.1.1 分析模型及软件

本工程所采用的分析软件有：1）PKPM（V4.3）主要用于整体分析、配筋等；2）SAP 2000（V20.1）主要用于整体分析和双软件校核；3）SAUSAGE（2018版）主要用于罕遇地震作用动力弹塑性分析；4）ANSYS和ABAQUS分别用于钢结构稳定分析和节点有限元分析。

3.1.2 抗震设防标准和性能目标

结合本工程的地震烈度、结构高度、场地条件、结构类型和不规则情况，本工程抗震设计拟选用C级性能目标及相应条件下的抗震水准性能，具体见表3-1。

结构抗震性能设计目标及震后性能状态 **表3-1**

项目		多遇地震	设防地震	罕遇地震
抗震性能目标		性能1	性能3	性能4
层间位移角		1/650 [1/500]	1/325 [1/250]	1/125 [1/63]
关键构件	支承悬挑楼座的声闸周边框柱	无损坏（弹性）	轻微损坏（受剪弹性，受弯不屈服）	轻度损坏（受弯、受剪不屈服）
	主舞台塔台支承结构梁、剪力墙和柱	无损坏（弹性）	轻微损坏（受剪弹性，受弯不屈服）	轻度损坏（墙：受剪不屈服，柱：受弯、受剪不屈服）
	屋盖钢结构一级层次受力构件及其连接节点	无损坏（弹性）	轻微损坏（受剪弹性，受弯不屈服）	轻度损坏（受弯、受剪不屈服）
	直接与钢屋盖支撑相连的梁、墙或柱	无损坏（弹性）	轻微损坏（受剪弹性，受弯不屈服）	轻度损坏（墙：受剪不屈服，柱：受弯、受剪不屈服）
	大剧场前厅斜柱及悬挑梁、多功能厅前厅斜柱及悬挑梁	无损坏（弹性）	轻微损坏（受剪弹性，受弯不屈服）	轻度损坏（受弯、受剪不屈服）
耗能构件	连梁、普通楼层梁、屋盖普通钢梁	无损坏（弹性）	轻度损坏、部分中度（受剪不屈服）	中度损坏、部分较严重
普通竖向构件	除关键构件外墙柱	无损坏（弹性）	轻度损坏（受弯不屈服，受剪弹性）	部分中度损坏（剪压比≤0.15）

3.2 分析结果

3.2.1 多遇地震作用与风荷载分析结果

考虑到本工程结构形式的多样性和复杂性，采用两个不同核心的计算软件对整体结构进行分析。针对本工程存在大跨度空间屋盖结构的特点，分别采用 SAP 2000 和 PKPM 中的 Saps+PMSAP 模块进行计算分析和设计。为了确保计算模型的正确性，分别从结构整体指标、结构变形、构件内力等多方面校核两个软件所建立的计算模型。表 3-2 主要给出 Saps+PMSAP 模块在多遇地震和风荷载作用下整体分析结果以及其与 SAP 2000 部分整体指标的校核。

Saps+PMSAP 主要计算结果及与 SAP 2000 部分结果对比　　表 3-2

指标		Saps+PMSAP 软件	SPA 2000 软件
计算振型数		90	90
第 1、2、3 阶振型均出现在单层钢网格结构屋盖		T_1=1.284s、T_2=1.187s、T_3=0.979s	T_1=1.268s、T_2=1.186s、T_3=0.953s
混凝土主体结构第 1、2 平动周期（s）	X	0.729（A 区）、0.746（B 区）0.746（C 区）、0.701（D 区）	—
	Y	0.660（A 区）、0.701（B 区）0.687（C 区）、0.660（D 区）	—
混凝土主体结构第 1 扭转周期（s）		0.391（A 区）、0.534（B 区）0.534（C 区）、0.534（D 区）	—
地震作用下基底剪力（kN）	X	39877（首层）	39149（首层）
	Y	38770（首层）	37933（首层）
风荷载作用下基底剪力（kN）	X	7020（首层）	—
	Y	6722（首层）	—
结构总质量（含地下室）（t）		260849	259294
剪重比（规范限值 1.6%）	X	4.05%（首层）	4.00%（首层）
	Y	3.93%（首层）	3.87%（首层）
地震作用下倾覆弯矩（kN·m）	X	513464（首层）	—
	Y	458584（首层）	—
风荷载作用下倾覆弯矩（kN·m）	X	89857（首层）	—
	Y	85472（首层）	—
50 年一遇风荷载作用下最大层间位移角（限值：框架 1/500，框剪 1/650）	X	1/9185(A 区 6 层)、1/9287(B 区 2 层)1/8507(C 区 2 层)、1/8969(D 区 2 层)	—
	Y	1/7405(A 区 5 层)、1/9883(B 区 2 层)1/8833(C 区 3 层)、1/9999(D 区 3 层)	—
地震作用下最大层间位移角（限值：框架 1/500，框剪 1/650）	X	1/1673(A 区 5 层)、1/2243(B 区 2 层)1/2121(C 区 2 层)、1/920(D 区 2 层)	1/1957(A 区 2 层)、1/2233(B 区 2 层)1/2337(C 区 3 层)、1/1244(D 区 2 层)
	Y	1/1563(A 区 5 层)、1/2082(B 区 2 层)1/1942(C 区 2 层)、1/1506(D 区 2 层)	1/1710(A 区 4 层)、1/2239(B 区 2 层)1/2229(C 区 3 层)、1/1862(D 区 2 层)
地震作用下钢柱顶最大侧移角（限值：1/250）	X	1/682	—
	Y	1/872	—
构件最大轴压比		0.68（框架柱）、0.36（剪力墙）	—

续表

指标		Saps+PMSAP软件	SPA 2000软件
本层受剪承载力和相邻上层的比值	X	0.97（A区5层）	—
	Y	0.97（A区5层）	—
嵌固端规定水平力框架柱及短肢墙地震倾覆力矩百分比	X	54.8%（A区2层）、81.3%（C区2层）	—
	Y	58.1%（A区2层）、81.3%（C区2层）	—
嵌固端框架柱地震剪力百分比	X	36.8%（A区2层）、65.9%（C区2层）	—
	Y	35.4%（A区2层）、69.9%（C区2层）	—

计算结果表明，采用两个不同计算软件得到的主要结果基本吻合。结构各项整体指标均符合规范要求，结构体系选择恰当。

3.2.2 设防烈度地震作用分析结果

在设防烈度地震作用下（双向），除普通楼板、次梁以外所有结构构件的承载力，按中震不屈服计算，不计入作用分项系数、承载力抗震调整系数和内力调整系数，材料强度取标准值。按《高层建筑混凝土结构技术规程》JGJ 3—2010中的等效弹性方法进行设防烈度地震作用下性能水准3的验算。

表3-3给出中震作用下的分析结果。由表可知，由于局部结构梁刚度的退化，基底剪力呈现一定程度的非线性增大，最大层间位移角满足性能水准3的要求。

中震作用下等效弹性法主要计算结果　　表3-3

指标	X向地震作用	Y向地震作用
最大层间位移角	1/615（A区）、1/871（B区） 1/825（C区）、1/358（D区）	1/558（A区）、1/831（B区） 1/779（C区）、1/576（D区）
基底剪力（kN）	108051	108858
中震/小震剪力比值	2.7	2.8
基底倾覆弯矩（kN·m）	1373237	1222644

图3-1给出树形柱和幕墙柱的应力比分布图。由图可知，树形柱的主干与分枝构件的应力比介于0.25～0.55，应力比较大的构件出现在大剧院与科普馆悬挑雨篷的树形柱分枝构件上，最大为0.87。幕墙柱的应力比介于0.50～0.65。大部分树形柱与幕墙柱的剪应力比小于0.20。由此可知，中震作用下支承单层钢网格屋盖结构的树形柱和幕墙柱满足受弯不屈服、受剪弹性的性能要求。

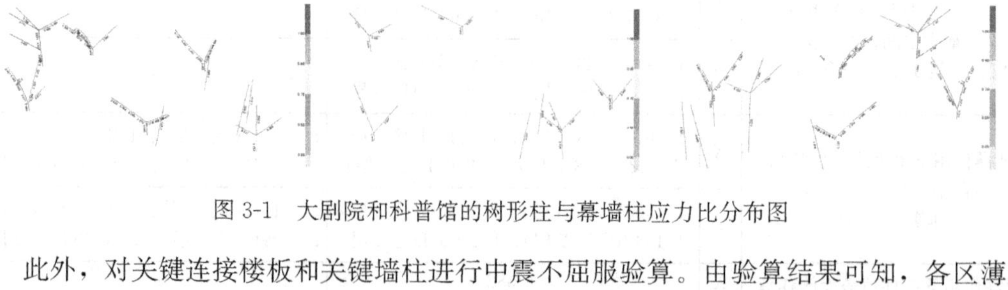

图3-1 大剧院和科普馆的树形柱与幕墙柱应力比分布图

此外，对关键连接楼板和关键墙柱进行中震不屈服验算。由验算结果可知，各区薄弱楼板仅适当加强配筋即可满足中震不屈服，其剪压比均小于0.15。大部分关键剪力墙的抗剪验算主要由中震作用控制。根据中震验算结果，关键剪力墙的竖向和水平分布筋配筋率分别取 0.6%～1.0%和 0.35%，即可满足相应性能目标要求。

3.2.3 罕遇地震作用下动力弹塑性分析结果

采用 SAUSAGE 建立弹塑性有限元分析模型，并进行罕遇地震作用下的动力弹塑性时程分析。表 3-4 给出 2 条天然波和 1 条人工波作用下的结构整体计算结果。在不同地震波作用下，大震作用下结构最大基底剪力与小震弹性时程分析的比值在 4.15～5.42 之间，且两者各层最大层间位移角曲线分布形态基本一致，表明结构没有出现塑性集中区，其最大层间位移角小于预设的性能目标限值。

罕遇地震作用下整体计算结果汇总 **表 3-4**

指标	天然波 GM-3241		天然波 GM-3340		人工波	
	X 主向	Y 主向	X 主向	Y 主向	X 主向	Y 主向
最大基底剪力（kN）	178886	163294	107702	98955	149571	147171
最大层间位移角	1/161（A 区） 1/169（B 区） 1/195（C 区） 1/81（D 区）	1/193（A 区） 1/114（B 区） 1/170（C 区） 1/108（D 区）	1/254（A 区） 1/264（B 区） 1/306（C 区） 1/206（D 区）	1/245（A 区） 1/216（B 区） 1/357（C 区） 1/214（D 区）	1/238（A 区） 1/159（B 区） 1/210（C 区） 1/138（D 区）	1/198（A 区） 1/138（B 区） 1/178（C 区） 1/149（D 区）

图 3-2 和图 3-3 分别给出混凝土构件（框架梁柱、剪力墙）和钢构件的损伤分布情况。由图可知，大部分钢筋混凝土框架梁处于轻度损坏和中度损坏状态，而大剧院大部分连梁处于重度损坏，少数连梁（位于大剧院舞台后侧处）发生严重损坏，但并未发生剪切破坏。各区大部分钢筋混凝土框架柱和剪力墙处于轻度或无损坏状态，少数支承大跨度梁的框架柱柱顶处于中度损坏状态。所有钢构件基本处于弹性状态。在罕遇地震作用下，结构整体变形和构件均达到预期的性能目标，并且关键构件的受弯、受剪基本处于弹性或不屈服状态，表明该结构具有较好的抗震性能。

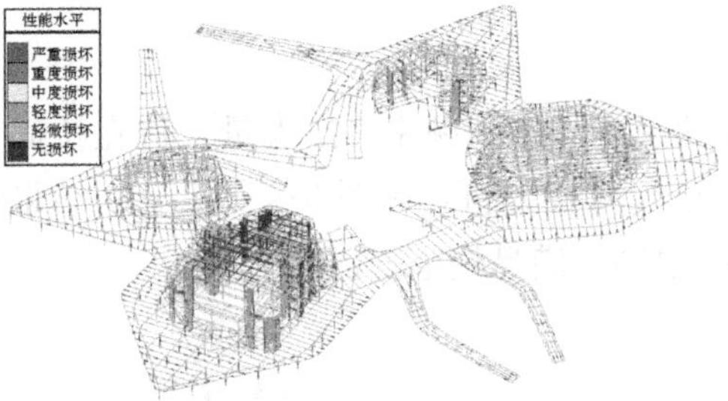

图 3-2 混凝土构件损伤分布

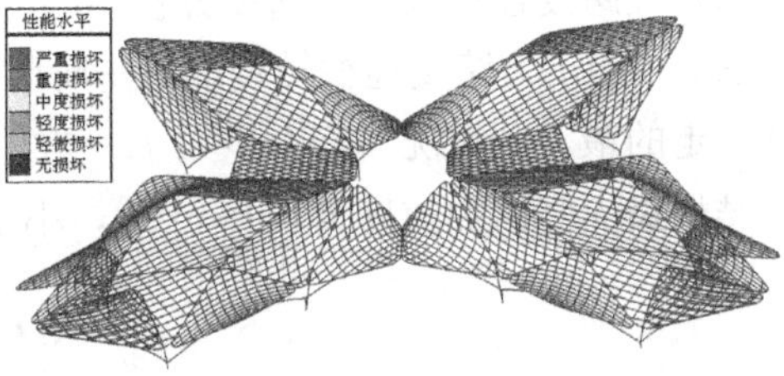

图 3-3 钢构件损伤分布

3.2.4 专项分析

（1）单层钢网格屋盖结构稳定分析

由前 100 阶的整体结构屈曲模态分析可知，大部分屈曲模态主要发生在屋盖悬挑较大或跨度较大部位，而钢屋盖并未发现整体屈曲模态。针对特征值屈曲分析结果，分别以前 2 阶屈曲模态作为初始几何缺陷分布模式，按结构跨度的 1/300 的比例系数施加到初始结构上，采用 ANSYS 进行考虑几何和材料非线性的荷载-位移全过程分析，从而计算得到钢屋盖结构的安全系数，如表 3-5 所示。由表可知，同时考虑材料和几何非线性后，安全系数有一定程度的降低，但其值均大于规范限值 2.0 的要求，表明钢屋盖结构的整体稳定满足规范要求。

钢屋盖结构的稳定安全系数 **表 3-5**

初始几何缺陷分布模态	不考虑材料非线性	考虑材料非线性
第一阶	5.20	2.38
第二阶	3.80	2.58

（2）斜柱在重力荷载作用下对楼盖结构的受力分析

在大剧院和多功能厅的主体结构，均有根据建筑造型而布置的折柱。在竖向荷载作用下，对与斜柱相连的水平梁板构件产生附加的拉（压）作用，需要通过楼盖结构的协调作用，才能将荷载可靠传递至主要抗侧力构件。

图 3-4 和图 3-5 分别给出在竖向荷载作用下，大剧院和多功能厅斜柱结构部分的楼板应力和水平构件轴力分布图。受力分布图验证了上述的折柱传力路径，在竖向荷载作用下，斜柱对楼面梁板产生附加拉力，并通过楼板与框架梁传至相邻的抗侧力构件。根据计算结果，通过提高楼板配筋率和框梁腰筋来确保附加水平力的传递可靠。

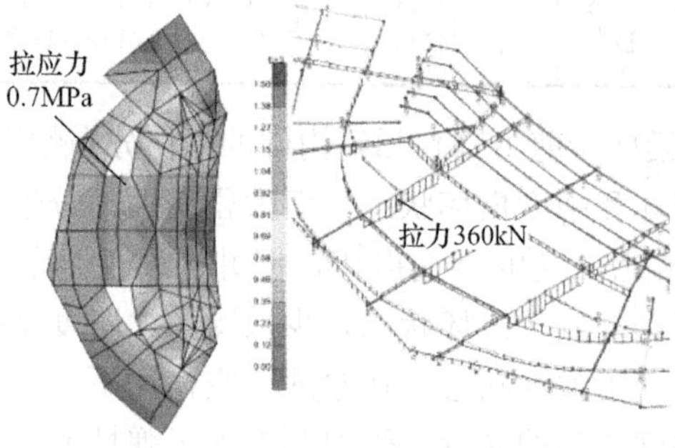

图 3-4　大剧院 3 层楼板主拉应力与框梁轴力分布图

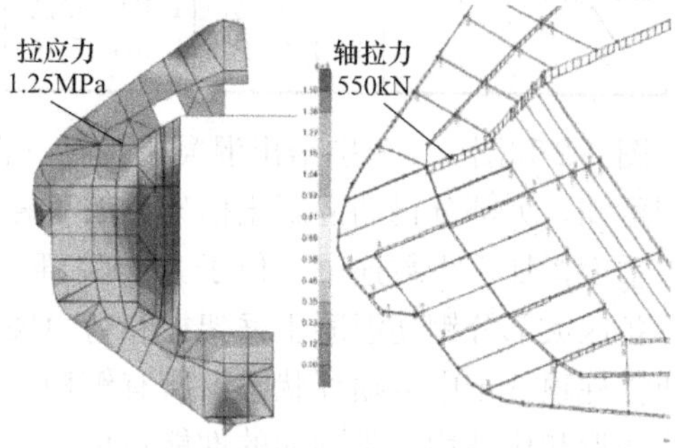

图 3-5　多功能厅 2 层楼板主拉应力与框梁轴力分布图

（3）大跨度连桥人行舒适度分析

图 3-6 给出大跨度连桥结构的第一阶竖向振动模态和振动频率。按大量人群在桥面上正常行走的最不利情况（行人步频 $f_s=2.0$Hz）进行时程分析，由图 3-7 所示分析结果可知，结构最大竖向加速度为 0.07m/s^2，小于规范限制，满足规范舒适度要求。

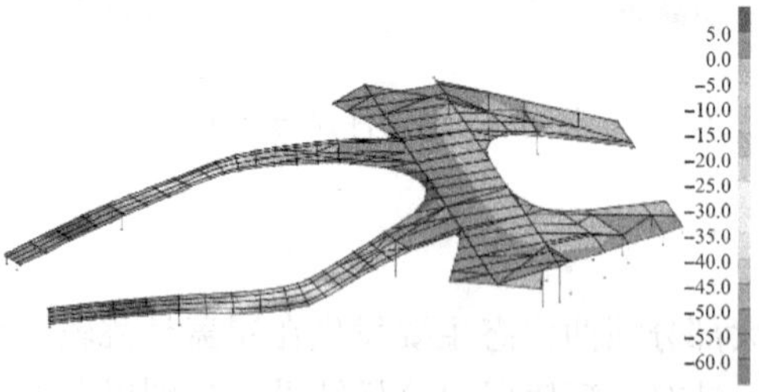

图 3-6　连桥竖向振动模态和振动频率（$f=1.948$Hz）

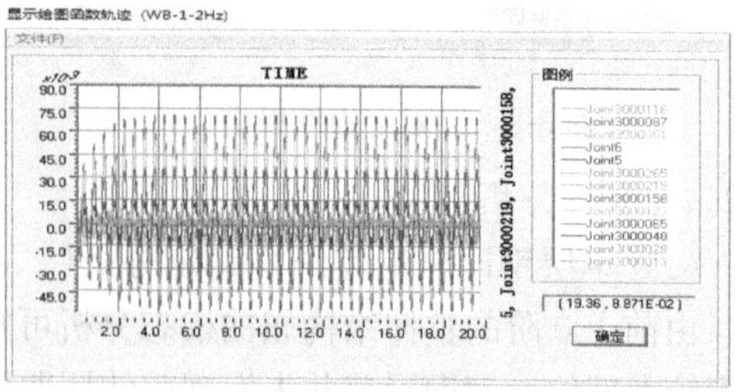

图 3-7　连桥在人行激励下的竖向加速度

（4）树形柱与分枝连接节点有限元分析

结合构件受力及连接特点，选取支承屋盖树形柱典型连接节点（对应图纸节点 Z6、Z52）为分析对象，采用 ABAQUS 进行有限元分析。

由图 3-8 和图 3-9 可知，节点 Z6 和节点 Z52 在竖直钢柱连接界面处出现小部位的应力集中，应力约 200MPa。此外，在连接板与竖直钢柱连接界面处出现小部位的应力集中，应力约 190MPa，其余节点连接大部分区域的应力在 150MPa 以下，未达到屈服强度，满足要求。

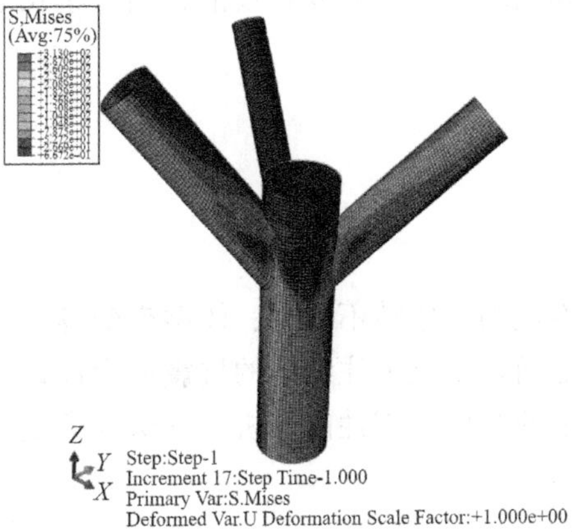

图 3-8　节点 Z6 的 Mises 应力图

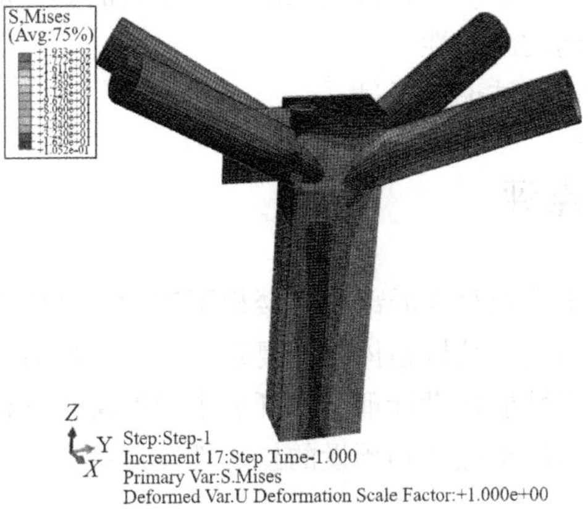

图 3-9　节点 Z52 的 Mises 应力图

3.2.5　针对超限情况的技术措施

（1）针对建筑存在楼板大开洞、错层的特点，主体结构采用框架-剪力墙或框架结构体系，在建筑功能允许情况下，在大开洞周边位置尽量设置剪力墙，同时避免形成较多刚度突变的错层短柱而成为抗震的薄弱环节。

（2）针对薄弱连接部位楼盖、楼座悬挑支承柱、短柱等关键构件，对其进行抗震性能化设计，根据需要在部分关键混凝土构件中设置钢骨，提高作为重要受力构件的承载能力，确保其具有较好的延性和足够的安全储备。

（3）结合弹性时程的补充验算，施工图中采用反应谱法和弹性时程的包络值进行设计。

（4）结合本工程单层钢网格外壳结构的特点，对其进行考虑几何和材料非线性的整体稳定分析，确保安全性。

（5）结合中震拟弹性法、动力弹塑性的分析验算结果表明，关键构件能够实现选定的性能目标，整体结构满足大震作用下性能水准 4 的抗震性能要求。

4　抗震设防专项审查意见

2018 年 11 月 26 日，珠海市住房和城乡规划建设局在珠海正青建筑勘察设计咨询有限公司主持召开“金湾航空城市民艺术中心”超限高层建筑工程抗震设防专项审查会，华南理工大学韩小雷教授任专家组组长。与会专家听取了北京市建筑设计研究院有限公司华南设计中心关于该工程抗震设防设计的情况汇报，审阅了送审资料。经讨论，提出如下审查意见：

（1）完善送审文件，优化抗震性能目标。

（2）时程分析地震波选取可优化，时程分析应与反应谱分析结果进行包络设计。

（3）应对风洞试验结果的合理性进行分析判断，应对风洞试验结果与规范风荷载进行分析对比，应充分考虑开洞铝板对屋面钢结构受力的不利影响。

（4）钢结构关键构件的应力比不应超过1.0。

（5）补充大悬挑结构的舒适度验算。

（6）进一步分析超长混凝土结构的温度应力和收缩应力，采取有效措施确保超长混凝土结构的耐久性。

审查结论：通过。

5 点评

本建筑存在局部楼层楼板不连续、平面凹凸不规则、扭转不规则、体型突变等多个不规则项，且结构整体受力复杂。在结构抗震设计方面，重点关注结构的抗震概念设计，结合抗震性能化设计理念，开展不同地震强度作用下的结构抗震性能分析，确保这类复杂公共建筑结构能达到预设的抗震性能目标。

83　宝安中心区演艺中心

关　　键　　词：悬挑楼座；大跨度屋盖；斜柱斜墙；性能目标；不规则超限高层建筑

结构主要设计人：黄泰赟　边建烽　袁　昆　黄贺堃　吴明威　翁沉卉
设　计　单　位：北京市建筑设计研究院有限公司华南设计中心

1　工程概况与设计标准

宝安中心区演艺中心用地位于深圳宝安区文化核心区域，位处宝安中心区的中央绿轴上，东临宝华路，西靠宝兴路，北以海秀路为界，南面向海滨开放。

本工程地上6层，总建筑面积约2万m^2，总体平面为长方形，北侧观众厅、前厅等屋盖高度为21.9m，南侧舞台区局部升高为47.35m。地上结构长度（南北向）、宽度约为128m和94m，主要建筑功能为剧场及相关配套用房，包括一个1500座剧场（包括品字形舞台和观众厅）和一个600座多功能厅，建筑层高为5～10m，观众厅、主舞台及多功能厅等功能区跨层通高。地下1层主要为车库、设备用房及剧场台仓用房，局部为核5、核6级及常5、常6级人防功能区。

本工程周边幕墙主要采用镂空金属幕墙，南侧、东侧部分位置采用玻璃幕墙＋镂空金属双层幕墙，屋盖顶部构架为架空镂空金属幕墙。图1-1和图1-2分别为项目总平面图和建筑效果图。

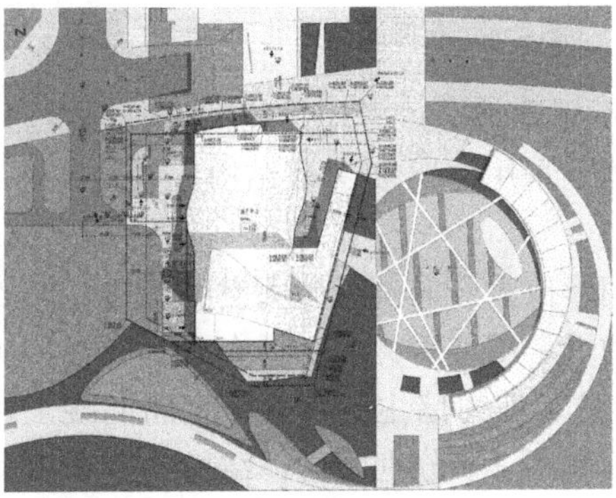

图1-1　总平面图

图1-2　建筑效果图

本工程结构设计使用年限为50年，耐久性设计年限为100年，结构安全等级为一级，基础设计等级为甲级。本项目抗震设防烈度为7度（0.10g），设计地震分组为第一组，场地类别为Ⅱ类。本工程属于重点设防类。

2 结构体系及超限情况

2.1 结构体系

从建筑资料分析，本工程根据功能可以分成如图 2-1 所示几个部分。图 2-2～图 2-4 给出了南北向及东西向的剖面空间。从建筑造型看，建筑立面造型存在一定的倾斜，要求这些部位采用斜柱、墙等设计手法，同时由于建筑功能的要求，存在较多的通高空间，在结构上天然造成了一些非结构设计因素的不规则项。

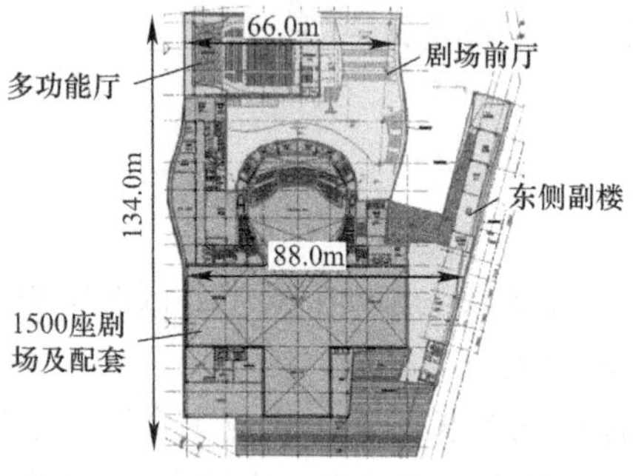

图 2-1 功能分布示意图

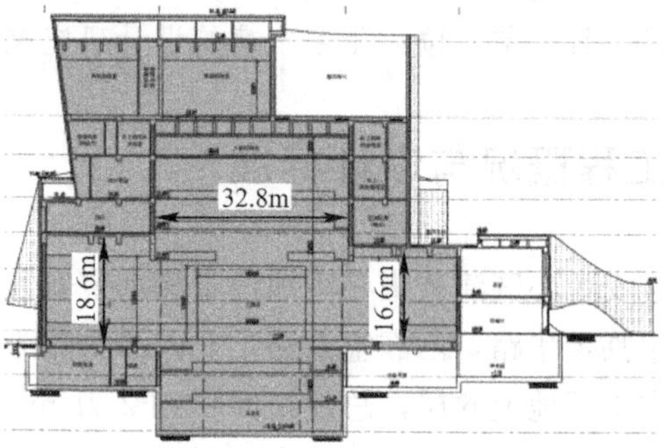

图 2-2 平行舞台中心线东西向剖面示意图

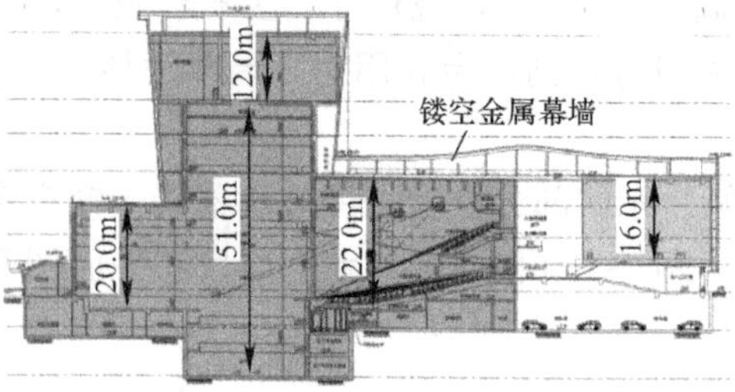

图 2-3 垂直中心线南北向剖面示意图

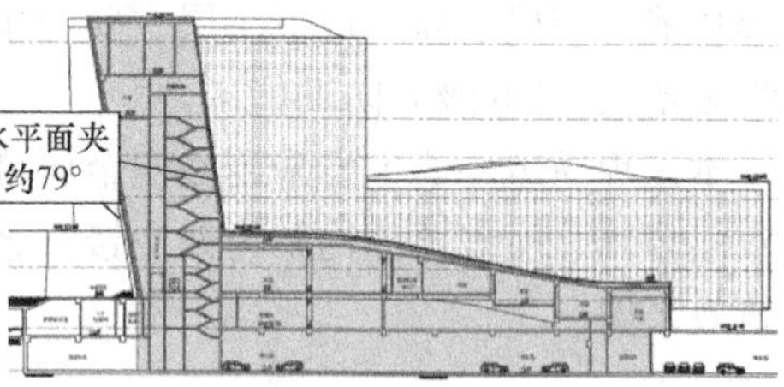

图 2-4 东侧副楼南北向剖面示意图

结合建筑体型、建筑剧场功能等导致结构的不规则特点，考虑结构高度、地震烈度、经济性等因素，主体结构竖向承重和抗侧力结构体系采用框架-剪力墙结构。

2.1.1 结构抗侧力体系

结合舞台、观众厅、多功能厅及前厅等大空间形成大开洞及这些大空间周边存在较多错层的特点，利用周边围护墙体、电梯等布置剪力墙，围绕剪力墙扩展布置框架柱，从而形成框架-剪力墙竖向承重及主抗侧力体系。框架柱、剪力墙主要为普通钢筋混凝土，部分框架柱根据计算需要采用钢骨混凝土柱。图 2-5 和图 2-6 分别为主体结构的三维模型示意图和竖向构件示意图。

2.1.2 楼盖结构体系

本工程地下室顶板楼盖，柱网跨度约为 8.4～12.0m，室内区域结合建筑功能、荷载等采用普通主次梁承重结构，室外覆土区域结合分布特点、荷载特点采用主梁+加腋大板承重结构形式。

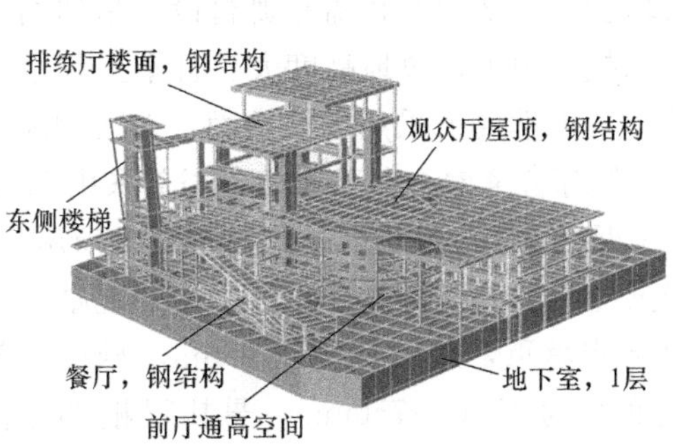

图 2-5 结构三维模型示意图

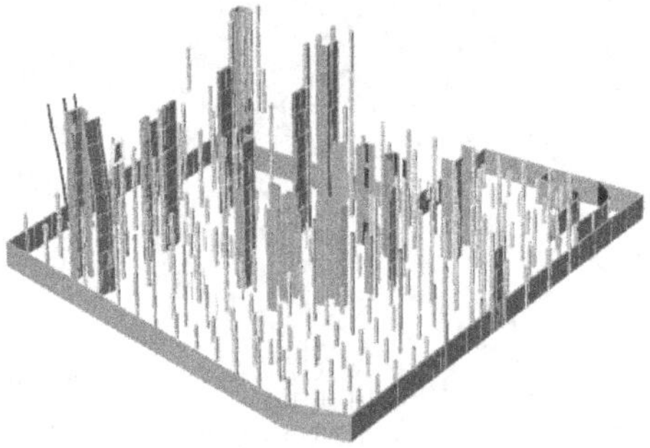

图 2-6 结构竖向构件示意图

地上部分对于一般 8.0～14.0m 跨度的楼盖结构，采用普通钢筋混凝土主次梁承重体系；侧舞台、后舞台顶部楼盖，最大跨度约 18.0～24.6m，采用普通钢筋混凝土梁，梁高为 1.2～1.6m；多功能厅、前厅屋盖跨度为 20.0～25.0m，采用普通钢筋混凝土主次梁（主梁根据计算内置钢骨）结构。如图 2-7、图 2-8 所示。

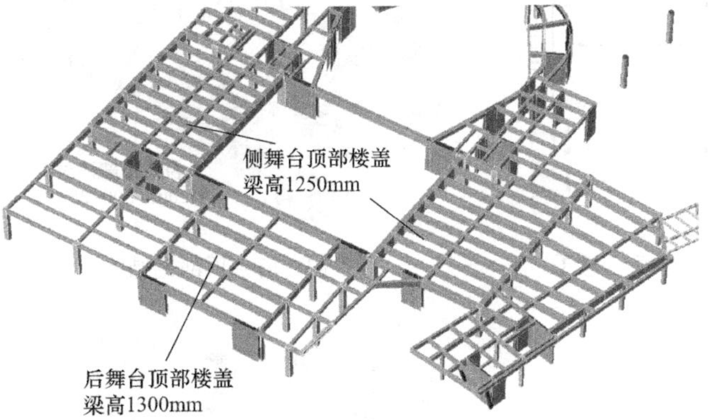

图 2-7 侧舞台和后舞台屋盖结构布置

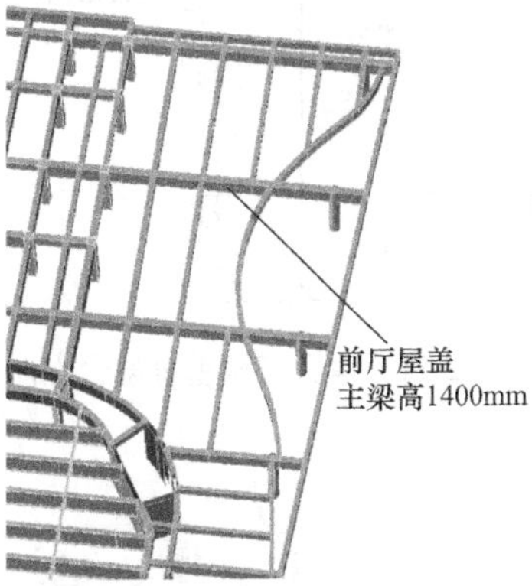

图 2-8 前厅屋盖结构布置

1500 座观众厅屋盖由于台口跨度较大，且考虑到下部有大量的 2 层钢结构吊挂等，结合以往工程经验，观众厅采用平行舞台单向布置 H 型钢梁＋钢筋桁架楼承板的结构形式，钢梁与两端采用铰接连接形式。如图 2-9、图 2-10 所示。

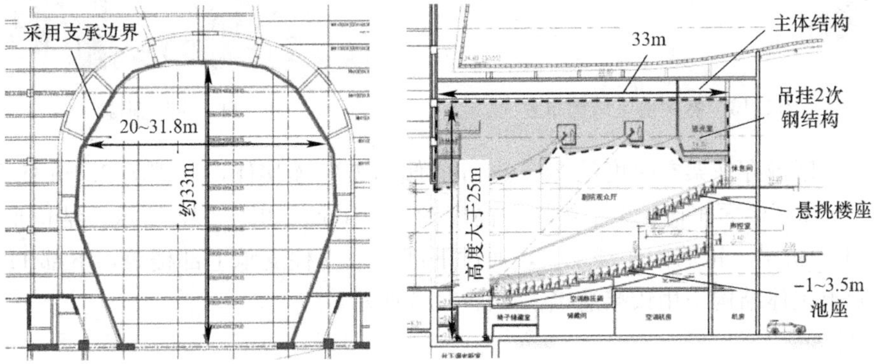

图 2-9 1500 座观众厅尺寸示意图

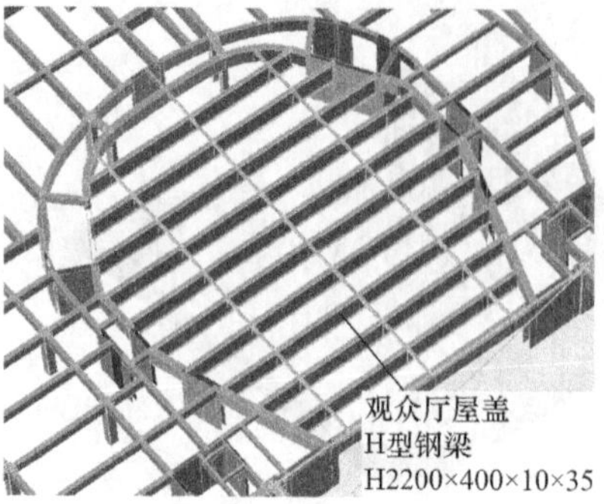

图 2-10　单向钢梁布置

主舞台塔台（图 2-11）楼盖是舞台设备吊挂的主承重屋盖，吊挂荷载大，离地高度大。且本工程台塔顶部为排练厅，声学要求采用浮筑地面，大大增加结构荷载作用。经综合考虑，本工程塔台楼盖采用 H 型钢梁＋钢筋桁架楼承板的结构形式，如图 2-12 所示。

1500 座剧场 11.95m 标高楼座采用钢骨混凝土变截面梁悬挑结构承重，最大悬挑约 9.8m，悬挑根部至端部的截面约为 1500～750mm，悬挑梁根部延伸至观众厅后墙锚固，如图 2-13 所示。

根据建筑造型，东侧副楼在 14.0m 标高开始整体倾斜，通过布置随形的斜墙和斜撑来支撑这个倾斜的结构，如图 2-14 所示。

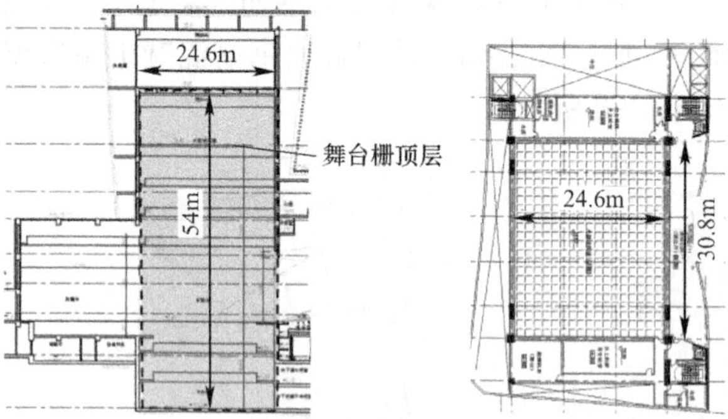

图 2-11　塔台区域垂直舞台方向剖面和平面示意图

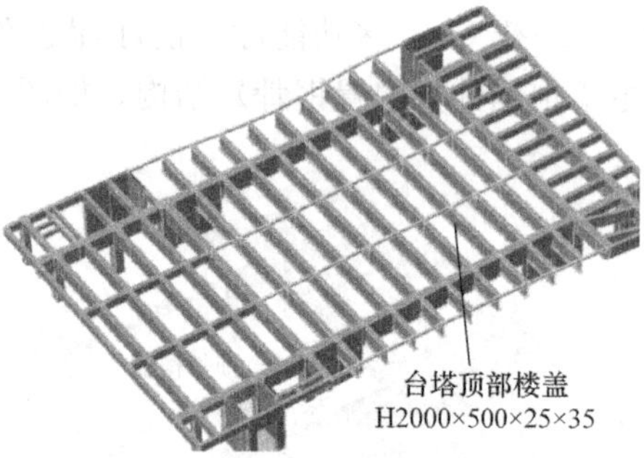

图 2-12　塔台顶部钢结构

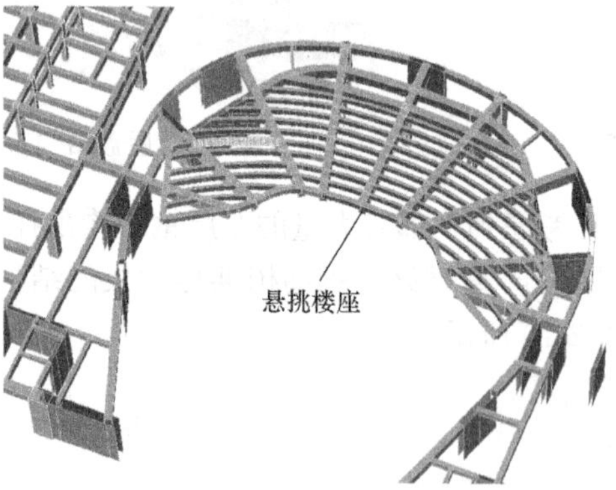

图 2-13　悬挑楼座结构布置

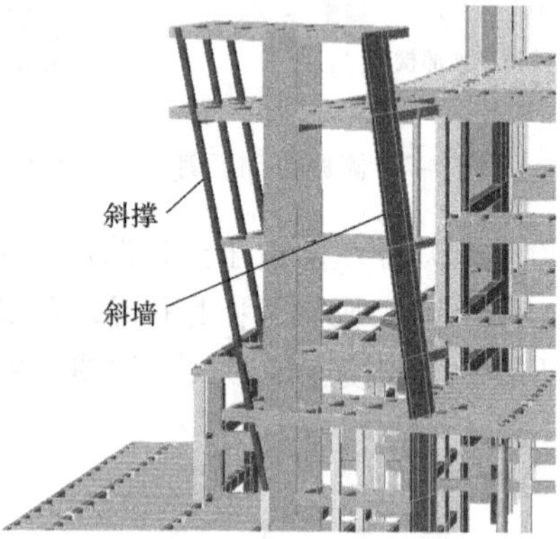

图 2-14　东侧副楼

东侧副楼区域存在架空跨度约 28～34m 的倾斜架空连接体，一端与 2.5m 标高相连，另一端与 6m 标高楼面相连，架空体块的高度约 8～10m，如图 2-15 所示。结构形式采用下部楼盖 H 型折梁＋钢筋桁架楼承板，通过下部梁上立柱支承上部楼盖，下部 H 型折梁两端与混凝土主体结构采用铰接连接，如图 2-16 所示。

2.1.3　基础设计

本工程设计基础形式分为两种：地下室部分（除台仓）采用直径 500mm 预应力管桩

基础，有抗浮要求时兼作抗拔桩，以强风化岩作为持力层，预估桩长约 25m；台仓部分采用钻孔灌注桩，桩径 800mm，以中风化岩为持力层，预估桩长约 20m。桩基础设计等级为甲级。

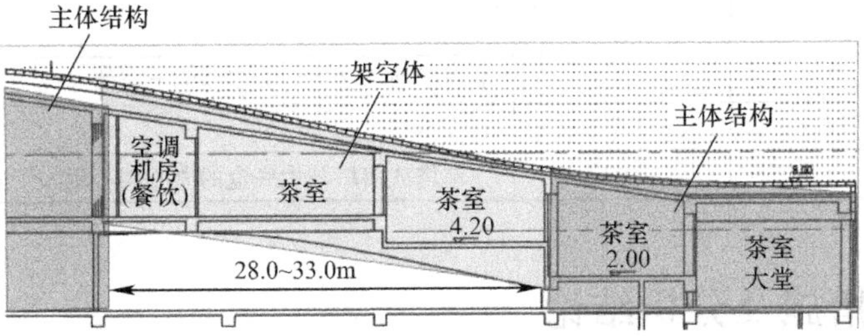

图 2-15 副楼架空连接体

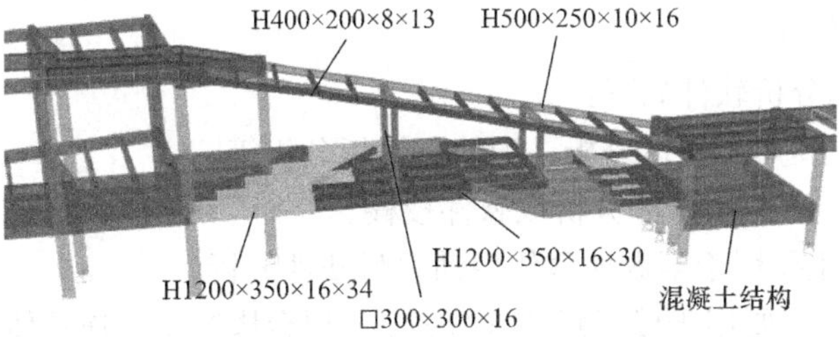

图 2-16 东侧副楼架空廊结构布置

地下室底板拟采用平板式防水板形式，地下室底板厚度为 400mm，台仓底板厚度为 800mm。

2.2 结构的超限情况

2.2.1 结构不规则情况

结合宝安演艺中心平面和造型及计算结果，判定结构不规则项如表 2-1 所示。

2.2.2 超限情况小结

从表 2-1 可以看出，本工程为存在扭转不规则、凹凸不规则、楼板不连续、尺寸突变、复杂连接等多项不规则的高层建筑，应进行超限高层建筑工程抗震设防专项审查。

结构不规则情况 **表 2-1**

分类		类型	程度与注释（规范限值）
结构体系		框架-剪力墙	主要为普通钢筋混凝土，部分楼面及屋盖梁采用钢结构
高度超限		否	屋盖结构高度约为 47.35m
1a	扭转不规则	X 向：不规则	最大位移比为 1.43（5 层）
		Y 向：规则	最大位移比为 1.14（7 层）
1b	偏心布置	否	
2a	凹凸不规则	是	主楼与副楼凹凸尺寸大于相应边长 30%
2b	组合平面	否	
3	楼板不连续	是	2～4 层主舞台及观众厅、通高中庭等区域楼板有效宽度小于 50%，开洞面积大于>30%，错层大于梁高

续表

分类		类型	程度与注释（规范限值）
4a	刚度突变	否	
4b	尺寸突变	是	竖向构件收进位置高于结构高度20%且收进大于25%，多塔
5	构件间断	否	个别构件
6	承载力突变	否	下层受剪承载力均大于相邻上层的80%
7	局部不规则	否	
塔楼偏置		是	单塔或多塔与大底盘的质心偏心距大于底盘相应边长20%

3 超限应对措施及分析结论

3.1 超限应对措施

3.1.1 分析模型及软件

本工程所采用的分析软件如下：

（1）YJK-A，主要用于整体分析、配筋、楼板分析等。

（2）ETABS，主要用于整体分析双软件校核。

（3）YJK-EP，主要用于罕遇地震作用动力弹塑性分析。

（4）SAP 2000，主要用于楼板舒适度分析、7层台塔和副楼连接体分析等。

3.1.2 抗震设防标准和性能目标

结合本工程所在场地的地震烈度、结构高度、场地条件、结构类型和不规则情况，选用C级性能目标及相应条件下的抗震水准性能，具体见表3-1。

结构抗震性能设计目标及震后性能状态 **表3-1**

项目		多遇地震	设防地震	罕遇地震
抗震性能目标		性能1	性能3	性能4
层间位移角		1/650	1/325	1/125
关键构件	支撑悬挑楼座的周边框架柱和剪力墙	无损坏（弹性）	轻微损伤（受剪弹性，受弯不屈服）	轻度损伤（剪压比≤0.15）
	主舞台塔台支撑结构梁及支承剪力墙和柱	无损坏（弹性）	轻微损伤（受剪弹性，受弯不屈服）	轻度损伤（剪压比≤0.15）
	多功能厅首层悬挑转换柱和转换梁	无损坏（弹性）	轻微损伤（受剪弹性，受弯不屈服）	轻度损伤（剪压比≤0.15）
	台塔与东侧副楼连接楼板	无损坏（弹性）	轻微损伤（受剪弹性，受弯不屈服）	轻度损伤（剪压比≤0.15）
东侧副楼电梯处剪力墙		无损坏（弹性）	轻微损伤（受剪弹性，受弯不屈服）	轻度损伤（剪压比≤0.15）
大空间的多功能厅、舞台周边错层柱、短柱		无损坏（弹性）	轻微损伤（受剪弹性，受弯不屈服）	轻度损伤（剪压比≤0.15）
耗能构件	连梁、普通楼层梁、屋盖普通钢梁、非悬臂梁	无损伤（弹性）	轻度损坏、部分中度（受剪不屈服）	中度损坏、部分较严重（剪压比≤0.15）
普通竖向构件	除关键构件外的墙柱	无损伤（弹性）	轻微损伤（受剪弹性，受弯不屈服）	部分中度损坏（剪压比≤0.15）

3.2 分析结果

3.2.1 多遇地震作用与风荷载分析结果

表 3-2 为采用 YJK、ETABS 不同力学内核软件计算得到反应谱法多遇地震作用下和风荷载、竖向工况下的主要分析结果。本工程嵌固端取在地下 1 层底板，首层为地下室顶板。结构整体指标统计均按首层以上地上部分统计。

结构 YJK 模型与 ETABS 模型主要计算结果对比 表 3-2

指标		YJK 软件	ETABS 软件
计算振型数		30	30
第 1、2 平动周期（s）		1.167（Y）	1.091（Y）
		0.881（X）	0.849（X）
第 1 扭转周期（s）		0.828	0.789
第 1 扭转/第 1 平动周期（规范限值 0.85）		0.71	0.72
有效质量系数（规范限值 90%）	X	99.92%	100%
	Y	99.92%	100%
地震作用下基底剪力（kN）	X	19235.09	19391
	Y	16639.69	17650
风荷载作用下基底剪力（kN）	X	8119.8	8482
	Y	7681.2	7945
结构总质量（t）		113295	112536
剪重比（规范限值 $0.2\alpha_{max}=1.6\%$）	X	3.018%	3.142%
	Y	2.611%	2.860%
地震作用下倾覆弯矩（kN·m）	X	432431.8	426115
	Y	320104.3	326369
50 年一遇风荷载作用下倾覆弯矩（kN·m）	X	199563.7	214394
	Y	200984.7	211790
50 年一遇风荷载作用下最大层间位移角（限值 1/650）	X	1/4173（屋面层）	1/4005（屋面层）
	Y	1/2024（屋面层）	1/2122（屋面层）
地震作用下最大层间位移角（限值 1/650）	X	1/1828（屋面层）	1/2018（屋面层）
	Y	1/1020（屋面层）	1/1134（屋面层）
考虑偶然偏心最大扭转位移比	X	1.43（5 层）	1.32（5 层）
	Y	1.14（7 层）	1.11（7 层）
构件最大轴压比		0.80	0.80
X、Y 方向本层塔侧移刚度与上一层相应塔侧移刚度 90%、110%或者 150%比值（110%指当本层层高大于相邻上层层高 1.5 倍时，150%指嵌固层）	X	1.179（6 层）	1.29（4 层）
	Y	1.272（4 层）	1.34（4 层）
本层受剪承载力和相邻上层的比值（规范限值 0.80）	X	0.81（6 层）	—
	Y	0.89（6 层）	—
嵌固端规定水平力框架柱及短肢墙地震倾覆力矩百分比	X	17.4%	15.4%
	Y	27.4%	21.5%
嵌固端框架柱地震剪力百分比	X	26.1%	23.85%
	Y	31.5%	27.78%

续表

指标		YJK 软件	ETABS 软件
刚重比	X	13.373	11.1
	Y	7.967	6.56

计算结果表明，采用两个不同计算内核软件分析得到的主要结果及趋势基本吻合。结构周期比、剪重比、层间位移角、刚度比、刚重比、楼层受剪承载力等整体指标均符合规范要求，结构体系选择恰当。

3.2.2 设防烈度地震作用分析结果

采用广东省标准《高层建筑混凝土结构技术规程》DBJ 15—92—2013 中的等效弹性方法，利用 YJK 软件对结构进行设防烈度地震作用下的结构抗震性能 3 验算。表 3-3 给出设防烈度地震作用下结构分析主要结果，可见宏观上本结构能够实现性能 3 的设计目标。

设防烈度地震作用下等效弹性法主要计算结果　　表 3-3

指标		X 向地震作用	Y 向地震作用
中震作用下最大层间位移角		1/661（8 层）	1/398（8 层）
基底剪力	Q_0(kN)	49494.21	41966.60
底层剪重比		7.776%	6.594%
基底弯矩	M_0(kN·m)	1069889.56	781829.14

结构构件计算结果也表明，在采取了合适的构造措施后，各构件满足预设的性能设计目标，结构整体上满足设防烈度地震作用下性能 3 的要求。

3.2.3 罕遇地震作用下动力弹塑性分析结果

本工程采用 YJK 弹塑性时程分析软件（YJK-EP）进行分析计算。

按《建筑抗震设计规范》GB 50011—2010（2016 年版）的要求，选取 2 条天然波和 1 条人工场地波进行罕遇地震动力弹塑性时程分析。YJK 线弹性分析与设计模型（下文简称 YJK-A）与 YJK 弹塑性计算模型（下文简称 YJK-EP）的总体计算指标对比结果见表 3-4，前三阶周期和总质量指标相差幅度均在 8%以内。罕遇地震作用下结构最大基底剪力与相应多遇地震基底剪力的比值约在 3～5 之间。

罕遇地震作用下整体计算结果汇总　　表 3-4

对比指标		YJK-A	YJK-EP	相差
周期（s）	1	1.1492	1.1151	−2.97%
	2	0.8784	0.8261	−5.95%
	3	0.8265	0.7999	−3.21%
总质量（t）		63639.4	64767.5	+1.7%
最大基底剪力（kN）	X	18999	80391/77486/75219	4.23/4.01/3.96（倍）
	Y	16466	65453/46307/65388	3.97/2.81/4.03（倍）

注：最大基底剪力中 YJK-EP 的值按“天然波 1/天然波 2/人工波”格式给出各条波的计算结果。

根据计算结果，结构在罕遇地震作用下没有出现明显的塑性变形集中区和薄弱区。X 向层间位移角最大值为 1/128，Y 向层间位移角最大值为 1/195，小于预设的性能目标限值 1/125，满足要求。根据结构的损伤分布情况，可针对薄弱构件进行加强。结构整体上满足罕遇地震作用下性能 4 的要求。

3.2.4 针对超限情况的技术措施

本建筑为存在楼层楼板不连续、凹凸不规则、扭转不规则、尺寸突变及复杂连接等不规则的高层建筑。结合具体的计算分析结果和本工程的不规则性，主要采取以下技术加强措施：

（1）针对建筑存在楼板大开洞、错层的特点，主体结构采用框架-剪力墙结构体系，在建筑功能允许情况下，在大开洞、错层等周边位置尽量设置剪力墙，避免形成较多刚度突变的错层短柱而成为抗震的薄弱环节。

（2）针对本项目楼盖扭转位移比较大的特点，设计中适当加强边柱、角柱的受剪承载力，箍筋要求全长加密，同时，加强周边混凝土框架梁的截面刚度和抗扭腰筋设置。

（3）针对薄弱连接部位楼盖、楼座悬挑支承柱、悬挑转换梁柱等关键构件，对其进行抗震性能化设计，根据需要在部分关键混凝土构件中设置钢骨，提高其作为重要受力构件的承载能力；根据性能化设计目标，对关键剪力墙的墙身配筋率予以一定的提高，确保其具有较好的延性和足够的安全储备。

（4）结合弹性时程的补充验算，施工图中将采用反应谱法和弹性时程的包络值进行设计。

（5）结合规范要求及本工程特点，对通高前厅的部分构件进行了抗连续倒塌验算，在施工图中将根据验算结果对部分构件进行加强处理，确保结构具有抵御偶然作用的抗连续倒塌能力。

（6）结合中震拟弹性法、大震拟弹性法、动力弹塑性的分析验算结果表明，整体结构能够实现选定的 C 级性能目标，满足相应条件的抗震性能要求。

4 抗震设防专项审查意见

2018 年 1 月 23 日，深圳市住房和建设局在设计大厦 5 楼第四会议室主持召开了“宝安中心区演艺中心”超限高层建筑工程抗震设防专项审查会，魏琏教授任专家组组长。与会专家听取了北京市建筑设计研究院有限公司华南设计中心关于该工程抗震设防设计的情况汇报，审阅了送审资料。经讨论，提出如下审查意见：

（1）应按弹性楼板建模进行小震与大震作用下的结构分析。

（2）补充悬挑楼座及悬挑转换梁的竖向地震分析，性能目标应符合大震不屈服的要求。

（3）主舞台顶结构较薄弱，对竖向构件进行加强。

（4）补充斜柱、斜墙对结构的不利影响分析。

（5）补充完善钢结构与混凝土结构节点的构造做法。

审查结论：通过。

5 点评

由于建筑造型和使用功能需要，造成结构抗震上存在多个不规则项。考虑到这类型结构的复杂性和不规则性，应从加强主体结构的设计理念出发，通过多程序的计算分析、多模型、多工况、多方面、多角度地论证了结构的受力和抗震性能。对关键构件进行补充验算并采取有效的抗震措施，确保这类复杂超限结构的受力和抗震可靠性。

84 梧州市苍海文化中心

关　　键　　词：随形结构设计；外帷幕单层钢网格结构；大跨度屋盖；长悬挑结构
结构主要设计人：黄泰赟　边建烽　庄　信　何铭基
设　计　单　位：北京市建筑设计研究院有限公司华南设计中心

1　工程概况与设计标准

项目位于广西梧州市苍海片区中轴线旁，苍海湖西岸，滨湖西路东侧，占地面积约 7.92 万 m^2，总平面如图 1-1 所示。本工程主要包括大剧院、音乐厅及多功能厅、电影院三个地上单体建筑，含 1 层地下室，总建筑面积约 6.97 万 m^2。整个建筑在 2 层平台开始分为三个单体，且于屋顶处以一个大型曲面屋盖将三个单体连接，建筑整体效果图如图 1-2 所示。

大剧院地上共 6 个建筑功能层，主体结构建筑总高度 29.50m，其对应屋盖结构标高约为 ＋36.10m；音乐厅与多功能厅地上共 4 个建筑功能层，主体结构建筑总高度 20.20m，其对应屋盖结构标高约为＋28.70m；电影院地上共 6 个建筑功能层，主体结构建筑总高度 26.00m，其对应屋盖结构标高约为＋30.80m。

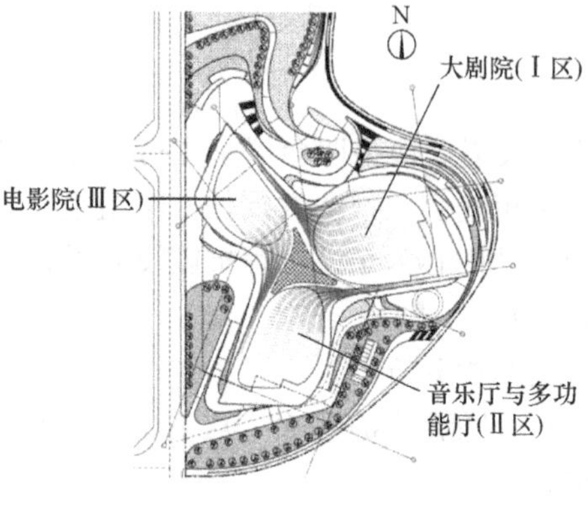

图 1-1　总平面图

图 1-2　建筑整体效果图

本工程结构设计使用年限为 50 年，结构安全等级为一级，基础设计等级为甲级。根据《建筑抗震设计规范》GB 50011—2010 与当地“梧震许决字〔2016〕15 号文”的要求，本工程地震作用按国家标准提高一度采用，即抗震设防烈度为 7 度（0.10g），设计地震分组为第一组，场地类别为Ⅲ类。抗震设防分类属于重点设防类。

2　结构体系及超限情况

2.1　结构体系

结合建筑功能、外皮造型、建筑物质量分布等因素，综合结构比选分析，本工程竖向承载和抗侧力的结构体系采用由主体框架-剪力墙结构+外帷幕单层钢网格结构组成的混合受力结构体系。主体框架-剪力墙结构主要为由Ⅰ～Ⅲ区三个主塔楼及Ⅳ区裙楼组成的大底盘多塔楼结构（图 2-1）。外帷幕单层钢网格结构主要包含对屋盖自由曲面、中间玻璃顶、Ⅰ～Ⅲ区通高玻璃幕墙进行一体化随形设计的受力结构。

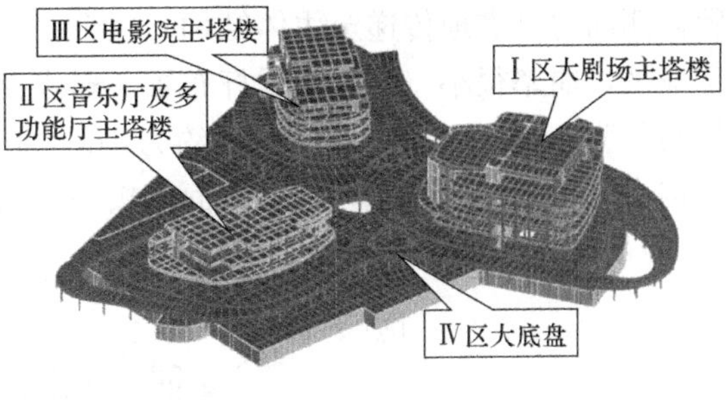

图 2-1 大底盘三塔楼结构

2.1.1 竖向承载和抗侧力的结构体系

（1）主体框架-剪力墙结构

结合舞台、观众厅、电影厅、多功能厅及音乐厅等大空间形成大开洞及这些大空间周边存在较多错层的特点，并考虑屋盖钢结构的支承连接需要，利用其周边围护墙体、电梯等布置剪力墙，形成第一道主抗侧力体系，围绕剪力墙扩展布置框架柱，除大空间要求部位外，柱网尺寸控制在 8～13m，从而形成框架-剪力墙竖向承重及主抗侧力体系，部分构件根据需要设置钢骨。

（2）外帷幕单层钢网格结构

整个钢结构选型基于各区主体结构的支承位置、屋面造型要求、主体结构与通高幕墙结构一体化设计等原则，主要由通高幕墙支承结构、屋盖结构及与主体结构连接构件三个部分组成（图 2-2）。各区幕墙钢网格结构采用与幕墙随形布置，由立柱和与其垂直的水平封闭环梁组成环向封闭、形似椭圆体柱面（图 2-3）。整个屋盖单层随形钢网格结构支承于大底盘结构环梁上，上部伸至顶部屋盖，顶部标高随单层钢网壳造型屋盖结构变化（图 2-4）。

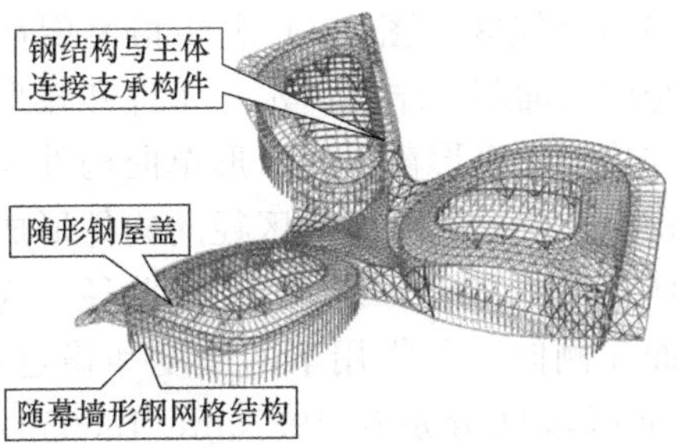

图 2-2 外帷幕钢网格结构

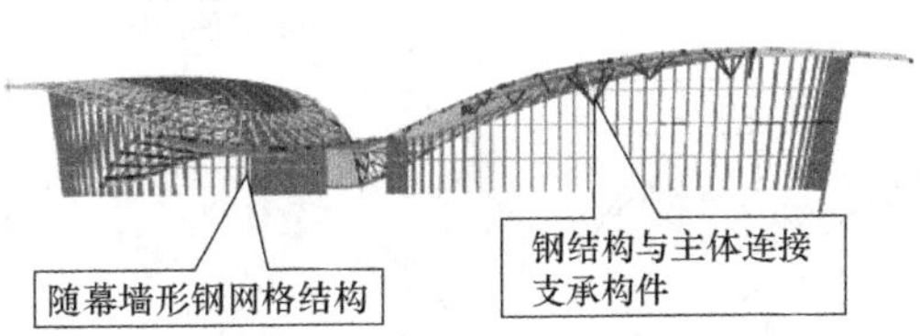

图 2-3 屋盖支承结构

钢网格结构竖向立柱与玻璃竖向分缝对应，间距约为 3～4m，竖向构件随幕墙形设置，局部竖向构件为面外向建筑物外部倾斜构件，其与地面的夹角在 78°～90°之间变化。水平环梁与玻璃水平分缝对应，间距约为 3.8～4.8m。幕墙钢网格结构除承受幕墙自重及地震作用外，面外需要承受风荷载作用，同时，还需要作为屋盖结构的支承，承受屋盖的竖向荷载及相关风荷载等作用。

结合屋盖曲面几何特征分析、屋盖材料区别、内部主体与屋盖位置关系及结构受力特点等因素，从方便构件加工、连接施工等出发，将整个屋盖结构分解为中心核心区、悬挑内跨连接区、屋盖悬挑区、屋面与墙面过渡区、墙面悬挂区及交汇中心玻璃顶区 6 个组成部分，如图 2-5 所示。

中心核心区（图 2-6）在形式上为主体结构的延伸，其边界与主体结构外形类似，通过在柱（墙）顶沿分隔边界设置空间伞状支撑，形成整个屋盖的抗侧和抗扭刚度中心，将屋盖侧向力可靠地传递至主体结构。三个中心核心区的曲面为正高斯曲面，且短向构件非常扁平，曲率很小，结合支承杆布置，形成以短向弯曲受力为主的结构受力体系，主向构件间距为4～5m，长向构件间距约为5m，所有构件之间均采用刚性连接。同时，为保证结构水平力的可靠传递，在网格面内按一定间距设置纵、横向钢支撑。

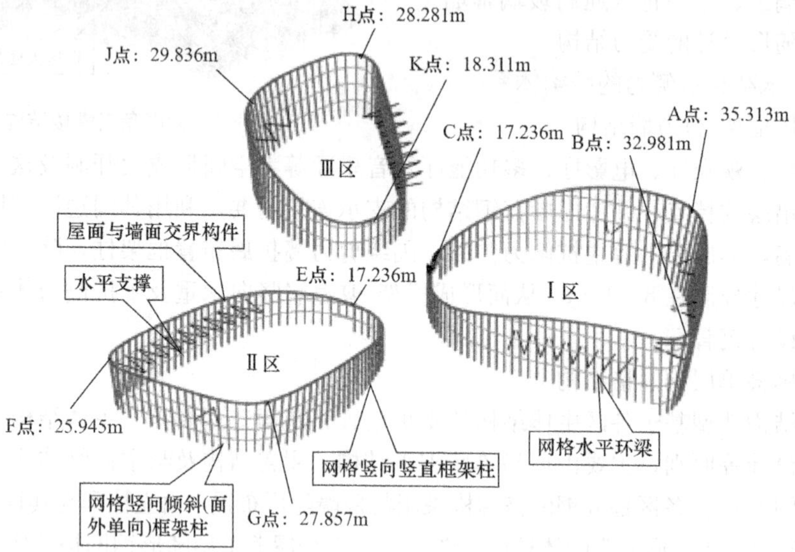

图 2-4　幕墙钢网格结构

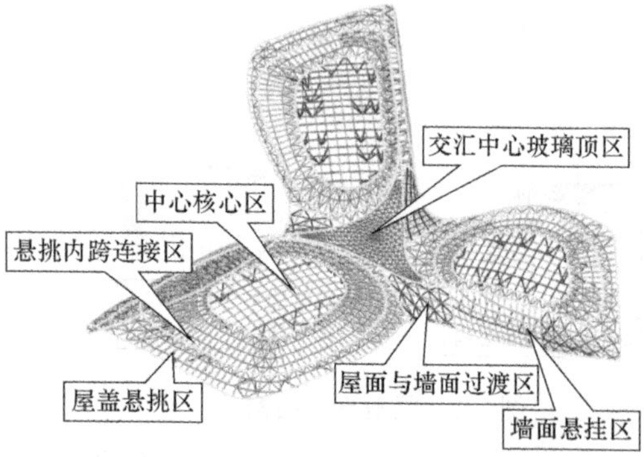

图 2-5　单层网格结构分区

墙面悬挂区（图 2-7）主要指由屋面转换为竖向墙面部分结构。水平构件和弧形单曲构件均采用箱形截面，弧形单曲构件与屋面悬挑区及悬挑内跨过渡区径向构件形成连续一体化布置，形成明确的传力路径。为保证墙面在侧向荷载作用下的刚度和稳定性，Ⅰ～Ⅲ区墙面分别在19.75m、15.25m和17.10m设置水平支撑，水平支撑与各区幕墙钢网格中部水平撑共用，水平力最终传递至钢筋混凝土主体结构。墙面水平构件及竖向单曲弧形构件均采用刚性连接。

屋面与墙面过渡区由于存在屋面（水平）到墙面（竖向）的连续过渡，必然形成扭曲面。综合几何形态分析和结构体系的连续性，屋面与墙面过渡区结构采用由双向单曲圆管（竖向管和水平管的曲率相反）组成的单层双曲马鞍形壳体结构。该部分结构不仅连接屋面和墙面悬挂区的结构，成为连续性结构，同时还需要成为交汇中心玻璃顶区结构的支承边界。竖向和水平单曲构件采用圆管，圆管之间采用相贯连接方式，同时，为保证节点面内连接刚度，在曲面内设置面内支撑。壳体竖向构件间距约为5～6m，水平构件间距约为4.5～5m。

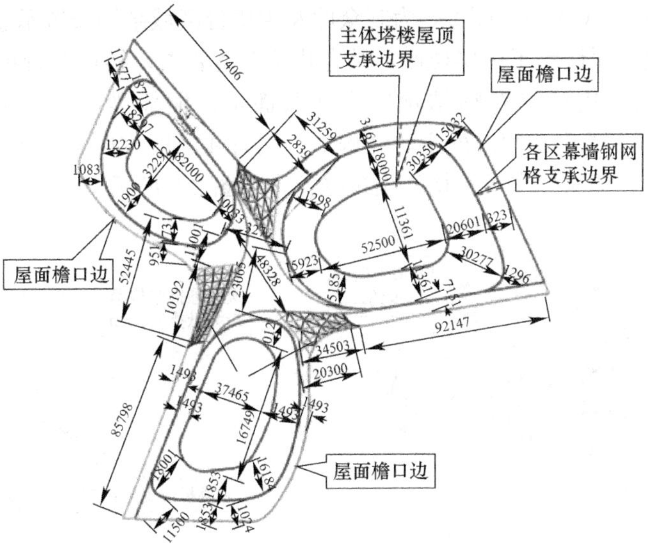

图 2-6　中心核心区结构

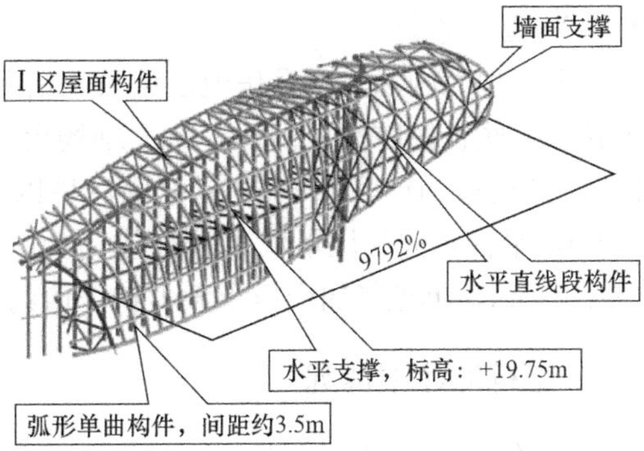

图 2-7　悬挂墙面结构

（3）框架-剪力墙结构与外帷幕单层钢网格结构连接关系

外壳单层钢网格结构通过以下 3 种方式与内部主体结构连接：1）各区主塔楼屋顶设置伞状支承圆管构件与屋盖各区中心核心区及其边界连接，形成稳定、封闭的传力体系；2）在Ⅰ区、Ⅱ区和Ⅲ区的主塔楼楼面标高 19.75m、15.25m 及 17.10m 分别设置水平交叉支撑与各区幕墙钢网格体连接；3）幕墙钢网格竖向框架柱落地于Ⅳ区大底盘结构 5.0m 标高环梁上（Ⅰ区局部支承于 0.00m 标高环梁上）。

竖向荷载由内部主体框架-剪力墙和外帷幕钢结构共同承担。水平荷载（作用）主要传递路径为：外帷幕钢结构通过伞状支撑构件、水平支撑构件将作用力传递至内部主体结构，由主体框架-剪力墙结构承受大部分剪力和倾覆弯矩，形成明确抗侧力传递体系。

2.1.2　楼盖结构体系

楼盖结构主要以普通钢筋混凝土主次梁承重体系为主。电影院超大银幕放映厅屋盖，整个楼面呈 25.6m×25.6m 矩形，拟考虑采用双向井字梁结构体系，梁高约 1.3m。多功能厅及音乐厅屋顶短向跨度约 24m，拟考虑采用单向布置普通钢筋混凝土梁板承重体系。

Ⅰ区大剧场观众厅顶最大跨度约为 31m，结合观众厅底部有较多的剧院吊挂次结构，拟考虑单向布置钢桁架＋钢筋桁架楼承板承重体系，桁架间距约 3m，高度约 2.5m。主舞台塔台最大跨度约 25.2m（垂直舞台方向），结合此结构下部有大量舞台吊杆次钢结构和栅顶吊挂等，拟考虑采用单向布置 H 型钢梁＋钢筋桁架楼承板承重体系，主梁间距结合舞台滑轮梁设置，主要间距约 4m，两端至卷扬机设置位置加密为 2m，梁截面尺寸约为

H1700×350×20×30（mm），图 2-8 为观众厅及主舞台区域结构布置示意图。

Ⅰ区大剧场观众厅设置了一层楼座，结合建筑造型要求，结构布置拟采用悬挑混凝土结构，混凝土梁拟采用后张有粘结预应力变截面梁，根部梁高约 1.2m，悬挑最大约 6.5m。悬挑梁根部支承于声闸内外主体结构上，同时往前厅方向悬挑延伸约 2.3～3.5m，形成双悬挑结构，确保悬挑支承结构不出现受拉，如图 2-9 所示。

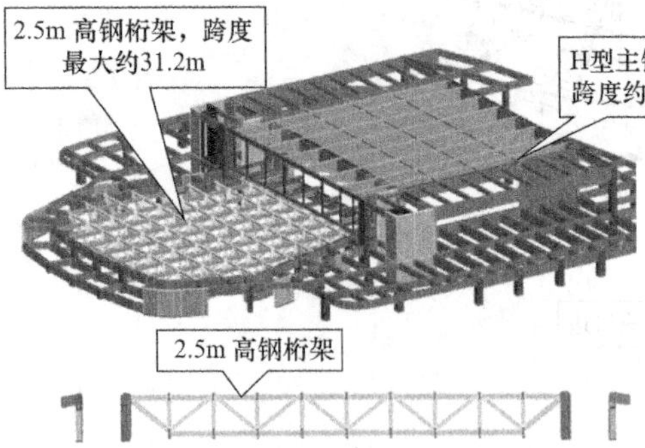

图 2-8　观众厅及主舞台区域结构布置

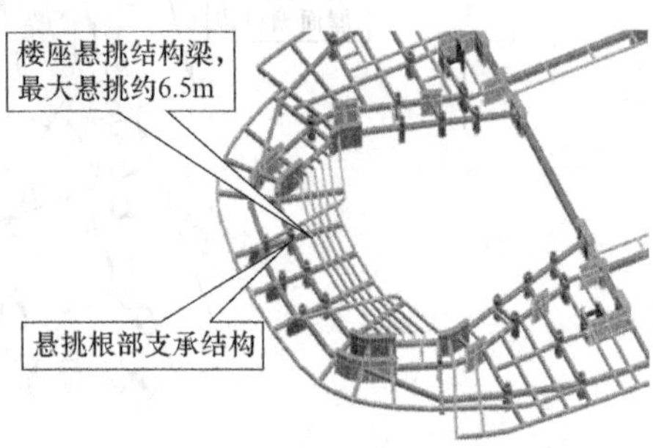

图 2-9　大剧场悬挑结构布置

2.1.3　基础设计

本工程大剧场台仓及乐池区域采用钻孔灌注桩，其他区域采用锤击式预应力高强混凝土管桩，底板按防水板设计。除大剧场台仓及乐池外，底板厚度为 0.4m，台仓和乐池底板厚度分别为 1m 和 0.6m。钻孔灌注桩以中风化或微风化花岗岩为持力层，桩径 0.8m 和 1.2m，单桩竖向受压承载力特征值约为 4000～9500kN。管桩以强风化花岗岩为持力层，桩径 0.5m，单桩竖向受压承载力特征值约为 2200kN。

2.2　结构的超限情况

2.2.1　结构高度超限情况

本工程采用主体框架-剪力墙结构＋外帷幕单层钢网格结构组成的混合受力结构体系，屋面檐口最高点高度约为 36m，属于 A 级高度。

2.2.2　结构不规则情况

根据《住房城乡建设部关于印发〈超限高层建筑工程抗震设防专项审查技术要点〉的通知》（建质〔2015〕67 号）（下文简称《技术要点》）的规定，结构不规则情况如表 2-1 所示。

2.2.3　超限情况小结

本工程为存在楼板不连续、平面凹凸不规则、扭转不规则、尺寸突变等不规则项的带复杂连接（《技术要点》附件 1 表 4 第 3 项）的超限高层建筑。

结构不规则情况　　**表 2-1**

分类		类型	程度与注释（规范限值）
结构体系		大底盘三塔框架-剪力墙结构＋外壳钢网格	钢、混凝土混合结构
1a	扭转不规则	X 向：不规则	最大位移比为 1.33（1 层）
		Y 向：不规则	最大位移比为 1.43（1 层）

续表

分类		类型	程度与注释（规范限值）
1b	偏心布置	否	
2a	凹凸不规则	是	2层大平台结构平面凹进尺寸大于相应边长30%
2b	组合平面	否	
3	楼板不连续	是	5.0m标高以上音乐厅、多功能厅、电影厅部分层及大剧场楼板有效宽度小于50%，开洞面积大于30%
4a	刚度突变	否	
4b	尺寸突变	是	5.0m标高以上为三塔楼结构，楼座悬挑6.5m>4.0m
5	构件间断	否	
6	承载力突变	否	下层受剪承载力均大于相邻上层的80%
7	局部不规则	否	
显著不规则		否	不属于严重不规则性超限工程
特殊类型高层建筑		否	不属于《技术要点》表3、表4定义类别
超限大跨度空间结构		否	屋盖为最大跨度约50m、悬挑约15m、最大长度约215m的空间单层网格结构

3 超限应对措施及分析结论

3.1 超限应对措施

3.1.1 分析模型及软件

本工程所采用的分析软件有：1）PKPM（V2.2），主要用于整体分析、配筋等；2）SAP 2000（V15）和MIDAS（V2014R2），主要用于整体分析和双软件校核；3）Perform-3D（V5），主要用于罕遇地震作用动力弹塑性分析；4）ABAQUS（V6.9），主要用于节点有限元分析。

3.1.2 抗震设防标准和性能目标

结合本工程所在场地的地震烈度、结构高度、场地条件、结构类型和不规则情况，本工程抗震设计拟选用C级性能目标，并对局部关键性构件（如大悬挑支承柱、钢屋顶主要支承构件）予以一定提高，具体见表3-1。

结构抗震性能设计目标及震后性能状态 **表3-1**

项目		多遇地震	设防地震	罕遇地震
抗震性能目标		性能1	性能3	性能4
层间位移角		1/800	1/400	1/100
关键构件	支承悬挑楼座的声闸周边框架柱	无损伤（弹性）	无损伤（弹性）	轻度损伤（受弯、受剪不屈服）
关键构件	主舞台塔台支承结构梁及剪力墙和柱	无损伤（弹性）	无损伤（弹性）	轻度损伤（受弯、受剪不屈服）

续表

地震水准		多遇地震	设防地震	罕遇地震
关键构件	首层、2层局部钢网格结构底部框支框架，楼座悬挑梁	无损伤（弹性）	轻微损伤 受弯不屈服、受剪弹性	轻度损伤 （受弯、受剪不屈服）
	屋盖支承杆及其支承结构柱	无损伤（弹性）	轻微损伤 受弯不屈服、受剪弹性	轻度损伤 （受弯、受剪不屈服）
	各区幕墙单层钢网格与屋盖交界环管	无损伤（弹性）	轻微损伤 受弯不屈服、受剪弹性	轻度损伤 （受弯、受剪不屈服）
	中部核心区及交汇玻璃顶支承环管	无损伤（弹性）	轻微损伤 受弯不屈服、受剪弹性	轻度损伤 （受弯、受剪不屈服）
耗能构件	连梁、普通楼层梁、屋盖普通钢梁	无损伤（弹性）	轻度损坏、部分中度损坏 （受剪不屈服）	中度损坏、部分较严重损坏（剪压比≤0.15）
普通竖向构件	除关键构件外墙柱	无损伤（弹性）	轻微损伤 受弯不屈服、受剪弹性	部分中度损坏 （剪压比≤0.15）

3.2 分析结果

3.2.1 多遇地震作用与风荷载分析结果

表3-2为采用两个不同核心计算软件对于多遇地震和风荷载作用下的整体分析结果。

整体分析模型 SAP 2000 与 MIDAS 主要计算结果对比　　表 3-2

指标		SAP 2000 软件	MIDAS 软件
计算振型数		42	42
第1、2平动周期（s）		0.846（Y向）	0.839（Y向）
		0.818（X向）	0.805（X向）
第1扭转周期（s）		未有整体扭转	—
地震作用下基底剪力（kN）	X	56812.84	57429.75
	Y	52031.19	51115.77
风荷载作用下基底剪力（kN）	X	2739.69（350°）	—
	Y	2833.35（80°）	—
结构总质量（t）		187305.2	191534.6
剪重比（规范限值1.6%）	X	3.24%	3.1%
	Y	2.98%	2.8%
地震作用下倾覆弯矩（kN·m）	X	911384.11	894129.0
	Y	796302.53	706434.4
风荷载作用下倾覆弯矩（kN·m）	X	61085.4（350°）	—
	Y	81348.6（80°）	—
50年一遇风荷载作用下最大层间位移角（限值1/800）	X	1/7575（350°）	—
	Y	1/4554（80°）	—
地震作用下最大层间位移角（限值1/800）	X	1/1236（Ⅲ区6层）	1/1332（Ⅲ区3层）
	Y	1/1148（Ⅲ6层）	1/1299（Ⅲ区3层）
地震作用下钢柱顶最大侧移角	X	1/1104（Ⅲ区）	
	Y	1/1010（Ⅰ区）	

续表

指标		SAP 2000 软件	MIDAS 软件
考虑偶然偏心最大扭转位移比	X	1.327（1层）	1.390（2层）
	Y	1.426（1层）	1.284（2层）
构件最大轴压比		0.80（框架柱），0.34（剪力墙）	—
本层塔侧移刚度与上一层相应塔侧移刚度的比值	X	1.14（Ⅰ区4层）	1.12（Ⅰ区3层）
	Y	1.02（Ⅰ区4层）	1.09（Ⅲ区3层）
本层受剪承载力和相邻上层的比值	X	—	1.205（4层）
	Y	—	1.111（4层）
嵌固端规定水平力框架柱及短肢墙地震倾覆力矩百分比	X	33.64%	33.55%
	Y	41.04%	39.35%
嵌固端框架柱地震剪力百分比	X	13.88%	12.78%
	Y	14.68%	13.41%
刚重比	X	10.12	—
	Y	7.21	—

计算结果表明，采用两个不同计算软件得到的主要结果基本吻合。结构各项整体指标均符合规范要求，结构体系选择恰当。

3.2.2 设防烈度地震作用分析结果

根据《高层建筑混凝土结构技术规程》JGJ 3—2010 中的等效弹性方法（阻尼比取 0.05，连梁刚度折减系数取 0.5，周期不折减），采用 SAP 2000 对主体结构进行设防烈度地震作用下的结构抗震性能水准 3 目标的验算。除普通楼板、次梁外，所有结构构件的承载力按中震不屈服验算。

表 3-3 为中震作用下主要宏观指标。由表可知，基底剪力及倾覆弯矩均不是线性增大，层间位移角小于对应性能目标的限值，说明宏观上结构能满足性能水准 3 的要求。

中震作用下等效弹性法主要计算结果 **表 3-3**

指标	X 向地震作用	Y 向地震作用
最大层间位移角	1/549（Ⅲ区 6 层）	1/519（Ⅲ区 6 层）
基底剪力（kN）	144779.39	135504.25
底层剪重比	8.45%	7.91%
基底倾覆弯矩（kN·m）	2191663.07	1944587.75

此外，分别对关键连接楼板、外帷幕钢网格支承构件和关键墙柱进行中震不屈服验算。由验算结果可知，各区的典型薄弱楼板剪压比均小于 0.15，适当加强楼板配筋即可满足中震不屈服（图 3-1 和图 3-2）。在中震作用下，各区支承外帷幕钢结构的伞状支撑、水平支撑的应力比介于 0.25～0.65。部分关键剪力墙配筋由中震工况控制，对其底部加强区的配筋进行加强，即可满足相应性能目标。对于中震出现偏拉的墙体，在施工图阶段对其竖向和水平分布筋配筋率予以一定提高。

3.2.3 罕遇地震作用下动力弹塑性分析结果

选取±0.00m 以上结构作为分析对象，建立 Perform-3D 弹塑性有限元分析模型，进行罕遇地震作用下的动力弹塑性时程分析（2 条天然波和 1 条人工波）。

表 3-4 为不同地震动作用下结构整体计算结果。对比典型竖向构件在罕遇地震作用下与反应谱法计算得到的层间位移角曲线可知，两者的曲线分布形态基本一致，表明结构没有出现明显的塑性集中区，最大层间位移角小于规范限值 1/100。

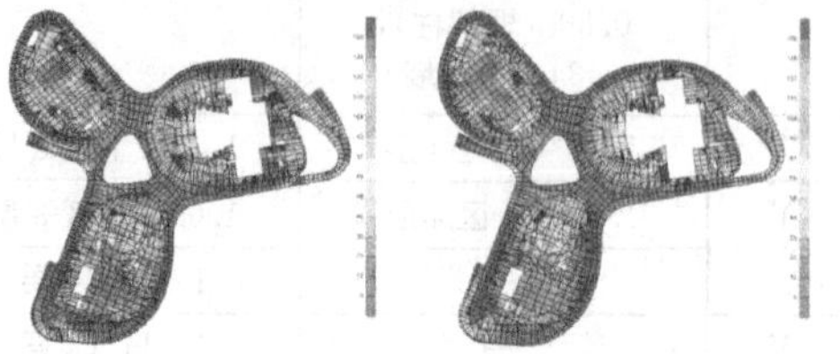

图 3-1 中震作用下+5m 标高楼板轴力分布

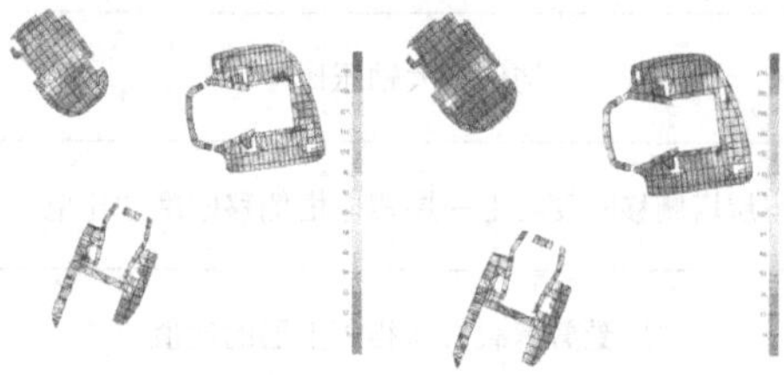

图 3-2 中震作用下+10m 标高楼板轴力分布

罕遇地震作用下整体计算结果汇总 **表 3-4**

指标	天然波 1		天然波 2		人工波	
	X 主向	Y 主向	X 主向	Y 主向	X 主向	Y 主向
最大基底剪力（kN）	211678	203346	204551	190452	185897	179363
最大层间位移角	1/162	1/150	1/207	1/199	1/186	1/179

图 3-3～图 3-5 所示为框架梁和连梁、剪力墙和框架柱、外帷幕钢结构的损伤分布情况。由图可知，各区均有框架梁发生受拉钢筋屈服，大部分处于轻度和中度损伤状态。大部分连梁均发生受拉钢筋屈服，但并未发生剪切破坏。除少数框架柱（支承楼面大跨梁）柱顶出现受拉钢筋屈服外，各区大部分剪力墙和框架柱均处于基本完好状态。幕墙钢柱、伞状与水平支撑、屋面钢构件基本处于弹性状态。综上所述，在罕遇地震作用下，结构整体变形和构件均达到了预期的性能目标，关键构件的受弯、受剪基本处于弹性状态，表明结构具有较好的抗震性能。

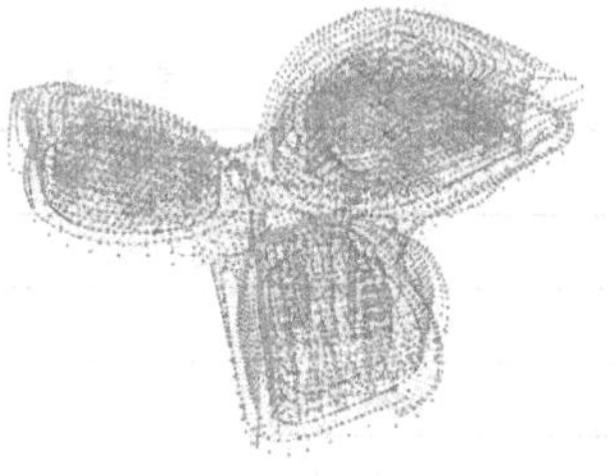

图 3-3 框架梁和连梁损伤

图 3-4 剪力墙和框架柱损伤

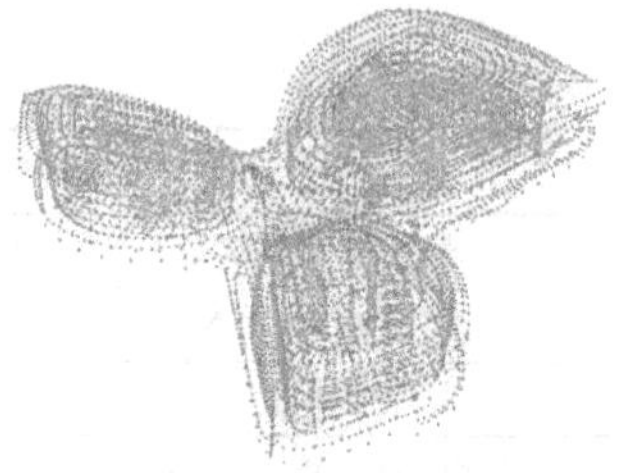

图 3-5 外帷幕钢结构损伤

3.2.4 专项分析

（1）外帷幕钢网格结构与内部主体结构关系分析

图 3-6 所示为各楼层标高处外帷幕钢框架与楼层的地震剪力占比关系。由图可知，地震作用主要由内部主体结构承受，内部主体结构是整个结构抗侧刚度中心，外帷幕钢结构仅作为弱抗侧刚度结构支承于主体结构上。由于钢屋盖将三栋塔楼（振动特性显著不同）在屋顶连为一体，虽然其面外刚度较弱，但其面内属于弱弹性体，对三栋塔楼在水平地震作用下会有一定协调作用。由表 3-5 可得整体分析模型和外帷幕钢结构模型在地震作用下，三个单体中部屋盖连接体断面的轴力和剪力及其差值。从表中数据可知，在地震作用下，通过钢

屋盖面内刚度的协调纽带产生了一定的相互作用，而面外的协调作用可忽略不计。

（2）外帷幕单层钢网格结构稳定分析

选取对应各区幕墙钢网格的最低阶弹性屈曲模态为几何缺陷分布模式，按结构跨度的 1/300 的比例系数施加至初始结构，得到各区全过程荷载-位移曲线，如图 3-7 所示。可以看出，考虑结构几何初始缺陷后，结构安全系数均有一定程度的降低，但安全系数均大于规范 4.2 的限值要求，结构整体稳定可以满足规范要求。

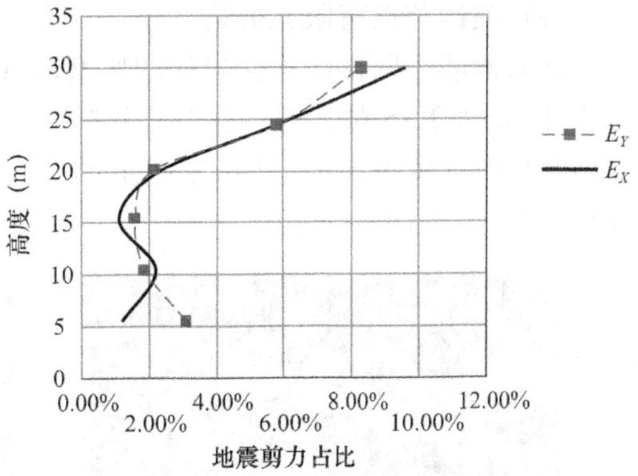

图 3-6 钢框架与楼层地震剪力占比关系

罕遇地震作用下整体计算结果汇总（kN） 表 3-5

断面	E_X			E_Y		
	轴向力	面内水平剪力	竖向剪力	轴向力	面内水平剪力	竖向剪力
A	430	917	91	819	442	151
B	479	435	99	360	369	134
C	495	407	73	283	459	124

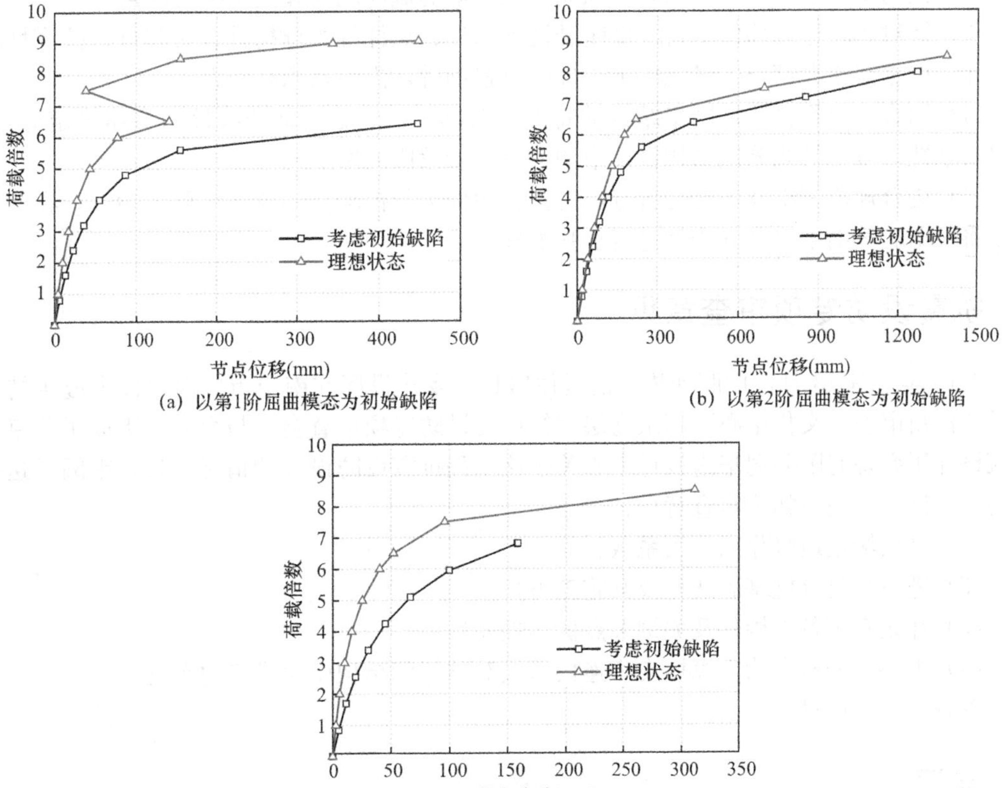

(a) 以第1阶屈曲模态为初始缺陷

(b) 以第2阶屈曲模态为初始缺陷

(c) 以第3阶屈曲模态为初始缺陷

图 3-7 荷载系数-位移曲线

（3）关键节点有限元分析

选取幕墙钢网格结构交界处的典型环管连接节点和屋盖伞状支撑节点，采用通用有限元软件 ABAQUS 对其进行有限元分析。从计算结果来看（图 3-8 和图 3-9），节点应力均远小于材料强度设计值，局部接近设计值。总体来说，关键节点满足设计要求，可以达到“强节点”的设计目的。

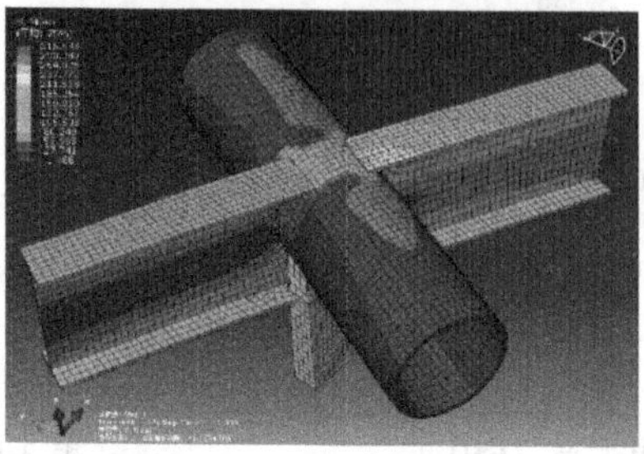

图 3-8　典型环管节点

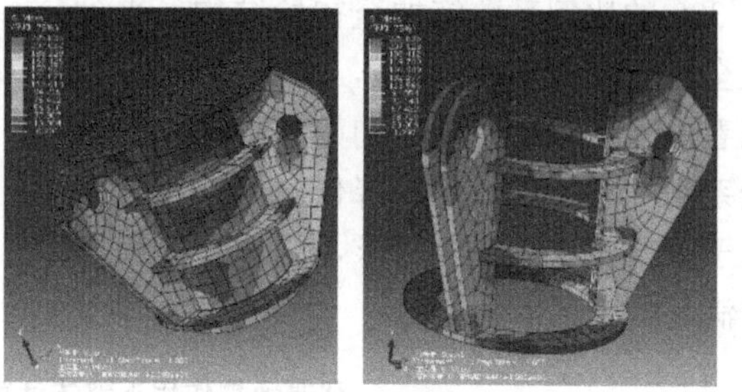

图 3-9　屋面伞状支撑节点

3.2.5　针对超限情况的技术措施

（1）针对建筑存在楼板大开洞、错层的特点，采用（钢）框架-剪力墙结构体系，在大开洞、错层等周边位置尽量设置剪力墙，避免形成较多刚度突变的错层和短柱。

（2）针对本项目分块楼盖扭转位移比较大的特点，设计中适当加强边柱、角柱的受剪承载力，箍筋要求全长加密，同时加强周边框架梁的截面刚度和抗扭腰筋设置。

（3）针对薄弱连接部位楼盖、楼座悬挑支承柱、短柱等关键构件，对其进行抗震性能化设计，根据需要在部分关键混凝土构件中设置钢骨，提高其承载能力。

（4）结合本工程幕墙钢网格结构的特点，对其进行考虑几何非线性的整体稳定分析，确保安全性。整个外帷幕钢结构设计中均考虑二阶效应的影响。

（5）结合规范要求及本工程特点，对部分构件进行拆除法的抗连续倒塌验算，在施工图中将根据验算结果对部分构件进行加强处理。

4　抗震设防专项审查意见

2016 年 7 月 13 日，广西壮族自治区住房和城乡建设厅在南宁市广西建设大厦主持召开了“梧州市苍海文化中心”超限高层建筑抗震设防专项审查会。与会专家听取了北京市建筑设计研究院有限公司华南设计中心关于该工程抗震设防设计的情况汇报，审阅了送审资料。经讨论，提出如下审查意见：

（1）复核场地地震作用放大系数。

（2）进一步复核桩基础选型及其施工可行性。

（3）补充完善各类构件及关键节点抗震性能目标。

（4）进一步分析伞状支撑柱支座连接形式对整体钢结构屋盖稳定的影响。

审查结论：通过。

5　点评

针对综合型的文化类公共建筑特点，在结构设计上采用了一体化随形设计的受力结构体系。考虑到这类型结构的复杂性和不规则性，从加强主体结构的设计理念出发，采用整体模型和分离体模型进行包络设计。通过多程序的计算分析，多模型、多工况、多方面、多角度地论证了结构的受力和抗震性能。对关键构件进行补充验算并采取有效的抗震措施。同时，对结构在重力荷载、温度、风荷载作用下的一些关键问题进行了分析和论述。对钢结构稳定问题、超长结构温度问题、防连续倒塌设计等均进行了补充分析，确保这类复杂超限结构的受力和抗震可靠性。

85 长沙梅溪湖国际文化艺术中心

关　　键　　词：不规则曲面；随形结构；倾斜框架；单层网格结构；抗震性能设计
结构主要设计人：黄泰赟　符景明　边建烽　杜元增　李源波　李卫勇　何铭基
庄　信　陈映瑞
设　计　单　位：北京市建筑设计研究院有限公司华南设计中心

1 工程概况与设计标准

本工程位于湖南省长沙市岳麓区，节庆路和梅溪湖路交叉口西南角，主要包括大剧场、小剧场和艺术馆三个地上单体建筑，含1层地下室，总建筑面积约12.5万m^2。建筑±0.00相当于绝对标高+43.00m。大剧场为7层，地下室底板面绝对标高为+32.00m，台仓底板面绝对标高为+22.50m；艺术馆为5层，地下室底板面绝对标高为+34.00m；小剧场为2层。项目整体效果图如图1-1所示，单体分布如图1-2所示。其中，大剧场（GT）、艺术馆（AM）属于高层建筑，超限论证主要针对这两个单体。

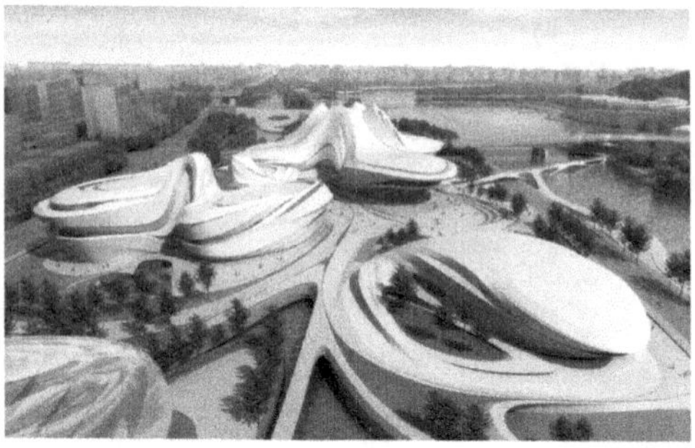

图1-1　建筑效果图

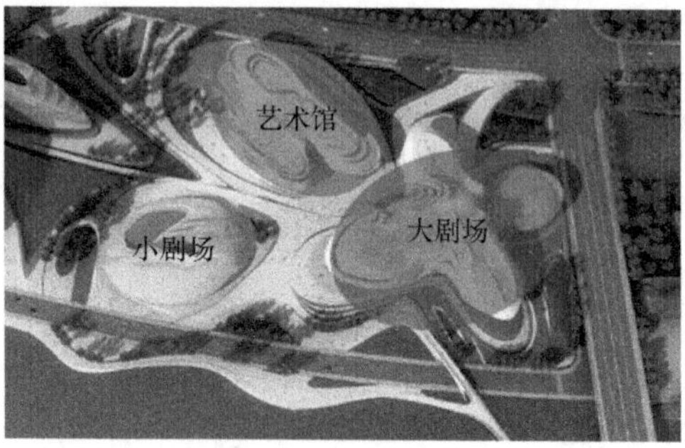

图1-2　单体分布

本工程设计使用年限为100年，安全等级为一级，抗震设防分类为重点设防类。所在地区抗震设防烈度为6度（0.05g），设计地震分组为第一组。结构设计按100年基准期的超越概率进行多遇、常遇及罕遇地震作用取值，地震动参数按安评报告取用，小震、中震和大震输入的加速度最大值分别为32.9cm/s^2、104.4cm/s^2和201.2cm/s^2，水平地震影响系数最大值分别为0.075、0.2391和0.4613。

2 结构体系及超限情况

2.1 大剧场（GT）单体结构体系

本单体采用由周边钢框架、混凝土框架、钢屋盖及钢筋混凝土剪力墙组成的钢-钢筋混凝土混合结构。除外盖造型外，主体结构高度为 32.5m。屋盖及周边结构布置采用随形布置原则，内部结合建筑功能布置，平面和剖面示意图如图 2-1 所示。

竖向承载和抗侧力的结构体系采用框架-剪力墙结构，框架包含周边倾斜钢框架、内部钢框架及混凝土框架。舞台、观众厅大开洞周边利用其围护墙体、电梯等布置剪力墙，形成具有较强竖向承载和抗侧能力的中心筒体。周边倾斜钢框架布置原则主要是结合建筑外皮随形布置，倾斜钢框架柱承受幕墙及其上的屋顶荷载，也作为各层楼面的边支承柱，倾斜钢框架柱与水平面的夹角约为 37°～78°。通过设置闭合贯通的环梁以保证倾斜框架的稳定性、承载刚度和抗连续倒塌性能。图 2-2 所示为倾斜外框架的平面及剖面示意图。

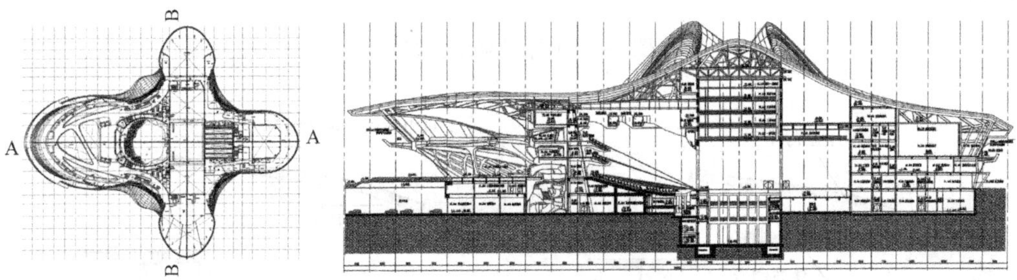

(a) 平面图　　(b) 剖面图

图 2-1　大剧场建筑平面和剖面示意图

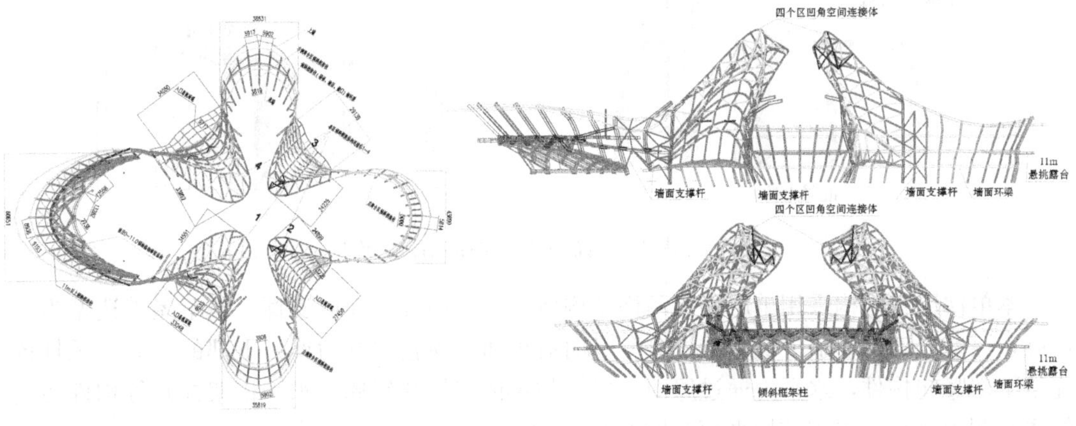

(a) 平面图　　(b) 剖面图（东西和南北方向）

图 2-2　倾斜外框架平面和剖面示意图

本单体前厅亦为倾斜外框架的组成部分，结合建筑方案采用双曲面单层蜂窝网壳结构，构件主要采用箱形截面，随空间中心曲线弯扭。网格结构顶部设置的贯通封闭钢梁、利用露台及楼面设置的水平环箍构件和网格蜂窝结构三者构成了自身稳定的具有竖向承载和水平抗侧能力的结构。整个网格结构通过 15 个抗震球形铰接钢支座支承于 2 层楼面。前厅蜂窝结构布置如图 2-3 所示。

图 2-4 所示为典型的周边框架柱与内部结构的连接，倾斜框架在重力荷载作用下产生倾覆弯矩，将通过各层楼面梁板的拉、压传递至内部抗侧结构。

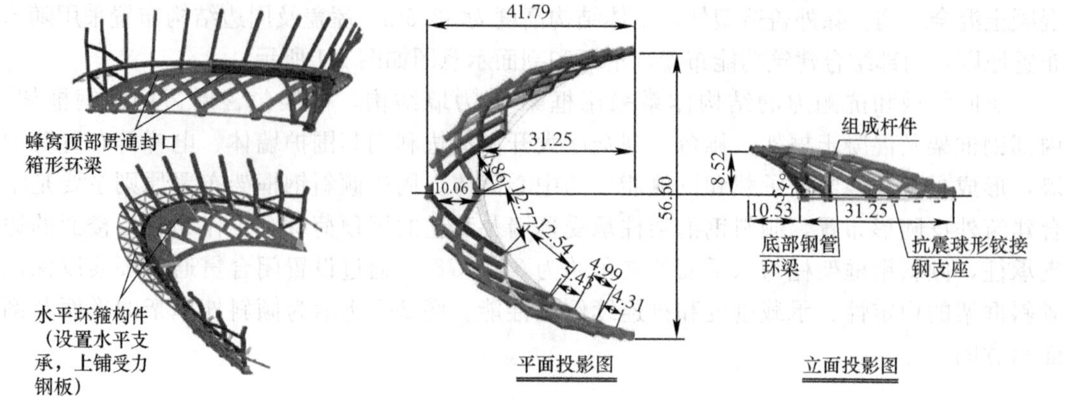

图 2-3　前厅蜂窝结构布置

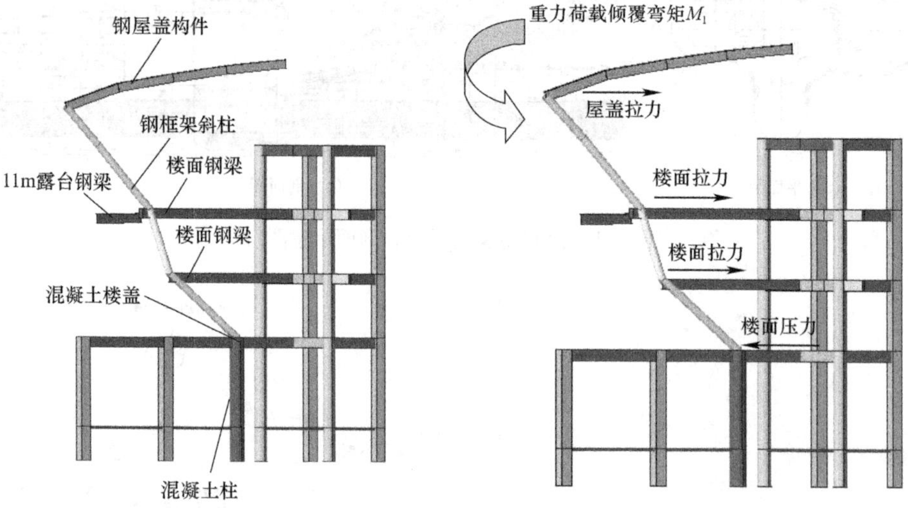

图 2-4　周边倾斜框架柱与内部结构的连接

本单体屋盖结构采用单层钢梁网格结构体系，屋面设置面内支撑。整个屋盖造型为中部高，逐渐向四个屋盖区域圆滑过渡。竖向荷载通过屋盖主受力梁、下部的二力支承杆传递给下部竖向构件，水平力通过屋面支撑、与主体连接的斜撑（水平桁架撑）等构件传递给主抗侧力体系。屋盖结构平面布置如图 2-5 所示。

2.2　大剧场单体的超限情况

根据《关于印发〈超限高层建筑工程抗震设防专项审查技术要点〉的通知》（建质〔2010〕109 号）（下文简称《技术要点》）的规定，本单体存在扭转不规则、平面凹凸不规则、局部楼层楼板不连续、竖向构件间断和斜框架柱 4 项不规则，属于特别不规则的高层建筑。

2.3　艺术馆（AM）单体结构体系

本单体采用由钢框架、钢屋盖及钢筋混凝土剪力墙组成的钢-钢筋混凝土混合结构，屋盖结构造型最高点高度为 41.4m。屋盖及周边结构布置采用随形布置原则，内部结合建筑功能布置，平面和剖面图如图 2-6 所示。

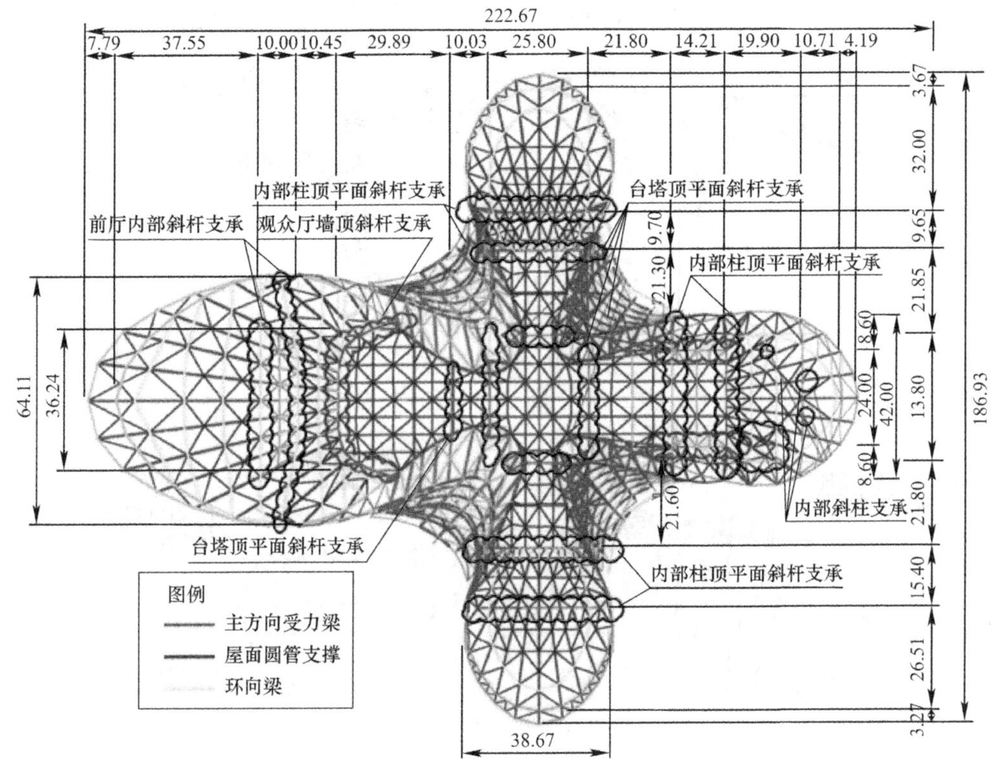

图 2-5 屋盖结构平面布置

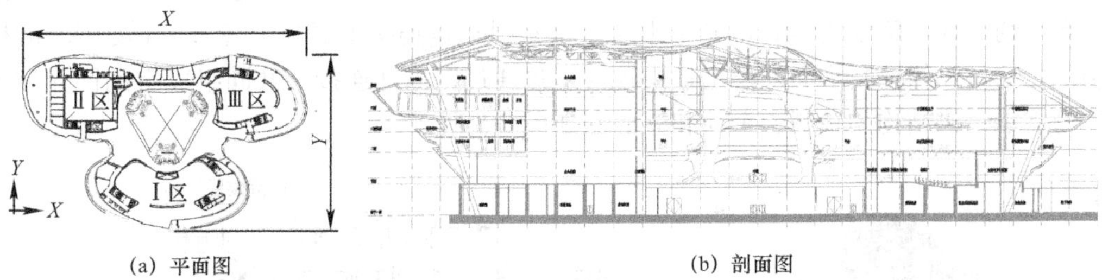

图 2-6 艺术馆建筑平面和剖面图

竖向承载和抗侧力的结构体系采用（钢）框架-剪力墙结构，框架包含周边倾斜钢框架及内部钢框架。利用展厅周边墙体、楼梯、电梯、风井等适当布置剪力墙，形成三个较均匀的剪力墙筒体。周边框架由落地框架柱、楼面环梁、楼层梁及凹角连接部组成。周边倾斜钢框架布置结合建筑外皮随形布置。通过设置环梁以保证倾斜框架的稳定性和承载刚度。连接部采用了单层空间管网结构，下端支承于 2 层结构，上部通过撑杆支承于中庭结构拱及屋盖，中部局部与 5.9m 及 13.55m 标高楼层连接部处桁架连接，如图 2-7 所示。

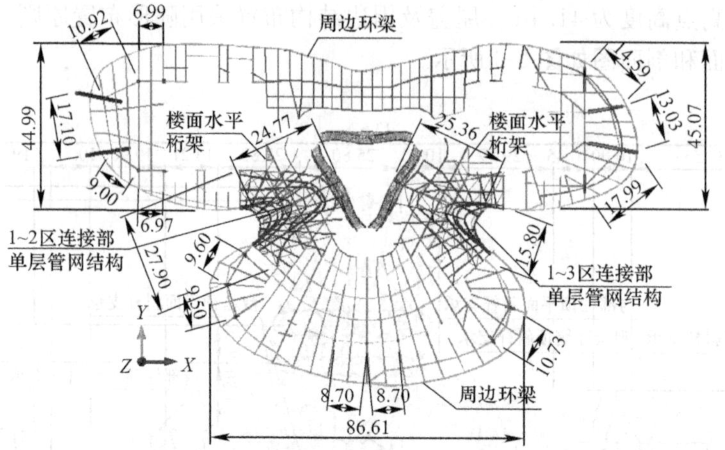

(a) 平面图

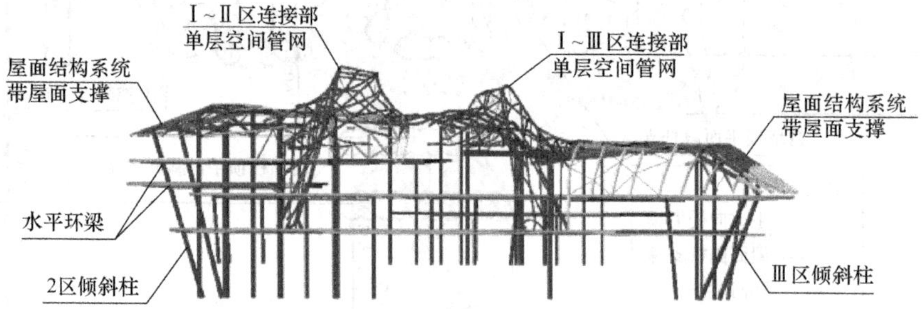

(b) 立面图

图 2-7　周边倾斜钢框架平面和立面图

为确保结构整体性，使各区域结构协同工作，利用中庭的建筑拱造型设置为空间桁架拱，高度约 30m，跨度约 24m，矢跨比约 1.25；拱通过连接牛腿与中庭 5.9m 及 13.5m 标高楼面拉结，以保证其平面外稳定；拱顶与屋顶通过钢撑杆连接，共同组成空间网壳玻璃屋顶的支承。拱结构的轴测、平面和立面图如图 2-8 所示。

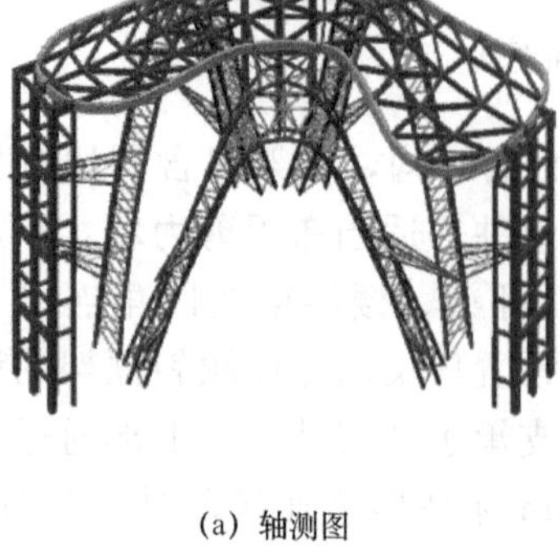

(a) 轴测图

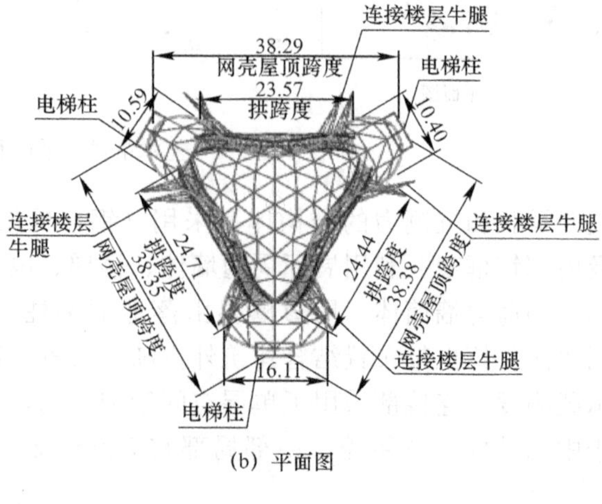

(b) 平面图

图 2-8　中庭结构轴测、平面和立面图（一）

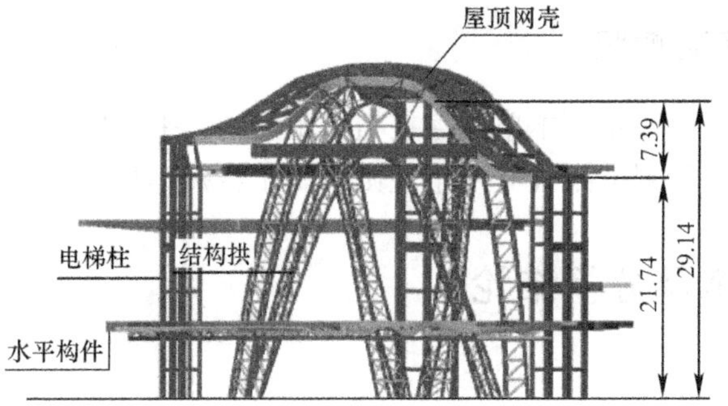

(c) 立面图

图 2-8 中庭结构轴测、平面和立面图（二）

本单体屋盖结构采用空间网格结构体系，屋面设置面内支撑，较大跨度区域设置屋面桁架。屋盖造型三个区顶部及中间玻璃顶部略高，周边较低，竖向荷载通过屋盖主受力梁、屋面桁架、下部的二力支承杆传递至下部竖向构件，屋盖产生的水平力通过屋面支撑传递至框架柱、剪力墙抗侧力体系。屋盖和屋面支承结构平面布置如图 2-9 所示，其余主体结构之间的支承关系如图 2-10 所示。

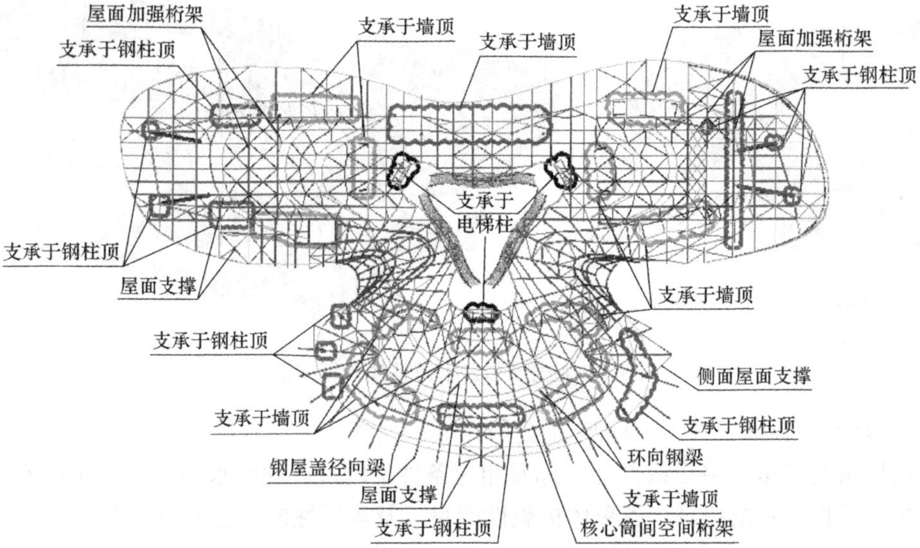

图 2-9 屋盖和屋面支撑结构平面布置

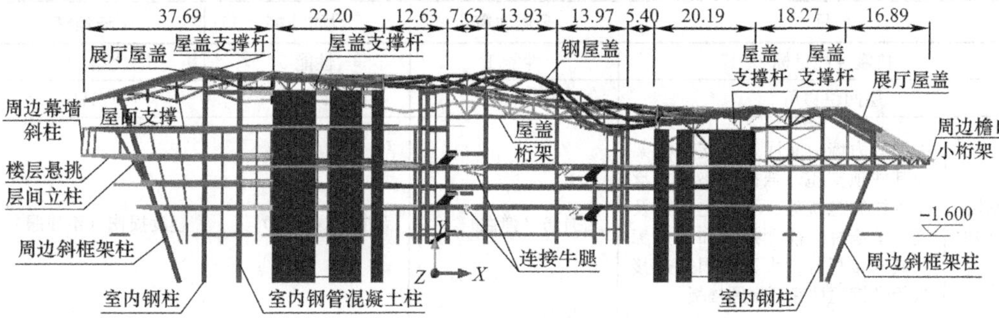

图 2-10 屋盖支承关系

2.4 艺术馆单体的超限情况

根据《技术要点》的规定，本单体存在扭转不规则、平面凹凸不规则、局部楼层楼板不连续、竖向构件间断和斜框架柱 5 项不规则，属于特别不规则的高层建筑。

3 超限应对措施及分析结论

3.1 超限应对措施

3.1.1 分析模型及软件

大剧场和艺术馆整体计算模型如图 3-1 所示。

本工程主要采用的软件及其应用情况：1）MIDAS，主要用于整体模型计算校核对比分析；2）SAP 2000，主要用于整体模型计算分析，如弹性时程分析、整体稳定分析、抗连续倒塌验算、中震和大震拟弹性法下对关键构件的验算分析等；3）Perform-3D，主要用于整体结构的罕遇地震动力弹塑性时程分析。

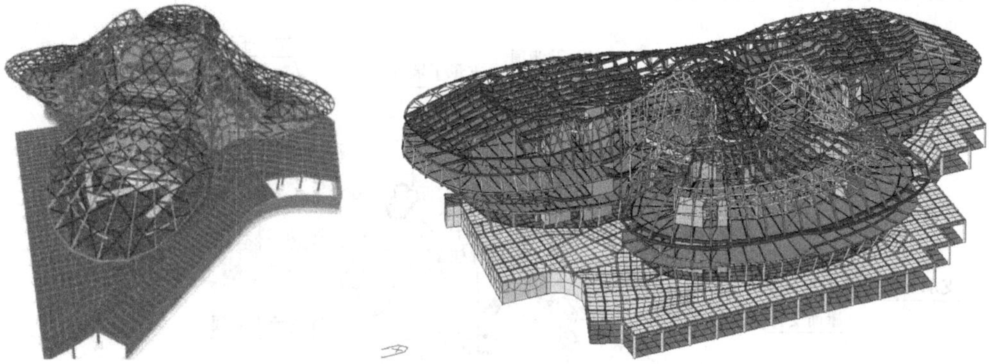

图 3-1 大剧场和艺术馆整体计算模型

3.1.2 抗震设防标准、性能目标及加强措施

大剧场及艺术馆选用 C 级性能目标及相应条件下的抗震性能水准，并对局部关键构件的性能要求予以一定的提高。各单体抗震性能目标及震后性能状态汇总见表 3-1。

结构抗震性能设计目标及震后性能状态　　表 3-1

项目		多遇地震	设防地震	罕遇地震
抗震性能目标		性能 1	性能 3	性能 4
层间位移角		1/800	1/400	1/100
大剧场关键构件	关键剪力墙、前厅蜂窝支承框架及其柱顶支座、悬挑楼座的支承钢骨柱和悬挑梁、台塔主桁架及其支承墙柱、前厅蜂窝和钢连廊及其连接杆件、大开洞周边连接楼板及钢框柱底部周圈楼板	无损伤（弹性）	无损伤（弹性）	轻度损伤（不屈服）

续表

项目		多遇地震	设防地震	罕遇地震
艺术馆关键构件	关键剪力墙、支撑楼层转换桁架的钢管混凝土柱、重要斜柱、楼层转换桁架、大开洞周边连接楼板及钢框柱底部周圈楼板	无损伤（弹性）	无损伤（弹性）	轻度损伤（不屈服）
关键构件	框架柱、屋面支承杆及其支承结构柱等	无损伤（弹性）	轻微损伤（受弯不屈服、受剪弹性）	轻度损伤（不屈服）
耗能构件	连梁、普通楼层梁、屋盖普通钢梁、钢支撑	无损伤（弹性）	轻度损坏、部分中度（受剪不屈服）	中度损坏、部分较严重（剪压比≤0.15）
普通竖向构件	除关键构件外墙柱	无损伤（弹性）	轻微损伤（受弯不屈服、受剪弹性）	部分中度损坏（剪压比≤0.15）

3.2 分析结果

3.2.1 多遇地震作用分析结果

表 3-2 和表 3-3 分别为各单体 MIDAS 和 SAP 2000 两个软件计算的整体结果。

大剧场多遇地震作用下主要计算结果　　表 3-2

指标		MIDAS 软件	SAP 2000 软件
计算振型数		51	50
第 1、2 平动周期（s）		T_1=0.6432（Y 向）	T_1=0.6660（Y 向）
		T_2=0.6114（X 向）	T_2=0.6386（X 向）
第 1 扭转周期（s）		0.5497	0.5532
第 1 扭转/第 1 平动周期		0.855	0.831
有效质量系数（X、Y 应大于 90%）	X	98.78%	98.41%
	Y	98.91%	98.72%
地震作用下基底剪力（kN）	X	42808.4	46670.2
	Y	40381.4	43307.6
结构总质量（t）		143615.8	142999.2
底部剪重比（规范限值 $0.2\alpha_{max}$=1.6%）	X	3.1%	3.26%
	Y	3.0%	3.03%
地震作用下倾覆弯矩（kN·m）	X	951847.39	1074361.70
	Y	855080.72	944037.48
地震作用下最大层间位移角	X	1/2022（6 层楼面）	1/2262（2 层楼面）
	Y	1/1895（4 层楼面）	1/1828（2 层楼面）
本层受剪承载力和相邻上层的比值	X	通过竖向构件配筋保证	通过竖向构件配筋保证
	Y	通过竖向构件配筋保证	通过竖向构件配筋保证
规定水平力作用下楼层扭转位移比	X	1.435（2 层）	1.22（2 层）
	Y	1.456（6 层）	1.42（2 层）
嵌固端规定水平力框架柱及短肢墙地震倾覆力矩百分比	X	42%	35.52%
	Y	42%	33.95%
嵌固端框架柱地震剪力百分比（$0.2V_0$）	X	21%	20.62%
	Y	21%	20.0%

续表

指标		MIDAS 软件	SAP 2000 软件
构件最大轴压比		剪力墙：0.32，混凝土框架柱：0.63	
刚重比	X	24.31	23.14
	Y	24.12	22.06
楼层侧向刚度与相邻上层侧向刚度 90%、100%、150%的比值	X	—	0.91（2 层）
	Y	—	1.01（5 层）

艺术馆多遇地震作用下主要计算结果 **表 3-3**

指标		MIDAS 软件	SAP 2000 软件
计算振型数		60	60
第 1、2 平动周期（s）		T_1=0.7232	T_1=0.7149
		T_2=0.4909	T_2=0.5104
第 1 扭转周期（s）		0.6054	0.6166
第 1 扭转/第 1 平动周期		0.837	0.862
有效质量系数（X、Y 应大于 90%）	X	99.32%	92.52%
	Y	99.53%	95.36%
	Z	95.14%	91.93%
地震作用下基底剪力（kN）	X	25887.411	25840.35
	Y	21942.795	21159.13
结构总质量（t）		86154.286	87121.6
底部剪重比（规范限值 $0.2\alpha_{max}$=1.6%）	X	3.2%	3.0%
	Y	2.7%	2.5%
地震作用下倾覆弯矩（kN·m）	X	504763.235	474408.34
	Y	366938.195	330617.95
地震作用下最大层间位移角	X	1/3300（10.65m）	1/3842（20.45m）
	Y	1/1905（10.65m）	1/1348（28.10m）
本层受剪承载力和相邻上层的比值	X	通过竖向构件配筋保证	通过竖向构件配筋保证
	Y	通过竖向构件配筋保证	通过竖向构件配筋保证
规定水平力作用下楼层扭转位移比	X	1.225	1.38
	Y	1.292	1.33
嵌固端规定水平力框架柱及短肢墙地震倾覆力矩百分比	X	—	7.08%
	Y	—	11.65%
嵌固端框架柱地震剪力百分比（$0.2V_0$）	X	—	10.44%
	Y	—	13.54%
构件最大轴压比		剪力墙：0.32，混凝土框架柱：0.56	
刚重比	X	22.71	25.20
	Y	14.38	21.17
楼层侧向刚度与相邻上层侧向刚度 90%、100%、150%的比值	X	—	1.16
	Y	—	1.12

根据上述计算结果对比可知，采用两个不同计算内核软件所得的主要结果及趋势基本吻合，结构各项整体指标均符合规范要求，结构体系选择恰当。

3.2.2 设防烈度地震作用分析结果

本工程采用《高层建筑混凝土结构技术规程》JGJ 3—2010 中的等效弹性方法，利用 SAP 2000 对主体结构进行设防烈度地震作用下的结构抗震性能水准 3 目标的验算。主要计算参数取值如下：阻尼比 0.05，连梁刚度折减系数 0.5，特征周期为 0.35s，地震最大影响系数 0.2391（按安评反应谱取值）。表 3-4 为各单体中震作用下主要计算结果，由表可知，基底剪力及倾覆弯矩均不是线性增大，层间位移角符合预定的性能目标，说明宏观上各单体结构能够实现性能水准 3 的目标。

大剧场和艺术馆中震作用下等效弹性法主要计算结果 表 3-4

项目	大剧场		艺术馆	
地震作用方向	X	Y	X	Y
最大层间位移角	1/918（2 层）	1/777（2 层）	1/1546（20.45m）	1/462（28.1m）
基底剪力（kN）	122846.80	115604.50	74300.64	61777.35
底层剪重比	8.60%	8.08%	8.53%	7.09%
基底倾覆弯矩（kN·m）	2696276.13	2390344.91	1130027	796171

结构设计对关键墙柱和连接楼板进行了中震作用下的抗震性能验算。从验算结果可知，薄弱连接楼板剪压比均小于 0.15，通过提高楼板配筋以满足中震不屈服的性能目标。在中震作用下，关键墙柱的承载设计要求比正常设计有较大提高，关键墙柱在中震作用下受力状态为弹性，大震作用下剪压比均在 0.15 以下，满足抗剪性能目标。部分剪力墙出现偏心受拉，但墙截面平均拉应力小于混凝土的抗拉强度，通过加强墙身、暗柱配筋后，可满足预定的抗震性能目标。关键钢框架柱在中、大震作用下的应力比均在 0.70 以下，满足抗震性能目标。

3.2.3 罕遇地震作用下动力弹塑性分析结果

按《建筑抗震设计规范》GB 50011—2010 的要求，本工程选取 2 条天然波和 1 条人工场地波，采用 Perform-3D 软件对整体结构进行罕遇地震动力弹塑性时程分析。表 3-5 为大剧场和艺术馆的整体计算结果。可见，在不同地震波作用下，大剧场最大层间位移角为 1/289，艺术馆最大层间位移角为 1/380，均小于规范限值 1/100，满足规范要求。

罕遇地震作用下大剧场和艺术馆整体计算结果 表 3-5

单体	地震波	天然波 1		天然波 2		人工波	
		X 向	Y 向	X 向	Y 向	X 向	Y 向
大剧场	前 3 阶周期（s）	0.544（X 向），0.509（Y 向），0.486（扭转）					
	最大基底剪力（kN）	166260	166935	182554	177170	171517	172658
	X 向最大层间位移角	1/325	1/396	1/289	1/339	1/354	1/378
	Y 向最大层间位移角	1/540	1/447	1/552	1/466	1/471	1/391
艺术馆	前 3 阶周期（s）	0.560（Y 向），0.521（X 向），0.481（扭转）					
	最大基底剪力（kN）	68957	68618	81437	74897	86820	81274
	X 向最大层间位移角	1/580	1/616	1/668	1/733	1/448	1/512
	Y 向最大层间位移角	1/462	1/380	1/531	1/426	1/440	1/383

通过分析可得大剧场构件在罕遇地震作用下的损伤分布情况为：

（1）楼面与屋盖的大部分钢梁、钢框柱均处于基本完好状态。

（2）大部分钢筋混凝土框架梁处于基本完好状态。

（3）连梁和部分框架梁的钢筋拉应变达到屈服应变，混凝土均未达到峰值压应变。

（4）连梁处于中度损伤破坏状态，部分框架梁处于轻微损伤状态，连梁未发生剪切破坏。

（5）大部分钢筋混凝土柱处于基本完好状态。

（6）少数剪力墙的钢筋受拉屈服，但钢筋受拉屈服的区域均小于剪力墙截面高度的1/4，混凝土的压应变较小，属于基本完好状态，关键部位的剪力墙均处于弹性状态。

通过分析可得艺术馆构件在罕遇地震作用下的损伤分布情况为：

（1）部分钢梁受拉或受压屈服，达到轻微损伤，其余大部分钢梁和钢支撑处于基本完好状态。

（2）部分非关键钢支撑发生了屈服，达到轻微损伤，其余关键构件处于基本完好状态。

（3）剪力墙底部的钢筋受拉屈服，但钢筋受拉屈服的区域均小于剪力墙截面高度的1/3，处于轻微损伤，剪力墙混凝土的压应变较小，处于基本完好状态，关键部位的剪力墙均处于弹性状态。

（4）大部分连梁的钢筋达到屈服应变，处于中度损伤状态。连梁混凝土的压应变较小，处于基本完好状态，连梁未发生剪切破坏。

综上所述，在罕遇地震作用下，大剧场和艺术馆的整体变形和构件均达到了预期的性能目标，且关键构件均处于弹性状态，其实际的性能状态高于预期的性能目标要求即大震不屈服的目标，结构具有良好的抗震性能。

4 抗震设防专项审查意见

2013年9月17日，湖南省住房和城乡建设厅在长沙市五强科技园104会议室主持召开本工程抗震设防专项审查会，湖南大学沈蒲生教授任专家组组长。与会专家听取了设计单位的汇报，并审阅了送审材料。经讨论，提出审查意见如下：

（1）抗浮设计水位按照37m标高考虑。

（2）对平面不规则的薄弱部分采取加强措施。

（3）对于大跨度楼屋盖的刚度予以适当加强。

（4）对于复杂节点进行性能分析，必要时补充节点试验研究。

审查结论：通过。

5 点评

本工程建筑外形为不规则曲面，结构设计采用随形设计的思想。针对本工程的特点，选取合适的结构体系和抗震性能目标，通过多程序的计算分析，多模型、多工况、多方面、多角度地论证了结构的受力和抗震性能；对关键构件进行补充验算并采取有效的抗震措施。本工程采用双程序进行分析校核，对于整体结构的承载力、钢结构的稳定问题、超长结构的温度分析、结构防连续倒塌、大跨度结构舒适性均有详细的分析和论证。同时，对整体结构进行了罕遇地震作用下的动力弹塑性时程分析，表明结构具有良好的抗震性能。

计算结果表明，结构布置合理，刚度分布较为均匀，在重力荷载、温度、地震、风荷载作用下各项指标均可满足规范要求，抗震性能指标满足场地安评小震弹性设计的要求，关键构件满足设防地震以及罕遇地震的抗震性能目标要求。

86 广州体育大厦越秀展览中心

关　　键　　词：地铁上盖；大跨钢-混结构；大底盘多塔；转换桁架；舒适度
结构主要设计人：梁子彪　张树林　龙原野　杨龙和　黄照棉　曾生禄
设　计　单　位：深圳市华阳国际工程设计股份有限公司广州分公司

1 工程概况

项目位于广州市越秀区原广州锦汉展览中心用地内，东面紧邻城市主干道解放北路，为地铁 2 号线越秀公园站及其轨道上盖建筑。拟建一栋地上 16 层、地下 3 层的集展览、会议、办公、商业等多功能为一体的综合楼，结构高度 64.90m，总建筑面积约 135902m^2。各层主要功能为：地下室为汽车库、配套商业、会展厨房等；1～6 层为大型会展中心及宴会厅；7～16 层为办公塔楼。其中地下室与地铁重叠区域为既有建筑加固改造，其余地下室及地上部分为新建建筑。整体效果图如图 1-1 所示。

图 1-1　项目整体效果图

2 结构体系与结构布置

本项目主要采用钢筋混凝土框架-剪力墙结构体系，剪力墙主要设置在塔楼核心筒、电梯间及楼梯间位置，以提供结构的抗侧、抗扭刚度。其中裙房跨越已运行广州地铁 2 号线，该部分采用钢管混凝土柱-大跨度钢桁架结构体系。在裙房 1 层、2 层通高设置平面尺寸 48m×54m 的大型会展厅，3 层、4 层通高设置相同尺寸宴会厅，宴会厅楼面层设置单层双榀钢桁架，其顶部 5 层、6 层采用跨层钢桁架，支撑裙房上部两层及屋顶花园荷载。

塔楼部分位置处于地铁已建成范围，塔楼走道一侧的部分框柱需要进行竖向构件转换，故分别在南、北塔 7 层楼面设置转换梁进行托柱转换；南塔底部区域设置报告厅，故在南塔 4 层楼面设置 24m 跨度转换梁；原区域基础承载力不足，裙房区域在 2～4 层楼面设置 48m 跨度跨层桁架进行转换；根据建筑造型需求，裙楼局部采用斜柱。计算模型及典型层结构布置图如图 2-1、图 2-2 所示。

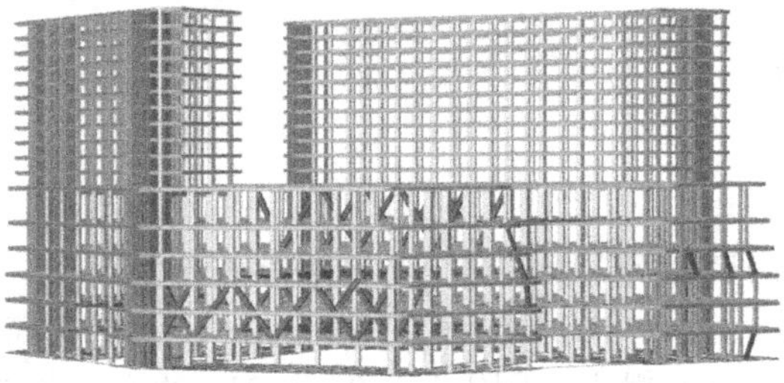

图 2-1 结构计算模型

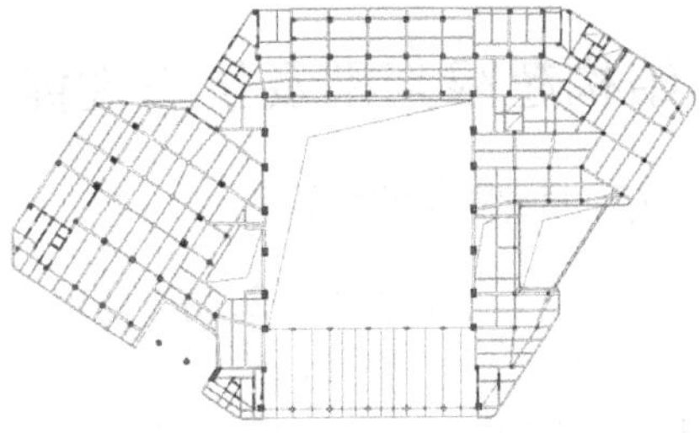

图 2-2 裙楼 2 层结构布置图

3 基础设计

3.1 地质概况

地勘报告显示，在钻探揭露范围内未发现不良地质现象，场地属基本稳定区，适宜作建筑场地。场地自然地面标高约 8.28～9.62m，从上到下依次为粉质黏土、风化粉砂岩、风化混合岩，基底标高绝大部分已到达全风化以上的岩层，局部位置到达中微风化的坚硬岩层。抗浮水位取市政道路绝对标高 8.4m。

3.2 基础设计

本项目场地中间已有呈长条状的 4 层地下室，广州地铁 2 号线区间及其设备用房从地下 4 层穿过，地铁运营区域不允许进入施工，故不具备加固改造的条件。既有建筑采用人工挖孔桩基础，新方案变动较大，部分基础不满足新建建筑承载力需求，故需避免新建建筑荷载传递至该区域（图 3-1）。

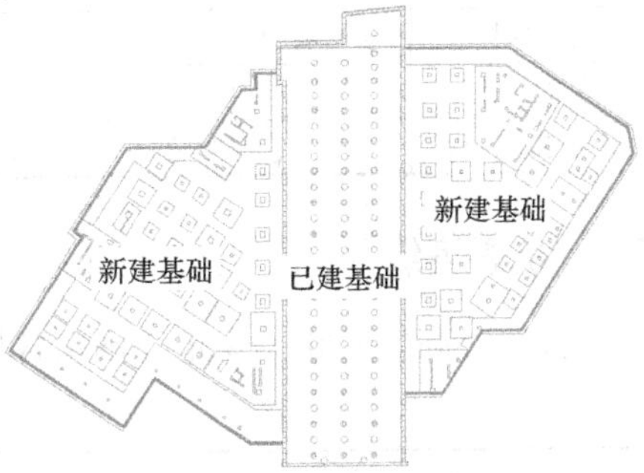

图 3-1 场地基础平面布置图

新建北塔塔楼筏板以全风化岩作为持力层；南塔西面为风化岩，东面部分为残积土层，为使筏板各持力层刚度差异较小，需采用刚性桩进行局部地基处理。裙楼范围主要采用柱下独立基础，以全风化、强风化岩层为持力层，个别轴力较大处需改为人工挖孔墩，以强、中风化岩为端部持力层。本工程地下室抗浮设防水头约 13.25m，采取直径 200mm 抗拔锚杆作为抗浮措施，锚杆承载力特征值 R_t=450kN。

4 荷载与地震作用

本项目取 50 年重现期基本风压 W_0=0.5kN/m^2 用于位移控制，按照 0.55kN/m^2 进行承载力验算，地面粗糙度为 C 类，体型系数取 1.4，按照 10 年重现期基本风压 0.30kN/m^2 进行舒适度验算。

本工程的设计基准期 50 年，抗震设防烈度 7 度，Ⅱ类场地，设计地震分组为第一组，设计基本地震加速度值 0.10g，特征周期 0.35s，抗震设防分类为裙楼乙类、裙楼以上为丙类。

5 结构超限判别及抗震性能目标

5.1 结构超限类型和程度

根据《住房城乡建设部关于印发〈超限高层建筑工程抗震设防专项审查技术要点〉的通知》(建质〔2015〕67 号)、《高层建筑混凝土结构技术规程》JGJ 3—2010（下文简称《高规》)、广东省标准《高层建筑混凝土结构技术规程》DBJ 15—92—2013 的有关规定，本项目为结构高度 64.9m 的大底盘多塔结构，存在扭转不规则、楼板不连续、尺寸突变、构件间断、局部穿层柱 5 项一般不规则和复杂连接 1 项特殊不规则，应进行超限高层建筑工程抗震设防专项审查。

5.2 抗震性能目标

综合抗震设防烈度、项目重要性等因素，设定结构抗震性能目标为 C 级，具体如表 5-1所示。

C 级性能目标下结构各构件表现 **表 5-1**

构件类型	构件名称	多遇地震	设防地震	罕遇地震
性能水准		1	3	4
关键构件	转换柱、桁架斜杆、斜柱、穿层柱、裙楼大空间框架柱	无损坏	轻微损坏	轻度损坏
	底部加强区剪力墙、转换梁	无损坏	轻微损坏	轻度损坏
普通竖向构件	普通剪力墙、普通框架柱	无损坏	轻微损坏	部分构件中度损坏
耗能构件	剪力墙连梁	无损坏	轻度损坏，部分中度损坏	中度损坏，部分严重损坏
普通水平构件	框架梁	无损坏	轻度损坏，部分中度损坏	中度损坏，部分严重损坏

5.3 抗震等级

按照《高规》相关规定，确定各构件的抗震等级如表 5-2 所示。

构件抗震等级 **表 5-2**

结构部位	结构构件	抗震等级
地下室	地下 3 层～地下 2 层	三级～二级
	地下 1 层（地下 1 层墙柱～首层楼盖）	一级
裙楼（抗震设防类别乙类）	框架、剪力墙	一级
	5～6 层塔楼周边框架柱、剪力墙	特一级
	转换桁架	二级
南塔、北塔	7～8 层塔楼周边框架柱、剪力墙	一级
	其余构件	二级

6 结构计算与分析

6.1 小震及风荷载作用分析

采用 YJK 和 MIDAS/Gen 软件进行计算分析。结构计算考虑偶然偏心地震作用、双向地震作用、扭转耦联及施工模拟的影响。主要计算结果见表 6-1 和图 6-1。

计算结果表明，扭转第 1 自振周期与平动第 1 自振周期之比满足小于 0.85 的要求；在风荷载和地震作用下，层间位移角均满足有关规范的要求；X、Y 方向剪重比均满足规范要求；裙楼 2 层、3 层位移比为 1.55，相应层间位移角为 1/1920，扭转位移比可适当放松。除首层外，其余层均满足高层建筑相邻楼层的侧向刚度变化的规定；除首层外，其余层均满足楼层层间受剪承载力不宜小于相邻上一层的 80%规定。

整体计算结果　　表 6-1

指标		YJK 软件	MIDAS/Gen 软件
自振周期（s）	T_1	2.01（Y）	2.07（Y）
	T_2	1.95（X）	2.02（X）
	T_3	1.08（扭转）	1.10（扭转）
第 1 扭转/第 1 平动周期		0.54	0.53
地震作用下的基底剪力（kN）	X	25635	26779
	Y	25585	26741
结构总质量（kN）（不包括地下室）		1476568	1536591
剪重比 （下限 1.60%）（不足时已按规范要求放大）	X	1.736%	1.791%
	Y	1.733%	1.735%
50 年一遇风荷载作用下最大层间位移角 （上限 1/550）	X	1/2926（10 层）	1/2990（10 层）
	Y	1/2226（9 层）	1/2286（10 层）
地震作用下最大层间位移角 （上限 1/550）	X	1/717（11 层）	1/728（10 层）
	Y	1/1050（11 层）	1/1048（11 层）
考虑偶然偏心最大扭转位移比	X	1.51（3 层）	1.443（2 层）
	Y	1.50（3 层）	1.129（1 层）
地震作用下，楼层与相邻上层的 考虑层高修正的侧向刚度比	X	0.9077（1 层）	1.463（4 层）
	Y	1.1783（10 层）	1.713（4 层）
楼层受剪承载力与上层的比值	X	0.86（1 层）	0.769（1 层）
	Y	1.05（1 层）	1.156（1 层）

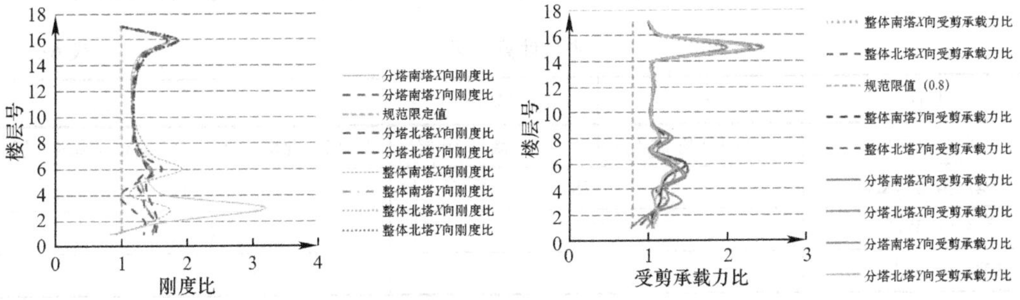

图 6-1　楼层刚度比、受剪承载力比曲线

6.2　弹性时程分析

按 7 度地震Ⅱ类土，50 年时限内超越概率为 63.2%（小震），阻尼比 $\xi=0.04$，采用 YJK 程序选取 5 组实际地震记录及 2 条人工波进行常遇地震作用下的弹性时程分析。

时程分析结果如图 6-2 所示，结果满足平均底部剪力不小于振型分解反应谱法结果的 80%，每条地震波底部剪力不小于反应谱法结果的 65%；弹性时程分析的基底剪力和位移平均值均小于规范反应谱结果，反应谱分析结果在弹性阶段对结构起控制作用，可用于配筋设计；楼层位移曲线以弯剪型为主，位移曲线在裙楼顶位置有突变，与实际情况相符。裙楼以上位移曲线光滑无突变，反映结构侧向刚度较为均匀。

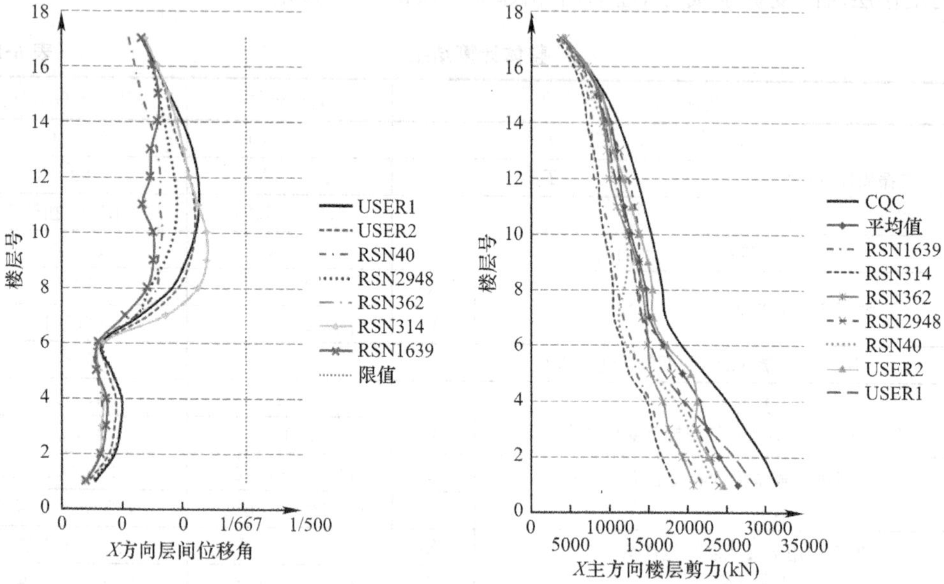

图 6-2 X 方向弹性时程分析层间位移角及楼层剪力曲线

6.3 中震计算

6.3.1 中震计算结果

针对设防烈度地震作用，水平最大地震影响系数 $\alpha_{max}=0.23$，取阻尼比 $\xi=0.05$，对结构构件的承载力进行验算，中震作用下的基底剪力、基底弯矩和层间位移角见表 6-2。

中震计算结果 **表 6-2**

指标	0°	33.4°	90°	123.4°
层间位移角	1/526（北塔 10 层）	1/379（南塔 10 层）	1/395（北塔 11 层）	1/330（南塔 9 层）
基底剪力（kN）	70078		71345	
Q_0/W_t	4.75%		4.85%	
基底弯矩（kN·m）	2560683		2719177	

计算结果表明，采用中震弹性方法计算时，所有竖向构件的抗剪配筋均未出现超筋的情况，属受剪弹性；中震不屈服验算时，跨层柱、底部加强区剪力墙等关键构件没有出现超筋的情况，其中底部加强区大部分剪力墙竖向配筋率较大，故采用钢板组合剪力墙加大墙体承载力，其正截面承载力验算满足“受弯不屈服”的要求；框架柱、框架梁的配筋较多遇地震作用下的小，满足受剪截面验算的要求。

6.3.2 中震楼板应力分析

针对裙楼楼板大开洞等情况，进行中震作用下弹性楼板应力分析，如图 6-3、图 6-4 所示。计算结果显示，大部分区域主应力与剪切应力在 1MPa 以内。2 层左下角桁架转换位置由于变形引起的局部应力，约为 3～4MPa。所有楼板开洞边角和与剪力墙角、柱、斜撑等交接的地方出现局部应力集中，应力约为 2～3MPa。板配筋时需综合考虑各荷载工况组合之后的最不利结果，对局部应力集中部位的板配筋予以适当加强。

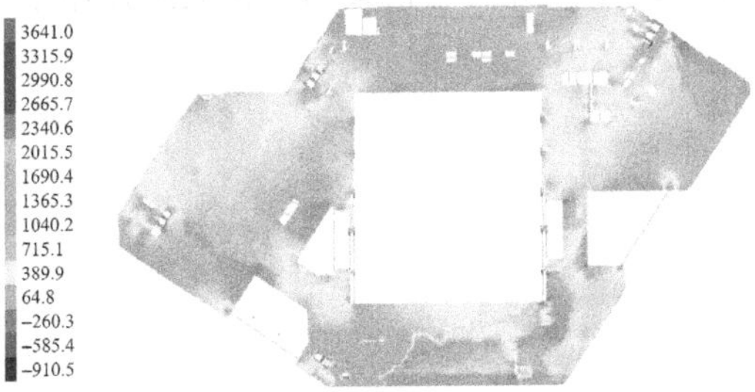

图 6-3　2 层 Y 向地震楼板主应力（kN/m²）

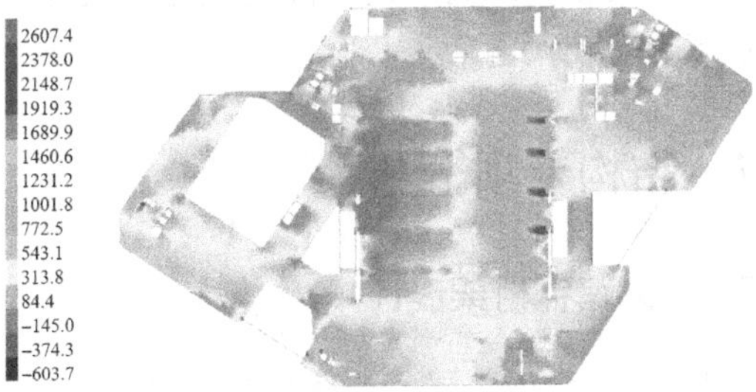

图 6-4　3 层 X 向地震楼板主应力（kN/m²）

6.4 大震动力弹塑性时程分析

鉴于本工程超限类型较多，选取 5 组天然波、2 组人工波大震记录进行弹塑性时程分析。地震动水平双向输入时，主次方向分别按 1∶0.85 幅值施加。地震波同小震弹性时程分析所选地震波，时程分析时输入地震加速度最大值为 220cm/s²。构件性能分析如图 6-5 所示。

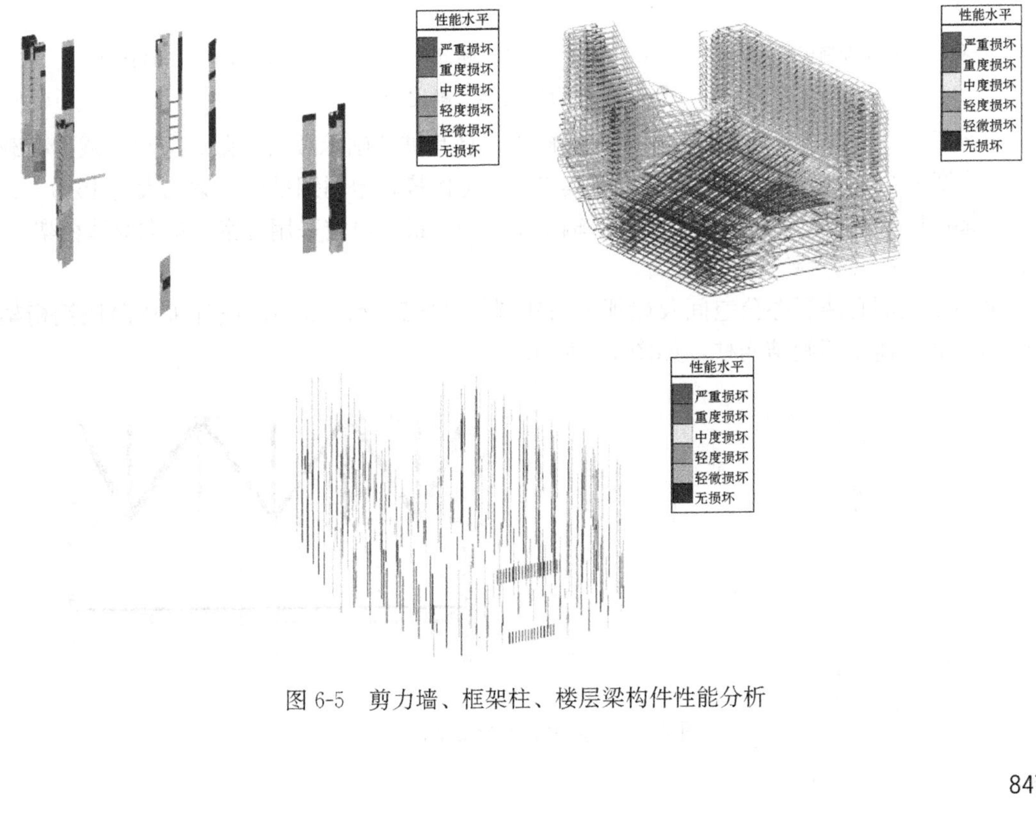

图 6-5　剪力墙、框架柱、楼层梁构件性能分析

大震弹塑性分析显示：1）主体结构在地震波作用下的平均最大弹塑性层间位移角 X 向为 1/138、Y 向为 1/133，满足规范限值。2）核心筒设置合理的开洞形成连梁，连梁耗能效果明显，大部分承重墙未出现明显的损伤。3）裙楼中庭大开洞的连廊楼板出现局部受压损伤，设计考虑进一步加强连廊薄弱连接楼板的配筋。4）剪力墙内设置钢板，通过大震等效弹性验算底部剪力墙满足受剪截面要求；裙房与塔楼交界处上下楼层剪力墙和框架柱受压损伤较明显，应提高该处竖向构件的抗震等级及配筋率。5）2～3 层托柱转换桁架、与其相连的矩形钢管混凝土柱在大震作用下未出现塑性应变，桁架结构在大震作用下承载力有较大富余。

7 结构专项分析

7.1 大跨钢桁架设计

7.1.1 宴会厅楼层大跨度桁架设计

宴会厅平面尺寸为 48m×54m，为保证展厅净高，采用单层钢桁架，桁架上、下弦杆之间供设备走管。上、下弦桁架的梁高为 400mm，上、下弦桁架的轴间距为 1.78m。对单向桁架、单向立体桁架、双向桁架三种方案进行比较，如图 7-1 所示。

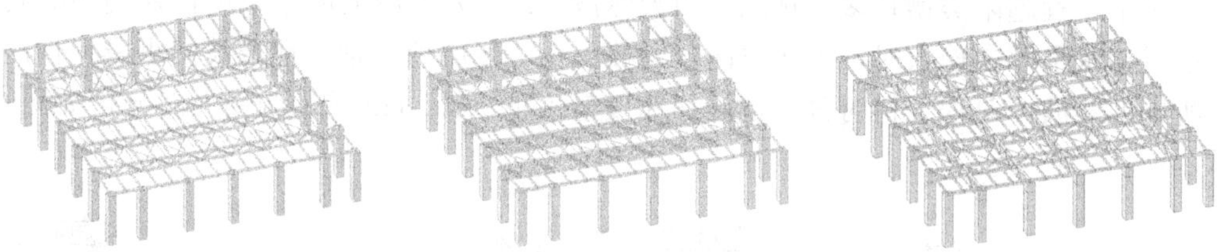

(a) 方案一：单向桁架　　(b) 方案二：单向立体桁架　　(c) 方案三：双向桁架

图 7-1 宴会厅桁架方案比选

方案三中，长向桁架两端框架柱基础已施工，且其桩基础承载力有限，应尽量减少荷载传递。方案一在应力比、变形方面相比方案二有一定优势，但用钢量比方案二大约 16%。方案二桁架钢板厚度小、单榀桁架较轻、运输施工方便，最终决定采用方案二单向立体桁架。

7.1.2 宴会厅上层大跨度桁架设计

宴会厅上部有两层办公空间及屋顶种植花园，横向跨度达 48m，设计采用跨层钢桁架将竖向荷载传递至两侧结构柱，如图 7-2 所示。

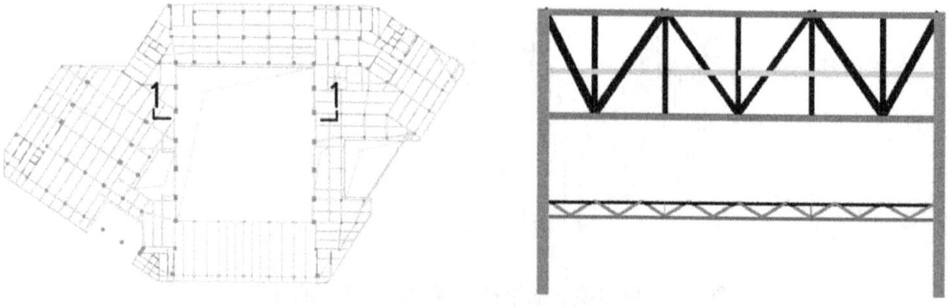

图 7-2 宴会厅上层桁架结构布置

7.1.3 展厅口部大跨度桁架设计

因地铁下部原有基础承载力不足，采用斜撑形成钢桁架，将荷载外传至地铁范围以外。先施工 2 层及以上裙楼，待裙楼施工完成后再将首层钢柱进行连接，如图 7-3 所示。通过模拟施工顺序的调整，将 2 层及以上的裙楼自重及恒载先通过桁架传至两侧的柱上，中间首层钢柱只承担部分活荷载。计算分析结果显示，首层 7 根柱子承受竖向荷载总和为 84552kN，后施工的中间 5 根柱子仅分担 13734kN，占总荷载的 16.2%。该位置下部原已施工部分桩基及框架柱承载力可以满足要求，不需要进行加固。

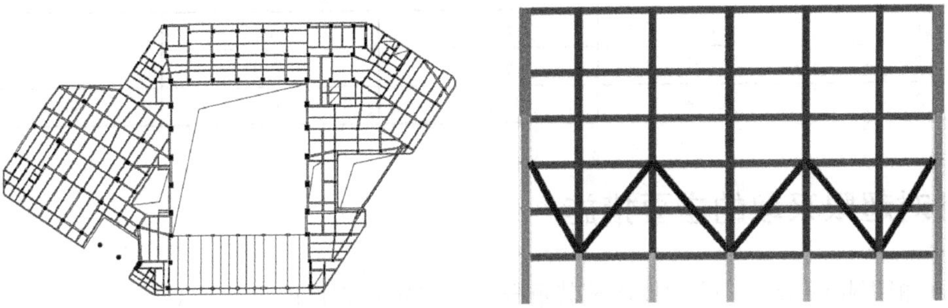

图 7-3 展厅口部桁架结构布置

7.2 楼板振动舒适度分析与减振设计

宴会厅位于裙房 3 层，约为 48m×54m 的大空间钢结构组合楼板，采用 MIDSA/Gen 对其楼盖舒适度进行计算分析。阻尼比取 0.02。楼盖前三阶振型如图 7-4 所示，结构共振时动力响应最不利点位于第三榀桁架中部两侧。对该楼盖进行三种工况下楼盖舒适度分析，如表 7-1 所示。

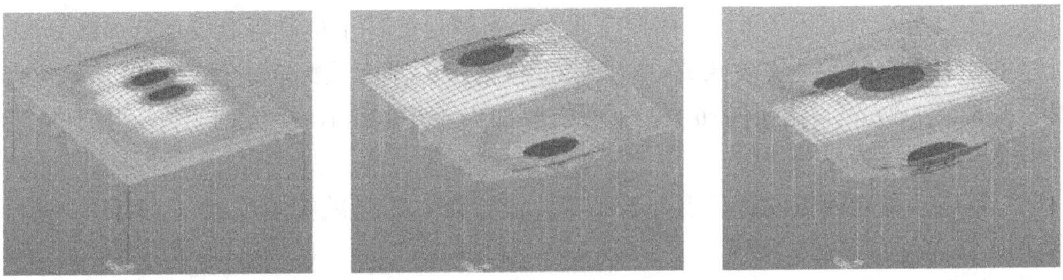

图 7-4 楼盖前三阶振型（$f_1=2.08$Hz、$f_2=2.17$Hz、$f_3=2.38$Hz）

步行分析工况定义 表 7-1

工况	密度（人/m²）	频率（Hz）	描述特点	激励荷载（kN/m²）	布载方式
1	1.0	2.07	交通十分繁忙，自由移动受到限制，步行受阻，快步行走不再可能	0.70	全楼盖均布
2				0.70	第二、四榀桁架之间均布
3	0.2	2.38	交通通畅，人群可自由移动	0.70	全楼盖均布

对于所定义的人行荷载工况，结构最大加速度为 0.1983m/s²；结构加速度超出人体能承受的加速度限值 0.15m/s²，应采用 TMD 装置对该楼盖进行减振控制，在楼盖每榀桁

架布置 4 套减振装置，共计 20 套。

对激振频率工况下该结构进行 TMD 减振设计与分析，通过结构动力特性分析，制定 TMD 减振布置方案，通过在各榀桁架设置调频质量阻尼器，能有效抑制楼盖在人行荷载激励下的振动，减振后加速度峰值最大为 0.093m/s²，小于 0.15m/s²，满足人体舒适度及规范要求（表 7-2）。

减振前后振动加速度对比　　表 7-2

荷载工况	频率（Hz）	原结构（mm/s²）	减振结构（mm/s²）	减振率（%）
1	2.07	198.3	93.24	53.0%
2	2.07	88.02	38.91	55.8%
3	2.38	76.55	54.49	28.8%

8　针对超限采取的主要措施

（1）根据超限情况、受力特点及其重要性，确定抗震性能目标为 C 级。

（2）从严控制斜柱的轴压比，并在计算结果的基础上适当加强斜柱及其拉梁，拉梁面筋按支座面筋较大值的 50%拉通；受拉楼板厚度采用 150mm，楼板钢筋按 0.25%配筋率双层双向设置。

（3）根据中震等效弹性、大震弹塑性分析结果，对结构薄弱部位、关键部位进行适当加强（如中震作用下出现拉力的剪力墙采用 10～18mm 外包钢板组合剪力墙等），使抗侧刚度和结构延性更好地匹配。

（4）提高底部加强区及裙楼上两层范围剪力墙及框架柱配筋率，剪力墙竖向配筋率提高至 0.5%、底部加强区剪力墙设置约束边缘构件，框架柱在计算结果的基础上配筋再进行加大，且配筋率不小于 1.6%。裙楼屋面上、下两层的柱子抗震等级设为特一级。

（5）对于楼板局部不连续区域，对薄弱部位楼板的厚度及配筋进行适当加强。裙楼屋面板厚加大至 150mm，裙楼屋面上、下层板厚加大至 120mm，楼板钢筋按不小于 0.25%配筋率双层双向设置。

（6）根据楼盖竖向振动舒适度分析结果，设置调频质量减振阻尼器（TMD），进行减振设计。

（7）根据分析结果，对受力较为复杂的节点进行有限元分析并在构造上进行加强。

（8）针对大跨桁架受力较大的关键位置，采用交叉撑以提高抗倒塌能力。

9　抗震设防专项审查意见

2017 年 3 月 28 日，广州市住房和城乡建设委员会组织专家组在广州大厦召开本项目抗震设防专项审查会。专家组提出如下意见：

（1）补充对大跨度转换桁架的施工模拟分析、节点分析及节点大样构造设计；建议钢桁架不要施加预应力。

（2）补充单塔分析；整体结构剪力墙偏少，建议增加剪力墙。

(3) 根据规范修改完善构件的抗震等级。

(4) 复核 G 轴框架柱下原结构的承载力。

(5) 补充入口钢屋盖设计。

(6) 应细化中、大震性能分析后的加强措施。

审查结论：通过。

10 点评

本项目结构高度均为 64.90m，存在扭转不规则、楼板不连续等 5 项一般不规则及复杂连接 1 项特别不规则，设计中充分利用概念设计方法，采用多程序对结构进行分析。计算结果表明，多项指标均表现良好，满足规范的相关要求。根据分析结果和概念设计，对关键和重要构件做了适当加强。

(1) 本工程在建筑功能、净高及地铁等非常严苛的条件下进行设计，巧妙结合施工措施，既不用加固原有地铁区域的桩基础，又不损失结构的刚度及抗震性能，保证结构安全。

(2) 密切配合建筑及设备专业，利用隔墙位置设置跨层钢桁架，在不影响建筑效果的情况下有效地实现了 48m 跨度的跨越，有效地将 4 层的楼盖重量成功地传递到地铁外围。

(3) 采用结构高度仅为 2.18m 的单层立体桁架成功跨越 48m 跨度，设备管线从桁架中间穿过，保证建筑净高的要求，且方便狭小空间的钢结构施工吊装。

(4) 采用 ABAQUS 对关键节点进行了详细分析，保证结构传力的安全可靠；采用 MIDAS/Gen 对楼盖进行舒适度分析，并采取 TMD 减振设计，确保楼盖的舒适性。

(5) 本项目综合建筑、结构、设备、地铁、施工等因素进行精心设计，可为类似项目提供相关借鉴。

87 南海文化中心

关　　键　　词： 超长结构；混合结构；球幕展厅；铅黏弹性阻尼器；抗震性能化设计
结构主要设计人： 李松柏　李威　王远生　李力军　李小璇　梁振庭　练贤荣　张良平
设　计　单　位： 深圳华森建筑与工程设计顾问有限公司广州分公司

1　工程概况及设计标准

1.1　工程概况

本项目拟建场地位于佛山市南海区桂城海五路南侧、千灯湖公园西侧、南六路东侧、海四路北侧。占地面积约 5.6 万 m^2，总建设面积约 17 万 m^2，项目效果图如图 1-1 所示。

工程由图书馆、非遗文创馆、美术馆、科技馆、裙楼以及 2 层地下室组成。图书馆 7 层（局部 8 层），高 46.20m；非遗文创馆 5 层（局部 6 层），高 30.80m；美术展馆 5 层（局部 6 层），高 40.80m；科技馆 8 层，高 51.00m；裙楼 4 层，高 20.40m；地下室埋深 10.00m，地下 2 层设 11 个核六常六级人防单元、2 个核五常五级人防单元，地下 1 层局部设 2 个核六常六级人防单元。

基础采用大直径旋挖孔桩基础，选用中风化粉砂质泥岩作为桩端持力层，桩侧主要岩土层有③$_1$ 可塑粉质黏土、③$_2$ 硬塑粉质黏土、④$_1$ 全风化岩、④$_2$ 强风化岩、④$_3$ 中风化岩。以单桩、二桩承台为主。地下室底板为承台加防水板结构。

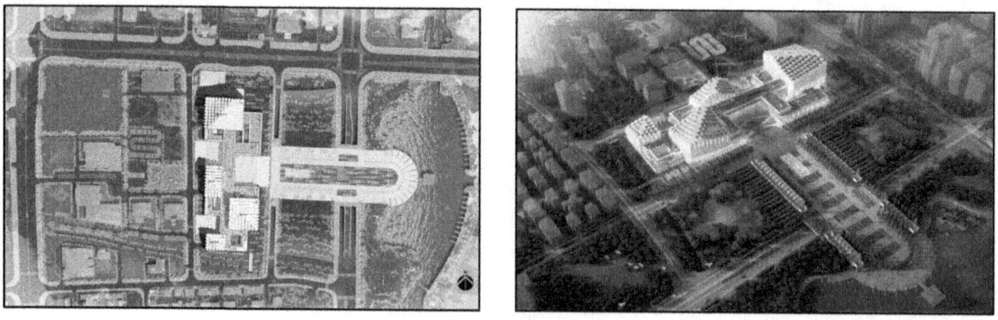

图 1-1　项目效果图

1.2　设计标准

本项目为大型公共建筑，其设计使用年限为 50 年，抗震设防类别为重点设防类（乙类），建筑结构防火等级为一级，建筑结构安全等级为一级，地基基础设计等级为甲级。

根据本工程超限具体情况，本工程的抗震性能目标选用 C 级，钢结构抗震性能目标选取性能 6，塑性耗能区结构构件延性等级为Ⅰ级。

2 结构体系及超限情况

2.1 结构体系

本工程采用框架-剪力墙结构体系。剪力墙主要利用楼（电）梯井设置，但受功能限制，大部分筒无法封闭，最终形成受力不太理想的槽形截面。楼盖以井字梁布置为主，典型楼板厚度为120mm，典型主梁截面尺寸为400mm×800mm、400mm×1000mm，典型次梁截面尺寸为250mm×800mm。典型楼盖布置如图2-1所示。整体结构模型立面图如图2-2所示。

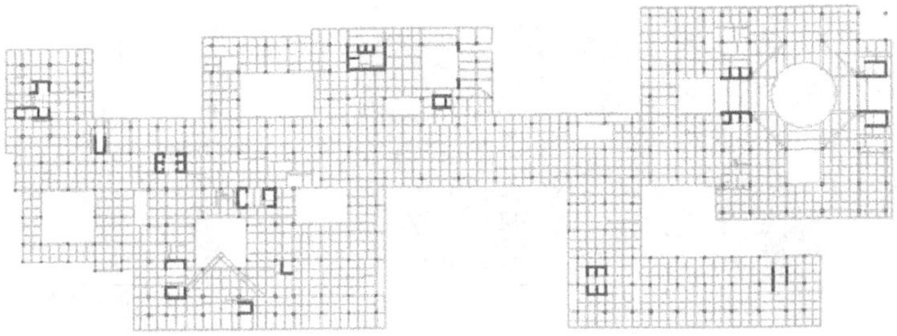

图2-1 典型楼盖布置图

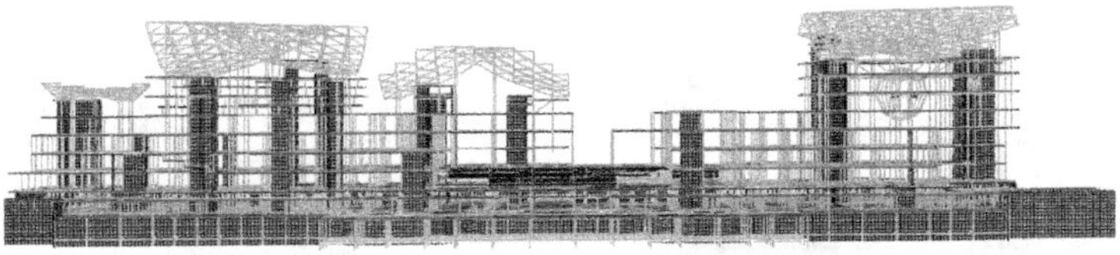

图2-2 ABAQUS整体结构模型立面图

2.1.1 图书馆

图书馆分析模型如图2-3所示。由图2-3(a)可见，图书馆5层以下楼面完整，5～6层及6～7层有局部夹层，6层、7层结构逐层收进。针对这种特殊的结构体型，采用YJK和SAP 2000两种空间结构计算软件对结构进行分析计算，比较计算结果的可靠性。

受建筑功能的影响，图书馆入口在B×(⑪、⑬)轴不能设置落地框架柱，结构布置利用景观平台的高差，分别在标高8.567m和3层楼面结构标高10.300m设置悬挑转换梁，悬挑长度12m，被悬挑转换梁支承的框架柱上至6层楼面。转换梁内伸一跨，如图2-3(b)所示，并在5层、6层增加斜撑，分担部分荷载，减轻悬挑转换梁的负担。

2.1.2 非遗文创馆

非遗文创馆混凝土楼面至5层，屋面钢柱自5层楼面伸出，钢结构跨度为X向18m，Y向6m、12m、6m，加两端悬挑6m，平面尺寸为30m×36m。

2.1.3 美术馆

图书馆分析模型如图2-4所示。美术馆主入口处位于(㉗～㉘)×(P～T)轴，与图书馆类似，由于框架柱不能落地，S轴、P轴形成12m悬挑构件，结合建筑功能需要在5层与4层之间设计悬挑桁架并内伸一跨。S轴悬挑6m处“上支下吊”，根部6m设下拉斜腹杆，受建筑功能影响，悬挑外侧6m采用上弦杆外伸作为悬挑梁，内伸12m跨采用空腹桁架，如图2-4(a) 所示。P轴与S轴采用类似思路，悬挑6m处设转换柱支承屋面，根部6m设下拉斜腹杆，外6m设斜压腹杆，内伸12m跨为避让门洞，于门洞两侧设置竖腹杆，其间设计V形斜腹杆，如图2-4(b) 所示。P轴与S轴之间3层上4层的大台阶通过5层悬挑梁悬吊2根吊柱悬挂。

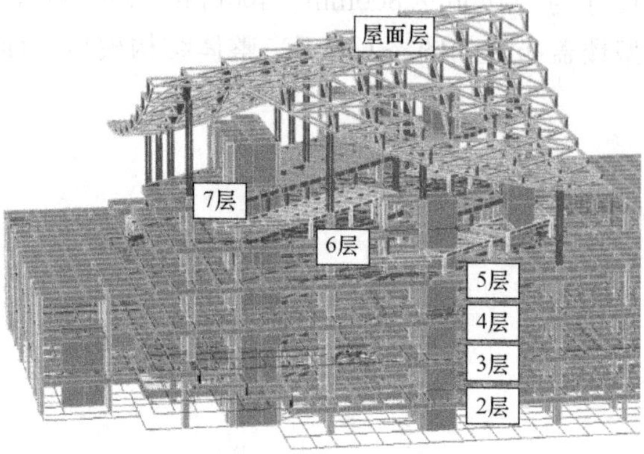

(a) 图书馆三维计算模型

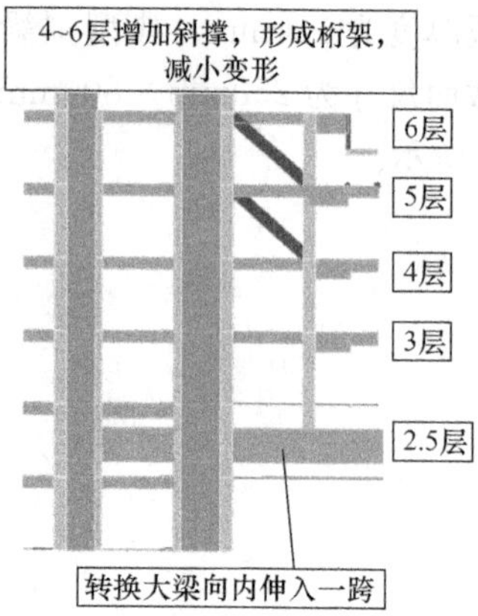

(b) 图书馆13轴局部转换系统

图2-3 图书馆分析模型

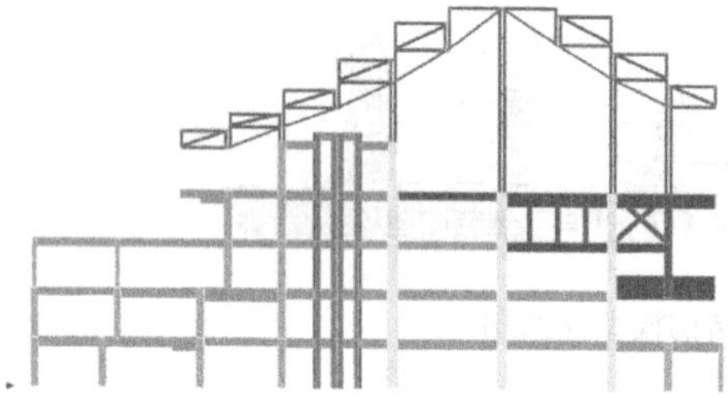

(a) S轴处主入口结构设计

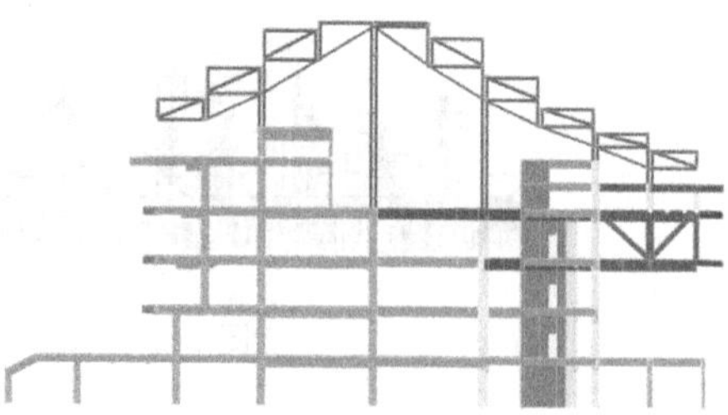

(b) P轴处主入口悬挑梁剖面

图2-4 美术馆分析模型

2.1.4 科技馆

科技馆主入口㊺×J轴、㊻×J轴处因首层不能设落地柱，在6～7层设置一层高的悬挑转换桁架，如图2-5所示，由转换桁架吊柱支承4～5层楼面结构。由于周边框架柱与屋面模数不匹配，7层楼面周边需要转换多肢钢管柱支承屋面钢结构，屋面钢桁架在多肢柱外再悬挑6m。

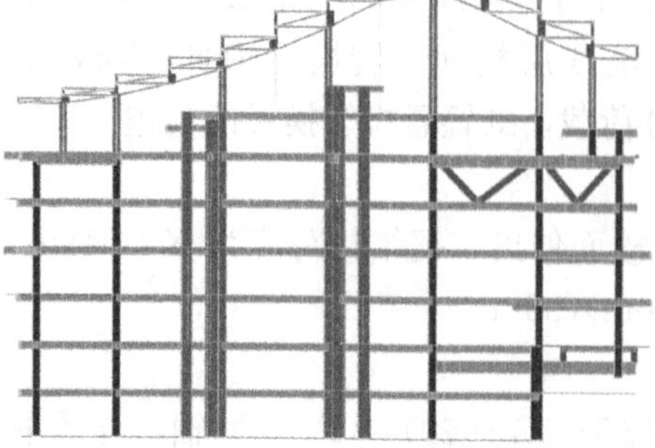

图2-5 科技馆7层转换桁架

7层楼面按转换层设计，板厚采用180mm，双层双向配筋，配筋率不小于0.25%。

科技馆中庭有悬挂球形展厅，如图2-6(a) 所示，该球幕展厅直径约15.8m，自重约650t。

球采用 4 个放射状 V 形吊杆悬挂在 8 层环廊内侧环梁上。吊杆采用符合《钢拉杆》GB/T 20934—2016 的钢棒，直径为 170mm，钢材屈服强度为 460MPa。球形展厅在 5 层、6 层设 2 个入口，楼面采用箱形钢梁与球体连接，箱形钢梁悬挑长度自支承框架柱边算起为 10m。

箱梁不考虑承担球体竖向荷载，释放连接点竖向位移，约束球体水平位移。

球幕展厅在 4～8 层中庭均开设洞口，如图 2-6(b) 所示。洞口直径自下而上分别为 22m、25m、28m、31m、34m，连廊宽度自下而上逐渐由 10.6m、9.1m、7.6m、6m 到 8 层楼面变为 4.5m，洞口两侧楼面连接薄弱，结构布置时，内廊两端各设一个核心筒，通过加大板厚、进行楼面应力分析加强配筋，保持楼面的整体性和水平力的传递。

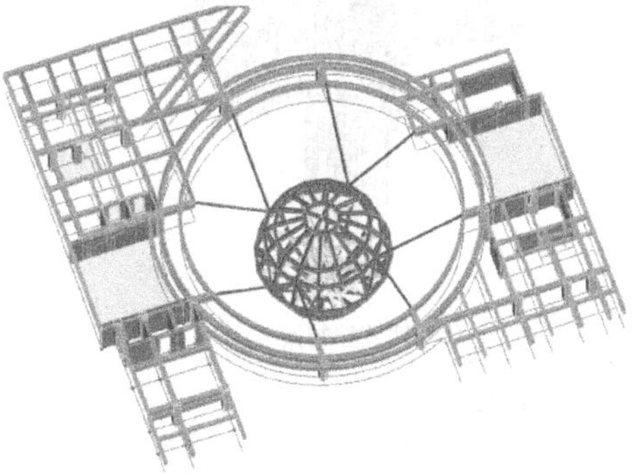

(a) 球幕展厅

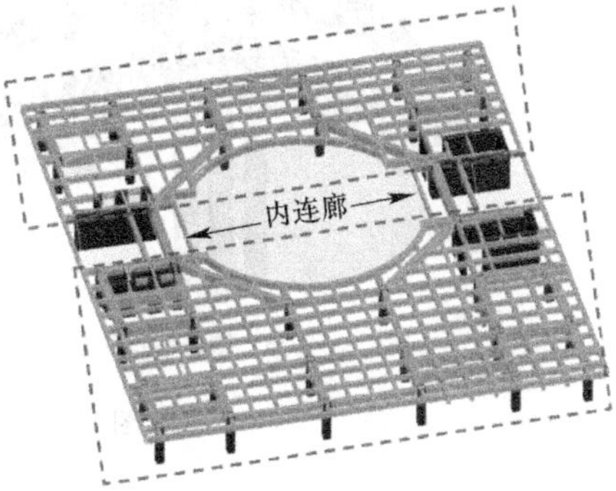

(b) 7层结构平面

图 2-6　科技馆分析模型

2.1.5　钢屋盖

图 2-7(a) 为图书馆钢结构屋盖俯视图，该钢屋盖由平面尺寸均为 6m×6m 的单元构成，除局部有等标高的屋脊外，其余均为双向不等高差的古建筑屋盖坡型。钢屋盖结构体系为双向桁架，双向间距均为 6m，周边悬挑 6m，科技馆屋盖最大跨度为 36m，其余馆为 12m、18m，如图 2-7(b) 所示。桁架采用焊接节点，计算模型与楼面多肢柱对应位置的桁架竖腹杆上下端刚接，其余节点铰接。所有支承钢屋面的钢管柱均为四肢组合钢管柱。

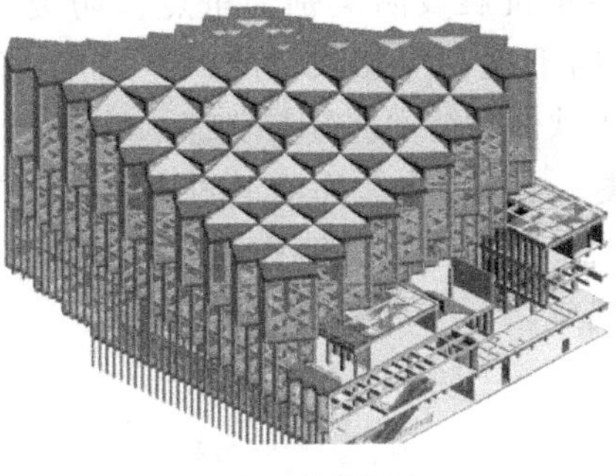

(a) 屋盖俯视图

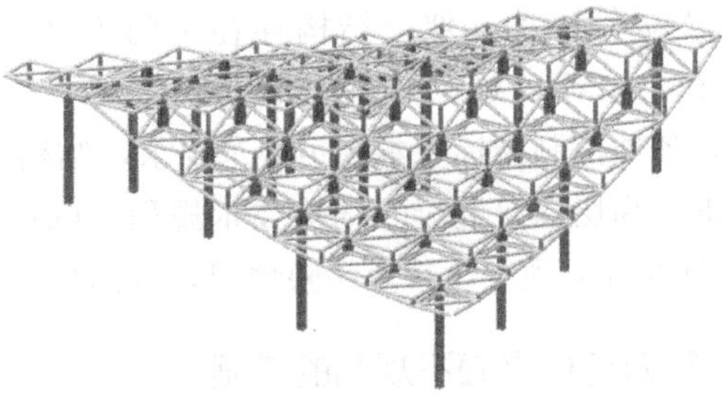

(b) 图书馆屋盖结构图

图 2-7　图书馆钢结构屋盖分析模型

钢屋盖结构的难点之一为多根钢管以不同角度交汇，如图 2-8(a) 所示，立柱属弯剪扭构件；难点之二为四肢钢管柱［ϕ245mm×(28～30)mm］截面小，最大高度超过 20m，长细比过大，需要配合建筑美观、模数，采用缀板进行格构化，对不满足设计要求的钢管柱采用管内灌注混凝土、套管并开展试验研究工作。四肢柱根部的转换节点由钢骨转换梁、钢骨（钢管）混凝土转换柱支承，如图 2-8(b) 所示。

(a) 钢管节点

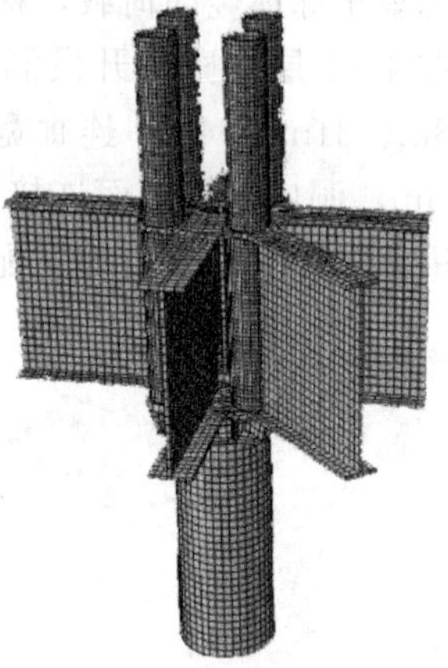

(b) 四肢柱转换节点

图 2-8　钢屋盖有限元模型

2.2　结构超限情况分析

图书馆存在扭转不规则、楼板不连续、尺寸突变、局部穿层柱及夹层、塔楼偏置等不规则项；非遗文创馆存在扭转不规则、竖向构件间断、塔楼偏置等不规则项；美术馆存在扭转不规则、楼板不连续、局部转换等不规则项；科技馆存在扭转不规则、偏心布置、凹凸不规则、楼板不连续、尺寸突变、构件间断、局部转换等不规则项。四个馆共同组成了大底盘多塔楼结构。

3　超限应对措施及分析结论

本工程采用大底盘多塔楼框架-剪力墙结构，结构抗震设防类别为重点设防类（乙类），安全等级为一级。结构存在平面不规则、竖向不规则等超限情况，经采用 YJK、SAP 2000、MIDAS/Gen、ABAQUS、SAUSAGE 等软件对结构进行多模型、多工况计算分析，各项控制指标基本满足规范要求，结构在小震、中震、大震作用下的性能满足广东省标准《高层建筑混凝土结构技术规程》DBJ 15—92—2013（下文简称《广东高规》）第 3.11 节的有关规定。针对超限情况，提出如下加强措施。

3.1　针对结构平面不规则的措施

（1）本工程一般框架抗震等级为二级；大跨度框架、转换框架抗震等级为一级。

（2）科技馆弱连接部位板厚不小于 180mm，采取双层双向配筋且每层每方向配筋率不小于 0.3%。弱连接处楼板的板内钢筋可靠锚入两侧梁与墙体内。弱连接楼盖部位的梁设置加强腰筋，单侧不少于 2 根，单侧腰筋截面积不应小于腹板截面积的 0.2%，且间距不宜大于 150mm；弱连接部位周边剪力墙水平钢筋配筋率提高至不小于 0.40%，楼梯梯板钢筋锚入剪力墙并满足锚固要求。

(3) 科技馆球幕出入口悬臂通道采取特殊的销轴连接，使其不考虑承担球体竖向荷载，释放连接点竖向位移，但对球体水平位移进行约束。

(4) 超长结构技术措施：

1) 地下室不设缝（含首层），采用超长结构专项技术措施。

2) 2 层超长结构不设缝，该层梁板施加预应力，有效预应力按 1.5～2.0MPa 控制，在指定位置设 U 形缝。

3) 3 层对应 2 层市民广场区域为穿层柱，无楼板，结构被分成南、北两个结构单元，4 层、5 层在㉘轴设置滑动支座，将整体结构划分为南、北两个结构单元。

4) 对整体结构进行温度应力分析，据此进行配筋设计，并要求后浇带封闭时间延长至 90d。

(5) 市民广场东、西两侧大台阶与结构主体连接处，采用广州大学抗震研究中心研发的隔震支座。

(6) 根据中震、大震分析结果，在某些部位增加剪力墙，以提高抗扭强度。

3.2 针对结构立面收进的措施

(1) 本工程剪力墙抗震等级为一级，底部加强部位为地下 1 层（−5.500～±0.000）、首层（±0.000～5.100）。

(2) 图书馆 5 层至屋面范围内竖向构件采取箍筋全高加密，体积配箍率不低于 1.60%。

(3) 图书馆、科技馆夹层结构、各馆主入口大悬挑部位、钢结构球幕等复杂结构区域，施工时应满堂支撑，待混凝土强度养护至 100%后方可拆除。

(4) 结构立面收进部位相邻上下各两层周边结构竖向构件按《广东高规》第 11.6 节提高一级抗震等级。

(5) 影剧院部位等跨层柱，应按《混凝土结构设计规范》GB 50010—2010（2015 年版）第 6.2.3～6.2.5 条考虑稳定性复核配筋。

(6) 对本工程特定关键构件，如各馆主入口大悬挑梁、图书馆夹层吊柱、美术馆主入口吊柱、科技馆球幕吊杆以及四肢钢管柱，提出比 C 级性能目标更严格的性能要求。

3.3 针对钢结构构件的措施

(1) 控制钢结构应力比限值：球吊杆应力比限值 0.5；钢屋盖次构件应力比限值 0.9；除上述构件外，其余钢构件应力比限值 0.75（小震）、0.85（大震）。

(2) 钢结构屋面考虑±30℃的温差以及负风压的不利影响。

3.4 结构计算分析针对性措施

(1) 采用 YJK、SAP 2000 软件进行对比计算（小震、中震分析，单塔、多塔包络设计），以准确判断计算结果合理性。采用 SAUSAGE 软件进行大震弹塑性时程分析。球幕结构吊杆轴力时程图如图 3-1 所示。

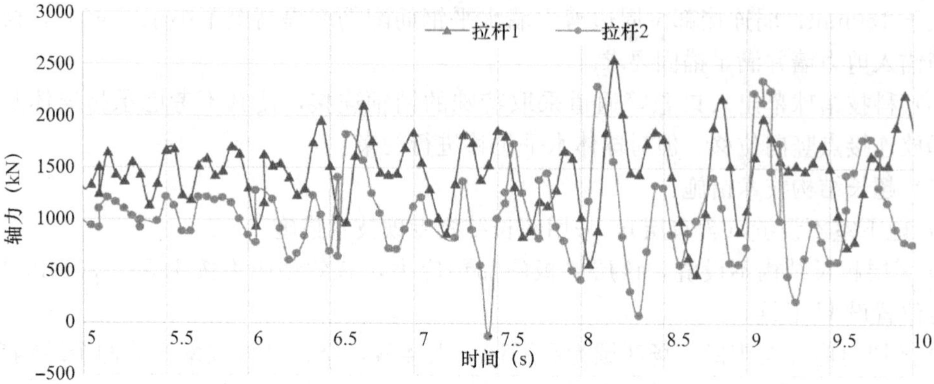

图 3-1　球幕结构吊杆大震作用下轴力时程图

（2）采用 MIDAS/Gen 软件对 2 层南北向 300m、东西向 120m 的超长结构进行楼板温度应力分析。根据分析结果配置楼板温度抗裂钢筋、梁温度腰筋，调整模板图，设置合适的 U 形温度诱导缝，确定后浇带合拢时间，确定 2 层有效预应力。温度应力分布如图 3-2 所示。

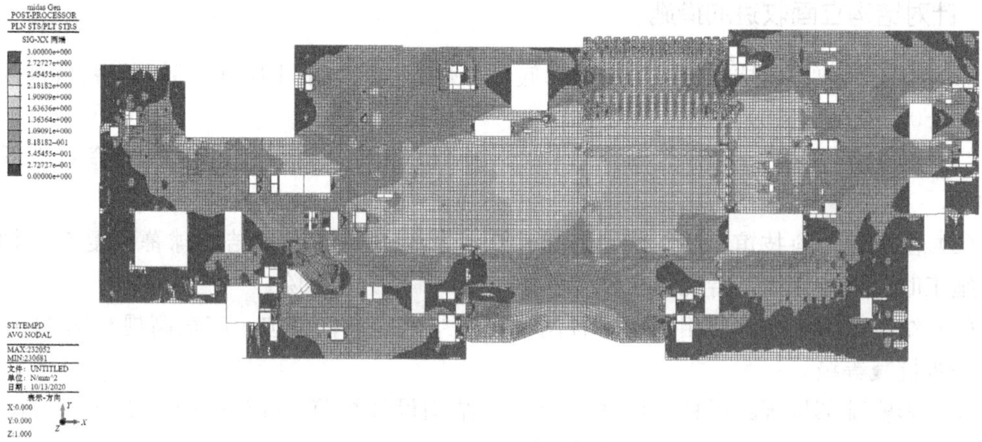

图 3-2　2 层楼板温度应力分布（X 向）

（3）采用 SAP 2000 软件，按三向地震输入对悬挂球幕进行受力分析，重点考察球体在安装、使用各工况下的位移和连接点的应力、各悬索的设计内力及变形，模拟某一悬索断裂后其余悬索的设计内力及变形、环梁受力分析等。如图 3-3 所示。

（4）采用 ABAQUS 软件对屋盖节点、四肢钢管柱转换节点进行有限元受力分析。

（5）采用 ABAQUS 软件进行抗连续倒塌分析。采用拆除构件法，模拟某一典型支承柱失效对其周边乃至整个屋盖结构的影响。支承柱选用如图 3-4 所示，分析结果见表 3-1。由分析及计算结果可见，美术馆在角柱偶然发生破坏后，其相邻杆件最大应力值为 41.73MPa，未达到构件 0.5 倍屈服强度（235MPa），剩余结构构件均未达到构件的屈服强度；在角柱发生破坏后，其相邻节点位移增大（仅有少量节点位移减小），其中最大位移为 63.2mm，未达到屋盖结构短向跨度（28.1m）的 1/50。综上所述，美术馆在拆除角柱时结构能够满足抗连续倒塌设计要求。

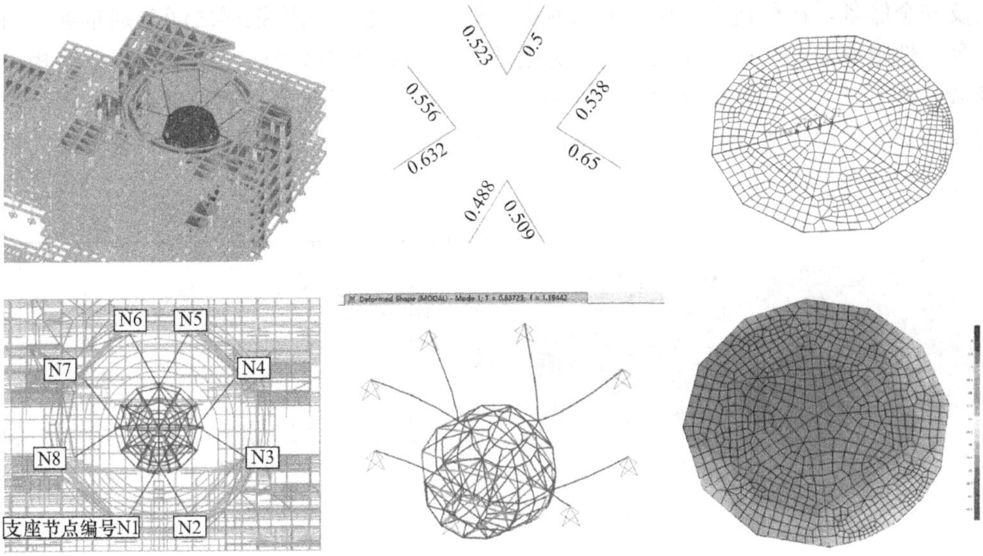

图 3-3 球幕分析

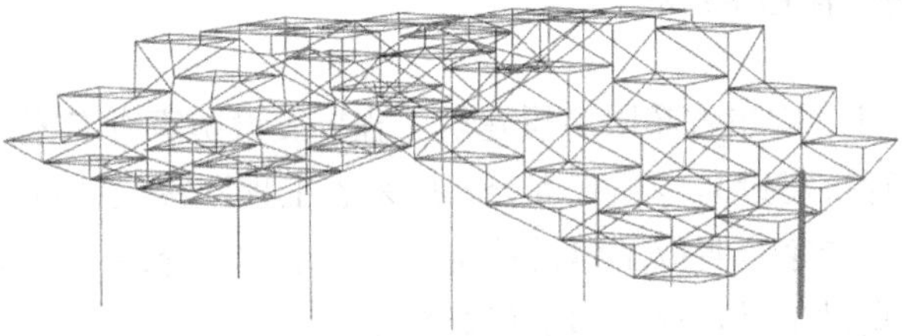

图 3-4 美术馆钢屋盖抗连续倒塌分析模拟支承柱失效

美术馆拆除角柱前后关键节点位移分析结果 **表 3-1**

构件属性	构件编号	构件应力（MPa）		差值（MPa）
		角柱失效前	角柱失效后	
支承柱	26256	6.73	10.89	4.16
	23349	1.82	17.87	16.05
	26257	14.64	5.49	−9.15
	35414	31.09	38.13	7.04
	35411	39.75	48.82	9.07
	35015	29.96	37.71	7.75

（6）采用 ABAQUS 软件进行超长结构行波效应分析。对整体模型进行一致输入和多点输入分析，并将结构顶点位移响应、底部剪力墙内力进行对比，如图 3-5 所示。

3.5 悬挂球体减震控制措施

科技馆中庭的悬挂球形展厅为一个钢结构球体，球的内径 15m，外径约 15.8m，由 4 个放射状 V 形吊杆悬挂，拉杆为直径 170mm 的钢棒，钢棒两端采用销轴铰接连接，参见图 2-6(a)。拉杆吊点位于主体结构 8 层环廊内环梁。

为了降低科技馆球体及拉杆在地震作用下的动力响应，控制球体摆动幅度，提高舒适度以及安全储备，在科技馆5层和6层两个球体入口与悬挑箱形钢梁之间分别布置4个复合铅黏弹性阻尼器，通过消能减震技术方案的实施，使得球幕展厅在地震作用下的相对变形降低80%以上，8根钢拉杆轴力波动幅值最大降低52%以上，同时对球幕展厅内部楼层的层间变形和楼层加速度响应起到明显的控制和改善作用，使得球体结构具有更加优越的抗震性能和使用性能。

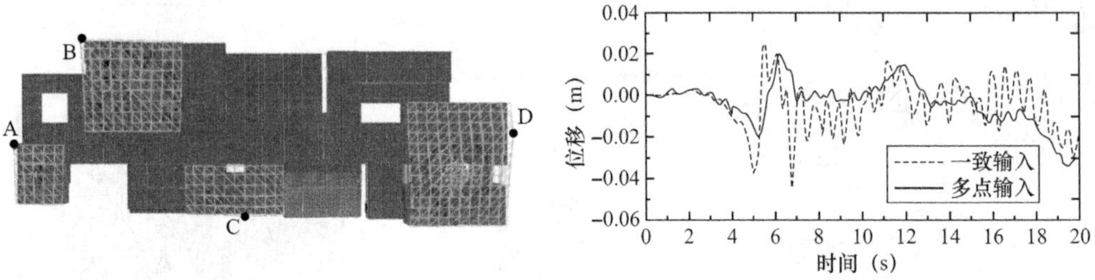

图3-5　行波效应分析（顶点C）

4　抗震设防专项审查意见

2020年10月29日，广东省超限高层建筑工程抗震设防审查专家委员会主持召开了本项目超限高层建筑工程抗震设防专项审查会，广东省工程勘察设计行业协会会长陈星教授级高工任专家组组长。专家组听取了建设单位和设计单位的介绍，查阅了设计文件，进行了必要的质询。经认真讨论后，提出如下审查意见：

（1）进一步加强大底盘楼盖的抗震性能和抵抗温度应力、混凝土收缩变形的能力，对大悬臂结构穿层柱及屋盖短柱、扭转效应较大及塔楼严重偏置处、框架楼板开洞和凹凸不规则薄弱部位楼板，采用中震弹性设计。加强大底盘上、下层主塔楼竖向构件的抗震性能。

（2）补充复杂钢结构连接节点的有限元分析和构造措施。屋顶立杆跌级处连接节点应加强其抗拉、抗剪、抗弯能力，对于上、下弦间距变小的腹杆，应力比不宜超过0.85。短腹杆应按刚接计算模型假定，应考虑主次结构的相互影响。

（3）超长结构宜补充大底盘地下室不平衡水土作用分析。

（4）细化风荷载取值，并考虑多塔建筑、高低错落的影响。大悬臂结构应考虑负风压的影响，其楼板应确保风荷载及小震作用下不产生裂缝。

（5）补充悬臂和吊杆结构、大跨度结构的舒适度验算分析，对舒适度指标较大者宜采用减振措施。

（6）补充大悬臂、钢结构施工模拟分析。

审查结论：通过。

5　点评

四个塔楼不同程度地存在扭转不规则（偏心布置）、凹凸不规则、楼板不连续、尺寸突变、构件间断、多塔等不规则项，其中科技馆内部设置了悬挂球体结构。四个塔楼均为

A 级高度的特别不规则的超限高层建筑。

图书馆、科技馆顶部建筑楼层为夹层或收进楼层，无明显结构楼层概念，整体分析时注重整体效应计算，并提高特定构件的性能水平以保证传力体系的稳固性。四个主馆均有长悬挑 12m 出入口，结合每个馆不同的建筑空间需求，结构设计给出了四个不同的结构布置方案。本项目建筑 1 层、2 层南北向 300m 超长、东西向 100m 超长，对于考虑温度应力以及地震响应分析等分析工况提出了更高的挑战。篮球馆、科技馆屋盖的大跨度构件，美术馆、图书馆出入口的大悬挑构件同时提供“上支下吊”，除必须根据结构概念设计进行合理布置外，用于指导现场的施工顺序模拟分析尤为重要。

88 南沙国际金融论坛（IFF）永久会址项目

关　　键　　词：复杂钢结构；大底盘双塔；弱连体；弱支撑框架；悬垂结构；大跨桁架
结构主要设计人：丁洁民　朱　亮　张　峥　刘　冰　程　睿　郝志鹏　黄卓驹　黄玮嘉　殷维忠　任　瑞
设　计　单　位：同济大学建筑设计研究院（集团）有限公司

1　工程概况

南沙国际金融论坛（IFF）永久会址项目位于广东省广州市南沙新区明珠湾区横沥岛尖，总建筑面积约 24.4 万 m^2，包含国际会议中心、服务中心、配套用房等多个功能分区。本文内容为国际会议中心部分，建筑效果图如图 1-1、图 1-2 所示。

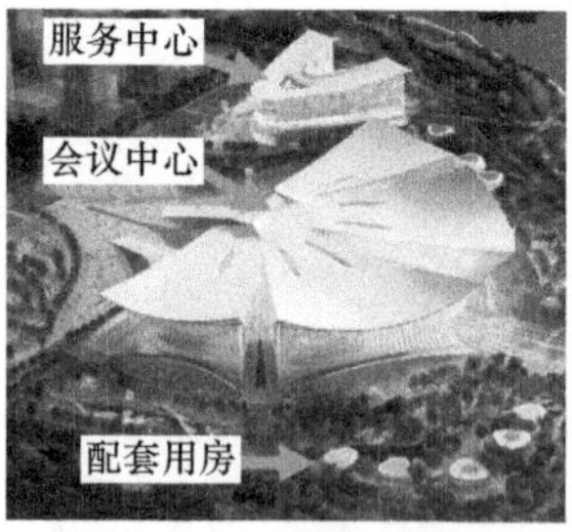

图 1-1　项目鸟瞰图

图 1-2　会议中心东立面效果图

国际会议中心屋面为起伏状，地上 11.9 万 m^2，地下 4.5 万 m^2（含人防面积 3.99 万 m^2），最高点结构高度约为 49m。主体结构地上 4 层，地下 1 层，层高分别为 8m、7.8m、8.2m 和 11m，顶标高为 35m，地下室层高为 6m。平面尺寸呈扇形，长度方向约为 276m，宽度方向约为 145m。屋盖比下部结构略大，其长度方向约为 312m，宽度方向约为 169m，项目高宽比较小。

本项目抗震设防烈度为 7 度（0.10g），设计地震分组为第一组，场地类别为Ⅲ类。结构抗震设防类别为重点设防类，抗震措施按 8 度考虑，项目设计使用年限为 100 年。主体结构为混凝土框架＋钢支撑体系，多功能厅、理事会议厅等大跨度楼盖及屋盖采用双向钢桁架＋钢筋桁架楼承板。

2　结构体系与结构布置

2.1　主体结构部分

主体结构框架柱截面尺寸为 800mm×800mm。常规的楼板厚度为 130mm，大开洞区域周围板厚加大至150mm，屋盖层楼板厚120mm。对于2层区域，由于1层为展厅，虽有立柱，但最大跨度27m，采用H1500×600（mm）钢梁+130mm厚钢筋桁架楼承板作为重力体系。4层会议厅部分的大跨度空间及上部屋盖平面尺寸为64m×45m，此区域柱拟采用SRC型钢柱，截面尺寸为1100mm×1100mm。大跨水平构件采用双向钢桁架，以短向桁架受力为主，长向桁架主要控制稳定，桁架中心对中心高度约为3.2m，如图2-1所示。

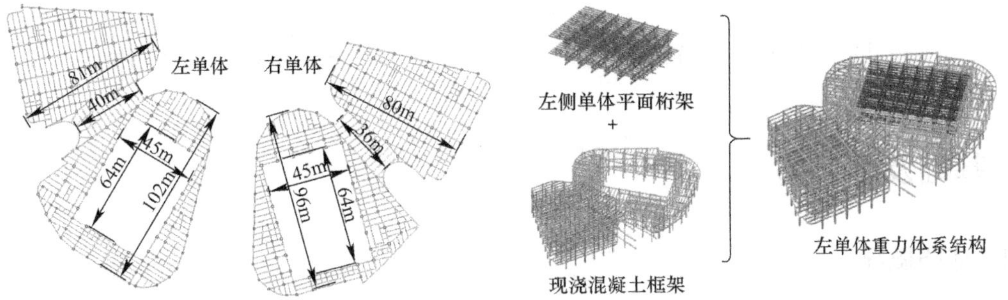

图2-1 重力体系组成

对于结构抗侧体系，纯框架部分位移角已满足规范要求，但综合考虑结构重要性、扭转特性及经济性等因素，局部采用承载型BRB钢支撑增加结构的抗侧力防线，既可有针对性地提高局部刚度，又可避免刚度提高过大导致地震力增加。

2.2 屋面及立面钢结构部分

屋面体系包括大跨桁架部分、悬挑桁架部分、采光顶部分、屋面梁部分，如图2-2所示。在屋盖中央采光顶两侧及四周挑檐根部布置交叉支撑，一方面，提高屋面平面内刚度，保证立面水平荷载能通过屋面传递到主体结构；另一方面，提高屋盖的整体性和抗扭性能，减少结构扭转振型，如图2-3所示。

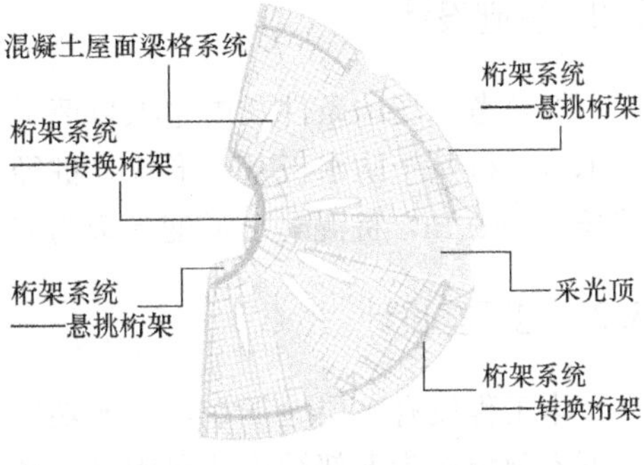

图2-2 屋盖体系构成

屋面主要承受的竖向荷载，包括重力荷载和风吸力、风压力，主要通过两条传力路径传递：一是通过内部建筑柱和支座立杆将荷载产生的力传递到混凝土结构；二是通过环桁架，将力传递到立面结构柱，进而传导到基础和地基。

立面体系包括内、外两层，内层为建筑室内外的分界面，外层为UHPC及膜结构支承的立面。两层之间以腹杆联系，最上一节中设置受拉斜腹杆增强结构刚度，形成空腹桁架机制。水平荷载通过横杆传递到主体结构，竖向荷载一部分通过最上一节的斜杆转化为内柱的压力，另一部分直接传到立面下部的拱形结构和基础。

东侧入口采用大面积单层索网幕墙，主体钢结构在幕墙两侧设置高38m的巨型A字形钢柱，顶部设置6m高桁架，为单层索网幕墙提供足够刚度的稳定边界，如图2-4所示。

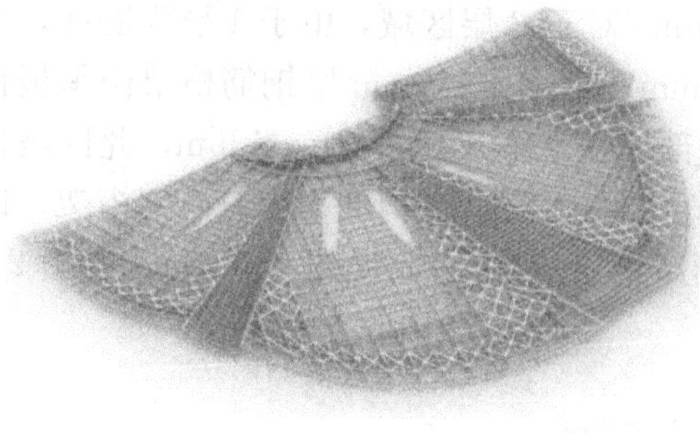

图 2-3　屋面支撑布置

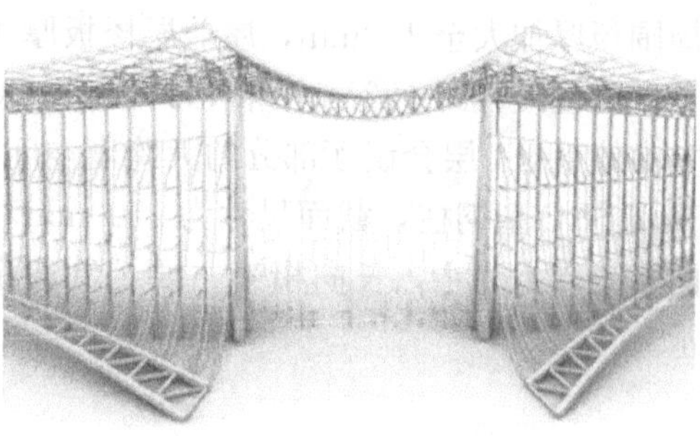

图 2-4　东侧入口立面结构

3　基础及地下室

3.1　地质概况

根据地勘报告，拟建场地地势变化较小，场地范围内不存在滑坡、崩塌、泥石流、岩溶、采空区、地面沉降等不良地质作用，场地及附近未发现断裂。场地稳定性差，适宜性差。

根据场地工程地质条件，基坑底板均位于填土层，局部淤泥和淤泥质砂，其下覆为淤泥质砂、淤泥和淤泥质土。淤泥、淤泥质土厚度大，较大处近 30m，且本场地基岩埋深较大，建议考虑采用钻（冲）孔灌注桩，桩径 800～1200mm。钻（冲）孔桩以完整的微风化岩层或中等风化岩层作为桩端持力层，为嵌岩桩，入岩深度不得小于 0.5m 或 0.5 倍桩径。

3.2　基础设计

综合考虑场地条件及周边项目情况，并经过不同桩型的可行性及经济性比较，最终采用承台＋桩基＋防水板基础形式，桩径 700～1200mm，桩端持力层为 8 层中风化花岗岩，桩长 20～60m，桩混凝土强度等级为 C40，单桩受压承载力由桩身强度控制。

3.3　地下室设计

本工程设有 1 层地下室，主要功能为设备用房、地下车库兼地下人防功能。设计时，地下室顶板作为上部结构的嵌固端，顶板采用梁板结构，顶板厚度取 250mm。整个地下室超长，最大长度为 462m 左右，通过设置后浇带，适当提高地下室梁、板的配筋等措施减小超长的不利影响。

4　荷载与地震作用

4.1　楼面荷载

依据实际建筑面层及使用功能确定楼面的恒荷载及活荷载，满足规范要求。

4.2　风荷载及地震作用

根据广东省标准《高层建筑混凝土结构技术规程》DBJ 15—92—2013（下文简称《广东高规》）的要求，本项目所在地区 10 年一遇基本风压（舒适度验算）取 0.35kN/m²，100 年一遇基本风压（结构承载力及变形验算）取 0.75kN/m²，地面粗糙度类别为 A 类，同时由同济大学完成本项目风洞试验，最终风荷载取值为风洞试验结果与规范的包络值。

根据《建筑抗震设计规范》GB 50011—2010（2016 年版）的规定，并参考安评报告及第一次地质详勘报告的结果，小震计算取规范与安评报告的包络值，中震与大震计算按规范参数。本项目设计使用年限为 100 年，小震计算时地震力放大 1.4 倍。

5　结构超限判别及抗震性能目标

5.1　结构超限类型和程度

根据《住房城乡建设部关于印发〈超限高层建筑工程抗震设防专项审查技术要点〉的通知》（建质〔2015〕67 号）及《高层建筑混凝土结构技术规程》JGJ 3—2010（下文简称《高规》）的有关规定，参照《广东省住房和城乡建设厅关于印发〈广东省超限高层建筑工程抗震设防专项审查实施细则〉的通知》（粤建市函〔2016〕20 号）及《广东高规》的有关条文，对塔楼结构进行超限判别，并制订相应的抗震性能目标。

5.1.1　特殊类型高层建筑

特殊类型高层建筑判别：塔楼采用钢筋混凝土框架＋钢支撑结构，为常规结构体系，故不属于“特殊类型高层建筑”。

5.1.2　高度超限判别

结构高度超限判别见表 5-1。

结构高度超限判别　　表 5-1

内容	判断依据	超限判别
高度	钢筋混凝土框架结构最大适用高度：50m	主体结构高度 35m，屋面最高点约 49m，不超限
高宽比	框架适用的最大高宽比：4	按单塔高宽比考虑为 0.4，不超限

5.1.3　不规则类型判别

三项及以上不规则判别见表 5-2。两项及一项判别均为否。

三项及以上不规则判别　　表 5-2

序号	不规则类型	简要涵义	是否不规则
1a	扭转不规则	考虑偶然偏心的扭转位移比大于 1.2	是（部分楼层＞1.2，但＜1.4）
1b	偏心布置	偏心率大于 0.15 或相邻层质心相差大于相应边长 15%	否
2a	凹凸不规则	平面凹凸尺寸大于相应边长 30%等	是（3 层左单体凹进 50%，右单体凹进 56%；5 层左单体凹进 43%，右单体凹进 45%）

续表

序号	不规则类型	简要涵义	是否不规则
2b	组合平面	细腰形或角部重叠形	否
3	楼板不连续	有效宽度小于 50%，开洞面积大于 30%，错层大于梁高	是（3 层左单体楼板有效宽度 28%，右单体有效楼板宽度 23%）
4a	刚度突变	相邻层刚度变化大于 70%（按高规考虑层高修正时，数值相应调整）或连续三层变化大于 80%	否
4b	尺寸突变	竖向构件收进位置高于结构高度 20%且收进大于 25%，或外挑大于 10%和 4m，多塔	是（多塔）
5	构件间断	上下墙、柱、支撑不连续，含加强层、连体类	是（顶部屋盖连体）
6	承载力突变	相邻层受剪承载力变化大于 80%	否
7	其他不规则	如局部的穿层柱、斜柱、夹层、个别构件错层或转换，或个别楼层扭转位移比略大于 1.2 等	是（夹层，跃层柱）

5.1.4 超限情况总结

综上所述，国际会议中心上部结构存在 6 项一般不规则，无严重不规则项。故本单体属于规则性超限的超限工程。

5.2 抗震性能目标

依据本工程建筑规模及超限指标，参照《高规》第 3.11 节的相关内容，本工程的整体抗震性能目标定义为 C 级，即在多遇地震、设防烈度地震及预估的罕遇地震作用下性能水准分别为 1、3、4。关键构件定义如图 5-1 及图 5-2 所示，不同类型构件抗震性能目标如表 5-3 所示。

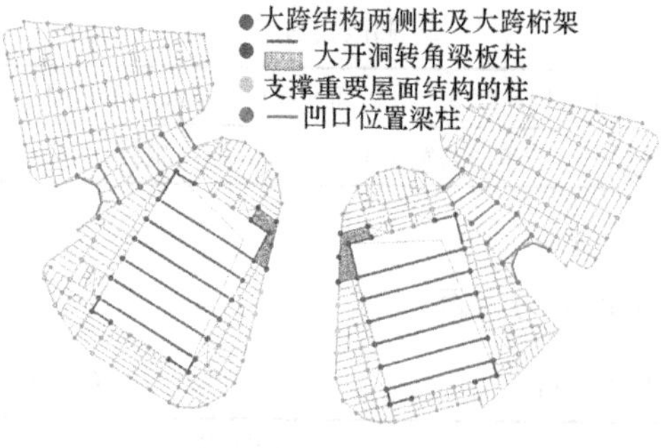

图 5-1 主体结构关键构件分布

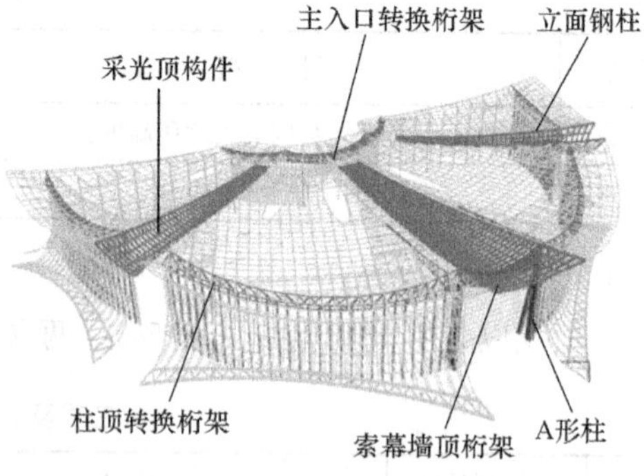

图 5-2 屋盖及外立面关键构件分布

混凝土主体构件抗震性能设计目标 **表 5-3**

项目	多遇地震	设防地震	罕遇地震
50 年超越概率	63%	10%	2%
抗震性能水准	1	3	4

续表

项目			多遇地震	设防地震	罕遇地震
宏观损坏程度			完好、无损坏	轻度损坏	中度损坏
允许层间位移角			1/565	—	1/66
关键构件	1）45m大跨桁架及两侧框架柱	正截面	弹性	不屈服	不屈服
		受剪		弹性	不屈服
	2）大开洞区域四角框架柱及梁	正截面	弹性	不屈服	不屈服
		受剪		弹性	不屈服
	3）大开洞区域周围的较窄楼板	正截面	弹性	不屈服	不屈服
		受剪		弹性	不屈服
	4）支撑重要屋面桁架的柱及梁	正截面	弹性	不屈服	不屈服
		受剪		弹性	不屈服
	5）每个单体凹口位置的梁与柱	正截面	弹性	不屈服	不屈服
		受剪		弹性	不屈服
普通竖向构件	普通框架柱	正截面	弹性	不屈服	部分屈服
		受剪		弹性	满足截面限制条件
耗能构件	普通框架梁	正截面	弹性	部分屈服	大部分屈服
		受剪		不屈服	不限制
	BRB支撑	轴向截面	弹性	弹性	屈服
主要整体计算方法			弹性反应谱法、弹性时程分析	弹性反应谱法	弹性反应谱法、动力弹塑性分析法
采用计算程序			YJK/MIDAS	YJK	YJK/SAUSAGE

6　结构计算与分析

6.1　主要设计信息与模型选取

荷载及地震作用计算参数按前文所述确定，框架抗震等级为一级（大跨度处特一级），结构阻尼比按材料确定。本结构计算时主要采用 YJK 与 MIDAS/Gen 软件，按左单体、右单体及整体模型共 6 个模型进行计算对比。

6.2　计算结果汇总

表 6-1 汇总了整体分析结果，可以看出，结构各项指标均满足规范限值要求；YJK 与 MIDAS 的各项计算结果较为接近，计算结果可靠。

表 6-2 汇总了采用 YJK 计算软件得到的整体模型中各单体与单体模型小震作用下计算结果，结果显示：

(1) 结构同振型的周期相差在 3%左右，说明屋盖虽然改变了整个震动周期，但影响很小。

(2) 由于屋盖的存在，基底剪力在整体坐标系中的双向分量有所差别，但剪力的合力相差很小，仅右单体相差约 4%，说明对于本项目而言，上部整体钢结构屋盖对下部单体模型的地震剪力影响较小。

（3）整体模型中的各单体较独立模型而言，主要有两点变化，一是位移角增大，二是扭转位移比减小，但两者误差极小，约在5%左右。

结构整体分析结果汇总 **表6-1**

指标		YJK软件		MIDAS软件	
结构自振周期（s）（X向+Y向+扭转）	T_1	1.4354（0.56+0.22+0.21）		1.4430（0.41+0.30+0.29）	
	T_2	1.3809（0.70+0.29+0.01）		1.3866（0.63+0.35+0.02）	
	T_3	1.3428（0.30+0.52+0.18）		1.3501（0.25+0.48+0.27）	
结构总质量（t）		178347.156		180687.978	
基底剪力（kN）		X向	Y向	X向	Y向
		65420.90	63460.43	65182.512	61455.136
地震作用下基底剪力与重量比		4.0%	3.9%	3.7%	3.5%
地震作用下最大层间位移角（规范限值1/565）（按框架与框剪结构限制插值）		1/678	1/668	1/720	1/814
侧向刚度比最小值及位置（规范限值≥1.00）		1.6627（2层）	1.6266（2层）	1.590（2层）	1.582（2层）

YJK整体模型与各单体模型小震作用下计算结果汇总 **表6-2**

指标		整体模型中左单体		左单体模型		整体模型中右单体		右单体模型	
结构自振周期（s）（X向+Y向+扭转）	T_1	1.3809（0.70+0.29+0.01）		1.3547（0.67+0.26+0.07）		1.4354（0.56+0.22+0.21）		1.4112（0.84+0.05+0.11）	
	T_2	1.3428（0.30+0.52+0.18）		1.2312（0.23+0.69+0.08）		1.3428（0.30+0.52+0.18）		1.2667（0.02+0.93+0.05）	
	T_3	1.0274（0.32+0.16+0.52）		1.1193（0.13+0.11+0.76）		1.0646（0.22+0.21+0.57）		1.1610（0.15+0.08+0.76）	
基底剪力（kN）		X向	Y向	X向	Y向	X向	Y向	X向	Y向
		29480	27816	26976	30367	28611	27804	27082	31590
合力（kN）		40532		40619		39896		41610	
地震作用下最大层间位移角（规范限值1/565）		1/723（2层）	1/763（2层）	1/714（2层）	1/734（2层）	1/678（2层）	1/668（2层）	1/605（2层）	1/644（2层）
侧向刚度比最小值及位置（规范限值≥1.00）		1.6627（2层）	1.6266（2层）	1.7127（2层）	1.7135（2层）	1.6780（2层）	1.5741（2层）	1.7276（2层）	1.6721（2层）

综上，上部屋盖整体结构对下部单体的影响可归纳为：减弱下部结构单体的平动刚度，增大结构的扭转刚度，协调各单体变形。针对本项目，各指标影响均不大于5%，两单体之间的屋盖属于弱连接。

6.3 中震及大震作用分析

中震水平地震作用的地震影响系数最大值 $\alpha_{max}=0.23$，场地土特征周期 $T_g=0.45s$，设计地震分组第一组，阻尼比按材料取值：$\xi=0.03$（钢）、0.04（型钢）、0.06（混凝土）。

大震水平地震作用的地震影响系数最大值 $\alpha_{max}=0.50$，场地土特征周期 $T_g=0.50s$，设计地震分组第一组，阻尼比按材料取值：$\xi=0.04$（钢）、0.06（型钢）、0.07（混凝土）。

由配筋结果可知，结构各层关键构件抗震性能均满足规范要求。施工图设计按小震、中震包络设计。

6.4 楼板应力分析

本工程楼板开洞较多，且在 3 层楼面存在大开洞。同时，2 层属于大底盘，根据超限加强措施，将洞口周边楼板厚度加大至 150mm，同时将楼板定义为弹性板，对 YJK 整体模型进行多遇地震、设防烈度地震及罕遇地震作用下的楼板应力分析。结果显示，楼板在不同地震水准下，正截面及斜截面均满足设计要求。

6.5 中震作用下 BRB 支撑

中震作用下，1～3 层支撑（BRB1）最大轴力为 3095kN，与其承载力 3540kN 的比值为 0.87。支撑未屈服，且承载力仍有一定余量。4 层支撑（BRB2）最大轴力为 1648kN，与其承载力 2360kN 的比值为 0.70。支撑未屈服，且承载力仍有一定余量。

6.6 罕遇地震弹塑性时程分析

选用 SAUSAGE 软件进行结构罕遇地震作用下的弹塑性时程分析，主要结论为：

（1）SAUSAGE 与 YJK 模型前三阶周期相差很小，具有较高的一致性。

（2）结构最大层间位移角为 1/86，满足规范要求，可实现“大震不倒”的性能目标。

（3）从地震动开始到结束，大多数框架梁和框架柱为无损坏或轻微至轻度损坏，少量非关键构件出现中度损坏，极个别非关键构件出现中度以上损坏。

（4）整体模型在 3 条地震波、6 个大震工况作用下 2 层 BRB 的损伤情况，以及发生重度损坏的 BRB 支撑位置如图 6-1 所示，可见，绝大部分支撑发生屈服，表明支撑作为结构第一道防线，在结构抗震时充分发挥了作用。

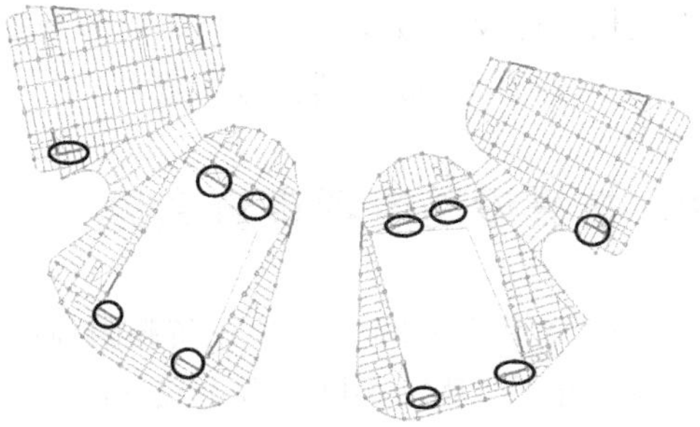

图 6-1 2 层 BRB 支撑损坏位置示意图

7 针对超限情况的计算分析及相应措施

7.1 针对超限情况的计算分析

（1）采用两个不同的弹性分析程序 YJK 和 MIDAS/Gen 进行分析对比，互相校核结果，确保结构整体计算指标准确、可靠。

（2）对于小震、中震、大震作用，均采用整体模型、左单体模型、右单体模型进行设计校核，找出多塔及屋盖对刚度及承载力的影响，进行包络设计。

(3) 按规范要求进行弹性动力时程分析，并取包络值进行设计。

(4) 按反应谱法，采用 YJK 对楼板进行中震作用下承载力计算及大震作用下承载力验算。

(5) 采用 SAUSAGE 进行结构大震作用下弹塑性时程分析，研究结构的破坏顺序和整体的抗震性能。

(6) 对于大跨钢结构，采用抽杆法进行连续倒塌分析，确保结构具有冗余度。进行人行竖向加速度分析，验证其舒适度。

(7) 采用 SAP 2000 传统分析方法和 NIDA 直接分析法对构件进行包络设计，保证构件安全。

(8) 对关键竖向支承构件（A 形柱）进行弹性屈曲分析，保证结构重要构件的稳定性满足要求。

(9) 对结构的关键部位（采光顶结构）进行大震性能设计和分析，保证结构在大震作用下不会造成结构和围护结构的整体破坏。

7.2 针对超限情况的相应措施

(1) 针对扭转不规则，对与支撑相连的混凝土柱，采用 SRC 柱，控制其地震作用下的承载力及延性。

(2) 针对凹凸不规则及楼板不连续，对凹口处楼板进行局部加厚，加强凹口连接部位柱配箍率，提高其受剪承载力及延性。

(3) 针对多塔，将 2 层大底盘的楼板加厚至 150mm，将体型收进部位的楼板定义为弹性板，计及楼板变形的影响，对体型收进部位上、下层周边的竖向构件构造措施予以提高，加强箍筋，提高其受剪承载力。

8 抗震设防专项审查意见

2020 年 8 月 25 日，广东省超限高层建筑工程抗震设防审查专家委员会通过网络在线主持召开了“南沙国际金融论坛（IFF）永久会址项目”超限高层建筑工程抗震设防专项审查视频会议，广东省工程勘察设计行业协会会长陈星教授级高工任专家组组长。与会专家听取了同济大学建筑设计研究院（集团）有限公司关于该工程抗震设防设计的情况汇报，审阅了送审资料。经讨论，提出如下审查意见：

(1) 本工程业主要求设计使用年限为 100 年，设计单位将小震地震力放大 1.4 倍、中震、大震不再放大地震力的方法是可行的，但应考虑本工程主要结构构件的耐久性问题。

(2) 细化设置 BRB 的分析，使其在大震作用下能够发挥其耗能作用。

(3) 进一步加强薄弱处、大跨度柱节点区、平面凹凸转换处及楼板应力较大处楼板的厚度和配筋，局部加厚处宜不小于 180mm，并补充抗裂验算。

(4) 宜加强支承光棚两侧结构的刚度和连接节点的抗震性能。

(5) 充分考虑超长结构的温度和混凝土收缩徐变的不利影响，并采取有效的构造措施，必要时可设置耗能带。

(6) 钢结构屋盖开长条洞周边杆件应适当加强；提高大跨度方向桁架的刚度；适当增

加屋面突出部分桁架平面外支撑，确保其平面外的安全性。

（7）明确钢屋面结构的合拢温度，并以此研究屋盖温度分析的基准温度。

（8）充分考虑拉索幕墙内力对周边结构的不利影响，必要时应进行预变形处理。

（9）采取措施确保固接节点的构造基本符合计算假定。优化复杂节点构造，节点设计应便于施工。

审查结论：通过。

9 点评

本工程为公共建筑，一个大底盘上有两个单体，顶部屋盖立在两个单体之上。每个塔因为大开洞的原因，形成了扭转不规则、楼板不连续等情况，按照超限高层进行判定。

（1）结构整体多塔模型及单塔模型对比结果表明，结构各单塔自振特性相近，多塔模型中各塔自振特性协调统一，在整体模型上可充分反映结构振动特性。

（2）结构线弹性静力分析及弹性时程动力分析结果表明，结构周期及位移符合规范要求，具有合理的侧向刚度及较大的抗扭刚度，刚度及承载力分布均匀，结构体系选择恰当。

（3）楼板应力分析表明，楼板内拉、压应力能够满足小震、温度荷载作用下弹性，设防烈度地震作用下受力钢筋不屈服，以及罕遇地震作用下楼板不出现剪切破坏，确保地震水平力可正常传递。

（4）弹塑性时程分析的结果表明，结构塑性发展的顺序与预期一致，大震作用下，BRB 支撑率先进入塑性屈服，承载机制良好。

（5）楼板舒适度分析结果表明，大跨度等部位的楼面均满足舒适度的控制要求。

（6）屋盖结构整体稳定承载力计算分析表明，整个屋盖及立面结构刚度足够，未出现整体屈曲失稳，极限承载力较强。

89 顺德区市民活动中心

关　　键　　词：拱框架-剪力墙；框架梁双向受力；楼板应力分析
结构主要设计人：张小明　吴培培　戴苗苗　巫　峰　朱海玲　潘玉意　邵　骏
设　计　单　位：佛山市顺德建筑设计院股份有限公司

1　工程概况与设计标准

1.1　工程概况

本工程位于佛山市顺德区大良街道国泰路与碧水路交界处，南侧为碧水路下沉隧道及德胜河，东侧为国泰路，西侧为顺德区演艺中心。规划总用地面积 32000m²，总建筑面积约 40637m²，其中地下 12407m²，地上 28230m²。地下 1 层，层高 5.45m；地上 4 层，屋面标高 30.0m。

图 1-1　建筑效果图

市民活动中心由主楼、副楼＋连廊组成，利用连廊两端设分隔缝，使主楼、副楼分别为两个独立的结构单元。地下室主要功能为停车场，主楼建筑主要功能为展厅、报告厅、动感影院、体验活动区及会议室等。副楼为一般的常规结构，本文主要介绍主楼结构。

市民活动中心效果图见图 1-1，剖面图见图 1-2，3 层平面图见图 1-3。

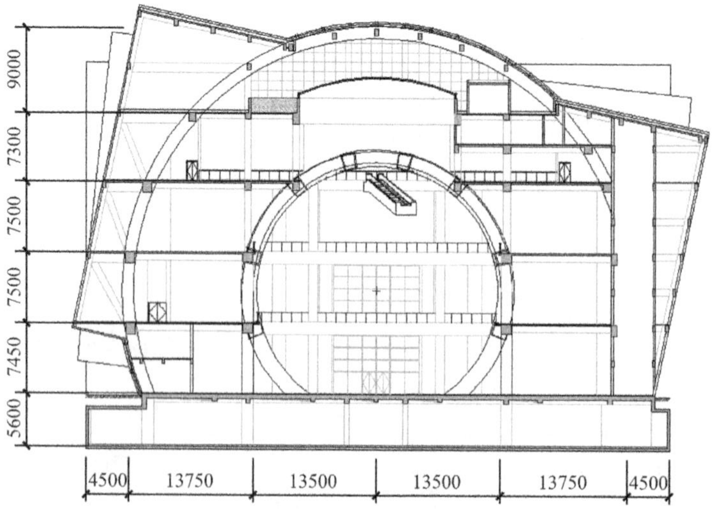

图 1-2　剖面图

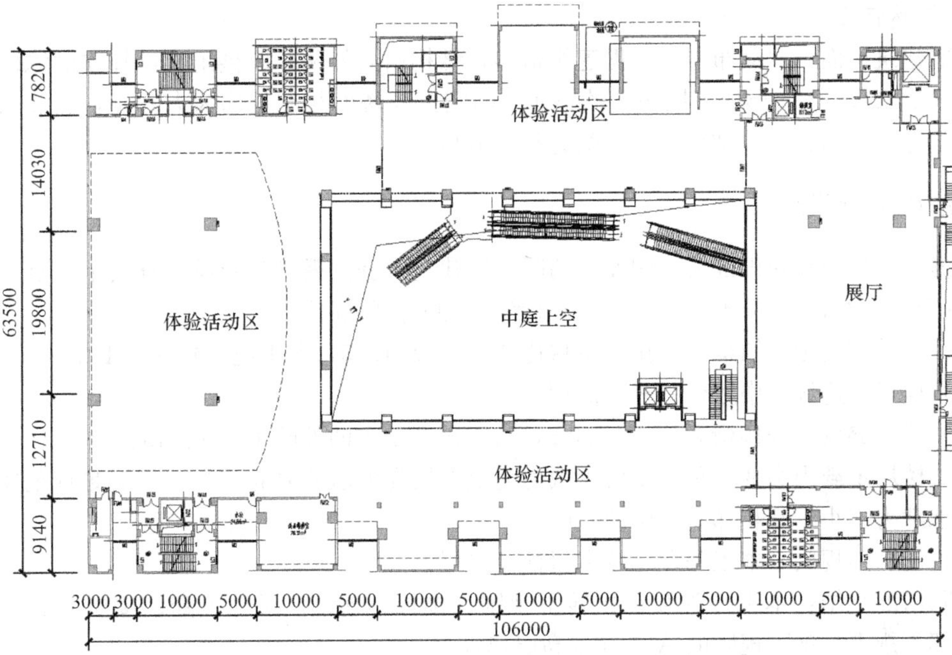

图 1-3　3 层平面图

1.2　设计标准

本工程属于展览馆类的公共建筑，根据《建筑工程抗震设防分类标准》GB 50223—2008（下文简称《设防分类》）第 6.0.7 条的要求，容纳人数大于 5000 人，应归为重点设防类，抗震设防类别为乙类。

本工程设计使用年限 50 年，抗震设防分类乙类，建筑结构防火等级一级，建筑结构安全等级二级（结构重要性系数取 1.0），地基基础设计等级甲级。混凝土结构的环境类别：地下室环境类别为二 a 类，地上建筑环境类别除屋面、卫生间为二 a 类外均为一类。

2　结构体系及超限情况

2.1　结构体系

2.1.1　地下室布置

地下室大部分柱距为 7.1m×8.4m，地下室顶板采用普通梁板结构体系，主要板厚 250mm，室外覆土 1.2m；底板采用无梁板形式，板厚 400mm，混凝土强度等级 C35，抗渗等级 P6。

2.1.2　上部结构布置

结构主要抗侧力体系为 X 向框架，Y 向拱框架-剪力墙，屋面标高 30.0m，内拱跨度 28.2m。2～4 层楼面采用现浇钢筋混凝土梁板结构，板厚 150mm，梁高 600～1500mm 不等；墙柱混凝土强度等级取 C50，梁和楼板取 C35。

2.1.3 结构特点

考虑建筑平面、立面布置，根据建筑造型，结构由内外两个圆拱组成，外立面纵向分别倾斜 6°、12°、18°，形成不同角度的斜面，内圆拱与楼面相交处均为大开洞，因此采用有限元整体分析与典型拱结构及节点受力补充分析。

2.2 结构超限情况

根据《住房城乡建设部关于印发〈超限高层建筑工程抗震设防专项审查技术要点〉的通知》（建质〔2015〕67 号）的规定，本工程不规则情况如下：

（1）扭转不规则。结构最大扭转位移比 X 方向为 1.35，大于规范允许的 1.2。

（2）楼板不连续。中庭位置开洞面积大于 30%。

（3）尺寸突变。外挑桁架 5.8～7.0m，大于规范要求的外凸 10%及 4m。

（4）楼层承载力突变。首层受剪承载力为上一层受剪承载力的 70%，不满足规范要求的受剪承载力不小于其相邻上一层的 80%。

（5）局部不规则。本工程存在较多斜柱及夹层。

超限情况小结：本工程为存在扭转不规则、楼板不连续、尺寸突变、楼层承载力突变、局部不规则 5 项不规则的 A 级高度高层建筑。

3 超限应对措施及计算分析

3.1 分析软件

分析软件及分析内容见表 3-1。

分析软件及分析内容　　表 3-1

分析软件	分析内容
PKPM（V4.3）	小震反应谱分析 小震弹性时程分析 中震等效弹性分析
ETABS（2016）	小震反应谱分析
SAUSAGE	大震弹塑性时程分析
ABAQUS（6.13-4）	典型拱框架及节点分析

3.1.1 抗震设防标准

根据《设防分类》的规定，重点设防类按高于本地区一度的要求加强抗震措施。根据广东省标准《高层建筑混凝土结构技术规程》DBJ 15—92—2013（下文简称《广东高规》）的规定，各部分剪力墙、框架柱、斜撑、框架梁的抗震等级见表 3-2。

构件抗震等级　　表 3-2

结构部位		抗震等级
主楼范围	剪力墙	一级
	拱斜撑框架	特一级
	其他框架	一级

续表

结构部位		抗震等级
主楼外地下室	地下 1 层塔楼周边外延 2 跨范围	一级
	其他范围	三级

3.1.2 抗震性能目标

本工程具体构件在各性能水准下的损坏程度见表 3-3。

具体构件在各性能水准下损坏程度　　表 3-3

构件类型	构件名称	多遇地震	设防地震	罕遇地震
		性能水准 1	性能水准 3	性能水准 4
关键构件	底部两层外拱斜撑	无损坏	轻微损坏（受弯不屈服、受剪弹性）	轻度损坏
	底部两层剪力墙			
	楼板			
普通竖向构件	非底部剪力墙	无损坏	轻微损坏（受弯不屈服、受剪不屈服）	部分构件中度损坏
	除关键构件外的其他斜撑			
	框架柱			
耗能构件	框架梁、连梁	无损坏	轻度损坏、部分中度损坏（大部分受剪不屈服）	中度损坏、部分比较严重损坏

3.1.3 针对超限采取的结构抗震加强措施

本工程为 5 项不规则的高层建筑，针对超限情况采取以下抗震加强措施：

（1）与拱脚相连处设置剪力墙抵抗水平推力，加强与拱斜撑相连的剪力墙配筋率至 1.0%。

（2）楼面开大洞，全楼楼板厚度不小于 150mm，且楼板钢筋双层双向拉通配筋率不小于 0.5%，楼面应力集中部位另附加钢筋。

（3）拱框架周边的框架梁按双偏压（拉）、双向受剪计算配筋。

（4）为确保大震作用下的延性，控制底部加强区框架柱的轴压比小于 0.5，配筋率不小于 3%。

（5）加大底部支撑配筋率至 3%，剪力墙配筋率至 1.0%，保证大震作用下性能水准。

（6）4 层及以上配置楼面梁钢筋时，不考虑楼板拉力贡献。

3.2 分析结果

分析模型三维图如图 3-1 所示。

3.2.1 小震弹性整体计算结果分析

（1）PMSAP 和 ETABS 两个程序计算结果比较接近，趋势一致，没有原则性冲突或矛盾，说明计算结果合理有效，计算模型符合结构的实际工作状况。

（2）结构扭转为主的第 1 自振周期与平动为主的第 1 自振周期的比值符合《高层建筑混凝土结构技术规程》JGJ 3—2010（下文简称

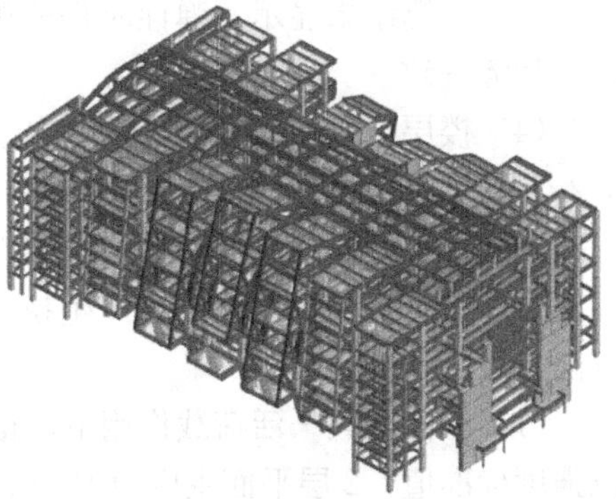

图 3-1 分析模型三维图

《高规》）第 3.4.5 条的规定。

（3）有效质量系数大于 90%，所取振型数满足要求。

（4）楼层剪重比满足《建筑抗震设计规范》GB 50011—2010（2016 年版）第 5.1.14 条的要求，不需要进行地震力调整。

（5）根据《高规》第 3.4.5 条的规定，在考虑偶然偏心影响的规定水平地震力作用下，楼层竖向构件最大水平位移和层间位移不宜大于该楼层平均值的 1.2 倍，不应大于该楼层平均值的 1.5 倍。本工程 X 向扭转位移比为 1.35，大于 1.2，小于 1.5，属于一项不规则。

（6）在地震作用及 50 年一遇风荷载作用下，本工程结构的楼层层间最大位移角指标 X、Y 方向分别为 1/966 和 1/964，可满足规范要求。

（7）根据《广东省住房和城乡建设厅关于印发〈广东省超限高层建筑工程抗震设防专项审查实施细则〉的通知》（粤建市〔2016〕20 号）的规定，A 级高度高层建筑的楼层层间抗侧力结构的受剪承载力不宜小于其上一层受剪承载力的 80%，不应小于其上一层受剪承载力的 65%。经验算，本工程首层该项指标为 70%，属于超限范围。

（8）本工程满足《高规》第 5.4.1 条的规定，在结构内力及变形计算中不考虑重力二阶效应。

（9）根据《高规》的规定，剪力墙在重力荷载代表值作用下的轴压比在抗震等级特一级时不宜超过 0.5，框架柱轴压比不大于 0.65。经验算，本工程底部剪力墙、框架柱的该项指标满足规程的要求。

（10）根据《广东高规》的规定，地震作用下各层的侧向刚度不应小于相邻上一层的 80%，本工程不属于抗侧刚度不规则。

计算结果表明，小震计算结构周期及位移符合规范要求，剪重比适中，构件截面取值合理，结构体系选择恰当。

3.2.2 弹性时程计算结果分析

（1）本工程弹性时程分析采用了 2 组天然波及 1 组人工波，符合《高规》第 4.3.5 条的规定。

（2）弹性时程分析时，每组地震波计算所得的结构底部剪力均不小于振型分解反应谱法的 65%，3 组地震波计算所得的结构底部剪力平均值不小于振型分解反应谱法的 80%，分析结果符合《高规》第 4.3.5 条的规定。

（3）计算结果显示，弹性时程分析法所得的平均值曲线与 CQC 法所得的曲线形状相似，趋势一致。

（4）楼层位移曲线光滑，反映出结构抗侧刚度沿高度方向均匀，不存在薄弱层。

3.2.3 楼板应力分析及框架梁双向受力分析

本工程由拱框架-剪力墙作为主要竖向抗侧力构件。拱框架作为竖向受力构件时，在竖向力作用下，楼板平面内会产生拉、压应力，内拱斜撑周边的框架梁会出现双向偏拉、双向受剪。

（1）在恒荷载+活荷载作用下，楼板应力较大，大部分楼板拉应力小于混凝土轴心抗拉强度标准值，2 层平面主应力 S_1（1.2 恒+1.4 活+0.84 温 2）分布如图 3-2 所示。

大开洞周边及中部剪力墙边应力较大，达到 2.1MPa。因此，对楼板予以构造加强，板厚取 150mm，配双层双向通长钢筋，配筋按照 D12@150 双层双向拉通，局部应力较大部位另附加钢筋。

（2）楼层剪应力最大值 2 层为 4.17MPa，3 层为 3.3MPa，4 层为 1.2MPa，天面为 1.237MPa，均满足 $\tau_{中震} \leqslant [\tau] = 0.2\beta_c f_{ck} = 4.68$MPa。

（3）恒荷载作用下，拱框架周围楼面梁承受面外弯矩 100～400kN/m^2，轴力最大 1500kN，可见，围绕内拱的周边梁为双向受剪、双向偏拉，设计时应按双向剪力及双向偏拉构件进行计算，梁钢筋采用双向受弯钢筋＋双向受剪箍筋配置，并控制裂缝小于 0.3mm。

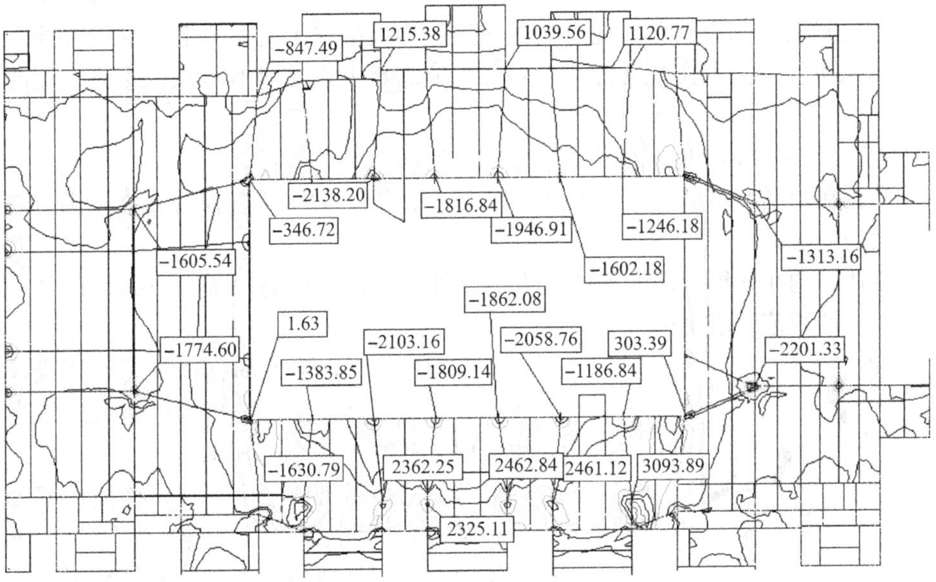

图 3-2　2 层平面主应力 S_1（1.2 恒＋1.4 活＋0.84 温 2）

3.2.4　中震分析结果

（1）中震作用下的底部剪力约为小震的 2.1 倍。

（2）设防烈度地震作用下的主要计算结果见表 3-4。由于连梁刚度的退化，基底剪力、位移角等并未随地震影响系数的增长而线性增长，层间位移角符合轻微损坏下变形参考值，说明宏观上能够实现性能 3 的水准目标，即在设防烈度地震作用下，轻微损坏，简单修理后可继续使用。

设防烈度地震作用下的主要计算结果　　**表 3-4**

指标		X 向地震作用	Y 向地震作用
中震作用下最大层间位移角（$\Delta\mu/h$）		1/480	1/630
中震作用下天面层位移（mm）		52.8	40.71
基底剪力	Q_0(kN)	50602	62969
剪重比	Q_0/W_t	7.5%	9.4%
基底弯矩	M_0(kN·m)	1230000	1550000
小震 CQC 下基底剪力	Q_0(kN)	24233	24456

（3）在中震不屈服计算条件下，大部分框架柱和支撑的配筋均不大于多遇地震作用下的抗弯钢筋；底部加强区剪力墙抗弯钢筋有所增大，但均未出现受弯屈服；非底部加强区剪力墙边缘构件需稍加配筋，但均未出现受弯屈服；仅个别框架梁和连梁的抗剪钢筋大于多遇地震下的抗剪钢筋，但均未出现受剪屈服。剪力墙、框架柱及斜撑可满足中震受弯不屈服要求；框架梁和连梁均可满足中震受剪不屈服要求。

（4）在中震弹性计算条件下，底部加强区剪力墙仅个别墙体的水平分布钢筋有所增大，剪力墙、框架柱及支撑柱均可以满足受剪弹性要求。

（5）在中震作用下，绝大部分区域（80%以上）楼板最大拉应力小于混凝土轴心抗拉强度标准值（C35），洞口凹角边应力集中现象明显，整体上可以判断，楼板基本处于弹性状态，通过对局部薄弱部位应力较大区域的楼板中震作用下的钢筋不屈服验算，按计算配筋结果进行双层双向配筋加强后，楼板能满足中震受弯不屈服、受剪弹性的性能目标。

3.2.5 弹塑性计算整体指标的综合评价

（1）结构在地震作用下的最大顶点位移为 0.136m，并最终仍保持直立，满足“大震不倒”的设防要求。

（2）主体结构在各组地震波下的最大弹塑性层间位移角为 X 向 1/106，Y 向 1/211，均满足 1/100 的规范限值要求。

图 3-3　首层剪力墙损伤情况

（3）大震作用下，绝大部分楼板无损坏或轻微损坏，小部分轻度损坏，因此，仍可以有效地传递水平力，协调框架和剪力墙共同作用。

（4）剪力墙局部出现中度损伤，将损伤部分剪力墙水平及竖向分布筋配筋率提高至 1.0%后，底部加强区剪力墙大部分完好或轻微损伤。剪力墙损伤情况如图 3-3 所示。

（5）底部两层外拱斜撑（重要构件）大部分为轻微损坏或轻度损坏，满足大震作用下轻微损坏的性能目标。

（6）拱框架支撑大部分为轻微损伤或轻度损伤，能满足性能目标。为提高关键构件的安全度，将该部分柱及支撑配筋率加大至 3%。

因此，本工程宏观损坏程度为中度损坏，符合第 4 水准的要求。

3.2.6 典型拱结构体系及节点受力分析

典型拱结构分析采用 ABAQUS（6.13-4）有限元分析软件，分析模型如图 3-4 所示。在不考虑楼板作用下，楼面梁结果与有限元结果相比略大，采用包络结果设计。

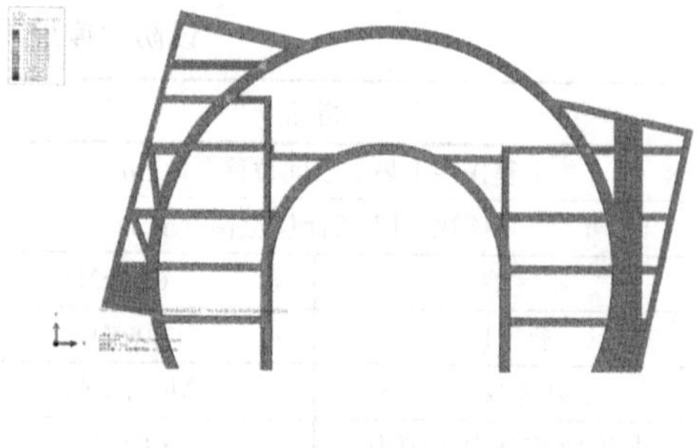

图 3-4　典型拱框架分析模型

弹塑性有限元分析结果表明：1）在最不利条件下，结构是安全的。2）各节点区域，混凝土及钢筋应力均小于设计强度，节点是可靠的。

4 抗震设防专项审查意见

2018 年 9 月 26 日，广东省超限高层建筑工程抗震设防审查专家委员会在顺德区审图中心会议室召开“顺德区市民活动中心”超限高层建筑工程抗震设防专项审查会议，广东省工程勘察设计行业协会会长陈星教授级高工任专家组组长。与会专家听取了佛山市顺德建筑设计院股份有限公司关于该工程抗震设防设计的情况汇报，审阅了送审材料。经讨论，提出如下审查意见：

（1）优化结构布置，加强竖向框架的作用，减小拱的支承作用；Y 向剪力墙应减少，X 向剪力墙宜取消；拱斜撑框架抗震等级应提高一级，并加强拱脚相关构件及节点。

（2）夹层和 4 层以上宜按不考虑楼板拉力贡献进行杆系包络设计；整体计算时宜不考虑夹层。

（3）进一步论证风荷载作用下结构体型系数的取值合理性。

（4）补充温度应力作用计算。

（5）补充拱与楼层梁节点的抗震分析，并提高其抗震性能。

（6）拱内型钢宜取消，拱顶圆弧段宜改为钢管混凝土结构，与混凝土竖向构件通过型钢过渡，并做施工模拟设计。

审查结论：通过。

5 点评

本工程为 5 项不规则的高层建筑。结构分析结果表明，结构在多遇地震作用下的周期比、位移角、抗侧刚度比等参数均满足规范要求。根据大震、中震、小震作用下的相关计算和验算，表明结构能满足预先设定的性能目标，可实现“小震不坏、中震可修、大震不倒”三个水准的抗震设防目标，满足结构抗震安全性要求。

第5篇　医疗建筑

90 广州市妇女儿童医疗中心南沙院区建设项目

关　　键　　词：平面不规则超限；跨层柱；长悬挑结构
结构主要设计人：苏恒强　过　凯　吴泉霖　区铭恒　何　军　黄锦文　张文海
梁超群　梁　鹏
设　计　单　位：广东省建筑设计研究院有限公司

1　工程概况

广州市妇女儿童医疗中心南沙院区建设项目，位于广东省广州市南沙区，建筑用地面积 $54536.5m^2$，总建筑面积 $155923m^2$，其中地上建筑面积 $85631m^2$，地下建筑面积 $70292m^2$。上部结构通过 400mm 宽度的抗震缝划分为 3 个独立结构单元，自编 A 塔、B 塔、C 塔。

其中 A 塔、B 塔为超限高层建筑，C 塔不属于超限高层建筑。A 塔地面以上 8 层，裙房 3 层，总高 38.4m，平面外包尺寸 96m×98m；B 塔地面以上 6 层，裙房 4 层，总高 29.7m，平面外包尺寸 95m×110m。地面以下 2 层。建筑效果图如图 1-1 所示，各结构单元分区图如图 1-2 所示。

图 1-1　建筑效果图

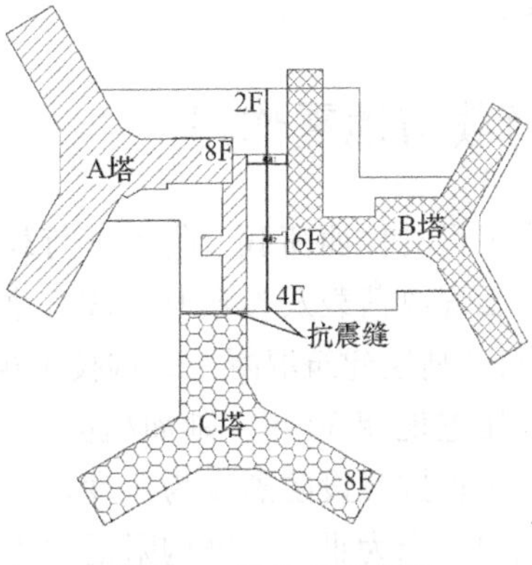

图 1-2　结构单元分区

2　结构体系与结构布置

2.1　结构体系

根据建筑功能要求及结构受力特点，A 塔采用框架-剪力墙结构体系，由框架及剪力墙构成两道抗震防线，地震作用及风荷载产生的水平剪力和倾覆弯矩由框架和剪力墙共同承担；B 塔采用框架结构。标准层采用现浇钢筋混凝土梁板体系。底板采用无梁平板，板厚为 650mm。地下 1 层非人防区采用主次梁结构，板厚≥120mm；人防区采用大梁大板结构，板厚≥250mm。首层室内部分采用主次梁结构，板厚≥180mm；室外覆土顶板采用大梁大板结构，板厚≥300mm。塔楼标准层采用主次梁楼盖体系，板厚120～150mm；其中裙楼屋面及不规则平面的连接薄弱位置板厚≥150mm，设置双层双向拉通钢筋。

2.2 主要构件截面及材料

剪力墙的主要厚度：300～400mm。

普通框架柱采用钢筋混凝土柱，主要截面尺寸：700mm×800mm、600mm×800mm、600mm×700mm等。

与大悬挑相连柱采用型钢混凝土柱，主要截面尺寸：800mm×800mm（内置型钢H500×500×20×25）、800mm×1000mm（内置型钢H700×500×20×25），含钢率为4.56%（800mm×800mm）、4.15%（800mm×1000mm）。

大悬挑型钢混凝土梁主要截面尺寸：400mm×1000mm（内置型钢H600×200×20×25）、500mm×1000mm（内置型钢H700×250×20×25）。

框架梁主要截面尺寸：300mm×600mm、300mm×700mm、300mm×800mm等。

本项目地下室底板和承台采用C40混凝土，侧壁采用C35混凝土，塔楼墙柱混凝土强度等级为C50～C40，地下1层和首层梁板采用C35混凝土，2层以上梁板采用C30，型钢梁柱采用Q345钢材。

2.3 计算嵌固层

地下室顶板采用现浇梁板楼盖，无大开洞，楼板厚主要为180mm、300mm两种。在不考虑地下室侧约束的情况下，计算得地下1层与首层剪切刚度比大于2，故本工程嵌固部位确定为地下室顶板。

3 荷载与地震作用

本工程的楼面荷载（附加恒荷载与活荷载）按规范与实际做法取值。

本工程风荷载及参数取值按《建筑结构荷载规范》GB 50009—2012（下文简称《荷载规范》）、《高层建筑混凝土结构技术规程》JGJ 3—2010确定，基本风压值 $w_0=0.65\text{kN/m}^2$，基本风压重现期50年，地面粗糙度级别B，体形系数1.4。

本工程抗震设防烈度为7度，设计基本地震加速度值为0.10g，设计地震分组为第一组，场地类别为Ⅲ类；结构阻尼比为0.05，小震、中震和大震计算均按《建筑抗震设计规范》GB 50011—2010（2016年版）要求取值。

4 结构超限判别及抗震性能目标

4.1 结构超限类型和程度

结构超限类别和程度按《住房城乡建设部关于印发〈超限高层建筑工程抗震设防专项审查技术要点〉的通知》（建质〔2015〕67号）进行判定，本工程结构类型符合规范的适用范围，存在扭转不规则（个别楼层扭转位移比大于1.2）、刚度突变（建筑物3层有刚度突变）及尺寸突变（建筑物存在大收进和大悬挑）、凹凸不规则（建筑物外形为凹凸不规则）、局部不规则

(局部存在穿层柱) 4 项不规则。属特别不规则 A 级高度高层结构。不规则项如图 4-1～图 4-4 所示。

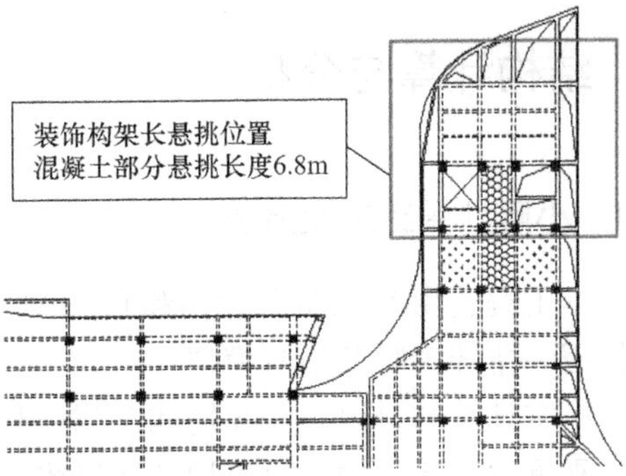

图 4-1　7 层长悬挑结构平面图

4.2　抗震性能目标

本工程为三级医院，结合抗震设防类别（乙类）、设防烈度（7 度）、结构类型（框架）、超限及不规则情况，设定本结构整体抗震性能目标为 C 级。根据本工程结构构件重要性及可靠性要求，结合可能出现的破坏部位和结构薄弱环节，定义风车平面两翼的端部 2 榀框架柱，中空大堂位置跨层柱，装饰构架大悬挑位置墙柱、悬挑梁及斜拉杆，中空大堂大悬挑位置框架柱、悬挑梁及斜拉杆为关键构件，普通钢筋混凝土柱为普通竖向构件，框架梁及连梁为耗能构件。并根据规范要求验算各构件在三种烈度地震作用下的破坏程度。

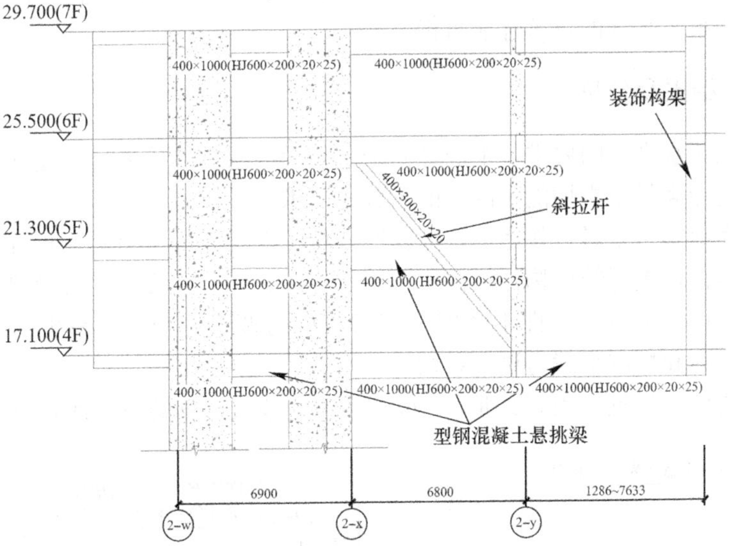

图 4-2　长悬挑结构立面示意图

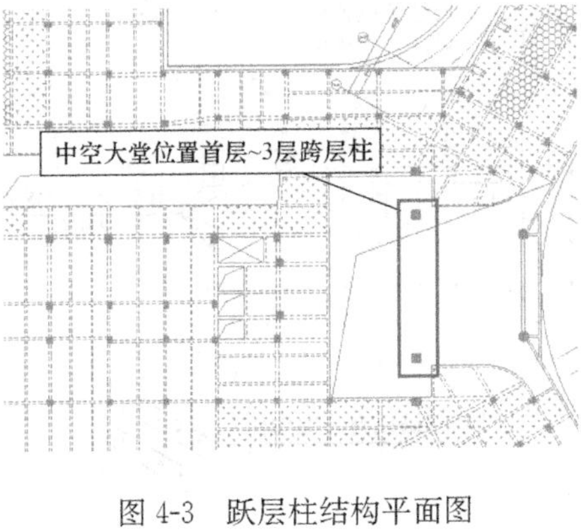

图 4-3　跃层柱结构平面图

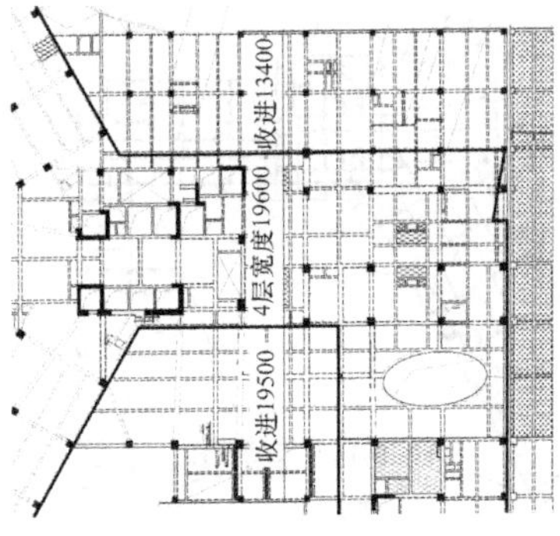

图 4-4　平面刚度突变（3～4 层大收进）示意图

注：粗线为 4 层平面投影。

5 结构计算与分析

5.1 小震计算结果及分析

本工程选用 SATWE 软件和 GSSAP 软件。结构计算考虑偶然偏心地震作用、双向地震作用、扭转耦联及施工模拟。

小震计算结果表明：A 塔和 B 塔结构周期比、剪重比、层间位移角、楼层受剪承载力比、刚重比、墙柱轴压比等均满足规范要求；个别楼层扭转位移比大于 1.2，但小于 1.5；个别楼层侧向刚度比不满足广东省标准《高层建筑混凝土结构技术规程》DBJ 15—92—2013（下文简称《广东高规》）第 3.5.2 条的要求，属于侧向刚度不规则。

本工程需采用弹性时程分析法进行多遇地震作用下的补充计算，结合小震弹性计算及弹性时程分析计算结果，各项整体计算指标、竖向构件的轴压比、各构件的强度及变形等均能满足规范要求；在风荷载和小震作用下均未出现零应力区；小震作用下能达到“完好、无损坏”的第 1 水准的抗震性能目标。

5.2 中震计算结果及分析

按照中震性能水准 3 的要求，配筋计算结果显示各层构件均未出现超筋及截面不足的情况，表明结构能满足中震性能水准 3 的承载力要求。

对设防烈度地震（中震）作用下，除普通楼板、次梁以外所有结构构件的承载力，根据其抗震性能目标，进行结构构件弹性或不屈服性能分析。框支柱、转换梁，托转换梁的落地框支墙按弹性性能分析，即不考虑地震组合内力调整系数，但考虑荷载作用分项系数、材料分项系数和抗震承载力调整系数。

结构关键构件的位置如图 5-1 所示，按全楼弹性楼板计算的简要计算结果见表 5-1。

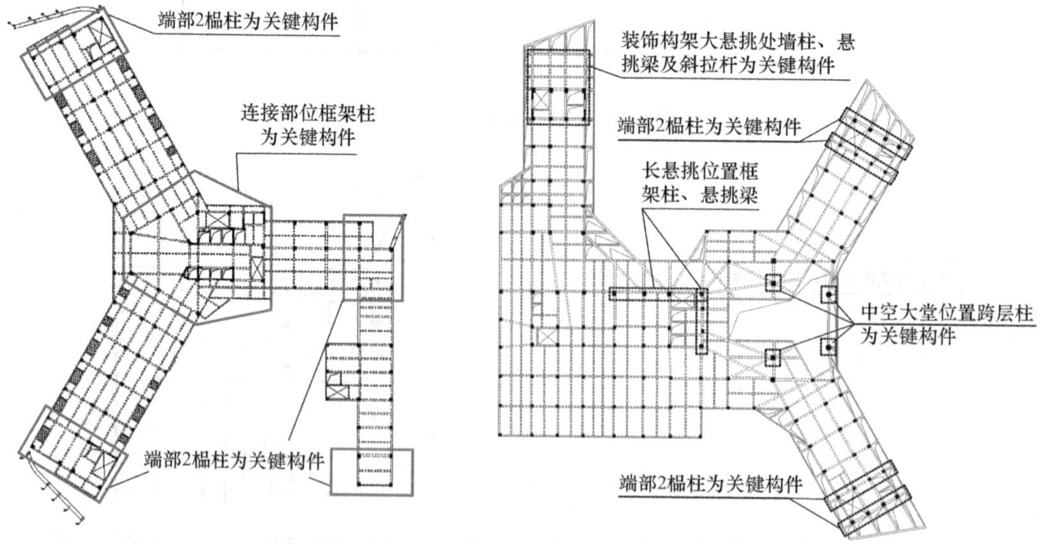

图 5-1 关键构件位置

全楼弹性楼板中震计算结果 表 5-1

指标	X 向			Y 向		
	中震	小震	中震/小震	中震	小震	中震/小震
层间位移角	1/421（3 层）	1/850（3 层）	2.02	1/442（3 层）	1/961（3 层）	2.17
基底剪力（kN）	31807.03	15611.46	2.04	31854.76	15509.56	2.05
剪重比	6.007%	2.878%	2.087	5.967%	2.803%	2.129
倾覆力矩（kN·m）	996028.3	480764.8	2.072	990057.8	469220.7	2.11

部分剪力墙在（1.0 恒＋0.5 活－1.3 水平地震）组合作用下出现偏拉，施工图阶段对出现偏拉的墙肢根据计算结果进行配筋，提高墙身竖向分布筋配筋率至 1.2%，可满足偏心受拉剪力墙的正截面受拉承载力要求。

在中震作用下，结构总体能满足“轻度损坏”，达到性能水准 3 的要求，如表 5-2 所示。

中震承载力验算 表 5-2

构件分类		中震性能目标	验算情况
关键构件	边榀框架柱	轻微损坏	满足
	中部连接部位框架柱	轻微损坏	满足
普通竖向构件	普通钢筋混凝土柱	轻微损坏	满足
	剪力墙	轻微损坏	满足
耗能构件	普通框架梁、连梁	轻度损坏、部分中度损坏	满足

结果表明，普通竖向构件及水平耗能构件均可控制不超限，取中震与小震计算结果进行包络配筋，即可满足中震第 3 性能水准的要求。

5.3 罕遇地震作用下结构动力弹塑性分析

按规范要求的“大震不倒”的抗震设防目标，采用 SAUSAGE 软件进行弹塑性时程分析，得到大震动力弹塑性分析 0°、30°、60°及 90°方向性能点处相关指标。

计算结果表明：

（1）结构最大弹塑性层间位移角 0°主方向最大层间位移角平均值为 1/145，30°主方向最大层间位移角平均值为 1/125，60°主方向最大层间位移角平均值为 1/127，90°主方向最大层间位移角平均值为 1/148，满足《广东高规》中 1/125 的限值要求。在三向地震作用下，结构整体刚度的退化没有导致结构倒塌，满足“大震不倒”的设防要求。

（2）各组地震波作用下构件的损伤顺序比较接近，1.2s 时，结构连梁和框架梁开始屈服；9.4s 时，首层部分剪力墙和框架柱发生轻微损伤，说明结构主要由框架梁和连梁构件产生塑性耗能；10s 时，结构底部部分剪力墙发生轻度损伤；12.4s 时，部分剪力墙发生中度损伤，大部分框架柱出现轻度损伤，同时连梁和框架梁破坏程度进一步加大，构件在罕遇地震作用下的破坏情况如图 5-2、图 5-3 所示。

（3）剪力墙周边架柱出现轻微至轻度损伤，角部框架柱出现轻微损伤，满足大震性能水准要求。

综上所述，结构整体满足性能 C 的抗震性能要求，其中采取抗震加强措施（具体措施参见本文第 7.2 节第 1 条）后框架柱可控制为轻度损伤，剪力墙大部分可控制为轻度损伤。

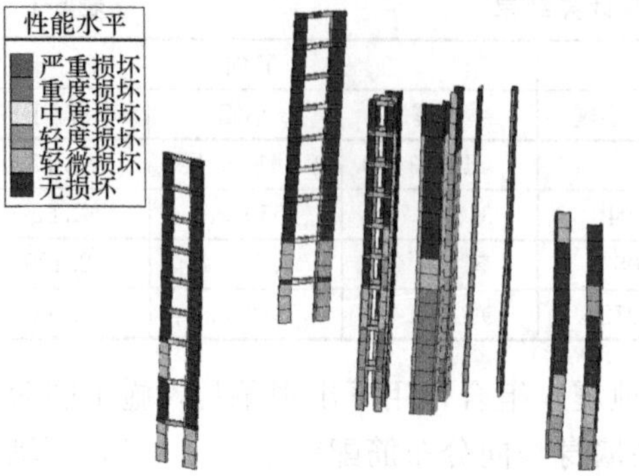

图 5-2　剪力墙破坏情况

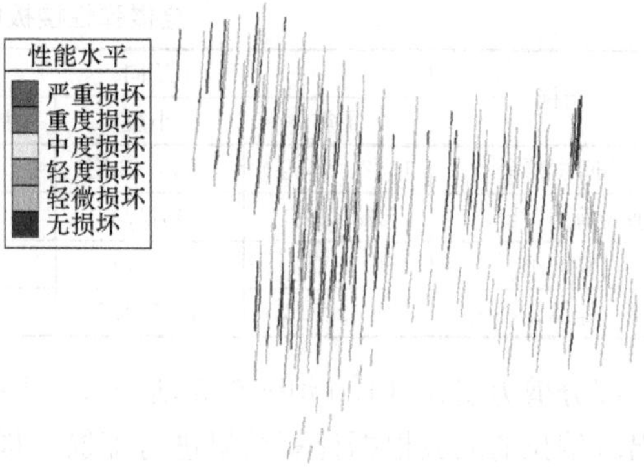

图 5-3　框架柱破坏情况

6　结构构件专项分析

6.1　大悬挑位置竖向振动舒适度分析及时程分析

B 塔楼（2-13）～（2-16）轴×（2-X）轴端部为 6.8m 悬挑，混凝土悬挑结构端部连接 1.3～8.0m 跨度范围的装饰钢构架。悬挑结构的竖向第一阶振型 $T=0.285$s，推得频率 $f=1/T=3.509$Hz，满足《广东高规》第 3.7.7 条“楼盖结构的竖向振动频率不宜小于 3Hz”的规定。

进一步验算竖向加速度 a，根据竖向自振频率 $f=3.509$Hz 及《广东高规》附录 A.0.2 的规定，计算可得楼盖单位面积有效重量为 6.55kN/m²，计算峰值加速度：

$$\omega = \overline{\omega}BL = 6.55 \times 2 \times 6.8 \times 6.8 = 605.74\text{kN/m}^2$$

$$F_{\text{p}} = p_0 \text{e}^{-0.35 f_{\text{n}}} = 0.3 \times \text{e}^{-0.35 \times 3.509} = 0.08785\text{kN}$$

$$a_{\text{p}} = \frac{F_{\text{p}}}{\beta\omega} g = 0.08785 \times 9.8/(0.05 \times 605.74) = 0.0284\text{m/s}^2 < [a_{\text{p}}] = 0.065\text{m/s}^2$$

满足《广东高规》第 3.7.7 条关于竖向舒适度的要求。

6.2　大悬挑端部钢构架柱分析

大悬挑端部钢构架共 4 层，顶标高 38.1m，底标高 21.3m，单根构架柱迎风面宽度为 6m，立柱强轴方向无支长度 16.8m，弱轴方向无支长度 8.4m。构架柱拟采用 H 型钢 H800×400×20×20，钢材牌号 Q345B。

根据《荷载规范》式（8.1.1-2），计算构架柱上的风压线荷载值，由此计算风荷载作用下构架柱的弯矩、剪力设计值。

根据《钢结构设计规范》GB 50017—2003（下文简称《钢规》）第 4.1.1 条的规定，进行强度验算为：$M_x/\gamma_x W_{nx} = 108.7\text{MPa} < f = 295\text{MPa}$，强度验算满足要求；

根据《钢规》第 4.2.1 条的规定，进行稳定性验算为：$M_x/\varphi b W_x = 201.1\text{MPa} < f = 295\text{MPa}$，整体稳定验算满足要求。

采用 YJK 补充悬挑构架的抗震（包括竖向地震工况）分析，结合小震弹性及中震性能水准 3 计算结果，可以看出，构件承载力均满足要求。

6.3 跨层柱屈曲分析

塔楼存在4根跨层柱，其中方柱在1～3层存在跃层，缺乏楼层内梁板的侧向支撑；圆柱为抗风柱，在1～6层存在跃层，故有必要对跨层柱的实际计算长度进行分析。

各构件编号如图6-1、图6-2所示。从结构整体屈曲模态中可以看到，整体模型中，FZ1、FZ2率先屈曲，且前三阶屈曲模态均为FZ1或FZ2屈曲。对跨层柱的实际计算长度进行分析，结果如表6-1所示。

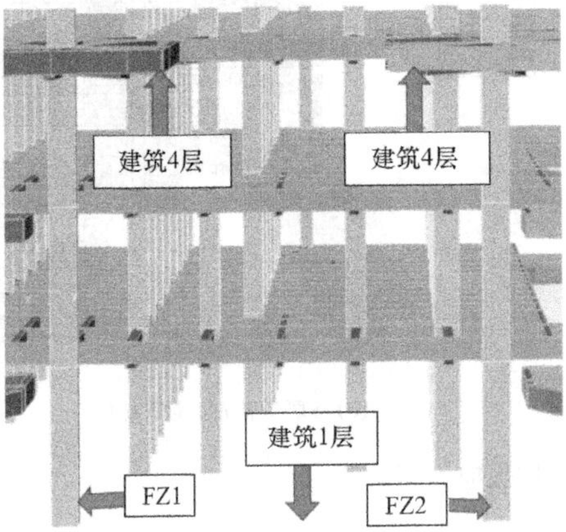

图6-1 跨层方柱位置

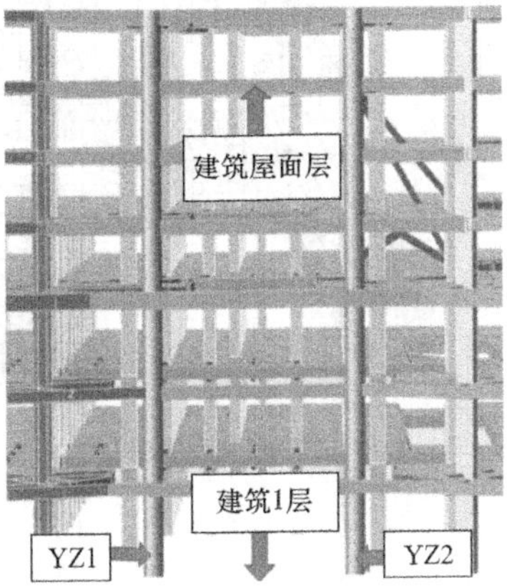

图6-2 跨层圆柱位置

跃层柱计算长度 表6-1

实际长度 L_c(m)	截面尺寸 (mm)	弹性模量 EI(kN·m²)	跃层构件	屈曲临界力 P_{cr}(×10⁵kN)	计算长度 L_0(m)	计算长度系数 μ	屈曲模态
17.1	1000×1000	2.7×106	FZ1	4.31	7.9	0.462	X向屈曲
			FZ2	3.75	8.4	0.491	X向屈曲
29.7	d=1200	3.3×106	YZ1	2.1	12.5	0.421	X向屈曲
			YZ2	2.0	12.8	0.431	X向屈曲

6.4 楼板应力分析

采用SAUSAGE进行中震作用下的楼板弹塑性应力分析，典型层楼板应力如图6-3所示。结果显示X、Y向地震作用下楼板正应力均较小，整体上不超过1.0MPa（小于C30混凝土抗拉强度设计值1.43MPa），应力较大部位基本为楼板宽度突然收窄处，应力峰值大致小于2.0MPa，按配筋率0.3%设置双层双向拉通钢筋，可满足楼板中震作用下的受力要求。

7 针对超限情况的计算分析和相应措施

7.1 针对超限情况的计算分析

（1）采用YJK、SATWE两个不同的结构软件，取规范反应谱作为小震计算分析的参数，采用振型分解反应谱法分别进行多遇地震分析，并对比判断其计算结果的合理性。

（2）选取5条天然地震波及2条场地人工地震波进行弹性时程分析，取其平均值与CQC法两者间的大值用于构件设计。

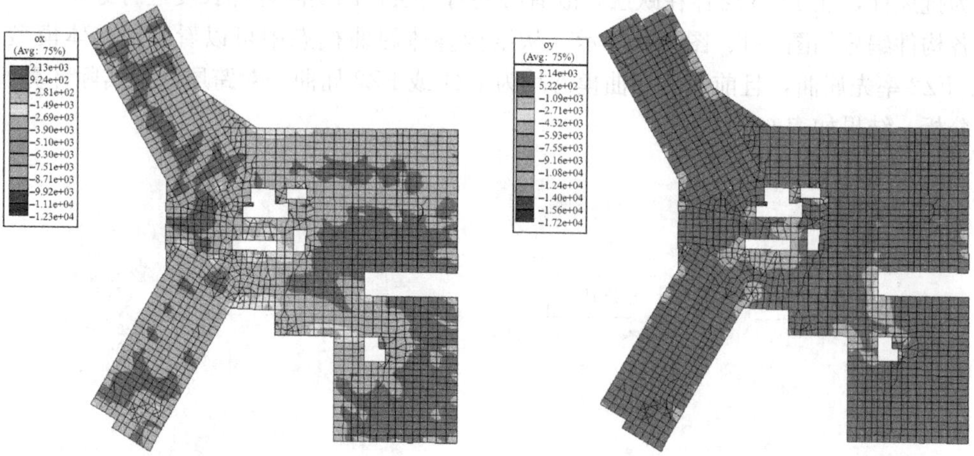

(a) 3层楼板X向地震应力　　(b) 3层楼板Y向地震应力

图 6-3　典型层楼板应力图

（3）按照《广东高规》的规定，采用YJK软件对结构进行中震作用下的等效弹性分析，保证结构能达到性能C的抗震性能目标。

（4）采用YJK软件进行中震作用下楼板应力分析。

（5）罕遇地震作用下，采用SAUSAGE进行动力弹塑性分析，验证结构能满足大震阶段的抗震性能目标，并寻找薄弱楼层与薄弱构件，针对薄弱部位制订相应的加强措施。

7.2　针对超限情况的加强措施

（1）针对结构平面的凹凸不规则，将风车形平面的每个翼的端部2榀框架、中空大堂位置跨层柱均定义为关键构件，按中震性能水准3包络配筋。

针对装饰构架处大悬挑、医疗街上空位置及中空大堂处大悬挑，将每层悬挑梁、斜拉杆及相连墙柱均定义为关键构件，考虑竖向地震工况，梁柱配筋按中震性能水准3包络配筋。

同时，为满足大震作用下框架柱及大部分剪力墙为轻微至轻度损坏，局部剪力墙为中度损坏，柱竖向纵筋、剪力墙水平竖向钢筋采用HRB500钢筋，框架柱单侧配筋率≥0.8%，剪力墙竖向分布筋配筋率≥1.0%，中度损坏剪力墙增设型钢钢骨，约束边缘构件配筋率≥1.5%。

关键部位框架梁，特别是大跨度悬挑梁，按大震受剪不屈服性能目标设计。

（2）针对3层竖向刚度不规则，对3～4层墙、柱均减小截面，以减小结构刚度的变化，X、Y向刚度比均接近0.9；按《广东高规》第3.5.8条的规定，将薄弱层第3层地震作用标准值的剪力乘以1.25的增大系数。

（3）3层楼面收进部位1～4层周边墙柱、5层楼面收进部位3～6层周边墙柱，均按特一级设计。

(4) 针对风车形平面的中间薄弱连接位置、3 层和 5 层大收进位置及局部突出的狭长塔楼，除整体分析外，补充进行了楼板应力分析，将受力薄弱部位的楼板厚度加大至 150～180mm，并按配筋率 0.3%设置双层双向拉通钢筋。

(5) 针对出现偏拉的底部加强区剪力墙，提高剪力墙边缘构件及墙身纵筋配筋，竖向分布筋配筋率提高至 1.0%，约束边缘构件纵筋最小配筋率≥1.5%，提高剪力墙的承载力及延性。

8 抗震设防专项审查意见及结论

2018 年 12 月 17 日，广州市住房和城乡建设委员会主持召开了“广州市妇女儿童医疗中心南沙院区建设项目 A、B 塔”超限高层建筑工程抗震设防专项审查会，周定教授级高工任专家组组长。与会专家审阅了送审资料，听取了广东省建筑设计研究院有限公司对项目的汇报。经审议，形成审查意见如下：

(1) 应提高柱、剪力墙竖向构件性能目标，控制大震后为轻度损坏，框架梁抗震性能目标满足大震受剪不屈服；建议采用消能剪力墙。

(2) B 塔楼层开孔通高不符合抗震概念设计，建筑设计应进行调整，减小开洞面积或部分楼层封闭；完善抗风柱设计。

(3) A 塔外凸单跨框架补充单独分析包络设计。

(4) 补充最不利地震作用方向包络设计；楼板应力分析应采用时程分析法；补充悬挑构架的抗震分析和设计。

(5) 首层室内外高差较大，应采取措施保证水平力传递。

(6) 明确连廊支座形式，复核支座位移量，补充防坠落措施。

审查结论：通过。

9 点评

本工程结构体系采用框架-剪力墙结构（A 塔）和框架结构（B 塔），存在扭转不规则、刚度突变、尺寸突变、凹凸不规则、局部不规则等多项不规则，属特别不规则高层结构，结构设计通过合理的结构选型、计算分析和构件节点设计，整体结构、结构构件及节点满足设定的性能目标要求，抗震性能良好。

(1) 结构整体为造型独特的风车形，塔楼 3 个端部相对核心区外伸较多，结构端部在水平作用影响下位移偏大，且存在大跨度悬挑结构，故局部采用了型钢混凝土组合结构，有效保证了结构在水平荷载作用下的承载力和延性。

(2) 塔楼核心区为保证结构整体性的关键区域，但为满足建筑功能要求，设置了中空大堂，楼板被严重削弱，相关范围竖向构件均采用了圆形或矩形钢管混凝土柱，并作为关键构件进行了中震、大震重点分析，结果表明，构件在地震作用下损伤可控，满足性能目标要求。

(3) 结构端部出挑最大跨度达 14m 左右，为控制竖向变形，设置了跨层斜向钢拉杆，并补充了楼板舒适度分析，保证结构受力和使用要求。